现代机械设计手册

第二版

机械零部件结构设计与禁忌

翟文杰　向敬忠　主编

化学工业出版社
·北　京·

《现代机械设计手册》第二版单行本共20个分册，涵盖了机械常规设计的所有内容。各分册分别为：《机械零部件结构设计与禁忌》《机械制图及精度设计》《机械工程材料》《连接件与紧固件》《轴及其连接件设计》《轴承》《机架、导轨及机械振动设计》《弹簧设计》《机构设计》《机械传动设计》《减速器和变速器》《润滑和密封设计》《液力传动设计》《液压传动与控制设计》《气压传动与控制设计》《智能装备系统设计》《工业机器人系统设计》《疲劳强度可靠性设计》《逆向设计与数字化设计》《创新设计与绿色设计》。

本书为《机械零部件结构设计与禁忌》，主要介绍了零件结构设计的基本要求和内容、铸件结构设计工艺性、锻压件结构设计工艺性、冲压件结构设计工艺性、切削件结构设计工艺性、热处理零件设计的工艺性要求、快速成型零件设计的工艺性、其他材料零件及焊接件的结构设计工艺性、零部件设计的装配与维修工艺性要求、连接零部件设计禁忌、传动零部件设计禁忌、轴系零部件设计禁忌等。本书可作为机械设计人员和有关工程技术人员的工具书，也可供高等院校相关专业师生参考。

图书在版编目（CIP）数据

现代机械设计手册：单行本．机械零部件结构设计与禁忌/翟文杰，向敬忠主编．—2版．—北京：化学工业出版社，2020.2

ISBN 978-7-122-35647-5

Ⅰ.①现…　Ⅱ.①翟…②向…　Ⅲ.①机械设计-手册②机械元件-结构设计-手册　Ⅳ.①TH122-62②TH13-62

中国版本图书馆CIP数据核字（2019）第252663号

责任编辑：张兴辉　王烨　贾娜　邢涛　项潋　曾越　金林茹　　装帧设计：尹琳琳

责任校对：边涛　王静

出版发行：化学工业出版社（北京市东城区青年湖南街13号　邮政编码100011）

印　　装：大厂聚鑫印刷有限责任公司

787mm×1092mm　1/16　印张26¾　字数916千字　2020年2月北京第2版第1次印刷

购书咨询：010-64518888　　售后服务：010-64518899

网　　址：http://www.cip.com.cn

凡购买本书，如有缺损质量问题，本社销售中心负责调换。

定　　价：89.00元

《现代机械设计手册》第二版单行本出版说明

《现代机械设计手册》是一部面向“中国制造 2025”，适应智能装备设计开发新要求、技术先进、数据可靠、符合现代机械设计潮流的现代化机械设计大型工具书，涵盖现代机械零部件设计、智能装备及控制设计、现代机械设计方法三部分内容。旨在将传统设计和现代设计有机结合，力求体现“内容权威、凸显现代、实用可靠、简明便查”的特色。

《现代机械设计手册》自 2011 年出版以来，赢得了广大机械设计工作者的青睐和好评，先后荣获全国优秀畅销书、中国机械工业科学技术奖等，第二版于 2019 年初出版发行。为了给读者提供篇幅较小、便携便查、定价低廉、针对性更强的实用性工具书，根据读者的反映和建议，我们在深入调研的基础上，决定推出《现代机械设计手册》第二版单行本。

《现代机械设计手册》第二版单行本，保留了《现代机械设计手册》（第二版 6 卷本）的优势和特色，结合机械设计人员工作细分的实际状况，从设计工作的实际出发，将原来的 6 卷 35 篇重新整合为 20 个分册，分别为：《机械零部件结构设计与禁忌》《机械制图及精度设计》《机械工程材料》《连接件与紧固件》《轴及其连接件设计》《轴承》《机架、导轨及机械振动设计》《弹簧设计》《机构设计》《机械传动设计》《减速器和变速器》《润滑和密封设计》《液力传动设计》《液压传动与控制设计》《气压传动与控制设计》《智能装备系统设计》《工业机器人系统设计》《疲劳强度可靠性设计》《逆向设计与数字化设计》《创新设计与绿色设计》。

《现代机械设计手册》第二版单行本，是为了适应机械设计行业发展和广大读者的需要而编辑出版的，将与《现代机械设计手册》第二版（6 卷本）一起，成为机械设计工作者、工程技术人员和广大读者的良师益友。

化学工业出版社

前言

FORWORD

《现代机械设计手册》第一版自2011年3月出版以来，赢得了机械设计人员、工程技术人员和高等院校专业师生广泛的青睐和好评，荣获了2011年全国优秀畅销书（科技类）。同时，因其在机械设计领域重要的科学价值、实用价值和现实意义，《现代机械设计手册》还荣获2009年国家出版基金资助和2012年中国机械工业科学技术奖。

《现代机械设计手册》第一版出版距今已经8年，在这期间，我国的装备制造业发生了许多重大的变化，尤其是2015年国家部署并颁布了实现中国制造业发展的十年行动纲领——中国制造2025，发布了针对"中国制造2025"的五大"工程实施指南"，为机械制造业的未来发展指明了方向。在国家政策号召和驱使下，我国的机械工业获得了快速的发展，自主创新的能力不断加强，一批高技术、高性能、高精尖的现代化装备不断涌现，各种新材料、新工艺、新结构、新产品、新方法、新技术不断产生、发展并投入实际应用，大大提升了我国机械设计与制造的技术水平和国际竞争力。《现代机械设计手册》第二版最重要的原则就是紧密结合"中国制造2025"国家规划和创新驱动发展战略，在内容上与时俱进，全面体现创新、智能、节能、环保的主题，进一步呈现机械设计的现代感。鉴于此，《现代机械设计手册》第二版被列入了"十三五国家重点出版物规划项目"。

在本版手册的修订过程中，我们广泛深入机械制造企业、设计院、科研院所和高等院校进行调研，听取各方面读者的意见和建议，最终确定了《现代机械设计手册》第二版的根本宗旨：一方面，新版手册进一步加强机、电、液、控制技术的有机融合，以全面适应机器人等智能化装备系统设计开发的新要求；另一方面，随着现代机械设计方法和工程设计软件的广泛应用和普及，新版手册继续促进传动设计与现代设计的有机结合，将各种新的设计技术、计算技术、设计工具全面融入传统的机械设计实际工作中。

《现代机械设计手册》第二版共6卷35篇，它是一部面向"中国制造2025"，适应智能装备设计开发新要求、技术先进、数据可靠、符合现代机械设计潮流的现代化的机械设计大型工具书，涵盖现代机械零部件及传动设计、智能装备及控制设计、现代机械设计方法及应用三部分内容，具有以下六大特色。

1. 权威性。《现代机械设计手册》阵容强大，编、审人员大都来自设计、生产、教学和科研第一线，具有深厚的理论功底、丰富的设计实践经验。他们中很多人都是所属领域的知名专家，在业内有广泛的影响力和知名度，获得过多项国家和省部级科技进步奖、发明奖和技术专利，承担了许多机械领域国家重要的科研和攻关项目。这支专业、权威的编审队伍确保了手册准确、实用的内容质量。

2. 现代感。追求现代感，体现现代机械设计气氛，满足时代要求，是《现代机械设计手册》的基本宗旨。"现代"二字主要体现在：新标准、新技术、新材料、新结构、新工艺、新产品、智能化、现代的设计理念、现代的设计方法和现代的设计手段等几个方面。第二版重点加强机械智能化产品设计（3D打印、智能零部件、节能元器件）、智能装备（机器人及智能化装备）控制及系统设计、数字化设计等内容。

（1）"零件结构设计"等篇进一步完善零部件结构设计的内容，结合目前的3D打印（增材制造）技术，增加3D打印工艺下零件结构设计的相关技术内容。

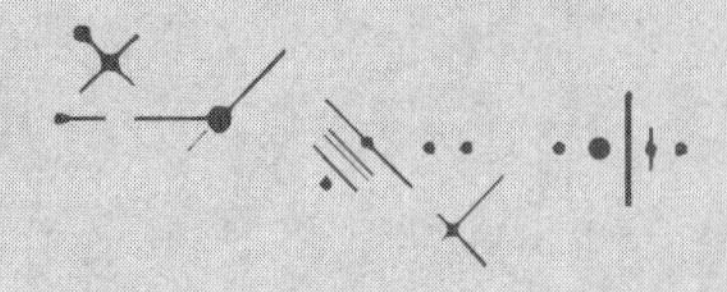

“机械工程材料”篇增加3D打印材料以及新型材料的内容。

（2）机械零部件及传动设计各篇增加了新型智能零部件、节能元器件及其应用技术，例如“滑动轴承”篇增加了新型的智能轴承，“润滑”篇增加了微量润滑技术等内容。

（3）全面增加了工业机器人设计及应用的内容：新增了“工业机器人系统设计”篇；“智能装备系统设计”篇增加了工业机器人应用开发的内容；“机构”篇增加了自动化机构及机构创新的内容；“减速器、变速器”篇增加了工业机器人减速器选用设计的内容；“带传动、链传动”篇增加并完善了工业机器人适用的同步带传动设计的内容；“齿轮传动”篇增加了RV减速器传动设计、谐波齿轮传动设计的内容等。

（4）“气压传动与控制”“液压传动与控制”篇重点加强并完善了控制技术的内容，新增了气动系统自动控制、气动人工肌肉、液压和气动新型智能元器件及新产品等内容。

（5）继续加强第5卷机电控制系统设计的相关内容：除增加“工业机器人系统设计”篇外，原“机电一体化系统设计”篇充实扩充形成“智能装备系统设计”篇，增加并完善了智能装备系统设计的相关内容，增加智能装备系统开发实例等。

“传感器”篇增加了机器人传感器、航空航天装备用传感器、微机械传感器、智能传感器、无线传感器的技术原理和产品，加强传感器应用和选用的内容。

“控制元器件和控制单元”篇和“电动机”篇全面更新产品，重点推荐了一些新型的智能和节能产品，并加强产品选用的内容。

（6）第6卷进一步加强现代机械设计方法应用的内容：在3D打印、数字化设计等智能制造理念的倡导下，“逆向设计”“数字化设计”等篇全面更新，体现了“智能工厂”的全数字化设计的时代特征，增加了相关设计应用实例。

增加“绿色设计”篇；“创新设计”篇进一步完善了机械创新设计原理，全面更新创新实例。

（7）在贯彻新标准方面，收录并合理编排了目前最新颁布的国家和行业标准。

3. 实用性。新版手册继续加强实用性，内容的选定、深度的把握、资料的取舍和章节的编排，都坚持从设计和生产的实际需要出发：例如机械零部件数据资料主要依据最新国家和行业标准，并给出了相应的设计实例供设计人员参考；第5卷机电控制设计部分，完全站在机械设计人员的角度来编写——注重产品如何选用，摒弃或简化了控制的基本原理，突出机电系统设计，控制元器件、传感器、电动机部分注重介绍主流产品的技术参数、性能、应用场合、选用原则，并给出了相应的设计选用实例；第6卷现代机械设计方法中简化了烦琐的数学推导，突出了最终的计算结果，结合具体的算例将设计方法通俗地呈现出来，便于读者理解和掌握。

为方便广大读者的使用，手册在具体内容的表述上，采用以图表为主的编写风格。这样既增加了手册的信息容量，更重要的是方便了读者的查阅使用，有利于提高设计人员的工作效率和设计速度。

为了进一步增加手册的承载容量和时效性，本版修订将部分篇章的内容放入二维码中，读者可以用手机扫描查看、下载打印或存储在PC端进行查看和使用。二维码内容主要涵盖以下几方面的内容：即将被废止的旧标准（新标准一旦正式颁布，会及时将二维码内容更新为新标准的内容）；部分推荐产品及参数；其他相关内容。

4. 通用性。本手册以通用的机械零部件和控制元器件设计、选用内容为主，主要包括机械设计基础资料、机械制图和几何精度设计、机械工程材料、机械通用零部件设计、机械传动系统设计、液压和气压传动系统设计、机构设计、机架设计、机械振动设计、智能装备系统设计、控制元器件和控制单元等，既适用于传统的通用机械零部件设计选用，又适用于智能化装备的整机系统设计开发，能够满足各类机械设计人员的工作需求。

5. 准确性。本手册尽量采用原始资料，公式、图表、数据力求准确可靠，方法、工艺、技术力求成熟。所有材料、零部件和元器件、产品和工艺方面的标准均采用最新公布的标准资料，对于标准规范的编写，手册没有简单地照抄照搬，而是采取选用、摘录、合理编排的方式，强调其科学性和准确性，尽量避免差错和谬误。所有设计方法、计算公式、参数选用均经过长期检验，设计实例、各种算例均来自工程实际。手册中收录通用性强、标准化程度高的产品，供设计人员在了解企业实际生产品种、规格尺寸、技术参数，以及产品质量和用户的实际反映后选用。

6. 全面性。本手册一方面根据机械设计人员的需要，按照“基本、常用、重要、发展”的原则选取内容，另一方面兼顾了制造企业和大型设计院两大群体的设计特点，即制造企业侧重基础性的设计内容，而大型的设计院、工程公司侧重于产品的选用。因此，本手册力求实现零部件设计与整机系统开发的和谐统一，促进机械设计与控制设计的有机融合，强调产品设计与工艺技术的紧密结合，重视工艺技术与选用材料的合理搭配，倡导结构设计与造型设计的完美统一，以全面适应新时代机械新产品设计开发的需要。

经过广大编审人员和出版社的不懈努力，新版《现代机械设计手册》将以崭新的风貌和鲜明的时代气息展现在广大机械设计工作者面前。值此出版之际，谨向所有给过我们大力支持的单位和各界朋友表示衷心的感谢！

主　编

目录

CONTENTS

第2篇 零件结构设计

第1章 零件结构设计的基本要求和内容

第2章 铸件结构设计工艺性

第3章 锻压件结构设计工艺性

第4章 冲压件结构设计工艺性

第5章 切削件结构设计工艺性

第6章 热处理零件设计的工艺性要求

第7章 快速成形零件的加工工艺性

第8章 其他材料零件及焊接件的结构设计工艺性

第9章 零部件设计的装配与维修工艺性要求

第12篇 机械零部件设计禁忌

第1章 连接零部件设计禁忌

第2章 传动零部件设计禁忌

第3章 轴系零部件设计禁忌

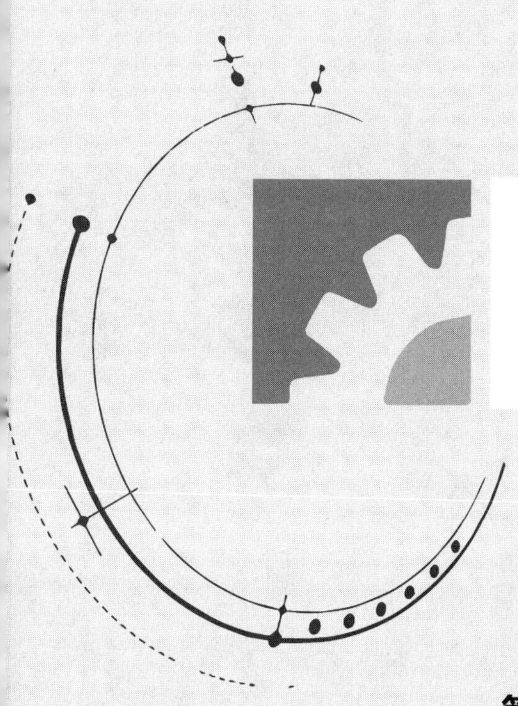

第2篇 零件结构设计

篇主编：翟文杰

撰　稿：翟文杰

审　稿：王连明

第1章　零件结构设计的基本要求和内容

机械零件结构设计包括选择零件的毛坯及其制造方法、材料和热处理，确定零件形状、尺寸、公差、配合和技术条件等。结构设计应满足的要求包括功能及使用要求、加工及装配工艺性要求、人机学及环保、经济性等要求。本篇首先对满足机械零件的基本功能及使用要求的结构设计内容进行概述，然后在后续各章中着重对机械零件在不同加工工艺中的结构设计、结构要素和注意事项予以说明。

1.1　机械零件结构设计的基本要求

1.1.1　功能使用要求

设计机械或零件必须首先满足其功能和使用要求。机械的功能要求，如运动范围和形式要求、速度大小和载荷传递等都是由具体零件实现的。除传动要求外，机械零件还需要有承载、固定、连接等功能；零件结构设计应满足强度、刚度、精度、耐磨性及防腐蚀等使用要求。

1.1.2　零件结构设计工艺性要求

零件结构设计工艺性指在机械结构设计中要综合考虑制造、装配、维修和热处理等各种工艺、技术问题，使之体现于结构设计中。结构设计工艺性问题存在于零部件生产过程的各个阶段，要结合生产批量、制造条件和新的工艺技术的发展来进行设计，目标是在保证功能使用要求的前提下，采用较经济的工艺方法，保质、保量地制造出零件。

一般的机械零件结构的工艺性要求包括：

① 加工工艺性要求；

② 装配工艺性要求；

③ 维修工艺性要求；

④ 热处理工艺性要求。

1.1.3　其他要求

机械零件结构设计的其他要求还包括：运输要求、人机学要求、环保与经济性要求。运输要求指零件结构便于吊装和有利于普通交通工具运输。人机学要求指零件结构美观，符合宜人性要求，操作舒适安全。环保要求指减少对环境危害，零件可回收再利用。

经济性主要取于选材和零件结构设计工艺性环节。设计时要合理选择零件材料，要考虑材料的力学性能是否适应零件的工作条件和加工工艺，合理地确定零件尺寸和满足工艺要求的结构，尽量简化结构形状，增加相同形状和元素的数量并注意减少零件的机械加工量，合理地规定制造精度等级和技术条件，尽可能采用标准件、通用件。

1.2　结构设计的内容

机械结构设计的任务是按照所确定的原理方案绘出全部结构图，作为生产依据制造出可实现要求功能的产品。结构设计可分为机器的总体结构设计和零部件结构设计。机械零件结构设计包括选择零件的毛坯及其制造方法、材料和热处理，确定零件形状、尺寸、公差、配合和技术条件等，并体现于零件图中。

1.2.1　满足功能要求的结构设计

1.2.1.1　利用功能面的结构设计

实现零件功能的结构方案是多种多样的，其中功能面分析法是机械零部件结构设计中常用的方法。机械零件的结构设计就是将原理设计方案具体化，即构造一个能够满足功能要求的三维实体零部件。构造零件三维实体，需先根据原理方案规定各功能面，由功能面构造零件。

功能面是机械中相邻零件的作用表面，例如齿轮间的啮合面、轮毂与轴的配合表面、V 带传动的 V 带与轮槽的作用表面、键连接的工作表面等。零件的基本形状或其功能面要素是与其功能要求相对应的。表 2-1-1 列出了零件的基本形状及功能的对应关系。功能面可用形状、尺寸、数量、位置、排列顺序和不同功能面的连接等参数来描述，改变功能面的参数即可获得多种零件结构和组合变化（参见表 2-1-2）。

1.2.1.2　利用自由度分析法的零件结构设计

运动副零件结构设计还常采用自由度分析法。因按机械系统的总体要求，每个零件都应具有一定的位置或运动规律，设计时应保证各零件的自由度。表 2-1-3是常见的两零件间的连接形式和自由度的关系。其中自由度简图示意给出了接触零件间的六个自由度的情况。三个坐标轴方向的柱线反映三个方向上的移动自由情况；坐标轴端部的圆圈表示绕各轴线的转动情况；柱线或圆圈涂黑表示该自由度丧失；柱线一半涂黑表示沿该方向可以一边移动。

表 2-1-1 常用零件的基本形状及其功能

形状类别名称		形状图例	功能
各种形状面	外表面(平面、圆柱面、圆锥面)	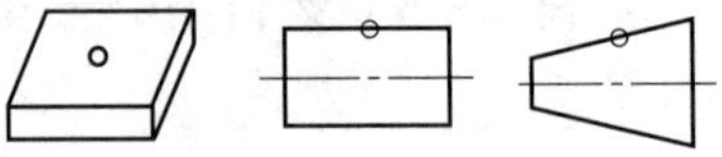	用于装饰等辅助功能
	接触面(平面、圆柱面、圆锥面)	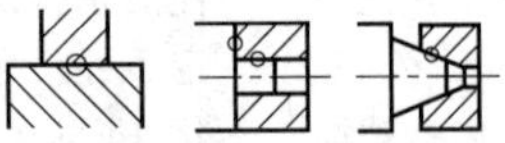	用于配合、安装等
	滑动面(圆柱面、平面)		用于支承或导向
各种孔	圆周排列孔	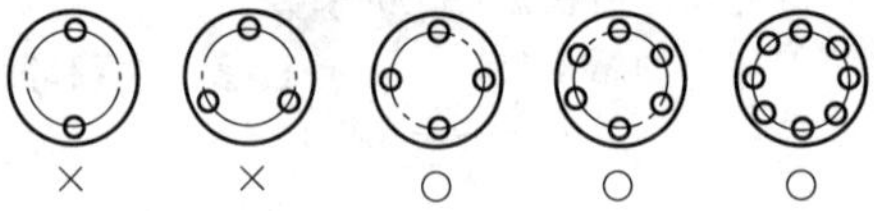 × × ○ ○ ○	用于安装、紧固、定位
	直线排列孔	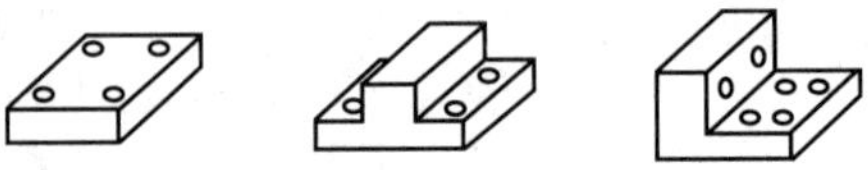	用于安装、紧固、定位
	不通孔	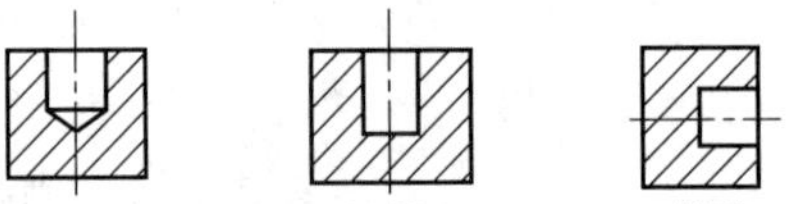 钻孔 铣削孔 镗孔	用于定位或安装
	台阶孔		用于定位或安装
各种沟槽	导向及传递转矩槽	 键槽导向槽 孔中键槽	用于导向、传递转矩
	密封圈槽	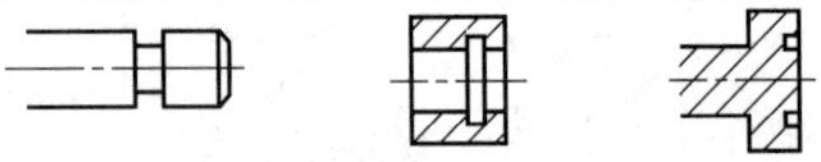 轴上O形槽 孔中O形槽 端面O形槽	用于密封圈的安装
	导向及紧固槽	块体沟槽 	用于导向、紧固或安装定位
	安装、定位槽	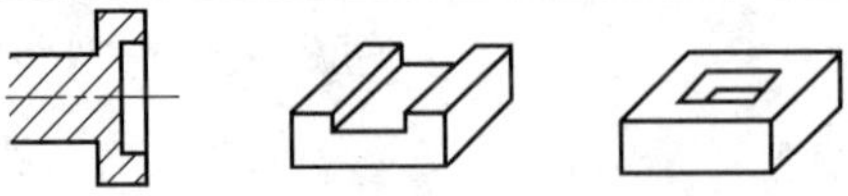 端面挖空 块体挖空	用于安装、定位
倒角	内外倒斜角	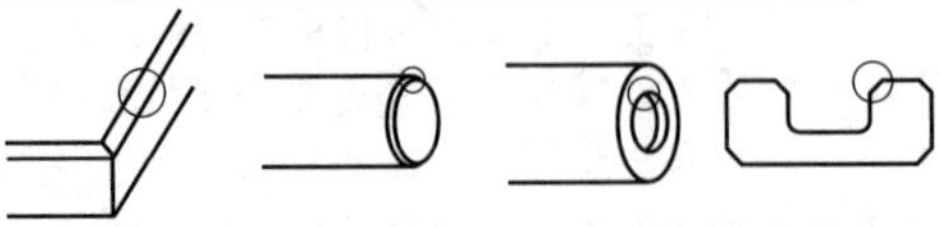 端面倒角 圆柱端面倒角 孔内倒角 沟槽倒角	使零件易于插入、安装,也为了保护安装面及操作安全
	内外倒圆角	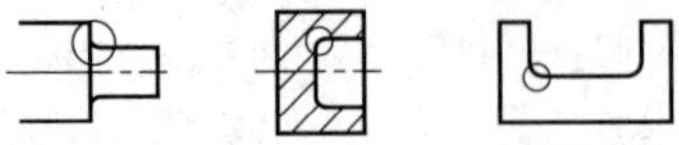 轴段间圆角 孔底圆角 沟槽圆角	用于防止应力集中,增加强度

续表

形状类别名称		形状图例	功能
螺纹	不完全螺纹	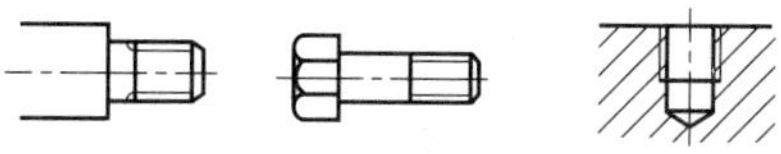 不完全螺纹　标准六角头螺栓　螺纹孔	用于不需将螺纹部分完全拧入，方便加工，增加强度
	完全螺纹	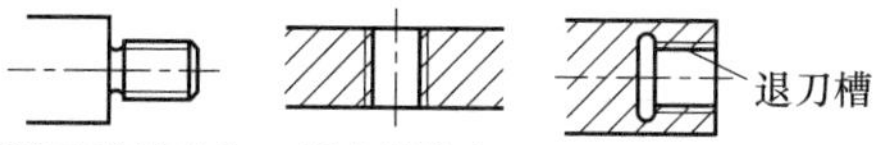 开退刀槽所形成　板上螺纹孔　镗削孔　退刀槽	用于必须将螺纹完全拧入，端面需接触

表 2-1-2　**利用功能面和形态变换的方法制定结构方案**

方法名称	要点	实例	例图
形状变换	改变零件的形状，特别是零件表面的形状	1. 直齿齿轮改为斜齿 2. 轴与轴毂的配合用键、过盈配合或锥面	
位置变换	改变零件或其局部形状的相互位置	1. 改变中间齿轮位置，可以使其轴所受的力减小 2. V 形滑动导轨，下方为凸形，上方为凹形，调换位置后，可以改善导轨的润滑	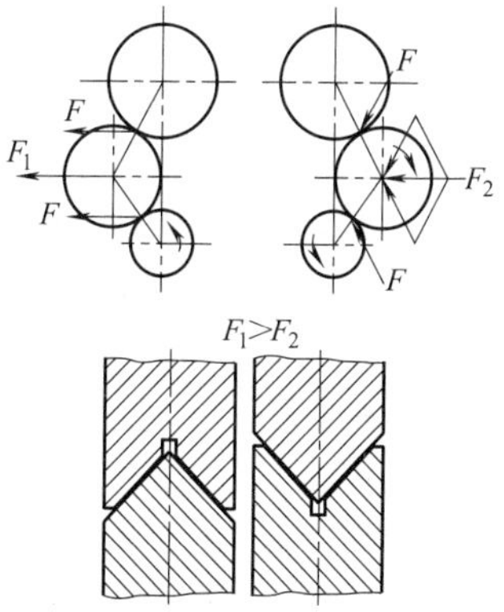 $F_1>F_2$
数目变换	变换零件数目或有关几何形状的数目	1. 改变螺钉头作用面数目，使其各适用于不同场合 2. 单键改为双键或花键	
尺寸变换	改变零件或表面的尺寸，使之增大或减小	改变齿轮模数、轴直径、螺钉直径等	

表 2-1-3　**常见的两零件间的连接形式和自由度的关系**

序号	连接形式简图	连接情况	零件 1 自由度简图	简单说明
1	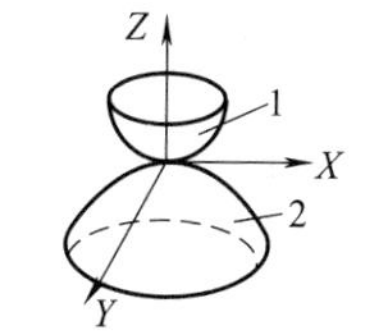	一点连接	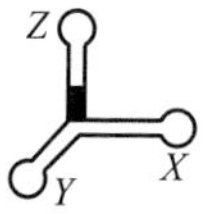	零件 1 与零件 2 在一点相切，零件 1 有： 2+0.5 个移动自由度 3 个转动自由度
2	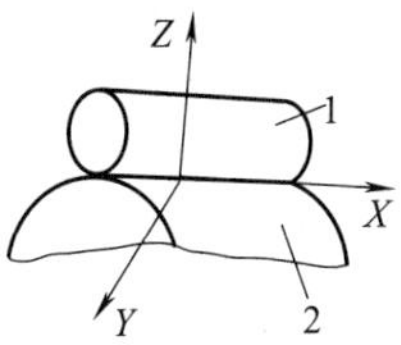	线连接	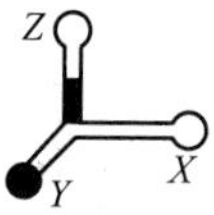	零件 1 与零件 2 沿一条直线接触，零件 1 有： 2+0.5 个移动自由度 2 个转动自由度

续表

序号	连接形式简图	连接情况	零件1自由度简图	简单说明
3		环形线连接		零件1与零件2沿一个环形线接触，零件1有： 1个移动自由度 3个转动自由度
4		球窝连接		零件1与零件2有一个球形表面连接，零件1有： 3个转动自由度
5		三点支承连接		零件1与零件2有三个点接触，零件1有： 2+0.5个移动自由度 1个转动自由度
6		双面连接		零件1与零件2有两个环形线相接触，零件1有： 1个移动自由度 1个转动自由度

以图2-1-1所示的齿轮在轴上的固定连接为例：基本的连接形式为圆柱面结合面的连接（表2-1-3中的第6种），为保证连接可靠须进一步约束住沿 X 轴方向移动和绕该轴转动的两个自由度。在图中这两个自由度分别由轴肩/套筒和键/键槽完成对其约束。

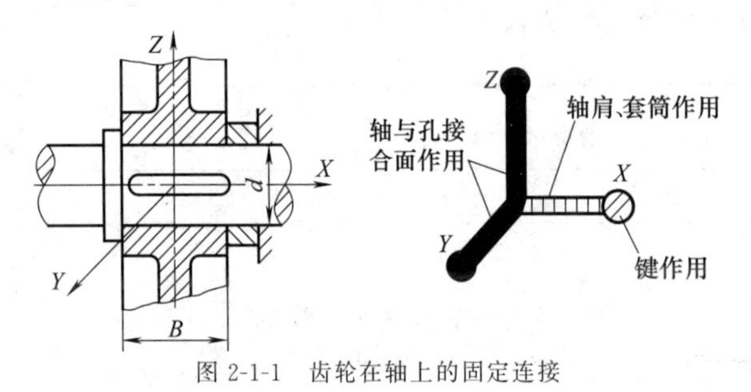

图2-1-1 齿轮在轴上的固定连接

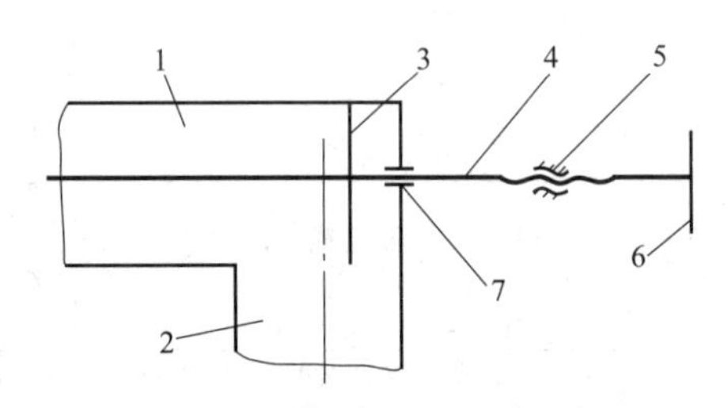

图2-1-2 直角阀门结构示意图

1—水平管；2—垂直管；3—阀瓣；4—螺旋阀杆；5—螺母；6—手轮；7—密封

1.2.1.3 功能面法结构设计示例

设计原理示意如图2-1-2所示的直角阀门结构。

(1) 确定直角阀的主体结构和尺寸

由通过阀体的流量、管内压强和其他相关条件确定各管的直径、壁厚，以及阀瓣的厚度和相对位置。画出直角阀的主体结构草图，如图2-1-3所示。

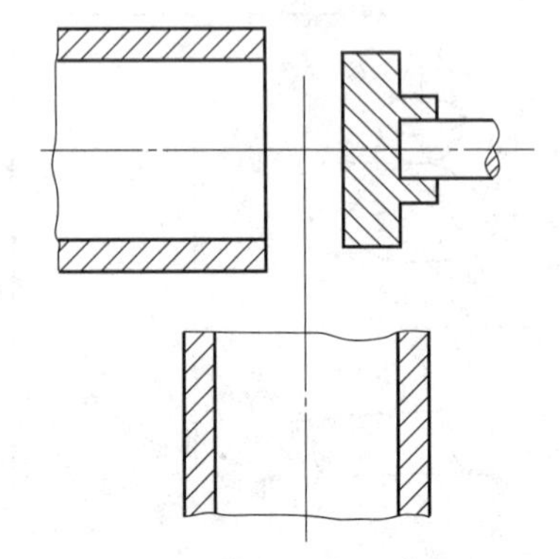
图2-1-3 直角阀主体结构草图

（2）功能和功能面的分析

阀门的主功能是通过阀瓣和阀体管道端面的接合与开启实现流体的流通与封闭。即该功能面可采用平（环）面或圆锥面；该阀门是通过如下各结构功能来实现该主功能的。

① 阀瓣和阀杆的连接结构，功能面可以是圆柱配合面、螺纹面等，依连接方式而不同（如下面具体结构所示）。

② 阀杆与阀体的密封结构，功能面为阀杆柱面，具体还取决于密封件接触形式。

③ 螺旋驱动结构，功能面为螺旋面，按摩擦形式不同可分为滑动螺旋面和滚动螺旋面。

（3）确定阀瓣和阀杆的连接结构

阀杆的尺寸因其受力复杂较难确定。阀门关闭时，属于细长杆失稳问题；半关闭状态要考虑流体的非对称冲击和涡流问题；阀门的驱动方式不同还引起不同的附加载荷。一般由经验法确定。

阀瓣和阀杆的连接方式，可设计成刚性可拆连接和可转动连接两类，分别如图 2-1-4 和图 2-1-5 所示。刚性连接方式对功能配合面的精度要求高，否则难以保证良好的密封性能。而可转动连接方式能减少阀瓣的磨损和抖动，有利于提高阀门的使用性能。

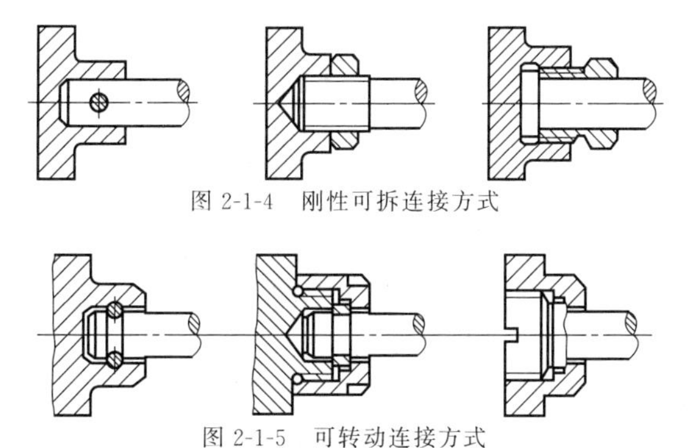

图 2-1-4　刚性可拆连接方式

图 2-1-5　可转动连接方式

（4）确定阀体与阀杆的密封结构

阀杆与阀体的密封结构与阀杆的线速度密切相关，即由阀门的开启频率确定。

接触式的密封结构适用于低开启频率的阀门（见图 2-1-6），非接触式的密封结构适用于高开启频率的阀门（见图 2-1-7），图 2-1-8 所示为阀杆局部结构。

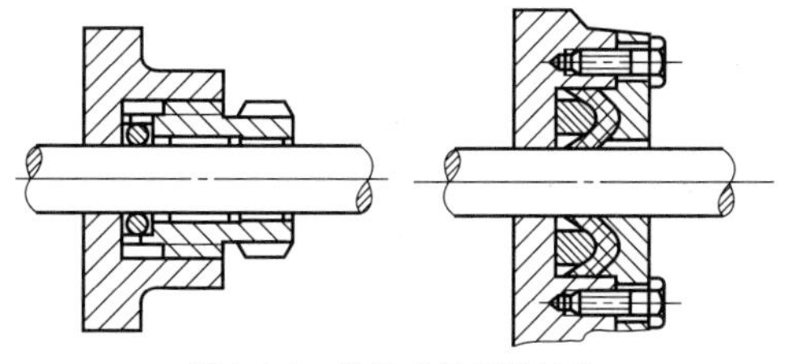

图 2-1-6　接触式的密封结构

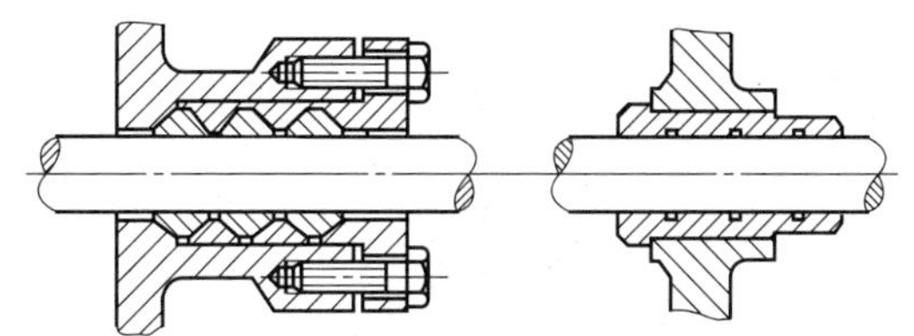

图 2-1-7　非接触式的密封结构

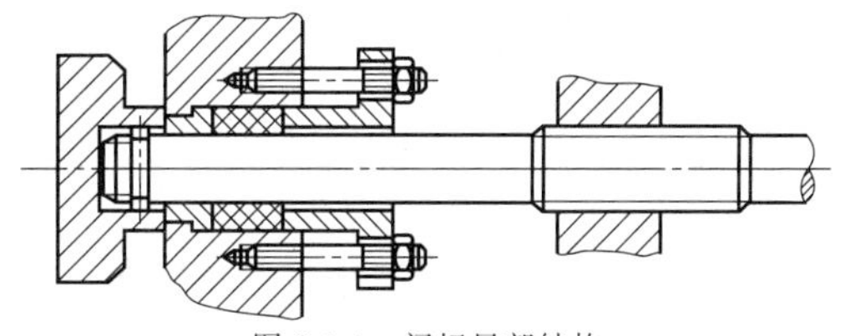

图 2-1-8　阀杆局部结构

（5）确定驱动结构

驱动结构采用较为简单的手动螺旋结构［图 2-1-9（a）］，为保证阀瓣的密闭效果，驱动螺旋接触面应是具有自锁功能的滑动螺旋面。该结构采用了阀瓣和阀杆可相对转动的结构形式，但该结构不宜采用电动驱动方式。图 2-1-9（b）所示结构是螺母旋转，没有轴向移动，易于采用电动驱动方式。采用该电驱动结构时，驱动螺旋可采用滚动螺旋副结构。

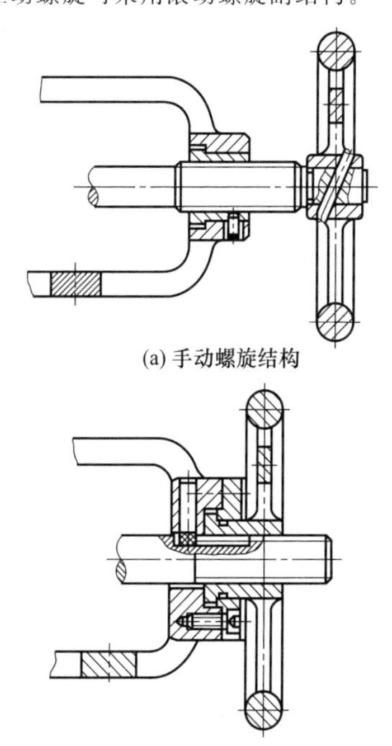

(a) 手动螺旋结构

(b) 螺母旋转结构

图 2-1-9　阀杆螺旋驱动结构

（6）确定阀体结构

设计阀体结构应考虑整体的密闭性和阀体内部零件的可拆装性，因此采用了法兰结构，如图 2-1-10 所示。

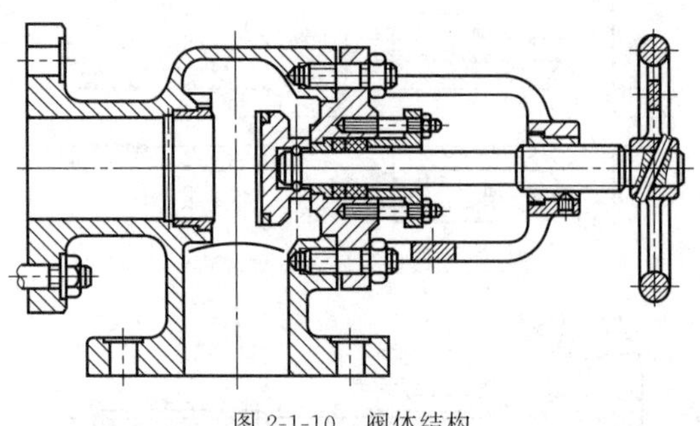

图 2-1-10 阀体结构

1.2.1.4 自由度法结构分析及示例

现代机械多为精密机械，机械运动的主要形式是旋转运动和直线运动。提高运动精度的关键是支承（轴承和导轨）。下面就轴系和导轨按自由度分析法分别进行结构设计分析。

（1）轴系设计的自由度分析

图 2-1-11 是水平轴的支承结构。轴由两个轴承支承，用两个轴肩限制其轴向移动，只有一个绕轴线转动的自由度。其中图（a）为一端支承沿轴向双向固定，另一端为自由端；图（b）为两端支承沿轴向各限制一个方向的移动，从而限制了整个轴系沿 X 轴的移动。图（a）支承结构适合轴的跨距较大或温度较高导致轴热伸长量较大的场合；图（b）支承结构属两端单侧固定轴系，为防止轴向窜动过大以及防止轴热膨胀卡死，须对轴向间隙加以调整。自由度简图右面为对应的两种滚动轴承支承的轴系结构示例。

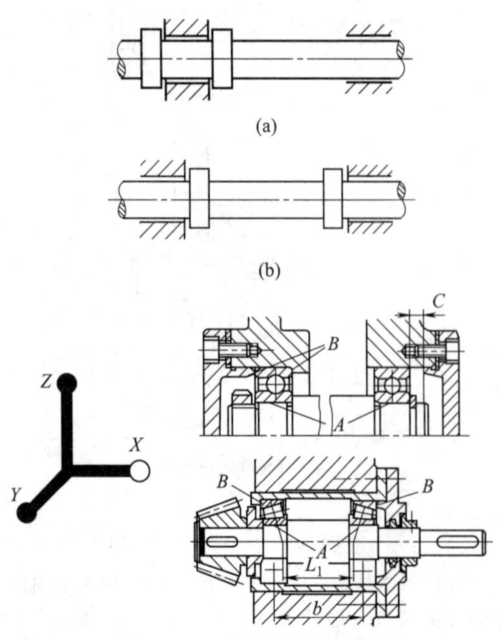

图 2-1-11 水平轴的支承结构

图 2-1-12 是立轴的支承结构原理图。结构 1 中，支承面 A 可以视为三个支承点，相当于表 2-1-3 中的结构 5，支承面 B 相当于表中结构 3。两种接触方式结合在一起，轴只有一个绕轴线 Z 转动的自由度。沿 Z 轴上移的自由度可利用轴系的重量或其他附加装置来解决。此处 B 为一环形支承面，沿 Z 轴的尺寸不必很大，但轴与孔的间隙必须很小，起到在 XY 平面内的定位作用。适当加大 A 面直径，有利于提高轴系的回转精度。结构 2 相当于表 2-1-3 中结构 1 和结构 6 的组合，同样的，沿 Z 轴上移的自由度可利用轴系的重量或其他附加装置来解决。

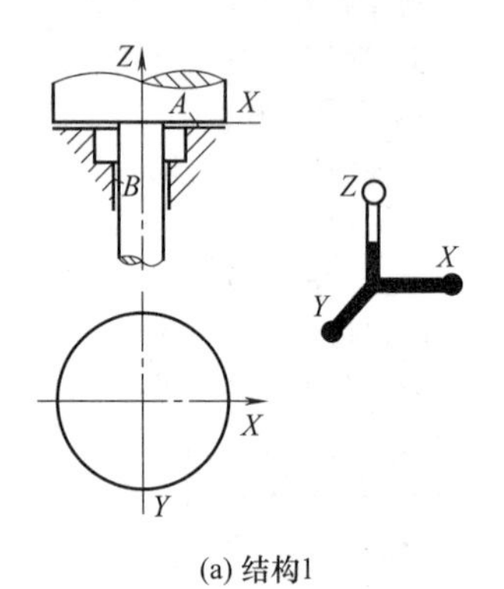

(a) 结构1

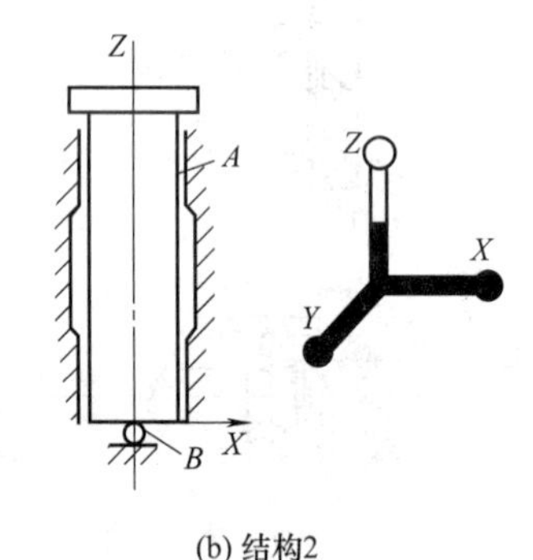

(b) 结构2

图 2-1-12 立轴的支承结构

图 2-1-13 为用于精密机床和仪器中液体静压双半球轴系，相当于表 2-1-3 中两个结构 4 的组合，主

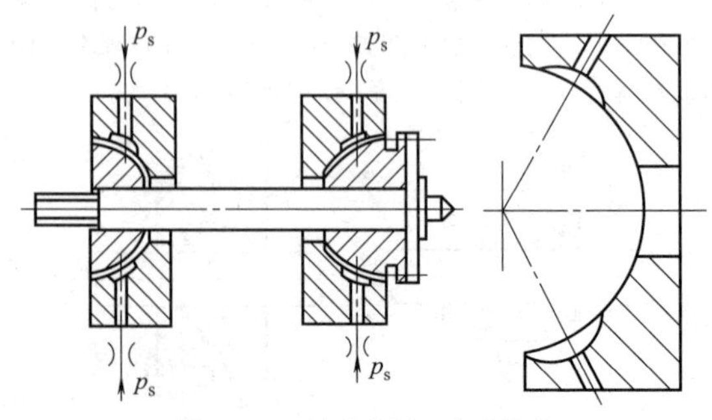

图 2-1-13 液体静压双半球轴系

要有绕水平轴转动的自由度，工作时绕其他两轴转动的自由度受到结构限制和静压系统的调控作用而基本消除。静压腔外采用小孔节流器，主轴回转精度为 0.01μm。该轴系能自动定心，装配方便。

图 2-1-14 为日本超精密车床的球面空气静压轴承。前轴承球直径为 70mm，后轴承圆柱直径为 22mm。球轴承有 12 个直径为 0.3mm 的小孔节流器，凸球和凹球座的间隙为 12μm。圆柱轴承的间隙为 18μm，其外球面作对中调整用。由于球轴承的加工精度高，自位性好，在主轴转速为 200r/min 时，径向和轴向跳动分别为 0.03μm 和 0.01μm。径向和轴向刚度分别为 25N/μm 和 80N/μm。

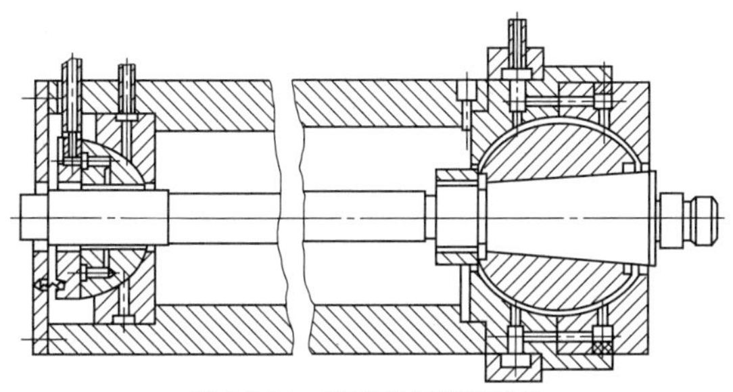

图 2-1-14　球面空气静压轴承

图 2-1-15 为一测试仪器上的气体静压连接双半球式主轴轴系，回转精度达 0.01μm。凸半球和凹半球的间隙为 0.01～0.015mm。上下两个凹半球座 1 各有 18 个孔径为 0.14mm 的小孔节流器。气腔直径为 4mm，深为 0.14mm。轴系配有精密圆光栅测量角度，仪器分辨率为 0.01″，示值误差为 0.1″。

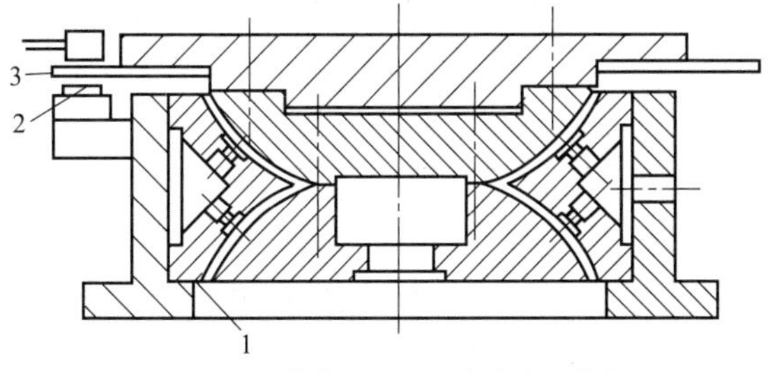

图 2-1-15　气体静压连接双半球式主轴轴系
1—凹半球座；2，3—圆光栅角度测量装置

（2）导轨设计的自由度分析

图 2-1-16（a）是一种复合运动学原理的导轨简图。1、3、5 三点相当于表 2-1-3 中的第 5 种结构，2、4 相当于第 2 种结构。因此工作台只有沿 Y 方向运动的一个自由度。沿 Z 方向上移的自由度可以利用附加装置解决。图 2-1-16（b）是一种常用的滑动导轨结构，它的支撑面 5 较大，提高了精度要求。

现代机械目前使用最多的是图 2-1-17 所示的滚动导轨，尺寸精度达 5～20μm 间隙为 －42～－26μm。图 2-1-18 和图 2-1-19 为直线运动导套副及直线运动球轴承的结构图。

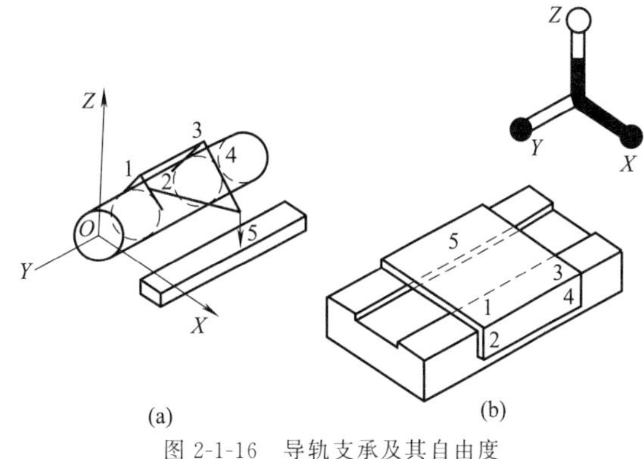

图 2-1-16　导轨支承及其自由度

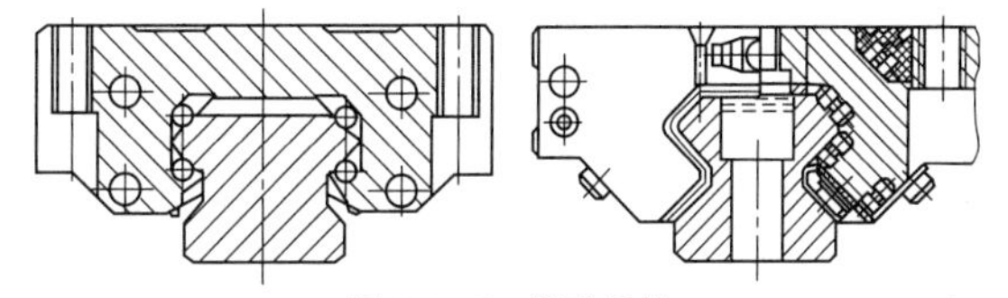

图 2-1-17　滚动导轨

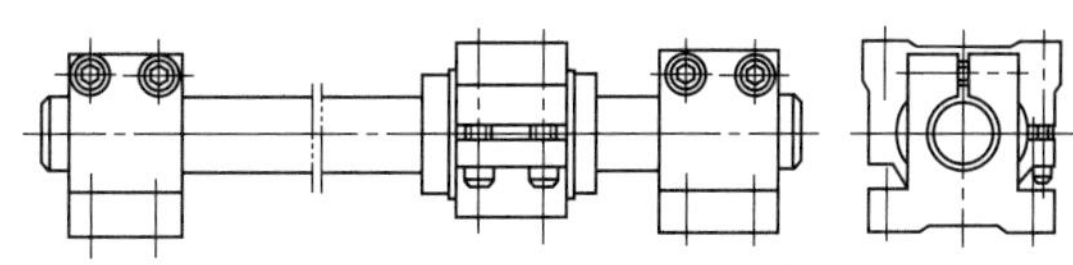

图 2-1-18　直线运动导套副

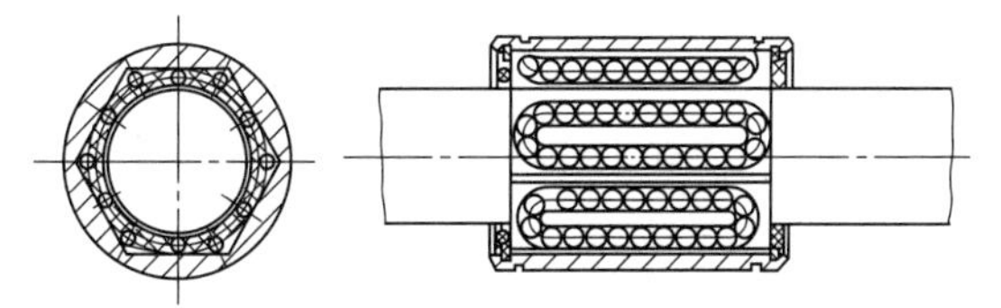

图 2-1-19　直线运动球轴承的结构

1.2.1.5　现代机械结构及功能分析示例

（1）现代机床与传统机床的结构功能比较

现代机床与传统机床在结构上有很大不同。其结构功能比较见表 2-1-4～表 2-1-6。

（2）机器人手腕的结构分析

通用机器人主要机械结构可划分为基座、臂部、腕部和末端执行器（手爪）。基座起支撑作用，固定式机器人的基座直接连接在地面基础上，移动式机器人的基座安装在移动机构上。臂部连接基座和手腕，主要改变末端执行器的空间位置。腕部连接臂部和末端执行器，主要改变末端执行器的空间姿态。末端执行器也称手爪部分或手部，是机器人的作业工具。下面介绍几种机器人手腕结构。

表 2-1-4 与进给运动有关的结构功能

项目	传统机床(普通机床)	现代机床(数控机床)
进给运动控制方式	集中控制(以普通铣床为例) 机械结构复杂,传动链长 一个进给电机集中驱动三个轴,电气控制简单	分散控制(以数控铣床为例) 机械结构简单,传动链短 三个伺服电机分别驱动三个进给轴,电气控制复杂
进给运动位置调定	操作者手动调定 操作者通过测量工件尺寸并与加工图样要求进行比较,然后进行位置调定	数控系统自动调定 数控系统按图样要求率先编制好的程序自动进行位置调定,操作者不参与位置调定
进给运动部件结构的动态特性	没有高的要求	有很高的要求,尤其是连续控制数控机床动态特性是重要指标 要求进给导轨动、静摩擦因数接近,传动丝杠的摩擦因数要小,传动部件的动、静刚度要大
进给运动传动链的间隙	一般不控制	要严格控制 机械结构上应有消除间隙装置,一旦产生传动间隙(包括变形产生的失动量)应由控制系统进行补偿
其他	一般无特殊要求	要控制热变形对位置调定的影响,高速进给丝杠中空通冷却液降温 要求位置调定的重复一致性好,长时间连续工作稳定性好

表 2-1-5 与生产效率有关的结构功能

项目	传统机床(普通机床)	现代机床(数控机床)
刀具交换	操作者手动换刀	自动换刀 机床具有储存刀具的刀库和自动换刀装置
工件装卸	操作者人工装卸	加工中心机床具有工件自动装卸的装置
切削参数(加工速率)	人工操作机床无法选择高的切削参数	自动加工,可选择高的切削参数; 高的主轴转速(超过10000r/min) 高的进给速度(超过50m/min)

表 2-1-6 与环境和安全有关的结构功能

项目	传统机床(普通机床)	现代机床(数控机床)
排屑	人工排屑	自动排屑 机床结构设计考虑排屑方便,附加自动排屑的自动排屑器
防护	开式防护	全封闭式防护 防护装置已成为机床整体设计的重要内容之一

手腕确定末端执行器的空间作业姿态，一般需要三个自由度，由三个回转关节组合而成，组合方式多种多样。回转方向分：臂转——绕小臂轴线方向的旋转；手转——使末端执行器绕自身的轴线的旋转；腕摆——使手部相对臂部的摆动。腕部结构的设计要满足传动灵活、结构紧凑轻巧，避免干涉。通常将腕部的驱动部分安排在小臂上，几个电动机的运动传递到同轴旋转的心轴和多层套筒上。运动传入腕部后，再分别实现各个动作。

图 2-1-20 和图 2-1-21 是 PT-600 型弧焊机器人手腕部的传动简图和结构图。这是一个腕摆、手转 2 自由度的手腕结构。其传动路线为：腕摆电机通过同步齿形带带动腕摆谐波减速器 7，减速器的输出轴带动腕摆框 1 实现腕摆运动；手转电动机通过同步齿形带带动手转谐波减速器 10，减速器的输出轴通过一对锥齿轮 9 实现手转运动。注意，当腕摆框摆动而手转电动机不转时，连接手部的锥齿轮在另一锥齿轮上滚动，产生附加的手转运动，控制上要进行修正。

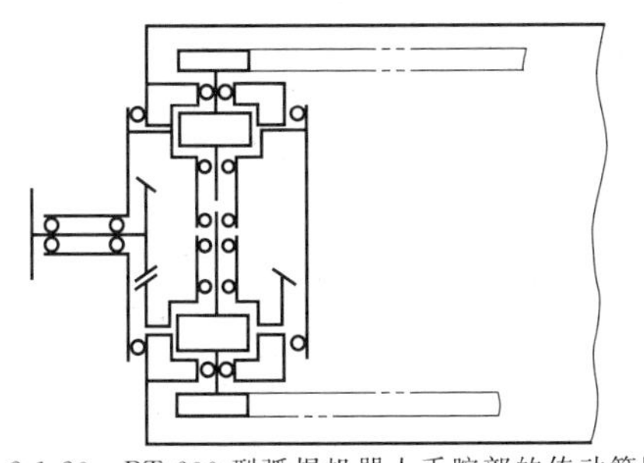
图 2-1-20　PT-600 型弧焊机器人手腕部的传动简图

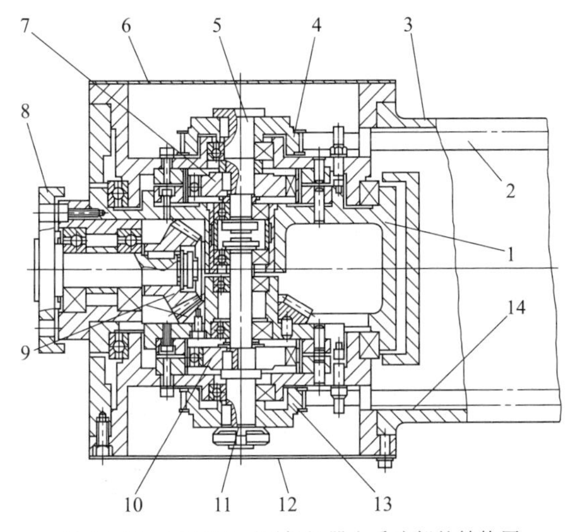

图 2-1-21　PT-600 型弧焊机器人手腕部的结构图
1—腕摆框；2—腕摆齿形带；3—小臂；4—腕摆带轮；
5—腕摆轴；6,12—端盖；7—腕摆谐波减速器；
8—连接法兰；9—锥齿轮；10—手转谐波减速器；
11—手转轴；13—手转带轮；14—手转齿形带

图 2-1-22 是另一型号机器人手腕部的传动简图。这是一个 3 自由度的手腕结构，关节配置形式为臂转、腕摆、手转结构。其传动链分成两部分，一部分在机器人小臂壳内，三个电机的输出通过带传动分别传递到同轴转动的心轴、中间套、外套筒上。另一部分传动链安排在手腕部，图 2-1-23 是手腕部的结构图。其传动路线为：

① 臂转运动　臂部外套筒与手腕壳体 3 通过端面法兰连接，外套筒直接带动整个手腕旋转完成臂转运动。

② 腕摆运动　臂部中间套筒通过花键与空心轴 2 连接，空心轴另一端通过一对锥齿轮 6、7 带动腕摆谐波减速器的波发生器 9，波发生器上套有轴承和柔轮 8，谐波减速器的定轮 4 和手腕壳体相连，动轮 5 通过盖 11 与腕摆壳体 12 相固接，当中间套带动空心轴旋转时，腕摆壳体作腕摆运动。

③ 手转运动　臂部心轴通过花键与腕部中心轴 1 连接，中心轴的另一端通过锥齿轮 27、26 带动花键轴 23，花键轴的另一端通过同步齿形带传动 24、25、22 带动带键轴 21，再通过锥齿轮 19、10 带动手转谐波减速器的波发生器 15，波发生器上套有轴承和柔轮 16，谐波减速器的定轮 18 通过底座 20 与腕摆壳体相连，动轮 14 通过零件 13 与连接手部的法兰盘 17 相固定，当臂部心轴带动腕部中心轴旋转时，法兰盘作手转运动。

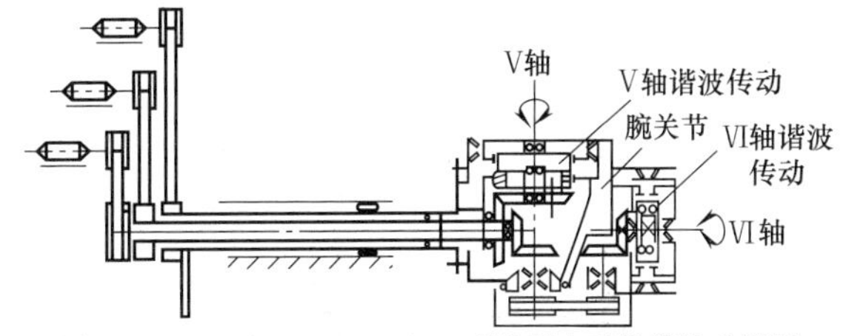

图 2-1-22　KUKA IR-662/100 型机器人手腕部传动简图

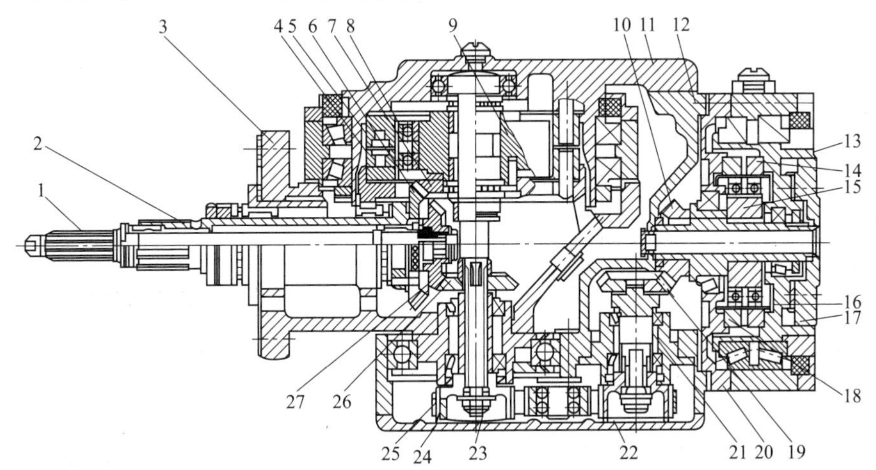

图 2-1-23　KUKA IR-662/100 型机器人手腕部结构图
1—中心轴；2—空心轴；3—手腕壳体；4,18—定轮；5,14—动轮；6,7,10,19,26,27—锥齿轮；8,16—柔轮；9,15—波发生器；11—盖；12—腕摆壳体；13—零件；17—法兰盘；20—底座；21—带键轴；22,24,25—带传动；23—花键轴

1.2.2　满足工作能力要求的结构设计

1.2.2.1　提高强度和刚度的结构设计

为了使机械零件能正常工作，在设计的整个过程中都应保证零件的强度和刚度能满足要求。对于重要的零件要进行强度和刚度计算。静强度的计算指危险截面拉压、剪切、弯曲和扭剪应力的计算；静刚度的计算指相对应载荷或应力下的变形计算。两者均与零件的材料、受力和结构尺寸密切相关（具体计算方法参阅本手册“机械设计基础资料篇”或材料力学等相关资料）。

通过合理选择机械的总体方案使零件的受力合理，特别是通过正确的结构设计（即确定零件的结构形状和尺寸）使它所受的应力和产生的变形较小可以提高零件的强度和刚度，满足其工作能力的要求。合理的计算有助于选择最佳方案，但同时也要考虑零件在加工、装拆过程中保证足够的强度和刚度及工艺性要求。

（1）通过结构设计提高静强度和刚度的措施

1）改变受力

① 改善零件的受力情况，降低零件的最大应力　如螺纹连接中，为减少螺栓所受的拉力及应力幅值，可以通过降低螺栓的刚度或增大被连接件的刚度来实现。降低螺栓刚度的措施如图 2-1-24 所示。

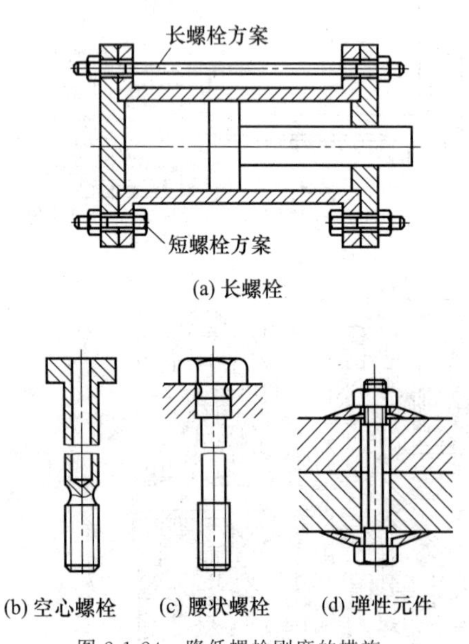

图 2-1-24　降低螺栓刚度的措施

再如，合理安排支承点与载荷的相对位置（图 2-1-25）、合理布置集中载荷与支点的相对位置（图 2-1-26，使载荷作用点靠近支点）以及尽可能将集中力改为分散力或均布载荷（图 2-1-27），这些措施均可减少梁所受的弯矩，降低弯曲应力，减少轴的挠度。另外，设计支承时应尽量避免悬臂支承，不可避免时要尽量减小悬臂的伸出长度（图 2-1-28）。

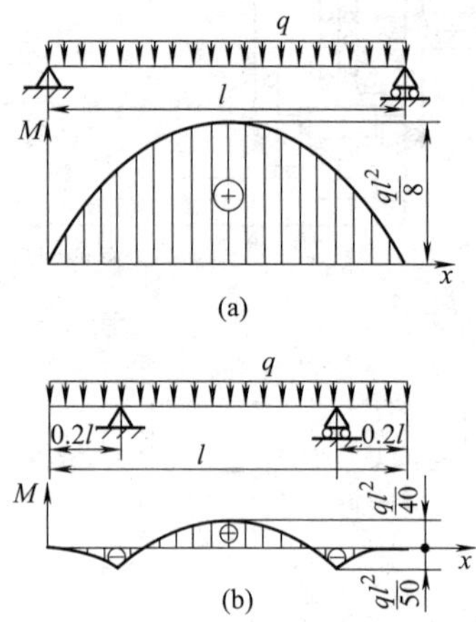

图 2-1-25　简支梁的支点方案

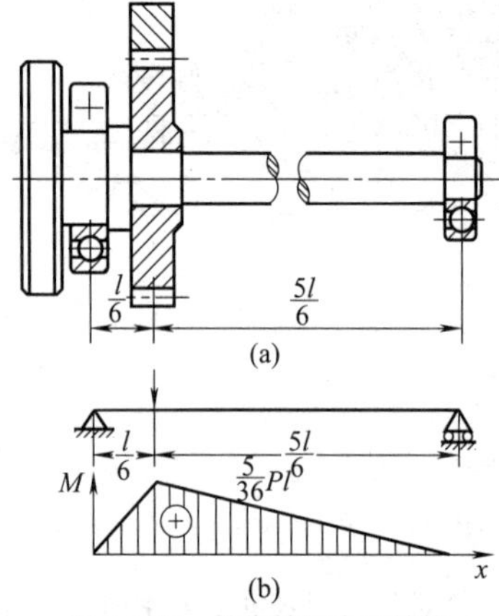

图 2-1-26　铣床轴的合理结构

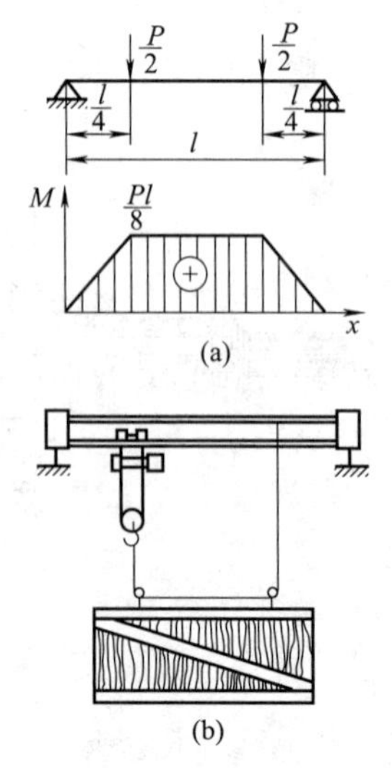

图 2-1-27　吊车的合理承载布置

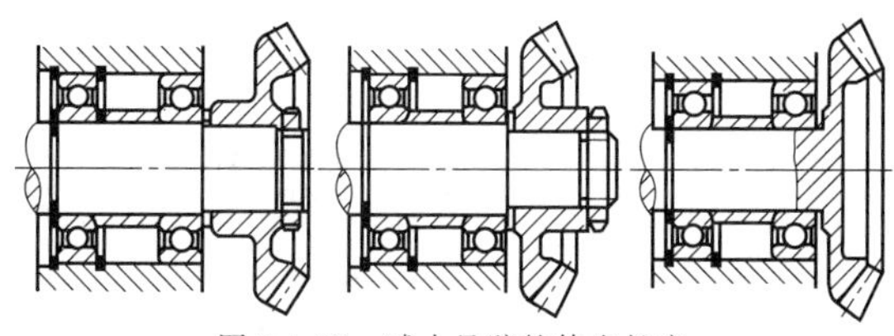

图 2-1-28　减小悬臂的伸出长度

② 载荷分担（转移）　将一个零件所受的载荷分给几个零件承受，以减少每个零件的受力。如螺栓组连接结构设计中，应使各螺栓对称分布以均匀分担所受载荷。又如图 2-1-29 的组合弹簧结构中，将两个或多个直径不同的弹簧套在一起作为一个整体来承担较大的载荷。

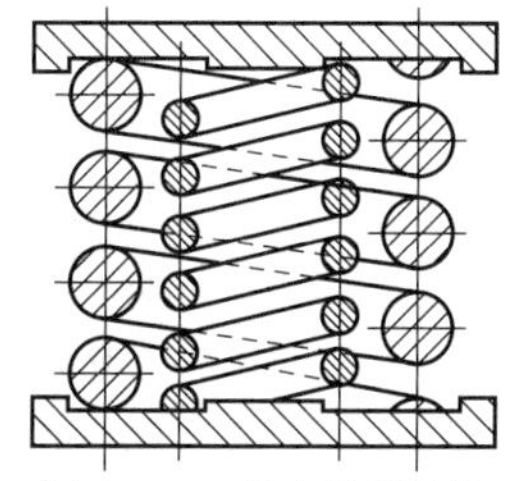

图 2-1-29　组合弹簧结构

图 2-1-30 所示的卸荷轮结构，轴只受带轮传来的转矩而不受径向力和弯矩（后者转而由轴承和箱体承受）；又如图 2-1-31 所示的螺栓减载结构，采用减载元件来承受横向载荷，螺栓则不需承受太大的预紧力。

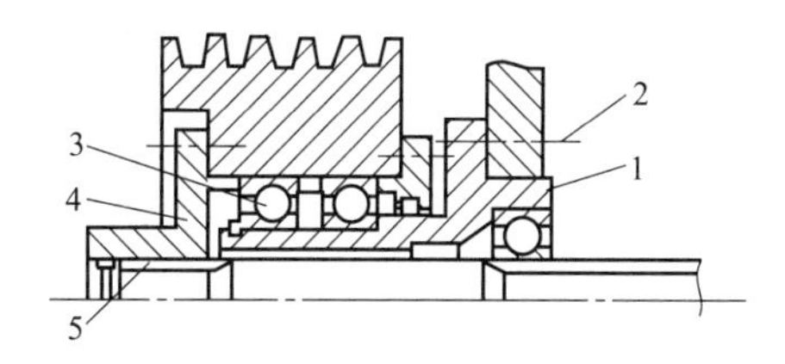

图 2-1-30　卸荷轮结构
1—轴承座；2—螺钉；3—滚动轴承；
4—法兰盘；5—花键连接

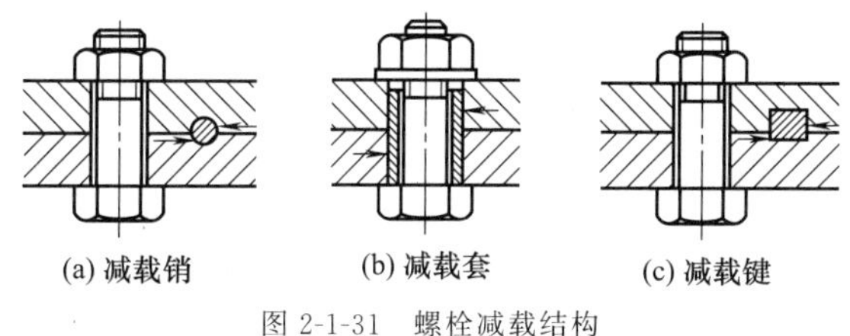

图 2-1-31　螺栓减载结构

③ 载荷均布

a. 改变零件形状。通过改变零件的形状，改善零件的受力，如齿轮表面修形，使载荷沿齿宽方向均布；采用均载螺母使各扣螺纹所受载荷均摊等（图 2-1-32）。

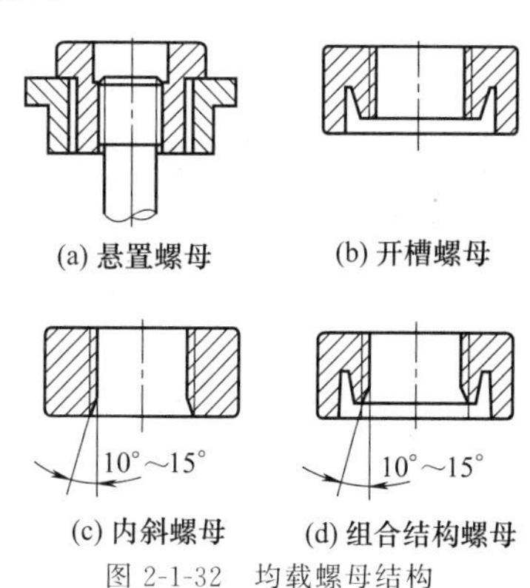

图 2-1-32　均载螺母结构

b. 采用挠性均载元件。如采用均载装置使行星齿轮减速器的两个行星轮之间的载荷均匀分配（图 2-1-33）。

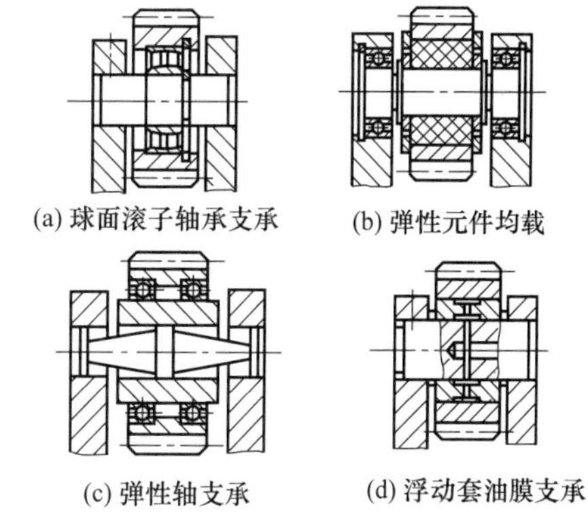

图 2-1-33　行星齿轮减速器均载轴系结构

c. 提高加工精度。适用于由于加工误差引起的不均载结构。

④ 其他的载荷抵消或转化措施　采取措施使外载荷全部或部分地互相抵消。如传动轴系中采用人字齿轮，齿轮两侧齿所受的轴向力可相互抵消，不会传至两端轴承。再如实际中常采用反向预应力或变形结构，通过抵消部分外载荷来提高结构的承载能力。其他的载荷转化措施有：化外力为内力（图 2-1-34）；用拉伸代替弯曲（图 2-1-35）等。

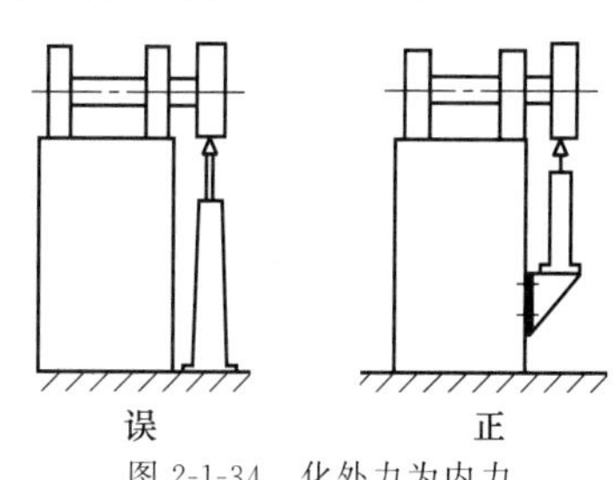

图 2-1-34　化外力为内力

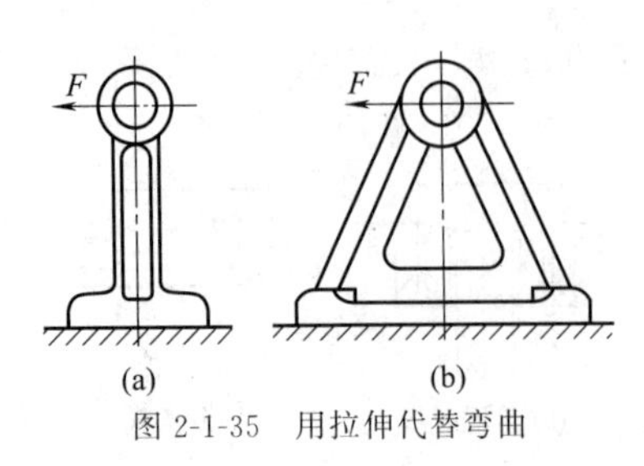

图 2-1-35　用拉伸代替弯曲

2）改变截面

① 采用合理的断面形状　在零件材料和受力一定的条件下，只能通过结构设计，如增大截面积，增大抗弯、抗扭截面系数来提高其强度。常用构件截面形状的惯性矩及抗弯截面系数见本手册“机械设计基础资料篇”。表 2-1-7 给出了几种截面图形在面积相同时的抗弯截面系数的比较，以及抗弯截面系数相同时截面面积及截面惯性矩的比较。可以看出，在截面积相同（及单位长度的重量）时，不同形状的抗弯截面系数和惯性矩差别很大（工字梁截面的最大）。因此可以通过正确选择截面形状与尺寸来降低最大弯曲应力及提高刚度（详见本手册机架篇中截面设计）。

② 用肋或隔板　采用加强肋或隔板可提高零件，特别是机架零件的刚度，设计加强肋应注意下列事项。

a. 考虑到机架常用铸造加工，应结合材料特性使加强肋在受压状态下工作，避免受过大的拉应力。

表 2-1-7　截面形状与抗弯截面系数及惯性矩

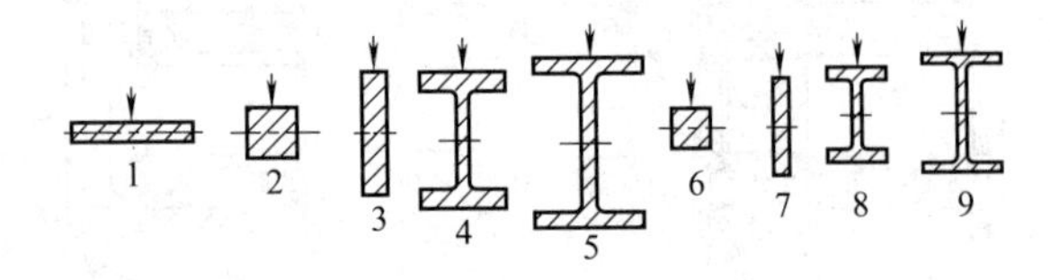

$F(G)$=常数				W=常数			
图号	G	W	I	图号	G	W	I
1	1	1	1	6	0.6	1	1.7
2	1	2.2	5	7	0.33	1	3
3	1	5	25	8	0.2	1	3
4	1	9	40	9	0.12	1	3.5
5	1	12	70				

b. 加强肋的高度不应过低，否则会削弱截面的弯曲强度和刚度（参见图 2-1-36）。

c. 三角肋须延至外力的作用点处（见图 2-1-37）。

3）利用附加结构措施改变材料内应力状态　通过附加结构措施使受力零件产生弹性强化或塑性强化来提高强度。塑性强化又称过载强化，采用塑性强化的结构都是受不均匀应力的零件。其塑性变形产生在零件受最大应力的区域内，并与工作应力方向相反，因而具有降低最大应力、使应力分布均匀的效果。

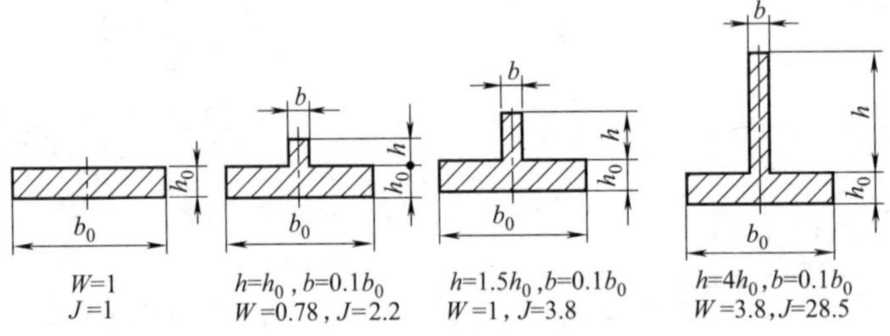

图 2-1-36　加强肋高度对强度和刚度的影响

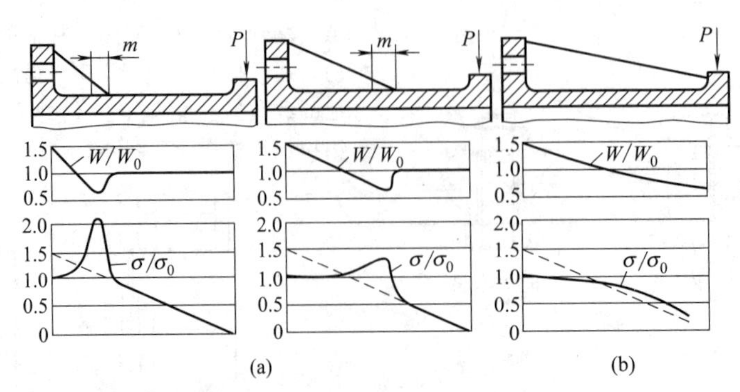

图 2-1-37　三角肋对零件强度的影响

W—有肋板抗弯截面模量；W_0—无肋板抗弯截面模量；σ—有肋板弯曲应力；σ_0—无肋板弯曲应力

（2）提高疲劳强度的结构设计

机械零件多在变应力状态下工作，因此机械零件的疲劳强度要比静强度重要得多。零件结构设计中除了考虑前述提高静强度或刚度的内容外，特别应注意减少零件的应力集中，同时承受变应力零件应避免表面过于粗糙或有划痕。

应力集中是降低零件疲劳强度的主要原因之一。对于受弯矩和扭矩的轴，在截面的形状和尺寸有局部变化处，将产生弯曲应力和剪切应力集中现象，如图 2-1-38 所示。

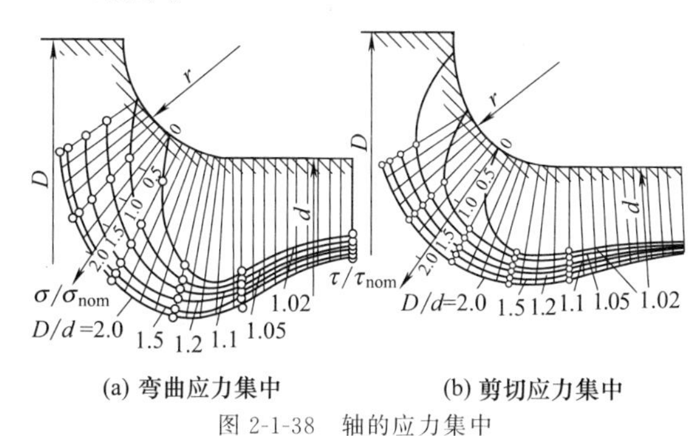

(a) 弯曲应力集中　(b) 剪切应力集中

图 2-1-38　轴的应力集中

应力集中的程度大小取决于缺口处的形状尺寸和应力形式。表 2-1-8 为过渡轴肩和常见几种缺口处的有效应力集中系数值。断面剧烈变化处的应力集中十分严重，因而阶梯轴或台阶面处的交接处，应尽量采用大圆角，锥角，斜面过渡。常用的减少轴肩过渡处应力集中的结构措施见图 2-1-39。

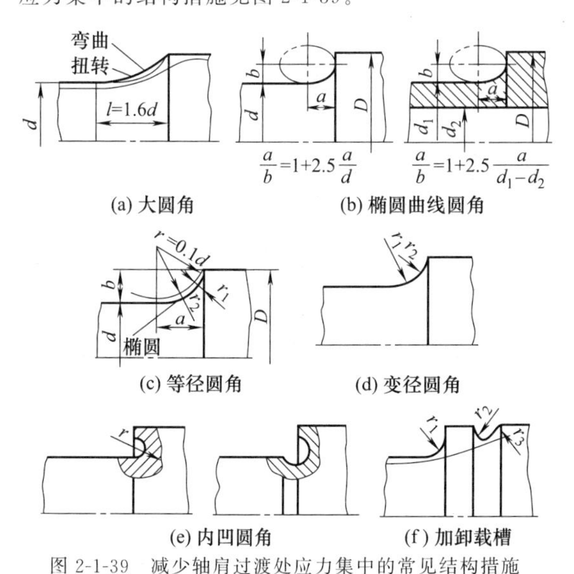

(a) 大圆角　(b) 椭圆曲线圆角

(c) 等径圆角　(d) 变径圆角

(e) 内凹圆角　(f) 加卸载槽

图 2-1-39　减少轴肩过渡处应力集中的常见结构措施

如图 2-1-40 所示，螺栓上应力集中最严重的部位是螺纹牙底部、螺纹牙收尾部分、螺栓头部和螺杆的交接处、螺杆上横截面有明显变化处。常见的降低其应力集中的结构措施如图 2-1-41 所示。

表 2-1-8　弯曲应力集中系数 K_σ 和剪切应力集中系数 K_τ 的值

应力集中源	r/d	f/r	σ_b/MPa	K_σ	K_τ
	0.02	1		1.45～1.60	1.35～1.40
	0.05	1	500～	1.60～1.90	1.45～1.55
	0.02	2	1200	1.80～2.15	1.60～1.70
	0.05	2		1.75～2.20	1.60～1.75
	0.02	1		2.05～2.5	
	0.05	1	500～	1.82～2.25	1.6～2.2
	0.02	2	1200	2.25～2.70	
	0.05	2		2.05～2.50	
	≤0.1	—	500～	2.0～2.3	1.75～2.0
	>0.15		1200	1.8～2.1	
	—		500	1.8	1.4
			700	1.9	1.7
			1500	2.3	2.2
	—		500	1.45	2.25～1.43
			700	1.60	2.45～1.49
			1200	1.75	2.80～1.60
	—		500	1.80	—
			700	2.20	
			1200	2.90	

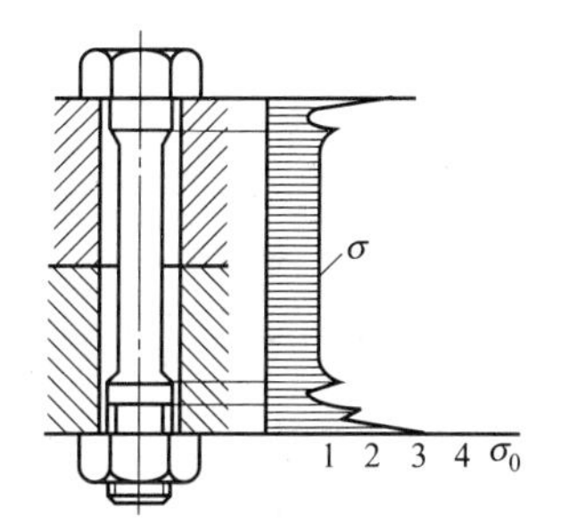

图 2-1-40　螺栓上应力分布

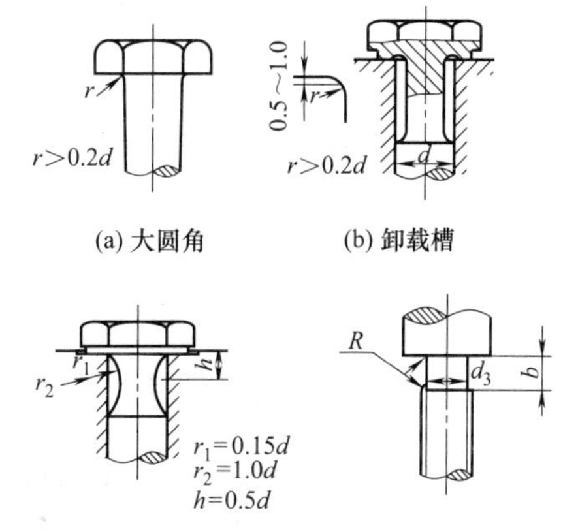

(a) 大圆角　(b) 卸载槽

(c) 卸载槽过渡结构　(d) 螺纹收尾部退刀槽

图 2-1-41　常见的降低螺栓应力集中的结构措施

对表2-1-8中的由指状铣刀加工的键槽，其应力集中要比用盘铣刀加工的键槽的应力集中系数大20%左右。另外，对轴毂过盈配合处的径向压力分布不均（如图2-1-42)，导致轴的应力集中。图2-1-43为几种降低过盈配合处应力集中的结构措施。

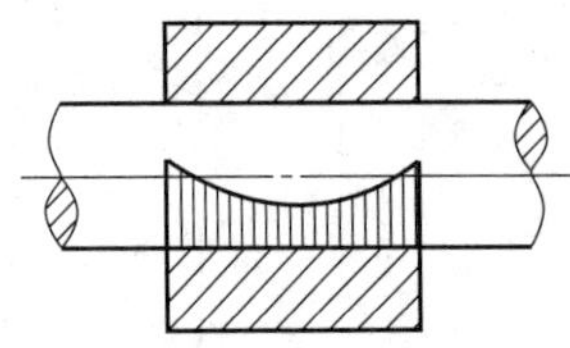

图2-1-42 轴毂过盈配合处的径向压力分布

另外，为提高高副接触零件的接触疲劳强度，在零件结构设计方面主要应考虑如何增大接触处的综合曲率半径，以减少接触应力的大小。

零件功能使用性能设计时的注意事项如表2-1-9所示。

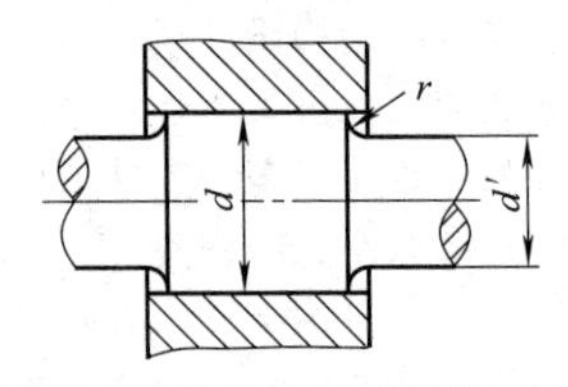

(a) 使非配合部分的轴径小于配合的轴径($d/d'\geqslant 1.05, r\geqslant 0.1\sim 0.2$)

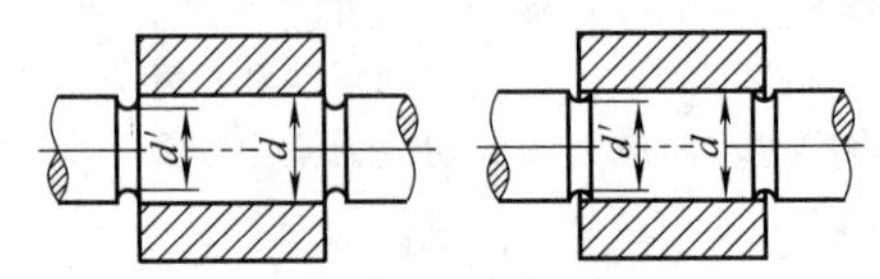

(b) 在被包容件上加工卸载槽

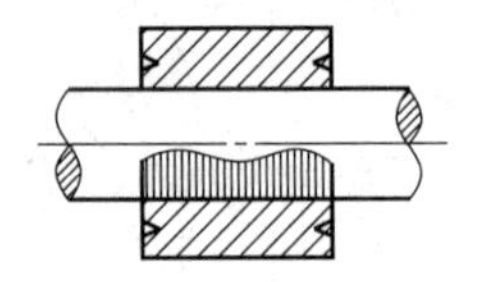

(c) 在包容件上加工卸载槽

图2-1-43 几种降低过盈配合处应力集中的结构措施

表2-1-9 零件功能使用性能设计时的注意事项

序号	设计时应注意的问题	要点分析
1	避免受力点与支持点距离太远 误 正	尽量设计成支持点与受力点一致。如左图，某设备3点受力，采用4腿工作台时，台面虽厚，仍变形很大。用3腿工作台，每个腿正对设备的受力点，台面虽薄，却无变形
2	避免悬臂结构或减少悬臂长度 原方案 改进方案	悬臂安装传动件的轴弯曲变形较大，前轴承受力也大，应尽量避免或减小悬臂伸出
3	利用工作载荷改善结构受力 改进前 改进后	有些压力容器的盖，可以利用容器中介质的压力帮助压紧，以减少连接件的受力
4	受剪切力的连接应避免采用摩擦传力 不合理 合理	摩擦传力的连接结构零件受力大，且传力不可靠，宜采用靠零件形状传力的结构。如把连接两板的螺栓由普通螺栓改为铰制孔螺栓
5	避免机构中的不平衡力 图(a) 图(b) 图(c)	在设计机构方案时，应考虑各有关零件受力相互平衡。如图中圆锥离合器：图(a)不能平衡轴向推力，图(b)轴向推力化为离合器内力，轴不受推力，图(c)轴向压力互相平衡 改进方案受力合理，但结构复杂，适用于受力较大的离合器

续表

序号	设计时应注意的问题	要　点　分　析
6	受力均匀 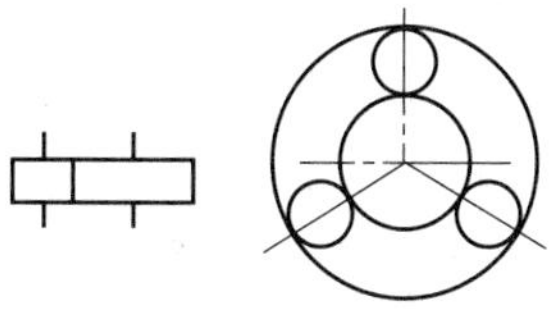	对大功率传动，利用分流可以减小体积，如普通轮系改为行星轮系，靠多个行星轮传动，可以减少体积
7	减少支承件变形对传动件受力均匀性的影响 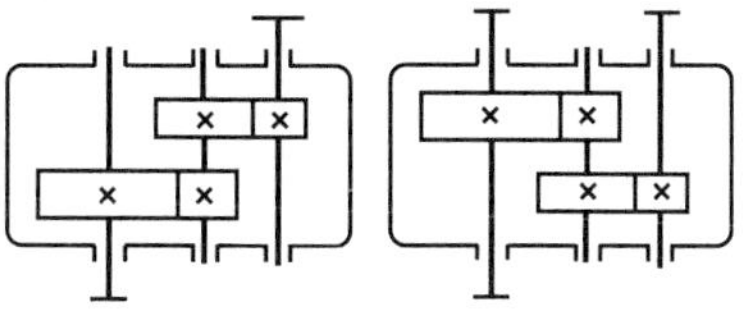 误　正	有些零件空载的接触情况与负载后的接触情况不同 如左图所示齿轮减速箱，负载运转时，由于轴弯曲变形齿轮接触不良发生偏载，但右图中高速级齿轮轴的扭转变形可以补偿弯曲产生的变形，从而减少沿齿宽方向的偏载
8	增加支承或约束提高刀杆的刚度 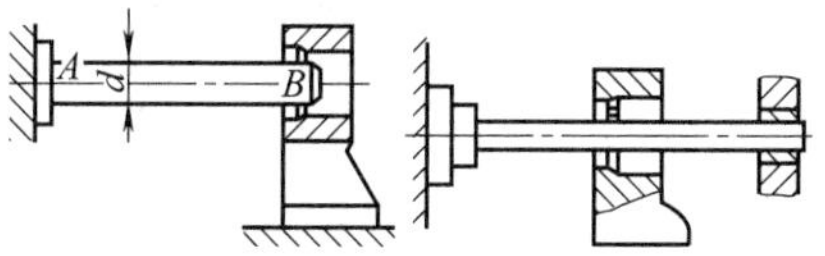 A d B 误　正	支承方式对系统刚度影响很大，设计时应尽量避免悬臂端受载。镗刀杆必须采用左图的悬臂式外伸时，应限制刀杆的长径比；若能在杆的伸出末端增加一支承，则可大大提高刀杆的刚度
9	避免影响强度的局部结构相距太近 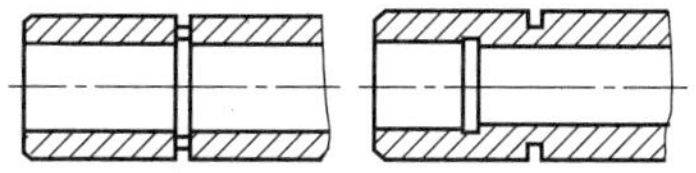 误　正	图示圆管外壁上有螺纹退刀槽，内壁有镗孔退刀槽，如二者距离太近，对管道强度影响较大，宜分散安排
10	钢丝绳/带传动的滑轮/带轮或卷筒直径不能太小 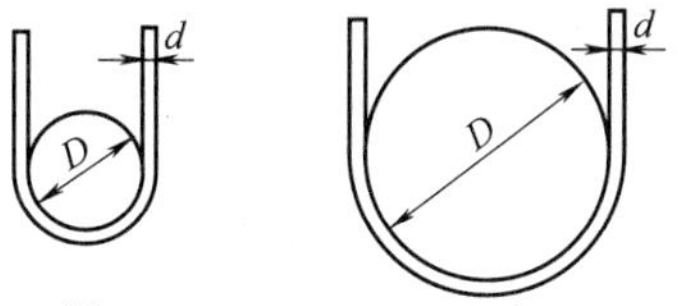 d D　d D 误　正	钢丝绳/带绕过滑轮/带轮或卷筒时，由于钢绳/带弯曲产生较大的弯曲应力，设计中要保持滑轮/带或卷筒直径 D 不得小于设计规范的规定值，否则将显著降低钢丝绳/带的寿命
11	利用弹性强化或塑性强化来提高强度 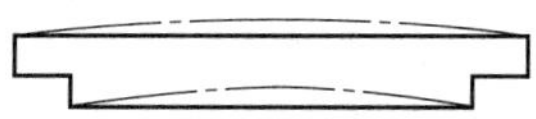	采用与工作负载产生变形方向相反的预变形，可以提高机械零件的承载能力。如桥式起重机的横梁，由于工作负载使横梁下凹。设计时使横梁加工时预先有一定的上凸变形，可以减小工作时横梁的下凹量
12	减少应力变化次数提高零件的疲劳寿命 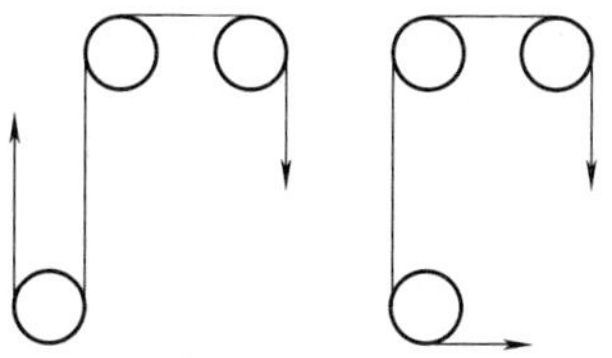 误　正	钢丝绳经过滑轮数愈多，则其弯曲次数愈多，寿命愈低。尤其是向不同方向的弯曲，更使其寿命显著降低

续表

序号	设计时应注意的问题	要点分析
13	受力均匀 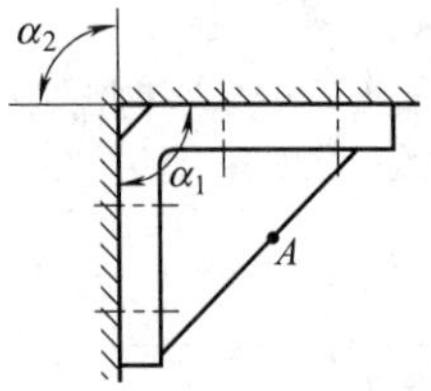 α_2 α_1 A $\alpha_1<\alpha_2$ 不合理　$\alpha_1 \geqslant \alpha_2$ 合理 （α_1、α_2 公差给定时保证）	灰口铸铁的抗压强度明显高于抗拉强度，因此应尽量避免受拉。如图中角形支座固定在互相垂直的壁上，支座夹角 α_1 与两壁夹角 α_2，名义值都是 90°，但考虑制造公差时应使 $\alpha_1 \geqslant \alpha_2$，以免在拧紧螺栓后在 A 处产生拉力
14	起重时钢丝绳与卷筒连接处要留有余量 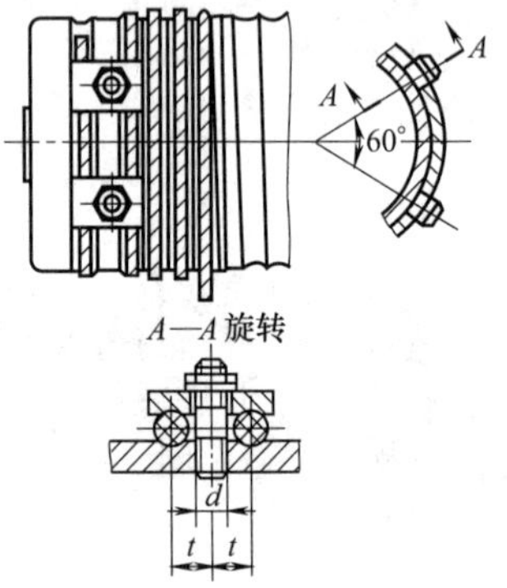 A　A　60° A—A 旋转 d　t　t	起重钢丝绳的端部一般用螺栓固定在卷筒上。当起重吊钩下降至最低点时，钢丝绳在卷筒上应至少保留两圈，以减小螺栓受力而保证安全。钢丝绳拉力 F_1，螺栓受力 F_2，摩擦因数为 μ，钢丝绳在卷筒上缠绕包角为 α 时，有：$F_1=F_2e^{\mu\alpha}$
15	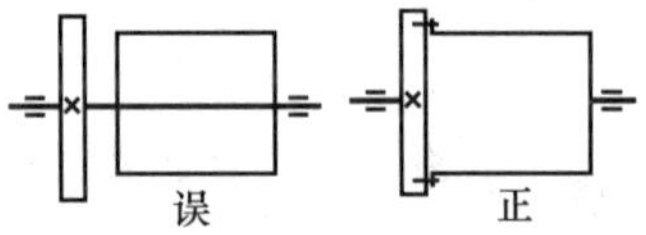 误　正	齿轮经过轴将转矩传给卷筒，则轴受力较大。改用螺栓直接连接，轴不受转矩，则结构较合理
16	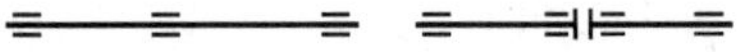 较差　较好	尽量避免采用对中要求高的三支点轴结构。两个部件用联轴器连接时，应考虑用挠性（可移式）联轴器。轴装式减速器安装时对中要求低，不产生由于不对中产生的附加力，是一种较好的结构
17	化外力为内力 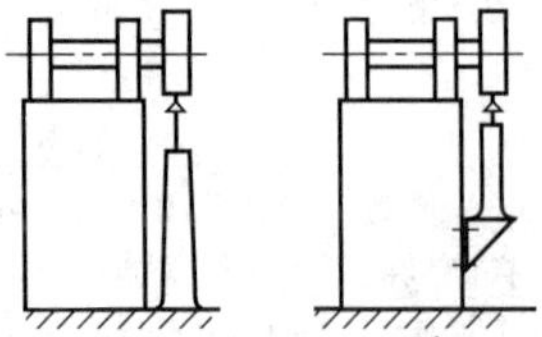 误　正	地基一般由混凝土制成，承载能力较低，尽可能不要把加力机构的力作用在地基上。如图为一轴承实验台，用油压千斤顶加载，如把千斤顶放在地面上，则地基受力很大。如果把油压千斤顶放在一个用螺栓直接固定在实验台底座上的角形支架上面，则地基不承受油压千斤顶的推力
18	受冲击载荷零件避免刚度过大 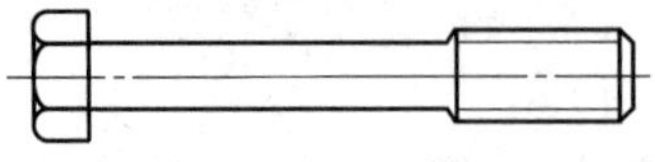	受冲击载荷零件刚度太大时吸收冲击能的能力较低，因此应适当降低其刚度。尺寸应经过仔细的动强度计算
19	加肋以增大刚度，减小变形 不合理 　合理	加肋后，角架的刚度大大增加，抗弯能力增大，减小角架的变形

续表

序号	设计时应注意的问题	要　点　分　析
20	铸件不宜受过大的拉应力 不合理　合理　拉应力　压应力 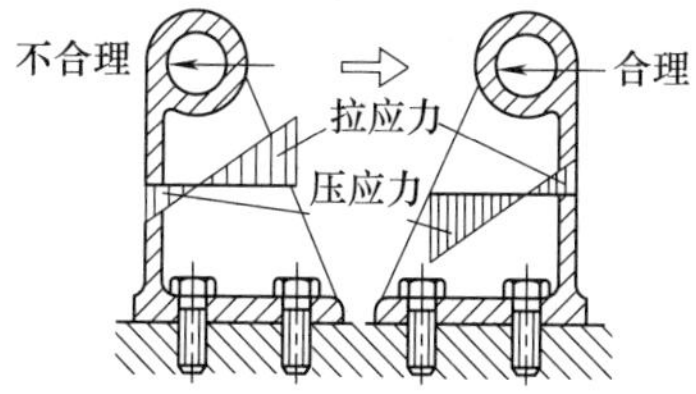	铸件的抗拉强度是抗压强度的 1/5 左右，因此铸件应采用受压应力比受拉应力大的结构。图示铸铁加强肋的承拉能力小，不宜受拉（左图），应将加强肋布置在受压方向（右图）

1.2.2.2　提高耐磨性的结构设计

零件磨损后，尺寸发生变化，将影响零件功能。设计者必须注意避免由于耐磨性设计不合理而导致零件甚至整个机械不能正常工作，或达不到应有的使用寿命。避免机械零件发生严重磨损的措施主要有：合理设计机械零件的结构形状和尺寸，以减小相对运动表面之间的压力和相对运动速度；选择适当的材料和热处理；采用合适的润滑剂、添加剂及其供给方法；在污染、多尘的条件下工作时，加必要的密封或防护装置；提高加工及装配精度避免局部磨损等。必要时采用流体动压润滑、流体静压润滑或利用磁浮支承，可以满足摩擦、磨损极小而使寿命大大提高。通过结构设计提高零件耐磨性的主要做法可归纳如表 2-1-10 所示。

表 2-1-10　　提高耐磨性结构设计的方法

方法	图　示	说　明
通过结构设计改变摩擦方式	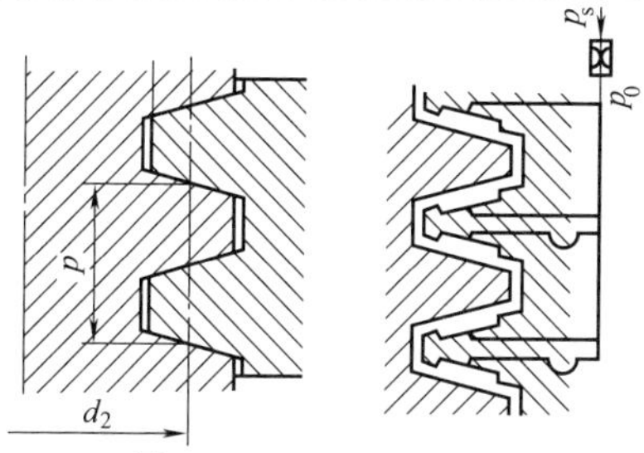 p　d_2　p_s　p_0 图(a)　图(b)	摩擦和润滑条件对接触零件间的磨损的影响很大，结构设计时可以根据实际情况进行选择。以螺旋传动为例，滚动螺旋较普通滑动螺旋[图(a)]可以大大减小摩擦，减缓磨损，提高传动效率。静压螺旋[图(b)]靠在螺旋面间形成静压液膜作用，避免了金属间的直接接触和磨损。滚动螺旋和静压螺旋的结构复杂，成本高。利用摩擦方式改变来提高耐磨性的另一范例是套筒滚子链结构
磨损均匀	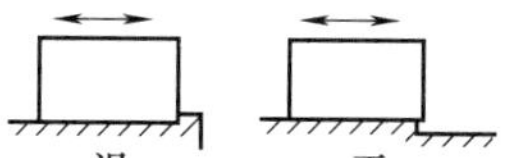 误　正 (ⅰ)阶梯磨损示意图 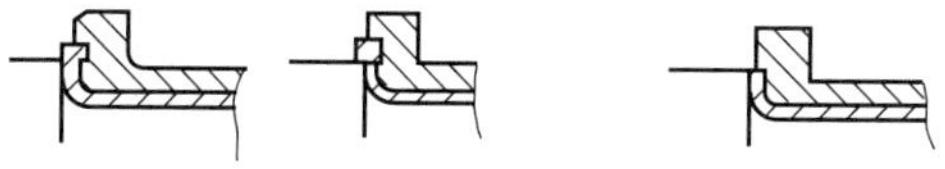 不合理　合理 (ⅱ)全磨损轴瓦结构 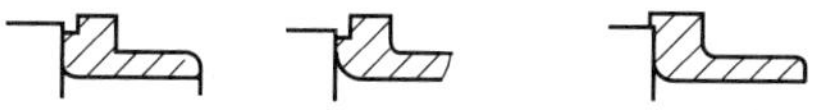 不合理　合理 (ⅲ)阶梯磨损轴瓦结构 图(c)　阶梯磨损及相应结构设计	通过适当的结构设计使摩擦副间的磨损均匀，实际上就是减缓磨损。由于影响磨损的主要工作参量是载荷和速度，因此设计时应使摩擦表面间的接触压力和各接触点的相对速度尽量相同，以使表面磨损均匀。如止推滑动轴承多做成空心或环形，使接触面各点的相对滑动速度相同 当一对相互接触的滑动表面尺寸不同，因而有一部分表面不接触时，则可能由于有的部分不磨损而与有磨损的部分之间形成台阶，称为阶梯磨损。如图(c)中(ⅰ)所示如果移动件的行程比支承件短，则有一部分支承件无磨损而发生阶梯磨损。因而要合理设计行程终端的位置 由于轴肩与推力滑动轴承的止推端面间的尺寸很难达到完全一致，设计时，一般应采用磨损量较大的一侧全面磨损（如铜轴瓦），另一侧为钢轴肩磨损量很小，阶梯磨损效果不显著，如图(c)中(ⅱ)所示。如果两侧摩擦面都有明显的磨损，则令较易修复的一面出现阶梯磨损较合理[见图(c)中(ⅲ)，轴肩比轴瓦端面难修复]

续表

方法	图示	说明
减小摩擦表面的压强	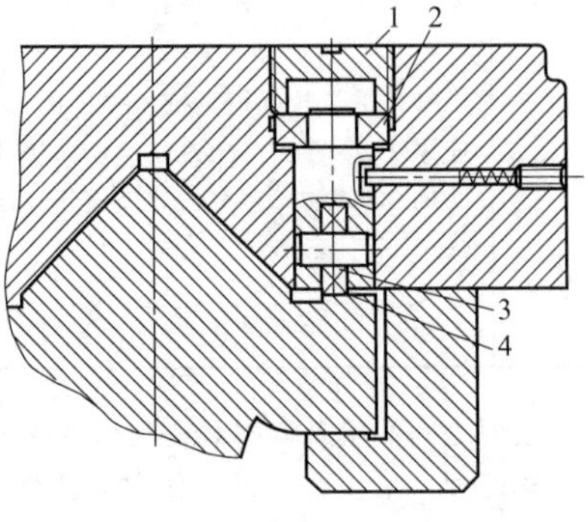 图(d) 导轨的机械卸荷装置 1—调节螺母；2—碟形弹簧；3—滚动轴承；4—辅助导轨面	结构设计时应尽量减小摩擦表面的压强和相对速度，以减低磨损率。减小载荷或增大摩擦面面积均可减小压强。图(d)是用机械卸荷的方法来减轻导轨载荷的结构。图中起主要作用的是V形滑动导轨。4为辅助导轨面，调节螺母1，通过碟形弹簧2经小轴推滚动轴承3，使滚动轴承承担部分载荷。而V形滑动导轨并不脱离接触，仍起导向作用。该卸荷装置通过支承在辅助导轨面4上的滚动轴承部分承载(而滚动轴承的摩擦很小)，减轻了滑动表面的摩擦力，因此减轻了导轨的磨损
采用分体结构	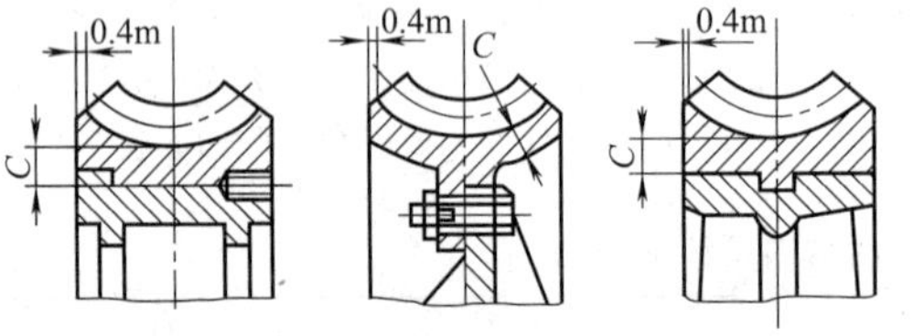 $C\approx1.6m+1.5mm$ (i)　$C\approx1.5m$ (ii)　$C\approx1.6m+1.5mm$ (iii) 图(e) 组合式蜗轮结构 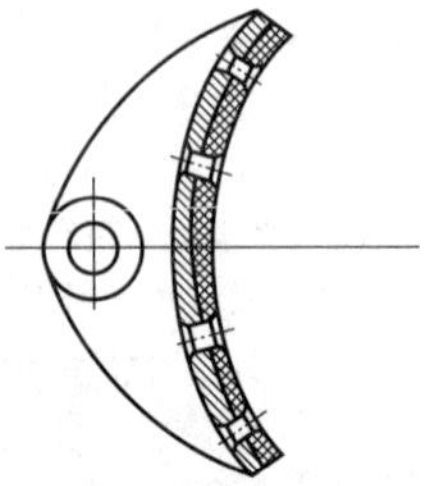 图(f) 可拆卸式制动瓦	摩擦磨损发生在接触表面，而减摩材料或耐磨性好的材料价格较高，因此可考虑采用分体结构设计：在摩擦表面采用耐磨材料，而零件的大部分基体材料采用廉价但强度较好的材料，这样可以降低材料成本，优化材料配置，避免因局部磨损而导致整个零件报废，如组合蜗轮结构[图(e)] 另外设计相互摩擦的两个零件时，应优先考虑使大而复杂的零件工作表面有较高的耐磨性(如主轴或发动机曲轴)，而较小的零件磨损(如轴瓦、制动瓦块、摩擦片等)，则应易于更换和维修[如图(f)所示为一种可拆卸式的制动瓦结构]。另外注意，滑动轴承用白合金作轴承衬时，轴瓦材料可选择与白合金结合力较强的青铜；轴瓦材料选择铸铁时，轴瓦表面应作出凹槽等以增加其与轴承衬结合的牢固性
采用自动补偿磨损的结构	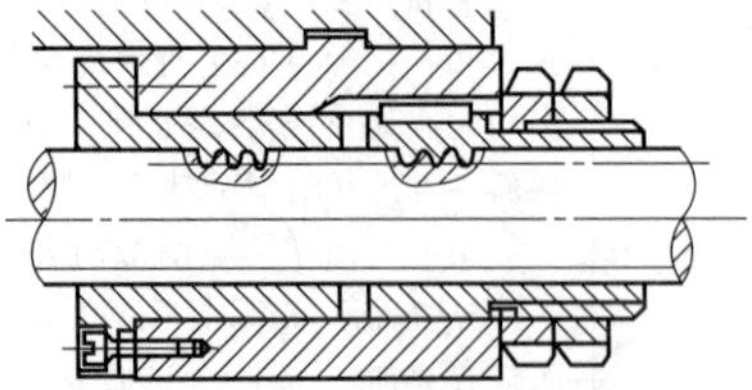 (i) 圆螺母定期调节轴向间隙 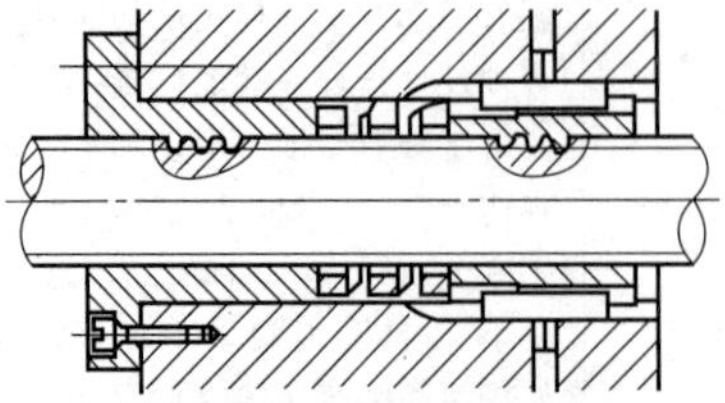 (ii) 弹簧自动调节间隙 图(g) 可轴向消除间隙的螺母	对易磨损件可以采用自动补偿磨损的结构，调节或补偿因磨损而产生的尺寸变化 图(g)分别是用圆螺母定期调节轴向间隙和用弹簧胀紧而自动消除间隙的螺母结构。另外的例子，如，机床导轨一般有些上凸，是为了补偿磨损和弹性变形；导轨的镶条既可以调节间隙又可以补偿磨损；再如，表2-1-9中图(c)的圆锥摩擦离合器中，弹簧既将离合器压紧，又补偿磨损

其他考虑提高耐磨性结构设计的注意事项见表 2-1-11。

表 2-1-11　**提高耐磨性结构设计的注意事项**

序号	设计时应注意的问题	要点分析
1	避免白合金耐磨层厚度太大 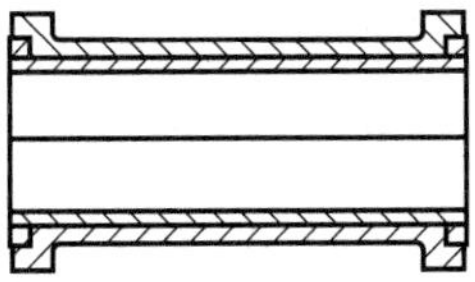	当轴瓦表面贴附的一层白合金厚度太大时，由于白合金强度差，易产生疲劳裂纹，使轴瓦失效
2	避免为提高零件表面耐磨性能而提高对整个零件的要求 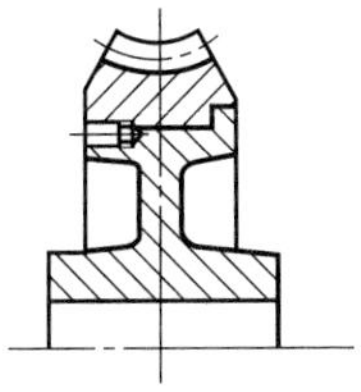	为提高零件的耐磨性，常采用铜合金、白合金等耐磨性好的材料，但它们都属于有色金属，价格昂贵。因此对较大的零件，采用只有接近工作面的局部采用有色金属。如蜗轮轮缘用铜合金，轮芯用铸铁或钢，滑动轴承座用铸铁或钢制造，用铜合金作轴瓦等
3	润滑剂供应充分，布满工作面  图(a)　用于水平导轨 　　图(b)　用于垂直导轨	应选择适用的润滑剂和供应方式。设计油沟、油室等使润滑剂能散布到整个工作表面。特别应注意立式轴承和导轨的润滑设计，因为在这种情况下，润滑剂容易流失。图(a)所示的导轨油槽直通式只用于水平导轨，图(b)所示的曲折的油沟才适用于垂直导轨，润滑油可以较好地散布在工作面上
4	润滑油箱不能太小 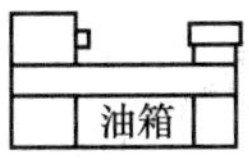 油箱　油箱 较差 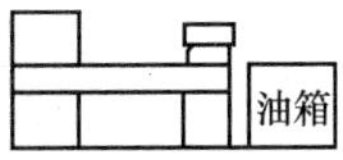　较好	循环润滑设备的贮油箱应足够大以保证润滑油有足够的冷却时间和沉淀混入油内的杂质，否则润滑油的工作温度将显著升高。此外还应注意油箱的通风和散热。对精度要求高的设备，油箱不宜装在机架内，以免机架受热不均匀产生扭曲变形，使机器精度降低
5	滑动轴承的油沟尺寸、位置、形状应合理 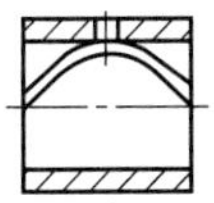 误 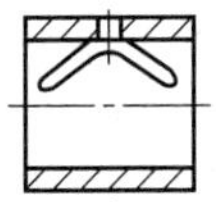　正	向心滑动轴承的油沟应开在非承载区，两端不应开通以免润滑油泄漏而导致油膜压力降低。油沟边缘应有足够大的圆角，以利于油的流动
6	对于零件的易磨损表面增加一定的磨损裕量 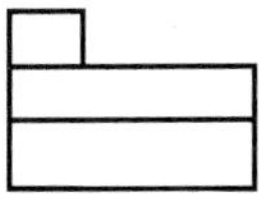 较差 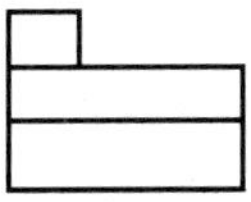　较好	开式齿轮的齿面磨损后，轮齿变薄，齿根弯曲强度降低，不能满足强度要求。因而适当加大齿轮模数（加大10%～15%），以保证齿轮有一定寿命。机床导轨，未使用时如正好平直，使用时则由于磨损，精度不断降低。如做成一定的上凸则可在较长时间内保持精度
7	注意零件磨损后的调整 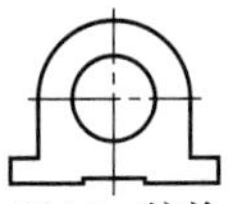 垫片 图(c)　较差 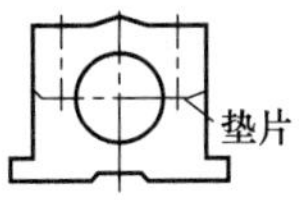　　图(d)　较好	有些零件在磨损后丧失原有的功能，采用适当的调整方法，可部分或全部恢复原有的功能。如图(c)中整体式圆柱轴承磨损后调整困难，图(d)中的剖分式轴承可以在上盖和轴承座之间预加垫片，磨损后间隙变大，减少垫片厚度可调整间隙，使之减小到适当的大小

续表

序号	设计时应注意的问题	要点分析
8	同一接触面上各点之间的速度、压力差应该小 较差 较好	图示的推力轴承中心与边缘处滑动速度差别很大，边缘磨损比中心严重得多，因而中心处压强增大。所以一般端面摩擦面多做成环形把中间部分去掉，内外径的差别不宜太大以保证磨损较均匀。此外，应使摩擦表面各处接触压强相等，以免产生不均匀的磨损，这就要求零件有足够的刚度和精度，以保证均匀地接触。如图中的制动瓦块，应有足够的厚度，并保证安装瓦块的轴 A 与制动轮轴 O 平行等，使瓦块和制动轮均匀地接触
9	采用防尘装置防止磨粒磨损	对于在多尘条件下工作的机械应注意防尘和密封，以免异物进入摩擦面，产生磨粒磨损。如链条加防尘罩，导轨为防止切屑进入摩擦面产生严重磨损，也应加防护
10	使摩擦表面在相对运动时脱离接触 图(e) 图(f)	图(e)所示的摇臂钻床主轴箱导轨，当主轴箱在摇臂上移动时，靠机床结构使下面起定位作用的燕尾形导轨的定位面 A 脱离接触。此时，主轴箱体1稍向下降，由上面的两个滚动轴承2支持主轴箱体1。到达工作位置后，扳动夹紧机构，使 A 面靠紧如图(f)。由于在移动箱体时导轨面 A 不受力，因而可以避免磨损，保持其精度

1.2.2.3 提高精度的结构设计

（1）机构精度的含义

① 机构的准确度　由机构系统误差引起的实际机构与理想机构运动规律的符合程度。它可以通过调整、选配、加入补偿校正装置或引入修正量等方法得到提高。

② 机构精密度　机构多次重复运动结果的符合程度，即机构每次运动对其平均运动的散布程度。它标志了机构运动的可靠度，反映了随机误差的影响。

③ 机构精确度　简称机构精度，它是机构准确度和机构精密度的综合，反映了系统误差的随机误差的综合影响。

（2）提高精度的结构设计

设计时首先要按照使用要求合理确定对机械的总体精度要求。通过分析各零部件误差对总体精度的不同影响，选择合理的机械方案和结构。

整体的结构方案和零件的细部结构都对精度有一定的影响，要提高机械的精度必须保证每个零件具有一定的加工和装配精度。设计时必须对影响精度的各种因素进行全面的分析，按总体要求合理地分配各零部件的精度。特别要注意对精度影响最大的一些关键零件，要确定对零部件的尺寸及形状的精度要求、允许误差。

另外，零件应有一定的刚度和较高的耐磨性，保证其在工作载荷下使用时能满足精度要求。设计者应考虑在工作载荷、重力、惯性力和加工、装配等产生的各种力以及发热、振动等因素的影响。

此外设计时还应避免加工误差与磨损量的互相叠加，考虑机械使用一段时间，精度降低以后能经过调整、修理或更换部分零件能提高，甚至恢复原有的精度。

提高精度的根本在于减少误差源或误差值，具体包括：

① 减少或消除原理误差，避免采用原理近似的机构代替精确机构；

② 减少误差源，尽量采用简单、零件少的机构；

③ 减少变形，包括载荷、残余应力、热等因素引起的零件变形；

④ 合理分配精度。

应用现代误差综合理论，以及经济性原则确定和配置各零件误差要求。通过合理配置相关零件的精度，可以提高其装配成品的精度（见表2-1-12中第8、9项）。

另外，设计中常采用误差补偿的方法来减小或消除误差。如，

① 使机构中的零件的磨损量互相补偿（见表2-1-12中第2项）。

② 利用零件的线胀系数不同补偿温度误差或热应力。如图2-1-44中的铝合金机座，其线胀系数比钢大，而连接螺栓用钢制造而成。为了补偿变形，

采用铟钢套筒，由于铟钢的线胀系数是钢的十分之一，因而可以补偿组合结构中因温度引起的热应力。

③ 利用附加运动补偿误差。当精密传递系统的定位精度不能满足要求时，可在系统中另加一套校正装置，它将主传动的运动作微量的增减，以提高主传动的运动精度。如图 2-1-45 所示的螺纹磨床矫正机构，螺杆转动时使螺母移动，由螺母带动工作台，工作台上砂轮的移动精度直接影响工件的精度。补偿机构是在螺母上装一导杆，导杆的触头与校正尺接触，当螺杆转动时螺母和导杆移动，导杆的触头沿校正尺的边缘滑动，如果校正尺的上部边缘是曲线，则校正尺在移动的同时上下摆动，螺母也随之产生微小的转动。由于这一附加的转动，螺母将多走或少走一点。如果先检测出系统的运动误差，并按此设计出校正尺的曲线形状，则可能完全补偿螺距误差引起的传动误差，从而提高螺纹磨床的精度。

④ 工艺补偿，指在结构中设计出一些补偿机构，在加工或装配时，通过修配、配作、分组选配、调整等方法来提高精度。其关键在于误差测量。

⑤ 利用误差均化原理。如螺纹千分尺就是利用多螺纹的误差均化原理进行测量的。

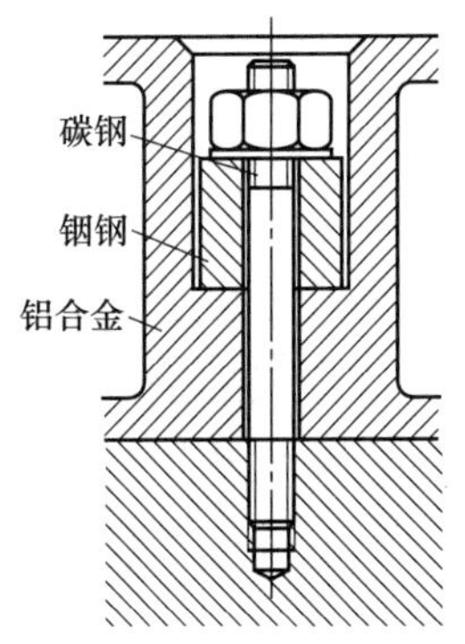

图 2-1-44　铝合金机座连接螺栓热应力补偿

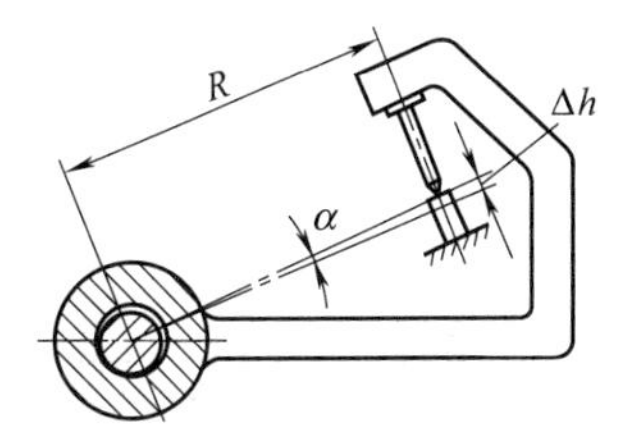

图 2-1-45　螺纹磨床矫正机构

提高精度的结构设计及注意事项详见表 2-1-12。

表 2-1-12　提高精度的结构设计及注意事项

序号	设计时应注意的问题	要　点　分　析
1	尽量不采用不符合阿贝（Abbe）原则的结构方案 垂直面　水平面　丝杠　h_2　h_1 双面阿贝误差 h_2　单向阿贝误差 无阿贝误差	阿贝原则是读数线尺应位于被测尺寸的延长线上。机械结构符合阿贝原则可避免导轨误差对测量精度的影响。此原则可用于各种机械，例如加工螺纹的车床或磨床，被加工螺纹与传动丝杠之间应符合阿贝原则，即二者应在一条直线上。但实际上往往在水平与垂直方向都与被加工丝杠有一定距离，消除这一距离可提高设备精度，但是会增加机床长度
2	避免磨损量产生误差的互相叠加 δ_2　P　$\Delta_1=\delta_1+\delta_2$　δ_1 δ_2　P　$\Delta_2=\delta_2-\delta_1$　δ_1 图(a)　误　　图(b)　正	图中凸轮与触点处的磨损量同为 δ_1、δ_2，但图(a)中滑块的运动误差 $\Delta_1=\delta_1+\delta_2$；图(b)中滑块运动误差 $\Delta_2=\delta_2-\delta_1$，可避免磨损产生的误差互相叠加

续表

序号	设计时应注意的问题	要 点 分 析
3	导轨的驱动力作用点，应与摩擦力的合理中心重合 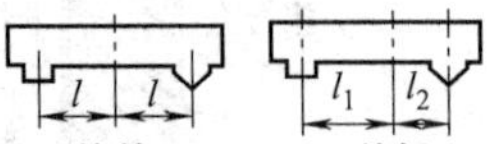 较差 较好	如图所示工作台由两条导轨支持，由于两条导轨断面形状不同，产生的摩擦力 F_A、F_B 大小不同（方向垂直于纸面）。设用丝杠驱动推动工作台，如将丝杠安置在导轨正中间，距两导轨等远，则由于两导轨对丝杠中心的摩擦力不等产生不平衡的摩擦力矩，工作台在水平面中受此力矩而转动（明显地表现在工作台反向时）。应使丝杆与两导轨的距离 l_1、l_2 满足 $l_1F_A=l_2F_B$
4	对于精度要求较高的导轨，不宜用少量滚珠支持 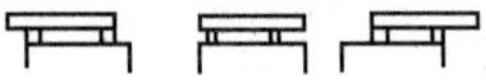	由于导轨运动速度是滚动速度的二倍，工作台运动到左右不同位置时，滚珠受力不同，工作台向不同方向倾斜，产生误差宜增加滚珠数目或采用滚子支承（滚柱刚度显著大于滚珠而摩擦阻力也较大）
5	要求运动精度的多级减速传动中，最后一级传动比应该取最大值 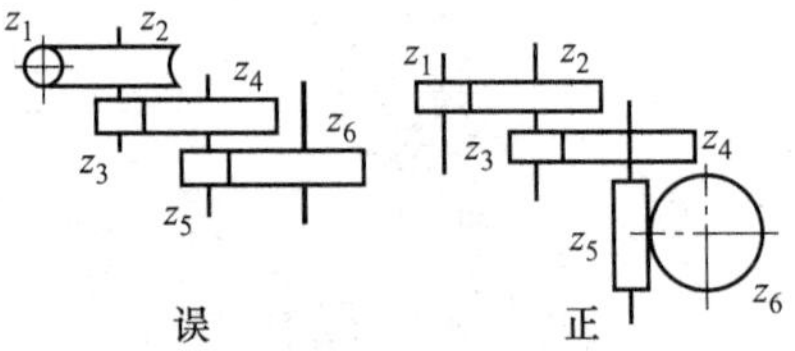 误 正	设三级传动的传动比为 i_1、i_2、i_3，运动误差为 δ_1、δ_2、δ_3（$i_1=z_2/z_1$，$i_2=z_4/z_3$，$i_3=z_6/z_5$），最后输出的传动系统总误差 $=\delta_1/(i_2\ i_3)+\delta_2/i_3+\delta_3$。当 i_3 为最大值时传动系统总误差最小（一般最后一级用蜗杆传动）。此时其他各级传动误差影响很小
6	测量用螺旋的螺母扣数不宜太少 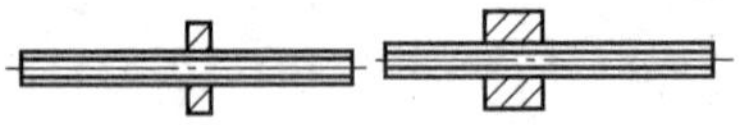 较差 较好	因为螺母各扣与螺旋接触情况不同，对螺旋的螺距误差引起的运动误差有均匀化作用。测量螺杆得到的螺杆累积误差，大于螺杆与螺母装配后螺杆运动的累积误差，就是螺母产生的均匀化作用。当螺母扣数过少时，均匀化效果差
7	必须严格限制螺旋轴承的轴向窜动 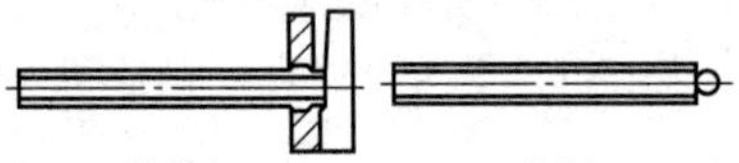 较差 较好	螺旋轴承的轴向窜动直接影响螺旋的轴向窜动，从而使螺旋机构产生运动误差。对螺旋轴承应有较高的要求。对于受力较小的螺旋，可以用一个钢球支持在螺旋中心，轴向窜动极小
8	避免轴承精度的不合理搭配 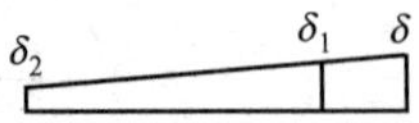 误 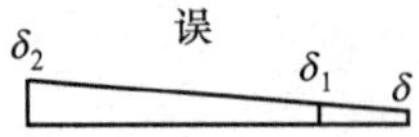 正	对悬臂轴轴端有跳动精度要求时，接近悬臂端的前轴承精度应高于后轴承 δ_1—前轴承回转误差；δ_2—后轴承回转误差；δ—轴端回转误差
9	避免轴承径向振摆的不合理配置 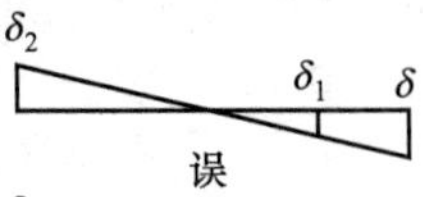 误 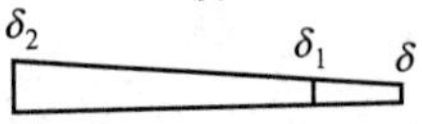 正	前后轴承的最大径向振摆应在同一方向。如果相反的安装在相距180°的方向，则悬臂轴端的精度较低

续表

序号	设计时应注意的问题	要点分析
10	避免紧定螺钉影响滚动导轨的精度 较差 较好	为避免扭紧紧定螺钉时引起导轨变形，使导轨工作表面精度降低。把固定部分与导轨支承面部分做成柔性较好的连接，使紧定螺钉产生的变形不影响导轨面的精度
11	当推杆与导路之间间隙太大时，宜采用正弦机构，不宜采用正切机构 θ_2　H_2　L_2　L_1　θ_1　H_1 正切机构　正弦机构	正弦机构摆杆转角 θ_1 与推杆升程片 H_1 之间的关系式为 $\sin\theta_1=H_1/L_1$ 正切机构摆杆转角 θ_2 与推杆升程 H_2 之间的关系式为 $\tan\theta_2=H_2/L_2$。推杆与导路之间的间隙使推杆晃动，导致尺寸 L_2 改变，因此对正切机构引起误差，而对正弦机构精度影响很小。由计算可知正弦机构的误差 Δ_1，是正切机构误差 Δ_2 的一半，而且误差符号相反，即，正弦机构精度比正切机构高

1.2.2.4　考虑发热、噪声、腐蚀等问题的结构设计

有些机械或部件发热量较大，有些与腐蚀性介质直接接触，有些产生较大的噪声。为了机械能正常地工作，设计中必须采取相应的措施。这些措施可以分为以下四类。具体措施如表 2-1-13 所示。

第一类措施是减轻损害的根源。如减小发热、振动，减少腐蚀介质的排出量或降低腐蚀介质的浓度等。

第二类措施是隔离。如把发热的热源与机械工作部分隔开，把腐蚀介质与有关机械部件隔开，把产生噪声的振动源与发声部分隔开，把产生噪声的设备与人员隔开等。

第三类措施是提高抗损坏能力。如加强散热措施，采用耐热、耐腐蚀性强的材料等。

第四类措施是更换易损件。设计中考虑到某些在强烈受损部位工作的零部件首先损坏，应使它们易于更换，定期更换这些易损件，以保持整个机器正常工作。

表 2-1-13　考虑发热、噪声、腐蚀等问题的结构设计

问　题	措　施	应　用
考虑发热问题的结构设计	避免采用低效率的机械结构	有些机械结构效率低、发热大，不但浪费了能源，而且所发出的热量引起热变形、热应力、润滑油黏度降低等一系列不良后果。因此在传递动力较大的装置中，建议尽量采用齿轮传动、滚动轴承，以代替效率较低的蜗杆传动、滑动轴承
	润滑油箱尺寸应足够大	对采用循环润滑的机械设备，应采用尺寸足够大的油箱，以保证润滑油在工作后由机械设备排至油箱时，在油箱中有足够长的停留时间，油的热量可以散出，油中杂质可以沉淀，使润滑油再泵入设备时，有较低的温度，含杂质较少，提高润滑的效果
	零件暴露在高温下的部分忌用橡胶、聚乙烯塑料等制造	在高温环境中暴露在外的零件，由于热源（包括日光）辐射等作用，长期处于较高的温度。这种情况下，会引起橡胶、塑料等材料变质，或加速老化
	精密机械的箱体零件内部不宜安排油箱，以免产生热变形	在精密机械的底座等零件内，常有较大的空间。这些空间内不宜安排作为循环润滑的储油箱等之用。因为由于箱内介质发热，会使机座产生变形，特别是产生不均匀的变形，使机器发生扭曲，导致机械精度显著降低

续表

问 题	措 施	应 用
考虑发热问题的结构设计	避免高压阀放气导致的湿气凝结	高压阀长时间连续排气时，由于气体膨胀，气体温度下降，并使零件变冷。空气中的湿气会凝结在零件表面，甚至造成阀门机构冻结，导致操纵失灵 其他的结构设计时应考虑的有关热的注意事项见表2-1-14中第1～5项
考虑振动、噪声问题的结构设计	减少或避免运动部件的冲击和碰撞，以减小噪声	减小机械的冲击和碰撞是减少噪声首先应考虑的措施。如带传动采用无接头带，火车的钢轨采用连续钢轨等，都可以提高运动平稳性 其他考虑振动或噪声问题的注意事项见表2-1-14中第6、7项
	高速转子必须进行平衡	高速转子的重心偏离回转中心线是产生振动和噪声的重要原因。如磨床砂轮经过平衡以后，不但减小噪声而且提高了加工质量。一般应结合实际经验，综合考虑转子与轴承支座整个系统的振动问题
	注意避免微动磨损	微动磨损是发生在配合接触面上由微小振动而产生的机械化学磨损。如轴与轮毂的配合面或键连接处。工作时接合面间小幅度的振动和接合面间的环境（通常是氧化）作用是产生微动磨损的主要原因。接触面上的粗糙表面峰顶产生塑性变形，发生粘着。小幅度振摆使粘着点剪切脱落，露出的新金属表面发生氧化，脱落的颗粒成为磨料，使接合面松动。若应力较大时，磨损点形成的应力集中源处产生疲劳裂纹，裂纹不断扩展，脱落形成红色粉状颗粒（Fe_2O_3） 在接合面间采用粘接使轮毂与轴隔开，采用塑料零件，用粘接连接，加长轮毂以加大接触面积，在轮毂与轴之间加入有极压添加剂的润滑油或二硫化钼，都可以减小或避免微动磨损 管壳式热交换器中，由于管内流体诱导振动，也使管子与管板间冲击微动磨损，导致热交换器失效。解决方法一是选择合理的间隙，间隙在某一定值时磨损最严重，另外管道表面刷镀Cr、Ni、W合金可显著提高抗磨性
考虑腐蚀问题的结构设计	腐蚀是指金属零件与周围介质发生化学反应使得材料性能发生改变，显然腐蚀会影响零件的使用性能。介质不同，腐蚀的机理也不同。除了对材料或介质进行改性处理来减缓腐蚀外，还可通过合理的结构设计来减轻腐蚀 ①防止沉积区或沉积缝，参见表2-1-14中第8～10项 ②便于更换腐蚀零件，参见表2-1-14中第11项 另外，有些零件表面结构，如零件应力集中处、焊缝咬边、气泡等缺陷处容易腐蚀，应妥善处理。接触腐蚀介质的零件表面的粗糙度应尽量低	

表2-1-14　考虑发热、噪声、腐蚀等问题的结构设计示例

序号	设计时应注意的问题	要 点 分 析
1	分流系统的返回流体要经过冷却 冷却器　冷却器 误　正	压缩机、鼓风机等为了控制输出介质量，可以采用分流运转，即把一部分输出介质送回机械中去。这部分送回的介质，在再进入机械以前应经过冷却，以免反复压缩介质引起温度升高

续表

序号	设计时应注意的问题	要点分析
2	避免高压容器、管道等在烈日下暴晒 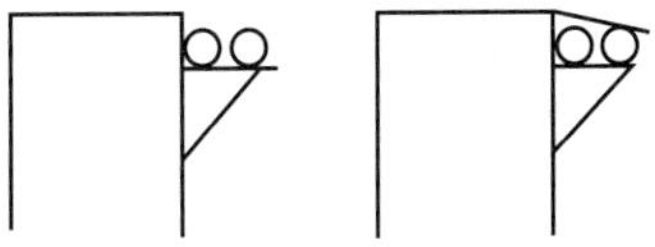 误　正	室外工作的高压容器、管道等，如果在烈日下长时间暴晒，则可能导致温度升高，运转出现问题，甚至出现严重的事故。对这些设备应加以有效的遮蔽
3	对较长的机械零部件，要考虑因温度变化产生尺寸变化时，能自由变形 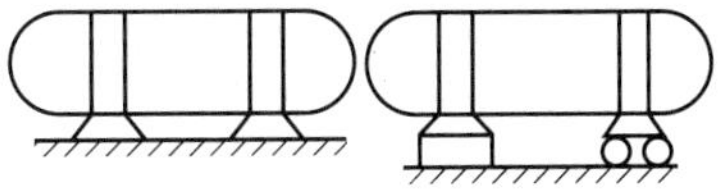 误　正	较长的机械零部件或机械结构，由于温度变化，长度变化较大，必须考虑这些部分能自由伸缩。如采用可以自由移动的支座，或可以自由胀缩的管道结构
4	热膨胀大的箱体可以在中心支持 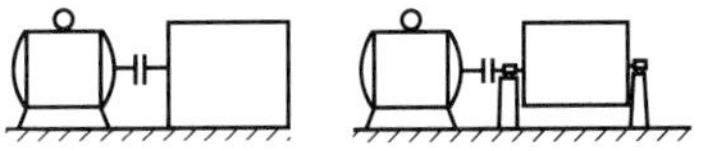 较差　较好	图中所示的两个部件之间用联轴器连接两轴。由于右边部件发热较大，工作时其中心高度变化较大，引起两轴对中误差。可以在中心支持右边部件，以避免由于发热引起的对中误差
5	避免热变形不同产生弯曲 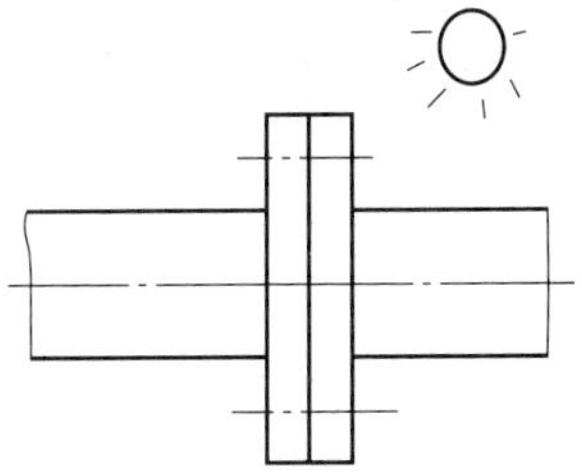	在太阳光下照射的机械装置，有向光的一面和背光的一面，其温度不同，受热后的变形也不同。如图用螺栓连接的凸缘作为管道的连接，当一面受日光照射时，由于两面温度及伸长不同，产生弯曲，造成管道变形或凸缘泄漏。应加遮蔽，或减小螺栓长度以减小热变形
6	受冲击零件质量不应太小 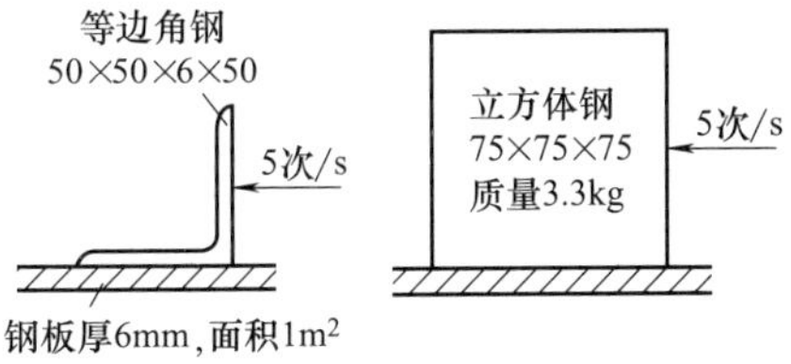 等边角钢 50×50×6×50　5次/s　钢板厚6mm，面积1m² 立方体钢 75×75×75 质量3.3kg　5次/s 误　正	受冲击的挡块，质量轻、厚度小时，受冲击则发出很大的噪声，改为质量大的实体结构时，噪声显著降低
7	为吸收振动，零件应该有较强的阻尼性 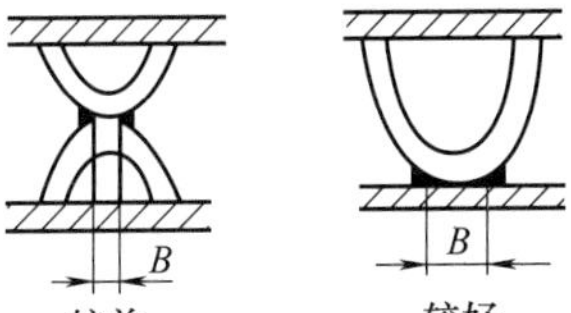 B　B 较差　较好	两零件之间应该有较大的接触面积，在零件工作时，由于相互摩擦产生阻尼可以吸收振动和噪声。在零件表面粘贴或喷涂一层有高内阻尼的衬料，也可以阻尼振动减小噪声
8	容器内的液体应能排除干净 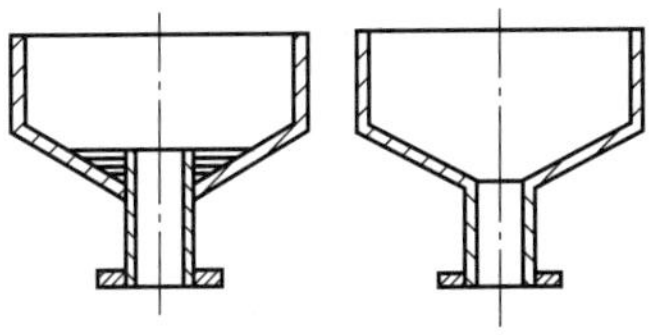 误　正	必须保证容器中的腐蚀性液体能排放干净，在容器中不应该有起阻隔作用的结构，排放液体的孔应安排在容器的最低处，保证腐蚀液体能够排放干净

续表

序号	设计时应注意的问题	要点分析
9	与腐蚀性介质接触的结构应避免有狭缝 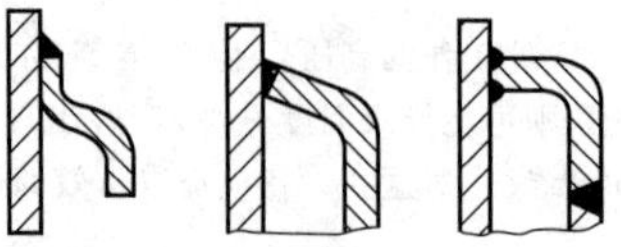 较差 较好 好	零件的狭缝容易产生腐蚀性介质存留，导致不同金属间的接触腐蚀及间隙腐蚀。设计时应使零件间不出现搭接缝隙。如果搭接缝隙避免不了，可考虑用聚合物材料填充缝隙
10	避免易腐蚀的螺钉结构 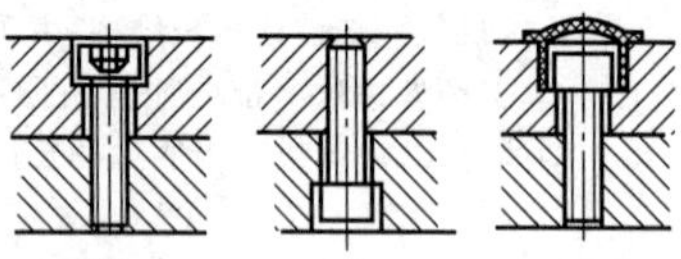 误 正 正	在露天工作的机械设备，螺纹连接处最容易产生腐蚀。尤其是内六角螺栓头部凹坑易腐蚀，宜令钉头朝下，或加塑料保护盖
11	钢管与铜管连接时，易产生电化学腐蚀，可安排一段管定期更换 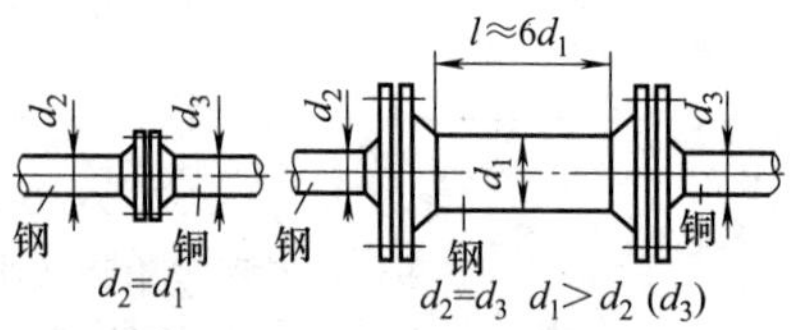 $l\approx6d_1$ d_2 d_3 d_1 钢 铜 钢 钢 铜 $d_2=d_1$ $d_2=d_3$ $d_1>d_2$ (d_3) 误 正	对于接触腐蚀的零件，可以在结构设计中安排一个易损件，及时更换。如钢管与铜管连接时，由于电化学作用发生腐蚀，可以在两管之间加入一段容易定期更换的管。这段管的材料应采用两种金属中较活泼的金属制造，其直径应比正常管道大一些，以避免更换得太频繁

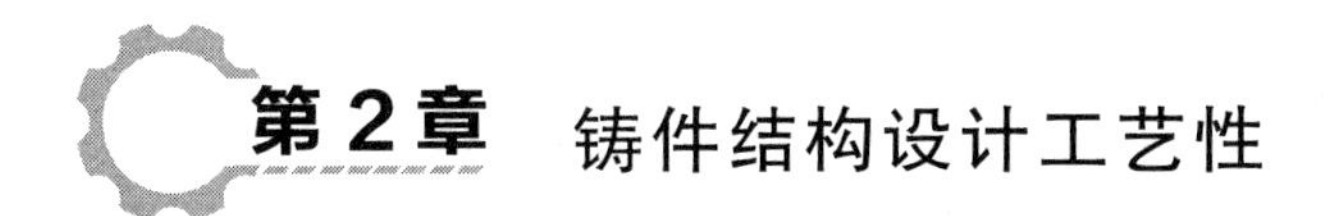

第 2 章　铸件结构设计工艺性

2.1　常用铸造金属材料和铸造方法

机械设备中常用的铸造零件大多是铸造毛坯（铸件）经热处理及机械加工制成，也可以直接铸造成零件使用。与其他加工方法相比较，铸造容易获得形状比较复杂的零件。所以铸件在机械中所占比重较大，如箱体、支架、机床的床身等。但是铸造工艺质量不易控制，容易产生缺陷，因此，设计铸件时，不仅要考虑机械结构的强度和刚度，还要考虑铸造材料的铸造性能以及不同铸造方法对铸造结构的不同要求，以保证铸件质量，同时还应考虑简化铸造工艺过程，提高生产率。

2.1.1　常用铸造金属材料的铸造性和铸件的结构特点

各种铸造材料的适用场合见表 2-2-1。常用的铸造材料及铸件的结构特点见表2-2-2。铸铁由于具有优良的铸造工艺性和经济性而获得广泛应用，95%以上的铸件是由铸铁和铸钢制成的。

第2篇

表 2-2-1　各种铸造材料的适用场合

主要性能要求	适用材料
强度	铸造合金结构钢、铸造碳素钢、球墨铸铁、珠光体可锻铸铁、灰铸铁(铸件主要承受压应力时)
塑性、韧性	铸钢、球墨铸铁、黑心可锻铸铁
耐磨性	铸造高锰钢、工具钢、铸铁、铸造铜合金、铸造轴承合金
耐热性，最高耐热温度为：	
1000～1200℃	铸造耐热钢、耐热铸铁
700～800℃	铸造不锈钢、耐热铸铁
500～600℃	铸造低合金钢、低合金耐热铸铁
400℃	铸造碳素钢、铸造高锰钢
350℃	球墨铸铁、可锻铸铁、蠕墨铸铁、孕育灰铸铁
250～300℃	灰铸铁
200～250℃	铸造铜合金
100～200℃	铸造铝合金
耐蚀性：	
耐淡水	铸造铝合金，铸造合金钢
耐海水	铸造铜合金、铸造奥氏体球铁
耐硝酸	铸造不锈钢、高铬铸铁、高硅铸铁、纯铝
耐盐酸	耐酸铸钢、铸造合金钢
耐稀盐酸	高硅铸铁
耐硫酸	高硅铸铁、铸造铜合金(铸造黄铜除外)耐酸铸钢
耐高温氧化	高铬铸铁、铸造不锈钢、铸造高铬镍钢
耐碱	铸造低碳钢、铸造不锈钢、铬铁、铸造铜合金
吸振性好	灰铸铁、蠕墨铸铁
重量轻	铸造铝合金、铸造镁合金
导电、导热好	纯铜、铸造铜合金(特别是铍青铜)

表 2-2-2 常用铸件的性能和结构特点

类别	性能特点	结构特点
灰铸铁件	流动性好、体收缩和线收缩小。综合力学性能低、抗压强度比抗拉强度高约3～4倍。吸振性好，弹性模量较低	形状可以复杂，结构允许不对称，有箱体形、筒形等，例如，用于发动机的汽缸体、筒套、各种机床床身、底座、平板、平台等铸件
球墨铸铁件	流动性与灰铸铁相近；体收缩比灰铸铁大，而线收缩小，易形成缩孔、疏松。综合力学性能较高，弹性模量比灰铸铁高；抗磨性好；冲击韧性、疲劳强度较好，消振能力比灰铸铁低	一般多设计成均匀壁厚；对于厚大断面件，可采用空心结构，如球墨铸铁曲轴轴颈部分
可锻铸铁件	流动性比灰铸铁差，体收缩很大，退火后，最终线收缩很小。退火前、很脆，毛坯易损坏，综合力学性能稍次于球墨铸铁，冲击韧性比灰铸铁大3～4倍	由于铸态要求白口，一般是薄壁均匀件，常用厚度为5～16mm，为增加其刚性，截面形状多为工字形、丁字形或箱形，避免十字形截面；零件突出部分应用肋条加固
铸钢件	流动性差，体收缩、线收缩和裂纹敏感性都较大。综合力学性能高，抗压强度与抗拉强度几乎相等，吸振性差	结构应具有最少的热节点，并创造顺序凝固的条件、相邻壁的连接和过渡更应圆滑；铸件截面应采用箱形和槽形等近似封闭状的结构；一些水平壁应改成斜壁或波浪形；整体壁改成带窗口的壁，窗口形状最好为椭圆形或圆形，窗口边缘须做出凸台，以减少产生裂纹的可能
锡青铜和磷青铜件	铸造性能类似灰铸铁。但结晶范围大，易产生缩松；流动性差；高温性能差，易脆。强度随截面增大而显著下降，耐磨性好	壁厚不得过大；零件突出部分应用较薄的加强肋加固，以免热裂，形状不宜太复杂
无锡青铜和黄铜件	收缩较大，结晶范围小，易产生集中缩孔；流动性好，耐磨、耐腐蚀性好	类似铸铜件
铝合金件	铸造性能类似铸钢，但强度随壁厚增大而下降得更显著	壁厚不能过大；其余类似铸钢件

2.1.2 常用铸造方法的特点和应用范围

铸造方法有砂型铸造和特种铸造两大类，用砂型浇注的铸件占铸件总产量的90%以上。表2-2-3列出了砂型铸造方法的类别、特点和应用范围。

特种铸造主要有压力铸造、熔模铸造、金属型及离心铸造等。特种铸造能获得比砂型铸造更低的表面粗糙度、更高的尺寸精度的力学性能的铸件，但成本高。常用特种铸造方法的特点和应用范围见表2-2-4。

表 2-2-3 砂型铸造方法的类别、特点和应用范围

造型方法		主要特点	应用范围
手工造型	砂箱造型	在专用的砂箱内造型，造型、起模、修型等操作方便	大、中、小铸件成批或单件生产
	劈箱造型	将模样和砂箱分成相应的几块，分别造型，然后组装，造型、烘干、搬运、合箱和检验等操作方便，但制造模样、砂箱的工作量大	成批生产大型复杂铸件，如机床床身，大型柴油机机身
	叠箱造型	将几个甚至十几个铸型重叠起来浇注，可节约金属，充分利用生产面积	中小件成批生产，多用于小型铸钢件
	脱箱造型	造型后将砂箱取走，在无箱或加套箱的情况下浇注，又称无箱造型	小件成批或单件生产
	地坑造型	在车间地坑中造型，不用砂箱或只用箱盖，操作较麻烦、劳动量大、生产周期长	中大型铸件单件生产，在无合适砂箱时采用

续表

造型方法		主要特点	应用范围
手工造型	刮板造型	用专制的刮板刮制铸型，可节省制造模样的材料和工时，操作麻烦、生产率低	单件小批生产，外形简单，或圆形铸件
	组芯造型	在砂箱、地坑中，用多块砂芯组装成铸型，可用夹具组装铸型	单件或成批生产结构复杂的铸件
一般机器造型	震击式	靠造型机的震击来紧实铸型，机构简单、制造成本低，但噪声大，生产率低，对厂房基础要求高	大量或成批生产的中大铸件
	震压式	在震击后加压紧实铸型，造型机制造成本较低，生产率较高，噪声大	大量或成批生产中、小件
	微震压实式	在微震的同时加压紧实铸型，生产率较高，震击机构容易磨损	大量或成批生产中小件
	压实式	用较低的比压压实铸型，机器结构简单，噪声较小，生产率较高	大量或成批生产较小的铸件
	抛砂机	用抛砂的方法填实和紧实砂型，机器的制造成本较高	单件、成批生产中、大件
高压造型	多触头式	机械方法加砂，高压多触头压实，铸件尺寸精确，生产率高，但机器结构复杂，辅机多、砂箱刚度要求高，制造成本高	大量生产中等铸件
	脱箱射压式	射砂方式填砂和预紧实，高压压实，铸件尺寸精确，辅机多，砂箱精度要求高，与多触头式相比，机器结构简单，生产率更高	大量生产中、小铸件
	无箱挤压式	射砂方式填砂和预紧实，高压压实后，将铸型推出箱框，不用砂箱，铸件尺寸精确，生产率最高，辅机较小，垂直分型时下芯需有专门机械手	大量生产中、小铸件

表 2-2-4　常用特种铸造方法的特点和应用范围

铸造方法	主要特点	应用范围
压力铸造	用金属铸型，在高压、高速下充型，在压力下快速凝固。效率高、精度高，但压铸机、压铸型制造费用高	大批量生产，以锌合金、铝合金、镁合金及铜合金为主的中小型薄壁铸件，也用于铸铁件
熔模铸造	用蜡模，在蜡模外制成整体的耐火质薄壳铸型。加热融掉蜡模后，用重力浇注。铸件精度高，表面质量好，但压型制造费用高，工序繁多。手工操作时，劳动条件差	各种生产批量，以碳钢、合金钢为主的各种合金和难于加工的高熔点合金复杂零件为宜，铸件质量一般小于 10kg
金属型铸造	在金属铸型，在重力下浇注成型，对非铁合金有细化组织的作用，灰铸铁件易出白口，生产率高、无粉尘，设备费用较高，手工操作时，劳动条件差	成批，大量生产，以非铁合金为主，也可用于铸钢、铸铁的厚壁、简单或中等复杂的中小铸件
离心铸造	用金属型或砂型，在离心力作用下浇注成型，铸件组织致密、设备简单、成本低、生产效率高，但机械加工量大	单件、成批大量生产的铁管、铜套、轧辊、金属轴瓦、气缸套等旋转体型铸件

2.2 铸件结构设计工艺性的要求

设计铸件时，应考虑铸造工艺过程对铸件结构的要求，即必须考虑模样制造、造型、制芯、合箱、浇注、型砂清理等一系列工艺过程。铸件的形状结构必须适应这些工艺过程的要求，才能制造出合格的铸件。同时还应考虑简化铸造工艺过程，提高铸造性能，受力合理，以及便于后续切削加工。

2.2.1 简化铸造工艺

铸件结构在满足使用性能的条件下，应尽量简化铸造工艺环节，降低成本，提高质量。具体措施如表 2-2-5 所示。

表 2-2-5 简化铸造工艺的措施

措　　施	说　　明
分型面合理	减少分型面数量，分型面力求简单，尽量呈平面，可降低造型时耗和提高铸造精度，如表 2-2-6 所示
型芯合理	造型中应避免不必要的型芯和活块，如表 2-2-7 所示
利于起模	凡是垂直于分型面的不加工表面，应有结构斜度，以便起模，并可提高铸件的尺寸精度，如表 2-2-8 所示
型芯稳定和排气通畅	型芯在铸件中定位支撑可靠，并便于排气，不能产生偏芯、气孔等缺陷。当起支撑作用的芯头数量不够时，可用型芯撑辅助支撑，如表 2-2-9 所示
易于清砂	通常在铸造结构上设计适当数量和大小的工艺孔，一方面为了便于固定型芯和排气，另一方面便于落砂清理，如表 2-2-10 所示
简化结构便于制模和造型	如表 2-2-11 所示
增加砂型强度	如表 2-2-12 所示

表 2-2-6 合理的分型面

图　　例		说　　明
改进前	改进后	
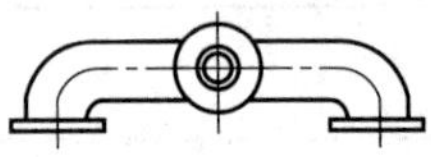	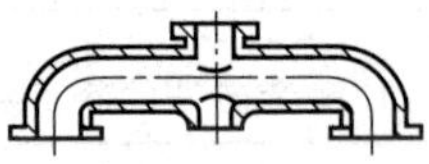	铸件外形应使分型方便，如三通管在不影响使用的情况下，各管口截面最好在一个平面上
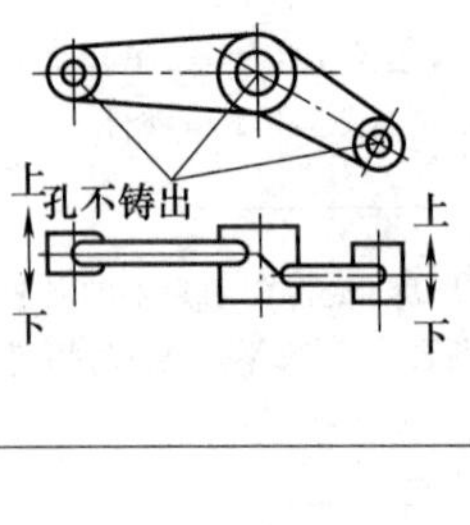 孔不铸出 上 下	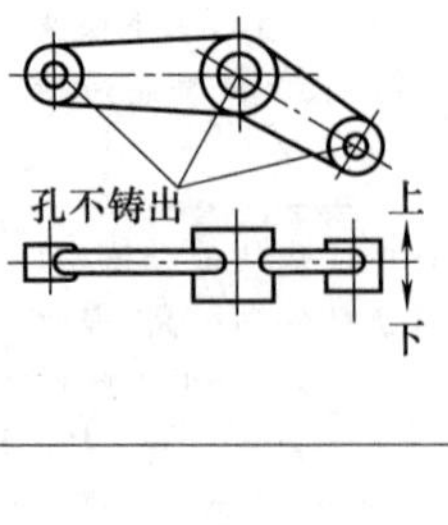 孔不铸出 上 下	
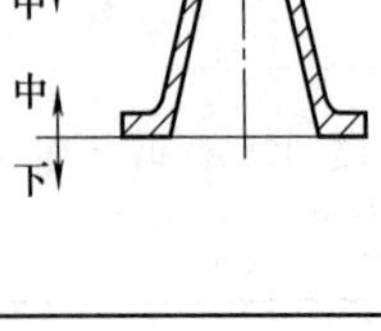 上 中 中 下	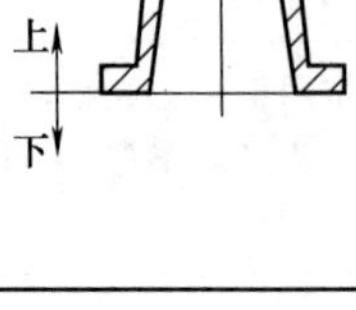 上 下	分型面应尽量少，改进后，三箱造型变为两箱造型

续表

图例		说　　明
改进前	改进后	
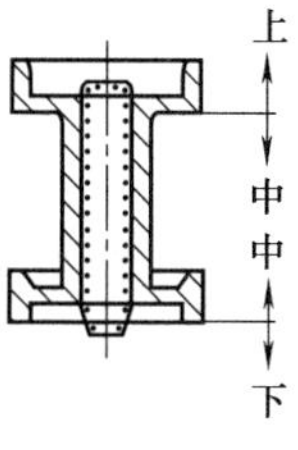 上 中 中 下	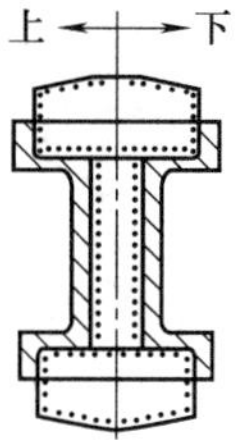 上 下	分型面应尽量少，改进后，三箱造型变为两箱造型
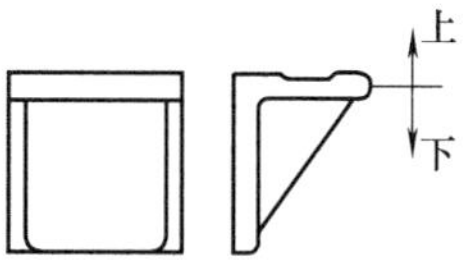 上 下	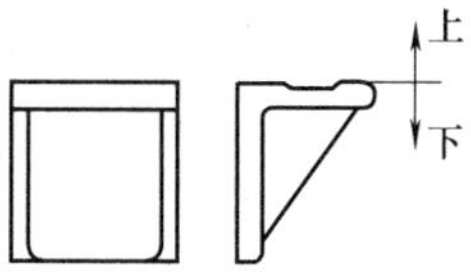 上 下	尽量使铸件在一个砂箱中形成，以避免因错箱而造成尺寸误差和影响外形美观
 上 下	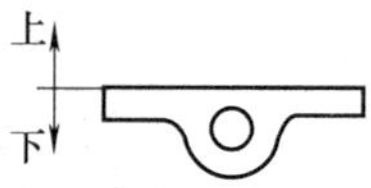 上 下	
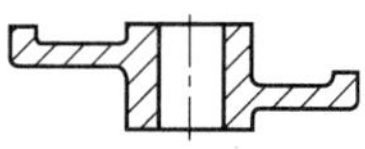	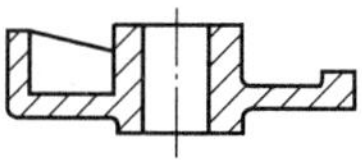	分型面形状力求简单，尽量设计在同一平面内
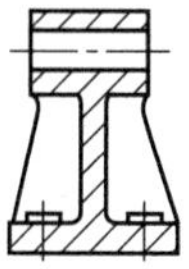	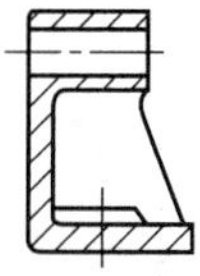	

表 2-2-7　**合理的型芯和活块**

图例		说　　明
改进前	改进后	
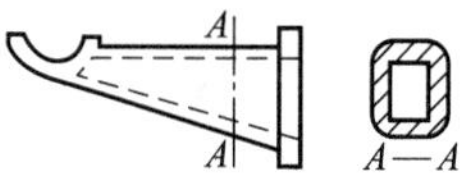 A A A—A **不合理**	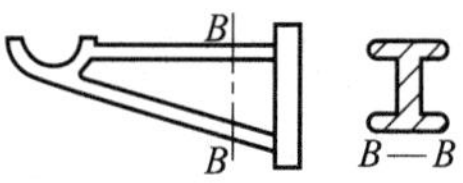 B B B—B **合理**	悬臂支架改为工字型后，铸型省去了型芯

续表

图例		说明
改进前	改进后	
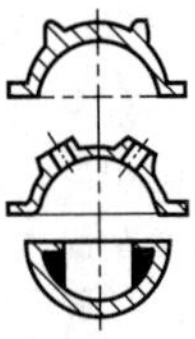	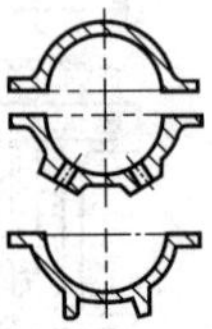	铸件内腔形状应尽量简单，减少型芯，并简化芯盒结构
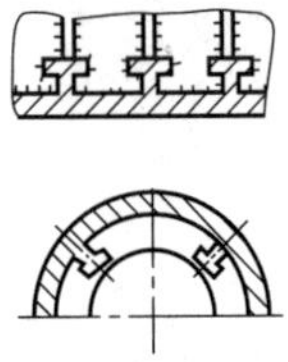	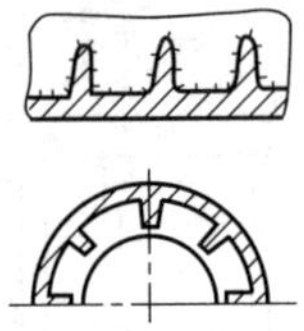	
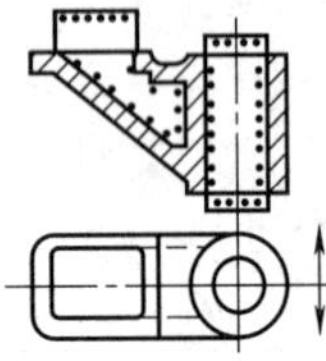	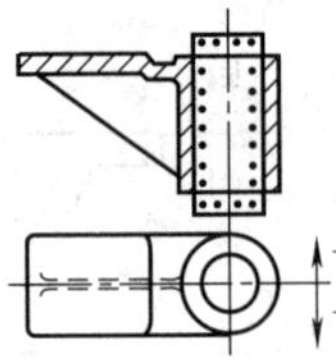	将箱形结构改为肋骨形结构，可省去型芯，但强度和刚性比箱形结构差
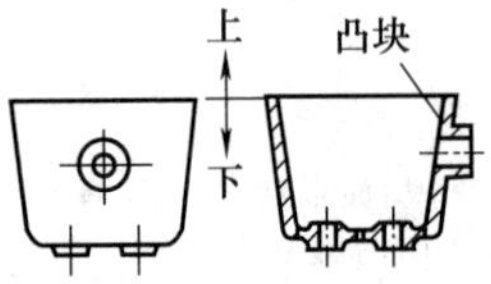	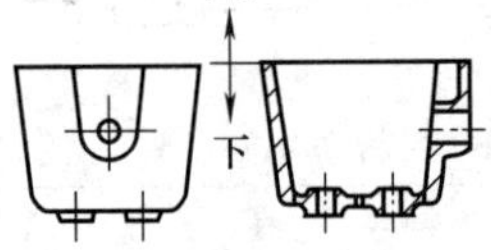	去掉凸台后减少活块造模，较适于机器造型
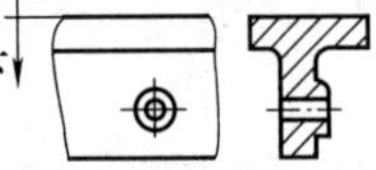	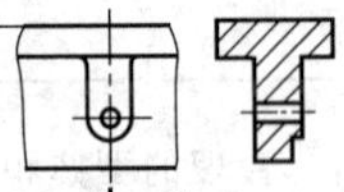 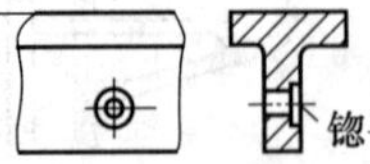	为避免采用活块，可将凸台加长，引伸至分型面。如加工方便，也可不设凸台，采取锪平措施

续表

图例		说明
改进前	改进后	
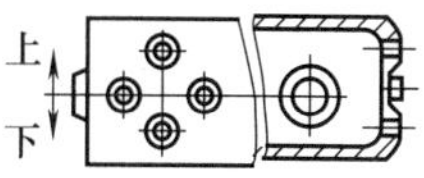 上 下	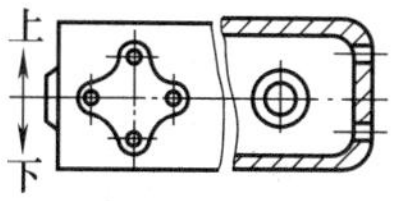 上 下	铸件外壁的局部凸台应连成一片
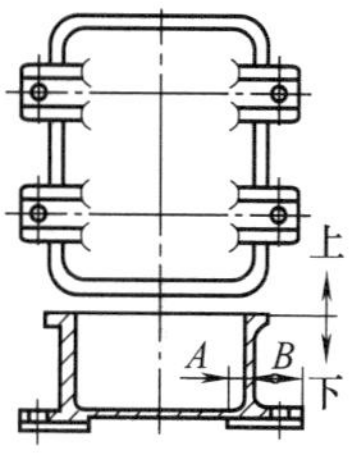 上 A B 下	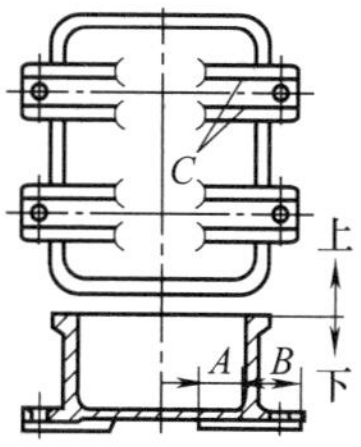 C 上 A B 下	$A>B$，将 C 部作成斜面时，活块容易取出

表 2-2-8　**利于起模的结构**

图例		说明
改进前	改进后	
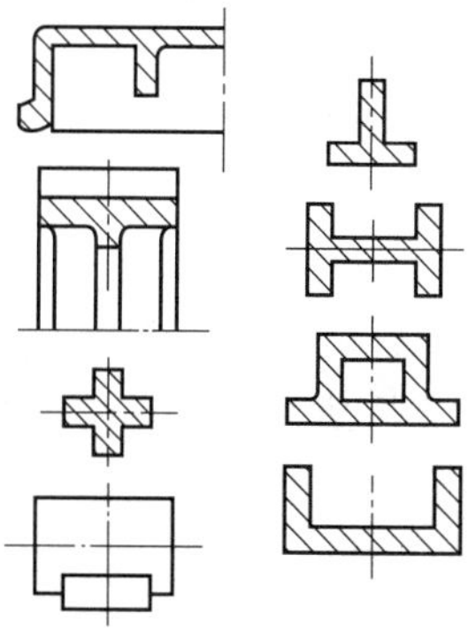 不合理	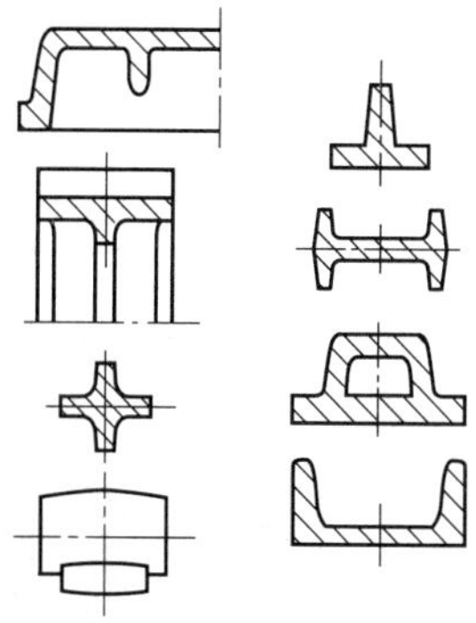 合 理	为起模方便，应设拔模斜度
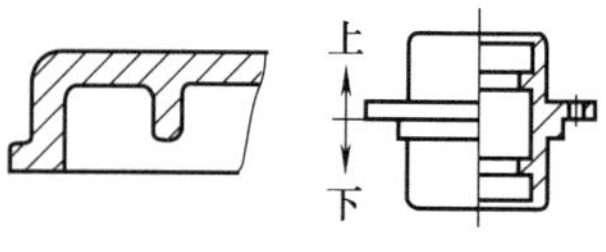 上 下 不合理	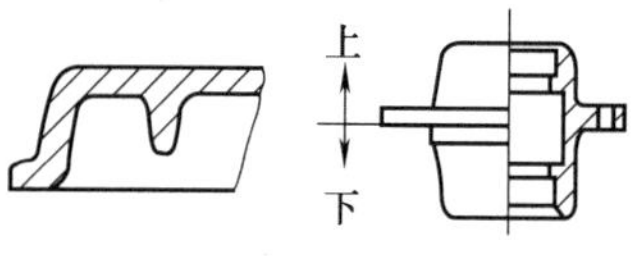 上 下 合 理	改进后在内外型增加了结构斜度

续表

图例		说明
改进前	改进后	
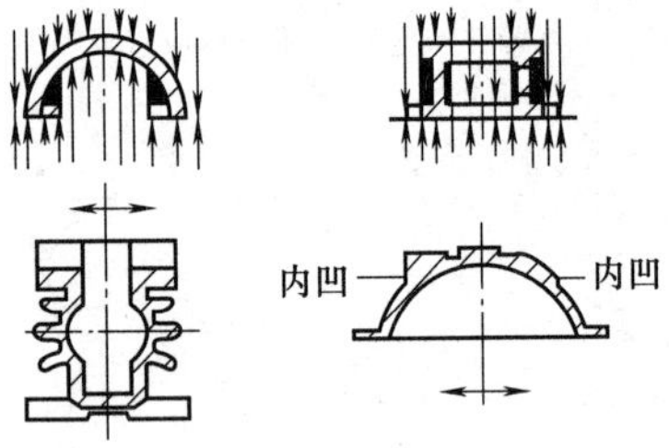 内凹　内凹 不合理	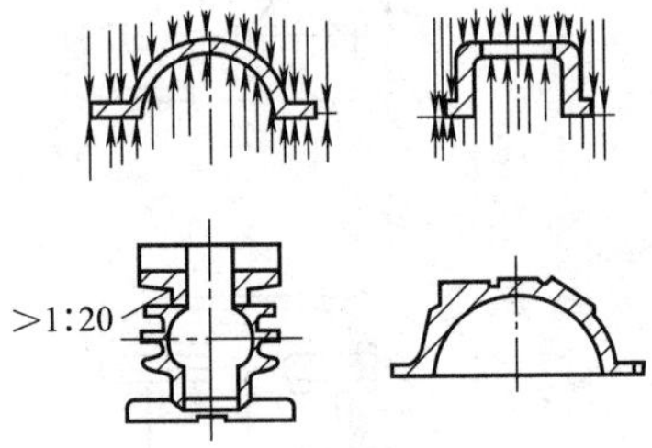 >1∶20 合理	改进后消除了内凹结构，便于直接起模
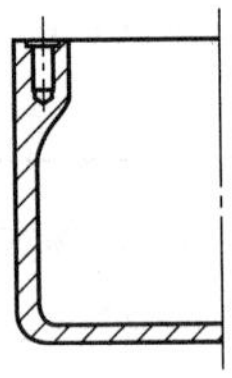 不合理	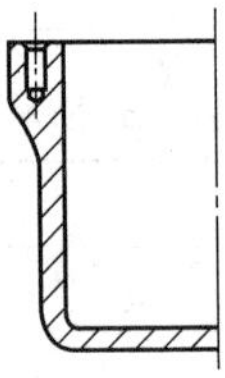 合理	改进后消除了内切结构，便于直接起模
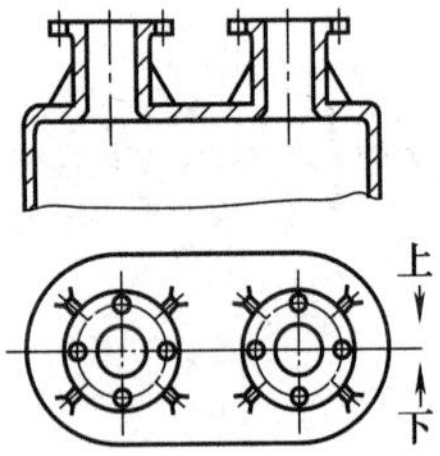 上　下	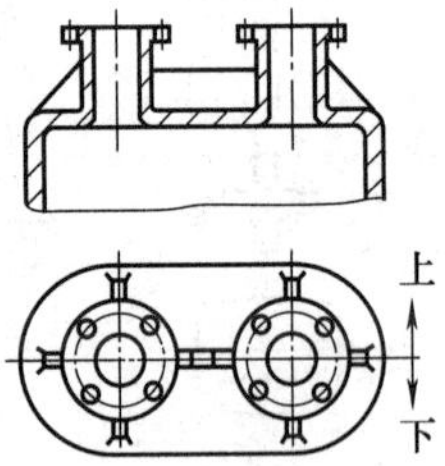 上　下	加强肋应合理布置，并减少活块的数量

表 2-2-9　　型芯稳定和排气通畅

图例		说明
改进前	改进后	
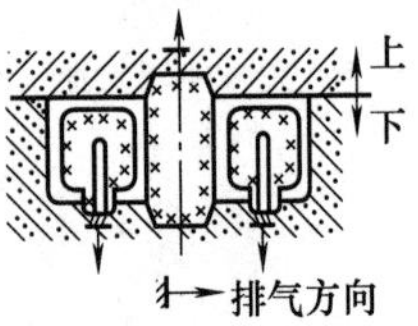 上　下 排气方向	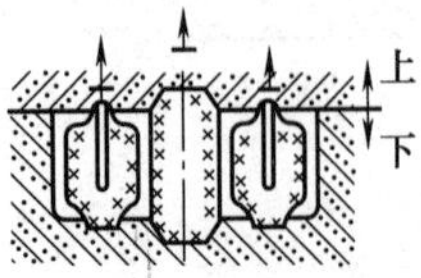 上　下	有利于型芯的固定和排气

续表

图例		说明
改进前	改进后	
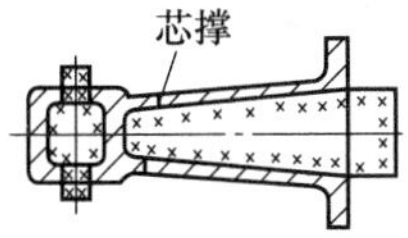	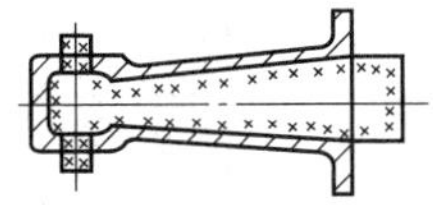 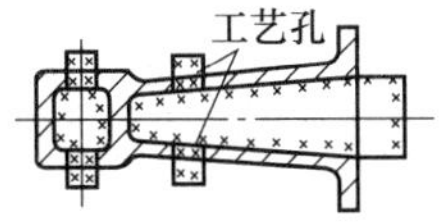	尽量避免采用悬臂芯，可连通中间部分；若使用要求不允许此部分结构改变，则可设工艺孔，加强型芯的固定和排气
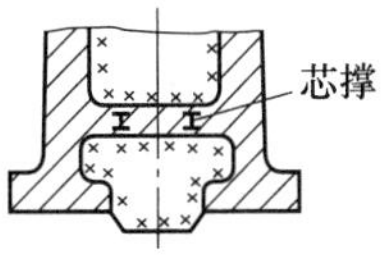	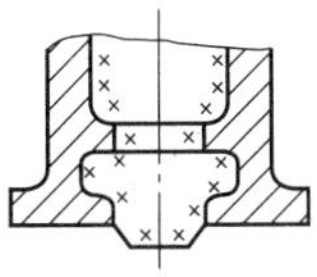	改进后，减少型芯，不用芯撑
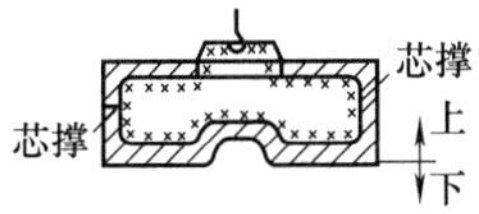	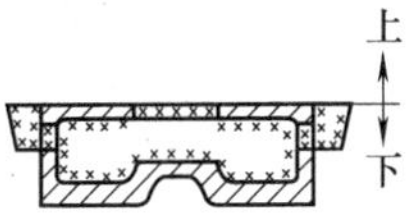	改进后，避免采用吊芯，不用芯撑
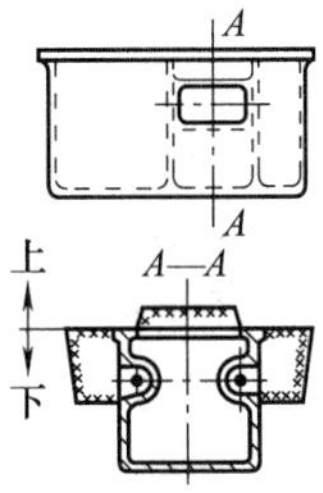	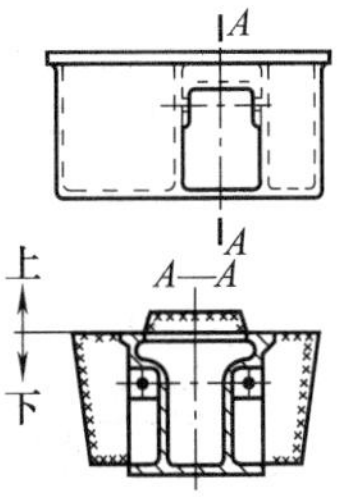	改进前，下芯十分不便，需先放入中间芯，放芯撑固定后，再从侧面放入两边型芯，芯头处需用干砂填实；改进后，两边型芯可先放入，不妨碍中间型芯的安放
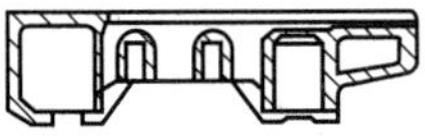		设置固定型芯的专用工艺窗孔

表 2-2-10　易于清砂

图例		说明
改进前	改进后	
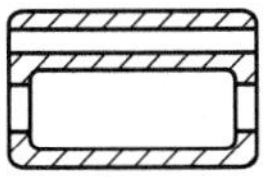	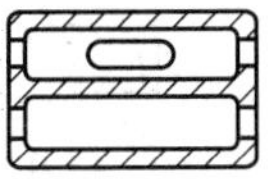	狭长内腔不便制芯和清铲，应尽可能避免

续表

图例		说明
改进前	改进后	
	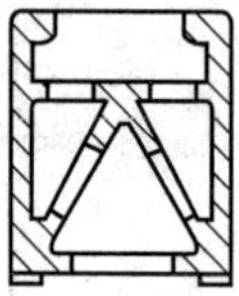	在保证刚性的前提下，可加大清铲窗孔，以便于清砂及破出芯骨

表 2-2-11 **简化结构便于制模和造型**

图例		说明
改进前	改进后	
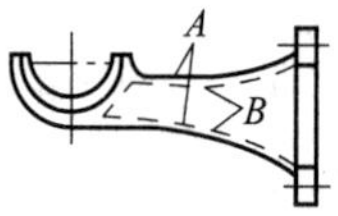 A B	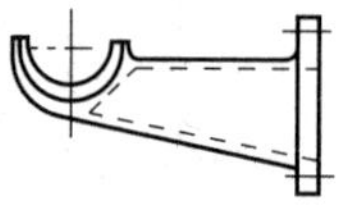	A、B 为弧面时，制模、制芯困难，应改为平面
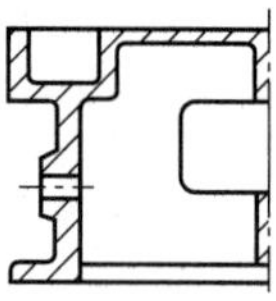	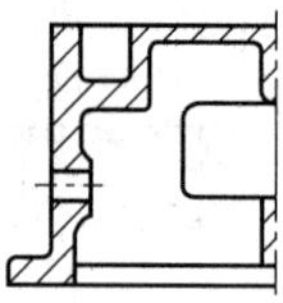	尽量减少凹凸部分
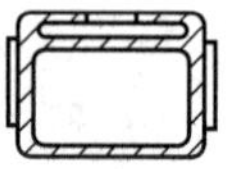	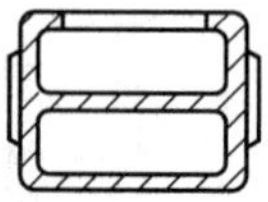	在结构允许的条件下，采用对称结构，可减少制造木模和型芯的工作量
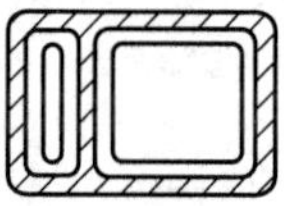	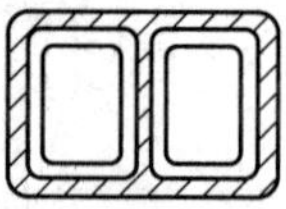	
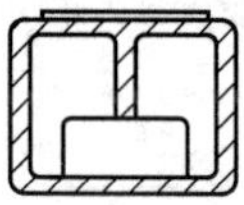	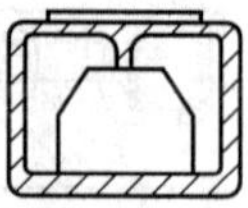	内腔的狭长肋，需要狭窄沟缝的型芯，不易刷上涂料，应尽可能避免
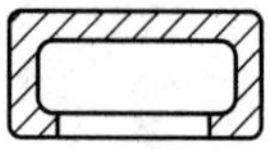	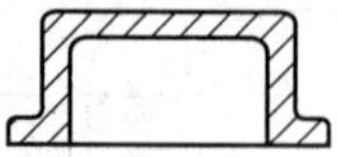	尽可能将内腔做成开式的，可不需型芯
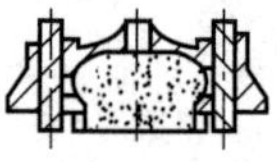 需用型芯	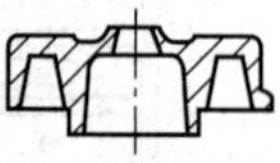 不需用型芯	

表 2-2-12　增加砂型强度

图例		说明
改进前	改进后	
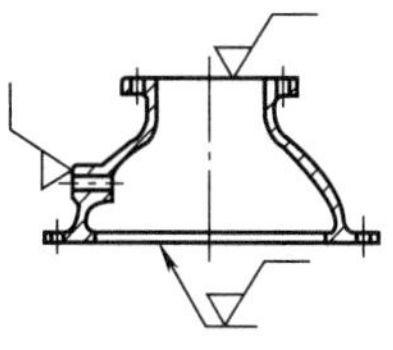	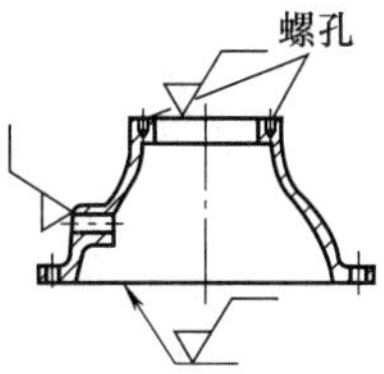 螺孔	改进后，将小头法兰改成内法兰，大头法兰改成外法兰。为保证其强度，法兰厚度应稍增大
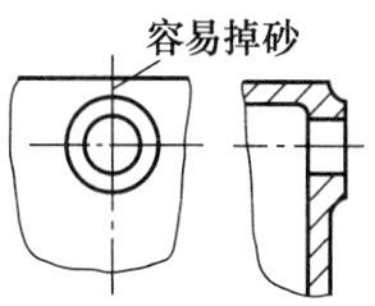 容易掉砂	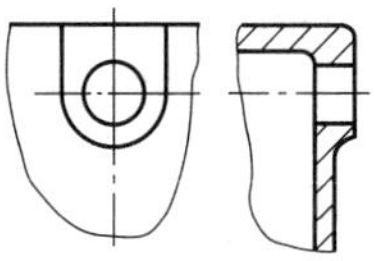	离平面很近或相切的圆凸台砂型不牢
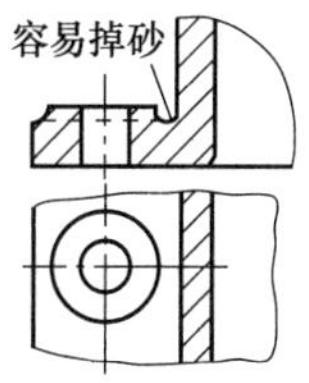 容易掉砂	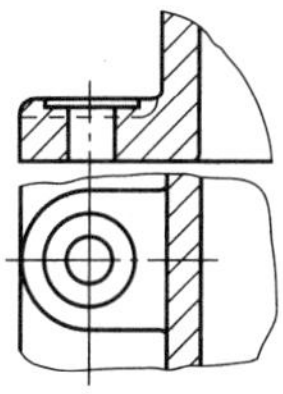	圆凸台侧壁的沟缝处容易掉砂，可改为机械加工平面
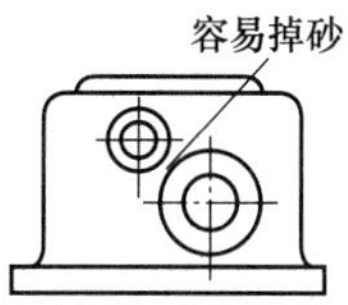 容易掉砂	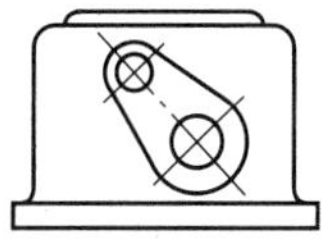	相距很近的凸台，可将其连接起来

2.2.2　提高铸造性能

表 2-2-13　合理且均匀的壁厚

图例		说明
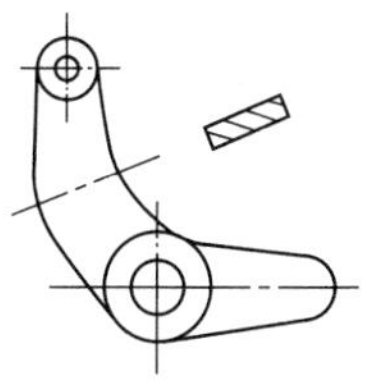 不合理	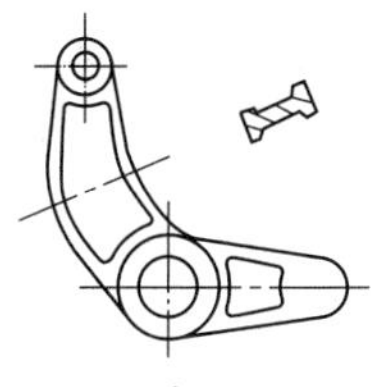 合理	改进后用工字形结构代替实体结构
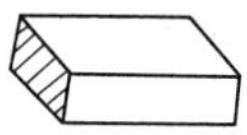 不合理	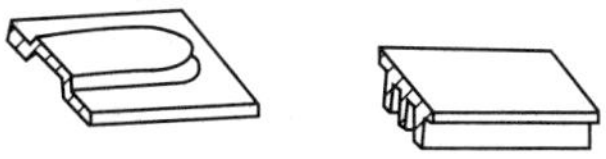 合理	改进后采用薄壁带加强肋结构代替实体结构

续表

图　例	说　明
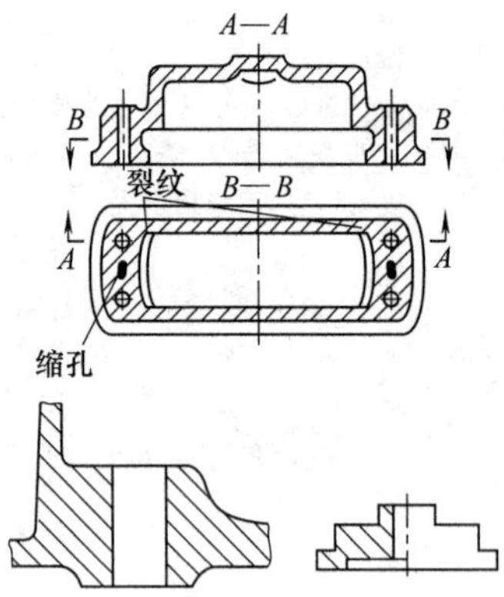 不合理 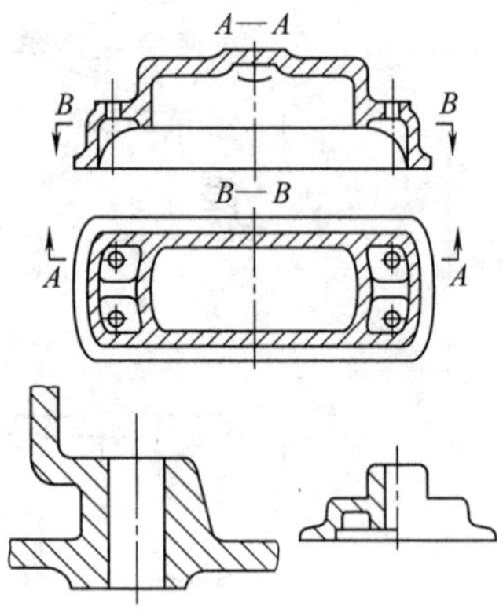　　合理	改进后壁厚均匀，避免了薄壁与厚壁的连接裂纹和厚壁的缩孔
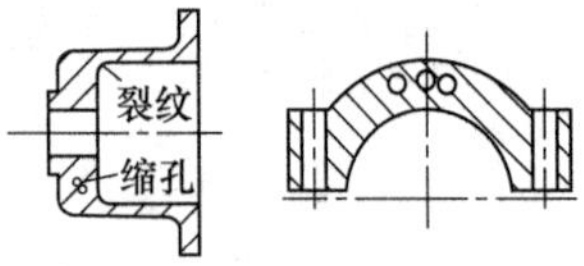 不合理 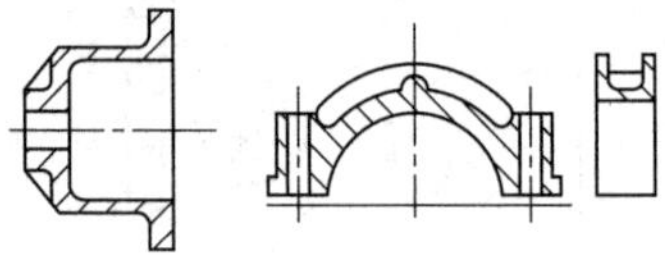　　合理	改进后由加强肋代替厚壁，壁厚均匀
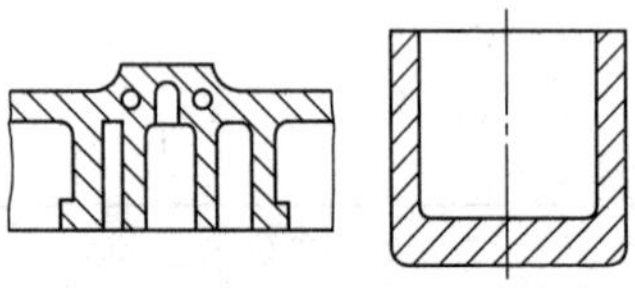 不合理 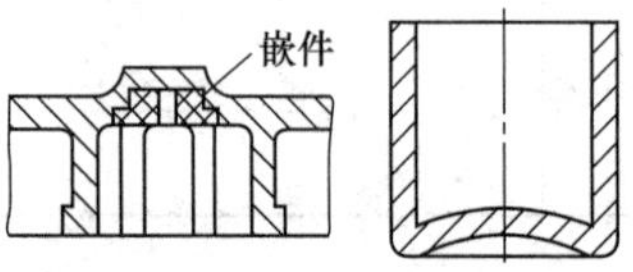　　合理	改进后利用嵌件使壁厚均匀
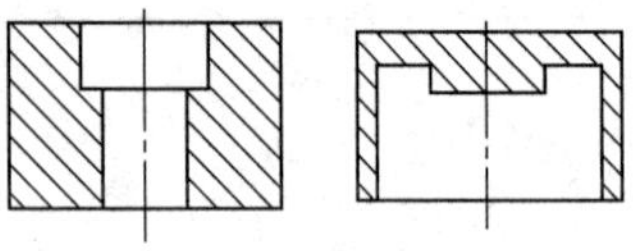 不合理 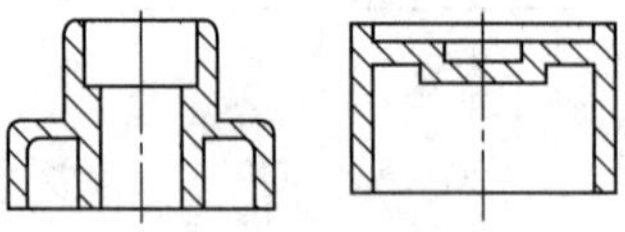　　合理	改进后外形减小，壁厚均匀；改进后外形不变，壁厚均匀
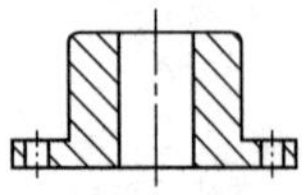 不合理 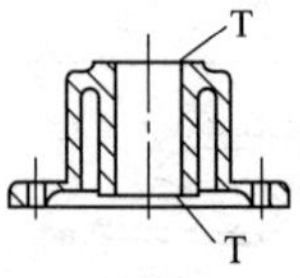　　合理	改进后壁厚均匀，增加配合凸台 T

表 2-2-14　**结构圆角**

图　　例	说　　明
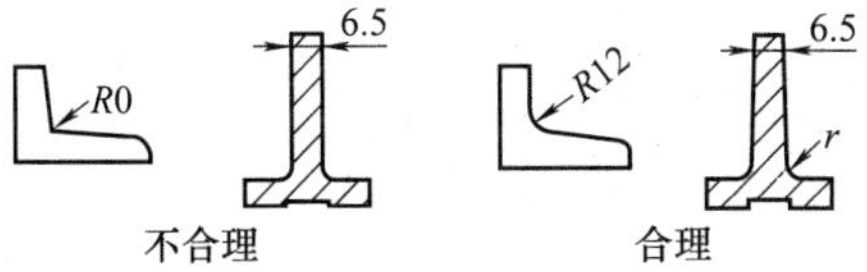 $R0$　6.5　不合理　$R12$　6.5　r　合理	改进后增加 L 形、T 形连接处结构圆角，避免出现裂纹

表 2-2-15　**避免交叉和锐角连接**

图　　例	说　　明
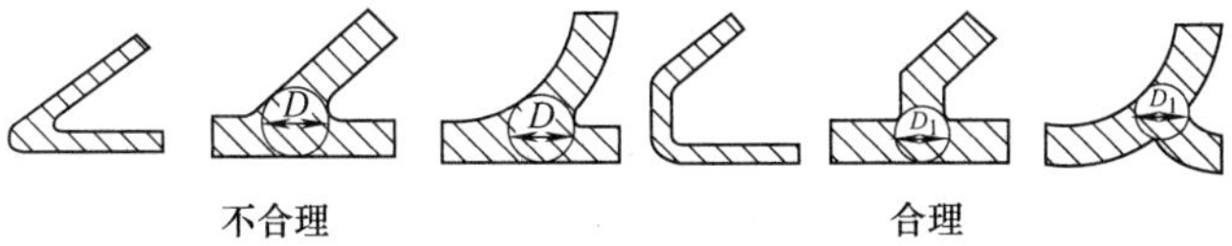 D　D　不合理　D_1　D_1　合理	改进后避免锐角连接
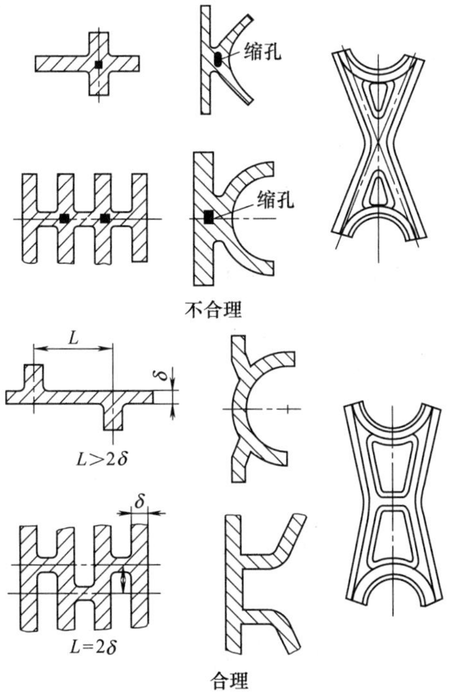 缩孔　缩孔　不合理　L　δ　$L>2\delta$　δ　$L=2\delta$　合理	改进后由交错连接代替交叉连接

表 2-2-16　**厚壁与薄壁的过渡连接**

图　　例	说　　明
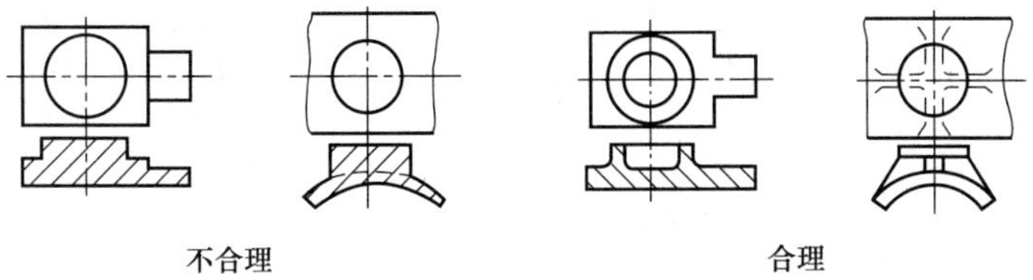 不合理　合理	改进后薄厚壁之间过渡平缓

表 2-2-17 **收缩自由**

图例	说明
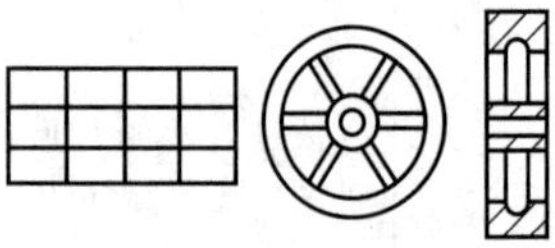 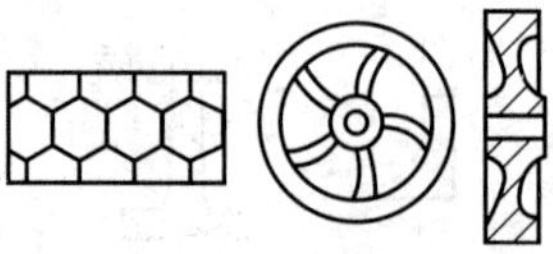 不合理 合理	改进后采用蜂窝状加强肋，避免直长肋，以减小刚度；改进后斜弯辐条有收缩余量
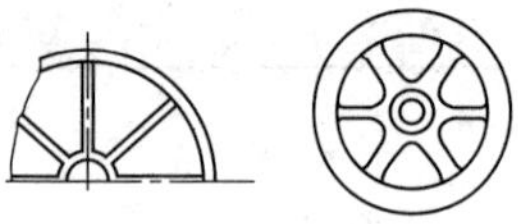 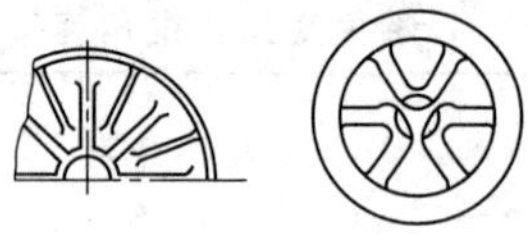 不合理 合理	改进后采用交错加强肋，以减小刚度；改进后切断加强肋，以减小刚度

表 2-2-18 **避免过大的水平面**

图例		说明
改进前	改进后	
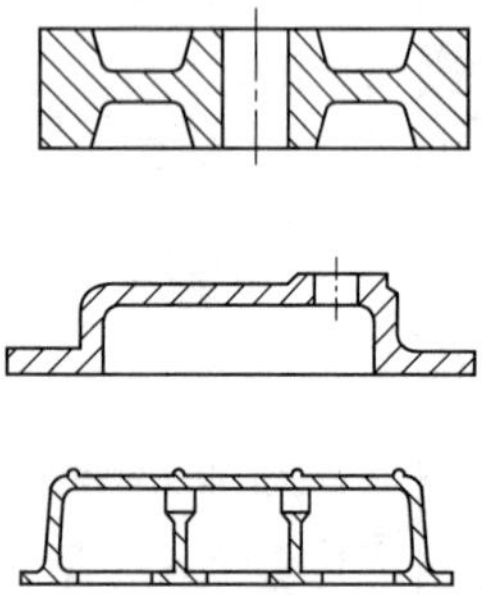 不合理	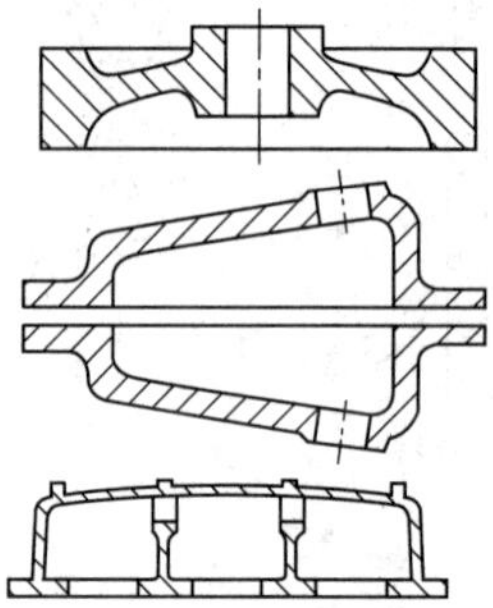 合理	改进后取消大的水平铸造平面、设计为可借重力的斜面
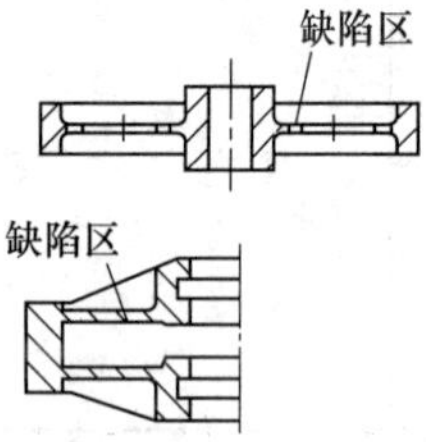 缺陷区 缺陷区	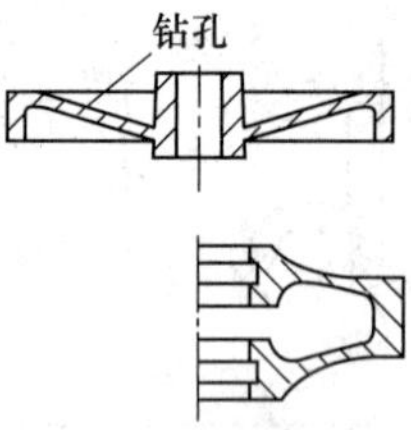 钻孔	尽量减少较大的水平平面，尽可能采用斜平面，便于金属中夹杂物和气体上浮排除，并减少内应力 铸孔的轴线应与起模方向一致
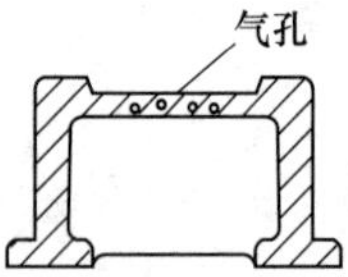 气孔	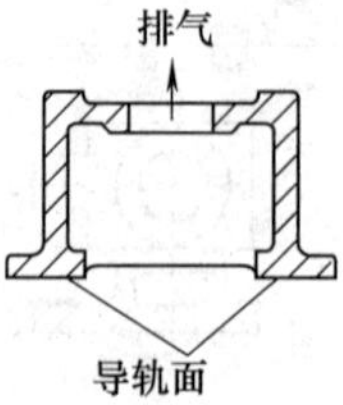 排气 导轨面	避免薄壁和大面积封闭，使气体能充分排出；浇注时，重要面(如导轨面)应在下部，以便金属补给

表 2-2-19　按铸件的凝固顺序设计壁厚

图　例	说　明
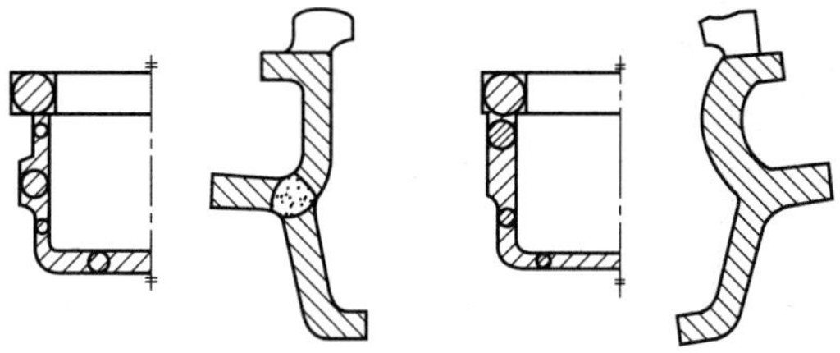 不合理　合理	改进后壁厚沿流道方向自上而下逐渐变薄；改进后壁厚沿流道方向自上而下逐渐变薄

表 2-2-20　铸件的内壁应小于外壁

图　例	说　明
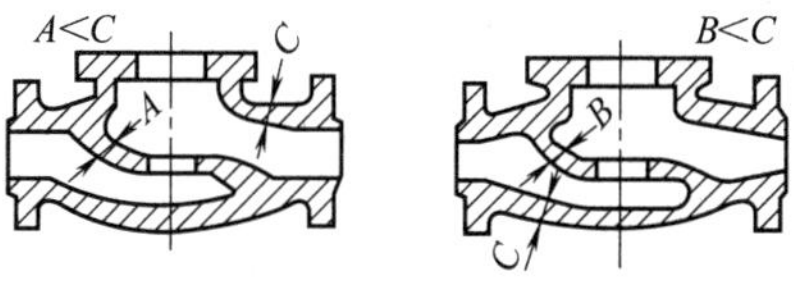 A<C　C　A　不合理　B<C　B　C　合理	改进后内壁小于外壁

第2篇

2.2.3　受力合理

表 2-2-21　优先受压

图　例	说　明
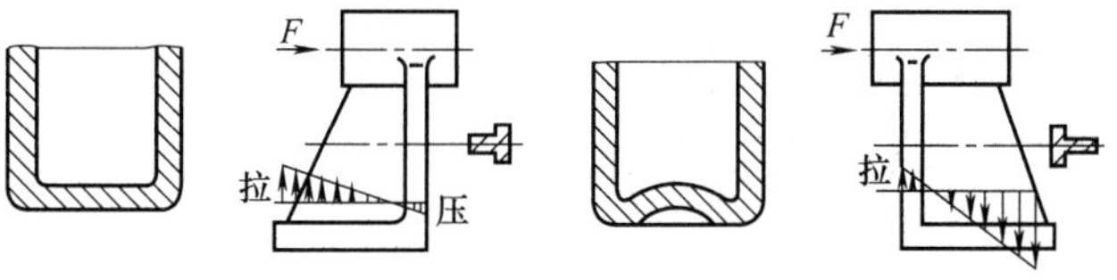 F　拉　压　不合理　F　拉　合理	改为内凸结构，减少拉应力；改进后加强肋受压应力
不合理　合理	改进后加强肋受压应力

表 2-2-22 局部加强

图 例	说 明
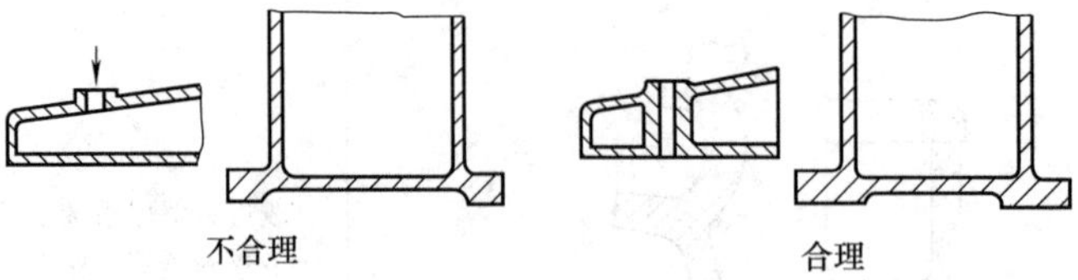 不合理 合理	改进后支承可靠;改进后箱壁支承可靠

2.2.4 便于切削加工

表 2-2-23 减少切削加工量

图 例	说 明
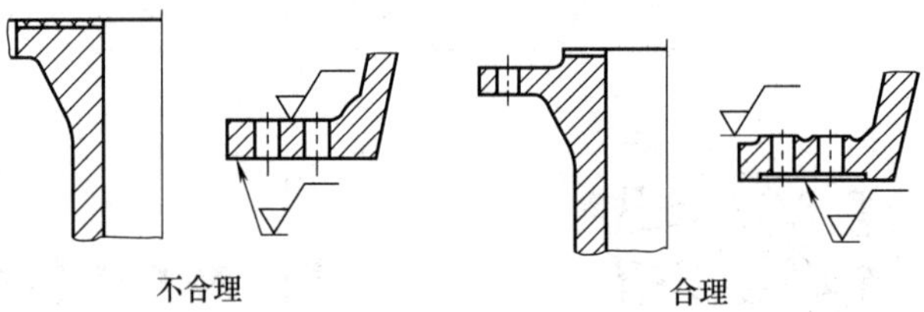 不合理 合理	改进后铸出凸台,减少加工面积
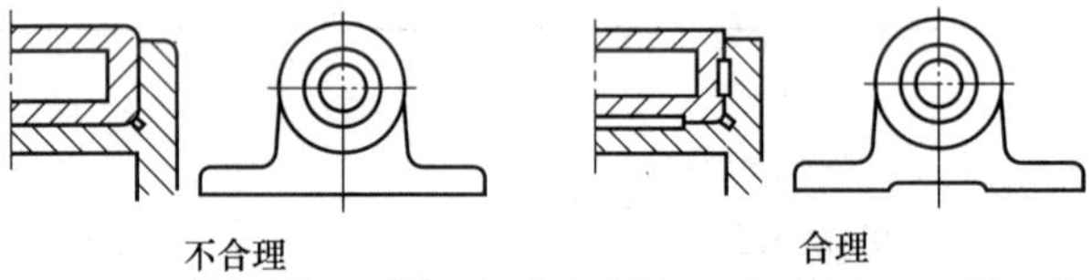 不合理 合理	改进后为环形接触,加工面减少;改进后下表面形成台阶,加工面减少
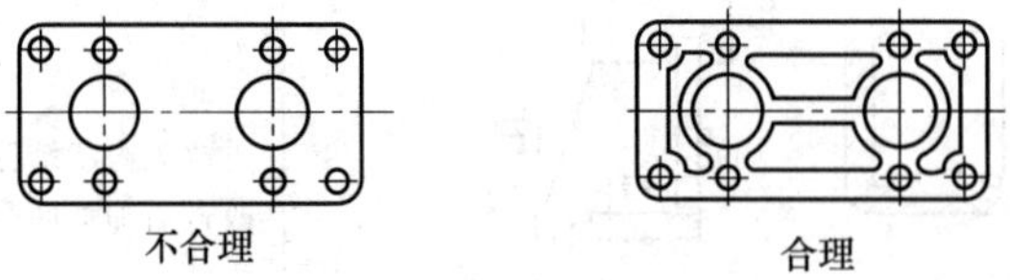 不合理 合理	改进后为空心结构,加工面减少

表 2-2-24 留有加工余量和减少加工难度

图 例	说 明
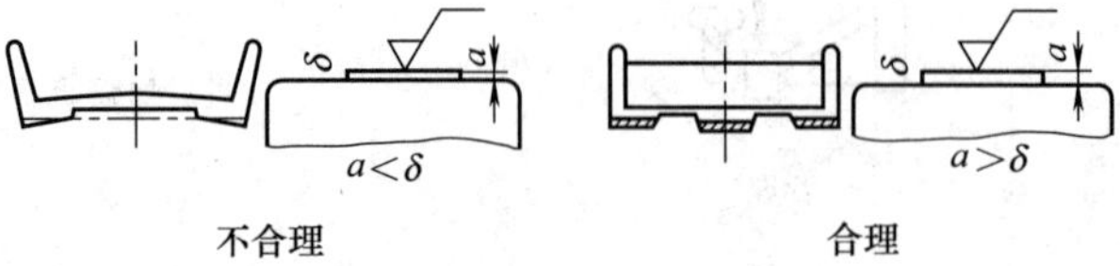 δ a $a<\delta$ 不合理 δ a $a>\delta$ 合理	改进后设置了加强肋,减少变形,保证加工余量;改进后增大加工余量(δ—加工误差)

续表

图例	说明
不合理　合理	改进后加工表面高于非加工表面，降低加工难度
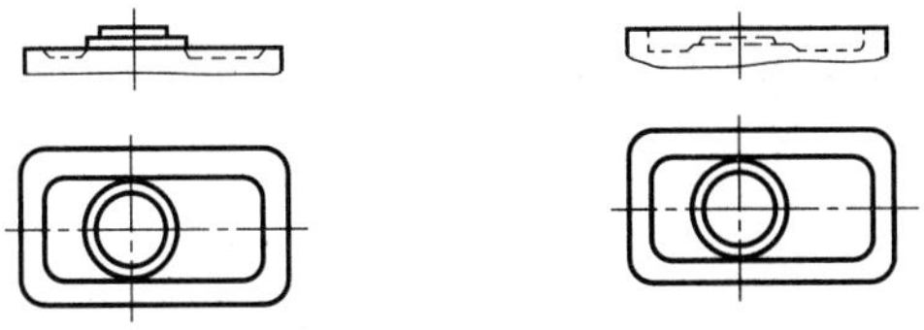 不合理　合理	改进后取消了加工表面中的凸台，降低加工难度
 不合理　合理	改进后加工表面宽度一致，提高了每次走刀的加工效率
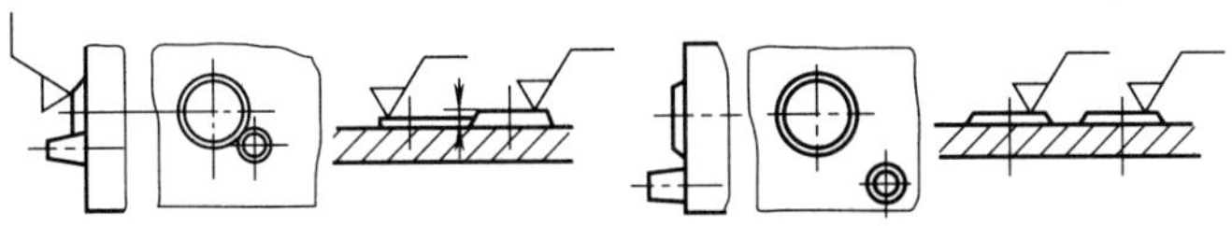 不合理　合理	改进后加工难度降低；改进后加工表面位于同一平面，加工难度降低，并减少了走刀次数

表 2-2-25 **钻孔面垂直**

图例	说明
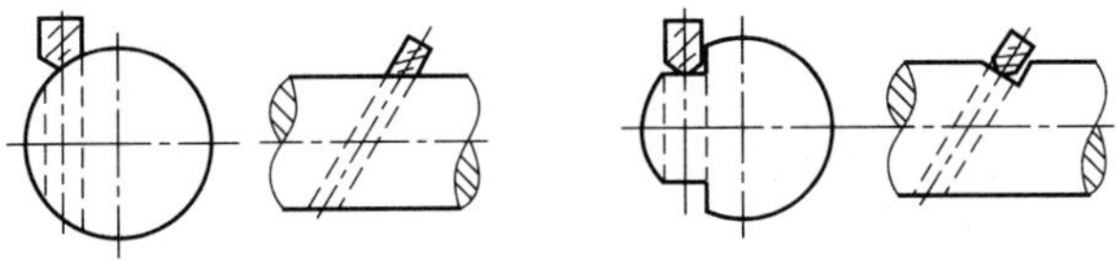 不合理　合理	改进后钻头轴线与孔的端面垂直，保证了钻孔精度

续表

图　　例	说　　明
不合理　　合理	改进后钻头轴线与孔的端面垂直，保证了钻孔精度
不合理　　合理	

2.2.5　组合铸件

对大型铸件，在不影响强度和刚度情况下，可以分成几块铸造，粗加工后，再用焊接、螺栓连接等方法装配起来（见表2-2-26），这种化大为小、化繁为简的方法有利于铸造、加工和运输。

表2-2-26　　组合铸件结构

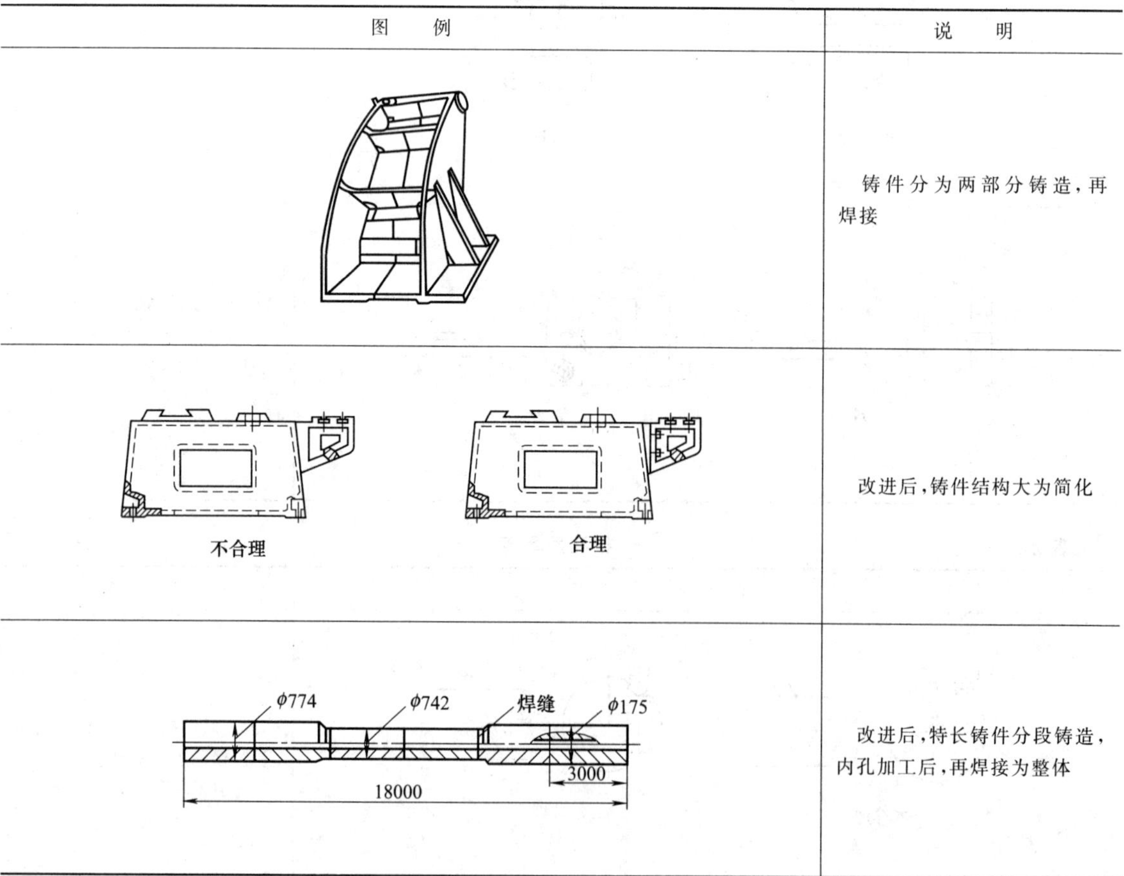

图　　例	说　　明
	铸件分为两部分铸造，再焊接
不合理　　合理	改进后，铸件结构大为简化
	改进后，特长铸件分段铸造，内孔加工后，再焊接为整体

续表

图　例		说　明
		铸件改为组合结构后，使型芯形状简单、固定稳固，易保证铸件的壁厚

2.3　对铸造结构要素的具体尺寸要求

2.3.1　铸件壁厚

表 2-2-27　　铸件最小允许壁厚　　mm

铸型种类	铸件尺寸	最小允许壁厚							
		铸钢	灰铸铁	球墨铸铁	可锻铸铁	铝合金	镁合金	铜合金	高锰钢
砂型	200×200 以下	6～8	5～6	6	4～5	3	—	3～5	20（最大壁厚不超过 125）
	200×200～500×500	10～12	6～10	12	5～8	4	3	6～8	
	500×500 以上	18～25	15～20	—	—	5～7	—	—	
金属型	70×70 以下	5	4	—	2.5～3.5	2～3	—	3	
	70×70～150×150	—	5	—	3.5～4.5	4	2.5	4～5	
	150×150 以上	10	6	—		5	—	6～8	

注：1. 结构复杂的铸件及灰铸铁牌号较高时，选取偏大值。
2. 特大型铸件的最小允许壁厚，还可适当增加。

2.3.2　加强肋

为避免截面过厚，采用加强肋。为保证铸件的强度与刚度，选择合理的截面形状，如 T 字形、I 字形、槽形、箱形结构，并在薄弱部分安置加强肋（见表 2-2-28～表 2-2-30）。

表 2-2-28　　灰铸铁件外壁、内壁和加强筋的厚度　　mm

铸件质量 /kg	铸件最大尺寸	外壁厚度	内壁厚度	肋条厚度	零件举例
<5	300	7	6	5	盖、拨叉、轴套、端盖
6～10	500	8	7	5	挡板、支架、箱体、门、盖
11～60	750	10	8	6	箱体、电动机支架、溜板箱、托架
61～100	1250	12	10	8	箱体、液压缸体，溜板箱
101～500	1700	14	12	8	油盘、带轮
501～800	2500	16	14	10	箱体、床身、盖、滑座
801～1200	3000	18	16	12	小立柱、床身、箱体、油盘

表 2-2-29　　加强肋的种类、尺寸、布置和形状

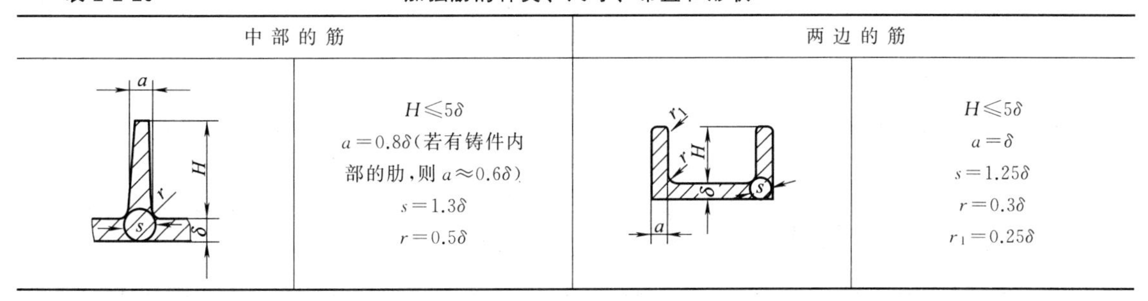

中部的筋		两边的筋	
	$H \leqslant 5\delta$ $a=0.8\delta$（若有铸件内部的肋，则 $a \approx 0.6\delta$） $s=1.3\delta$ $r=0.5\delta$		$H \leqslant 5\delta$ $a=\delta$ $s=1.25\delta$ $r=0.3\delta$ $r_1=0.25\delta$

续表

带有肋的截面的铸件尺寸比例

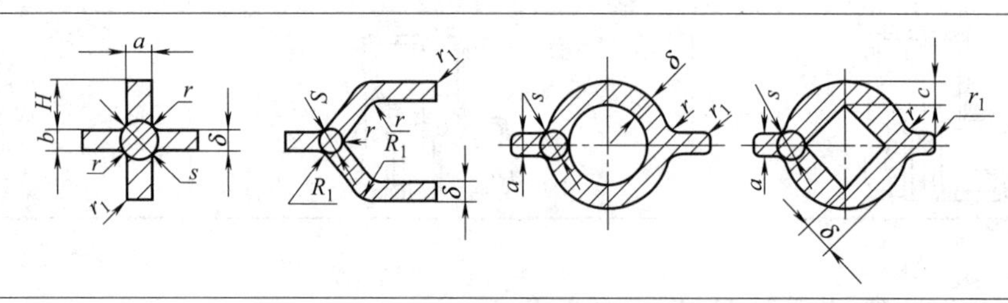

（δ 的倍数）

断　　面	H	a	b	c	R_1	r	r_1	s
十字形	3	0.6	0.6	—	—	0.3	0.25	1.25
叉形	—	—	—	—	1.5	0.5	0.25	1.25
环形附肋	—	0.8	—	—	—	0.5	0.25	1.25
同上，但有方孔	—	1.0	—	0.5	—	0.25	0.25	1.25

肋 的 布 置

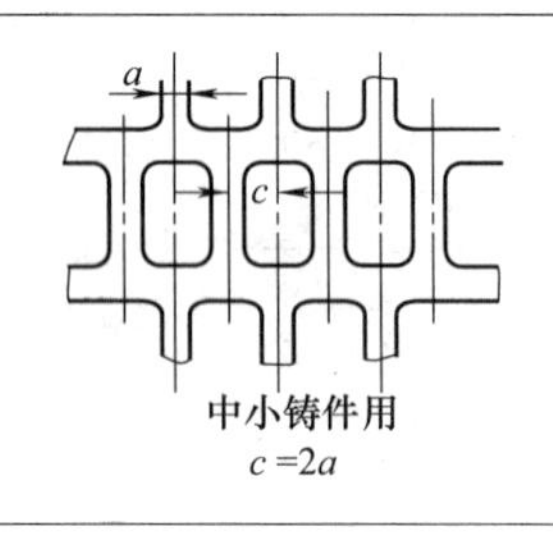

中小铸件用 $c=2a$

大铸件用 $d=4a$

肋 的 形 状

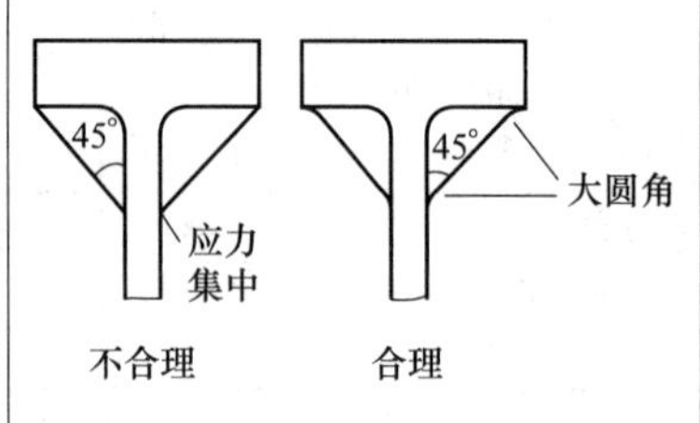

不合理　　合理

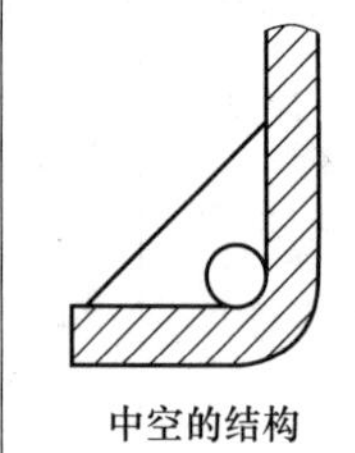

中空的结构

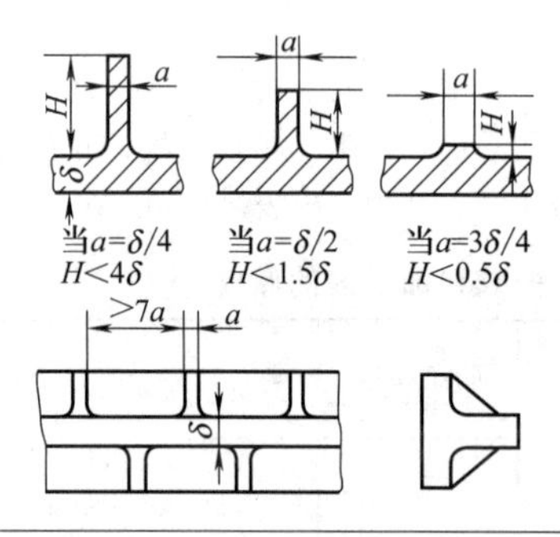

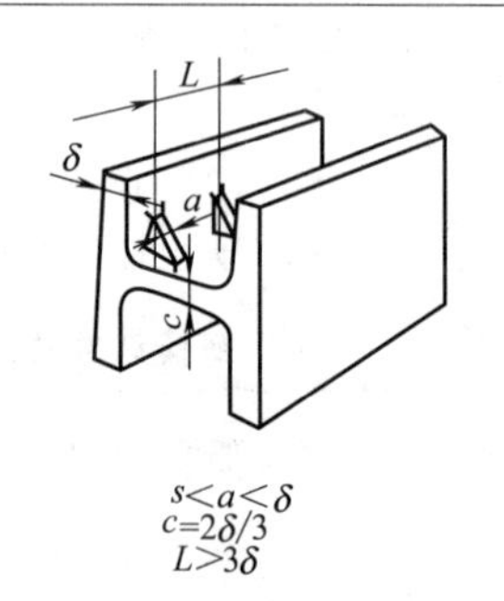

说明　a，b—肋厚度；δ—壁厚

表 2-2-30　两壁之间肋的连接形式

序号	简图	说明	序号	简图	说明
1		抗弯和抗扭曲性最差	4		在两个方向上有抗弯能力
2		仅在一个方向上有抗弯能力	5		较序号 2 抗弯性稍高
3		较序号 2 抗弯和抗扭曲性稍高	6		

续表

序号	简　　图	说　　明	序号	简　　图	说　　明
7		抗弯性较高	10		双向均有大的抗弯性和抗扭曲性。但需用型芯
8		较序号 2 抗弯性和抗扭曲性稍高	11		
9		较序号 2 抗弯性和抗扭曲性稍高			

注：抗弯和抗扭曲性大致按序号顺序递增。

2.3.3　壁的连接与过渡

铸件壁的连接或转角部分容易产生内应力、缩孔和缩松，应注意防止壁厚突变及铸件尖角。

① 铸件的结构圆角　铸件壁的转向及壁间连接处均应考虑结构圆角，防止铸件因金属积聚和应力集中产生缩孔、缩松和裂纹等缺陷。此外，铸造圆角还有利于造型，减少取模掉砂，并使铸件外形美观。铸造外圆角半径 R 值见表 2-2-31。

铸件内圆角必须与壁厚相适应，通常圆角处内接圆直径应不超过相邻壁厚的 1.5 倍，铸造内圆角半径 R 值见表 2-2-32。

② 铸件壁与壁相交时，应避免锐角连接　壁的具体连接形式与尺寸见表 2-2-33。

表 2-2-31　　铸造外圆角半径 R 值　　mm

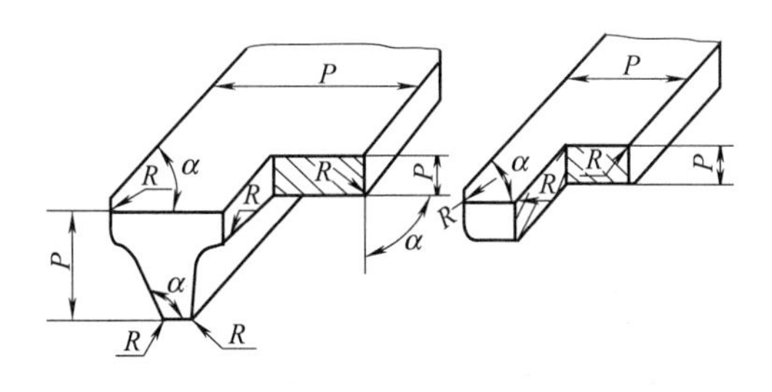

表面的最小边尺寸 P	外圆角 α					
	≤50°	51°～75°	76°～105°	106°～135°	136°～165°	＞165°
≤25	2	2	2	4	6	8
＞25～60	2	4	4	6	10	16
＞60～160	4	4	6	8	16	25
＞160～250	4	6	8	12	20	30
＞250～400	6	8	10	16	25	40
＞400～600	6	8	12	20	30	50
＞600～1000	8	12	16	25	40	60
＞1000～1600	10	16	20	30	50	80
＞1600～2500	12	20	25	40	60	100
＞2500	16	25	30	50	80	120

注：如果铸件不同部位按上表可选出不同的圆角 R 数值时，应尽量减少或只取一适当的 R 数值，以求统一。

表 2-2-32　　铸造内圆角半径 R 值　　mm

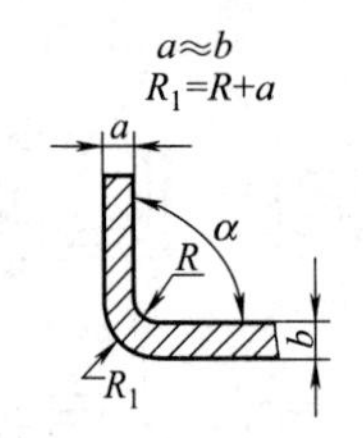

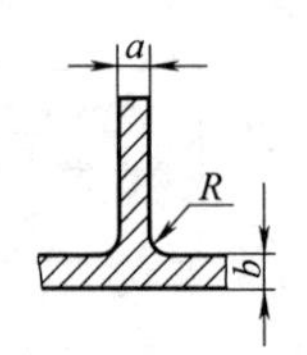

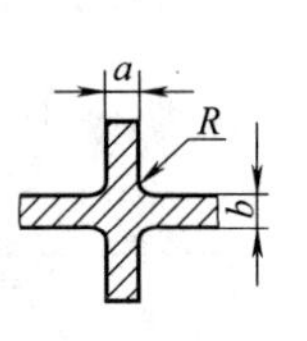

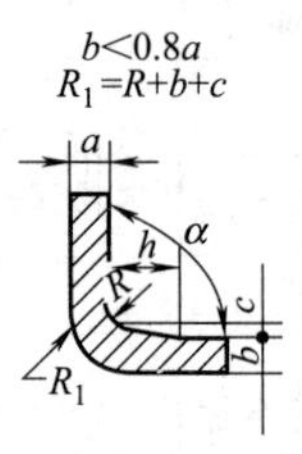

$\frac{a+b}{2}$	内圆角 α											
	≤50°		51°～75°		76°～105°		106°～135°		136°～165°		＞165°	
	钢	铁	钢	铁	钢	铁	钢	铁	钢	铁	钢	铁
≤8	4	4	4	4	6	4	8	6	16	10	20	16
9～12	4	4	4	4	6	6	10	8	16	12	25	20
13～16	4	4	6	4	8	6	12	10	20	16	30	25
17～20	6	4	8	6	10	8	16	12	25	20	40	30
21～27	6	6	10	8	12	10	20	16	30	25	50	40
28～35	8	6	12	10	16	12	25	20	40	30	60	50
36～45	10	8	16	12	20	16	30	25	50	40	80	60
46～60	12	10	20	16	25	20	35	30	60	50	100	80
61～80	16	12	25	20	30	25	40	35	80	60	120	100
81～110	20	16	25	20	35	30	50	40	100	80	160	120
111～150	20	16	30	25	40	35	60	50	100	80	160	120
151～200	25	20	40	30	50	40	80	60	120	100	200	160
201～250	30	25	50	40	60	50	100	80	160	120	250	200
251～300	40	30	60	50	80	60	120	100	200	160	300	250
＞300	50	40	80	60	100	80	160	120	250	200	400	300

c 和 h 值						
	b/a		＜0.4	0.5～0.65	0.66～0.8	＞0.8
	c≈		$0.7(a-b)$	$0.8(a-b)$	$a-b$	—
	h≈	钢	$8c$			
		铁	$9c$			

注：对于高锰钢铸件，内圆角半径 R 值比表中数值增大1.5倍。

表 2-2-33　　壁的连接形式与尺寸

形　式	图　例	连接尺寸
两壁斜向相连（α＜75°）		$b=a$ $R=\left(\frac{1}{3}\sim\frac{1}{2}\right)a$ $R_1=R+a$
		$b>1.25a$，铸铁 $h=4c$ $c=b-a$，铸钢 $h=5c$ $R=\left(\frac{1}{3}\sim\frac{1}{2}\right)\left(\frac{a+b}{2}\right)$ $R_1=R+b$

续表

形　　式	图　　例	连 接 尺 寸
两壁斜向相连($\alpha<75°$)	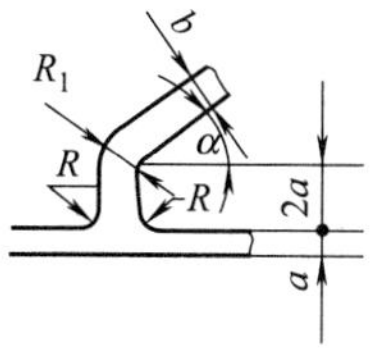	$b\approx1.25a$ $R=\left(\frac{1}{3}\sim\frac{1}{2}\right)\left(\frac{a+b}{2}\right)$ $R_1=R+b$
	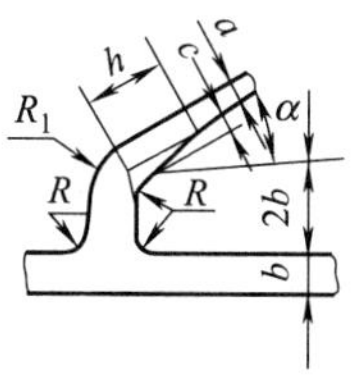	$b\approx1.25a$，铸铁 $h=8c$ $c=\frac{b-a}{2}$，铸钢 $h=10c$ $R=\left(\frac{1}{3}\sim\frac{1}{2}\right)\left(\frac{a+b}{2}\right)$ $R_1=R+\frac{a+b}{2}$
两壁垂直相连	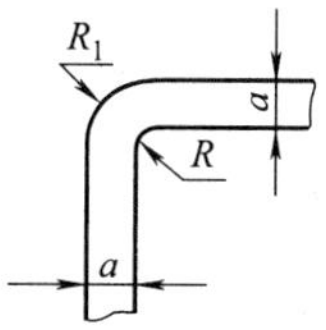 两壁相等时	$R\geqslant\left(\frac{1}{3}\sim\frac{1}{2}\right)a$ $R_1\geqslant R+a$
	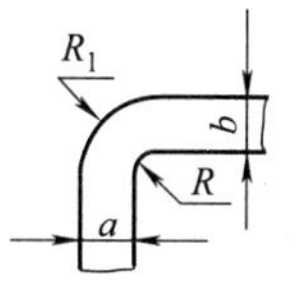 $a<b<2a$ 时	$R\geqslant\left(\frac{1}{3}\sim\frac{1}{2}\right)\left(\frac{a+b}{2}\right)$ $R_1\geqslant R+\frac{a+b}{2}$
	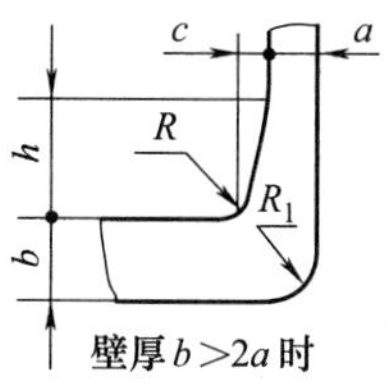 壁厚 $b>2a$ 时	$b\geqslant a+c$，铸铁 $h\geqslant4c$ $c\approx3\sqrt{b-a}$，铸钢 $h\geqslant5c$ $R\geqslant\left(\frac{1}{3}\sim\frac{1}{2}\right)\left(\frac{a+b}{2}\right)$ $R_1\geqslant R+\frac{a+b}{2}$
两壁垂直相交	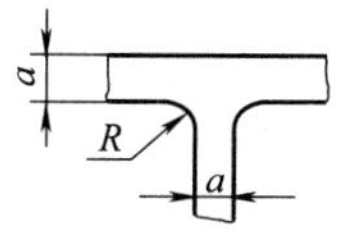 三壁相等时	$R\geqslant\left(\frac{1}{3}\sim\frac{1}{2}\right)a$

续表

形　　式	图　　例	连接尺寸
两壁垂直相交	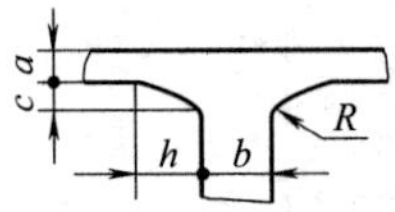 壁厚$b>a$时	$b\geqslant a+c$，铸铁$h\geqslant 4c$ $c\approx 3\sqrt{b-a}$，铸钢$h\geqslant 5c$ $R\geqslant\left(\frac{1}{3}\sim\frac{1}{2}\right)\left(\frac{a+b}{2}\right)$
	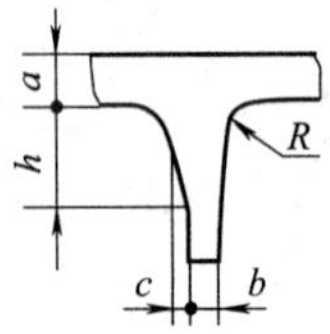 壁厚$b<a$时	$a\geqslant b+2c$，铸铁$h\geqslant 8c$ $c\approx 1.5\sqrt{b-a}$，铸钢$h\geqslant 10c$ $R\geqslant\left(\frac{1}{3}\sim\frac{1}{2}\right)\left(\frac{a+b}{2}\right)$
其他连接	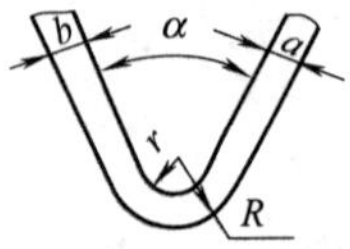 b与a相差不多	$\alpha<90°$ $r=1.5a(\geqslant 25)$ $R=r+a$ $R=1.5r+a$
	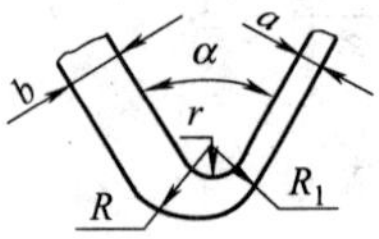 b比a大得多	$\alpha<90°$ $r=\frac{a+b}{2}(\geqslant 25)$ $R=r+a$ $R_1=r+b$
	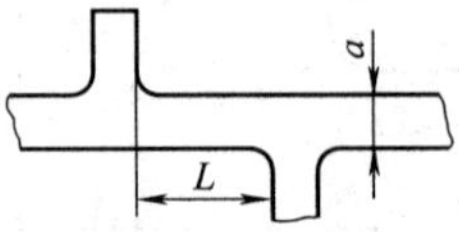	$L>3a$

注：1. 圆角标准数列（mm）为：2、4、6、8、10、12、16、20、25、30、35、40、50、60、80、100。

2. 当壁厚大于50mm时，R取数列中小值。

③ 不同壁厚相接应逐渐过渡　铸件的厚壁与薄壁相连接时，连接部位的结构应从薄壁缓慢过渡到厚壁。过渡的形式与尺寸见表 2-2-34。法兰铸造过渡斜度见表 2-2-35。

表 2-2-34　**壁厚的过渡形式与尺寸**　mm

图例	过渡尺寸												
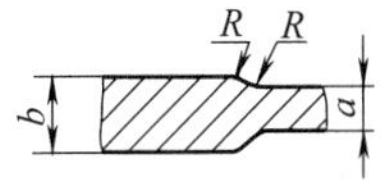	$b\leqslant 2a$	铸铁	$R\geqslant\left(\frac{1}{3}\sim\frac{1}{2}\right)\left(\frac{a+b}{2}\right)$										
		铸钢 可锻铸铁 非铁合金	$\frac{a+b}{2}$	<12	12～16	16～20	20～27	27～35	35～45	45～60	60～80	80～110	110～150
			R	6	8	10	12	15	20	25	30	35	40
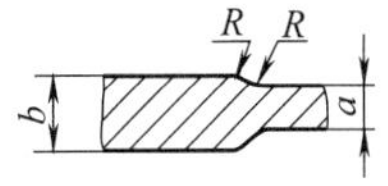	$b>2a$	铸铁	$L\geqslant 4(b-a)$										
		铸钢	$L\geqslant 5(b-a)$										
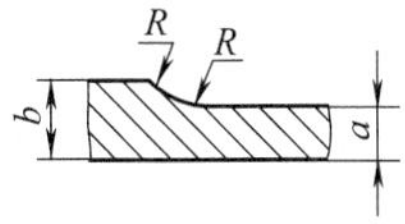	$b\leqslant 1.5a$		$R\geqslant\frac{2a+b}{2}$										
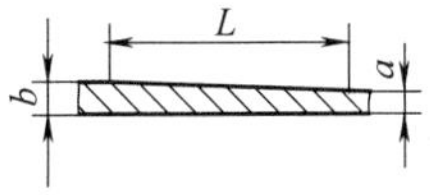	$b>1.5a$		$L=4(a+b)$										

表 2-2-35　**法兰铸造过渡斜度**　mm

简图	尺寸													
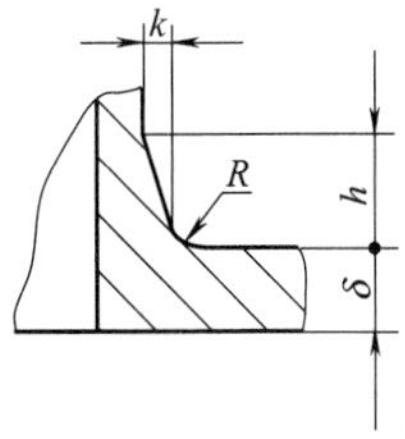	δ	10～15	>15～20	>20～25	>25～30	>30～35	>35～40	>40～45	>45～50	>50～55	>55～60	>60～65	>65～70	>70～75
	k	3	4	5	6	7	8	9	10	11	12	13	14	15
	h	15	20	25	30	35	40	45	50	55	60	65	70	75
	R	5	5	5	8	8	10	10	10	10	15	15	15	15

2.3.4　孔边凸台、内腔、铸孔

表 2-2-36　**孔边凸台**

铸孔边缘平台	壁中窗口凸边
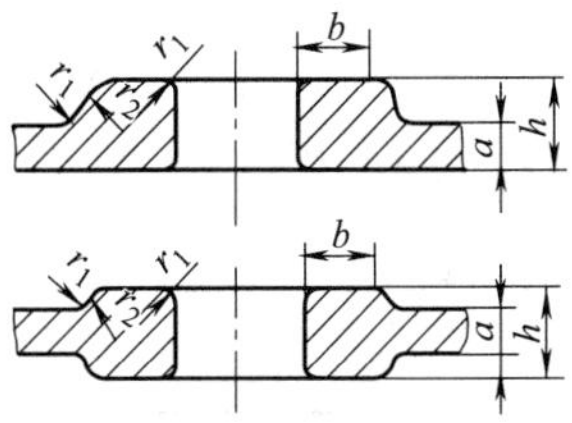 $r_1=0.25a$ $r_2=0.75a$ $h=2a$ $b=1.5a$	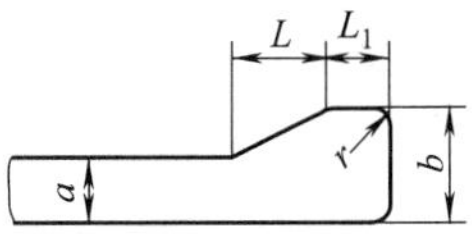 $b=1.3a$ $L=1.5a$ $L_1=0.75a$ $r=0.25a$

第 2 篇

表 2-2-37　　**平面上凸台尺寸**　　mm

d	孔	4	5	5	6	7	8	9	10	11	12	13	14
	螺孔	M4		M5		M6		M8		M10		M12	
D		12		14		16		20		25		30	
h		2						2.5			3		

表 2-2-38　　**最小铸孔尺寸**　　mm

材料	孔壁厚度	<25		26~50		51~75		76~100		101~150		151~200		201~300		≥301	
	孔的深度	最小孔径															
		▽	○	▽	○	▽	○	▽	○	▽	○	▽	○	▽	○	▽	○
碳钢与一般合金钢	≤100	75	55	75	55	90	70	100	80	120	100	140	120	160	140	180	160
	101~200	75	55	90	70	100	80	110	90	140	120	160	140	180	160	210	190
	201~400	105	80	115	90	125	100	135	110	165	140	195	170	215	190	255	230
	401~600	125	100	135	110	145	120	165	140	195	170	225	200	255	230	295	270
	601~1000	150	120	160	130	180	150	200	170	230	200	260	230	300	270	340	310
高锰钢	孔壁厚度	<50				51~100				≥101							
	最小孔径	20				30				40							
灰铸铁	大量生产:12~15,成批生产:15~30,小批、单件生产:30~50																

注：1. 不通圆孔最小容许铸造孔直径应比表中值大20%，矩形或方形孔其短边要大于表中值的20%，而不通矩形或方形孔则要大40%。

2. 表中▽表示加工后孔径，○表示不加工的孔径。

3. 难加工的金属，如高锰钢铸件等的孔应尽量铸出，而其中需要加工的孔，常用镶铸碳素钢的办法，待铸出后，再在镶铸的碳素钢部分进行加工。

表 2-2-39　　**铸造内腔**

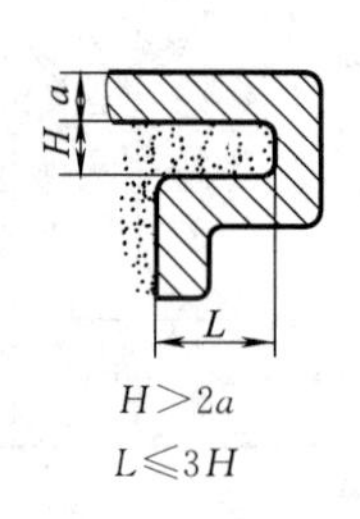

$H>2a$

$L\leqslant 3H$

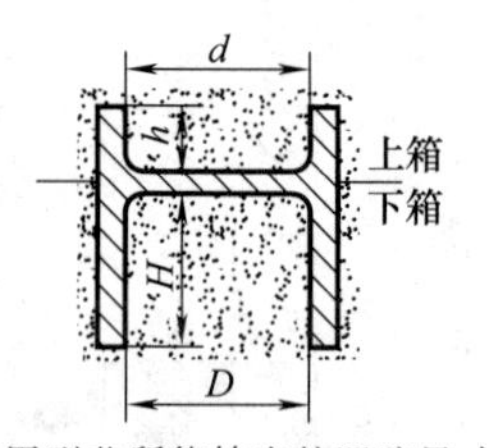

不用型芯所能铸出的凹腔尺寸：

$H\leqslant D$，$h\leqslant 0.3d$（机器造型）

$H\leqslant 0.5D$，$h\leqslant 0.15d$（手工造型）

表 2-2-40　　**铸造斜度**

图例	斜度 b∶h	角度 β	应用范围
30°~45°；β	1∶5	11°30′	h<25mm时钢和铁的铸件
	1∶10 1∶20	5°30′ 3°	h=25~500mm时钢和铁的铸件
	1∶50	1°	h>500mm时钢和铁的铸件
	1∶100	30′	有色金属铸件

注：当设计不同壁厚的铸件时，在转折点处的斜角最大增到30°~45°（见表中左图）。

2.3.5　铸件尺寸公差

铸件的尺寸精度取决于工艺设计及工艺过程和控制的严格程度，其主要影响因素有：铸件结构复杂程度；铸件设计及铸造工艺设计水平；造型、制芯设备及工装设备的精度和质量；造型材料的种类；铸造合金种类；铸件热处理工艺；铸件清理质量；铸件表面粗糙度和表面质量等。

铸件尺寸公差等级分为 16 级，表示为 DCTG1～DCTG16（见表 2-2-41）。不同生产规模和生产方式的铸件所能达到的铸件尺寸公差等级是不同的（表 2-2-42 和表 2-2-43）。

铸件尺寸精度要求越高，对上述影响因素的控制越严格，但铸件生产成本相应地有所提高。因此，在规定铸件尺寸公差时，必须从实际出发，综合考虑各种因素，达到既保证铸件质量，又不过多增加生产成本的目的。

表 2-2-41　铸件尺寸公差数值（GB/T 6414—2017）　mm

铸件基本尺寸		公差等级 DCTG															
大于	至	1	2	3	4	5	6	7	8	9	10	11	12	13	14	15	16
—	10	0.09	0.13	0.18	0.26	0.36	0.52	0.74	1.0	1.5	2.0	2.8	4.2	—	—	—	—
10	16	0.10	0.14	0.20	0.28	0.38	0.54	0.78	1.1	1.6	2.2	3.0	4.4	—	—	—	—
16	25	0.11	0.15	0.22	0.30	0.42	0.58	0.82	1.2	1.7	2.4	3.2	4.6	6	8	10	12
25	40	0.12	0.17	0.24	0.32	0.46	0.64	0.90	1.3	1.8	2.6	3.6	5.0	7	9	11	14
40	63	0.13	0.18	0.26	0.36	0.50	0.70	1.0	1.4	2.0	2.8	4.0	5.6	8	10	12	16
63	100	0.14	0.20	0.28	0.4	0.5	0.7	1.1	1.6	2.2	3.2	4.4	6	9	11	14	18
100	160	0.15	0.22	0.30	0.44	0.62	0.88	1.2	1.8	2.5	3.6	5.0	7	10	12	16	20
160	250	—	0.24	0.34	0.50	0.70	1.0	1.4	1.0	2.8	4.0	5.6	8	11	14	18	22
250	400	—	—	0.40	0.56	0.78	1.1	1.6	2.2	3.2	4.4	6.2	9	12	16	20	25
400	630	—	—	—	0.64	0.90	1.2	1.8	2.6	3.6	5	7	10	14	18	22	28
630	1000	—	—	—	0.72	1.0	1.4	2.0	2.8	4.0	6	8	11	16	20	25	32
1000	1600	—	—	—	0.80	1.1	1.6	2.2	3.2	4.6	7	9	13	18	23	29	37
1600	2500	—	—	—	—	—	—	2.6	3.8	5.4	8	10	15	21	26	33	42
2500	4000	—	—	—	—	—	—	—	4.4	6.2	9	12	17	24	30	38	49
4000	6300							—	—	7.0	10	14	20	28	35	44	56
6300	10000							—	—	—	11	16	23	32	40	50	64

表 2-2-42　小批或单件生产铸件的尺寸公差等级（GB/T 6414—2017）

方法	造型材料	公差等级 DCTG							
		铸钢	灰铸铁	球墨铸铁	可锻铸铁	铜合金	轻金属合金	镍基合金	钴基合金
砂型铸造手工造型	黏土砂	13～15	13～15	13～15	13～15	13～15	11～13	13～15	13～15
	化学黏结剂砂	12～14	11～13	11～13	11～13	10～12	10～12	12～14	12～14

表 2-2-43　成批和大量生产铸件的尺寸公差等级（GB/T 6414—2017）

铸造工艺方法		公差等级 DCTG								
		钢	灰铸铁	球墨铸铁	可锻铸铁	铜合金	锌合金	轻金属合金	镍基合金	钴基合金
砂型手工造型		11～13	11～13	11～13	11～13	10～13	10～13	9～12	11～14	11～14
砂型铸造机器造型及壳型		8～12	8～12	8～12	8～12	8～10	8～10	7～9	8～12	8～12
金属型铸造（重力或低压铸造）		—	8～10	8～10	8～10	8～10	7～9	7～9	—	—
压力铸造		—	—	—	—	6～8	4～6	4～7	—	—
熔模铸造	水玻璃	7～9	7～9	7～9	—	5～8	—	5～8	7～9	7～9
	硅溶胶	4～6	4～6	4～6	—	4～6	—	4～6	4～6	4～6

2.4 特种铸造对铸件结构设计工艺性的要求

2.4.1 压力铸件的结构工艺性

压力铸造不宜用于厚壁铸件。对所有合金，不推荐使用大于 6mm 的厚壁。压力铸件的基本设计参数见表 2-2-44。压铸件结构设计的注意事项见表 2-2-45。

表 2-2-44 压力铸件的基本设计参数

合金	壁厚/mm		最小孔径/mm	孔深尺寸①(孔径的倍数)		螺纹尺寸/mm			齿最小模数/mm	斜度		收缩率/%	加工余量/mm
	合理的	技术上可能的		盲孔	通孔	最小螺距	外螺纹	内螺纹		内侧	外侧		
锌合金	1～3	0.3	0.7	6	12	0.75	6	10	0.3	15′～1°30′	10′～1°	0.4～0.65	0.3～0.8
铝合金	1～3	0.5	1.0	4	8	1.0	10	15	0.5	30′～2°	15′～1°	0.45～0.8	0.3～0.8
镁合金	1～3	0.6	0.7	5	10	1.0	6	20	0.5	30′～2°	15′～1°	0.5～0.8	0.3～0.8
铜合金	2～4	1.0	2.5	3	6	1.5	12	—	1.5	45′～2°	35′～1°	0.6～1.0	0.3～0.8

① 指形成孔的型芯在不受弯曲力的情况下。

表 2-2-45 压铸件结构设计的注意事项

序号	注意事项	图例		说明
		改进前	改进后	
1	消除内凹	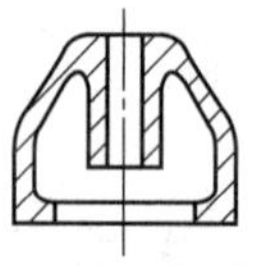	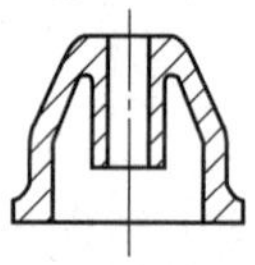	内凹铸件型芯不易取出
2	壁厚均匀	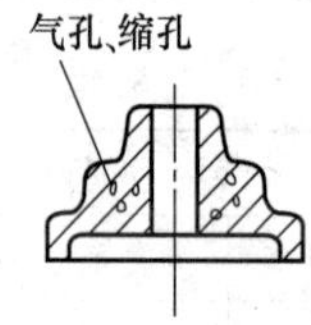 气孔、缩孔	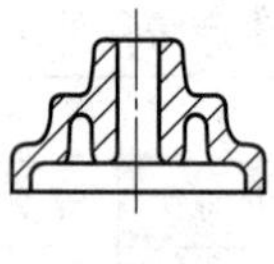	壁厚不均，易产生气孔、缩孔
3	采用加强肋减小壁厚	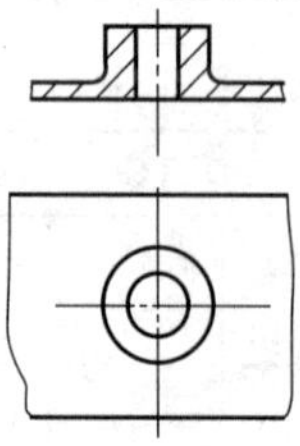	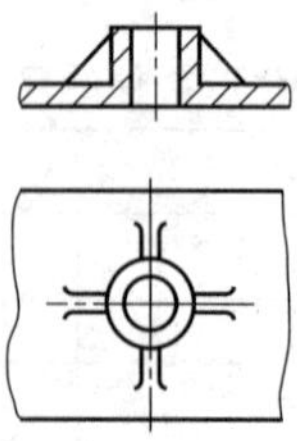	壁厚处易产生疏松和气孔
4	消除尖角过渡圆滑	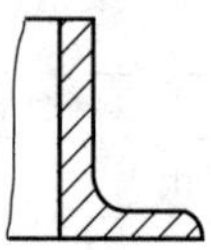	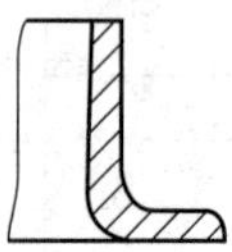	充填良好，不产生裂纹

续表

序号	注意事项	图例		说明
		改进前	改进后	
5	简化铸型结构	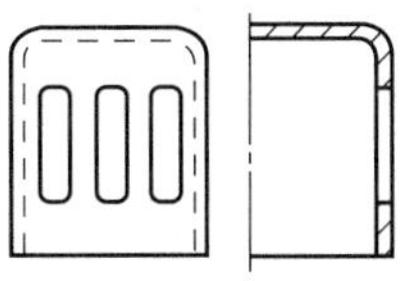	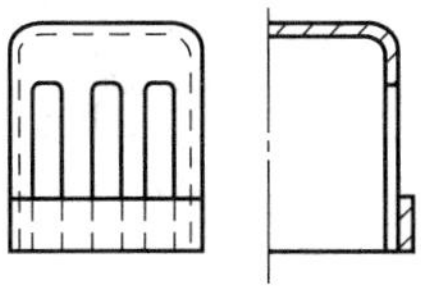	尽量避免横向抽芯，否则使铸型结构复杂；改进后抽芯方向与开型取件方向一致，简化铸型结构

注：压铸件结构的设计还应注意使压铸型加工方便。

2.4.2 熔模铸件的结构特点

熔模铸件应使壁厚均匀，减少热节（见表 2-2-46）；保证铸件顺序凝固（表 2-2-47）；另外，常以整铸代替分制（见表 2-2-48）。

表 2-2-46　壁厚均匀减小热节

序号	零件名称	改进前(锻件、切削加工件)	改进后(熔模铸钢件)
1	压板	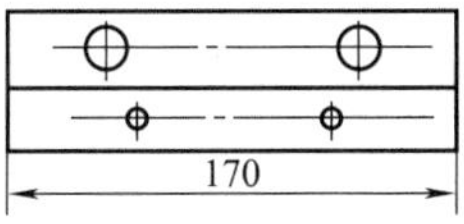 170	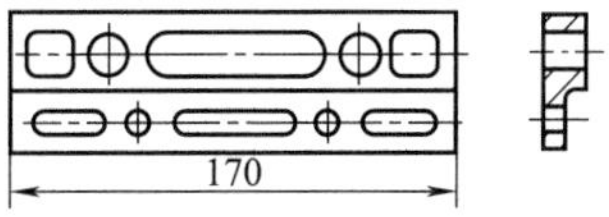 170
2	扇形齿轮	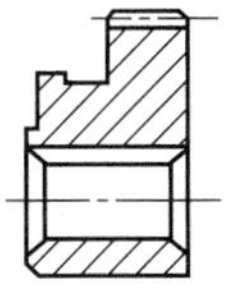	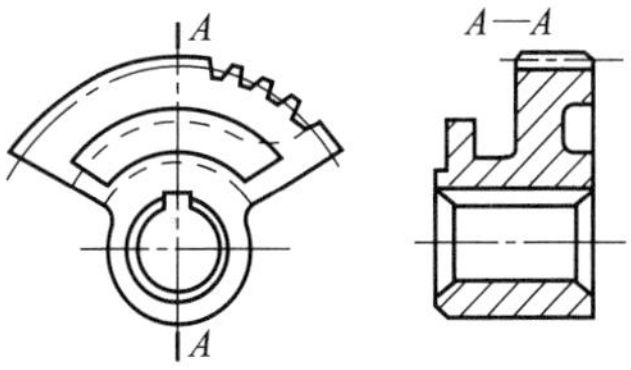 A　A—A　A
3	支座	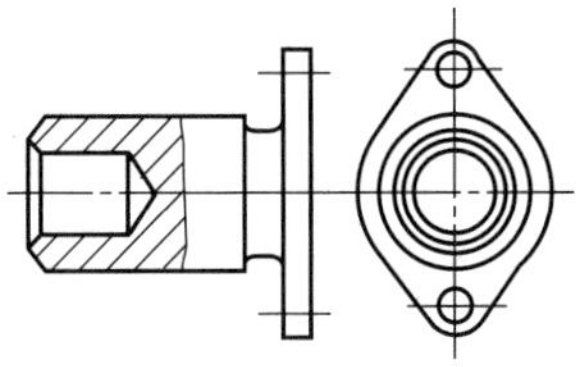	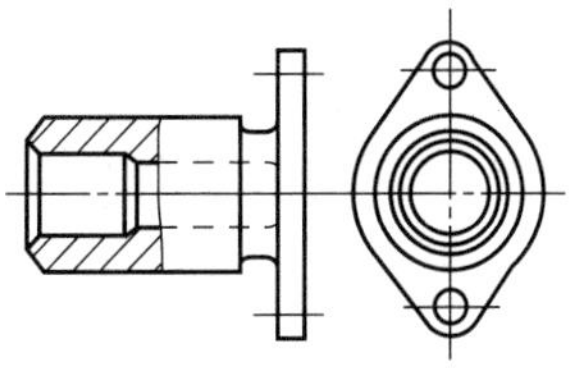

表 2-2-47　保证铸件顺序凝固

序号	铸钢件名称	改进前	改进后
1	气门摇壁	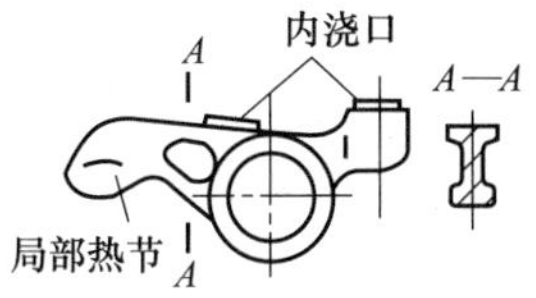 内浇口　A　A—A　局部热节　A	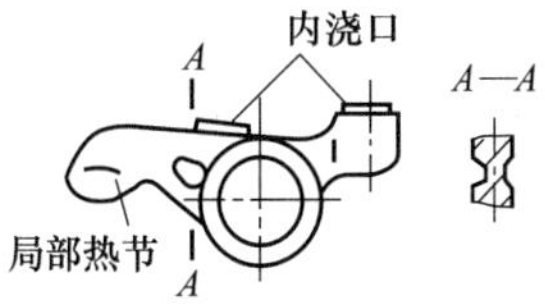 内浇口　A　A—A　局部热节　A

续表

序号	铸钢件名称	改进前	改进后
2	拖拉机零件	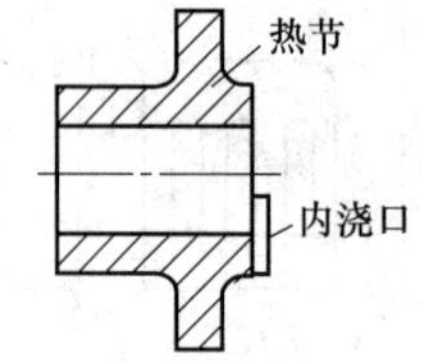 热节 内浇口	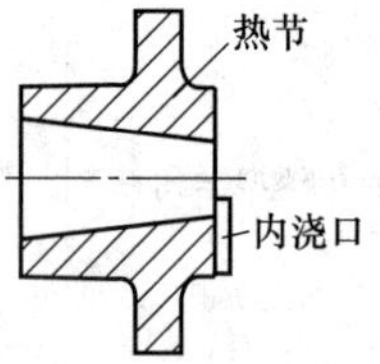 热节 内浇口
3	拖拉机零件	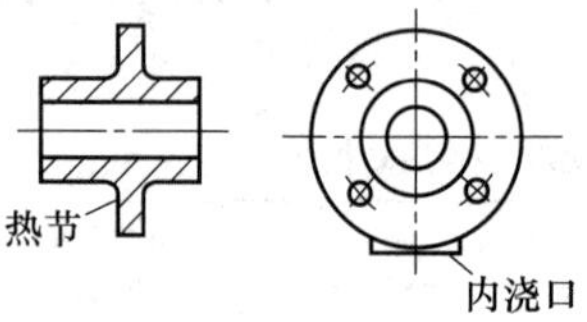 热节 内浇口	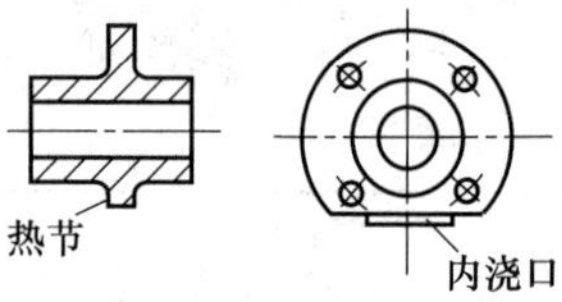 热节 内浇口

表 2-2-48 整铸代替分制

序号	铸钢件名称	改进前(分制)	改进后(整铸)
1	手柄	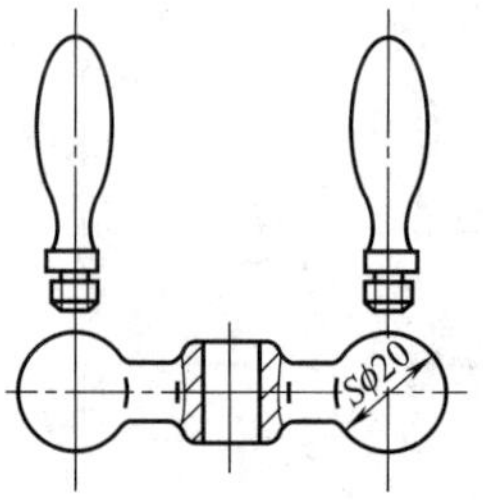 $S\phi20$	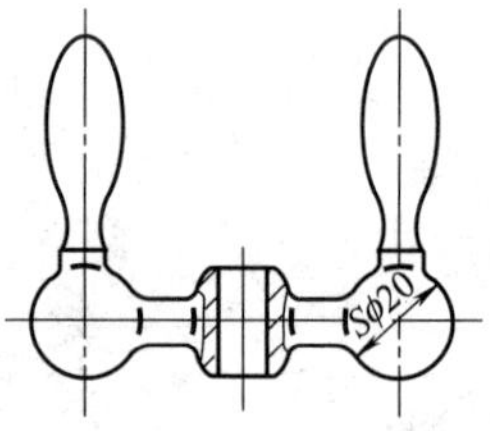 $S\phi20$
2	纺织机械右挑针头	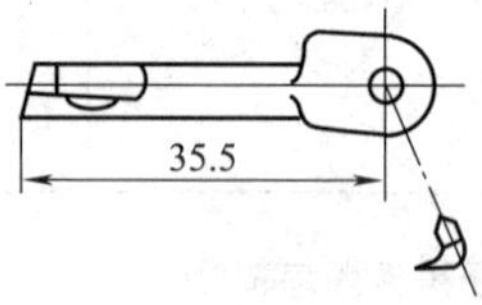 35.5	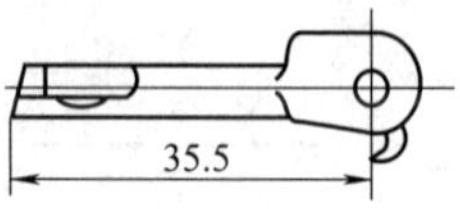 35.5
3	制动器爪	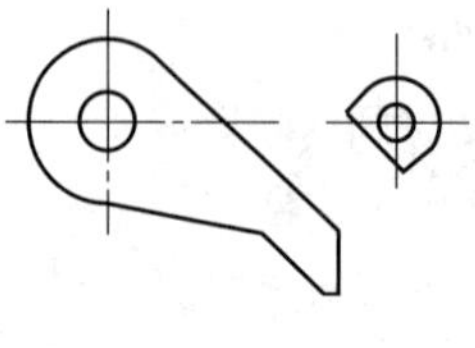	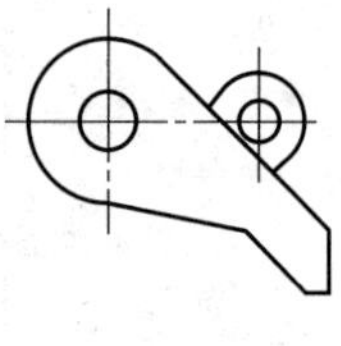

2.4.3　金属型铸件的结构特点

金属型铸件的结构设计应使外形和内腔力求简单，应尽量加大结构斜度，避免或减小铸件上的凸台和凹坑及小直径的深孔，以便顺利脱型。铸件的壁厚不能过薄，以保证金属液能充满型腔避免浇不足等缺陷。金属型铸件的基本设计参数见表 2-2-49。

表 2-2-49　金属型铸件设计的基本参数　mm

合金种类	铸造斜度		孔的尺寸			铸件最小壁厚
	外面	里面	最小直径 d	最大深度		
				不通孔	通孔	
锌合金			6～8	9～12	12～20	2.5～3
镁合金	≥1°	≥2°	6～8	9～12	12～20	2.5～4
铝合金	0°30′	0°30′～2°	8～10	12～15	15～25	2.5～5
铜合金			10～12	10～15	15～20	3.0～8
铸铁	1°	>2°				4～6
铸钢	1°～1°30′	>2°				5～10

2.5　组合铸件结构

镶嵌式组合结构见表 2-2-50；镶嵌结构的注意事项见表 2-2-51。铸焊式组合结构设计时的注意事项见表 2-2-52。

表 2-2-50　镶嵌铸件的结构形式

结构形式	简　图	结构形式	简　图
凸肩	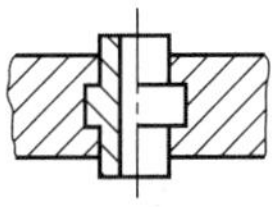	槽和滚花	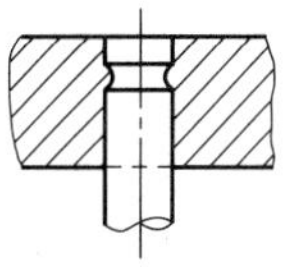
环形沟槽	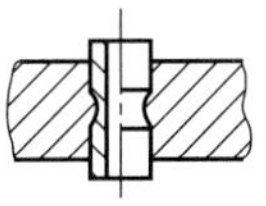	凹槽和切方	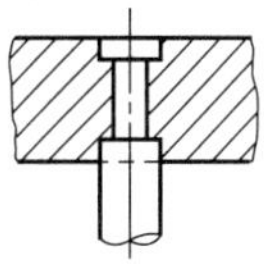
滚花	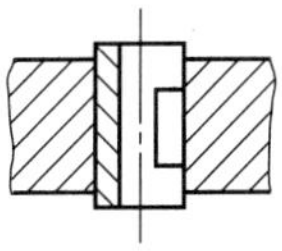	钻孔	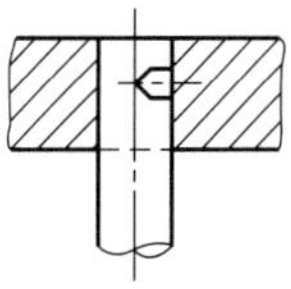
切方	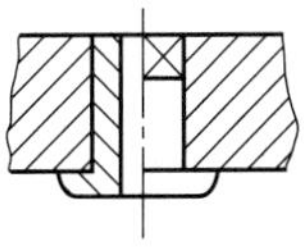	切沟槽	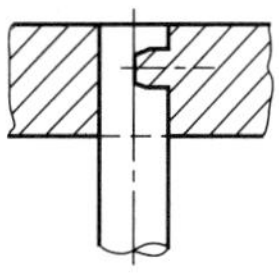

续表

结构形式	简　图	结构形式	简　图
设孔	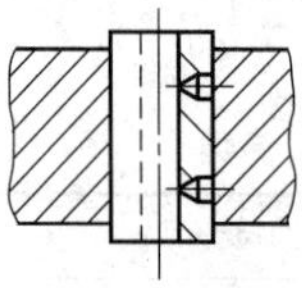	端部分叉	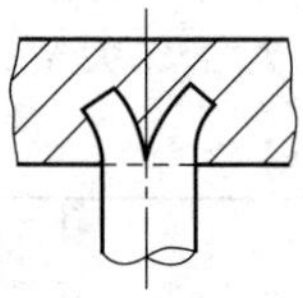
螺纹	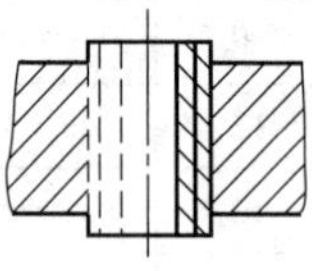	琢毛	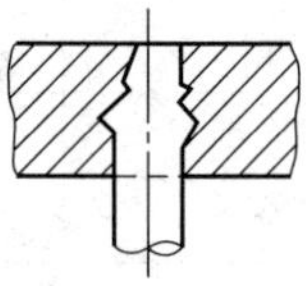
凹槽	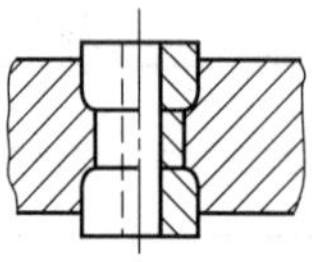	削平	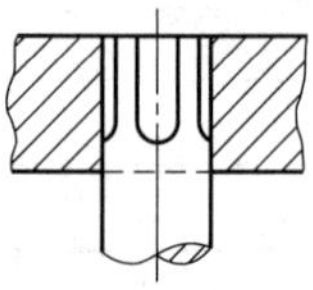
网纹	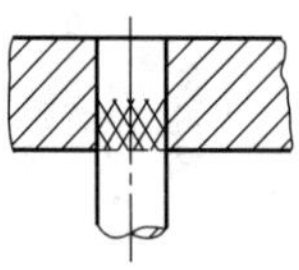	端部压扁	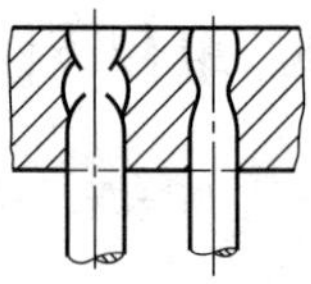

表 2-2-51　　镶嵌结构注意事项

类别	图　示	说　明
铸件本体与镶嵌壁厚比例	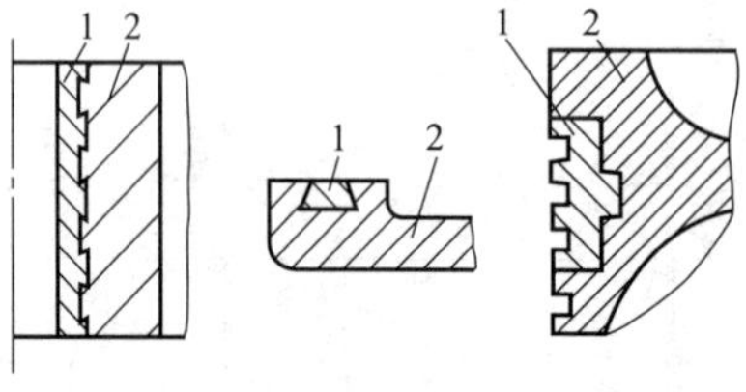 1 2 1 2 1 2 图(a)　图(b)　图(c) 整体和局部镶铸 1—镶嵌体；2—铸件本体 (a) 镶嵌体用作整个工作表面；(b)、(c) 镶嵌体用作部分工作表面	当镶嵌体与铸件本体金属的熔点差＞300℃，镶嵌体用作整个工作表面，如图(a)镶嵌体与铸件本体壁厚推荐用1∶4；如图(b)、图(c)则壁厚比为1∶3 当熔点差＜300℃，以上比例分别为1∶2.5和1∶2
防止铸件本体产生过大的内应力或裂纹	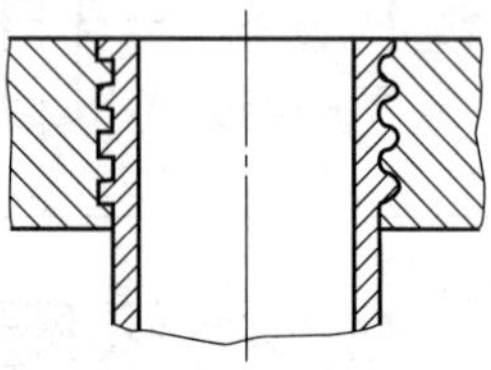 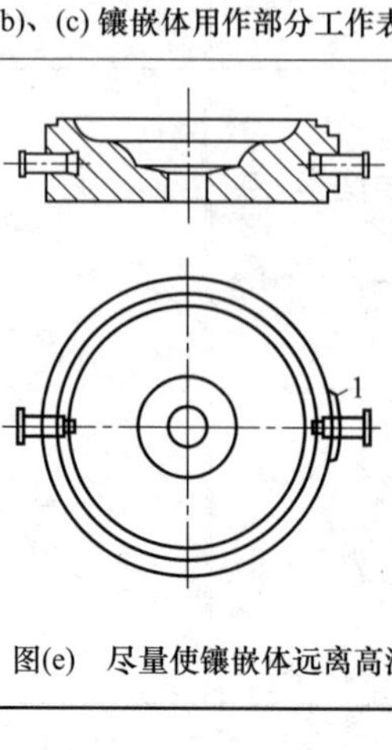 1 图(d)　镶嵌体上不应有尖角　　图(e)　尽量使镶嵌体远离高温处	镶嵌体除了不应有应力集中尖角外[图(d)]，镶嵌体还应远离高温处避免冷热交变引起的裂纹[图(e)] 1是吊轴远离型腔处后，为保持一定接触面积而增设的

续表

类别	图示	说明
管件的镶铸	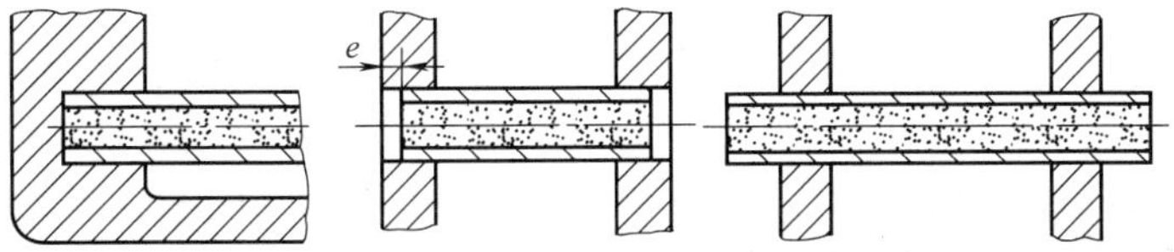 图(f)　图(g)　图(h)	由图(f)和图(g)改为图(h)后，镶铸后再切去两端
合理安排位置，以免引起装配困难	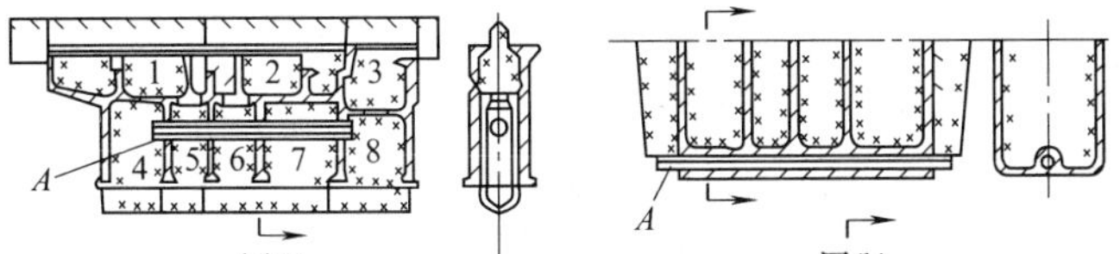 图(i)　图(k) 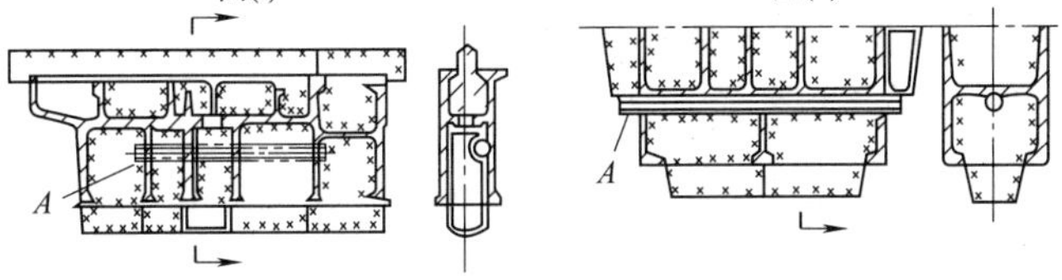　图(j)　图(l) (i) 镶嵌体影响铸型装配；(j)、(k)、(l)镶嵌体不影响铸型装配	图(i)镶铸管 *A* 妨碍型芯 4、5、6、7、8 的安放 图(j)将 *A* 放在侧壁 图(k)将 *A* 放在下半个铸型 图(l)当铸件有中隔板时的结构

表 2-2-52　　铸焊式组合结构设计时注意事项举例

类型	结构	说明
分割面	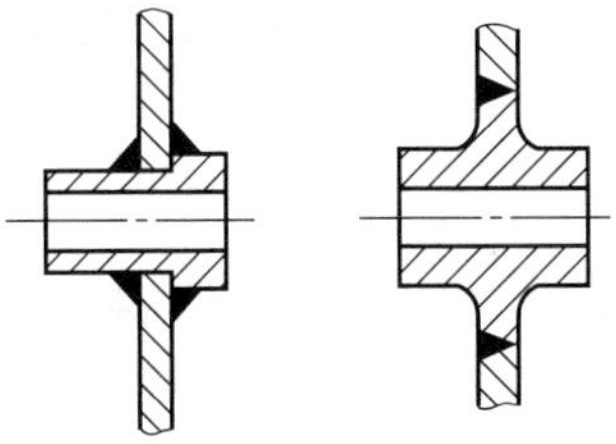 图(a)　不合理　图(b)　合理	图(a)的焊缝在断面变化处，若受到较大切应力易引起疲劳破坏
铸件结构的选择	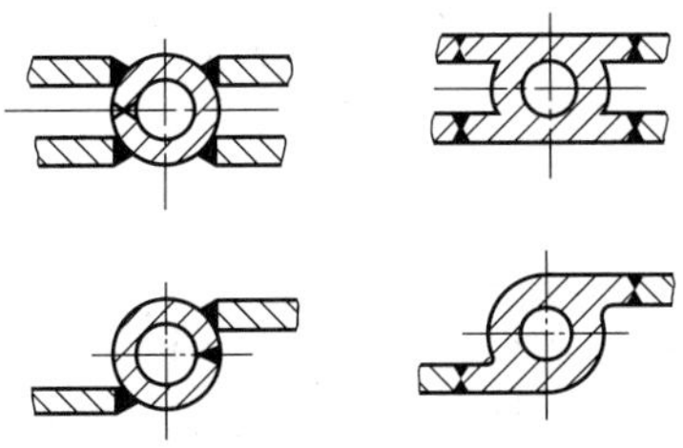 图(c)　不合理　图(d)　合理	铸焊结构中断面有变化及形状复杂部分一般采用铸件。图(d)可减少焊接工作量，焊缝又不易产生在应力集中的位置

续表

类型	结　构	说　明
便于清理	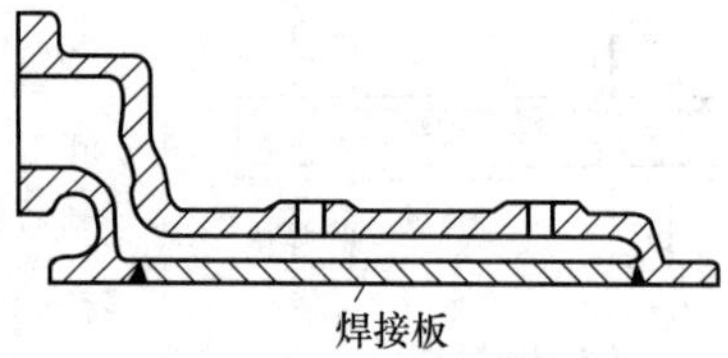 焊接板	铸焊结构代替难清理又费工时的有芯结构
排除复杂型芯	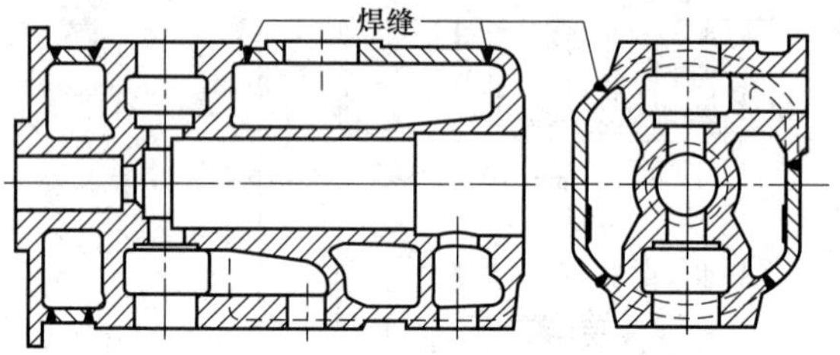 焊缝	排除复杂型芯改用铸焊结构生产的气缸壳体

2.6　铸件缺陷与改进措施

表 2-2-53　　铸件缺陷与改进措施

铸件缺陷形式	注意事项	图例		改进措施
		改进前	改进后	
缩孔与疏松	壁厚不均	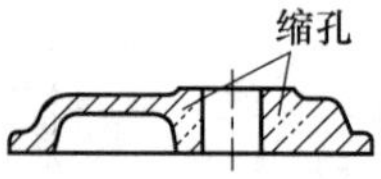 缩孔	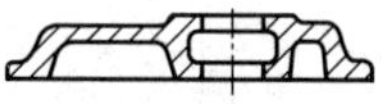	壁厚力求均匀，减少厚大截面以利于金属同时凝固。改进后将孔径中部适当加大，使壁厚均匀
		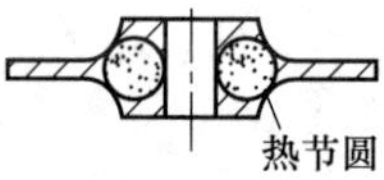 热节圆	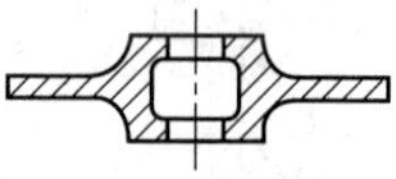	
		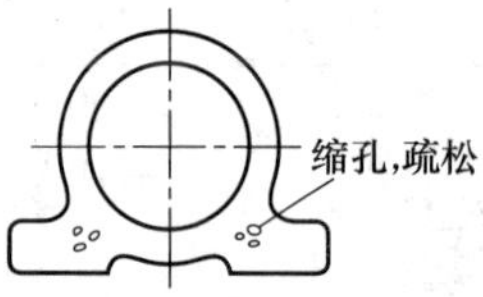 缩孔，疏松	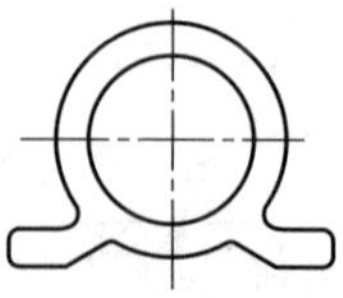	铸件壁厚应尽量均匀，以防止厚截面处金属积聚导致缩孔、疏松、组织不密致等缺陷
		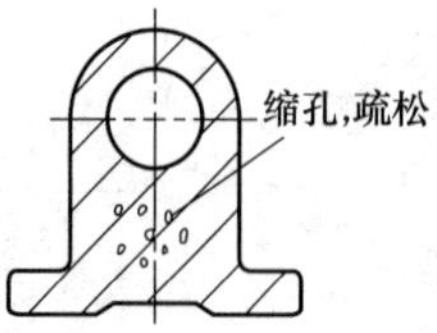 缩孔，疏松	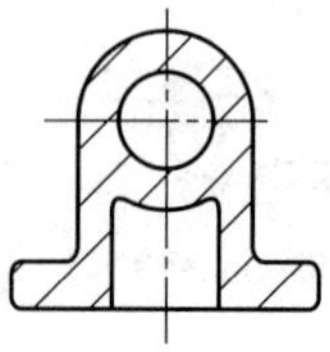	

续表

铸件缺陷形式	注意事项	图例		改进措施
		改进前	改进后	
缩孔与疏松	壁厚不均	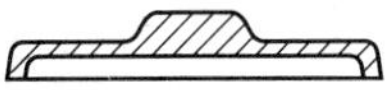	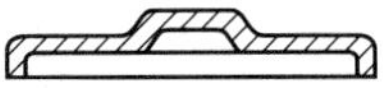	局部厚壁处减薄
		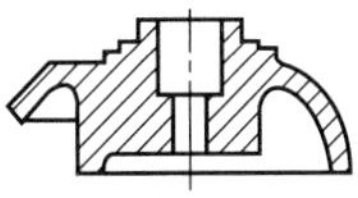	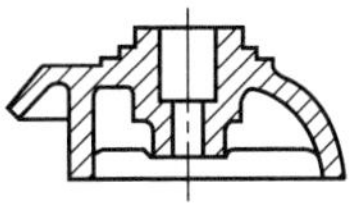	结构设计中应避免厚大截面，采用中空结构或设加强筋来取代厚大截面
		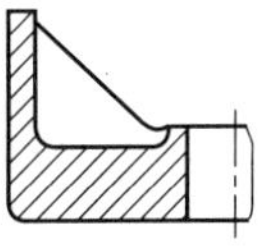	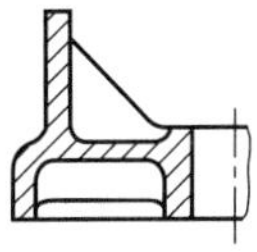	
		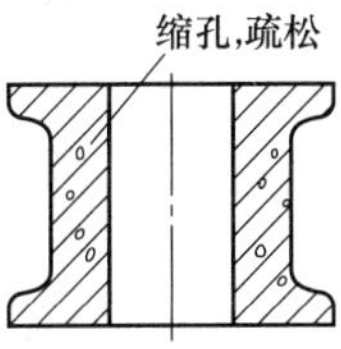 缩孔，疏松	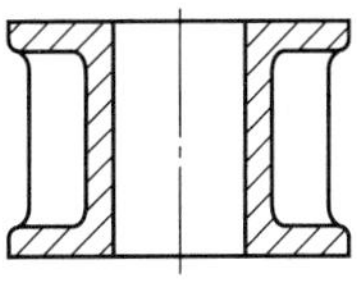	
		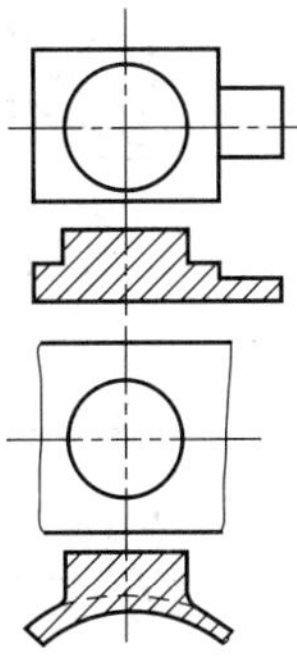	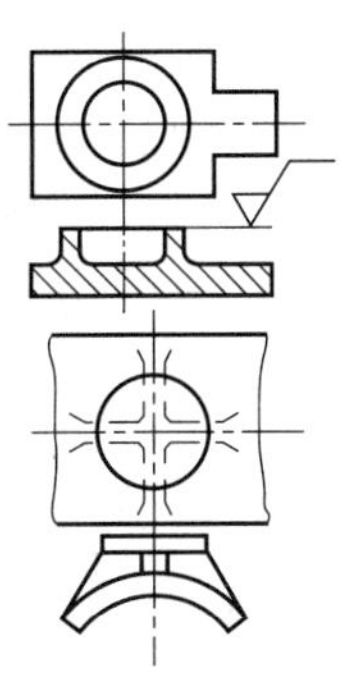	
		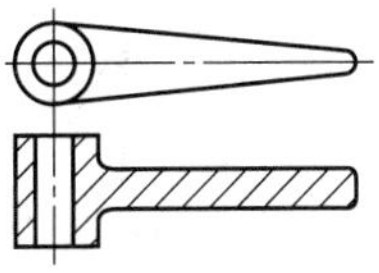	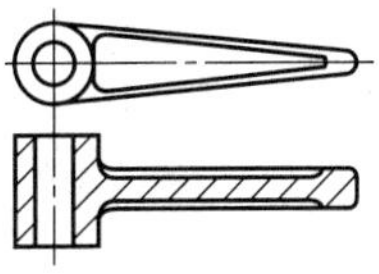	采用加强肋代替整体厚壁铸件

续表

铸件缺陷形式	注意事项	图例		改进措施
		改进前	改进后	
缩孔与疏松	壁厚不均	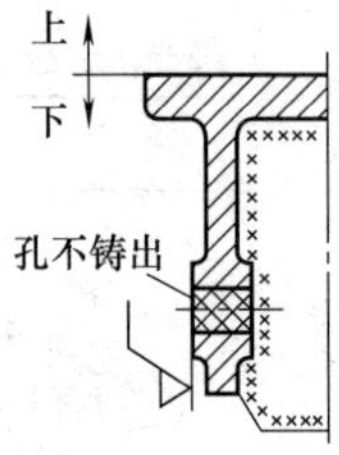 上 下 孔不铸出	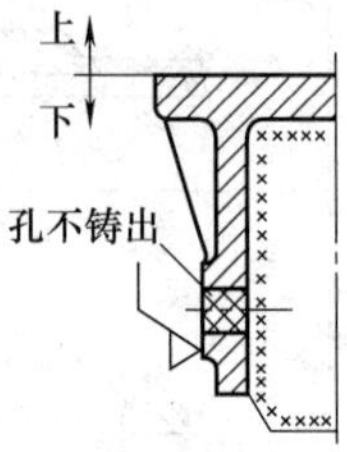 上 下 孔不铸出	为减少金属的积聚，将双面凸台改为单面凸台
		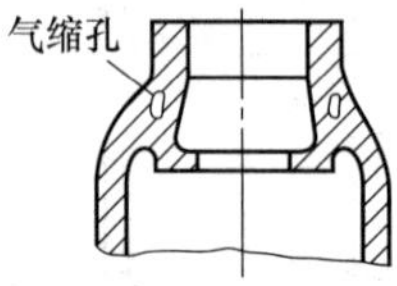 气缩孔	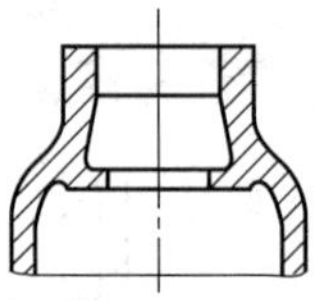	改进前，深凹的锐角处易产生气缩孔
	肋或壁交叉	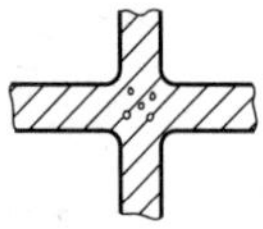	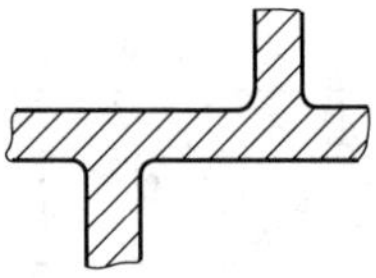	尽量不采用正十字交叉结构，以减少金属积聚
		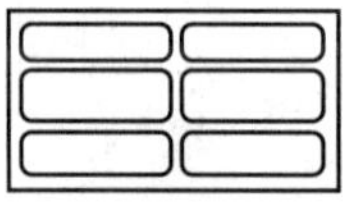	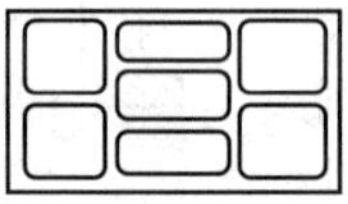	
				交叉肋的交点应置环形结构
	补缩不良	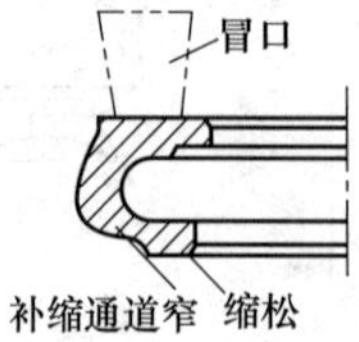 冒口 补缩通道窄 缩松	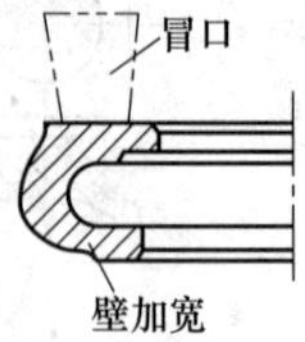 冒口 壁加宽	易产生缩松处难以安放冒口，故加厚与该处连通的壁厚，加宽补缩通道
		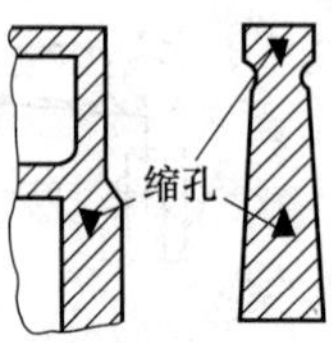 缩孔	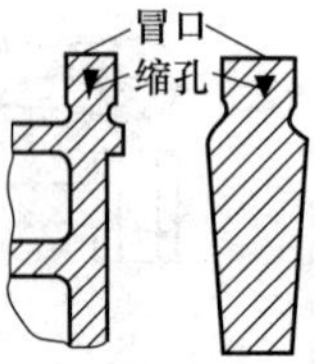 冒口 缩孔	当必须有较厚大截面时，应使结构形状有利于顺序凝固以便补缩

续表

铸件缺陷形式	注意事项	图例		改进措施
		改进前	改进后	
缩孔与疏松	补缩不良	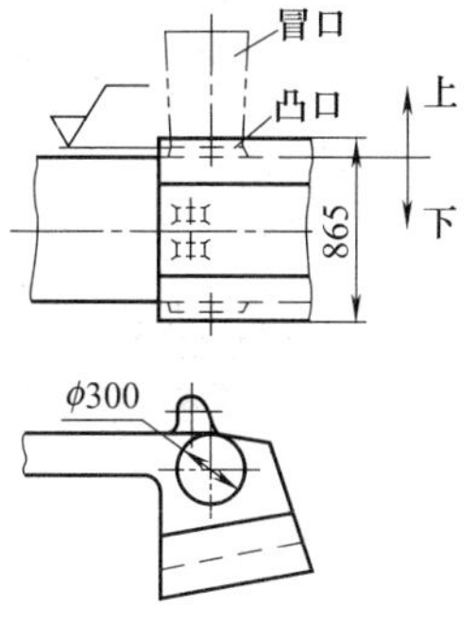	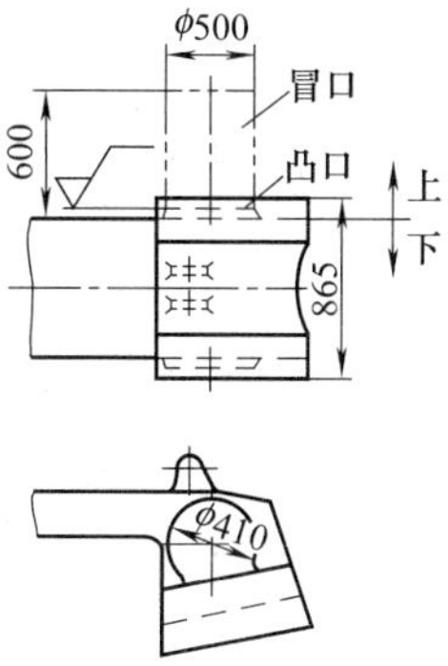	图示一铸钢夹子，冒口放在凸台上。原设计凸台不够大（ϕ310mm），补缩不良。后将凸台放大到ϕ410mm，才消除了缩孔
				考虑顺序凝固，以利逐层补缩，缸体壁设计成上厚下薄
				对于两端壁较厚的铸钢件断面，为创造顺序凝固条件，应使$a \geqslant b$，并在底部设置外冷铁，形成上下温度梯度有利于顺序补缩，消除缩孔、缩松
气孔与夹渣	水平面过大	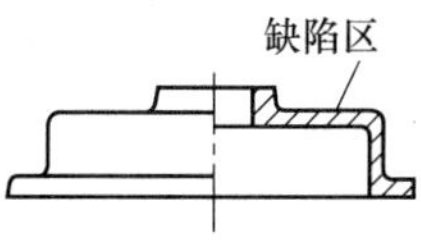	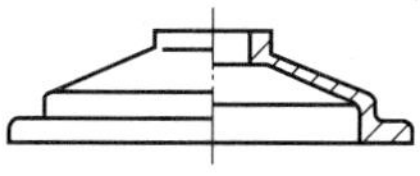	尽量减少较大的水平平面，尽可能采用斜平面，便于金属中夹杂物和气体上浮排除，并减少内应力 铸孔的轴线应与起模方向一致 A 面具有大平面改为凸筋结构可以防止夹砂和气孔等

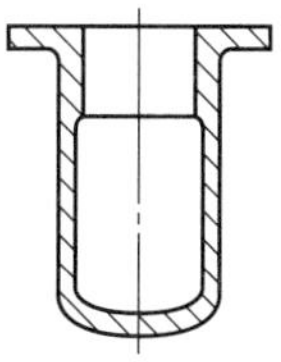

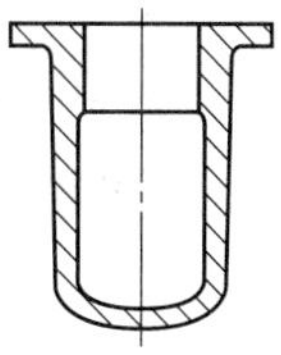

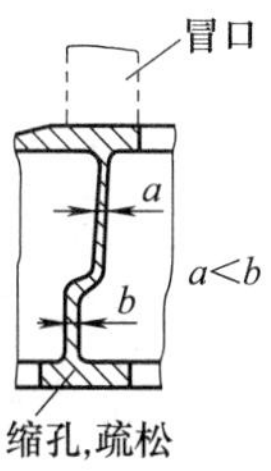

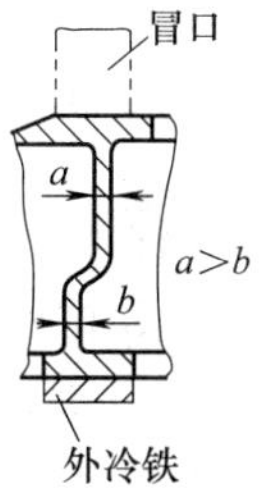

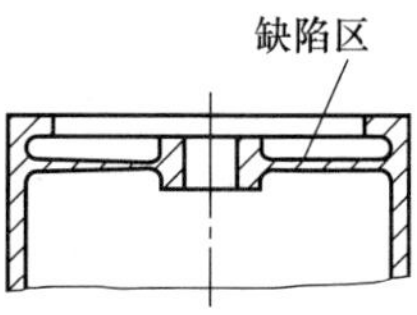

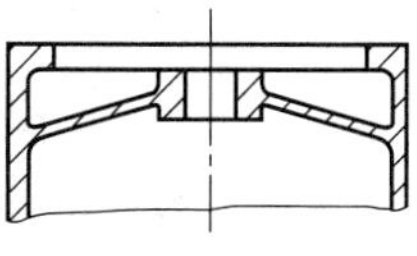

续表

铸件缺陷形式	注意事项	图例		改进措施
		改进前	改进后	
气孔与夹渣	水平面过大	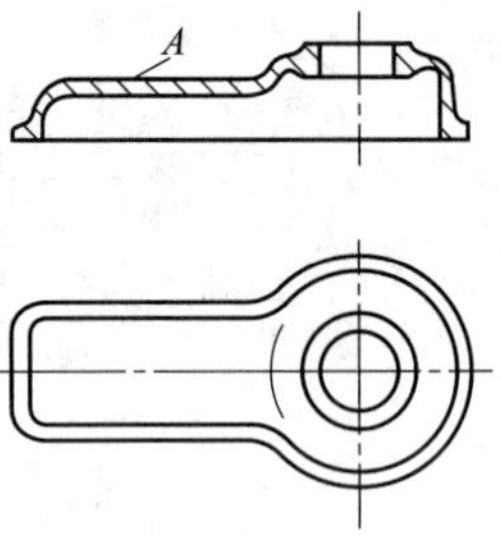 A	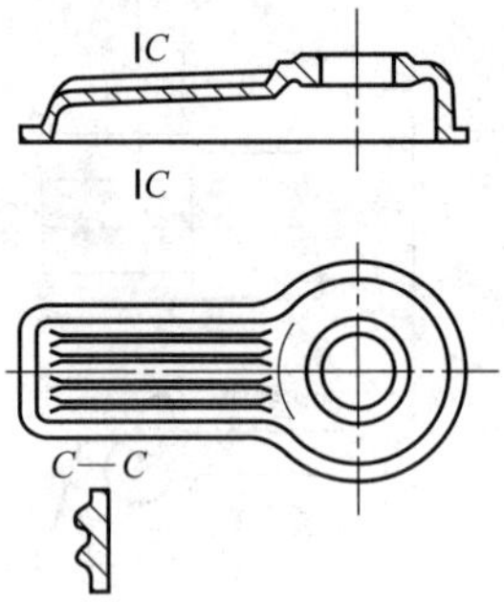 C C C—C	尽量减少较大的水平平面，尽可能采用斜平面，便于金属中夹杂物和气体上浮排除，并减少内应力 铸孔的轴线应与起模方向一致 A 面具有大平面改为凸筋结构可以防止夹砂和气孔等
烧结粘砂	避免狭小内腔	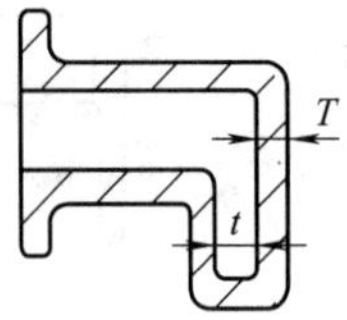 T t $t\leqslant 2T$	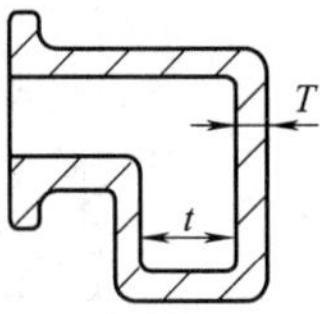 T t $t\geqslant 2T$	避免狭小的内腔
	避免小凹槽	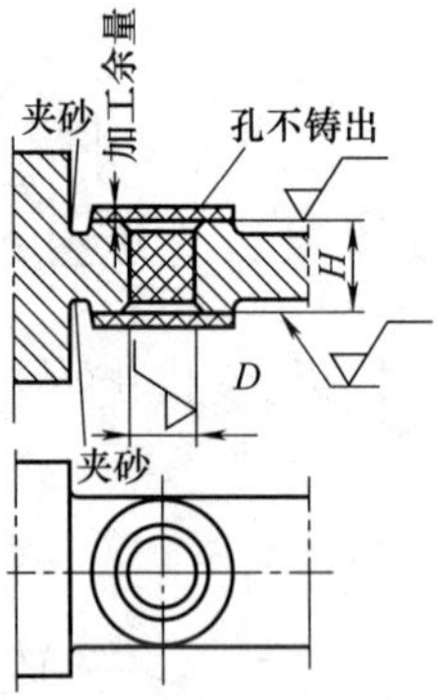 夹砂 加工余量 孔不铸出 H D 夹砂	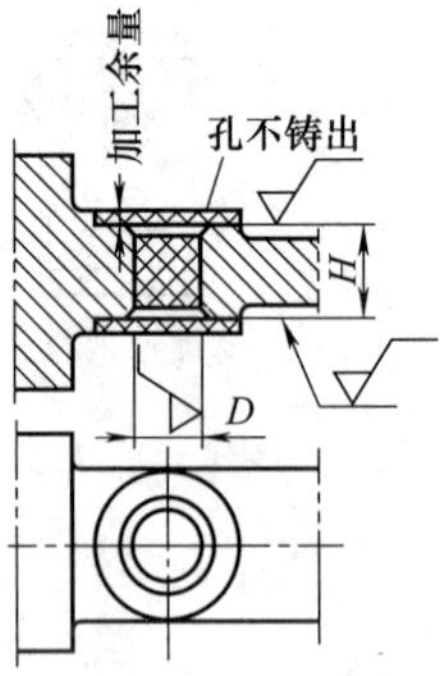 加工余量 孔不铸出 H D	改进前，小凹槽容易掉砂，造成铸件夹砂
		 夹砂		

续表

铸件缺陷形式	注意事项	图例		改进措施
		改进前	改进后	
烧结粘砂	避免尖角	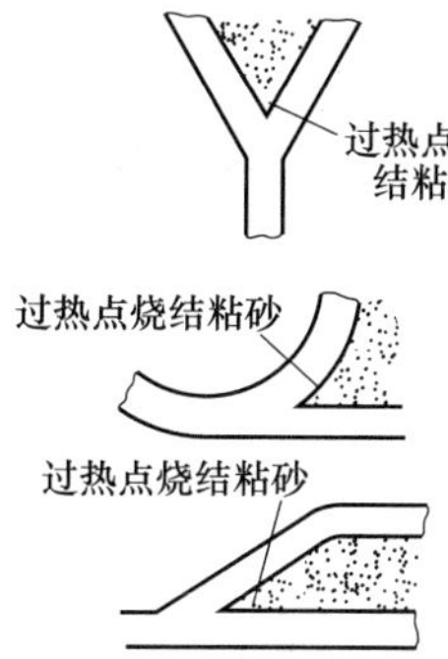 过热点烧结粘砂 过热点烧结粘砂 过热点烧结粘砂	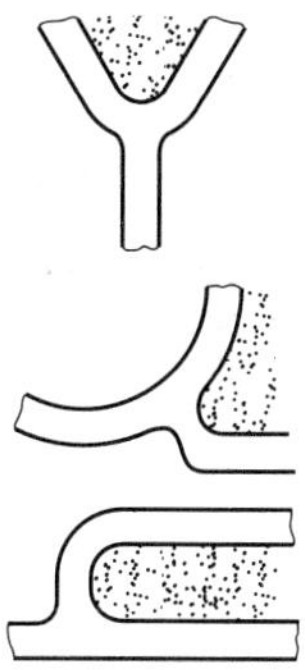	避免尖角的泥芯或砂型
裂纹	内壁过厚	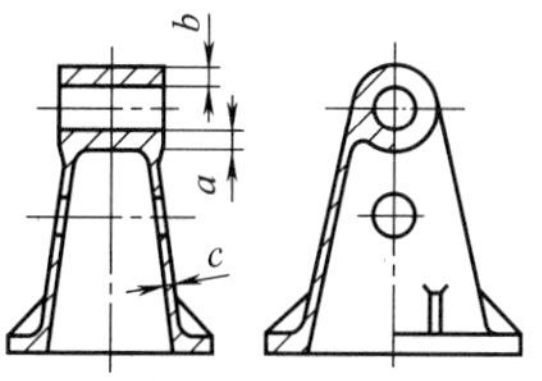 $a \geqslant b$	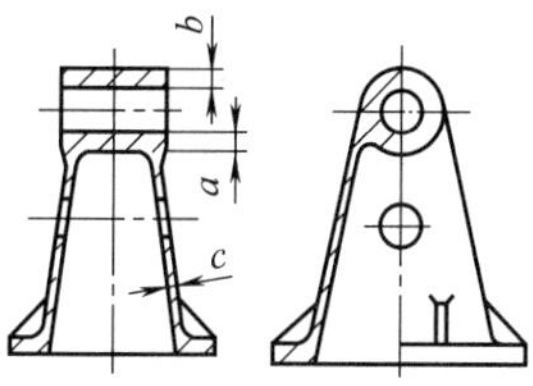 $a < b$	铸件内壁的厚度应略小于铸件外壁的厚度，使整个铸件均匀冷却
		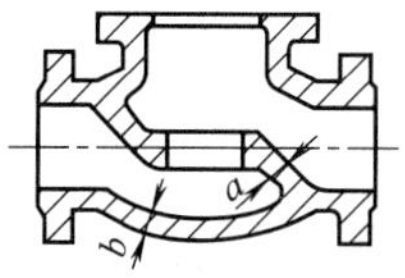 $a \geqslant b$	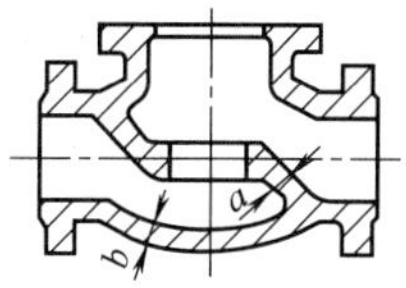 $a < b$	
		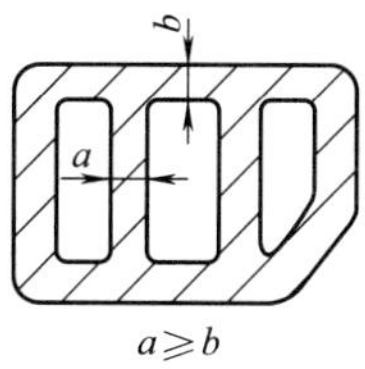 $a \geqslant b$	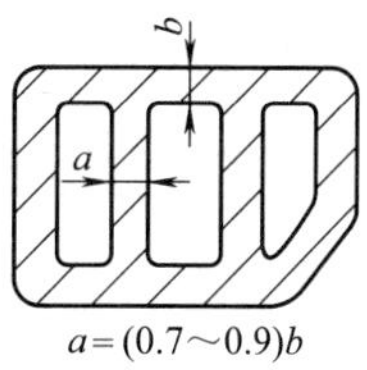 $a=(0.7 \sim 0.9)b$	
	壁厚不均	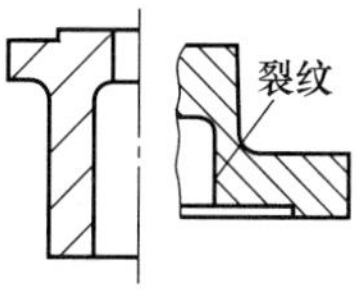 裂纹	 $3^\circ \sim 5^\circ$	壁厚应尽量设计均匀，以免厚薄连接处产生裂纹

续表

铸件缺陷形式	注意事项	图例		改进措施
		改进前	改进后	
裂纹	截面突变	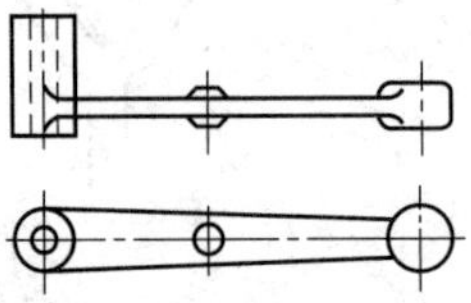	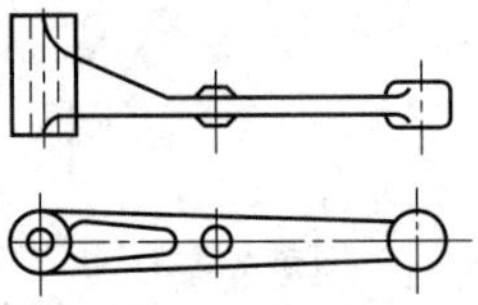	突变截面应有缓和过渡结构
	收缩受阻			改进后设计辐条为弯曲形。当收缩时有退让余地，从而减少铸造应力 大型轮类铸件，可做成带孔的下幅板结构，或在轮毂处作出缝隙（$a \approx 30$mm），以防止裂纹
			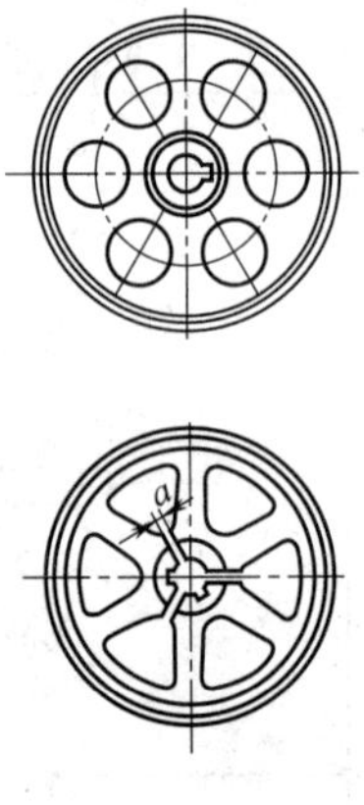	
		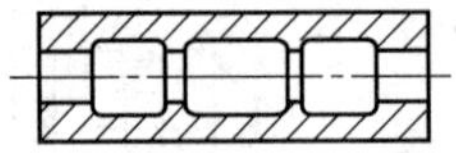	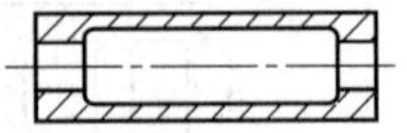	没有肋的框型内腔冷却时均能自由收缩
	过渡圆角太小	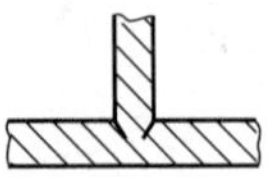	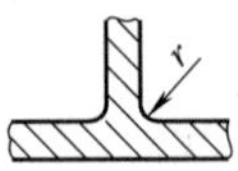	避免锐角连接，采用圆弧过渡
		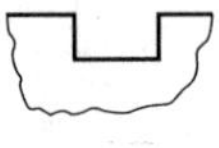	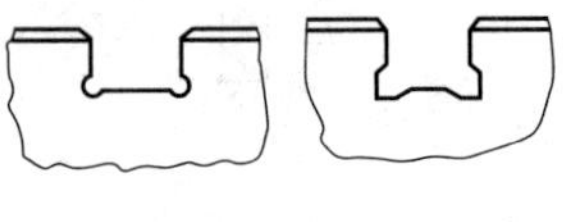	在角尖处设凹槽，使热处理应力得到松弛，防止了裂纹产生

续表

铸件缺陷形式	注意事项	图例		改进措施
		改进前	改进后	
裂纹	过渡圆角太小	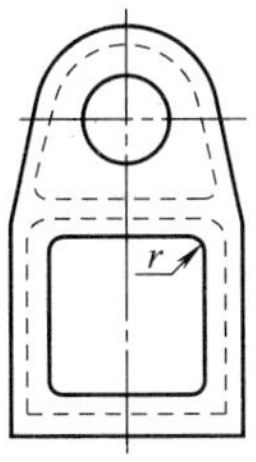	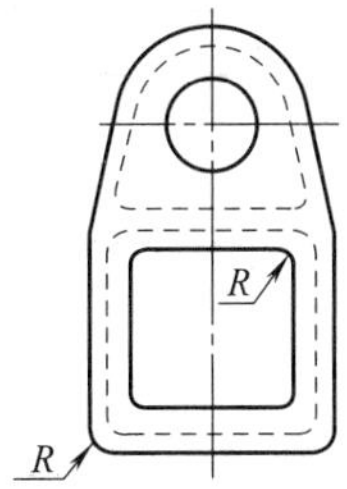 方孔：＜200mm×200mm R=10～15mm ＞200mm×200mm R=15～20mm	铸件方形窗孔四角处的圆角半径不应太小
变形	缺少加强肋	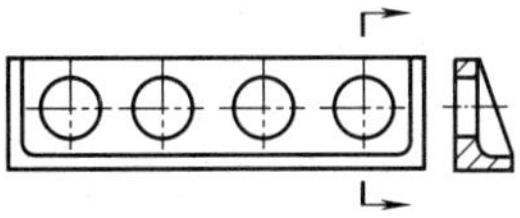	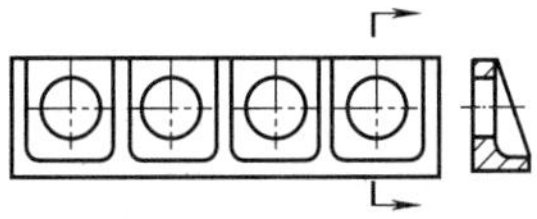	增加加强筋，提高了刚度，消除了变形
		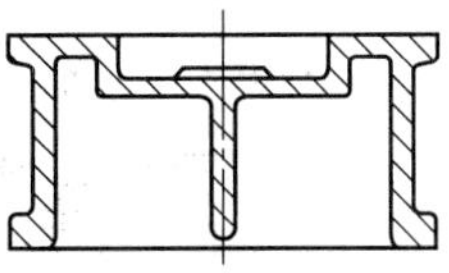	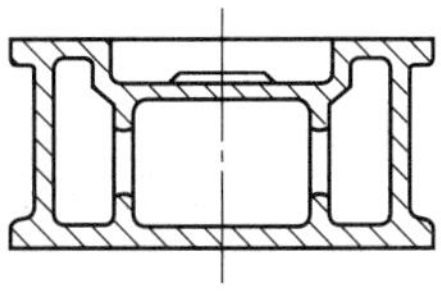	
		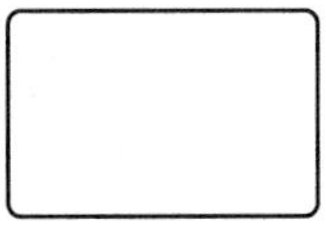	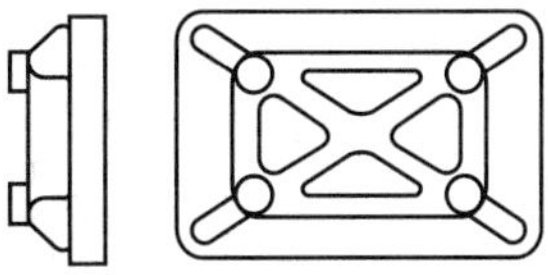	大而薄的壁冷却时易扭曲，应适当加筋
	缺少凸台	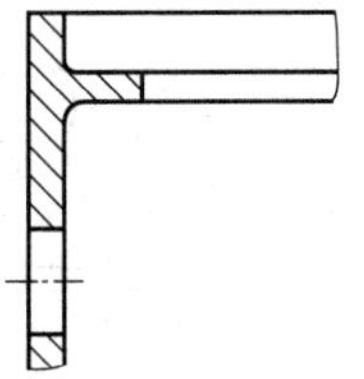	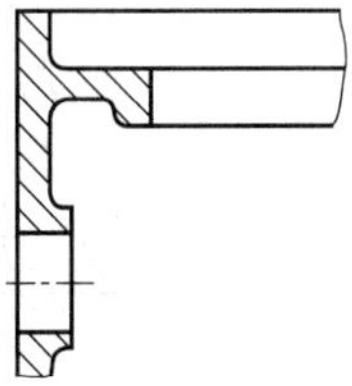	孔洞周沿增加凸边可加大刚性

续表

铸件缺陷形式	注意事项	图例		改进措施
		改进前	改进后	
变形	截面形状不合理	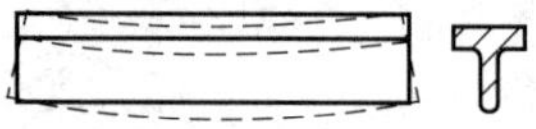	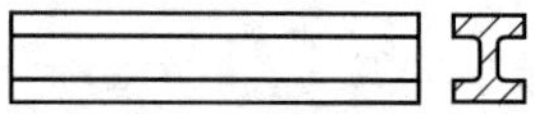	为防止细长件和大的平板件在收缩时挠曲变形，应正确选择零件的截面形状（如对称截面）和合理的设置加强肋
		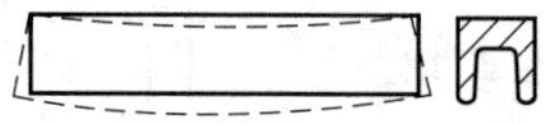	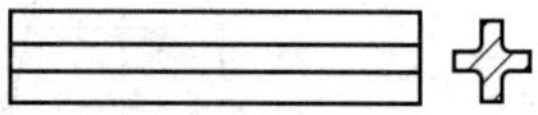	
		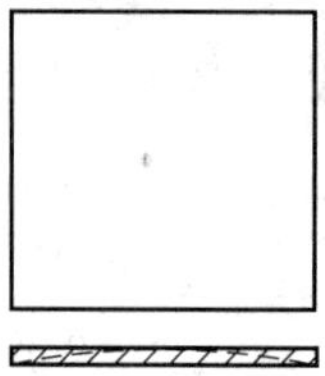	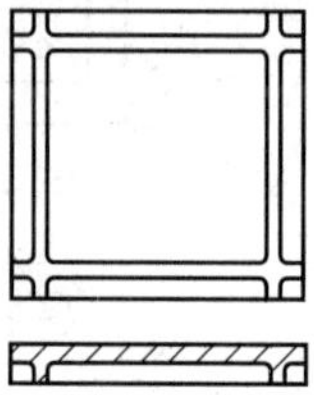	
		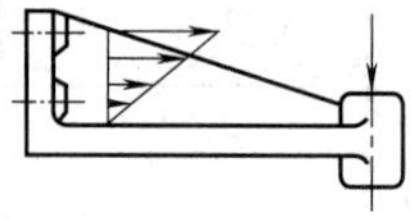	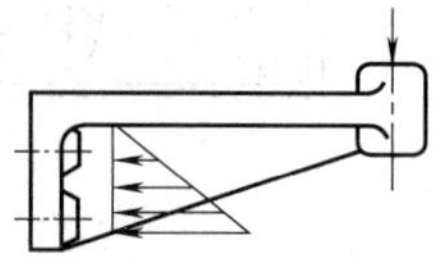	铸件抗压强度大于抗弯强度和抗拉强度，设计中应合理利用
形状与尺寸不合格	内腔过小	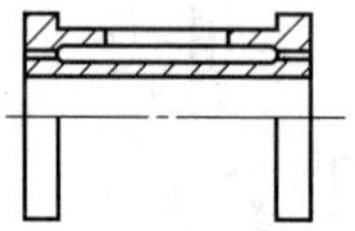	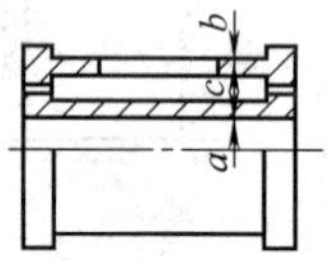	铸件两壁之间的型芯厚度一般应不小于两边壁厚的总和（$c>a+b$），以免两壁熔接在一起
	凸台过小	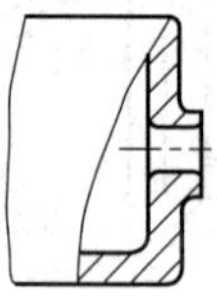	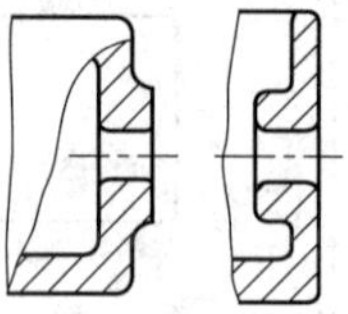	大件中部凸台位置尺寸不易保证，铸造偏差较大；应考虑将凸台尺寸加大，或移至内部
		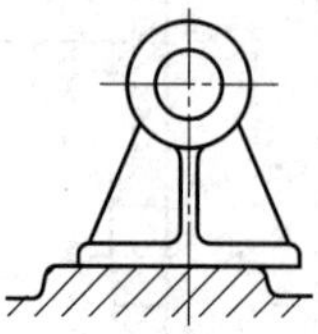	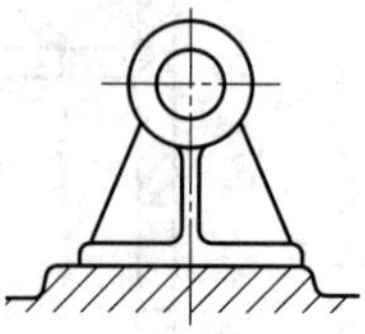	凸台应大于支座的底面，以保证装配位置和外观整齐

续表

铸件缺陷形式	注意事项	图例：改进前	图例：改进后	改进措施
渗漏	错用撑钉	撑钉　油池		液体容器部分避免用撑钉，以防渗漏；右图的泥芯，可在两端固定，不用撑钉
损伤	突出部分薄弱			避免大铸件有薄的突出部分（易损坏）

2.7　铸造技术发展趋势及现代精确铸造技术

表 2-2-54　　铸造技术发展趋势及现代精确铸造技术

发展方向	轻量化、精确化、强韧化、高效化、数字化、网络化和清洁化
铸件轻量化	近年来，对通过降低产品自重，以降低能源消耗和减少环境污染，提出了更迫切的需要，由于铝、镁合金的质量轻以及它们的优异性能，受到各国的普遍重视，尤其是镁合金是金属中最轻的，而且其产品材料回收率高，被认为是一种最具开发和发展前途的“绿色材料”。例如，美国福特汽车公司新车型中使用的主要材料中钢铁用量将大幅度减少，将从 978kg 降低到 218kg，而铝及镁合金将显著增加，铝合金将从 129kg 增加到 333kg，镁合金将从 4.5kg 增加到 39kg。专家预测，到 2009 年，74%的汽车发动机气缸体及 98%的缸盖将用铝合金铸造

名称		原理和特点	适用生产的铸件：材料	①质量 ②最小壁厚 /mm	①尺寸公差 ②表面粗糙度 /μm	形状特征	批量	出品率/%	毛坯利用率/%	应用
铸件的精确化——现代精确铸造技术	消失模铸造	是先用成形机获得零件形状的泡沫塑料模型（代替铸模进行造型），接着涂抹耐火涂料及干燥，然后放入砂箱中填砂，并直接浇注液体金属，烧去塑料模型，得到铸件的方法。是一种近无余量，精确成形的新工艺 它无需取模，无分型面，无砂芯，并减少了由于型芯组合、合型而造成的尺寸误差，因此，铸件没有飞边、毛刺和超模斜度，尺寸精度高；工序简单，生产效率高；生产清洁，工人劳动强度低，要求技术熟练程度低；零件设计自由度大；投资少，成本低；但生产准备较复杂 合肥合力叉车集团公司生产的这类铸件，已达国际先进水平	铝合金、铜合金、铁、钢	①从数克到数吨 ②铝合金 2～3，铸铁 4～5，铸钢 5～6	①CT6～CT9 级 ②$Ra=6.3$～12.5，加工余量最多为 1.5～2mm	各种形状铸件	干砂振动造型，大批量，中、小件；自硬砂造型，单件，小批量，中、大件	40～75	70～80	铸件结构越复杂，砂芯越多，越能体现其优越性和经济性。目前国外多用在汽车发动机缸体、缸盖、进气歧管等铝合金铸件上，国内多是管件、耐磨耐热件、齿轮箱等钢铁铸件

续表

<table>
<tr><th colspan="3">名称</th><th>原理和特点</th><th>应　用</th></tr>
<tr><td rowspan="4">铸件的精确化——现代精确铸造技术</td><td colspan="2">顺序凝固熔模铸造</td><td>由于科学技术的发展，传统的失蜡铸造技术已发展成为顺序凝固熔模铸造新技术，可以直接生产高温合金单晶体燃气轮机叶片(见图)，这是精确铸造成形技术在航空、航天工业中应用的杰出范例。从 20 世纪 60 年代初期等轴晶高温合金实心涡轮叶片发展到 20 世纪 90 年代中期单晶高温合金空心涡轮叶片，叶片的承温能力提高了 400℃左右。单晶高温合金涡轮叶片已在航空发动机上获得广泛应用[见图(a)]。美国第四代战斗机 F22 所用的推重比为 10 的发动机的第二代单晶合金高压涡轮空心工作叶片是材料与铸造成形制造技术高度集成的杰出体现。在这方面，我国与美国等工业发达国家相比，仍有较大差距。
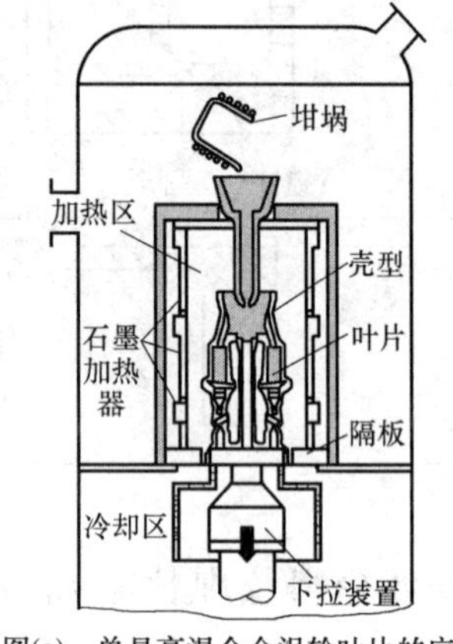

图(a)　单晶高温合金涡轮叶片的应用</td><td></td></tr>
<tr><td rowspan="3">半固态金属铸造</td><td colspan="2">是利用球状初生固相的固液混合浆料铸造成形；或先将这种固液混合浆料完全凝固成坯料，再根据需要将坯料切分，并重新加热至固液两相区，利用这种半固态坯料进行铸造成形。这两种方法均称为半固态金属铸造。其工艺过程主要分为两大类</td><td rowspan="3">由于半固态金属及合金坯料的加热、输送很方便，并易于实现自动化操作，因此，当固态金属触变压铸和触变锻造已成为当今金属半固态成形中的主要工艺方法[图(b)]。但流程更短、成本更低的半固态金属及合金的流变成形技术也正在逐步进入实际商业应用</td></tr>
<tr><td rowspan="2">工艺过程分类</td><td>① 流变铸造　是利用剧烈搅拌等方法制出预定固相分散的半固态金属料浆进行保温，然后将其直接送入成形机，铸造或锻造成形。采用压铸机成形的称为流变压铸，采用锻造机成形的，称为流变锻造
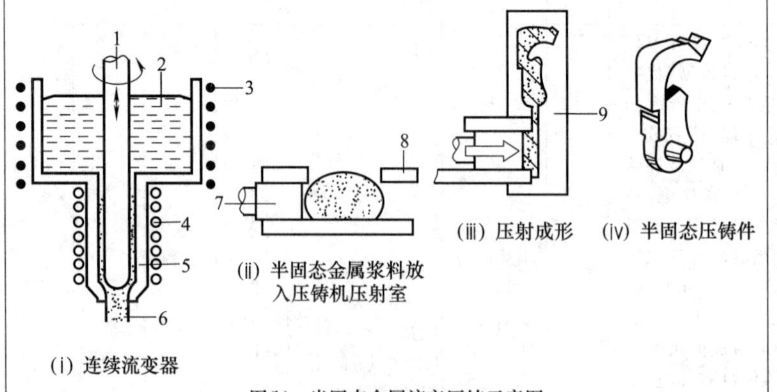

图(b)　半固态金属流变压铸示意图
1—搅拌棒；2—合金液；3—加热器；4—冷却器；5—搅拌室；6—半固态合金浆料；7—压射冲头；8—压铸压射室；9—压铸型</td></tr>
<tr><td>② 触变铸造　也是利用剧烈搅拌等方法制出球状晶的半固态金属料浆，并将它进一步凝固成锭坯或坯料，再按需要将坯料分切成一定大小，重新加热至固液两相区，然后利用机械搬运将其送入成形机，进行铸造或锻造。根据采用成形机不同，也可分为触变压铸、触变锻造等</td></tr>
</table>

续表

名称			原理和特点	应　　用
铸件的精确化——现代精确铸造技术	半固态金属铸造	工艺过程分类	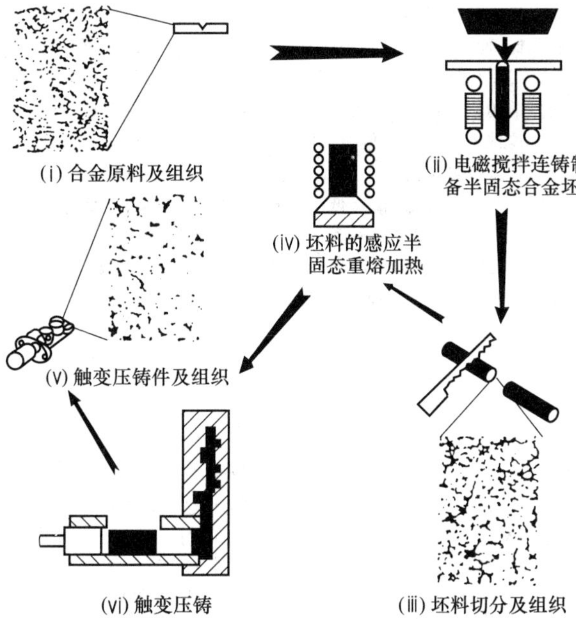 (ⅰ) 合金原料及组织 (ⅱ) 电磁搅拌连铸制备半固态合金坯料 (ⅲ) 坯料切分及组织 (ⅳ) 坯料的感应半固态重熔加热 (ⅴ) 触变压铸件及组织 (ⅵ) 触变压铸 图(c)　半固态金属触变压铸示意图 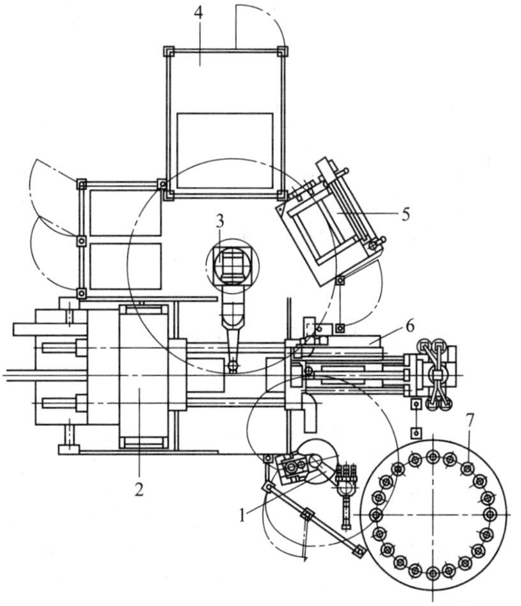 图(d)　半固态金属触变压铸设备平面布置图 1—坯料搬运机器人；2—H-630SC 型压铸机；3—铸件抓取机器人；4—浇注系统锯切机构；5—铸件冷却箱；6—涂料喷涂装置；7—加热系统	例如，利用触变铸造法，1997 年美国两家半固态铝合金成形工厂的生产能力分别达到每年 5000 万件，近年来，它的一些主要零件毛坯年产量为：制动总泵体 240 万件，油道和发动机支架各 100 万件，摇臂座 150 万～200 万件，同步带托座 20 万件。另一公司利用镁合金触变射铸技术生产了 50 余万件半固态镁合金汽车零件。北京科技大学也成功连续铸出球状初生晶粒的 AlSi7Mg 合金坯料，并触变成形出汽车制动总泵壳及其他零件，触变成形实验达到中试水平等

续表

名称			原理和特点	应用
铸件的精确化——现代精确铸造技术	半固态金属铸造	优点	①在重力下，重熔加热后的黏度很高，可机械搬运，便于实现自动化，在高速剪切作用下，黏度又可迅速降低，便于铸造；②生产效率高；③改善了金属的充型过程，不易发生喷溅，减少了合金的氧化和铸件裹气，提高了铸件的致密性，可通过热处理进一步强化，其强度比液体金属压铸件更高；④减少了凝固收缩，铸件收缩孔洞减少，可承受更高液体压力；⑤铸件不存在宏观偏析，性能更均匀；⑥其固相分散，便于调整，借此改变半固态金属料浆或坯料的表面黏度以适应不同工件的成形要求；⑦铸件为近终化成形，大幅度减少毛坯加工量，降低了生产成本；⑧充型温度低，减轻了对模具的热冲击，提高了模具寿命；⑨节约能源25%～30%；⑩操作更安全，工作环境更好；⑪半固态金属的黏度高，便于加入增强材料（颗粒或纤维）廉价生产复合材料；⑫充填应力显著降低，因此，可成形很复杂的零件毛坯，其铸件性能与固态锻件相当，而降低了成本	例如，利用触变铸造法，1997年美国两家半固态铝合金成形工厂的生产能力分别达到每年5000万件，近年来，它的一些主要零件毛坯年产量为：制动总泵体240万件，油道和发动机支架各100万件，摇臂座150万～200万件，同步带托座20万件。另一公司利用镁合金触变射铸技术生产了50余万件半固态镁合金汽车零件。北京科技大学也成功连续铸出球状初生晶粒的AlSi7Mg合金坯料，并触变成形出汽车制动总泵壳及其他零件，触变成形实验达到中试水平等
		不同铸件力学性能比较	A356和A357合金半固态触变压铸件与其他铸件的力学性能比较（见下表）	
	快速铸造		快速铸造是利用快速成形技术直接或间接制造铸造用熔模、消失模、模样、模板、铸型或型芯等，然后结合传统铸造工艺快捷地制造铸件的一种新工艺 快速铸造与传统铸造比较有下列特点： ①适宜小批量、多品种、复杂形状的铸件 ②尺寸任意缩放，数字随时修改，所见即所得 ③工艺过程简单，生产周期短，制造成本低 ④返回修改容易 ⑤CAD三维设计所有过程基于同一数学模型 ⑥设计、修改、验证、制造同步	快速铸造可以将CAD模型快速有效地转变为金属零件。它不仅能使过去小批量、难加工、周期长、费用高的铸件生产得以实现，而且将传统的分散化、多工序的铸造工艺过程集成化、自动化、简单化。它的推广应用对新产品开发试制和单件小批量铸件的生产，产生积极的影响
			快速成形技术是指在计算机控制与管理下，根据零件的CAD模型，采用材料精确堆积的方法制造原型或零件的技术，是一种基于离散/堆积成形原理的新型制造方法	
		原理	它是先由CAD软件设计出所需零件的计算机三维实体模型，即电子模型。然后根据工艺要求，将其按一定厚度进行分层，把原来的三维电子模型变成二维平面信息（截面信息）。再将分层后的数据进行一定的处理，加入加工参数，生成数控代码，在微机控制下，数控系统以平面加工方式，顺序地连续加工出每个薄层模型，并使它们自动粘接成形。这样就把复杂的三维成形问题变成了一系列简单的平面成形问题	

A356和A357合金半固态触变压铸件与其他铸件的力学性能比较

合金种类	成形工艺	热处理工艺	屈服强度/MPa	抗拉强度/MPa	伸长率/%	硬度HBS	合金种类	成形工艺	热处理工艺	屈服强度/MPa	抗拉强度/MPa	伸长率/%	硬度HBS
A356	SSM	铸态	110	220	14	60	A357	SSM	铸态	115	220	7	75
	SSM	T4	130	250	20	70		SSM	T4	150	275	15	85
	SSM	T5	180	255	5～10	80		SSM	T5	200	285	5～10	90
	SSM	T6	240	320	12	105		SSM	T6	260	330	9	115
	SSM	T7	260	310	9	100		SSM	T7	290	330	7	110
	PM	T6	186	262	5	80		PM	T6	296	359	5	100
	PM	T51	138	186	2	—		PM	T51	145	200	4	—
	CDF	T6	280	340	9	—							

注：SSM—半固态触变压铸件，PM—金属型铸件，CDF—闭模锻件

续表

名称		原理和特点		应　用
铸件的精确化——现代精确铸造技术	快速铸造	原理	CAD模样 Z向离散化(分层) 层面信息处理 层面制造与连接 层面全部加工完毕 否 是 后处理 分解过程　计算机中信息处理 组合过程　成形机中堆积成形 图(e)　快速成形的原理	
		特点	构造三维模型 模型近似处理 成形方向选择 切片处理 激光 喷涂/喷射源 固化树脂　切割纸　烧结粉末　喷黏结剂　涂覆/喷射热熔材料 三维产品 工件剥离 后强化/表面处理 前处理 分层叠加成形 后处理 图(f)　快速成形的过程 它是一种新的成形方法，不同于传统的铸、锻、挤压等“受迫成形”和车、铣、钻等“去除成形”。它几乎能快速制造任意复杂的原型和零件，而零件的复杂程度对成形工艺难度、成形质量、成形时间影响不大 ① 高度柔性　它取消了专用工具，在计算机的管理和控制下可以制造任意复杂形状的零件，将信息过程和物理过程高度相关地并行发生，把可重编程、重组、连续改变的生产装备用信息方式集中到一个制造系统中，使制造成本完全与批量无关 ② 技术高度集成　是计算机技术、数控技术、激光技术、材料技术和机械技术的综合集成。计算机和数控技术为实现零件的曲面和实体造型、精确离散运算和繁杂的数据转换，为高速精确的二维扫描以及精确高效堆积材料提供了保证；激光器件和功率控制技术使采用激光能源固化、烧结、切割材料成为现实；快速扫描的高生产率喷头为材料精密堆积提供了技术条件等	快速铸造可以将CAD模型快速有效地转变为金属零件。它不仅能使过去小批量、难加工、周期长、费用高的铸件生产得以实现，而且将传统的分散化、多工序的铸造工艺过程集成化、自动化、简单化。它的推广应用对新产品开发试制和单件小批量铸件的生产，产生积极的影响

续表

名称			原理和特点	应用
铸件的精确化——现代精确铸造技术	快速铸造	特点	③ 设计、制造一体化 由于采用了离散/堆积的加工工艺，工艺规划不再是难点，CAD 和 CAM 能够顺利地结合在一起，实现了设计、制造一体化 ④ 快速性 从 CAD 设计到原型加工完毕，只需几小时至几十小时，复杂、较大的零部件也可能达几百小时，从总体看，比传统加工方法快得多	
		几种典型工艺	① 液态光敏聚合物选择性固化成形（简称 SLA 或 SL） 这种工艺的成形机原理如图(g)所示，由液槽、升降工作台、激光器（为紫外激光器，如氦隔激光器、氩离子激光器和固态激光器）、扫描系统和计算机数控系统等组成。液槽中盛满液态光敏聚合物，带有许多小孔的升降工作台，在步进电动机的驱动下，沿 Z 轴作往复运动，激光器功率一般为 10～200mW，波长为 320～370nm，扫描系统为一组定位镜，它根据控制系统的指令，按照每一截面轮廓的要求作高速往复摆动，从而使激光器发出的激光束发射并聚焦于液槽中液态光敏聚合物的上表面，并沿此面作 X-Y 方向的扫描运动。在受到紫外激光束照射的部位，液态光敏聚合物快速固化形成相应的一层固态截面轮廓 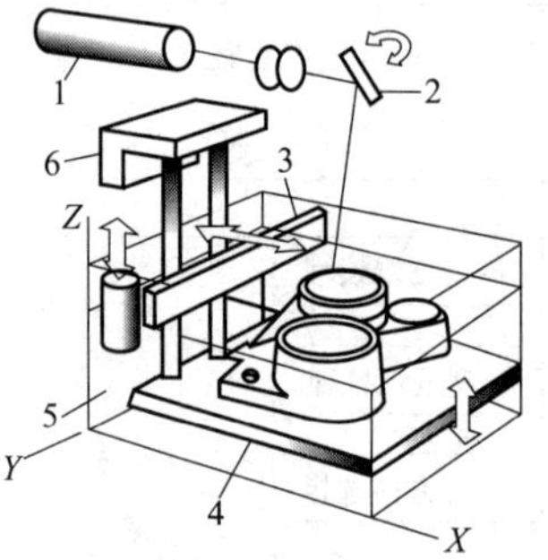 **图(g) 液态光敏聚合物选择性固化成形机原理** 1—激光器；2—扫描系统；3—刮刀；4—可升降工作台 1；5—液槽；6—可升降工作台 2 它的成形过程如图(h)所示，升降工作平台的上表面处于液面下一个截面层厚的高度，该层液态光敏聚合物被激光束扫描发生聚合固化，并形成所需第一层固态截面轮廓后，工作台下降一层高度，液态光敏聚合物流过已固化的截面轮廓层，刮刀按设定的层高，刮去多余的聚合物，再对新铺上的一层液态聚合物进行扫描固化，形成第二层所需固态截面轮廓，它牢固地黏结在前一层上，如此重复直到整个工件成形完成 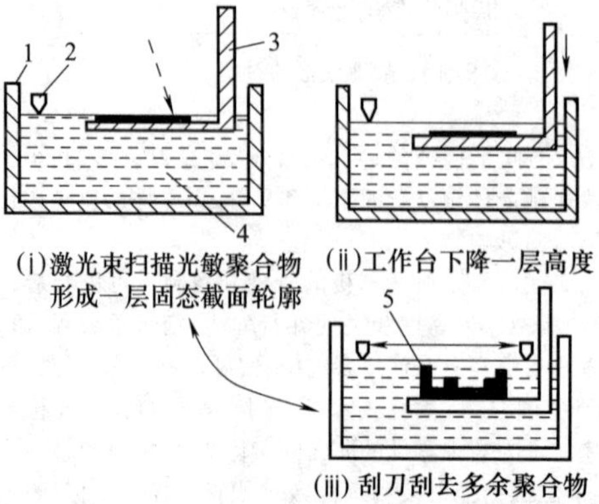 (i)激光束扫描光敏聚合物形成一层固态截面轮廓 (ii)工作台下降一层高度 (iii)刮刀刮去多余聚合物 **图(h) 液态光敏聚合物选择性固化成形过程** 1—液槽；2—刮刀；3—可升降工作台；4—液态光敏聚合物；5—制件	SLA 或 SL 适合成形中、小件，可直接得到类似塑料的产品 美国 3D systems 公司推出的一种工艺方法是 Quick Casting TM，它利用 SLA 工艺制得零件或模具的半中空 RPM 原型，通过在原型表面挂浆，形成一定厚度和粒度的陶瓷层，它紧紧地包裹在原型的外面，放入高温炉中将半中空 SLA 原型烧掉，得到中空的陶瓷型壳，即可用于铸造。浇注后得到的金属模具需进行必要的机械加工，以满足模具的表面质量和尺寸精度的要求，一般只适合于单件制造

续表

名称			原理和特点	应用
铸件的精确化——现代精确铸造技术	快速铸造	优缺点	优点：a. 制造尺寸精度较高，由于紫外激光波长短，可得到很小的聚焦光斑，从而得到较高的尺寸精度，加工工件的尺寸精度可控制在 0.1mm 以内；b. 工件表面粗糙度值较小，工件的最上层表面很光滑，但侧面可能有台阶状不平及不同扫描固化层面间的曲面不平；c. 系统工作稳定，易于实现全自动化，系统一旦开始工作，构建零件的全过程完全自动运行，无需专人看管，直至整个工艺过程结束；d. 系统分辨率较高，因此可用于制造形状复杂、外观精细的零件 缺点：a. 树脂制件的保存困难，树脂会吸收空气中的水分，导致较薄部分的弯曲和卷翘；b. 生产成本较高，氦-镉激光管的价格较昂贵，使用寿命一般为 3000h；同时，须对整个截面进行扫描固化，成形时间较长；c. 可选的材料种类有限，必须是光敏树脂，由这类树脂制成的工件在大多数情况下都不能进行耐久性和热性能试验，且光敏树脂对环境有污染，易使皮肤过敏；d. 需要设计工件的支撑结构，只有可靠的支撑结构才能确保在成形过程中制件的每一结构部位都能得到可靠的定位	
		几种典型工艺	②粉末材料选择性激光烧结(Selected Laser Sintering，简称 SLS) 其成型原理如图(i)所示。使用 CO_2 激光器对粉末材料(如蜡粉、ABS 粉、尼龙粉、陶瓷与粘接剂的混合粉、金属与粘接剂的混合粉等)进行选择性烧结，是一种由离散点一层层堆积成三维实体的工艺方法。在开始成形之前，先将充有氮气的工作室升温，并保持在粉末的熔点以下。成形时先在工作平台上铺一层粉末材料，激光束在计算机控制下按照截面轮廓对实心部分所在的粉末进行烧结，使粉末熔化形成一层固体轮廓。第一层烧结完成后，工作台下降一截面层的高度，再进行下一层的铺粉烧结，如此循环，形成三维的产品。最后经过 5～10h 冷却，即可从粉末缸中取出零件。未经烧结的粉末能承托正在烧结的工件，当烧结工序完成后，取出零件，未经烧结的粉末基本可自动脱掉，并重复利用。因此，SLS 工艺不需要建造支撑 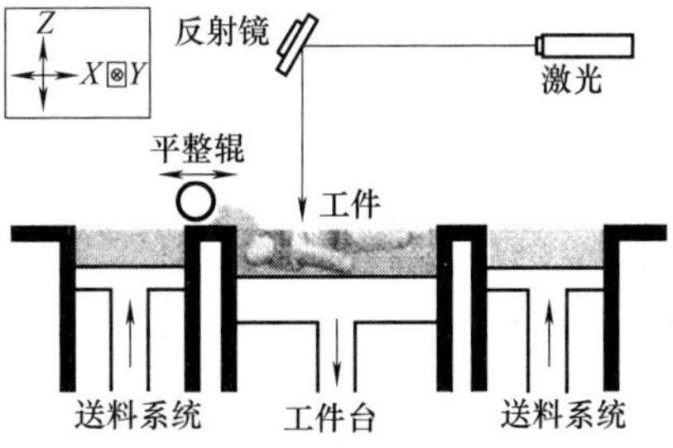 图(i) 粉末材料选择性激光烧结(SLS)加工原理 优点：a. 与其他工艺相比，生产的模具最硬，由于采用高功率 CO_2 激光，可实现陶瓷及金属粉末材料的烧结；b. 适用范围广，可采用多种原料，如绝大多数工程用塑料、蜡、金属、陶瓷等；c. 零件成形时间短，每小时固化高度可达到 25.4mm；d. 制作工艺简单，不需要设计和构造支撑，无需对零件进行后校正 缺点：a. 零件制造时间较长，在成形前，须对整个截面进行扫描和烧结，并且预热约 2h 将粉末加热到熔点以下，当零件制造完成之后，还要进行 5～10h 的冷却；b. 零件成形后续处理较烦琐，零件的表面一般是多孔性的，对陶瓷、金属与粘接剂的混合粉材料，在得到原型零件后，为了使表面光滑，必须将它置于加热炉中，烧掉其中的粘接剂，并在孔隙中渗入填充物；c. 加工成本较高，在成形过程中，需要对加工室不断充氮气以确保烧结过程的安全性和稳定性；d. 该工艺产生有毒气体，污染环境	材料适应面广，不仅能制造塑料件，还能制造陶瓷和金属零件。这使 SLS 工艺颇具吸引力

续表

名称			原理和特点	应　用
铸件的精确化——现代精确铸造技术	快速铸造	几种典型工艺	③ 薄形材料选择性切割成形(简称LOM)　这种工艺的成形机原理如图(j)所示,它由计算机、原材料存储及送进机构、热粘压机构、激光切割系统、可升降工作台和数控系统、模型取出装置和机架等组成。其成形过程如图(k)所示,计算机接受和存储工件的三维模型,沿模型的高度方向提取一系列的横截面轮廓线,向数控系统发出指令,原材料存储及进给机构将存于其中的原材料逐步送至工作台上方,热粘压机构将一层层材料粘合在一起。激光切割系统按照计算机提取的横截面轮廓线,逐一在工作台上方的材料上切割出轮廓线,并将无轮廓区切割成小方网格,这是为了在成形之后能剔除废料,可升降工作台支承正在成形的工件,并在每层成形之后,降低一层材料厚度,以便送进、黏合和切割新的一层材料。数控系统执行计算机发出的指令,使一段段的材料逐步送至工作台的上方,然后黏合、切割,最终形成三维工件 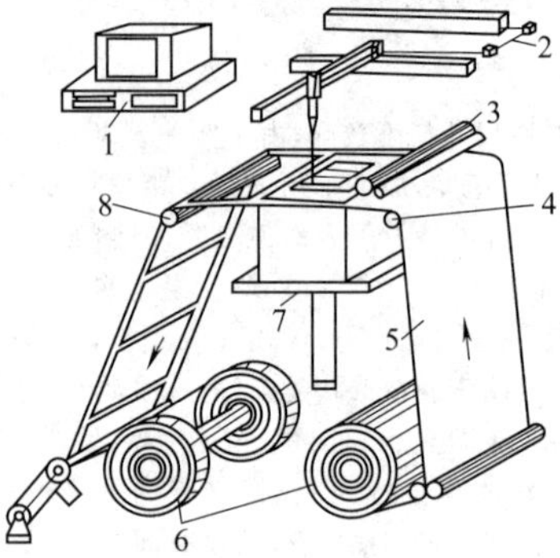 图(j)　薄形材料选择性切割成形机原理 1—计算机;2—激光切割系统;3—热粘压机构;4—导向辊1;5—原材料;6—原材料存储及送进机构;7—工作台;8—导向辊2 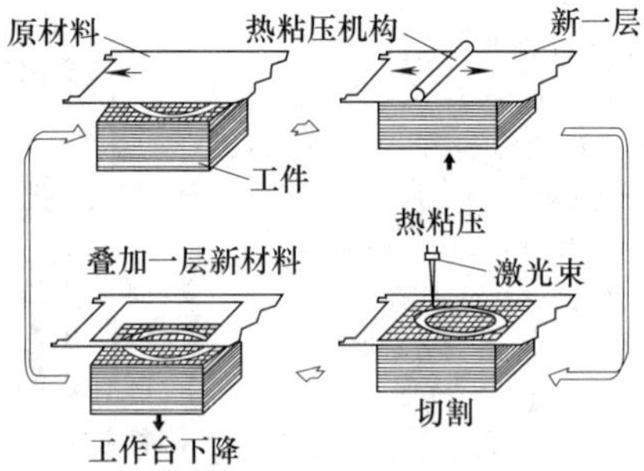 图(k)　薄形材料选择性切割成形过程 优点:a. 加工效率高,由于加工时,只对零件的轮廓线进行切割,无需扫描整个断面,大大缩短了加工时间;b. 操作简单,不污染环境;c. 无需设计和构建支撑结构;d. 成形加工后零件无需校正,可直接使用 缺点:a. 适用范围窄,可使用的原材料种类较少,目前常用的是纸;b. 由于纸制零件很容易吸水受潮,必须立即进行后处理,及时上漆;c. 尺寸精度不高,难以制造精细形状的零件,并且里面的废料难以去除,所以只能加工结构简单的零件;d. 当成形室温度过高时常有发生火灾危险;e. 材料浪费大	采用纸、塑料等薄片材料 最适合成形中、大件以及多种模具,如直接制作砂型铸造模 基于该原理,德国公司创造性地将LOM技术与数控铣削加工的优点相结合,研制了叠层铣削中心,适于金属零件的板材叠加制造
			④ 丝状材料选择性熔覆成形(简称FDM)　这种工艺的成形机的原理图如图(l)所示,加热喷头在计算机的控制下,根据截面轮廓的信息作 X-Y 平面运动和 Z 方向运动。丝状热塑性材料,如ABS及MABS塑料丝、蜡丝、聚烯烃树脂丝、尼龙丝、聚酰胺丝等由供丝机构送至喷头,并在喷头中加热至熔融态,然后被选择性地涂覆在工作台上,快速冷却后形成截面轮廓。完成一层成形后,喷头上升一截面层的高度,再进行下一层的涂覆,如此循环,最终形成三维产品。为提高成形效率,可采用多个热喷头进行涂覆。由于结构的限制,加热器的功率不能太大,因此,实芯柔性丝材一般为熔点不太高的热塑性塑料或蜡料 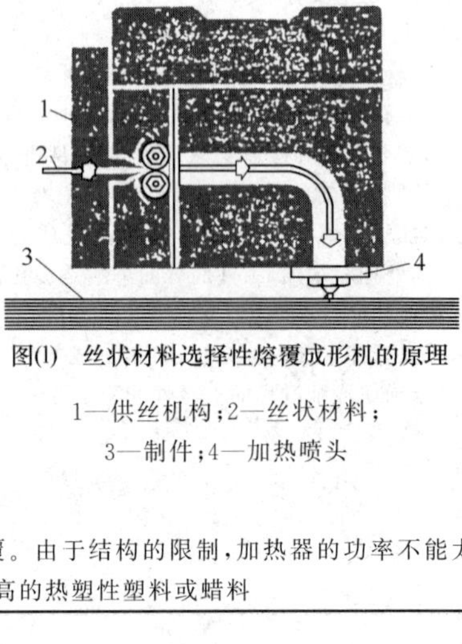 图(l)　丝状材料选择性熔覆成形机的原理 1—供丝机构;2—丝状材料;3—制件;4—加热喷头	成形精度相对较低,难以制作结构较复杂的零件 适合制造中、小塑料件和蜡件 用蜡成形的零件原型,可直接用于失蜡铸造 ABS等塑料件适用于医疗领域

续表

名称			原理和特点	应　　用
铸件的精确化——现代精确铸造技术	快速铸造	几种典型工艺	⑤ 三维打印成形(3DP)或粉末材料选择性黏结成形(简称TDP)　是用多通道喷头在计算机的控制下,根据截面轮廓信息在铺好的一层粉末材料上有选择性地喷射黏结剂使部分粉末黏结,形成截面轮廓。一层成形完成后,工作台下降一截面层的高度,再进行下一层的黏结,如此循环,最终形成三维工件。一般情况下,黏结得到的工件必须放在加热炉中,进一步固化或烧结,以便提高黏结强度。其工艺原理如图(m)所示 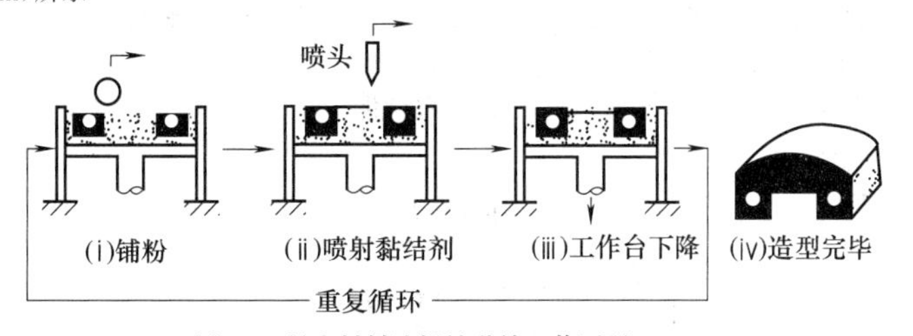 图(m)　粉末材料选择性黏结工艺原理 根据其使用的材料类型的不同,该技术可分为粉末粘接材料、光敏材料和熔融材料三种工艺;设备和材料便宜,操作简单,运行成本低;成形无污染;打印速度快;适合成形小件 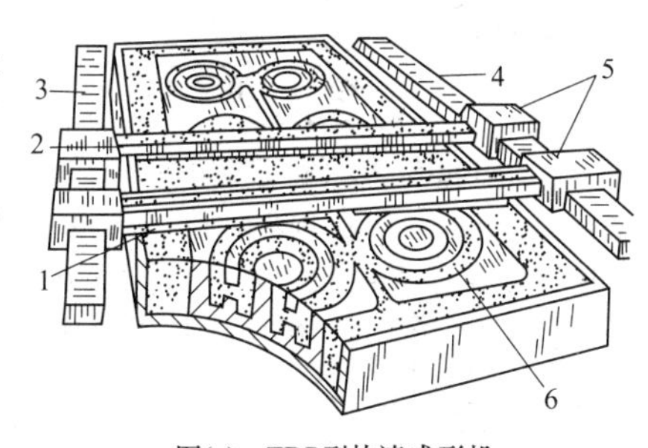 图(n)　TDP型快速成形机 1—陶瓷粉喷头;2—黏结剂喷头;3—导轨1;4—导轨2;5—驱动电动机;6—制件	图(n)是按上述原理设计用于制作陶瓷模的TDP型快速成形机,它有一个陶瓷粉喷头1,在直线步进电动机的驱动下,沿Y方向作往复运动,向工作台面喷洒一层厚度为100~200μm的陶瓷粉;另一个黏结剂喷头2,也用步进电动机驱动,跟随喷头1,有选择性地喷洒黏结剂,黏结剂液滴的直径为15~20μm 该工艺成形工件表面不够光洁,必须对整个截面进行扫描黏结,成形时间较长。采用多喷头可提高成形效率 该工艺由以色列的Cubital公司开发成功并推出商品机器。适合小型零件的制作
			⑥复印固化成形(SGC)　原理如图(o)所示。 它是采用紫外线光源通过漏板(与照相底片类似)对整个层面的光敏树脂进行固化的。首先将CAD模型分为若干层截面轮廓,采用静电工艺"印"到一个玻璃板(光漏板)上,使截面轮廓部分保持透明。一层的成形过程一般由五步完成:添料、掩膜紫外光曝光、未固化的多余液体料的清除、向空隙处填充蜡料并磨平,重复上述过程,直至整个原型制作的完成。掩膜的制造采用了离子成像技术,同一底片可以重复使用 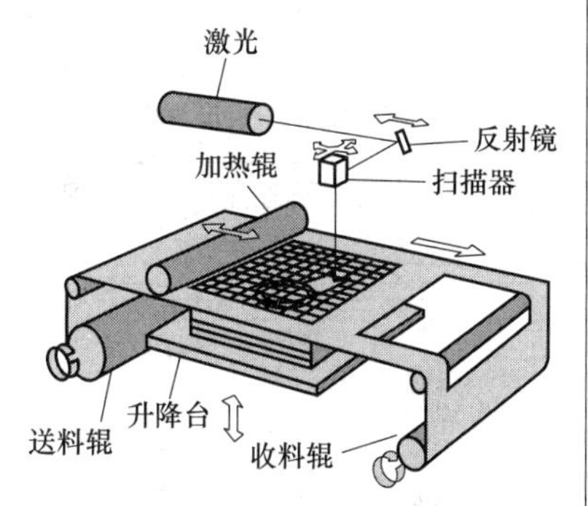 图(o)　复印固化成形工艺原理 优点:a. 生产效率高,整个工作区内可放入多个工件,一次成形完成;b. 成形时,没有收缩效应,零件尺寸稳定,无需后校正;c. 由于有蜡的支撑,成形时不需要设计支撑结构;d. 成形精度高,可较容易制造复杂的零件;e. 操作灵活,工艺过程可以中断 缺点:a. 成本较高,首先设备成本高;其次树脂的耗费量与零件的截面轮廓大小无关,仅与层面的大小有关,截面轮廓越小的零件成本越高;b. 工艺复杂,必须由熟练工人看管、操作,不能实现无人加工	

续表

<table>
<tr><th colspan="2">名称</th><th>原理和特点</th><th>应用</th></tr>
<tr><td colspan="2">数字化铸造——铸造过程的模拟仿真</td><td>计算材料科学随着计算机技术的发展，已成为一门新兴的交叉学科，是除实验和理论外解决材料科学中实际问题的第三个重要研究方法。它可以比理论和实验做得更深刻、更全面、更细致，可以进行一些理论和实验暂时还做不到的研究。因此，模拟仿真成为当前材料科学与制造科学的前沿领域及研究热点。根据美国科学研究院工程技术委员会的测算，它可以大幅度提高产品质量，增加材料出品率25%，降低工程技术成本13%～30%，降低人工成本5%～20%，增加投入设备利用率30%～60%，缩短产品设计和试制周期30%～60%等
多学科、多尺度、高性能、高保真及高效率是模拟仿真技术的努力目标，而微观组织模拟(从毫米、微米到纳米尺度)则是近年来研究的热点课题[图(p)]。通过计算机模拟，可深入研究材料的结构、组成及其各物理化学过程中宏观、微观变化机制，并由材料化学成分、结构及制备参数的最佳组合进行材料设计
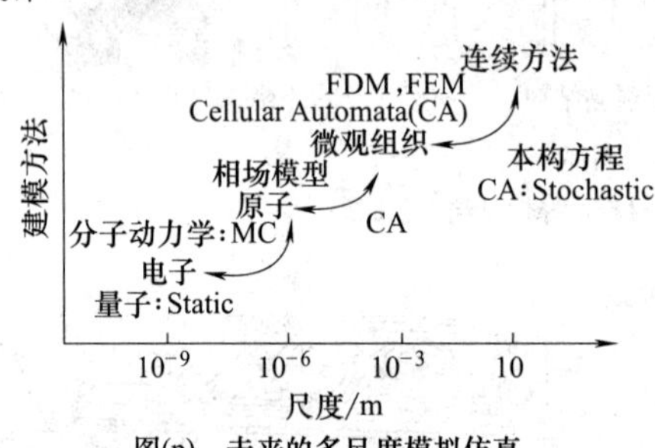

图(p) 未来的多尺度模拟仿真
在国外，多尺寸模拟已在汽车及航天工业中得到应用。福特汽车公司提出了虚拟铝合金发动机缸体研究，其目标是能预测缸体的疲劳寿命。国内在相场法研究铝合金枝晶生长、无脆自动机法研究铝合金组织演变及汽车球墨铸铁件微观组织与性能预测等方面均已取得重要进展。最近，成功地采用CA方法研究单晶体叶片的结晶过程及组织演变
铸造过程的宏观模拟在工程应用中已是一项十分成熟的技术，已有很多商品化软件如MAGMA、PROCAST、DEFORM及中国的铸造之星(FT-STAR)等，并在生产中取得显著的经济及社会效益</td><td rowspan="2">①长江三峡水轮机重62t的不锈钢叶片已由中国二重集团铸造厂，采用模拟仿真技术，经反复模拟得到最优化铸造工艺方案，一次试制成功(2000年)
②一片重218t的热轧薄板用轧机机架铸件到全部18片冷热轧机机架铸件由马鞍山钢铁公司制造厂与清华大学合作，采用先进铸造技术和凝固过程计算机模拟技术，优质完成，仅用10个月，且节约了上千万元生产费用</td></tr>
<tr><td>网络化铸造</td><td>产品及铸造工艺设计集成系统</td><td>现代的产品设计及制造开发系统是在网络化环境下以设计与制造过程的建模与仿真为核心内容，进行的全生命周期设计。美国汽车工业希望汽车的研发周期缩短为15～25个月，而20世纪90年代汽车的研发周期为5年。美国先进金属材料加工工程研究中心提出了产品设计/制造(铸造)集成系统在网络化环境下，产品零部件的设计过程中同时要进行影响产品及零部件性能的铸造等成形制造过程的建模与仿真，它不仅可以提供产品零部件的可制造性评估，而且可以提供产品零部件的性能预测。因此，在网络化环境下，铸造过程的模拟仿真将在新产品的研究与开发中发挥重要作用。图(q)为产品虚拟开发与传统方法比较
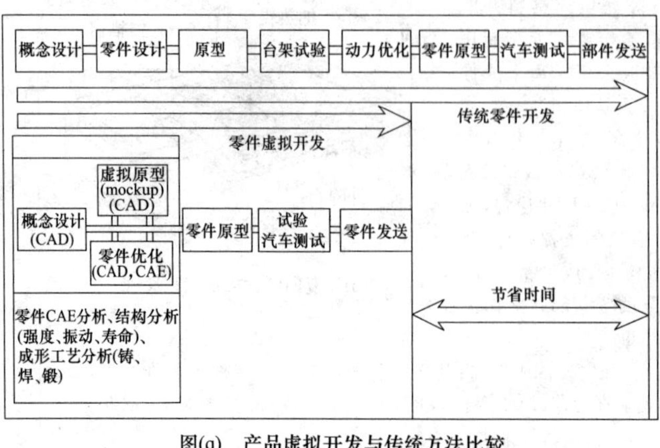

图(q) 产品虚拟开发与传统方法比较</td></tr>
</table>

续表

名称		原理和特点	应用
网络化铸造	虚拟制造	虚拟制造是 CAD、CAM 和 CAPP 等软件的集成技术。其关键是建立制造过程的计算模型、模拟仿真制造过程。虚拟制造的基础是虚拟现实技术。所谓“虚拟现实”技术是利用计算机和外围设备，生成与真实环境一致的三维虚拟环境，使用户通过辅助设备从不同的“角度”和“视点”与环境中的“现实”交互	
洁净化铸造——绿色铸造		美国把“精确成形工艺”发展为“无废弃物成形加工技术(waste-free process)”。所谓“无废弃物加工”的新一代制造技术是指加工过程中不产生废弃物；或产生的废弃物能在整个制造过程中作为原料而利用，并在下一个流程中不再产生废弃物。由于无废物加工减少了废料、污染和能量消耗，并对环境有利，从而成为今后推广的重要绿色制造技术。绿色铸造是长期的努力方向及目标，最近日本铸造工厂提出了 3R 的环境保护新概念[见图(r)]，即：减少废弃物(reduce)、再利用(reuse)及再循环(recycle)。德国制定了《产品回收法规》 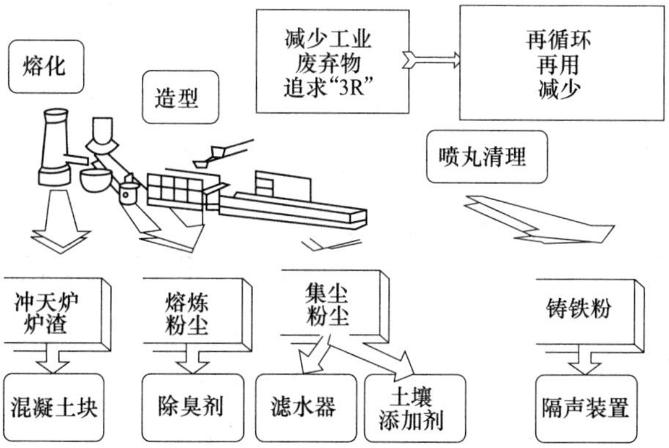 达到零污染排放 图(r)　与环境友好的3R日本铸造厂	

第3章　锻压件结构设计工艺性

3.1　锻造方法与金属的可锻性

机器中的重要零件多采用锻造毛坯，锻造时的塑性变形改善了金属的结构，使金属获得较细的晶粒，可以消除内部的小裂缝及气孔等缺陷，从而改善了金属的力学性能。锻件的形状不能太复杂，不同的锻造方法结构工艺性不同，所以设计锻件时应注意锻造方法。另外，锻件的成本比铸件的高。

3.1.1　各种锻造方法及其特点

锻造方法有许多种（表 2-3-1），一般分为自由锻造、模型锻造（模锻）和特种锻造三类。

自由锻造所用设备和工具通用性强，操作简单，锻件质量可以很大，但工人劳动强度大、生产率低，锻件形状简单、精度低，消耗金属较多，因此，它主要适用单件、小批量生产。

模锻生产率高，锻件精度高，可以锻出形状复杂的零件，与自由锻相比，金属消耗可大大减少，但模锻成本高，锻件质量受限制，所以，它主要应用于大批大量生产，见表 2-3-2。

特种锻造是新发展起来的先进锻造方法，它包括精密锻造、粉末锻造、多向模锻、精锻、镦锻、挤压等成形工艺，它可以锻出许多形状复杂，少切削甚至无切削的大、小零件，这是降低材料消耗、提高劳动生产率的重要途径。这些工艺都应用于大批大量生产中。

表 2-3-1　　锻造方法及其适用性

加工方法	使用设备	特点及适用范围	生产率	设备费用	锻件精度	模具质量要求	模具寿命	机械化及自动化	劳动条件	对环境的影响
自由锻	手工锻	单件、小批、小型锻件		很低	低				差	
	3t 以下自由锻锤	单件、小批、小型锻件	中	低	低			较难	差	振动噪声
	3t 以上自由锻锤	单件、小批、中型锻件	中	中	低			较难	差	振动噪声
	12500kN 以下自由锻水压机	单件、小批、中型锻件	中	高	低			较易	较好	
	12500 ～ 120000kN 自由锻水压机	单件、小批，大型及特大型锻件		很高	低			较易	较好	
胎模锻	利用自由锻锤及水压机	中小批，中小型锻件。用胎模成形，提高锻件质量和设备的生产效率	较高	低、中	中	低	低	较难	差	
模锻	有砧座模锻锤	大批量，中小型模锻件；可在一台设备上拔长、聚料、预锻、终锻	高	中	中	高	中	较难	差	振动噪声
	无砧座模锻锤	大、中批，中小型模锻件；单模膛模锻	高	较低	中	高	中	较难	较差	噪声
	热模锻压力机	大、中批，中小型模锻件；大批量需配备制坯设备；亦可用于精密模锻	很高	高	较高	较高	较高	易	好	
	平锻机	大批大量。适用于法兰轴、带孔模锻件；多模膛模锻	高	高	较高	高	较高	易（水平分模）	较好	噪声
	螺旋压力机	大、中批，中小型模锻件；一般是单模膛模锻；可进行精密模锻；大型精密模锻件用液压螺旋压力机	较高	较高	高	高	中	较易	好	噪声

续表

加工方法		使用设备	特点及适用范围	生产率	设备费用	锻件精度	模具质量要求	模具寿命	机械化及自动化	劳动条件	对环境的影响
模锻		高速锤	中、小批。单模膛模锻；用于锻制低塑性合金锻件和薄壁高筋复杂模锻件	中	中	高	高	较低	较难		噪声
模锻		多向模锻水压机	大批，可锻制不同方向具有多孔腔的复杂模锻件	中	高	高	高	高	易	较好	
模锻		模锻水压机	小批，锻制大型非铁合金模锻件	中	很高	高	高	高	较易		
精密锻造		精密锻轴机	大批，锻制空心和实心阶梯轴	中	高	高	高	中	较易		噪声
挤压	冷挤	冷挤压力机	大批大量，钢及非铁合金小型零件	高	高	高	高	高	较易	好	
挤压	温热挤	机械压力机 螺旋压力机 液压机	大批大量，挤压不锈钢、轴承钢零件以及非铁合金的坯料	高	高	较高	高	中	较易	好	
镦锻		多工位冷镦机	大批大量生产标准件	很高	高	高	高	高	易	好	噪声
镦锻		多工位热镦机	大批大量生产轴承环、齿轮、汽车锻件	很高	高	较高	高	高	易	好	噪声
镦锻		电热镦机	大批大量生产大头螺杆锻件	高	中	中	中	高	易	好	
轧锻	纵轧	二辊或三辊轧机	成批大量。可改制坯料，轧等截面或周期截面坯料。冷轧或热轧	高		中			易		
轧锻	辊锻	辊锻机	大批大量。辊锻扳手、叶片等。亦可用于模锻前制坯	高	中	中	高	高	易	好	
轧锻	楔形模横轧	平板式、辊式、行星式楔形横轧机	大批大量。可轧锻圆形变截面零件，如带台阶、锥面或球面的轴类件以及双联齿轮坯等	高	高	高	高	高	易	好	
轧锻	螺旋孔形斜轧	二辊或三辊斜轧机	大批大量生产钢球、丝杆等	高	高	高	高	高	易	好	
轧锻	仿形斜轧	三辊仿形斜轧机	大批大量生产实心或空心台阶轴、纺锭杆等	高	高	高	中	高	易	好	
轧锻	辗扩	扩孔机	大批大量生产大、小环形锻件	高	中	高	中	高	易	好	
轧锻	齿轮轧制	齿轮轧机	大批大量生产。热轧后冷轧，可大大提高精度	高	高		高		易	好	
轧锻	摆动辗压	摆动辗压机	中、小批生产盘类、轴对称类锻件。要求配备制坯设备。可热辗、温辗和冷辗	中	高	高	高	中	较易	好	

表 2-3-2 各种锻造方法的应用范围

锻造方法	自由锻	胎模锻	锤上模锻	压力机上模锻	平锻机上顶锻
示意图	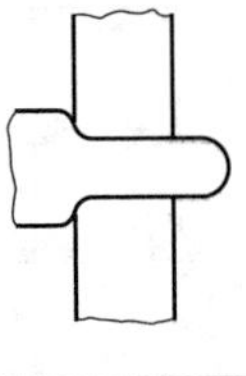	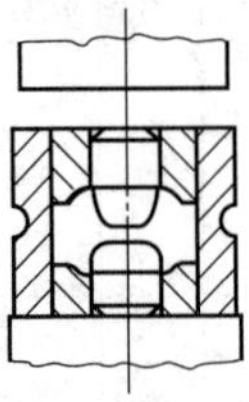	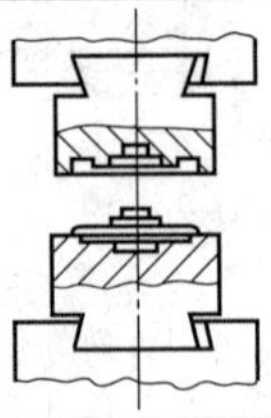	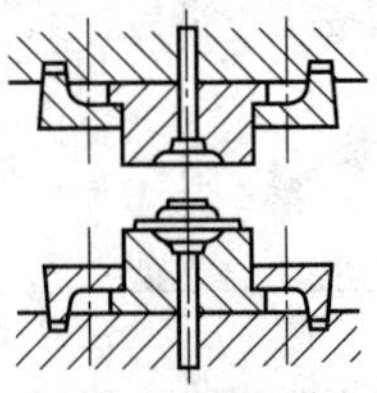	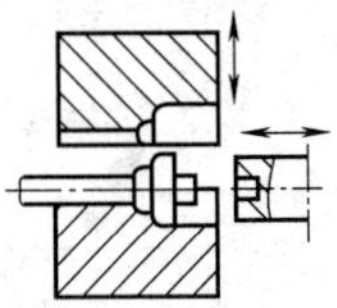
零件形状	只能锻出简单形状。精度低、表面状态差。除要求很低的尺寸和表面外，零件的形状和尺寸需通过切削加工来达到	可锻出复杂的形状（压力机上模锻最优，锤上模锻次之，胎模锻再次之）。尺寸精度较高，表面状态较好。在零件的非配合部分，可以保留毛坯面（黑皮）。黑皮部分的尺寸精度要求，不应超过规定标准。形状（模锻斜度、圆角半径、肋的高度比、腹板厚度等）应适应工艺要求			用以锻造带实心或空心头部的杆形零件。尺寸精度较高，表面状态较好
锻造范围	5t 自由锻锤可锻出 350～700kg 的钢锻件 120000kN 自由锻水压机可锻出 150t 以上的钢锻件	一般锻造 50kg 以下的钢锻件 用大型自由锻水压机可能锻出重达 500kg 的钢胎膜锻件	5t 模锻锤可锻投影面积达 1250cm^2 的钢模锻件；16t 锤可锻 4000cm^2 的钢模锻件 100t · m 的无砧模锻锤可锻投影面积达 10000cm^2 的钢模锻件	40000kN 热模锻压力机可锻投影面积达 650cm^2 的钢模锻件 120000kN 空压机可锻 2000cm^2 的钢锻件	10000kN 平锻机可顶锻 ϕ140mm 钢棒料。31500kN 平锻机可顶锻 ϕ270mm 钢棒料
合适批量	单件、小批	中、小批	大、中批		大批

3.1.2 金属材料的可锻性

金属材料的可锻性指金属材料在受锻压后，可改变自己的形状而又不产生破裂的性能。随着含碳量的增加，碳钢的可锻性下降。低合金钢的可锻性近似于中碳钢。合金钢中随着某些降低金属塑性的合金元素的增加可锻性下降，高合金钢锻造困难。各种有色金属合金的可锻性都较好，类似于低碳钢。常用金属材料热锻时的成形特性见表 2-3-3。

表 2-3-3 常用金属材料热锻时的成形特性

序号	材料类别	热锻工艺特性	对锻件形状的影响
1	$w_C \leq 0.65\%$的碳素钢及低合金结构钢	塑性高，变形抗力比较低，锻造温度范围宽	锻件形状可复杂，可以锻出较高的筋、较薄的腹板和较小的圆角半径
2	$w_C > 0.65\%$的碳素钢，中合金的高强度钢、工具模具钢、轴承钢，以及铁素体或马氏体不锈钢等	有良好塑性，但变形抗力大，锻造温度范围比较窄	锻件形状尽量简化，最好不带薄的辐板、高的筋，锻件的余量、圆角半径、公差等应加大
3	高合金钢（合金的质量分数高于20%）和高温合金、莱氏体钢等	塑性低，变形抗力很大，锻造温度范围窄，锻件对晶粒度或碳化物大小分布等项指标要求高	用一般锻造工艺时，锻件形状要简单，截面尺寸变化要小；最好采用挤压、多向模锻等提高塑性的工艺方法，锻压速度要合适
4	铝合金	大多数具有高塑性，变形抗力低，仅为碳钢的 1/2 左右，变形温度为 350～500℃	与序号 1 相近
5	镁合金	大多数具有良好塑性，变形抗力低，变形温度在 500℃以下，希望在速度较低的液压机和压力机上加工	与序号 1 相近
6	钛合金	大多数具有高塑性，变形抗力比较大，锻造温度范围比较窄	与序号 1、2 相近；由于热导率低，锻件截面要求均匀，以减少内应力

续表

序号	材料类别	热锻工艺特性	对锻件形状的影响
7	铜与铜合金	绝大部分塑性高，变形抗力较低，变形温度低于950℃，但锻造温度范围窄，工序要求少（因温度容易下降），除青铜和高锌黄铜外，其余均应在速度较高的设备上锻造	可获得复杂形状的锻件

注：w_C 为碳的质量分数。

3.2　锻造方法对锻件结构设计工艺性的要求

设计锻造的零件应根据零件生产批量、形状和尺寸，以及现有的生产条件，选择技术上可行、经济上合理的锻造方法，再按所选用的锻造方法的工艺性要求进行零件的结构设计。在设计可锻性较差的金属锻件时，应力求形状简单，截面尽量均匀。

3.2.1　自由锻件的结构设计工艺性

自由锻是特大型锻件的唯一的生产方法，它的原材料是锭料或轧材。锻锤和水压机锻造能力范围见表2-3-4和表2-3-5。自由锻件的结构设计工艺性见表2-3-6。

表2-3-4　锻锤锻造能力范围

锻锤吨位/t		5	3	1	0.75	0.40	0.15
锻件特征		最大锻造能力					
（图）	D① m②	350 1500	280 800	180 250	130 80	80 30	40 6
（图）	D m	750 700	550 400	380 100	300 50	200 20	150 5
（图）	D H	1000 280	650 200	400 150	300 80	200 60	150 40
（图）	B $H\geqslant$ m	500 70 700	450 50 400	250 30 150	180 20 40	130 10 18	70 7 4
（图）	A m	400 500	300 210	200 65	160 32	110 10	80 4
（图）	D m	550 350	450 250	350 80	220 40	140 15	60 4
（图）	D d l	450 140～250 700	330 100～150 500	220 80～120 350	150 60～100 250	120 50～80 200	
参考数据	最大行程	1500	1450	1000	835	700	410
参考数据	砧面尺寸	710×400	600×330	410×230	345×130	265×100	200×58
参考数据	生产能力/kg·h^{-1}	500	400	140	100	60	15

① 长度尺寸单位为mm。

② m—锻件质量，单位为kg。

表 2-3-5　**水压机锻造能力范围**[1]

水压机吨位/t		800	1250	2500	3150	6000	12000	备注
锻件特征		最大锻造能力						
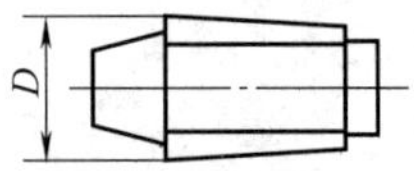	D	740	900	1350	1450	2000	3000	
	m_t[2]	2	12	45	50	130	300	主要取决于起重设备
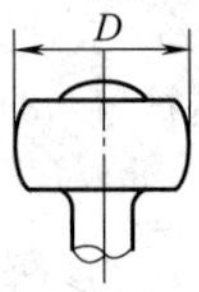	D	800	1100	1600	1800	2000	3200	
	m_t	2.5	6	24	30	60～90	150～230	钢锭质量可适当增加
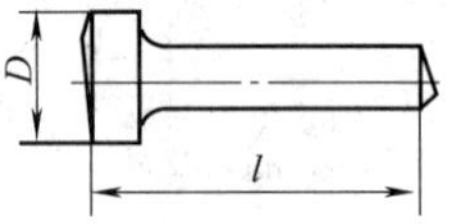	$D\times l$	ϕ500×4500	ϕ750×14000	ϕ1000×16000	ϕ1350×18000	ϕ1900×20000	ϕ2500×26000	长度取决于起重设备
	m[3]	4	7	25	30	80	150	
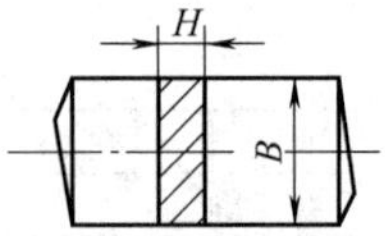	$H\geqslant$	100	125	140	150	200	400	
	B	800	1000	1400	1500	2200	3700	
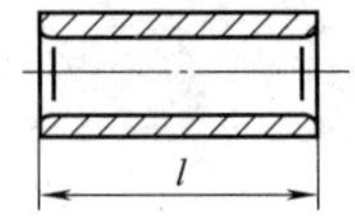	l	2500	4000	6500	10000	16000	18000	
	m	1.5	3.5	14	20	40	130	
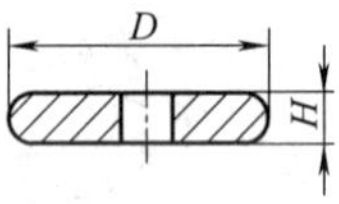	D	1000	1200	1800	2000	2500	3500～5000	
	$H\geqslant$	80～100	100～120	100～150	130～150	180～200	250～300	
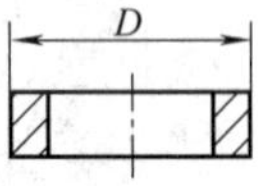	D	1200	1600	2200	2600	3800	5000～6000	
参考数据	活动横梁最大行程	1000	1250	1800	2000	2580	3000	
参考数据	活动横梁底面与工作台面最大距离	2000	2680	3400	3800	6110	7000	
参考数据	立柱护套间净距	1400×540	1800×600	2710×910	2900×1400	4100×1200	5000×2150	
参考数据	工作台面尺寸	1200×2000	1500×3000	2000×5000	2000×6000	3400×9000	4000×10000	
参考数据	砧面尺寸	850×240	1050×300	1400×450	1500×500	2300×600	3500×850	

① 长度尺寸单位为 mm。

② m_t—所用钢锭质量，单位为 t。

③ m—锻件质量，单位为 t。

表 2-3-6　**自由锻件的结构设计工艺性**

序号	注意事项	图例	
		改进前	改进后
1	避免锥形和楔形	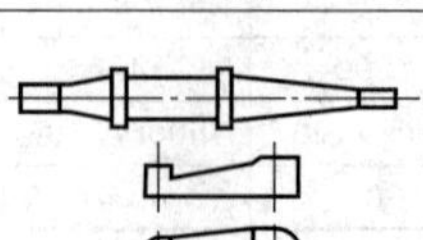	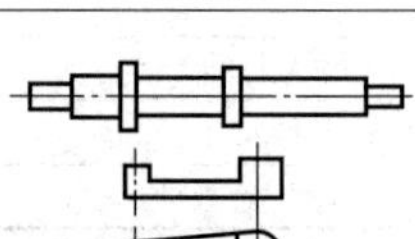

续表

序号	注意事项	图例	
		改进前	改进后
2	圆柱形表面与其他曲面交接时，应力求简化	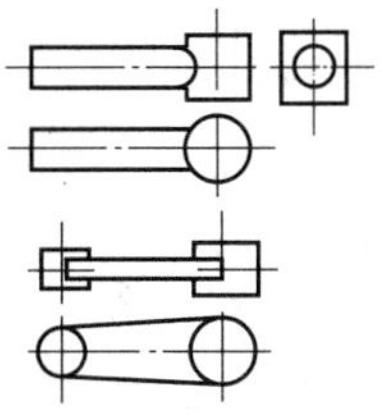	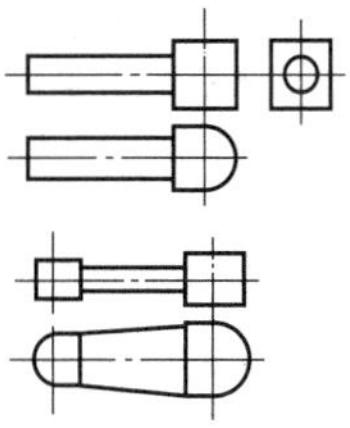
3	避免有加强筋、工字形截面等复杂形状	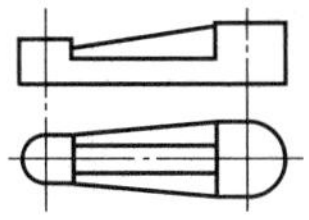	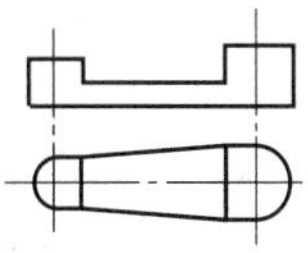
4	避免形状复杂的凸台及叉形件内凸台	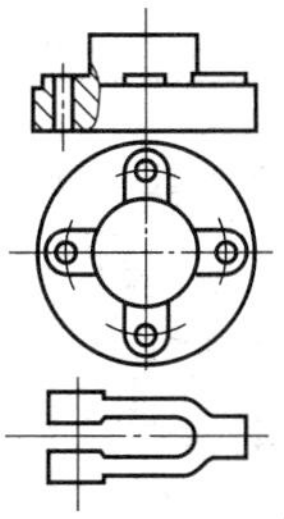	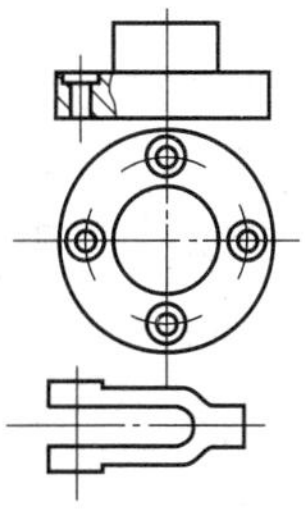
5	形状复杂或具有骤变的横截面的零件，必须改为锻件组合或焊接结构	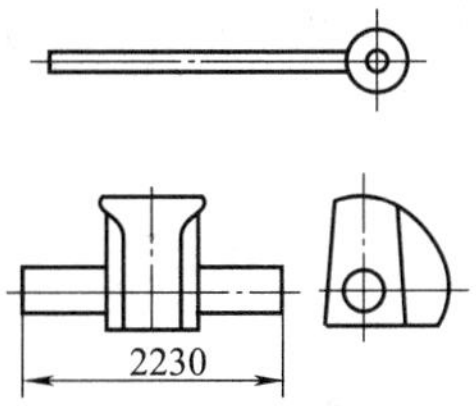 2230	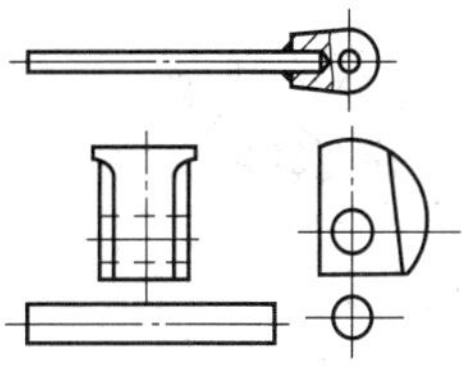

3.2.2　模锻件的结构设计工艺性

模锻可分为胎模锻和固定模锻。

胎模锻是在普通自由锻锤上进行的，下模放在砧座上，将坯料放在下模中，合模后用锤头打击上模，使金属充满模膛（表 2-3-2）。胎模锻件类别见表 2-3-7。

固定模锻是在专用的模锻锤上进行的。上模固定在锤头上，下模固定在砧座上，锤头带动上模来打击金属，使金属受压充满模膛（表 2-3-2）。常用模锻设备有：模锻锤、热模锻压力机、平锻机、螺旋压力机等。中小型胎模锻件尺寸与设备能力见表 2-3-8。

表 2-3-7　胎模锻件类别

锻件类别		简图	锻件类别		简图
圆轴类	台阶轴	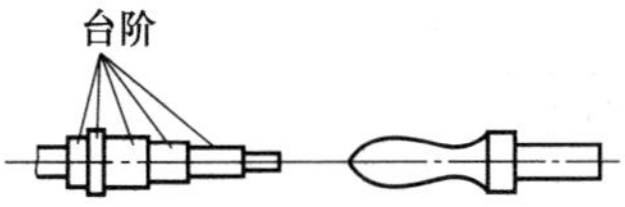 台阶	圆盘类	法兰	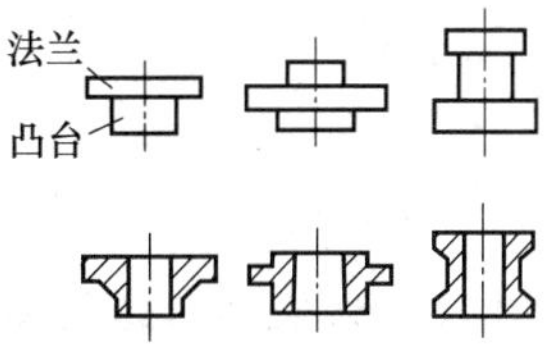 法兰 凸台
	法兰轴	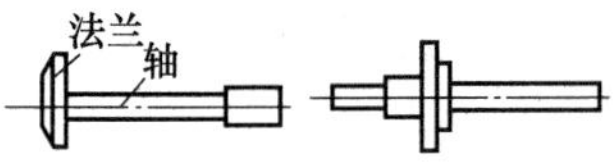 法兰 轴			

续表

锻件类别		简图	锻件类别		简图
圆盘类	齿轮	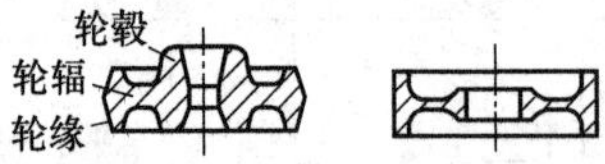 轮毂 轮辐 轮缘	杆叉类	直杆	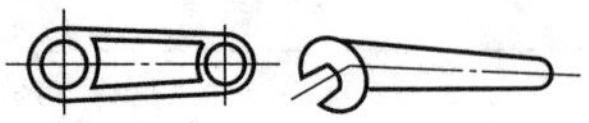
	杯筒	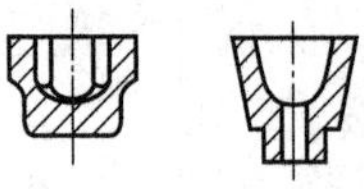		弯杆	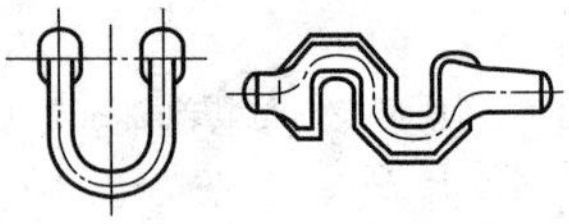
圆环类	环			枝直	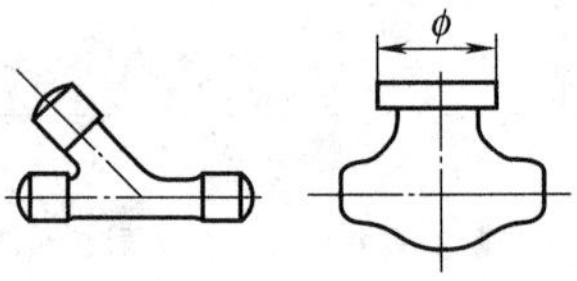 ϕ
	套			叉杆	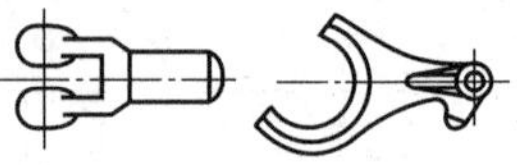

表 2-3-8　　中小型胎模锻件尺寸与设备能力

成形方法	锻件尺寸/mm	空气锤落下部分质量/kg					成形方法	锻件尺寸/mm	空气锤落下部分质量/kg				
		250	400	560	750	1000			250	400	560	750	1000
摔模 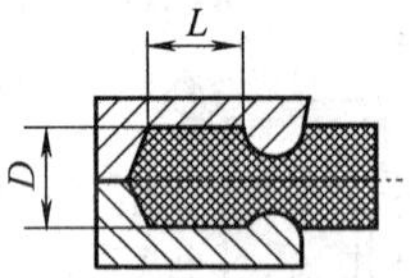 L D	$D\times L$	60×80	80×90	90×120	100×150	120×180	顶镦垫模 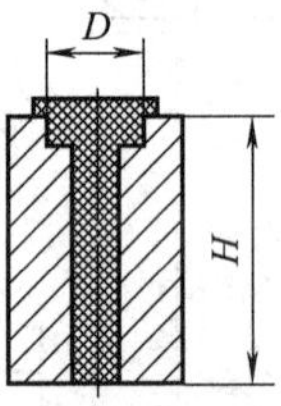 D H	$D\times H$	65×250	100×320	120×380	140×450	160×500
垫模 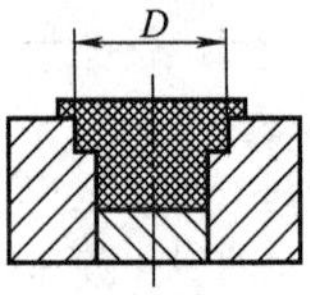 D	D	120	140	160	180	220	套模 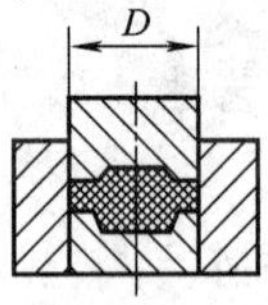 D	D	80	130	155	175	200
跳模 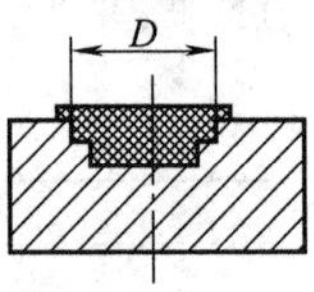 D	D	65	75	85	100	120	合模 $D=1.13\sqrt{F}$ （F不计飞边） 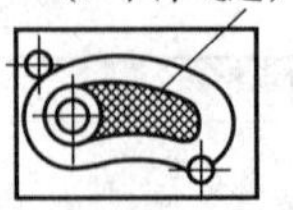	D	60	75	90	110	130

注：1. 表中锻件尺寸系指一火成形（或制坯后一火焖形）时的上限尺寸；若增加火次，锻件尺寸可以增大或选用较小锻锤。

2. 摔模 L 受砧宽限制；顶镦垫模 H 受锤头有效打击行程限制。

3.2.2.1　模锻件的结构要素（JB/T 9177—2015）

（1）收缩截面、多台阶截面、齿轮轮辐、曲轴的凹槽圆角半径

表 2-3-9　　**内、外凹槽圆角半径**　　mm

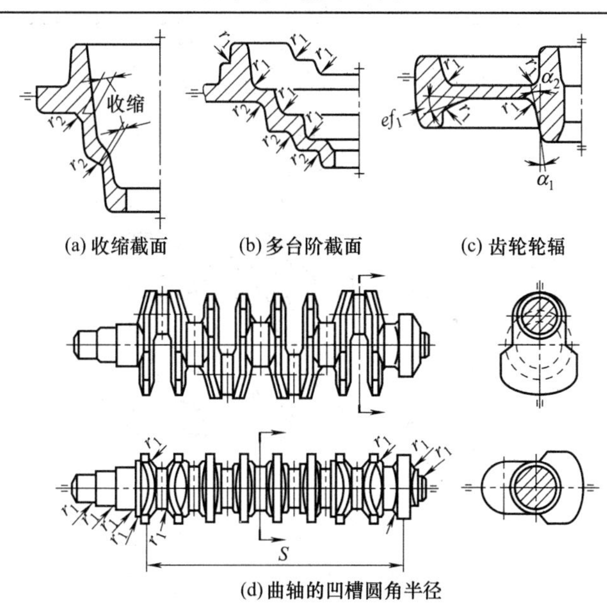

(a) 收缩截面　(b) 多台阶截面　(c) 齿轮轮辐

(d) 曲轴的凹槽圆角半径

	所在的凸肩高度		锻件的最大直径或高度							
	大于	至	大于至 25	25 40	40 63	63 100	100 160	160 250	250 400	400 630
内凹槽圆角 r_2		16	2.5	3	4	5	7	9	11	12
	16	40	3	4	5	7	9	11	13	15
	40	63	—	5	7	9	10	12	14	18
	63	100	—	—	10	12	14	16	18	22
	100	160	—	—	—	16	18	20	23	29
	160	250	—	—	—	—	22	25	29	36
	所在的凸肩高度		锻件的最大直径或高度							
	大于	至	大于至 25	25 40	40 63	63 100	100 160	160 250	250 400	400 630
外凹槽圆角 r_1		16	3.5	4	5	6	8	10	12	14
	16	40	4	7	9	10	12	14	16	18
	40	63	—	10	12	14	16	18	20	23
	63	100	—	—	16	18	20	23	25	30
	100	160	—	—	—	22	25	29	32	36
	160	250	—	—	—	—	32	36	46	50

注：括号内的数值由于较高的技术费用而尽可能不用。

（2）最小底厚（表 2-3-10）

（3）最小壁厚、筋宽及筋端圆角半径（表 2-3-11）

（4）最小冲孔直径、盲孔和连皮厚度

锻件的最小冲孔直径为 20mm［图 2-3-1（a）］。单向盲孔深度：当 $L=B$ 时，$H/B\leqslant 0.7$；当 $L>B$ 时，$H/B\leqslant 1.0$［图 2-3-1（b）］。双向盲孔深度：分别按单向盲孔确定［图 2-3-1（c）］。连皮厚度：不小于腹板的最小厚度（见表 2-3-12）。

（5）最小腹板厚度

最小腹板厚度按锻件在分模面的投影面积，查表 2-3-12。

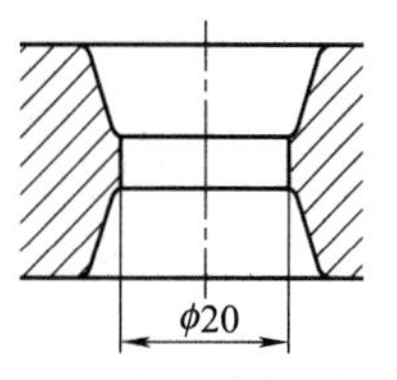

(a) 最小冲孔直径

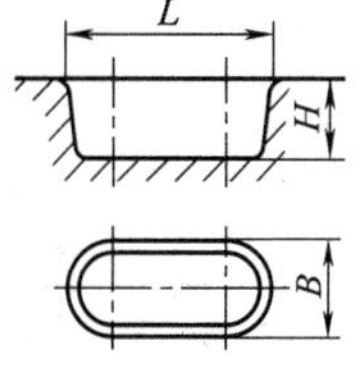

(b) 单向盲孔

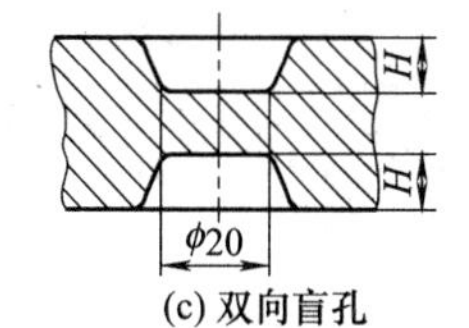

(c) 双向盲孔

图 2-3-1　最小冲孔直径、盲孔尺寸的确定

表 2-3-10 最小底厚 S_B mm

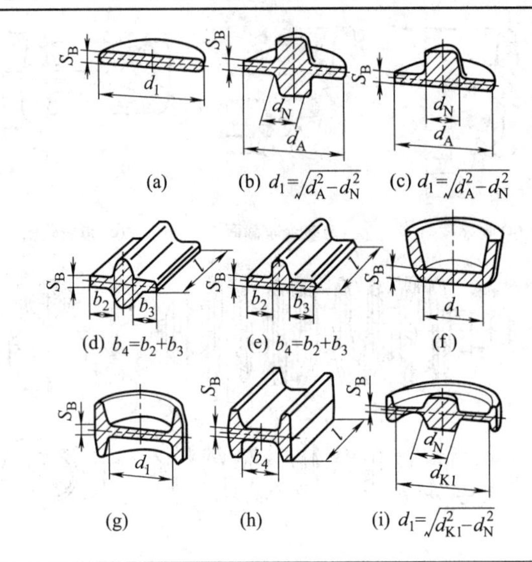

旋转对称的			非旋转对称的 S_B									
直径 d_1		最小底厚 S_B	宽度 b_4		长度 l							
大于	至		大于	至	大于 至 25	25 40	40 63	63 100	100 160	160 250	250 400	400 630
	20	2		16	2	2	2.5	3	3	—	—	—
20	50	3.5	16	40	—	3.5	3.5	3.5	4	4	6	6
50	80	4	40	63	—	—	4.5	4.5	5	6	7	9
80	125	6	63	100	—	—	—	6.5	7	9	9	11
125	200	9	100	160	—	—	—	—	10	10	12	14
200	315	14	160	250	—	—	—	—	—	14	16	19
315	500	20	250	400	—	—	—	—	—	—	20	23
500	800	30	400	630	—	—	—	—	—	—	—	29

注：括号内的数据因技术费用较高而尽可能不用。

表 2-3-11 最小壁厚、筋宽及筋端圆角半径 mm

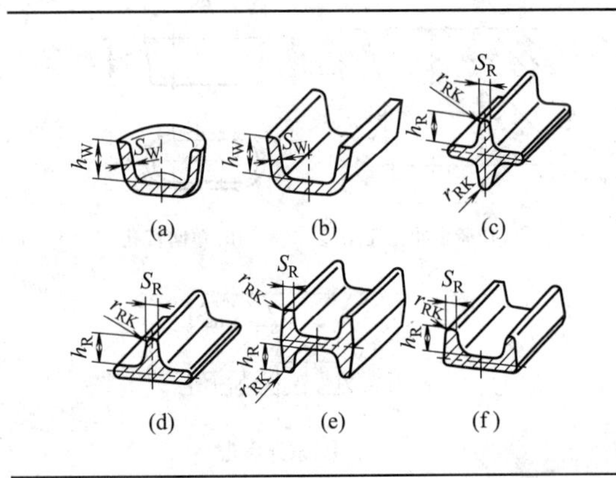

壁高或筋高(h_W 或 h_R)		最小壁厚 S_W	筋宽 S_R	筋端圆角半径 r_{RK}
大于	至			
	16	3	3	1.5
16	40	7	7	3.5
40	63	10	10	5
63	100	18	18	8
100	160	29		

表 2-3-12　**最小腹板的厚度**　mm

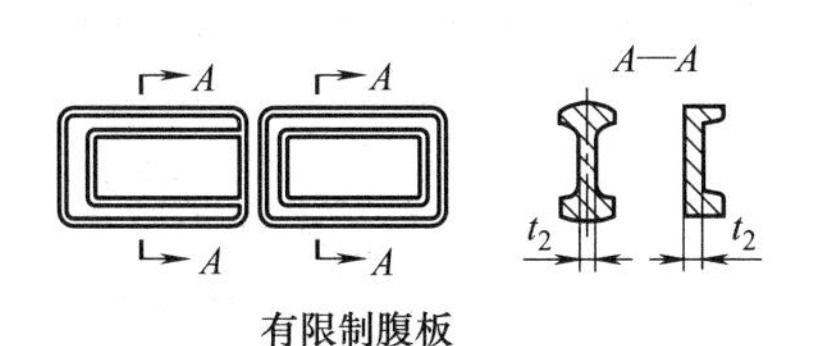

有限制腹板

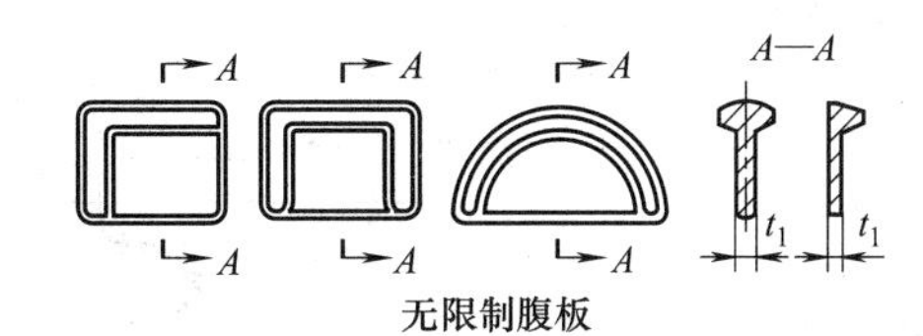

无限制腹板

锻件在分模面上的投影面积 /cm^2	无限制腹板 t_1	有限制腹板 t_2	锻件在分模面上的投影面积 /cm^2	无限制腹板 t_1	有限制腹板 t_2
≤25	3	4	>800～1000	12	14
>25～50	4	5	>1000～1250	14	16
>50～100	5	6	>1250～1600	16	18
>100～200	6	8	>1600～2000	18	20
>200～400	8	10	>2000～2500	20	22
>400～800	10	12			

注：表列 t_1 和 t_2 允许根据设备、工艺条件协商变动。

3.2.2.2　锻件尺寸标注及其测量法

垂直于分模面的尺寸标注及其测量法与一般零件相同；平行于分模面的尺寸除特别指明者外，一律按理论交点标注（图 2-3-2）。此交点在锻件上的位置用移动一段距离（$k\times r$）的方法确定。系数 k 值按表 2-3-13 确定，表中 α 或 β 为模锻斜度（按角度计）。

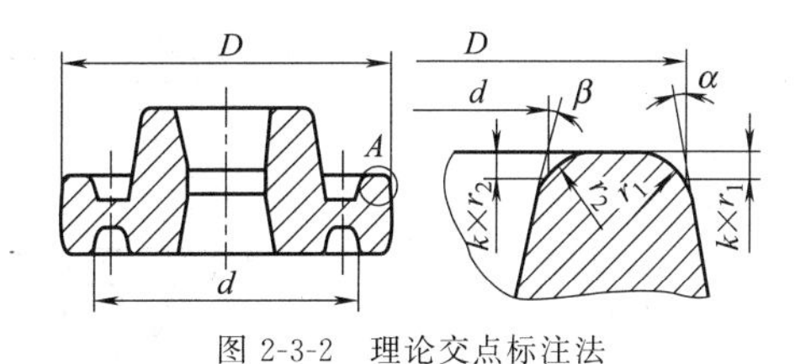

图 2-3-2　理论交点标注法

表 2-3-13　**系数 k 值**

α 或 β	k	α 或 β	k
0°00′	1.000	5°00′	0.600
0°15′	0.907	7°00′	0.534
0°30′	0.868	10°00′	0.456
1°00′	0.815	12°00′	0.413
1°30′	0.774	15°00′	0.359
3°00′	0.685		

注：$k=1-\sqrt{1-\cot^2\theta}$，式中 $\theta=\frac{\alpha+90°}{2}$ 或 $\theta=\frac{\beta+90°}{2}$。

3.3　模锻件结构设计的注意事项

表 2-3-14　**模锻件结构设计注意事项**

类别	设计原则	图例	
		改　进　前	改　进　后
分模面的选择	不改变零件形状尽量锻出非加工面，且保证锻件易于脱模	FM　FM	FM　FM

续表

类别	设计原则	图例	
		改进前	改进后
分模面的选择	分模面通过锻件最大截面，尽可能以镦粗成形，以便有利于金属充满模腔	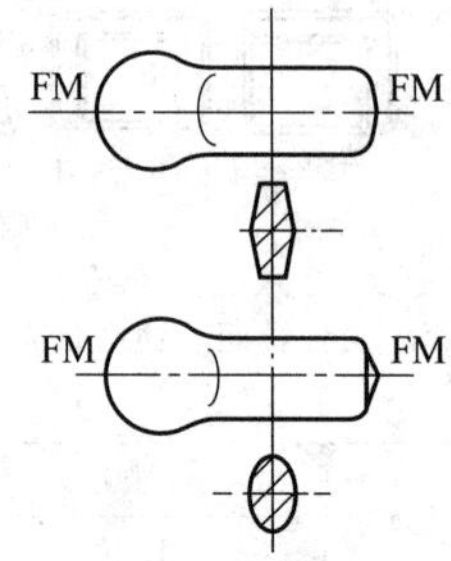 FM FM FM FM	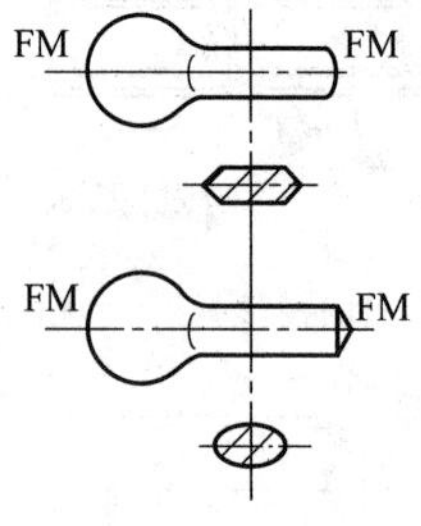 FM FM FM FM
	易于发现错模	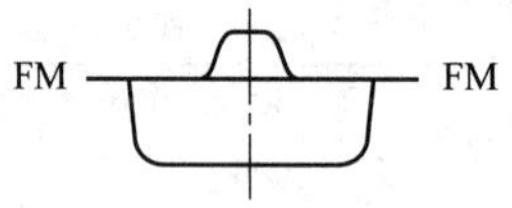 FM FM	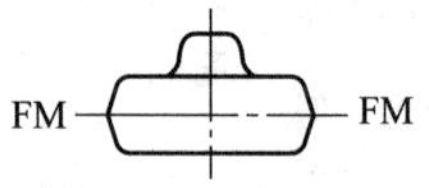 FM FM
	尽量采用平直分模面，避免曲面、多面等复杂分模面，使水平方向或垂直方向为易于制模的简单形状	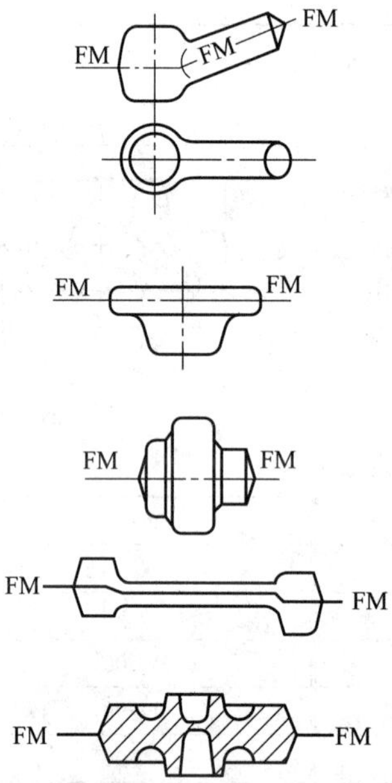 FM FM FM FM FM FM FM FM FM FM FM	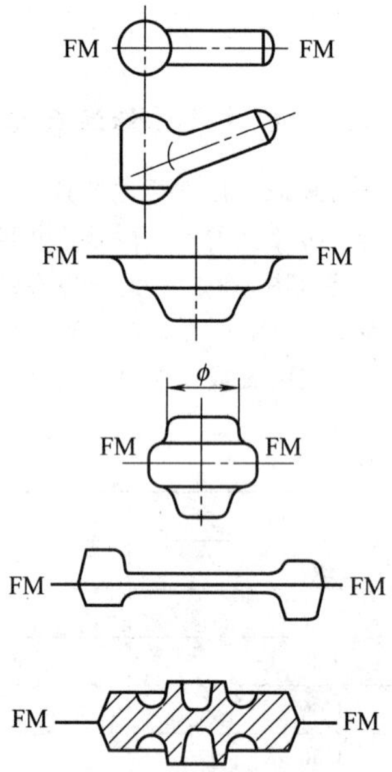 FM FM FM FM ϕ FM FM FM FM FM FM
	沿圆弧面分模可防止锻件产生裂纹或折叠	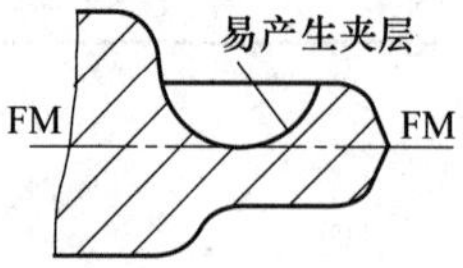 易产生夹层 FM FM	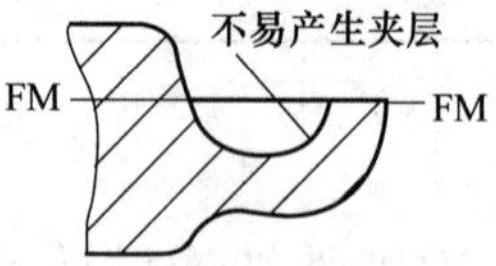 不易产生夹层 FM FM
	沿弯曲主轴外形分模，可减少制坯工序	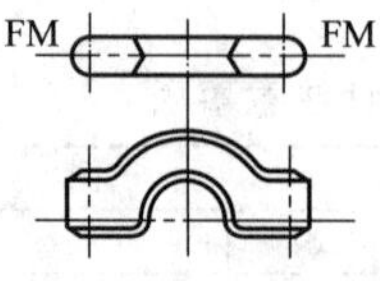 FM FM	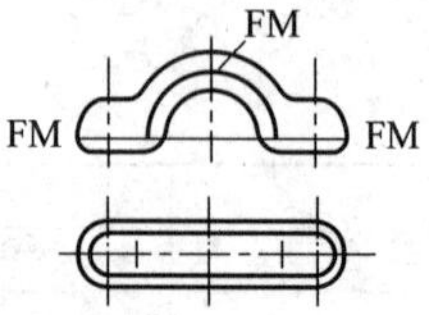 FM FM FM
	对于有流线方向要求的锻件，应沿锻件最大轮廓外形分模，有利于锻件获得理想的流线	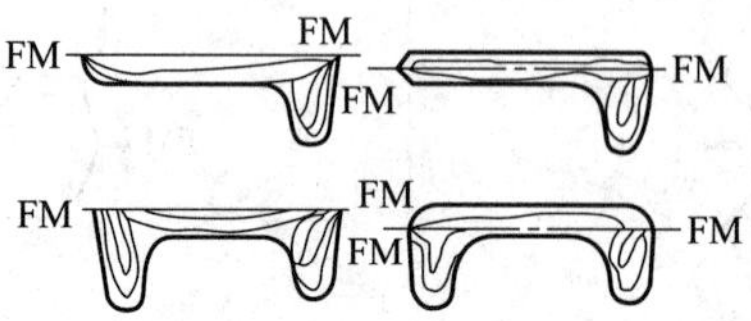 FM FM FM FM FM FM FM FM	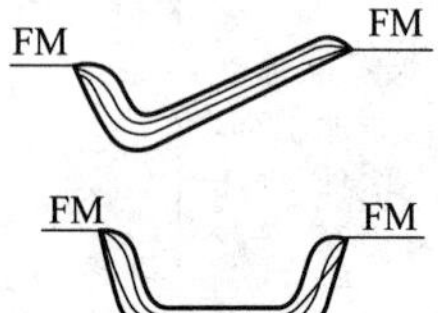 FM FM FM FM

续表

类别	设计原则	图例 改进前	图例 改进后
分模面的选择	能干净切除飞边	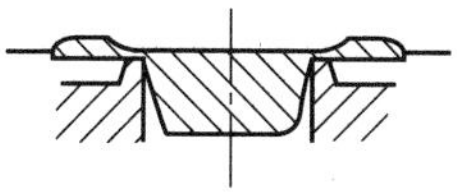	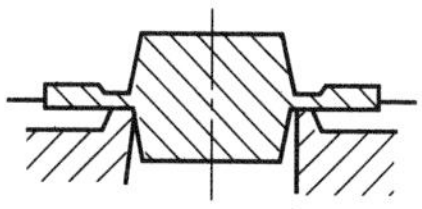
	为了便于切边定位，锻件的切边定位高度应足够，对于无定位方向的圆形锻件，应避免不对称形状与冲头接触，从而压坏锻件	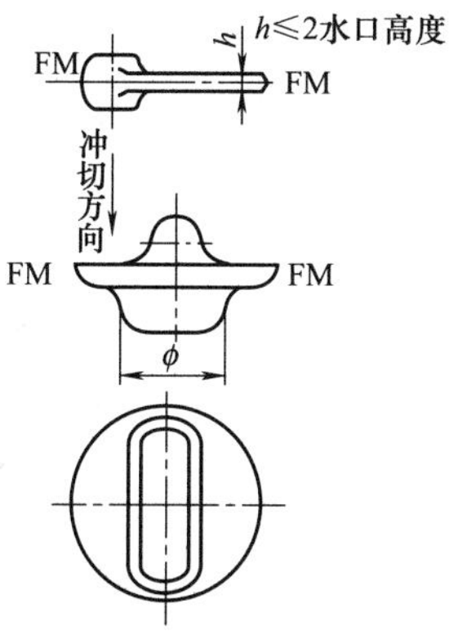 FM h h≤2水口高度 FM 冲切方向 FM FM ϕ	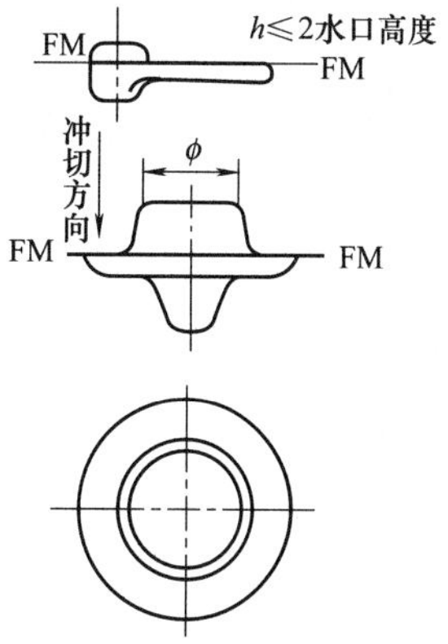 FM h≤2水口高度 FM 冲切方向 ϕ FM FM
	圆盘类锻件（$H \leqslant D$）应采用径向分模，使锻模和切边模制造简化，且可锻出轴向内孔	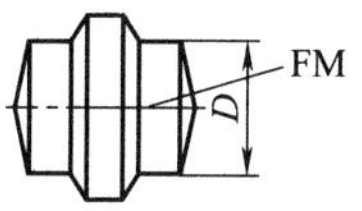 FM D	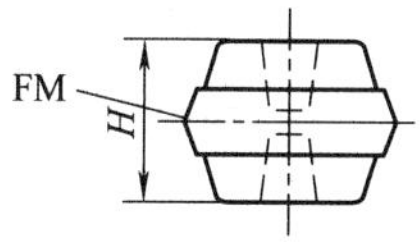 FM H
	分模面为曲面时应注意侧向力的平衡，减小锻造时模具的错移	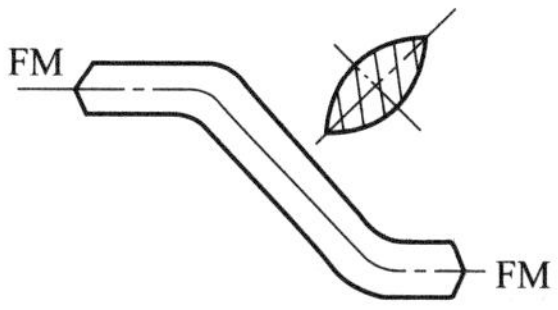 FM FM	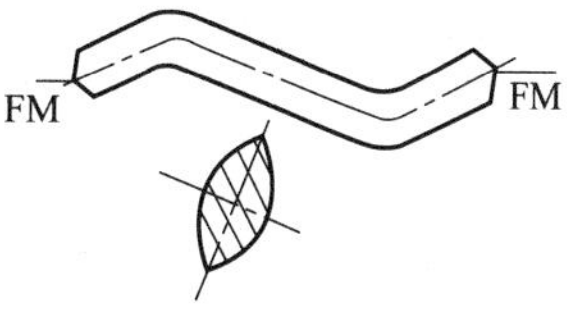 FM FM
外形设计	外形近似的锻件应尽量设计成对称结构	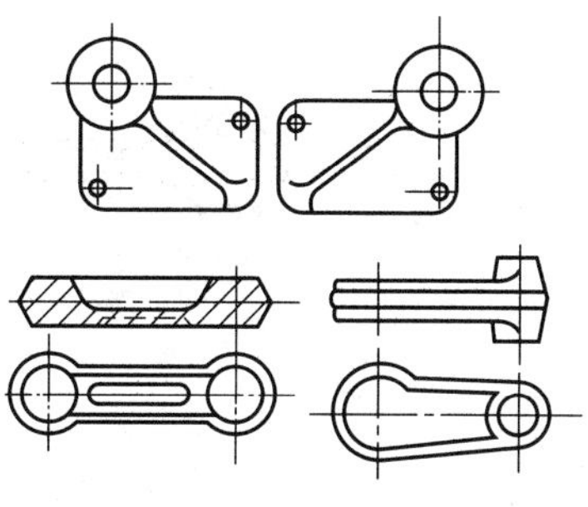	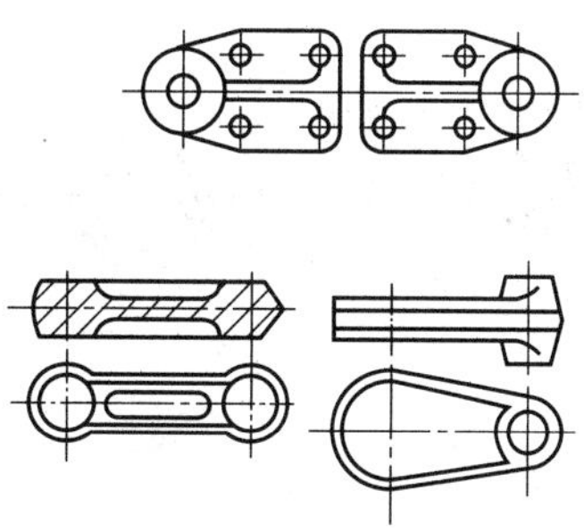
	对具有细而高的筋、大而薄的法兰等成形困难的锻件，应改变外形或增加余量，降低模锻工艺难度	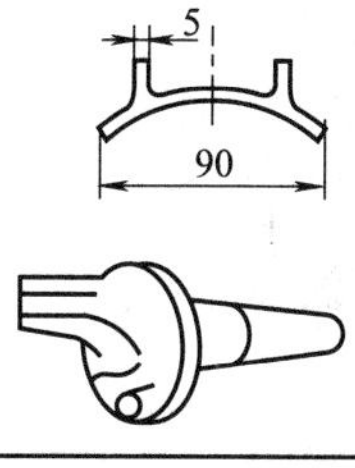 5 90	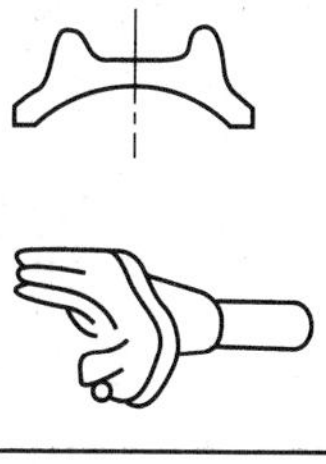

续表

类别	设计原则	图例	
		改进前	改进后
外形设计	锻件上的圆角半径应适当，如过小，模具易产生裂纹，如过大，则加工余量大	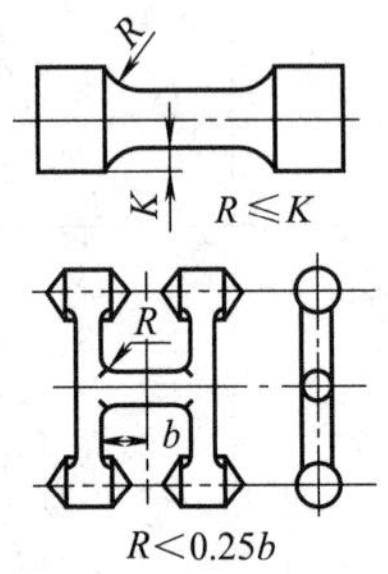R K R≤K R b R<0.25b	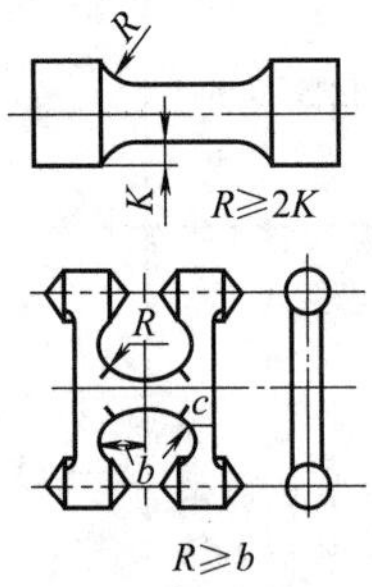R K R≥2K R c b R≥b
工艺方法的选择	高筋锻件可选用先模锻后弯曲成形，以简化工艺并节省材料	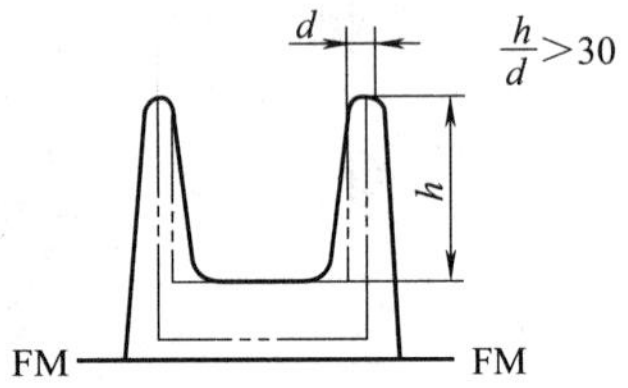d h/d>30 h FM FM	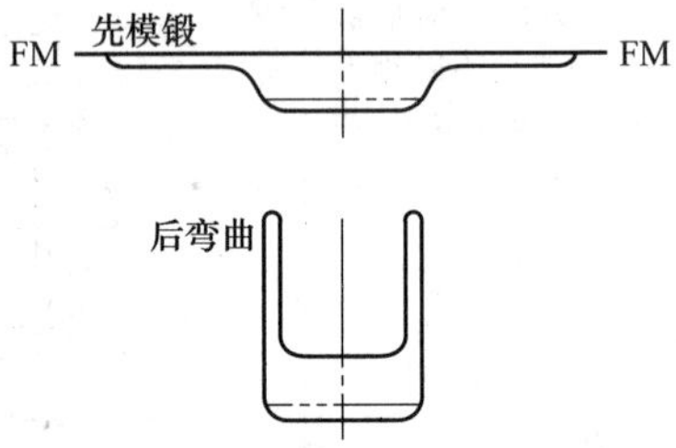FM 先模锻 FM 后弯曲
	形状复杂的锻件，特长叉杆锻件，应采用锻焊组合结构，降低成形难度和金属的损耗	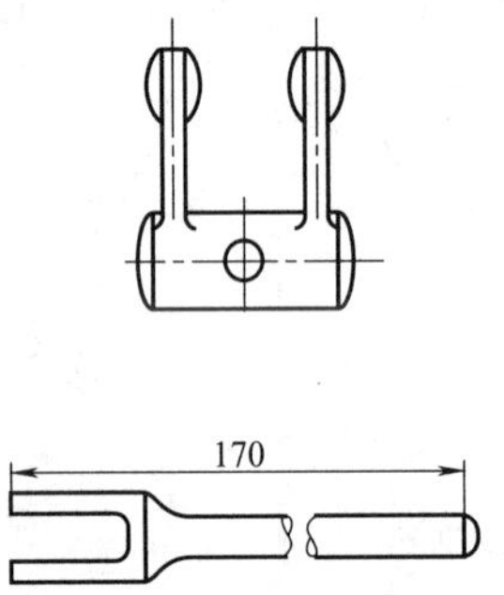170	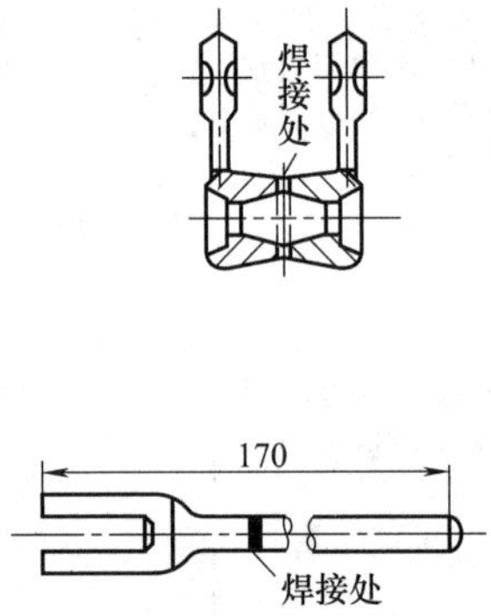焊接处 170 焊接处
	单拐曲轴两件合锻，连杆与连杆盖合锻，有利于成形，亦有利于分割后的配合	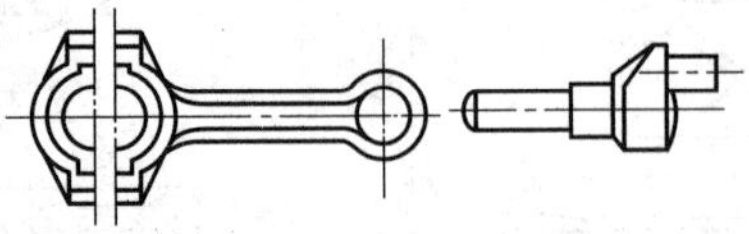	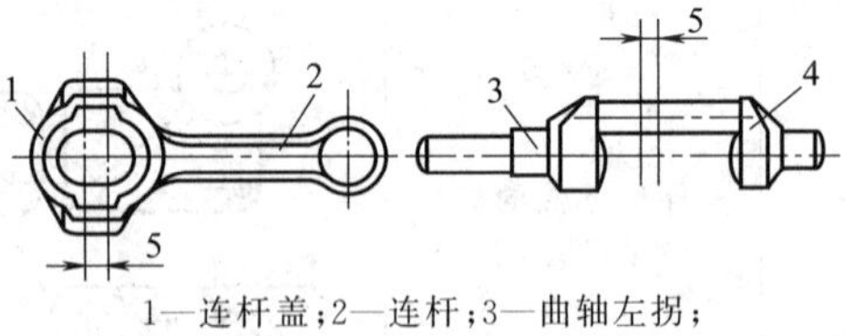1 2 5 3 5 41—连杆盖；2—连杆；3—曲轴左拐；4—曲轴右拐；5—切口
多向分模面的选择	模锻件形状应便于脱模，内外表面都应有足够的拔模斜度，孔不宜太深，分模面应尽量安排在中间。涂黑处须加工去掉	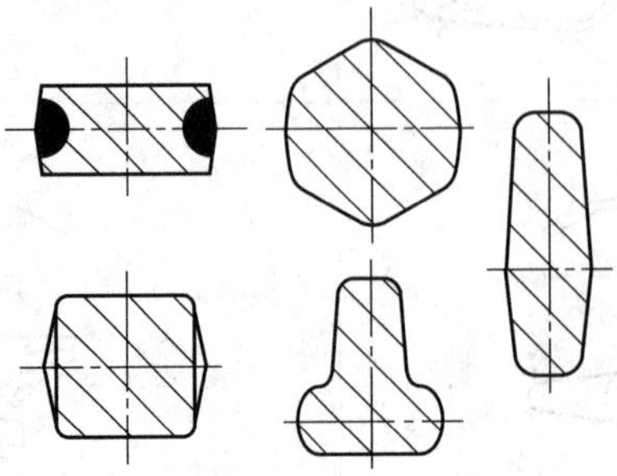	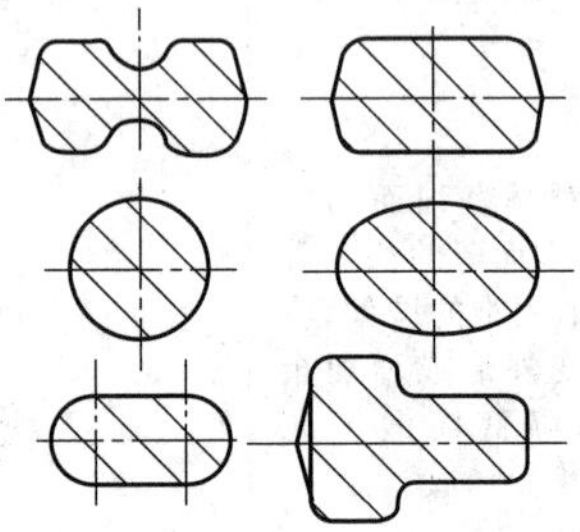

续表

类别	设计原则	图例	
		改　进　前	改　进　后
多向分模面的选择	方形、六角形一类的锻件应采用对角分模，并且分模面取在锻件的最大水平尺寸方向上，以有利于锻件出模	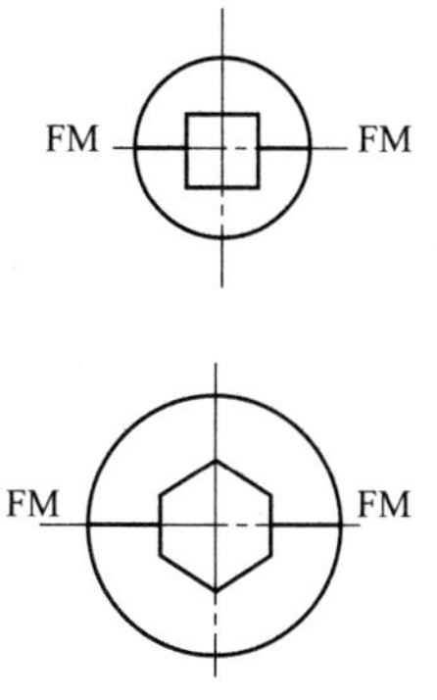 FM　FM FM　FM	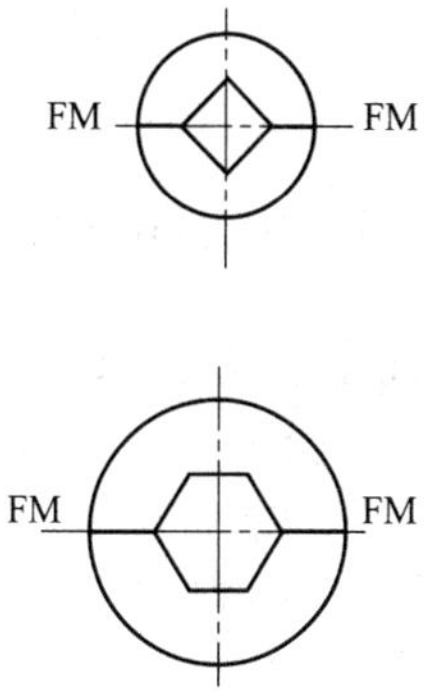 FM　FM FM　FM
	锻件的水平方向具有小凸起的部分难以成形，应尽量采用纵向分模，以挤压方式成形，有利于金属的充填	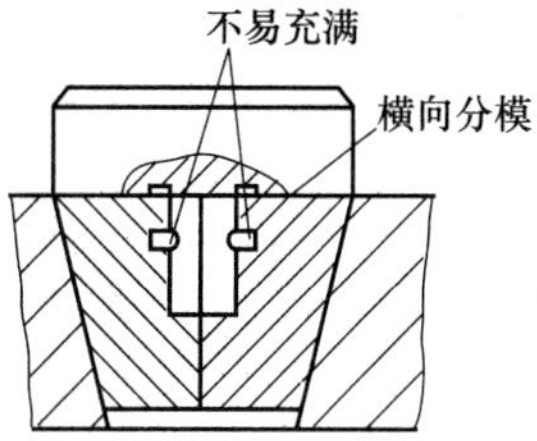 不易充满 横向分模	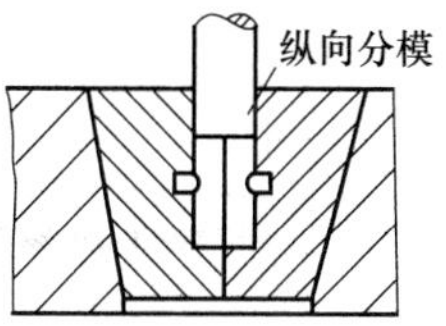 纵向分模
	便于去除飞边或毛刺	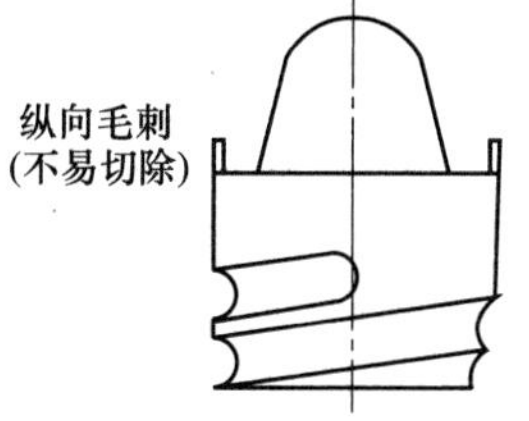 纵向毛刺 (不易切除)	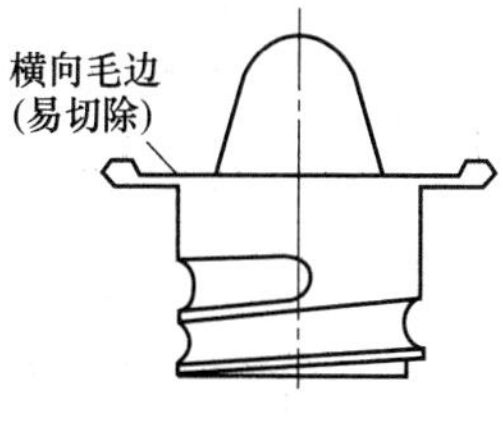 横向毛边 (易切除)

注：FM—分模线。

第 4 章 冲压件结构设计工艺性

4.1 冲压方法和冲压材料的选用

冲压件质量轻，外形适用性较好，生产率高，但冲模制造复杂，成本也较高，适用于大批量生产。冲压件的结构工艺性主要由冲压条件决定，所以冲压件的结构工艺性是否合理的判断应结合具体的冲压条件。当板料的厚度超过 8～10mm 时，采用热冲压。

4.1.1 冲压的基本工序

冲压的基本工序分为分离工序和成形工序两大类。常用的各种冲压加工方法，可见表 2-4-1 与表 2-4-2。冷挤压虽然不属于板料成形，但它属于体积冲压的一部分。

表 2-4-1 分离工序分类

工序名称	图示	特点	
剪切		将板料剪成条料或块料，切断线不封闭 用于加工形状简单的平板零件	
落料	工件 废料	用冲模沿封闭轮廓曲线冲切	冲下来的部分是工件
冲孔	工件 废料		冲下来的部分为废料
切口		用冲模将板料沿不封闭线冲出缺口，成部分分离，但未完全分开，切口部分发生弯曲	
切边		将成形零件的边缘修切整齐或切成一定形状	
剖切		将冲压成形的半成品切开成为二个或数个零件	
整修		将冲裁成的零件的断面整修垂直和光洁	

表 2-4-2　**成形工序分类**

工序名称	图　示	特　点
弯曲	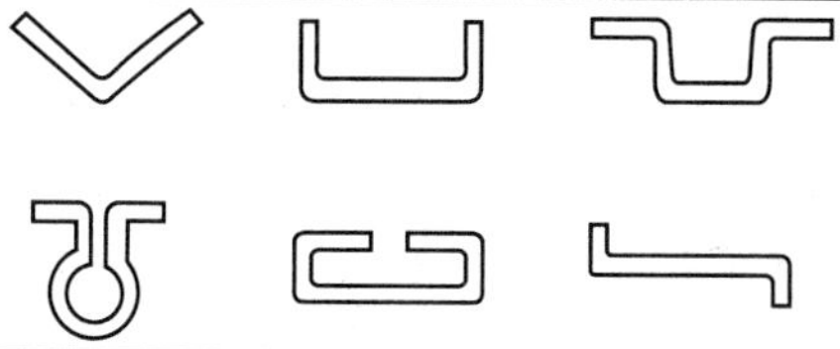	将板料沿直线弯成各种形状
卷圆	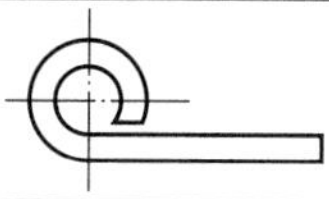	把板料端头卷成接近封闭的圆头
拉深	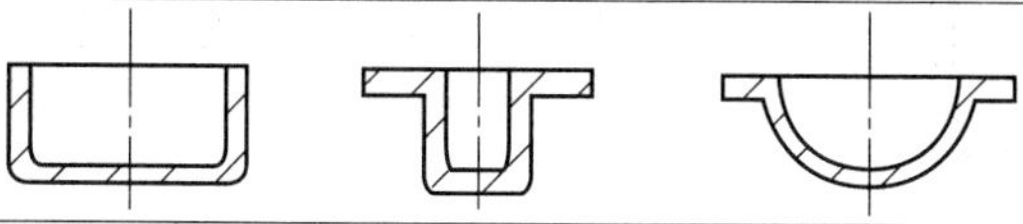	把板料毛坯冲制成各种空心的零件，壁厚基本不变
薄壁拉伸		把拉深或反挤所得的空心半成品进一步加工成为侧壁厚度小于底部厚度的零件
翻孔		在预先冲孔的板料上冲制竖直的边缘
翻边（外缘翻边）	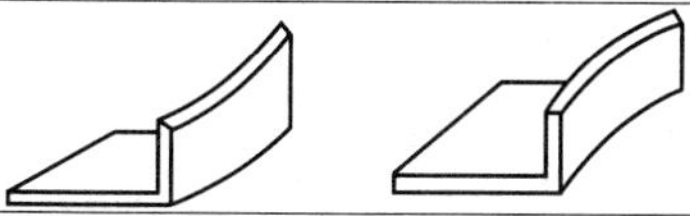	把制件的局部边缘冲压成竖立边缘
起伏	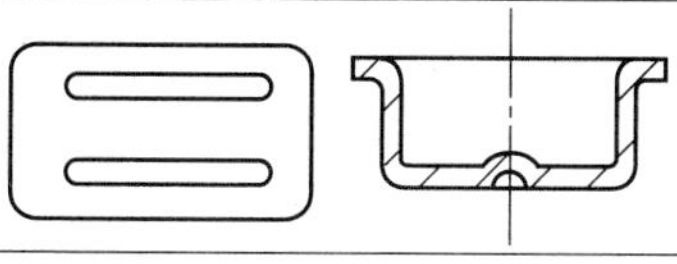	在板料或零件的表面上制成各种形状的突起或凹陷（多用以压制加强筋或有关标志）
胀形	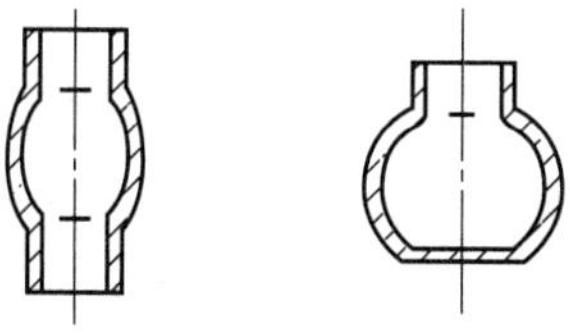	使空心件或管状毛坯向外扩张，胀出所需的凸起曲面
缩口或缩径	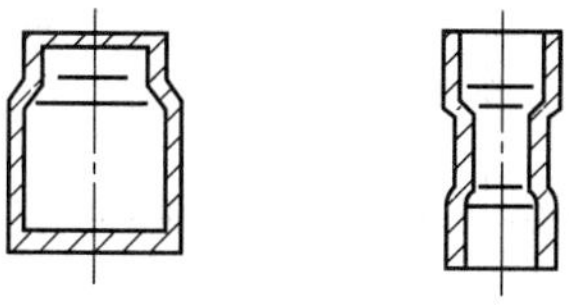	使空心件或管状毛坯的端头或中间直径缩小
扩口	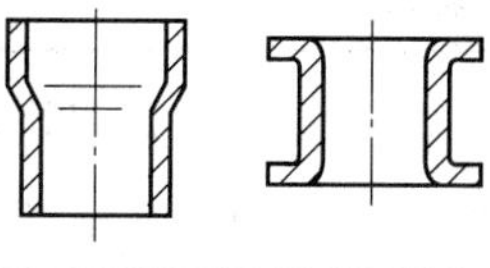	把空心件的口部扩大，常用于管形件
旋压	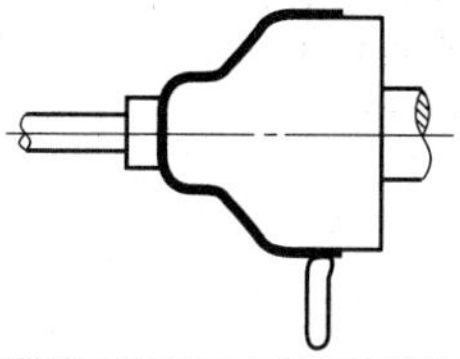	利用赶棒或滚轮使旋转的坯料沿靠模逐步成形 用以加工各种曲线构成的旋转体零件

续表

工序名称	图　示	特　点
卷边		把空心件的边缘卷成一定形状
校平整形		校正制件的平面度；整形是为了提高已成形零件的尺寸精度或为了获得小的圆角半径而采用的成形方法
冷挤压		利用挤压模具使毛坯沿模孔或模具的间隙挤出成形，得到一定形状、尺寸的制件

4.1.2　冲压材料的选用

冲压材料应具有足够的强度和可塑性。对于拉伸和复杂的弯曲件，应选用成形性好的材料。对于弯曲件，应考虑材料的纤维取向。选用时还应考虑材料的经济性，尽量用薄料代替厚料、用黑色金属代替有色金属，并充分利用边角余料，以降低成本。常用冲压材料见表2-4-3和表2-4-4。

表2-4-3　　冲压件对材料的要求

冲压件类别	材料力学性能			常用材料
	抗拉强度/MPa	伸长率/%	硬度HRB	
平板冲裁件	<637	1～5	84～96	Q195，电工硅钢
冲裁件 弯曲件（以圆角半径 $R>2t$ 作90°垂直于轧制方向的弯曲）	<490	4～14	76～85	Q195，Q275，40，45，65Mn
浅拉深件 成形件 弯曲件（以圆角半径 $R>0.5t$ 作90°垂直于轧制方向的弯曲）	<412	13～27	64～74	Q215，Q235，15，20
深拉深件 弯曲件（以圆角半径 $R>0.5t$ 作任意方向180°的弯曲）	<363	24～36	52～64	08F，08，10F，10
复杂拉延件 弯曲件（以圆角半径 $R<0.5t$ 作任意方向180°的弯曲）	<324	33～45	38～52	08Al，08F

注：表中 t 为板料厚度。

表2-4-4　　适用于精冲的材料

黑色金属	有色金属
普通碳素结构钢： Q195～Q275 优质碳素结构钢： 05，08，10～60[含碳量（质量分数）超过0.4%的碳钢，须经球化退火后再精冲] 低合金钢和合金钢（经球化退火后 σ_b<588MPa的均可精冲） 不锈钢及经球化退火的合金工具钢也可精冲	黄铜：H62，H68，H70，H80，锡黄铜，铝黄铜，镍黄铜均可进行精冲；青铜，锡青铜，铝青铜，铍青铜都可精冲 铜：T1，T2，T3 无氧铜：TU1，TU2 纯铝：1070A～8A06 防锈铝：5A01～5A06，5B05等经淬火时效处理，在时效期内均可精冲

4.2　冲压件结构设计的基本参数

4.2.1　冲裁件

此处，冲裁包括前述分离工序的各种类型。冲裁的最小尺寸见表 2-4-5～表 2-4-7。精冲件的最小圆角半径和尺寸极限见表 2-4-8 和表 2-4-9。精冲件的最小许可宽度和最小相对槽宽见表 2-4-10 和表 2-4-11。冲裁间隙及合理搭边值分别见表 2-4-12 和表 2-4-13。

表 2-4-5　　冲裁的最小尺寸

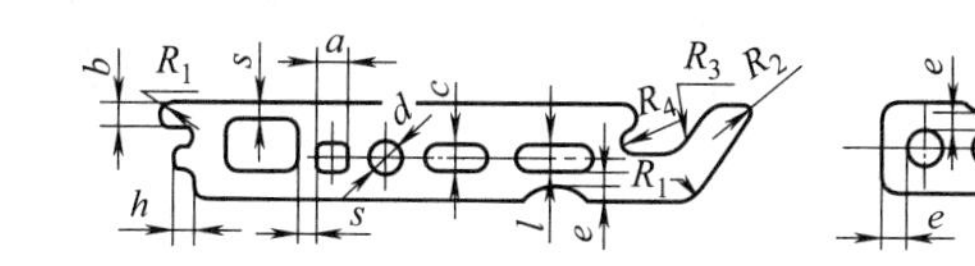

材　料	b	h	a	s、d	c、m	e、l	R_1、R_3 $\alpha \geqslant 90°$	R_2、R_4 $\alpha < 90°$
钢 $\sigma_b > 882$MPa	$1.9t$	$1.6t$	$1.3t$	$1.4t$	$1.2t$	$1.1t$	$0.8t$	$1.1t$
钢 $\sigma_b = 490 \sim 882$MPa	$1.7t$	$1.4t$	$1.1t$	$1.2t$	$1.0t$	$0.9t$	$0.6t$	$0.9t$
钢 $\sigma_b < 490$MPa	$1.5t$	$1.2t$	$0.9t$	$1.0t$	$0.8t$	$0.7t$	$0.4t$	$0.7t$
黄铜、铜、铝、锌	$1.3t$	$1.0t$	$0.7t$	$0.8t$	$0.6t$	$0.5t$	$0.2t$	$0.5t$

注：1. t 为材料厚度。

2. 若冲裁件结构无特殊要求，应采用大于表中所列数值。

3. 当采用整体凹模时，冲裁件轮廓应避免清角。

表 2-4-6　　冲孔的位置安排

简图						
最小距离	$c \geqslant t$	$c \geqslant 0.8t$	$c \geqslant 1.3t$	$c \geqslant t$	$c \geqslant 0.7t$	$c \geqslant 1.2t$

简图				
最小距离	$c \geqslant 1.5t$	$k \geqslant R + \frac{d}{2}$	$d < D_1 - 2R$ $D > (D_1 + 2t + 2R_1 + d_1)$	$h > 2d + t$

表 2-4-7　　最小可冲孔眼的尺寸（为板厚的倍数）

材　料	圆孔直径	方孔边长	长方孔	长圆孔
			短边(径)长	
钢($\sigma_b > 686$MPa)	1.5	1.3	1.2	1.1
钢($\sigma_b > 490 \sim 686$MPa)	1.3	1.2	1	0.9
钢($\sigma_b \leqslant 490$MPa)	1	0.9	0.8	0.7
黄铜、铜	0.9	0.8	0.7	0.6
铝、锌	0.8	0.7	0.6	0.5
胶木、胶布板	0.7	0.6	0.5	0.4
纸板	0.6	0.5	0.4	0.3

注：当板厚＜4mm 时可以冲出垂直孔，而当板厚＞4～5mm 时，则孔的每边须做出 6°～10°的斜度。

表 2-4-8　　**精冲件的最小圆角半径**　　mm

料　厚	工件轮廓角度 α			
	30°	60°	90°	120°
1	0.4	0.2	0.1	0.05
2	0.9	0.45	0.23	0.15
3	1.5	0.75	0.35	0.25
4	2	1	0.5	0.35
5	2.6	1.3	0.7	0.5
6	3.2	1.6	0.85	0.65
8	4.6	2.5	1.3	1
10	7	4	2	1.5
12	10	6	3	2.2
14	15	9	4.5	3
15	18	11	6	4

注：表中数值适用于抗拉强度低于 441MPa 的材料。强度高于此值应按比例增加。

表 2-4-9　　**各种材料精冲时的尺寸极限**

抗拉强度 /MPa	a_{min}	b_{min}	c_{min}	d_{min}
147	$(0.25\sim0.35)t$	$(0.3\sim0.4)t$	$(0.2\sim0.3)t$	$(0.3\sim0.4)t$
294	$(0.35\sim0.45)t$	$(0.4\sim0.45)t$	$(0.3\sim0.4)t$	$(0.45\sim0.55)t$
441	$(0.5\sim0.55)t$	$(0.55\sim0.65)t$	$(0.45\sim0.5)t$	$(0.65\sim0.7)t$
588	$(0.7\sim0.75)t$	$(0.75\sim0.8)t$	$(0.6\sim0.65)t$	$(0.85\sim0.9)t$

注：1. 薄料取上限，厚料取下限。

2. t 为材料厚度。

表 2-4-10　　**精冲件最小许可宽度**

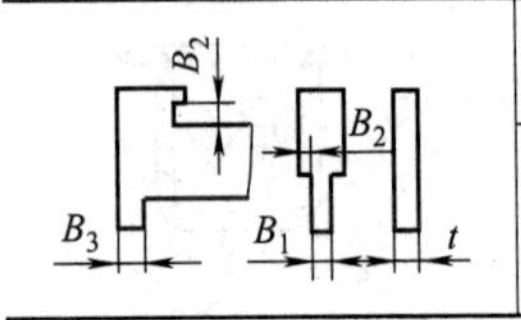

材　料	最　小　值		
	B_1	B_2	B_3
中等硬度的钢	$1.25t$	$0.8t$	$1.5t$
高碳钢和合金钢	$1.65t$	$1.1t$	$2t$
有色合金	t	$0.6t$	$1.2t$

表 2-4-11　　**精冲件最小相对槽宽 e/t**

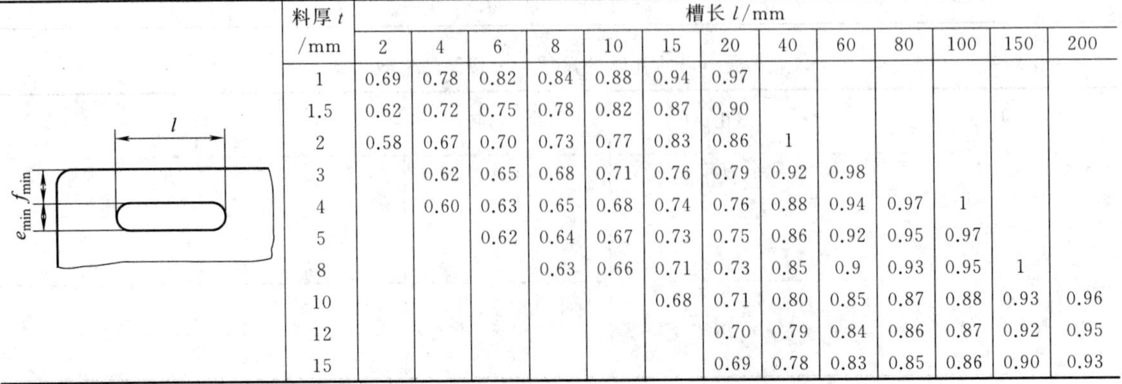

料厚 t /mm	槽长 l/mm												
	2	4	6	8	10	15	20	40	60	80	100	150	200
1	0.69	0.78	0.82	0.84	0.88	0.94	0.97						
1.5	0.62	0.72	0.75	0.78	0.82	0.87	0.90						
2	0.58	0.67	0.70	0.73	0.77	0.83	0.86	1					
3		0.62	0.65	0.68	0.71	0.76	0.79	0.92	0.98				
4		0.60	0.63	0.65	0.68	0.74	0.76	0.88	0.94	0.97	1		
5			0.62	0.64	0.67	0.73	0.75	0.86	0.92	0.95	0.97		
8				0.63	0.66	0.71	0.73	0.85	0.9	0.93	0.95	1	
10						0.68	0.71	0.80	0.85	0.87	0.88	0.93	0.96
12							0.70	0.79	0.84	0.86	0.87	0.92	0.95
15							0.69	0.78	0.83	0.85	0.86	0.90	0.93

注：最小槽边距 $f_{min}=(1.1\sim1.2)e_{min}$。

表 2-4-12　　**冲裁间隙**

材料牌号	料厚/mm	合理间隙（径向双面）	
		最小	最大
08	0.05	无间隙	
	0.1		
08	0.2		
50			
08	0.22		
08	0.3		
50			
08	0.4		
65Mn			
08	0.5	8%	12%
65Mn			
35			
08	0.6	8%	12%
08	0.7	9%	13%
65Mn			
09Mn			
08	0.8	9%	13%
20			
65Mn			
09Mn			
Q345			

材料牌号	料厚/mm	合理间隙（径向双面）	
		最小	最大
Q235	0.9	10%	14%
08			
65Mn			
09Mn			
08	1	10%	14%
09Mn			
08	1.2	11%	15%
09Mn			
Q235	1.5	11%	15%
Q235			
08			
20			
09Mn			
16Mn			
08	1.75	12%	18%
Q235	2	12%	18%
Q235			
08			
10			
20		13%	19%
09Mn		12%	18%
16Mn		13%	19%

材料牌号	料厚/mm	合理间隙（径向双面）	
		最小	最大
50	2.1	13%	19%
Q235	2.5	14%	20%
Q235			
08			
20		15%	21%
09Mn		14%	20%
Q345		15%	21%
08	2.75	14%	20%
Q235	3	15%	21%
08			
20		16%	22%
09Mn		15%	21%
Q345		16%	22%
Q235	3.5	15%	21%
Q235	4	16%	22%
08			
20		17%	23%
Q345			

材料牌号	料厚/mm	合理间隙（径向双面）	
		最小	最大
Q235	4.5	16%	22%
08			
20		17%	23%
Q345		15%	21%
Q235	5	17%	23%
08			
20		18%	24%
Q345		15%	21%
08	5.5	17%	23%
Q345		14%	20%
Q235	6	18%	24%
08			
20		19%	25%
Q345		14%	20%
Q345	6.5	14%	20%
Q345	8	15%	21%
Q345	12	11%	15%

表 2-4-13　　**冲裁时的合理搭边值**　　mm

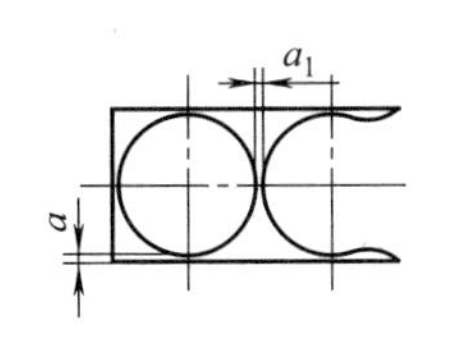

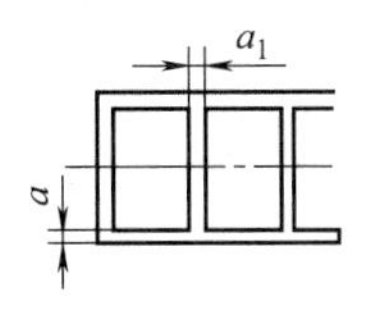

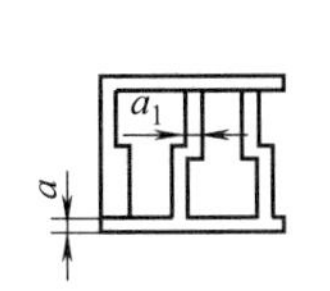

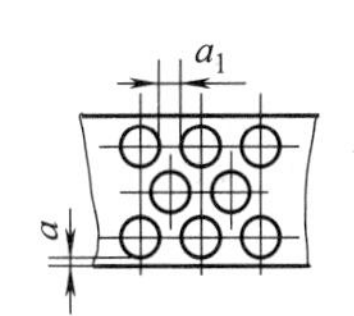

料厚	手送料						自动送料	
	圆形		非圆形		往复送料			
	a	a_1	a	a_1	a	a_1	a	a_1
≤1	1.5	1.5	2	1.5	3	2	3	2
>1～2	2	1.5	2.5	2	3.5	2.5		
>2～3	2.5	2	3	2.5	4	3.5		
>3～4	3	2.5	3.5	3	5	4	4	3
>4～5	4	3	5	4	6	5	5	4
>5～6	5	4	6	5	7	6	6	5
>6～8	6	5	7	6	8	7	7	6
>8	7	6	8	7	9	8	8	7

注：非金属材料（皮革、纸板、石棉等）的搭边值应比金属大 1.5～2 倍。

4.2.2　弯曲件

表 2-4-14　　板件弯曲的最小圆角半径（为厚度的倍数）

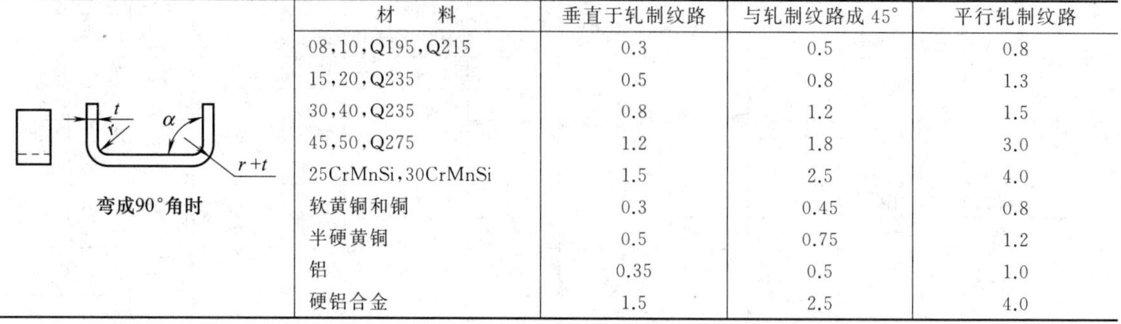

材　料	垂直于轧制纹路	与轧制纹路成45°	平行轧制纹路
08,10,Q195,Q215	0.3	0.5	0.8
15,20,Q235	0.5	0.8	1.3
30,40,Q235	0.8	1.2	1.5
45,50,Q275	1.2	1.8	3.0
25CrMnSi,30CrMnSi	1.5	2.5	4.0
软黄铜和铜	0.3	0.45	0.8
半硬黄铜	0.5	0.75	1.2
铝	0.35	0.5	1.0
硬铝合金	1.5	2.5	4.0

注：弯曲角度 α 缩小时，还须乘上系数 K。当 $90°>\alpha>60°$时，$K=1.1\sim1.3$；当 $60°>\alpha>45°$时，$K=1.3\sim1.5$。

表 2-4-15　　弯曲件尾部弯出长度

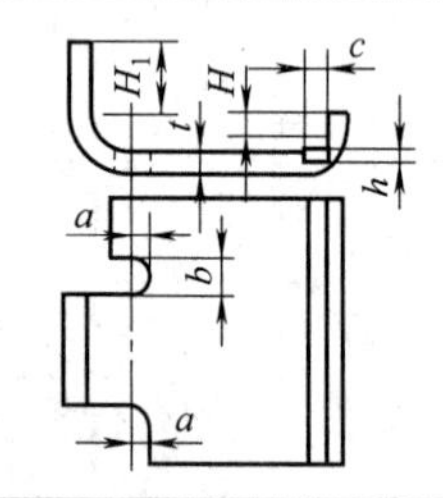

$H_1>2t$（弯出零件圆角中心以上的长度）

$H<2t$

$b>t$

$a>t$

$c=3\sim6$mm

$h=(0.1\sim0.3)t$ 且不小于 3mm

表 2-4-16　　扁钢、圆钢弯曲的推荐尺寸　　mm

扁钢平面弯曲

t	2	3	4	5	6	7	8	10	12	14	16	18	20
R	3		5			8		10		15		20	
α	7°,15°,20°,30°,40°,45°,50°,60°,70°,75°,80°,90°												

扁钢侧面弯曲

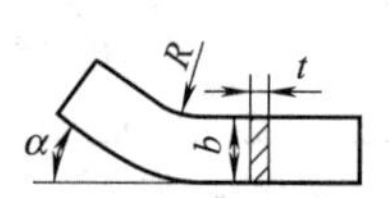

t	2	3	4	5	6	7	8	10	12	14	16	18	20
b	15～40							40～70					
R	30							50					
α	7°,15°,20°,30°,40°,45°,50°,60°,70°,75°,80°,90°												

圆钢弯曲

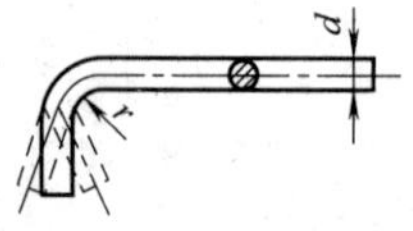

d	6	8	10	12	14	16	18	20	25	28	30
r(最小)	4		6		8		10		12	15	
r(一般)	$=d$										

圆钢弯钩环

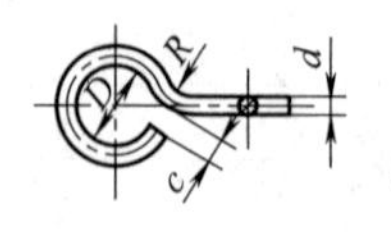

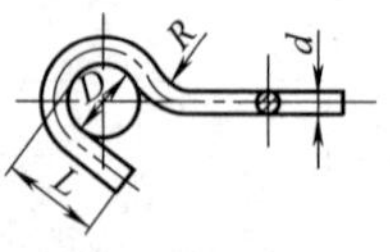

d	D	c(小于)	R	L
6	8～14	6	5～8	14～26
8	10～18	6	5～10	27～36
10	10～20	8	5～10	30～40
12	12～24	10	5～12	36～48
14	12～28	12	8～15	40～56
16	16～32	16	8～15	48～64
18	18～36	20	10～20	54～72

1. 直径 D 由下列尺寸系列中选择：8,10,12,14,16,18,20,22,24,28,32,36(mm)

2. 半径 R 在 5,8,10,12,15,20(mm)各数值中选择

圆钢弯小钩

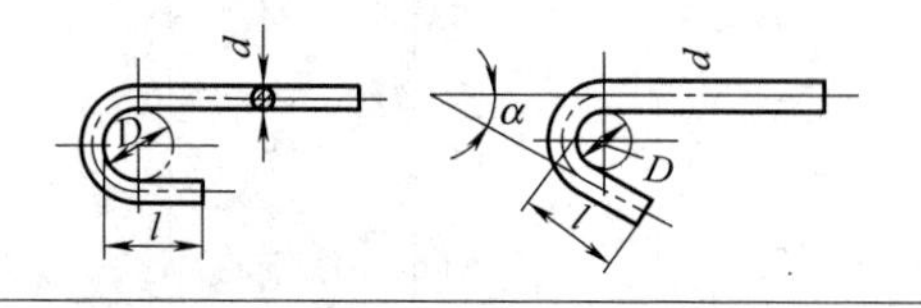

$\alpha=45°$或 $75°$，$l=3d$

$D=2d$；其尺寸最好从下列尺寸系列中选择：8,10,12,14,16,18,20,22,24,28,32,36,40(mm)

表 2-4-17　　型钢最小弯曲半径

弯曲条件	型钢					
作为弯曲的轴线	Ⅰ—Ⅰ	Ⅰ—Ⅰ	Ⅱ—Ⅱ	Ⅰ—Ⅰ	Ⅱ—Ⅱ	Ⅰ—Ⅰ
轴线位置	$l_1=0.95t$	$l_2=1.12t$	$l_1=0.8t$	—	$l_1=1.15t$	—
最小弯曲半径	$R=5(b-0.95t)$	$R=5(b_1-1.12t)$	$R=5(b_2-0.8t)$	$R=2.5H$	$R=4.5B$	$R=2.5H$

表 2-4-18　　管子最小弯曲半径　　mm

硬聚氯乙烯管			铝管			纯铜与黄铜管			焊接钢管				无缝钢管					
D	壁厚 t	R	D	壁厚 t	R	D	壁厚 t	R	D	壁厚 t	R 热	R 冷	D	壁厚 t	R	D	壁厚 t	R
12.5	2.25	30	6	1	10	5	1	10	13.5		40	80	6	1	15	45	3.5	90
15	2.25	45	8	1	15	6	1	10	17		50	100	8	1	15	57	3.5	110
25	2	60	10	1	15	7	1	15	21.25	2.75	65	130	10	1.5	20	57	4	150
25	2	80	12	1	20	8	1	15	26.75	2.75	80	160	12	1.5	25	76	4	180
32	3	110	14	1	20	10	1	15	33.5	3.25	100	200	14	1.5	30	89	4	220
40	3.5	150	16	1.5	30	12	1	20	42.25	3.25	130	250	14	3	18	108	4	270
51	4	180	20	1.5	30	14	1	20	48	3.5	150	290	16	1.5	30	133	4	340
65	4.5	240	25	1.5	50	15	1	30	60	3.5	180	360	18	1.5	40	159	4.5	450
76	5	330	30	1.5	60	16	1.5	30	75.5	3.75	225	450	18	3	28	159	6	420
90	6	400	40	1.5	80	18	1.5	30	88.5	4	265	530	20	1.5	40	194	6	500
114	7	500	50	2	100	20	1.5	30	114	4	340	680	22	3	50	219	6	500
140	8	600	60	2	125	24	1.5	40					25	3	50	245	6	600
166	8	800				25	1.5	40					32	3	60	273	8	700
						28	1.5	50					32	3.5	60	325	8	800
						35	1.5	60					38	3	80	371	10	900
						45	1.5	80					38	3.5	70	426	10	1000
						55	2	100					44.5	3	100			

表 2-4-19　角钢弯曲半径推荐值　　mm

简图	弯曲角 α 7°～30°	弯曲角 α 40°～60°	弯曲角 α 70°～90°
（图：外弯）	$R=150$	$R=100$	$R=50$
（图：内弯）	$R=50$	$R=30$	$R=15$

表 2-4-20　　角钢截切角推荐值

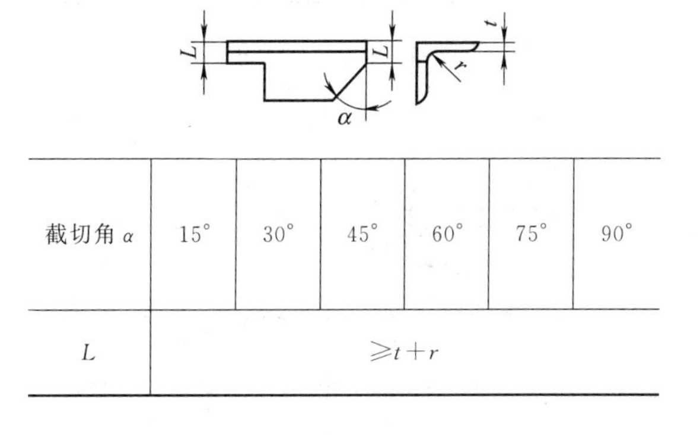

截切角 α	15°	30°	45°	60°	75°	90°
L	$\geqslant t+r$					

表 2-4-21 角钢破口弯曲 c 值 mm

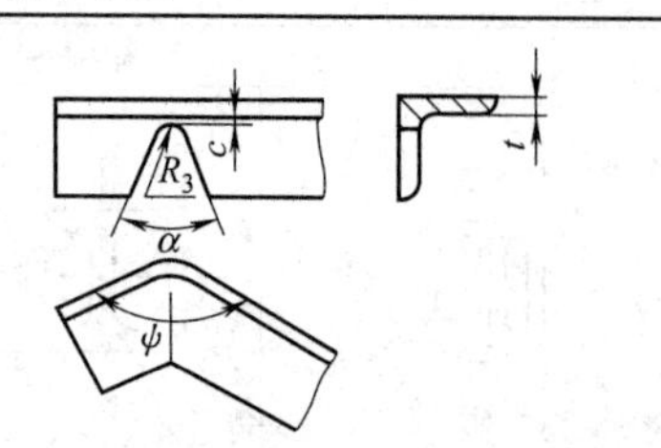

截切角 α	角钢厚度 t								
	3	4	5	6	7	8	9	10	12
$<30°$	6	9	11	15	16	17	18	19	21
$>30°\sim60°$	6	7	8	11	12	14	15	16	18
$>60°\sim90°$	5	6	7	9	10	11	12	13	15
$>90°$	4	5	6	7	8	9	10	11	13

截切角 $\alpha=180°-\psi$

4.2.3 拉伸件

表 2-4-22 箱形零件的圆角半径、法兰边宽度和工件高度

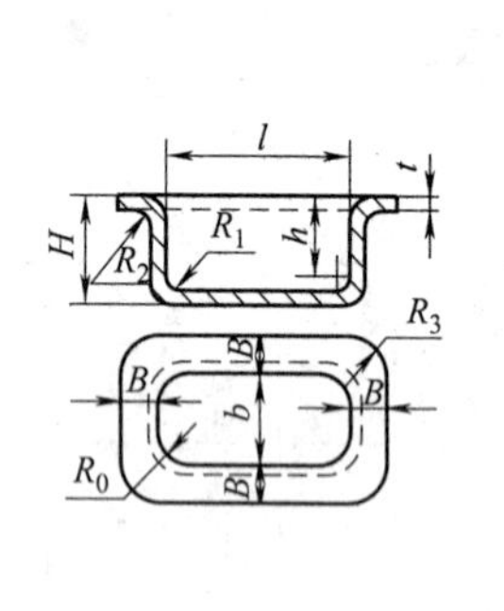

	材料	圆角半径	材料厚度 t/mm		
			<0.5	$>0.5\sim3$	$>3\sim5$
R_1、R_2	软钢	R_1	$(5\sim7)t$	$(3\sim4)t$	$(2\sim3)t$
		R_2	$(5\sim10)t$	$(4\sim6)t$	$(2\sim4)t$
	黄铜	R_1	$(3\sim5)t$	$(2\sim3)t$	$(1.5\sim2.0)t$
		R_2	$(5\sim7)t$	$(3\sim5)t$	$(2\sim4)t$
$\frac{H}{R_0}$ 当 $R_0>0.14B$ $R_1\geqslant1$	材料		比值		
	酸洗钢		$4.0\sim4.5$	当 $\frac{H}{R_0}$ 需大于左列数值时，则应采用多次拉深工序	
	冷拉钢、铝、黄铜、铜		$5.5\sim6.5$		
B	$\leqslant R_2+(3\sim5)t$				
R_3	$\geqslant R_0+B$				

表 2-4-23 有凸缘筒形件第一次拉深的许可相对高度 h/d_1

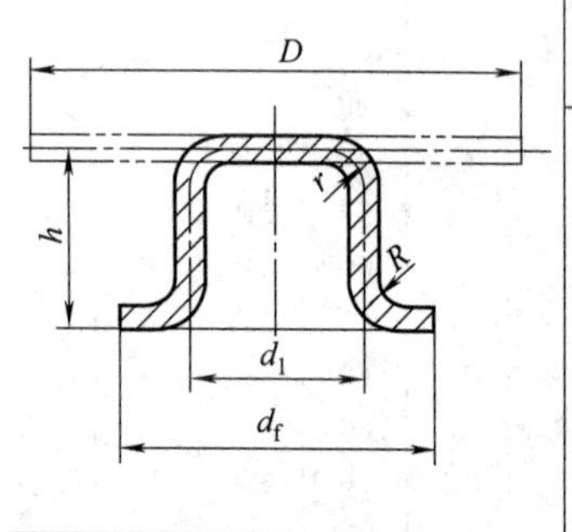

凸缘相对直径 $\frac{d_f}{d_1}$	坯料相对厚度 $\frac{t}{D}\times100$				
	$>0.06\sim0.2$	$>0.2\sim0.5$	$>0.5\sim1$	$>1\sim1.5$	>1.5
$\leqslant1.1$	0.45～0.52	0.50～0.62	0.57～0.70	0.60～0.82	0.75～0.90
$>1.1\sim1.3$	0.40～0.47	0.45～0.53	0.50～0.60	0.56～0.72	0.65～0.80
$>1.3\sim1.5$	0.35～0.42	0.40～0.48	0.45～0.53	0.50～0.63	0.58～0.70
$>1.5\sim1.8$	0.29～0.35	0.34～0.39	0.37～0.44	0.42～0.53	0.48～0.58
$>1.8\sim2$	0.25～0.30	0.29～0.34	0.32～0.38	0.36～0.46	0.42～0.51
$>2\sim2.2$	0.22～0.26	0.25～0.29	0.27～0.33	0.31～0.40	0.35～0.45
$>2.2\sim2.5$	0.17～0.21	0.20～0.23	0.22～0.27	0.25～0.32	0.28～0.35
$>2.5\sim2.8$	0.13～0.16	0.15～0.18	0.17～0.21	0.19～0.24	0.22～0.27

注：材料为钢 08、10。

表 2-4-24 无凸缘筒形件的许可相对高度 h/d

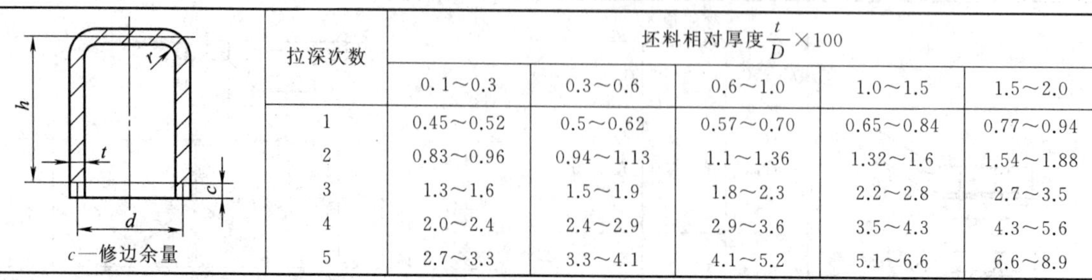

拉深次数	坯料相对厚度 $\frac{t}{D}\times100$				
	0.1～0.3	0.3～0.6	0.6～1.0	1.0～1.5	1.5～2.0
1	0.45～0.52	0.5～0.62	0.57～0.70	0.65～0.84	0.77～0.94
2	0.83～0.96	0.94～1.13	1.1～1.36	1.32～1.6	1.54～1.88
3	1.3～1.6	1.5～1.9	1.8～2.3	2.2～2.8	2.7～3.5
4	2.0～2.4	2.4～2.9	2.9～3.6	3.5～4.3	4.3～5.6
5	2.7～3.3	3.3～4.1	4.1～5.2	5.1～6.6	6.6～8.9

注：1. 适用 08、10 钢。

2. 表中大的数值，适用于第一次拉深中有大的圆角半径（$r=8t\sim15t$），小的数值适用于小的圆角半径（$r=4t\sim8t$）。

表 2-4-25 **无凸缘拉深件的修边余量 c** mm

简图	拉深高度 h	拉深相对高度 $\frac{h}{d}$			
		0.5～0.8	0.8～1.6	1.6～2.5	2.5～4
	<25	1.2	1.6	2	2.5
	25～50	2	2.5	3.3	4
	50～100	3	3.8	5	6
	100～150	4	5	6.5	8
	150～200	5	6.3	8	10
	200～250	6	7.5	9	11
	>250	7	8.5	10	12

表 2-4-26 **有凸缘拉深件的修边余量 $c/2$** mm

简图	凸缘直径 d_f	凸缘的相对直径 $\frac{d_f}{d}$			
		～1.5	大于1.5～2	大于2～2.5	大于2.5
	<25	1.8	1.6	1.4	1.2
	25～50	2.5	2	1.8	1.6
	50～100	3.5	3	2.5	2.2
	100～150	4.3	3.6	3	2.5
	150～200	5	4.2	3.5	2.7
	200～250	5.5	4.6	3.8	2.8
d_f—制件凸缘外径	>250	6	5	4	3

表 2-4-27 **圆形拉深件的孔径和孔距**（JB/T 6959—2008）

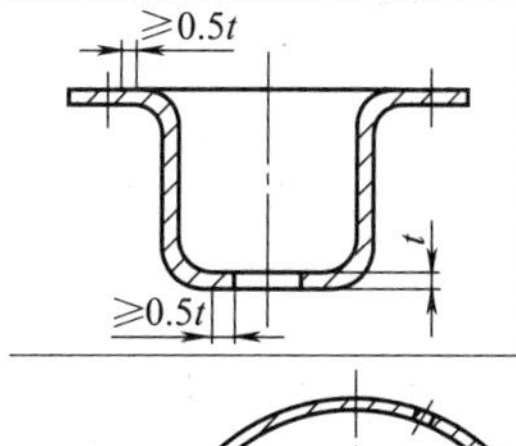	拉深件底部及凸缘口的冲孔的边缘与工件圆角半径的切点之间的距离不应小于0.5t	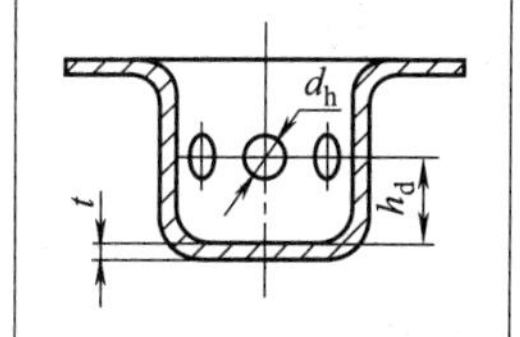	拉深件侧壁上的冲孔，孔中心与底部或凸缘的距离应满足 $h_d \geqslant 2d_h + t$
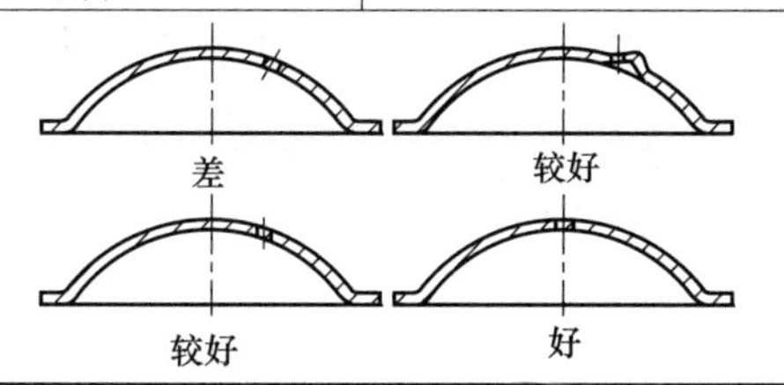		拉深件上的孔位应设置在与主要结构面（凸缘面）同一平面上，或使孔壁垂直于该平面以使冲孔与修边同时在一道工序中完成	

表 2-4-28 **拉深件的尺寸注法**（JB/T 6959—2008）

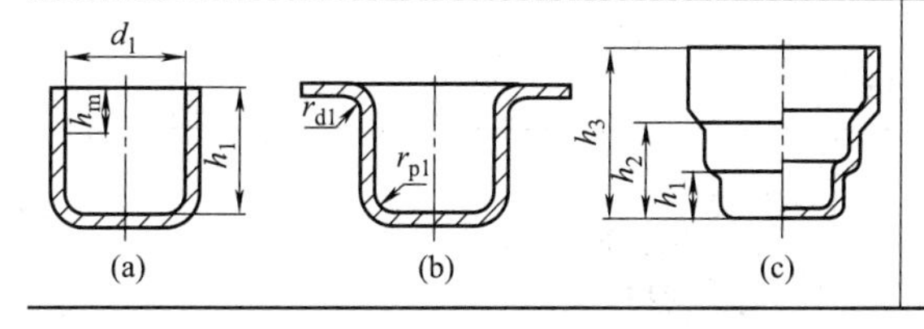	在拉深件图样上应注明必须保证的内腔尺寸或外部尺寸，不能同时标注内外形尺寸。对于有配合要求的口部尺寸应标注配合部分深度。对于拉深件的圆角半径，应标注在较小半径的一侧，即模具能够控制到的圆角半径的一侧。有台阶的拉深件，其高度尺寸应以底部为基准进行标注

4.2.4 成形件

除弯曲和拉伸以外的其他成形工艺过程，如翻边、缩口、起伏、卷边和咬口的设计规范见表2-4-29～表2-4-36。

表 2-4-29　　内孔一次翻边的参考尺寸

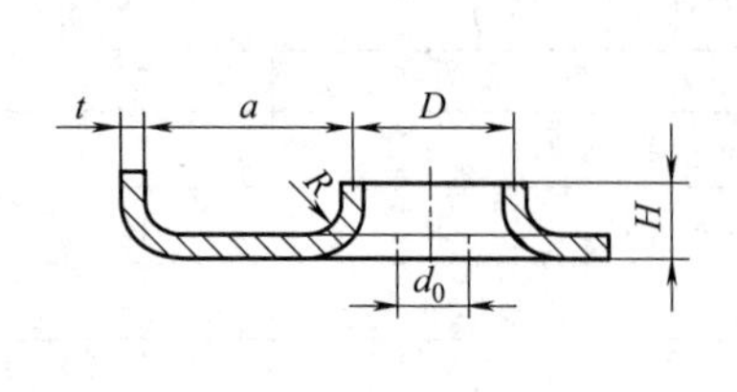

项目	参考尺寸
翻边直径(中径)D	由结构给定
翻边圆角半径 R	$R\geqslant 1+1.5t$
翻边系数 K	软钢 $K\geqslant 0.70$ 黄铜 H62　($t=0.5\sim 6$)　$K\geqslant 0.68$ 铝　($t=0.5\sim 5$)　$K\geqslant 0.70$
翻边高度 H	$H=\dfrac{D}{2}(1-K)+0.43R+0.72t$
翻边孔至外缘的距离 a	$a>(7\sim 8)t$

注：1. 翻边系数 $K=d_0/D$。

2. 若翻边高度较高，一次翻边不能满足要求时，可采用拉深、翻边复合工艺。

3. 翻边后孔壁减薄，如变薄量有特殊要求，应予注明。

表 2-4-30　　缩口时直径缩小的合理比例

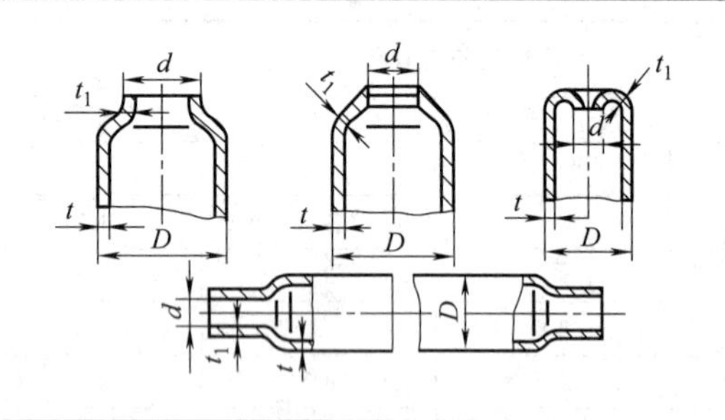

$\dfrac{D}{t}\leqslant 10$ 时：$d\geqslant 0.7D$
$\dfrac{D}{t}>10$ 时：$d=(1-k)D$ 钢制件：$k=0.1\sim 0.15$ 铝制件：$k=0.15\sim 0.2$
箍压部分壁厚将增加 $t_1=t\sqrt{\dfrac{D}{d}}$

表 2-4-31　　加强筋的形状、尺寸及适宜间距

名称	尺寸	h	B	r	R_1	R_2
半圆形肋	最小允许尺寸	$2t$	$7t$	t	$3t$	$5t$
	一般尺寸	$3t$	$10t$	$2t$	$4t$	$6t$
梯形肋	尺寸	h	B	r	r_1	R_2
	最小允许尺寸	$2t$	$20t$	t	$4t$	$24t$
	一般尺寸	$3t$	$30t$	$2t$	$5t$	$32t$
加强筋之间及加强筋与边缘之间的适宜距离	$l\geqslant 3B$ $K\geqslant(3\sim 5)t$					

注：t 为钢板厚度。

表 2-4-32　　角部加强筋　　mm

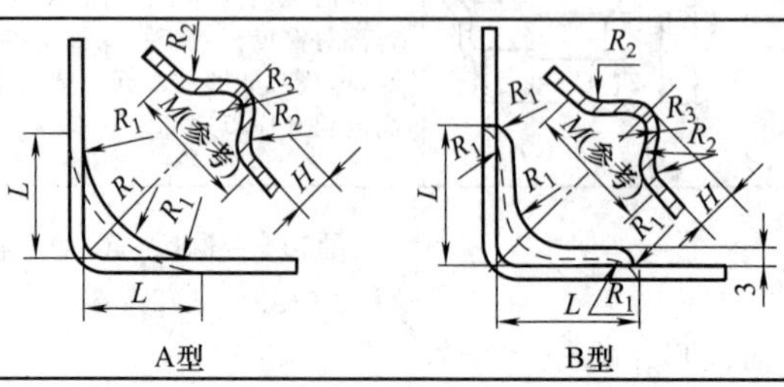

续表

L	型　式	R_1	R_2	R_3	H	M(参考)	间距
12.5	A	6	9	5	3	18	65
20	A	8	16	7	5	29	75
30	B	9	22	8	7	38	90

表 2-4-33　加强筋的间距及其至外缘的距离　　mm

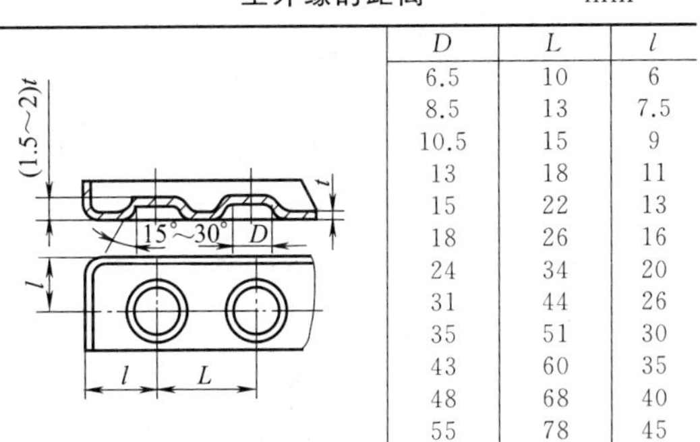

D	L	l
6.5	10	6
8.5	13	7.5
10.5	15	9
13	18	11
15	22	13
18	26	16
24	34	20
31	44	26
35	51	30
43	60	35
48	68	40
55	78	45

表 2-4-34　冲出凸部的高度

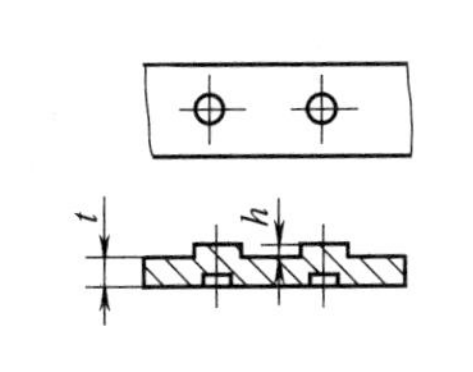

$h=(0.25\sim0.35)t$

超出这个范围，凸部容易脱落

表 2-4-35　最小卷边直径　　mm

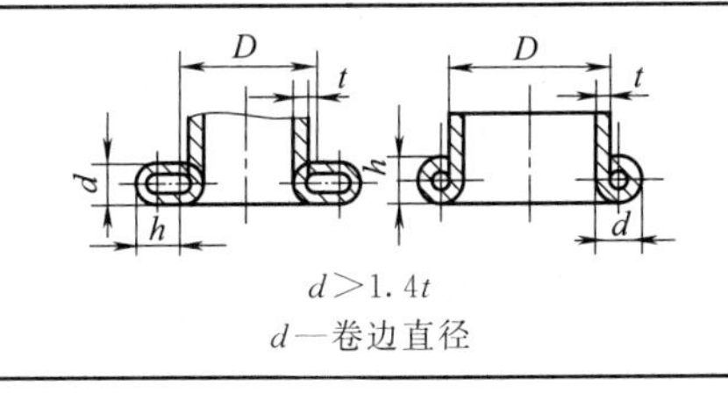

$d>1.4t$

d—卷边直径

工件直径 D	材料厚度 t				
	0.3	0.5	0.8	1.0	2.0
<50	2.5	3.0	—	—	—
>50～100	3.0	4.0	5.0	—	—
>100～200	4.0	5.0	6.0	7.0	8.0
>200	5.0	6.0	7.0	8.0	9.0

表 2-4-36　铁皮咬口类型、用途和余量

咬　口　类　型	用　　　途
1 型 光面咬口 (a) 普通咬口 (b)	圆柱形、圆锥形和长方形管子连接时，采用 1 型咬口，咬口需附着在平面上或需要有气密性时使用光面咬口，需要咬口具有强度时才使用普通咬口，连接长度不同时，尺寸 B 可根据长的零件选择，但两个零件的尺寸 B 应相同
2 型 折角咬口	折角咬口(2 型)在制造折角联合肘管时使用
3 型 过渡咬口	过渡咬口(3 型)在连接接管、肘管和从圆过渡到另一些截面时，用作各种过渡连接

钢板的强度/MPa		30～40		45～60		65～80	90～100
零件极限尺寸/mm	直径或方形边 D	小于 200	大于 200	小于 600	大于 600	大于 600	在一切情况下
	长度 L	小于 200	大于 200	小于 800	大于 800	大于 800	在一切情况下
接头长度 B/mm		5	7	7	10	10	14
咬口裕量 $3B$/mm		15	21	21	30	30	42

4.3 冲压件的尺寸和角度、形状和位置的相关公差与极限偏差

表 2-4-37 平冲压件和成形冲压件尺寸公差 mm

基本尺寸	材料厚度	平冲压件尺寸公差(GB/T 13914—2013)											成形冲压件尺寸公差(GB/T 13914—2013)									
		公差等级											公差等级									
		ST1	ST2	ST3	ST4	ST5	ST6	ST7	ST8	ST9	ST10	ST11	FT1	FT2	FT3	FT4	FT5	FT6	FT7	FT8	FT9	FT10
>0.5～1	0.5	0.008	0.010	0.015	0.020	0.03	0.04	0.06	0.08	0.12	0.16	—	0.010	0.016	0.026	0.04	0.06	0.10	0.16	0.26	0.40	0.60
	>0.5～1	0.010	0.015	0.020	0.03	0.04	0.06	0.08	0.12	0.16	0.24	—	0.014	0.022	0.034	0.05	0.09	0.14	0.22	0.34	0.50	0.90
	>1～1.5	0.015	0.020	0.03	0.04	0.06	0.08	0.12	0.16	0.24	0.34	—	0.020	0.030	0.05	0.08	0.12	0.20	0.32	0.50	0.90	1.40
>1～3	0.5	0.012	0.018	0.026	0.036	0.05	0.07	0.10	0.14	0.20	0.28	0.40	0.016	0.026	0.040	0.07	0.11	0.18	0.28	0.44	0.70	1.00
	>0.5～1	0.018	0.026	0.036	0.05	0.07	0.10	0.14	0.20	0.28	0.40	0.56	0.022	0.036	0.06	0.09	0.14	0.24	0.38	0.60	0.90	1.40
	>1～3	0.026	0.036	0.05	0.07	0.10	0.14	0.20	0.28	0.40	0.56	0.78	0.032	0.05	0.08	0.12	0.20	0.34	0.54	0.86	1.20	2.00
	>3～4	0.034	0.05	0.07	0.09	0.13	0.18	0.26	0.36	0.50	0.70	0.98	0.04	0.07	0.11	0.18	0.28	0.44	0.70	1.10	1.80	2.80
>3～10	0.5	0.018	0.026	0.036	0.05	0.07	0.10	0.14	0.20	0.28	0.40	0.56	0.022	0.036	0.06	0.09	0.14	0.24	0.38	0.60	0.96	1.40
	>0.5～1	0.026	0.036	0.05	0.07	0.10	0.14	0.20	0.28	0.40	0.56	0.78	0.032	0.05	0.08	0.12	0.20	0.34	0.54	0.86	1.40	2.20
	>1～3	0.036	0.05	0.07	0.10	0.14	0.20	0.28	0.40	0.56	0.78	1.10	0.05	0.07	0.11	0.18	0.30	0.48	0.76	1.20	2.00	3.20
	>3～6	0.046	0.06	0.09	0.13	0.18	0.26	0.36	0.48	0.68	0.98	1.40	0.06	0.09	0.14	0.24	0.38	0.60	1.00	1.60	2.60	4.00
	>6	0.06	0.08	0.11	0.16	0.22	0.30	0.42	0.60	0.84	1.20	1.60	0.07	0.11	0.18	0.28	0.44	0.70	1.10	1.80	2.80	4.00
>10～25	0.5	0.026	0.036	0.05	0.07	0.10	0.14	0.20	0.28	0.40	0.56	0.78	0.030	0.05	0.08	0.12	0.20	0.32	0.50	0.80	1.20	2.00
	>0.5～1	0.036	0.05	0.07	0.10	0.14	0.20	0.28	0.40	0.56	0.78	1.10	0.04	0.07	0.11	0.18	0.28	0.46	0.72	1.10	1.80	2.80
	>1～3	0.05	0.07	0.10	0.14	0.20	0.28	0.40	0.56	0.78	1.10	1.50	0.06	0.10	0.16	0.26	0.40	0.64	1.00	1.60	2.60	4.00
	>3～6	0.06	0.09	0.13	0.18	0.26	0.36	0.50	0.70	1.00	1.40	2.00	0.08	0.12	0.20	0.32	0.50	0.80	1.20	2.00	3.20	5.00
	>6	0.08	0.12	0.16	0.22	0.32	0.44	0.60	0.88	1.20	1.60	2.40	0.10	0.14	0.24	0.40	0.62	1.00	1.60	2.60	4.00	6.40
>25～63	0.5	0.036	0.05	0.07	0.10	0.14	0.20	0.28	0.40	0.56	0.78	1.10	0.04	0.06	0.10	0.16	0.26	0.40	0.64	1.00	1.60	2.60
	>0.5～1	0.05	0.07	0.10	0.14	0.20	0.28	0.40	0.56	0.78	1.10	1.50	0.06	0.09	0.14	0.22	0.36	0.58	0.90	1.40	2.20	3.60
	>1～3	0.07	0.10	0.14	0.20	0.28	0.40	0.56	0.78	1.10	1.50	2.10	0.08	0.12	0.20	0.32	0.50	0.80	1.20	2.00	3.20	5.00
	>3～6	0.09	0.12	0.18	0.26	0.36	0.50	0.70	0.98	1.40	2.00	2.80	0.10	0.16	0.26	0.40	0.66	1.00	1.60	2.60	4.00	6.40
	>6	0.11	0.16	0.22	0.30	0.44	0.60	0.86	1.20	1.60	2.20	3.00	0.11	0.18	0.28	0.46	0.76	1.20	2.00	3.20	5.00	8.00
>63～160	0.5	0.04	0.06	0.09	0.12	0.18	0.26	0.36	0.50	0.70	0.98	1.40	0.05	0.08	0.14	0.22	0.36	0.56	0.90	1.40	2.20	3.60
	>0.5～1	0.06	0.09	0.12	0.18	0.26	0.36	0.50	0.70	0.98	1.40	2.00	0.07	0.12	0.19	0.30	0.48	0.78	1.20	2.00	3.20	5.00
	>1～3	0.09	0.12	0.18	0.26	0.36	0.50	0.70	0.98	1.40	2.00	2.80	0.10	0.16	0.26	0.42	0.68	1.10	1.80	2.80	4.40	7.00

续表

基本尺寸	材料厚度	平冲压件尺寸公差(GB/T 13914—2013)											成形冲压件尺寸公差(GB/T 13914—2013)									
		公　差　等　级											公　差　等　级									
		ST1	ST2	ST3	ST4	ST5	ST6	ST7	ST8	ST9	ST10	ST11	FT1	FT2	FT3	FT4	FT5	FT6	FT7	FT8	FT9	FT10
＞63～160	＞3～6	0.12	0.16	0.24	0.32	0.46	0.64	0.90	1.30	1.80	2.60	3.60	0.14	0.22	0.34	0.54	0.88	1.40	2.20	3.40	5.60	9.00
	＞6	0.14	0.20	0.28	0.40	0.56	0.78	1.10	1.50	2.10	2.90	4.20	0.15	0.24	0.38	0.62	1.00	1.60	2.60	4.00	6.60	10.00
＞160～400	0.5	0.06	0.09	0.12	0.18	0.26	0.36	0.50	0.70	0.98	1.40	2.00	—	0.10	0.16	0.26	0.42	0.70	1.10	1.80	2.80	4.40
	＞0.5～1	0.09	0.12	0.18	0.26	0.36	0.50	0.70	1.00	1.40	2.00	2.80	—	0.14	0.24	0.38	0.62	1.00	1.60	2.60	4.00	6.40
	＞1～3	0.12	0.18	0.26	0.36	0.50	0.70	1.00	1.40	2.00	2.80	4.00	—	0.22	0.34	0.54	0.88	1.40	2.20	3.40	5.60	9.00
	＞3～6	0.16	0.24	0.32	0.46	0.64	0.90	1.30	1.80	2.60	3.60	4.80	—	0.28	0.44	0.70	1.10	1.80	2.80	4.40	7.00	11.00
	＞6	0.20	0.28	0.40	0.56	0.78	1.10	1.50	2.10	2.90	4.20	5.80	—	0.34	0.54	0.88	1.40	2.20	3.40	5.60	9.00	14.00
＞400～1000	0.5	0.09	0.12	0.18	0.24	0.34	0.48	0.66	0.94	1.30	1.80	2.60	—	—	0.24	0.38	0.62	1.00	1.60	2.60	4.00	6.60
	＞0.5～1	—	0.18	0.24	0.34	0.48	0.66	0.94	1.30	1.80	2.60	3.60	—	—	0.34	0.54	0.88	1.40	2.20	3.40	5.60	9.00
	＞1～3	—	0.24	0.34	0.48	0.66	0.94	1.30	1.80	2.60	3.60	5.00	—	—	0.44	0.70	1.10	1.80	2.80	4.40	7.00	11.00
	＞3～6	—	0.32	0.45	0.62	0.88	1.20	1.60	2.40	3.40	4.60	6.60	—	—	0.56	0.90	1.40	2.20	3.40	5.60	9.00	14.00
	＞6	—	0.34	0.48	0.70	1.00	1.40	2.00	2.80	4.00	5.60	7.80	—	—	0.62	1.00	1.60	2.60	4.00	6.40	10.00	16.00
＞1000～6300	0.5	—	—	0.26	0.36	0.50	0.70	0.98	1.40	2.00	2.80	4.00										
	＞0.5～1	—	—	0.36	0.50	0.70	0.98	1.40	2.00	2.80	4.00	5.60										
	＞1～3	—	—	0.50	0.70	0.98	1.40	2.00	2.80	4.00	5.60	7.80										
	＞3～6	—	—	—	0.90	1.20	1.60	2.20	3.20	4.40	6.20	8.00										
	＞6	—	—	—	1.00	1.40	1.90	2.60	3.60	5.20	7.20	10.00										

注：1. 平冲压件是经平面冲裁工序加工而成型的冲压件。

成形冲压件是经弯曲、拉深及其他成型方法加工而成的冲压件。

2. 平冲压件尺寸公差适用于平冲压件，也适用于成型冲压件上经冲裁工序加工而成的尺寸。

3. 平冲压件、成型冲压件尺寸的极限偏差按下述规定选取。

（1）孔（内形）尺寸的极限偏差取表中给出的公差数值，冠以“＋”号作为上偏差，下偏差为0。

（2）轴（外形）尺寸的极限偏差取表中给出的公差数值，冠以“－”号作为下偏差，上偏差为0。

（3）孔中心距、孔边距、弯曲、拉深与其他成型方法而成的长度、高度及未注公差尺寸的极限偏差，取表中给出的公差值的一半，冠以“±”号分别作为上、下偏差。

表 2-4-38 未注公差（冲裁、成形）尺寸的极限偏差 mm

基本尺寸	材料厚度	未注公差冲裁尺寸的极限偏差				未注公差成形尺寸的极限偏差			
		公差等级				公差等级			
		f	m	e	v	f	m	e	v
>0.5～3	1	±0.05	±0.10	±0.15	±0.20	±0.15	±0.20	±0.35	±0.50
	>1～3	±0.15	±0.20	±0.30	±0.40	±0.30	±0.45	±0.50	±1.00
>3～6	1	±0.10	±0.15	±0.20	±0.30	±0.20	±0.30	±0.50	±0.70
	>1～4	±0.20	±0.30	±0.40	±0.55	±0.40	±0.60	±1.00	±1.60
	>4	±0.30	±0.40	±0.60	±0.80	±0.55	±0.90	±1.40	±2.20
>6～30	1	±0.15	±0.20	±0.30	±0.40	±0.25	±0.40	±0.80	±1.00
	>1～4	±0.30	±0.40	±0.55	±0.75	±0.50	±0.80	±1.30	±2.00
	>4	±0.45	±0.60	±0.80	±1.20	±0.80	±1.30	±2.00	±3.20
>30～120	1	±0.20	±0.30	±0.40	±0.55	±0.30	±0.50	±0.80	±1.30
	>1～4	±0.40	±0.55	±0.75	±1.05	±0.60	±1.00	±1.60	±2.30
	>4	±0.60	±0.80	±1.10	±1.50	±1.00	±1.60	±2.50	±4.00
>120～400	1	±0.25	±0.35	±0.50	±0.70	±0.45	±0.70	±1.10	±1.80
	>1～4	±0.50	±0.70	±1.00	±1.40	±0.90	±1.40	±2.20	±3.50
	>4	±0.75	±1.05	±1.45	±2.10	±1.30	±2.00	±2.30	±5.00
>400～1000	1	±0.35	±0.50	±0.70	±1.00	±0.55	±0.90	±1.40	±2.20
	>1～4	±0.70	±1.00	±1.40	±2.00	±1.10	±1.70	±2.80	±4.50
	>4	±1.05	±1.45	±2.10	±2.90	±1.70	±2.80	±4.50	±7.00
>1000～2000	1	±0.45	±0.65	±0.90	±1.80	±0.80	±1.30	±2.00	±3.30
	>1～4	±0.90	±1.30	±1.80	±2.50	±1.40	±2.20	±3.50	±3.50
	>4	±1.40	±2.00	±2.80	±3.90	±2.00	±3.20	±5.00	±8.00
>2000～4000	1	±0.70	±1.00	±1.40	±2.00				
	>1～4	±1.40	±2.00	±2.80	±3.90				
	>4	±1.80	±2.60	±3.60	±5.00				

注：对于0.5mm及0.5mm以下的尺寸应标公差。

表 2-4-39 未注公差（冲裁、成形）圆角半径的极限偏差（GB/T 15055—2007） mm

冲裁圆角半径的极限偏差						成形圆角半径	
基本尺寸	材料厚度	公差等级				基本尺寸	极限偏差
		f	m	e	v		
>0.5～3	≤1	±0.15		±0.20		≤3	+1.00 −0.30
	>1～4	±0.30		±0.40			
>3～6	≤4	±0.40		±0.60		>3～6	+1.50 −0.50
	>4	±0.60		±1.00			
>6～30	≤4	±0.60		±0.80		>6～10	+2.50 −0.80
	>4	±1.00		±1.40			
>30～120	≤4	±1.00		±1.20		>10～18	+3.00 −1.00
	>4	±2.00		±2.40			
>120～400	≤4	±1.20		±1.50		>18～30	+4.00 −1.50
	>4	±2.40		±3.00			
>400	≤4	±2.00		±2.40		>30	+5.00 −2.00
	>4	±3.00		±3.50			

表 2-4-40　尺寸公差等级的选用（GB/T 13914—2013）

	加工方法	尺寸类型	公差等级										
			ST1	ST2	ST3	ST4	ST5	ST6	ST7	ST8	ST9	ST10	ST11
平冲压件	精密冲裁	外形	——	——	——	——	——						
		内形	——	——	——	——							
		孔中心距	——	——	——	——							
		孔边距				——	——	——					
	普通冲裁	外形		——	——	——	——	——	——	——	——	——	——
		内形		——	——	——	——	——	——	——	——	——	——
		孔中心距		——	——	——	——	——	——	——	——	——	——
		孔边距				——	——	——	——	——	——	——	——
	成形冲压平面冲裁	外形					——	——	——	——	——	——	——
		内形				——	——	——	——	——	——	——	——
		孔中心距				——	——	——	——	——	——	——	——
		孔边距						——	——	——	——	——	——

	加工方法	尺寸类型	公差等级									
			FT1	FT2	FT3	FT4	FT5	FT6	FT7	FT8	FT9	FT10
成形冲压件	拉深	直径	——	——	——	——	——	——	——	——	——	——
		高度			——	——	——	——	——	——	——	——
	带凸缘拉深	直径	——	——	——	——	——	——	——	——	——	——
		高度					——	——	——	——	——	——
	弯曲	长度					——	——	——	——	——	——
	其他成形方法	直径	——	——	——	——	——	——	——	——	——	——
		高度			——	——	——	——	——	——	——	——
		长度				——	——	——	——	——	——	——

表 2-4-41　角度公差（GB/T 13915—2013）

	公差等级	短边尺寸/mm						
		≤10	>10～25	>25～63	>63～160	>160～400	>400～1000	>1000
冲压件冲裁角度	AT1	0°40′	0°30′	0°20′	0°12′	0°5′	0°4′	—
	AT2	1°	0°40′	0°30′	0°20′	0°12′	0°6′	0°4′
	AT3	1°20′	1°	0°40′	0°30′	0°20′	0°12′	0°6′
	AT4	2°	1°20′	1°	0°40′	0°30′	0°20′	0°12′
	AT5	3°	2°	1°20′	1°	0°40′	0°30′	0°20′
	AT6	4°	3°	2°	1°20′	1°	0°40′	0°30′
冲压件弯曲角度	公差等级	短边尺寸/mm						
		≤10	>10～25	>25～63	>63～160	>160～400	>400～1000	>1000
	BT1	1°	0°40′	0°30′	0°16′	0°12′	0°10′	0°8′
	BT2	1°30′	1°	0°40′	0°20′	0°16′	0°12′	0°10′
	BT3	2°30′	2°	1°30′	1°15′	1°	0°45′	0°30′
	BT4	4°	3°	2°	1°30′	1°15′	1°	0°45′
	BT5	6°	4°	3°	2°30′	2°	1°30′	1°

注：1. 冲压件冲裁角度：在平冲压件或成型冲压件的平面部分，经冲裁工序加工而成的角度。

2. 冲压件弯曲角度：经弯曲工序加工而成的冲压件的角度。

3. 冲压件冲裁角度与弯曲角度的极限偏差按下述规定选取。

（1）依据使用的需要选用单向偏差。

（2）未注公差的角度极限偏差，取表中给出的公差值的一半，冠以“±”号分别作为上、下偏差。

表 2-4-42　　未注公差（冲裁、弯曲）角度的极限偏差（GB/T 15055—2007）

	公差等级	短边长度/mm						
		≤10	>10～25	>25～63	>63～160	>160～400	>400～1000	>1000～2500
冲裁	f	±1°00′	±0°40′	±0°30′	±0°20′	±0°15′	±0°10′	±0°06′
	m	±1°30′	±1°00′	±0°45′	±0°30′	±0°20′	±0°15′	±0°10′
	c、v	±2°00′	±1°30′	±1°00′	±0°40′	±0°30′	±0°20′	±0°15′
	公差等级	短边长度/mm						
		≤10	>10～25	>25～63	>63～160	>160～400	>400～1000	>1000
弯曲	f	±1°15′	±1°00′	±0°45′	±0°30′	±0°30′	±0°20′	±0°15′
	m	±2°00′	±1°30′	±1°00′	±0°45′	±0°35′	±0°30′	±0°20′
	c、v	±3°00′	±2°00′	±1°30′	±1°15′	±1°00′	±0°45′	±0°30′

表 2-4-43　　角度公差等级选用

	材料厚度/mm	公差等级					
冲压件冲裁角度		AT1	AT2	AT3	AT4	AT5	AT6
	≤3						
	>3						

	材料厚度/mm	公差等级				
冲压件弯曲角度		BT1	BT2	BT3	BT4	BT5
	≤3					
	>3					

表 2-4-44　　直线度、平面度未注公差（GB/T 13916—2013）　　mm

本标准适用于金属材料冲压件，非金属材料冲压件可参照执行

直线度、平面度未注公差

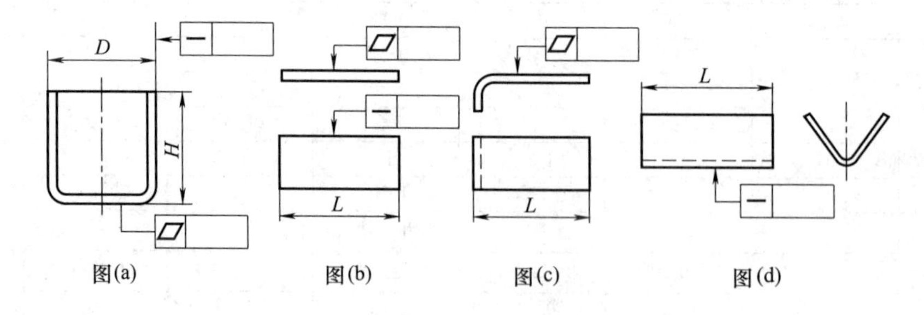

图(a)　图(b)　图(c)　图(d)

公差等级	主参数（L、H、D）						
	≤10	>10～25	>25～63	>63～160	>160～400	>400～1000	>1000
f	0.06	0.10	0.15	0.25	0.40	0.60	0.90
m	0.12	0.20	0.30	0.50	0.80	1.20	1.80
c	0.25	0.40	0.60	1.00	1.60	2.50	4.00
v	0.50	0.80	1.20	2.00	3.20	5.00	8.00

表 2-4-45　**同轴度、对称度未注公差**（GB/T 13916—2013）　mm

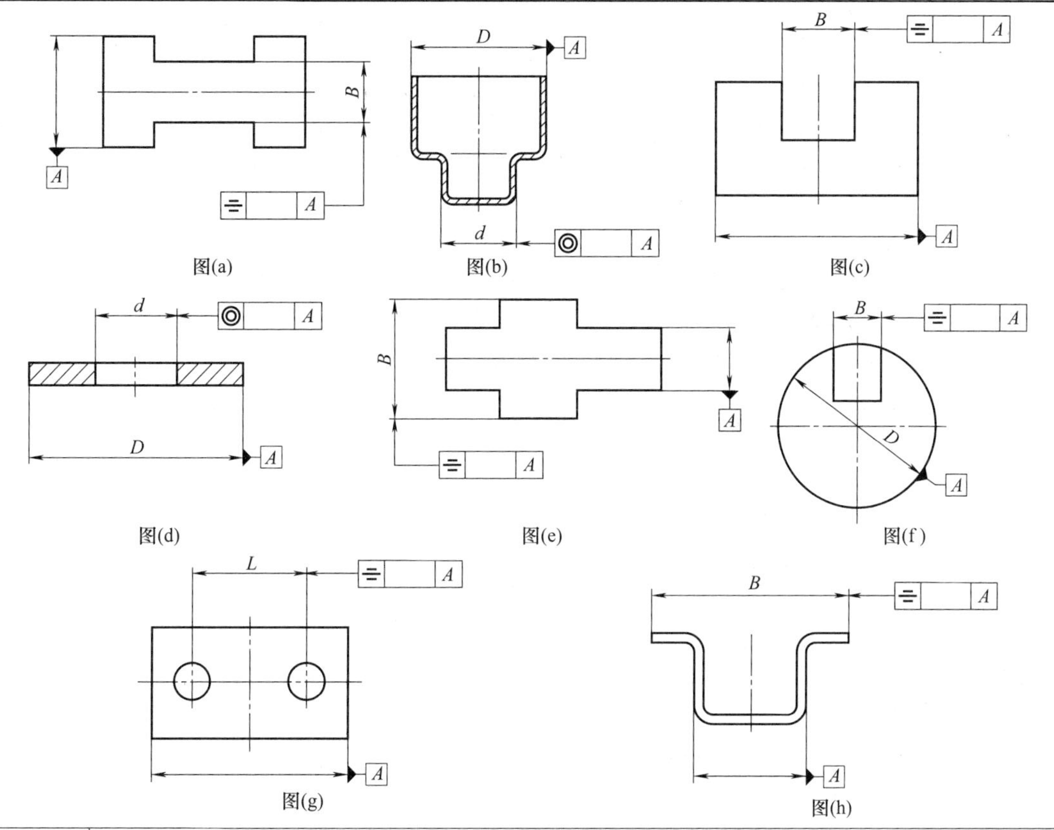

图(a)　图(b)　图(c)

图(d)　图(e)　图(f)

图(g)　图(h)

公差等级	主参数（B、D、d、L）							
	≤3	>3~10	>10~25	>25~63	>63~160	>160~400	>400~1000	>1000
f	0.12	0.20	0.30	0.40	0.50	0.60	0.80	1.00
m	0.25	0.40	0.60	0.80	1.00	1.20	1.60	2.00
c	0.50	0.80	1.20	1.60	2.00	2.50	3.20	4.00
v	1.00	1.60	2.50	3.20	4.00	5.00	6.50	8.00

圆度未注公差值应不大于尺寸公差值。

圆柱度未注公差值由其圆度、素线的直线度未注公差值和要素的尺寸公差分别控制。

平行度未注公差值由平行要素的平面度或直线度的未注公差值和平行要素间的尺寸公差分别控制。

垂直度、倾斜度未注公差由角度公差和直线度未注公差值分别控制。

4.4　冲压件结构设计的注意事项

表 2-4-46　**冲压件结构设计的注意事项**

序号	设计时应注意的问题	要 点 分 析
1	圆弧边与过渡边不宜相切	节约金属和避免咬边

续表

序号	设计时应注意的问题	要点分析
2	零件的局部宽度不宜太窄 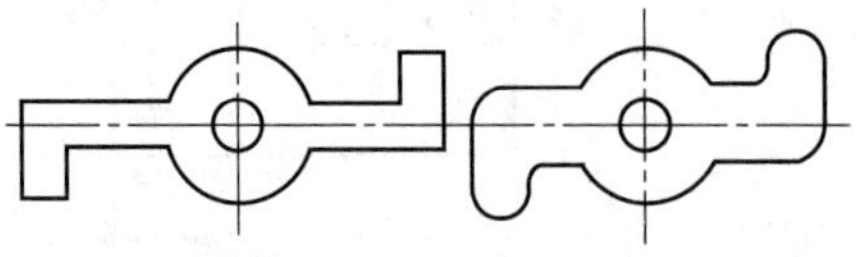 较差 较好 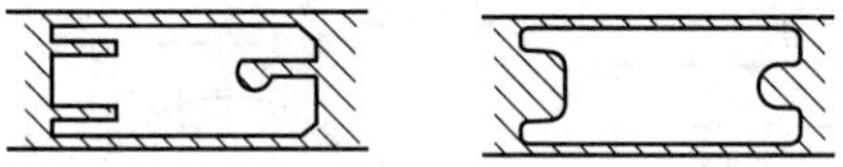	冲压件的每个局部的宽度都不应太小(大于厚度)。冲压件中尺寸过窄的部分不仅凹模难以制造,冲出的工件也难以保证质量 开口槽不宜过窄
3	凸台和孔的深度和形状应有一定要求 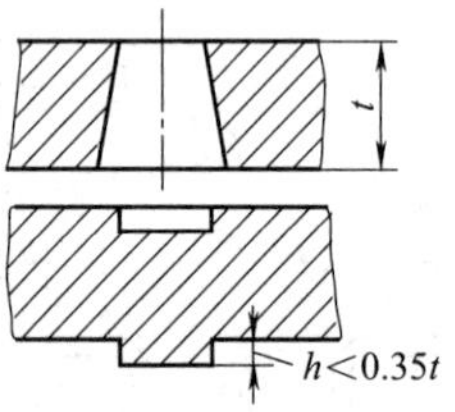 t $h<0.35t$	当冲压板厚$t\geqslant5$mm时,冲孔直径在板厚方向应允许有一定斜度,在板料上要求冲出凸台时,凸台高度不应大于$0.35t$,否则凸台容易冲脱
4	冲压件设计应考虑节料 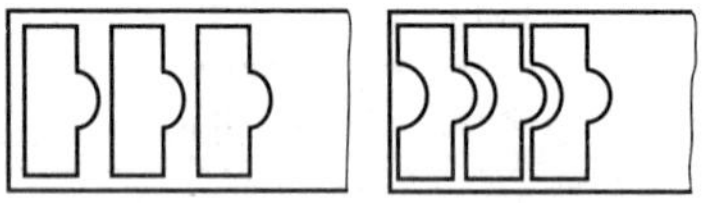 较差 较好	冲压件用板材冲压而成,有些零件形状不能互相嵌入来安排下料。可以在设计中作一些小的修改,不降低零件性能,而节省很多材料
5	避免尖角 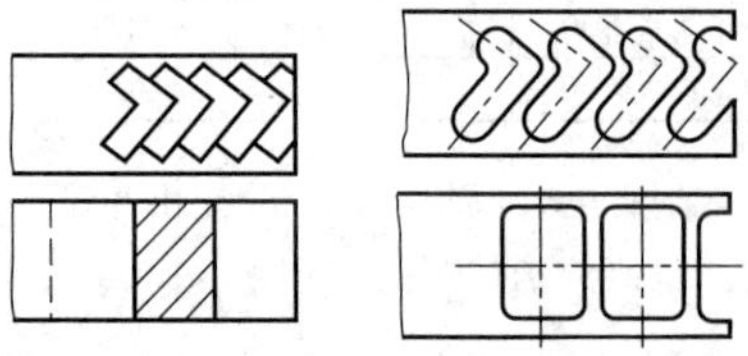	工件若有细长的尖角,易产生飞边或塌边
6	冲压件外形应避免大的平面  较差 较好 较好	冲压件外形有大的平面,制模较难,零件刚度较差。设计成拱形结构会使单位面积压强减小,提高零件的强度和刚度,可减薄壁厚。拱形形状向内或向外拱均可,视零件具体情况确定。图中所示为几种零件的剖面形状
7	弯曲件在弯曲处要避免起皱 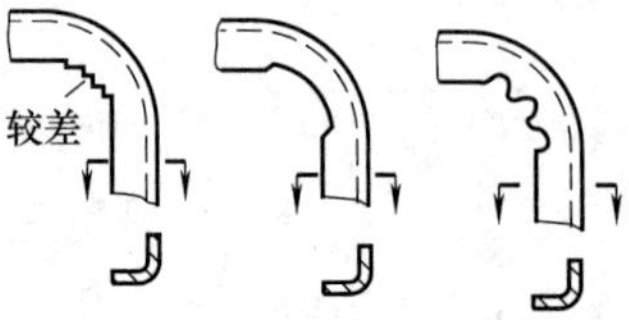 较差 较差 较好 较好	带竖边的弯曲件为避免弯曲处起皱,可预先切去弯角处的部分竖边,以避免弯曲处起皱变宽

续表

序号	设计时应注意的问题	要 点 分 析
8	弯曲件形状应尽量对称 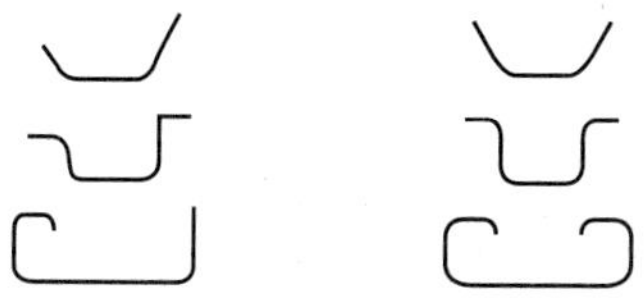	弯曲件形状应尽量对称，否则工件受力不均，不易获得预定尺寸
9	切口件应设计斜度 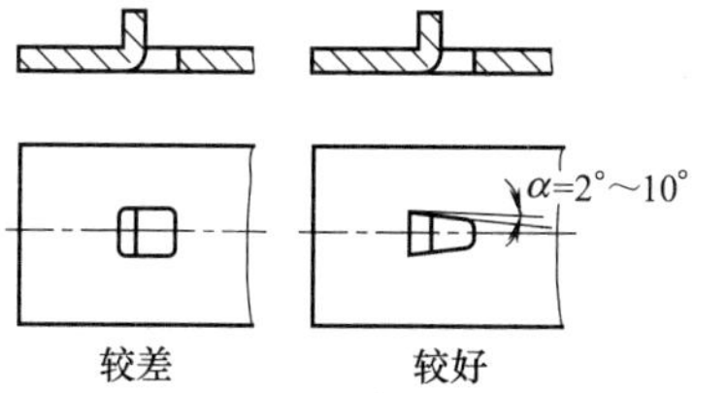 $\alpha=2^{\circ}\sim10^{\circ}$ 较差　较好	局部切口带压弯的零件，舌部应设计斜度，以避免工件退出时舌部与模具之间摩擦
10	防止弯曲撕裂 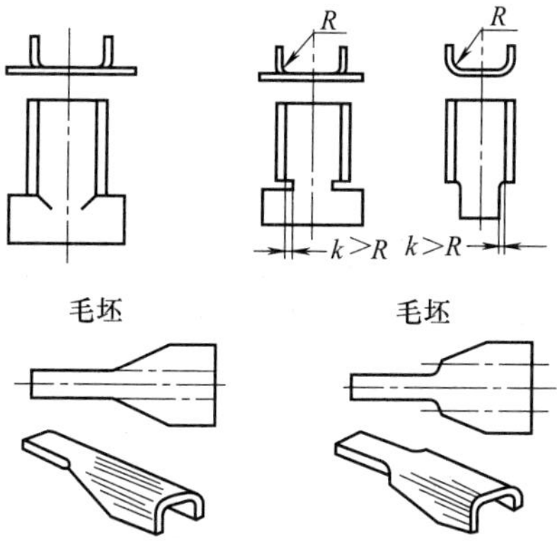 R　R $k>R$　$k>R$ 毛坯　毛坯	在局部弯曲时，预冲防裂槽或外移弯曲线，以免交界处撕裂
11	防止弯曲件孔变形 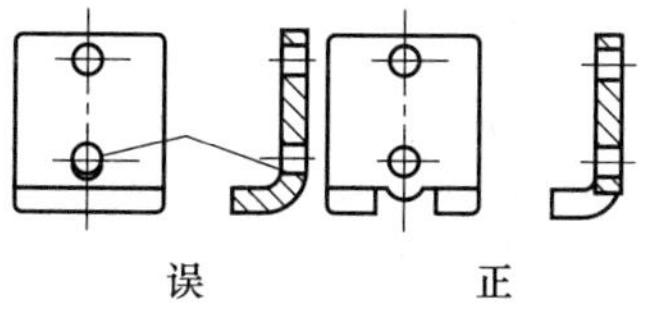 误　正	弯曲带孔的零件时，为避免弯曲时产生孔变形，可在零件的弯折圆角部分的曲线上冲出工艺孔或月牙槽，这样在折弯处就不会影响孔的变形
12	简化坯料形状 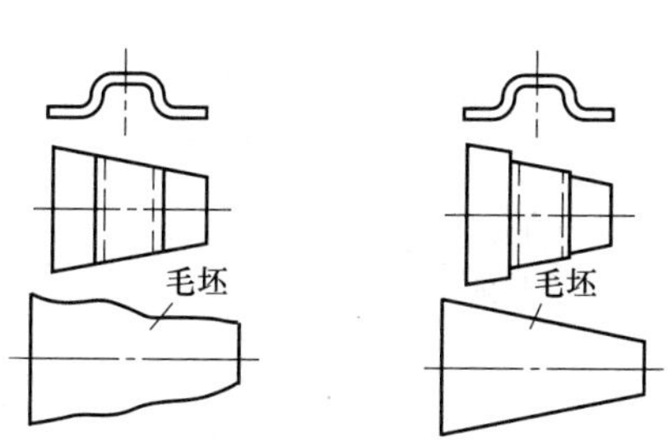 毛坯　毛坯	弯曲件外形应尽量有利于简化板料展开图的形状，以便于下料

续表

序号	设计时应注意的问题	要点分析
13	注意支撑不应太薄弱 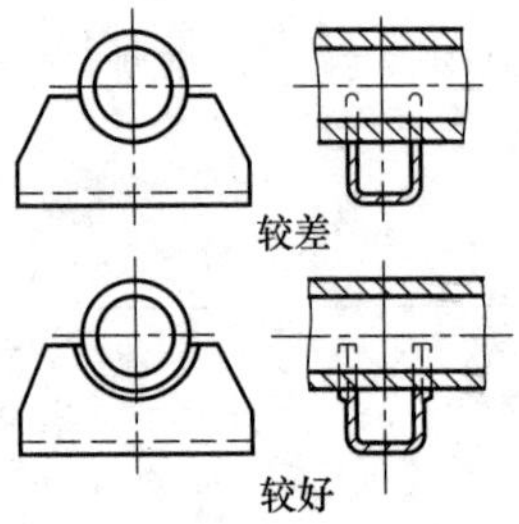 较差 较好	对于管道等零件，用薄板冲压件支持时，为保持装配的同心度等，不应直接用薄的壁边支撑，支架应翻出一些窄边
14	薄板弯曲件在弯曲处要有切口 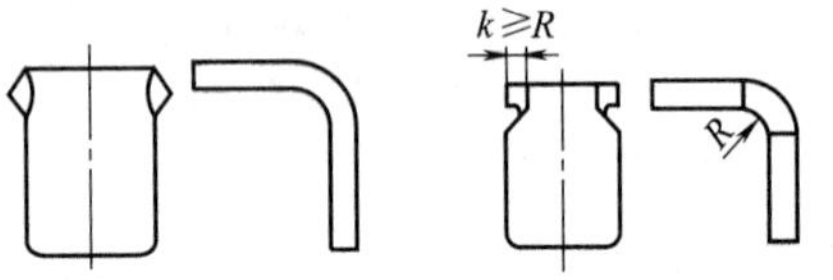 $k \geqslant R$	用薄板作小半径弯曲时，若对宽度准确性有要求时，应在弯曲处切口，以免弯曲处变宽
15	压肋能提高刚度但有方向性 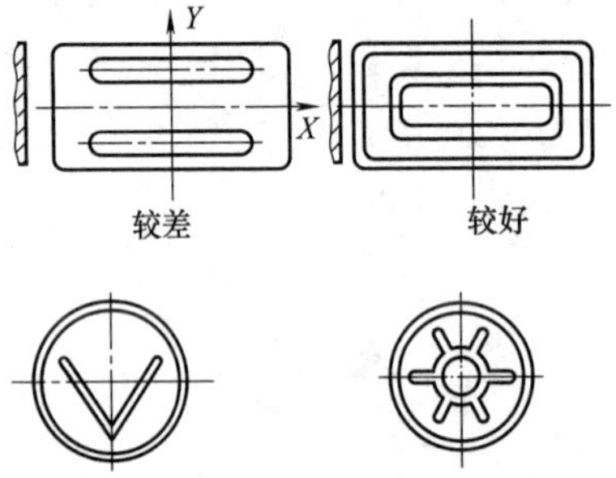 较差 较好	压制的凸(凹)肋可能在一定方向可提高刚度，另一方向则不能，如较差的图中，其结构只能提高对 Y 轴的弯曲刚度 压筋的形状应尽量与零件外形相近或对称
16	拉延件外形力求简单、对称 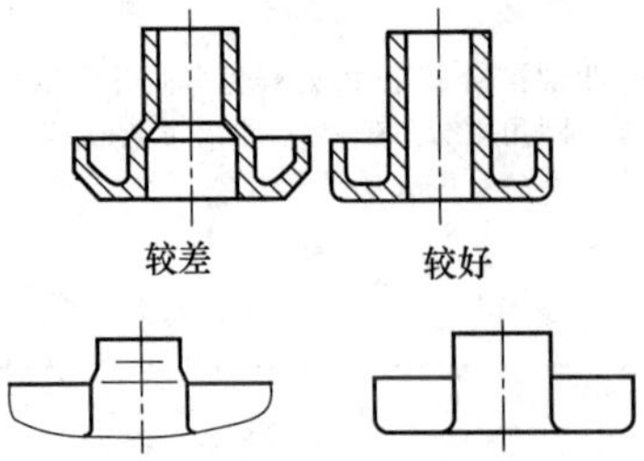 较差 较好	拉延件的成形过程应尽量减少拉延次数，在满足使用性能的前提下，尽量使结构简单。如图中的实例，改变结构以后，减少了加工工序，节约了金属材料
17	拉延件的凸边应均匀 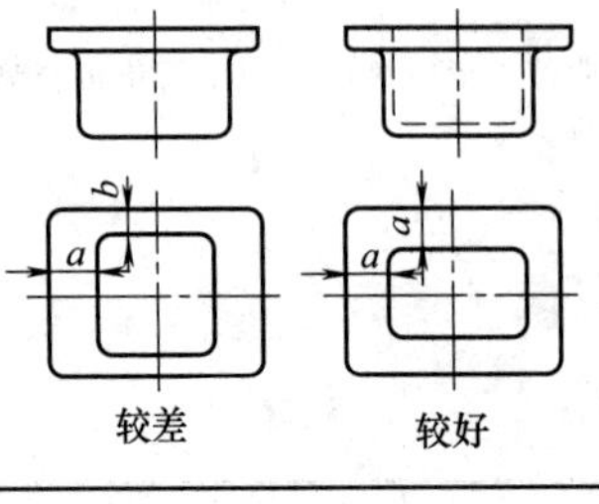 较差 较好	拉延件周围凸边的大小尺寸和形状要合适，边宽最好相等以利于拉延时夹紧

续表

序号	设计时应注意的问题	要点分析
18	法兰边直径过大 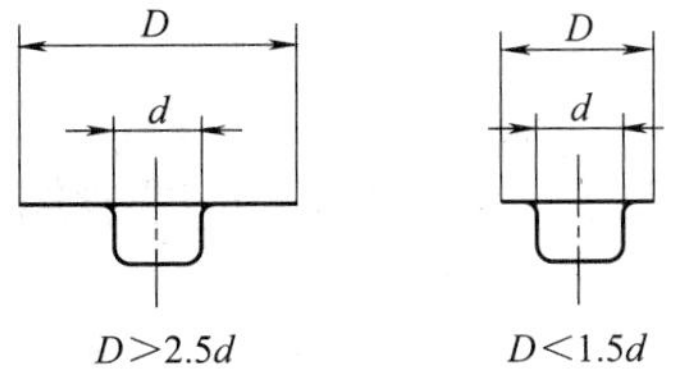 D d D d $D>2.5d$ $D<1.5d$	法兰边的直径不应过大，否则拉深困难
19	利用切口工艺可以简化结构 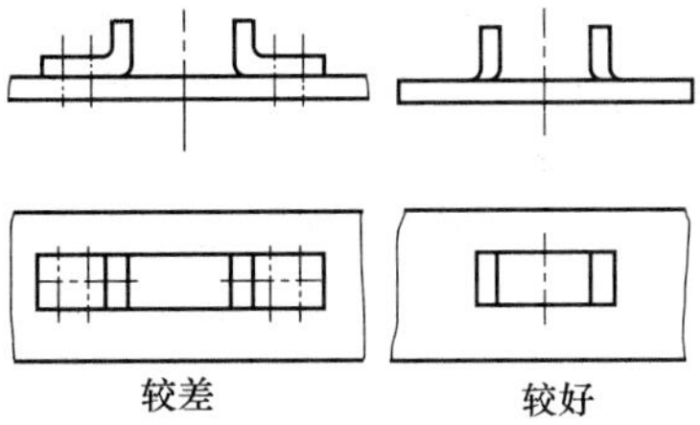 较差 较好	在薄板制造的零件表面，有时要用螺栓或焊接把一些凸块、角形铁等固定上去，改用切口以后将板弯曲，可以达到同样效果，而结构简化
20	冲压件标注尺寸应考虑冲模磨损 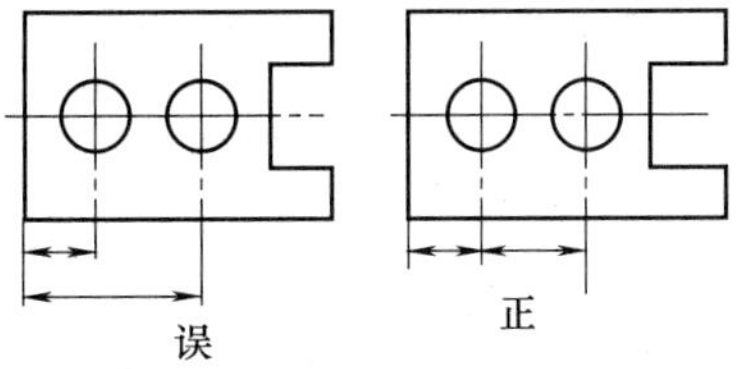 误 正	以零件的一边为基准标注尺寸，当冲模磨损后，两个尺寸的误差都会影响孔间距。如直接注明孔间距要求则能较好地保证两孔之间的距离
21	标注冲压件尺寸要考虑冲压过程 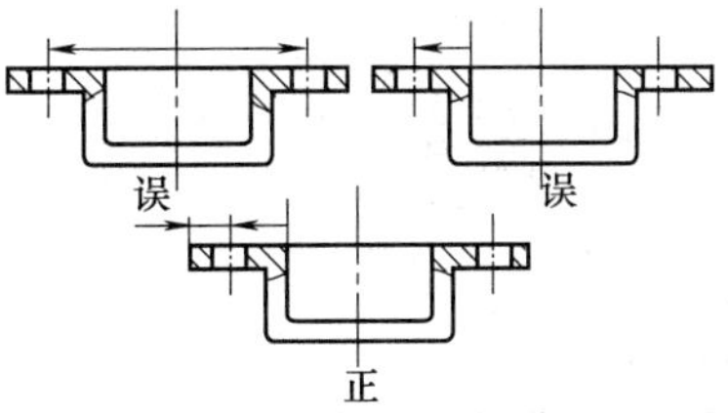 误 误 正	前两种尺寸标注方法不合理，必须将主体冲制弯曲成形后才能冲孔，加工困难。改进后可以在板料冲裁时一并冲出，节省工序，提高效率

第5章 切削件结构设计工艺性

大部分机械零件都要经过机械加工才能装在机械上使用，机械加工常是装配前的最后工序，因此，机械加工的质量和成本对机械零件以至整个机器的质量和成本有极大的影响。此外，机械加工工艺复杂，所用的机床、刀具、夹具、量具形式很多，它们的性能、特点、加工精度、生产率各不相同。有些热处理（如淬火、人工时效等）要穿插在加工过程中进行。因此设计机械零件时，必须仔细考虑机械加工工艺问题。机械加工件结构设计必须由功能要求出发，确定工件的尺寸、形状、精度、表面粗糙度、硬度、强度等。再明确所需的数量和预期的成本要求等条件，以决定加工装配应采用的加工方法与设备。

由于加工、装配自动化程度的不断提高，机器人、机械手的推广应用，以及新材料、新工艺的出现，出现了不少适合于新条件的新机械结构，与传统的机械加工件有较大的差别，这是必须予以注意和仔细研究的。

5.1 金属材料的切削加工性

金属材料的切削加工性，是指金属经过切削加工成为合乎要求工件的难易程度。影响金属切削加工性的因素及其相互关系如图2-5-1所示。目前，尚不能用材料的某一种性能来全面地反映出材料的切削加工性能。生产中最常用的方法是以刀具寿命为60min的切削速度 v_{60} 作为材料切削加工性的主要指标。v_{60} 越大，表示材料的切削加工性越好。若以 $\sigma_b=600\text{MPa}$ 的45钢的 v_{60} 作为基准，简写为 $(v_{60})_j$，则其他材料的 v_{60} 与 $(v_{60})_j$ 之比，即 $K=v_{60}/(v_{60})_j$，称为该材料的相对切削加工性。常用材料的相对切削加工性见表2-5-1。钢、铸铁、铜合金和铝合金的切削加工性的影响因素见表2-5-2。几类难加工材料的相对切削加工性及其影响因素见表2-5-3。

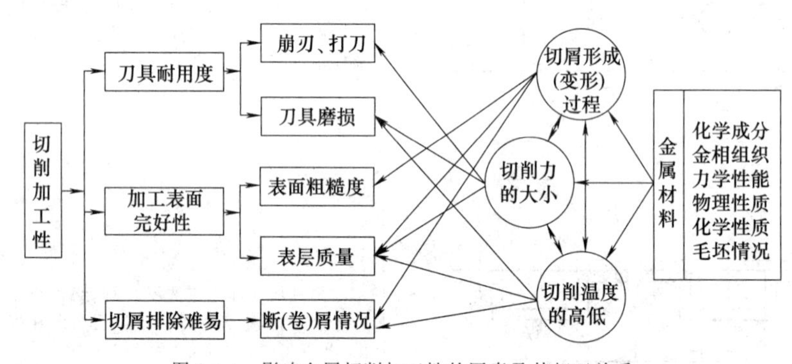

图2-5-1 影响金属切削加工性的因素及其相互关系

表2-5-1 常用材料的相对切削加工性

被切削加工性等级	各种材料的切削加工性质		相对切削加工性 K	代表性的材料
1	很容易加工	一般有色金属	8～20	铅镁合金、5-5-5铜铅合金
2	易加工	易切削钢	2.5～3	自动机钢（σ_b=400～500MPa）
3		较易切削钢	1.6～2.5	30钢正火（σ_b=500～580MPa）
4	普通	一般碳钢及铸铁	1.0～1.5	45钢、灰铸铁
5		稍难切削材料	0.7～0.9	85轧制、2Cr13调质（σ_b=850MPa）
6	难加工	较难切削材料	0.5～0.65	65Mn调质（σ_b=950～1000MPa），易切削不锈钢
7		难切削材料	0.15～0.5	不锈钢（1Cr18Ni9Ti）
8		很难切削材料	0.04～0.14	耐热合金钢、钛合金

表 2-5-2　　钢、铸铁、铜合金和铝合金的切削加工性的影响因素

材料	影响因素与切削加工性		
钢	化学成分（质量分数）	C	0.25%～0.35%最好 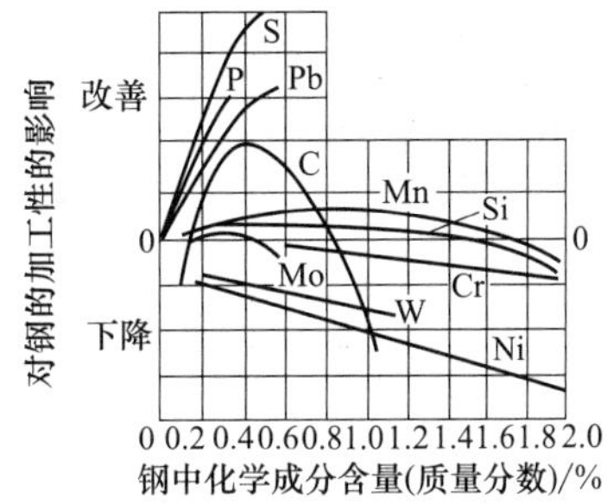
		Mn	当碳含量小于2%时，1.5%最好
		Ni	含量越高，切削加工性越差，高于8%后加工更困难
		Mo	含量为0.15%～0.40%能提高切削加工性，淬火钢硬度高于350HBW时，加Mo有利于切削加工
	冶炼方法	转炉	S、P含量较高，切削加工性较好
		平炉	S、P含量较低，切削加工性较差
		电炉	S、P含量最低，切削加工性最差
	轧制方法	$w_C<0.3\%$	冷拔和冷轧钢的切削加工优于热轧钢
		$w_C=0.3\%\sim0.4\%$	冷轧钢与热轧钢的切削加工性相当
		$w_C>0.4\%$	冷轧钢的切削加工性次于热轧钢
	热处理	退火	提高切削加工性
		正火或淬火	提高低碳钢的切削加工性
	金相组织	铁素体	塑性很大的铁素体钢切削加工性很差，冷拔冷轧后有所提高
		珠光体	低碳钢以断续细网状的片状珠光体为好，但 $w_C>0.6\%$ 时，粒状珠光体优于片状珠光体
		索氏体 托氏体	硬度高于珠光体，切削加工性比珠光体稍差
		马氏体	硬度更高，加工性更差
		奥氏体	软而韧，易粘刀，导热性差，加工硬化严重，切削加工性最差
	力学性能	硬度	切削加工性170～230HBW最好，高于300HBW显著下降，达到400HBW则很差
		塑性	ψ 达到50%～60%，切削加工性能显著下降

铸铁 化学成分（质量分数）/%	C	Si	Al	Ni	Cu	Ti	Mo	Cr	V	Mn	Co	S	P
影响	提高							超限降低					
适当量		0.1～0.2		0.1～3		0.05～0.1	0.5～2	<1	<0.5	<1.5			<0.14

材料	影响因素	项目	切削加工性
铸铁	热处理	退火使硬度降低15%～30%，切削速度提高30%～80%	
	金相组织	自由石墨（显微粒度15～40）	提高，但石墨颗粒太大会影响表面粗糙度
		自由铁素体（显微粒度215～270）	提高，一般铸铁中约占10%
		珠光体（显微粒度300～390）	一般
		针状组织（显微粒度400～495）	略降低加工性
		铁磷共晶体（显微粒度600～1200）	存在于 $w_P>0.1\%$ 的铸铁中，其相对密度小于5%时，影响不大，超过有负作用
		自由碳化物（显微粒度1000～2300）	很硬，降低加工性
	说明	铸铁一般硬度不高，但含有碳化铁及其他硬杂质、导热性较差；韧性差，切屑呈崩裂型，刃口附近小范围内温度梯度大，集中受到硬质点摩擦，影响刀具寿命和加工表面质量	
铜合金	强度硬度	低于钢和铸铁，切削加工性较好	
	脆性韧性	青铜较硬脆，切削时与灰铸铁类似 黄铜较软韧，易"轧刀"，切削时与低碳钢类似，但较易获得低粗糙度表面	
	线胀系数、导热性	比钢、铁大，加工中温升较高，尺寸精度较难控制	
铝合金	强度硬度	一般比铜低，切削加工性好，但表面易碰伤划伤	
	粘刀刀瘤	易粘刀，形成刀瘤，影响表面质量	
	金相组织	不够致密，不易获得低粗糙度表面	
	线胀系数、导热性	线胀系数比铜大，导热性低于铜，工件热胀现象对尺寸精度的影响更为突出	

第2篇

表 2-5-3　几类难加工材料的相对切削加工性及其影响因素

影响因素		硬度	高温强度	摩擦硬质点	加工硬化	黏性	与刀具亲和力	导热性	相对切削加工性 K
高锰钢		1～2	1	1～2	4	2	1	4	0.2～0.4
高强度钢	低合金	3～4	1	1	2	1	1	2	0.2～0.5
	高合金	2～3	2	2～3	2	1	1	2	0.2～0.45
	马氏体时效钢	4	2	1	1	1	1	2	0.1～0.25
不锈钢	沉淀硬化不锈钢	1～3	1	1	2	1～2	1	3	0.3～0.4
	奥氏体	1～2	1～2	1	3	3	2	3	0.5～0.6
	马氏体	2～3	1	1	2	1	2	2	0.5～0.7
高温合金	铁基	2	2～3	2～3	3	3	2	3～4	0.15～0.3
	镍基	2～3	3	3	3～4	3～4	3	3～4	0.08～0.2
钛合金		2	1	1	2	1	4	4	0.25～0.38

注：1. 各因素对 K 的影响分为 1、2、3、4 级，4 级最严重。
2. 材料为淬火或析出硬化状态

5.2　切削件结构设计工艺性

零件结构对切削加工工艺性的影响反映在以下几个方面：加工精度和表面质量、切削加工量、切削加工效率、生产准备工时和辅助工时。因此零件结构设计时应注意如下方面的问题。

5.2.1　保证加工质量

表 2-5-4　保证加工质量的方法

方法	说明	
合理选择基准	设计者应对零件的加工工艺路线和定位、夹紧、加工和测量方法心中有数，按下列原则选择基准	
	基准重合原则	即是设计基准和工艺基准重合，以消除因基准不重合而产生的加工误差
	互为基准原则	对两个位置精度要求较高的表面，采用彼此互为基准的方法进行反复加工，使得基准，也就是加工表面的精度不断提高
	基准统一原则	采用同一定位基准加工尽可能多的表面，尤其是主要加工表面。例如对于箱体类零件，常用一面两孔作为统一的定位基准
	合理设置辅助基准	为了增加定位面覆盖面积，获得稳定可靠的定位基准面和对应的夹紧部位，在工件上专门增加工艺凸台、工艺孔、止口、中心孔等辅助基准。辅助基准无助于零件工作性能，加工结束后如有必要可以切除
提高工艺系统的刚度和抗振性	切削振动和冲击严重影响加工精度、表面质量和切削效率，另外，如果工件刚度过低，夹紧力或切削力会使工件产生变形，增大加工误差，因此结构设计时应考虑提高工件的刚度、刀具系统的刚度和夹紧刚度	
设计要求与加工方法相适应	零件的结构设计及其精度要求应与加工方法和设备相适应	
合理分解和合并零件	对某些机械零件，将其分解加工较为方便经济，加工误差小。而另一种情况下，将几个相关零件合并成一个零件来加工易于保证加工精度。少数零件的重要表面必须等组装后再进行最终加工	

表 2-5-5　　**保证加工精度和表面质量的设计示例**

注意事项	图例 改进前	图例 改进后	说明
在保证使用要求的前提下，合理进行结构设计，降低技术要求	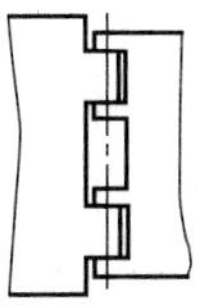	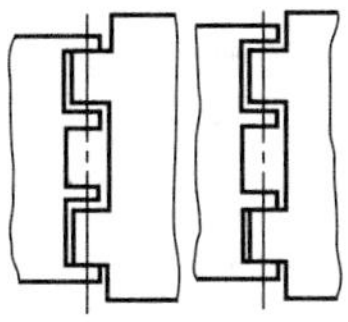	克服过定位
	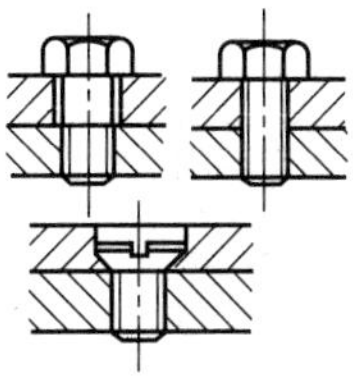	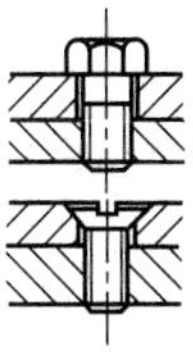	
	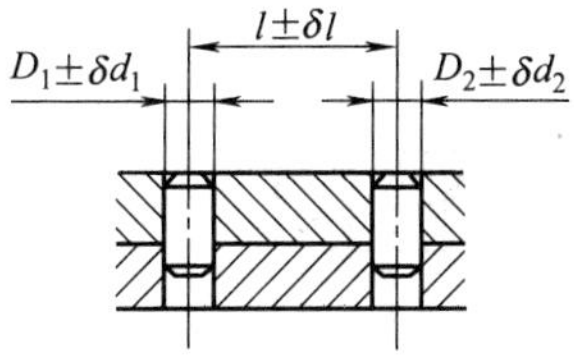 $D_1 \pm \delta d_1$　$l \pm \delta l$　$D_2 \pm \delta d_2$	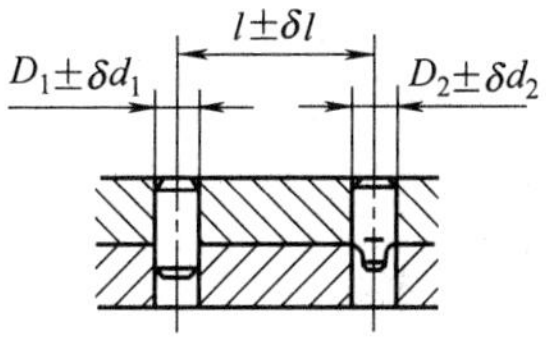 $D_1 \pm \delta d_1$　$l \pm \delta l$　$D_2 \pm \delta d_2$	第二只定位销应为削边销
	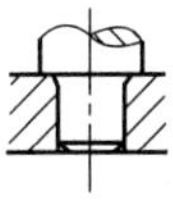	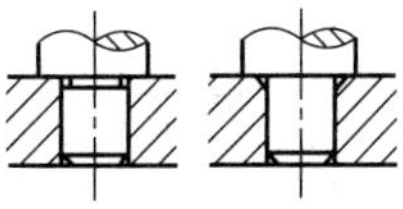	过渡圆弧不要求吻合
	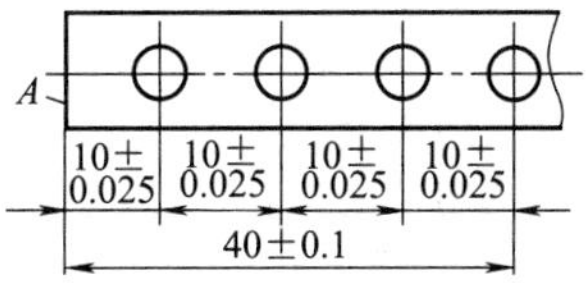 A　10±0.025　10±0.025　10±0.025　10±0.025　40±0.1	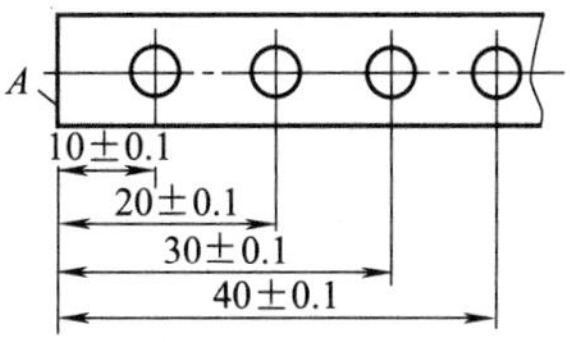 A　10±0.1　20±0.1　30±0.1　40±0.1	改进后降低了尺寸精度
设计基准与工艺基准相互重合	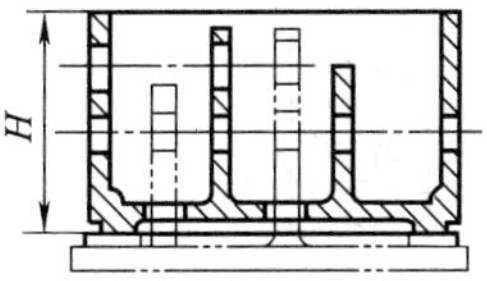 H	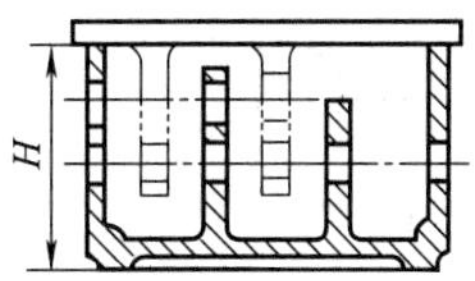 H	镗杆支承吊架装在箱体上平面时，尺寸 H 要求严格，若改到下平面，与安装基面一致，H 可为自由尺寸

续表

<table>
<tr><th rowspan="2">注意事项</th><th colspan="2">图例</th><th rowspan="2">说明</th></tr>
<tr><th>改进前</th><th>改进后</th></tr>
<tr><td rowspan="2">避免切削振动和冲击</td><td>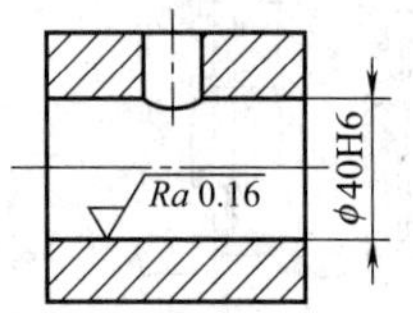</td><td>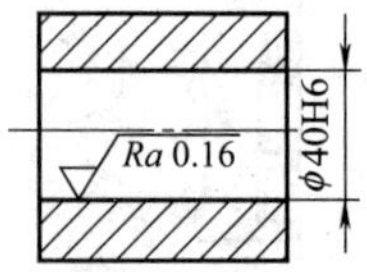</td><td>精密镗削孔表面应连续</td></tr>
<tr><td>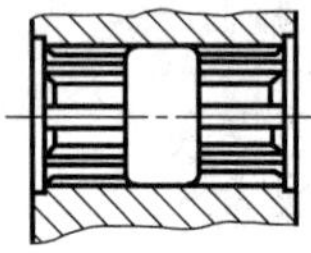</td><td>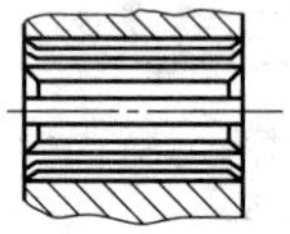</td><td>均匀连续的花键孔容易获得较高精度</td></tr>
<tr><td rowspan="2">在一次安装中加工的表面具有较高的位置精度</td><td>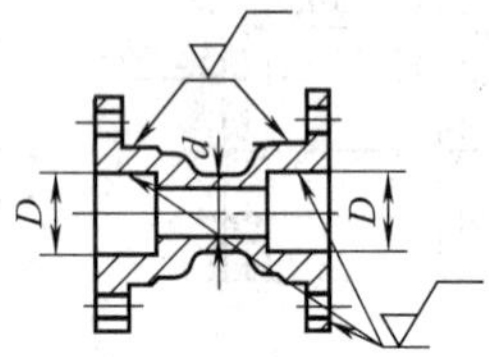</td><td>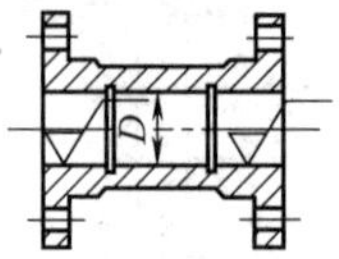</td><td>两端的孔可以在一次安装中同时加工出来，易于保证它们的同轴度要求</td></tr>
<tr><td>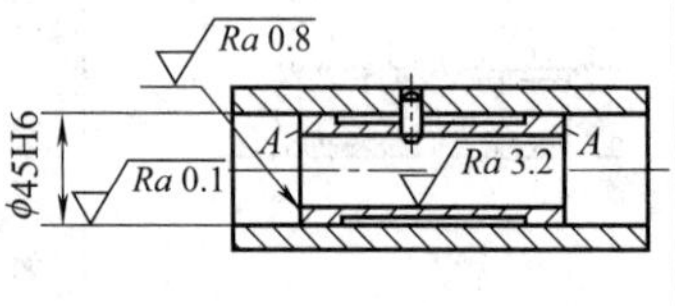</td><td>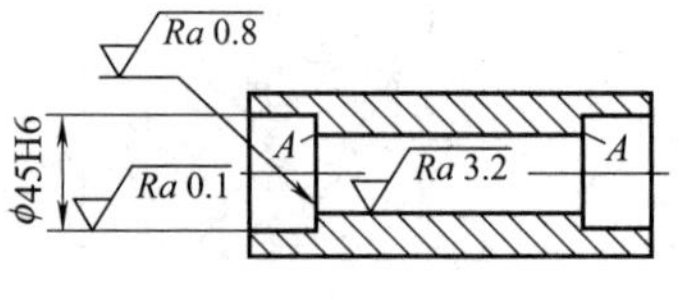</td><td>内圆磨头套筒两端轴承孔与端面位置精度要求很高，改进后一次装夹加工，并便于研磨</td></tr>
<tr><td rowspan="2">对两个质量要求高的表面，不宜用同一刀具或砂轮同时进行加工</td><td>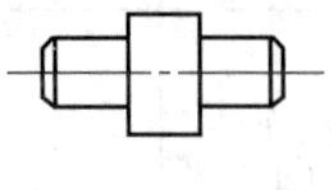</td><td>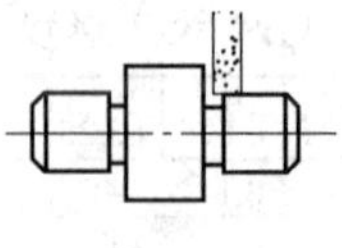</td><td rowspan="2">圆柱面和端面不可同时磨削，故改进设计中应有砂轮越层槽</td></tr>
<tr><td>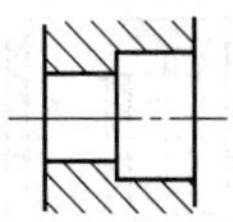</td><td>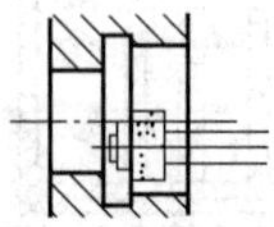</td></tr>
</table>

续表

注意事项	图例		说明
	改进前	改进后	
定位准确可靠	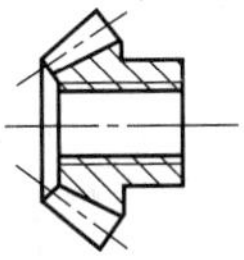	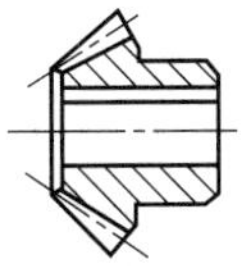	螺纹定心难以保证加工精度
避免难加工结构	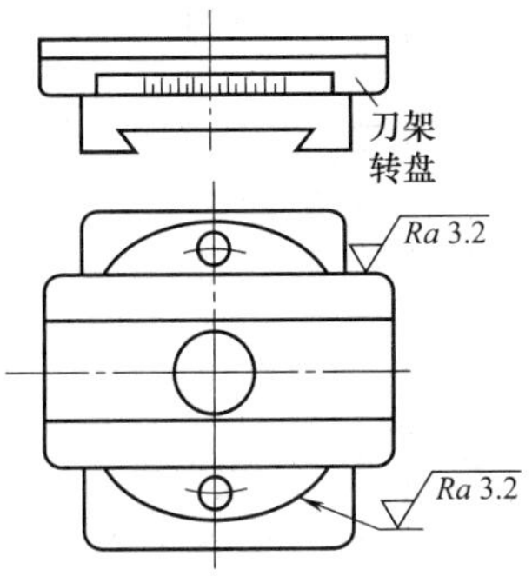	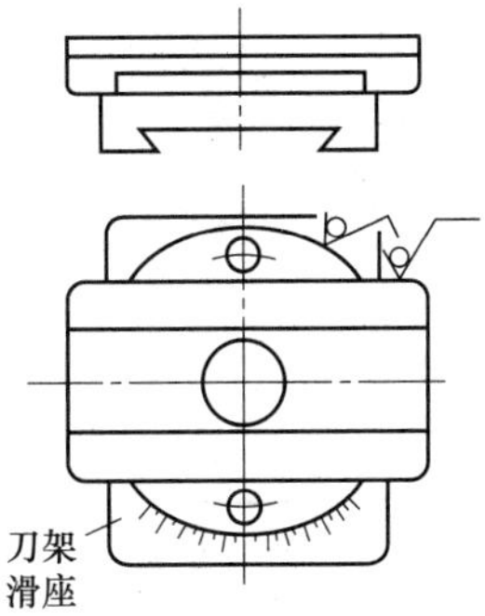	在刀架转盘圆柱面上进行精密刻线，其四周要进行复杂加工，应改为在滑座平面上刻线
	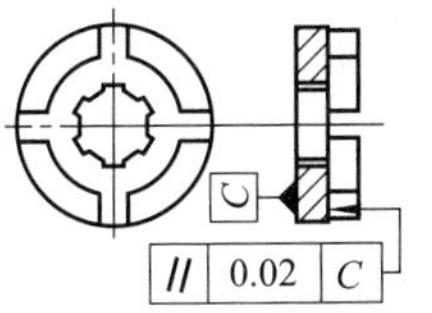	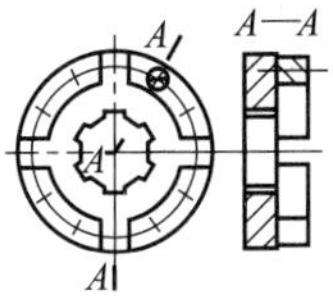	改进后易于保证平行度
	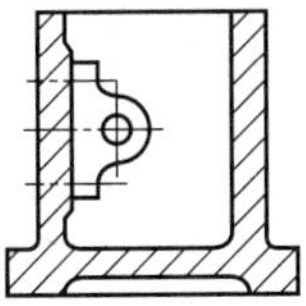	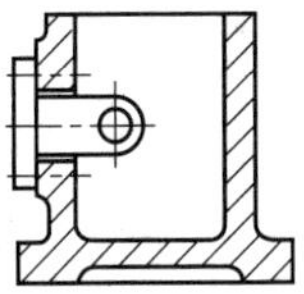	内端面加工不易获得高精度和低粗糙度，装拆也不便
合理标注技术要求	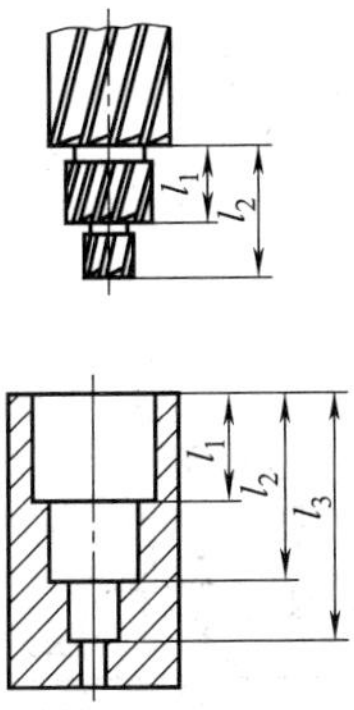	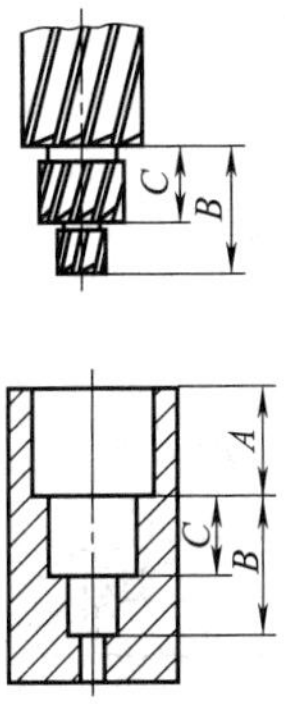	按刀具尺寸标注尺寸

续表

注意事项	图例		说明
	改进前	改进后	
合理标注尺寸与技术要求			按加工顺序标注尺寸
			为满足实际加工要求，箱体孔不仅要注出孔距，还要注出加工所需的坐标尺寸
			集中标注技术要求避免加工时出错
			不加工表面不宜作为尺寸标注基准
			在加工面与不加工面之间，一个坐标方向一般只标注一个关联尺寸

续表

注意事项	图例		说明
	改进前	改进后	
合理标注尺寸与技术要求	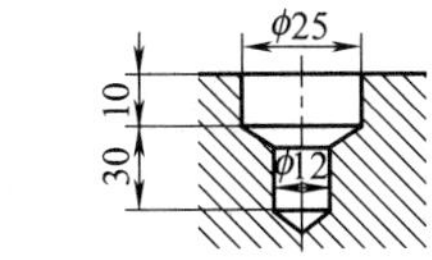	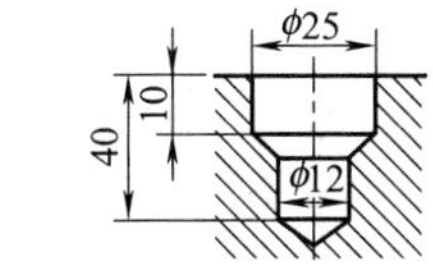	标注尺寸要考虑加工和测量方法
	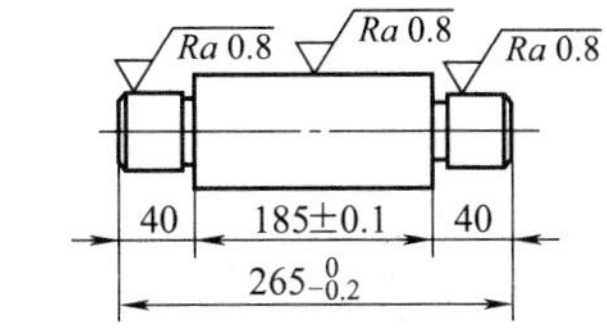	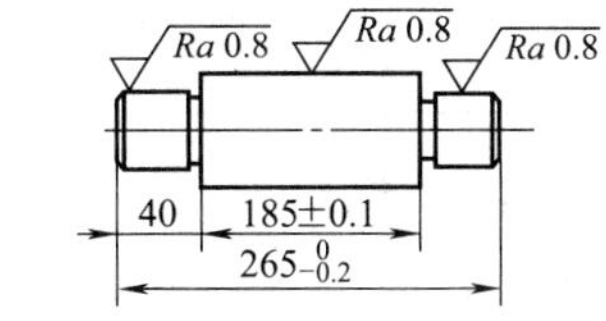	标注尺寸要留封闭环
	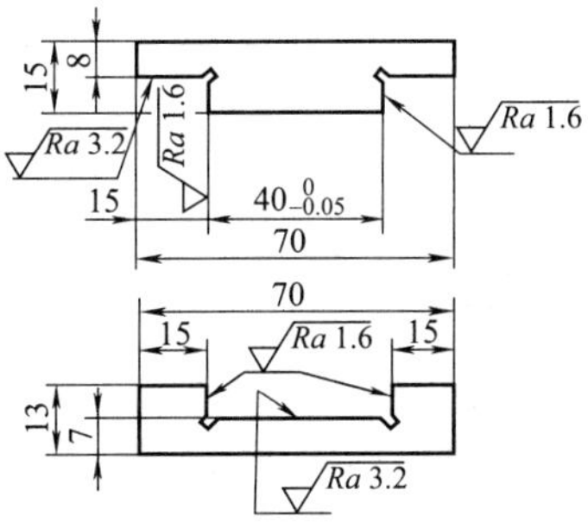	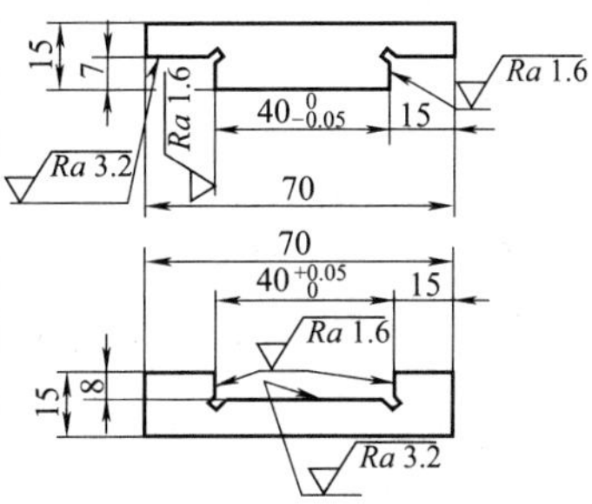	封闭环留在非主要尺寸上
	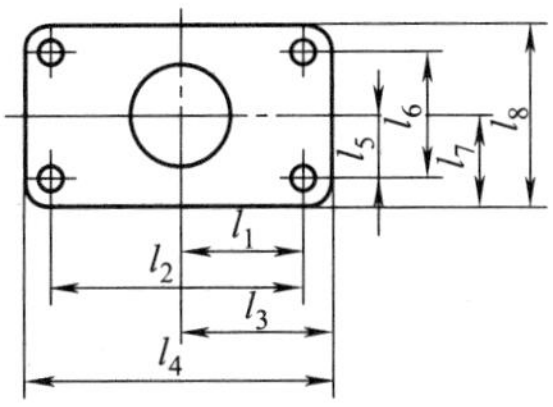	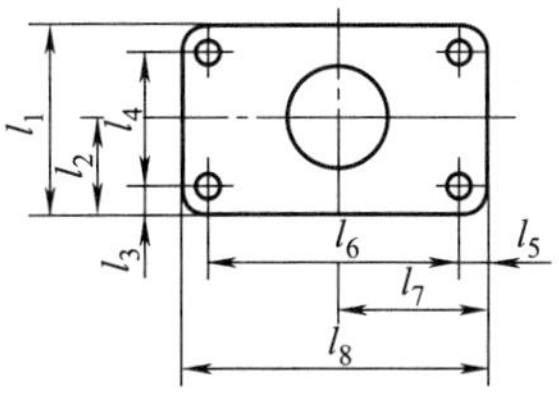	从实际存在的表面标注尺寸
	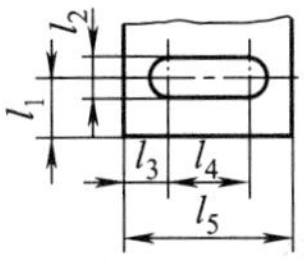	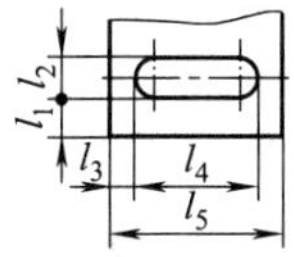	
	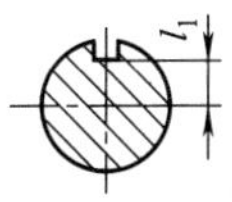	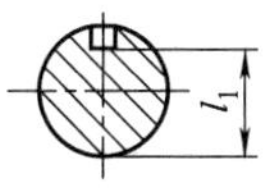	
	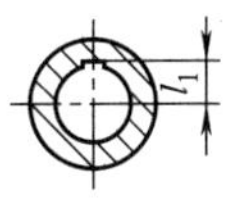	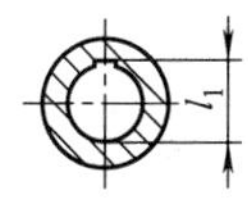	
	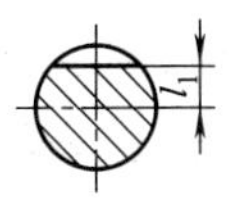	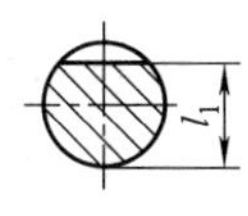	

续表

注意事项	图例		说明
	改进前	改进后	
	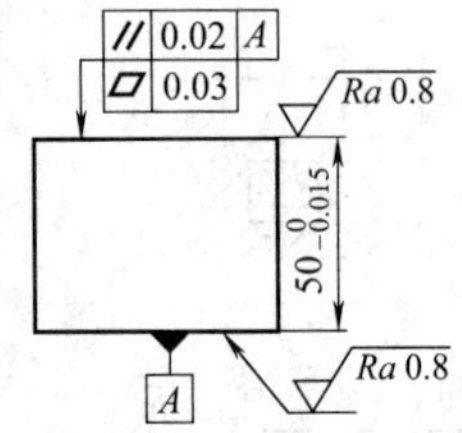 //0.02 A；▱0.03；Ra 0.8；$50_{-0.015}^{0}$；Ra 0.8；A	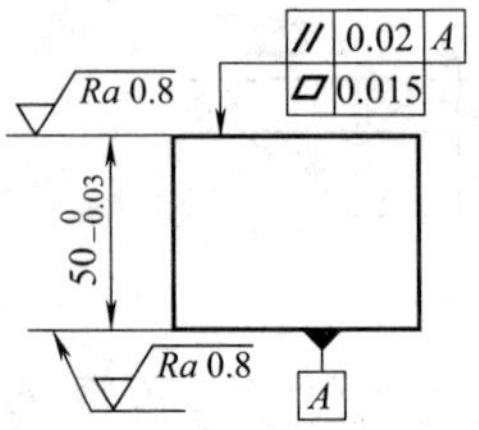 //0.02 A；▱0.015；Ra 0.8；$50_{-0.03}^{0}$；Ra 0.8；A	形状误差不应超过位置误差，位置误差也不应大于尺寸公差
合理标注尺寸与技术要求	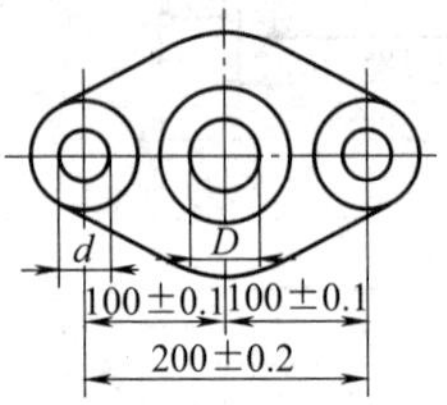 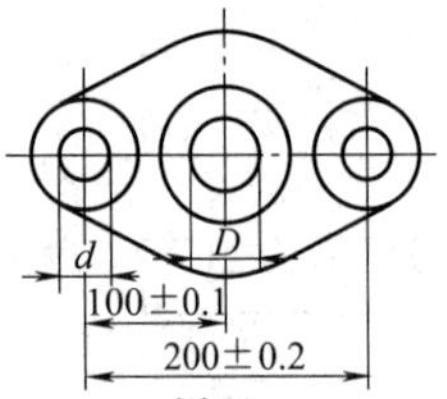 d；D；100±0.1；100±0.1；200±0.2；图(a) d；D；100±0.1；200±0.2；图(b)	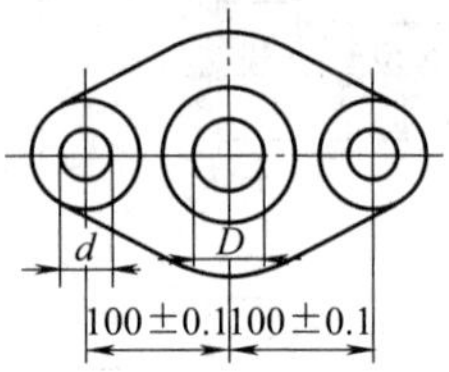 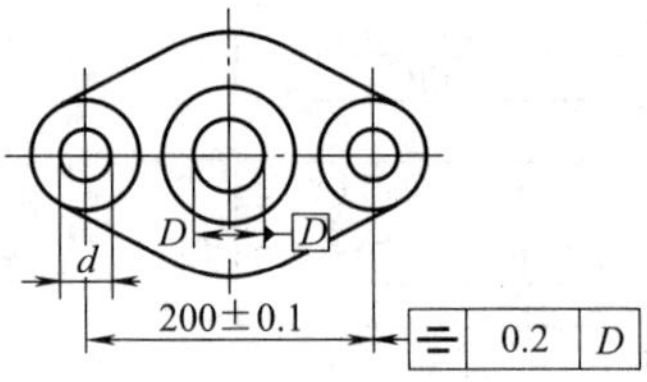 d；D；100±0.1；100±0.1；图(c) d；D；D；200±0.1；≡ 0.2 D；图(d)	对图示对称零件的尺寸标注： 图(a)有原则性错误 图(b)是不正确的标注法 图(c)是较好的标注法 图(d)是尺寸要求较严的标注法

5.2.2　减少切削加工量

为减少切削加工量，结构设计中应注意：

① 减少切削加工表面；

② 减少切削加工表面的面积；

③ 减少切削加工余量。

5.2.3　提高加工效率

1）零件结构应有利于提高切削用量。如用外表面加工代替内表面加工，避免或减少小孔和深孔加工，提高工件刚度等。

2）零件结构应有利于使用高效加工方法和设备。如结构设计应兼顾多刀、多轴或多面积机床加工要求，齿轮结构能够以滚代插，内孔结构能够以拉代镗、代车等。

减少切削加工量和提高加工效率的设计示例见表2-5-6。

表2-5-6　减少切削加工量和提高加工效率的设计示例

注意事项	图例		说明
	改进前	改进后	
减少材料切除量	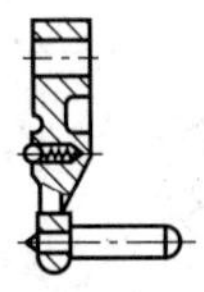	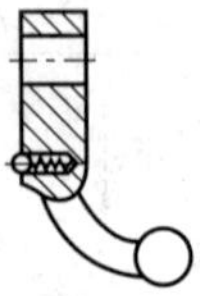	精铸手柄可实现少无切削加工
	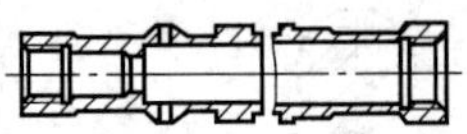	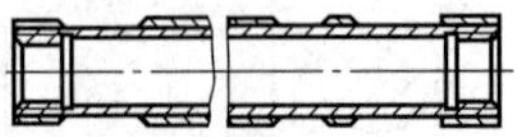	改进前用实心毛坯要加工深孔，在无缝钢管上焊套环可减少加工余量

续表

注意事项	图例		说明
	改进前	改进后	
减少材料切削量	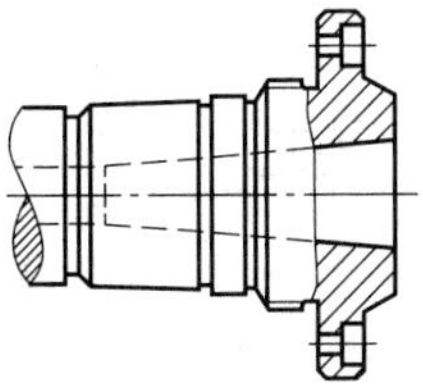	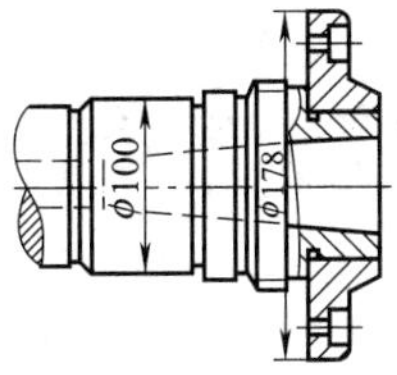 φ100　φ178	某些车床主轴可用热压组合件代替大台阶整体件（在成批生产中采用模锻件）
	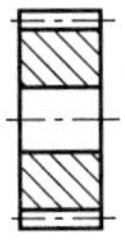	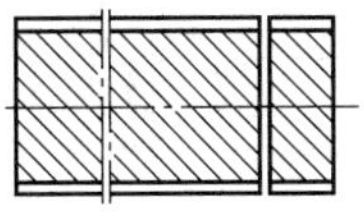	成批生产的齿轮，可用齿轮棒料精密切削成形
	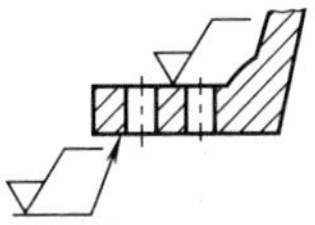	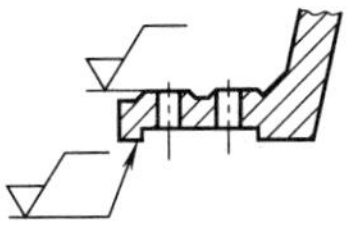	铸出凸台，减少加工面积
		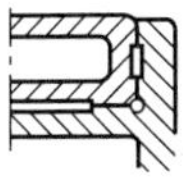	接触面改为环形带后，加工表面面积大为减少
	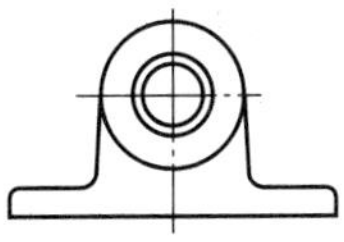	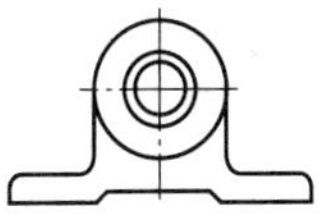	改为台阶面后减少了加工面积
	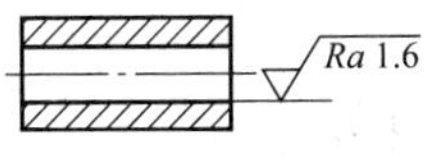 Ra 1.6	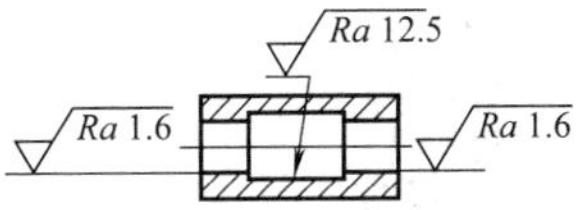 Ra 12.5　Ra 1.6　Ra 1.6	减少精车面积
	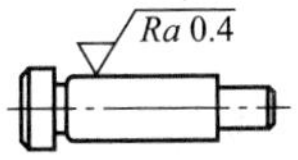 Ra 0.4	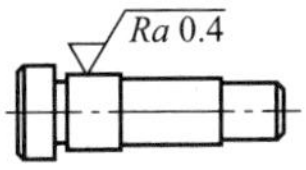 Ra 0.4	减少磨削面积
提高切削用量	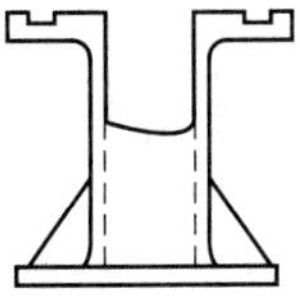	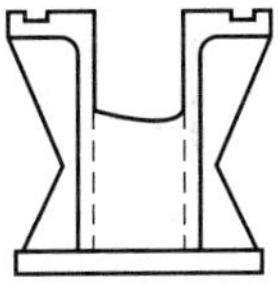	合理布置加强肋，提高工件刚度

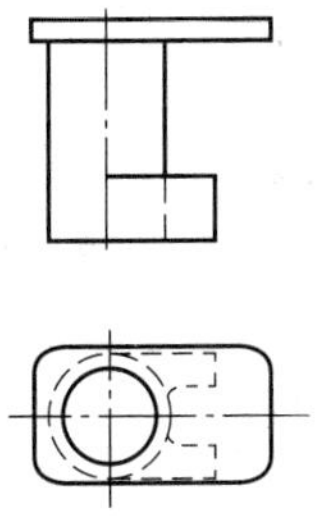

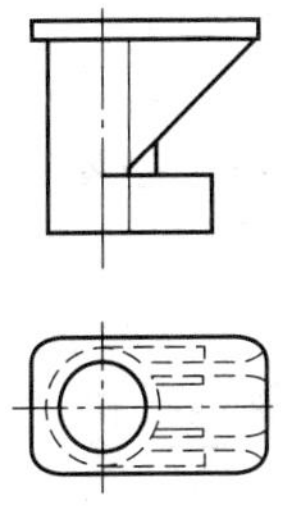

续表

注意事项	图例		说明
	改进前	改进后	
提高切削用量	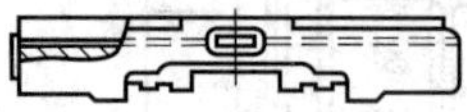	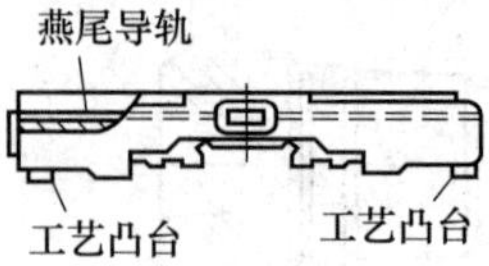 燕尾导轨 工艺凸台 工艺凸台	增加工艺凸台，提高工艺系统刚度
合理应用弹性挡圈，简化结构	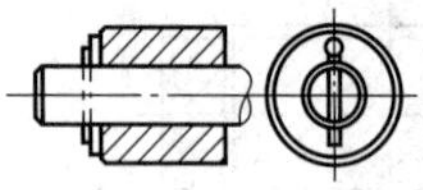	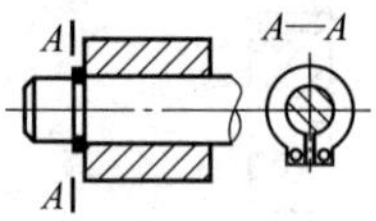 A A—A A	用弹性挡圈代替开口销和垫圈
	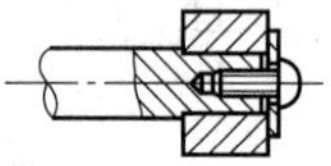	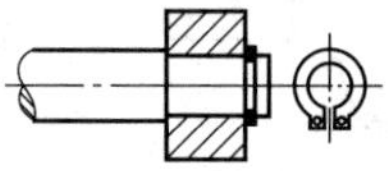	用弹性挡圈代替螺钉和垫圈
	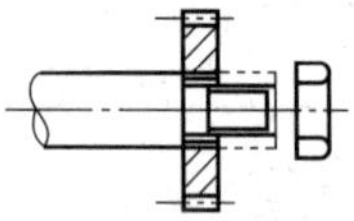	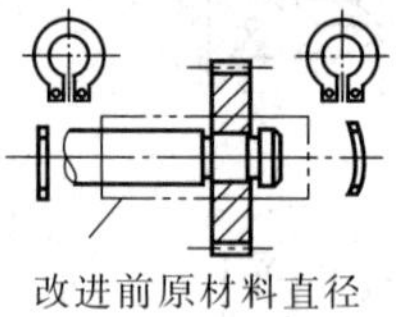 改进前原材料直径	用平面形挡圈代替轴肩，曲面形挡圈限制齿轮轴向位移
	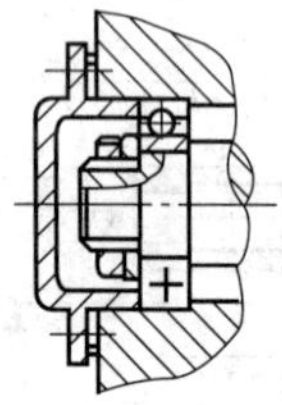	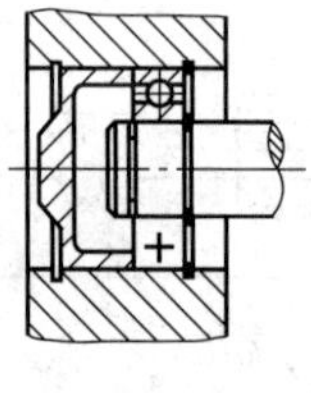	用弹性挡圈代替法兰、螺母和轴肩
	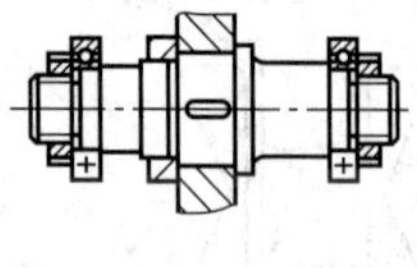	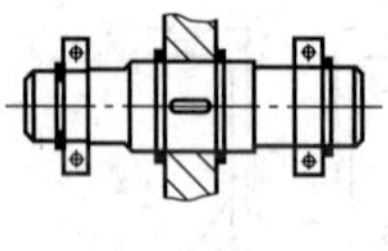	用弹性挡圈代替轴肩，减小毛坯直径和加工余量
合理应用组合结构	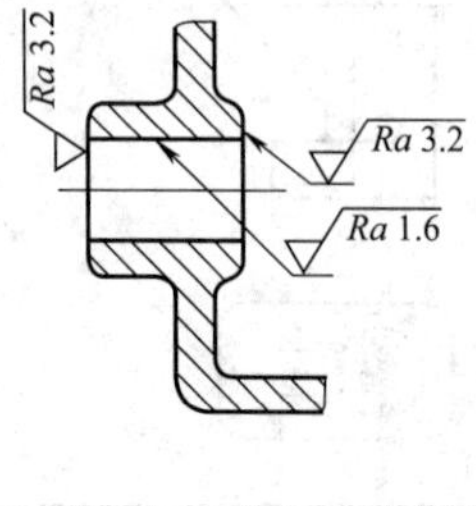 Ra 3.2 Ra 3.2 Ra 1.6	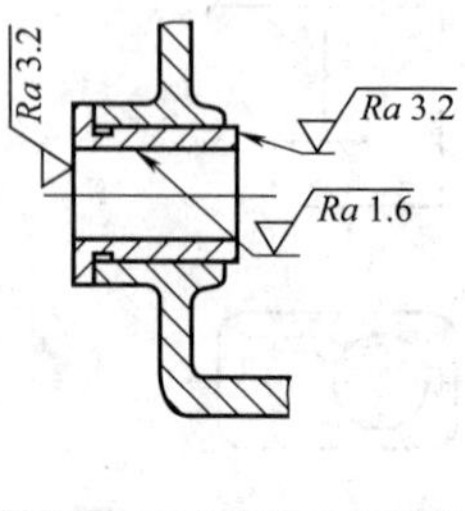 Ra 3.2 Ra 3.2 Ra 1.6	用外表面加工取代内端面加工

续表

注意事项	图例		说明
	改进前	改进后	
合理应用组合结构	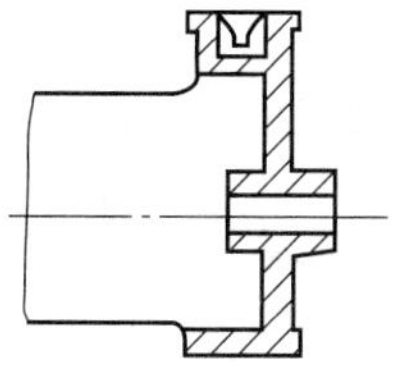	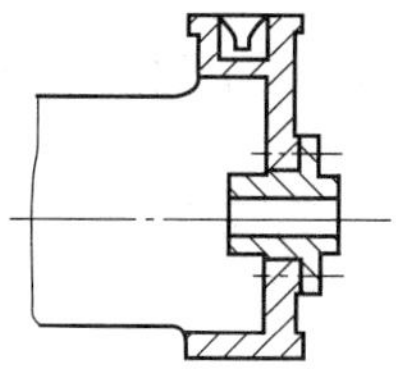	用外表面加工取代内端面加工
	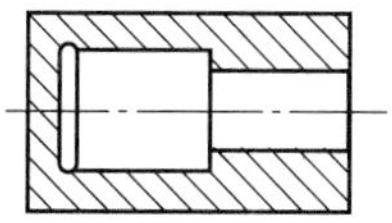	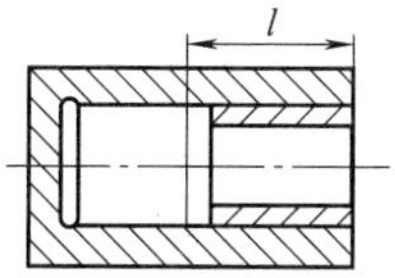 l	减少内孔加工难度
	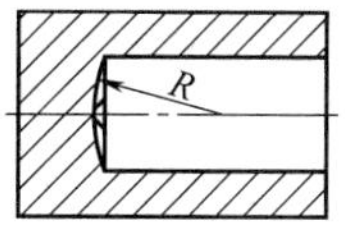 R	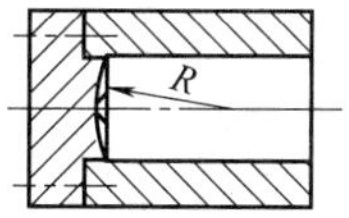 R	减少内球面加工难度
		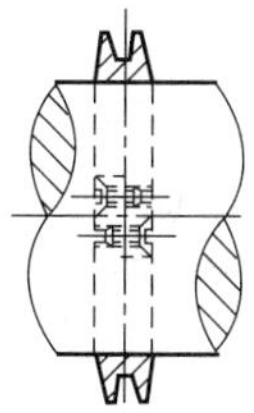	改进后提高了材料利用率,减少了加工余量
	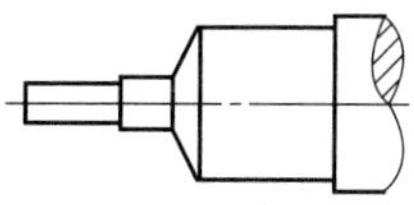	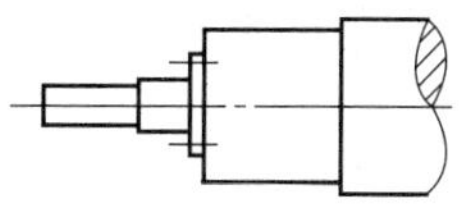	
	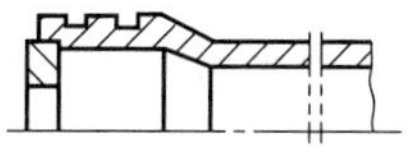	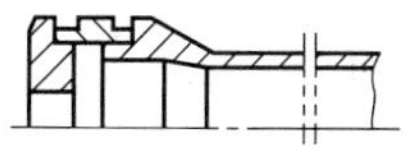	减少加工难度

续表

注意事项	图例		说明
	改进前	改进后	
减小切削加工难度	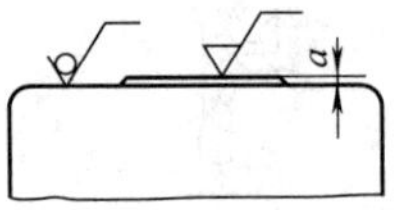 $a<\delta$ δ—加工误差	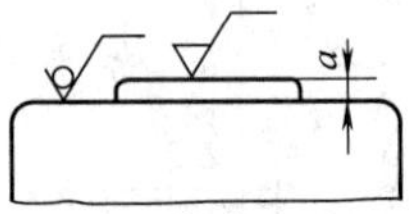 $a>\delta$	加工表面与不加工表面应有明显界限
	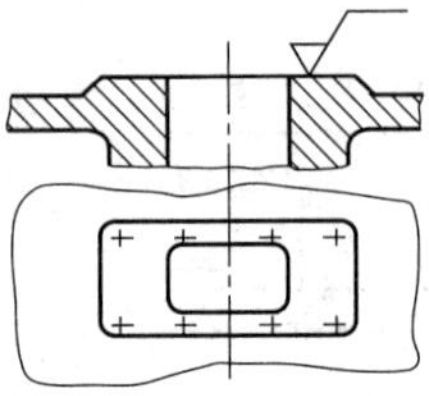	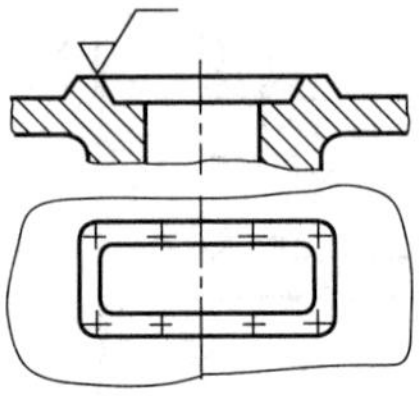	加工面宽度尽可能一致，以利于提高切削用量
	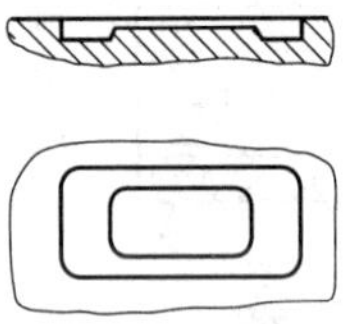	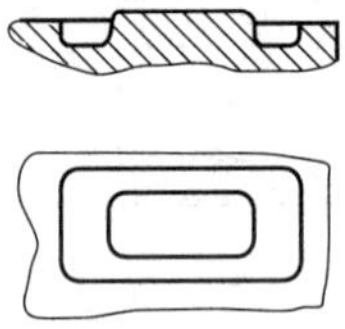	避免把加工平面布置在低凹处
	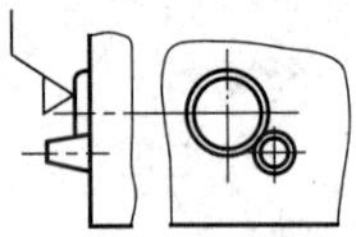	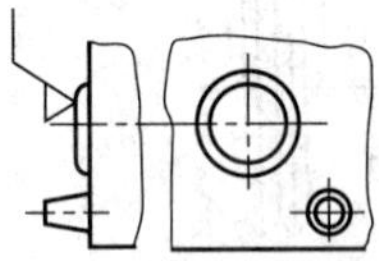	改进前的结构难以加工
	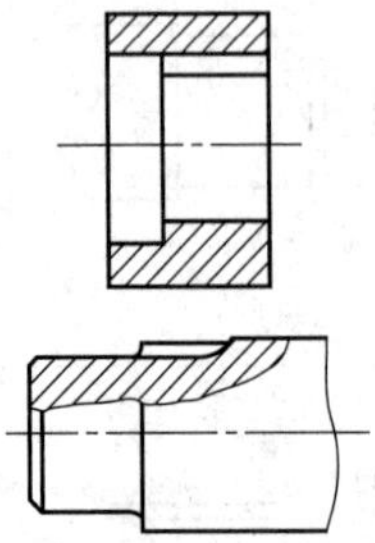	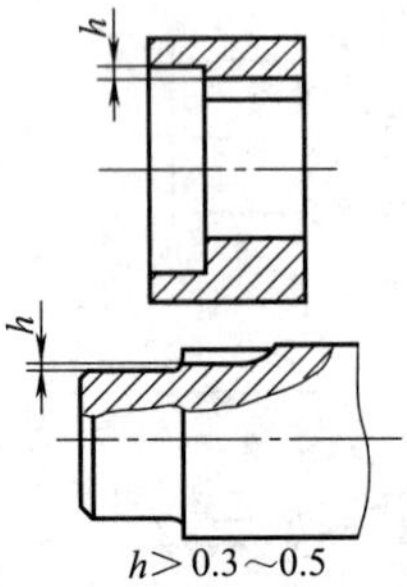 $h>0.3\sim0.5$	沟槽表面不要与其他加工表面重合

续表

注意事项	图例		说明
	改进前	改进后	
减小切削加工难度	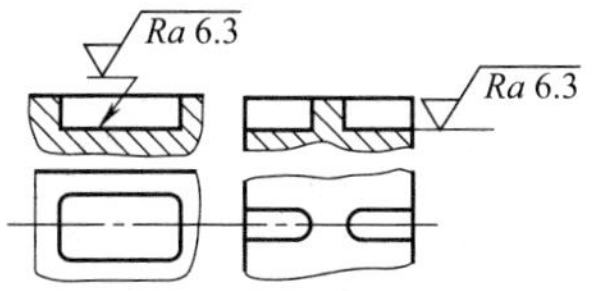 Ra 6.3 Ra 6.3	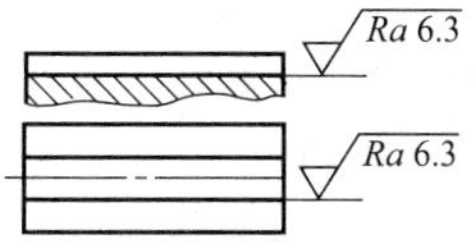 Ra 6.3 Ra 6.3	封闭凹窝和不通槽不利于进行切削加工
	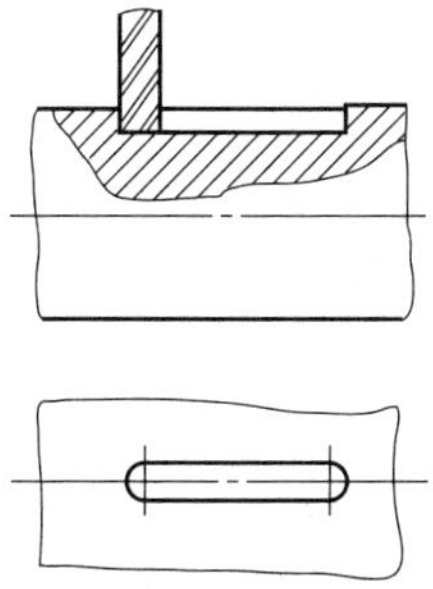	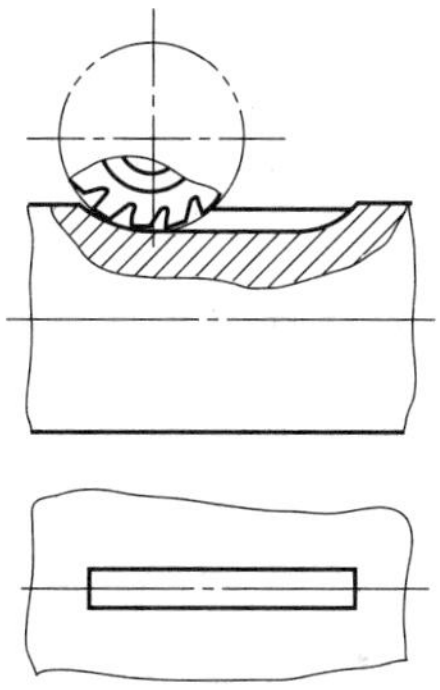	避免用端铣刀加工封闭槽，以改善切削条件，尤其是切入时的切削条件
	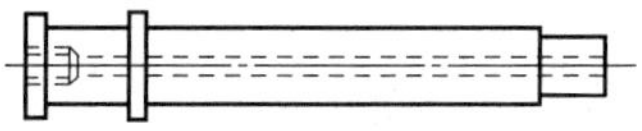	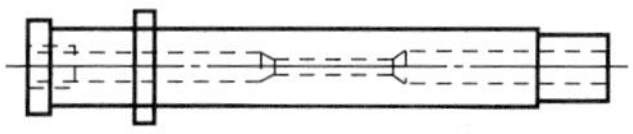	细长孔不容易进行切削加工
	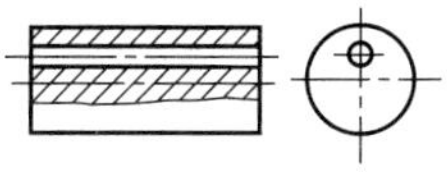	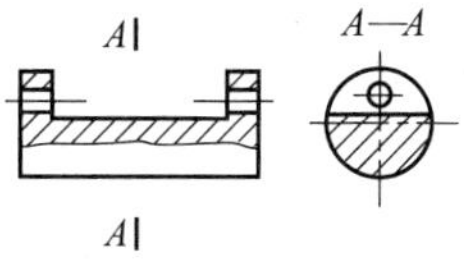 A A—A A	
	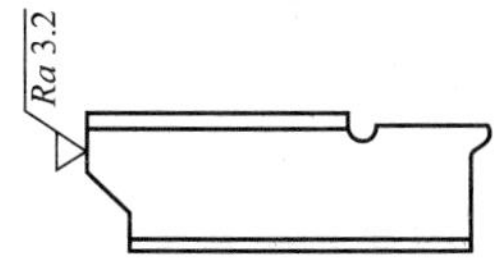 Ra 3.2	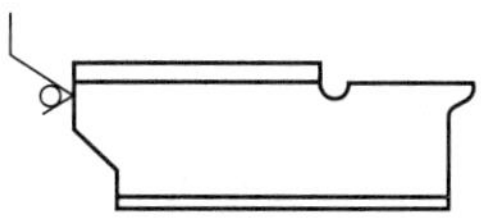	大件端面不容易加工
	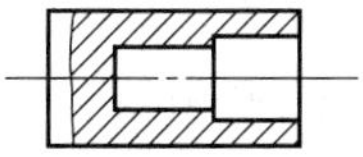	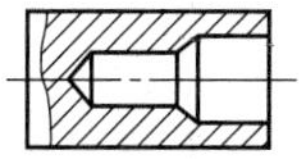	平底孔加工应予避免
	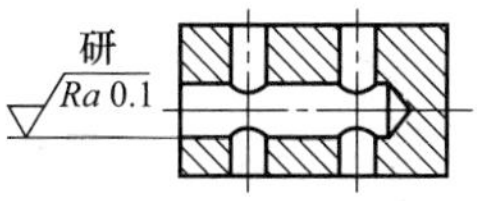 研 Ra 0.1	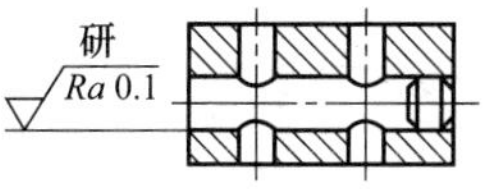 研 Ra 0.1	研磨孔宜贯通
	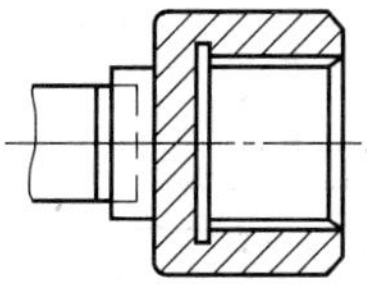	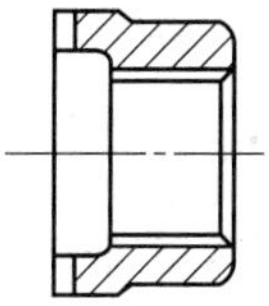	花键孔宜贯通

续表

注意事项	图例		说明
	改进前	改进后	
减小切削加工难度	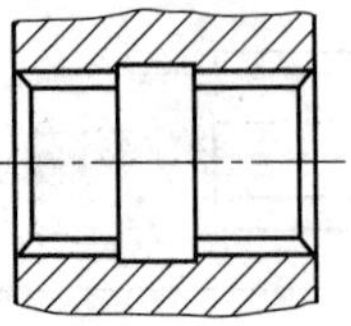	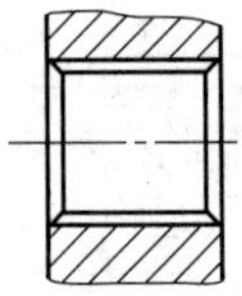	花键孔宜连续
	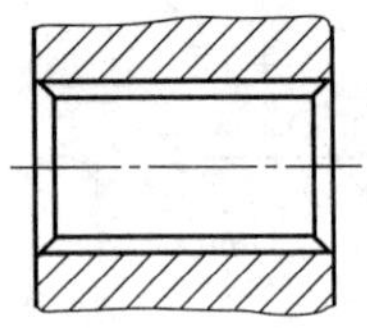	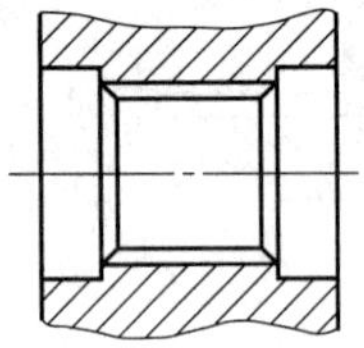	花键孔不宜过长
	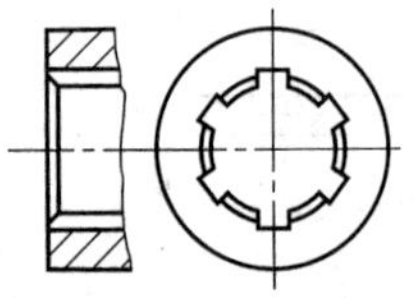	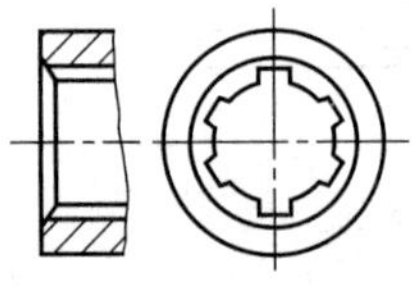	花键孔端部倒棱应超过底圆面
	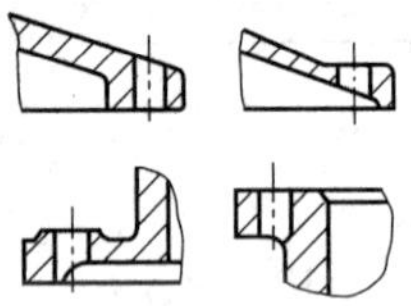	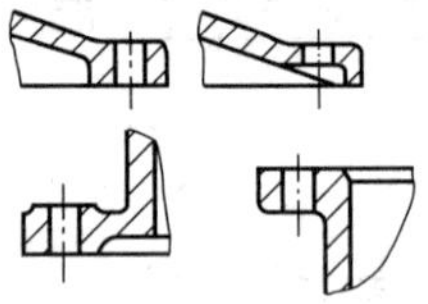	钻削孔的出入端均不宜为斜面
	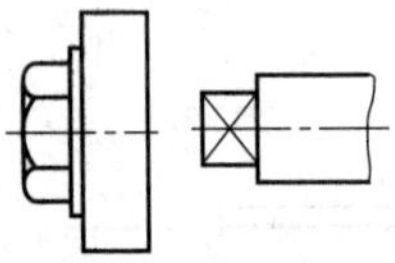	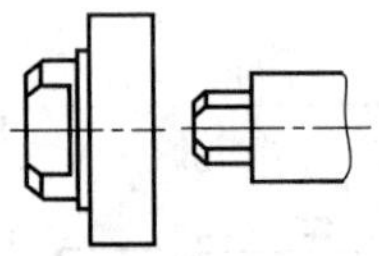	如无必要，应减少棱边数
	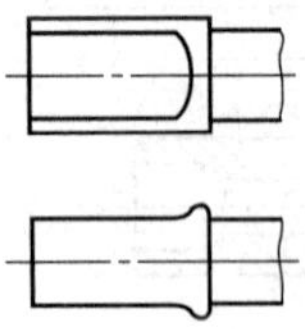	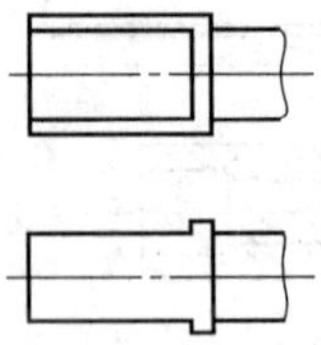	改进后的结构易于加工
	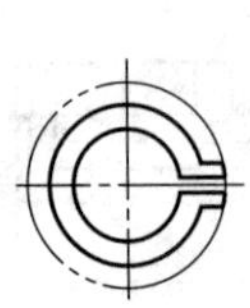		改进前的结构难加工
	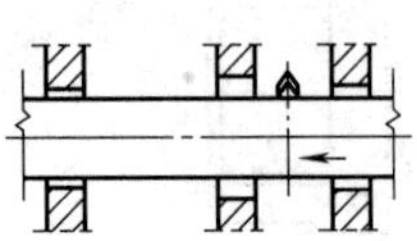	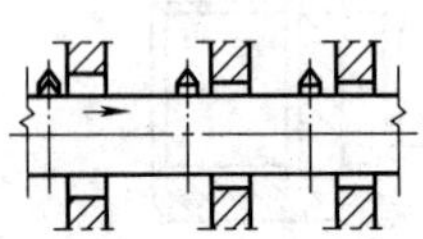	内大外小的同轴孔不易加工

续表

注意事项	图例		说明
	改进前	改进后	
减小切削加工难度	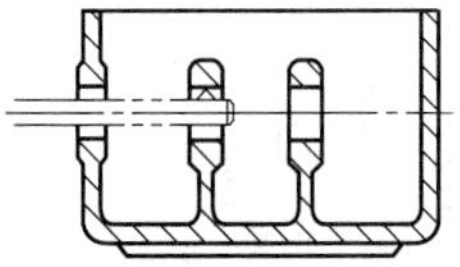	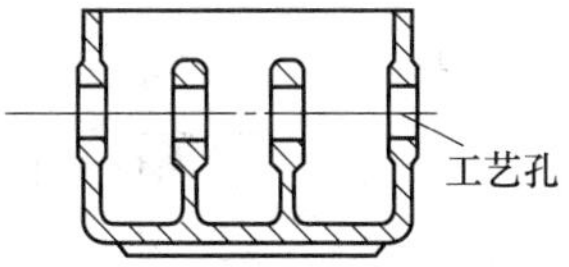 工艺孔	改进后，镗杆可两端支承
	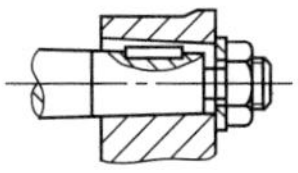	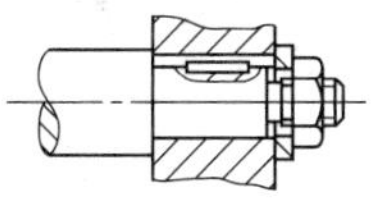	精度要求不很高，不受重载处宜用圆柱配合
	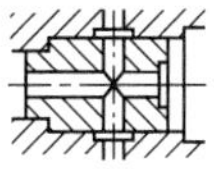	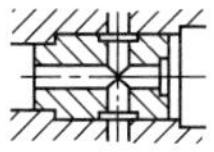	外表面沟槽加工比内沟槽加工方便，容易保证加工精度
	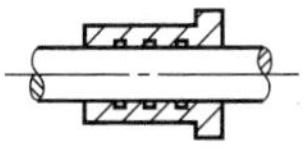	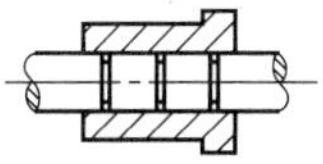	
	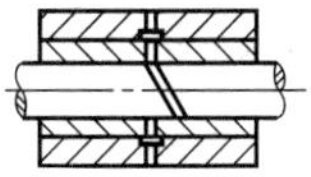	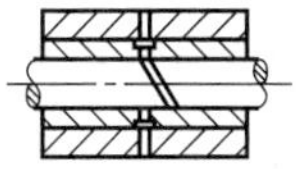	

5.2.4　减少生产准备和辅助工时

1）结构设计时应考虑充分利用标准刀具、量具和辅助工具，以减少非标工艺装备设计制造工作量。

2）压缩零件结构要素的种类和规格，以减少刀具、辅助工具的种类和换刀时间，减少量具种类和测量时间，减少机床调整时间。

3）尽可能避免在大件上设计内沟槽、内加工端面以及大尺寸的内锥面和内螺纹，避免倾斜的加工表面，避免在斜面上钻孔、铰孔和攻螺纹，以减少专用工艺装备的设计制造工作量，减少机床调整时间，便于刀具到达、进入和退出加工表面。

4）尽可能统一定位基准以便减少工艺装备、减少工件安装次数和装夹拆卸时间。

5）零件结构便于多件合并加工。

减少生产准备工作量和辅助工时的图例见表 2-5-7及表 2-5-8。

表 2-5-7　减少生产准备工作量的图例

注意事项	图例		说明
	改进前	改进后	
工件结构、形状与标准刀具相适应	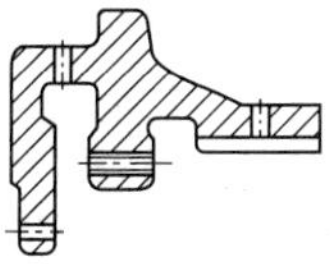	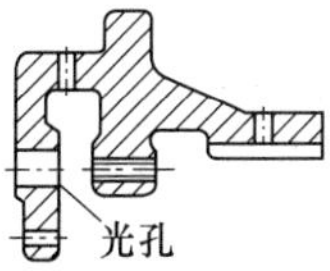 光孔	增加工艺孔，以便采用标准钻头和丝锥进行加工
	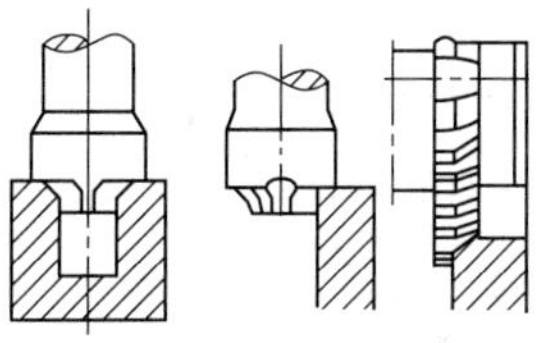	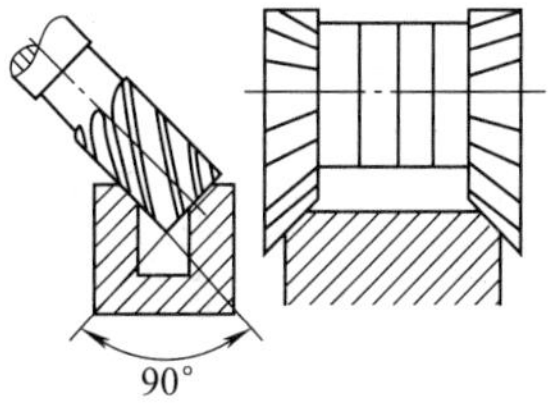 90°	改进结构，以便采用标准铣刀加工

续表

注意事项	图例		说明
	改进前	改进后	
减少结构要素的种类和规格	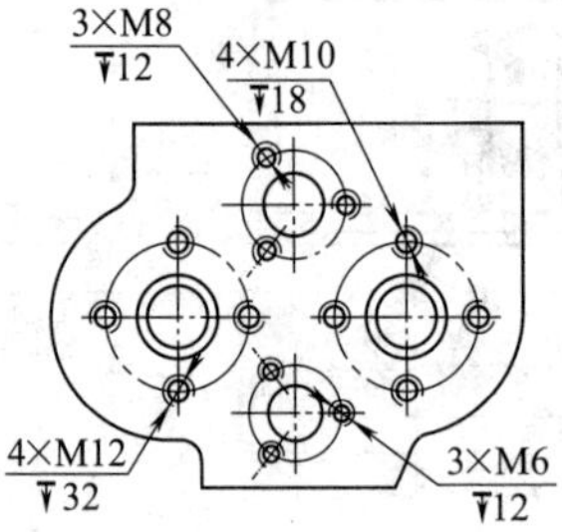 3×M8 ▼12；4×M10 ▼18；4×M12 ▼32；3×M6 ▼12	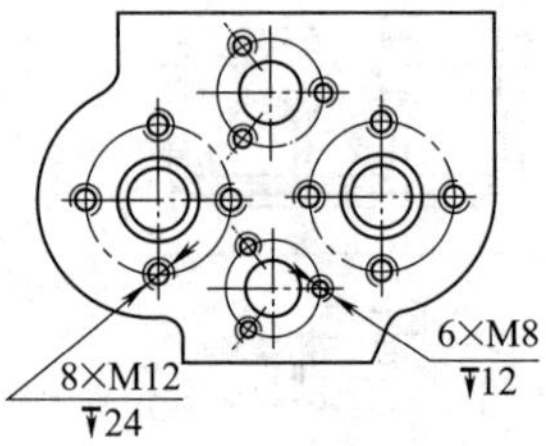 8×M12 ▼24；6×M8 ▼12	减少螺孔种类
	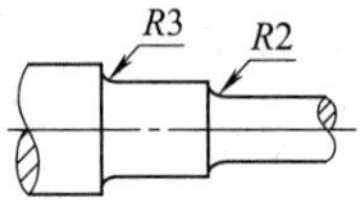 R3；R2	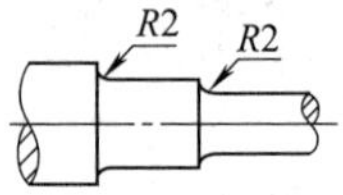 R2；R2	统一圆弧半径
	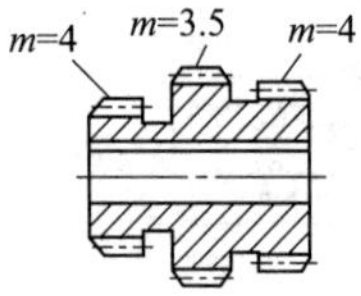 m=4；m=3.5；m=4	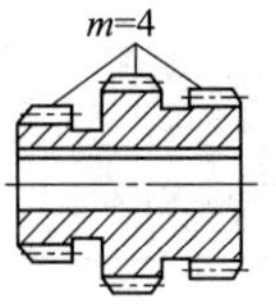 m=4	多联齿轮模数尽可能一致

表2-5-8　　**减少辅助工时的图例**

注 意 事 项	图例		说明
	改进前	改进后	
定位可靠、夹紧简便	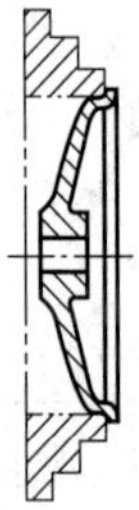	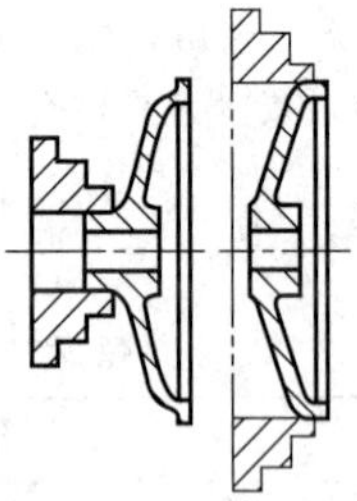	圆柱面易于定位夹紧
	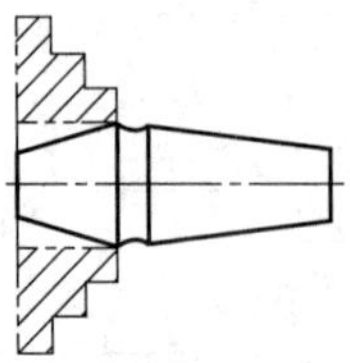	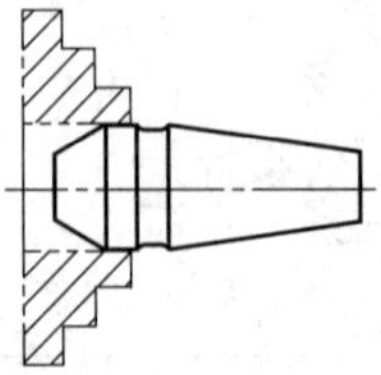	
	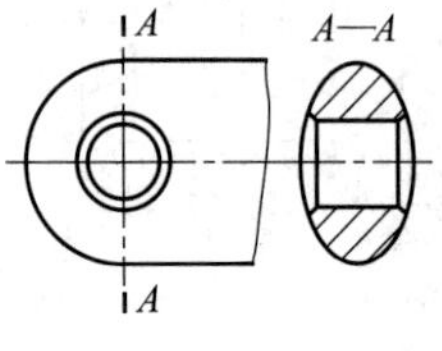 A；A—A；A	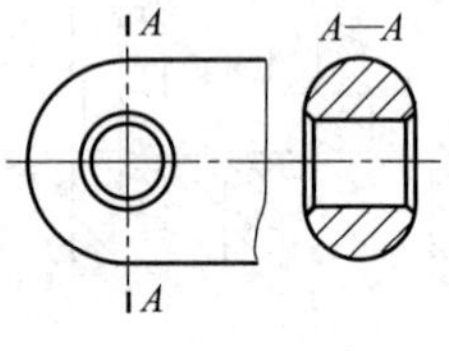 A；A—A；A	平面易于定位夹紧

续表

注意事项	图例		说明
	改进前	改进后	
定位可靠、夹紧简便	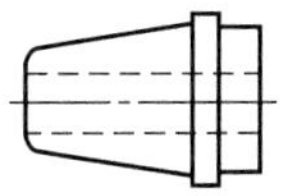	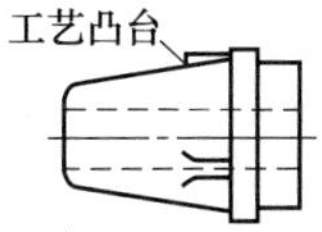 工艺凸台	增加工艺凸台后易定位夹紧
		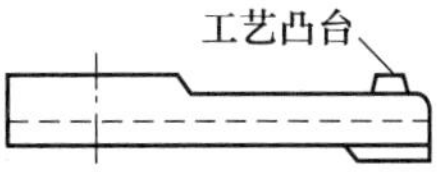 工艺凸台	
	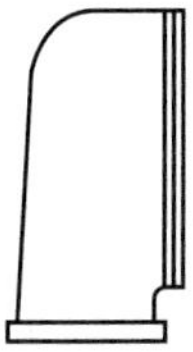	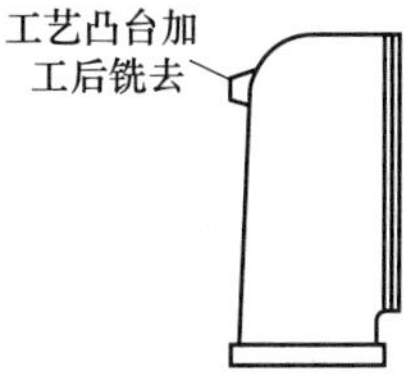 工艺凸台加工后铣去	
	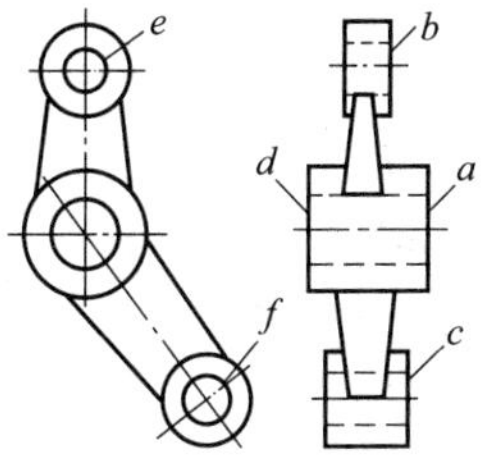 e b d a f c	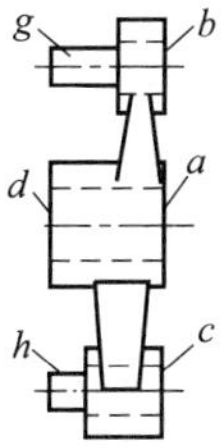 g b d a h c	改进后，a、b、c 处于同一平面上，而且增加了两个工艺凸台 g、h，当 e、f 孔钻通时凸台自然脱落
	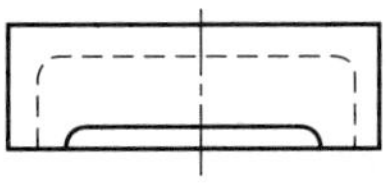	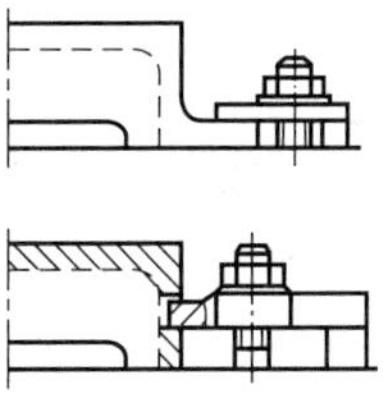	增加夹紧边缘或夹紧孔
	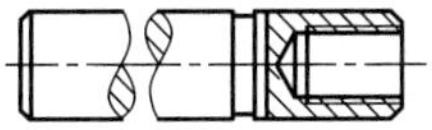	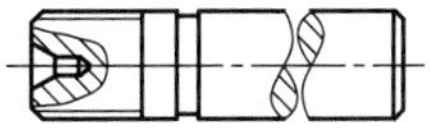	为便于端部支承，设 60°内锥孔或改为外螺纹
	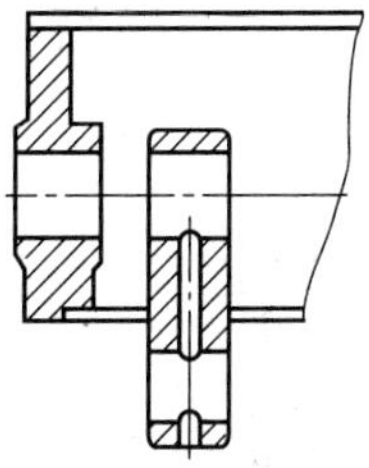	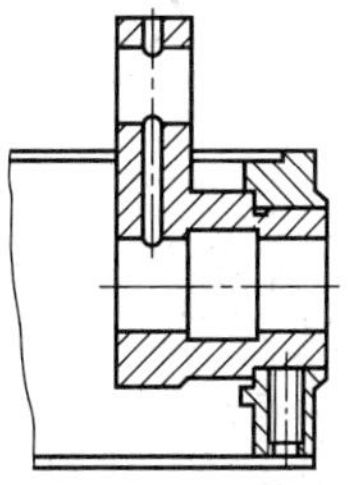	箱体中有凸出底面的支承架，装夹不便，分成两件后，易于定位夹紧

续表

注意事项	图例		说明
	改进前	改进后	
减少装夹次数	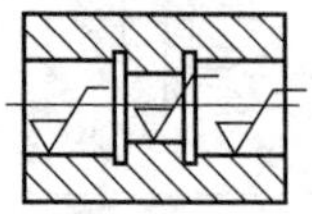	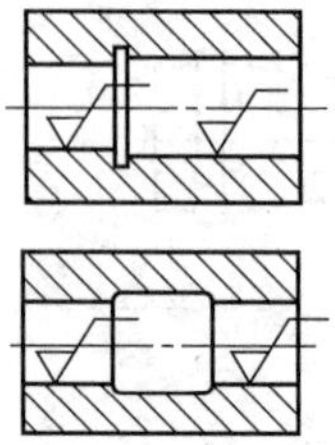	原设计要从两端加工，改进后可省去一次安装
	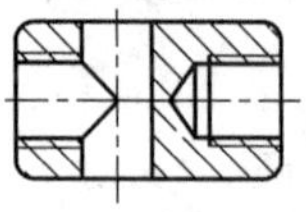	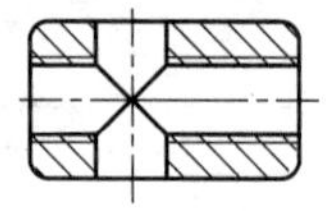	改为通孔，可减少一次安装，提高同轴度。如需热处理，还可改善热处理工艺性
	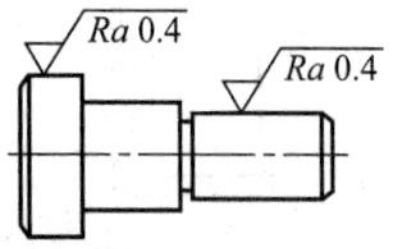 Ra 0.4 Ra 0.4	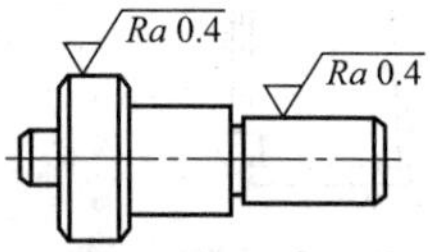 Ra 0.4 Ra 0.4	改进后减少一次磨削装夹
	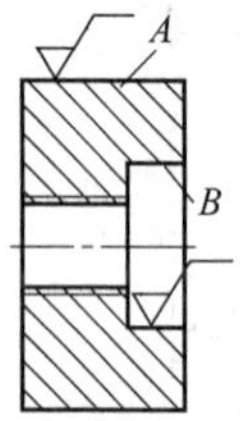 A B	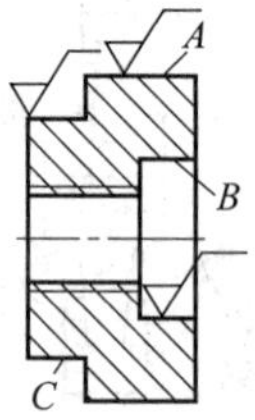 A B C	改进后可在一次装夹中完成 A、B 二面的车加工
	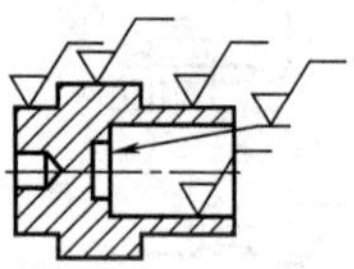	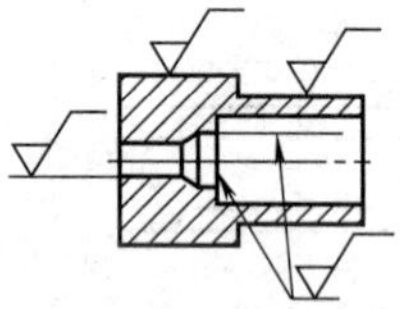	改成通孔可减少装夹次数
	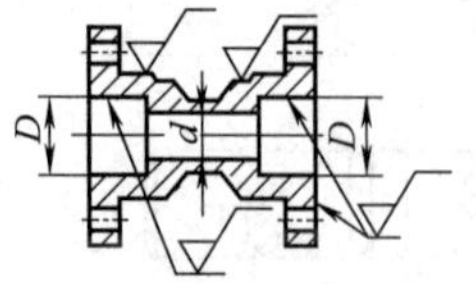 D d D	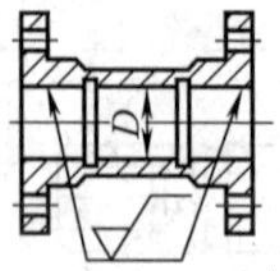 D	内孔加工应在一次安装中完成
	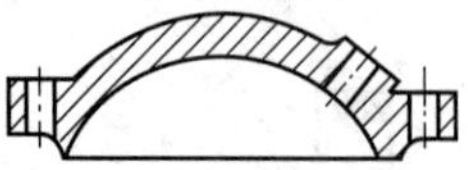	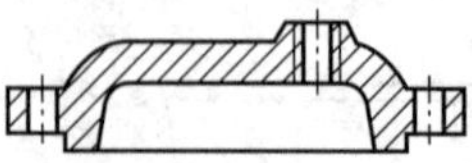	倾斜加工表面和斜孔会增加装夹次数
	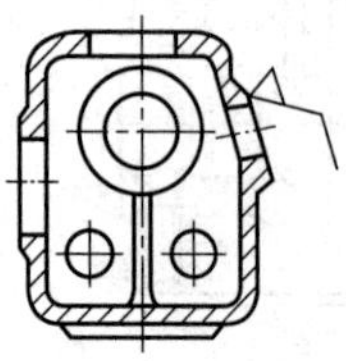	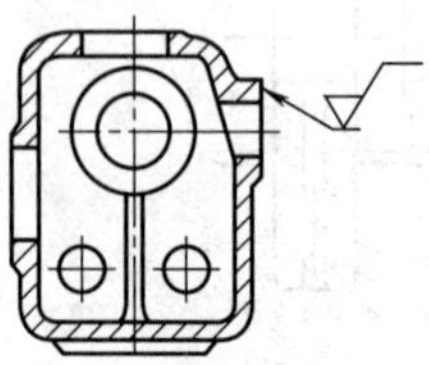	

续表

注意事项	图例		说明
	改进前	改进后	
减少装夹次数	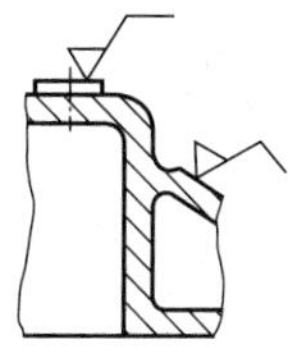	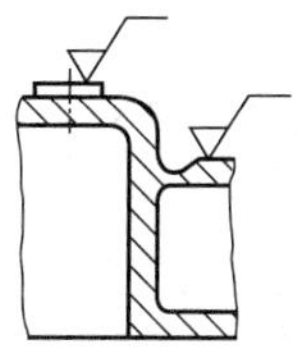	倾斜加工表面和斜孔会增加装夹次数
	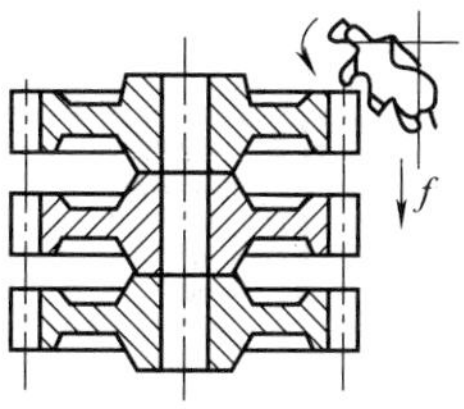 f	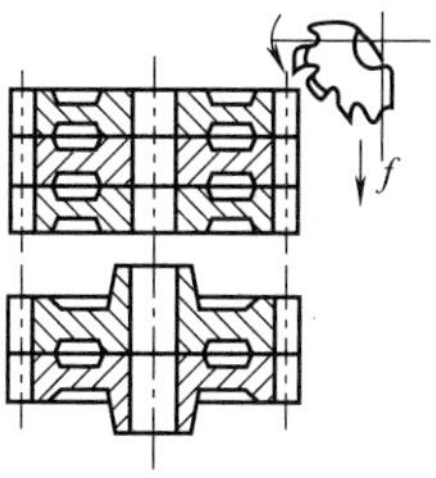 f	改进后的结构可多件合并加工
减少机床调整次数	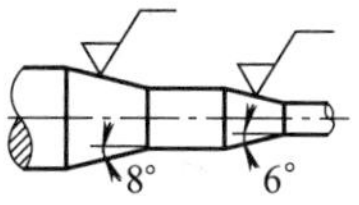 8°　6°	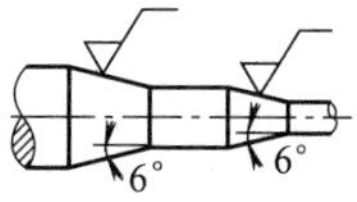 6°　6°	改进后调整一次机床即可加工两个锥面
提高刀具刚度和寿命、减少刀具调整、刃磨和更换次数	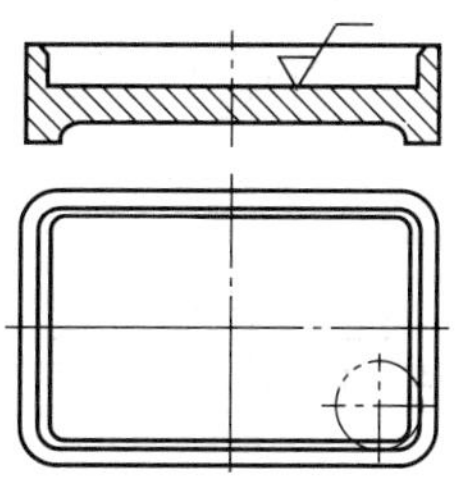	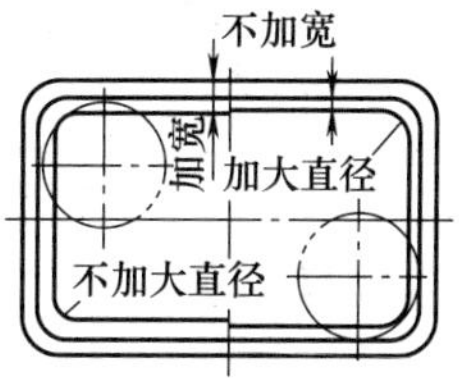 不加宽 加宽 加大直径 不加大直径	需端铣或端磨的表面，应尽量增大内圆角，或将凸台面减少
			改进后避免了刀具单面切削

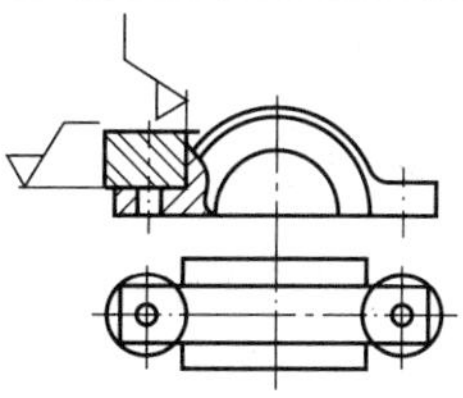

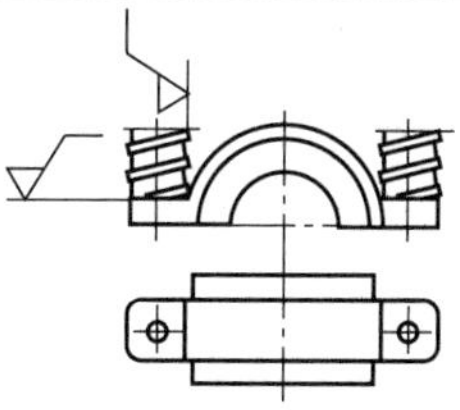

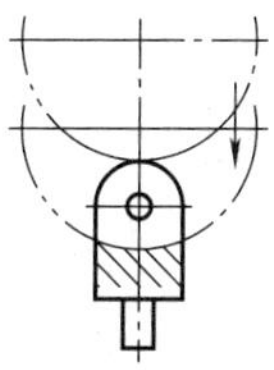

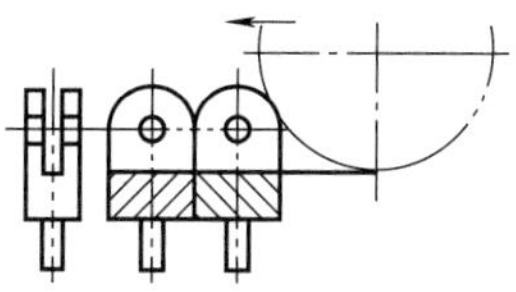

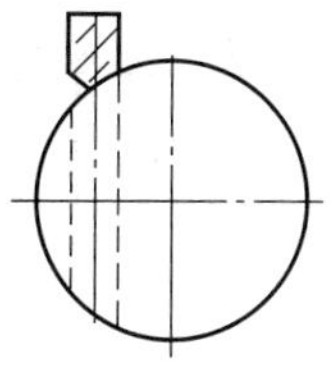

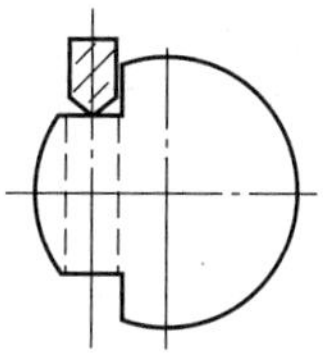

续表

注意事项	图例		说明
	改进前	改进后	
提高刀具刚度和寿命、减少刀具调整、刃磨和更换次数	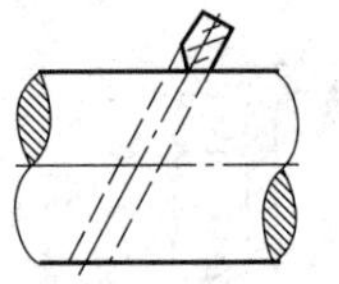	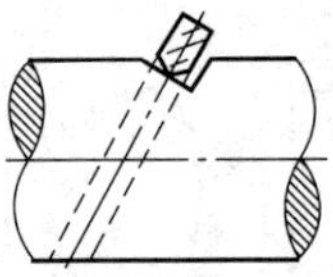	改进后避免了刀具单面切削
	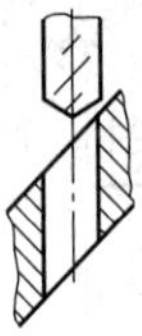	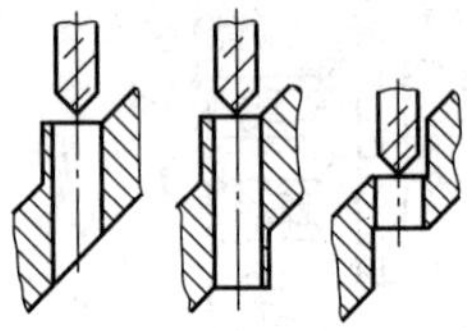	
	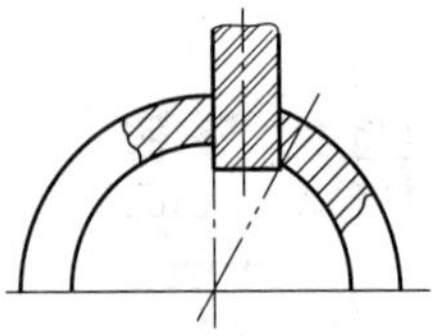	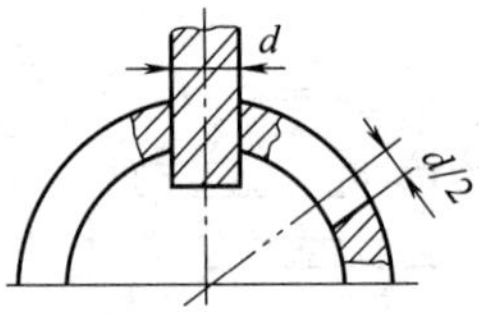 d $d/2$	
	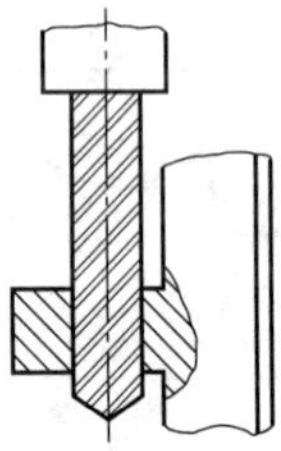	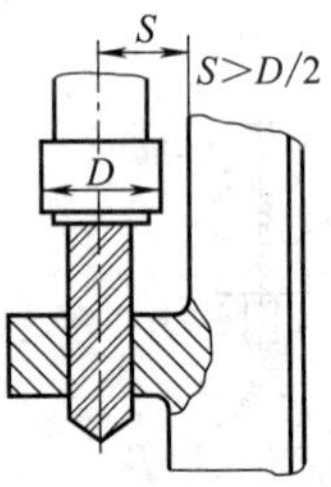 S $S>D/2$ D	孔位不宜紧靠侧壁
	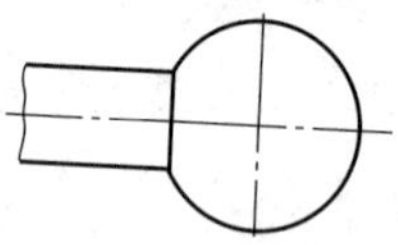	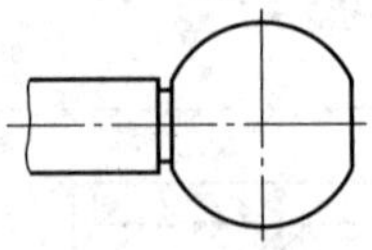	尽量避免成形表面，尤其是达到轴线的成形表面加工，改善刀具工作条件，减少刀具磨损
减少走刀次数和行程	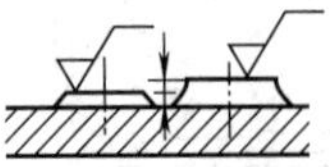	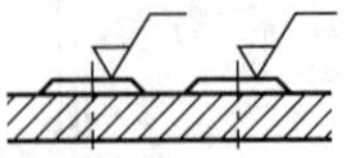	加工表面布置在同一平面上
	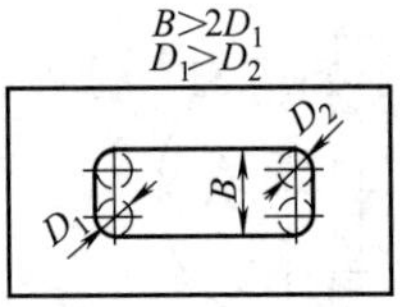 $B>2D_1$ $D_1>D_2$ D_1　B　D_2	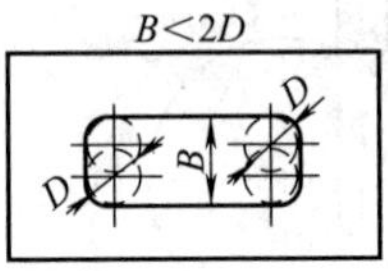 $B<2D$ D　B　D	凹槽的过渡圆弧半径与槽宽相适应

续表

注意事项	图例		说明
	改进前	改进后	
减少走刀次数和行程	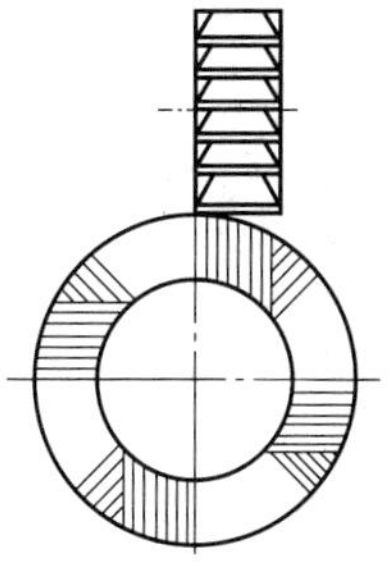	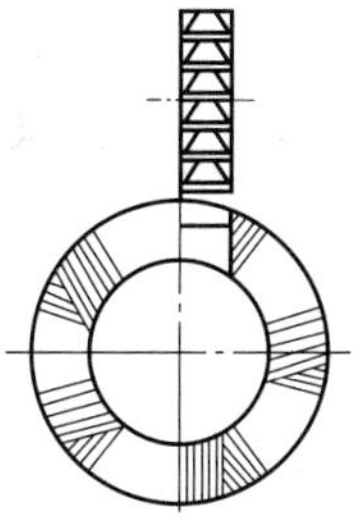	铣削牙嵌离合器的端面齿时，奇数齿的分度和走刀次数少于偶数齿
	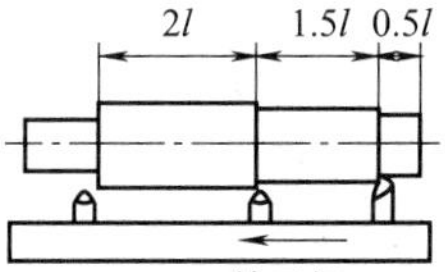 2*l* 1.5*l* 0.5*l* 前刀架	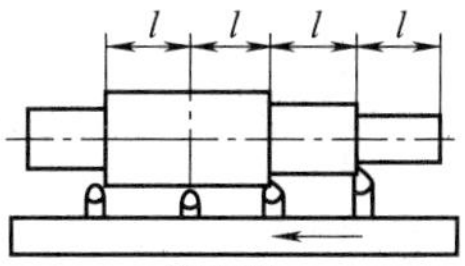 *l* *l* *l* *l* 前刀架	可多刀车削件，各段长度 *l* 应相等或 *l* 的整数倍
	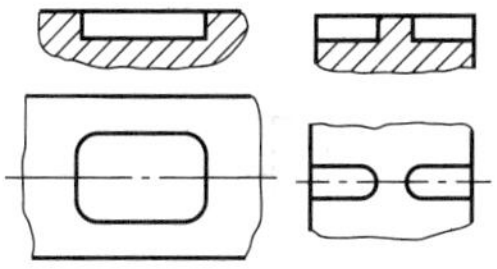	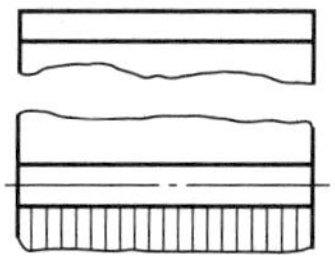	贯通沟槽的走刀次数少于封闭沟槽
	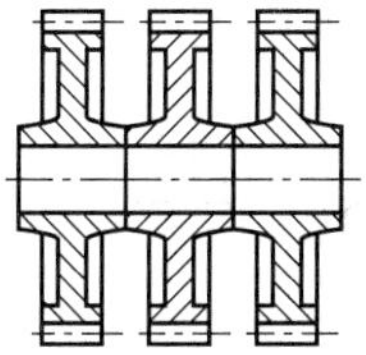	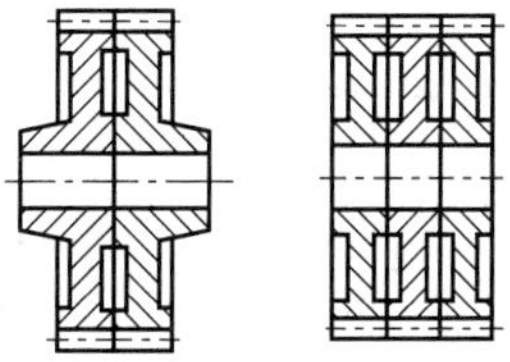	改进后减少了切削行程，并便于装夹，提高刚性
刀具或砂轮能顺利进入和退出加工表面	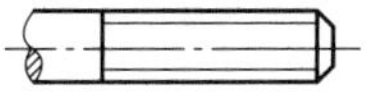	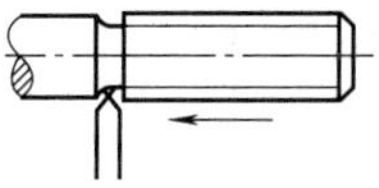	设计车螺纹退刀槽
	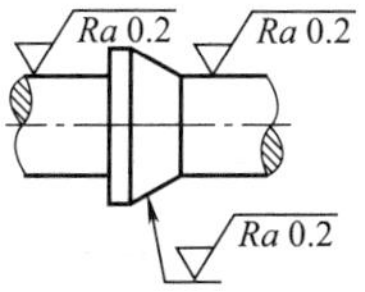 *Ra* 0.2 *Ra* 0.2 *Ra* 0.2	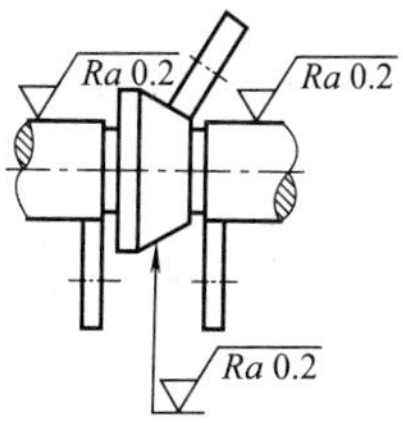 *Ra* 0.2 *Ra* 0.2 *Ra* 0.2	设计磨削砂轮越程槽
	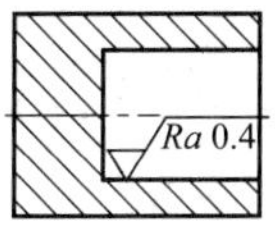 *Ra* 0.4	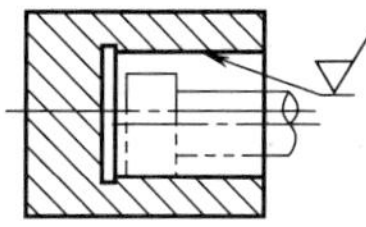 *Ra* 0.4	设计磨削砂轮越程槽

续表

注意事项	图例		说明
	改进前	改进后	
刀具或砂轮能顺利进入和退出加工表面	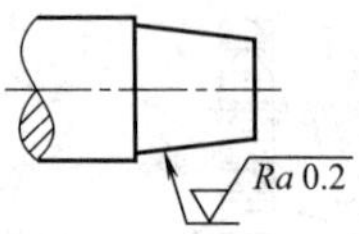 *Ra* 0.2	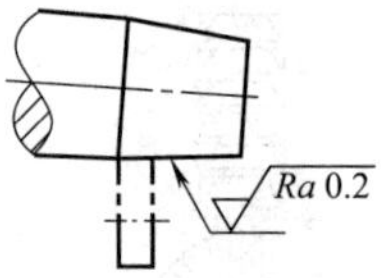 *Ra* 0.2	改进后能顺利进行锥面磨削
	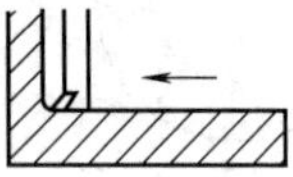	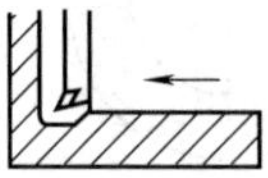	设计刨削让刀槽
	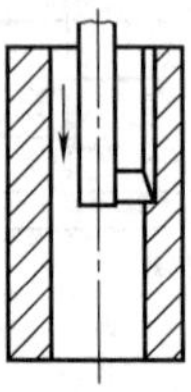	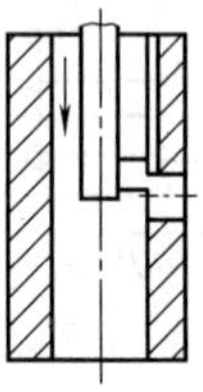	设计插削让刀孔
	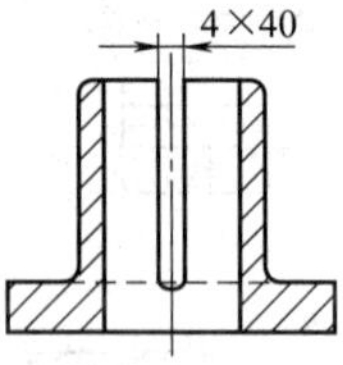 4×40	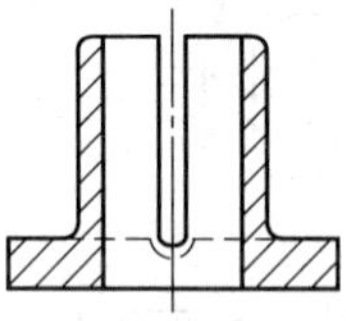	在法兰上铸出半圆槽，使铣刀顺利进入和退出切削
	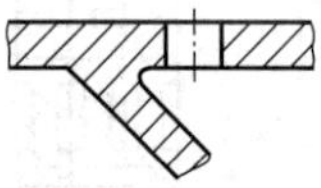	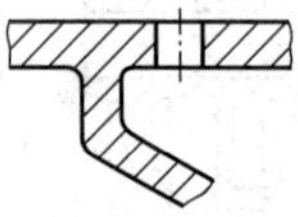	钻孔出口处应留出较大空间，保证钻削正常进行
减少并便于去除毛刺	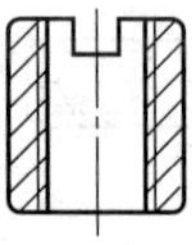	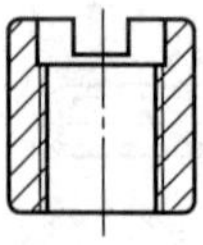	将铣口处改为内圆柱面，以便于去除毛刺
大件、长件便于吊运	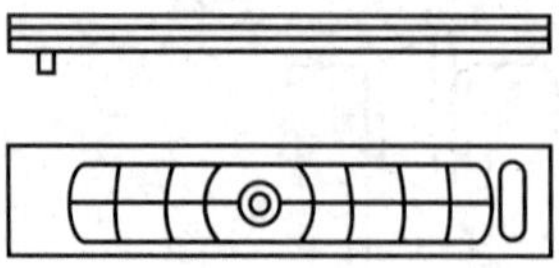	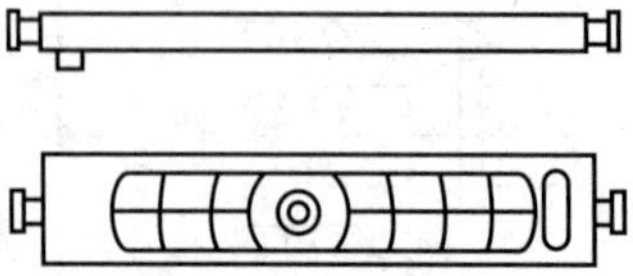	大件、沉重刮研件设置吊装凸耳（或专设吊装孔，吊装螺孔等），以便于加工、刮研、吊运、装配和维修
	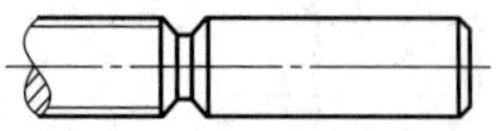	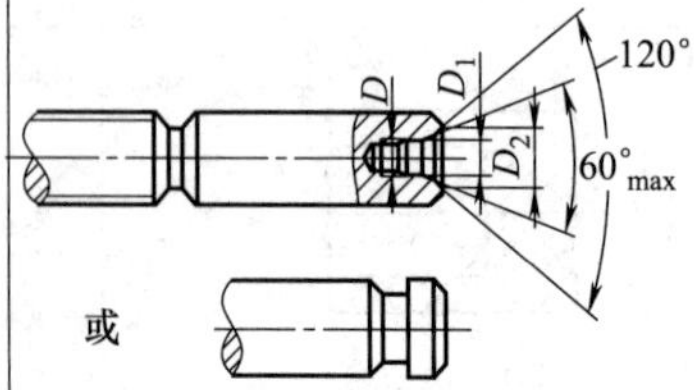 D D_1 D_2 120° 60°_{max} 或	长轴一端设置吊挂螺孔或吊挂环，以便于吊运、热处理和保管

续表

注意事项	图例		说明
	改进前	改进后	
大件、长件便于吊运	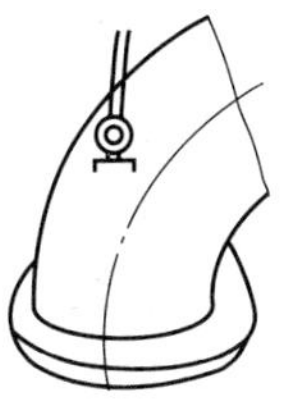	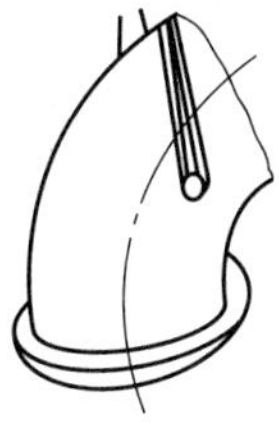	对于很大的铸件要铸出吊运孔或吊运搭子
便于检测	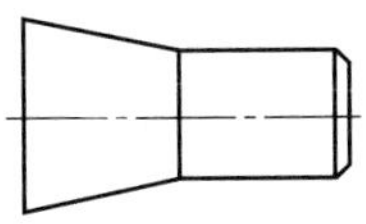	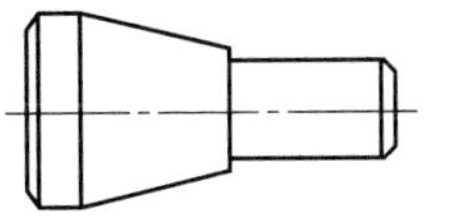	改进后便于加工和检测
	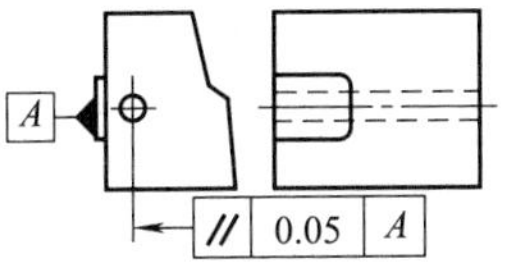	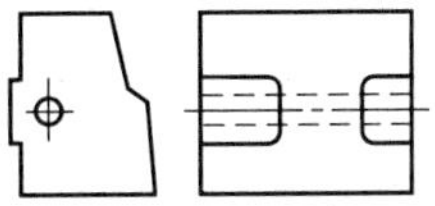	增加工艺凸台，以便于测量孔与基面的平行度

5.2.5　结构的精度设计及尺寸标注符合加工能力和工艺性要求

零件结构设计应在保证质量要求的基础上采用经济的加工工艺来实现。进行结构精度设计时应了解常用加工方法所对应的加工精度和表面粗糙度（见表 2-5-9～表 2-5-28）。

尺寸标注不仅要符合国家标准的规定，而且要满足设计、制造和检测等方面的要求。设计者须掌握大量的设计和工艺知识，才能使其设计符合加工工艺性要求，保证加工质量和效率。尺寸标注须符合加工工艺性要求的示例可参见表 2-5-5 后面部分。

表 2-5-9　　外圆柱面经济加工精度

加工方法		精度等级(IT)	加工方法		精度等级(IT)
车削	粗车	11～12	磨削	粗磨	8
	半精车或一次车	8～10		精磨	6～7
	精车	6～7		细磨	5～6
	精细车、金刚车	5～6	研磨、超精加工		5
			滚压、金刚石压平		5～6

表 2-5-10　　一般圆柱孔经济加工精度

加工方法		精度等级(IT)	加工方法		精度等级(IT)
钻孔及用钻头扩孔		11～12	镗孔	细镗	6～7
扩孔	粗扩	12		金刚镗	6
	铸孔或冲孔后一次扩孔	11～12	拉孔	粗拉铸孔或冲孔	7～9
	钻或粗扩后的细扩	9～10		粗拉或钻孔后精拉孔	7
铰孔	粗铰	9	磨孔	粗磨	7～8
	精铰	7～8		精磨	6～7
	细铰	7		细磨	6
镗孔	粗镗	11～12		研磨、珩磨	6
	半精镗	8～10			
	高速镗	8		滚压、金刚石挤压	6～10

表 2-5-11　　**圆柱深孔经济加工精度**

加工方法		精度等级(IT)	加工方法		精度等级(IT)
用麻花钻、扁钻、环孔钻钻孔	钻头回转	11～13	深孔钻钻孔或镗孔	工件回转	9
	工件回转	11		刀具工件都回转	9
	钻头和工件都回转	11	镗刀块镗孔		7～9
扩钻		9～11	铰孔		7～9
扩孔		9～11	磨孔		7
深孔钻钻孔或镗孔	刀具回转	9～11	珩磨		7
			研磨		6～7

表 2-5-12　　**圆锥孔经济加工精度**

加工方法		精度等级(IT)		加工方法		精度等级(IT)	
		锥孔	深锥孔			锥孔	深锥孔
扩孔	粗	11	—	铰孔	机动	7	7～9
	精	9			手动	高于 7	
镗孔	粗	9	9～11	磨孔		高于 7	7
	精	7		研磨		6	6～7

表 2-5-13　　**花键轴、孔的经济加工精度**　　mm

花键的最大直径	轴				孔				
	用磨制的滚铣刀		成形磨		拉削		推削		插削
	精度				热处理前精度				
	花键宽	底圆直径	花键宽	底圆直径	花键宽	底圆直径	花键宽	底圆直径	花键宽
18～30	0.025	0.05	0.013	0.027	0.013	0.018	0.008	0.012	0.04
＞30～50	0.040	0.075	0.015	0.032	0.016	0.026	0.009	0.015	0.06
＞50～80	0.050	0.10	0.017	0.042	0.016	0.030	0.012	0.019	0.06
＞80～120	0.075	0.125	0.019	0.045	0.019	0.035	0.012	0.023	0.08

表 2-5-14　　**一般平面的经济加工精度**

加工方法		精度等级(IT)	加工方法		精度等级(IT)
刨削、圆周铣削	粗	11～14	拉削	粗拉铸造及冲压表面	10～11
	半精和一次加工	11～12		精	6～9
端面铣削	粗	11～14	磨削	粗	8～9
	半精或一次加工	11～12		半精或一次加工	7～9
	精	10		精	7
	细	6～9		细	5～6
			研磨、刮研		5
			滚压		7～10

注：本表适用于尺寸小于 1000mm，结构刚性好，用光洁表面作为工艺基准的零件加工。

表 2-5-15　　**三面刃铣刀同时加工两平面的经济加工精度**　　mm

表面长、宽	≤120			120～300		
表面高度	≤50	＞50～80	＞80～120	≤50	＞50～80	＞80～120
精度	0.05	0.06	0.08	0.06	0.08	0.1

表 2-5-16　**成形铣刀加工表面的经济加工精度**　mm

表面长度	粗铣		精铣	
	铣刀宽度			
	≤120	>120～180	≤120	>120～180
≤100	0.25	—	0.10	—
>100～300	0.35	0.45	0.15	0.20
>300～600	0.45	0.50	0.20	0.25

注：指加工表面至基准尺寸精度。

表 2-5-17　**端面的经济加工精度**　mm

加工方法		直径			
		≤50	>50～120	>120～250	>260～500
车削	粗	0.15	0.20	0.25	0.40
	精	0.07	0.10	0.13	0.20
磨削	普通	0.03	0.04	0.05	0.07
	精密	0.02	0.025	0.03	0.035

注：指端面至基准的尺寸精度。

表 2-5-18　**米制螺纹的经济加工精度**

加工方法		精度等级	公差带
车削	外螺纹	精密、中等	4h～6h
	内螺纹	中等、粗糙	5H～7H
用梳形刀车螺纹	外螺纹	精密、中等	4h～6h
	内螺纹	中等、粗糙	5H～7H
用丝锥攻内螺纹		精密、中等、粗糙	4H～7H
用圆板牙加工外螺纹		中等、粗糙	4h～8h
带圆梳刀自动张开式板牙		精密、中等	4h～6h
梳形螺纹铣刀		中等、粗糙	6h～8h
带径向或切向梳刀的自动张开式板牙头		中等	6h
旋风切削		中等、粗糙	6h～8h
搓螺纹板搓螺纹		中等、粗糙	6h
滚螺纹模滚螺纹		精密、中等	4h～6h
单头或多头砂轮磨螺纹		精密或更高	4h 以上
研磨		精密	4h

表 2-5-19　**齿轮经济加工精度**

加工方法		精度等级 (GB/T 10095.1 和 2—2008) (GB/T 11365—1989)
多头滚刀滚齿(m=1～20mm)		8～10
单头滚刀滚齿 (m=1～20mm)	滚刀精度等级 AA 滚刀精度等级 A 滚刀精度等级 B 滚刀精度等级 C	6～7 8 9 10
圆盘形插刀插齿 (m=1～20mm)	插齿刀精度等级 AA 插齿刀精度等级 A 插齿刀精度等级 B	6 7 8
圆盘形剃齿刀剃齿 (m=1～20mm)	剃齿刀精度等级 A 剃齿刀精度等级 B 剃齿刀精度等级 C	5 6 7

续表

加工方法		精度等级 (GB/T 10095.1 和 2—2008) (GB/T 11365—1989)
模数铣刀铣齿		9以下
珩齿		6～7
磨齿	成形砂轮仿形法	5～6
	盘形砂轮展成法	3～6
	两个盘形砂轮展成法(马格法)	3～6
	蜗杆砂轮展成法	4～6
用铸铁研磨轮研齿		5～6
直齿锥齿轮刨齿		8
曲线齿锥齿轮刀盘铣齿		8
蜗轮模数滚刀滚蜗轮		8
热轧齿轮($m=2$～8mm)		8～9
热轧后冷校齿型($m=2$～8mm)		7～8
冷轧齿轮($m\leqslant1.5$mm)		7

表 2-5-20　**主要加工方法的经济形位精度**

类别	加工方法	精度等级
圆度、圆柱度	压铸、钻、粗车、粗镗	9～10
	高精度钻、扩孔、精车、镗、铰、拉	7～8
	精车、精镗、精铰、拉、磨、珩	5～6
	研磨、珩磨、精磨、金刚镗、高精度车及镗	3～4
	研磨、精磨及高精度金刚镗	1～2
直线度、平面度	各种粗加工	11～12
	铣、刨、车、插	9～10
	粗磨、精铣、刨、拉、车	7～8
	精磨、刮、高精度车	5～6
	研磨、高精度磨、刮	3～4
	精研、超精磨、精刮	1～2
同轴度	各种粗加工	11～12
	车、镗、钻	9～10
	粗磨、一般精度的车及镗、拉、铰	7～8
	磨、高精度车、一次安装下的内圆磨及镗	5～6
	精磨、精车、一次安装下的内圆磨、珩磨	3～4
	研磨、精磨飞珩、高精度金刚石加工	1～2
平行度	各种粗加工	11～12
	铣、镗、按导套钻铰	9～10
	铣、刨、拉、磨、镗	7～8
	磨、坐标镗、高精度铣	5～6
	研磨、刮、珩精磨	3～4
	研磨、超精研、高精度刮、高精度金刚石加工	1～2
孔端面对孔的端面跳动和垂直度	各种粗加工	11～12
	车、粗铣、刨、镗	9～10
	磨、铣、刨、刮、镗	7～8
	磨、刮、珩、高精度刨、铣、镗	5～6
	研磨、高精度磨及刮削、精车	3～4
	研磨、精磨、高精度金刚石加工	1～2

表 2-5-21　平行孔的经济位置精度

加工方法		两孔中心线间的距离误差或自孔中心线到平面的距离误差/mm	加工方法		两孔中心线间的距离误差或自孔中心线到平面的距离误差/mm
立钻或摇臂钻上钻孔	按划线	0.5～1.0	卧式镗床上镗孔	按划线	0.4～0.6
	用钻模	0.1～0.2		用游标尺	0.2～0.4
立钻或摇臂钻上镗孔	用镗模	0.05～0.1		用内径规或用塞尺	0.05～0.25
车床上车孔	按划线	1.0～3.0		用镗模	0.05～0.08
	在角铁式夹具上	0.1～0.3		按定位器的指示读数	0.04～0.06
坐标镗床上镗孔	用光学仪器	0.004～0.015		用程序控制坐标装置	0.04～0.05
金刚镗床上镗孔		0.008～0.02		按定位样板	0.08～0.2
多轴组合机床上镗孔	用镗模	0.05～0.2		用块规	0.05～0.1

注：对于钻、卧镗及组合机床，钻孔偏差也适用于铰孔。

表 2-5-22　垂直孔的经济位置精度

加工方法		在 100mm 长度上轴心线的垂直度/mm	轴心线的位移/mm
立钻上钻孔	按划线	0.5～1	0.5～2
	用钻模	0.1	0.5
铣床上镗孔	回转工作台	0.02～0.05	0.1～0.2
	回转分度头	0.05～0.1	0.3～0.5
多轴组合机床镗孔	用镗模	0.02～0.05	0.01～0.03
卧式镗床上镗孔	按划线	0.05～1	0.5～2
	用镗模	0.04～0.2	0.02～0.06
	回转工作台	0.06～0.3	0.03～0.08
	在带有百分表的回转工作台上	0.05～0.15	0.05～0.1

注：在镗空间的垂直孔时，中心距误差可按表 2-5-21 相应的找正法选用。

表 2-5-23　成形表面的经济形状精度

加工方法	在直径上的形状误差/mm		加工方法		在直径上的形状误差/mm	
	经济的	可达到的			经济的	可达到的
按样板手工加工	0.2	0.06	在机床上用靠模铣	用机械控制	0.4	0.16
在机床上加工	0.1	0.04		用跟随系统	0.06	0.02
按划线刮及刨	2	0.40	靠模车		0.24	0.06
按划线铣	3	1.00	成形刀车		0.1	0.02
			仿形磨		0.04	0.02

表 2-5-24　与加工精度对应的表面粗糙度

<table>
<tr><th rowspan="3">精度等级</th><th colspan="8">基本尺寸/mm</th></tr>
<tr><th>>6～10</th><th>>10～18</th><th>>18～30</th><th>>30～50</th><th>>50～80</th><th>>80～120</th><th>>120～180</th><th>>180～250</th></tr>
<tr><th colspan="8">表面粗糙度数值 Ra 不大于/μm</th></tr>
<tr><td>IT6</td><td colspan="3">0.2</td><td colspan="4">0.4</td><td>0.8</td></tr>
<tr><td>IT7</td><td colspan="4">0.8</td><td colspan="4">1.6</td></tr>
<tr><td>IT8</td><td colspan="2">0.8</td><td colspan="6">1.6</td></tr>
<tr><td>IT9</td><td colspan="5">1.6</td><td colspan="3">3.2</td></tr>
<tr><td>IT10</td><td colspan="3">1.6</td><td colspan="4">3.2</td><td>6.3</td></tr>
<tr><td>IT11</td><td>1.6</td><td colspan="5">3.2</td><td colspan="2">6.3</td></tr>
<tr><td>IT12</td><td colspan="4">3.2</td><td colspan="4">6.3</td></tr>
</table>

第 2 篇

表 2-5-25　　典型零件的表面粗糙度

表面特性	部位		表面粗糙度数值 Ra 不大于/μm					
滑动轴承的配合表面	表面		精度等级		液体摩擦			
			IT7～IT9	IT11～IT12				
	轴		0.2～3.2	1.6～3.2	0.1～0.4			
	孔		0.4～1.6	1.6～3.2	0.2～0.8			
带密封的轴颈表面	密封方式		轴颈表面速度/m·s^{-1}					
			≤3	≤5	>5	≤4		
	橡胶		0.4～0.8	0.2～0.4	0.1～0.2			
	毛毡					0.4～0.8		
	迷宫		1.6～3.2					
	油槽		1.6～3.2					
圆锥结合	表面		密封结合	定心结合	其他			
	外圆锥表面		0.1	0.4	1.6～3.2			
	内圆锥表面		0.2	0.8	1.6～3.2			
螺纹	类别		螺纹精度等级					
			4	5	6			
	粗牙普通螺纹		0.4～0.8	0.8	1.6～3.2			
	细牙普通螺纹		0.2～0.4	0.8	1.6～3.2			
键结合	结合型式		键	轴槽	毂槽			
	工作表面	沿毂槽移动	0.2～0.4	1.6	0.4～0.8			
		沿轴槽移动	0.2～0.4	0.4～0.8	1.6			
		不动	1.6	1.6	1.6～3.2			
	非工作表面		6.3	6.3	6.3			
矩形齿花键	定心方式		外径	内径	键侧			
	外径 D	内花键	1.6	6.3	3.2			
		外花键	0.8	6.3	0.8～3.2			
	内径 d	内花键	6.3	0.8	3.2			
		外花键	3.2	0.8	0.8			
	键宽 b	内花键	6.3	6.3	3.2			
		外花键	3.2	6.3	0.8～3.2			
齿轮	部位		齿轮精度等级					
			5	6	7	8	9	10
	齿面		0.2～0.4	0.4	0.4～0.8	1.6	3.2	6.3
	外圆		0.8～1.6	1.6～3.2	1.6～3.2	1.6～3.2	3.2～6.3	3.2～6.3
	端面		0.4～0.8	0.4～0.8	0.8～3.2	0.8～3.2	3.2～6.3	3.2～6.3
蜗轮蜗杆	部位		蜗轮蜗杆精度等级					
			5	6	7	8	9	
	蜗杆	齿面	0.2	0.4	0.4	0.8	1.6	
		齿顶	0.2	0.4	0.4	0.8	1.6	
		齿根	3.2	3.2	3.2	3.2	3.2	
	蜗轮	齿面	0.4	0.4	0.8	1.6	3.2	
		齿根	3.2	3.2	3.2	3.2	3.2	
链轮	部位		精度					
			一般	高				
	链齿工作表面		1.6～3.2	0.8～1.6				
	齿底		3.2	1.6				
	齿顶		1.6～6.3	1.6～6.3				
带轮	部位		带轮直径/mm					
			≤120	≤300	>300			
	带轮工作表面		0.8	1.6	3.2			

表 2-5-26　　各种孔加工方法的经济精度和表面粗糙度

序号	加 工 方 案	经济加工精度(IT)	表面粗糙度 $Ra/\mu m$	适 用 范 围
1	钻	11～13	12.5	加工未淬火钢及铸铁的实心毛坯，也可用于加工非铁金属(但粗糙度稍差)孔径＜15～20mm
2	钻→铰	8～9	3.2～1.6	
3	钻→粗铰→精铰	7～8	1.6～0.8	
4	钻→扩	11	6.3～12.5	
5	钻→扩→粗铰→精铰	7	1.6～0.8	
6	钻→扩→铰	8～9	3.2～1.6	
7	钻→扩→机铰→手铰	6～7	0.4～0.1	
8	钻→扩→拉	7～9	1.6～0.1	大批、大量生产(精度视拉刀的精度而定)
9	粗镗(或扩孔)	11～13	6.3～12.5	除淬火钢外的各种钢材，毛坯有铸出孔或锻出孔
10	粗镗(粗扩)→半精镗(精扩)	8～9	3.2～1.6	
11	粗镗(扩)→半精镗(精扩)→精镗(铰)	7～8	1.6～0.8	
12	粗镗(扩)→半精镗(精扩)→精镗→浮动镗刀块精镗	6～7	0.8～0.4	
13	粗镗(扩)→半精镗→磨孔	7～8	0.8～0.2	主要用于加工淬火钢，也可用于不淬火钢，但不宜用于非铁金属
14	粗镗(扩)→半精镗→粗磨→精磨	6～7	0.2～0.1	
15	粗镗→半精镗→精镗→金刚镗	6～7	0.4～0.05	主要用于精度要求较高的非铁金属
16	钻→扩→粗铰→精铰→珩磨 钻→扩→拉→珩磨→粗镗→半精镗→精镗→珩磨	6～7	0.2～0.025	精度要求很高的孔，一般不用于非铁金属
17	以研磨代替上述方案中的珩磨	8 以上	0.1～0.006	

表 2-5-27　　各种外圆加工方法的经济精度和表面粗糙度

序号	加 工 方 案	经济加工精度(IT)	表面粗糙度 $Ra/\mu m$	适 用 范 围
1	粗车	11～13	100～25	适用于淬火钢以外的各种金属
2	粗车→半精车	8～9	6.3～3.2	
3	粗车→半精车→精车	6～7	1.6～0.8	
4	粗车→半精车→精车→滚压(或抛光)	6～7	0.2～0.025	
5	粗车→半精车→磨削	6～7	0.8～0.4	主要用于淬火钢，也用于未淬火钢，但不宜用于非铁金属
6	粗车→半精车→粗磨→精磨	5～7	0.4～0.1	
7	粗车→半精车→粗磨→精磨→超精加工	5	0.1～0.012	
8	粗车→半精车→精车→金刚石车	5～6	0.4～0.012	主要用于要求较高的非铁金属
9	粗车→半精车→粗磨→精磨→超精磨	5 以上	0.025～0.006	主要用于极高精度的外圆加工
10	粗车→半精车→精车→精磨→研磨	5 以上	0.1～0.006	

表 2-5-28　　各种平面加工方法的经济精度和表面粗糙度

序号	加 工 方 案	经济加工精度(IT)	表面粗糙度 $Ra/\mu m$	适 用 范 围
1	粗车→半精车	8～9	6.3～3.2	端面
2	粗车→半精车→精车	6～7	1.6～0.8	
3	粗车→半精车→磨削	7～9	0.8～0.2	
4	粗刨(或粗铣)→精刨(精铣)	7～9	6.3～1.6	一般不淬硬的平面(端铣的粗糙度可较小)
5	粗刨(或粗铣)→半精刨(或精铣)→刮研	5～6	0.8～0.1	精度要求较高的不淬硬平面
6	粗刨(或粗铣)→精刨(或精铣)→宽刃精刨	6	0.8～0.2	批量较大时，宜采用宽刃精刨方案
7	粗刨(或粗铣)→粗刨(或精铣)→磨削	6	0.8～0.2	精度要求较高的淬硬平面或不淬硬平面
8	粗刨(或粗铣)→精刨(或精铣)→粗磨→精磨→(细磨)	5～6	0.4～0.025	
9	粗铣→拉	5～6	0.8～0.2	大量生产、较小的平面(精度视拉刀精度而定)
10	粗铣→精铣→磨削→研磨	5 以上	0.1～0.006	高精度平面

5.3 金属切削件结构设计中的常用标准

5.3.1 标准尺寸

表 2-5-29 标准尺寸（GB/T 2822—2005） mm

R 系列			R′系列		
R10	R20	R40	R′10	R′20	R′40
1.00	1.00		1.0	1.0	
	1.12			**1.1**	
1.25	1.25		**1.2**	**1.2**	
	1.40			1.4	
1.60	1.60		1.6	1.6	
	1.80			1.8	
2.00	2.00		2.0	2.0	
	2.24			**2.2**	
2.50	2.50		2.5	2.5	
	2.80			2.8	
3.15	3.15		**3.0**	**3.0**	
	3.55			**3.5**	
4.00	4.00		4.0	4.0	
	4.50			4.5	
5.00	5.00		5.0	5.0	
	5.60			**5.5**	
6.30	6.30		**6.0**	**6.0**	
	7.10			**7.0**	
8.00	8.00		8.0	8.0	
	9.00			9.0	
10.00	10.00		10.0	10.0	
	11.2			**11**	
12.5	12.5	12.5	**12**	**12**	12
		13.2			**13**
	14.0	14.0		14	14
		15.0			15
16.0	16.0	16.0	16	16	16
		17.0			17
	18.0	18.0		18	18
		19.0			19
20.0	20.0	20.0	20	20	20
		21.2			**21**
	22.4	22.4		**22**	**22**
		23.6			**24**
25.0	25.0	25.0	25	25	25
		26.5			**26**
	28.0	28.0		28	28
		30.0			30
31.5	31.5	31.5	**32**	**32**	**32**
		33.5			**34**
	35.5	35.5		**36**	**36**
		37.5			**38**
40.0	40.0	40.0	40	40	40
		42.5			**42**
	45.0	45.0		45	45
		47.5			**48**
50.0	50.0	50.0	50	50	50
		53.0			53
	56.0	56.0		56	56
		60.0			60
63.0	63.0	63.0	63	63	63

R 系列			R′系列		
R10	R20	R40	R′10	R′20	R′40
		67.0			67
	71.0	71.0		71.0	71
		75.0			75
80.0	80.0	80.0	80	80	80
		85.0			85
	90.0	90.0		90	90
		95.0			95
100.0	100.0	100.0	100	100	100
		106			**105**
	112	112		**110**	**110**
		118			**120**
125	125	125	125	125	125
		132			**130**
	140	140		140	140
		150			150
160	160	160	160	160	160
		170			170
	180	180		180	180
		190			190
200	200	200	200	200	200
		212			**210**
	224	224		**220**	**220**
		236			**240**
250	250	250	250	250	250
		265			**260**
	280	280		280	280
		300			300
315	315	315	**320**	**320**	**320**
		335			**340**
	355	355		**360**	**360**
		375			**380**
400	400	400	400	400	400
		425			**420**
	450	450		450	450
		475			**480**
500	500	500	500	500	500
		530			530
	560	560		560	560
		600			600
630	630	630	630	630	630
		670			670
	710	710		710	710
		750			750
800	800	800	800	800	800
		850			850
	900	900		900	900
		950			950
1000	1000	1000	1000	1000	1000
		1060			

R 系列		
R10	R20	R40
	1120	1120
		1180
1250	1250	1250
		1320
	1400	1400
		1500
1600	1600	1600
		1700
	1800	1800
		1900
2000	2000	2000
		2120
	2240	2240
		2360
2500	2500	2500
		2650
	2800	2800
		3000
3150	3150	3150
		3350
	3550	3550
		3750
4000	4000	4000
		4250
	4500	4500
		4750
5000	5000	5000
		5300
	5600	5600
		6000
6300	6300	6300
		6700
	7100	7100
		7500
8000	8000	8000
		8500
	9000	9000
		9500
10000	10000	10000
		10600
	11200	11200
		11800
12500	12500	12500
		13200
	14000	14000
		15000
16000	16000	16000
		17000
	18000	18000
		19000
20000	20000	20000

注：1. “标准尺寸”为直径、长度、高度等系列尺寸。
2. R′系列中的黑体字，为 R 系列相应各项优先数的化整值。
3. 选择尺寸时，优先选用 R 系列，按照 R10、R20、R40 顺序。如必须将数值圆整，可选择相应的 R′系列，应按照 R′10、R′20、R′40 顺序选择。

5.3.2　圆锥的锥度与锥角系列

表 2-5-30　　一般用途圆锥的锥度与锥角（GB/T 157—2001）

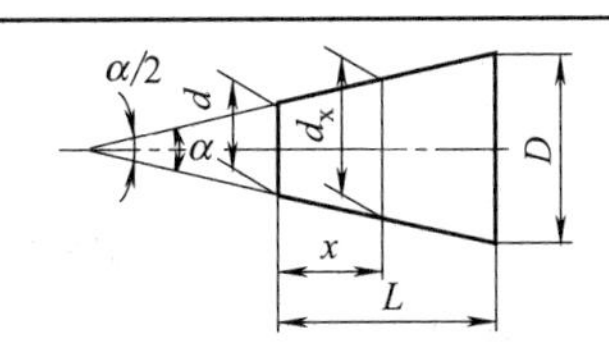

锥度 $C=\frac{D-d}{L}=2\tan\frac{\alpha}{2}$

基本值		推算值				应用举例
系列 1	系列 2	圆锥角 α			锥度 C	
				rad		
120°				2.094395	1∶0.288675	螺纹孔的内倒角，填料盒内填料的锥度
90°				1.570796	1∶0.500000	沉头螺钉头，螺纹倒角，轴的倒角
	75°	—	—	1.308997	1∶0.651613	车床顶尖，中心孔
60°		—	—	1.047198	1∶0.866025	车床顶尖，中心孔
45°		—	—	0.785398	1∶1.207107	轻型螺旋管接口的锥形密合
30°		—	—	0.523599	1∶1.866025	摩擦离合器
1∶3		18°55′28.7″	18.924644°	0.330297	—	有极限转矩的摩擦圆锥离合器
1∶5		11°25′16.3″	11.421186°	0.199337	—	易拆机件的锥形连接，锥形摩擦离合器
	1∶6	9°31′38.2″	9.522783°	0.166282	—	
	1∶7	8°10′16.4″	8.171234°	0.142615	—	重型机床顶尖，旋塞
	1∶8	7°9′9.6″	7.152669°	0.124838	—	联轴器和轴的圆锥面连接
1∶10		5°43′29.3″	5.724810°	0.099917	—	受轴向力及横向力的锥形零件的接合面，电机及其他机械的锥形轴端
	1∶12	4°46′18.8″	4.771888°	0.083285	—	固定球及滚子轴承的衬套
	1∶15	3°49′5.9″	3.818305°	0.066642	—	受轴向力的锥形零件的接合面，活塞与活塞杆的连接
1∶20		2°51′51.1″	2.864192°	0.049990	—	机床主轴锥度，刀具尾柄，公制锥度铰刀，圆锥螺栓
1∶30		1°54′34.9″	1.909683°	0.033330	—	装柄的铰工及扩孔钻
1∶50		1°8′45.2″	1.145877°	0.019999	—	圆锥销，定位销，圆锥销孔的铰刀
1∶100		0°34′22.6″	0.572953°	0.010000	—	承受陡振及静变载荷的不需拆开的连接机件
1∶200		0°17′11.3″	0.286478°	0.005000	—	承受陡振及冲击变载荷的需拆开的零件，圆锥螺栓
1∶500		0°6′62.5″	0.114592°	0.002000	—	

注：系列 1 中 120°～(1∶3) 的数值近似按 R10/2 优先数系列，(1∶5)～(1∶500) 按 R10/3 优先数系列（见 GB/T 321）。

表 2-5-31　　特殊用途圆锥的锥度与锥角（GB/T 157—2001）

基本值	圆锥角 α		锥度 C	应用举例
11°54′	—	—	1∶4.797451	
8°40′	—	—	1∶6.598442	纺织工业
7°	—	—	1∶8.174928	
7∶24	16°35′39.4″	16.594290°	1∶3.428571	机床主轴，工具配合
1∶9	6°21′34.8″	6.359660°	—	电池接头
1∶16.666	3°26′12.7″	3.436853°	—	医疗设备
1∶12.262	4°40′12.2″	4.670042°	—	贾各锥度 No.2
1∶12.972	4°24′52.9″	4.414696°	—	贾各锥度 No.1
1∶15.748	3°38′13.4″	3.637067°	—	贾各锥度 No.33

基本值	圆锥度 α		应用举例
1∶18.779	3°3′1.2″	3.050335°	贾各锥度 No.3
1∶19.264	2°58′24.9″	2.973573°	贾各锥度 No.6
1∶20.288	2°49′24.8″	2.823550°	贾各锥度 No.0
1∶19.002	3°0′52.4″	3.014554°	莫氏锥度 No.5
1∶19.180	2°59′11.7″	2.936590°	莫氏锥度 No.6
1∶19.212	2°58′53.8″	2.981618°	莫氏锥度 No.0
1∶19.254	2°58′30.4″	2.975117°	莫氏锥度 No.4
1∶19.922	2°52′31.4″	2.875402°	莫氏锥度 No.3
1∶20.020	2°51′40.8″	2.861332°	莫氏锥度 No.2
1∶20.047	2°51′26.9″	2.857480°	莫氏锥度 No.1

5.3.3　棱体的角度与斜度

表 2-5-32　　**棱体的角度与斜度**（GB/T 4096—2001）

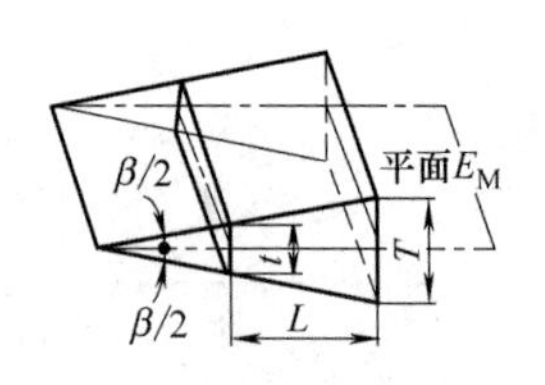

棱体比率 $C_p=\frac{T-t}{L}$

$C_p=2\tan\frac{\beta}{2}=1:\frac{1}{2}\cot\frac{\beta}{2}$

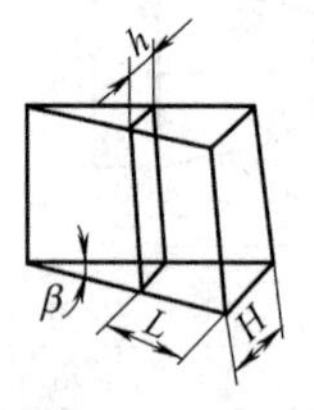

棱体斜度 $S=\frac{H-h}{L}$

$S=\tan\beta=1:\cot\beta$

用途	基本值			推算值		
	系列1	系列2	S	C_p	S	β
一般用途	120°	—	—	1∶0.288675	—	
	90°	—	—	1∶0.500000	—	
	—	75°	—	1∶0.651613	1∶0.267949	
	60°	—	—	1∶0.866025	1∶0.577350	
	45°	—	—	1∶1.207107	1∶1.000000	
	—	40°	—	1∶1.373739	1∶1.191754	
	30°	—	—	1∶1.866025	1∶1.732051	
	20°	—	—	1∶2.835641	1∶2.747477	
	15°	—	—	1∶3.797877	1∶3.732051	
	—	10°	—	1∶5.715026	1∶5.671282	
	—	8°	—	1∶7.150333	1∶7.115370	
	—	7°	—	1∶8.174928	1∶8.144346	
	—	6°	—	1∶9.540568	1∶9.514364	
	—	—	1∶10	—	—	5°42′38″
	5°	—	—	1∶11.451883	1∶11.430052	

用途	基本值			推算值		
	系列1	系列2	S	C_p	S	β
一般用途	—	4°	—	1∶14.318127	1∶14.300666	
	—	3°	—	1∶19.094230	1∶19.081137	
	—	—	1∶20	—	—	2°51′44.7″
	—	2°	—	1∶28.644982	1∶28.636253	—
	—	—	1∶50	—	—	1°8′44.7″
	—	1°	—	1∶57.294327	1∶57.289962	—
	—	—	1∶100	—	—	0°34′25.5″
	—	0°30′	—	1∶114.590832	1∶114.588650	—
	—	—	1∶200	—	—	0°17′11.3″
	—	—	1∶500	—	—	0°6′52.5″

说明：优先选用系列1，当不能满足需要时，选用系列2

用途	名称		角度值		数值		数值
特殊用途	V形体	角度 β	108°	C_p	1∶0.3632713	S	
	V形体		72°		1∶0.6881910		
	燕尾体		55°		1∶0.9604911		1∶0.700207
	燕尾体		50°		1∶1.0722535		1∶0.839100

表 2-5-33　　**标准角度**

第一系列	第二系列	第三系列	第一系列	第二系列	第三系列	第一系列	第二系列	第三系列	第一系列	第二系列	第三系列	第一系列	第二系列	第三系列
0°	0°	0°			4°			18°			55°			110°
		0°15′	5°	5°	5°		20°	20°	60°	60°	60°	120°	120°	120°
	0°30′	0°30′			6°			22°30′			65°			135°
		0°45′			7°			25°			72°		150°	150°
	1°	1°			8°	30°	30°	30°		75°	75°			165°
		1°30′			9°			36°			80°	180°	180°	180°
	2°	2°		10°	10°			40°			85°			270°
		2°30′			12°	45°	45°	45°	90°	90°	90°	360°	360°	360°
	3°	3°	15°	15°	15°			50°			100°			

注：1. 本标准为一般用途的标准角度，不适用于由特定尺寸或参数所确定的角度以及工艺和使用上有特殊要求的角度。
2. 选用时优先选用第一系列，其次是第二系列，再次是第三系列。
3. 该表不属于 GB/T 4096—2001 的内容仅供参考。

5.3.4　中心孔

表 2-5-34　　**60°中心孔**（GB/T 145—2001）　　mm

A 型　不带护锥中心孔　B 型　带护锥的中心孔　C 型　带螺纹的中心孔　R 型　弧形中心孔

d	D		D_1	D_2	l_2		t（参考）		l_{min}	r max	r min	d	D_1	D_2	D_3	l	l_1（参考）
A、B、R 型	A 型	R 型	B 型		A 型	B 型	A 型	B 型	R 型			C 型					
(0.50)	1.06	—	—	—	0.48	—	0.5	—	—	—	—	M3	3.2	5.3	5.8	2.6	1.8
(0.63)	1.32	—	—	—	0.60	—	0.6	—	—	—	—	M4	4.3	6.7	7.4	3.2	2.1
(0.80)	1.70	—	—	—	0.78	—	0.7	—	—	—	—	M5	5.3	8.1	8.8	4.0	2.4
1.00	2.12	2.12	2.12	3.15	0.97	1.27	0.9	0.9	2.3	3.15	2.50	M6	6.4	9.6	10.5	5.0	2.8
(1.25)	2.65	2.65	2.65	4.00	1.21	1.60	1.1	1.1	2.8	4.00	3.15	M8	8.4	12.2	13.2	6.0	3.3
1.60	3.35	3.35	3.35	5.00	1.52	1.99	1.4	1.4	3.5	5.00	4.00	M10	10.5	14.9	16.3	7.5	3.8
2.00	4.25	4.25	4.25	6.30	1.95	2.54	1.8	1.8	4.4	6.30	5.00	M12	13.0	18.1	19.8	9.5	4.4
2.50	5.30	5.30	5.30	8.00	2.42	3.20	2.2	2.2	5.5	8.00	6.30	M16	17.0	23.0	25.3	12.0	5.2
3.15	6.70	6.70	6.70	10.00	3.07	4.03	2.8	2.8	7.0	10.00	8.00	M20	21.0	28.4	31.3	15.0	6.4
4.00	8.50	8.50	8.50	12.50	3.90	5.05	3.5	3.5	8.9	12.50	10.00	M24	26.0	34.2	38.0	18.0	8.0
(5.00)	10.60	10.60	10.60	16.00	4.85	6.41	4.4	4.4	11.2	16.00	12.50						
6.30	13.20	13.20	13.20	18.00	5.98	7.36	5.5	5.5	14.0	20.00	16.00						
(8.00)	17.00	17.00	17.00	22.40	7.79	9.36	7.0	7.0	17.9	25.00	20.00						
10.00	21.20	21.20	21.20	28.00	9.70	11.66	8.7	8.7	22.5	31.50	25.00						

注：1. 括号内尺寸尽量不用。

2. A、B 型中尺寸 l_1 取决于中心钻的长度，即使中心孔重磨后再使用，此值不应小于 t 值。

3. A 型同时列出了 D 和 l_2 尺寸，B 型同时列出了 D_2 和 l_2 尺寸，制造厂可分别任选其中一个尺寸。

表 2-5-35　　**75°、90°中心孔**　　mm

A型 不带护锥　B型 带护锥

α	规格 D	D_1	D_2	L	L_1	L_2	L_3	L_0	选择中心孔的参考数据：毛坯轴端直径（min）D_0	选择中心孔的参考数据：毛坯重量（max）/kg
75°(JB/ZQ 4236—1997)	3	9		7	8	1			30	200
	4	12		10	11.5	1.5			50	360
	6	18		14	16	2			80	800
	8	24		19	21	2			120	1500
	12	36		28	30.5	2.5			180	3000

续表

D型　带护锥

α	规格 D	D_1	D_2	L	L_1	L_2	L_3	L_0	选择中心孔的参考数据：毛坯轴端直径 (min) D_0	选择中心孔的参考数据：毛坯重量 (max) /kg
75°(JB/ZQ 4236—1997)	20	60		50	53	3			260	9000
	30	90		70	74	4			360	20000
	40	120		95	100	5			500	35000
	45	135		115	121	6			700	50000
	50	150		140	148	8			900	80000
90°(JB/ZQ 4237—1997)	14	56	77	36	38.5	2.5	6	44.5	250	5000
	16	64	85	40	42.5	2.5	6	48.5	300	10000
	20	80	108	50	53	3	8	61	400	20000
	24	96	124	60	64	4	8	72	500	30000
	30	120	155	80	84	4	10	94	600	50000
	40	160	195	100	105	5	10	115	800	80000
	45	180	222	110	116	6	12	128	900	100000
	50	200	242	120	128	8	12	140	1000	150000

注：1. 中心孔的选择：中心孔的尺寸主要根据毛坯轴端直径 D_0 和零件毛坯总重量（如轴上装有齿轮、齿圈及其他零件等）来选择。若毛坯总重量超过表中 D_0 相对应的重量时，则依据毛坯重量确定中心孔尺寸。

2. 当加工零件毛坯总重量超过 5000kg 时，一般宜选择 B 型中心孔。

3. D 型中心孔是属于中间型式，在制造时要考虑到在机床上加工去掉余量“L_3”以后，应与 B 型中心孔相同。

4. 中心孔的表面粗糙度按用途自行规定。

5.3.5　零件倒圆与倒角

表 2-5-36　　轴类零件自由表面过渡圆角和静配合连接用倒角　　mm

圆角半径																	
$D-d$	2	5	8	10	15	20	25	30	35	40	50	55	65	70	90	100	130
R	1	2	3	4	5	8	10	12	12	16	16	20	20	25	25	30	30
$D-d$	140	170	180	220	230	290	300	360	370	450	460	540	550	650	660	760	
R	40	40	50	50	60	60	80	80	100	100	125	125	160	160	200	200	

静配合连接轴倒角										
D	≤10	>10～18	>18～30	>30～50	>50～80	>80～120	>120～180	>180～260	>260～360	>360～500
a	1	1.5	2	3	5	5	8	10	10	12
α	30°				10°					

注：尺寸 $D-d$ 是表中数值的中间值时，则按较小尺寸来选取 R。例如 $D-d=98$，则按 90 选 $R=25$。

表 2-5-37　　**零件倒圆与倒角**（GB/T 6403.4—2008）　　mm

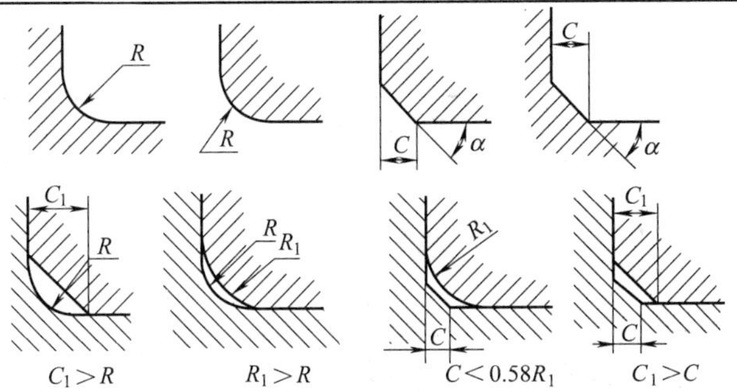

直径 D		~3		>3~6		>6~10		>10~18	>18~30	>30~50		>50~80
R、C	R_1	0.1	0.2	0.3	0.4	0.5	0.6	0.8	1.0	1.2	1.6	2.0
	C_{max} ($C<0.58R_1$)	—	0.1	0.1	0.2	0.2	0.3	0.4	0.5	0.6	0.8	1.0
直径 D		>80~120	>120~180	>180~250	>250~320	>320~400	>400~500	>500~630	>630~800	>800~1000	>1000~1250	>1250~1600
R、C	R_1	2.5	3.0	4.0	5.0	6.0	8.0	10	12	16	20	25
	C_{max} ($C<0.58R_1$)	1.2	1.6	2.0	2.5	3.0	4.0	5.0	6.0	8.0	10	12

注：α 一般采用 45°，也可采用 30°或 60°。

5.3.6　球面半径

表 2-5-38　　**球面半径**（GB/T 6403.1—2008）

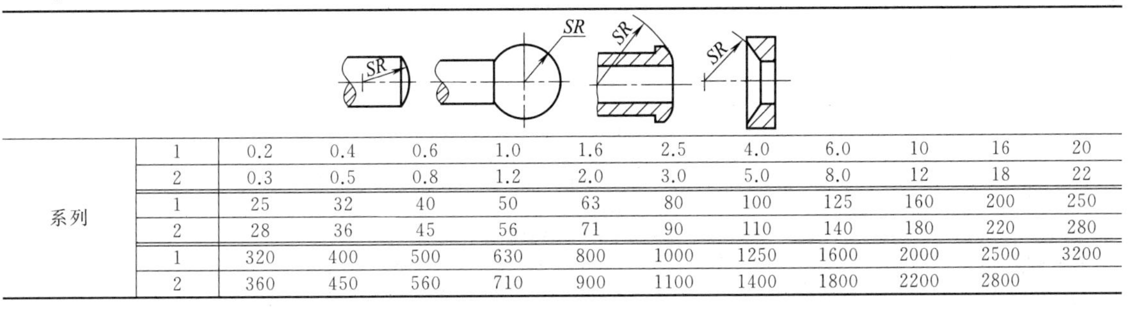

系列												
系列	1	0.2	0.4	0.6	1.0	1.6	2.5	4.0	6.0	10	16	20
	2	0.3	0.5	0.8	1.2	2.0	3.0	5.0	8.0	12	18	22
	1	25	32	40	50	63	80	100	125	160	200	250
	2	28	36	45	56	71	90	110	140	180	220	280
	1	320	400	500	630	800	1000	1250	1600	2000	2500	3200
	2	360	450	560	710	900	1100	1400	1800	2200	2800	

5.3.7　滚花

表 2-5-39　　**滚花**（GB/T 6403.3—2008）　　mm

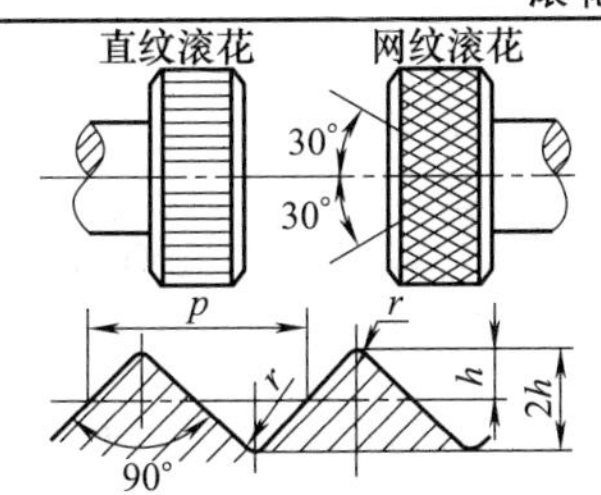

标记示例：
模数 $m=0.3$ 直径滚花：
直纹 $m=0.3$ GB 6403.3—2008
模数 $m=0.4$ 网纹滚花：
网纹 $m=0.4$ GB 6403.3—2008

模数 m	h	r	节距 p
0.2	0.132	0.06	0.628
0.3	0.198	0.09	0.942
0.4	0.264	0.12	1.257
0.5	0.326	0.16	1.571

注：1. 表中 $h=0.785m-0.414r$。
2. 滚花前工件表面的粗糙度的轮廓算术平均偏差 Ra 的最大允许值为 12.5μm。
3. 滚花后工件直径大于滚花前直径，其值 $\Delta\approx(0.8\sim1.6)m$，$m$ 为模数。

5.3.8　砂轮越程槽

表 2-5-40　　**砂轮越程槽**（GB/T 6403.5—2008）　　mm

回转面及端面砂轮越程槽的形式及尺寸

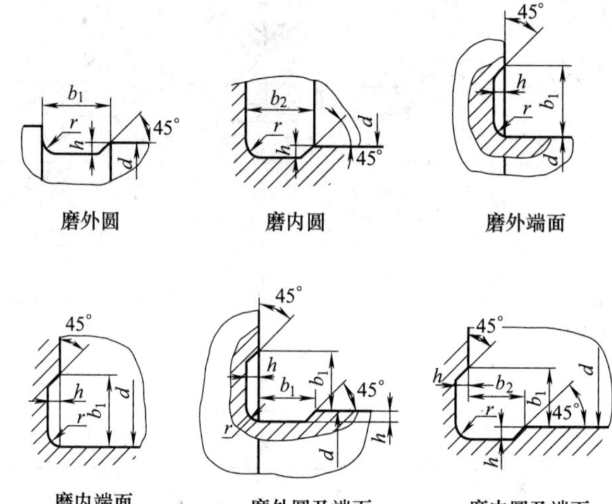

b_1	0.6	1.0	1.6	2.0	3.0	4.0	5.0	8.0	10
b_2	2.0	3.0		4.0		5.0		8.0	10
h	0.1	0.2		0.3	0.4		0.6	0.8	1.2
r	0.2	0.5		0.8	1.0		1.6	2.0	3.0
d		～10		＞10～50		＞50～100		＞100	

平面砂轮及V形砂轮越程槽

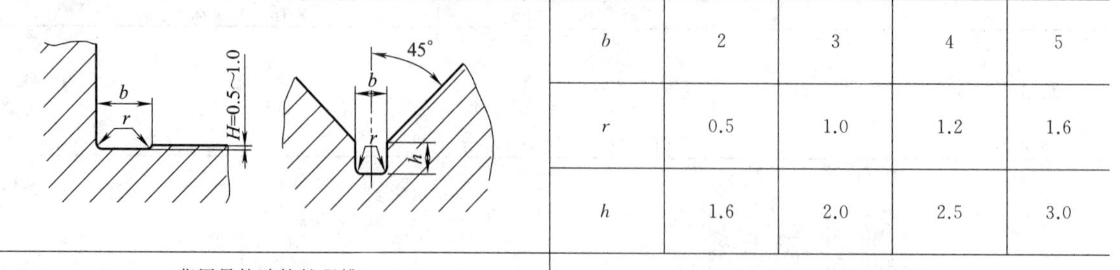

b	2	3	4	5
r	0.5	1.0	1.2	1.6
h	1.6	2.0	2.5	3.0

燕尾导轨砂轮越程槽

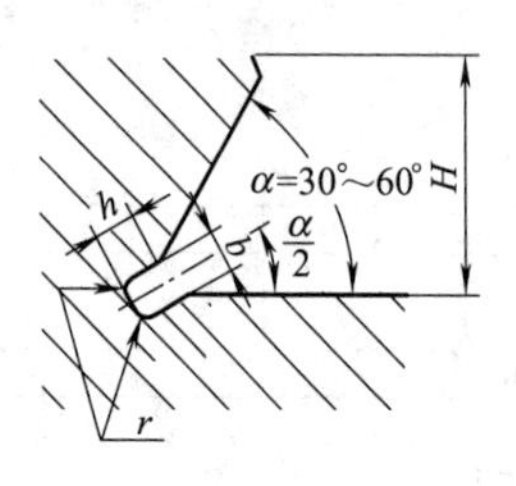

矩形导轨砂轮越程槽

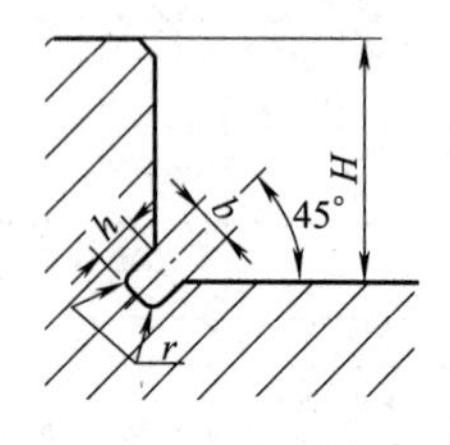

续表

H	≤5	6	8	10	12	16	20	25	32	40	50	63	80
b	1	2		3			4			5			6
h													
r	0.5			1.0			1.6						2.0

H	8	10	12	16	20	25	32	40	50	63	80	100
b	2				3				5		8	
h	1.6				2.0				3.0		5.0	
r	0.5				1.0				1.6		2.0	

5.3.9　刨切、插、珩磨越程槽

表 2-5-41　　**刨切、插、珩磨越程槽**　　mm

简图	名称	刨切越程
切削长度 a b	龙门刨	$a+b=100\sim200$
	牛头刨床 立刨床	$a+b=50\sim75$
	大插床如 STSR1400 小插床如 B516	50～100 10～12
b	珩磨内刨 外圆	$b>30$ $b=6\sim8$

5.3.10　退刀槽

外圆退刀槽及相配件的倒角和倒圆见表 2-5-42～表 2-5-46。退刀槽的表面粗糙度一般选用 $Ra3.2\mu m$，根据需要也可选用 $Ra1.6\mu m$、$0.8\mu m$，或更小。退刀槽类型说明如下。

1）适用于交变载荷和一般载荷的磨削件

A 型（轴的配合表面需磨削，轴肩不磨削）

B 型（轴的配合表面和轴肩均需磨削）

2）适用于对受载无特殊要求的磨削件

C 型（轴的配合表面需磨削，轴肩不磨削）

D 型（轴的配合表面需磨削，轴肩需磨削）

E 型（轴的配合表面及轴肩皆需磨削）

F 型（相配件为锐角的轴的配合表面及轴肩皆需磨削）

3）对图 2-5-2 所示的带槽孔的退刀槽，退刀槽直径 d_2 可按选定的平键或楔键来定，退刀槽的深度 t_2 一般为 20mm，最小值不得小于 10mm。

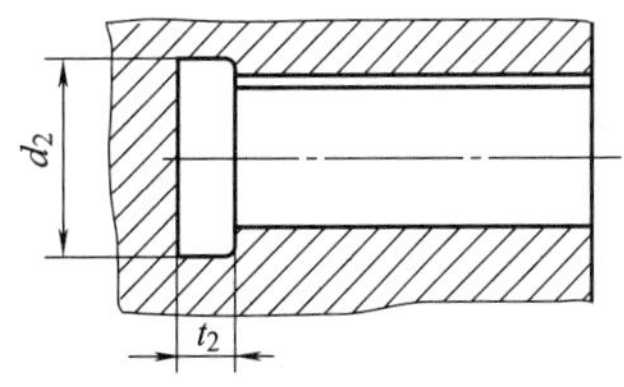

图 2-5-2　带槽孔的退刀槽

表 2-5-42　　**A、B 型退刀槽尺寸**　　mm

简图	r_1	$t_1+0.1$	f_1	g	$t_2+0.05$	推荐的配合直径 d_1 用在一般载荷	推荐的配合直径 d_1 用在交变载荷
A型 f_1 r_1 r_1 15° t_1 d_1	0.6	0.2	2	1.4	0.1	<18	
	0.6	0.3	2.5	2.1	0.2	>18～80	
	1	0.4	4	3.2	0.3	>80	
B型 t_2 f_1 r_1 r_1 g 15° 8° t_1 d_1	1	0.2	2.5	1.8	0.1	—	>18～50
	1.6	0.3	4	3.1	0.2		>50～80
	2.5	0.4	5	4.8	0.3		>80～125
	4	0.5	7	6.4	0.3		125

第 2 篇

表 2-5-43　　**相配件的倒角和倒圆**　　mm

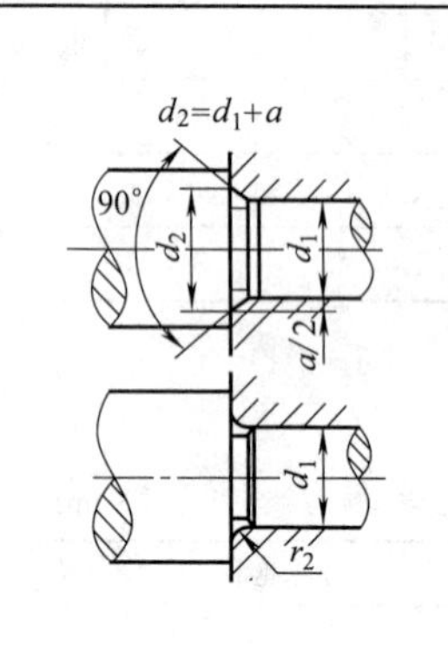

退刀槽尺寸	倒角最小值 a		倒圆最小值 r_2	
$r\times t_1$	A 型	B 型	A 型	B 型
0.6×0.2	0.8	0.2	1	0.3
0.6×0.3	0.6	0	0.8	0
1×0.2	1.6	0.8	2	1
1×0.4	1.2	0	1.5	0
1.6×0.3	2.6	1.1	3.2	1.4
2.5×0.4	4.2	1.9	5.2	2.4
4×0.5	7	4.0	8.8	5

表 2-5-44　　**C、D、E 型退刀槽及相配件尺寸**　　mm

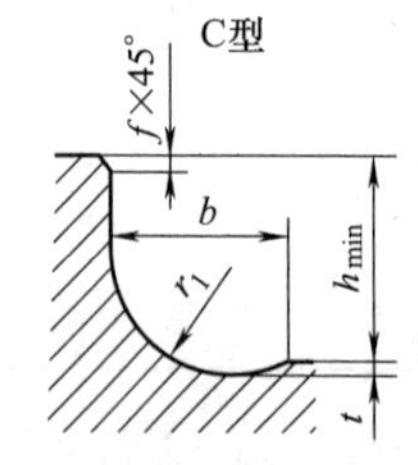

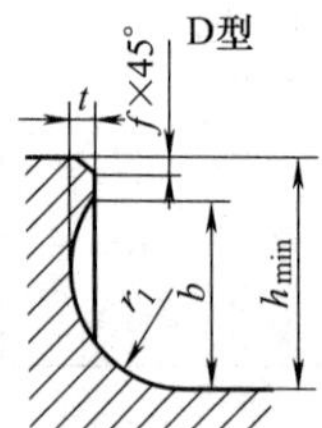

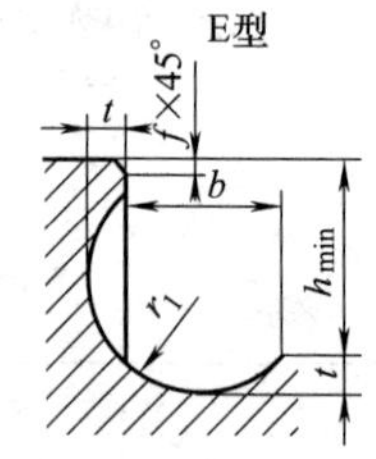

C、D、E型的相配件

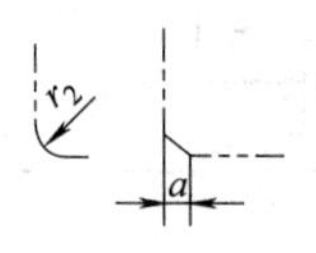

轴						相配件(孔)			
h_{min}	r_1	t	b		f (最大)	a	极限偏差	r_2	极限偏差
			C、D 型	E 型					
2.5	1.0	0.25	1.6	1.4	0.2	1	+0.6	1.2	+0.6
4	1.6	0.25	2.4	2.2	0.2	1.6	+0.6	2.0	+0.6
6	2.5	0.25	3.6	3.4	0.2	2.5	+1.0	3.2	+1.0
10	4.0	0.4	5.7	5.3	0.4	4.0	+1.0	5.0	+1.0
16	6.0	0.4	8.1	7.7	0.4	6.0	+1.6	8.0	+1.6
25	10.0	0.6	13.4	12.8	0.4	10.0	+1.6	12.5	+1.6
40	16.0	0.6	20.3	19.7	0.6	16.0	+2.5	20.0	+2.5
60	25.0	1.0	32.1	31.1	0.6	25.0	+2.5	32.0	+2.5

表 2-5-45　　**F 型退刀槽及相配件尺寸**　　mm

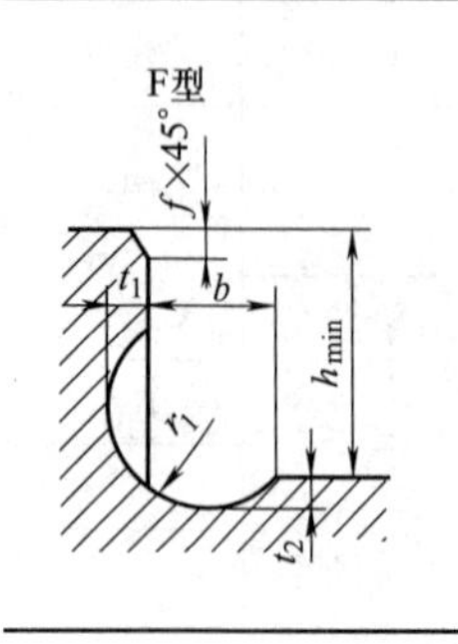

相配件

轴					
h_{min}	r_1	t_1	t_2	b	f (最大)
4	1.0	0.4	0.25	1.2	0.2
5	1.6	0.6	0.4	2.0	
8	2.5	1.0	0.6	3.2	
12.5	4.0	1.6	1.0	5.0	0.4
20	6.0	2.5	1.6	8.0	
30	10.0	4.0	2.5	12.5	

注：$r_1=10$ 不适用于光整。

表 2-5-46　**公称直径相同具有不同配合的退刀槽**　mm

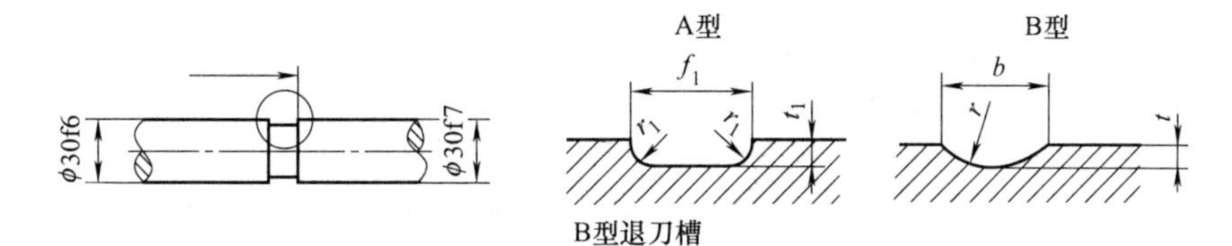

B型退刀槽

r	t	b
2.5	0.25	2.2
4	0.4	3.4
6	0.4	4.9
10	0.6	7.0
16	0.6	9.0
25	1.0	13.9

注：1. A 型退刀槽长度 f_1 包括在公差带较小的一段长度内，各部尺寸根据直径 d_1 按表 2-5-42 选取。
2. B 型退刀槽各部尺寸由本表中查。

5.3.11　插齿、滚齿退刀槽

表 2-5-47　**插齿空刀槽**　mm

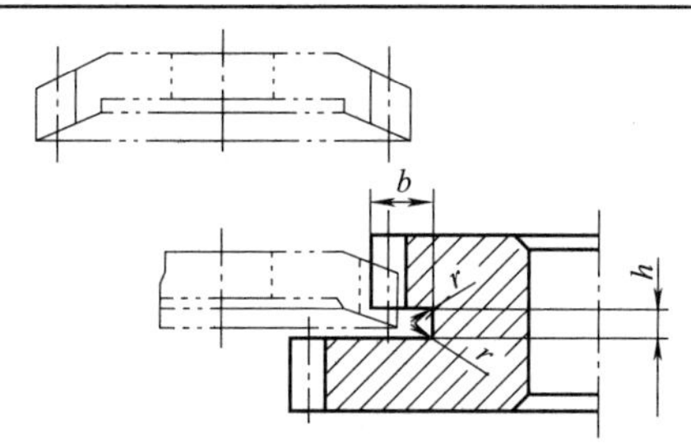

模数	2	2.5	3	4	5	6	7	8	9	10	12	14	16	18	20	22	25
h_{min}	5	6			7			8			9			10			12
b_{min}	5	6	7.5	10.5	13	15	16	19	22	24	28	33	38	42	46	51	58
r	0.5		1.0														

表 2-5-48　**滚人字齿轮退刀槽**　mm

法向模数 m_n	螺旋角 25°	30°	35°	40°	法向模数 m_n	螺旋角 25°	30°	35°	40°
	退刀槽最小宽度 b					退刀槽最小宽度 b			
4	46	50	52	54	18	164	175	184	192
5	58	58	62	64	20	185	198	208	218
6	64	66	72	74	22	200	212	224	234
7	70	74	78	82	25	215	230	240	250
8	78	82	86	90	28	238	252	266	278
9	84	90	94	98	30	246	260	276	290
10	94	100	104	108	32	264	270	300	312
12	118	124	130	136	36	284	304	322	335
14	130	138	146	152	40	320	330	350	370
16	148	158	165	174					

注：退刀槽深度由设计者决定。

5.3.12 T形槽

T形槽及螺栓头部尺寸见表2-5-49，T形槽间距的尺寸见表2-5-50。相对于每个T形槽宽度，在表2-5-50中给出三个间距，应根据使用要求条件选择。特殊情况下要采用其他尺寸的间距时，则应符合下列原则。

1）采用数值大于或小于规定T形槽间距尺寸时，应从优先数系R10系列的数值中选取。

2）采用数值在规定T形槽间距尺寸范围内，则应从优先数系R20系列的数值中选取。

T形槽的间距尺寸的极限偏差如表2-5-51所示。

T形槽不通端形式及尺寸应符合表2-5-52规定。T形槽用螺母尺寸应符合表2-5-53规定。

螺母材料为45钢。螺母的表面粗糙度按GB 1031最大允许值；基准槽用螺母的E面和F面为$Ra3.2\mu m$；其余为$Ra6.3\mu m$。螺母热处理硬度为35HRC，并发蓝。

表2-5-49 **T形槽及螺栓头部尺寸**（GB/T 158—1996） mm

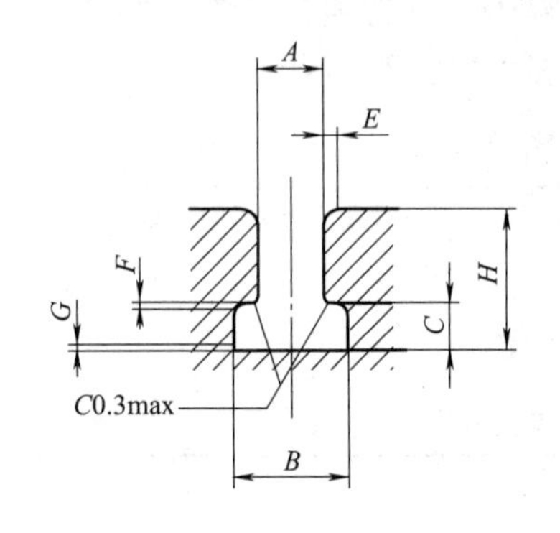

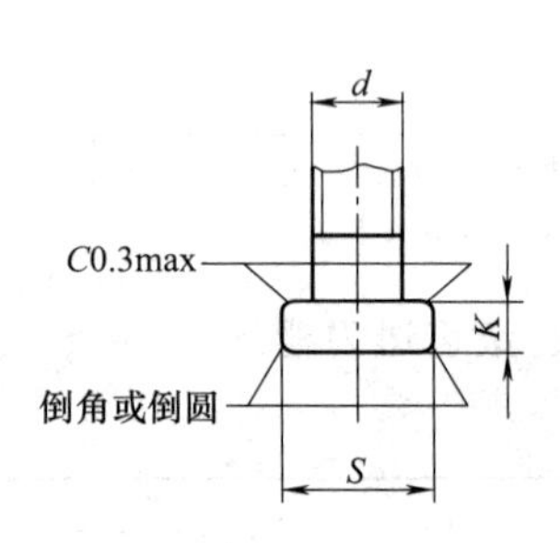

E、F和G倒角45°或倒圆

<table>
<tr><th colspan="10">T形槽</th><th colspan="3">螺栓头部</th></tr>
<tr><th>A</th><th colspan="2">B</th><th colspan="2">C</th><th colspan="2">H</th><th>E</th><th>F</th><th>G</th><th>d</th><th>S</th><th>K</th></tr>
<tr><th>基本尺寸</th><th>最小尺寸</th><th>最大尺寸</th><th>最小尺寸</th><th>最大尺寸</th><th>最小尺寸</th><th>最大尺寸</th><th>最大尺寸</th><th>最大尺寸</th><th>最大尺寸</th><th>公称尺寸</th><th>最大尺寸</th><th>最大尺寸</th></tr>
<tr><td>5</td><td>10</td><td>11</td><td>3.5</td><td>4.5</td><td>8</td><td>10</td><td rowspan="5">1</td><td rowspan="6">0.6</td><td rowspan="5">1</td><td>M4</td><td>9</td><td>3</td></tr>
<tr><td>6</td><td>11</td><td>12.5</td><td>5</td><td>6</td><td>11</td><td>13</td><td>M5</td><td>10</td><td>4</td></tr>
<tr><td>8</td><td>14.5</td><td>16</td><td>7</td><td>8</td><td>15</td><td>18</td><td>M6</td><td>13</td><td>6</td></tr>
<tr><td>10</td><td>16</td><td>18</td><td>7</td><td>8</td><td>17</td><td>21</td><td>M8</td><td>15</td><td>6</td></tr>
<tr><td>12</td><td>19</td><td>21</td><td>8</td><td>9</td><td>20</td><td>25</td><td>M10</td><td>18</td><td>7</td></tr>
<tr><td>14</td><td>23</td><td>25</td><td>9</td><td>11</td><td>23</td><td>28</td><td rowspan="4">1.6</td><td rowspan="2">1.6</td><td>M12</td><td>22</td><td>8</td></tr>
<tr><td>18</td><td>30</td><td>32</td><td>12</td><td>14</td><td>30</td><td>36</td><td rowspan="4">1</td><td>M16</td><td>28</td><td>10</td></tr>
<tr><td>22</td><td>37</td><td>40</td><td>16</td><td>18</td><td>38</td><td>45</td><td rowspan="3">2.5</td><td>M20</td><td>34</td><td>14</td></tr>
<tr><td>28</td><td>46</td><td>50</td><td>20</td><td>22</td><td>48</td><td>56</td><td>M24</td><td>43</td><td>18</td></tr>
<tr><td>36</td><td>56</td><td>60</td><td>25</td><td>28</td><td>61</td><td>71</td><td rowspan="4">2.5</td><td>M30</td><td>53</td><td>23</td></tr>
<tr><td>42</td><td>68</td><td>72</td><td>32</td><td>35</td><td>74</td><td>85</td><td>1.6</td><td>4</td><td>M36</td><td>64</td><td>28</td></tr>
<tr><td>48</td><td>80</td><td>85</td><td>36</td><td>40</td><td>84</td><td>95</td><td rowspan="2">2</td><td rowspan="2">6</td><td>M42</td><td>75</td><td>32</td></tr>
<tr><td>54</td><td>90</td><td>95</td><td>40</td><td>44</td><td>94</td><td>106</td><td>M48</td><td>85</td><td>36</td></tr>
</table>

表 2-5-50　T 形槽间距尺寸（GB/T 158—1996）

mm

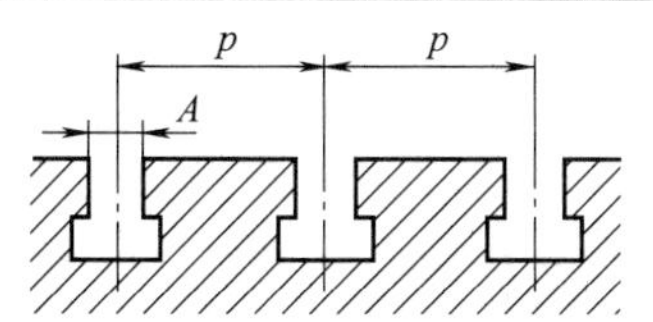

T 形槽宽度 A	T 形槽间距 p			
5		20	25	32
6		25	32	40
8		32	40	50
10		40	50	63
12	(40)	50	63	80
14	(50)	63	80	100
18	(63)	80	100	125
22	(80)	100	125	160
28	100	125	160	200
36	125	160	200	250
42	160	200	250	320
48	200	250	320	400
54	250	320	400	500

注：T 形槽间距 p 栏中，括号内的数值与 T 形槽槽底宽度最大值之差值，可能较小，应避免采用。

表 2-5-51　T 形槽间距 p 尺寸的极限偏差

（GB/T 158—1996）　　mm

T 形槽间距 p	极限偏差
20	±0.2
25	
32～100	±0.3
125～250	±0.5
320～500	±0.8

注：任一 T 形槽间距的极限偏差都不是累计误差。

表 2-5-52　T 形槽不通端形式及尺寸

（GB/T 158—1996）　　mm

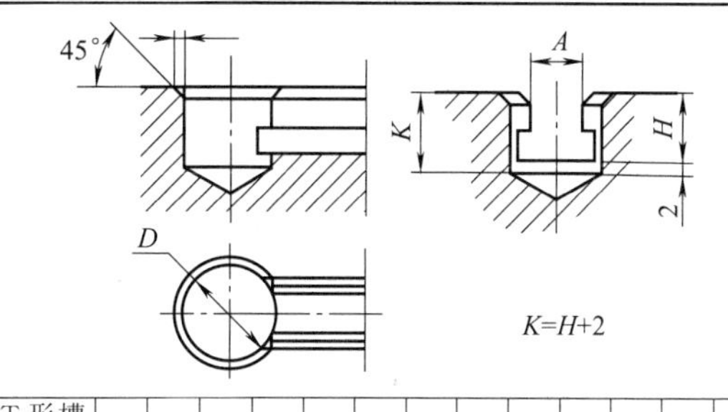

T 形槽宽度 A		5	6	8	10	12	14	18	22	28	36	42	48	54
K		12	15	20	23	27	30	38	47	58	73	87	97	108
D	基本尺寸	15	16	20	22	28	32	42	50	62	76	92	108	122
	极限偏差	+1 0		+1.5 0						+2 0				
e		0.5		1				1.5		2				

表 2-5-53　T 形槽用螺母尺寸（GB/T 158—1996）　　mm

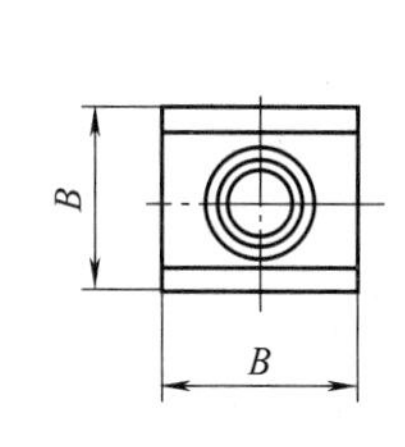

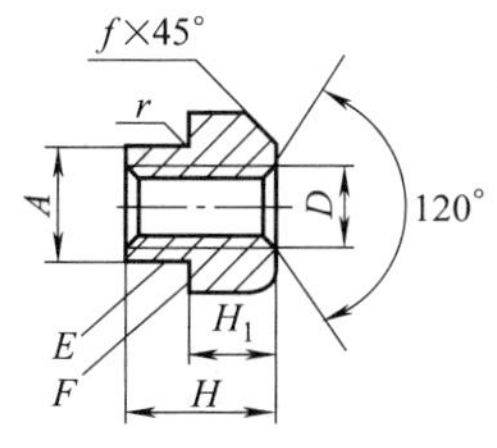

T 形槽宽度 A	D	A		B		H_1		H		f	r
	公称尺寸	基本尺寸	极限偏差	基本尺寸	极限偏差	基本尺寸	极限偏差	基本尺寸	极限偏差	最大尺寸	最大尺寸
5	M4	5	−0.3 −0.5	9	±0.29	3	±0.2	6.5	±0.29	1	0.3
6	M5	6		10		4	±0.24	8		1.6	
8	M6	8		13	±0.35	6		10			
10	M8	10		15		6		12	±0.35		
12	M10	12	−0.3 −0.6	18		7	±0.29	14		2.5	0.4
14	M12	14		22	±0.42	8		16			
18	M16	18		23		10		20	±0.42		
22	M20	22		34	±0.5	14	±0.35	28			0.5
28	M24	28		43		18		36	±0.5	4	
36	M30	36	−0.4 −0.7	53	±0.6	23	±0.42	44		6	
42	M36	42		64		28		52	±0.6		0.8
48	M42	48		75		32	±0.5	60			
54	M48	54		85	±0.7	36		70			

5.3.13 燕尾槽

表 2-5-54 燕尾槽 mm

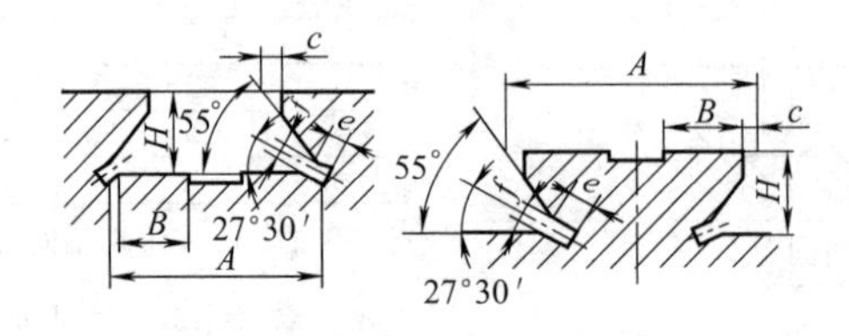

A	40～65	50～70	60～90	80～125	100～160	125～200	160～250	200～320	250～400	320～500
B	12	16	20	25	32	40	50	65	80	100
c	1.5～5									
e	1.5		2.0				2.5			
f	2		3				4			
H	8	10	12	16	20	25	32	40	50	65

注：1. "A"的系列为（mm）：40，45，50，55，60，65，70，80，90，100，110，125，140，160，180，200，225，250，280，320，360，400，450，500。

2. "c"为推荐值。

5.3.14 润滑槽

表 2-5-55 滑动轴承上用的润滑槽型式与尺寸（GB/T 6403.2—2008） mm

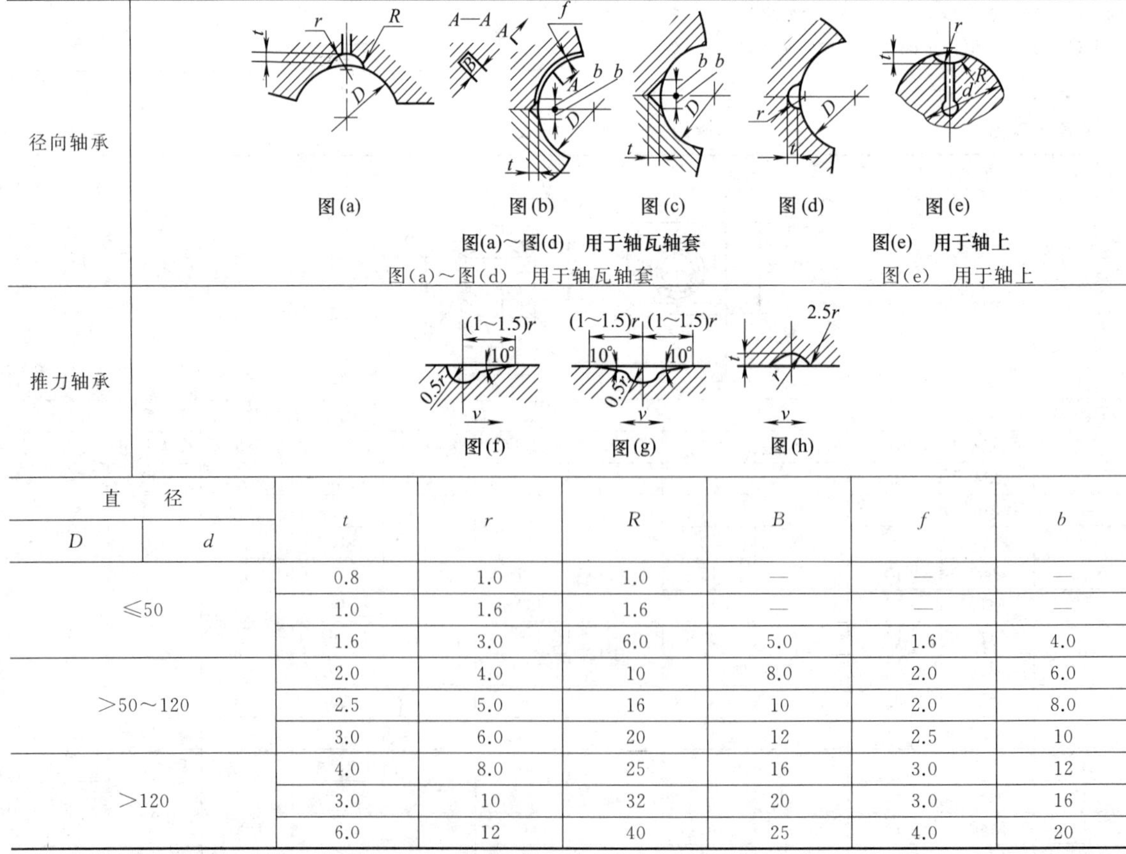

图(a)～图(d) 用于轴瓦轴套 图(e) 用于轴上

直径 D	直径 d	t	r	R	B	f	b
≤50		0.8	1.0	1.0	—	—	—
		1.0	1.6	1.6	—	—	—
		1.6	3.0	6.0	5.0	1.6	4.0
>50～120		2.0	4.0	10	8.0	2.0	6.0
		2.5	5.0	16	10	2.0	8.0
		3.0	6.0	20	12	2.5	10
>120		4.0	8.0	25	16	3.0	12
		3.0	10	32	20	3.0	16
		6.0	12	40	25	4.0	20

注：推力轴承润滑槽型式图下箭头说明运动方向为单向或双向。标准中未注明尺寸的棱边，按小于0.5mm倒圆。

表 2-5-56　**平面上用的机床导轨用的润滑槽型式与尺寸**（GB/T 6403.2—2008）　mm

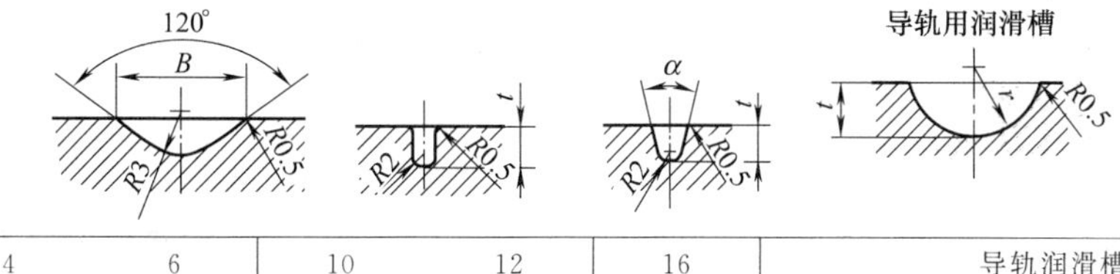

B	4	6	10	12	16	导轨润滑槽尺寸			
α	15°		30°		45°	t	1.0	1.6	2.0
t	3		4		5	r	1.6	2.5	4.0

注：标准中未注明尺寸的棱边，按小于 0.5mm 倒圆。

5.3.15　锯缝尺寸

设计有锯缝的零件时，应参考表 2-5-57 所示的金属锯片尺寸。锯缝的标记方法见图 2-5-3。

表 2-5-57　**锯片尺寸**　mm

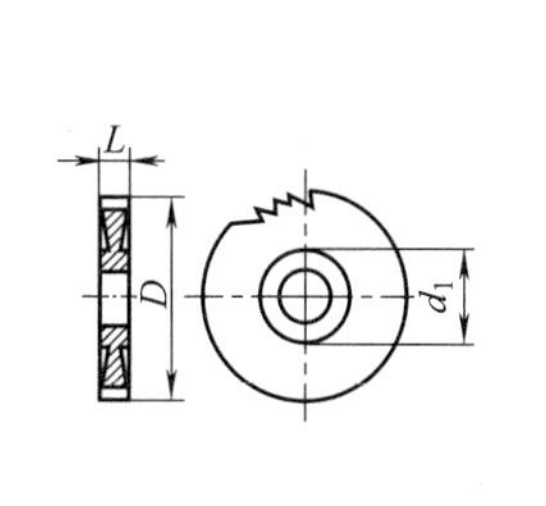

D	$d_{1\min}$	L 0.6	0.8	1.0	1.2	1.6	2.0	2.5	3.0	4.0	5.0	6.0
80	34 (40)	√	√	√	√	√	√	√	√	√	√	√
100			√	√	√	√	√	√	√	√	√	√
125				√	√	√	√	√	√	√	√	√
160	47				√	√	√	√	√	√	√	√
200	63					√	√	√	√	√	√	√
250							√	√	√	√	√	√
315	80							√	√	√	√	√

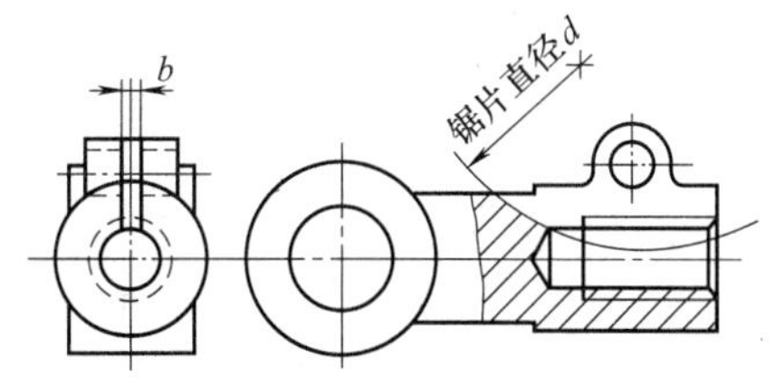

图 2-5-3　锯缝的标记方法

5.3.16　弧形槽端部半径

表 2-5-58　**弧形槽端部半径**　mm

花键槽	铣切深度 H		5	10	12	25
	铣切宽度 B		4	4	5	10
	R		20～30	30～37.5	37.5	55

弧形键槽	键公称尺寸 B×d	铣刀 D	键公称尺寸 B×d	铣刀 D	键公称尺寸 B×d	铣刀 D
	1×4	4.25	3×16	16.9	6×22	23.20
	1.5×7	7.40	4×16		6×25	26.50
	2×7		5×16		8×28	29.70
	2×10	10.60	4×19	20.10	10×32	33.90
	2.5×10		5×19			
	3×13	13.80	5×22	23.20		

注：d 是铣削键槽时键槽弧形部分的直径。

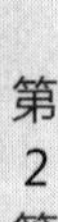

5.3.17　普通螺纹收尾、肩距、退刀槽和倒角（GB/T 3—1997）

1）外螺纹收尾和肩距的形式和尺寸见表 2-5-59，螺纹收尾的牙底圆弧半径不应小于对完整螺纹所规定的最小牙底圆弧半径。

2）外螺纹退刀槽的形式和尺寸见表 2-5-60，过渡角 α 不应小于 30°。

表 2-5-59　外螺纹的收尾和肩距的形式和尺寸

mm

图(a)　收尾

图(b)　肩矩

螺距 P	收尾 x（最大）		肩距 a（最大）		
	一般	短的	一般	长的	短的
0.2	0.5	0.25	0.6	0.8	0.4
0.25	0.6	0.3	0.75	1	0.5
0.3	0.75	0.4	0.9	1.2	0.6
0.35	0.9	0.45	1.05	1.4	0.7
0.4	1	0.5	1.2	1.6	0.8
0.45	1.1	0.6	1.35	1.8	0.9
0.5	1.25	0.7	1.5	2	1
0.6	1.5	0.75	1.8	2.4	1.2
0.7	1.75	0.9	2.1	2.8	1.4
0.75	1.9	1	2.25	3	1.5
0.8	2	1	2.4	3.2	1.6
1	2.5	1.25	3	4	2
1.25	3.2	1.5	4	5	2.5
1.5	3.8	1.9	4.5	6	3
1.75	4.3	2.2	5.3	7	3.5
2	5	2.5	6	8	4
2.5	6.3	3.2	7.5	10	5
3	7.5	3.8	9	12	6
3.5	9	4.5	10.5	14	7
4	10	5	12	16	8
4.5	11	5.5	13.5	18	9
5	12.5	6.3	15	20	10
5.5	14	7	16.5	22	11
6	15	7.5	18	24	12
参考值	≈2.5P	≈1.25P	≈3P	4P	2P

注：应优先选用“一般”长度的收尾和肩距，“短”收尾和“短”肩距仅用于结构受限制的螺纹件上，产品等级为 B 级或 C 级的螺纹紧固件可采用“长”肩距。

表 2-5-60　外螺纹的退刀槽的形式和尺寸

mm

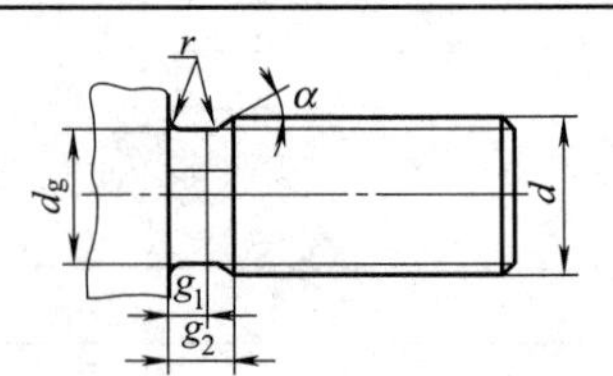

螺距 P	g_2（最大）	g_1（最小）	d_g	r ≈
0.25	0.75	0.4	$d-0.4$	0.12
0.3	0.9	0.5	$d-0.5$	0.16
0.35	1.05	0.6	$d-0.6$	0.16
0.4	1.2	0.6	$d-0.7$	0.2
0.45	1.35	0.7	$d-0.7$	0.2
0.5	1.5	0.8	$d-0.8$	0.2
0.6	1.8	0.9	$d-1$	0.4
0.7	2.1	1.1	$d-1.1$	0.4
0.75	2.25	1.2	$d-1.2$	0.4
0.8	2.4	1.3	$d-1.3$	0.4
1	3	1.6	$d-1.6$	0.6
1.25	3.75	2	$d-2$	0.6
1.5	4.5	2.5	$d-2.3$	0.8
1.75	5.25	3	$d-2.6$	1
2	6	3.4	$d-3$	1
2.5	7.5	4.4	$d-3.6$	1.2
3	9	5.2	$d-4.4$	1.6
3.5	10.5	6.2	$d-5$	1.6
4	12	7	$d-5.7$	2
4.5	13.5	8	$d-6.4$	2.5
5	15	9	$d-7$	2.5
5.5	17.5	11	$d-7.7$	3.2
6	18	11	$d-8.3$	3.2
参考值	≈3P	—	—	—

注：1. d 为螺纹公称直径代号。

2. d_g 公差为：h13（$d>3$mm）；h12（$d\leqslant 3$mm）。

3）外螺纹始端端面的倒角一般为 45°，也可采用 60°或 30°倒角；倒角的深度应大于或等于螺纹牙型的高度。对搓（滚）丝加工的外螺纹，其始端不完整螺纹的轴向长度不能大于 2 倍螺距。

表 2-5-61　内螺纹收尾和肩距的形式和尺寸

mm

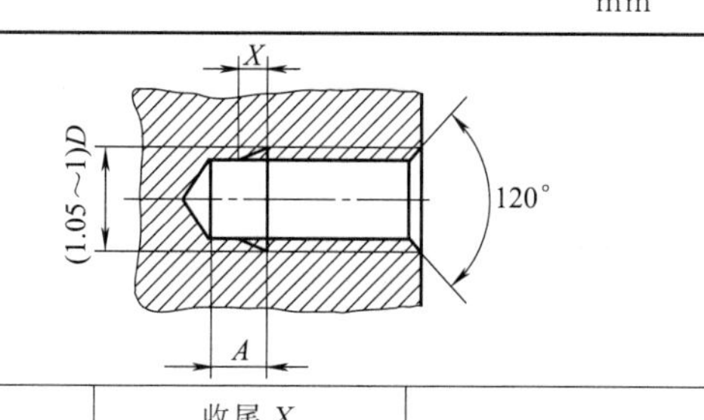

螺距 P	收尾 X（最大）		肩距 A	
	一般	短的	一般	长的
0.2	0.8	0.4	1.2	1.6
0.25	1	0.5	1.5	2
0.3	1.2	0.6	1.8	2.4
0.35	1.4	0.7	2.2	2.8
0.4	1.6	0.8	2.5	3.2
0.45	1.8	0.9	2.8	3.6
0.5	2	1	3	4
0.6	2.4	1.2	3.2	4.8
0.7	2.8	1.4	3.5	5.6
0.75	3	1.5	3.8	6
0.8	3.2	1.6	4	6.4
1	4	2	5	8
1.25	5	2.5	6	10
1.5	6	3	7	12
1.75	7	3.5	9	14
2	8	4	10	16
2.5	10	5	12	18
3	12	6	14	22
3.5	14	7	16	24
4	16	8	18	26
4.5	18	9	21	29
5	20	10	23	32
5.5	22	11	25	35
6*	24	12	28	38
参考值	$=4P$	$=2P$	$\approx(6\sim5)P$	$\approx(8\sim6.5)P$

注：应优先选用“一般”长度的收尾和肩距；容屑需要较大空间时可选用“长”肩距，结构限制时可选用“短”收尾。

4）内螺纹收尾和肩距的形式和尺寸见表 2-5-61。

5）内螺纹退刀槽的形式和尺寸见表 2-5-62。

6）内螺纹入口端面的倒角，一般为 120°，也可采用 90°倒角，端面倒角的直径为（1.05～1）D。

表 2-5-62　内螺纹的退刀槽的形式和尺寸

mm

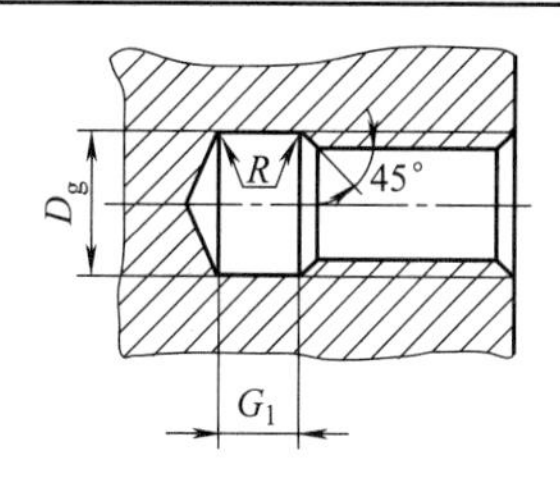

螺距 P	G_1		D_g	$R\approx$
	一般	短的		
0.5	2	1	$D+0.3$	0.2
0.6	2.4	1.2		0.3
0.7	2.8	1.4		0.4
0.75	3	1.5		0.4
0.8	3.2	1.6		0.4
1	4	2	$D+0.5$	0.5
1.25	5	2.5		0.6
1.5	6	3		0.8
1.75	7	3.5		0.9
2	8	4		1
2.5	10	5		1.2
3	12	6		1.5
3.5	14	7		1.8
4	16	8		2
4.5	18	9		2.2
5	20	10		2.5
5.5	22	11		2.8
6	24	12		3
参考值	$4P$	$2P$	—	$\approx0.5P$

注：1. “短”退刀槽仅在结构受限制时采用。

2. D_g 公差为 H13。

3. D 为螺纹公称直径代号。

5.3.18 紧固件用孔

表 2-5-63 铆钉用通孔 mm

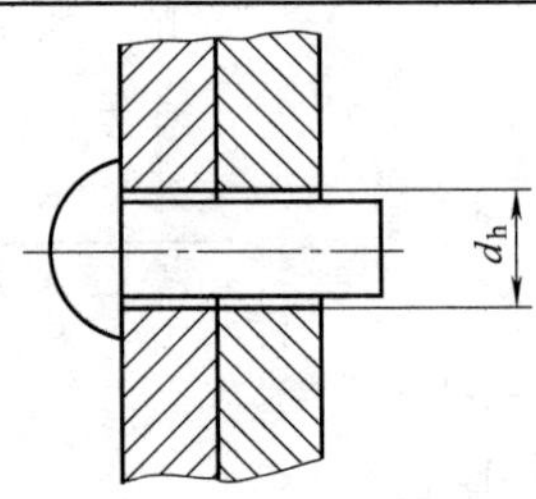

铆钉公称直径 d	0.6	0.7	0.8	1	1.2	1.4	1.6	2	2.5	3	3.5	4	5	6	8
d_h 精装配	0.7	0.8	0.9	1.1	1.3	1.5	1.7	2.1	2.6	3.1	3.6	4.1	5.2	6.2	8.2

铆钉公称直径 d		10	12	14	16	18	20	22	24	27	30	36
d_h	精装配	10.3	12.4	14.5	16.5	—	—	—	—	—	—	—
	粗装配	11	13	15	17	19	21.5	23.5	25.5	28.5	32	38

表 2-5-64 沉头螺钉用沉孔 mm

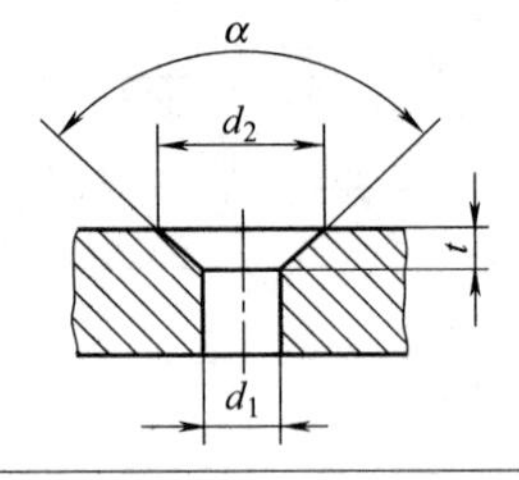

(1)适用于沉头螺钉及半沉头螺钉用的沉孔尺寸

螺纹规格	M1.6	M2	M2.5	M3	M3.5	M4	M5	M6	M8	M10	M12	M14	M16	M20
d_2	3.7	4.5	5.6	6.4	8.4	9.6	10.6	12.8	17.6	20.3	24.4	28.4	32.4	40.0
$t\approx$	1	1.2	1.5	1.6	2.4	2.7	2.7	3.3	4.6	5.0	6.0	7.0	8.0	10.0
d_1	1.8	2.4	2.9	3.4	3.9	4.5	5.5	6.6	9	11	13.5	15.5	17.5	22
α	$90^{\circ}{}^{-2^{\circ}}_{-4^{\circ}}$													

备注:尺寸 d_1 和 d_2 的公差带均为 H13

(2)适用于沉头自攻螺钉及半沉头自攻螺钉用的沉孔尺寸

螺钉规格	ST2.2	ST2.9	ST3.5	ST4.2	ST4.8	ST5.5	ST6.3	ST8	ST9.5
d_2	4.4	6.3	8.2	9.4	10.4	11.5	12.6	17.3	20
$t\approx$	1.1	1.7	2.4	2.6	2.8	3.0	3.2	4.6	5.2
d_1	2.4	3.1	3.7	4.5	5.1	5.8	6.7	8.4	10
α	$90^{\circ}{}^{-2^{\circ}}_{-4^{\circ}}$								

备注:尺寸 d_1 和 d_2 的公差带均为 H12

(3)适用于沉头木螺钉及半沉头木螺钉用的沉孔尺寸

公称规格	1.6	2	2.5	3	3.5	4	4.5	5	5.5	6	7	8	10
d_2	3.7	4.5	5.4	6.6	7.7	8.6	10.1	11.2	12.1	13.2	15.3	17.3	21.9
$t\approx$	1.0	1.2	1.4	1.7	2.0	2.2	2.7	3.0	3.2	3.5	4.0	4.5	5.8
d_1	1.8	2.4	2.9	3.4	3.9	4.5	5.0	5.5	6.0	6.6	7.6	9.0	11.0
α	$90^{\circ}{}^{-2^{\circ}}_{-4^{\circ}}$												

备注:尺寸 d_1 和 d_2 的公差带均为 H13

表 2-5-65　圆柱头用沉孔　mm

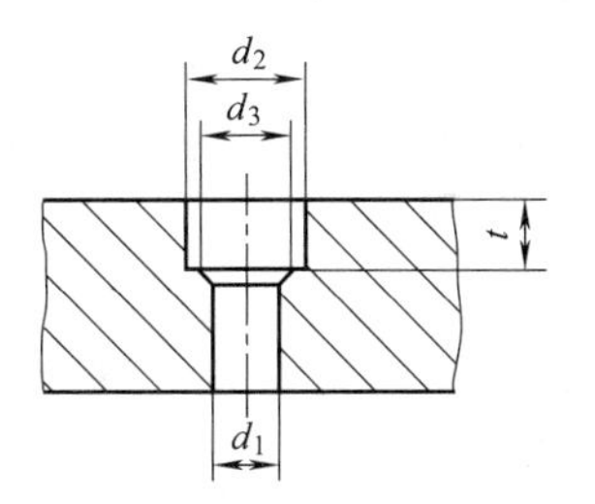

(1)适用于 GB/T 70.1—2000《内六角圆柱头螺钉》用的圆柱头沉孔尺寸

螺纹规格	M1.6	M2	M2.5	M3	M4	M5	M6	M8	M10	M12	M14	M16	M20	M24	M30	M36
d_2	3.3	4.3	5.0	6.0	8.0	10.0	11.0	15.0	18.0	20.0	24.0	26.0	33.0	40.0	48.0	57.0
t	1.8	2.3	2.9	3.4	4.6	5.7	6.8	9.0	11.0	13.0	15.0	17.5	21.5	25.5	32.0	38.0
d_3	—	—			—	—	—	—	—	16	18	20	24	28	36	42
d_1	1.8	2.4	2.9	3.4	4.5	5.5	6.6	9.0	11.0	13.5	15.5	17.5	22.0	26.0	33.0	39.0

(2)适用于 GB/T 6190、6191—1986《内六角花形圆柱头螺钉》及 GB/T 65—2000《开槽圆柱头螺钉用》的圆柱头沉孔尺寸

螺纹规格	M4	M5	M6	M8	M10	M12	M14	M16	M20
d_2	8	10	11	15	18	20	24	26	33
t	3.2	4.0	4.7	6.0	7.0	8.0	9.0	10.5	12.5
d_3	—	—	—	—	—	16	18	20	24
d_1	4.5	5.5	6.6	9.0	11.0	13.5	15.5	17.5	22.0

注：尺寸 d_1、d_2 和 t 的公差带均为 H13。

表 2-5-66　六角头螺栓和六角螺母用的沉孔尺寸　mm

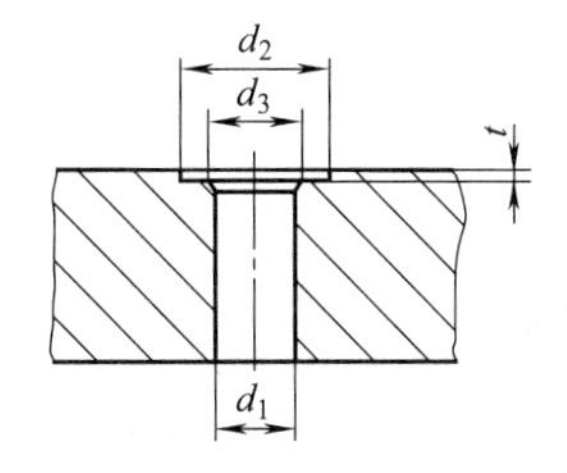

螺纹规格	M1.6	M2	M2.5	M3	M4	M5	M6	M8	M10	M12	M14	M16	M18	M20
d_2	5	6	8	9	10	11	13	18	22	26	30	33	36	40
d_3	—	—	—	—		—	—	—	—	16	18	20	22	24
d_1	1.8	2.4	2.9	3.4	4.5	5.5	6.6	9.0	11.0	13.5	15.5	17.5	20.0	22.0
螺纹规格	M22	M24	M27	M30	M33	M36	M39	M42	M45	M48	M52	M56	M60	M64
d_2	43	48	53	61	66	71	76	82	89	98	107	112	118	125
d_3	26	28	33	36	39	42	45	48	51	56	60	68	72	76
d_1	24	26	30	33	36	39	42	45	48	52	56	62	66	70

注：1. 对尺寸 t，只要能制出与通孔轴线垂直的圆平面即可。

2. 尺寸 d_1 的公差带为 H13，尺寸 d_2 的公差带为 H15。

5.4 切削件结构工艺性设计注意事项

表 2-5-67 切削件结构工艺性设计注意事项

序号	设计时应注意的问题	要点分析
1	注意减小毛坯尺寸 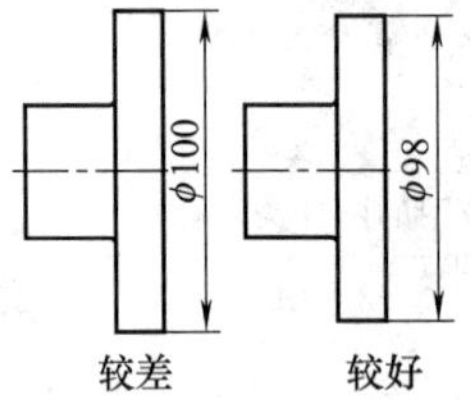 ϕ100 ϕ98 较差 较好	凸缘由圆钢直接车制而成，如设计最大直径为100mm则要用105mm或110mm的圆钢加工。如最大直径为98mm，则可以用100mm的钢料加工，可节省大量钢材
2	加工面与不加工面不应平齐 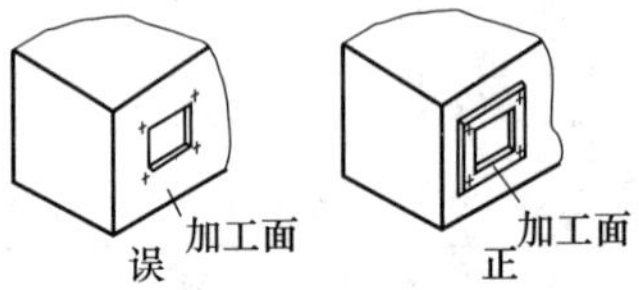 加工面 误 加工面 正	在一大平面上，如有一小部分要加工，则该面应凸出在不加工表面之上，以减小加工工作量
3	减小加工面的长度 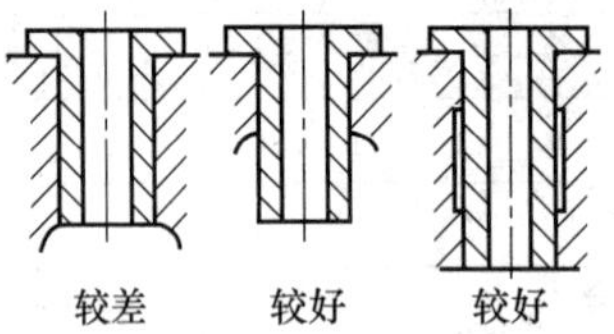 较差 较好 较好	两表面配合时，配合面应精确加工，为减小加工量应减小配合面长度。如配合面很长，为保证配合件稳定可靠，可将中间孔加大，中间部分不必精密加工。加工方便，配合效果好
4	不同加工精度表面要分开 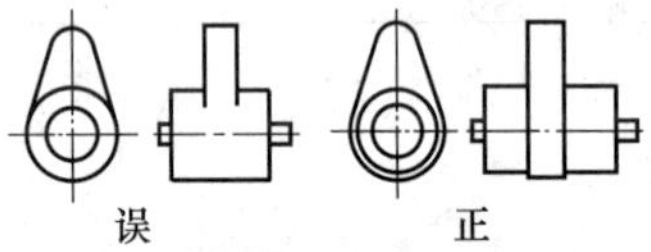 误 正	两表面粗糙度不同时，两表面之间必须有明确的分界线。这样，不但加工方便，而且形状美观。如图，凸轮工作表面要精加工，必须与轴表面分开
5	将形状复杂的零件改为组合件以便于加工 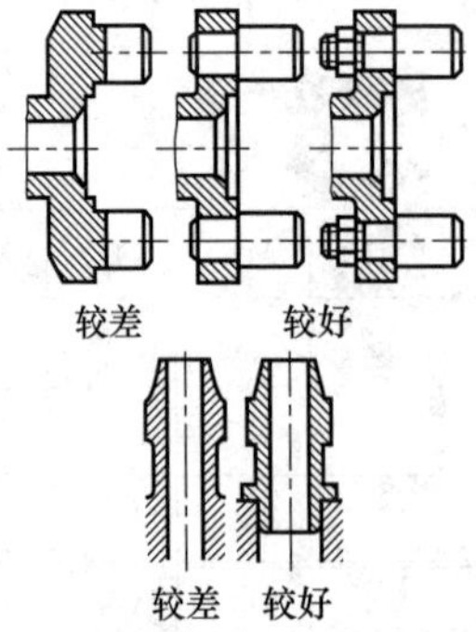 较差 较好 较差 较好	在一带轴的凸缘上有两个偏心的圆柱形小轴，加工困难。如果把这一零件改为组合件，小轴用装配式结构装上去，可以改善工艺性 又如在较大机座上，有薄壁的管形零件，因与主体部分尺寸差别大，加工不便，改为装配件，另做一个管件安装在机座上较为合理
6	避免不必要的精度要求 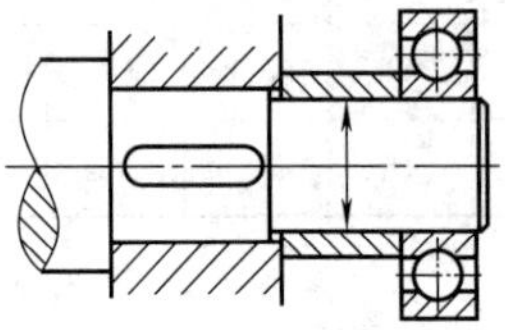	在不降低力学性能的前提下，应尽量减少要求的精度项目和各项精度要求的数值。如图中所示的轴系结构中，用套筒在齿轮与滚动轴承之间作为定位套。如将套内径与轴之间取较紧密的配合，则不仅要求套筒两端面平行，而且要求孔与端面垂直。如安排套筒与轴之间有大间隙的配合，则只要求套筒两端面有足够的平行度即可

续表

序号	设计时应注意的问题	要 点 分 析
7	避免加工封闭式空间 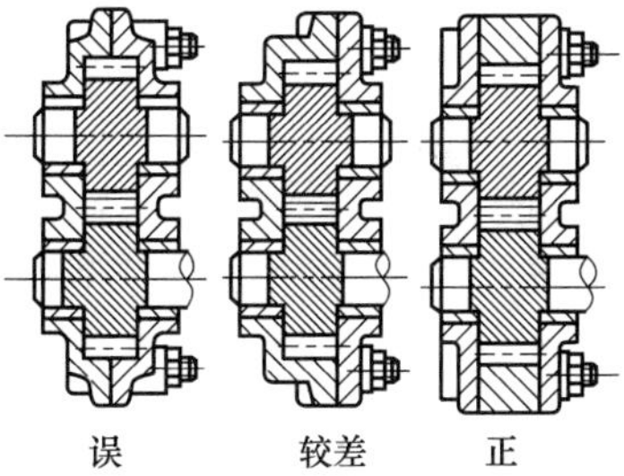 误　较差　正	加工出有底的槽形，凹空即称为封闭式空间。对这种空间一般只能用立式铣床加工，加工效率低，深度、形状也有较大的限制。尤其当要求加工两个相互对准的形状一致的凹槽时，更加困难，宜采用穿通式结构
8	刀具容易进入或退出加工面 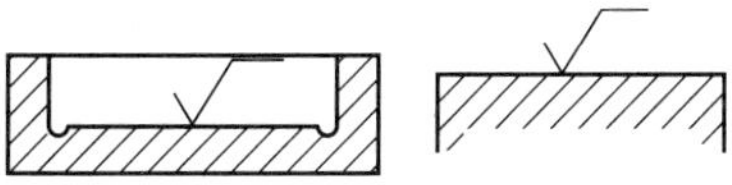 误　正	刀具进入或退出加工面时，都要求有一定的运动空间，设计时应保留足够的间隙
9	避免刀具不能接近工件 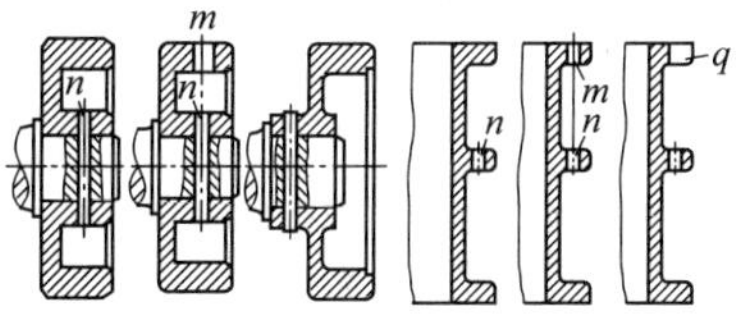 m n n n m n q 误　正　正　误　正　正	机械加工所用的刀具、机床都有一定的结构和尺寸。加工部位周围如果有长的壁或上下有凸台，都可能妨碍刀具的运动，甚至无法加工。为此应设置必要的工艺孔、槽，或改变结构形状
10	不能采用与刀具形状不适合的零件结构形状 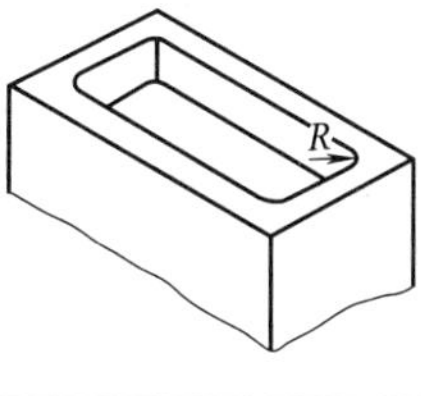 R	如图所示的矩形槽，由立铣刀加工而成，槽四角的圆角半径应等于铣刀半径。如要求的半径很小，则加工速度很慢而且刀具容易损坏。凹下的方形孔加工应尽量避免
11	要考虑到铸造误差的影响 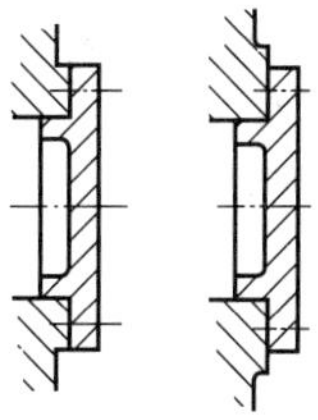 误　正	铸造零件的误差是比较大的，在设计铸件加工面时必须充分考虑。如轴承端盖与箱体上的凸台相配，但箱体上凸台的位置难以做到十分准确。如端盖凸缘与凸台直径设计成正好相等，则往往会出现端盖凸出到凸台以外的情况。因此铸造的凸台直径应该大一些
12	避免多个零件组合加工 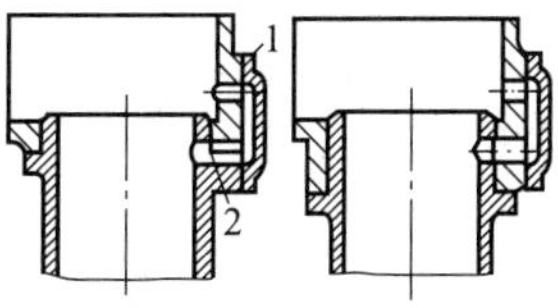 1　2 误　正	如图所示，要求在由两个零件组合而成的零件上钻孔、加工平面，由于在生产中必须配在一起加工、装配，因而不能具有互换性。而改进后则工艺性得到改善 只有在特殊情况下选用组合零件加工才是有利的，如减速箱的剖分式箱体、镶装式蜗轮等

续表

序号	设计时应注意的问题	要点分析
13	复杂要加工表面设计在外表面而不要设计在内表面上 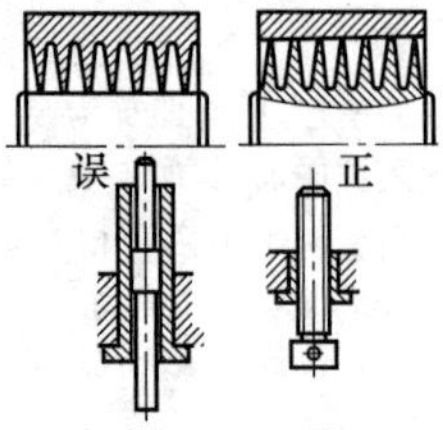	轴类零件比孔的加工容易。因此当两个轴、孔形状的零件配在一起，它们中间有一些比较复杂的结构时，把这些结构设计在轴上，往往比设计在孔的内表面更好
14	避免复杂形状零件倒角 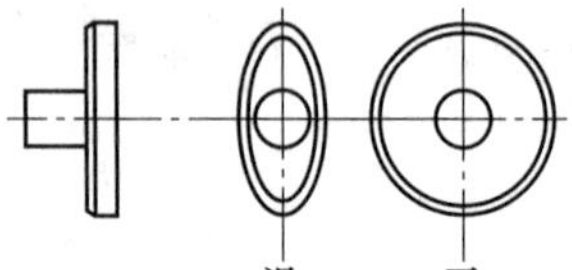	复杂形状的零件倒角加工困难。如椭圆形等复杂形状，难以用机械加工方法倒角，用手工方法倒角，很难保证加工质量
15	必须避免非圆形零件的止口配合 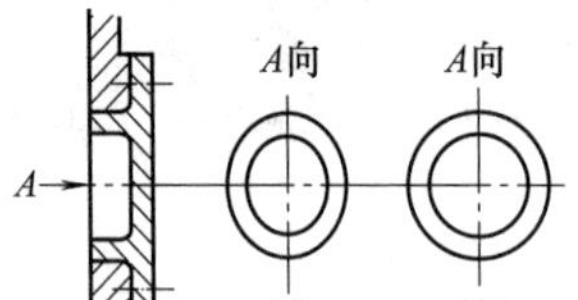	在箱形零件表面有一凸缘与之相配。为使配上之盖定位准确，除用螺钉固定外，设计有止口配合，此配合孔宜用圆形，不宜用矩形、正方形、椭圆形等其他形状
16	避免不必要的补充加工 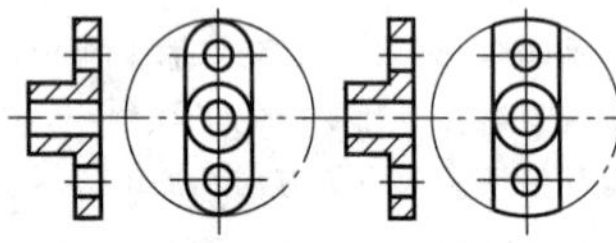	有些零件的形状变化并不影响其使用性能，在设计时应采用最容易加工的形状。如图中所示的凸缘，是用先加工成整圆，切去两边再加工两端圆弧的方法。不进行两端圆弧的补充加工，并不影响使用性能
17	避免无法夹持的零件结构 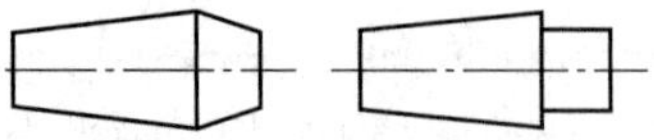	机械零件在加工时(如车削时)必须夹持在机床上，因此机械零件上必须有便于夹持的部位。另外，夹持零件必须有足够大的支持力，以保证在切削力作用下，零件不会晃动。因此零件应有足够的刚度，以免产生夹持变形
18	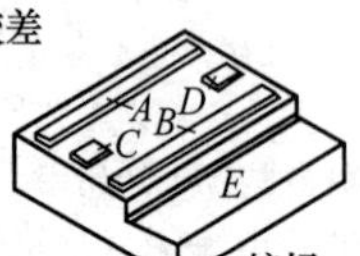 避免无测量基面的零件结构 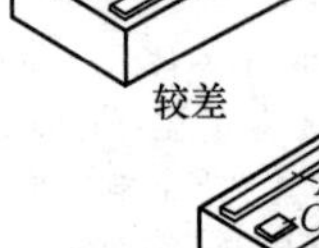	零件的尺寸或形位误差要求设计必须考虑测量时有必要的测量基面。如图中所示铸铁底座，要求 A、B 两个凸台表面平行（上面安装滚动导轨），并要求 C、D 两个凸台等高而且平行（上面放丝杠的轴承座）每个面都很窄（宽度都是20mm）。以上平面的平行度测量困难，如果设置一个测量基面 E，则测量大为改善

续表

序号	设计时应注意的问题	要 点 分 析
19	避免加工中的冲击和振动 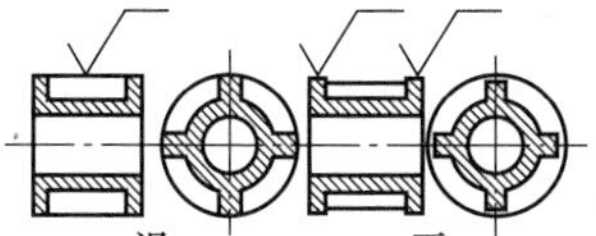 误　正	车、磨等工艺是连续切削，工作中没有振动，易得到光洁表面。但如结构设计不当，会产生不连续的切削，因而产生振动，不但影响加工质量，而且降低刀具寿命。如图所示的肋在车削外圆时即产生冲击，降低肋的高度可避免加工时的冲击和振动
20	通孔的底部不要产生局部未钻通 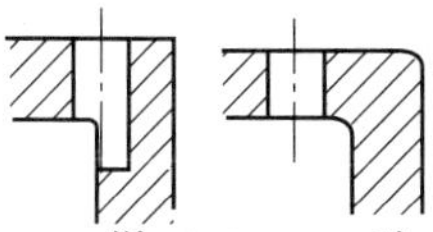 误　正	如图之通孔，底部有一部分未钻通，钻孔时产生不平衡力，易损坏钻头。应尽量避免
21	减少加工同一零件所用刀具数 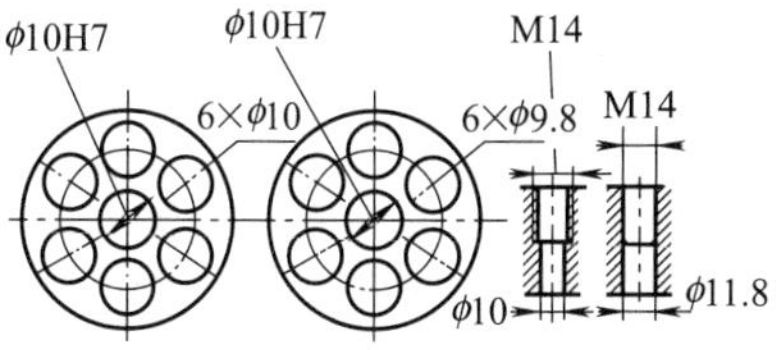 ϕ10H7　ϕ10H7　M14　6×ϕ10　6×ϕ9.8　M14　ϕ10　ϕ11.8 较差　较好　较差　较好	加工一个零件所用刀具数应少，以提高效率。如图所示为一阀座，中间孔 ϕ10H7 阀杆与之相配，粗糙度 Ra3.2μm。周围六孔为液体流动通道，ϕ10 粗糙度 Ra25μm。加工时要用不同的钻头。如将周围的孔改为 ϕ9.8，不影响使用性能，则中间孔同样用 ϕ9.8 钻头钻孔后，再铰制即可。又如图中所示螺纹孔 M14，下面有一光孔 ϕ10，如将光孔改为与螺纹孔螺纹内径钻孔一致（ϕ11.8），则加工方便
22	避免加工中的多次固定 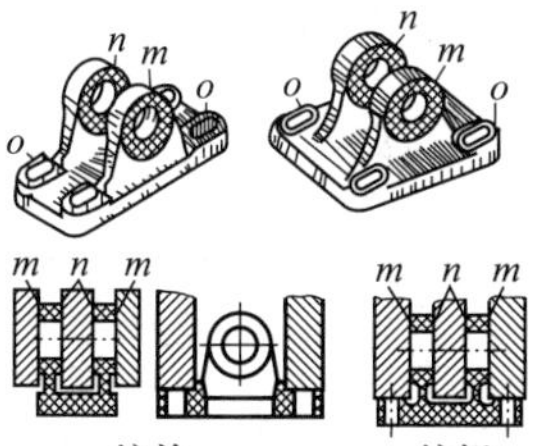 n m o o　n m o m n m　m n m 较差　较好	在加工机械零件的不同表面时，应避免多次装夹。希望能在一次固定中加工尽可能多的零件表面。这样，不但可以节约加工时间，而且可以提高加工精度。如图中所示的机座，原设计在加工孔端面以后，要将零件转过 90°，才能加工地脚螺钉凸台面。改进后可在一次加工中完成
23	注意使零件有一次加工多个零件的可能性 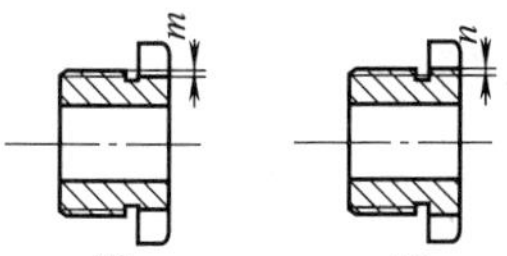 m　m 误　正 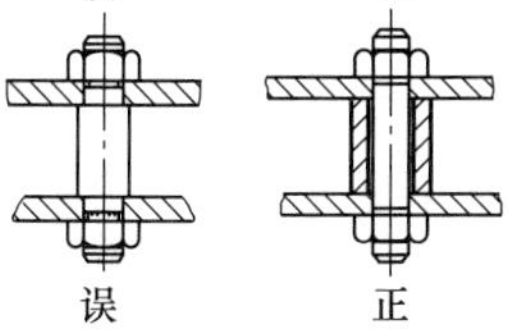 误　正	如图中所示的螺母，扳手槽底比螺纹顶低一个尺寸 m，槽只能用低生产率的加工方法（如插）逐个加工，改用新结构，即可几个串在一起加工。 又如图中所示的定位轴，尺寸要求准确，如改为把定位套和固定螺柱分为两个，定位套可用平面磨床大量加工

第6章　热处理零件设计的工艺性要求

6.1　零件热处理方法的选择

热处理是机械零件加工的重要工序。它能改变材料的性质，从而提高机械零件的强度、硬度、韧性、耐磨性和使用寿命。但热处理，尤其是淬火处理，常会引起机械零件的变形，使其精度降低，产生很大的内应力甚至发生裂纹。为提高零件的质量，必须考虑尽量减小热处理引起的内应力和变形。为提高零件精度，必须对淬火后的零件进行精加工。因此热处理在机械加工工艺过程中成为一个重要的考虑因素。按照金属材料组织变化的特征不同，热处理主要工艺方法可分如下几类：①退火与正火；②淬火与回火；③表面淬火；④钢的化学热处理。

表面处理多用于紧固件（如螺钉、螺母、垫圈）、操作件（手柄）及防护板等。对于小型机械、仪器仪表更应特别注意零件表面处理的设计。经表面处理后零件外形美观，可以防锈，氧化处理（发蓝）等则可以避免反光。常用的表面处理方法有：钢-镀锌、铬、镍、镉、铜及磷化、氧化（发蓝）等；铜及铜合金-镀镍、铬、镉、锌及氧化等；铝及铝合金-电化学氧化着色、化学氧化等。

零件热处理的具体方法的选择应根据零件的使用性能、技术要求、材料的成分、形状和尺寸要求等因素来合理地确定。

6.1.1　退火与正火

退火与正火的目的是使钢的成分均匀化，细化晶粒，改善组织，消除加工应力，降低硬度，改善切削性能等，作为毛坯的预备热处理，为下一步冷、热加工或热处理工序作准备。对性能要求不高的钢件，正火可以作为最终热处理工序。

退火工艺的分类和应用见表2-6-1；钢正火工艺的特点和应用范围见表2-6-2。40Cr钢退火和正火后的力学性能比较见表2-6-3。

表2-6-1　　钢的常用退火工艺的分类和应用

类　　别	主要目的	工艺特点	应用范围
扩散退火	成分均匀化	加热至A_{c3}+(150～200)℃，长时间保温后缓慢冷却	铸钢件及具有成分偏析的锻轧件等
完全退火	细化组织，降低硬度	加热至A_{c3}+(30～50)℃，保温后缓慢冷却	铸、焊件及中碳钢和中碳合金钢锻轧件等
不完全退火	细化组织，降低硬度	加热至A_{c1}+(40～60)℃，保温后缓慢冷却	中、高碳钢和低合金钢锻轧件等(组织细化程度低于完全退火)
等温退火	细化组织，降低硬度，防止产生白点	加热至A_{c3}+(30～50)℃(亚共析钢)或A_{c1}+(20～40)℃(共析钢和过共析钢)，保持一定时间，随炉冷至稍低于A_{r1}进行等温转变，然后空气冷却(简称空冷)	中碳合金钢和某些高合金钢的重型铸锻件及冲压件等(组织与硬度比完全退火更为均匀)
球化退火	碳化物球状化，降低硬度，提高塑性	加热至A_{c1}+(20～40)℃或A_{c1}−(20～30)℃，保温后等温冷却或直接缓慢冷却	工模具及轴承钢件，结构钢冷挤压件等
再结晶退火或中间退火	消除加工硬化	加热至A_{c1}−(50～150)℃，保温后空冷	冷变形钢材和钢件
去应力退火	消除内应力	加热至A_{c1}−(100～200)℃，保温后空冷或炉冷至200～300℃，再出炉空冷	铸钢件、焊接件及锻轧件

表 2-6-2　钢正火工艺的特点和应用范围

工艺特点	应用范围
将工件加热到 A_{c3} 或 A_{cm} 以上 40～60℃，保温一定时间，然后以稍大于退火的冷却速度，冷却下来，如空冷、风冷、喷雾等，得到片层间距较小的珠光体组织（有的叫正火索氏体）	1. 改善切削性能。含碳量（质量分数）低于 0.25% 的低碳钢和低合金钢，高温正火后硬度可提高到 140～190HBW，有利于切削加工 2. 消除共析钢中的网状碳化物，为球化退火作准备 3. 作为中碳钢、合金钢淬火前的预备热处理，以减少淬火缺陷 4. 用于淬火返修件消除内应力和细化组织，以防重淬火时产生变形与裂纹 5. 对于大型、重型及形状复杂零件或性能要求不高的普通结构零件作为最终热处理，以提高力学性能

表 2-6-3　40Cr 钢退火和正火后的力学性能比较

热处理状态	性能				
	σ_b /MPa	$\sigma_{0.2}$ /MPa	δ /%	ψ /%	α_K /J·cm^{-2}
退火	656	364	21	53.5	56
正火	754	45	21	56.9	78

6.1.2　淬火与回火

淬火是热处理强化中最重要的工序，其目的是使钢获得较高的强度和硬度。按淬火冷却方法不同，其特点和应用范围见表 2-6-4。

淬火钢在回火过程中硬度和强度不断下降，而塑性和韧性逐渐提高，同时降低和消除了工件的残余应力，避免开裂。即，淬火后的钢件再经回火可获得良好的综合力学性能，并可保持在使用过程中的尺寸稳定性。淬火可与多种回火工艺结合，其中淬火与高温回火合称为调质处理。另外，与时效处理、冷处理结合也是淬火后工件的热处理方法，其目的与回火相似，见表 2-6-5。

6.1.3　表面淬火

表面淬火可使工件表层具有较高的硬度、耐磨性和抗疲劳强度，而芯部却有良好的韧性和塑性。表面淬火的方法见表 2-6-6。

6.1.4　钢的化学热处理

经化学热处理后，工件表层的化学成分及组织状态与芯部有很大的不同，再经适当的热处理能显著提高工件的硬度、耐磨性、抗蚀性和接触疲劳强度等性能指标。根据渗入元素不同，化学热处理的分类及作用特点可见表 2-6-7。

表 2-6-4　淬火的分类及特点

类别	工艺过程	特点	应用范围
单液淬火	工件加热到淬火温度后，浸入一种淬火介质中，直到工件冷至室温为止	此法优点是操作简便，缺点是易使工件产生较大内应力，发生变形，甚至开裂	适用于形状简单的工件，对于碳钢工件，直径大于 5mm 的在水中冷却，直径小于 5mm 的可以在油中冷却，合金钢工件大都在油中冷却
双液淬火	加热后的工件先放在水中淬火，冷却至接近 M_s 点（300～200℃）时，从水中取出立即转到油中（或放在空气中）冷却	利用冷却速度不同的两种介质，先快冷躲过奥氏体最不稳定的温度区间（650～550℃），至接近发生马氏体转变（钢在发生体积变化）时再缓冷，以减小内应力和变形开裂倾向	主要适用于碳钢制成的中型零件和由合金钢制成的大型零件
分级淬火	工件加热到淬火温度，保温后，取出置于温度略高（也可稍低）于 M_s 点的淬火冷却剂（盐浴或碱浴）中停留一定时间，待表里温度基本一致时，再取出置于空气中冷却	1. 减小了表里温差，降低了热应力 2. 马氏体转变主要是在空气中进行，降低了组织应力，所以工件的变形与开裂倾向小 3. 便于热校直 4. 比双液淬火容易操作	此法多用于形状复杂、小尺寸的碳钢和合金钢工件，如各种刀具。对于淬透性较低的碳素钢工件，其直径或厚度应小于 10mm

第2篇

续表

类　别	工 艺 过 程	特　　点	应 用 范 围
等温淬火	工件加热到淬火温度后，浸入一种温度稍高于 M_s 点的盐浴或碱浴中，保温足够的时间，使其发生下贝氏体转变后在空气中冷却	与其他淬火比： 1. 淬火后得到下贝氏体组织，在相同硬度情况下强度和冲击韧度高 2. 一般工件淬火后可以不经回火直接使用，所以也无回火脆性问题，对于要求性能较高的工件，仍需回火 3. 下贝氏体质量体积比马氏体小，减小了内应力与变形、开裂	1. 由于变形很小，因而很适合于处理一些精密的结构零件，如冷冲模、轴承、精密齿轮等 2. 由于组织结构均匀，内应力很小，显微和超显微裂纹产生的可能性小，因而用于处理各种弹簧，可以大大提高其疲劳抗力 3. 特别对于有显著的第一类回火脆性的钢，等温淬火优越性更大 4. 受等温槽冷却速度限制，工件尺寸不能过大 5. 球墨铸铁件也常用等温淬火以获得高的综合力学性能，一般合金球铁零件等温淬火有效厚度可达 100mm 或更高
喷雾淬火	工件加热到淬火温度后，将压缩空气通过喷嘴使冷却水雾化后喷到工件上进行冷却	可通过调节水及空气的流量来任意调节冷却速度，在高温区实现快冷，在低温区实现缓冷。可用喷嘴数量、水量实现工件均匀冷却	对于大型复杂工件或重要轴类零件(如汽轮发电机的轴)，可使其旋转以实现均匀性冷却

表 2-6-5　回火、调质、时效与冷处理工艺

类　别		工 艺 过 程	特　　点	应 用 范 围
回火	低温回火	回火温度为 150～250℃	回火后获得回火马氏体组织，但内应力消除不彻底，故应适当延长保温时间	目的是降低内应力和脆性，而保持钢在淬火后的高硬度和耐磨性。主要用于各种工具、模具、滚动轴承和渗碳或表面淬火的零件等
回火	中温回火	回火温度为 350～450℃	回火后获得托氏体组织，在这一温度范围内回火，必须快冷，以避免第二类回火脆性	目的在于保持一定韧度的条件下提高弹性和屈服点，故主要用于各种弹簧、锻模、冲击工具及某些要求强度的零件，如刀杆等
回火	高温回火	回火温度为 500～680℃，回火后获得索氏体组织。淬火＋高温回火称为调质处理，可获得强度、塑性、韧性都较好的综合力学性能，并可使某些具有二次硬化作用的高合金钢(如高速钢)二次硬化，其缺点是工艺较复杂，在提高塑性、韧性同时，强度、硬度有所降低		广泛地应用于各种较为重要的结构零件，特别是在交变负荷下工作的连杆、螺栓、齿轮及轴等。不但可作为这些重要零件的最终热处理，而且还常可作为某些精密零件如丝杠等的预备热处理，以减小最终热处理中的变形，并为获得较好的最终性能提供组织基础
调　质				
时效处理	高温时效	加热略低于高温回火的温度，保温后缓冷到 300℃以下出炉	时效与回火有类似的作用，这种方法操作简便，效果也很好，但是耗费时间太长	时效的目的是使淬火后的工件进一步消除内应力，稳定工件尺寸 常用来处理要求形状不再发生变形的精密工件，例如精密轴承、精密丝杠、床身、箱体等 低温时效实际就是低温补充回火
时效处理	低温时效	将工件加热到 100～150℃，保温较长时间(约 5～20h)		

续表

类　别	工 艺 过 程	特　　点	应 用 范 围
冷处理	将淬火后的工件，在 0℃ 以下的低温介质中继续冷却到 −80℃，待工件截面冷到温度均匀一致后，取出空冷	可使残留奥氏体全部或大部分转变为马氏体。因此，不仅提高了工件硬度、抗拉强度，还可以稳定工件尺寸	主要适用于合金钢制成的精密刀具、量具和精密零件，如量块、量规、铰刀、样板、高精度的丝杠、齿轮等，还可以使磁钢更好地保持磁性

表 2-6-6　　表面淬火的种类和特点

类别	工 艺 过 程	特　　点	应 用 范 围
感应加热表面淬火	将工件放入感应器中，使工件表层产生感应电流，在极短的时间内加热到淬火温度后，立即喷水冷却，使工件表层淬火，从而获得非常细小的针状马氏体组织 根据电流频率不同，感应加热表面淬火，可以分为 1. 高频淬火：100～1000kHz 2. 中频淬火：1～10kHz 3. 工频淬火：50Hz	1. 表层硬度比普通淬火高 2～3HRC，并具有较低的脆性 2. 疲劳强度、冲击韧度都有所提高，一般工件可提高 20%～30% 3. 变形小 4. 淬火层深度易于控制 5. 淬火时不易氧化和脱碳 6. 可采用较便宜的低淬透性钢 7. 操作易于实现机械化和自动化，生产率高 8. 电流频率愈高，淬透层愈薄。例如高频淬火一般 1～2mm，中频淬火一般 3～5mm，工频淬火能到≥10～15mm 缺点：处理复杂零件比渗碳困难	常用中碳钢（w_C0.4%～0.5%）和中碳合金结构钢，也可用高碳工具钢和低合金工具钢，以及铸铁 一般零件淬透层深度为半径的 1/10 左右时，可得到强度、耐疲劳性和韧性的最好配合。对于小直径（10～20mm）的零件，建议用较深的淬透层深度，即可达半径的 1/5；对于截面较大的零件可取较浅的淬透层深度，即小于半径 1/10以下
火焰表面淬火	用乙炔-氧或煤气-氧的混合气体燃烧的火焰，喷射到零件表面上，快速加热，当达到淬火温度后，立即喷水或用乳化液进行冷却	淬透层深度一般为 2～6mm，过深往往引起零件表面严重过热，易产生淬火裂纹。表面硬度钢可达 65HRC，灰铸铁为 40～48HRC，合金铸铁为 43～52HRC。这种方法简便，无需特殊设备，但易过热，淬火效果不稳定，因而限制了它的应用	适用于单件或小批生产的大型零件和需要局部淬火的工具或零件，如大型轴类、大模数齿轮等 常用钢材为中碳钢，如 35、45 钢及中碳合金钢（合金元素<3%），如 40Cr、65Mn 等，还可用于灰铸铁件、合金铸铁件。含碳量过低，淬火后硬度低，而碳和合金元素含量过高，则易碎裂，因此，以含碳量（质量分数）在 0.35%～0.5% 之间的碳素钢最适宜
电接触加热表面淬火	采用两电极（铜滚轮或碳棒）向工件表面通低电压大电流，在电极与工件表面接触处产生接触电阻，产生的热使工件表面温度达到临界点以上，电极移去后冷却淬火	1. 设备简单，操作方便 2. 工件变形极小，不需回火 3. 淬硬层薄，仅为 0.15～0.35mm 4. 工件淬硬层金相组织，硬度不均匀	适用于机床铸铁导轨表面淬火与维修，气缸套、曲轴、工具等也可应用
脉冲淬火	用脉冲能量加热可使工件表面以极快速度（1/1000s）加热到临界点以上，然后冷却淬火	1. 由于加热冷却迅速，工件组织极细，晶粒极小 2. 淬火后不需回火 3. 淬火层硬度高（950～1250HV） 4. 工件无淬火变形，无氧化膜	适于热导率高的钢种，高合金钢难于进行这种淬火。用于小型零件、金属切削工具、照相机、钟表等机器易磨损件

表 2-6-7　　化学热处理常用渗入元素及其作用

渗入元素	工艺方法	常用钢材	渗层组成	渗层深度/mm	表面硬度	作用与特点	应用举例
C	渗碳	低碳钢、低碳合金钢、热作模具钢	淬火后为碳化物＋马氏体＋残余奥氏体	0.3～1.6	57～63HRC	渗碳淬火后可提高表面硬度、耐磨性、疲劳强度、能承受重载荷。处理温度较高,工件变形较大	齿轮、轴、活塞销、链条、万向联轴器
N	渗氮(氮化)	含铝低合金钢,中碳含铬低合金钢,含5%Cr的热作模具钢,铁素体、马氏体、奥氏体不锈钢,沉淀硬化不锈钢	合金氮化物＋含氮固溶体	0.1～0.6	700～900HV	提高表面硬度、耐磨性、抗咬合性、疲劳强度、抗蚀性(不锈钢例外)以及抗回火软化能力。硬度、耐磨性比渗碳者高。渗氮温度低,工件变形小。处理时间长,渗层脆性大	镗杆、轴、量具、模具、齿轮
C、N	碳氮共渗	低中碳钢,低中碳合金钢	淬火后为碳氮化合物＋含氮马氏体＋残余奥氏体	0.25～0.6	58～63HRC	提高表面硬度、耐磨性、疲劳强度。共渗温度比渗碳低,工件变形小,厚层共渗较难	齿轮、轴、链条
	软氮化(低温碳氮共渗)	碳钢、合金钢、高速钢、铸铁、不锈钢	碳氮化合物＋含氮固溶体	0.007～0.020 0.3～0.5	50～68HRC	提高表面硬度、耐磨性、疲劳强度。温度低、工件变形小。硬度较一般渗氮低	齿轮、轴、工模具、液压件
S	渗硫	碳钢、合金钢、高速钢	硫化铁	0.006～0.08	70HV	渗层具有良好的减摩性,可提高零件的抗咬合能力。可在200℃以下低温进行	工模具、齿轮、缸套、滑动轴承等
S、N	硫氮共渗	碳钢、合金钢、高速钢	硫化物、氮化物	硫化物<0.01 氮化物0.01～0.03	300～1200HV	提高抗咬合能力、耐磨性及疲劳强度。提高高速钢刀具的红硬性和切削能力。渗层抗蚀性差	工模具、缸套
S、C、N	硫碳氮共渗	碳钢、合金钢、高速钢	硫化物、碳氮化合物	硫化物<0.01 碳氮化合物0.01～0.03	600～1200HV	作用同上。在溶盐介质中一般含有剧毒的氰盐	工模具、缸套
B	渗硼	中高碳钢、中高碳合金钢	硼化物	0.1～0.3	1200～1800HV	渗层硬度高,抗磨料磨损能力强,减摩性好,红硬性高,抗蚀性有改善。脆性大,盐浴渗硼时,熔盐流动性差,易分层,渗后的工件难清洗	冷作模具、阀门

6.2　影响热处理零件结构设计工艺性的因素

在产品设计过程中，设计者常常忽视零件材料、结构尺寸等带给热处理工艺的不便，甚至造成热处理后零件产生各种缺陷，使零件成为废品。因此设计者要注意影响热处理零件设计工艺性的因素。

6.2.1　零件材料的热处理性能

在选择零件材料时，应注意材料的力学性能、工艺性能和经济性，同时还应注意材料的热处理性能，以保证零件较容易达到预定的热处理要求，并且成本低。

1）淬硬性　淬硬性与钢的含碳量有关，含碳量越高，淬火后的硬度越高，而对合金元素无明显影响。淬火硬度受工件截面尺寸的影响（见表 2-6-8）。

2）淬透性　淬透性主要取决于钢的合金成分，还受冷却速度、冷却剂以及工件尺寸大小的影响。不同的钢淬火后得到的淬透层深度、金相组织以及力学性能都不同。

3）变形开裂倾向性　工件产生变形开裂的倾向性如表 2-6-9 所示。一般含碳量较高的碳素钢、高碳工具钢的变形开裂倾向性大。另外，加热或冷却速度太快、加热或冷却不均匀也会增大工件的变形开裂倾向性。

4）回火脆性　某些钢（如锰钢、硅锰钢、铬硅钢等），淬火后在某一温度范围回火时，会产生冲击韧性降低、脆性转变温度提高的现象。

表 2-6-8　几种常用钢材、不同截面尺寸的淬火硬度（HRC）

材　料	截面尺寸/mm						
	≤3	＞3～10	＞10～20	＞20～30	＞30～50	＞50～80	＞80～120
15 钢渗碳淬水	58～65	58～65	58～65	58～65	58～62	50～60	
15 钢渗碳淬油	58～62	40～60					
35 钢淬水	45～50	45～50	45～50	45～50	35～45	30～40	
45 钢淬水	54～59	50～58	50～55	48～52	45～50	40～50	25～35
45 钢淬油	40～45	30～35					
T8 淬水	60～65	60～65	60～65	60～65	56～62	50～55	40～45
T8 淬油	55～62	≤41					
20Cr 渗碳淬油	60～65	50～55	60～65	60～65	56～62	45～55	
40Cr 淬油	50～60	48～53	30～55	45～50	40～45	35～40	
35SiMn 淬油	48～53	48～53	48～53	45～50	40～45	35～40	
65SiMn 淬油	58～64	58～64	50～60	48～55	45～50	40～45	35～40
GCr15 淬油	60～64	60～64	60～64	58～63	52～62	48～50	
CrWMn 淬油	60～65	60～65	60～65	60～64	58～63	56～62	56～60

表 2-6-9　热处理变形的一般趋向

项目	轴类	盘状体	正方体	圆筒体	环状体
原始状态	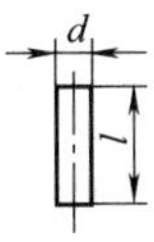 d, l	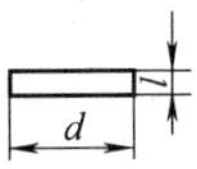 d, l	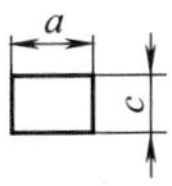 a, c	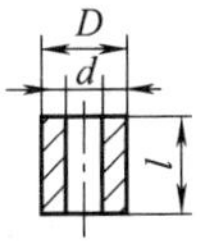 D, d, l	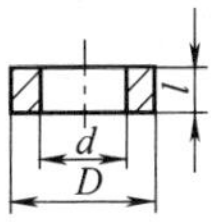 d, D, l
热应力作用	d^{+}、l^{-} 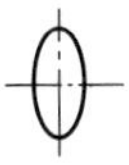	d^{-}、l^{+} 	趋向球状 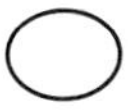	d^{-}、D^{+}、l^{-} 	D^{+}、l^{-} 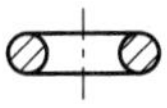
组织应力作用	d^{-}、l^{+} 	d^{+}、l^{-} 	平面内凹 棱角突出 	d^{-}、D^{-}、l^{+} 	D^{-}、d^{+} 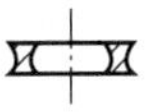

续表

项目	轴类	盘状体	正方体	圆筒体	环状体
组织转变作用	d^+、l^+或 d^-、l^-	d^+、l^+或 d^-、l^-	a^+、c^+或 a、c^-	d^+、D^-、l^- 或d^-、D^+、l^+	D^-、d^+、l^-或 D^+、d^-、l^+

注：当圆筒的内径 d 很小时，则其变形规律如圆棒或正方体类；当圆环的内径 d 很小时，则其变形规律如圆盘。

6.2.2 零件的几何形状、尺寸大小和表面质量

为避免产生变形、开裂等热处理缺陷，零件几何形状除了力求简单、对称，减少应力集中因素外，还应考虑在热处理过程中零件形状便于运输、挂吊和装夹。零件刚度差，有时需要采用专门的夹具以防热处理变形。

钢材标准中所列的热处理后的力学性能，除有明确说明外，都是小尺寸试样的试验数据。工件尺寸变大，热处理性能都下降。例如碳钢，截面尺寸稍大就不能淬透；经调质的碳钢，力学性能随深度的增加而迅速降低，当截面较大时，其芯部可能仍处于正火状态。这种因工件截面尺寸变大而使热处理性能恶化的现象称为钢的热处理尺寸效应，见表 2-6-10。

表 2-6-10 几种常用结构钢的尺寸效应范围

（能达到规定力学性能的最大直径）mm

钢号	水冷	油冷	钢号	水冷	油冷
30	30		20Cr	45	35
35	32		40Cr	65	40
40	35		12CrNi3	60	40
45	37		20CrMo	60	45
50	40		35CrMo	80	60
55	42		30CrMnSi		60

零件的表面质量对热处理过程有一定的影响，工件表面裂纹等缺陷和残余应力将加大热处理后工件的变形和裂纹。零件在热处理时，特别是淬火零件，表面粗糙度应使 $Ra \leqslant 3.2\mu m$。渗氮零件 Ra 过大则脆性增加，硬度不准确，一般要求 $Ra=(0.8\sim0.1)\mu m$。渗碳零件表面粗糙度不大于 $Ra6.3\mu m$。

6.3 对零件的热处理要求的表达

6.3.1 在工作图上应标明的热处理要求

表 2-6-11 在工作图上应标明的热处理要求

<table>
<tr><th>方法</th><th colspan="2">一般零件</th><th colspan="4">重要零件</th></tr>
<tr><td>普通热处理</td><td colspan="2">①热处理方法
②硬度：标注波动范围一般为 5HRC 左右，或 30～40HRW 左右</td><td colspan="4">①热处理方法
②零件不同部位的硬度
③必要时提出零件不同部位的金相组织要求</td></tr>
<tr><td>表面淬火</td><td colspan="2">①热处理方法
②硬度
③淬火区域</td><td colspan="4">①热处理方法，必须时提出预先热处理要求
②表面淬火硬度、芯部硬度
③淬硬层深度
④表面淬火区域
⑤必要时提出变形要求</td></tr>
<tr><td rowspan="6">渗碳</td><td colspan="2">①热处理方法
②硬度
③渗层深度：目前工厂多用下述方法确定</td><td colspan="4">①热处理方法
②淬火、回火后表面硬度、芯部硬度
③渗碳层深度
④渗碳区域
⑤必要时提出渗碳层含碳量，一般在下述范围</td></tr>
<tr><td rowspan="2">使用场合</td><td rowspan="2">深 度</td><td rowspan="2">状态</td><td colspan="3">含碳量/%</td></tr>
<tr><td>表面过共析区</td><td>共析区</td><td>亚共析（过渡）区</td></tr>
<tr><td>碳素渗碳钢</td><td>由表面至过渡层 1/2 处</td><td>炉冷</td><td>0.9～1.2</td><td>0.7～0.7</td><td><0.7</td></tr>
<tr><td>含铬渗碳钢</td><td>由表面至过渡层 2/3 处</td><td>空冷</td><td>1.0～1.2</td><td>0.6～1.0</td><td><0.6</td></tr>
<tr><td>合金渗碳钢汽车齿轮</td><td>过共析，共析，过渡区总和</td><td colspan="4"></td></tr>
<tr><td></td><td colspan="2">④渗碳区域</td><td colspan="4">⑥必要时提出芯部金相组织要求</td></tr>
</table>

续表

方法	一般零件	重要零件
氮化	①热处理方法 ②表面和芯部硬度(表面硬度用 HV 或 HRA 测定) ③氮化层深度(一般应≤0.6mm) ④氮化区域	①热处理方法 ②除一般零件几项要求外,还需提出芯部力学性能 ③必要时,还要提出金相组织及对渗氮层脆性要求(直接用维氏硬度计压头的压痕形状来评定)
碳氮共渗	①中温碳氮共渗与渗碳同 ②低温碳氮共渗与氮化同	①中温碳氮共渗与渗碳同 ②低温碳氮共渗与氮化同

6.3.2　金属热处理工艺分类及代号

表 2-6-12　　金属热处理工艺分类及代号的表示方法（GB/T 12603—2005）

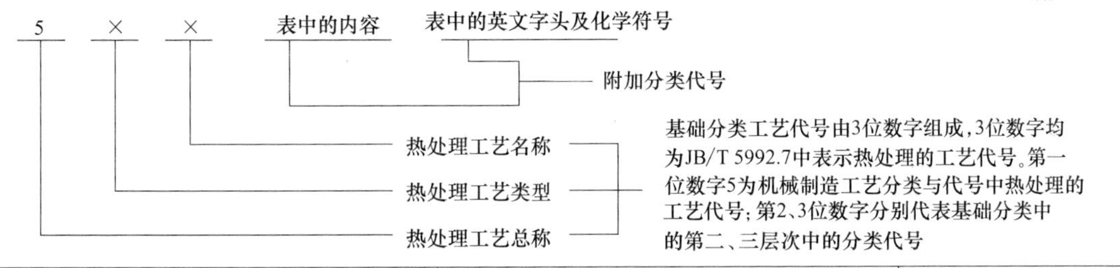

基础分类						附加分类						说明
						加热		退火		淬火冷却		
工艺总称	代号	工艺类型	代号	工艺名称	代号	加热方式	代号	退火工艺	代号	介质方法	代号	
热处理	5	整体热处理	1	退火	1	可按气氛（气体）	01	去应力退火	St	空气	A	1. 当对基础工艺中的某些具体实施条件有明确要求时,使用附加分类代号 2. 附加分类工艺代号,按加热,退火,淬火冷却顺序标注。当工艺在某个层次不需进行分类时,该层次用阿拉伯数字"0"代替 3. 当对冷却介质及冷却方法需要用两个以上字母表示时,用加号将两个或几个字母连接起来,如 H+M 代表盐浴分级淬火 4. 化学处理中,没有表明渗入元素的各种工艺,如多共元渗,渗金属,渗其他非金属,可以在其代号后用括号表示出渗入元素的化学符号表示 5. 多工序处理工艺代号用破折号将各工艺代号连接组成,但除第一个工艺外,后面的工艺均省略第一位数字"5",如 515-33-01 表示调质和气体渗氮
				正火	2					油	O	
				淬火	3	真空	02	均匀化退火	H	水	W	
				淬火和回火	4	盐浴（液体）	03			盐水	B	
				调质	5					有机聚合物溶液	Po	
				稳定化处理	6	感应	04	再结晶退火	R			
				固溶处理;水韧处理	7	火焰	05			热浴	H	
				固溶处理+时效	8			石墨化退火	G	加压淬火	Pr	
		表面热处理	2	表面淬火和回火	1	激光	06					
				物理气相沉积	2					双介质淬火	I	
				化学气相沉积	3	电子束	07	脱氢处理	D			
				等离子增强化学气相沉积	4					分级淬火	M	
				离子注入	5	等离子体	08	球化退火	Sp			
		化学热处理	3	渗碳	1					等温淬火	At	
				碳氮共渗	2	固体装箱	09	等温退火	I			
				渗氮	3					变形淬火	Af	
				氮碳共渗	4	流态床	10	完全退火	F			
				渗其他非金属	5					冷气淬火	G	
				渗金属	6	电接触	11	不完全退火	P			
				多元共渗	7					冷处理	C	

6.4 热处理零件结构设计的注意事项

6.4.1 防止热处理零件开裂的注意事项

表 2-6-13 防止热处理零件开裂的注意事项

序号	注意事项	图例		说明
		改进前	改进后	
1	避免尖角、棱角	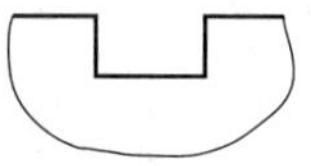 G48	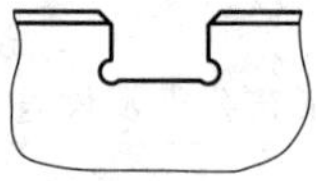 G48	零件的尖角、棱角部分是淬火应力最集中的地方，往往成为淬火裂纹的起点，应予倒钝
			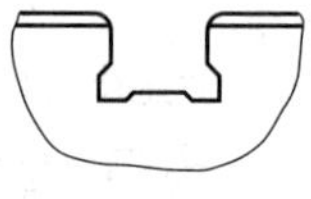 G48	
			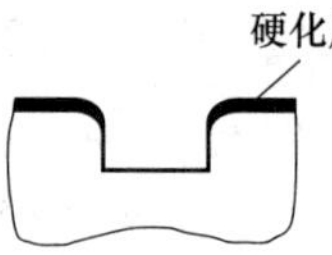 硬化层 G48	平面高频淬火时，硬化层达不到槽底，槽底虽有尖角，但不至于开裂
		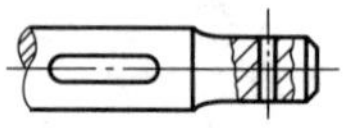	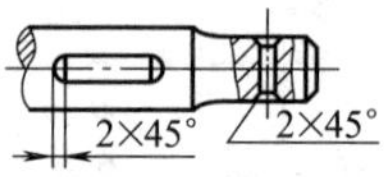 2×45°　2×45°	为了避免锐边尖角熔化或过热，在槽或孔的边上应有2～3mm的倒角(与轴线平行的键槽边可不倒角)，直径过渡应为圆角
		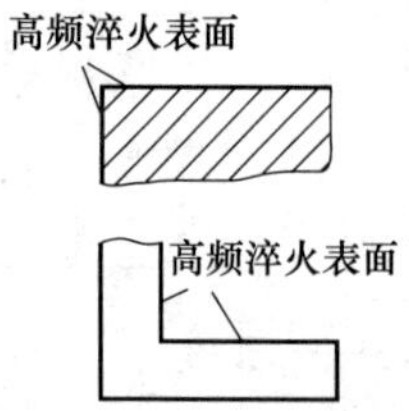 高频淬火表面 高频淬火表面	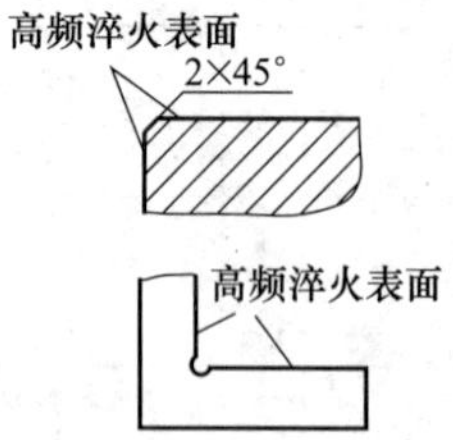 高频淬火表面 2×45° 高频淬火表面	二平面交角处应有较大的圆角或倒角，并有5～8mm不能淬硬
2	避免断面突变	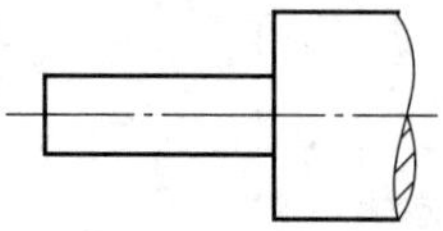	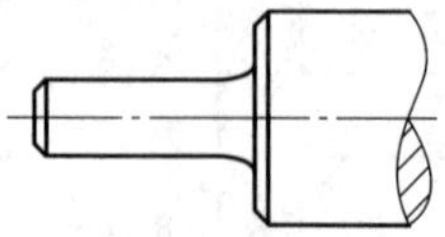	断面过渡处应有较大的圆角半径，以避免冷却速度不一致而开裂
			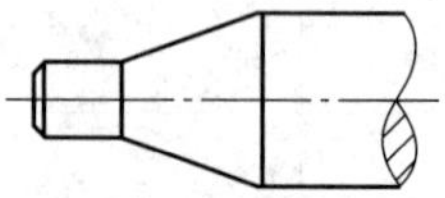	结构允许时，可设计成有过渡圆锥

续表

序号	注意事项	图例		说明
		改进前	改进后	
3	避免结构尺寸厚薄相差悬殊	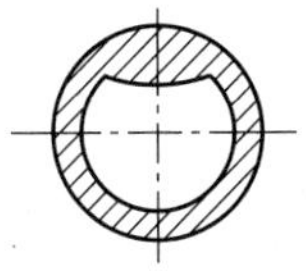	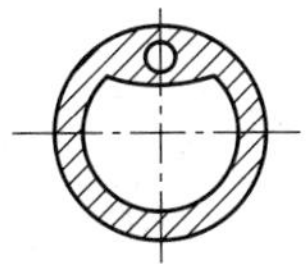	加开工艺孔，使零件截面较均匀
		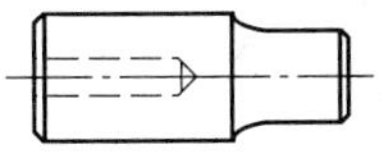	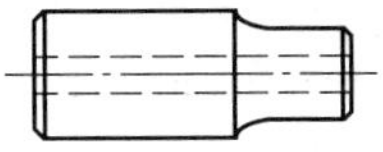	变盲孔为通孔
		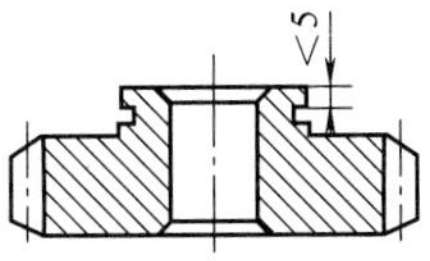 <5 齿部槽部G42	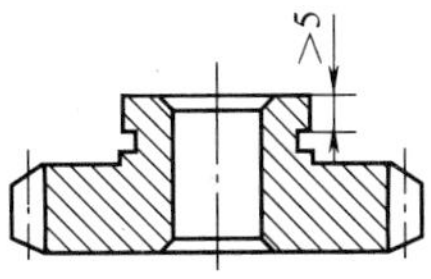 ≥ 5 齿部槽部G42	拨叉槽部的一侧厚度不得小于5mm
		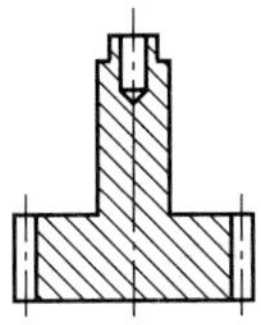	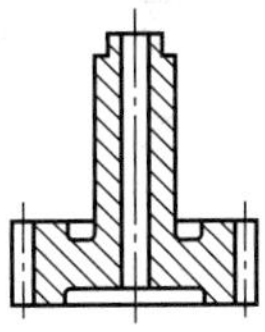 G42	盲孔改为通孔，以使厚薄均匀
			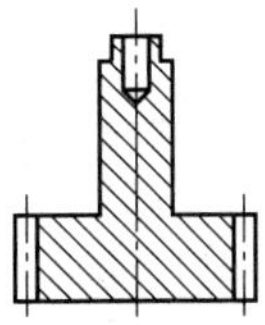 齿部G42	形状不改变，仅由全部淬火改为齿部高频淬火
4	避免孔距离边缘太近	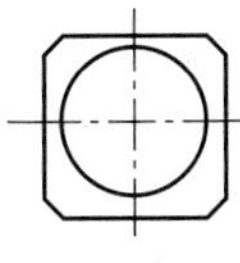	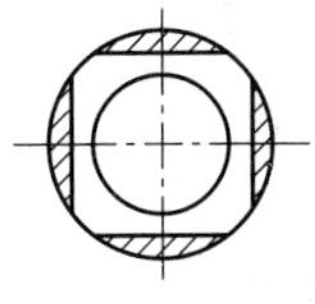	避免危险尺寸或太薄的边缘。当零件要求必须是薄边时，应在热处理后成形（加工去多余部分）
		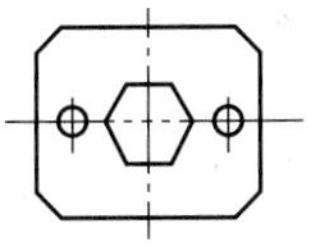	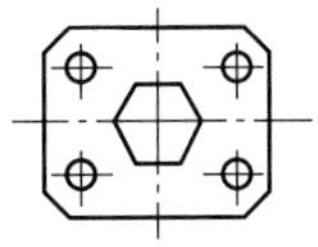	改变冲模螺孔的数量和位置，减少淬裂倾向
		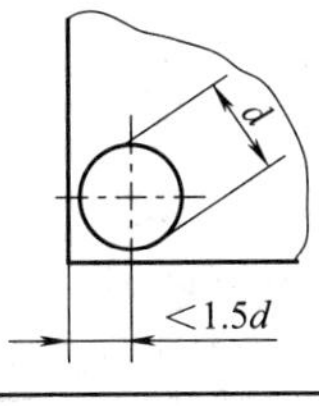 d　$<1.5d$	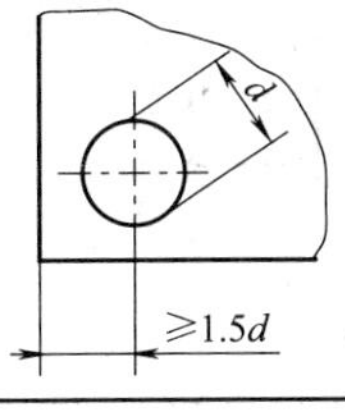 d　$\geq 1.5d$	结构允许时，孔距离边缘应不小于1.5d

续表

<table>
<tr><th rowspan="2">序号</th><th rowspan="2">注意事项</th><th colspan="2">图　例</th><th rowspan="2">说　明</th></tr>
<tr><th>改 进 前</th><th>改 进 后</th></tr>
<tr><td rowspan="2">4</td><td rowspan="2">避免孔距离边缘太近</td><td colspan="2">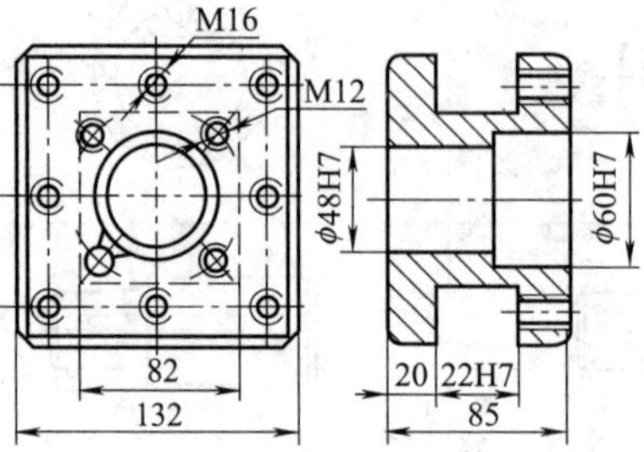</td><td>结构不允许时(如车床刀架),可采用降温预冷淬火方法,以避免开裂</td></tr>
<tr><td colspan="2">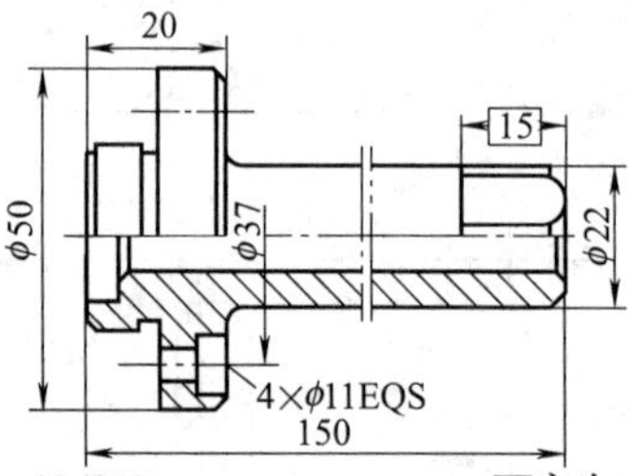
45-G42　　45-15方头G42</td><td>全部淬火时,4 孔 ϕ11 边缘易开裂;若局部淬火能满足要求,就不必全部淬火</td></tr>
<tr><td>5</td><td>形状复杂的零件,避免选用要求水淬的钢</td><td colspan="2">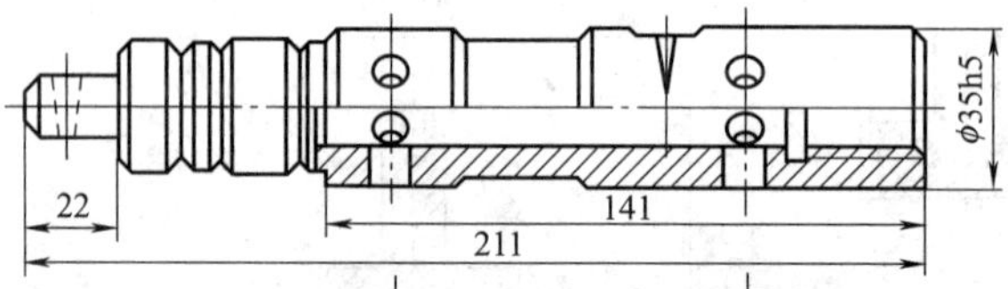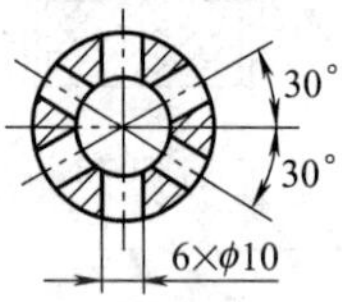
45 - G48　　40Gr - G48</td><td>改进前,用 45 钢水淬,6×ϕ10 孔处易开裂,整个工件易发生弯曲变形,且不易校直;改用 40Cr 钢油淬,减少了开裂倾向</td></tr>
<tr><td rowspan="2">6</td><td rowspan="2">防止螺纹脆裂</td><td>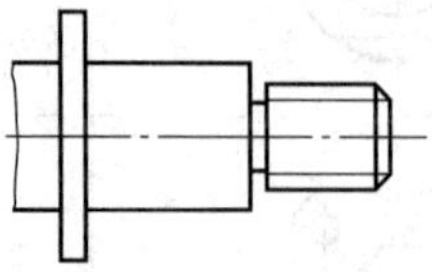
45-G48</td><td>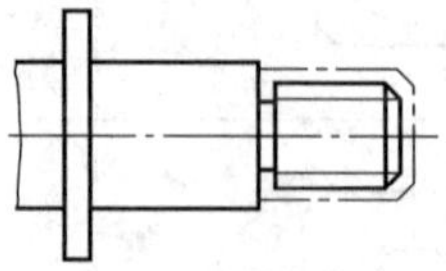
45-G48 (螺纹 G35)</td><td>螺纹在淬火前已车好,则在淬火时用石棉泥、铁丝包扎防护,或用耐火泥调水玻璃防护</td></tr>
<tr><td>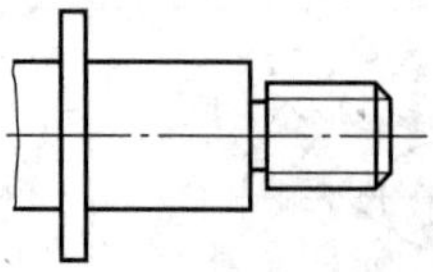
20Gr-S-G59</td><td>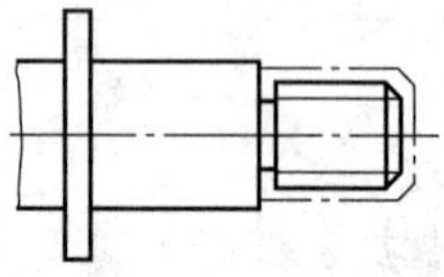
渗碳后车螺纹再淬火
20Gr-S-G59 (螺纹G35)</td><td>渗碳件螺纹部位采用留加工余量的方法,或螺纹先车出,采用直接防护方法(镀铜、涂膏剂等)</td></tr>
</table>

续表

序号	注意事项	图例 改进前	图例 改进后	说明
6	防止螺纹脆裂	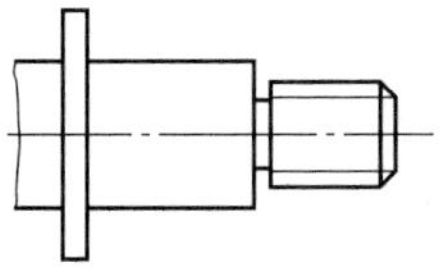 38CrMoAlA-D900	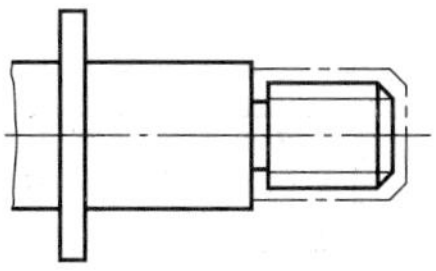 38CrMoAlA-D900 (螺纹部分≤42HRC)	渗氮件螺纹部位采用留加工余量方法，或螺纹先车出，采用直接涂料或电镀防护

6.4.2 防止热处理零件变形的注意事项

表 2-6-14　防止热处理零件变形的注意事项

序号	注意事项	图例 改进前	图例 改进后	说明
1	采用封闭对称结构	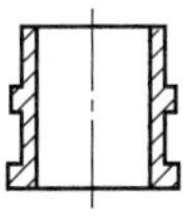	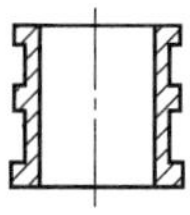	一端有凸缘的薄壁套类零件渗氮后变形成喇叭口，在另一端增加凸缘后，变形大大减小
		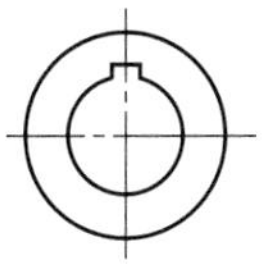	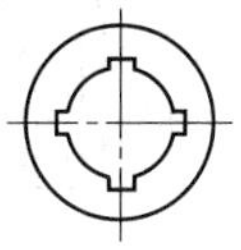	几何形状力求对称，使变形减小或变形有规律；如图例 T611A 机床渗氮摩擦片、坐标镗床精密刻线尺退火
		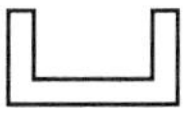	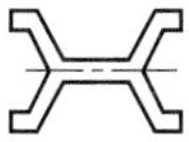	
		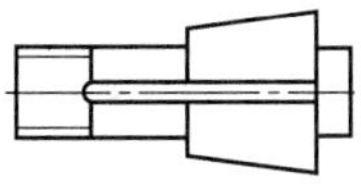	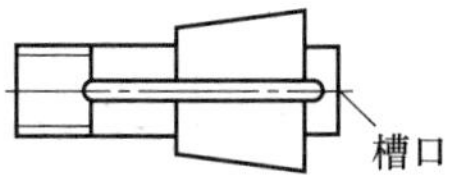	弹簧夹头都采用封闭结构，淬火、回火后再切开槽口
		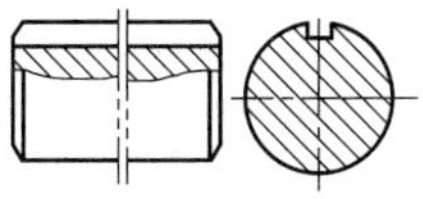	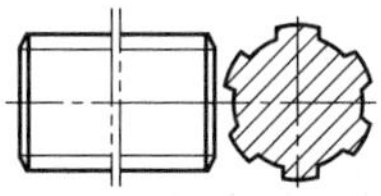	单键槽的细长轴，淬火后一定弯曲；宜改用花键轴
		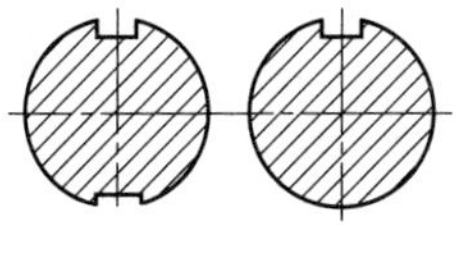	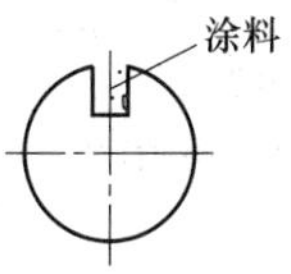	将淬火时冷却快的部位涂上涂料（耐火泥或石棉与水玻璃的混合物），以降低冷却速度，使冷却均匀
		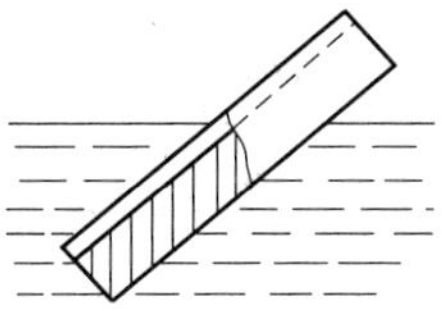		改变淬火时入水方式，使断面各部分冷却速度接近，以减少变形

续表

序号	注意事项	图例 改进前	图例 改进后	说明
2	细长轴类、长板类零件应避免采用水淬	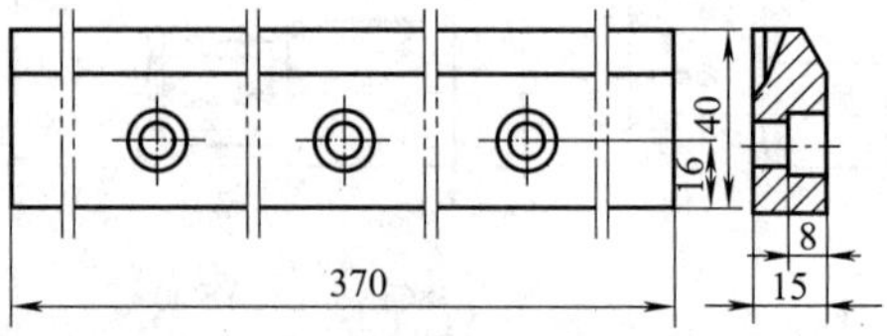 370 45-G48	40 16 8 15 40Cr-G48	长板类零件水淬会产生翘曲变形，采用油淬，可减小变形
3	选择适当的材料和热处理方法	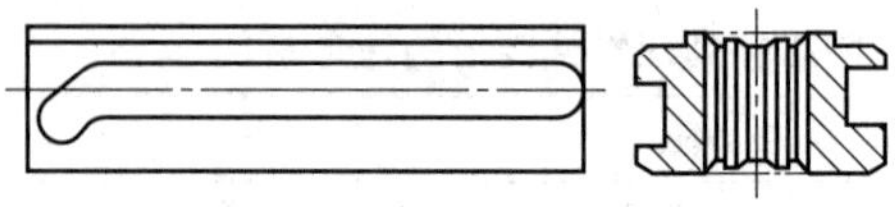 40Cr-G52(槽部)	20Cr-S-G59 (花键孔防护)	改进前，槽部直接淬火比较困难，改用渗碳淬火（花键孔防护）
			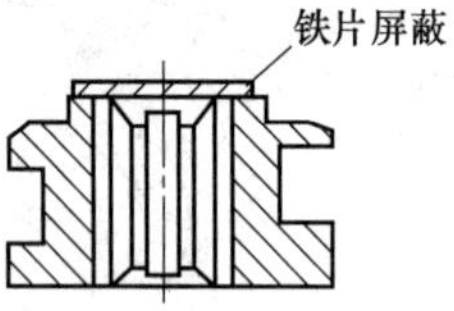 铁片屏蔽 20Cr-D600或40Cr-D500	最好改用离子渗氮（花键孔用铁片屏蔽）
		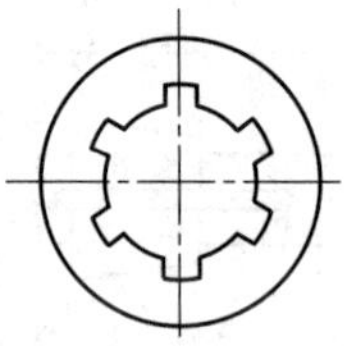 15-S0.5-G59	65Mn-G52	摩擦片用15钢，渗碳淬火时须有专用淬火夹具和回火夹具，合格率较低；改用65Mn钢油淬，夹紧回火即可
		圆锥销孔配作 20Cr-S-G59(V形面)	A B T10A-G59(V形面)或Cr15-G59(V形面)或20Cr-S-G59(V形面)	改进前，由于考虑销孔配作，选用20Cr钢渗碳，渗碳后去掉A、B面碳层，然后淬火，工艺复杂；改用高频淬火较为简单
		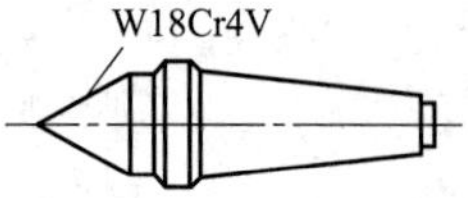 W18Cr4V	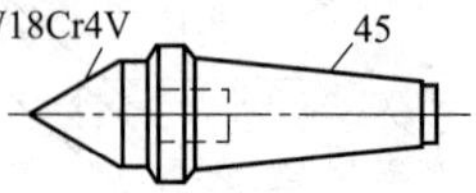 W18Cr4V 45	此件两部分工作条件不相同，设计成组合结构，不同部位用不同材料，既提高工艺性，又节约高合金钢材料

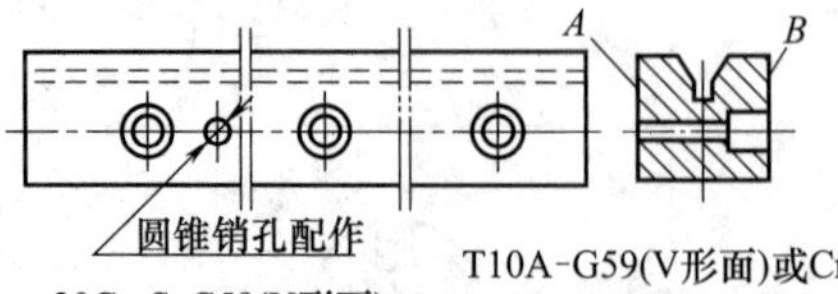

续表

序号	注意事项	图例		说明
		改进前	改进后	
4	机械加工与热处理工艺互相配合	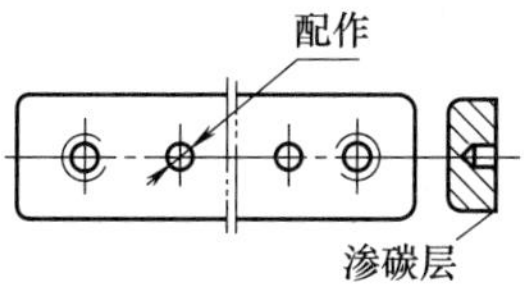 配作 渗碳层 20Cr-S-G59	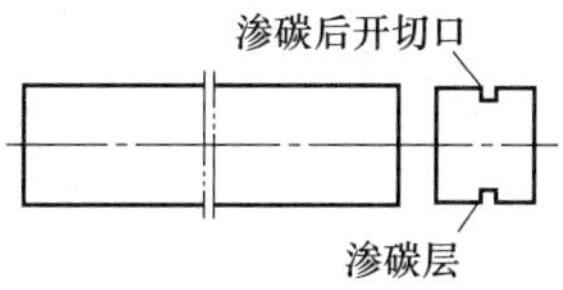 渗碳后开切口 渗碳层 两件一起下料	改进前，有配作孔的一面去掉渗碳层，形成碳层不对称，淬火后必然翘曲；改为两件一起下料，渗碳后开切口，淬火后再切成单件
		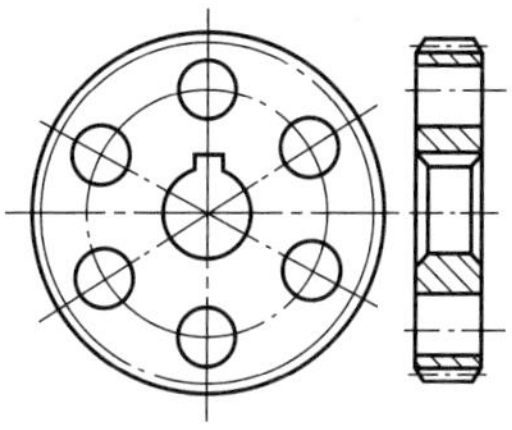 齿部 G52		改进前，齿部淬火后 6 个孔处的齿圈将下凹；应在齿部淬火后再钻 6 个孔
		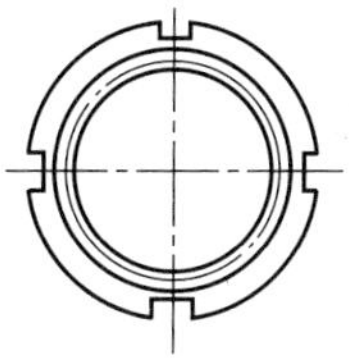 槽部 G42	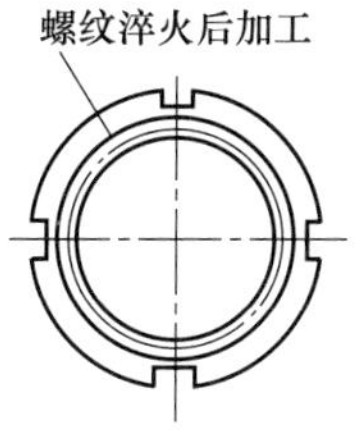 螺纹淬火后加工 槽部 G42	全部加工后淬火则内螺纹会产生变形；最好在槽口局部淬火后再车内螺纹
5	增加零件刚性	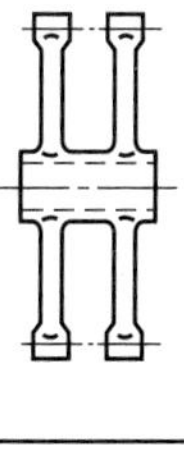	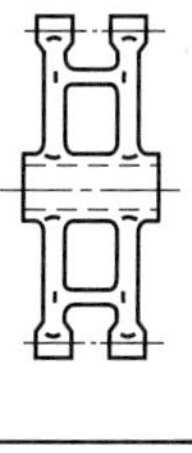	杠杆为铸件，其杆臂较长，铸造时及热处理时均易变形。加横梁后，使变形减少

6.4.3　防止热处理零件硬度不均的注意事项

表 2-6-15　防止热处理零件硬度不均的注意事项

序号	注意事项	图例		说明
		改进前	改进后	
1	避免不通孔和死角	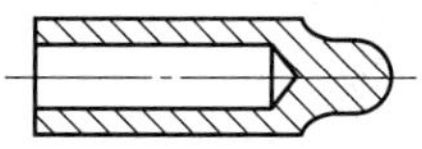	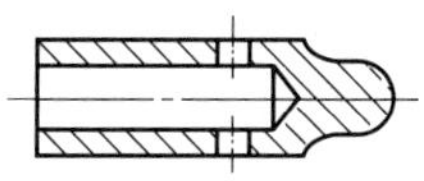	不通孔和死角使淬火时的气泡无法逸出，造成硬度不均；应设计工艺排气孔

续表

序号	注意事项	图例		说明
		改进前	改进后	
2	两个高频淬火部位不应相距太近，以免互相影响	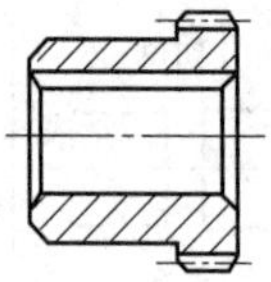	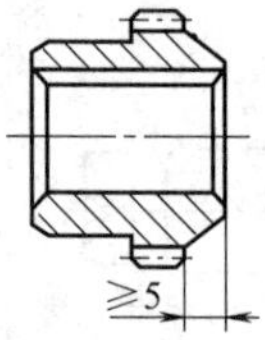 ≥5	齿部和端面均要求淬火时，端面与齿部距离应不小于 5mm
		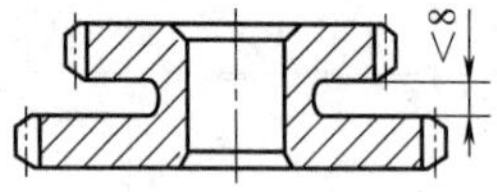 <8	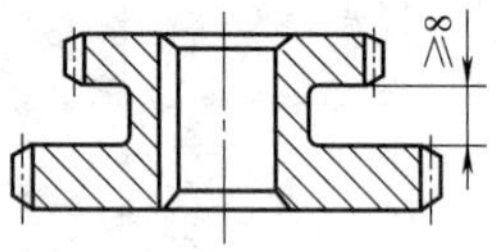 ≥8	二联或二联以上的齿轮，若齿部均需高频淬火，则齿部两端面间的距离应不小于 8mm
		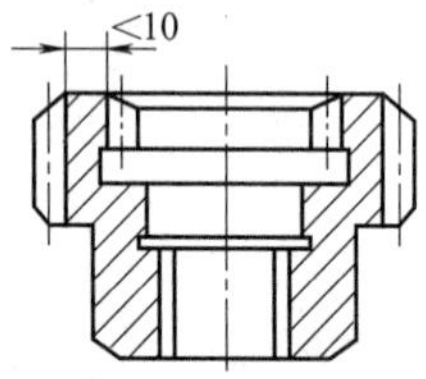 <10	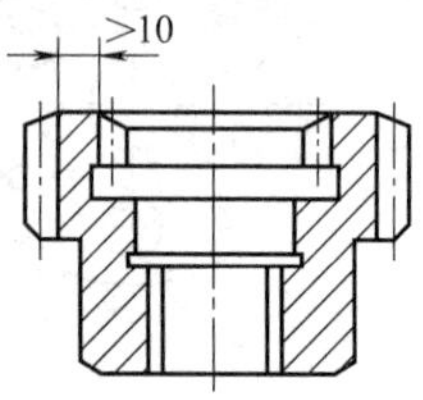 >10	内外齿均需高频淬火时，两齿根圆间的距离应不小于 10mm
3	选择适当的材料和热处理方法	$m=8;z=22;\beta=35°$ 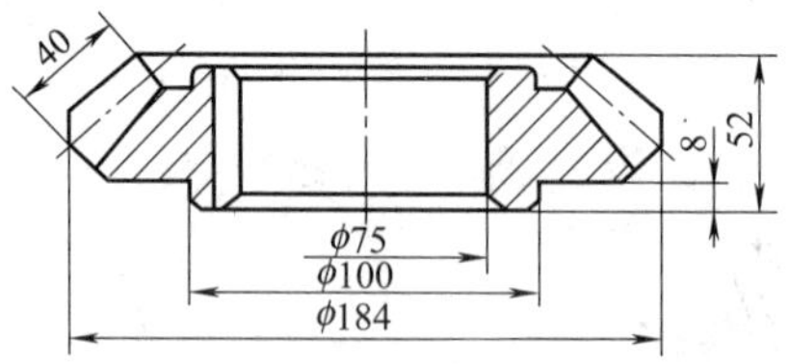 40Cr-G52(齿部)	20Cr-S-G59 或 40Cr-D500 或 20Cr-D600	改进前，弧齿锥齿轮凹凸齿面硬度不一致，特别是模数较大时，硬度差亦较大；应采用渗碳或渗氮，用离子渗氮更好
4	齿条避免采用高频淬火	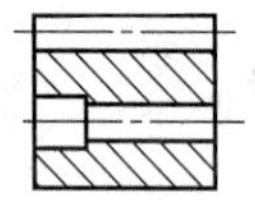 45-G48	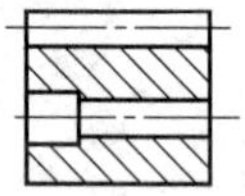 20Cr-S-G59 或 40Cr-D500	平齿条高频淬火只能淬到齿顶，如果加热过久，会使齿顶熔化，而齿根淬不上火；应采用渗碳或渗氮
		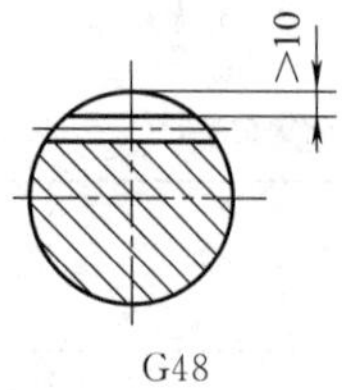 >10 G48	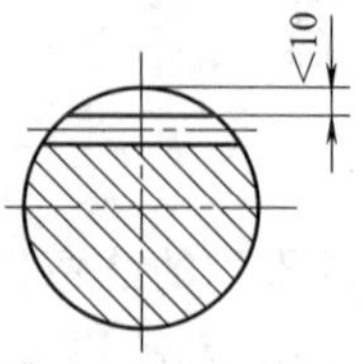 <10 G48	圆断面的齿条，当齿顶平面到圆柱表面的距离小于 10mm 时，可采用高频淬火
			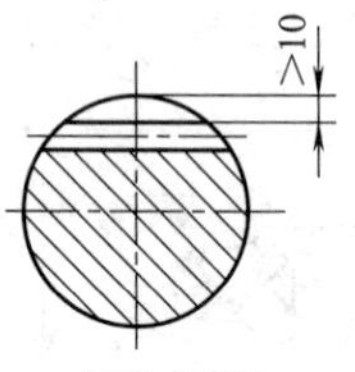 >10 40Cr-D500	最好采用渗氮处理，用离子渗氮更好

6.5　几类典型零件的热处理实例

表 2-6-16　几类典型零件的热处理实例

名称	工作条件	材料与热处理要求	备　注
齿轮	1. 低速、轻载又不受冲击	HT200、HT250、HT300：去应力退火	1. 机床齿轮按工作条件分三组： ①低速：转速 2m/s，单位压力 350～600MPa ②中速：转速 2～6m/s，单位压力 100～1000MPa，冲击载荷不大 ③高速：转速 4～12m/s，弯曲力矩大，单位压力 200～700MPa 2. 机床常用齿轮材料及热处理 ①45：淬火，高温回火，200～250HB，用于圆周速度小于 1m/s、承受中等压力的齿轮；高频淬火，表面硬度 52～58HRC，用于表面硬度要求高、变形小的齿轮 ②20Cr：渗碳，淬火，低温回火，56～62HRC，用于高速、压力中等并有冲击的齿轮 ③40Cr：调质，220～250HB，用于圆周速度不大、中等单位压力的齿轮；淬火、回火，40～50HRC，用于中等圆周速度、冲击载荷不大的齿轮；除上述条件外，如尚要求热处理时变形小，则用高频淬火，硬度 52～58HRC 3. 汽车、拖拉机齿轮的工作条件比机床齿轮要繁重得多，要求耐磨性、疲劳强度、芯部强度和冲击韧性等方面比机床齿轮高，因此，一般是载荷重、冲击大，多采用低碳合金钢(除左行列出的牌号以外，尚有 20MnMoB、30CrMnTi、30MnTiB、20MnTiB 等)，经渗碳、淬火、低温回火处理。拖拉机最终传动齿轮的传动转矩较大，齿面单位压力较高，密封性不好，砂土、灰尘容易进入，工作条件比较差，常采用 20CrNi3A 等渗碳
	2. 低速(<1m/s)、轻载，如车床溜板齿轮等	45：调质，200～250HB	
	3. 低速、中载，如标准系列减速器齿轮	45、40Cr、40MnB(50、42MnVB)：调质，220～250HB	
	4. 低速、重载、无冲击，如机床主轴箱齿轮	40Cr(42MnVB)：淬火、中温回火，40～45HRC	
	5. 中速、中载，无猛烈冲击，如机床主轴箱齿轮	40Cr、40MnB、42MnVB：调质或正火，感应加热表面淬火，低温回火，时效，50～55HRC	
	6. 中速、中载或低速、重载，如车床变速箱中的次要齿轮	45：高频淬火，350～370℃回火，40～45HRC(无高频设备时，可采用快速加热齿面淬火)	
	7. 中速、重载	40Cr、40MnB(40MnVB、42CrMo、40CrMnMo、40CrMnMoVBA)：淬火，中温回火，45～50HRC	
	8. 高速、轻载或高速、中载，有冲击的小齿轮	15、20、20Cr、20MnVB：渗碳，淬火，低温回火，56～62HRC。38CrAl、38CrMoAl：渗氮，渗氮层深度 0.5mm，900HV	
	9. 高速、中载，无猛烈冲击，如机床主轴箱齿轮	40Cr、40MnB(40MnVB)：高频淬火，50～55HRC	
	10. 高速、中载、有冲击、外形复杂的重要齿轮，如汽车变速箱齿轮(20CrMnTi 淬透性较高，过热敏感性小，渗碳速度快，过渡层均匀，渗碳后直接淬火变形较小，正火后切削加工性良好，低温冲击韧性也较好)	20Cr、20MnVB：渗碳，淬火，低温回火或渗碳后高频淬火，56～62HRC 18CrMnTi、20CrMnTi(锻造→正火→加工齿形→局部镀铜→渗碳、预冷淬火、低温回火→磨齿→喷丸)：渗碳层深度 1.2～1.6mm，齿面硬度 58～60HRC，芯部硬度 25～35HRC。表面：回火马氏体＋残余奥氏体＋碳化物。中心：索氏体＋细珠光体	
	11. 高速、重载、有冲击、模数<5mm	20Cr：渗碳，淬火，低温回火，56～62HRC	
	12. 高速、重载或中载、模数>6mm，要求高强度、高耐磨性，如立车重要螺旋圆锥齿轮	18CrMnTi：渗碳、淬火、低温回火，56～62HRC	

续表

名称	工作条件	材料与热处理要求	备注
齿轮	13. 高速、重载、有冲击、外形复杂的重要齿轮，如高速柴油机、重型载重汽车、航空发动机等设备上的齿轮	12Cr2Ni4A、20Cr2Ni4A、18Cr2Ni4WA、20CrMnMoVBA(锻造→退火→粗加工→去应力→半精加工→渗碳→退火软化→淬火→冷处理→低温回火→精磨)：渗碳层深度1.2～1.5mm，59～62HRC	4. 一般机械齿轮最常用的材料是45和40Cr。其热处理方法选择如下 ①整体淬火：强度、硬度(50～55HRC)提高，承载能力增大，但韧性减小，变形较大，淬火后须磨齿或研齿，只适用于载荷较大、无冲击的齿轮，应用较少 ②调质：由于硬度低，韧性也不太高，不能用于大冲击载荷下工作的齿轮，只适用于低速、中载的齿轮。一对调质齿轮的小齿轮齿面硬度要比大齿轮齿面硬度高出25～40HB ③正火：受条件限制不适合淬火和调质的大直径齿轮用 ④表面淬火：45、40Cr高频淬火机床齿轮广泛采用，直径较大的用火焰表面淬火。但对受较大冲击载荷的齿轮因其韧性不够，须用低碳钢(有冲击、中小载荷)或低碳合金钢(有冲击、大载荷)渗碳
	14. 载荷不高的大齿轮，如大型龙门刨齿轮	50Mn2、50、65Mn：淬火，空冷，≤241HB	
	15. 低速、载荷不大、精密传动齿轮	35CrMo：淬火，低温回火，45～50HRC	
	16. 精密传动、有一定耐磨性的大齿轮	35CrMo：调质，255～302HB	
	17. 要求耐蚀性的计量泵齿轮	9Cr16Mo3VRE：沉淀硬化	
	18. 要求高耐磨性的鼓风机齿轮	45：调质，尿素盐浴软氮化	
	19. 要求耐磨、保持间隙精度的25L油泵齿轮	粉末冶金(生产批量要大)	
	20. 拖拉机后桥齿轮(小模数)、内燃机车变速箱齿轮($m=6\sim8$mm)	55DTi或60D(均为低淬透性中碳结构钢)：中频淬火，回火，50～55HRC，或中频加热全部淬火。可获得渗碳合金钢的质量，而工艺简化，材料便宜	
轴类	1. 在滑动轴承中工作，圆周速度$v<2$m/s，要求表面有较高的硬度的小轴、芯轴，如机床走刀箱、变速箱小轴	45、50，形状复杂的轴用40Cr、42MnVB：调质，228～255HB，轴颈处高频淬火，45～50HRC	主轴和轴类的材料与热处理选择必须考虑：受力大小；轴承类型；主轴形状及可能引起的热处理缺陷 在滚动轴承或是轴颈上有轴套在滑动轴承中回转，轴颈不需特别高的硬度，可用45、40Cr，调质，220～250HB；50Mn，正火或调质，28～35HRC。在滑动轴承中工作的轴颈应淬硬，可用15、20Cr，渗碳，淬火，回火到硬度56～62HRC；轴颈处渗碳深度为0.8～1mm。直径或重量较大的主轴渗碳较困难，要求变形较小时，可用45或40Cr，在轴颈处进行高频淬火 高精度和高转速(>2000r/min)机床主轴尚需采用氮化钢进行渗氮处理，以得到更高硬度。在重载下工作的大断面主轴，可用20SiMnVB或20CrMnMoVBA，渗碳，淬火，回火，56～62HRC
	2. 在滑动轴承中工作，$v<3$m/s，要求高硬度、变形小，如中间带传动装置的小轴	40Cr、42MnVB：调质，228～255HB；轴颈处高频淬火，45～50HRC	
	3. $v\geqslant3$m/s，大的弯曲载荷及摩擦条件下工作的小轴，如机床变速箱小轴	15、20、20Cr、20MnVB：渗碳，淬火，低温回火，58～62HRC	
	4. 高载荷的花键轴，要求高强度和耐磨，变形小	45：高频加热，水冷，低温回火，52～58HRC	
	5. 在滚动或滑动轴承中工作，轻或中等载荷，低速，精度要求不高，稍有冲击，疲劳载荷可忽略的主轴；或在滚动轴承中工作，轻载，$v<1$m/s的次要花键轴	45：调质，225～255HB(如一般简易机床主轴)	
	6. 在滚动或滑动轴承中工作，轻或中等载荷，转速稍高，$pv\leqslant150$N·m/(cm^2·s)，精度要求较高，冲击，疲劳载荷不大	45：正火或调质，228～255HB；轴颈或装配部位表面淬火，45～50HRC	
	7. 在滑动轴承中工作，中载或重载，转速较高，$pv\leqslant400$N·m/(cm^2·s)，精度较高，冲击、疲劳载荷较大	40Cr：调质，228～255HB或248～286HB，轴颈表面淬火，≥54HRC，装配部位表面淬火，≥45HRC	
	8. 其他同7，但转速与精度要求比7高，如磨床砂轮主轴	45Cr、42CrMo：其他同上，表面硬度≥56HRC	

续表

名称	工作条件	材料与热处理要求	备注
轴类	9. 在滑动或滚动轴承中工作，中载，高速，芯部强度要求不高，精度不太高，冲击不大，但疲劳应力较大，如磨床、重型齿轮铣床等的主轴	20Cr：渗碳，淬火，低温回火，58～62HRC	1. 芯部强度不高，受力易扭曲变形 2. 表面硬度高，宜作高速低载荷主轴 3. 热处理变形较大
	10. 在滑动或滚动轴承中工作，重载，高速，$pv \leqslant 400\mathrm{N \cdot m/(cm^2 \cdot s)}$，冲击、疲劳应力都很高	18CrMnTi、20CrMnMoVA：渗碳，淬火，低温回火，≥59HRC	1. 芯部有较高的 σ_b 及 a_k 值，表面有高的硬度及耐磨性 2. 有热处理变形
	11. 在滑动轴承中回转，重载，高速，精度很高（≤0.003mm），很高疲劳应力，如高精度磨床、镗床主轴	38CrAlMoA：调质，硬度 248～286HB，轴颈渗氮，硬度≥900HV	1. 很高的芯部强度，表面硬度极高，耐磨 2. 变形量小
	12. 电机轴，主要受扭	35及45：正火或正火并回火，187HB及217HB	860～880℃正火
	13. 水泵轴，要求足够抗扭强度和耐蚀性能	3Cr13及4Cr13：1000～1050℃油淬，硬度分别为42HRC及48HRC	或1Cr13：1100℃油淬，350～400℃回火，56～62HRC
	14. C616-416车床主轴：45钢 ①承受交变弯曲应力、扭转应力，有时还受冲击载荷 ②主轴大端内锥孔和锥度外圆，经常与卡盘、顶针有相互摩擦 ③花键部分经常有磕碰或相对滑动 ④在滚动轴承中运转，中速，中载	①整体调质后硬度200～230HB，金相组织为索氏体 ②内锥孔和外圆锥面处硬度45～50HRC，表面3～5mm内金相组织为屈氏体和少量回火马氏体 ③花键部分硬度48～53HRC，金相组织为屈氏体和少量回火马氏体	加工和热处理步骤：下料→锻造→正火→粗加工→调质→半精车外圆，钻中心孔，精车外圆，铣键槽→锥孔及外圆锥局部淬火，260～300℃回火→车各空刀槽，粗磨外圆，滚铣花键槽→花键高频淬火，240～260℃回火→精磨
	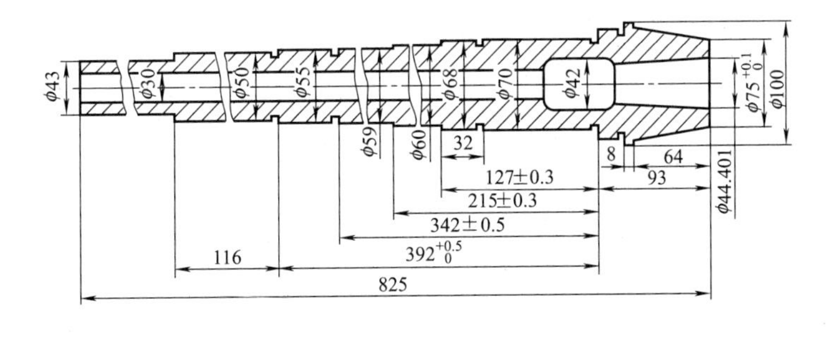		
	15. 跃进-130型载重（2.5t）汽车半轴 承受冲击、反复弯曲疲劳和扭转，主要瞬时超载而扭断，要求有足够的抗弯、抗扭、抗疲劳强度和较好的韧性	40Cr、35CrMo、42CrMo、40CrMnMo、40Cr：调质后中频表面淬火，表面硬度≥52HRC，深度4～6mm，静转矩6900N·m，疲劳≥3×10^5次，估计寿命≥3×10^5km 金相组织：索氏体+屈氏体 （原用调质加高频淬火寿命仅为4×10^4km）	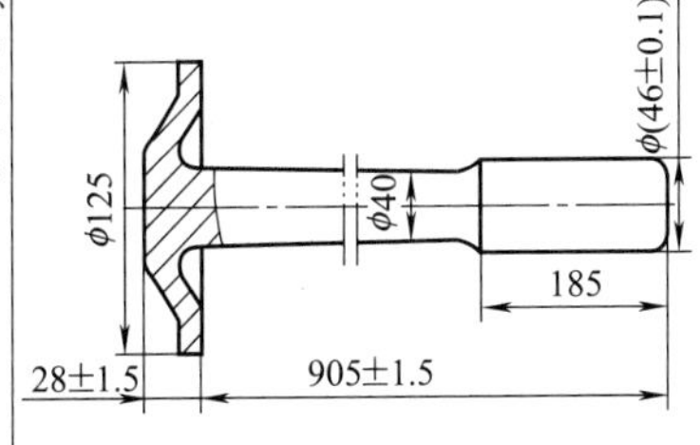

续表

名称	工作条件	材料与热处理要求	备　注
曲轴	内燃机曲轴：承受周期性变化的气体压力、曲柄连杆机构的惯性力、扭转和弯曲应力以及冲击力等。此外，在高速内燃机中还存在扭转振动，会造成很大应力 要求有高强度及一定的冲击韧性、弯曲、扭转、疲劳强度和轴颈处高的硬度与耐磨性	低速内燃机：采用正火状态的碳钢、球墨铸铁 中速内燃机：采用调质碳钢或合金钢，如45、40Cr、45Mn2、50Mn2等及球墨铸铁 高速内燃机：采用高强度合金钢，如35CrMo、42CrMo、18Cr2Ni4WA等 以110型柴油机曲轴为例：QT60-2正火，中频淬火，$\sigma_b \geqslant 650$MPa，$a_k >$ 15J/mm^2（试样 20mm × 20mm × 110mm），轴体240～300HB，轴颈≥55HRC，珠光体数量：试棒≥75%，曲轴≥70%	
蜗杆蜗轮	1. 载荷不大，断面较小的蜗杆	45：调质，220～250HB	1. 蜗轮材料与热处理 ①圆周速度≥3m/s的重要传动：锡磷青铜QSn10-1 ②圆周速度≤4m/s；QAl9-4 ③圆周速度≤2m/s，效率要求不高：铸铁，防止蜗轮变形一般进行时效处理 2. 蜗杆材料与热处理 ①高速重载：15、20Cr渗碳淬火，56～62HRC；40、45、40Cr淬火，45～50HRC ②不太重要或低速中载：40、45调质
	2. 有精度要求（螺纹磨出）而速度<2m/s	45：淬火，回火，45～50HRC	
	3. 滑动速度较高、载荷较轻的中小尺寸蜗杆	15：渗碳，淬火，低温回火，56～62HRC	
	4. 滑动速度>2m/s（最大7～8m/s）；精度要求很高，表面粗糙度为0.4μm的蜗杆，如立车中的主要蜗杆	20Cr：900～950℃渗碳，800～820℃油淬，180～200℃低温回火，56～62HRC	
	5. 要求高耐磨性、高精度及尺寸大的蜗杆	18CrMnTi：处理同上，56～62HRC	
	6. 要求足够耐磨性和硬度的蜗杆	40Cr、42SiMn、45MnB：油淬，回火，45～50HRC	
	7. 中载、要求高精度并与青铜蜗轮配合使用（热处理后再加工螺纹）的蜗杆	35CrMo：调质（850～870℃油淬，600～650℃回火），255～303HB	
	8. 要求高硬度和最小变形的蜗杆	38CrMoAlA、38CrAlA：正火或调质后渗氮，硬度>850HV	
	9. 汽车转向蜗杆	35Cr：815℃氰化、200℃回火，渗层深度0.35～0.40mm，表面锉刀硬度，芯部硬度<35HRC	
弹簧	1. 形状简单、断面较小、受力不大的弹簧	65：785～815℃油淬，300℃、400℃、500℃、600℃回火，相应的硬度为512HB、430HB、369HB、340HB。75：780～800℃油淬或水淬，400～420℃回火，42～48HRC	弹簧热处理一般要求淬透，晶粒细，残余奥氏体少。脱碳层深度海边应符合，<ϕ6mm的钢丝或钢板，应<1.5%直径或厚度；>ϕ6mm的钢丝或钢板，应<1.0%直径或厚度 大型弹簧在热状态加工成形随即淬火+回火，中型弹簧在冷态加工成形（原材料要求球化组织或大部分球化），再淬火+回火。小型弹簧用冷轧钢带、冷拉钢丝等冷态加工成形后，低温回火
	2. 中等载荷的大型弹簧	60Si2MnA、65Mn：870℃油淬，460℃回火，40～45HRC（农机座位弹簧65Mn：淬火，回火，280～370HB）	
	3. 重载荷、高弹性、高疲劳极限的大型板簧和螺旋弹簧	50CrVA、60Si2MnA：860℃油淬，475℃回火，40～45HRC	

续表

名称	工作条件	材料与热处理要求	备　注
弹簧	4. 在多次交变载荷下工作的直径为 8～10mm 的卷簧	50CrMnA：840～870℃油淬，450～480℃回火，387～418HB	处理后可经喷丸处理：40～50N/cm² 的压缩空气或离心机 70m/s 的线速度，将 ϕ0.3～0.5mm（对小零件、气门弹簧、齿轮等）、ϕ0.6～0.8mm（对板簧、曲轴、半轴等）铸铁丸或淬硬钢丸喷射到弹簧表面，强化表层。疲劳循环次数可提高 8～13 倍，寿命可提高 2～2.5 倍以上
	5. 机车、车辆、煤水车板弹簧	55Si2Mn、60Si2Mn：39～45HRC（363～432HB）（解放牌汽车板簧：55Si2Mn：363～441HB）	
	6. 车辆及缓冲器螺旋弹簧、汽车张紧弹簧	55Si2Mn、60Si2Mn、60Si2CrA：淬火，回火，40～47HRC 或 370～441HB	
	7. 柴油泵柱塞弹簧、喷油嘴弹簧、农用柴油机气阀弹簧及中型、重型汽车的气门弹簧和板弹簧	50CrVA：淬火，回火，40～47HRC	
	8. 在高温蒸汽下工作的卷簧和扁簧，自来水管道弹簧和耐海水侵蚀的弹簧，ϕ10～25mm	3Cr13：39～46HRC 4Cr13：48～50HRC，48～49HRC，47～49HRC，37～40HRC，31～35HRC，33～37HRC	
	9. 在酸碱介质下工作的弹簧	2Cr18Ni9：1100～1150℃水淬，绕卷后消除应力，400℃回火 60min，160～200HB	
	10. 弹性挡圈 δ=4mm，ϕ85mm	60Si2：400℃预热，860℃油淬，430℃回火空冷，40～45HRC	
机床丝杠	1. ≤8 级精度，受力不大，如各类机床传动丝杠	45、45Mn2：一般丝杠可用正火，≥170HB；受力较大的丝杠，调质，250HB；方头、轴颈局部淬硬，42HRC	1. 丝杠的选材与热处理 ①丝杠的主要损坏形式：一般丝杠（≤7 级精度）为弯曲及磨损；≥6 级精度丝杠为磨损及精度丧失或螺距尺寸变化 ②丝杠材料应具有足够的力学性能，优良的加工性能，不易产生磨裂，能得到低的表面粗糙度和低的加工残余内应力，热处理后具有较高硬度，最少淬火变形和残余奥氏体 常用于不要求整体热处理至高硬度的材料，有 45、40Mn、40Cr、T10、T10A、T12A、T12 等。淬硬丝杠材料，有 GCr15、9Mn2V、CrWMn、GCr15SiMn、38CrMoAlA 等 ③热处理　一般丝杠：正火（45 钢）或退火（40Cr），去应力处理和低温时效，调质和轴颈、方头高频淬火与回火 精密不淬硬丝杠：去应力处理，低温时效，球化退火，调质球化，如遇原始组织不良等，还需先经 900℃（T10、T10A）～950℃（T12、T12A）正火处理，然后再球化退火，或直接调质球化 精密淬硬丝杠：退火或高温正火后退火，去应力处理，淬火和低温时效
	2. ≥7 级精度，受力不大，轴颈、方头等处均不需淬硬，如车床走刀丝杠	45Mn 易切削钢和 45 钢：热轧后 σ_b=600～750MPa，除应力后 170～207HB。金相组织：片状珠光体＋铁素体	
	3. 7～8 级精度，受力较大，如各类大型镗床、立车、龙门铣和刨床等的走刀和传动丝杠	40Cr、42MnVB（65Mn）：调质 220～250HB，σ_b≥850MPa；方头、轴颈局部淬硬，42HRC。金相组织：均匀索氏体	
	4. 8 级精度，中等载荷，要求耐磨，如平面磨床、砂轮架升降丝杠与滚动螺母啮合	40Cr、42MnVB：调质，250HB，中频加热表面淬火 54HRC。调质后基体组织：均匀索氏体＋细粒状珠光体	
	5. ≥6 级精度，要求具有一定耐磨性、尺寸稳定性、较高强度和较好的切削加工性，如丝杠车床、齿轮机床、坐标镗床等的丝杠	T10、T10A、T12、T12A：球化退火，163～193HB，球化等级 3～5 级，网状碳化物≤3 级，调质，201～229HB。金相组织：细粒状珠光体	
	6. ≥6 级精度，要求耐蚀、较高的抗疲劳性和尺寸稳定性，如样板镗床或其他特种机床精密丝杠	38CrMoAlA：调质，280HB；渗氮，850HV。调质后基体组织：均匀的索氏体。渗氮前表面应无脱碳层	

续表

名称	工作条件	材料与热处理要求	备注
机床丝杠	7. ≥6级精度，要求耐磨、尺寸稳定，但载荷不大，如螺纹磨床、齿轮磨床等高精度传动丝杠（硬丝杠）	9Mn2V（直径≤60mm）、CrWMn（直径>60mm）：球化退火后，球状珠光体1.5～4级，网状碳化物≤3级，硬度≤227HB，淬火硬度56HRC+0.5HRC。金相组织：回火马氏体，无残余奥氏体存在	2. 考虑热加工工艺性，丝杠结构设计注意事项 ①结构尽可能简单，避免各种沟槽、突变的台阶、锐角等，尤其是氮化丝杠更应避免一切棱角 ②丝杠一端应留有空刀槽、凸起台阶或吊装螺钉孔，便于冷热加工中吊挂用 ③不应有较大的凸起台阶，以免除局部镦粗的锻造工序 3. 滚珠丝杠副的材料与热处理 ① 材料选用　滚珠丝杠：$L\leqslant 2$m、$\phi 40\sim 80$mm、变形小、耐磨性高的6～8级丝杠用CrWMn整体淬火 $<\phi 50$mm、耐磨性高、承受较大压力的6～8级丝杠用GCr15整体或中频淬火 $>\phi 50$mm、耐磨性高、6～8级丝杠用GCr15SiMn整体或中频淬火 $\leqslant\phi 40$mm、$L\leqslant 2$m、变形小、耐磨性高的6～8级丝杠用9Mn2V、整淬，冷处理 有耐蚀要求特殊用途的丝杠用9Cr18，中频加热表面淬火 $L\leqslant 1$m、变形小、耐磨性高的6～7级丝杠用20CrMoA，渗碳，淬火 $L\leqslant 2.5$m、变形小、耐磨性高的6～7级丝杠用40CrMoA，高频或中频淬火 7～8级的丝杠用55、50Mn、60Mn，高频淬火 $L\leqslant 2.5$m、变形小、耐磨性高的5～6级精度的丝杠用38CrMoAlA或38CrWVAlA，氮化 螺母：GCr15、CrWMn、9CrSi，也有用18CrMnTi、12CrNiA等渗碳钢的 ②硬度要求　推荐60HRC±2HRC，螺母取上限，当丝杠$L\geqslant 1.5$m或精度为5、6级时，硬度可低一些，但需≥56HRC 采用表面热处理的淬透层深度，磨削后，应为： 中频处理　>2mm 高频渗碳处理　>1mm 氮化处理　>0.4mm 7级精度以上的丝杠应进行消除残余应力的稳定处理 注：以上均为机床丝杠的备注
	8. ≥6级精度，受点载荷的，如螺纹或齿轮磨床、各类数控机床的滚珠丝杠	GCr15（直径≤70mm）、GCr15SiMn（直径>80mm）：球化退火后，球状珠光体1.5～4级，网状碳化物≤3级，60～62HRC。金相组织：回火马氏体	
汽车、拖拉机配件	1. 推土机用销套：承受重载、大冲击和严重磨损	20Mn、25MnTiB：渗碳，二次淬火，低温回火，59HRC，渗碳层深2.6～3.8mm	
	2. 推土机履带板：承受重载、大冲击和严重磨损	40Mn2Si：调质，履带齿中频淬火或整体淬火，中频回火，距齿顶淬硬层深30mm	
	3. 推土机链轨节：承受重载、大冲击和严重磨损	50Mn、40MnVB：调质，工作面中频淬火，回火，淬硬层深6～10.4mm	
	4. 推土机支承轮	55SiMn、45MnB：滚动面中频淬火，回火，淬硬层深6.2～9.1mm	
	5. 推土机驱动轮	45SiMn：轮齿中频淬火，淬硬层深7.5mm	
	6. 活塞销：受冲击性的交变弯曲剪应力、磨损大，主要是磨损、断裂	20Cr：渗碳，淬火，低温回火，59HRC（双面）	
	7. 刮板弹簧：转子发动机用，要求在高温下保持弹性和抗疲劳性能	718耐热合金：1050℃固溶处理，冷变形，690℃真空时效，8h（或620℃下8h，500℃下松弛8h）	
	8. 受冲击性的迅速变化着的拉应力和装配时的预应力作用，在发动机运转中，连杆螺栓折断会引起严重事故，要求有足够的强度、冲击韧性和抗疲劳能力	40Cr调质，31HRC，不允许有块状铁素体 下料→锻造→退火或正火→加工→调质（回火水冷防止第二类回火脆性）→加工→装配	

续表

名称	工作条件	材料与热处理要求	备注
矿山机械及其他零件	1. 牙轮钻头：主要是磨坏	20CrMo：渗碳，淬火，低温回火，61HRC	
	2. 输煤机溜槽（原用16Mn钢板，未处理，仅用3～6个月）	16Mn：钢板中频淬火（寿命可提高1倍）	
	3. 铁锹（原用低碳钢固体渗碳淬火，回火，质量很差）	低碳钢：淬火，低温回火，得低碳马氏体，质量大大提高	
	4. 石油钻井提升系统用吊环（原用35钢）、吊卡（原用40CrNi或35CrMo）：正火或调质，质量差，笨重	20SiMn2MoVA：淬火，低温回火，得低碳马氏体，质量大大提高	
	5. 石油射孔枪：承受火药爆炸大能量高温瞬时冲击，类似于枪炮。主要是过量塑性变形引起开裂	20SiMn2MoVA：淬火，低温回火，得低碳马氏体，σ_b = 1610MPa，a_k = 80J/mm^2	
	6. 煤矿用圆环牵引链，要求高抗拉强度和抗疲劳，主要是疲劳断裂及加工时冷弯开裂	20MnV、25Mn2V：弯曲后闪光对焊，正火，880℃淬火，250℃回火获得低碳马氏体，预变形强化。$\sigma_b \geqslant$ 850MPa，$\sigma_s \geqslant$ 650MPa，$a_k \geqslant$ 100J/mm^2	
	7. 凿岩机钎尾：受高频冲击，要求抗多次冲击能力强，耐疲劳，主要是断裂与凹陷	30SiMnMoV、32SiMnMoV：56HRC，渗碳淬火→650℃回火，二次加热260～280℃等温淬火→螺纹部分滚压强化	
	8. 凿岩机钎杆：受高频冲击与矿石摩擦严重，要求抗多次冲击能力强，耐疲劳和磨损，主要是折断与磨损	30SiMnMoV：59HRC，900～920℃下用“603”液体渗碳2h，至880℃空冷25～30s，油冷，230℃回火3h	
	9. 中压叶片油泵定子：要求槽口耐磨和抗弯曲性能好。主要是槽口磨损、折断	38CrMoAl：渗氮，900HV，调质→粗车→去应力→精车→渗氮	
	10. 机床导轨：要求轨面耐磨和保持高精度。主要是磨损和精度丧失	HT200、HT300：表面电接触加热淬火，56HRC	
	11. 化工用阀门、管件等腐蚀大的零件，要求耐蚀性好	普通碳素钢渗硅	
	12. 锅炉排污阀：主要是锈蚀，要求耐蚀性好	45：渗硼	
	13. 1t蒸汽锤杆 ϕ120mm，L=2345mm 10t模锻锤锤杆；受较剧烈多次冲击和疲劳应力。主要是疲劳断裂	45Cr：850℃淬火，10%盐水冷，450℃回火，45HRC	
		35CrMo：860～870℃水淬，450～480℃回火，40HRC	
	14. 电耙耙斗、电铲铲斗的齿部：冲击大、摩擦严重。主要是磨坯	ZGMn13：水韧处理，180～220HB（工作时在冲击和压力下450～550HB）	
	15. ϕ840mm及ϕ650mm的矿车轮	ZG55、ZGCrMnSi：280～330HB	

第7章　快速成形零件的加工工艺性

7.1　快速成形制造技术的原理、特点及应用

快速成形制造（Rapid Prototyping Manufacturing，简称RPM）技术与传统的“去除”加工方法不同，是根据零件的三维模型数据，采用材料逐层或逐点堆积的方法，迅速而精确地制造出该零件，是一种“增材”加工方法。即，这些工艺方法都是在材料累加成形的原理基础上，结合材料的物理化学特性和先进的工艺方法而形成的。目前应用较多的RPM方法主要有：液态光敏树脂选择性固化（SLA）、叠层制造（LOM）、粉末材料选择性激光烧结（SLS）、熔融沉积成形（FDM）、三维打印成形工艺（3DP）、复印固化成形工艺（SGC）等。

快速成形制造的原理特点及在铸模件中的应用详见2.7节表2-2-54。各种典型成形方法的加工精度、应用及成本对比见表2-7-1。

表2-7-1　　　典型成形方法的加工精度、应用及成本对比

成形方法	反应形式	成形材料	尺寸精度/mm	表面粗糙度 $Ra/\mu m$	主要应用	成本
SLA	光聚合反应	树脂、树脂＋陶瓷（金属）	±0.13	0.6	适用于制作中小型工件、概念模型，用作装配和工艺检验，代替蜡模制作浇铸模具，作为金属喷漆模、环氧树脂模和其他软模的母模	较高
SLS	烧结冷却	聚合物、纯金属、金属＋粘接剂、陶瓷、砂	±0.13～±0.25	5.6	适合成形中小件，可直接得到塑料、陶瓷或金属零件，零件的翘曲变形比液态光固化成形工艺要小。由于激光选区烧结快速原型工艺可采用各种不同成分的金属粉末进行烧结，进行渗铜后置处理，其制成的产品可具有与金属零件相近的力学性能，因此它十分适合于产品设计的可视化表现和制作功能测试零件（如用于制作EDM电极、直接制造金属模以及进行小批量零件生产）。激光选区烧结的最大优点是可选用多种材料，适合不同的用途。所制作的原型产品具有较高的硬度，可进行功能试验	较高
FDM	冷却固化	塑料、蜡等聚合物，陶瓷（金属）＋粘接剂	成形精度相对较低	14.5	适合于产品的概念建模以及新产品的功能测试等方面，由于甲基丙烯酸ABS材料化学稳定性较好，可采用伽马射线消毒，特别适用于医学领域	较高
LOM	粘接作用	纸、聚合物、陶瓷、金属、复合材料等＋粘接剂	±0.25	1.5	这种工艺方法适合成形大、中型件，翘曲变形较小，成形时间较短。制成件有良好的力学性能，适合于产品设计的概念建模和功能测试零件。且由于制成的零件具有木质属性，比较适用于直接制作砂型铸造模	低
SGC	光聚合反应	树脂、蜡	成形精度高		特别适合制作小型零件的原型	高
3DP	粘接作用	聚合物（陶瓷、金属）＋粘接剂	成形精度相对较高		适合应用在办公室环境。可制作精细、复杂的零件	低

7.2　快速成形制造用材料

材料的快速成形性主要包括成形材料的致密度、孔隙率、显微组织和性能、成形零件的精度和表面粗糙度值、材料成形后的收缩性（内应力、变形及开裂），以及适应不同快速成形制造方法的特定要求等。所以材料的快速成形性取决于材料性质、成形方法及零件的结构形式。成形材料的性质主要包括材料的化学成分、物理性质（熔点、热膨胀系数、热导率、黏度及流动性）及材料的使用状态（如粉末、线材、薄材）等。

7.2.1　快速成形对材料的要求

成形材料不仅影响成形的速度及成形件的精度和物理、化学性能，并且还影响原型件的应用范围和用

户对成形工艺设备的选择。表 2-7-2 给出了快速成形工艺对材料的基本要求和不同类型的快速成形制件对材料的要求。

表 2-7-2　快速成形工艺对材料的基本要求和不同类型的快速成形制件对材料的要求

材料基本要求	1. 有利于快速精确的零件成形 2. 直接制造功能件时，材料的力学性能和物理化学性能(强度、刚度、热稳定性、导热和导电性、加工性等)必须满足使用要求 3. 当成形件间接使用时，其性能要有利于后续处理和应用工艺
概念制件要求	成形速度快，对材料成形精度和物理化学特性要求不高。如对光固化树脂，要求较低的临界曝光功率、较大的穿透深度和较低的黏度
测试制件要求	为满足测试需要，对于材料成形后的强度、刚度、耐温性、耐蚀性等有一定要求；如果用于装配测试，则对于材料成形的精度还有一定的要求
模具制件要求	材料适应具体模具制造要求，如对于消失模铸造用原型，要求材料易于去除
功能制件要求	材料具有较好的力学性能和化学性能

7.2.2　快速成形材料的分类和使用方法

表 2-7-3 给出了按不同的定义方法对快速成形材料进行的分类。

表 2-7-3　快速成形材料的分类

按材料的物理状态	分为液体材料、薄片材料、粉末材料、丝状材料等
按材料的化学性能	分为树脂材料、石蜡材料、金属材料、陶瓷材料、复合材料等
按材料的成形方法	分为 SLA 材料、LOM 材料、SLS 材料、FDM 材料等
按制件的用途	分为原型制造材料、后续制造材料(如制造模具、零件等)

不同的快速成形方法要求使用与其成形工艺相适应的不同性能的材料，同一性能的材料用于不同的快速成形方法时要求不同的状态。表 2-7-4 给出了快速成形技术常用的成形材料，表 2-7-5 给出了不同的快速成形方法采用的成形材料、要求和制造商。

7.2.3　国外主要快速成形材料的产品及用途

国外许多公司和使用单位都在快速成形材料方面进行了大量的研究和开发。表 2-7-6 给出了目前国外已商品化的主要快速成形材料产品。

7.2.4　国内主要快速成形材料的产品及用途

目前，我国快速成形材料及工艺的研究与国外相比存在较大差距，大量高档的快速成形用材料需要从国外进口。表 2-7-7 给出了目前国内几家主要快速成形技术研究单位开发的成形材料。

表 2-7-4　快速成形技术常用的成形材料

材料状态	液　态	固态粉末		固态片材	固态丝材
		非金属	金属		
材料种类	丙烯酸酯、环氧基固化树脂	石蜡粉、尼龙粉、覆膜陶瓷粉、覆膜砂	钢粉、覆膜钢粉、铝合金粉	覆膜纸、覆膜塑料、覆膜陶瓷箔、覆膜金属箔	石蜡丝、ABS 丝

表 2-7-5　不同快速成形方法采用的成形材料、要求和制造商

成形方法	成形材料	材料要求	产品和制造商
SLA	液态光敏树脂材料，有丙烯酸酯系、环氧树脂系等	1. 在一定频率的单色光的照射下能迅速固化并具有较小临界曝光量和较大固化穿透深度 2. 固化时树脂收缩率要小，一次固化程度高，制件变形小，精度高 3. 原型制件要求具有较好的尺寸精度、较小的表面粗糙度值和较高的强度性能，固化速度快，成形时毒性较小 4. 熔模精密铸造蜡模时还应具有较好的浆料涂挂性，加热石蜡时，膨胀性要小，在壳型内残留物要少等	Cibatool 公司生产的 Cibatool 系列、DuPont 公司生产的 SOMOS 系列、Zeneca 公司生产的 Stereocol 系列、RPC 公司生产的 RPCure 系列等

续表

成形方法	成形材料	材料要求	产品和制造商
LOM	由薄片材料和粘接剂两部分组成。薄片材料有纸片材、塑料薄膜、金属片(箔)、陶瓷片材和复合材料片材等;粘接剂有乙烯-醋酸乙烯酯共聚物型热熔胶、聚酯类热熔胶、尼龙类热熔胶等	1. 薄片材料要求厚薄均匀,力学性能良好并与粘接剂具有较好的涂挂性和粘接能力 2. 对粘接剂性能要求:①良好的热熔冷固性能(室温下固化);②在反复"熔融-固化"条件下其物理、化学生能稳定;③足够的粘接强度;④熔融状态下与薄片材料有较好的涂挂性和涂匀性;⑤良好的废料分离性能 3. 用作功能构件或代替木模时,应满足上述要求;用作消失模,进行精密熔模铸造时,要求高温烧结时的发气速度较小,发气量及残留灰分较少等;直接用作模具时,还要求片层材料和粘接剂具有一定的导热和导电性能	KINERGY公司生产的K系列纸材采用熔化温度较高的粘接剂和特殊的改性添加剂,采用该材料制得原型具有很高的硬度(水平面上的硬度可以达到18HRR,垂直面上的硬度达到100HRR),成形时具有很小的翘曲变形,并且表面光滑,经表面涂覆处理后不吸水,具有良好的稳定性
FDM	均为丝状热塑性材料。有低熔点非金属材料(石蜡、塑料、尼龙丝等)和低熔点金属、陶瓷等线状或丝状材料,熔丝线材主要有ABS、人造橡胶、铸蜡和聚酯热塑性塑料	1. 在相变过程中具有良好的化学稳定性,保证在FDM过程中丝材经受得住"固态-液态-固态"的转变,且具有较小的收缩性 2. 用作功能构件的蜡模时还应有足够的堆积粘接强度和表面粗糙度,用作熔模铸造中的蜡模时还要满足熔模铸造中对蜡模的性能要求	美国Stratasys生产的丙烯腈-丁二烯-苯乙烯聚合物细丝(ABS P400)、甲基丙烯酸-丙烯腈-丁二烯-苯乙烯聚合物细丝(ABS P500)、消失模铸造蜡丝(ICW06Wax)、塑胶丝(Elastomer E20)
SLS	均为粉末材料。有高分子材料粉(尼龙、聚碳酸酯、聚苯乙烯、ABS等)、金属粉、表面覆有粘接剂的覆膜陶瓷粉、覆膜金属粉及覆模砂等	1. 具有良好的热固(塑)性、一定的导热性,粉末经激光烧结后要有足够的粘接强度,粉末材料的粒度不宜过大,否则会降低原型的成形精度 2. 具有较窄的"软化-固化"温度范围,温度范围较大时,影响零件的成形精度 3. 用覆膜砂或覆膜陶瓷粉制作铸造型芯时,还要求有较小的发气性与涂料良好的涂挂性和良好的废料清除性能等	美国DTM公司生产的覆膜1080碳素钢金属粉末材料。用该材料的制件非常密实(密度为8.23g/cm^3),可达到铝件的强度(屈服强度255MPa、拉伸强度475MPa)和硬度(75.3HRC),导热性能好,可进行机加工、焊接、表面处理及热处理,抛光后表面粗糙度值Ra为0.1μm,尺寸精度为0.25mm

表 2-7-6 国外主要快速成形材料产品

成形方法	制造商	材料型号	材料类型	使用范围
SLA	CibaTool	Cibatool SL系列	环氧基光固化树脂	概念型、测试型,制造硅胶型、喷涂金属模,直接或间接消失模铸造
	DuPont	SOMOS系列		
	Zeneca	Stereocol系列		
	RPC	RPCure系列		
LOM	Helisys	LPH042	涂有热敏性粘接剂的白牛皮纸	直接或间接消失模铸造、砂型铸造、石膏型铸造、制造硅胶模、喷涂金属模
		LXP050	涂有热塑性粘接剂的聚酯	
		LGF045	混有陶瓷和热塑性粘接剂的无机纤维	
	KINERGY	K系列	涂有熔化温度较高的粘接剂和特殊改性添加剂的纸材	
FDM	Stratasys	ABS P400	丙烯腈-丁二烯-苯乙烯聚合物细丝	概念型、测试型
		ABS P500	甲基丙烯酸-丙烯腈-丁二烯-苯乙烯聚合物细丝	注射模制造
		ICW06Wax	消失模铸造蜡丝	消失模制造

续表

成形方法	制造商	材料型号	材料类型	使用范围
FDM	Stratasys	Elastomer E20	塑胶丝	医用模型制造
		Polyster Polyamide	塑胶丝	直接制造塑料注塑模具
SLS	DTM	DuraForm Polyamide	聚酰胺粉末	概念型、测试型
		DuraForm GF	添加玻璃的聚酰胺粉末	有微小特征，适合概念型和测试型制造
		DTM Polycarbanate	聚碳酸酯粉末	消失模制造
		TrueForm Polymer	聚苯乙烯粉末	消失模制造
		SandForm Si	覆膜硅砂	砂型(芯)制造
		SandForm ZR Ⅱ	覆膜锆砂	砂型(芯)制造
		Copper Polyamide	铜/聚酰胺复合粉	金属模具制造
		RapidSteel 2.0	覆膜钢粉	功能零件或金属模具制造

第 2 篇

表 2-7-7　**国内开发的主要快速成形材料**

研究单位	适用成形方法	成形材料
清华大学	SLA	光敏树脂等
	FDM	蜡丝、ABS 丝
北京隆源自动成型系统有限公司	SLS	覆膜陶瓷、塑料(PS、ABS)粉
华中科技大学	SLS	覆膜砂、PS 粉
	LOM	热熔胶涂覆纸
西安交通大学	SLA	光敏树脂等
中北大学	SLS	覆膜陶瓷、塑料陶瓷精铸蜡粉、原型烧结粉

7.3　金属粉末的激光快速成形工艺参数对成形精度的影响

激光烧结快速成形工艺的影响因素主要包括激光功率、扫描间隔、粉层厚度、扫描速度、粉末粒径、粉末材料与基体材料的浸润性等，有后处理过程的，工艺参数还包括后处理的温度和时间。激光烧结成形零件的质量主要由成形零件的强度、密度及成形精度来衡量。

7.3.1　激光烧结工艺参数对成形精度的影响

成形精度是指成形制件的精度，主要包括制件的形状精度、尺寸精度与表面精度三方面指标，即烧结成形制件在这三方面与设计要求的符合程度。制件精度与数据处理、成形材料性能及成形工艺有很大关系。表 2-7-8 给出了激光烧结工艺参数对成形精度的影响。

表 2-7-8　**激光烧结工艺参数对成形精度的影响**

因素		对成形精度的影响
零件造型	模型误差	在进行 CAD 模型的 STL 格式转化时，要用许多小三角面片逼近实际模型表面，在拟合时会出现如下问题： 1. STL 格式化的过程是一个三角面片拟合无限接近的过程，不可能完全表达实际表面信息，所以不可避免地会导致截面轮廓线原理性误差 2. 对于形状较复杂的 CAD 模型，在进行 STL 格式转化时，有时会出现相邻小三角形面片不连续的现象，特别是在表面曲率变化较大的分界处，很容易出现锯齿状或小凹坑，从而产生误差，造成零件的局部缺陷 要避免模型误差的最好办法是省略转换过程，开发对 CAD 实体模型进行直接分层的方式，以避免因 STL 格式化处理带来的误差。但该方法难度极大，目前还没有出现这类商业软件

续表

<table>
<tr><th colspan="2">因　素</th><th>对成形精度的影响</th></tr>
<tr><td>零件造型</td><td>切片误差</td><td>切片处理产品的误差属于原理性误差，无法避免。切片厚度（如图所示）的选择是由生产效率与成形零件精度综合考虑的，当切片厚度取值过大会忽略局部细微特征，而取值过小又将延长加工时间，降低生产效率。在实际应用中切片厚度一般为 0.05～0.3mm。层厚的存在不可避免会在成形制件表面形成台阶效应，还可能遗失切片层间的微小特征结构（如小肋片、凹坑等），从而形成误差。切片厚度直接影响成形件精度及成形的时间和成本，是快速成形工艺中主要控制的参数之一 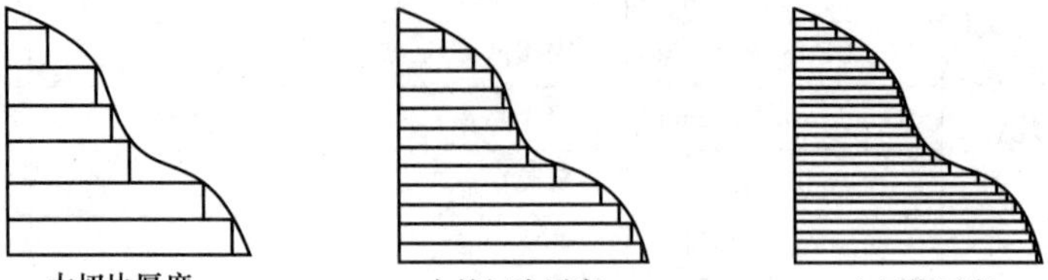
大切片厚度　中等切片厚度　小切片厚度</td></tr>
<tr><td rowspan="2">设备精度</td><td>机床系统</td><td>机床系统的影响主要包括机械运动、定位和测量精度的影响。机械系统中扫描头的 X、Y 向运动及工作台的 Z 向运动的位移控制精度（包括定位精度、重复精度等）将直接影响成形制件的形状和尺寸精度。目前，X、Y 向运动一般由交流伺服电动机带动直线运动单元实现，而 Z 向运动由交流伺服电动机经精密滚珠丝杠驱动，重复定位精度可控制在±0.01mm 以内，对成形精度影响相对较小，可以忽略不计</td></tr>
<tr><td>光学系统</td><td>1. 光学变焦技术产生的误差。变长线扫描激光烧结成形系统采用光学变焦技术实现线束长度的变化。光学变焦技术中通过控制两个光学柱镜的距离实现线束长度连续变化，柱镜运动的驱动过程会产生误差，导致线束长度变化时产生误差，影响加工精度
2. 激光束衍射引起的误差。激光线束在线束长度及宽度方向都会产生衍射，在线束长度方向产生的衍射量还随着变焦过程而变化，从而影响成形精度。实际上在光学系统中设计了限制激光衍射量的光栏，使衍射量尽可能小，并保持恒定，同时在软件设计中加以补偿，以减小该因素对成形精度的影响</td></tr>
<tr><td colspan="2">材料性能</td><td>常用的材料主要是尼龙、精铸蜡粉等热塑性粉末材料或其与金属、陶瓷的混合粉末材料。激光烧结成形时，热塑性材料受激光加热作用发生熔化，使得工件产生体积收缩，尺寸发生变化；并且收缩还会在制件内产生内应力，再加上相邻层间的不规则约束，导致制件产生翘曲变形，严重影响成形精度。变形的大小主要是由粉体材料的收缩率、粉末的粒度、密度以及流动性等特性决定的，所以改进材料配方，开发低收缩率、高强度的成形材料及合理选择混合粉末粒度和密度是提高成形精度的根本途径；在软件设计时考虑对体积收缩进行补偿也是提高精度的有效措施</td></tr>
<tr><td rowspan="2">工艺参数</td><td>激光功率
扫描速度
扫描间隔</td><td>三者之间的匹配决定了激光输入能量的大小，能量太小，会导致层与层之间烧结不透，产生分层，影响制件形状和尺寸精度；能量太大，形成的温度场较高，直接导致有机树脂熔化的烧蚀，严重的会使金属粉末汽化，从而导致零件出现翘曲变形的现象，影响到烧结精度。合理优化工艺参数，可有效提高成形精度</td></tr>
<tr><td>预热温度</td><td>对粉末材料进行预热，可以减小因烧结成形时受热对工件内部产生的热应力，防止其出现翘曲和变形，提高成形精度。合理的预热温度以控制在低于成形材料熔点以下为宜，一般为 10～50℃</td></tr>
<tr><td colspan="2">激光束扫描方式</td><td>扫描方式与成形制件的内应力密切相关，合适的扫描方式可以减少制件的收缩量及翘曲变形，提高制件的成形精度。变长线扫描激光烧结成形技术采用长度变化的激光线束进行扫描，它在扫描线束长度方向应力和收缩变形较大，故合理选择扫描方式对变长线扫描激光烧结成形技术是十分重要的。点扫描方式不受制件形状的限制，可以灵活采用各种扫描方式，下表所示为几种典型的点扫描方式及对成形制件精度的影响
<table><tr><th>扫描方式</th><th>对成形制件精度的影响</th></tr><tr><td> 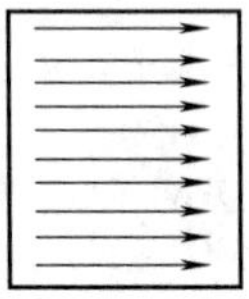图(a)</td><td>图(a)中采用单方向扫描方式，它是沿一个方向将整个一层扫描完毕，每条扫描线方向相同，每条扫描线的收缩应力方向一致，所以这种扫描方式将增大线收缩量及翘曲变形的可能性，成形精度很差</td></tr></table></td></tr>
</table>

续表

因　素	扫描方式	对成形制件精度的影响
激光束扫描方式	图(b)	图(b)中采用 zig-zag 扫描方式，它是采取来回交替扫描的方式将一层扫描完毕，由于相邻扫描线的收缩应力方向相反，它的收缩应力和变形量较图(a)扫描方式要小一些，但在扫描线经过内腔时，激光器要进行开关切换，增大了激光能量损耗，使得加工效率降低
	图(c)	图(c)中采用分区扫描方式，在Ⅰ、Ⅱ两个区域内采用连贯的 zig-zag 扫描方式，它最大的优点是可以省去频繁的激光开关，明显提高了成形效率；同时采用分区后分散了收缩应力，减小了收缩变形，所以提高了零件的成形精度。这三种扫描方式的共同缺点是成形工件轮廓度较差
	图(d)	图(d)中采用了一种复合扫描方式，在内部区域仍然采用连贯的 zig-zag 扫描方式，来保证零件的成形精度；而在内、外轮廓处采用环形扫描方式，保证了内、外轮廓的表面粗糙度值，这样的话，在保证零件的成形精度、表面粗糙度值的情况下，又提高了成形效率
环境因素	快速成形系统制作的零件在随后的存放过程中，由于环境温度、湿度等变化，以及残存在工件内的应力、应变状况的变化，工件可能会发生变形，导致精度下降。因此，工件成形后必须进行必要的后续处理，才能保证其在随后的存放环境中不会继续变形，影响精度	

7.3.2　激光烧结快速成形精度的评价方法和标准

准确地评价成形系统或成形工艺所能达到的精度，对实际应用非常重要。表 2-7-9 介绍了激光烧结快速成形精度的评价方法和标准。

表 2-7-9　激光烧结快速成形精度的评价方法和标准

精度	评价方法	评价标准
尺寸精度	尺寸精度是指成形制件与原设计的 CAD 模型相比，在 X、Y、Z 三个方向上存在的尺寸误差。尺寸误差的测量相对比较简单，可以直接测量工件所需最大尺寸处的绝对误差与相对误差。由于该项检测比较方便易行，目前尺寸精度成为大多数成形系统技术指标中列出的成形精度指标之一	快速成形系统的精度评价是通过对工件的典型精度测试件进行测试而完成的，所以测试件的设计、选择就成为成形精度评价的关键。由于影响快速成形精度的因素太多，成形工件的精度不仅与成形设备有关，还与成形工艺关系密切。因此，不能用单一笼统的标准进行衡量，而必须综合考虑上述因素，全面反映出成形工件的总体成形精度。尽管选择性激光烧结成形技术经过十几年的发展已比较成熟，但目前国际上还没有统一的成形精度标准测试件，各成形设备制造商根据商业竞争的需要，各自采用不同的精度测试件。所测精度值往往只反映成形制件在某一方向的精度，并没有综合考虑三个方向的尺寸精度、形状和位置精度，无法全面系统地反映出成形件的整体成形精度，所以制订合理的成形精度评价模型，形成快速成形精度检验的行业标准是十分必要的
形状精度	激光快速成形系统可能出现的形状误差主要包括：翘曲、扭曲变形、圆度误差及局部缺陷等。其中，以翘曲变形最为严重，翘曲变形一般以工件底平面为基准，测量其顶部平面的绝对和相对翘曲变形量，作为这类误差的衡量值；扭曲误差应以工件的中心线为基准，测量其最大外径处的绝对和相对扭曲变形量；圆度误差应以其成形的高度方向，选取最大圆轮廓线来测量其圆度偏差；局部缺陷(如凹坑、窄槽等)误差应以其缺陷尺寸大小和数量来衡量	
表面精度	成形制件的表面精度主要包括表面粗糙度值及台阶误差。表面粗糙度值 Ra 应对成形制件的上、下表面及侧面分别进行测量，并取最大值。而台阶误差一般出现在自由表面处，它用台阶高度值 Δh 和宽度值 Δb 来衡量，如图所示。工件表面精度的提高可以通过打磨、抛光及喷涂等后处理方法得以改善	

7.4 快速成形设备技术参数、加工精度

目前国内外已有数百家机构从事快速成形制造设备、工艺和相关材料的研究工作。表2-7-10列出了部分国内各类RPM设备和工艺的产业化情况，表2-7-11列出了部分国外各类RPM设备和工艺的产业化情况。

表2-7-10 国内主要快速成形设备和工艺情况

制造公司	设备名称	型号	主要技术参数						
			最大成形尺寸(长×宽×高)/mm×mm×mm	制件精度/mm	分层厚度/mm	最大扫描速度	扫描方式	复重定位精度/mm	文件格式
上海联泰科技股份有限公司	激光快速成形设备	RS3500	350×350×300	—	0.05~0.25	5m/s	振镜扫描	0.01	STL
		RS4500	450×450×350	—	0.05~0.25	5m/s	振镜扫描动态聚焦	0.01	STL
		RS6000	600×600×400	—	0.05~0.25	8m/s		0.01	STL
北京殷华激光快速成形与模具技术有限公司	熔融挤压快速成形设备	GⅠ-A	255×255×310	±0.2/100	0.15~0.4	60cm³/h	双喷头	—	STL
		MEM320	320×320×370	±0.2/100	0.15~0.4	60cm³/h	双喷头	—	STL
		MEM450	350×380×450	±0.2/100	0.125~0.4	60cm³/h	双喷头	—	STL
	光固化成形设备	AURO-350	350×350×350	±0.1/100	—	8m/s	动态聚焦	—	STL
		AURO-450	450×450×350	±0.1/100	—	8m/s		—	STL
		AURO-600	600×600×500	±0.1/100	—	8m/s		—	STL
北京隆源自动成型系统有限公司	激光快速自动成形机	AFS-360	360×360×500	—	0.08~0.3	—	振镜扫描	—	STL
		AFS-500	500×500×500	—	0.08~0.3	—	振镜扫描动态聚焦	—	STL
武汉滨湖机电技术产业有限公司、华中科技大学快速制造中心	粉末烧结快速成形设备	HRPS-ⅡA	320×320×450	±0.2/200	0.08~0.3连续可调	4m/s	振镜扫描动态聚焦	≤0.02	STL
		HRPS-ⅢA	400×400×450	±0.2/200		—		≤0.02	STL
		HRPS-Ⅳ	500×500×400	±0.2/200	—	—	—	≤0.02	STL
		HRPS-Ⅴ	500×500×400	±0.2/200	—	—	—	≤0.02	STL
	光固化快速成形设备	HRPL-Ⅱ	350×350×350	—	0.05~0.3可调	8m/s	—	—	STL
		HRPL-Ⅲ	600×600×500	—		8m/s	—	—	STL
	金属粉末熔化快速成形设备	HRPM-Ⅰ	250×250×250	—	—	—	振镜扫描	—	—
		HRPM-Ⅱ	250×250×250	—	—	—	振镜扫描	—	—
	薄材叠层快速成形设备	HRP-ⅡB	450×350×350	—	—	—	—	—	STL
		HRP-ⅢA	600×400×500	—	—	—	—	—	STL
陕西恒通智能机器有限公司	激光快速成形设备	SPS350B	350×350×350	±0.1(L≤100)、±0.1%(L>100)	0.05~0.3	8m/s,最大成形速度：60g/h、200g/h(800B)	—	—	STL
		SPS450B	450×450×350				—	—	STL
		SPS600B	600×600×400				—	—	STL
		SPS800B	800×800×400				—	—	STL

续表

制造公司	型号	成形方法	采用原材料	激光器			
				类型	功率/mW	波长/nm	光斑直径/mm
上海联泰科技股份有限公司	RS3500	光固化(SLA)	DSM SOMOS树脂	固体	>100	355	0.1～0.15
	RS4500			固体	>100	355	0.15～0.2
	RS6000			固体	>100	355	0.15～0.2
北京殷华激光快速成形与模具技术有限公司	GⅠ-A	熔融沉积成形(FDM)	ABS S301	—	—	—	—
	MEM320		ABS B601/B203	—	—	—	—
	MEM450			—	—	—	—
	AURO-350	光固化(SLA)	DSM Somos 11120/14120树脂	紫外固体	100	—	—
	AURO-450					—	—
	AURO-600				300	—	—
北京隆源自动成型系统有限公司	AFS-360	—	精铸模料、蜡、树脂砂、工程塑料	CO_2	50W	—	—
	AFS-500	—		CO_2	50W	—	—
武汉滨湖机电技术产业有限公司、华中科技大学快速制造中心	HRPS-ⅡA	粉末烧结(SLS)	HB系列粉末材料	CO_2	50W	—	—
	HRPS-ⅢA			CO_2	—	—	—
	HRPS-Ⅳ			CO_2	50W	—	—
	HRPS-Ⅴ	—		CO_2	—	—	—
	HRPL-Ⅱ	光固化(SLA)	—	固体	—	355	<0.2
	HRPL-Ⅲ		—	固体	—	355	<0.2
	HRPM-Ⅰ	金属粉末熔化(SLM)	系列金属粉末材料	CW Nd-YAG	150W	—	—
	HRPM-Ⅱ			CW 光纤	100W	—	—
	HRP-ⅡB	薄材叠层(LOM)	热熔树脂涂覆纸	CO_2	50W	—	—
	HRP-ⅢA			CO_2	50W	—	—
陕西恒通智能机器有限公司	SPS350B	光固化(SLA)	—	—	—	—	<0.2
	SPS450B		—	—	—	—	
	SPS600B		—	—	—	—	
	SPS800B		—	—	—	—	

表 2-7-11　国外主要快速成形设备和工艺情况

制造公司	型　号	主要技术参数	成形方法	采用原材料	激光器
3D Systems公司	SLA-250	最大成形尺寸:250mm×250mm×250mm	液体光敏树脂，选择性固化	液态光敏树脂	CO_2 激光器
	Viper Si^2	最大成形尺寸:250mm×250mm×250mm			固体 Nd:YVO_4 激光器
	SLA-5000	最大成形尺寸:508mm×508mm×584mm			
	SLA-7000	最大成形尺寸:508mm×508mm×600mm $\lambda=354.7$nm 输出功率 800mW 垂直分辨率 0.001mm			
	Actua2100	最大成形尺寸:250mm×200mm×200mm	热塑性材料，选择性喷洒	热塑性材料	—
Helisys	LOM-1015	最大成形尺寸:380mm×250mm×350mm	薄形材料，选择性切割	纸基卷材	CO_2 激光器
	LOM-2030H	最大成形尺寸:815mm×550mm×500mm			

续表

制造公司	型　　号	主要技术参数	成形方法	采用原材料	激光器
Stratasys公司	FDM-1650	最大成形尺寸：240mm×240mm×250mm	丝状材料，选择性熔覆	塑料/蜡丝	—
	Genisys	最大成形尺寸：200mm×200mm×200mm			
	FDM-8000	最大成形尺寸：457mm×457mm×609mm			
DTM	Sinterstation2000	最大成形尺寸：ϕ300mm×380mm	粉末材料，选择性激光烧结	塑料粉、金属基/陶瓷基粉	CO_2 激光器
	Sinterstation2500	最大成形尺寸：380mm×350mm×430mm 输出功率 50W			
Sanders Prototype	Model Maker Ⅱ	最大成形尺寸：305mm×152mm×229mm	热塑性材料，选择性喷洒	热塑性材料（WAX）	—
Cubital	Solider 4600	最大成形尺寸：350mm×350mm×350mm	液态光敏树脂	液体光敏树脂	CO_2 激光器
	Solider 5600	最大成形尺寸：500mm×350mm×500mm	选择性固化		
EOS公司	STEREOS DESKTOP	最大成形尺寸：250mm×250mm×250mm	液态光敏树脂，选择性固化	液态光敏树脂	CO_2 激光器
	STEREOS MAX-400	最大成形尺寸：400mm×400mm×400mm			
	STEREOS MAX-600	最大成形尺寸：600mm×600mm×600mm			
	EOSINT M-250	最大成形尺寸：250mm×250mm×150mm	粉末材料，选择性烧结	塑料粉、金属基/陶瓷基粉	CO_2 激光器
	EOSINT P-700	最大成形尺寸：700mm×380mm×580mm			双 CO_2 激光器
	EOSINT S-700	最大成形尺寸：720mm×380mm×380mm			双 CO_2 激光器
CMET	SOUP-600	最大成形尺寸：600mm×600mm×500mm	液态光敏树脂，选择性固化	液态光敏树脂	CO_2 激光器
	SOUP-850PA	最大成形尺寸：600mm×600mm×500mm			
	SOUP-1000	最大成形尺寸：1000mm×800mm×500mm			
SONY/D-MEC	SCS-9000D	最大成形尺寸：1000mm×800mm×500mm	液态光敏树脂，选择性固化	液态光敏树脂	双 CO_2 激光器
	JSC-2000	最大成形尺寸：500mm×500mm×500mm			CO_2 激光器
	JSC-3000	最大成形尺寸：1000mm×800mm×500mm			CO_2 激光器
Z Corp.公司	Z310 单色打印	最大成形尺寸：203mm×254mm×203mm 成形速度：彩色模式，2层/min； 单色模式，6层/min 层厚：0.076～0.254mm 颜色：真彩色	三维成形打印机	淀粉基材料、石膏基材料	
	Z406 彩色打印				
	Z810 大成型空间				

第 8 章　其他材料零件及焊接件的结构设计工艺性

8.1　粉末冶金件结构设计工艺性

8.1.1　粉末冶金材料的分类和选用

粉末冶金材料的分类和选用见表 2-8-1。具体材料和性能参见《现代机械设计手册》机械工程材料篇。

8.1.2　传统粉末冶金零件制造工艺

传统粉末冶金工艺的生产工序和烧结后的后续加工工序示于图 2-8-1。型坯的成形方法见表2-8-2。

常用的烧结方式见表 2-8-3。烧结后的后处理见表 2-8-4。

表 2-8-1　　粉末冶金材料的分类和选用

类别		主要性能要求	应用范围
机械零件材料	减摩材料	自润滑性好，承载能力(pv 值)高，摩擦因数小，耐磨且不伤对偶	铁基及铜基含油轴承、双金属轴瓦、高石墨铁基轴承、铁硫轴承、多孔碳化钨浸 MoS_2 轴承
	结构材料	硬度、强度及韧性等力学性能，有时要兼顾耐磨性、耐腐蚀性、磁导性	铁、钢、铜合金等受力件(各种齿轮及异形件)
机械零件材料	摩擦材料	摩擦因数高且稳定，能承受短时高温，良好导热性，耐磨且不伤对偶	铁基、铜基的离合器片及刹车带(片)
	过滤材料	透过性、过滤精度高，有时要兼顾耐腐蚀性、耐热性及导电性	铁、青铜、黄铜、镍、蒙乃尔、不锈钢、碳化钨、银、钛、铂等多孔过滤元件及带材
	热交换材料	孔隙度，基体的高温强度及耐腐蚀性	镍、镍铬、不锈钢、钨、钼等为基体，浸低熔点金属，或利用孔隙渗出冷却液的高温工作零件
	密封材料	质软，使用时易变形而贴紧，本身致密，有时要兼顾耐磨性及耐腐蚀性	多孔铁浸沥青的管道密封垫，多孔青铜浸塑料的长管道中热胀冷缩补偿器中的密封件
电工材料	触头材料	电导性，耐电弧性	难熔材料(钨、钼、石墨)与电导材料(铜、银)形成假合金的开关触头
	集电材料	电导性、减摩性及一定程度的耐电弧性	电机中集电用的银石墨、铜石墨电刷，电车用的铁、铜基集电滑板(块)
	电热材料	耐高温性及电阻率	钨、钼、钽、铌及其化合物，以及弥散强化材料做成的发热元件、灯丝、电子管极板及其他电真空材料
工具材料	刀具材料	硬度、红硬性、强度、韧性及耐磨性	含钴(质量分数)小于 15%的硬质合金及钢结构硬质合金做成的刀具，粉末高速钢刀具及陶瓷刀具
	模具、凿岩及耐磨材料	硬度、强度及耐磨性	含钴(质量分数)15%～25%的硬质合金及钢结构硬质合金
	金刚石——金属工具材料	胎体(金属)的硬度、强度及与金刚石黏结强度	金刚石地质钻头、研磨工具、修正砂轮工具
高温材料	非金属难熔化合物基合金材料	硬度、耐磨性、热强性及抗氧化性	碳化硅、碳化硼、氮化硅、氮化硼基的高温零件及磨具
	难熔金属及其化合物基合金材料	热强性、抗冲击韧性及硬度	钨、钼、钽、铌、钛及其碳化物、硼化物、氮化物基的高温零件
	弥散强化材料	热强性、抗蠕变能力	铝、铜、银、镍、铬、铁与氧化铝、氧化锆做成的高温下阻碍晶粒长大的材料和零件
磁性材料	软磁材料	起始及最大磁导率高，磁感应强度大矫顽力小	坡莫合金、铁铝及铁铝硅合金、纯铁、铜磷钼铁合金、高硅(硅的质量分数 5%～7%)合金制成的铁芯
	硬磁材料	磁感应强度大及矫顽力大，即要求磁能积高	铝镍钴、钴稀土(钕铁硼)合金做成的永久磁铁
	磁介质材料	高的电阻率，有一定的磁导率	高频用的磁导性物质(如高纯铁粉、铁铝硅合金粉)与绝缘介质(树脂、陶土)做成的铁芯

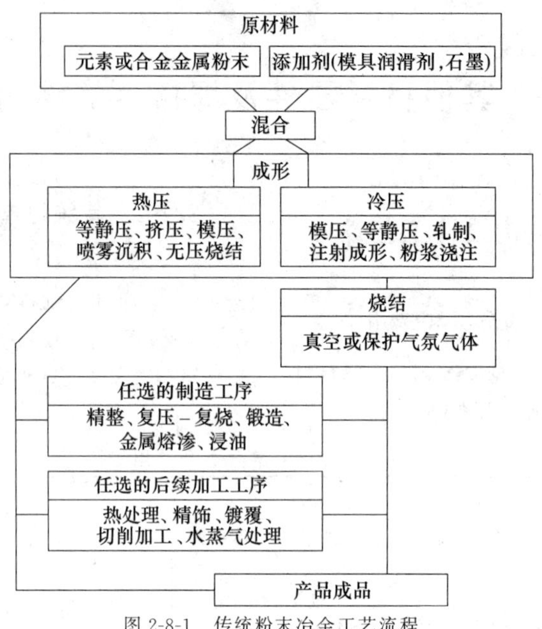

图 2-8-1 传统粉末冶金工艺流程

表 2-8-2 **金属粉末型坯的成形方法**

成形方法		简要说明	应用举例
常温加压	钢模压	粉末在刚性封闭模中,通过模冲对粉末加压成形。压坯密度较高,生产效率高。不宜压制过大、过长、过薄、锥形及难以脱模的制品	铁基、铜基、不锈钢及硬质合金等中小柱状类制品。宜大批生产
	弹性模压	粉末置于弹性模(用塑料或橡胶)型腔中,弹性模放在刚性模中,模冲压力通过弹性模将粉末压实成形	成形单位压力较小的硬质合金锥、球等制品
	挤压	将拌以润滑剂的粉末放入挤压筒内,通过压柱对粉末加压,粉料被压出挤压嘴成形	各种截面的条、棒或麻花钻类螺旋条棒
	液等静压	粉末放入弹性(用塑料或橡胶)包套中,包套放入等静压机的高压容器内,通过高压液体压实套内粉末	各种棒材、管材及其他大型制品
	粉末轧制	将粉末送入两个相对转动的轧辊之间,靠摩擦力将粉末连续咬入辊缝压实成带(片)材	多孔、摩擦、硬质合金、复合材料等带材
	爆炸成形	将粉末放在塑料包套内,包套放入高压容器中,引爆炸药,产生高压冲击波,通过容器中的水,将包套内的粉末压实成形	成形性很差的各种粉末的棒材、管材
加温加压	温压	将混合粉末加入特种润滑剂和添加剂后,把原料粉末和模具加热到130～150℃范围内成形	主要用于成形复杂形状的机械零件
	热压	粉末或预制坯放在模具中,经传导、自身电阻或感应等方式加热,在低于基体熔点下加压,用小压力可获得致密制品。模具材料有石墨、陶瓷、高镍铬合金及高速钢等	硬质合金、金属陶瓷、金刚石工具等制品
	热锻	将粉末预制坯加热,放入锻模中进行无飞边锻造,获得致密并接近成品要求的零件	铁基高强度齿轮、链轮、连杆等结构件
	热挤压	将粉末装入金属包套内,抽真空后封口。包套及粉末加热后,在模壁有润滑剂的挤压模内挤压成材	钢结硬质合金及粉末高速钢的型材

续表

成形方法		简要说明	应用举例
加温加压	热等静压	将粉末装入金属包套内，抽真空后封口，粉末被压机内高温高压气体压实	硬质合金、粉末高速钢等大型制品
无压成形	松装烧结成形	粉末装入模具中振实，连同模具一起放入炉内烧结，使粉末成形	多孔过滤元件及多孔浸渍材料
	松装烧结成形	芯板放在模腔下，模腔中装满粉末刮平，取出模具，芯板连同一层均匀松装粉末入炉烧结，使粉末成形，并牢固的焊接在芯板上，经复压或轧制，达到所需的密度	摩擦片及同铅轴瓦等双金属材料
	粉浆浇注	粉末与加有粘接剂的水调成粉浆，注入石膏模内，干燥后使粉末成形	高合金、精细陶瓷等形状复杂制品
	冷冻浇注	将加有水的粉末，注入金属模内，冷冻后成形，埋入细填料中，经干燥后烧结成零件	高合金、精细陶瓷等形状复杂零件
	无压浸渍	将基体粉末装入石墨模中，注入可浸润或可形成化合物、固溶体的熔融金属，利用毛细现象进入孔隙，冷却后使粉末成形	金属陶瓷材料

表 2-8-3　**常用的烧结方式**

烧结方法		简要说明	应用举例
按防氧化条件分类	填料保护烧结	用碳（石墨、木炭、焦炭）、氧化铝、石英砂等作填料，工件埋入其中烧结	无保护气体时烧结铁、铜基制品
	气体保护烧结	用还原性的氢、一氧化碳、分解氨及高纯度氮等气体保护工件下烧结	铁、铜、不锈钢、硬质合金等制品
	真空烧结	用真空条件，防止工件氧化	硬质合金、不锈钢、铝、钛等易氧化制品
按烧结方式分类	连续烧结	工件依次连续通过炉子的预热带、保温带及冷却带，完成烧结过程，热利用率及生产率高	大批量生产时用，通常用保护气体，亦可真空
	间歇烧结	工件随炉升温、保温和降温，完成烧结过程	小批生产或试验时用
	半连续烧结	工件装入容器中，在热炉中升温、保温、炉外冷却	摩擦片生产
特殊烧结方式	加压烧结	烧结时对工件加压，以提高制品密度，防止变形，使工件与钢背黏结牢固	摩擦片、双金属减摩材料
	浸渗烧结	工件端部（上或下）放置低熔点金属片（或块），烧结时，低熔点金属熔化并渗入多孔骨架中	铜钨、铁铜等合金的致密零件
	电阻烧结	工件自身作为电热体，利用自身电阻发热烧结	钨、钼等难熔金属
	活化烧结	用物理方法（振动、循环温度）或化学方法（加卤族化合物、预氧化、加低熔点组元，用氢化钛保护）加快烧结过程，改善产品质量	铁、铜、不锈钢、金刚石工具等
	电火花烧结	粉末体通过直流电流及脉冲电流，使粉末间产生电弧进行烧结，同时逐渐加压	双金属、摩擦片、金刚石工具、钛合金

表 2-8-4　**后处理**

处理方法		简要说明	应用举例
压力加工	精整	工件在精整模中受压，校正烧结变形，提高产品精度，减小表面粗糙度	铁、铜基制品
	复压	工件在复压模中受压，可提高密度5%～20%	铁、铜、不锈钢制品
	精压（整形）	工件在精压模中受压，改变工件形状，并提高密度	需改变形状的塑性零件
	滚挤压	工件受滚轮或标准齿轮对滚挤压，提高齿轮或工件的尺寸精度、密度	齿轮、球面轴承、钨钼管

续表

处理方法		简要说明	应用举例
浸渗	浸油	多孔零件的孔隙吸入润滑油，改善自润滑性能并防锈	铁、铜基减摩零件
	浸塑料	多孔零件的孔隙吸入聚四氟乙烯分散液，经热固化后，实现无油润滑	金属塑料减摩零件
	浸硫	多孔零件的孔隙吸入熔融硫，起润滑及封孔的作用	减摩件、需封孔的结构件
	浸熔融金属	多孔零件的孔隙吸入熔融金属，以提高强度及耐磨性	铁基零件浸铜或铅
热处理	整体淬火	需在保护气氛下加热，孔隙的存在可减小内应力，一般可不回火，其余工艺参数与致密材料相近	不受冲击而要求耐磨的铁基零件
	表面淬火	通常用感应加热，工艺与致密材料相近	要求外硬内韧的铁基零件
	渗碳淬火	碳易由孔隙渗透，应根据孔隙度大小，适当减少渗碳时间；或经硫化封孔后再渗碳，其余工艺要求同致密材料	要求外硬内韧的低碳铁基零件
	碳氮共渗	经硫化封孔或高密度工件，用一氧化碳和分解氨为介质，在较高温度进行碳氮共渗，比单纯渗碳硬度高，速率快	要求外硬内韧的低碳铁基零件
热处理	渗硼	将铁基件浸入熔融脱水硼砂与氟化钠中2～2.5h、渗层达0.8～1mm，浸毕于10%氢氧化钠水溶液中洗净	要求提高表面硬度，耐磨，堵塞孔隙并能防锈的铁基零件
	硫化处理	经浸硫的工件，在氢气保护下，于720℃保温0.5～1h生成硫化铁的润滑组元	铁基减摩材料
表面处理	蒸汽处理	铁基零件在550～600℃温度下，通入过热蒸气，使工件及孔隙表面生成坚固的氧化膜	要求防锈、耐磨及封孔以防高压渗漏的铁基零件
	电镀	经封孔并表面净化（喷砂）后的工件，按传统工艺电镀	表面防锈、美观及耐磨的零件
	渗锌	将工件埋入锌与氧化铝混合添料中，在400～420℃下渗1～2h。若工件与填料在旋转筒中加热渗锌，工件表面质量更佳	表面防锈的仪表零件、锁芯等铁基零件
机械加工	切削加工	粉末冶金材料均可磨削及电加工。除硬质合金等超硬材料外，大多粉末冶金材料可进行车、铣、刨、钻等加工	铁、铜、镍、铝、钨、钼等制品均可切削加工，为提高精度和改变形状时用
	锻压	钨钼镍可压延锻打，钢结硬质合金可热自由锻，锻后均需退火	需改变致密材料形状时使用
	焊接	铁基材料可对焊，不锈钢、钛合金用氩弧焊，硬质合金用铜焊，金刚石工具用银焊，铜基件用锡焊	粉末冶金材料与致密材料需要连接时用

8.1.3 可以压制成形的粉末冶金零件结构

表 2-8-5 可以压制成形的零件结构

名称	举 例	简要说明
无台柱体类	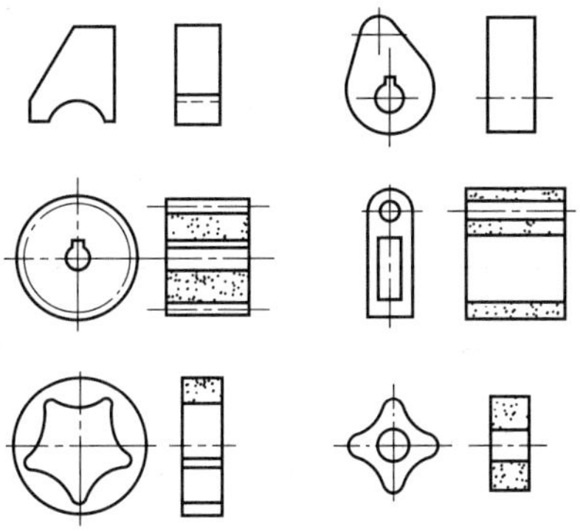	沿压制方向的横截面无变化，压制时，粉末无需横向流动，各处压缩比相等，密度最易均匀 任何异形的横截面，对压制并不增加特殊困难，但长(高)度方向尺寸，受上下密度允许差的限制，应避免超薄壁(<1mm)和尖角
带台柱体类	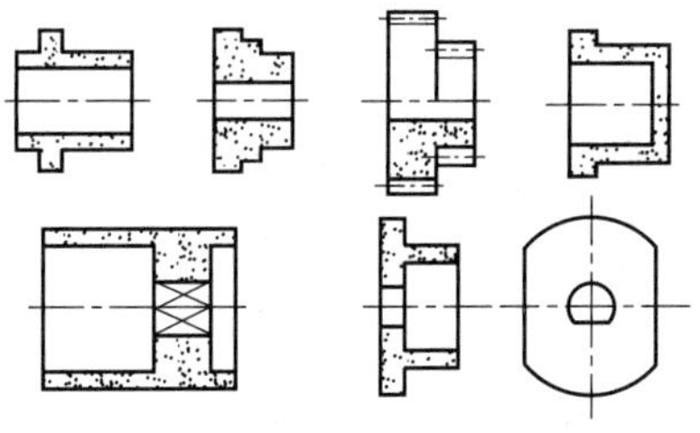	沿压制方向的横截面有突变，模具结构稍复杂，外台较内台、多台较少台以及外台在中间较在一端难度大，密度均匀性较无台类差
带锥面类	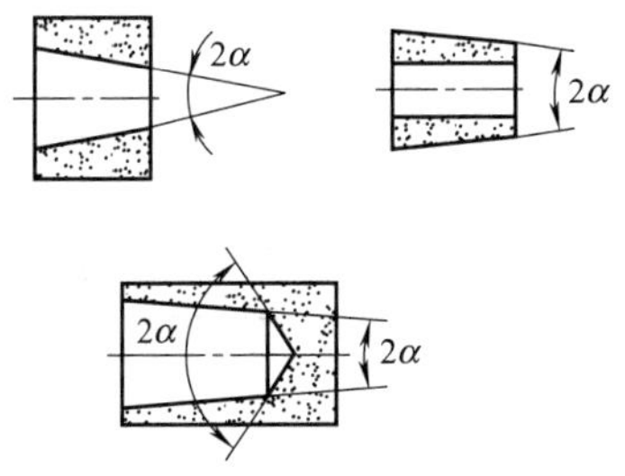 2α 2α 2α 2α	横截面渐变，锥角 2α 越小(接近 0°)或越大(接近 80°)压制困难越少，2α 在 90°左右应尽量避免，锥台大小端尺寸不宜相差太大
带球面类	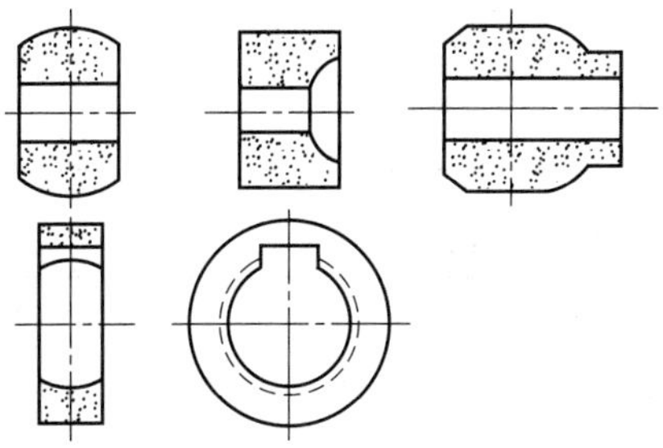	球台表面压制时易出现皱纹，可在烧结后滚压消除，脱模较复杂 小于球径的局部球面，成形无特殊困难

续表

名称	举 例	简要说明
带螺旋面类	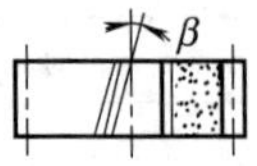	螺旋面模具结构及加工较复杂，螺旋角 β 小易成形，最大 β 角不宜大于 45°
带凸脐及凹槽类	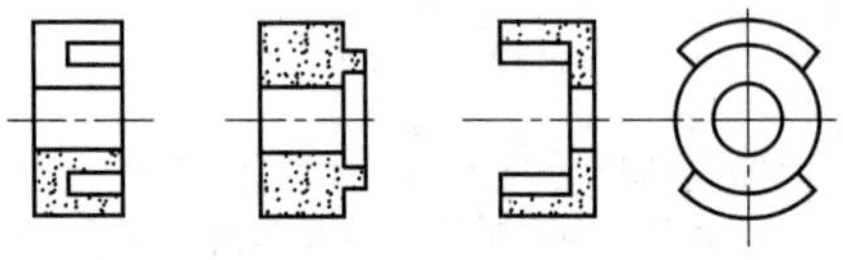	模具结构较复杂，槽深度或凸脐高度小，密度易均匀

8.1.4 需要机械加工辅助成形的粉末冶金零件结构

表 2-8-6 需要机械加工辅助成形的举例

成品	坯件	简要说明	成品	坯件	简要说明
	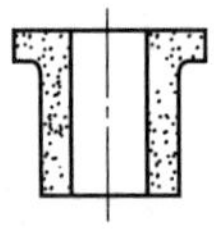	横槽难以压制	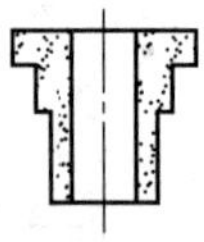	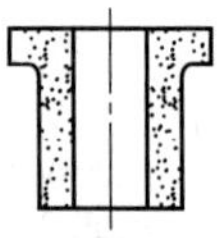	多外台模具结构复杂
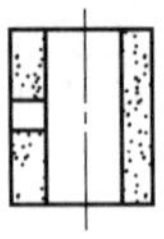	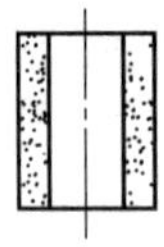	横孔难以压制	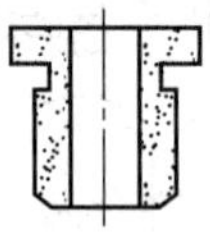	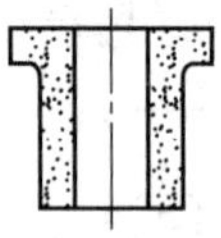	螺纹难以压制
		倒锥难以压制	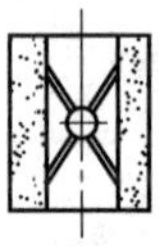		油槽难以压制
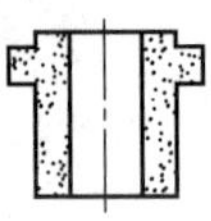	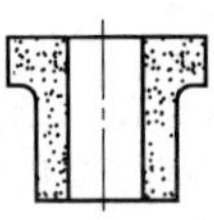	外台在中间，模具结构复杂			

8.1.5 粉末冶金零件结构设计的基本参数

表 2-8-7 最小壁厚 mm

最大外径	最小壁厚	最大外径	最小壁厚
10	0.80	40	1.75
20	1.00	50	2.15
30	1.50	60	2.50

表 2-8-8 一般烧结机械零件的尺寸范围

材料	最大横断面面积/cm^2	宽度/mm		高度/mm	
		最大	最小	最大	最小
铁基	40	120	5	40	3
铜基	50	120	5	50	3

表 2-8-9　　粉末冶金过滤材料粉末分级及元件壁厚推荐值

编号	1	2	3	4	5	6	7	8	9	10	11	12	13	14
筛号目	−18 +30	−30 +40	−40 +55	−55 +75	−75 +100	−100 +120	−120 +150	−150 +200	−200 +250	−250 +300	−300	−300	−300	−300
粒级/μ	1000～ 630	630～ 450	450～ 315	315～ 200	200～ 154	154～ 125	125～ 100	100～ 76	76～ 61	61～ 45	45～ 25	25～ 18	18～ 12	12～ 6
平均粒级/μ	815	540	382	258	177	140	113	88	69	53	35	22	15	9
元件推荐厚度/mm	5	4	3.5	3	2.5	2.5	2	2	1.5～2	1.5～2	1～1.5	1～1.5	1～1.5	1～1.5

表 2-8-10　　含油轴承推荐的尺寸精度　　mm

部位 尺寸精度	内径		外径		长度					
	经济的	可达到的	经济的	可达到的	经济的			可达到的		
等级或偏差	3～5	1～2	3～5	1～2	≤30	>30～80	>80～120	≤30	>30～80	>80～120
					±0.25	±0.40	±0.60	±0.15	±0.25	±0.40

表 2-8-11　　推荐的含油轴承径向尺寸　　mm

内径 *d* 基本尺寸	内径 *d* 公差 精密用途	内径 *d* 公差 一般用途	外径 *D* 基本尺寸	外径 *D* 公差 精密用途	外径 *D* 公差 一般用途	内外圆同轴度允差 精密用途	内外圆同轴度允差 一般用途	倒角 *c*	附　注
4	+0.016 +0.000	+0.045 +0.020	8	+0.029 +0.023	+0.065 +0.035	+0.010	0.025	0.3	内孔允许有轻微的轴向划痕，外径允许有不影响公差的轴向划痕，同轴度要求很高时，可经辅助机械加工解决
5			9						
6			10						
8		+0.055 +0.025	12		+0.075 +0.040		0.030	0.4	
10			16						
12	+0.019 +0.000	+0.060 +0.025	18	+0.036 +0.028		0.015	0.040		
14		+0.065 +0.030	20		+0.095 +0.050			0.5	
16			22						
18			25						
20	+0.023 +0.000	+0.075 +0.030	28	+0.062 +0.039		0.018	0.050		
22			30						
25		+0.080 +0.035	32		+0.110 +0.060			0.8	
28			35						
30			38						
32	+0.039 +0.000	+0.085 +0.035	40	+0.087 +0.060		0.020	0.060		
35			45						
38			48						
40			50						
45		+0.095 +0.045	55					1.0	
50			60						
55	+0.046 +0.000	+0.105 +0.045	65	+0.105 +0.075	+0.135 +0.075	0.025	0.070		
60			70						

表 2-8-12　　烧结机械零件尺寸容许公差　　mm

基本尺寸	宽度			高度		
	容许尺寸公差					
	精级	中级	粗级	精级	中级	粗级
＜10	±0.015	±0.10	±0.30	±0.15	±0.30	±0.70
＞10～25	±0.07	±0.20	±0.50	±0.20	±0.50	±1.20
＞25～63	±0.10	±0.30	±0.70	±0.40	±0.70	±1.80
＞63～160	±0.15	±0.50	±1.20			

注：宽度尺寸为垂直压制方向的尺寸，高度为平行压制方向的尺寸。

表 2-8-13　精压机械零件尺寸精度　　mm

基本尺寸	尺寸公差	基本尺寸	尺寸公差
≤40	+0.00 −0.025	≤40	+0.125
＞40～65	+0.00 −0.04	＞40～75	+0.19
＞65	+0.00 −0.05	＞75	±0.25

8.1.6　粉末冶金零件的形位公差及标注

表2-8-14给出了烧结零件的径向跳动和平行度。不同工艺所能达到的表面粗糙度见表2-8-15。表2-8-16给出了全精整压坯的尺寸及形位公差示例。

表 2-8-14　　烧结零件的径向跳动和平行度　　mm

压机类型	工艺	外径	径向跳动	平行度
400kN	烧结后	20～30	0.04～0.08	0.03～0.10
	烧结+水蒸气处理		0.04～0.08	0.03～0.10
	烧结+热处理		0.06～0.12	0.05～0.12
	烧结+精整		0.03～0.08	0.02～0.08
	烧结+精整+水蒸气处理		0.03～0.08	0.03～0.08
	烧结+精整+热处理		0.05～0.12	0.05～0.10
2000kN	烧结后	50～80	0.08～0.12	0.05～0.15
	烧结+水蒸气处理		0.08～0.12	0.05～0.15
	烧结+热处理		0.10～0.18	0.08～0.15
	烧结+精整		0.06～0.12	0.04～0.10
	烧结+精整+水蒸气处理		0.06～0.12	0.05～0.10
	烧结+精整+热处理		0.08～0.15	0.06～0.14
5000kN	烧结后	100～150	0.12～0.17	0.08～0.20
	烧结+水蒸气处理		0.12～0.17	0.08～0.20
	烧结+热处理		0.16～0.22	0.14～0.25
	烧结+精整		0.08～0.17	0.06～0.15
	烧结+精整+水蒸气处理		0.08～0.17	0.07～0.15
	烧结+精整+热处理		0.12～0.20	0.08～0.20

表 2-8-15　　烧结零件的表面粗糙度

压机类型	400kN			2000kN			5000kN		
工艺	烧结	水蒸气处理	热处理	烧结	水蒸气处理	热处理	烧结	水蒸气处理	热处理
外径/mm	20～30			50～80			100～150		
表面粗糙度/μm	8～12.5	10～12.5	8～12.5	8～12.5	10～12.5	8～12.5	8～12.5	10～12.5	8～12.5

压机类型	400～5000kN			
工艺	烧结	烧结+精整	烧结+精整+水蒸气处理	烧结+精整+热处理
外径/mm	20～150	20～150	20～150	20～150
表面粗糙度/μm	8～12.5	3～8	6～10	5～10

表 2-8-16　全精整压坯的尺寸及形位公差举例

成形方法	形位公差示例
两个模冲成形	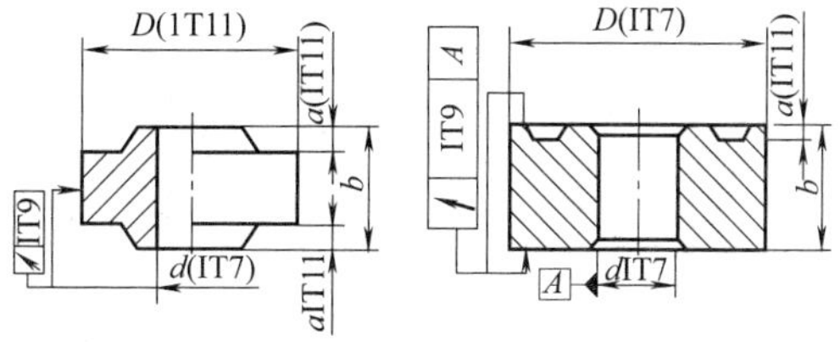 D(1T11)　a(IT11)　b　IT9　d(IT7)　aIT11　D(IT7)　a(IT11)　b　IT9　A　d(IT7)
多个模冲成形	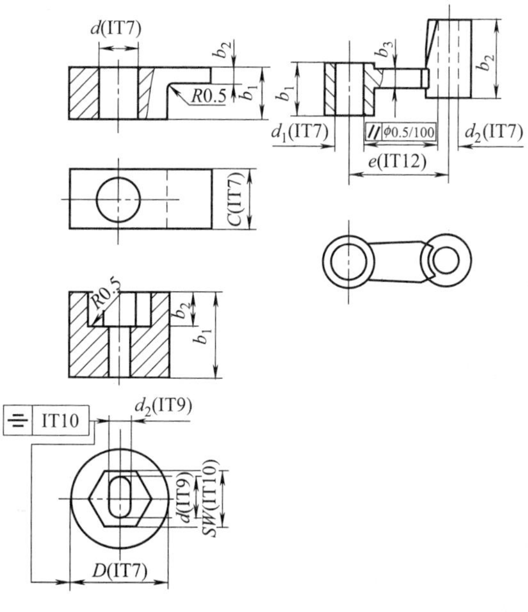 d(IT7)　b_2　R0.5　b_1　b_3　b_2　d_1(IT7)　φ0.5/100　d_2(IT7)　e(IT12)　C(IT7)　R0.5　b_2　b_1　IT10　d_2(IT9)　d(IT9)　SW(IT10)　D(IT7)
齿轮	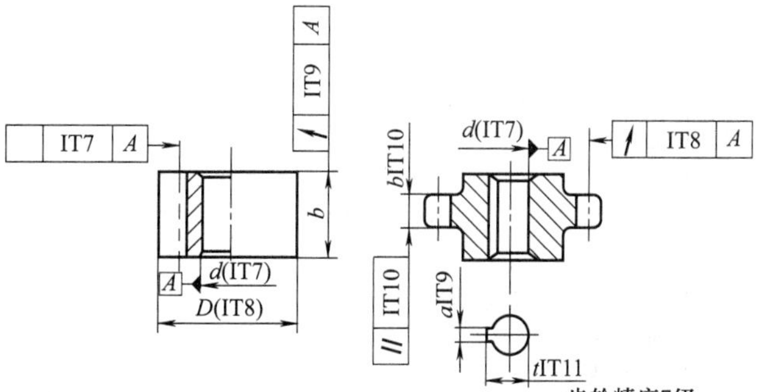 IT7　A　IT9　A　b　A　d(IT7)　D(IT8)　d(IT7)　A　IT8　A　bIT10　IT10　aIT9　tIT11　齿轮精度7级

8.1.7 粉末冶金零件结构设计的注意事项

表 2-8-17 粉末冶金零件结构设计的注意事项

序号	注意事项		图例	
			改进前	改进后
1	简化模具	改进后易料现自动压制	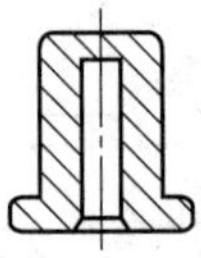	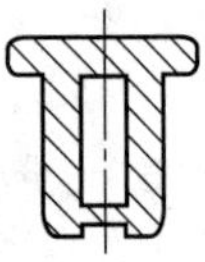
2	避免尖角、深窄凹槽	冲模、工件尖角处应力集中,易产生裂纹	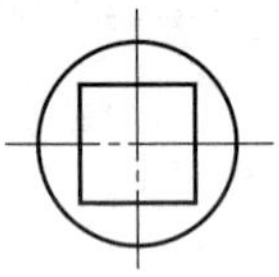	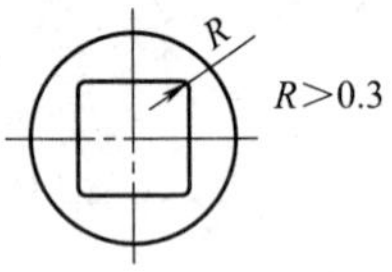 R>0.3
		深窄凹槽、易产生裂纹、装粉、成形困难	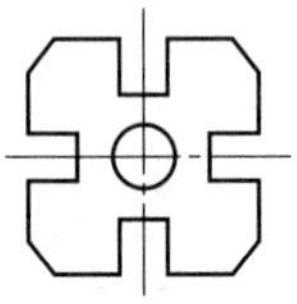	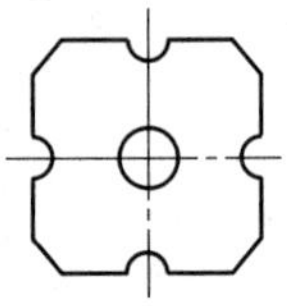
		R>0.5mm 幅宽在1mm以上	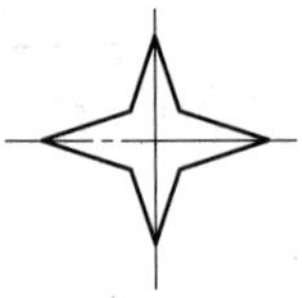	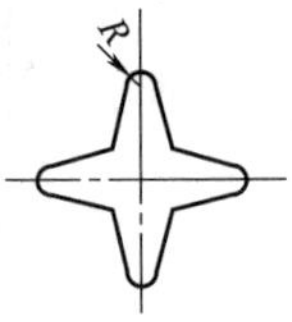 R
3	避免突然过渡	金属粉难于充满压制困难	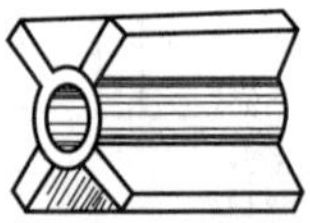	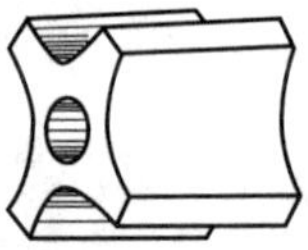
		圆角过滤利于压制工件,可避免产生裂纹,便于脱模	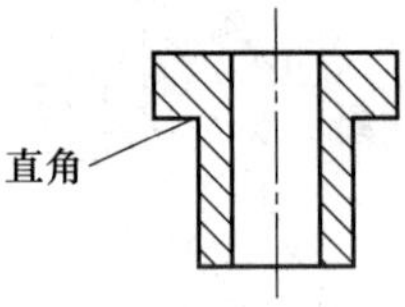 直角	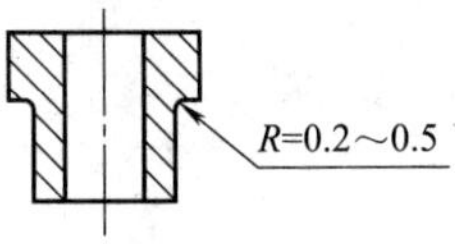 R=0.2～0.5
4	合理的斜度	改进后易压制成形		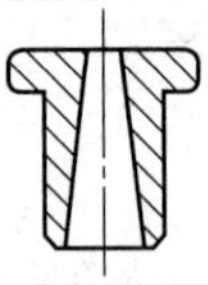
5	保证压件质量	键槽应设计成套筒中带键的形状	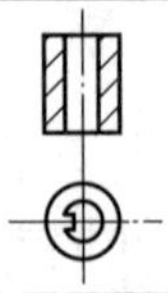	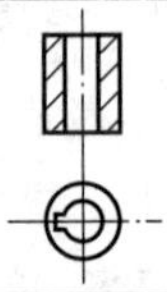
		凸起或凹槽的深度不能过大,且应有一定斜度,以保证压制成形与脱模方便	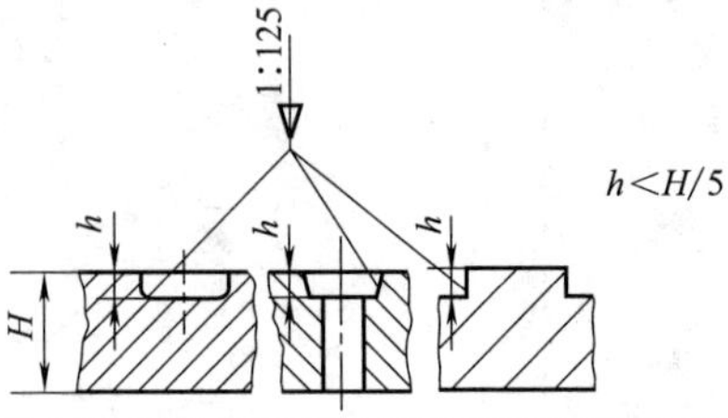 1:125 h h h H	h<H/5

续表

序号	注意事项		图例（改进前）	图例（改进后）
5	保证压件质量	工件上花纹的方向应与压制方向平行，菱形花纹不能压制	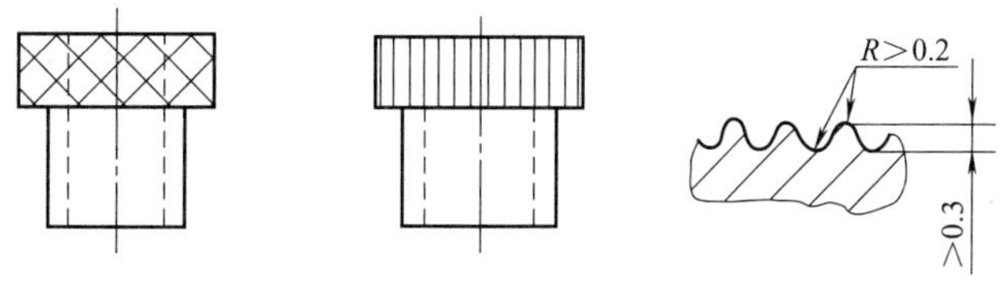 不适宜	适宜；$R>0.2$；>0.3
		为保证较长工件两端粉末密实度差别不大，工件不能过长	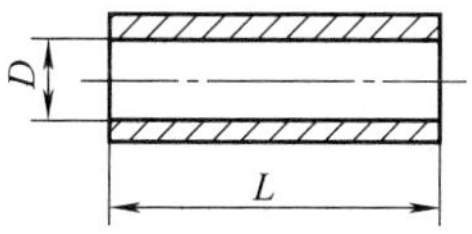 D；L	$L\leqslant(2.5\sim3.5)D$
		避免工件壁厚急剧改变或壁厚相差过大	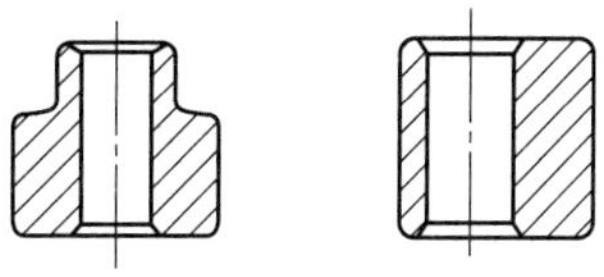	
		为保证模具强度和压坯强度足够，工件窄条部分尺寸不能过小	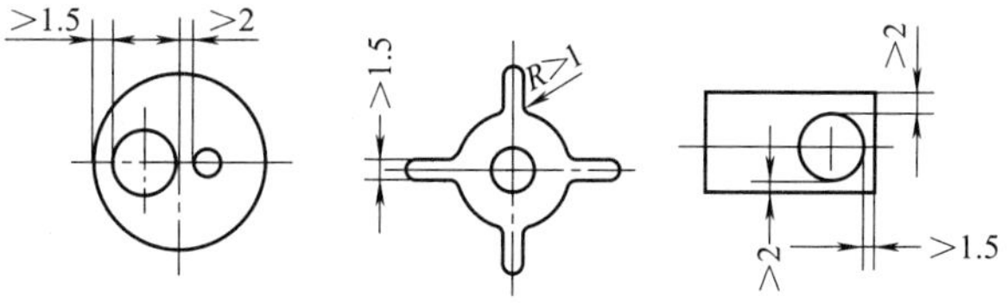 >1.5；>2	>1.5；$R>1$；>2；>2；>1.5
		阶梯形制件的相邻阶差不应小于直径的$\frac{1}{16}$，其尺寸不应小于0.9mm	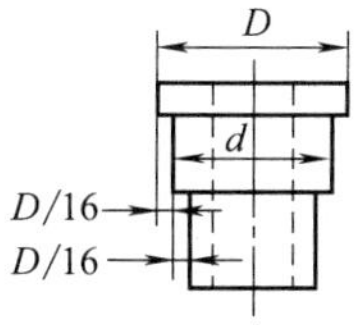 D；d；$D/16$；$D/16$	$\frac{D-d}{2}\geqslant\frac{1}{16}D$
		齿轮的齿根圆直径应大于轮毂直径3mm以上	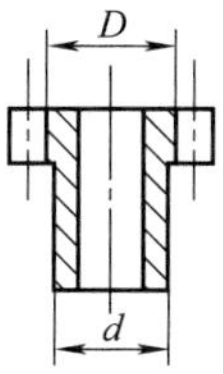 D；d	$D>d+3$
		倒角应设计成45°以上，或同时以圆弧过渡，并有0.2mm的平台	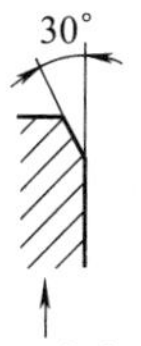 30°；加压方向	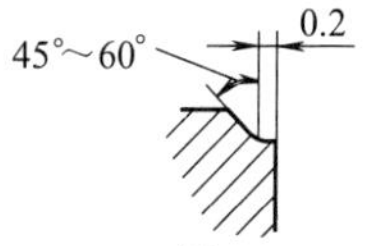 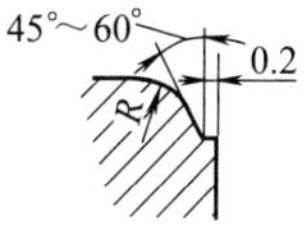 45°～60°；0.2；图(a)；45°～60°；R；0.2；图(b)

续表

序号	注意事项		图例 改进前	图例 改进后
5	保证压件质量	端面倒角后，应留出0.1mm的小平面，以延长凸模寿命	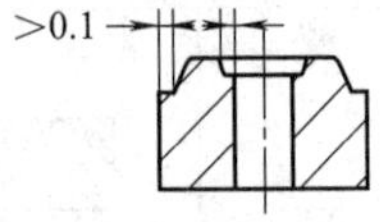 >0.1	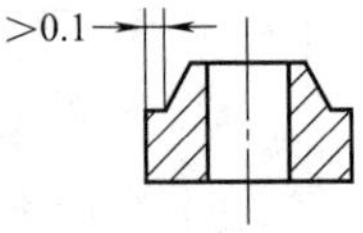 >0.1
		工件上的槽过深难保证工件密度均匀，且易脱模	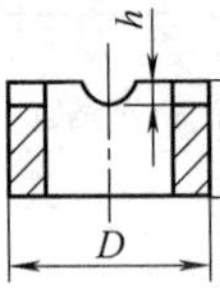 h　H　D	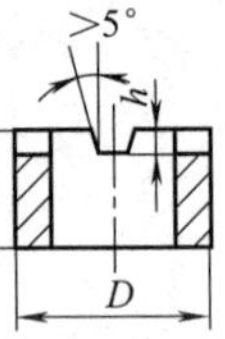 >5°　h　D 当 $\frac{H}{D}\leqslant 1$ 时 圆槽深 $h\leqslant \frac{1}{3}H$ 梯形槽深 $h\leqslant \frac{1}{5}H$
6	铸、锻件改为粉末冶金零件时应便于压制过程	把凸出部分移到与其配合的零件上，以简化粉末冶金零件结构和减少压制的困难	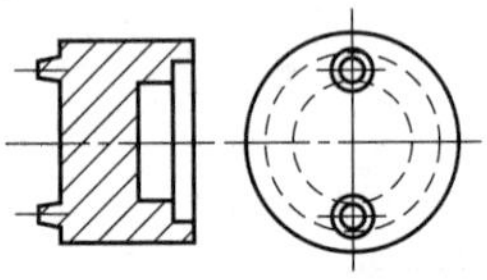 用模锻或铸造，然后用机械加工法制造	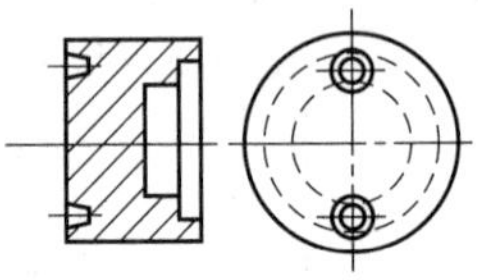 用粉末冶金法制造
		以粉末冶金整体零件代替需要装配的部件	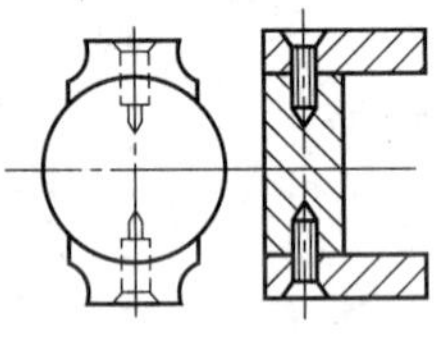 需要装配的零件	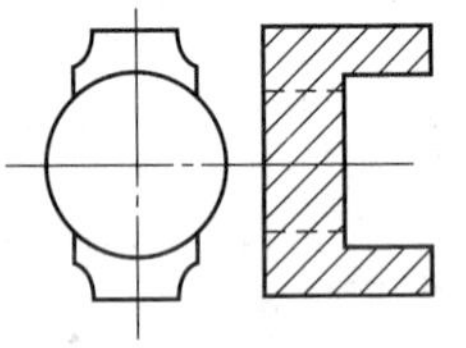 不需装配的粉末冶金零件

8.2　工程塑料件结构设计工艺性

8.2.1　工程塑料的选用

在机械工业中，工程塑料的选择见表2-8-18。具体材料的性能参见本手册第4篇　机械工程材料篇。

8.2.2　工程塑料件的制造方法

热塑性塑料可用注射、挤出、浇注、吹塑等成形工艺，制成各种规格的管、棒、板、薄膜、泡沫塑料、增强塑料等各种形状的零件，如表2-8-19所示。热固性塑料可通过模压、层压浇注等工艺制成层压板、管、棒等各种形状的零件。一般工程塑料可采用普通切削工具和设备进行切削加工。普通塑料的机械加工条件见表2-8-20。由于塑料的散热性差、有弹性，加工时易变形、还容易产生分层、开裂、崩落等现象，加工时应注意采用如下措施。

表2-8-18　工程塑料的选择

用途	要　求	应用举例	材　料
一般结构零件	强度和耐热性无特殊要求，一般用来代替钢材或其他材料，但由于批量大，要求有较高的生产率，成本低，有时对外观有一定要求	汽车调节器盖及喇叭后罩壳、电动机罩壳、各种仪表罩壳、盖板、手轮、手柄、油管、管接头、紧固件等	低压聚乙烯、聚氯乙烯、改性聚苯乙烯(203A，204)、ABS、聚丙烯等。这些材料只承受较低的载荷，当受力小时，大约在60～80℃范围内使用

续表

用途	要　求	应用举例	材　料
透明结构零件	除上述要求外，必须具有良好的透明度	透明罩壳、汽车用各类灯罩、油标、油杯、视镜、光学镜片、信号灯、防爆灯、防护玻璃以及透明管道等	改性有机玻璃(372)、改性聚苯乙烯(204)、聚碳酸酯
耐磨受力传动零件	要求有较高的强度、刚性、韧性、耐磨性、耐疲劳性，并有较高的热变形温度、尺寸稳定	轴承、齿轮、齿条、蜗轮、凸轮、辊子、联轴器等	尼龙、MC 尼龙、聚甲醛、聚碳酸酯、聚酚氧、氯化聚醚、线型聚酯等。这类塑料的抗拉强度都在 60MPa 以上，使用温度可达 80～120℃
减摩自润滑零件	对机械强度要求往往不高，但运动速度较高，故要求具有低的摩擦因数，优异的耐磨性和自润滑性	活塞环、机械动密封圈、填料、轴承等	聚四氟乙烯、填充的聚四氟乙烯、聚四氟乙烯填充的聚甲醛、聚全氟乙丙烯(F-46)等；在小载荷、低速时可采用低压聚乙烯
耐高温结构零件	除耐磨受力传动零件和减摩自润滑零件要求外，还必须具有较高的热变形温度及高温抗蠕变性	高温工作的结构传动零件如汽车分速器盖、轴承、齿轮、活塞环、密封圈、阀门、阀杆、螺母等	聚砜、聚苯醚、氟塑料（F-4，F-46）、聚酰亚胺、聚苯硫醚，以及各种玻璃纤维增强塑料等。这些材料都可在 150℃以上使用
耐腐蚀设备与零件	对酸碱和有机溶剂生化学药品具有良好的耐蚀性，还具有一定的机械强度	化工容器、管道、阀门、泵、风机、叶轮、搅拌器以及它们的涂层或衬里等	聚四氟乙烯、聚全氟乙丙烯、聚三氟氯乙烯(F-3)、氯化聚醚、聚氯乙烯、低压聚乙烯、聚丙烯、酚醛塑料等

表 2-8-19　工程塑料主要成形方法、特点及应用

成形方法	特　点	应　用
压制成形	将塑料粉及增强、耐磨、耐热等填加材料置于金属模中，用加压加热方法制得一定形状的塑料制品	一般用于热固性塑料的成形，也适于热塑性塑料的成形
注射成形	将颗粒状或粉状塑料置于注射机料筒内加热，使其软化后用推杆或旋转螺杆施加压力，使料筒内的物料自料筒末端的喷嘴注射到所需形状的模具中，然后冷却脱模，即得所需的制品，该法适宜于加工形状复杂而批量又大的制件；成本低，速度快	用于聚乙烯、ABS、聚酰胺、聚丙烯、聚苯乙烯等热塑性塑料的成形。可制作形状复杂的零件
挤出成形	将颗粒状或粉状塑料由加料漏斗连续地加入带有加热装置的料筒中，受热软化后，用旋转的螺杆连续从模口挤出(模口的形状即为所需制品的断面形状，其长度视需要而定)，冷却后即为所需之制品	用于加工连续的管子、棒材或片状制品
浇注成形	将加有填料或未加填料的流动状态树脂倒入具有一定形状的模具中，在常压或低压下置于一定温度的烘箱中烘焙使其固化，即得所需形状之制品	用于酚醛、环氧等热固性塑料的成形。可制作大型复杂的零件
吹塑成形	先将已制成的片材、管材塑料加热软化或直接把挤压、注射成形出来的熔融状态的管状物置于模具内，吹入压缩空气，使塑料处于高于弹性变形温度而又低于其流动温度下吹成所需的空心制品	用于聚乙烯、软聚氯乙烯、聚丙烯、聚苯乙烯等热塑性塑料的成形。可制作瓶子和薄壁空心制品
真空成形	将已制成的塑料片加热到软化温度，借真空的作用使之紧贴在模具上，经过一定时间的冷却使其保持模具的形状，即得所需之制品	用于聚碳酸酯、聚砜、聚氯乙烯、聚苯乙烯、ABS 等热塑性塑料的成形。可制作薄壁的杯、盘、罩、盖、壳、盒等敞口制品

表 2-8-20　普通塑料机械加工条件

加工方法	切削刀具	切削用量
车削	前角 10°～25°，后角 15°	v=30m/min f=0.05～0.1mm/r a_p=0.10～0.50mm
铣削	最好用镶片铣刀、高速钢刀，前角大、刀齿少	同加工黄铜，足够冷却液
钻孔	孔径 $D<\phi15$mm 顶角 60°～90° $D\geqslant\phi15$mm 顶角 118°	$D<\phi15$mm 时 n=500～1500r/min f=0.1～0.5mm/r 足够冷却、常退屑
扩(铰)孔	螺旋槽扩孔钻、铰刀	同加工黄铜
攻螺纹	直接用二锥加工	
刨削	后角 6°～8°	a_p 与 v 都要小
锯割	弓形锯、电动木工圆锯、手锯、钢锉	
说明	v—切削速度；a_p—切深；f—进给量	

1）刀具刃口要锋利，前角和后角要比加工金属时大。

2）充分冷却，多采用风冷或水冷。

3）工件不能夹持过紧。

4）切削速度高，进给量小，以获得较光滑的表面。

泡沫塑料在机械加工时，可采用木工工具和普通机械加工设备，但需用特殊刀具及操作方法，同时还可用电阻丝通电发热熔割（一般可用 5～12V 电压和直径为 0.15～1mm 的电阻丝），并可采用胶黏剂（如沥青胶、聚醋酸乙烯乳液、环氧胶、聚氨酯胶等）进行胶接成形。

8.2.3　工程塑料零件设计的基本参数

工程塑料零件结构要求及相关尺寸关系见表 2-8-21～表 2-8-34。塑料制品的尺寸公差参见本手册第 9 篇有关内容。

表 2-8-21　几种塑料轴承的配合间隙　mm

轴径	尼龙 6 和 66	聚四氟乙烯	酚醛布层压塑料
6	0.050～0.075	0.050～0.100	0.030～0.075
12	0.075～0.100	0.100～0.200	0.040～0.085
20	0.100～0.125	0.150～0.300	0.060～0.120
25	0.125～0.150	0.200～0.375	0.080～0.150
38	0.150～0.200	0.250～0.450	0.100～0.180
50	0.200～0.250	0.300～0.525	0.130～0.240

表 2-8-22　聚甲醛轴承的配合间隙　mm

轴径	室温～60℃	室温～120℃	−45～120℃
6	0.076	0.100	0.150
13	0.100	0.200	0.250
19	0.150	0.310	0.380
25	0.200	0.380	0.510
31	0.250	0.460	0.640
38	0.310	0.530	0.710

表 2-8-23　塑料零件外形尺寸与最佳厚度的关系　mm

材料		外形尺寸与壁厚				
		<20	20～50	50～80	80～150	150～250
塑压粉	酚醛塑料	—	1.0～1.5	2.0～2.5	5.0～6.0	—
塑压粉	聚酰胺	0.8	1.0	1.3～1.5	3.0～3.5	4.0～6.0
纤维塑料		—	1.5	2.5～3.5	4.0～6.0	6.0～8.0
耐热塑料		0.5	0.5～1.0	1.0～1.5	1.5～2.0	2.0～3.0

表 2-8-24　壁厚、高度和最小壁厚　mm

壁厚(建议尺寸)				
塑料类型	最低限值	小型制件	一般制件	大型制件
聚苯乙烯	0.75	1.25	1.6	3.2～5.4
有机玻璃(372)	0.8	1.5	2.2	4～6.5
聚乙烯	0.8	1.25	1.6	2.4～3.2
聚氯乙烯(硬)	1.15	1.6	1.8	3.2～5.8
聚氯乙烯(软)	0.85	1.25	1.5	2.4～3.2
聚丙烯	0.85	1.45	1.75	2.4～3.2
聚甲醛	0.8	1.4	1.6	3.2～5.4
聚碳酸酯	0.95	1.8	2.3	3～4.5
尼龙	0.45	0.75	1.6	2.4～3.2
聚苯醚	1.2	1.75	2.5	3.5～6.4
氯化聚醚(酚通)	0.85	1.35	1.8	2.5～3.4

高度和最小壁厚			
制件高度	<50	>50～100	>100～200
最小壁厚	1.5	1.5～2	2～2.5

表 2-8-25　加强筋

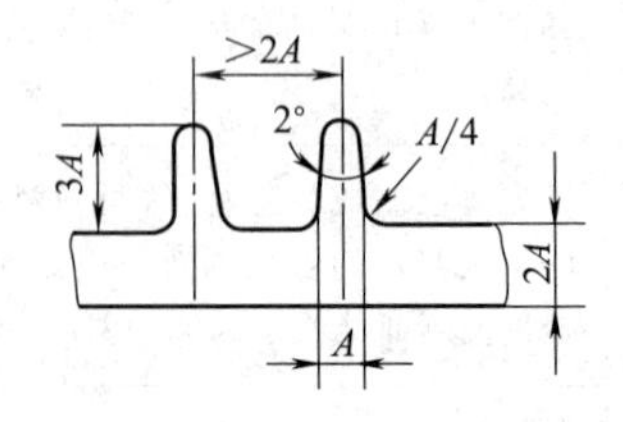

加强筋底部为壁厚的一半

加强筋高度不超过 3A 为较宜

加强筋间中心距离不应小于 2A

表 2-8-26　不同表面的脱模推荐斜度

表面部位	斜　度	
	连接零件与薄壁零件	其他零件
外表面	15′	30′～1°
内表面	30′	约 1°
孔(深度<1.5d)	15′	30′～45′
加强筋、凸缘	2°、3°、5°、10°	

表 2-8-27　不同塑料的脱模推荐斜度

塑 料 名 称	脱模斜度
聚乙烯、聚丙烯、软聚氯乙烯	30′～1°
ABS、聚酰胺、聚甲醛、氟化聚醚、聚苯醚	40′～1°30′
硬聚氯乙烯、聚碳酸酯、聚砜	50′～2°
聚苯乙烯、有机玻璃	50′～2°
热固塑料	20′～1°

表 2-8-28　孔深 $h \leqslant 2d$ 情况下的孔最小直径　mm

材料	d_{min}
聚酰胺	0.5
其他	0.8
玻璃纤维	1.0
塑压料	1.5
纤维塑料	2.5
酚醛塑料	4.0

表 2-8-29　塑料制件上孔眼尺寸的关系　mm

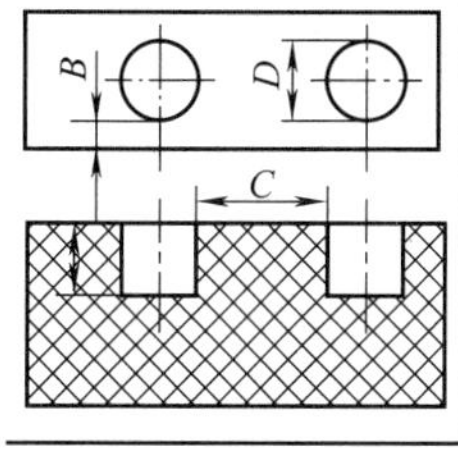

孔径 D	最小壁厚 B	相邻孔间最小间隔宽度 C	最大孔深 $H:D$
1.5	1.5	1.5	从 2∶1 到 15∶1
3.0	2.3	2.2	
4.5	3.0	3.0	
6.5	3.0	4.0	
9.5	4.0	4.5	
12.5	5.0	5.5	

表 2-8-30　孔的尺寸关系（最小值）　mm

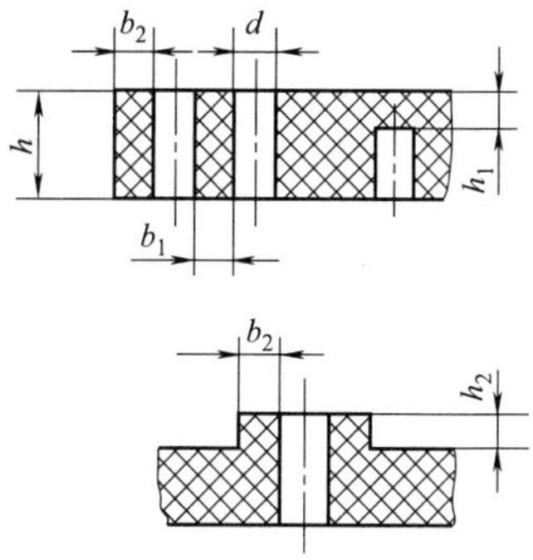

当 $b_2 \geqslant 0.3$mm 时，采用 $h_2 \leqslant 3b_2$

孔径 d	孔深与孔径比 h/d		边距尺寸		盲孔的最小厚度 h_1
	制件边孔	制件中孔	b_1	b_2	
≤2	2.0	3.0	0.5	1.0	1.0
>2～3	2.3	3.5	0.8	1.25	1.0
>3～4	2.5	3.8	0.8	1.5	1.2
>4～6	3.0	4.8	1.0	2.0	1.5
>6～8	3.4	5.0	1.2	2.3	2.0
>8～10	3.8	5.5	1.5	2.8	2.5
>10～14	4.6	6.5	2.2	3.8	3.0
>14～18	5.0	7.0	2.5	4.0	3.0
>18～30	—	—	4.0	4.0	4.0
>30	—	—	5.0	5.0	5.0

表 2-8-31　用成形型芯制出通孔的孔深和孔径

凸模形式	圆锥形阶段	圆柱形阶段	圆柱圆锥形阶段
单边凸模	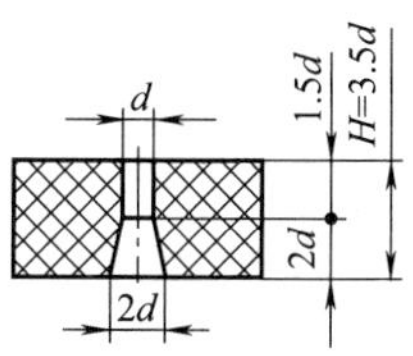 $H=3.5d$	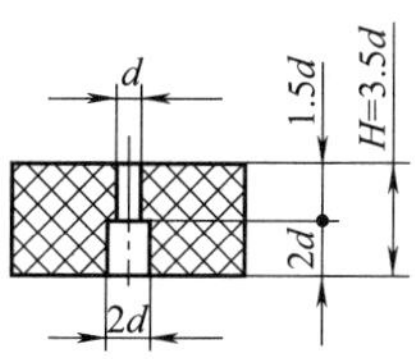 $H=3.5d$	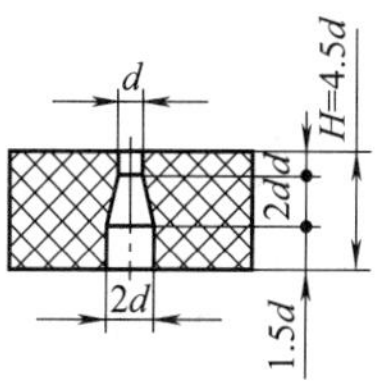 $H=4.5d$
双边凸模	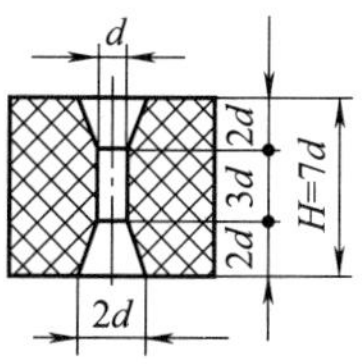 $H=7d$	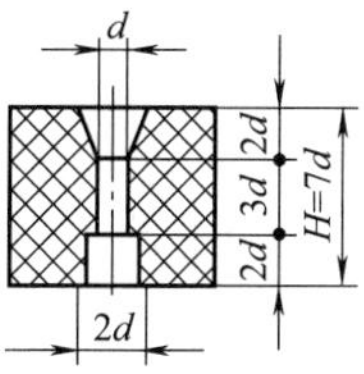 $H=7d$	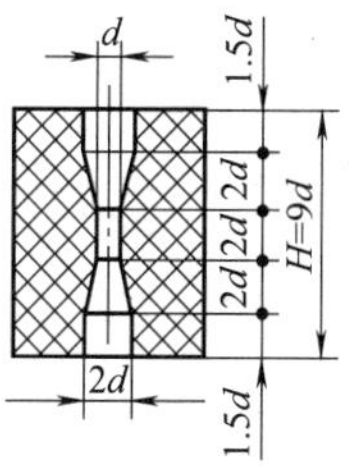 $H=9d$

表 2-8-32 螺纹孔的尺寸关系（最小值） mm

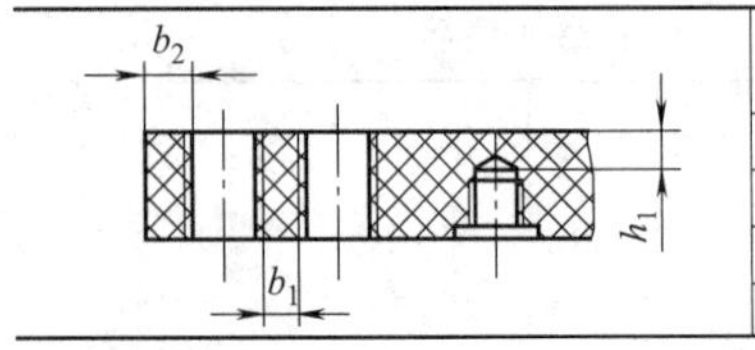

螺纹直径	边距尺寸		盲螺纹孔最小底厚
	b_1	b_2	h_1
≤3	1.3	2.0	2.0
>3～6	2.0	2.5	3.0
>6～10	2.5	3.0	3.8
>10	3.8	4.3	5.0

表 2-8-33 螺纹成形部分的退刀尺寸 mm

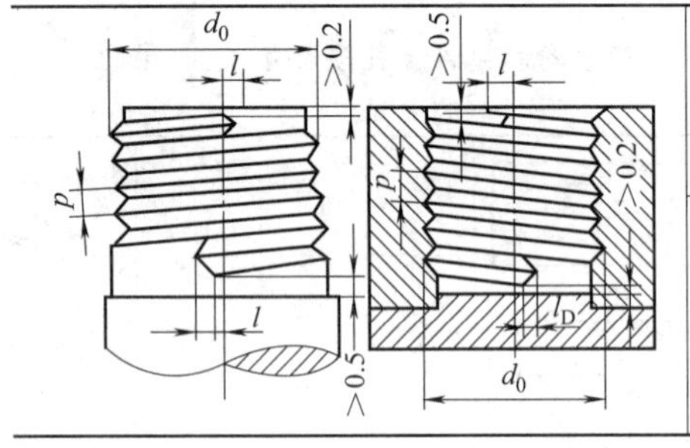

螺纹直径 d_0	螺距 p		
	<0.5	>0.5～1	>1
	退刀尺寸 l		
≤10	1	2	3
>10～20	2	2	4
>20～34	2	4	6
>34～52	3	6	8
>52	3	8	10

表 2-8-34 滚花的推荐尺寸 mm

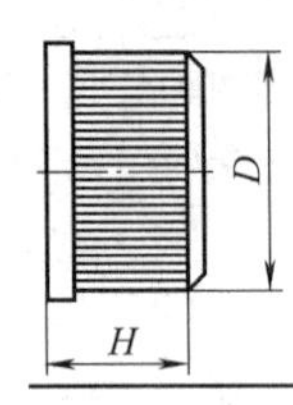

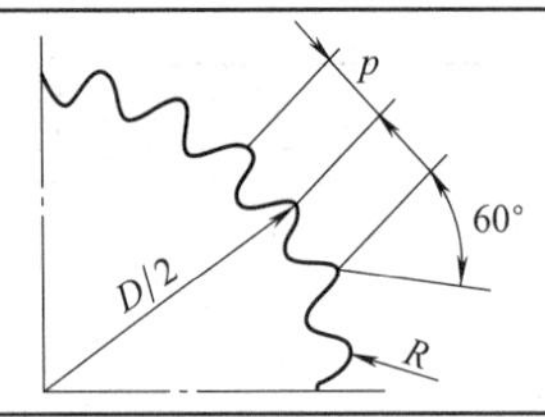

制件直径 D	滚花的距离		$\frac{D}{H}$
	齿距 p	半径 R	
≤8	1.2～1.5	0.2～0.3	1
>18～50	1.5～2.5	0.3～0.5	1.2
>50～80	2.5～3.5	0.5～0.7	1.5
>80～120	3.5～4.5	0.7～1	1.5

8.2.4 工程塑料零件结构设计的注意事项

一般工程塑料零件的结构设计注意事项见表2-8-35。塑料壳体设计和嵌入件配合设计参见本手册第9篇相关内容。

表 2-8-35 工程塑料零件结构设计的注意事项

序号	注意事项		图例	
			改进前	改进后
1	简化模具	避免凹陷，方便出模，改进前需用可拆开的模具，生产率较低，成本较高	内陷	φ

续表

序号	注意事项		图例 改进前	图例 改进后
2	壁厚力求均匀	壁厚不均匀处易产生气泡和收缩变形，甚至产生应力裂纹	气泡	
3	足够的脱模斜度	斜度大小与塑料性质、收缩率、厚度、形状有关，一般为 15′～1°		α
4	避免锐角与直角过渡	尖角处应力集中易产生裂纹，影响工件强度		$r>0.5$
5	合理设计肋板	采用加强筋可节省材料，提高工件刚度、强度，防止翘曲		
			凹痕、气泡	

续表

序号	注意事项		图例	
			改进前	改进后
6	合理设计凸台	凸台尽量位于转角处 凸台高度应不大于其直径的两倍 凸台不能超过三个，如超过三个则应进行机械加工		

8.3 橡胶件结构设计的工艺性

8.3.1 橡胶件材料的选用

表 2-8-36　　橡胶件材料的选用

使用要求 \ 选用顺序 \ 品种	天然橡胶	丁苯橡胶	异戊橡胶	顺丁橡胶	丁基橡胶	氯丁橡胶	丁腈橡胶	乙丙橡胶	聚氨酯橡胶	丙烯酸酯橡胶	氯醇橡胶	聚硫橡胶	硅橡胶	氟橡胶	氯磺化聚乙烯橡胶	氯化聚乙烯橡胶
高强度	A	C	AB	C	B	B	C	C	A					B	B	
耐磨	B	AB	B	AB	C	B	B	B	A	C			C	B	AB	B
防振	A	B	AB	A		B		B	AB				B			
气密	B	B	B		A	B	B	B	B	B	B	AB	C	AB	B	
耐热		C		C	B	B	B	B		AB	B		A	A	B	C
耐寒	B	C	B	AB	C	C		B	C				A		C	
耐燃						AB							C	A	B	B
耐臭氧					A	AB		A	AB	A	A	A	A	A	A	A
电绝缘	A	AB			A	C		A					A	B	C	C
磁性	A					A										
耐水	A	B	A	A	B	A	A	A	C		A	C	B	A	B	B
耐油						C	B		B	AB	B	A②		A②	C	C
耐酸碱					AB	B	C	AB		C	B	BC		A	C	B
高真空					A		B①							B		

① 高丙烯腈成分的丁腈橡胶。

② 聚硫橡胶的耐油性虽很突出，但是因为其综合性能均较差，而且易燃烧，还有催泪性气味等严重缺点，故工业上很少选用其作耐油制品。氟橡胶的耐油性是橡胶中最好的，但价格昂贵，故用作耐油制品的也较少。目前的耐油制品中，一般多选用丁腈橡胶。

注：选用顺序可按 A→AB→B→BC 进行。

8.3.2 橡胶件结构与参数

（1）脱模斜度

橡胶零件在硫化中的化学作用和起模后温度降低的物理作用共同影响下，为了脱模方便，应当考虑橡胶零件脱模斜度这一要素。

橡胶零件脱模斜度的设计，可参考表 2-8-37 所示。

（2）断面厚度与圆角

橡胶零件断面的各个部分，除了厚度在设计时力求均匀一致外，还希望各部分在相互交接处，尽量设计成圆弧形，如表 2-8-38 所示。

表 2-8-37　**橡胶零件的脱模斜度**

L/mm	小于 50	50～150	150～250	250 以上
	0	30′	20′	15′
	10′	40′	30′	20′

(3) 囊类零件的口径腹径比

囊类橡胶制品如图 2-8-2 所示。

一般，对这类零件，约取 $d/D=\frac{1}{3}\sim\frac{1}{2}$。对颈长 L 尺寸大，颈壁较厚及颈部形状结构复杂的橡胶制品，其口径、腹径比值应取得大一些。另外，对于硬度低、弹性高的橡胶制品，其口径与腹径比值可取得小一些。

(4) 波纹管制品的峰谷直径比

橡胶波纹管制品如图 2-8-3 所示。

图中 ϕ_1 是峰径，ϕ_2 是谷径。一般峰谷径之比不要大于 1.3。

(5) 孔

对于橡胶制品上的各种孔，包括方孔、六边孔等异形孔在内，都应当给以脱模的斜度方向和大小。

表 2-8-38　**橡胶件的断面厚度与圆角图例**

改进前	改进后	改进前	改进后

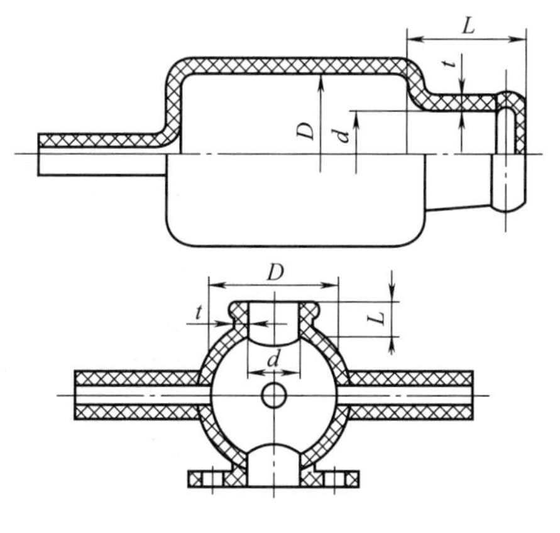

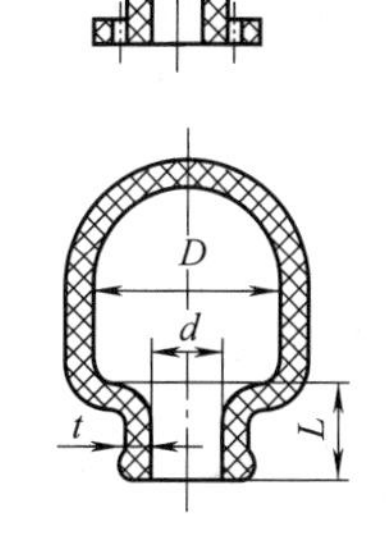

图 2-8-2　囊类橡胶制品

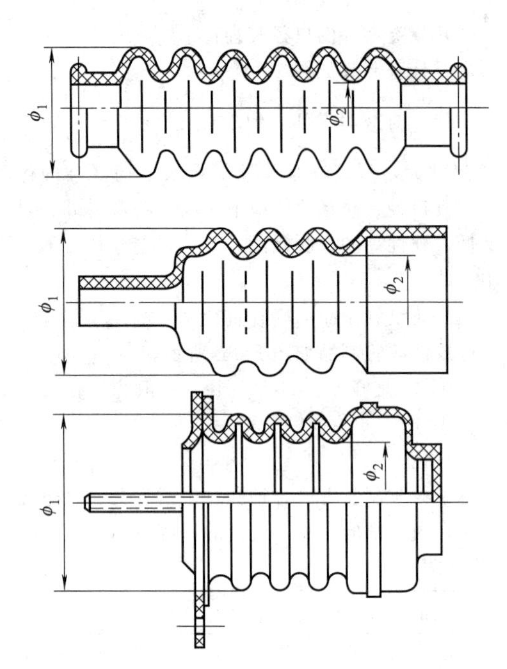

图 2-8-3　橡胶波纹管制品

对于非直通式的孔，可采用双向拼合抽芯法。

对于一部分环状异形孔还可以利用吹气法来完成。

（6）镶嵌件

橡胶模制品中常镶有各种不同结构形式和不同材料的嵌件，如图 2-8-4 所示。

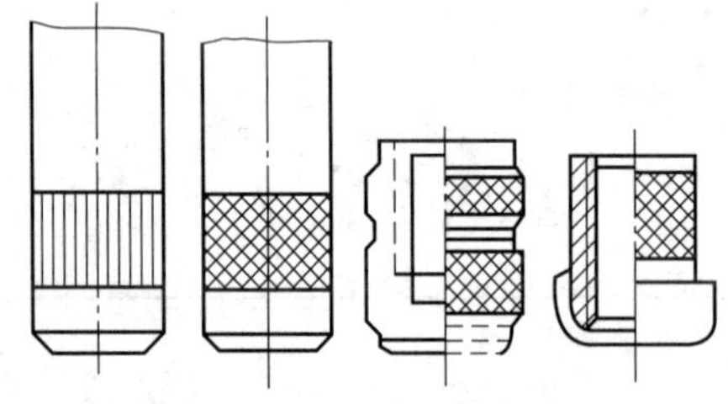

图 2-8-4　镶嵌件

嵌件周围橡胶包层的厚度和嵌件嵌入深度的确定，取决于零件在该部位所需的弹性，所用橡胶材料的硫化收缩率，以及零件的使用环境、条件和要求等各种因素。

镶嵌件的设计原则如表 2-8-39 所示。

8.3.3　橡胶件的精度

（1）模压制品的尺寸公差

模压制品是胶料或其半成品在一定的模具中经硫化制得的合格成品。

表 2-8-39　镶嵌件的设计原则

条件	设计原则
嵌件镶入橡胶模制品内	要求牢固可靠，保证使用，因此应当使嵌入部分的尺寸尽量大于形体外边裸露部分尺寸
嵌件为内螺纹或外螺纹时	各有关部分的尺寸高度，应该略低于模具各相应部分的分型面 0.05～0.10mm 内螺纹嵌件在设计时，对有关尺寸必须有所控制，以防止胶料在模压过程中被挤入螺纹之中。外螺纹设计时，应该在无螺纹部分，对其尺寸公差提出要求，用以作为模具设计时与有关部位进行配合的定位基准，同时还可以用来防止脱料溢出
嵌件在模具各相应部位的定位	通常采用$\frac{H8}{h7}$、$\frac{H8}{f8}$、$\frac{H9}{h9}$等配合。对于嵌件为孔的配合，则采用相应精度或者近似精度的基轴制配合，即选用$\frac{H8}{h7}$、$\frac{H9}{h8}$、$\frac{H9}{h9}$等配合。另外，嵌件在模具型腔中的固定还可以设计成卡式结构、螺纹连接结构等形式，总之，必须保证嵌件在模具型腔中的定位准确可靠，并且在模压过程中，不发生或只发生少许溢胶现象
嵌件的高度	一般，嵌件的高度不要超过其直径或平均直径的五倍
内含各类织物夹层的橡胶模制品	在设计时，应该考虑模压的特点，织物夹层的填装操作方式，各个分型面的位置选择，模压时胶料流动的特点与规律，起模取件的难易程度，抽取型芯和剥落制品零件有无可能等各种情况

模压制品的尺寸分为固定尺寸和封模尺寸两种。

固定尺寸，就是不受胶边厚度或上、下模、模芯之间错位的形变影响由模型型腔尺寸及胶料收缩率所决定的尺寸，如图 2-8-5 中尺寸 W、X 和 Y。

封膜尺寸，就是随着胶边厚度或上、下模、模芯之间错位的形变影响而变的尺寸，如图 2-8-5 中尺寸 s、t、u 和 z。

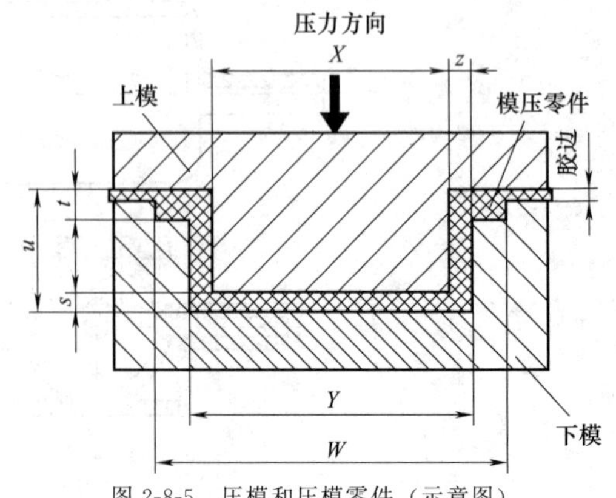

图 2-8-5　压模和压模零件（示意图）

对于移模和注压及无边模型的模压制品，可以把所有尺寸看作是固定的。对固定尺寸和封模尺寸，只有当它们彼此独立时，才能给以公差。

公差等级分为 4 级，等级及公差代号如表 2-8-40 所示。

一般模压制品的尺寸公差应根据制品的使用要求从表 2-8-41 中所规定的 4 个公差级别中选取。

表 2-8-40　模压制品的等级及公差代号

级别/对应	精密级	高精度级	中精度级	低精度级
适用范围	适用于精密模压制品要求的尺寸公差。这类模压制品要求精密的模具，在模压硫化后往往还需要进行某种机械加工；这类制品的尺寸要求使用精密化学仪器或其他精密的测量装置进行计量，成本很高	适用于高质量模压制品要求的尺寸公差。其中要用到许多精密级所要求的严格的生产控制条件	适用于一般质量的模压制品要求的尺寸公差	适用于尺寸控制要求不严格的模压制品未注尺寸公差
代号	M1	M2	M3	M4

表 2-8-41　模压制品尺寸公差（GB/T 3672—2002）　mm

公称尺寸		M1 级		M2 级		M3 级		M4 级
大于	直到并包括	*F* ±	*C* ±	*F* ±	*C* ±	*F* ±	*C* ±	*F* 和 *C* ±
0	4.0	0.08	0.10	0.10	0.15	0.25	0.40	0.50
4.0	6.3	0.10	0.12	0.15	0.20	0.25	0.40	0.50
6.3	10	0.10	0.15	0.20	0.20	0.30	0.50	0.70
10	16	0.15	0.20	0.20	0.25	0.40	0.60	0.80
16	25	0.20	0.20	0.25	0.35	0.50	0.80	1.00
25	40	0.20	0.25	0.35	0.40	0.60	1.00	1.30
40	63	0.25	0.35	0.40	0.50	0.80	1.30	1.60
63	100	0.35	0.40	0.50	0.70	1.00	1.60	2.00
100	160	0.40	0.50	0.70	0.80	1.30	2.00	2.50
160	—	0.3%	0.4%	0.5%	0.7%	0.8%	1.3%	1.5%

注：*F* 是固定尺寸公差；*C* 是封模尺寸公差

所有胶料硫化后都有不同程度的收缩，在设计模具时要考虑到收缩率。收缩率取决于生胶和胶料配方及生产工艺的影响。某些合成橡胶，如硅橡胶、氟橡胶、聚丙烯酸酯橡胶的制品收缩率大；橡胶与非橡胶材料粘接的复合制品收缩率不一致；形状复杂或截面变化很大的制品尺寸较难控制，对此都可适当放宽尺寸公差要求。

一般模压橡胶制品应采用 M3 级公差。当尺寸精度要求更高时，可采用 M2 级，甚至 M1 级。

对于某一制品的尺寸可能不是全部要求同样的公差级别。在同一图样上的不同尺寸，可以采用不同的公差级别。图样上未标明所要求的公差级别，则采用 M4 级公差。

标准中的公差带均匀对称分布。若因设计需要，经有关单位之间商定后，也可改为不对称分布。如：允许±0.35mm 的公差也可规定为$^{+0.2}_{-0.5}$mm 或$^{+0.7}_{0}$mm 或$^{0}_{-0.7}$mm 等。

（2）压出制品的尺寸公差

胶料通过压出成型经硫化制得的合格成品，称之为压出制品。压出制品分无支撑压出制品和有芯支撑压出制品两种。

压出制品的公差等级分为 4 级，其尺寸公差代号如表 2-8-42 所示。

表 2-8-42　压出制品的尺寸公差代号

级别/对应	精密级	高精度级	中精度级	低精度级
适用范围	适用于精密压出制品要求的尺寸公差。这类压出制品，要求严格控制胶料、工艺及检验；需采用具有精密尺寸的支撑体进行硫化，或者采用磨床磨削、车床切削，以及使用精密的测量仪器，成本较高	适用于高质量压出制品的尺寸公差。它要用到许多精密级所要求的严格的生产工艺的控制条件	适用于质量好的压出制品要求的尺寸公差	适用于尺寸控制要求不严格的压出制品未注公差

续表

级别/对应		精密级	高精度级	中精度级	低精度级
代号	无支撑压出制品的横截面尺寸公差		E1	E2	E3
	芯型支撑压出制品内尺寸公差	EN1	EN2	EN3	
	表面磨光压出制品尺寸公差	EG1		EG2	
	表面磨削压出制品的壁厚公差	EW1		EW2	
	压出制品的切割长度公差	L1		L2	L3
	压出制品的切割零件厚度公差	EC1		EC2	EC3

1）无支撑压出制品的横截面尺寸公差

无支撑压出制品的横截面尺寸公差见表2-8-43。

表2-8-43 无支撑压出制品的横截面尺寸公差（GB/T 3672—2002） mm

公称尺寸		E1级	E2级	E3级
大于	直到并包括	±	±	±
0	1.5	0.15	0.25	0.40
1.5	2.5	0.20	0.35	0.50
2.5	4.0	0.25	0.40	0.70
4.0	6.3	0.35	0.50	0.80
6.3	10.0	0.40	0.70	1.00
10	16	0.50	0.80	1.30
16	25	0.70	1.00	1.60
25	40	0.80	1.30	2.00
40	63	1.00	1.60	2.50
63	100	1.30	2.00	3.20

2）芯型支撑压出制品的尺寸公差

作为切割成环或垫圈的中空压出制品（通常是胶管），其内径尺寸要求比无芯硫化制品更为严格的公差，则可采用内芯支撑硫化。制品从芯棒上取下时常常发生收缩，故制品的最终尺寸比其芯棒外径尺寸要小些。收缩量取决于所用胶料的性质及工艺条件。

如果供需双方同意，制品内径尺寸正公差就是相应的芯棒外径尺寸公差。

芯型支撑压出制品的内径尺寸公差见表2-8-44。其他尺寸公差见表2-8-43。

3）表面磨光压出制品尺寸公差

表面磨光的压出制品（通常是胶管）的外缘尺寸（一般为直径）公差见表2-8-45。

表面磨削压出制品（通常是胶管）的壁厚公差见表2-8-46。

表2-8-44 芯型支撑的压出制品内径尺寸公差（GB/T 3672—2002） mm

公称尺寸		EN1级	EN2级	EN3级
大于	直到并包括	±	±	±
0	4	0.20	0.20	0.35
4	6.3	0.20	0.25	0.40
6.3	10	0.25	0.35	0.50
10	16	0.35	0.40	0.70
16	25	0.40	0.50	0.80
25	40	0.50	0.70	1.00
40	63	0.70	0.80	1.30
63	100	0.80	1.00	1.60
100	160	1.00	13.0	2.00
160	—	0.6%	0.8%	1.2%

表2-8-45 表面磨光压出制品尺寸公差（GB/T 3672—2002） mm

公称尺寸		EG1级	EG2级
大于	直到并包括	±	±
0	10	0.15	0.25
10	16	0.20	0.35
16	25	0.20	0.40
25	40	0.25	0.50
40	63	0.35	0.70
63	100	0.40	0.80
100	160	0.50	1.00
160	—	0.3%	0.5%

表2-8-46 表面磨削压出制品的壁厚公差（GB/T 3672—2002） mm

基本尺寸		EW1级	EW2级
大于	直到并包括	±	±
0	4	0.10	0.20
4	6.3	0.15	0.20
6.3	10	0.20	0.25
10	16	0.20	0.35
16	25	0.25	0.40

4）压出制品的切割长度公差

压出制品的切割长度公差见表 2-8-47，并综合应用表 2-8-44～表 2-8-46。

表 2-8-47　压出制品的切割长度公差

（GB/T 3672—2002）　mm

基本尺寸		L1 级	L2 级	L3 级
大于	直到并包括	±	±	±
0	40	0.70	1.0	1.6
40	63	0.80	1.3	2.0
63	100	1.0	1.6	2.5
100	160	1.3	2.0	3.2
160	250	1.6	2.5	4.0
250	400	2.0	3.2	5.0
400	630	2.5	4.0	6.3
630	1000	3.2	5.0	10.0
1000	1600	4.0	6.3	12.5
1600	2500	5.0	10.0	16.0
2500	4000	6.3	12.5	20.0
4000	—	0.16%	0.32%	0.50%

对于低硬度高扯断强度的硫化胶（如天然橡胶的未填充硫化胶）须另行规定其公差。

5）压出制品的切割截面厚度公差

压出制品切割截面（如环、垫圈、圆片等）的厚度公差见表 2-8-48。

对于低硬度高扯断强度的硫化胶（如天然橡胶的未填充硫化胶），须另行规定其公差。

压出制品的有关尺寸公差应从表 2-8-43～表 2-8-48所规定的相应公差级别中分别选取。

表 2-8-48　压出制品的切割截面厚度公差

（GB/T 3672—2002）　mm

基本尺寸		EC1 级	EC2 级	EC3 级
大于	至	±	±	±
0.63	1.00	0.10	0.15	0.20
1.00	1.60	0.10	0.20	0.25
1.60	2.50	0.15	0.20	0.35
2.50	4.00	0.20	0.25	0.40
4.00	6.30	0.20	0.35	0.50
6.30	10	0.25	0.40	0.70
10	16	0.35	0.50	0.80
16	25	0.40	0.70	1.00

注：1. EC1 级和 EC2 级公差，用车床切割才能达到。
2. 此公差也适于模压制品切割截面的厚度。

压出制品在生产中所需的公差比模压制品的要大些，因为胶料在强行通过型腔出口后要发生膨胀，并在随后的硫化过程中发生收缩和变形。这些变化取决于所用生胶与胶料的性质，以及工艺的影响。

当制品要求特殊的物理性能时，又要要求精密级的公差，不一定总是可能的。一般说来，软的硫化胶比硬度大的硫化胶需要更大的公差。

任何压出制品的横截面，其内径、外径和壁厚这三个尺寸中，只需限定两个公差即可。

压出制品的尺寸公差要求，应随其具体使用技术条件而定。对于某一制品的关键部位应要求严格一些，其他部位酌情宽一些。一般制品的非工作部位或图样上未标明所要求的公差级别者，则采用有关表中最低那一级公差。

标准中的公差带均为对称分布。若因设计需要，可改成不对称分布。

8.3.4　胶辊尺寸公差

（1）胶辊尺寸公差的等级

标准 GB/T 9896—1988 胶辊尺寸公差规定了 6 个等级。如表 2-8-49 所示。

表 2-8-49　胶辊尺寸公差的等级代号

级别	极高精密级	高精密级	精密级	高标准级	标准级	非标准级
代号	XXP	XP	P	H	Q	N

对于一种特定的胶辊，可以分别选用不同等级的尺寸公差。

通常低硬度胶料比高硬度胶料的公差大，故最高精密级公差等级不是所有硬度的胶辊都能适用的。如果没有注明所要求的尺寸公差级别时，通常选 N 级公差。

（2）胶辊的直径公差

胶辊直径公差由胶辊的长度、刚度和包覆胶硬度决定。

当包覆胶厚度确定后，直径公差应为辊芯直径与两倍包覆胶厚度之和的公差。

胶辊具有足够的刚度，且胶辊的包覆胶长度为辊心直径的 15 倍以内时，胶辊的直径公差由表 2-8-50 规定。

胶辊具有足够的刚度，且胶辊的包覆胶长度为辊芯直径的 15 倍至 25 倍时，胶辊的直径公差由表 2-8-51 规定。

表 2-8-50 **胶辊的直径公差**

硬度		级别					
国际硬度 邵尔 A 硬度	PJ 硬度						
＜50	＞120	—	—	—	H	Q	N
50～70	120～70	—	—	P	H	Q	N
＞70～＜100	＜70～10	—	XP	P	H	Q	N
≈100	9～0	XXP	XP	P	H	Q	N
胶辊公称直径/mm		直径偏差/mm					
≤40		±0.04	±0.06	±0.10	±0.15	±0.3	±0.5
＞40～63		±0.05	±0.07	±0.15	±0.20	±0.3	±0.6
＞63～100		±0.06	±0.09	±0.15	±0.25	±0.4	±0.7
＞100～160		±0.07	±0.11	±0.20	±0.30	±0.5	±0.9
＞160～250		±0.08	±0.14	±0.25	±0.40	±0.6	±1.1
＞250～400		±0.11	±0.18	±0.30	±0.50	±0.8	±1.4
＞400～630		±0.14	±0.23	±0.40	±0.65	±1.1	±1.8
＞630		—	±0.50	±0.75	±1.25	±2.0	±3.0

表 2-8-51 **胶辊的直径公差**

硬度		级别					
国际硬度 邵尔 A 硬度	PJ 硬度						
＜50	＞120	—	—	—	H	Q	N
50～70	120～70	—	—	P	H	Q	N
＞70～＜100	＜70～10	—	XP	P	H	Q	N
约 100	9～0	XXP	XP	P	H	Q	N
胶辊公称直径/mm		直径偏差/mm					
≤40		±0.06	±0.10	±0.15	±0.3	±0.5	±0.8
＞40～63		±0.07	±0.15	±0.20	±0.3	±0.6	±1.0
＞63～100		±0.09	±0.15	±0.25	±0.4	±0.7	±1.2
＞100～160		±0.11	±0.20	±0.30	±0.5	±0.9	±1.5
＞160～250		±0.14	±0.25	±0.40	±0.6	±1.1	±1.8
＞250～400		±0.18	±0.30	±0.50	±0.8	±1.4	±2.3
＞400～630		±0.23	±0.40	±0.65	±1.1	±1.8	±3
＞630		±0.50	±0.75	±1.25	±2.0	±3.0	±5

胶辊的刚度不足或包覆胶长度为辊心直径的 25 倍以上时，胶辊直径的公差由供需双方商定。

胶辊的直径公差允许向正负两个方向调整。例如：允许偏差为 ± 0.4mm，则可调整为$^{+0.2}_{-0.6}$ mm 或$^{+0.8}_{0}$ mm 或$^{0}_{-0.8}$ mm 等。

（3）胶辊包覆胶长度公差

胶辊包覆胶长度公差由表 2-8-52 规定。

包覆胶长度公差允许向正负两个方向调整。

XP 级（高精密级）只适用于胶辊两个端面无包覆胶，且要求包覆胶端面与辊心端面在同一平面内的胶辊，则包覆胶长度公差，应由辊心的实际长度代替包覆胶公称长度来决定。

（4）胶辊的圆跳动公差

胶辊的圆跳动公差限决于胶辊的硬度和直径。当包覆胶厚度一定时，圆跳动公差与辊心直径与两倍包覆胶厚度之和有关。

表 2-8-52 **胶辊包覆胶长度公差** mm

包覆胶辊公称长度	等级		
	XP	Q	N
	长度偏差		
≤250	±0.2	±0.5	±1.0
＞250～400	±0.2	±0.8	±1.5
＞400～630	±0.2	±1.0	±2.0
＞630～1000	±0.2	±1.0	±2.5
＞1000～1600	±0.2	±1.5	±3.0
＞1600～2500	±0.2	±1.8	±3.5
＞2500	±0.2	±0.08%	±0.15%

测量圆跳动公差时，其转速不超过 30m/min。

当胶辊具有足够的刚度时，圆跳动公差由表 2-8-53规定。当胶辊刚度不足时公差按实际情况决定。

表 2-8-53　**胶辊的圆跳动公差**

硬度		级别				
国际硬度 邵尔 A 硬度	PJ 硬度					
<50	>120	—	—	H	Q	N
50～70	120～70	—	P	H	Q	N
>70～<100	<70～10	—	P	H	Q	N
约 100	9～0	XP	P	H	Q	N
胶辊的公称直径/mm		圆跳动公差 t/mm				
≤40		0.01	0.02	0.04	0.08	0.15
>40～63		0.02	0.03	0.06	0.10	0.18
>63～100		0.03	0.04	0.08	0.13	0.20
>100～160		0.03	0.05	0.10	0.17	0.25
>160～250		0.03	0.06	0.12	0.20	0.30
>250～400		0.04	0.07	0.14	0.23	0.35
>400～630		0.04	0.08	0.18	0.30	0.45
>630		0.05	0.10	0.25	0.35	0.55

(5) 胶辊的圆柱度公差

胶辊的圆柱度公差，取决于胶辊的直径与包覆胶硬度。当包覆胶硬度确定后，其公差与辊心直径和两倍包覆胶厚度有关。

当胶辊具有一定刚度时，其公差按表 2-8-54 规定。

当胶辊刚度不足时，其公差值按实际情况决定。

(6) 胶辊的中高度公差

胶辊的中高度公差（图 2-8-6）应按表 2-8-55 规定执行。

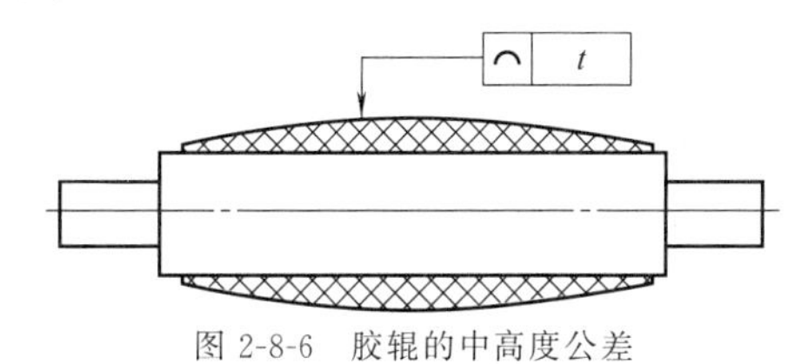

图 2-8-6　胶辊的中高度公差

表 2-8-54　**胶辊的圆柱度公差**

硬度		级别				
国际硬度 邵尔 A 硬度	PJ 硬度					
<50	>120	—	—	—	H	Q
50～70	120～70	—	—	P	H	Q
>70～<100	<70～10	—	XP	P	H	Q
约 100	9～0	XXP	XP	P	H	Q
胶辊的公称直径/mm		圆柱度公差 t/mm				
≤40		0.01	0.02	0.04	0.08	0.15
>40～63		0.02	0.03	0.06	0.10	0.19
>63～100		0.03	0.04	0.08	0.13	0.20
>100～160		0.03	0.05	0.10	0.17	0.25
>160～250		0.03	0.06	0.12	0.20	0.30
>250～400		0.04	0.07	0.14	0.23	0.35
>400～630		0.04	0.08	0.18	0.30	0.45
>630		0.05	0.10	0.25	0.35	0.55

表 2-8-55　胶辊的中高度公差

公称中高/mm	等级	
	XP	P
	中高度轮廓公差 t/mm	
≤0.10	0.04	0.06
>0.10～0.16	0.05	0.08
>0.16～0.25	0.06	0.10
>0.25～0.40	0.08	0.12
>0.40～0.63	0.10	0.16
>0.63～1.00	0.12	0.20
>1.00～1.60	0.16	0.30
>1.60～2.50	0.25	0.40
>2.50～4.00	0.40	0.60
>4.00	10%	—①

① 此项公差数值可由双方协定，并可用百分数表示。

8.3.5　橡胶制品的尺寸测量

硫化后的橡胶制品至少应停放16h后才能测量尺寸，也可酌情延长至72h后测量。测量前制品应在试验室（23±2)℃下至少停放3h方可进行测量。

制品应从硫化之日起3个月内或从收货之日起2个月内完成测量，见GB/T 2941—2006橡胶试样停放和试验的标准温度、湿度及时间。

注意确保制品不在有害的环境条件下贮存，见《密封橡胶制品标志、包装、运输、贮存一般规定》。

8.4　焊接件结构设计工艺性

8.4.1　常用金属的焊接性

表 2-8-56　常用钢材的焊接性

钢　　号	焊接性			特　　点
	等级	概略指标/%（质量分数）		
		合金元素总含量	含碳量	
Q195,Q215,Q235 08,10,15,20,25;ZG25 Q345,16MnCu,Q390 15MnTi,Q295,09Mn2Si,20Mn 15Cr,20Cr,15CrMn 0Cr13,1Cr18Ni9,1Cr18Ni9Ti,2Cr18Ni9,0Cr17Ti,0Cr18Ni10,0Cr18Ni9Ti,0Cr17Ni-13Mo2Ti,1Cr18Ni10Ti,1Cr17Ni13Mo2Ti,Cr17Ni13Mo3Ti,1Cr17Ni13Mo3Ti	Ⅰ（良好）	1以下	0.25以下	在任何普通生产条件下都能焊接，没有工艺限制，对于焊接前后的热处理及焊接热规范没有特殊要求。焊接后的变形容易矫正。厚度大于20mm，结构刚度很大时要预热 低合金钢预热及焊后热处理。1Cr18Ni9,1Cr18Ni9Ti须预热焊后高温退火。要做到焊缝成形好，表面粗糙度值小，才能很好地保证耐腐蚀性能
		1～3	0.20以下	
		3以上	0.18以下	
Q255,Q275 30,35,ZG230-450 30Mn,18MnSi,20CrV,20CrMo,30Cr,20CrMnSi,20CrMoA,12CrMoA,22CrMo,Cr11MoV,1Cr13,12CrMo,14MnMoVB,Cr25Ti,15CrMo,12CrMoV	Ⅱ（一般）	1以下	0.25～0.35	形成冷裂倾向小，采用合理的焊接热规范可以得到满意的焊接性能。在焊接复杂结构和厚板时，必须预热
		1～3	0.20～0.30	
		3以上	0.18～0.25	
Q275 35,40,45 40Mn,35Mn2,40Mn2,20Cr,40Cr,35SiMn,30CrMnSi,30Mn2,35CrMoA,25Cr2MoVA,30CrMoSiA,2Cr13,Cr6SiMo,Cr18Si2	Ⅲ（较差）	1以上	0.35～0.45	在通常情况下，焊接时有形成裂纹的倾向，焊前应预热，焊后应热处理，只有有限的焊接热规范可能获得较好的焊接性能
		1～3	0.30～0.40	
		3以上	0.28～0.38	
Q275 50,55,60,65,85 50Mn60Mn,65Mn,45Mn2,50Mn2,50Cr,30CrMo,40CrSi,35CrMoV,38CrMnAlA,35SiMnA,35CrMoVA,30Cr2MoVA,3Cr13,4Cr13,4Cr9Si2,60Si2CrA,50CrVA,30W4Cr2VA	Ⅳ（不好）	1以下	0.45以上	焊接时很容易形成裂纹，但在采用合理的焊接规范、预热和焊后热处理的条件下，这些钢也能够焊接
		1～3	0.40以上	
		3以下	0.38以上	

表 2-8-57　**铸铁的焊接性**

<table>
<tr><th>焊接金属</th><th>焊接性</th><th colspan="2">焊接方法与焊接接头的特点</th><th>备　注</th></tr>
<tr><td rowspan="6">灰铸铁</td><td rowspan="7">良好</td><td rowspan="3">电弧冷焊</td><td>铸铁焊条：加工性一般，易出现裂纹，只适于小中型工件中较小缺陷的焊补，如小砂眼、小气孔及小裂缝等</td><td rowspan="7">复杂铸件均应整体加热，简单零件用焊炬局部加热即可</td></tr>
<tr><td>铜钢焊条：加工性较差，抗裂纹性好，强度较高，能承受较大静荷及一定动载荷，能基本满足焊缝致密性要求。对复杂的、刚度大的焊件不宜采用</td></tr>
<tr><td>镍铜焊条：加工性好，强度较低，用于刚度不大、预热有困难的焊件上</td></tr>
<tr><td colspan="2">铸铁焊条气焊：加工性良好，接头具有与工件相近的机械性能与颜色，焊补处刚度大，结构复杂时，易出现裂纹，适于焊补刚度不大、结构不复杂、待加工尺寸不大的焊件的缺陷</td></tr>
<tr><td colspan="2">铸铁焊条热焊及半热焊：加工性、致密性都好，内应力小，不易出现裂纹，接头具有与母材相近的强度，但生产率低，主要用于修复，焊后须加工，对承受较大静载荷、动载荷、要求致密性等的复杂结构中，大的缺陷且工件壁较厚时，用电弧焊，中小缺陷且工件较薄用气焊</td></tr>
<tr><td colspan="2">铸铁焊条电渣焊补：加工性、强度及紧密性良好，但在焊补复杂及刚度大的工件时，易发生裂纹</td></tr>
<tr><td>可锻铸铁</td><td colspan="2"></td></tr>
<tr><td rowspan="3">球墨铸铁</td><td rowspan="3">较差</td><td rowspan="2">手工电弧焊</td><td>低碳钢焊条：容易产生裂纹</td><td rowspan="3"></td></tr>
<tr><td>镍铁焊条冷焊：加工性良好，接头具有与母材相等的强度</td></tr>
<tr><td colspan="2">气焊：用于接头质量要求高的中小型缺陷的修补</td></tr>
<tr><td>白口铸铁</td><td>很难</td><td colspan="2"></td><td>硬度高，脆性大，容易出现裂纹</td></tr>
</table>

表 2-8-58　**有色金属的焊接性**

<table>
<tr><th>焊接金属</th><th>焊接性</th><th>焊接方法与焊接接头的特点</th><th>备　注</th></tr>
<tr><td>铜</td><td>一般</td><td rowspan="10">通常采用气焊和氩弧焊并选好用焊丝以达到焊接要求的焊接接头</td><td>大的复杂的铸件，焊前须预热</td></tr>
<tr><td>黄铜(Cu-Zn)</td><td rowspan="2">良好</td><td rowspan="2">薄的轧制黄铜板不须预热，大的复杂的结构、厚板须预热。铸造黄铜工件须全部或局部预热</td></tr>
<tr><td>硅青铜，磷青铜</td></tr>
<tr><td>锡青铜，铝青铜</td><td>较差</td><td>主要用于焊补铸件，焊前须预热，焊后应缓慢冷却</td></tr>
<tr><td>纯铝1060　1050A
1035　1200</td><td rowspan="2">良好</td><td rowspan="3"></td></tr>
<tr><td>铝镁5A03
5A04
5A06</td></tr>
<tr><td>锰铝</td><td>一般</td></tr>
<tr><td>硬铝</td><td>较差</td><td>焊缝>18mm 容易出现裂纹</td></tr>
<tr><td rowspan="2">Al-Zn-Mg-Cu
高强度铝合金</td><td rowspan="2">很难</td><td></td></tr>
<tr><td>结晶裂缝倾向大</td></tr>
</table>

表 2-8-59 **异种金属间的焊接性**

被焊材料牌号	气焊	氢原子焊	二氧化碳保护焊	手工电弧焊	氩弧焊
20+30CrMnSiA	△	△	△	△	△
20+30CrMnSiNi2A	—	△	—	△	△
20+1Cr18Ni9Ti	△	—	△	△	△
30CrMnSiA+1Cr18Ni9Ti	△	—	△	△	△
30CrMnSiA+30CrMnSiNi2A	—	△	—	△	△
1Cr18Ni9Ti+1Cr19Ni11Si4AlTi	—	—	△	—	△
LF21+LF2　3A21+5A02	△	—	—	—	△
LF21+LF3　3A21+5A03	—	—	—	—	△
LF21+ZL-101　3A21+ZL-101	△	—	—	—	△
LF3+LF6　5A03+5A06	—	—	—	—	△

注：“△”表示可以焊接。

8.4.2 焊接方法及适用范围

焊接方法、特点及适用范围见表 2-8-60 和表 2-8-61。常用金属适用的焊接方法及焊接时可能出现的问题见表 2-8-62 和表 2-8-63。

表 2-8-60 **焊接方法、特点及应用**

<table>
<tr><th>类别</th><th colspan="4">焊接方法</th><th>特点</th><th colspan="2">应用</th><th>设备费</th></tr>
<tr><td rowspan="7">熔焊</td><td rowspan="7">电弧焊</td><td colspan="3">涂药焊条电弧焊
（手工电弧焊）</td><td>具有灵活、机动，适用性广泛，可进行全位置焊接，设备简单、耐用性好、维护费用低等优点。但劳动强度大，质量不够稳定，焊接质量决定于操作者水平</td><td colspan="2">在单件、小批、修配加工中广泛应用，适于焊接 3mm 以上的碳钢、低合金钢、不锈钢和铜、铝等非铁合金</td><td>少</td></tr>
<tr><td colspan="3">焊剂层下电弧焊
（埋弧焊）</td><td>生产率高，比手工电弧焊提高 5～10 倍，焊接质量高且稳定，节省金属材料，改善劳动条件</td><td colspan="2">在大量生产中适用于长直、环形或垂直位置的横焊缝，能焊接碳钢、合金钢以及某些铜合金等中等或厚壁结构</td><td>中</td></tr>
<tr><td rowspan="4">气体保护焊</td><td rowspan="2">惰性气体</td><td>非熔化极
（钨极氩弧焊）</td><td rowspan="2">气体保护充分，热量集中，熔池较小，焊接速度快，热影响区较窄，焊接变形小，电弧稳定，飞溅小，焊缝致密，表面无熔渣，成形美观，明弧便于操作，易实现自动化，但限于室内焊接</td><td rowspan="2">最适于焊接易氧化的铜、铝、钛及其合金，锆、钽、钼等稀有金属，以及不锈钢、耐热钢等</td><td>对>50mm 厚板不适用</td><td>少</td></tr>
<tr><td>熔化极
（金属极氩弧焊）</td><td>对<3mm 薄板不适用</td><td>中</td></tr>
<tr><td colspan="2">二氧化碳气体保护焊</td><td>成本低，为埋弧和手工弧焊的 40%左右，质量较好，生产率高，操作性能好，但大电流时飞溅较大，成形不够美观，设备较复杂</td><td colspan="2">广泛应用于造船、机车车辆、起重机、农业机械中的低碳钢和低合金钢结构</td><td>中</td></tr>
<tr><td colspan="2">窄间隙气保护电弧焊</td><td>高效率的熔化极电弧焊，节省金属，但仅限于垂直位置焊缝</td><td colspan="2">应用于碳钢、低合金钢、不锈钢，耐热钢、低温钢等，以及厚壁结构</td><td></td></tr>
<tr><td colspan="3">电渣焊</td><td>生产率高，任何厚度可不开坡口一次焊成，焊缝金属比较纯净，但热影响区比其他焊法都宽，晶粒粗大，易产生过热组织，焊后需进行正火处理以改善其性能</td><td colspan="2">应用于碳钢、合金钢，以及大型和重型结构，如水轮机、水压机、轧钢机等的全焊或组合结构的制造，常用于 35～400mm 壁厚结构</td><td>大</td></tr>
</table>

续表

<table>
<tr><th>类别</th><th colspan="2">焊接方法</th><th>特　点</th><th>应　用</th><th>设备费</th></tr>
<tr><td rowspan="4">熔焊</td><td rowspan="4">电弧焊</td><td>气焊</td><td>火焰温度和性质可以调节，比弧焊热源的热影响区宽，但热量不如电弧集中，生产率比较低</td><td>应用于薄壁结构和小件的焊接，可焊钢、铸铁、铝、铜及其合金、硬质合金等</td><td>少</td></tr>
<tr><td>等离子弧焊</td><td>除具有氩弧焊特点外，还由于等离子弧能量密度大，弧柱温度高，穿透能力强，能一次焊透双面成形。此外，电流小到0.1A时，电弧仍能稳定燃烧，并保持良好的挺度和方向性</td><td>广泛应用于铜合金、合金钢、钨、钼、钴、钛等金属的焊接，如钛合金的导弹壳体、波纹管及膜盒，微型电容器、电容器的外壳封接，以及飞机和航天装置上的一些薄壁容器的焊接</td><td></td></tr>
<tr><td>电子束焊接</td><td>在真空中焊接，无金属电极沾污，可保证焊缝金属的高纯度，表面平滑无缺陷；热源能量密度大、熔深大、焊速快、热影响区小，不产生变形，可防止难熔金属焊接时易产生裂纹和泄漏。焊接时一般不添加金属，参数可在较宽范围内调节、控制灵活</td><td>用于焊接从微型的电子电路组件、真空膜盒、钼箔蜂窝结构、原子能燃料原件到大型的导弹外壳，以及异种金属、复合结构件等。由于设备复杂，造价高，使用维护技术要求高，焊件尺寸受限制等，其应用范围受一定限制</td><td>大</td></tr>
<tr><td>激光(束)焊接</td><td>辐射能量放出迅速，生产率高，可在大气中焊接，不需真空环境和保护气体；能量密度很高，热量集中、时间短，热影响区小；焊接不需与工件接触；焊接异种材料比较容易，但设备有效系数低、功率较小，焊接厚度受限</td><td>特别适用于焊接微型精密、排列非常密集、对受热敏感的焊件，除焊接一般的薄壁搭接外，还可焊接细的金属线材以及导线和金属薄板的搭接，如集成电路内、外引线，仪表游丝等的焊接</td><td></td></tr>
<tr><td rowspan="6">压焊</td><td rowspan="4">电阻焊</td><td>点焊</td><td rowspan="2">低电压大电流，生产率高，变形小，限于搭接。不需添加焊接材料，易于实现自动化，设备较一般熔化焊复杂，耗电量大，缝焊过程中分流现象较严重</td><td rowspan="4">点焊主要用于焊接各种薄板冲压结构及钢筋，目前广泛用于汽车制造、飞机、车厢等轻型结构，利用悬挂式点焊枪可进行全位焊接。缝焊主要用于制造油箱等要求密封的薄壁结构
闪光对焊用于重要工件的焊接，可焊异种金属(铝-钢、铝-铜等)，从直径0.01mm金属丝到面积约20000mm²的金属棒，如刀具、钢筋、钢轨等</td><td rowspan="4">大</td></tr>
<tr><td>缝焊</td></tr>
<tr><td>接触对焊</td><td rowspan="2">接触(电阻)对焊，焊前对被焊工件表面清理工作要求较高，一般仅用于断面简单直径小于20mm和强度要求不高的工件，而闪光焊对工件表面焊前无需加工，但金属损耗多</td></tr>
<tr><td>闪光对焊</td></tr>
<tr><td colspan="2">摩擦焊</td><td>接头组织致密，表面不易氧化，质量好且稳定，可焊金属范围较广，可焊异种金属，焊接操作简单、不需添加焊接材料，易实现自动控制，生产率高，设备简单，电能消耗少</td><td>广泛用于圆形工件及管子的对接，如大直径铜铝导线的连接，管-板的连接</td><td></td></tr>
<tr><td colspan="2">气压焊</td><td>利用火焰将金属加热到熔化状态后加外力使其连接在一起</td><td>用于连接圆形、长方形截面的杆件与管子</td><td>中</td></tr>
</table>

第2篇

续表

类别	焊接方法	特点	应用	设备费
压焊	扩散焊	焊件紧密贴合，在真空或保护气氛中，在一定温度和压力下保持一段时间，使接触面之间的原子相互扩散完成焊接的一种压焊方法，焊接变形小	接头的力学性能高；可焊接性能差别大的异种金属，可用来制造双层和多层复合材料，可焊形状复杂的互相接触的面与面，代替整锻	
	高频焊	热能高度集中，生产率高，成本低，焊缝质量稳定，焊件变形小，适于连续性高速生产	适于生产有缝金属管，可焊低碳钢、工具钢、铜、铝、钛、镍、异种金属等	
	爆炸焊	爆炸焊接好的双金属或多种金属材料，结合强度高，工艺性好，焊后可经冷、热加工。操作简单，成本低	适于各种可塑性金属的焊接	
钎焊	软钎焊	焊件加热温度低、组织和力学性能变化很小，变形也小，接头平整光滑，工件尺寸精确。软钎焊接头强度较低，硬钎焊接头强度较高。焊前工件需清洗、装配要求较严	应用于机械、仪表、航空、空间技术所用装配中，如电真空器件、导线、蜂窝和夹层结构、硬质合金刀具等	少
	硬钎焊			

表 2-8-61　常用焊接方法的适用范围

焊接方法	材料		接头形式			板厚			焊件种类										费用	
	钢铁	有色金属	对接	T形接头	搭接	薄板	厚板	超厚板	建筑	机械	车辆	桥梁	船舶	压力容器	核反应堆	汽车	飞机	家用电器	设备费用	焊接费用
手工电弧焊	A	B	A	A	A	B	A	B	A	A	A	A	A	A	A	B	B	B	少	少
螺柱焊	A	C	C	A	D	C	A	B	A	A	A	B	A	B	B	B	C	B	中	少
CO_2 气体保护电弧焊	A	D	A	A	A	C	A	B	A	A	A	A	A	A	B	B	C	B	中	少
MIG 焊	B	A	A	A	A	C	A	A	B	B	B	C	B	B	A	B	B	B	中	中
TIG 焊	B	A	A	A	A	A	B	C	B	B	B	C	B	B	A	A	A	A	少	中
气焊	A	B	A	A	A	A	B	D	C	C	C	C	C	D	D	B	B	B	少	中
铝热焊	A	D	A	A	B	D	C	A	C	B	C	C	D	C	D	D	D	D	少	中
电子束焊	A	A	A	A	B	A	B	B	D	D	D	D	B	B	B	C	B	C	大	中
电渣焊	A	D	A	A	B	D	C	A	C	B	C	C	B	B	B	D	D	D	大	少
埋弧焊	A	B	A	A	A	C	A	A	A	A	A	A	A	A	A	B	C	C	中	少
点焊	A	A	D	C	A	A	C	D	C	C	B	C	C	C	C	A	A	A	大	中
缝焊	A	B	D	D	A	A	C	D	D	C	B	C	C	D	C	A	A	A	大	中
凸焊	A	B	C	C	A	A	C	D	D	D	C	D	D	D	D	B	B	A	大	中
锻焊	A	C	A	C	D	C	A	C	C	C	C	D	C	D	C	B	C	C	中	少
闪光对焊	A	B	A	C	D	C	A	C	B	B	B	C	B	C	B	A	A	B	大	少
冷压焊	B	B	C	C	A	A	C	D	D	C	D	D	C	D	C	C	C	B	中	少
超声波焊	A	A	D	C	A	A	C	D	D	C	D	D	D	D	C	B	B	B	中	少
气压焊	A	D	A	B	C	C	A	C	B	C	C	C	C	C	D	C	C	D	中	少
钎焊	A	B	C	C	A	A	B	D	D	C	D	D	C	D	B	B	B	B	少	中

注：A—最佳；B—佳；C—差；D—极差。

表 2-8-62　　常用金属材料适用的焊接方法

材料	厚度/mm	焊接方法																									
		手弧焊	埋弧焊	气保护金属极电弧焊				管状焊丝电弧焊	钨极气体保护电弧焊	等离子弧焊	电渣焊	气电立焊	电阻焊	闪光焊	气焊	扩散焊	摩擦焊	电子束焊	激光焊	硬钎焊							软钎焊
				射流过渡	潜弧	脉冲弧	短路电弧													火焰钎焊	炉中钎焊	感应加热钎焊	电阻加热钎焊	浸渍钎焊	红外线钎焊	扩散钎焊	
碳钢	3 以下	△	△			△	△		△				△	△	△			△	△	△	△	△	△	△	△	△	△
	3～6	△	△	△	△	△	△	△	△				△	△	△		△	△	△	△	△	△	△	△	△	△	△
	6～19	△	△	△	△	△		△					△	△	△		△	△	△	△	△	△					△
	19 以上	△	△	△	△	△		△			△	△		△	△		△	△			△					△	
低合金钢	3 以下	△	△			△	△		△				△	△	△	△		△	△	△	△	△	△	△	△	△	△
	3～6	△	△	△		△	△	△	△				△	△		△	△	△	△	△	△	△				△	△
	6～19	△	△	△		△		△						△		△	△	△	△	△	△	△				△	
	19 以上	△	△	△		△		△			△			△		△	△	△			△					△	
不锈钢	3 以下	△	△			△	△		△	△			△	△	△	△		△	△	△	△	△	△	△	△	△	△
	3～6	△	△	△		△	△	△	△	△			△	△		△	△	△	△	△	△	△				△	△
	6～19	△	△	△		△		△		△				△		△	△	△	△	△	△	△				△	△
	19 以上	△	△	△		△		△			△					△	△	△			△					△	
铸铁	3～6	△													△					△	△	△				△	△
	6～19	△	△	△				△							△					△	△	△				△	△
	19 以上	△	△	△				△							△						△					△	
镍和合金	3 以下	△				△	△		△	△			△	△	△			△	△	△	△	△	△	△	△	△	△
	3～6	△	△	△		△	△		△	△			△	△			△	△	△	△	△	△				△	△
	6～19	△	△	△		△				△				△			△	△	△	△	△					△	
	19 以上	△		△		△					△			△			△	△			△					△	
铝和合金	3 以下			△		△			△	△			△	△	△	△	△	△	△	△	△	△	△	△	△	△	△
	3～6			△		△			△				△	△		△	△	△	△	△	△			△		△	△
	6～19			△					△					△			△	△		△	△			△		△	
	19 以上			△							△	△		△				△			△					△	
钛和合金	3 以下					△			△	△			△	△		△		△	△		△	△			△	△	
	3～6			△		△			△	△				△		△	△	△	△		△					△	
	6～19			△		△			△	△				△		△	△	△	△		△					△	
	19 以上			△		△								△		△		△			△					△	
铜和合金	3 以下					△			△	△				△				△		△	△	△	△			△	△
	3～6			△		△				△				△			△	△		△	△		△			△	△
	6～19			△										△			△	△		△	△					△	
	19 以上			△										△				△			△					△	
镁和合金	3 以下					△			△									△	△	△	△					△	
	3～6			△		△			△					△			△	△	△	△	△					△	
	6～19			△		△								△			△	△	△		△					△	
	19 以上			△		△								△				△									
难熔合金	3 以下					△			△	△				△				△		△	△	△	△		△	△	
	3～6			△		△				△				△				△		△	△					△	
	6～19													△													
	19 以上																										

注：有△者表示推荐的焊接方法。

第 2 篇

表 2-8-63 常用金属焊接时可能出现的问题

金属材料	可能出现的问题	
	工艺方面	使用方面
低碳钢	1. 厚板的刚性拘束裂纹 2. 硫致裂纹	1. 板厚方向延伸率减少 2. 厚板缺口韧性低
中、高碳钢	1. 焊道下裂纹 2. 热影响区硬化	疲劳极限降低
低合金高强度钢（热轧及正火钢）	1. 焊道下裂纹 2. 热影响区硬化	1. 焊缝区塑性低 2. 抗拉强度低、疲劳极限低 3. 容易引起脆性破坏 4. 板的异向性大 5. 引起 H_2S 应力腐蚀裂纹
低合金高强度钢（调质钢）	1. 热影响区软化 2. 厚板焊道裂纹 3. 熔合区裂纹	1. 焊缝区塑性低 2. 抗拉强度低、疲劳极限低 3. 容易引起脆性破坏 4. 板的异向性大 5. 引起 H_2S 应力腐蚀裂纹
低合金 Cr-Mo 钢	1. 焊缝金属冷裂纹 2. 热影响区的硬化裂纹	1. 焊缝区塑性低 2. 高温、高压氢脆
低合金调质强韧钢	1. 热影响区硬化裂纹 2. 没有适当焊条	1. 抗拉强度不足 2. 调质强度低 3. 疲劳极限低
Cr13 钢（马氏体系）	焊缝金属、热影响区冷裂纹	1. 焊缝塑性低 2. 有时引起应力腐蚀
Cr18 钢	1. 常温脆性裂纹 2. 焊缝区晶粒粗化	1. 焊缝区韧性低 2. 475℃脆化 3. σ 相脆化
低温用低碳钢	1. 焊缝金属晶粒粗化 2. 高温加热引起的脆化	1. 热影响区冲击韧性低 2. 缺口韧性低
3.5%Ni 钢	1. 焊缝金属冷裂纹 2. 高温加热引起脆化（580℃以下）	1. 冲击韧性值分散 2. 缺口韧性低
奥氏体不锈钢	1. 焊缝热裂纹 2. 由于高温加热碳化物脆化 3. 焊接变形大	1. 高温使用时 σ 相脆化 2. 焊接热影响区耐腐蚀性下降 3. 氯离子引起的应力腐蚀裂纹 4. 焊缝低温冲击韧性下降
镍、铬、铁耐热、耐蚀合金	1. 因熔合线塑性下降引起裂纹 2. 过热、热裂纹 3. 高温加热引起过热脆化	1. 热应变脆化 2. 结晶粒度和蠕变极限下降 3. 热影响区耐蚀性下降
纯镍、高镍合金	1. 焊缝金属的热裂纹 2. 因大电流引起过热脆化	1. 焊缝金属塑性下降 2. 热影响区耐蚀性下降
铜及其合金	1. 高温塑性下降，脆性裂纹 2. 焊缝收缩裂纹	1. 热影响区软化 2. 焊缝金属化学成分不一致 3. 热影响区脆化
铝及其合金	1. 高温塑性下降，脆性裂纹 2. 焊缝收缩裂纹 3. 时效裂纹	1. 焊缝金属化学成分不一致 2. 焊缝金属强度不稳定 3. 接头软化

8.4.3 焊接接头的形式

焊接接头的形式主要根据焊接构件的形式、受力状况、使用条件和施工情况决定，手工电弧焊常见的接头形式有对接、角接、T 形、搭接，如图 2-8-7 所示为可采用的接头坡口设计形式。

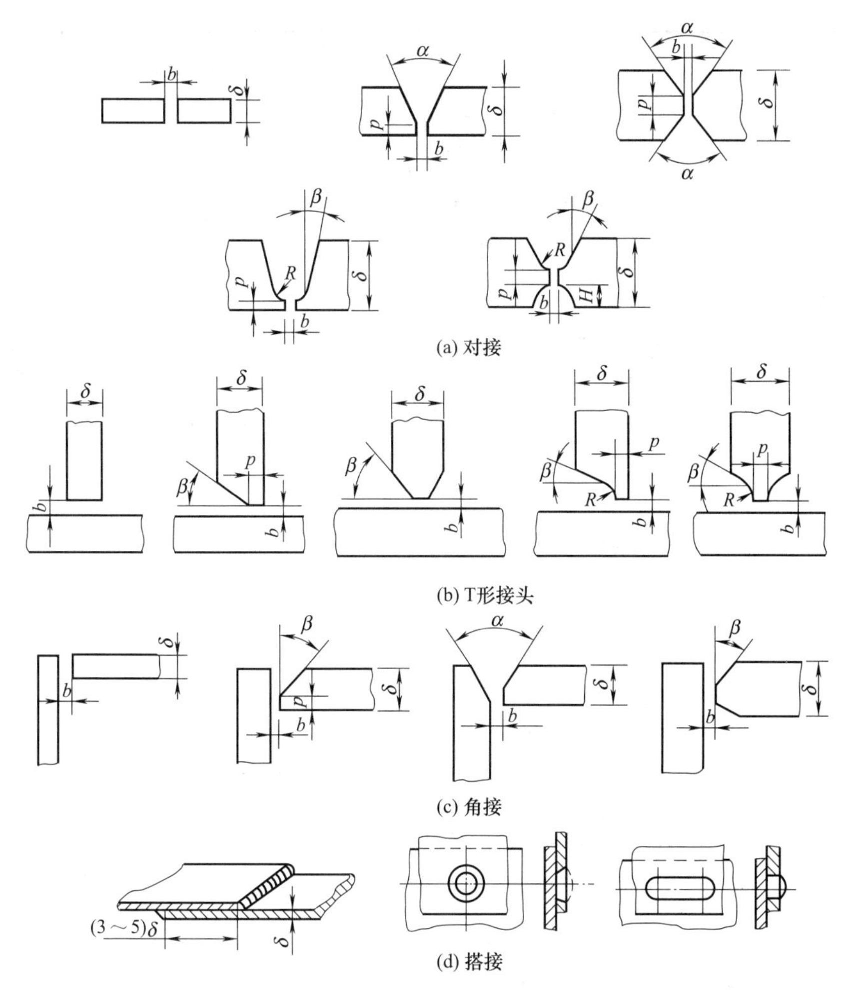

(a) 对接

(b) T形接头

(c) 角接

(d) 搭接

图 2-8-7　焊接接头坡口类型

8.4.4　焊接坡口的基本形式与尺寸

碳钢、低合金钢的手工电弧焊、气焊及气体保护焊焊接坡口的基本形式与尺寸（表 2-8-64～表 2-8-67）

表 2-8-64　　单面对接焊坡口（GB/T 985.1—2008）　　mm

序号	母材厚度 t	坡口/接头种类	基本符号	横截面示意图	尺寸				适用的焊接方法	焊缝示意图	备注
					坡口角 α 或坡口面角 β	间隙 b	钝边 c	坡口深度 h			
1	≤2	卷边坡口	八	≤t+1　r≈t　t	—	—	—	—	3 111 141 512		通常不添加焊接材料

续表

序号	母材厚度 t	坡口/接头种类	基本符号	横截面示意图	尺寸 坡口角 α 或坡口面角 β	尺寸 间隙 b	尺寸 钝边 c	尺寸 坡口深度 h	适用的焊接方法	焊缝示意图	备注
2	≤4	I形坡口	‖	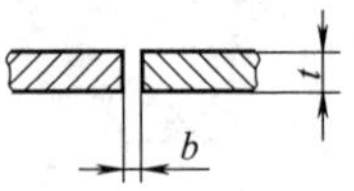	—	≈t	—	—	3 111 141	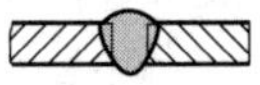	—
	3<t≤8					3≤b≤8			13		必要时加衬垫
						≈t			141①		
	≤15					≤1② 0			52		
3	≤100	I形坡口（带衬垫）	—	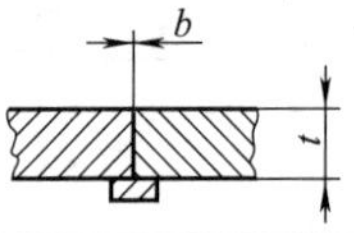	—	—	—	—	51	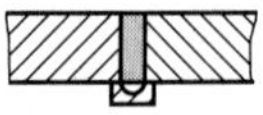	—
		I形坡口（带锁底）	—	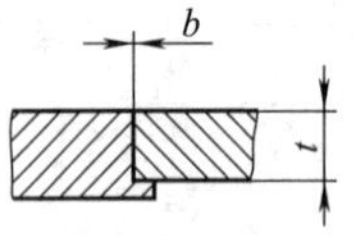						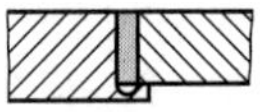	
4	3<t≤10	V形坡口	V	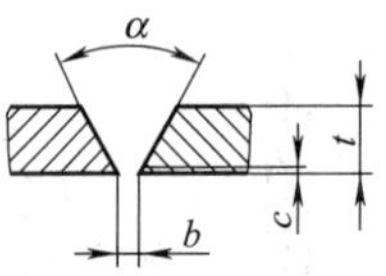	40°≤α≤60°	≤4	≤2	—	3 111 13 141	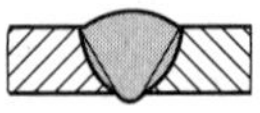	必要时加衬垫
	8<t≤12				6°≤α≤8°	—			52②		
5	>16	陡边坡口		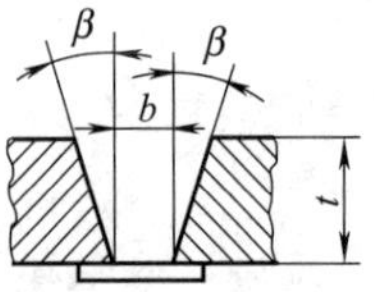	5°≤β≤20°	5≤b≤15	—	—	111 13	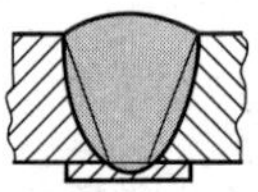	带衬垫
6	5≤t≤40	V形坡口（带钝边）	Y	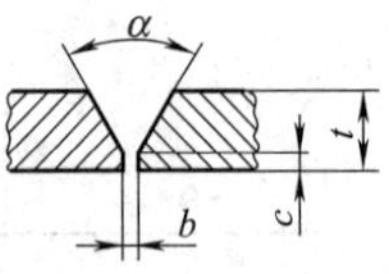	α≈60°	1≤b≤4	2≤c≤4	—	111 13 141	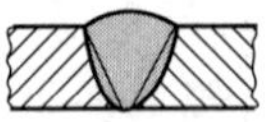	—
7	>12	U-V形组合坡口		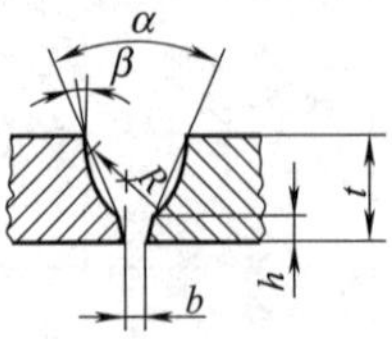	60°≤α≤90° 8°≤β≤12°	1≤b≤3	—	≈4	111 13 141	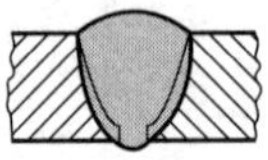	6≤R≤9
8	>12	V-V形组合坡口		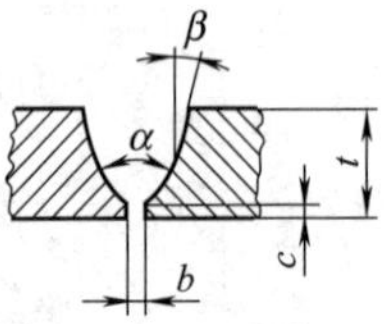	60°≤α≤90° 10°≤β≤15°	2≤b≤4	>2	—	111 13 141	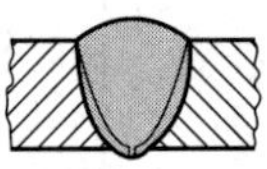	—

续表

序号	母材厚度 t	坡口/接头种类	基本符号	横截面示意图	尺寸：坡口角 α 或坡口面角 β	尺寸：间隙 b	尺寸：钝边 c	尺寸：坡口深度 h	适用的焊接方法	焊缝示意图	备注
9	＞12	U形坡口	Y	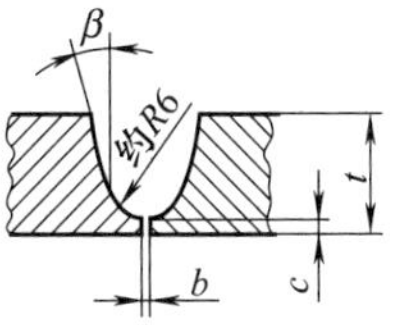	8°≤β≤12°	≤4	≤3	—	111 13 141	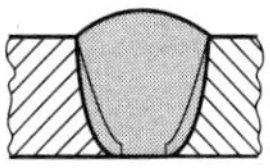	—
10	3＜t≤10	单边V形坡口	V	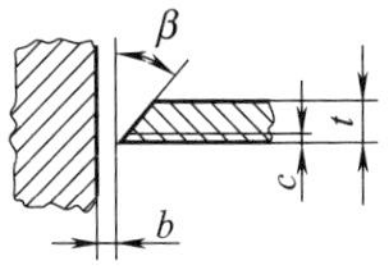	35°≤β≤60°	2≤b≤4	1≤c≤2	—	111 13 141	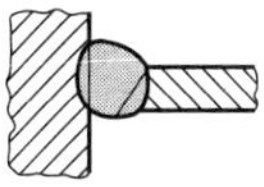	—
11	＞16	单边陡边坡口		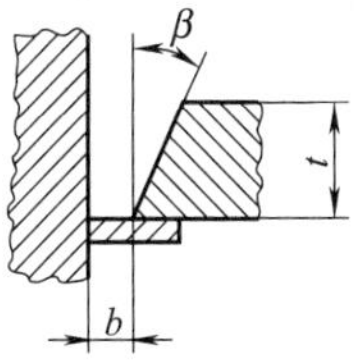	15°≤β≤60°	6≤b≤12	—	—	111	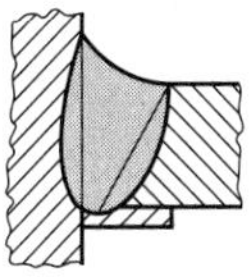	带衬垫
						≈12			13 141		
12	＞16	J形坡口		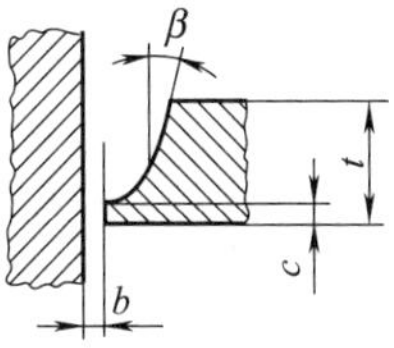	10°≤β≤20°	2≤b≤4	1≤c≤2	—	111 13 141	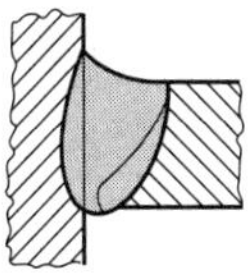	—
13	≤15	T形接头		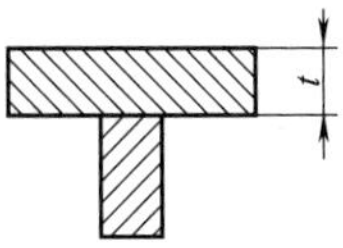	—	—	—	—	52		—
	≤100								51		
14	≤15	T形接头		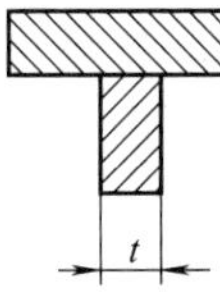	—	—	—	—	52	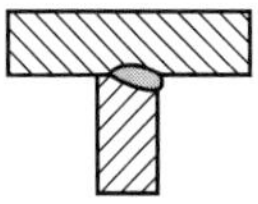	—
	≤100								51		

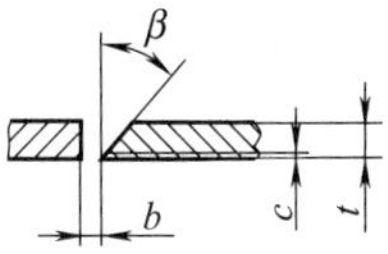

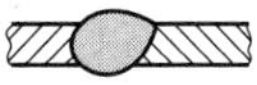

① 该种焊接方法不一定适用于整个工件厚度范围的焊接。

② 需要添加焊接材料。

表 2-8-65　双面对接焊坡口（GB/T 985.1—2008）　mm

序号	母材厚度 t	坡口/接头种类	基本符号	横截面示意图	尺寸：坡口角 α 或坡口面角 β	尺寸：间隙 b	尺寸：钝边 c	尺寸：坡口深度 h	适用的焊接方法	焊缝示意图	备注
1	≤8	I形坡口	‖		—	≈$t/2$	—	—	111 141 13		—
	≤15					0			52		
2	3≤t≤40	V形坡口			α≈60°	≤3	≤2	—	111 141		封底
					40°≤α≤60°				13		
3	>10	带钝边V形坡口			α≈60°	1≤b≤3	2≤c≤4	—	111 141		特殊情况下可适用更小的厚度和气保焊方法。注明封底
					40°≤α≤60°				13		
4	>10	双V形坡口(带钝边)			α≈60°	1≤b≤4	2≤c≤6	$h_1=h_2=\frac{t-c}{2}$	111 141		—
					40°≤α≤60°				13		
5	>10	双V形坡口			α≈60°	1≤b≤3	≤2	≈$t/2$	111 141		—
					40°≤α≤60°				13		
		非对称双V形坡口			α_1≈60° α_2≈60°			≈$t/3$	111 141		—
					40°≤α_1≤60° 40°≤α_2≤60°				13		
6	>12	U形坡口			8°≤β≤12°	1≤b≤3	≈5	—	111 13		封底
						≤3			141①		
7	≥30	双U形坡口			8°≤β≤12°	≤3	≈3	≈$\frac{t-c}{2}$	111 13 141①		可制成与V形坡口相似的非对称坡口形式

续表

序号	母材厚度 t	坡口/接头种类	基本符号	横截面示意图	尺寸				适用的焊接方法	焊缝示意图	备注
					坡口角 α 或坡口面角 β	间隙 b	钝边 c	坡口深度 h			
8	$3 \leqslant t \leqslant 30$	单边 V 形坡口		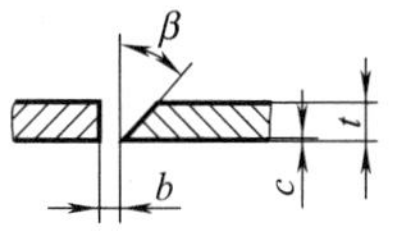	$35° \leqslant \beta \leqslant 60°$	$1 \leqslant b \leqslant 4$	$\leqslant 2$	—	111 13 141①	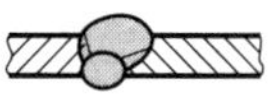	封底
9	>10	K 形坡口		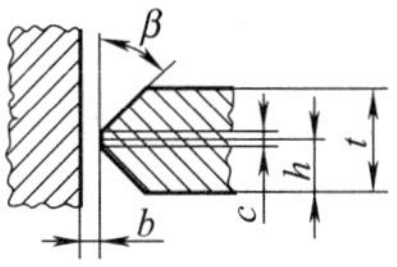 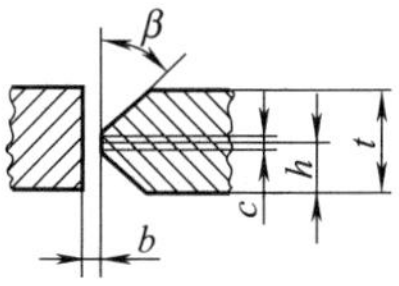	$35° \leqslant \beta \leqslant 60°$	$1 \leqslant b \leqslant 4$	$\leqslant 2$	$\approx t/2$ 或 $\approx t/3$	111 13 141①	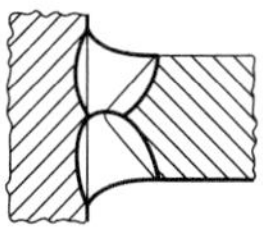 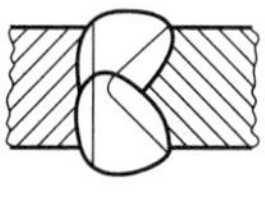	可制成与 V 形坡口相似的非对称坡口形式
10	>16	J 形坡口		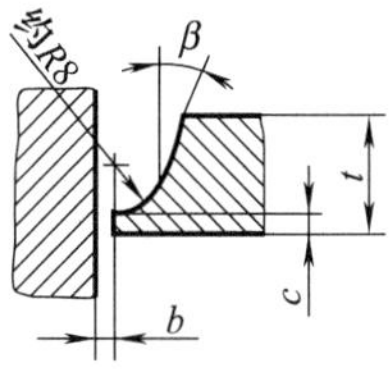	$10° \leqslant \beta \leqslant 20°$	$1 \leqslant b \leqslant 3$	$\geqslant 2$	—	111 13 141①	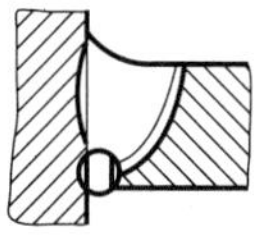	封底
11	>30	双 J 形坡口		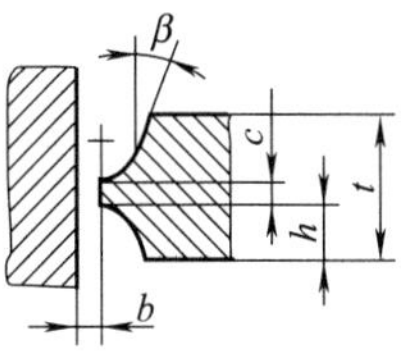	$10° \leqslant \beta \leqslant 20°$	$\leqslant 3$	$\geqslant 2$	$\frac{t-c}{2}$	111 13 141①	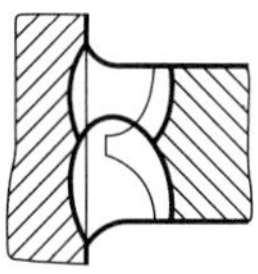	可制成与 V 形坡口相似的非对称坡口形式
							<2	$\approx t/2$			
12	$\leqslant 25$	T 形接头		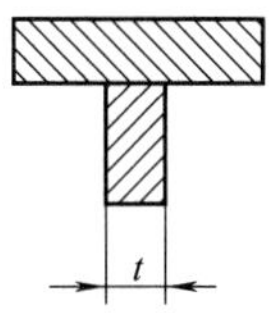	—	—	—	—	52	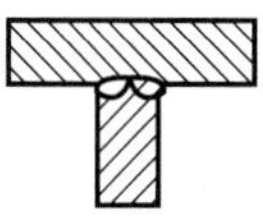	—
	$\leqslant 170$								51		

① 该种焊接方法不一定适用于整个工件厚度范围的焊接。

表 2-8-66　　角焊缝的接头形式（单面焊）（GB/T 985.1—2008）　　mm

序号	母材厚度 t	接头形式	基本符号	横截面示意图	尺寸		适用的焊接方法①	焊缝示意图
					角度 α	间隙 b		
1	$t_1>2$ $t_2>2$	T形接头		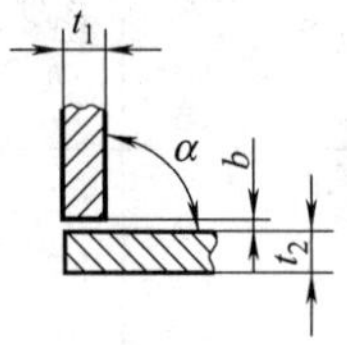	$70°\leqslant\alpha\leqslant100°$	$\leqslant2$	3 111 13 141	
2	$t_1>2$ $t_2>2$	搭接		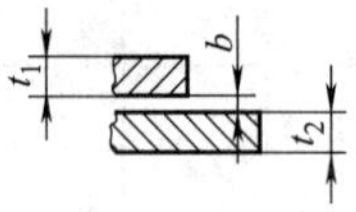	—	$\leqslant2$	3 111 13 141	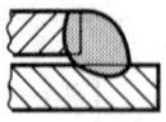
3	$t_1>2$ $t_2>2$	角接		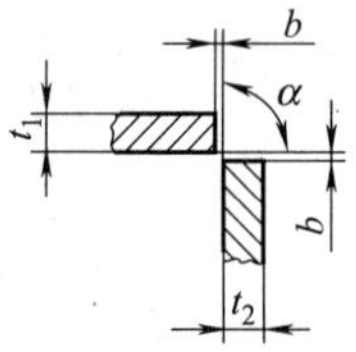	$60°\leqslant\alpha\leqslant120°$	$\leqslant2$	3 111 13 141	

① 这些焊接方法不一定适用于整个工件厚度范围的焊接。

表 2-8-67　　角焊缝的接头形式（双面焊）（GB/T 985.1—2008）　　mm

序号	母材厚度 t	接头形式	基本符号	横截面示意图	尺寸		适用的焊接方法①	焊缝示意图
					角度 α	间隙 b		
1	$t_1>3$ $t_2>3$	角接		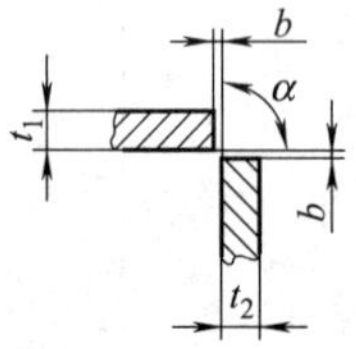	$70°\leqslant\alpha\leqslant100°$	$\leqslant2$	3 111 13 141	
2	$t_1>2$ $t_2>5$	角接		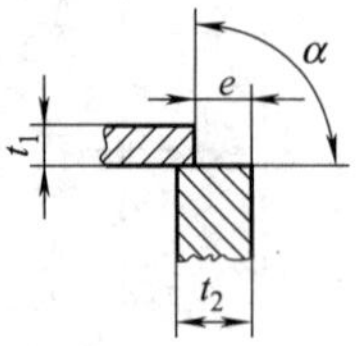	$60°\leqslant\alpha\leqslant120°$	—	3 111 13 141	
3	$2\leqslant t_1\leqslant4$ $2\leqslant t_2\leqslant4$	T形接头		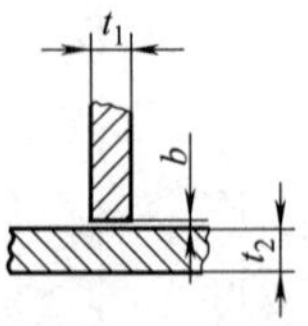	—	$\leqslant2$	3 111 13 141	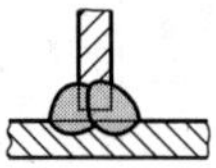
	$t_1>4$ $t_2>4$					—		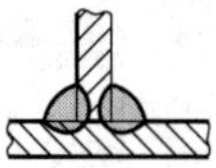

① 这些焊接方法不一定适用于整个工件厚度范围的焊接。

8.4.5　焊接件结构的设计原则和注意事项

焊接件结构设计原则如下：

1）焊接性好；

2）焊接残余应力、应力集中和变形小；

3）结构刚度和减振能力好；

4）焊接接头性能均匀性好；

5）尽量减少和排除焊接缺陷。

焊接件结构设计时应注意的问题见表 2-8-68。

表 2-8-68　焊接件结构设计时应注意的问题

序号	注意事项	图例		说明
		改进前	改进后	
1	节省原料	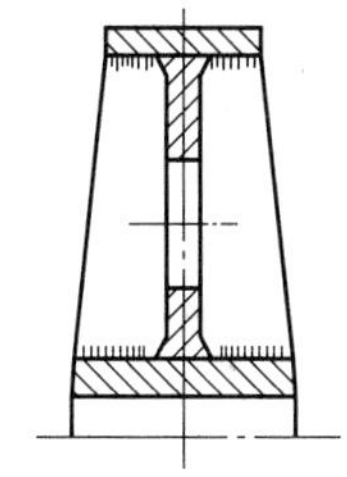	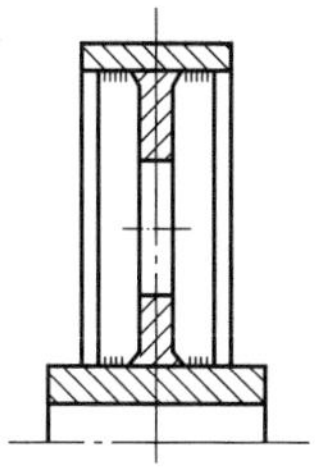	用钢板焊制零件时，尽量使所用板料形状规范，以减少下料时产生边角废料
		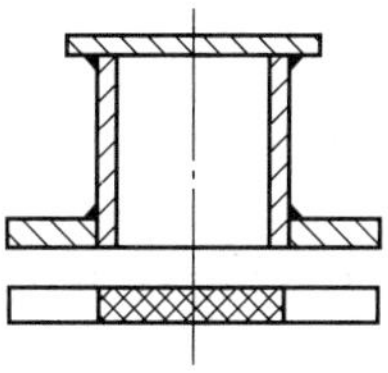	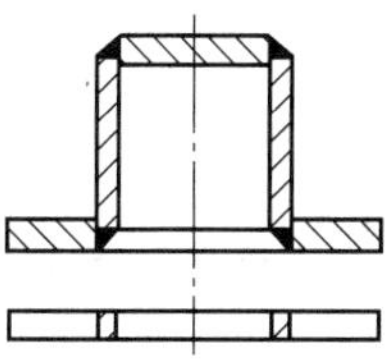	设计时设法搭配各零件的尺寸，使有些板料可以采用套料剪裁的方法制造，原设计底板冲下的圆板为废料，改进后，可以利用这块圆板制成零件顶部的圆板，废料大为减少
2	减少焊接工作量			减少拼焊的毛坯数，用一块厚板代替几块薄板
		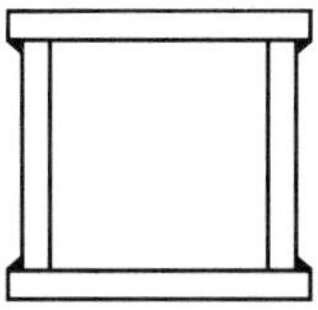	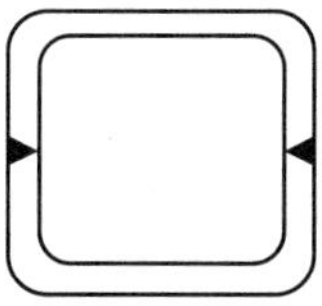	利用型钢和冲压件，尽量减少焊缝数量
3	焊缝位置应便于操作	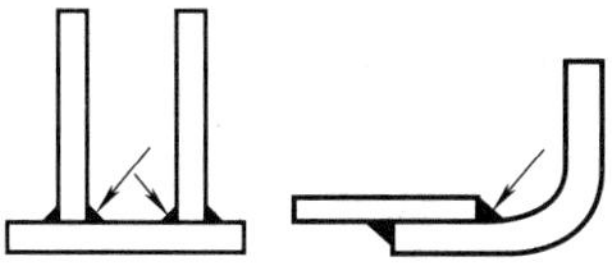	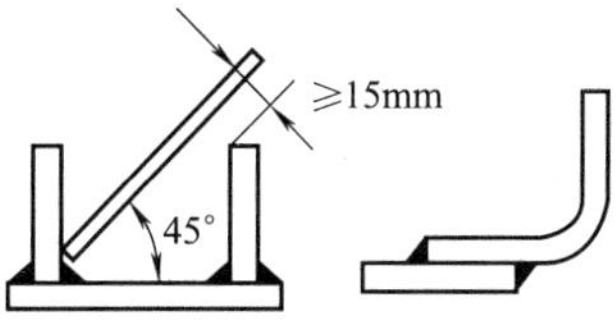 ≥15mm 45°	手工焊要考虑焊条操作空间
		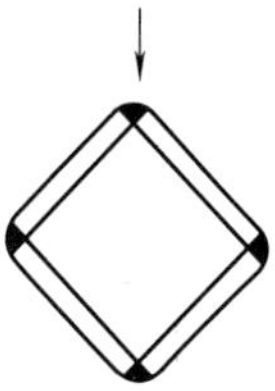	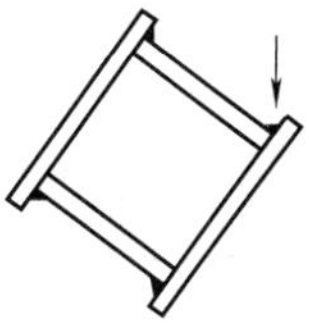	自动焊应考虑接头处便于存放焊剂
		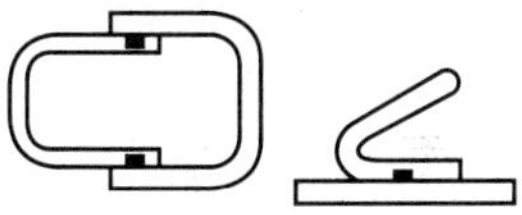	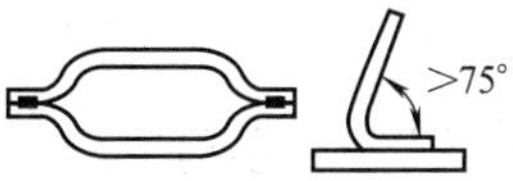 >75°	点焊应考虑电极伸入方便

续表

序号	注意事项	图例		说明
		改进前	改进后	
4	焊缝位置布置应有利于减少焊接应力与变形	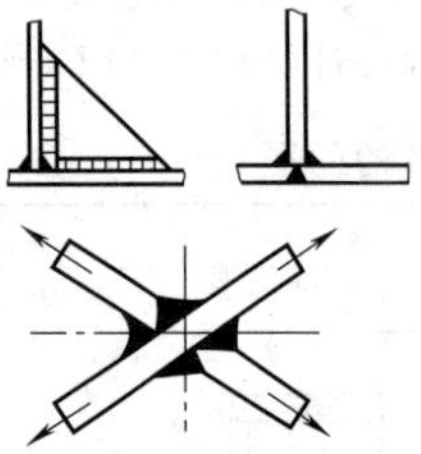	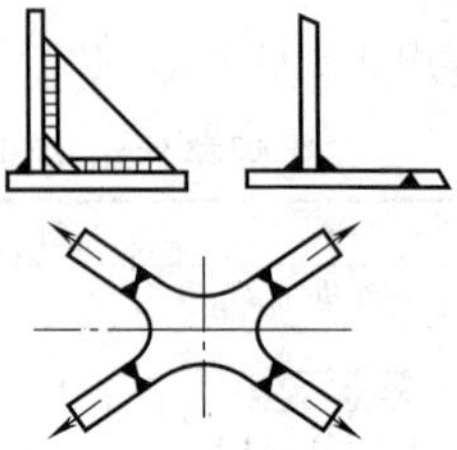	焊缝应避免过分密集或交叉
		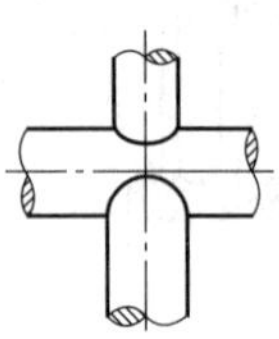	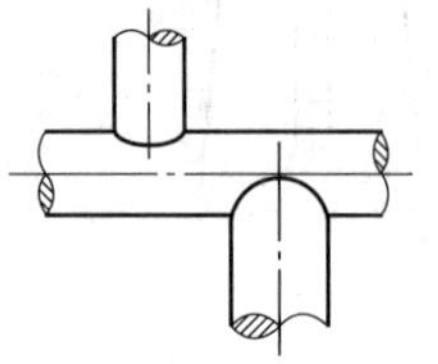	不要让热影响区相距太近
		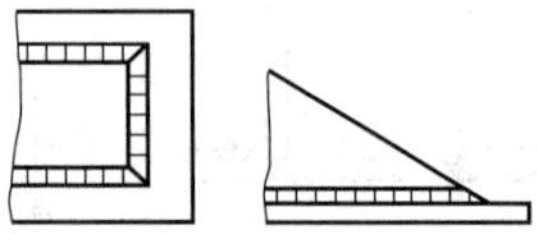	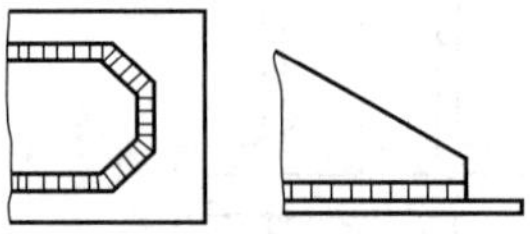	焊接端部应去除锐角
		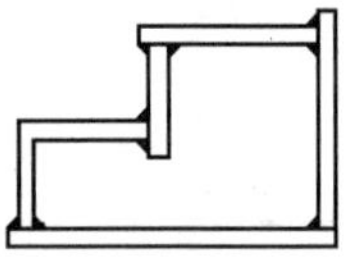	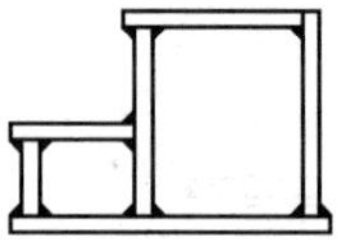	焊接件设计应具有对称性，焊缝布置与焊接顺序也应对称
5	注意焊缝受力	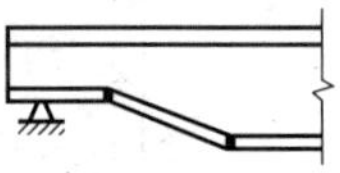	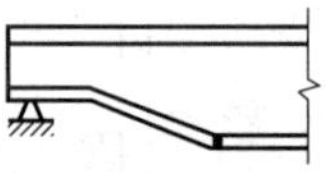	断面转折处不应布置焊缝
		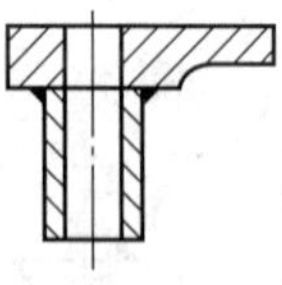	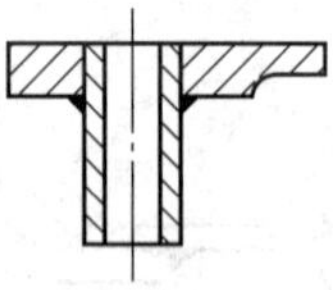	套管与板的连接，应将套管插入板孔
		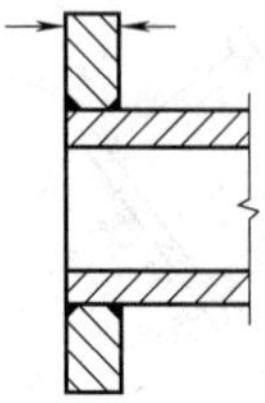	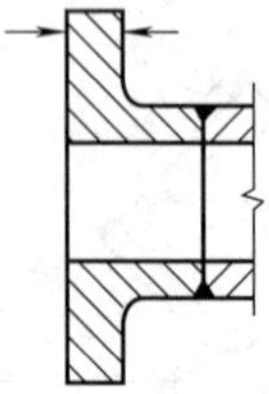	焊缝应避免受剪力
		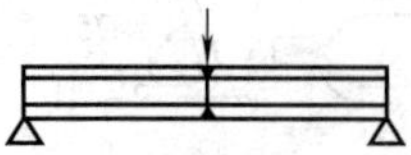	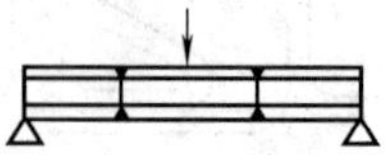	焊缝应避免集中载荷

续表

序号	注意事项	图例		说　明
		改进前	改进后	
6	焊缝应避开加工面	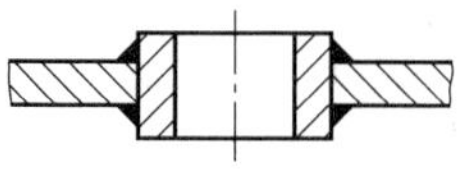	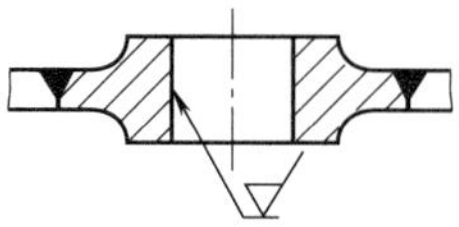	加工面应距焊缝远些
		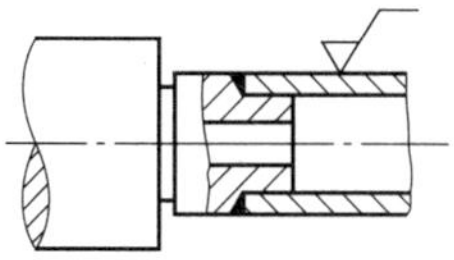	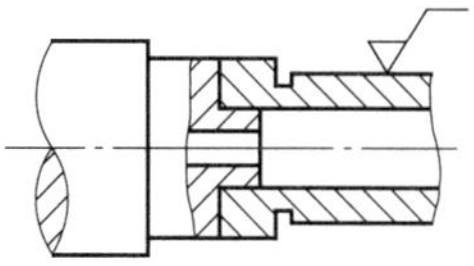	焊缝不应在加工表面上
7	不同厚度工件焊接	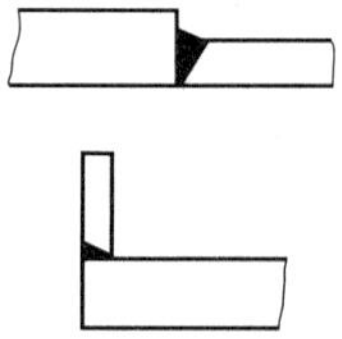	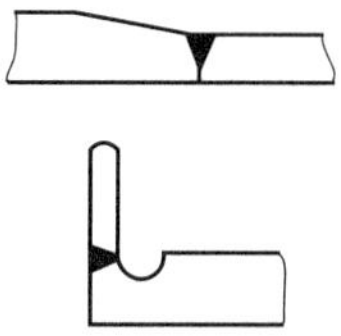	接头应平滑过渡

8.4.6　焊接件的几何尺寸与形状公差

焊接件几何尺寸公差见表 2-8-69。

焊前弯曲成形的筒体公差见表 2-8-70。

焊前管子的弯曲半径、圆度公差及允许的波纹深度见表 2-8-71。

表 2-8-69　　焊接件几何尺寸公差　　mm

公称尺寸	公差(±)		公称尺寸	公差(±)	
	外形尺寸	各部分之间		外形尺寸	各部分之间
≤100	2	1	>2500～4000	7	4
>100～250	3	1.5	>4000～6500	8	5
>250～650	3.5	2	>6500～10000	9	6
>650～1000	4	2.5	>10000～16000	11	7
>1000～1600	5	3	>16000～25000	13	8
>1600～2500	6	3.5	>25000～40000	15	9

表 2-8-70　　焊前弯曲成形的筒体公差　　mm

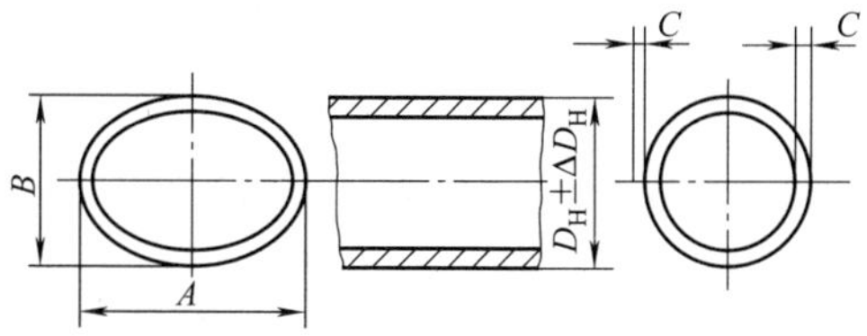

外径 D_H	公　差			
	ΔD_H	当筒体壁厚为下列数值时的圆度		弯角 C
		≤30	>30	
≤1000	±5	8	5	3
>1000～1500	±7	11	7	4
>1500～2000	±9	14	9	4
>2000～2500	±11	17	11	5
>2500～3000	±13	20	13	5
>3000	±15	23	15	6

表 2-8-71 **焊前管子的弯曲半径、圆度公差及允许的波纹深度** mm

公差名称		管子外径											示意图
		30	38	51	60	70	83	102	108	125	150	200	
弯曲半径 R 的公差	R=75～125	±2	±2	±3	±3	±4							
	R=160～300	±1	±1	±2	±2	±3							
	R=400						±5	±5	±5	±5	±5	±5	
	R=500～1000						±4	±4	±4	±4	±4	±4	
	R>1000						±3	±3	±3	±3	±3	±3	
在弯曲半径处的圆度 a 或 b	R=75	3.0											
	R=100	2.5	3.1										
	R=125	2.3	2.6	3.6									
	R=160	1.7	2.1	3.2									
	R=200		1.7	2.8	3.6								
	R=300		1.6	2.6	3.0	4.6	5.8						
	R=400				2.4	3.3	5.0	7.2	8.1				
	R=500				1.8	3.4	4.2	6.2	7.0	7.6			
	R=600				1.5	2.3	3.4	5.1	5.9	6.5	7.5		
	R=700				1.2	1.9	2.5	3.6	4.4	5.0	6.0	7.0	
弯曲处的波纹深度 a'		—	1.0	1.5	1.5	2.0	3.0	4.0	5.0	6.0	7.0	8.0	

第 9 章　零部件设计的装配与维修工艺性要求

装配在机械制造过程的全部工作量中占有较大的比重，而且直接影响机器的质量。维修是使机器保持和恢复其使用性能，延长使用寿命的重要手段。装配分一般装配和自动装配。一般装配也称手工装配，由装配工人利用装配工艺设备并借助于必要的工具来完成装配工作。对于批量大、操作固定、动作简单的装配可采用自动装配，但自动装配对零件的精度要求较高，并对零件的结构有特殊的要求。为了提高机械的装配和维修的工艺性应考虑以下几方面。

1）机械的零部件要具有互换性，以便于装配和维修；标准件对于修配特别重要，采用标准件便于修理和更换。

2）在装配时相配零件不需进行修配。

3）装配时操作方便，便于使用高效的装配工具和装配方法。

4）机器具有单元性，可以先装成若干部件，然后进行总体装配，以加快总装速度，提高质量，维修时也可以更换部件。

9.1　一般装配对零部件结构设计工艺性的要求

9.1.1　组成单独的部件或装配单元

一台机械设备如果能合理地划分为若干部件，分别平行作业进行装配，然后总装，可使装配工作专业化，有利于装配质量的提高，缩短整个装配周期，提高装配效率。在修理时，也可以更换损坏的部件，加快修理进度、提高修理质量和经济性。因此，零件能否划分成若干独立的装配单元，是衡量其零件结构装配工艺性好坏的重要标志。如表 2-9-1 所示。

如果在加工条件许可的情况下，可将多个相关的零件直接加工成一个整体，同样可以达到组成装配单元的装配效果。

表 2-9-1　组成单独的部件或装配单元

注意事项	图例		说　明
	改　进　前	改　进　后	
尽可能组成单独的部件或装配单元			将传动齿轮组成为单独的齿轮箱，便于分别装配，提高装配效率，也便于维修
同一轴上的零件，尽可能考虑能从箱体一端成套装配			改进前，轴上的齿轮大于轴承孔，需在箱内装配。改进后，轴上零件可在组装后一次装入箱体内

续表

注意事项	图例		说明
	改进前	改进后	
同一轴上的零件，尽可能考虑能从箱体一端成套装配	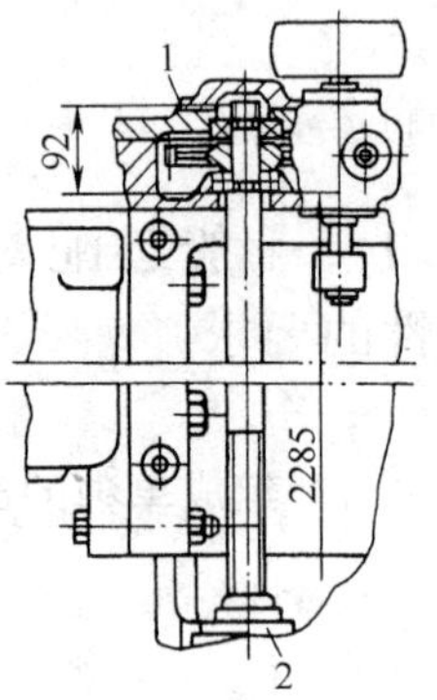 1 92 2285 2	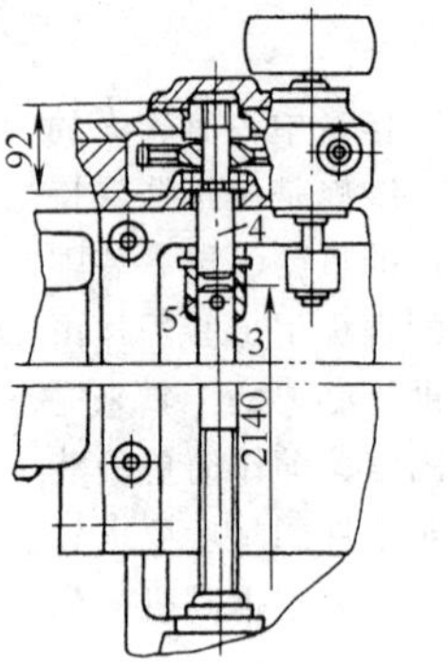 92 4 5 3 2140	改进前，轴的两端分别装在箱体1和箱体2内，装配不便，改进后，轴分为3、4两段，用联轴器5连接，箱体1成为单独装配单元，简化了装配工作

9.1.2 结合工艺特点考虑结构的合理性

表2-9-2 结合工艺特点考虑结构的合理性

注意事项	图例		说明
	改进前	改进后	
轴和毂采用锥度配合时，锥形轴头应有伸出部分 a，不允许在锥度部分以外增加作轴向定位的轴肩	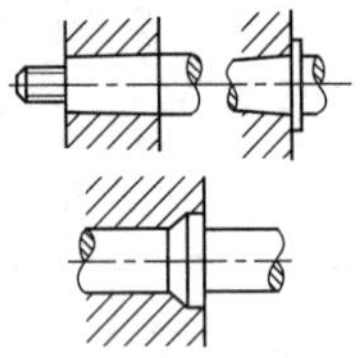	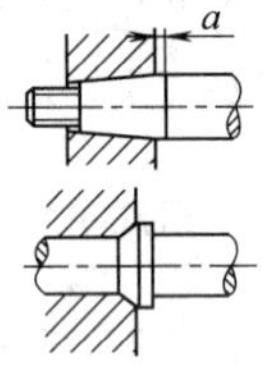 a	除非尺寸精度十分理想，一般很难保证锥度与轴肩同时达到良好的配合
	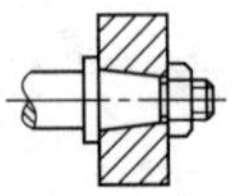	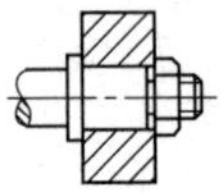	如需保持轴肩作轴向定位，可将锥度配合改为圆柱配合
定位销孔应尽可能钻通	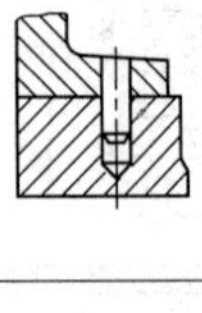	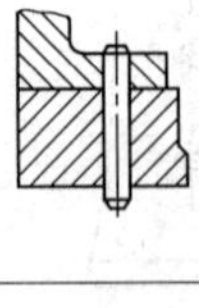	便于取出定位销
配合件要有足够面积的轴肩轴向定位	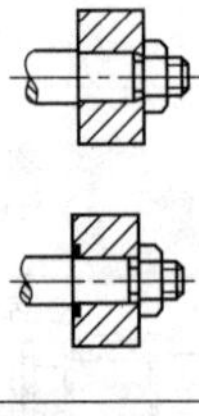	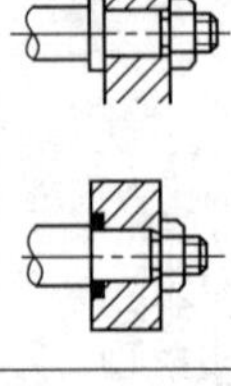	保证装配时不至于将轴肩压入轴毂以内，若轴毂材料较软或者轴肩不能做得很大时，需套上轴环，并具有足够的厚度，防止装配时的变形
铸件的加工面与不加工面处应有充分大的间隙 a	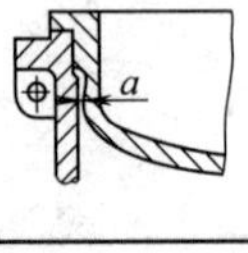 a	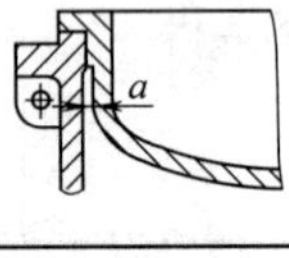 a	防止铸件的铸造误差引起装配时两零件的相互干涉

续表

注意事项	图例		说明
	改进前	改进后	
螺孔孔口和螺钉头部均应倒角	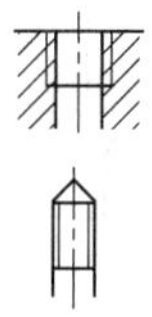	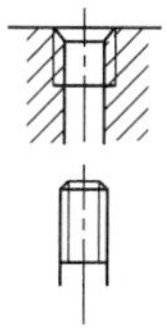	避免装配时将螺纹端部损坏
使需要配研的部位便于进行配研	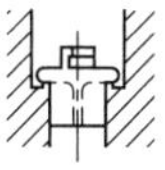	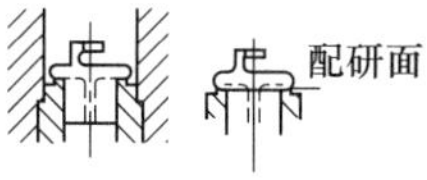 配研面	如需要配研的部位在深处，则使配研加工非常困难。因此要将配研的部分设计在容易进行外部配研作业的地方

9.1.3　便于装配操作

要便于装配操作，首先应使零件便于装配到位，这就要求零件有可靠的定位面（或合适的装配基面，见表 2-9-3）。另外还应便于装配调整，这是因为机械在工作过程中由于零件受热膨胀或磨损，造成零件间的相对位置发生变化。便于装配调整的示例见表 2-9-4。现场与制造厂条件不同，困难较多，应尽量减少现场装配工作。但有些设备，如重型机床、起重机、矿山设备等，必须分为若干部分运至现场进行装配。

表 2-9-3　应具有合适的装配基面

序号	注意事项	图例		说明
		改进前	改进后	
1	零件装配位置不应是游动的，而应有定位基面	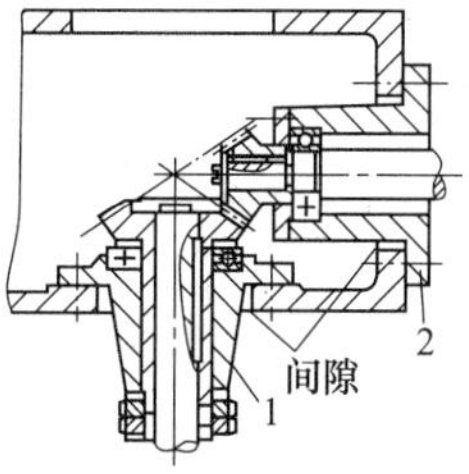 间隙 1 2	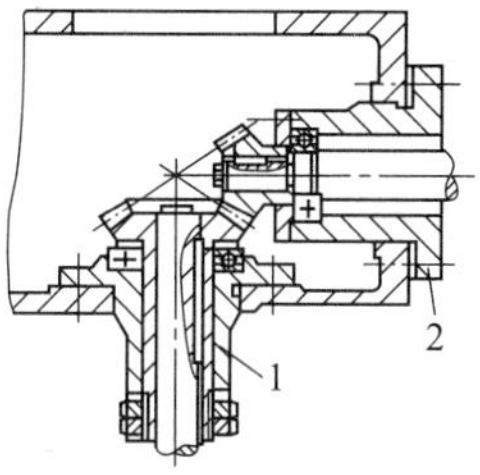 1 2	左图中，支架 1 和 2 都是套在无定位面的箱体孔内。调整装配锥齿轮，需用专用夹具、改用右侧，作出支架定位基面后，可使装配调整简化
2	避免用螺纹定位	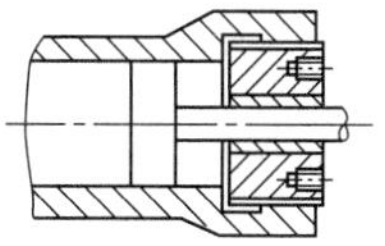	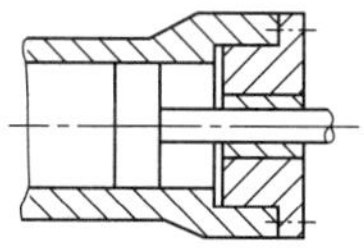	左图由于有螺纹间隙，不能保证端盖孔与液压缸的同轴度，须改用圆柱配合固定位
3	互相有定位要求的零件，应按同一基准来定位	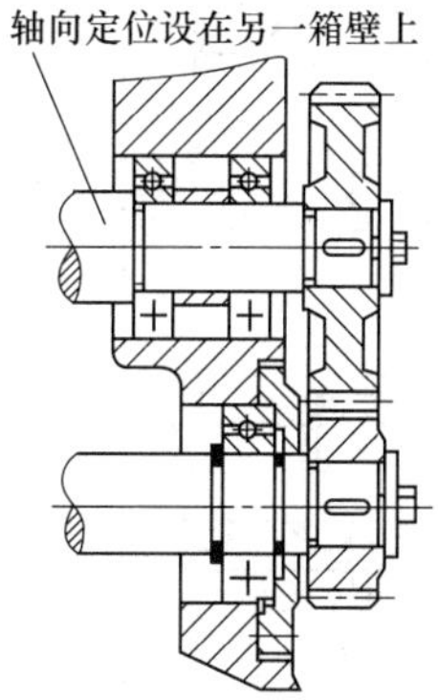 轴向定位设在另一箱壁上	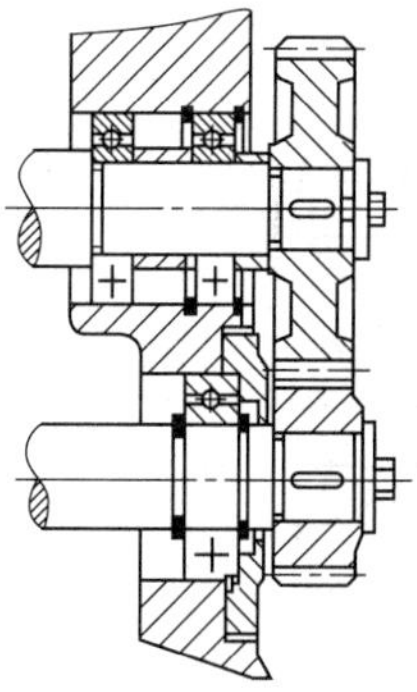	交换齿轮两根轴不在同一侧箱体壁上作轴向定位，当孔和轴加工误差较大时，齿轮装配相对偏差加大，应改在同一侧箱体壁上作轴向定位

续表

序号	注意事项	图例		说明
		改进前	改进后	
4	挠性连接的部件，可以用不加工面作基面	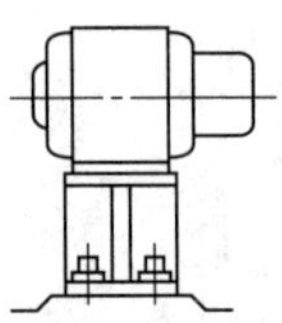	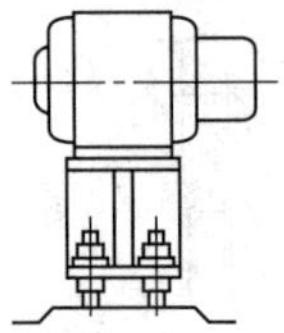	电动机和液压泵组装件，两端是以电线和油管连接，无配合要求，可用不加工面定位

表 2-9-4 便于装配调整

图例	说明
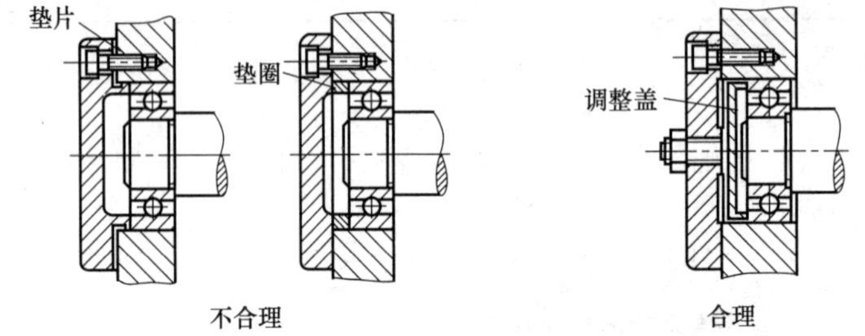 垫片 垫圈 不合理　调整盖 合理	改进前，采用调整垫片和垫圈调整轴承游隙，调整不方便改进后，用调整盖，只要调整螺钉即可
不合理　合理	改进后，车床溜板采用调整垫片，无论装配时还是使用过程中，都可方便调整
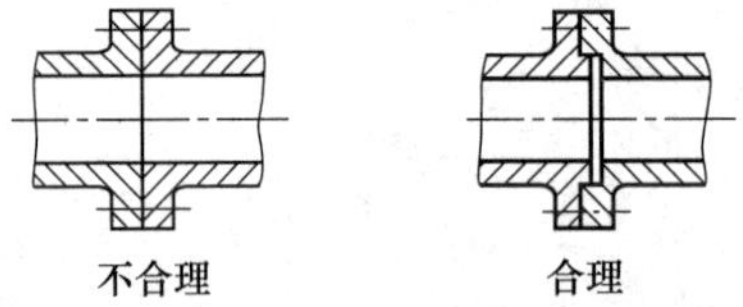 不合理　合理	改进后，两零件增加了定位止口
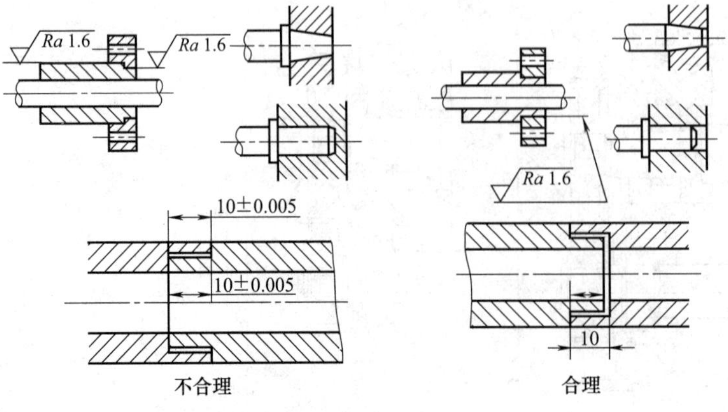 *Ra* 1.6　*Ra* 1.6　10±0.005　10±0.005 不合理　*Ra* 1.6　10 合理	改进后，避免了过定位，使零件定位准确

续表

图　　例	说　　明
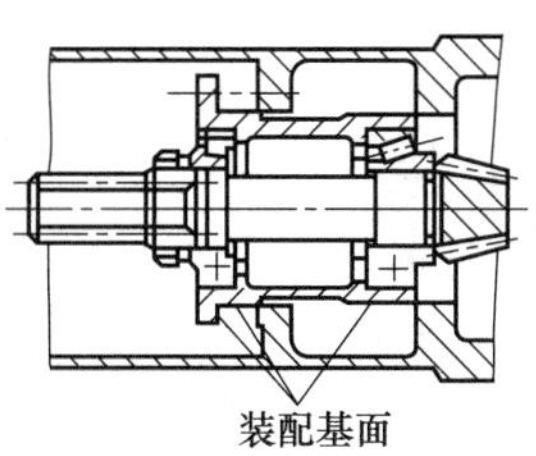 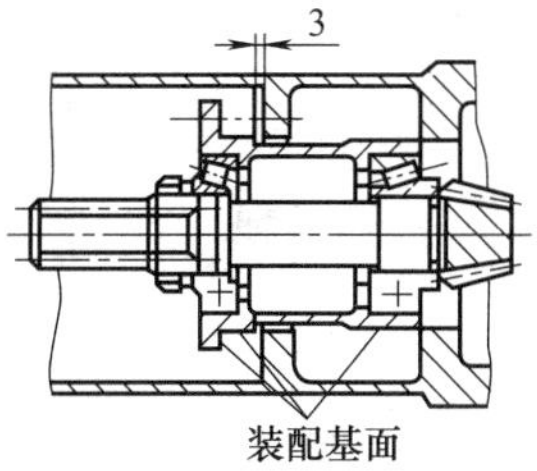 装配基面 不合理　　装配基面 3 合理	改进前，两配合面要同时装入，装配困难，改进后，两配合面先里后外装入，工艺性好
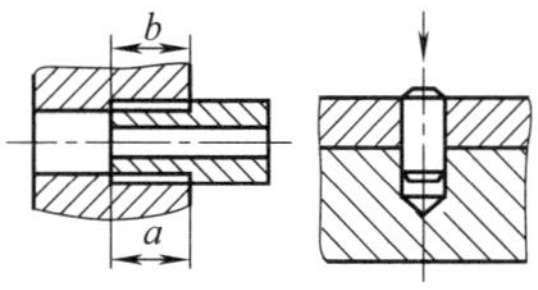 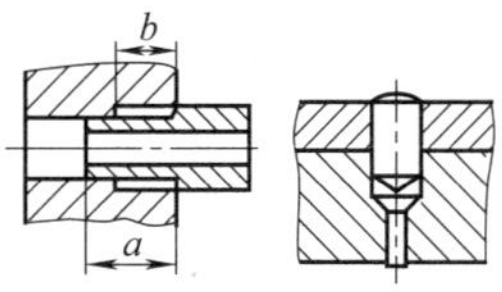 b a 不合理　　b a 合理	改进前，$a=b$ 两配合面要同时装入，装配困难；改进后，$b<a$，工艺性好；改进前、销与轴形成封闭腔，装配不便；改进后，增加了空气逸出口
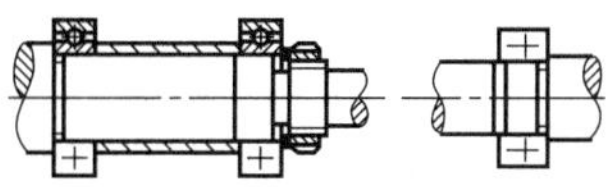 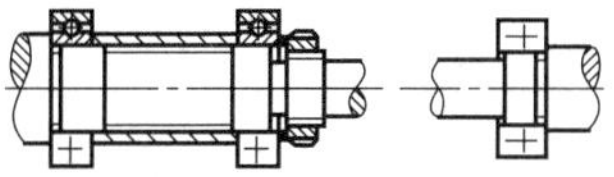 不合理　　合理	改进后，减小了配合长度，增加了过渡轴肩，便于装拆
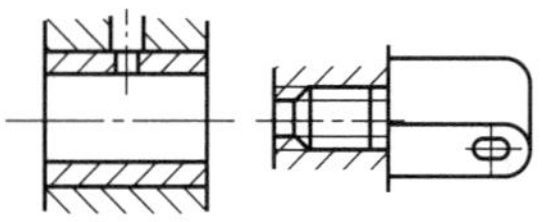 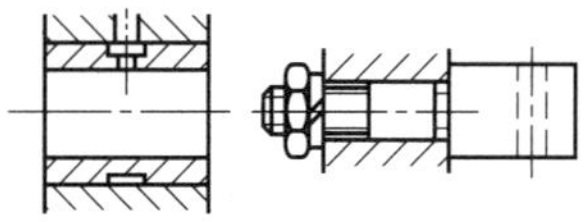 不合理　　合理	改进后，设计了环槽结构，便于油孔找正定位；改进后，有方向性要求的零件便于找正定位
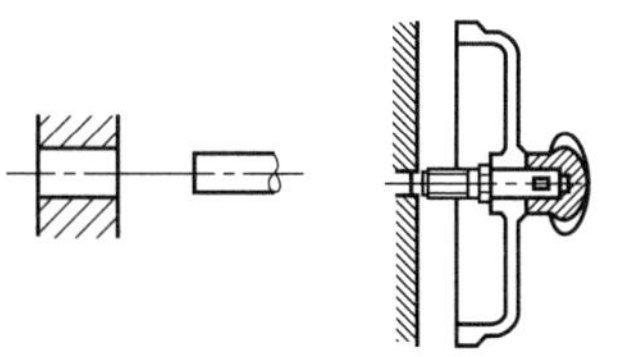 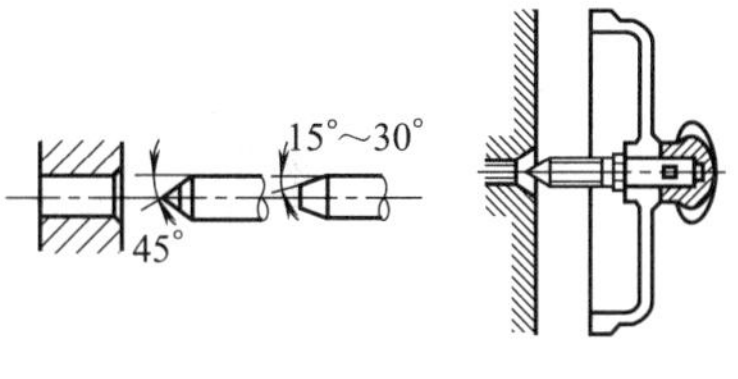 不合理　　45° 15°～30° 合理	改进后，配合件增加了倒角，便于装配导向，装配更方便；改进后，设计了引导锥形头和锥形孔，装配方便

9.1.4　便于拆卸和维修

零件结构设计还应考虑拆卸的方便性、修配的方便性，以及选择合理的调整补偿环和减少修整外观的工作量等（见表 2-9-5～表 2-9-8）。

表 2-9-5　考虑拆卸的方便性

序号	注意事项	图例		说　　明
		改进前	改进后	
1	在轴、法兰、压盖、堵头及其他零件的端面，应有必要的工艺螺孔	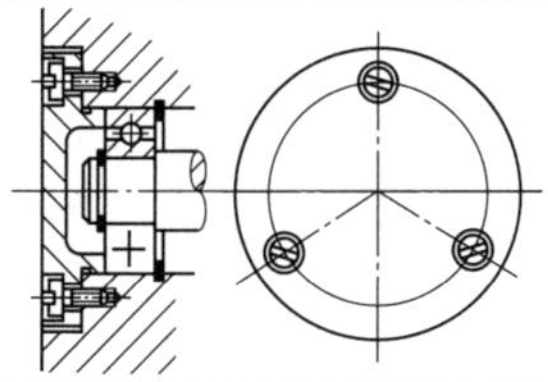	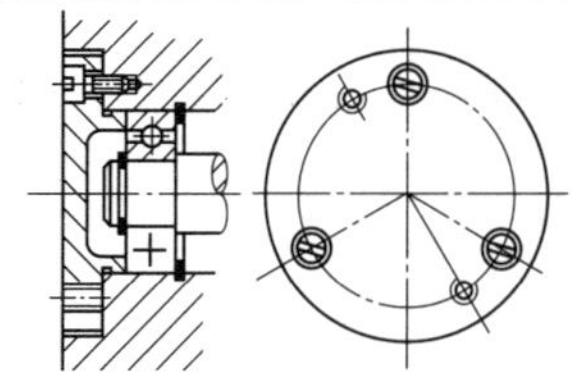	避免使用非正常拆卸方法易损坏零件

续表

序号	注意事项	图例		说明
		改进前	改进后	
2	作出适当的拆卸窗口、孔槽	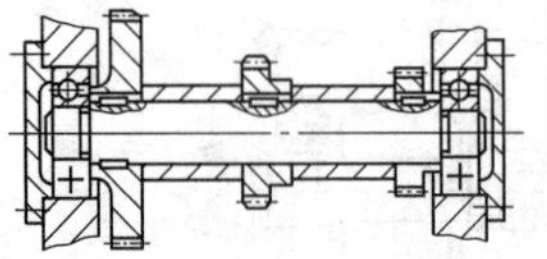	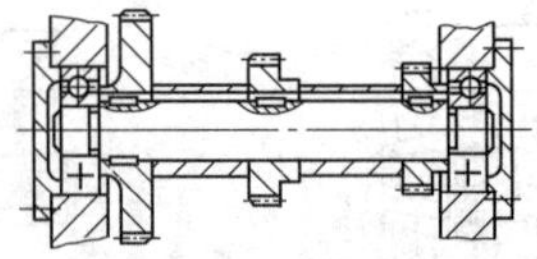	在隔套上作出键槽，便于安装，拆时不需将键拆下
3	当调整维修个别零件时，避免拆卸全部零件	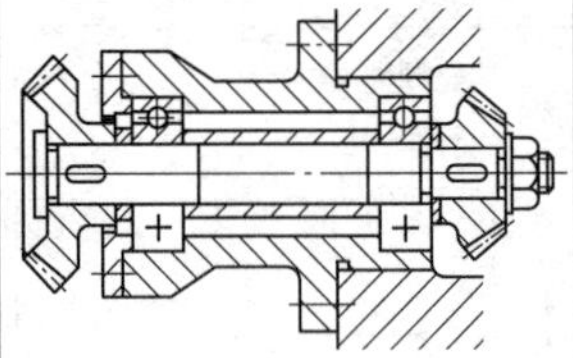	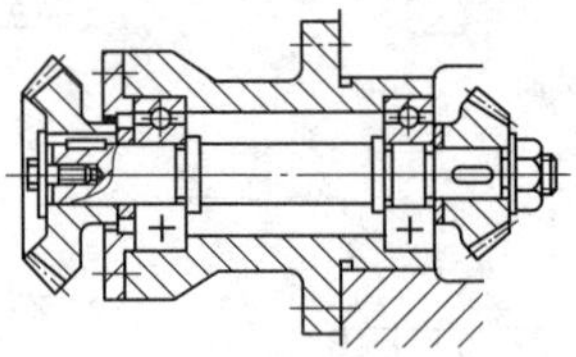	左图在拆卸左边调整垫圈时，几乎需拆下轴上全部零件
4	轴肩及台肩应按规定尺寸设计	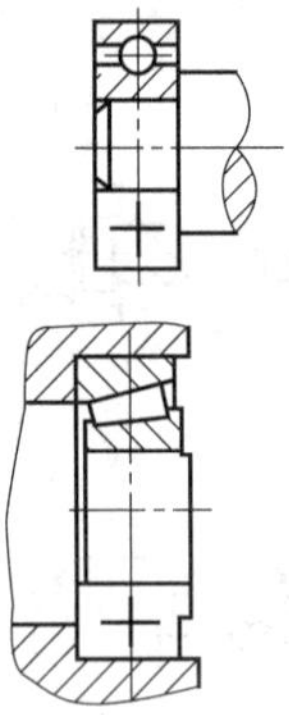 不合理	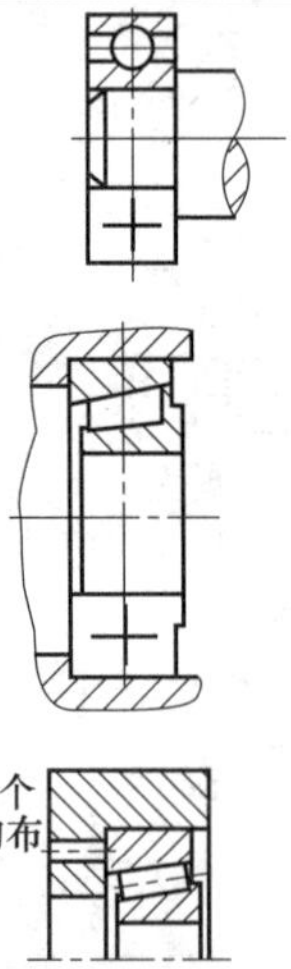 2～4个小孔均布 合理	左图轴肩及台肩过高，轴承不易拆卸 改进后，箱壁上打2～4个工艺孔，轴承外圈拆卸方便
5	要为拆装零件留有必要的操作空间	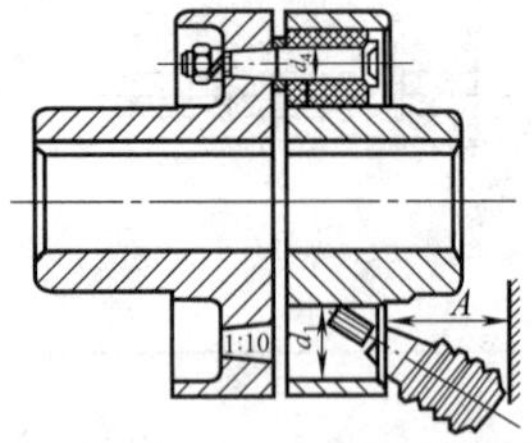 d_4 1:10 d A		弹性圈柱销联轴器的柱销、在不移动其他零件的条件下，应能自由拆卸，尺寸A视拆装柱销而定
		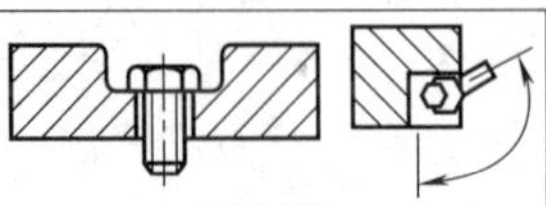 不合理	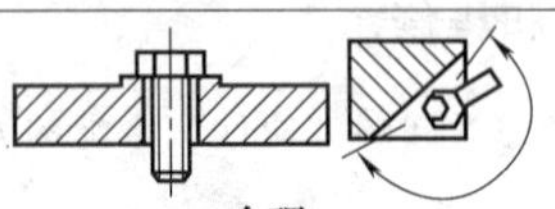 合理	
		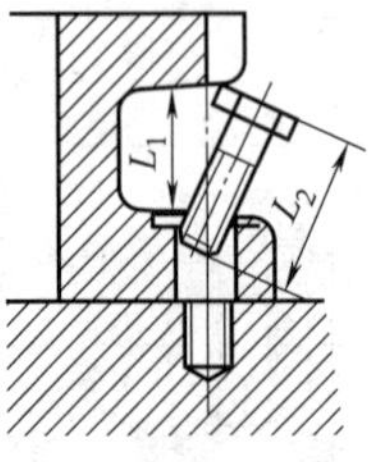 L_1 L_2 不合理	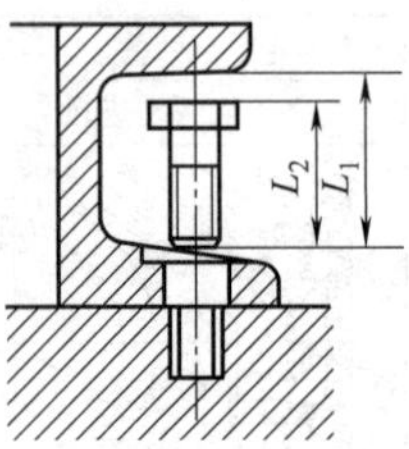 L_2 L_1 合理	改进后，增大了扳手空间，便于拆装

表 2-9-6　考虑修配的方便性

序号	注意事项	图例 改进前	图例 改进后	说明
1	尽量减少不必要的配合面	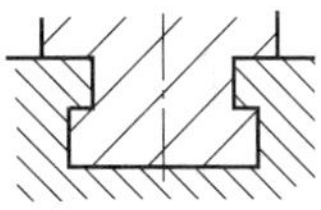	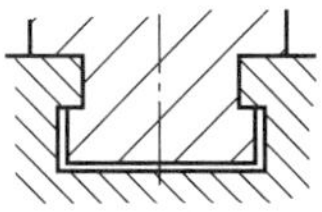	配合面过多，零件尺寸公差要求严格，不易制造，并增加装配时修配工作量
2	应避免配件的切屑带入难以清理的内部	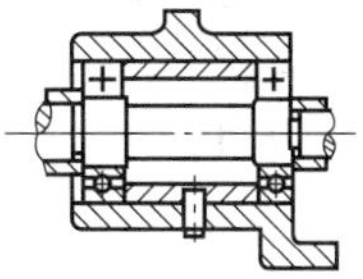	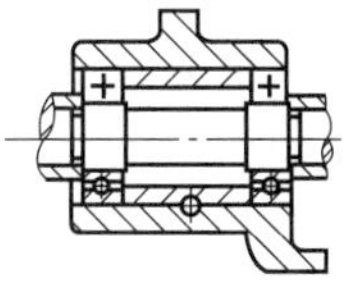	在便于钻孔部位，将径向销改为切向销，避免切屑带入轴承内部
3	减少装配时的刮研和手工修配工作量	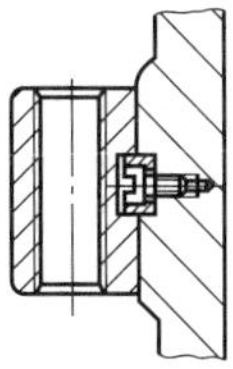	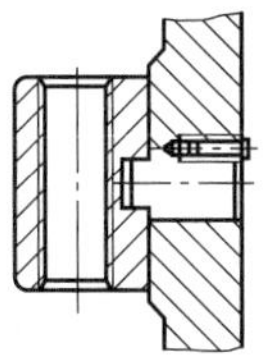	用销定位的丝杠螺母，为保证螺母轴线与刀架导轨的平行度，通常要进行修配，如用两侧削平的螺杆销来代替键，就可转动圆柱销来对导轨调整定位，最后固定圆柱销，不用修配
4	减少装配时的机加工配件	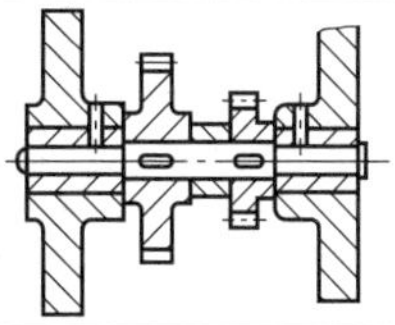	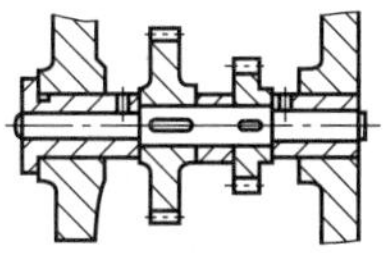	将箱体上配钻的浇油孔，改在轴套上，预先钻出
		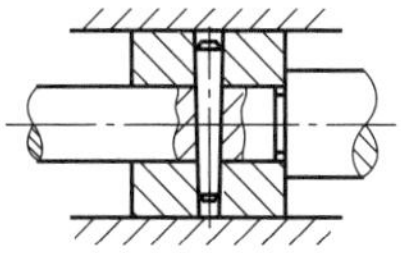	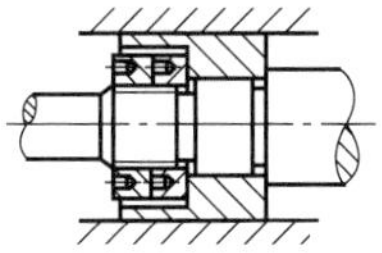	将活塞上配钻销孔的销钉连接改为螺纹连接

表 2-9-7　选择合理的调整补偿环

序号	注意事项	图例 改进前	图例 改进后	说明
1	在零件的相对位置需要调整的部位，应设置调整补偿环，以补偿尺寸链误差，简化装配工作	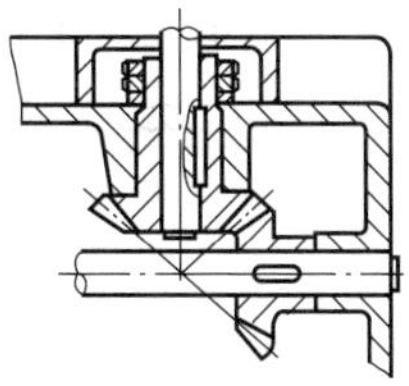	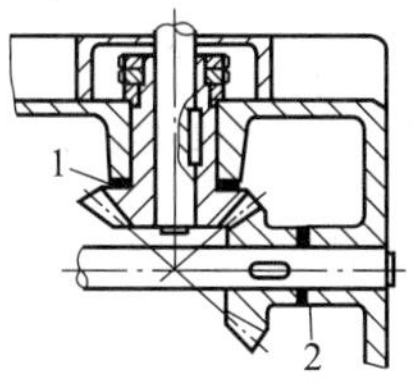 1 2	左图锥齿轮的啮合要靠反复修配支承面来调整，右图可靠修磨调整垫 1 和 2 的厚度来调整
		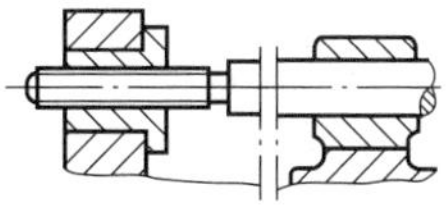	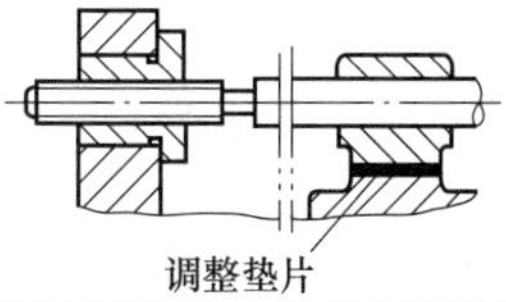 调整垫片	用调整垫片来调整丝杠支承与螺母的同轴度
2	采用可动调整环，改善装配工艺性	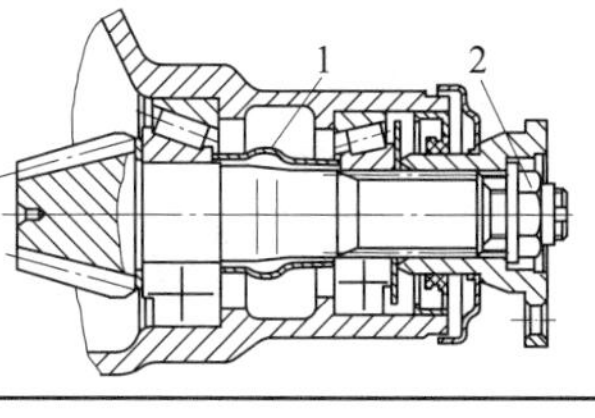 1　2		旋紧螺母 2 可使膨胀套 1 产生弹性变形，利用膨胀套的弹性恢复可方便地调整轴承间隙

续表

序号	注意事项	图例		说明
		改进前	改进后	
3	调整补偿环应考虑调整方便	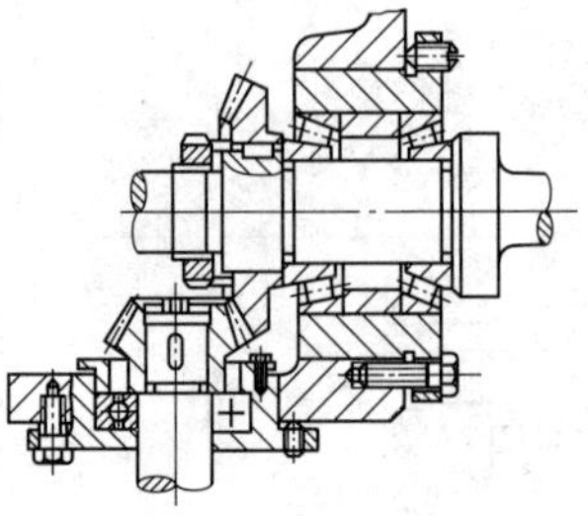		精度要求不太高的部位,采用调整螺钉代替调整垫,可省去修磨垫片,并避免孔的端面加工

表 2-9-8 减少修整外观的工作量

序号	注意事项	图例		说明
		改进前	改进后	
1	零件的轮廓表面,尽可能具有简单的外形和圆滑的过渡			床身、箱体、外罩、盖、小门等零件,尽可能具有简单外形,便于制造装配,并可使外形很好地吻合
2	部件接合处,可适当采用装饰性凸边	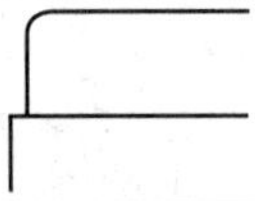	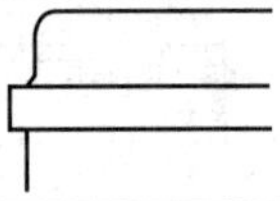	装饰性凸边可掩盖外形不吻合误差、减少加工和整修外形的工作量
3	铸件外形结合面的圆滑过渡处,应避免作为分型面	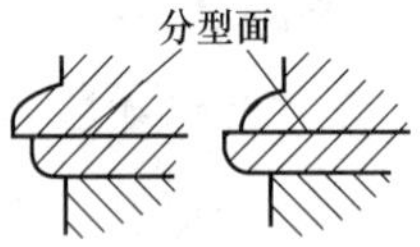 分型面	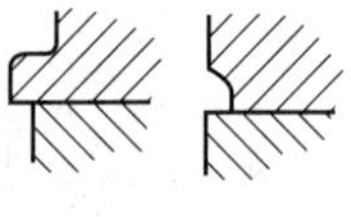	在圆滑过渡处作分型面,当砂箱偏移时,就需要修整外观
4	零件上的装饰性肋条应避免直接对缝连接	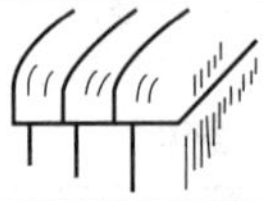	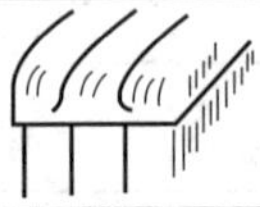	装饰性肋条直接对缝很难对准,反而影响外观整齐
5	不允许一个罩(或盖)同时与两个箱体成部件相连	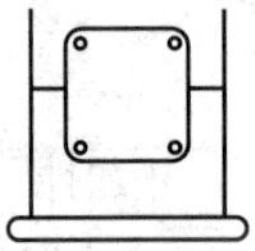	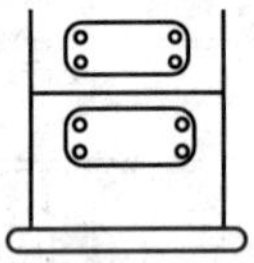	同时与两件相连时,需要加工两个平面,装配时也不易找正对准,外观不整齐
6	在冲压的罩、盖、门上适当布置凸条			在冲压的零件上适当布置凸条,可增加零件刚性,并具有较好的外观

9.2 零部件的维修工艺性要求

机器零部件具有良好的维修工艺性,对于方便维修,延长机器的使用期和降低生产成本是非常重要的。为此,需从如下几方面提高零部件的维修工艺性。

9.2.1 保证拆卸的方便性

前面装配工艺性所讨论的许多示例(见表 2-9-5)可作为保证拆卸方便的参考。

具体措施有:对轴套、环和销等零件,结构上应有自由通路或其他结构措施,使其具有拆卸的可能性;选择适当的配合(特别是对滚动轴承和轴的配合,应严格按标准规定设计);对过盈配合的两个零件以及大型零件上应设置拆卸螺孔等工艺结构以便安置环头螺钉(如结构上已有螺孔,则可直接利用进行拆卸)。

9.2.2 考虑零件磨损后修复的可能性和方便性

在设计时应考虑到由于磨损、疲劳等原因使零件

表 2-9-9　　**考虑修复的可能性和方便性**

序号	注意事项	图例		说　明
		改进前	改进后	
1	大尺寸齿轮应考虑磨损修复的可能性			右图加套易于修复
2	设计应考虑修配的方式	轴肩定位	削面圆销定位	右图修刮圆销面积小，修配方便

失效，甚至整机报废后，机械零件（尤其是由贵重材料制成的零件）应易于拆下。可以按类分组，回收再用，如对一些重要的轴，当轴颈磨损而影响其使用时，可采取的措施有：采用喷涂、喷焊、刷镀等方法加大轴颈。一般修复过程中要进行适当的机械加工，所以要尽量保留加工的定位基准，如中心孔等（见表 2-9-9）。

9.2.3　减少机器的停工维修时间

减少机器的停工维修时间的主要措施有以下几点。

1）避免错误安装。错误安装对装配者而言是应该尽量避免的。但设计者也应考虑到万一错误安装时，不致引起重大的损失，并采取适当措施，这些措施的成本不应该很高。如图 2-9-1 所示轴瓦上的油孔，安装时如反转 180°装上轴瓦，则油孔不通，造成事故，如在对称位置再开一油孔，或再加一个油槽，可避免由错误安装引起的事故。

再如，有些零件有细微的差别，安装时很容易弄错，应在结构设计中突出显示差异。图 2-9-2 中所示双头螺柱，两端螺纹都是 M16 但长度不同，安装时

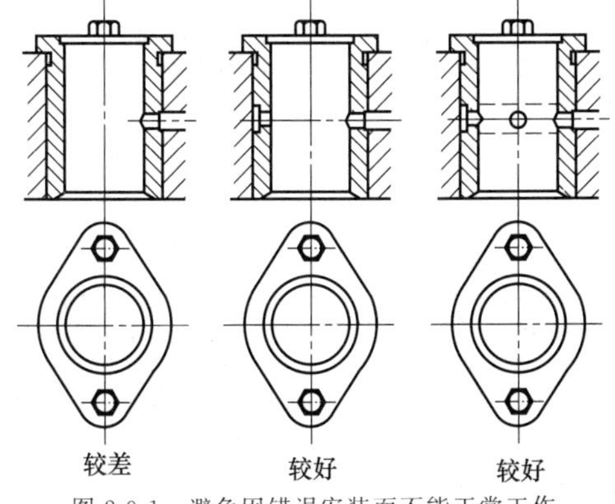

图 2-9-1　避免因错误安装而不能正常工作

容易弄错。如将其中一端改用细牙螺纹 M16×1.5（另一端仍用标准螺纹 M16 螺距为 2mm）则不易错装。如将另一端改为 M18 则更不易装错，但加工较难。

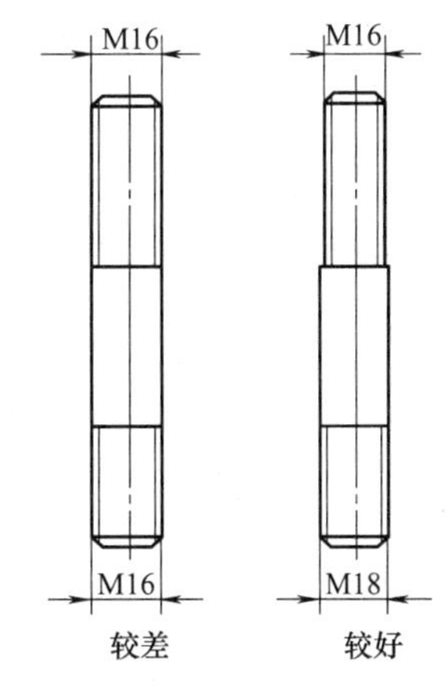

图 2-9-2　采用特殊结构避免错误安装

2）相配零部件间应定位迅速，如表 2-9-10 所示。

3）机器中相邻部件的固定和拆换互不妨碍（见图 2-9-3 及表 2-9-5）。图中的小齿轮拆下时，不应必须拆下固定齿轮的轴。

4）采用独立单元的模块化结构（如表 2-9-1），并配置储备件。

5）维修作业时使用通用工具。

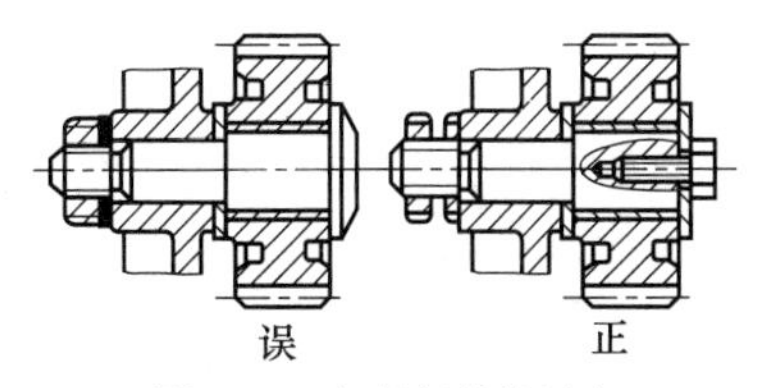

图 2-9-3　相邻部件的固定和拆换互不妨碍

表 2-9-10　　相配零部件间应定位迅速

注意事项	图例		说明
	改进前	改进后	
相配零件间有相互位置要求时,要在零件上作出相应的定位表面,以便能在修配后迅速找正位置	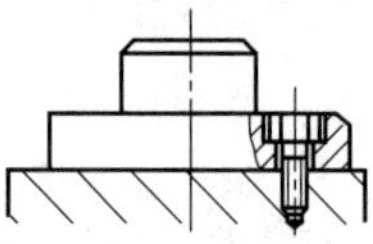	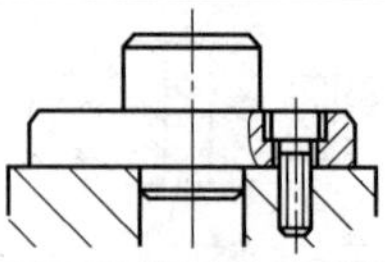	改进后的结构能迅速确定零件间的相互位置关系
		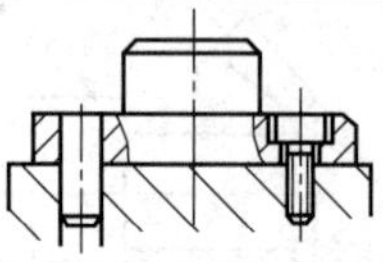	改进后的结构增加了两配作定位销,可迅速确定两零件的相互位置

9.3　过盈配合结构的装配工艺性

过盈配合连接结构简单，加工方便，零件数目少，对中性好，可以用于较高转速下传递转矩。设计过盈配合要选择适当的配合种类和精度等级，使其最小过盈能传递足够大的转矩，而在最大过盈条件下，轴与轮毂装配产生的应力不会导致失效。过盈配合的结构设计必须考虑装拆方便、定位准确，有足够的配合长度。过盈配合结构设计应注意事项见表 2-9-11。

此外，进行过盈配合结构设计时，还应注意以下方面：

1）注意工作温度对过盈配合的影响。当过盈配合的两个零件由不同材料制造时（如钢制的轴与轻合金制的转子相配），如果工作温度较高，则由于两个零件的线胀系数不同，使实际过盈量减小。设计时必须考虑而采取适当的措施。

2）注意离心力对过盈配合的影响。对于高速转动零件间的过盈配合连接（如高速转动的轴与转子），由于离心力的作用，使转子的孔直径增大，因而使轴与轮毂之间的过盈减小，降低了过盈配合的可靠性，设计时必须考虑。

3）要考虑两零件用过盈配合装配后，其他尺寸的变化。如滚动轴承，其内圈与轴装配后，内圈的外径增大。同时，外圈与机座的孔装配后，外圈内径减小，因而滚动轴承装配后，其间隙减小。

4）锥面配合的锥度不宜过小。对于锥面配合，如果所用的锥度太小，则为了产生必要的压紧力，以及加工误差的影响，其轴向移动量变化范围较大。因为当锥度很小时，为了产生必要的压力（相当于产生一定的过盈量）和消除加工误差产生的间隙，当径向变形量一定时，锥度小的要在轴向移动较大距离。此外，锥度小时容易因自锁而发生咬入现象，对铝合金锥角较大也可能发生咬入，因此，铝合金件不宜用锥面配合。

表 2-9-11　　过盈配合结构设计应注意事项

序号	设计时应注意的问题	要点分析
1	相配零件必须容易装入 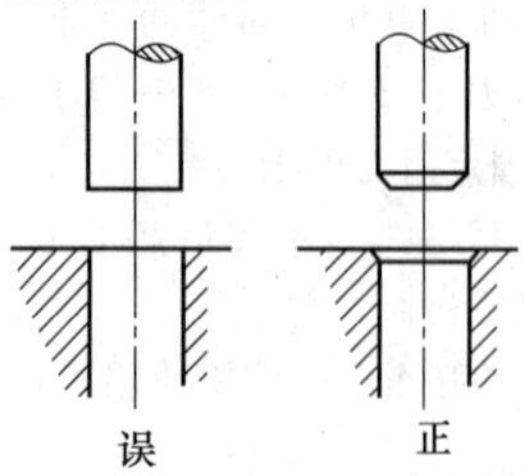 误　　正	过盈配合件在开始装入时是比较难以顺利装入的,因此在相配的两个零件入口处都应作出倒角,或起引导作用的锥面
2	过盈配合件应该有明确的定位结构 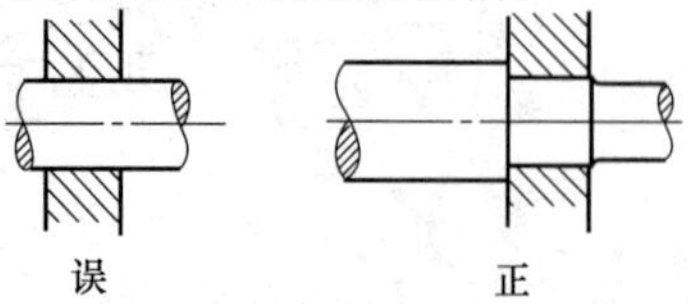 误　　正	过盈配合件相配时,装到什么位置合适,应该有轴肩、轴环、凸台等定位结构,装入的零件靠在定位面上即为安装到位。这是因为过盈配合在压入或用温差法装配时,不易控制零件的位置,完成安装后,又不好调整其位置。在不便于作出轴肩、轴环、凹台时,可以用套筒,定位块定位,甚至可以在安装到位后,再把为安装方便设置的临时定位结构拆除

续表

序号	设计时应注意的问题	要点分析
3	避免同时压入两个配合面 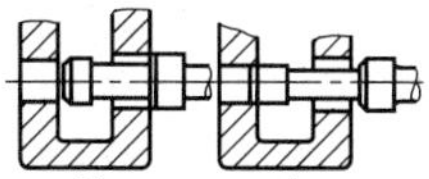 差　正	两个过盈配合表面要求同时压入，安装十分困难。要求能逐个压入，而且要求压入第一个配合面后，第二个配合面能够看见，以便于操作
4	对过盈配合件应考虑拆卸方便 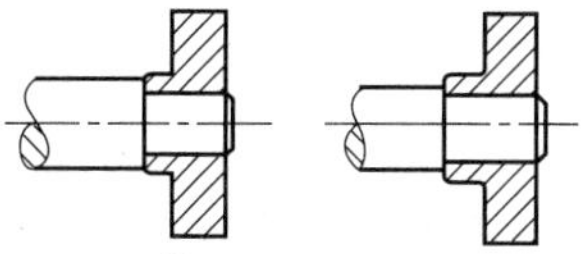 误　正	过盈配合件由于配合很紧，拆卸往往要用较大的力。因此在零件上应有适当的结构以便于拆卸时加力
5	避免同一配合尺寸装入多个过盈配合件 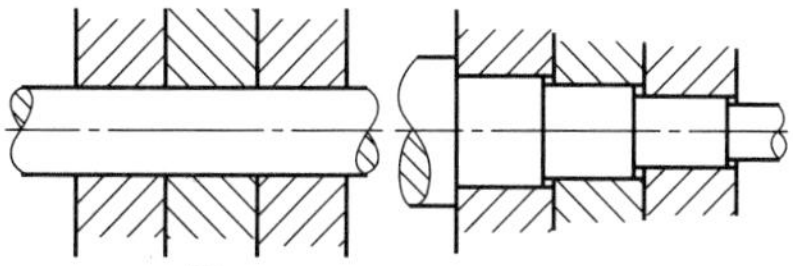 误　正	如在一根等径轴上，用过盈配合安装多个零件，则它的安装、定位、拆卸都是很困难的，安装时压入的距离很长，易损伤配合面，拆卸时同样是困难的。应作成阶梯轴，或采用锥形紧固套结构
6	锥面配合不能用轴肩定位 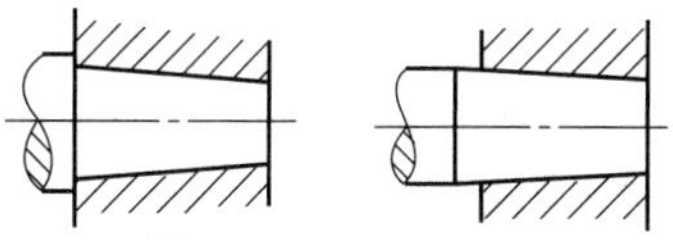 误　正	锥面配合表面，靠轴向压入得到配合面间的压紧力，实现轴向定位并靠摩擦力传递扭矩。对锥面配合不能在轴上用轴肩固定轴上零件，否则可能得不到轴向的压紧力
7	在铸铁件中嵌装的小轴容易松动 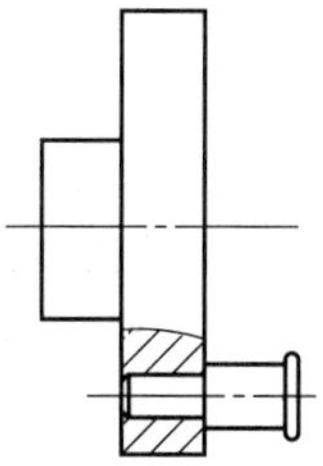	由于铸铁没有明显的屈服极限，在铸铁圆盘上用过盈配合安装的曲柄销，在外载荷的作用下，配合孔边反复承受压力而产生松动。应改变材料或结构
8	不锈钢套因温度影响会使过盈配合松脱 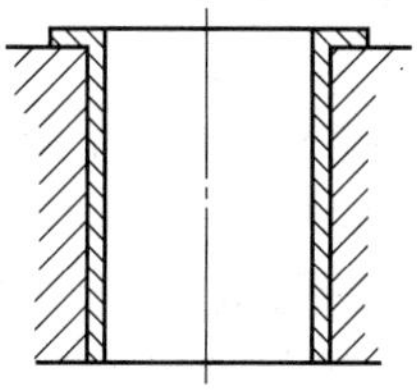	在铸铁座内安装的不锈钢套，因受热后，线胀系数不同，不锈钢套受到较大的热应力。又由于不锈钢没有明显的屈服点，受压后由于塑性变形使气缸套与铸铁座之间原有的过盈配合发生松动
9	过盈配合的轴与轮毂，配合面要有一定长度 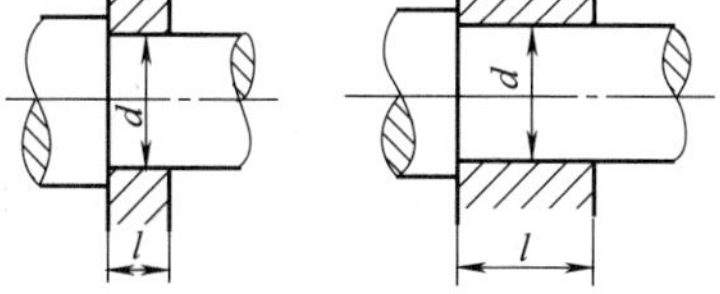 d　l　d　l 误　正	当轮毂与轴采用过盈配合时，配合面要有一定长度，否则轴上零件容易发生晃动。若配合直径为 d(mm)，配合部分长度 l(mm)的最小值推荐为 $l_{\min}=4d_{2}/3$

续表

序号	设计时应注意的问题	要点分析
10	过盈配合与键连接综合运用时，应先装键入槽 较差　较好	过盈配合的轴毂连接面上，如果还有键连接，当过盈配合压入一段后，键与键槽有一些未对准则无法靠平键的圆头使轴转动来调整轴的位置使之插入键槽。因此设计结构时，应使键先插入键槽（如右图减小轴端直径），然后再装入过盈配合。也可把轴端作出较大锥度以利于装配
11	不要令两个同一直径的孔作过盈配合 误　正	在同一轴线上的两个孔，如果直径相同，则压入的轴为一等径轴，此轴压入第一个孔后难免有些歪斜或表面损伤。此轴压入第二个孔时将十分困难。在这种情况下，两孔直径应不同，而且不应同时压入（见序号 3）
12	避免过盈配合的套上有不对称的切口 螺钉 $\phi 40\frac{H}{s}$　$\phi 40\frac{H}{s}$　$\phi 40\frac{H}{h}$　$\phi 40\frac{H}{h}$ 差　较差　好　好	由于套形零件一侧有切口时，其外形将有改变，不开口的一侧将外凸，在切口处将包围件的尺寸加大，可以避免装配时产生的干涉。最好的方案是用 H/h 配合，端部作成凸缘用螺钉固定，或用 H/h 配合，在套上作开通的缺口，用螺钉固定

9.4　自动装配对零部件结构设计的要求

（1）有利于零部件的自动给料

要使零部件能有利于自动给料，应解决零部件的自动定向、自动上料和隔料以及防止缠料和出料堵塞等问题。为此，零部件结构应满足下列要求。

1）零件的几何形状应力求对称。

2）零件结构因功能要求不能对称的，应使其不对称性合理扩大，以便自动定向时能利用其不对称性。

3）零件设计时，应使其结构不至于在自动给料时发生相互缠结。

（2）有利于零件的自动传送

一般装配件从给料装置到装配工位之间的传送，结构上需要满足下列装配工艺性要求：

1）零件除了具有装配基准面以外，还需考虑装夹基准面，以便传送装置装夹和支撑。

2）零部件的结构应带有加工的面和孔，以便传送中定位。

3）圆柱形零件传送中要求确定方位时，应增加辅助定位面，以便传送中准确定向、定位。

4）为便于传送中的导向，杆、轴和套类零件的一端应作成球面或锥面。

5）零件设计时外形应尽量简单、规则。

（3）有利于自动装配作业

为便于自动装配作业以及简化装配设备和自动装配过程，零件应满足下列工艺性要求：

1）组成产品或部件的零件的数量应尽量少。

2）零件上应有装配定位面，以减少自动装配中的测量工作，如将压配合的光轴改为阶梯轴。

3）尽量减少螺纹连接，采用粘接、焊接、过盈连接方式代替。在必须采用螺纹连接时，应注意改进装配工艺性设计。

4）最大限度地采用标准件或通用件。

表 2-9-12　**自动装配对零件的装配工艺性要求**

要　求	图例 改进前	图例 改进后	说　明
零件形状尽可能对称设计，有利于自动给料	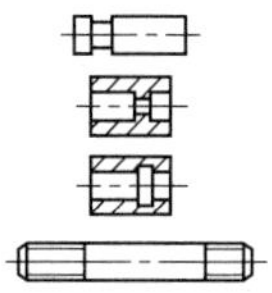	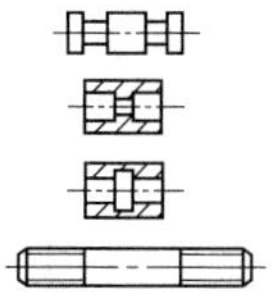	在保证性能要求的前提下，尽量将不对称形状改为对称，便于确定正确位置，避免错装
零件形状不能对称设计时，应使其不对称性合理扩大，有利于自动给料	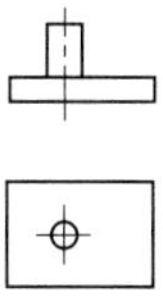	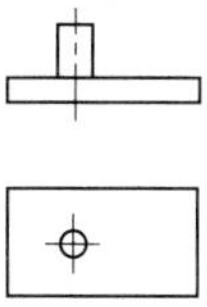	合理扩大不对称部分可以避免错装
防止零件发生相互缠结、镶嵌，有利于自动给料	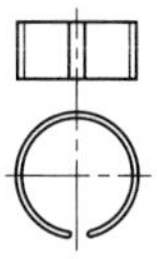	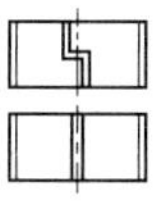	将零件上的通槽改为槽的位置错开的槽，或使槽宽度小于工件壁厚
防止零件发生相互缠结、镶嵌，有利于自动给料	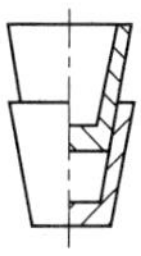	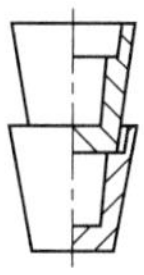	零件具有相同的内外锥度表面时，容易发生相互"卡死"，可将内外锥度改为不等，或增加一内圆柱面
	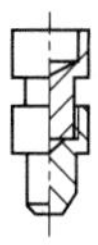	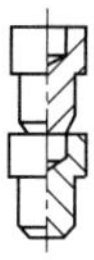	零件的凸出部分易于进入另外同类零件的孔中，造成装配困难，宜使凸出部分直径大于孔径
避免零件之间相互错位，有利于自动传送	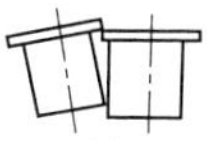 (a) 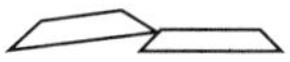 (c)	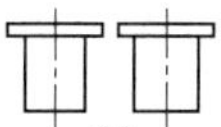 (b)  (d) 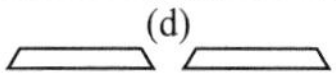 (e)	对输送时易相互错位的零件[图(a)、(c)]，可加大接触面积[图(b)、(d)]或增大接触处的角度[图(e)]
增加装夹面，有利自动传送和自动装配作业	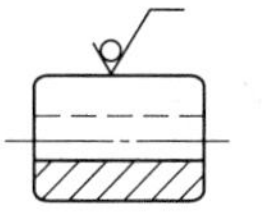	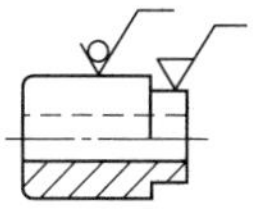	自动装配时，宜将夹紧处车削为圆柱面，使之与内孔同心
增加辅助定位面，使定位简便可靠	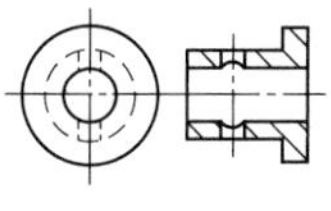	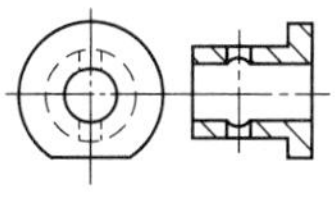	孔的方向要求一定，若不影响零件性能，可铣一小平面，其位置与孔成一定关系，平面较孔易于定位
	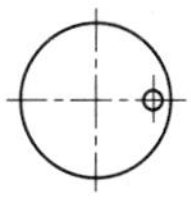	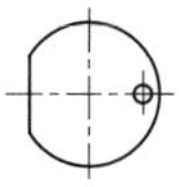	为保证偏心孔的正确位置，可再加工一小平面
零件端面作成球面，有利于自动传送及导向	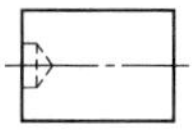	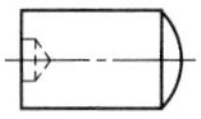	工件端面改为球面，便于导向

续表

要求	图例		说明
	改进前	改进后	
应使零件便于识别，有利于自动装配作业	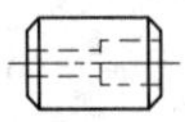	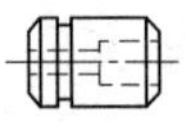	两端孔径不同，但外表无法识别
改进零件结构设计，可简化装配设备，有利于自动装配	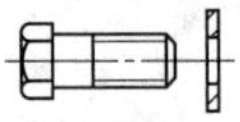	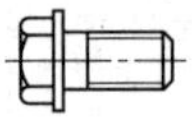	可能做成一体的两个零件要尽可能做成一体，螺钉与垫圈一体时，可节省送料机构
	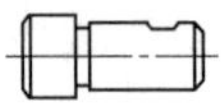	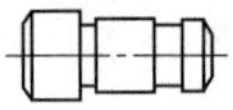	将轴的一端的定位平面改为环型槽，可省去装配时的按径向调整机构
	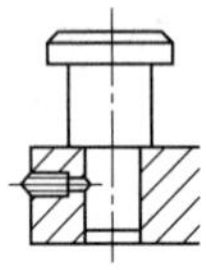	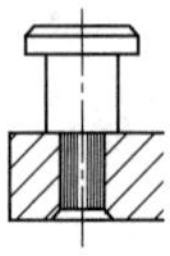	轴一端滚花，与其配合件为过盈配合效果好，便于简化装配

表 2-9-13 自动装配件结构设计示例

序号	要点	实例	
		不好	好
1	为使编排整理方便起见，必要时可把不明显的非对称零件设计成明显的非对称零件	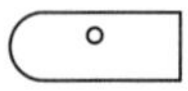	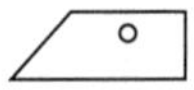
2	零件应尽可能对称，以便简化零件的编排整理	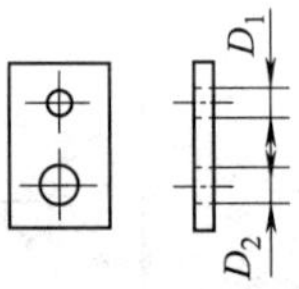 D_1 D_2	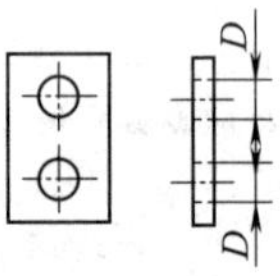 D D
3	定位要连接的零件或部件		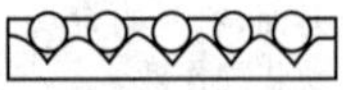 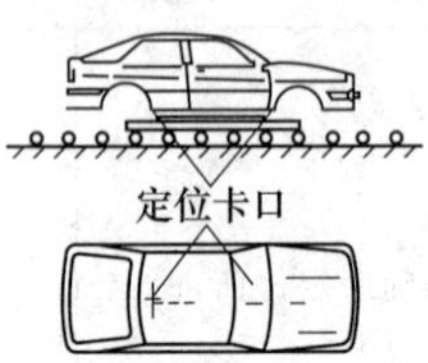
			定位卡口
4	减少要结合的零件的数量	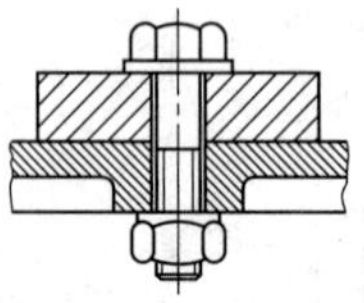	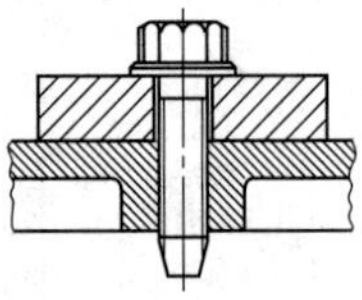

续表

序号	要点	实例	
		不好	好
5	平薄小，不规则等构件必须以固定位置输送给下道工序 左图输送位置不正确，右图构件处于正确输送位置	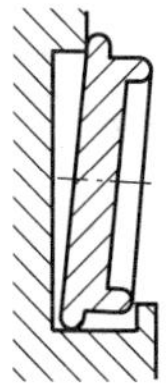	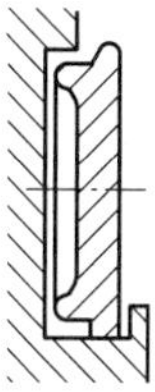
6	尽可能用简单的结合运动，力求短的结合位移	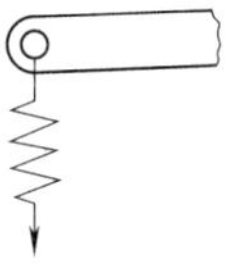	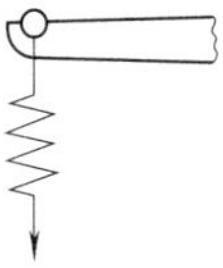
7	力求采用自定位零件	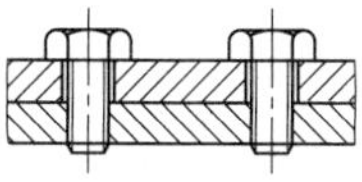	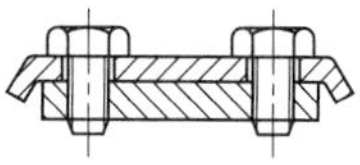
8	尽可能避免车螺纹，如用快速咬入连接代替螺纹连接	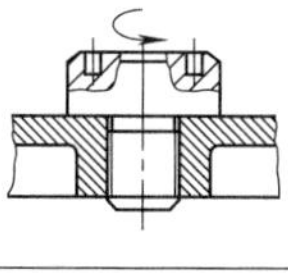	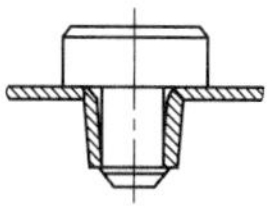
9	为了便于用机械手安装，采用卡扣或内部锁定结构	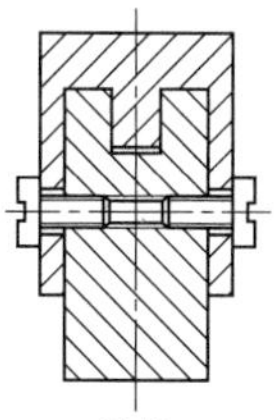 较差	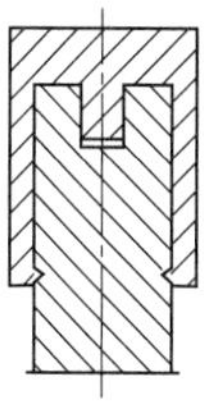 较好
10	紧固件头部应具有平滑直边，以便拾取	 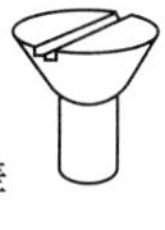 较差	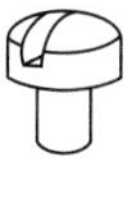 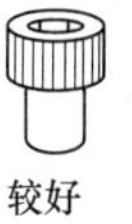 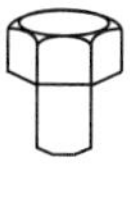 较好
11	自动上料机构供料的零件，应避免缠绕搭接	   误	  正

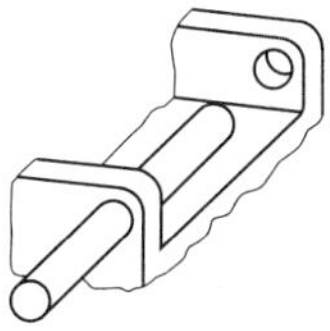

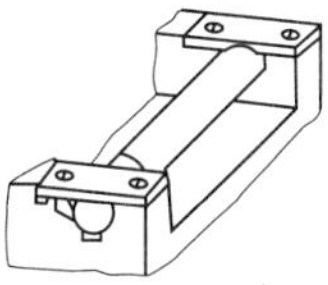

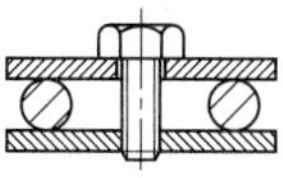

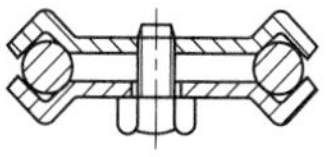

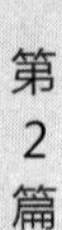

续表

序号	要点	实例	
		不好	好
12	简化装配运动方式	槽 避免：插入需三个方向运动	卡扣 改进：只需单方向运动插入
13	采用对称结构简化装配工艺	较差	较好

参考文献

[1] 闻邦椿. 机械设计手册. 第六版·第1卷. 北京：机械工业出版社，2018.
[2] 成大先. 机械设计手册. 第6版·第1卷. 北京：化学工业出版社，2016.
[3] 吴宗泽. 机械设计师手册（上册）. 北京：机械工业出版社，2006.
[4] 吴宗泽. 机械结构设计——准则与实例. 北京：机械工业出版社，2007.
[5] 赵松年，等. 现代机械创新产品分析与设计. 北京：机械工业出版社，2000.
[6] 蔡兰. 机械零件工艺性手册（第2版）. 北京：机械工业出版社，2006.
[7] 王成焘. 现代机械设计——思想与方法. 上海：上海科学技术文献出版社，1999.
[8] 成大先. 机械设计手册：第1卷. 4版. 北京：化学工业出版社，2002.
[9] 辛一行. 现代机械设备设计手册：第1卷：设计基础. 北京：机械工业出版社，1996.
[10] 印红羽，张华诚. 粉末冶金模具设计手册. 北京：机械工业出版社，2002.
[11] 机械设计实用手册编委会. 机械设计实用手册. 北京：机械工业出版社，2008.
[12] 曹凤国. 特种加工手册. 北京：机械工业出版社，2010.

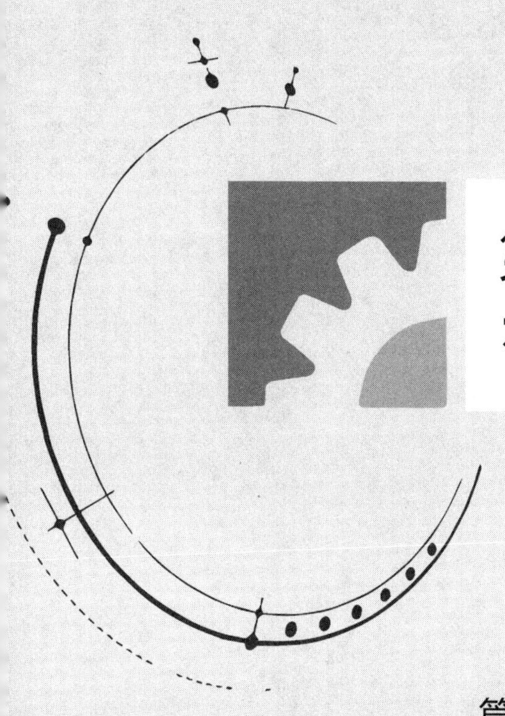

第 12 篇 机械零部件设计禁忌

篇主编：向敬忠
撰　稿：向敬忠　潘承怡　宋　欣
审　稿：于惠力　向敬忠

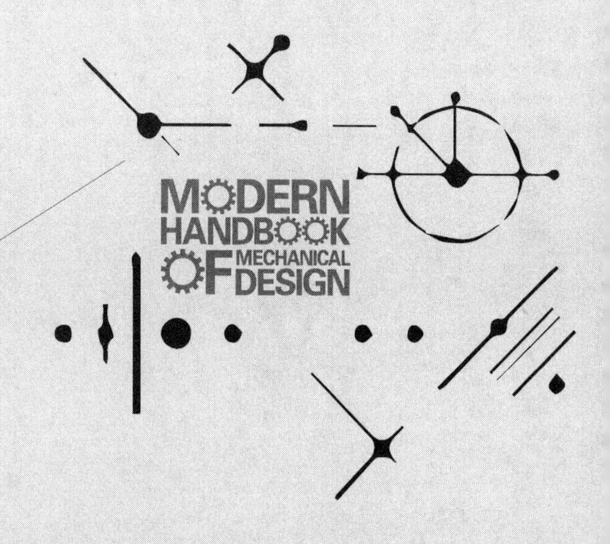

第1章　连接零部件设计禁忌

1.1　螺纹连接

1.1.1　螺纹类型选择禁忌

按螺纹的牙型剖面可分为四种类型：三角形螺纹、矩形螺纹、梯形螺纹和锯齿形螺纹；根据螺纹的头数可分为：单头螺纹、双头螺纹和多头螺纹；根据螺纹的旋向可分为：右旋螺纹及左旋螺纹。各种类型螺纹均有一定的特点及应用场合，选用时应注意有关禁忌问题，见表 12-1-1。

表 12-1-1　　螺纹类型选择禁忌

注意的问题	禁忌示例		说　　明
	禁忌	正确	
三角形螺纹粗牙和细牙的选择问题	在薄壁容器或设备上，采用粗牙螺纹	在薄壁容器或设备上，采用细牙螺纹	三角形螺纹分为粗牙和细牙两种，在外径相同的条件下，细牙螺纹比粗牙螺纹切削深度小，因此根径大，连接强度更高；又由于细牙螺纹的螺距小，在当量摩擦角 ρ_v 一定的情况下，细牙螺纹比粗牙螺纹自锁性更好，强度更高 在薄壁容器或设备上，如采用粗牙螺纹，对薄壁件损伤太大；如采用细牙螺纹，则牙高小，因此对薄壁件损伤小，并且可以提高连接强度和自锁性 在一般机械设备上用于连接的螺纹应采用粗牙，以提高效率和避免滑扣
	在一般机械设备上用于连接的螺纹采用三角形细牙螺纹	在一般机械设备上用于连接的螺纹应采用三角形粗牙螺纹	
螺纹的头数选择问题	用于连接的螺纹选用双头螺纹和多头螺纹	用于连接的螺纹选用单头螺纹	根据螺纹的头数可分为：单头螺纹、双头螺纹和多头螺纹，单头螺纹自锁性好，用于连接，工程上最常用。当要求效率高时，可采用双头螺纹和多头螺纹，但自锁性差
螺纹的旋向选择问题	普通用途的螺纹选用左旋螺纹，特殊情况选用右旋螺纹	普通用途的螺纹选用（默认）右旋螺纹，特殊情况选用左旋螺纹	根据螺纹的旋向可分为：右旋螺纹及左旋螺纹，常用右旋螺纹，特殊情况下才用左旋螺纹。普通用途的螺纹一般选用（默认）右旋，只有特殊情况，例如设计螺旋起重器时，为了和一般拧自来水龙头的规律相同，才选用左旋螺纹，或煤气罐的减压阀也选用左旋螺纹
螺纹类型选择问题	在一般机械设备上，用于连接的螺纹应采用矩形、梯形和锯齿形螺纹	在一般机械设备上，用于连接的螺纹应采用三角形螺纹	按螺纹的牙型剖面可分为四种类型：三角形、矩形、梯形和锯齿形。三角形螺纹：其牙型角 $\alpha=60°$，截面形状为等腰梯形。因为牙型角 α 大，所以当量摩擦系数 f_v 大，从而当量摩擦角 ρ_v 也大。根据螺纹副的自锁性条件：螺旋升角 φ 小于当量摩擦角，即 $\varphi\leqslant\rho_v$，因此三角形螺纹恒能满足自锁条件，用于连接。而矩形螺纹、梯形螺纹和锯齿形螺纹牙型角 α 小，不易满足自锁条件，因此不能用于连接，而用来传力
	在一般机械设备上，用于传力的螺纹应采用三角形螺纹	在一般机械设备上，用于传力的螺纹应采用矩形、梯形和锯齿形螺纹	
	为了得到高的传动效率而采用梯形螺纹	为了得到高的传动效率必须采用矩形螺纹，单向传动时可采用锯齿形螺纹	矩形螺纹：其牙型剖面为正方形，因此牙型角小（$\alpha=0°$），当量摩擦角 ρ_v 小 $\left(\rho_v=\dfrac{f}{\cos\alpha/2}\right)$，因此效率 η 高 $\left(\eta=\dfrac{\tan\varphi}{\tan(\varphi+\rho_v)}\right)$。锯齿形螺纹一侧牙侧角 $\alpha=3°$，当其为工作面时，效率比矩形螺纹略低。梯形螺纹牙型角为 $\alpha=30°$，因此当量摩擦角 ρ_v 大，其效率 η 最低

续表

注意的问题	禁忌示例		说　明
	禁忌	正确	
螺纹类型选择问题	为了得到高的强度而采用矩形螺纹	为了得到高的强度，不能采用矩形螺纹，应采用梯形或锯齿形螺纹	由于梯形螺纹比矩形螺纹根部面积大，因此其强度比矩形螺纹高。也可采用锯齿形螺纹：其牙型剖面为锯齿形，一侧牙侧角 $\alpha=30°$，另一侧(即工作面)牙侧角 $\alpha=3°$，因此，比矩形螺纹根部面积大、强度高，但比梯形螺纹根部面积小，因此强度比梯形螺纹稍低
	选用锯齿形螺纹作为双面都能工作的螺纹	选用锯齿形螺纹只能单面工作，双面都能工作的螺纹只能选矩形和梯形螺纹	锯齿形螺纹：其牙型剖面为锯齿形，一侧牙侧角 $\alpha=30°$，另一侧(即工作面)牙侧角 $\alpha=3°$，如果将另一侧也作工作面，则效率会低，发挥不了其效率高、强度高的优越性。选矩形和梯形螺纹双面都能工作

1.1.2 螺纹连接类型选用禁忌

用螺纹零件构成的可拆连接称螺纹连接。工程上常用的螺纹连接有四种基本类型：螺栓连接、螺钉连接、双头螺柱连接和紧定螺钉连接；还有两个特殊类型：地脚螺栓连接与吊环螺栓连接。

螺栓连接用于被连接件不太厚并且能够穿透的情况，分为两种结构：普通螺栓连接和铰制孔光制螺栓连接。普通螺栓连接也称受拉螺栓连接，通孔为钻孔，因此加工精度要求低，螺杆穿过通孔与螺母配合使用，装配后孔与杆间有间隙，并在工作中保持不变；铰制孔光制螺栓连接也称受剪螺栓连接，螺栓杆和螺栓孔采用基孔制过渡配合，能精确固定被连接件的相对位置，并能承受横向载荷，但是孔的加工精度要求高，需钻孔后铰孔，故可作定位用。螺栓连接结构简单，装拆方便，使用时，不受被连接件的材料限制，可多次装拆，是工程中应用最广泛的一种螺纹连接方式。双头螺柱连接适用于被连接件之一较厚（此件上带螺纹孔）、且经常拆卸的场合；螺钉连接也适用于被连接件之一较厚的场合，但是由于经常拆卸，容易使被连接件螺纹孔损坏，所以用于不需经常装拆的地方或受载较小的情况。紧定螺钉连接利用杆末端顶住另一零件表面或旋入零件相应的缺口中，以固定零件的相对位置，可传递不大的轴向力或扭矩，多用于轴上零件的固定。各种类型的螺纹连接均有一定的特点及应用场合，正确选择螺纹连接的类型是螺纹连接设计的重要问题之一，选用时应注意有关禁忌问题，见表 12-1-2。

表 12-1-2　　螺纹连接类型选用禁忌

注意的问题	禁忌示例	说　明
普通螺栓连接的结构设计问题	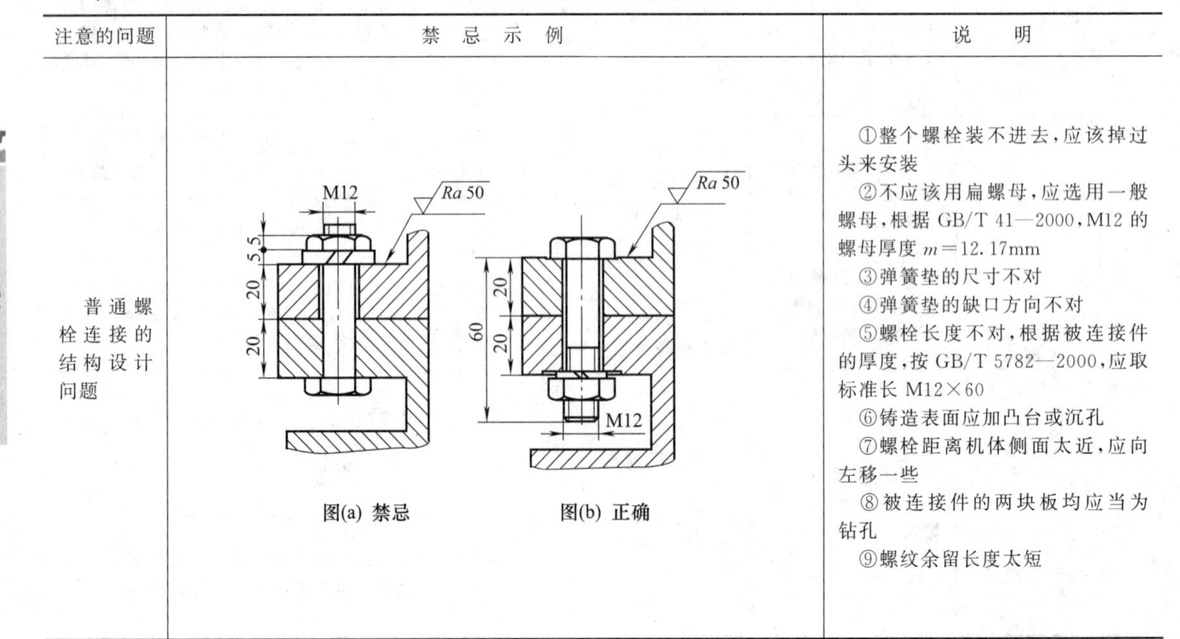 图(a) 禁忌　图(b) 正确	①整个螺栓装不进去，应该掉过头来安装 ②不应该用扁螺母，应选用一般螺母，根据 GB/T 41—2000，M12 的螺母厚度 $m=12.17$mm ③弹簧垫的尺寸不对 ④弹簧垫的缺口方向不对 ⑤螺栓长度不对，根据被连接件的厚度，按 GB/T 5782—2000，应取标准长 M12×60 ⑥铸造表面应加凸台或沉孔 ⑦螺栓距离机体侧面太近，应向左移一些 ⑧被连接件的两块板均应当为钻孔 ⑨螺纹余留长度太短

续表

注意的问题	禁忌示例	说明
螺钉连接结构设计问题	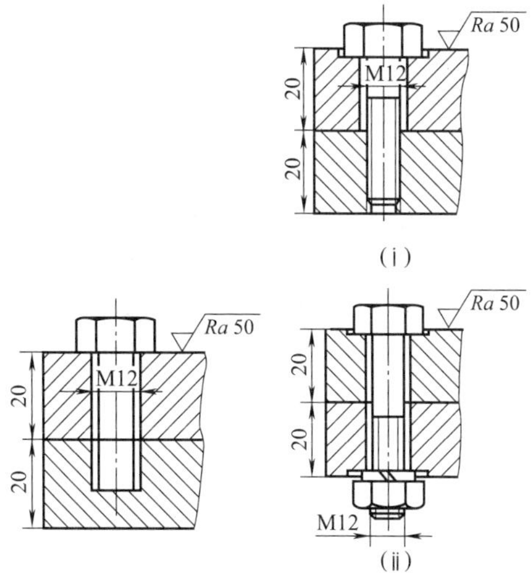 图(a) 禁忌　图(b) 正确	①此结构不应用螺钉连接，因为被连接件的两块板都比较薄，只有当被连接件有一个很厚、钻不透时才采用螺钉连接。本结构应当改为螺栓连接，具体结构和尺寸如图（ⅰ）所示 ②如果一定要设计为螺钉连接，则上边的板应该开通孔，螺钉的螺纹应与下边板的内螺纹相拧紧；被连接件即下边的板也应当有内螺纹；一般可不必采用全螺纹，改正后的结构如图（ⅱ）所示
双头螺柱连接结构设计问题	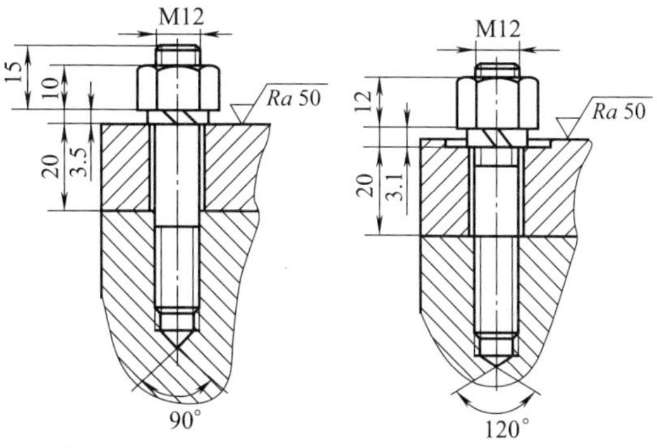 图(a) 禁忌　图(b) 正确	①双头螺柱的光杆部分不能拧进被连接件的内螺纹 ②锥孔角度应为 120°，且画到了外螺纹的外径，应该画到钻孔的直径处 ③被连接件为铸造表面，安装双头螺柱连接时必须将表面加工平整，故采用沉孔 ④螺母的厚度不够 ⑤弹簧垫的厚度不对，改正后的结构如图(b)所示
紧定螺栓连接结构设计问题	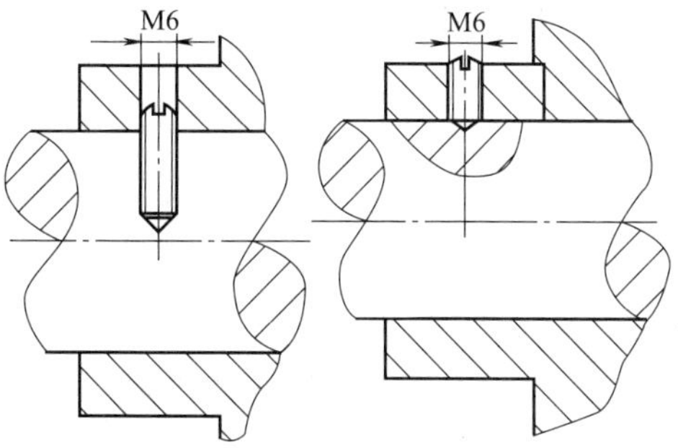 图(a) 禁忌　图(b) 正确	①螺钉掉在坑里，无法拧进，因为轴套上为光孔，没加工成螺纹，因此螺栓拧不进；应当在轴套上加工成内螺纹 ②轴上无螺纹，螺钉拧不进，无法与紧定螺钉的螺纹相拧合。建议进行如下设计改进：如果载荷较小，可以改为如图(b)所示的结构，即轴套上加工成螺纹与紧定螺钉的螺纹相拧合，抵紧在轴上进行定位；如果载荷较大，可以在轴上钻孔、攻丝，将紧定螺钉与轴上的内螺纹拧紧

续表

注意的问题	禁忌示例	说明
螺纹公差及精度标注不完整	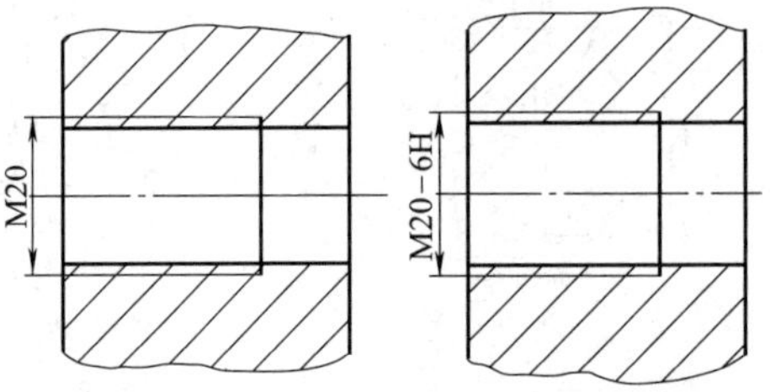 M20　M20−6H 图 (a)　禁忌　图 (b)　正确	内螺纹为不完整的标注，没有标出公差，应改为完整的三角形内螺纹的标注
	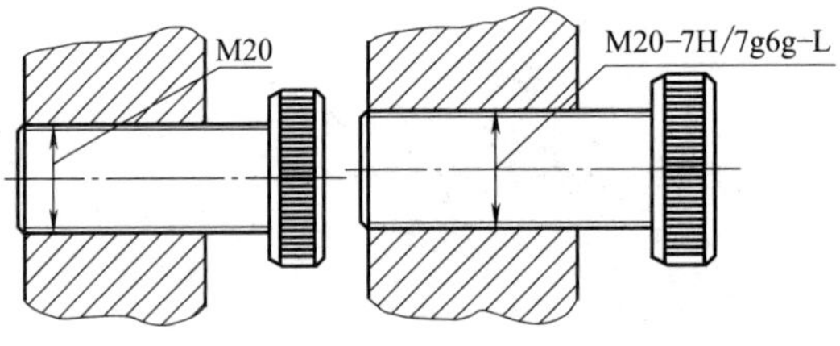 M20　M20−7H/7g6g−L 图 (a)　禁忌　图 (b)　正确	图(a)为不完整的三角形螺纹连接的标注，没有标出公差；应改为完整的螺纹副的标注
	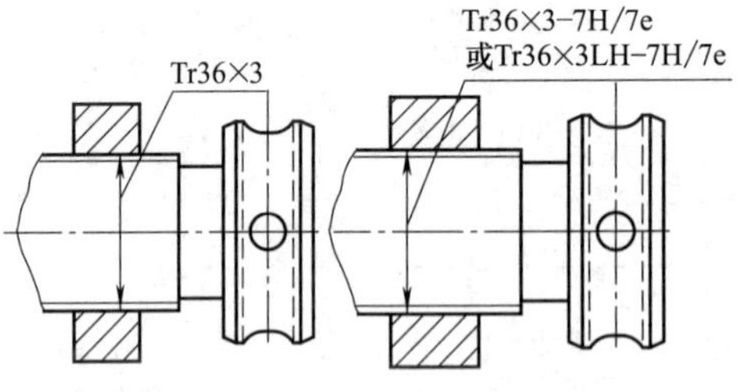 Tr36×3　Tr36×3−7H/7e 或Tr36×3LH−7H/7e 图 (a)　禁忌　图 (b)　正确	图(a)为不完整的梯形螺纹副的标注，没有标出公差；应改为完整的螺纹副的标注。横线上面的标注为右旋螺纹；如果为左旋螺纹，则按横线下面的标注

1.1.3　螺栓组连接的受力分析禁忌

螺栓一般都成组使用，因此设计螺栓直径时，必须首先分析计算出作用于一组螺栓几何形心的外力是轴向力、横向力、扭矩还是翻倒力矩，并计算出大小。然后根据该外力的大小，求出一组螺栓中受力最大的螺栓所受的力，再针对该螺栓受的力进行强度计算，以便确定直径。螺栓组连接的受力分析禁忌见表 12-1-3。

表 12-1-3　**螺栓组连接的受力分析禁忌**

注意的问题	禁忌示例	说明
外力与螺栓组几何形心问题	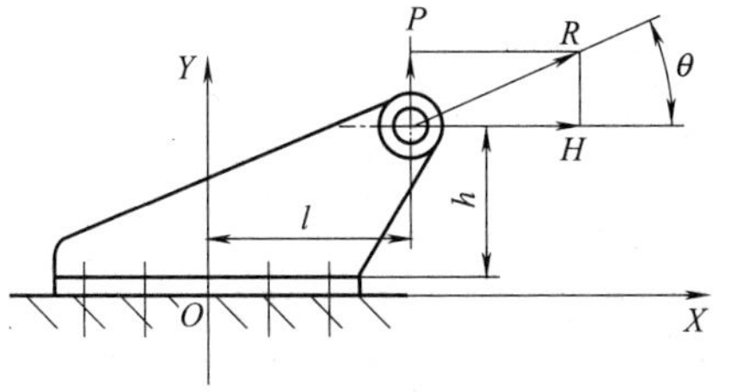 图(a)　禁忌 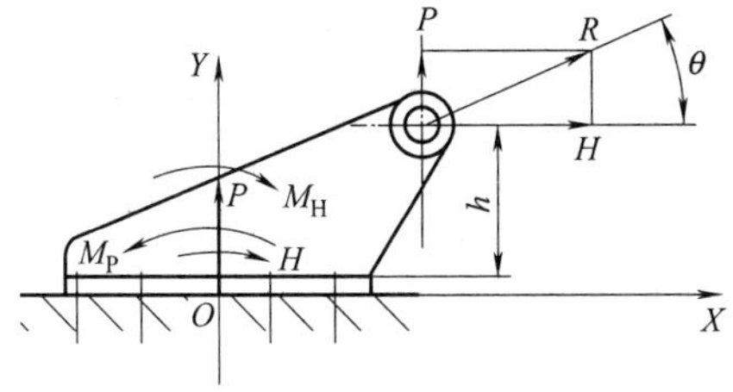 图(b)　正确	进行螺栓组受力分析时，必须将外力移到螺栓组几何形心后再代入公式中计算。图中将外力 R 分解为水平方向的力 H 和垂直方向的力 P 是对的，但是，如果直接将横向力、轴向力代入受力分析公式进行计算，则是错误的。正确的方法应当将水平方向的力 H 和垂直方向的力 P 移到螺栓组几何形心（图中的 O 点），水平方向的力 H 变为横向力 H 及翻倒力矩 M_H，顺时针方向；垂直方向的力 P 变为轴向力 P 及翻倒力矩 M_P，逆时针方向，总的翻倒力矩 M 为 M_H 与 M_P 之代数和。然后，再代入公式进行计算
扭矩与翻倒力矩问题	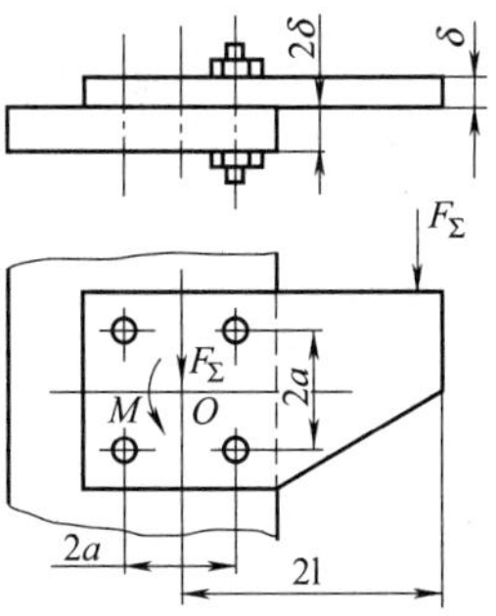 图(a)　禁忌 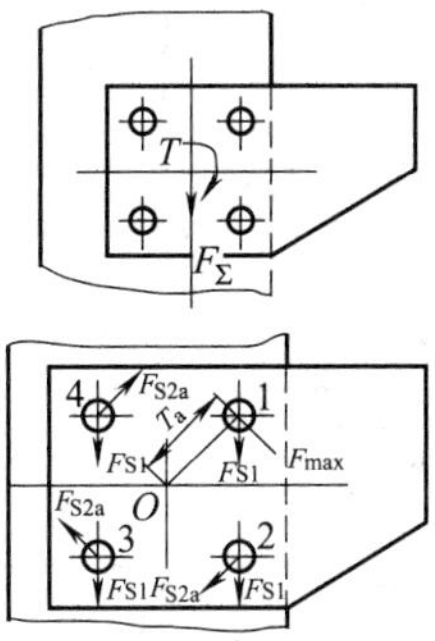　图(b)　正确	进行受力分析时，如果将外力 F_Σ 移到螺栓组几何形心是一个横向力和翻倒力矩 M，那是极大的错误，因为该力矩的方向是垂直于螺栓的轴线。正确的受力分析如图所示：外力 F_Σ 移到螺栓组几何形心是一个横向力和扭矩 T；只有当该力矩的方向是平行于螺栓的轴线时，将外载荷移到螺栓组几何形心才是翻倒力矩 M
外力是横向力螺栓不一定受剪切的问题	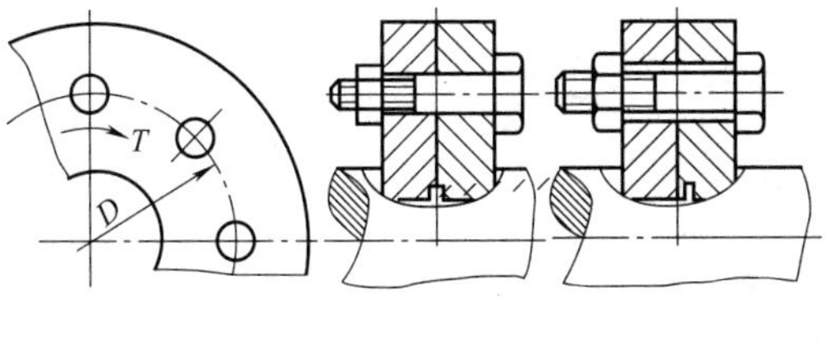 图(a)　图(b)　图(c)	图(a)联轴器外载荷为转矩，螺栓受横向力有受剪切的可能性，但不一定受剪切，要看设计成受剪螺栓还是受拉螺栓，如果设计成受剪螺栓（即铰制孔光制螺栓），如图(b)所示，螺栓受剪切。如果设计成如图(c)所示，受拉螺栓连接，横向力被接缝面间的摩擦力平衡；螺栓组受的转矩则被接缝面间的压力产生的摩擦力矩平衡，压力是由于螺栓受预紧力 F' 作用使连接件受到夹紧力而产生，从而螺栓没有受到剪切而只受拉

1.1.4　螺纹连接的结构设计禁忌

工程中螺栓常成组使用，单个使用极少。螺栓组结构设计的好坏直接影响设计质量，因此，必须研究螺栓组的结构设计。结构设计的原则要多方面考虑，例如：螺栓组的布局要尽量合理；螺栓组要有合理间距、适当边距，以利于扳手装拆；避免偏心载荷作用等因素。螺纹连接的结构设计禁忌见表 12-1-4。

表 12-1-4　　螺纹连接的结构设计禁忌

注意的问题	禁忌示例	说明
螺钉(栓)螺纹连接部分结构问题	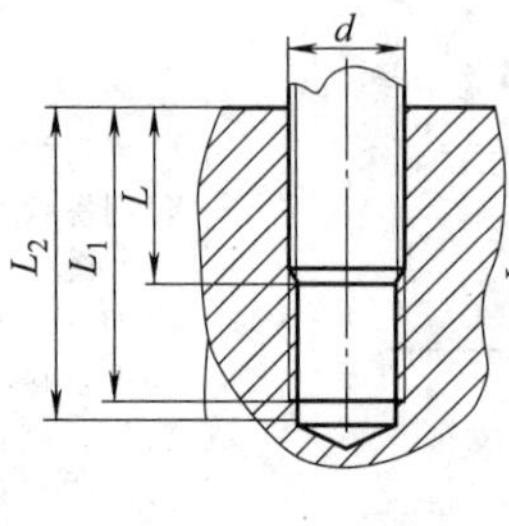 图(a)　禁忌 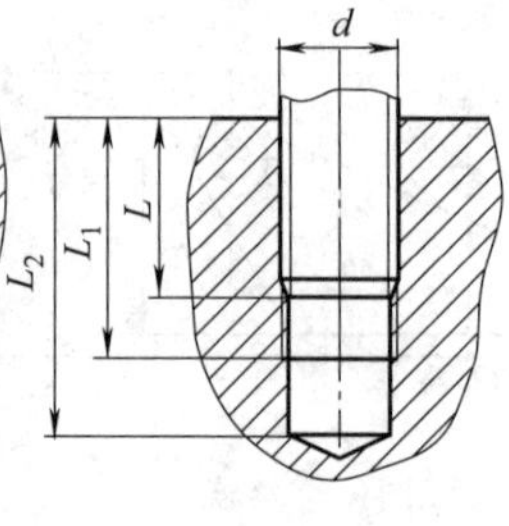　　图(b)　正确	螺钉的钻孔深度 L_2、攻螺纹深度 L_1 都没按标准标出，正确的结构应如图(b)所示：钻孔、攻螺纹、旋入深度必须按标准查出
特殊结构的螺栓拆卸问题	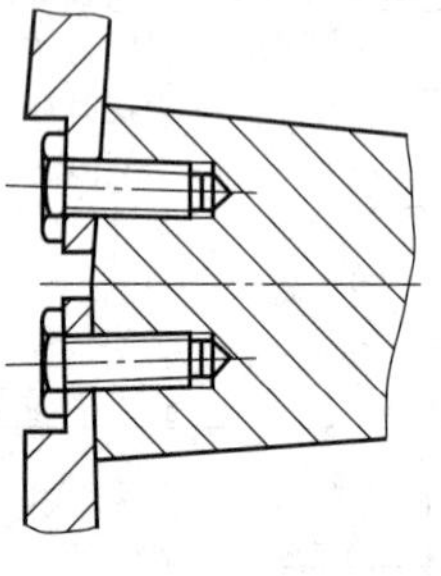 图(a)　禁忌 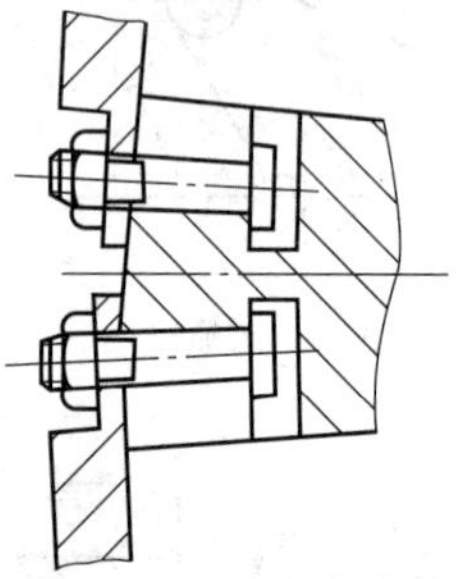　　图(b)　正确	图(a)所示为磁选机盖板与铜隔块的连接，螺栓或螺钉是用碳钢制作的。如采用左图连接结构，螺钉在运行中受到磁拉力脉动循环外载荷作用，易早期疲劳，出现螺钉卡磁头，造成螺钉折断，螺钉不便于取出。应采用图(b)所示的结构，成倒挂式连接，一旦出现螺栓折断，更换方便，昂贵的隔块也不会报废
高强度连接螺栓应配套使用问题	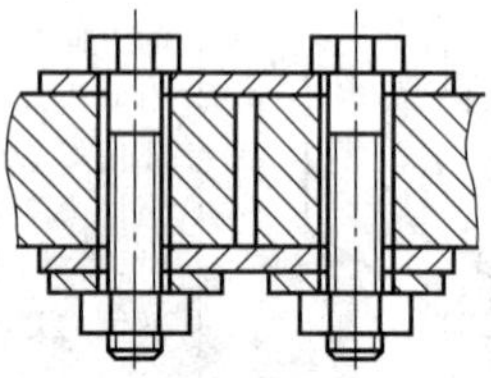 图(a)　禁忌 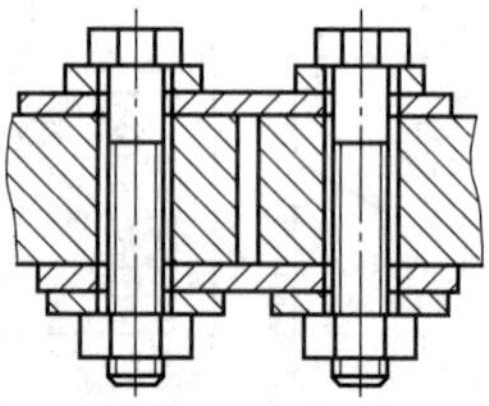　　图(b)　正确	图(a)中连接件不全，只有一个垫圈，容易造成连接体表面挤压损坏，应由两个高强垫圈组成，如图(b)所示。另：装配图上应在图纸中注明预紧力要求及注明必须用力矩扳手或专用扳手拧紧，使连接性能达到预期效果。同时对连接件表面应注明特殊要求，例如进行喷丸(砂)处理等
滑动件的螺钉固定问题	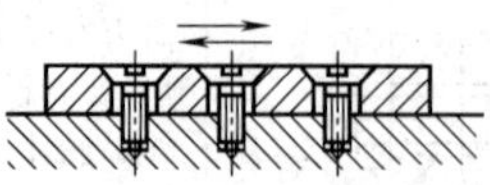 图(a)　禁忌 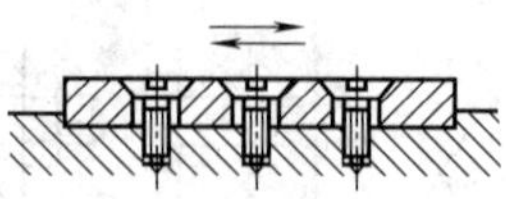　　图(b)　正确	图(a)中只用沉头螺钉固定滑动件，例如滑动导轨，这样固定只有一个螺钉能保证头部紧密结合，另外几个螺钉因存在加工误差而不能紧密结合，在往复载荷作用下必然造成导轨的窜动。正确的结构如图(b)所示，采用在端部能防止导轨窜动的结构
吊环螺钉的固定	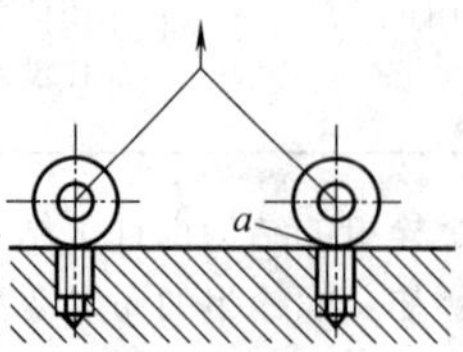 图(a)　禁忌 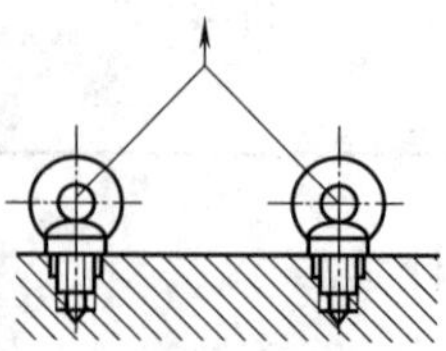　　图(b)　正确	图(a)中吊环螺钉是错误的结构，因为吊环螺钉没有紧固座面，受斜向拉力极容易在 a 处发生断裂而造成事故，正确的结构如图(b)所示，应当采用带座的吊环螺钉

续表

注意的问题		禁忌示例	说明
螺栓组连接的结构设计	圆形布置的螺栓组设计问题	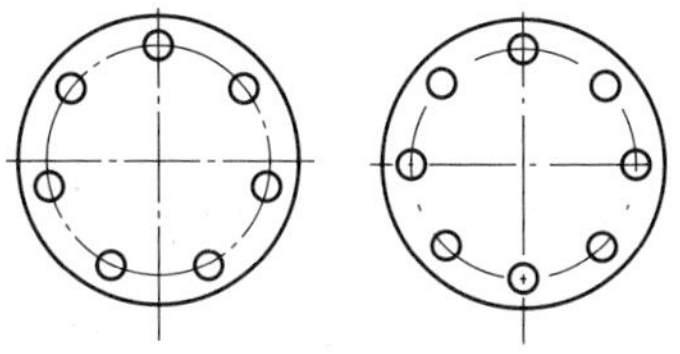 图(a) 禁忌 图(b) 正确	图(a)中圆形布置的螺栓组设计成7个螺栓(奇数),不便于加工时分度,应设计成偶数才便于分度及加工,如图(b)8个螺栓。得出结论:分布在同一圆周上的螺栓数目应取6、8、12等易于分度的偶数,以利于划线钻孔
	气密性螺栓组设计问题	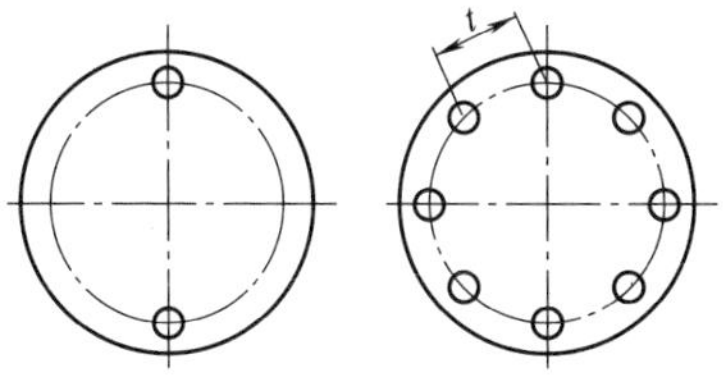 图(a) 禁忌 图(b) 正确	图(a)中设计成两个螺栓是不合理的,因为气密性要求高的螺栓组连接钉距 t 不能取得过大,这样不能满足连接紧密性的要求,容易漏气。因此气密性要求高的螺栓组连接应取钉距 $t \leqslant 2.5d$ 才合理,d 为螺栓外径
	平行力的方向螺栓排列问题	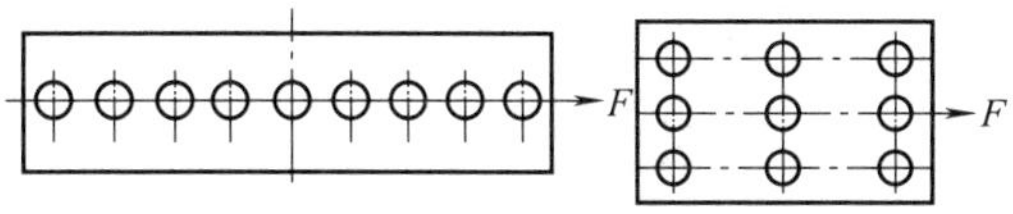 图(a) 禁忌 图(b) 正确	图(a)中在平行外力 F 的方向并排布置9个螺栓,使螺栓受力不均,且钉距太小。建议改为如图(b)所示的布置,使螺栓受力均匀,还要注意螺栓排列应有合理的钉距、边距并留有扳手空间
	螺纹孔边设计问题	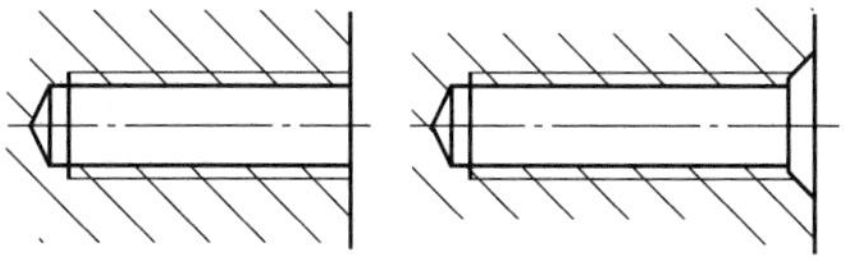 图(a) 禁忌 图(b) 正确	图(a)中螺纹孔边没倒角,拧入螺纹时容易损伤孔边的螺纹。改正后如图(b)所示,螺纹孔边应该加工成倒角
	箱体螺纹孔的设计问题	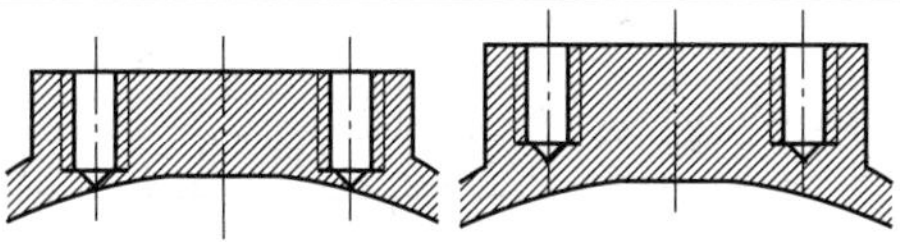 图(a) 禁忌 图(b) 正确 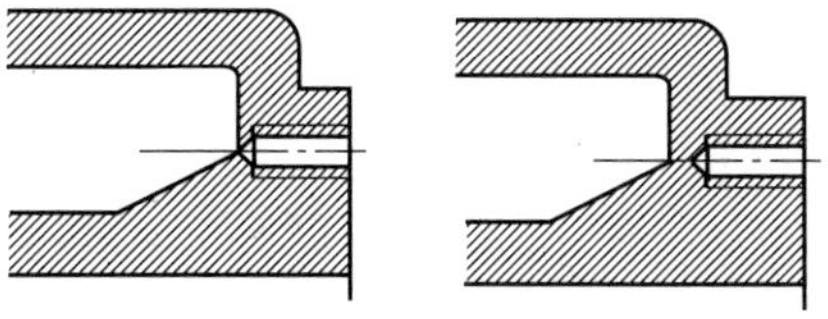 图(c) 禁忌 图(d) 正确	图(a)中箱体的螺纹孔是不合理的错误结构,因为此结构没有留出足够的凸台厚度,应采用如图(b)所示的结构。尤其在要求密封的箱体、缸体上开螺纹孔时,更不允许采用图(c)结构,因为此结构没有足够的凸台厚度,容易在加工足够深度的螺纹孔时,将螺纹孔钻透而造成泄漏。在设计铸造件时,应考虑预留足够厚度的凸台,更应该考虑到铸造工艺误差非常大的弱点,留出相当大的加工余量,如图(d)所示
	高速旋转部件的螺栓设计	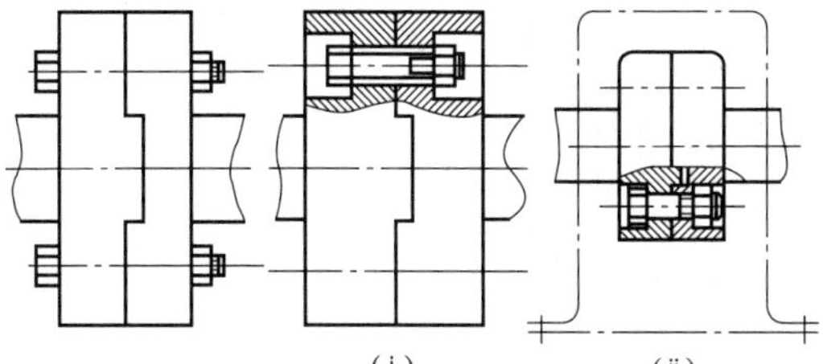 图(a) 禁忌 (ⅰ) 图(b) 正确 (ⅱ)	图(a)中高速旋转部件上的螺栓头部外露是不允许的,例如工业上广泛使用的联轴器,应将其埋入罩内,如图(ⅰ)所示;如果能如图(ⅱ)所示的结构,用安全罩保护起来就更好了

续表

注意的问题		禁忌示例	说明
螺栓组连接的结构设计	换热器的螺栓连接问题	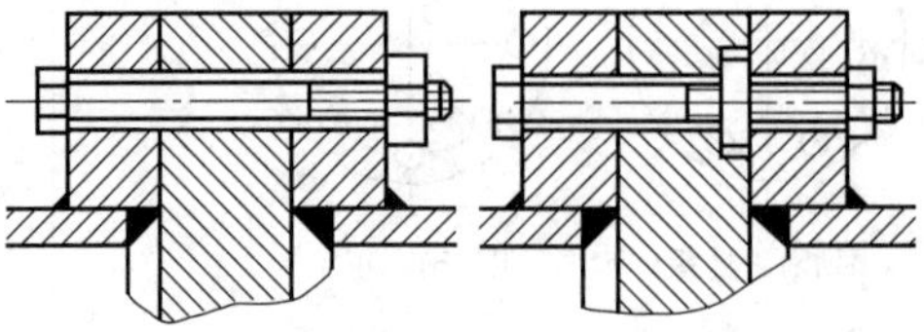 图(a)　禁忌　　图(b)　正确	图(a)中换热器的壳体、管板和管箱之间连接时简单地采用了普通螺栓连接的方法是不对的，因为换热器管程和壳程的压力一般差别较大，采用同一个穿通的螺栓不便兼顾满足两边压力的需要，另外也给维修带来不便，即：要拆一起拆、要装一起装，不能或不便于分别维修。采用图(b)带凸肩的螺栓结构可以根据两边不同的压力要求，选择不同尺寸的螺栓，也可以分别进行维修
	铸造表面螺栓连接问题	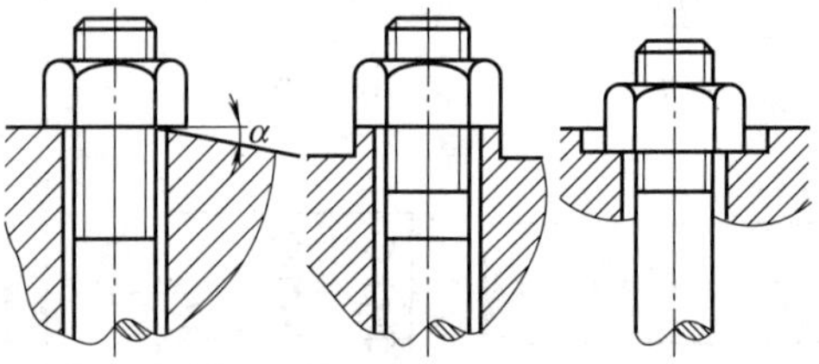 α 图(a)　禁忌　　图(b)　正确	图(a)中铸造表面直接安装了螺栓是错误的，因为铸造表面不平整，如直接安装螺栓、螺钉或双头螺柱，则螺栓(螺钉或双头螺柱)的轴线就会与连接表面不垂直，从而产生附加弯矩而使螺栓受到附加弯曲应力而降低寿命。正确的设计应该是在安装螺栓、螺钉、双头螺柱的表面进行机械加工，采用凸台或沉头座等方式，避免附加弯矩的产生
	螺栓、螺钉和双头螺柱连接的装拆问题	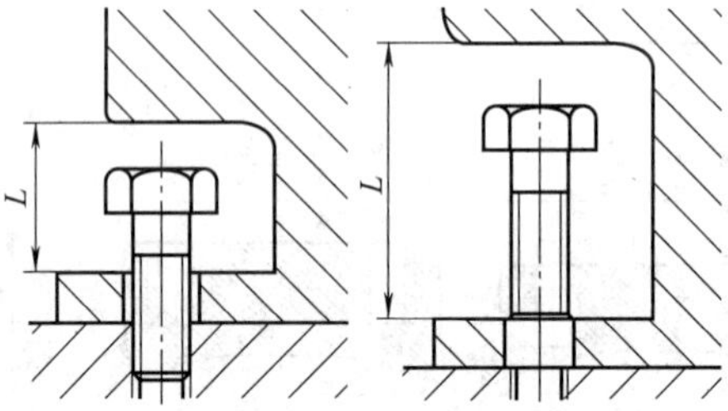 L　　L 图(a)　禁忌　　图(b)　正确	图(a)中安放螺钉的地方太小，无法装入及拆卸螺钉。L 应大于螺钉的长度，并留有足够的扳手空间，如图(b)所示的结构才能装拆螺钉。螺栓、螺钉、双头螺柱连接时必须考虑安装要方便
		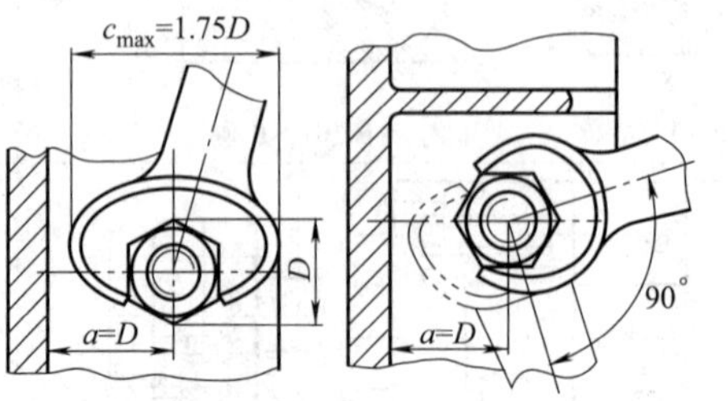 $c_{max}=1.75D$　D　$a=D$　　$a=D$　$90°$ 图(a)　　图(b)	设计螺栓、螺钉、双头螺柱连接的位置时还必须考虑留有足够的扳手空间以利于装拆，如图(a)～图(f)分别给出螺栓在不同位置时需要留出的扳手空间的尺寸，该尺寸即考虑了标准扳手活动的空间要求，设计时必须满足

续表

注意的问题		禁忌示例	说明
螺栓组连接的结构设计	螺栓、螺钉和双头螺柱连接的装拆问题	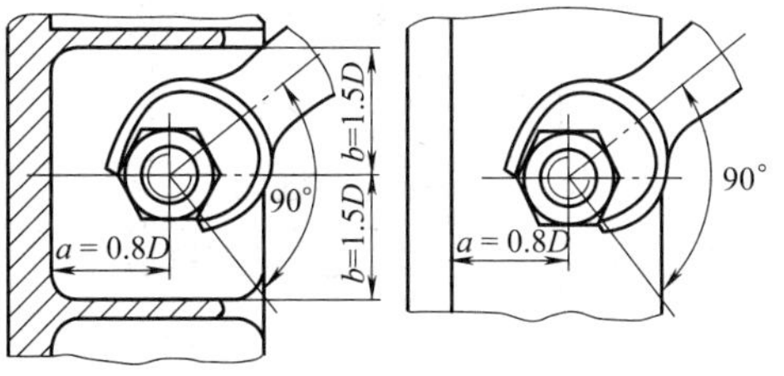 $a=0.8D$　$b=1.5D$　$b=1.5D$　90° 图(c) $a=0.8D$　90° 图(d)	设计螺栓、螺钉、双头螺柱连接的位置时还必须考虑留有足够的扳手空间以利于装拆，如图(a)～图(f)分别给出螺栓在不同位置时需要留出的扳手空间的尺寸，该尺寸即考虑了标准扳手活动的空间要求，设计时必须满足
		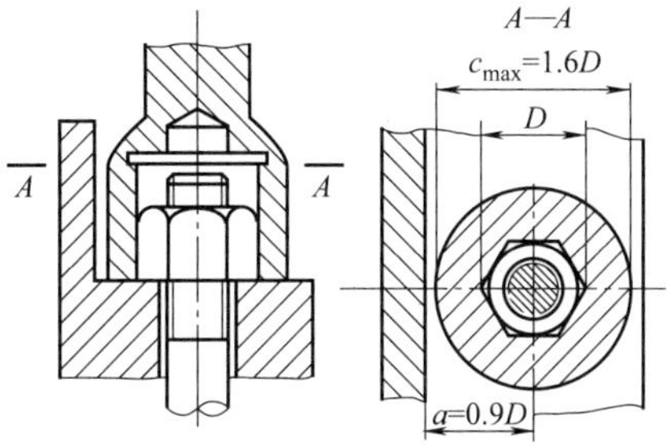 A　A　A—A　$c_{max}=1.6D$　D　$a=0.9D$ 图(e)	
		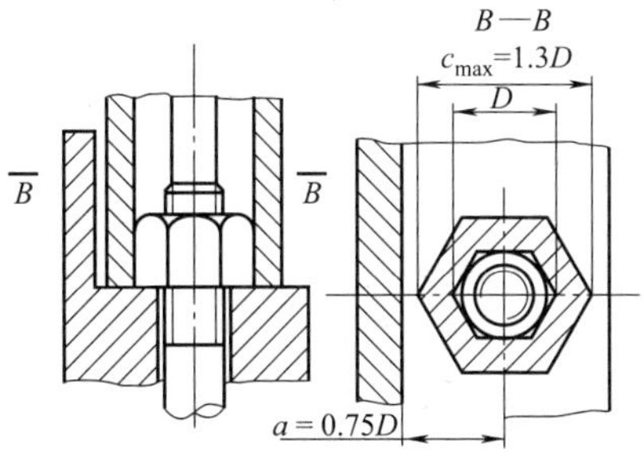 B　B　B—B　$c_{max}=1.3D$　D　$a=0.75D$ 图(f)	
	法兰螺栓连接设计问题	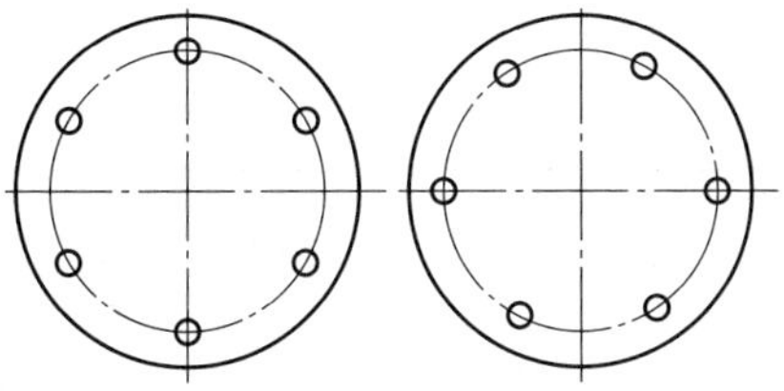 图(a)　禁忌　　图(b)　正确	图(a)中将连接法兰的螺栓置于最下边，则该螺栓容易受到管子内部流体泄漏的腐蚀，从而产生锈蚀，影响连接性能。法兰螺栓连接的设计必须考虑螺栓的位置问题，应该改变螺栓的位置，不要放在最下面，应安排在如图(b)所示的位置比较合理

续表

注意的问题		禁忌示例	说明
螺栓组连接的结构设计	螺钉在被连接件的位置	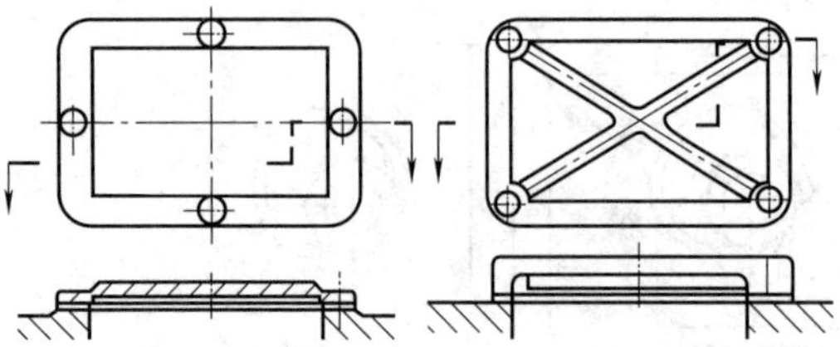 图(a)　正确　图(b)　更好	螺钉在被连接件的位置应布置在被连接件刚度最大的部位，从而能够提高连接的紧密性，如图(a)所示的结构比较好。如因为结构等原因不能实现或不容易实现，可以采取在被连接件上加十字或对角线的加强筋等办法解决，如图(b)所示的结构就更好
	焊接件间螺纹孔的设计	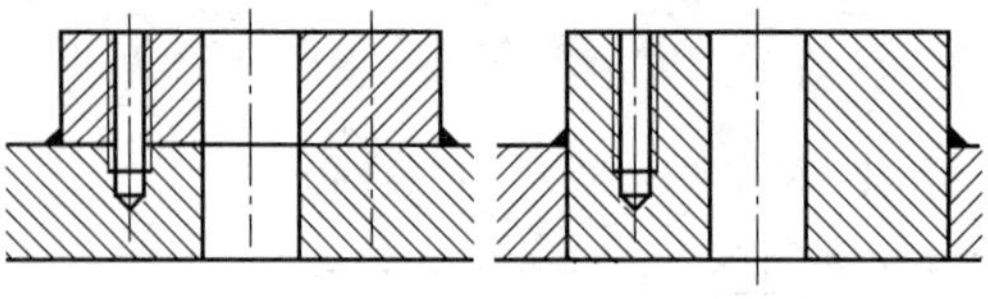 图(a)　禁忌　图(b)　正确	图(a)中螺孔开在了两个焊接件间的搭接处，设计成穿通的结构，会造成泄漏和降低螺栓连接强度。改进后的结构如图(b)所示
	紧定螺钉的位置问题	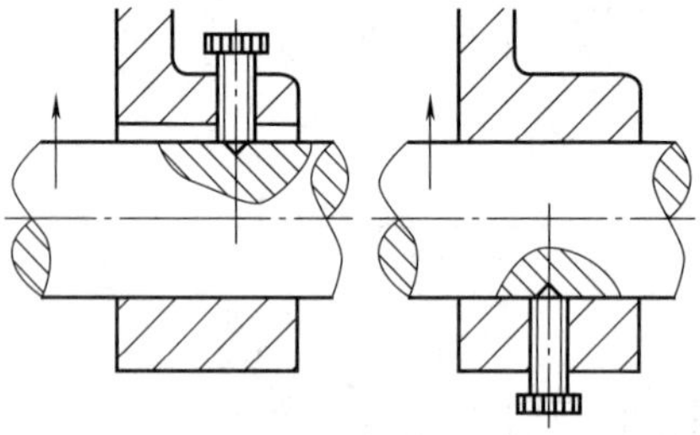 图(a)　禁忌　图(b)　正确	图(a)中紧定螺钉的位置设计在承受载荷的方向上，是不合适的。将紧定螺钉放在承受载荷的方向上，这样会被压坏，不起紧定作用。改进后的结构如图(b)所示：紧定螺钉的位置不要设计在承受载荷的方向上
	不同方向多螺孔的设计	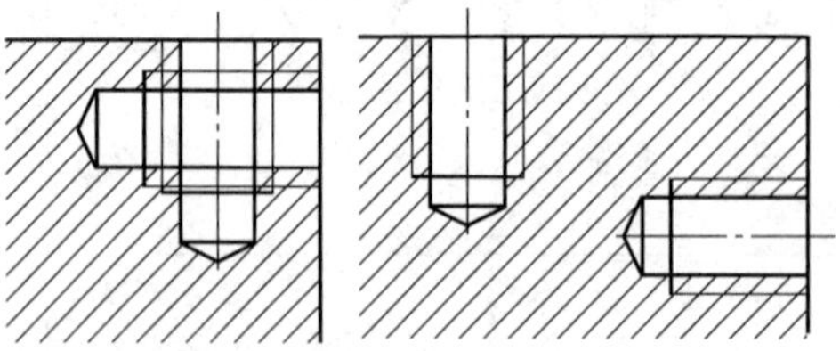 图(a)　禁忌　图(b)　正确	图(a)中轴线相交的螺孔相交在一起是不合理的，因为这种设计能削弱机体的强度和螺钉的连接强度。正确的结构如图(b)所示，应避免螺孔的相交

1.1.5　提高螺栓连接强度、刚度设计禁忌

分析影响螺栓连接强度的因素，从而提出提高连接强度的措施，对设计螺栓连接具有重要的意义。提高螺纹连接强度的措施主要有：改善螺纹牙上载荷分布不均匀现象，设法减小螺栓螺母螺距变化差；减小应力幅 σ_a：在总拉力 F_0 一定时，减小螺栓刚度 c_1 或增大被连接件刚度 c_2；减小应力集中；减小附加应力；增大预紧力 F' 等。正确选择提高连接强度、刚度的措施是螺纹连接设计的重要问题之一，选用时应注意有关禁忌问题，见表 12-1-5。

表 12-1-5　**提高螺栓连接强度、刚度设计禁忌**

注意的问题	禁忌示例		说明
	禁忌	正确	
受变载荷的螺栓直径选择问题	设计受变载荷作用的螺栓连接时，为提高螺栓连接的疲劳强度，当螺栓长度一定时，应当采用直径大的螺栓	设计受变载荷作用的螺栓连接时，为提高螺栓连接的疲劳强度，当螺栓长度一定时，不应当采用直径太大的螺栓	受变载荷作用的螺栓连接在设计时，不应当采用直径太大（当螺栓长度一定时）的螺栓。因为当螺栓长度一定时，采用直径太大的螺栓就相当于增大了螺栓的刚度 c_1，从而增大了螺栓的应力幅，螺栓更容易发生疲劳破坏
	设计受静载荷作用的螺栓连接时，当螺栓长度一定时，为提高螺栓连接的强度，不应当采用直径太大的螺栓	设计受静载荷作用的螺栓连接时，当螺栓长度一定时，为提高螺栓连接的强度，应当采用直径大的螺栓	螺栓承受的是静载荷，则情况就完全不一样了，因为螺栓的静力强度取决于直径，直径越大，静力强度越高
受变载荷的被连接件刚度选择问题	受变载荷作用的螺栓连接在设计时，为提高螺栓连接的疲劳强度，应当采用刚度小的被连接件	受变载荷作用的螺栓连接在设计时，为提高螺栓连接的疲劳强度，应当采用刚度大的被连接件	设计受变载荷作用的螺栓连接时，不应当采用刚度小的被连接件，例如采用较软的金属材料，因为这样相当于在总拉力一定的情况下减小了被连接件的刚度，因此增加了应力幅，降低了螺栓的疲劳强度。只有增大被连接件的刚度，才能达到提高螺栓疲劳强度的目的
螺栓的根部结构问题	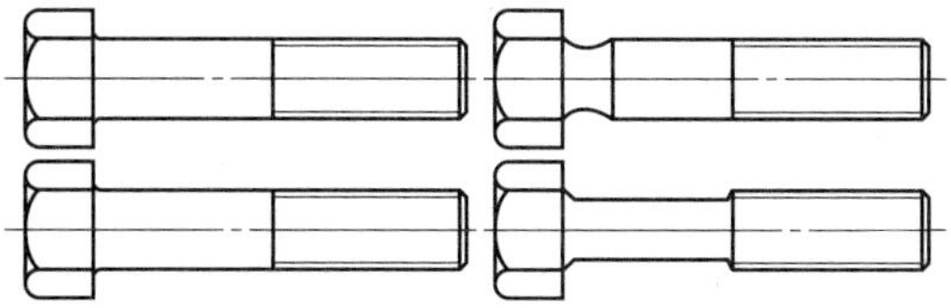 图(a)　禁忌	图(b)　正确	图(a)中螺栓根部圆角太小，因此应力集中太大，降低了螺栓的疲劳强度。图(b)的结构、螺栓根部圆角通过不同的方式进行了增大，因此减小了应力集中，提高了螺栓的疲劳强度
被连接件表面的设计问题	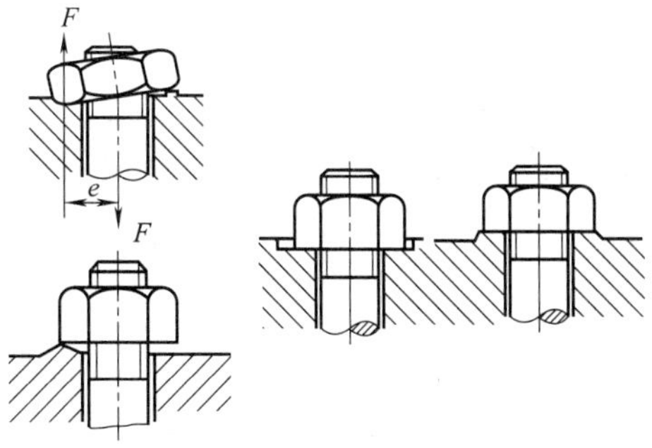 图(a)　禁忌	图(b)　正确	图(a)中被连接件是铸造件，表面不平整，直接用螺栓连接会使螺栓中心线与被加工表面不垂直而产生附加弯矩，螺栓受弯曲应力而加速螺栓的破坏。正确的结构如图(b)所示，即铸造件表面应加工后再装螺栓，为减小加工面，通常将铸造件表面加工成沉孔或凸台
	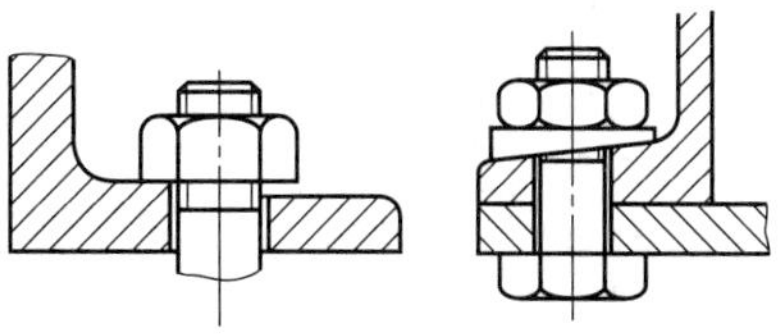 图(a)　禁忌	图(b)　正确	图(a)中被连接件表面倾斜，与螺栓轴心线不垂直，从而使螺栓产生附加弯矩而降低使用寿命。可以采用斜垫圈，使螺栓轴心线与被连接件表面垂直，避免产生附加弯矩，如图(b)所示

续表

注意的问题	禁忌示例	说明
被连接件表面的设计问题	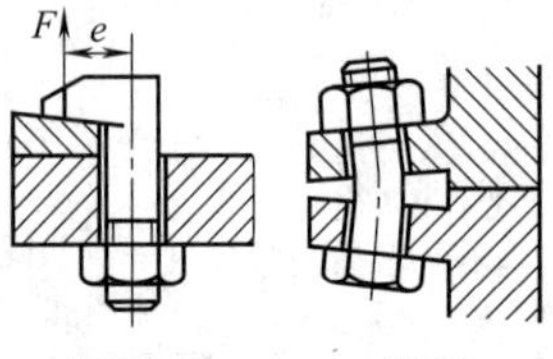 F e 图(a)　图(b)	图(a)所示为钩头螺栓，使螺栓产生附加弯矩，因此应尽量避免使用。图(b)所示为被连接件刚度不足而造成的螺栓弯曲，从而造成附加弯矩，设计时应避免
压力容器的密封问题	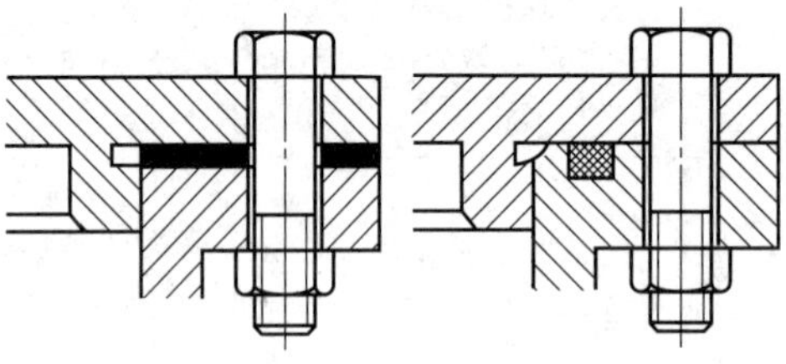 图(a)　禁忌　图(b)　正确	图(a)中压力容器用刚度小的普通密封垫，相当于减小了被连接件的刚度，降低了螺栓的疲劳强度。如果改为图(b)的结构，即被连接件之间采用 O 形密封圈或刚度较大的金属垫片，相当于增大了被连接件的刚度，在保证最小应力不变的条件下，减小了应力幅，可提高螺栓的疲劳强度

1.1.6　螺纹连接的防松方法设计禁忌

在静载荷的情况下，螺纹连接能满足自锁条件，但是在冲击、振动以及变载情况下，或温度变化较大时，螺纹连接有可能松动，甚至松开，极其容易发生事故。因此在设计螺纹连接时，必须考虑防松问题。防松的根本问题在于防止螺纹副之间的相对转动，按防松原理可分为：摩擦防松、机械防松及破坏螺纹副之间关系防松三种方法。正确选择螺纹连接的防松方法是螺纹连接设计的重要问题之一，选用时应注意有关禁忌，见表 12-1-6。

表 12-1-6　　螺纹连接的防松方法设计禁忌

注意的问题	禁忌示例	说明
弹簧防松垫缺口的方向	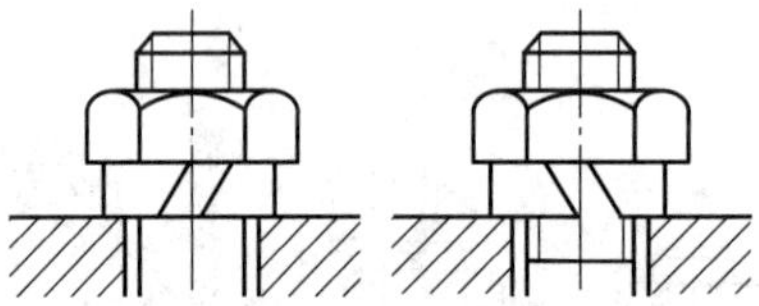 图(a) 禁忌　图(b) 正确	图(a)中弹簧防松垫的缺口方向不对，不能起到防松作用
双螺母防松问题	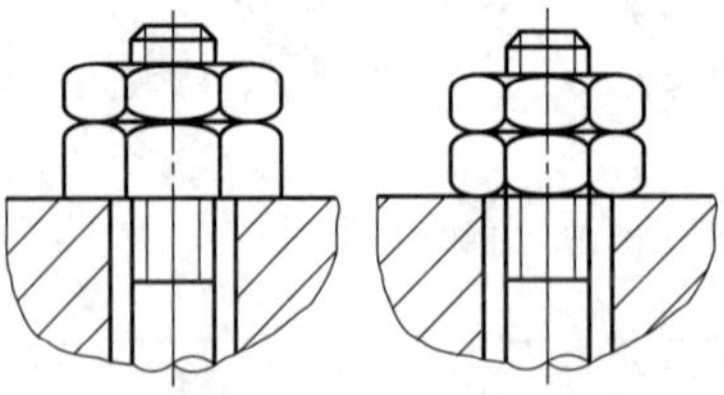 图(a)　禁忌　图(b)　正确	图(a)中双螺母的设置不对，下螺母应该薄一些，因为其受力较小，起到一个弹簧防松垫的作用。但是在实际安装过程中，这样安装实现不了，因为扳手的厚度比螺母厚，不容易拧紧，因此，通常为了避免装错，设计时采用两个螺母的厚度相同的办法解决，如图(b)所示的结构
串联钢丝绳防松问题	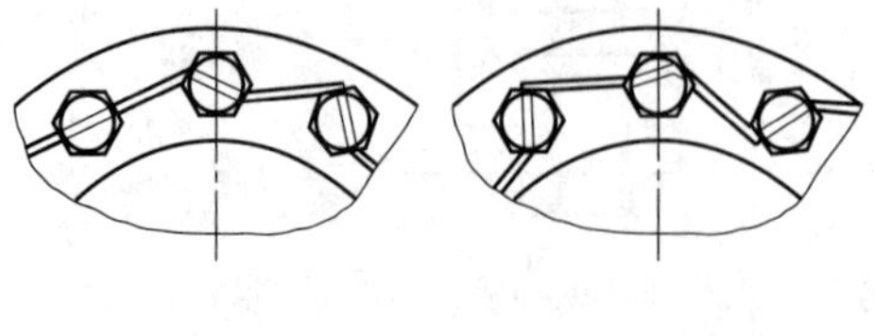 图(a)　禁忌　图(b)　正确	图(a)中串联钢丝绳的穿绕方向不对，如果串联钢丝绳的穿绕方向采用图(a)所示的方法，则串联钢丝绳不仅不会起到防松作用，因为连接螺栓一般是右旋，而且还将把已拧紧的螺钉拉松。正确的安装方法要促使螺钉旋紧，如图(b)所示的穿绕方向，才可以拉紧

续表

注意的问题	禁忌示例	说明
圆螺母止动垫片防松问题	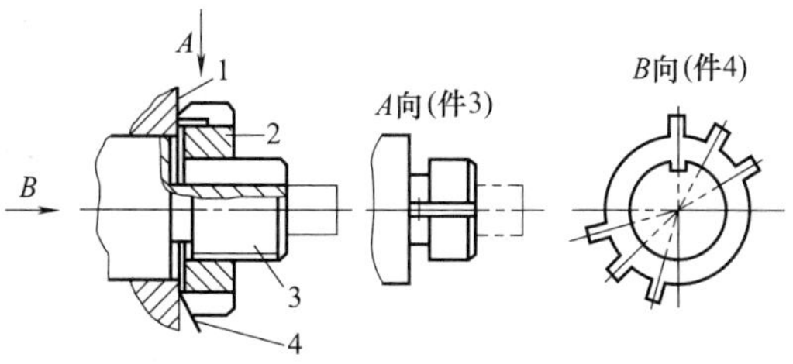 A 1 2 B 3 4 A向(件3) B向(件4)	采用圆螺母止动垫时要注意，如果垫片的舌头没有完全插入轴的槽中，则不能止动，因为止动垫可以与圆螺母同时转动而不能防松。图示结构中，件 1 为被紧固件，件 2 为圆螺母，件 3 为轴，件 4 为标准圆螺母止动垫圈

1.2　键连接

键主要用来实现轴和轴上零件之间的周向固定并传递转矩。有些类型的键还可实现轴上零件的轴向固定或轴向移动。

键连接根据连接的紧密程度分为松连接和紧连接，松连接的键靠两侧面进行工作，装拆方便，应用较多。松连接又根据键的形状分为平键及半圆形键，半圆形键的优点是：它在轴槽中能绕其几何中心摆动，以适应毂上键槽的斜度，其对中性好、工艺性好。但是缺点是：轴槽较深，因此对轴的削弱较大，主要用于轻载或位于轴端的连接，尤其适用于锥形轴端。平键又按用途分为普通平键、导向键和滑键，按端部形状分为圆头（A 型）、方头（B 型）、一圆一方（C 型）。导向键和滑键用于动连接，前者是键在毂槽中移动，后者指键在轴槽中移动。设计时应根据各类键的结构和应用特点进行选择。各种类型的键均有一定的特点及应用场合，选用时应注意有关禁忌问题。

1.2.1　平键连接设计禁忌

平键是工程中最常见的一种键，平键的两侧面是工作面，上表面与轮毂槽底之间留有间隙。键连接定心性较好、装拆方便。平键连接的主要失效形式为：压溃、剪断（静连接）和磨损（动连接）。平键连接设计禁忌见表 12-1-7。

表 12-1-7　**平键连接设计禁忌**

注意的问题	禁忌示例	说明
键长计算问题	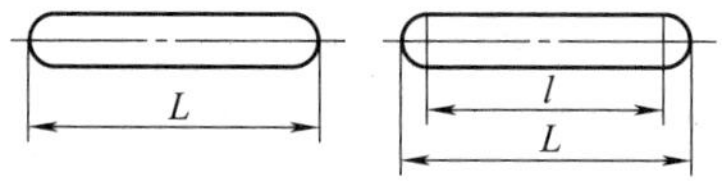 L　l　L　图(a)　禁忌　图(b)　正确	图(a)问题：作平键强度计算时，代入键的全长 L 是不对的，因为键的两个圆头不能有效地传递扭矩，应该去掉键的两个圆头，用键的直段 l 代入公式进行计算，即 $l=L-b$，b 为键的宽度
键槽设计问题	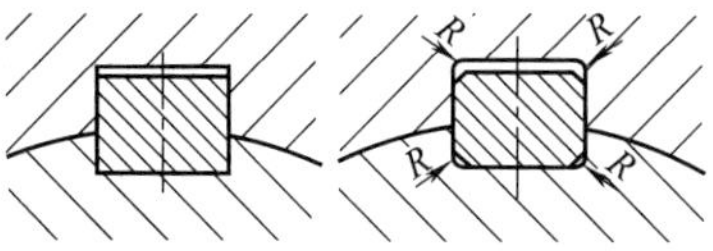 R　R　R　R　图(a)　禁忌　图(b)　正确	图(a)问题：在轮毂或轴上开有键槽的部位不应该作成直角或太小的圆角，如图(a)所示，因为这样容易产生很大的应力集中，容易产生裂纹而破坏。应在键槽部分作出适合于键宽的较大的过渡圆角半径 R，如图(b)所示的结构比较合理
空心轴上的键槽设计问题	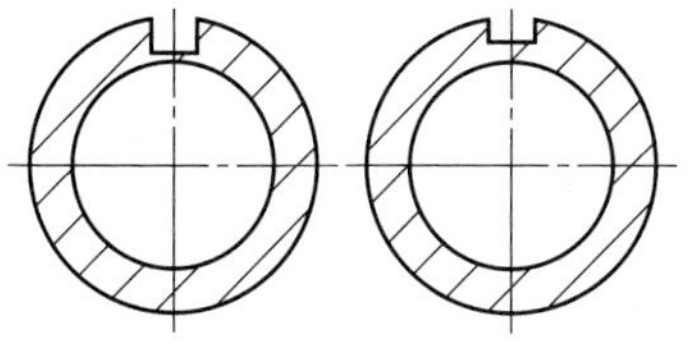 图(a)　禁忌　图(b)　正确	图(a)问题：在空心轴上开键槽时，开键后轴的剩余壁厚太小是不合理的，因为这样会严重影响轴的强度。在空心轴上开键槽时应该选用薄型键，或对需要开槽的空心轴应适当增加轴的壁厚，如图(b)所示的结构是合理的

第12篇

续表

注意的问题	禁忌示例	说明
键宽与轮毂槽宽的配合问题	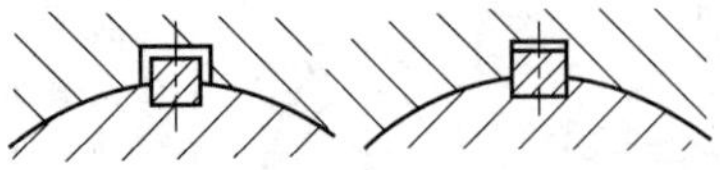 图(a) 禁忌 图(b) 正确	图(a)问题：键宽与轮毂槽宽没选公差配合，而取轮毂槽宽大于键宽，或虽然键宽与轮毂槽宽选了公差配合，但是选了间隙配合是错误的，因为平键是以侧面进行工作，尤其承受反复的扭矩时，如按上述两种方法设计，必将造成轮毂与轴的相对转动，使键和键槽的侧面反复冲击而破坏。设计时应该使键宽与轮毂槽宽选过渡配合的公差，因为键是标准件，所以选择轮毂槽宽为JS9的公差比较合适，如图(b)所示
轮毂上键槽高的设计问题	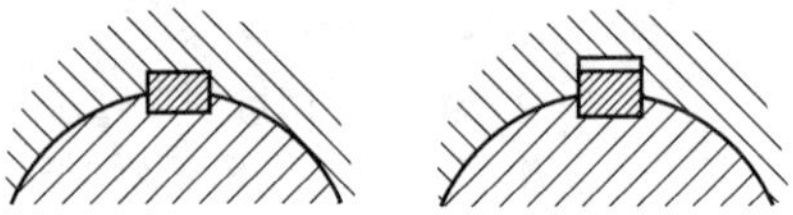 图(a) 禁忌 图(b) 正确	图(a)问题：轮毂槽高与键的顶部设计成没有间隙或配合尺寸都是不对的。因为键的顶面不是工作面，为了保证键的侧面与轮毂槽宽的配合，键的顶部与轮毂槽顶面不能再配合，必须留出一定的距离，如图(b)所示
薄壁轮毂的键槽设计问题	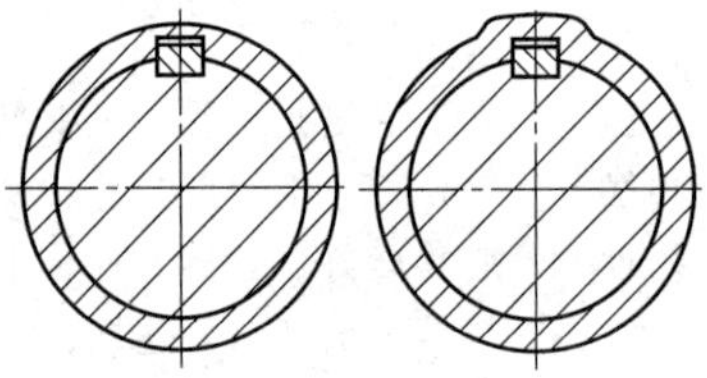 图(a) 禁忌 图(b) 正确	图(a)问题：轮毂上开了键槽后剩余部分太薄，因为这样做的结果一是会削弱轮毂的强度，二是如果轮毂是需要热处理的零件(例如齿轮)，开了键槽后在进行热处理时，轮毂上开了键槽后剩余部分由于尺寸小、冷却速度快而产生断裂，所以设计时应适当增加这一部分轮毂的厚度，如图(b)所示
长轴上的多个连续键槽设计问题	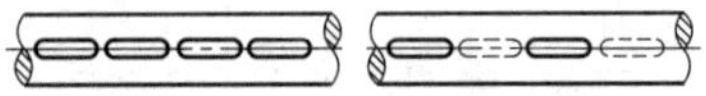 图(a) 禁忌 图(b) 正确	图(a)问题：长轴上有多个连续的键槽开在轴的同一侧，这样会使轴所受的应力不平衡，容易发生弯曲变形，改正后的结构如图(b)所示，即交错开在轴的两面
	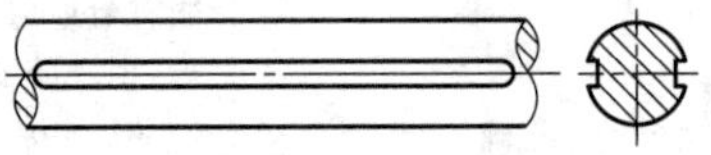 图(a) 禁忌 图(b) 正确	图(a)问题：特别长的轴也不应该如图(a)所示开一个很长的键槽，应该将长的键设计成双键开在轴的对称面(180°)，以使轴的受力平衡，如图(b)所示
轮毂槽位置的设计问题	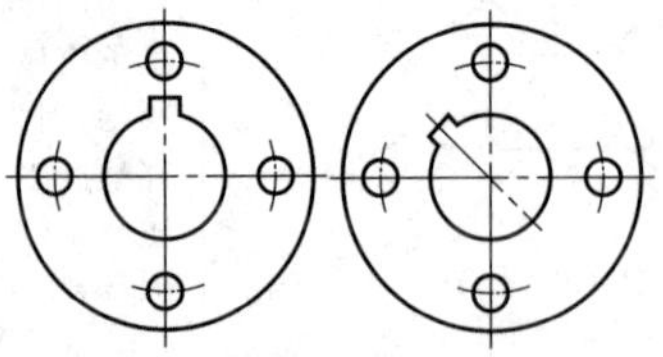 图(a) 禁忌 图(b) 正确	图(a)问题：在轮毂的上方开工艺孔，这样会造成局部应力过大，或造成轮毂上开了键槽后剩余部分由于尺寸小而削弱了轮毂的强度；同时，如果轮毂是需要热处理的零件，在进行热处理时，由于尺寸小、冷却速度快，容易产生断裂，改进后的设计如图(b)所示
	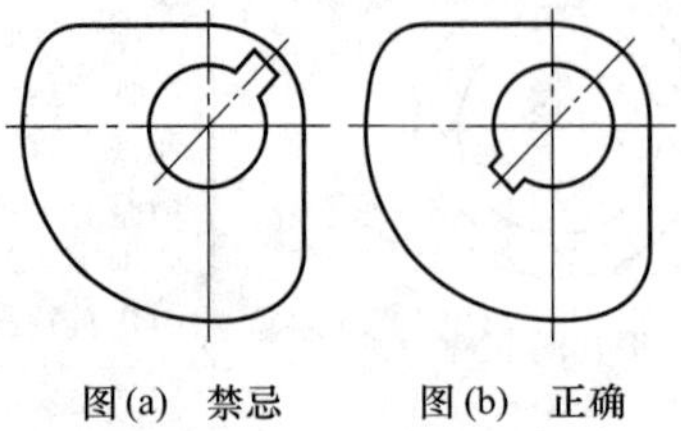 图(a) 禁忌 图(b) 正确	图(a)问题：设计特殊零件的键连接，例如凸轮时，轮毂槽开在了如图(a)所示的薄弱方位上，这样会造成局部应力过大，或造成轮毂上开了键槽后剩余部分由于尺寸小而削弱了轮毂的强度，应该将轮毂槽开在强度较高的位置，如图(b)所示，这一位置比较合理

续表

注意的问题	禁忌示例	说明
轴上键槽的位置设计问题	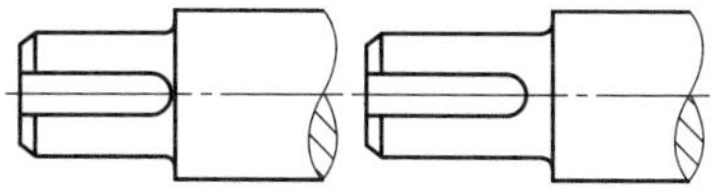 图(a)　禁忌　图(b)　正确	图(a)问题：在轴的阶梯处开了键槽是不对的，轴的阶梯处因其截面的突变会产生应力集中，是主要的应力集中源，如果键槽也开在此平面上，则由键槽引起的应力集中也会叠加在此平面上，这个危险截面很快会疲劳断裂。应该将键槽设计到距离轴的阶梯处约 3～5mm 处，如图(b)所示
盲孔内的键槽设计问题	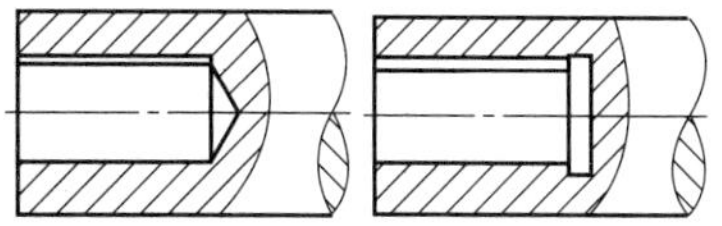 图(a)　禁忌　图(b)　正确	图(a)问题：在盲孔内加工键槽时，不应该设计成如图(a)所示的结构，因为这种设计没有留出退刀槽，无法加工键槽，正确的设计应该如图(b)所示的结构，留出退刀槽
同一根轴上键槽的位置设计问题	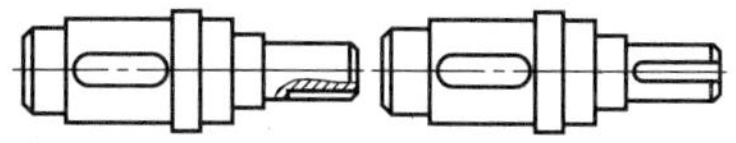 图(a)　禁忌　图(b)　正确	图(a)问题：在同一根轴上开有两个以上键槽时(不是很长的轴)，不要开在如图(a)所示的不同的母线上，应该将键槽设计在如图(b)所示的同一条母线上，是为了铣制键槽时能够一次装夹工件，方便加工，减少装夹次数
平键被紧定螺钉固定的问题	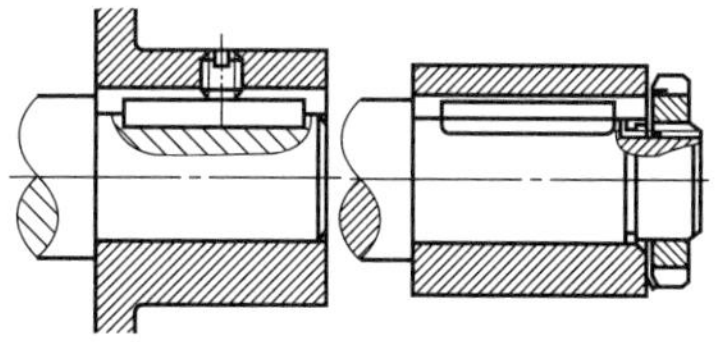 图(a)　禁忌　图(b)　正确	图(a)问题：平键连接的零件用紧定螺钉顶在平键上面进行轴向固定，这样做虽然也能固定零件的轴向位置，但是使轴上零件产生偏心，是禁忌的结构。正确的设计应该是再加一个轴向固定的装置，例如图(b)所示的圆螺母，结构就比较合理
锥形轴处的平键设计问题	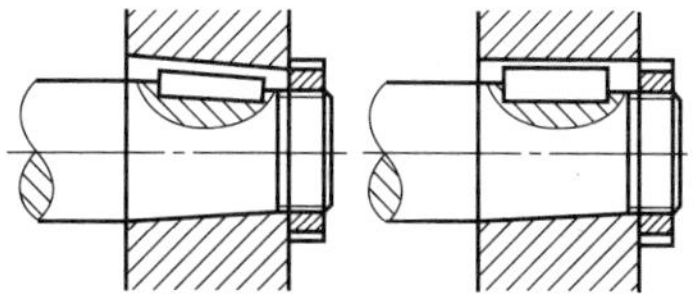 图(a)　禁忌　图(b)　正确	图(a)问题：如果在锥形轴处设计平键连接时，将平键设计成与轴的母线相平行是不对的，因为给键槽的加工带来不方便。如果设计成键槽平行于轴线，如图(b)所示的结构，则键槽的加工就方便多了，只有当轴的锥度很大(大于 1∶10)或键很长时才采用键与轴的母线相平行的结构

1.2.2　斜键与半圆键设计禁忌

表 12-1-8　**斜键与半圆键设计禁忌**

注意的问题	禁忌示例	说明
同一轴段上两个斜键的位置问题	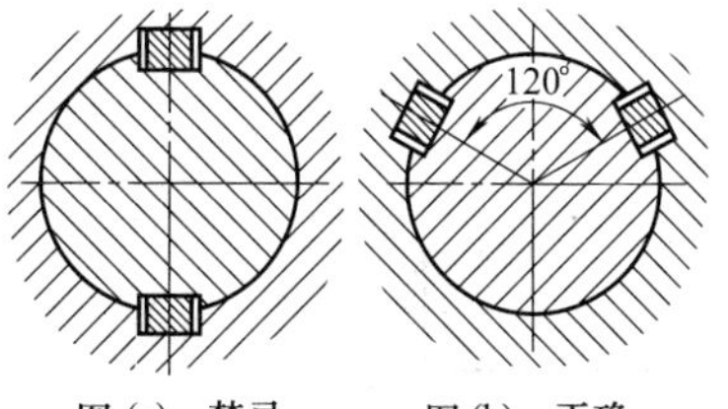 120° 图(a)　禁忌　图(b)　正确	图(a)问题：在同一根轴上采用两个斜键时，不要如图(a)所示的结构，即：使键布置在轴上相距 180°的位置上，因为这样布置键能传递的扭矩与一个键相同，应该布置在如图(b)所示的位置，即相距 90°～120°效果最好，相距越近，传递的转矩越大，但是如果相距太近，会使轴的强度降低太多

续表

注意的问题	禁　忌　示　例	说　　明
同一根轴上两个半圆键的位置设计问题	图(a)　禁忌　　图(b)　正确	图(a)问题:在同一根轴上采用两个半圆键时,不应该布置在如左图所示轴的同一剖面内相距180°的位置,因为半圆键键槽较深,对轴的削弱较厉害。正确方法:因为半圆键的长度较小,应该布置在如图(b)所示的位置,即轴的同一母线上,结构就比较合理,对轴的削弱较小
楔键或切向键的选择问题	A　A	设计键连接时,选择楔键或切向键要慎重,对于高速、运转平稳性要求很高的场合,不宜采用楔键或切向键,从图中可以看出:因为楔键或切向键是靠楔紧后键的上下面与毂槽之间产生的摩擦力进行工作的,因此造成轴与孔的不同心,所以这两种键一般只适用于低速、重载且对运转平稳性要求不高的场合

1.3　花键连接

花键连接是由多个键齿与键槽在轴和轮毂孔的周向均布而成的,花键齿侧面为工作面,相当于若干个平键连接,因此,承载能力大;花键齿槽线、齿根应力集中小,对轴的强度削弱减少;轴上零件对中性好;导向性好。适合于载荷较大,对定心要求高的连接,适用于动、静连接。缺点是需要专用的设备加工,成本比平键高。按齿形可分为三类:矩形花键、渐开线花键及三角形花键。花键连接也广泛应用在各种工程实践中,各种类型的花键均有一定的特点及应用场合,选用时应注意有关禁忌问题,见表12-1-9。

表 12-1-9　　花键连接设计禁忌

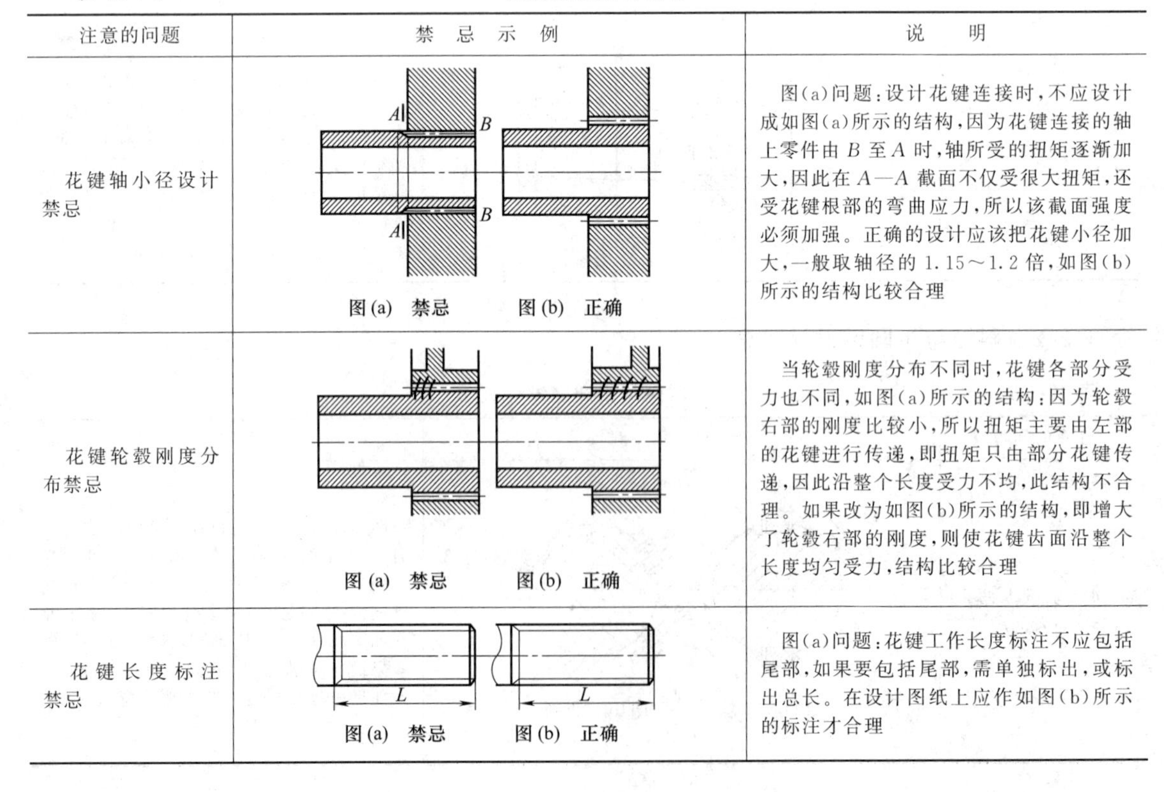

注意的问题	禁　忌　示　例	说　　明
花键轴小径设计禁忌	A　B　A　B 图(a)　禁忌　　图(b)　正确	图(a)问题:设计花键连接时,不应设计成如图(a)所示的结构,因为花键连接的轴上零件由B至A时,轴所受的扭矩逐渐加大,因此在A—A截面不仅受很大扭矩,还受花键根部的弯曲应力,所以该截面强度必须加强。正确的设计应该把花键小径加大,一般取轴径的1.15~1.2倍,如图(b)所示的结构比较合理
花键轮毂刚度分布禁忌	图(a)　禁忌　　图(b)　正确	当轮毂刚度分布不同时,花键各部分受力也不同,如图(a)所示的结构:因为轮毂右部的刚度比较小,所以扭矩主要由左部的花键进行传递,即扭矩只由部分花键传递,因此沿整个长度受力不均,此结构不合理。如果改为如图(b)所示的结构,即增大了轮毂右部的刚度,则使花键齿面沿整个长度均匀受力,结构比较合理
花键长度标注禁忌	L　　L 图(a)　禁忌　　图(b)　正确	图(a)问题:花键工作长度标注不应包括尾部,如果要包括尾部,需单独标出,或标出总长。在设计图纸上应作如图(b)所示的标注才合理

续表

注意的问题	禁忌示例		说明
	禁忌	正确	
薄壁容器花键选择禁忌	有一个薄壁容器需要选择花键连接，拟选矩形花键、渐开线花键	有一个薄壁容器需要选择花键连接，拟选细齿渐开线花键（即三角形花键）	薄壁容器选择矩形花键、渐开线花键连接是不对的，因为矩形花键和渐开线花键的齿比较深，对薄壁容器将有较大的削弱，因此应该选用细齿渐开线花键（即三角形花键）。因为细齿渐开线花键的齿比较浅，从而对于薄壁容器的削弱比较小
高速轴毂花键选择禁忌	某高速、高精度的轴毂连接拟选择矩形花键	某高速、高精度的轴毂连接拟选择渐开线花键	高速、高精度的轴毂连接不应该选择矩形花键，因为矩形花键虽然制造容易，但是定心精度不高，尤其是侧面定心精度更不容易保证。应当选择渐开线花键，渐开线花键为齿形定心，当齿受力时，齿上的径向力能起到自动定心的作用

1.4　销连接

销主要用作装配定位，也可用来连接或销定零件，还可作为安全装置中的过载剪断元件。销的类型、尺寸、材料和热处理以及技术要求都有标准规定。按用途分，销可分为定位销、连接销、安全销等。各种类型的销均有一定的特点及应用场合，选用时应注意有关禁忌问题，见表 12-1-10。

表 12-1-10　销连接设计禁忌

注意的问题	禁忌示例	说明
定位销的距离设计问题	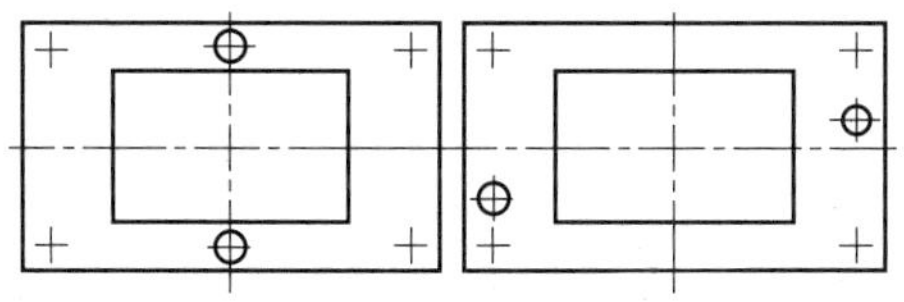 图(a)　禁忌　图(b)　正确	图(a)问题：定位销在零件上距离过于靠近。两个定位销在零件上的位置太近，即距离太小，定位效果不好。为了确定零件位置，经常用两个定位销，应尽可能采取距离较大的布置方案，如图(b)所示的布置，这样可以获得较高的定位精度
定位销的位置设计禁忌	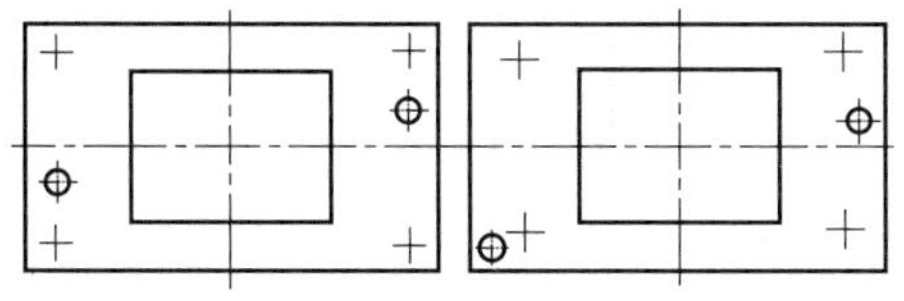 图(a)　禁忌　图(b)　正确	图(a)问题：定位销在零件上不可如图(a)所示的对称布置，如果对称位置，安装时有可能会装反，即反转了 180°安装时也能错误地将零件定位。如果改为如图(b)所示的结构，即定位销布置在零件的非对称位置，可准确定位，避免工人安装时出现反转的情况
定位销装拆禁忌	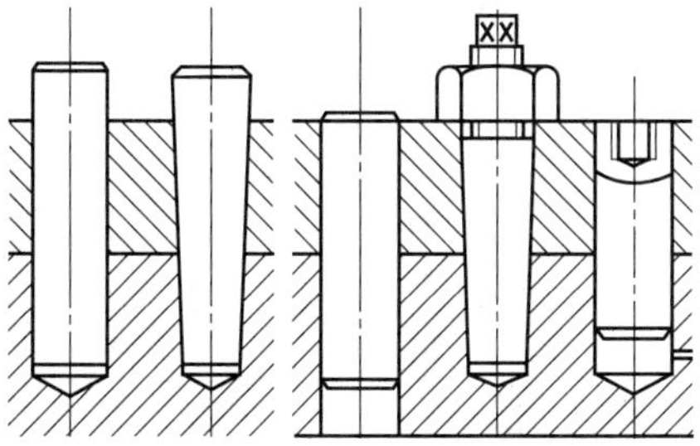 图(a)　禁忌　图(b)　正确	如图(a)所示的结构不容易取出销钉，并且，对盲孔没有通气孔。设计定位销一定要考虑安装时如何能方便地装和拆，尤其是如何方便地从销钉孔中取出、拆下。改进方法是如图(b)所示的结构，为便于拆卸把销钉孔作成通孔；采用带螺纹尾的销钉（有内螺纹和外螺纹）等；对盲孔，为避免孔中封入气体引起安装困难，应该有通气孔

续表

注意的问题	禁忌示例	说明
过盈配合面禁放定位销	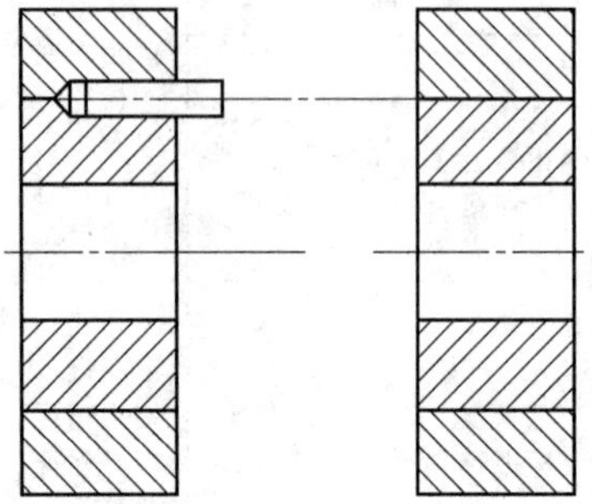 图(a) 禁忌　图(b) 正确	如图(a)所示的结构，在过盈配合面上放置定位销是错误的，因为如果在过盈配合面上设置了销钉孔，由于钻销孔而使配合面张力减小，减小了配合面的固定效果。正确的结构如图(b)所示的结构，过盈配合面上不能放定位销
对不易观察的销钉装配禁忌	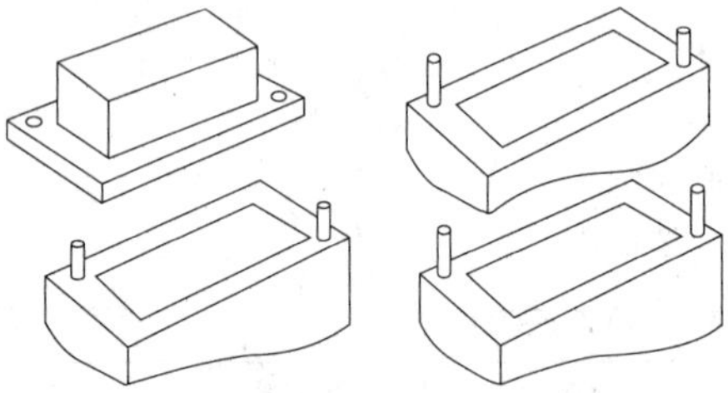 图(a) 禁忌　图(b) 正确	如图(a)所示的结构，在底座上有两个销钉，上盖上面有两个销孔，装配时难以观察销孔的对中情况，装配困难。如果改成如图(b)所示的结构，把两个销钉设计成不同长度，装配时依次装入，比较容易。也可以将销钉加长，端部有锥度以便对准
定位销禁忌妨碍零件拆卸	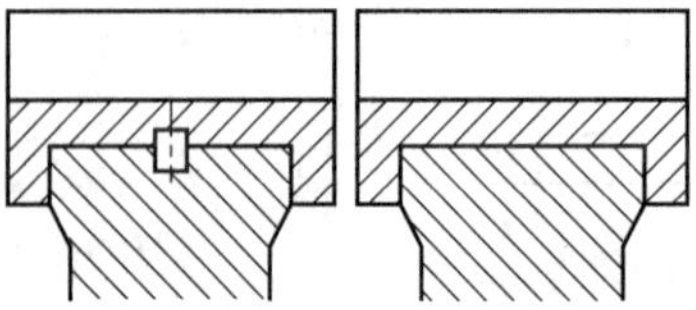 图(a) 禁忌　图(b) 正确	如图(a)所示的结构安装定位销会妨碍零件拆卸。如果在轴瓦下部安装了防止轴瓦转动的定位销，必须把轴完全吊起才能拆卸轴瓦。如果采用了如图(b)所示的结构，不必安装定位销，只要把转子稍微吊起，转动的滑动轴承轴瓦即可拆下，结构合理
忌销钉传力不平衡	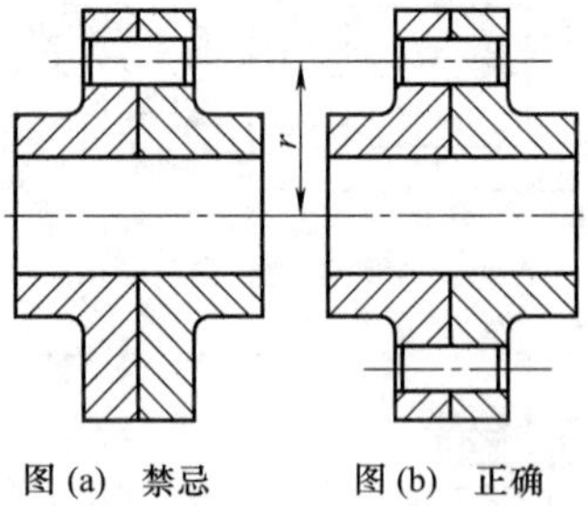 r 图(a) 禁忌　图(b) 正确	如图(a)所示的结构为销钉联轴器，该结构只用了一个销钉传力，这时销钉的受力为 $F=T/r$，T 为所传转矩，此力对轴有弯曲作用。如果改成如图(b)所示的结构，即用一对销钉传力，则每个销钉所受的力为 $F'=T/2r$，比原来的力小了，而且二力组成一个力偶，对轴无弯曲作用
忌两个物体上放置定位销	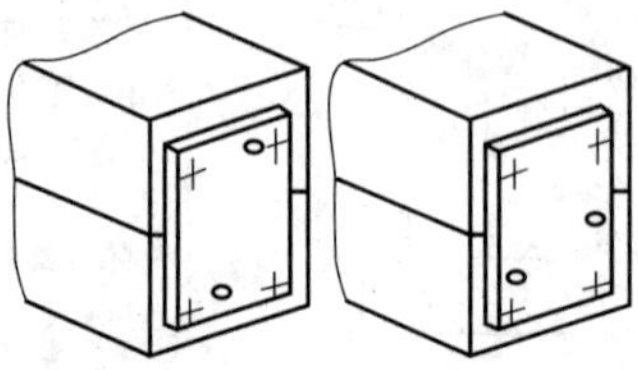 图(a) 禁忌　图(b) 正确	如图(a)所示的结构为箱体由上下两半合成，用螺栓连接(图中没表示)。侧盖固定在箱体侧面，两定位销分别置于两个物体上，此结构不好，不容易准确定位。如果改成如图(b)所示的结构，即两定位销置于同一物体上，一般以固定在下箱体上比较好，结构比较合理，容易准确定位

续表

注意的问题	禁忌示例	说明
销钉孔加工方法禁忌	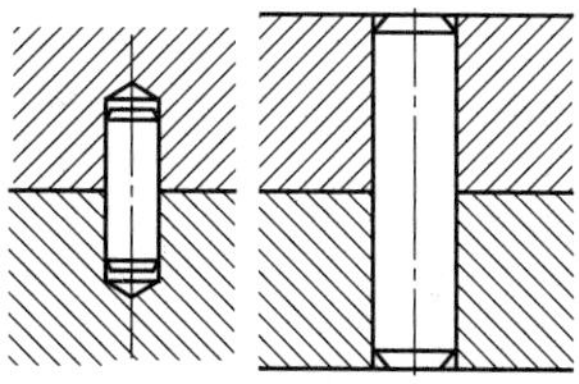 图(a)　禁忌　图(b)　正确	如图(a)所示的销钉孔的加工方法是错误的，因为用划线定位、分别在上下两个零件加工的方法不能满足使用要求，精度不高。如果改成如图(b)所示的结构，即：对相配零件的销钉孔一般采用配钻、配铰的加工方法，能保证孔的精度和可靠的对中性
淬火零件销钉孔设计禁忌	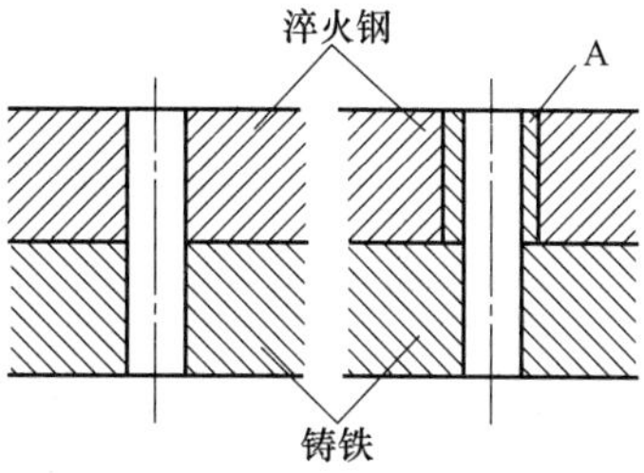 淬火钢　A　铸铁　图(a)　禁忌　图(b)　正确	如图(a)所示的结构是错误的，因为零件淬火后硬度太高，销钉孔不能配钻、配铰，无法与铸铁件配作。如果改成如图(b)所示的结构，即：可以在淬火件上先作一个较大的孔(大于销钉直径)，淬火后，在孔中装入由软钢制造的环形件 A，此环与淬火钢件作过盈配合。再在件 A 孔中进行配钻、配铰(装配时，件 A 的孔小于销钉直径)，这样就比较合理了
定位销忌与接合面不垂直	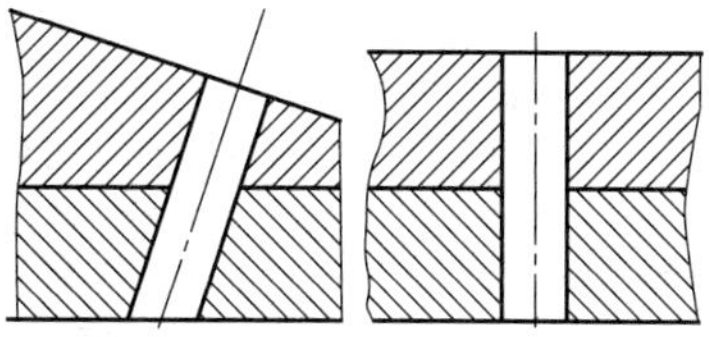 图(a)　禁忌　图(b)　正确	如图(a)所示的结构是错误的，因为定位销与接合面不垂直，销钉的位置不易保持精确，定位效果较差。如果改成如图(b)所示的结构，定位销垂直于接合面就是比较合理的结构

1.5　过盈连接

过盈连接是利用过盈量 δ 使包容件（一般是轮毂）和被包容件（一般是轴）形成一体的一种固定连接的方式。过盈连接的结构简单、对中性好，可承受重载和冲击、振动载荷作用。过盈连接的承载能力与被连接件的材料、结构、尺寸、过盈量、制造、装配以及工作条件有关。结构设计应有利于连接承载能力的提高和易于制造及装配，选用时应注意有关禁忌问题，见表 12-1-11。

表 12-1-11　过盈连接设计禁忌

注意的问题	禁忌示例	说明
过盈连接被连接件长度设计问题	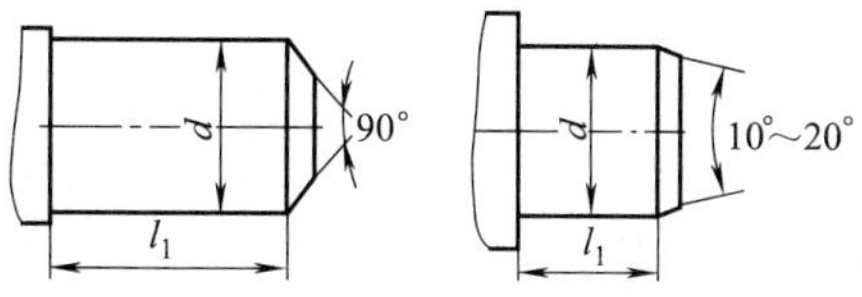 d　90°　l_1　图(a)　禁忌　d　10°～20°　l_1　图(b)　正确	如图(a)所示的过盈连接进入端的结合长度 l_1 过长，这样使过盈装配时容易产生挠曲，以至于使零件产生歪斜。改正后的结构如图(b)所示，以 $l_1<1.6d$ 为宜，这样有利于加工时减小挠曲，压装时减小歪斜，热装时均匀散热

续表

注意的问题	禁忌示例	说明
过盈连接入口端角度设计问题	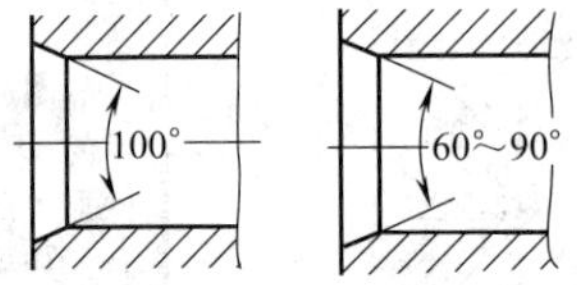 100°　60°～90° 图(a)　禁忌　图(b)　正确	过盈连接被连接件配合面的入口端应制成倒角，使装配方便、对中良好和接触均匀，提高紧固性。但倒角的大小影响装配性能，图(a)被进入端的倒角如为100°，过盈连接进入端的倒角如为90°时，对装配性能不会有太大提高。正确的倒角大小应如图(b)所示
过盈连接入口端公差配合问题	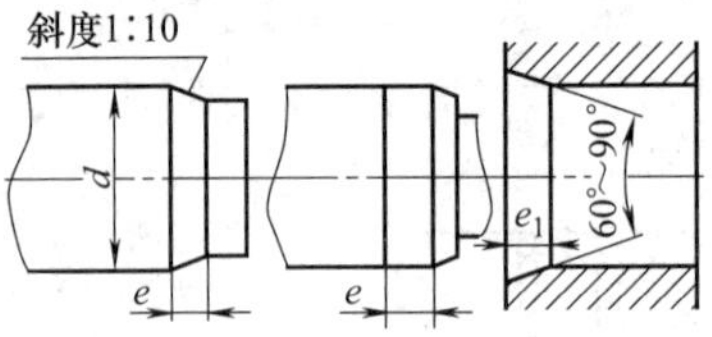 斜度1∶10　d　e　e　e_1　60°～90°	过盈连接入口端也可设计成公差配合的形式，但是禁忌设计成过盈配合或间隙配合，因为过盈配合不容易拆装；间隙配合不容易保证精度。只有设计成过渡配合中的间隙配合比较合适。但要设计成倒锥以便装入。倒锥或间隙配合段长的尺寸为：$e \geqslant 0.01d+2\text{mm}$，包容件的倒角尺寸为$e_1=1\sim4\text{mm}$
过盈连接均载设计问题	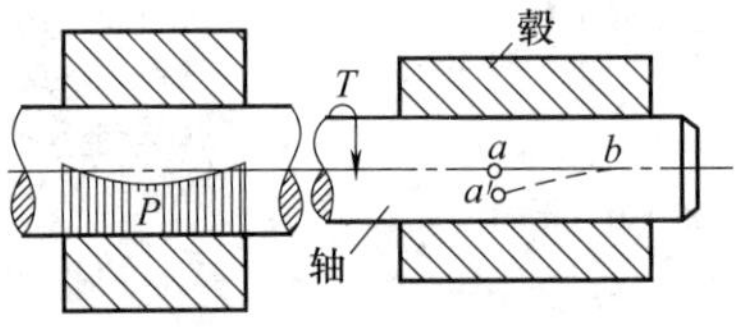 毂　T　a　b　a'　P　轴 图(a)　图(b) 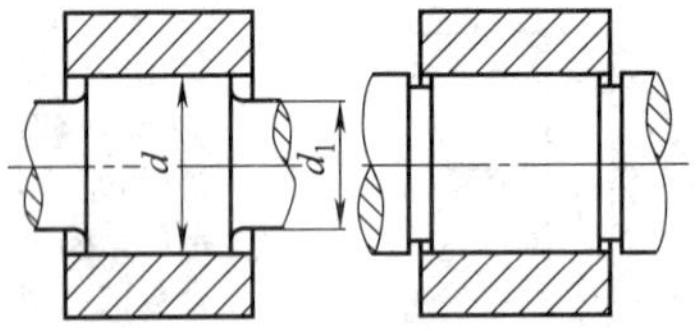 d　d_1 图(c)　图(d) 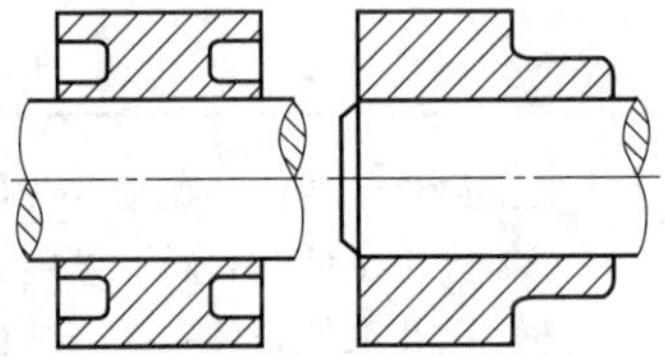 图(e)　图(f)	过盈连接结合压力沿结合面长度的分布是不均匀的，两端会出现应力集中，如图(a)所示；此外，由于轴的扭转刚度低于轮毂，轴的扭转变形大于轮毂，会在端部产生扭转滑动，如图(b)所示，图中的aa'为相对滑动量。当转矩变化时，扭转滑动会导致局部磨损而使连接松动 为了减轻或避免上述情况，从而保证连接的承载能力，可采取下列均载结构设计 ①如图(c)所示，减小配合部分两端处的轴径，并在剖面过渡处取较大的圆角半径，可取$d_1 \leqslant 0.95d$，$r \geqslant (0.1\sim0.2d)$ ②在轴的配合部分两端切制卸载槽，如图(d)所示 ③在轮毂端面切制卸载环形槽如图(e)所示 ④减小轮毂端部的厚度，如图(f)所示
过盈连接拆卸设计问题	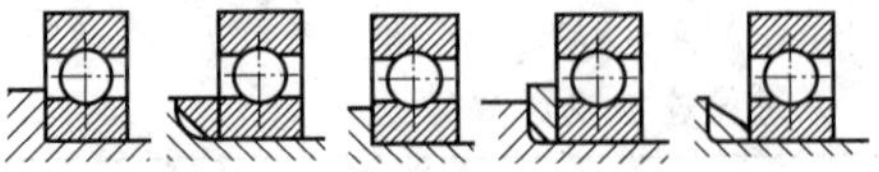 图(a)　图(b)　图(c)　图(d)	过盈连接要考虑拆卸问题，否则很难进行拆卸。如图(a)所示的两个滚动轴承，轴肩和套筒都超过或与滚动轴承的内圈同高，因此轴承拆卸器无法抓住滚动轴承的内圈，无法拆卸滚动轴承。如改成图(b)～图(d)所示的结构，就会顺利地卸下滚动轴承
	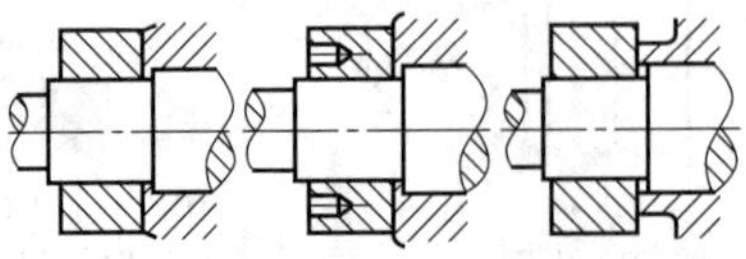 图(e)　图(f)　图(g)	如图(e)所示的轴与套的过盈连接也是无法拆卸的，如改成图(f)和图(g)所示的结构，就会顺利地卸下轴套。图(f)的结构是在套上加工成内螺纹，拆卸时利用螺纹连接扭矩产生的轴向力使套卸下。图(g)所示的结构给套留出一个拆卸的空间，原理同图(b)～图(d)，因此可以拆下

续表

注意的问题	禁忌示例	说明
过盈连接拆卸设计问题	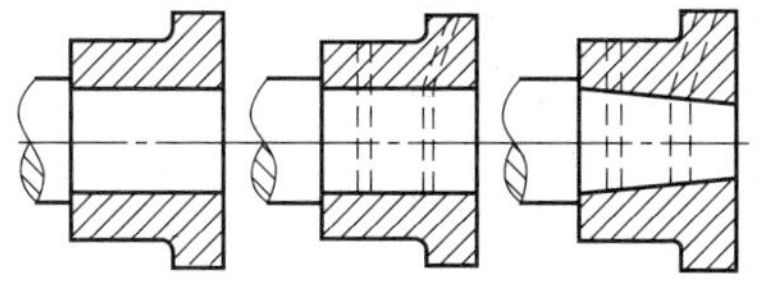 图(h)　图(i)　图(j)	如图(h)所示的结构为热压配合，拆卸是非常困难的，可采用施加油压的拔出方式，如图(i)所示；或采用圆锥配合，如图(j)所示
过盈深度设计禁忌	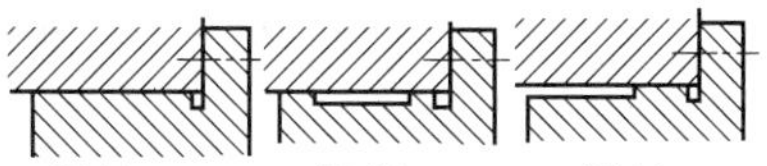 图(a)　图(b)　图(c)	过盈连接的深度不宜太深，如图(a)所示的结构，过盈量的嵌入深度太深，很难嵌装和拔出，如改成图(b)和图(c)所示的结构，使过盈量的嵌入深度最小，装拆都方便
同一零件多处过盈配合设计禁忌	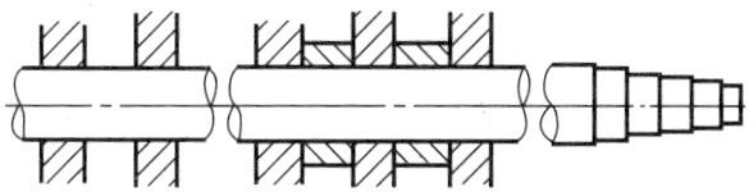 图(a)　图(b)　图(c)	如图(a)所示的结构，同一轴上有两处过盈配合，或如图(b)所示的结构，具有三处过盈配合，如果设计成等直径的轴、则不好安装、拆卸，同时也难以保证精度。应该设计成如图(c)所示的结构，即将具有相同直径过盈量的安装部位给予少许的阶梯差，安装部位以外最好不要给过盈量
同时多个配合面的设计禁忌	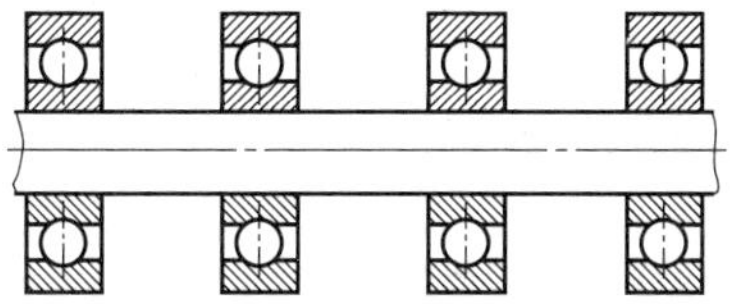 图(a)　禁忌 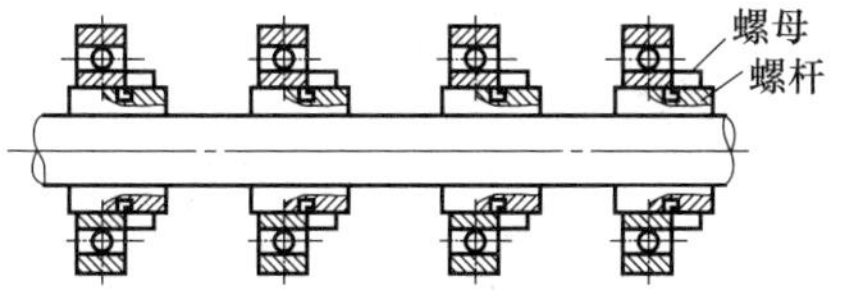 螺母 螺杆 图(b)　正确	如图(a)所示的结构：同一轴上安装有四个相同型号的滚动轴承，因为滚动轴承是标准件，内孔的尺寸是固定的，因此不能把轴设计成多个阶梯。但是滚动轴承内孔与轴是过盈配合，很难装拆 可以改成图(b)所示的结构：即用斜紧固套进行安装，能够方便地装拆
热压配合的轴环厚度设计禁忌	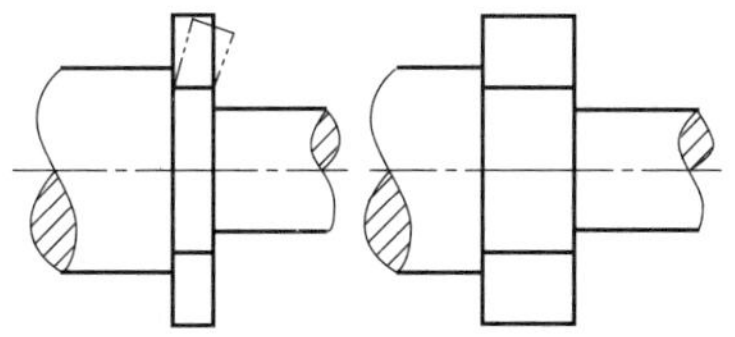 图(a)　禁忌　图(b)　正确	图(a)所示的结构是很薄的轴环热压配合到阶梯轴上，由于轴环左边的直径比右边的直径大很多，因此对于相同的过盈量，轴的反抗力不同，因此轴环会形成如图(a)虚线所示的翻伞状。为防止出现这种情况，可将轴环加厚，如图(b)所示的结构。如果因为结构受限实在不能加厚轴环，也可以从轴粗的一侧到细的一侧调整其过盈量

续表

注意的问题	禁　忌　示　例		说　　明
同时多个配合面的设计禁忌	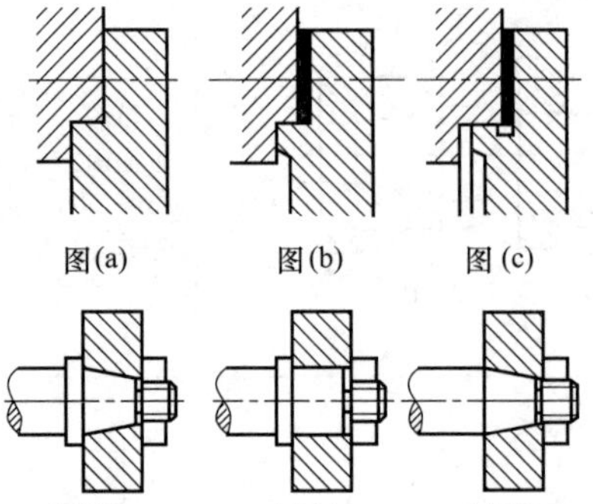 图(a)　图(b)　图(c) 图(d)　图(e)　图(f) 禁忌　正确		如图(a)所示的结构，同时使多个面的相关尺寸正确地配合非常困难。即使在制造时能正确地加工，但由于使用中温度变化等原因，也会使配合脱开。因此一般只使一个面接触，如采用图(b)或图(c)的结构是正确的。当两处都需要接触时，要采用分别单独压紧的方式 如果使用锥度配合与阶梯配合同时起作用是困难的，如图(d)所示的结构，除非尺寸精度是理想的，否则不能判断在阶梯配合的位置上锥度部分是否达到预计的过盈量。改为图(e)或图(f)的结构是正确的，因为圆柱轴端的阶梯配合是确实可靠的
热压配合面上禁装销键	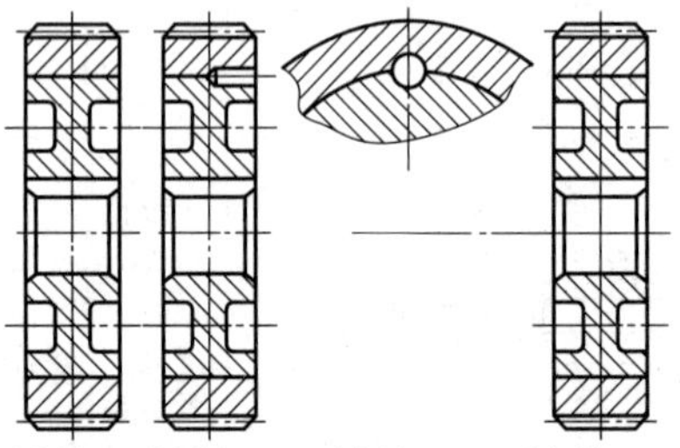 图(a)　图(b)　图(c)　图(d)		如图(a)所示的结构是齿轮的齿环热装在轮芯上的情况，如果在热压配合面上如图(b)和图(c)所示，装键或销是错误的结构，因为热装齿环的紧固力是由齿环、轮芯的环箍张紧而得以保持，所以如果在热压配合面上开孔，则环箍张紧被切断而使紧固力异常降低，丧失了热压配合的效果。因此，如改为如图(d)所示的结构是正确的，即热压配合面上禁忌装销键
	禁忌	正确	
过盈配合装配禁忌	当用压入法装配前，被连接件的配合表面不涂抹润滑油，不清理污物	当用压入法装配时，被连接件的配合表面应清理污物，适当涂抹润滑油	过盈配合当用压入法装配时，被连接件的配合表面应无污物，以免划伤和拉毛；表面应无损伤，以减小应力集中；配合表面可适当涂抹润滑油，以减少磨损
过盈配合两被连接件硬度设计禁忌	过盈配合的两被连接件有相同的硬度	过盈配合的两被连接件应该有不同的硬度	过盈配合的两被连接件应该有不同的硬度，若都采用钢时，两者的表面硬度应有差异，以免压装时发生粘着现象
过盈连接的压入速度设计禁忌	过盈连接的压入速度大于5mm/s	过盈连接的压入速度应控制在5mm/s以下	过盈连接的压入速度应控制在5mm/s以下，试验表明，压入速度从2mm/s提高到20mm/s，连接的强度降低了11%左右
过盈连接面摩擦系数忌过小	为提高连接的结合能力，过盈连接配合表面不必进行表面处理	为提高连接的结合能力，过盈连接配合表面应该进行表面处理，以提高连接面的摩擦系数	过盈连接面摩擦因数如果过小，摩擦力则小，连接的结合能力则小。增加过盈连接的摩擦系数可以提高连接面的结合能力。工程上可采用如下方法：将过盈连接的配合表面进行氧化、镀铬、镀镍或在温差法装配中使用金刚砂，可使静摩擦系数增大2～3倍，大大提高了连接的结合能力
用压入法装配后过盈连接的处理问题	用压入法装配后的过盈连接直接承受载荷	用压入法装配后的过盈连接应放置一段时间后再承受载荷	为了消除压入过程中产生的内应力以保证连接的质量，用压入法装配的过盈连接应放置24h后再承受载荷，禁忌直接压入后立即承受载荷
选择过盈配合公差禁忌	设计过盈配合连接时，选择大的过盈量以提高连接强度	设计过盈配合连接时，应选择合理的过盈配合公差	根据实际需要选择合理的过盈配合公差，提出过于严格的尺寸限制未必符合实际情况，切忌选择过大的过盈量，这样给加工带来很大难度，并且加工费用也相当高

1.6　焊接

焊接是利用局部加热或加压，或两者并用，使工件产生原子间结合的连接方式，是一种最常用的不可拆连接方式。焊接应用非常广泛，尤其对于单件生产的零件，用焊接代替铸件，不仅重量轻、制造周期短，而且无需木模和铸造设备，大大降低了成本。对于箱体、容器等结构零件，用焊接的方法代替铆接，使工艺简单、强度高、金属用量少。焊接的方法很多，选用时应注意有关禁忌，见表 12-1-12。

表 12-1-12　　焊接连接设计禁忌

注意的问题	禁　忌　示　例	说　　明
忌焊缝开在加工表面	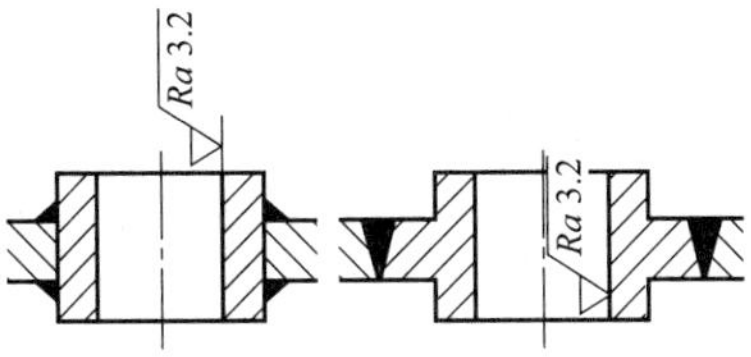 Ra 3.2　Ra 3.2 图(a)　禁忌　　图(b)　正确	图(a)所示结构的问题是焊缝距离加工表面太近，因此焊缝的热影响区或热变形会对加工面有影响，结构不合理。正确的设计应该是焊接后加工，或采用如图(b)所示的结构，使焊缝避开了加工表面，这种结构更合理
忌焊缝过多	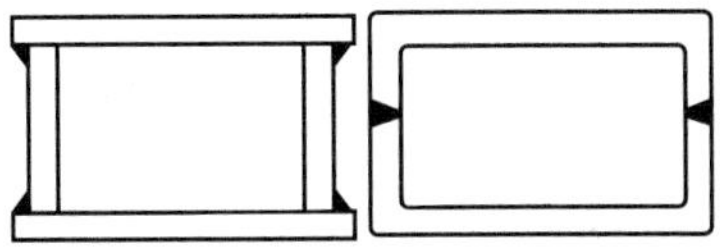 图(a)　禁忌　　图(b)　正确	图(a)所示的结构是用钢板焊接的零件，具有四条焊缝，焊缝过多且外形不美观。焊缝过多增加了工时及成本。如果改成图(b)所示的结构，先将钢板弯曲成一定形状后再进行焊接，不但可以减少焊缝，还可使焊缝对称和外形美观
忌焊缝受力过大	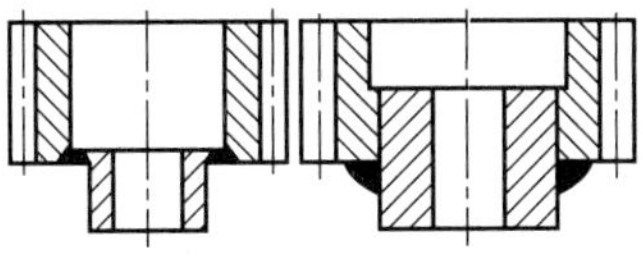 图(a)　禁忌　　图(b)　正确	图(a)所示的轮毂与轮圈之间的焊缝距回转中心太近，则焊缝的受力太大，结构不合理。如果改为图(b)所示的结构，则焊缝距回转中心比较远，焊缝安排在受力较小的部位，结构比较合理
	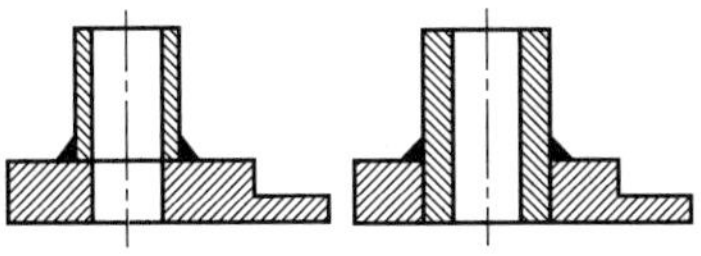 图(a)　禁忌　　图(b)　正确	图(a)所示的套管与板的连接结构，也是焊缝距回转中心太近，这样焊缝的受力太大。如改为图(b)所示的结构，套管与板的连接：先将套管插入板孔，再进行角焊，这种结构可以减小焊缝的受力
忌热变形过大	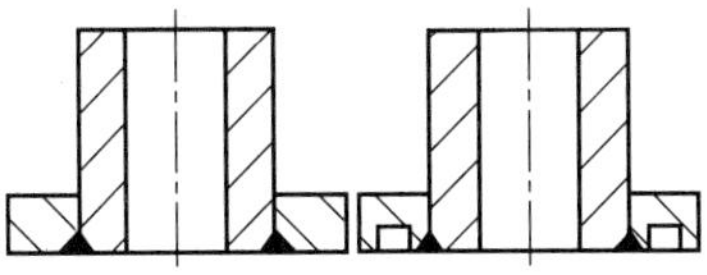 图(a)　禁忌　　图(b)　正确	图(a)所示的结构中，两零件为刚性接头，焊接时产生的热应力较大，零件的热变形也较大。如改为图(b)所示的结构：即在环底面上开设环槽以增加零件的柔性，成为弹性接头，则可以减小热应力，或使热变形显著减小
忌焊缝受剪力或集中力	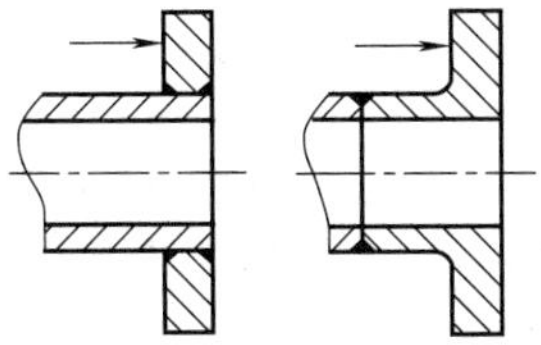 图(a)　禁忌　　图(b)　正确	图(a)所示结构中的法兰直接焊在管子上，在外力作用下，焊缝受剪切力，并且还受弯矩作用，削弱了焊缝的强度，此结构不合理。如果改为如图(b)所示的结构，即改变焊缝的位置，可以避免焊缝受剪力，从而提高焊缝的焊接质量

续表

注意的问题	禁忌示例	说明
忌焊缝受剪力或集中力	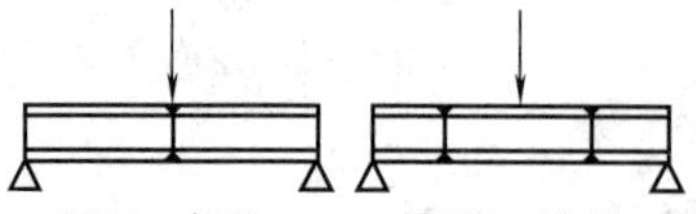 图(a) 禁忌 图(b) 正确	图(a)所示的结构：焊缝直接受集中力作用，同时还受最大弯曲应力作用，削弱了焊缝的强度，此结构不合理。如果改为如图(b)所示的结构，焊缝就避开了受弯曲应力最大的部位，结构合理
忌焊接影响区距离太近	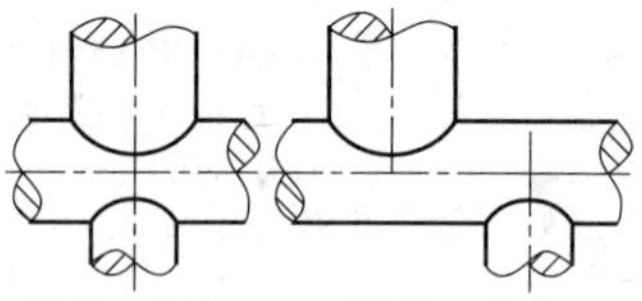 图(a) 禁忌 图(b) 正确	图(a)所示的结构：两条焊缝距离太近，热影响很大，使管子变形较大，强度降低，此结构不合理。如果改为如图(b)所示的结构，即：使各条焊缝错开，热影响较小，管子变形小，结构合理
忌焊接件不对称	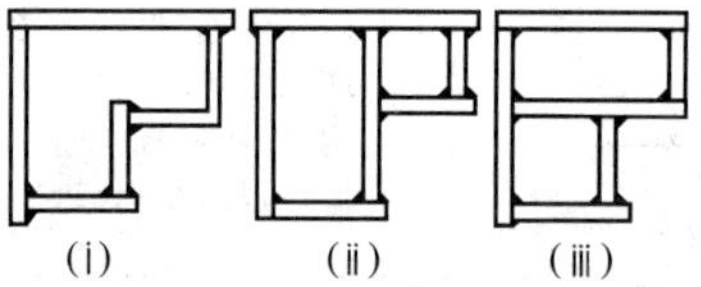 (ⅰ) (ⅱ) (ⅲ) 图(a) 禁忌 图(b) 正确	图(ⅰ)所示的结构：焊接件不对称布置，所以各焊缝冷却时力与变形不能均衡，使焊件整体有较大的变形，结构不合理。如果改为如图(ⅱ)或图(ⅲ)所示的结构，焊接件具有对称性，焊缝布置与焊接顺序也应对称，这样，就可以利用各条焊缝冷却时的力和变形的互相均衡，以得到焊件整体的较小变形，结构合理
忌在断面转折处布置焊缝	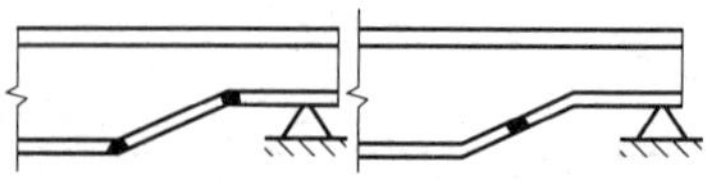 图(a) 禁忌 图(b) 正确	图(a)所示的结构：在断面转折处布置了焊缝，这样容易断裂。如果确实需要，则焊缝在断面转折处不应中断，否则容易产生裂纹。如果改为如图(b)所示的结构，比较合理
忌浪费板料	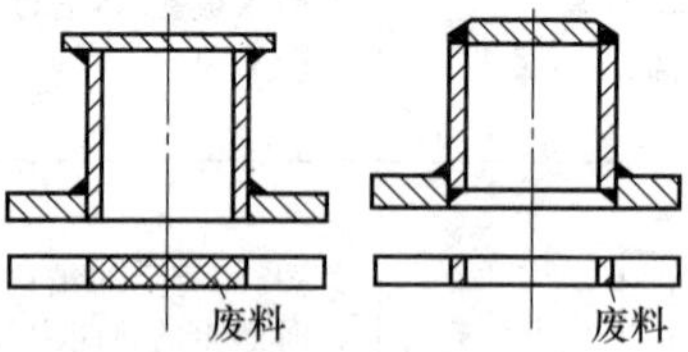 废料 废料 图(a) 禁忌 图(b) 正确	图(a)所示的结构：加工时底板冲下的圆板为废料，浪费较大。如果改为如图(b)所示的结构就比较合理了，因为可以利用这块圆板制成零件顶部的圆板，再焊接起来，废料大为减少
忌下料浪费	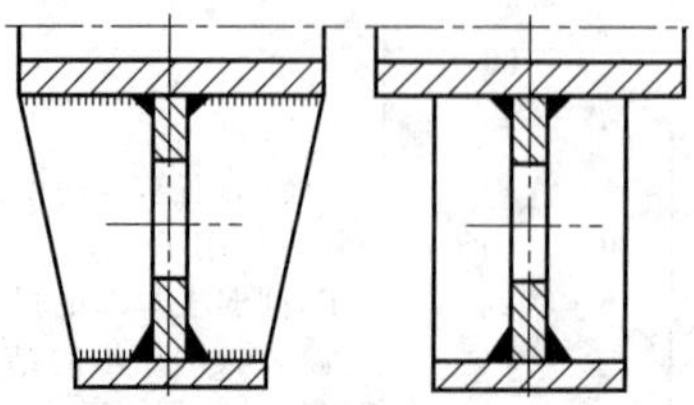 图(a) 禁忌 图(b) 正确	图(a)所示的结构：下料不合理，因为钢板为斜料，容易造成边角料较多。如果改为如图(b)所示的结构比较合理，因为下料比较规范，因此边角废料较少，结构合理

续表

注意的问题	禁忌示例	说明
铸件改为焊件的禁忌	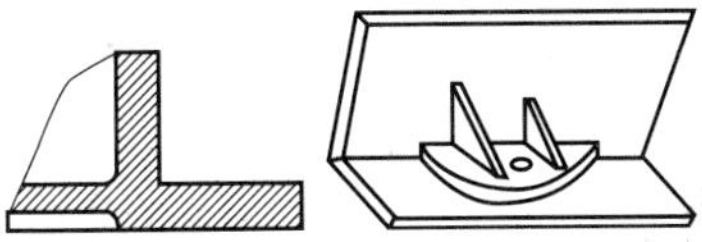 图(a)　图(b)	图(a)所示的结构为铸件，改为焊件时，应保证焊接件的刚度。图(a)所示机座的地脚部分改为焊件时，由于钢板较铸件壁薄，为保证焊件的刚度，可将凸台设计成双层结构，并增设加强肋，如图(b)所示
选择焊缝的位置禁忌	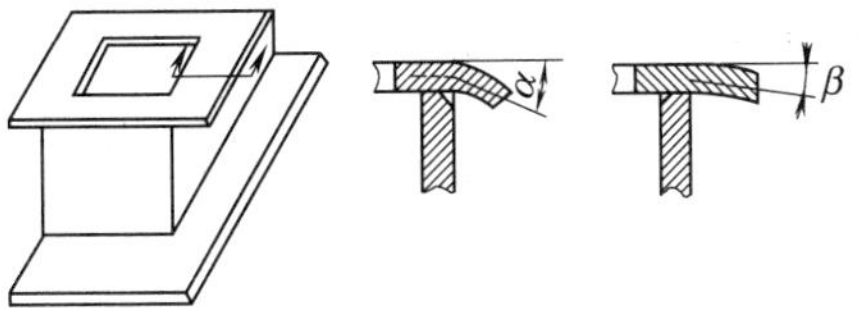 图(a)　图(b)　图(c)	如图(a)所示的结构为焊接零件，底座顶板的内侧刚度大，如果在刚度小的外侧开坡口进行焊接，则顶板的变形角度为 α，如图(b)所示。如果在刚度大的内侧开坡口进行焊接，则顶板的变形角度为 β，如图(c)所示。可以明显地看出：$\alpha>\beta$，因此，在刚度小的外侧进行焊接、顶板变形量大，结构不合理。焊缝的位置应选择在刚度大的位置以减小变形量，图(c)的结构合理
焊接密封容器禁忌	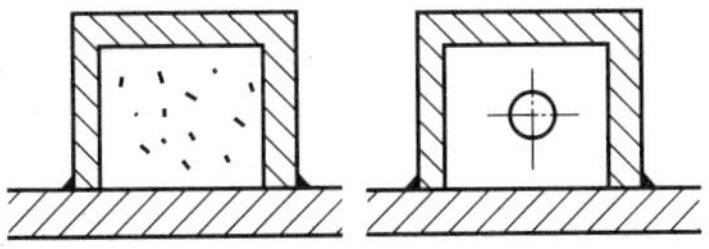 图(a)　禁忌　图(b)　正确	图(a)所示为焊接密闭容器的结构，预先没设计放气孔，因此气体可能释放出来而导致不易焊牢。如果改为如图(b)所示的结构，即预先设计放气孔，使气体能够释放，则有利于焊接，结构合理
焊接外形设计禁忌	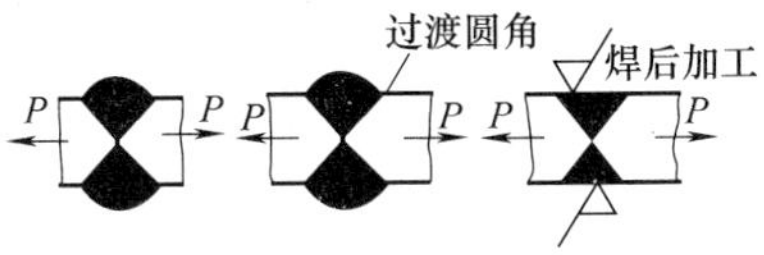 过渡圆角　焊后加工　P　图(a)　图(b)　图(c)	如图(a)所示的焊缝与母材交界处为尖角，因此应力集中比较大。如果改为如图(b)所示的结构，即焊缝与母材交界处用砂轮打磨，能够增大过渡区半径，从而可减小应力集中。对承受冲击载荷的结构，应采用图(c)所示的结构，将焊缝高出的部分打磨光滑
端面角焊缝设计禁忌	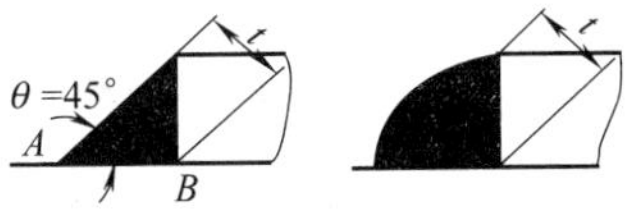 $\theta=45°$　A　B　图(a)　图(b)　禁忌 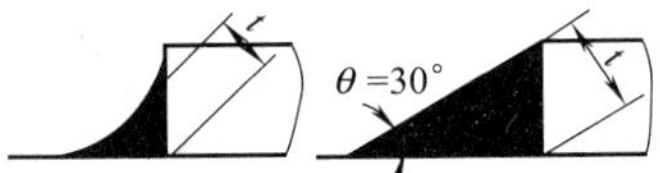 $\theta=30°$　图(c)　图(d)　正确 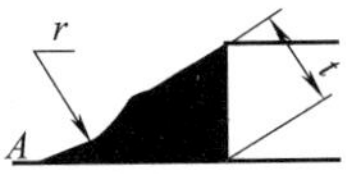 r　A　图(e)　更好	端面角焊缝的焊缝截面形状对应力分布有较大影响。如图(a)所示，A、B 两处应力集中最大，A 点的应力集中随 θ 角增大而增加，因此，如图(a)和图(b)所示的端面角焊缝应力集中较大。图(c)和图(d)的焊缝应力集中较小，图(e)中 A 点的应力集中最小，但需要加工，焊条消耗较大，经济性差

续表

注意的问题	禁忌示例	说明
十字接头焊缝设计禁忌	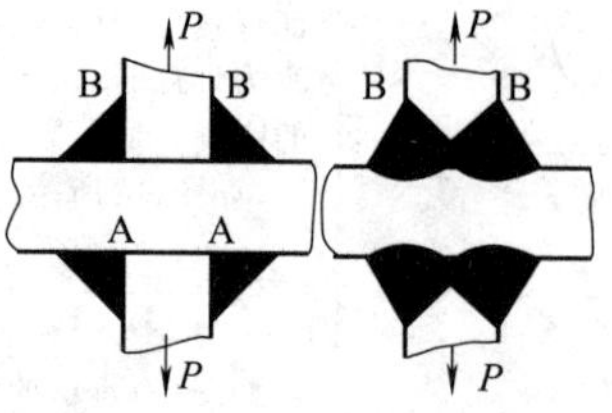 图(a) 禁忌 图(b) 正确	图(a)所示为焊接的十字接头，按图示的方向受力，因未开坡口，焊缝根部A和趾部B两处有较高的应力集中，且连接强度低。如改为图(b)的结构，即在焊接处开了坡口，因此易于焊透，应力集中也比较小，焊接的变形量小，结构合理
不同厚度对接焊缝设计禁忌	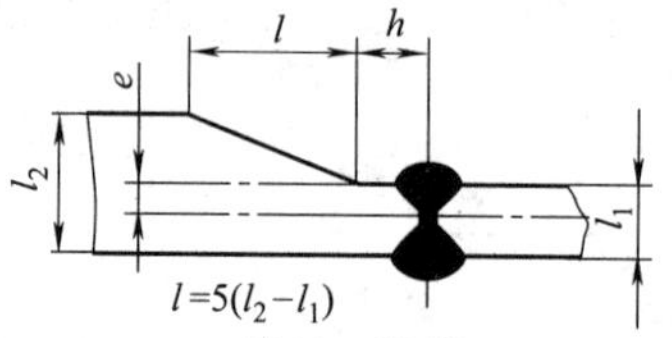 $l=5(l_2-l_1)$ 图(a) 禁忌 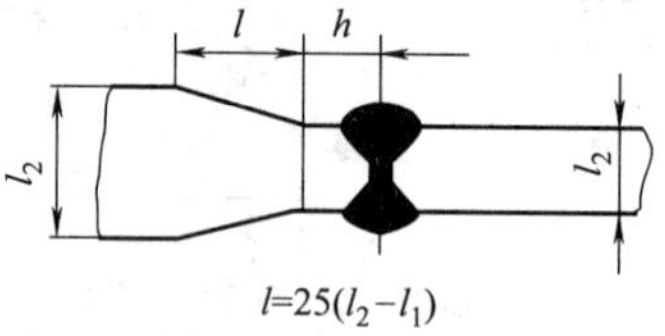 $l=25(l_2-l_1)$ 图(b) 正确  图(c) 更好	对不同厚度构件的对接接头，应尽可能采用圆弧过渡，并使两板对称焊接，以减少应力集中，并使两板中心线偏差 e 尽量减小。如图(a)所示的不同厚度对接焊缝结构，应力集中最大，结构不合理。如改成如图(b)所示的结构，应力集中较小；如改成图(c)所示的结构，应力集中最小。如果一定要采用图(a)的结构时，应按照图中尺寸设计接头，同样图(b)也要符合图中尺寸。一般 h 应有一段水平距离，过渡处不应在焊缝处
受变应力焊缝设计禁忌	 图(a) 禁忌 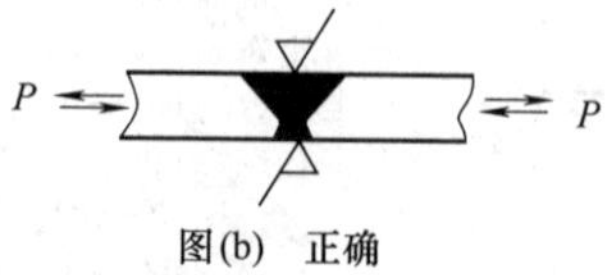 图(b) 正确	受变应力的焊缝不宜采用如图(a)所示的凸出焊缝，可改为如图(b)所示的结构，即焊缝宜平缓，并且应在背面补焊，最好将焊缝表面切平，如果必须使用，可用长底边的填角焊缝，以减少应力集中
	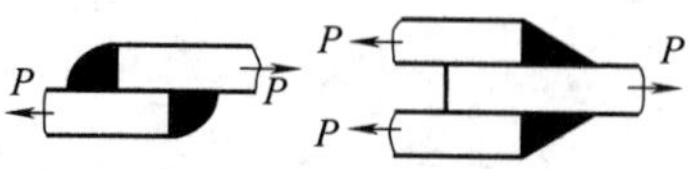 图(a) 禁忌 图(b) 正确	受变应力的焊缝不宜采用如图(a)所示的凸出焊缝，焊缝宜平缓，并且应在背面补焊，最好将焊缝表面切平，避免用搭接。改为图(b)的结构比较合理

续表

注意的问题	禁忌示例	说明
不等厚度焊接件设计禁忌	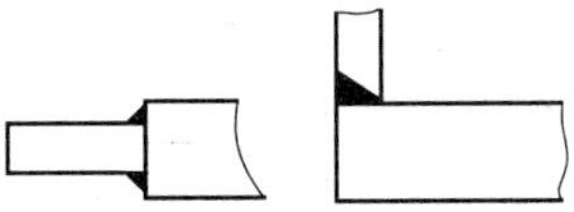 图(a)　图(b) 禁忌 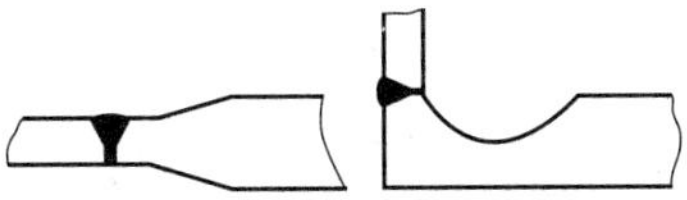 图(c)　图(d) 正确	不等厚度的坯料进行焊接时，禁忌采用如图(a)和图(b)所示的结构，因为这样会有很大的应力集中。应该采用如图(c)和图(d)所示的结构，使被焊接的坯料厚度缓和过渡后再进行焊接，以减少应力集中
焊接构件截面改变处设计禁忌	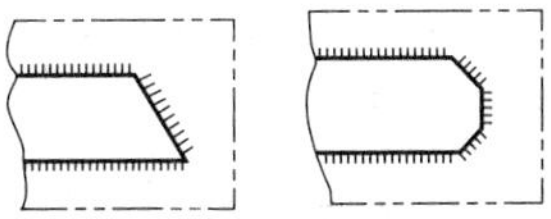 图(a)　禁忌　　图(b)　正确	图(a)所示为焊接构件截面改变处有尖角的结构，因此有应力集中，影响焊接质量，降低强度。为了避免应力集中，将尖角改变为平缓过渡的圆角以减小应力集中，改进后的结构如图(b)所示
	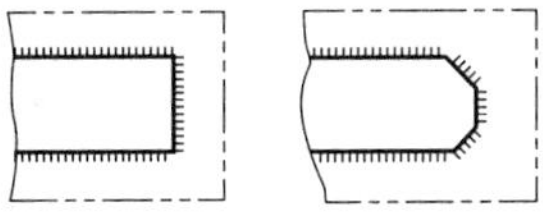 图(a)　禁忌　　图(b)　正确	图(a)所示为焊接构件截面改变处有尖角的结构，尖角处有应力集中，影响焊接质量，降低强度。必须设计成平缓过渡的圆角，以减小应力集中，如图(b)所示
	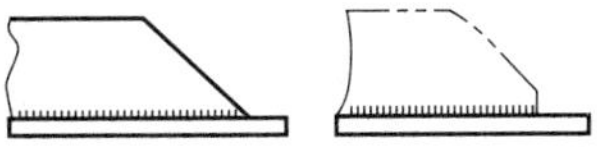 图(a)　禁忌　　图(b)　正确	图(a)所示为焊接构件截面改变处有一个很尖的锐角，尖角处有很大的应力集中，严重影响焊接质量，降低强度。必须设计成平缓过渡的结构，以减小应力集中，如图(b)所示
忌搭接接头焊缝	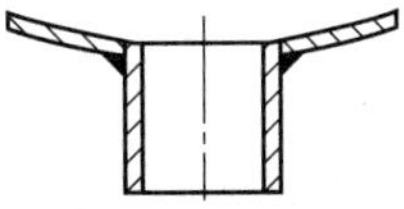 图(a)　禁忌 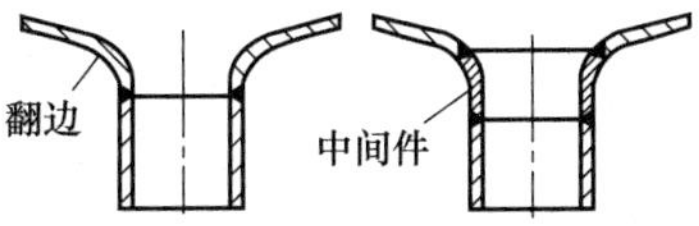 翻边　中间件 (ⅰ)　(ⅱ) 图(b)　正确	如图(a)所示为化工容器底部与管子接头的结构，其焊缝是搭接接头焊缝，所以存在很大的应力集中，容易产生断裂现象，影响连接强度。因此必须避免搭接接头焊缝的结构，改正后的结构如图(ⅰ)和图(ⅱ)所示
	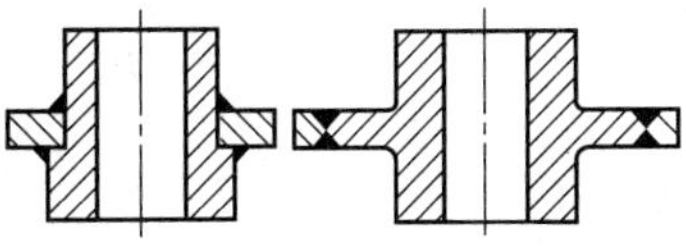 图(a)　禁忌　　图(b)　正确	图(a)所示为焊缝是搭接接头的结构，所以存在很大的应力集中，容易产生断裂现象，影响连接强度。因此必须避免搭接接头焊缝的结构，改正后的结构如图(b)所示

续表

注意的问题	禁忌示例	说明
忌搭接接头焊缝	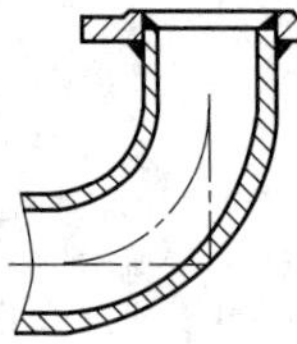 图(a) 禁忌 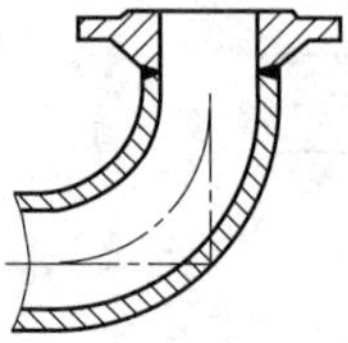 图(b) 正确	图(a)所示为法兰与管子的焊接结构,焊缝是搭接接头的形式,所以存在很大的应力集中,容易产生断裂现象,影响连接强度。因此必须避免搭接接头焊缝的结构,改正后的结构如图(b)所示
	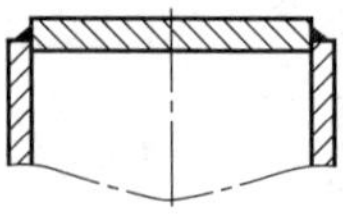 图(a) 禁忌 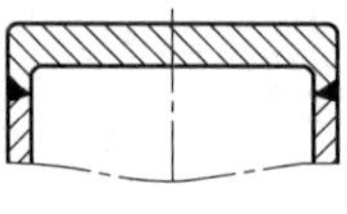 图(b) 正确	图(a)所示为搭接的焊接结构,因为是搭接接头焊缝,所以存在很大的应力集中,容易产生断裂现象,因此要避免搭接接头焊缝的结构,改正后的结构如图(b)所示
忌正应力分布不均	 P P 图(a) 禁忌  P P 图(b) 正确	图(a)采用"加强板"的对接接头是极不合理的,因为原来疲劳强度较高的对接接头被大大地削弱了。试验表明,此种"加强"方法,其疲劳强度只达到基本金属的49%。正确的方法如图(b)所示
忌纯侧面角焊	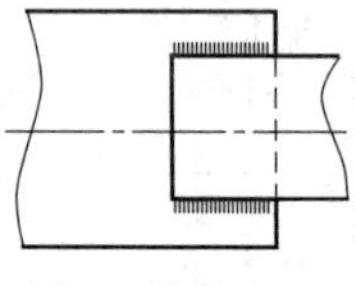 图(a) 禁忌 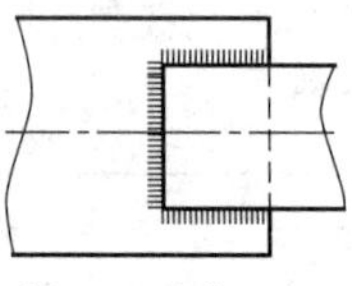 图(b) 正确	如图(a)所示的结构,采用了只用侧面角焊缝的搭接接头,不但侧焊缝中切应力分布极不均匀,而且搭接板中的正应力分布也不均匀。如果改为如图(b)所示的结构,既增加了正面角焊缝,则搭接板中正应力分布较均匀,侧焊缝中的最大切应力也降低了,还可减少搭接长度,结构合理
	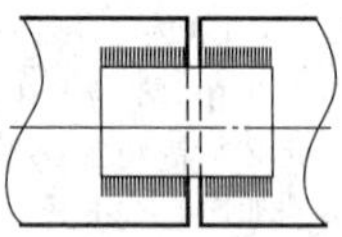 图(a) 禁忌 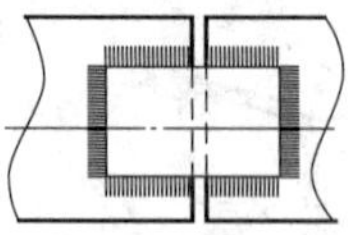 图(b) 正确	如图(a)所示的结构,在加盖板的搭接接头中,仅用侧面角焊缝的接头,在盖板范围内各横截面正应力分布非常不均匀。如果改为如图(b)所示的结构,即增加了正面角焊缝后,正应力分布得到明显改善,应力集中大大降低,还能减少搭接长度
忌在截面突变处焊接	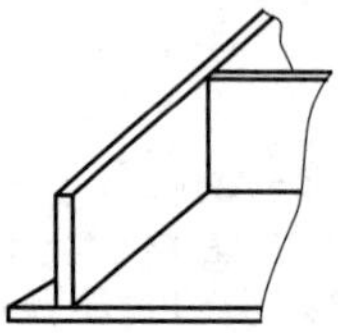 图(a) 禁忌 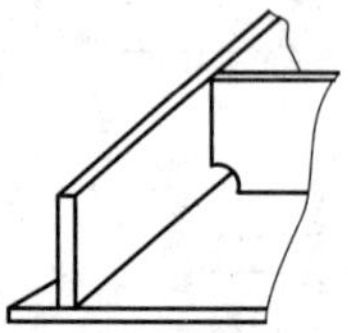 图(b) 正确	如图(a)所示为几块垂直的板焊接的结构形式,在焊接处存在很大的应力集中现象,降低了构件的疲劳强度,是不合理的焊接方式。如果改为如图(b)所示的结构,不仅可以减少应力集中,还可以提高结构的疲劳强度,是比较合理的设计

续表

注意的问题	禁 忌 示 例	说 明
忌在截面突变处焊接	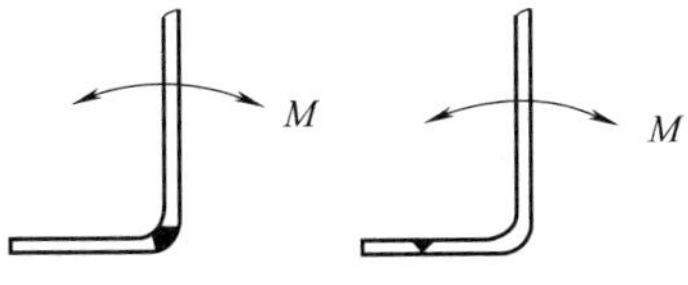 图(a) 禁忌 图(b) 正确	如图(a)所示为焊接管或棒承受交变弯矩时焊接的结构形式，在焊接处存在很大的应力集中现象，降低了构件的疲劳强度，是不合理的焊接方式。如果改为如图(b)所示的结构，即避免在截面突然变化处进行焊接的结构，不仅可以减少应力集中，还可以提高结构的抗弯疲劳强度
	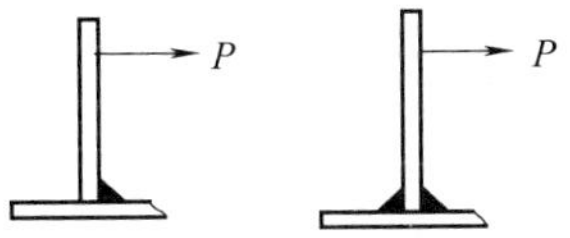 图(a) 禁忌 图(b) 正确	图(a)所示为是两块垂直的板焊接的结构形式，承受外力后，左面由于没有焊接，因此很容易断裂。如果改为如图(b)所示的结构，即在左面也增加焊缝，大大提高了结构的抗弯强度
	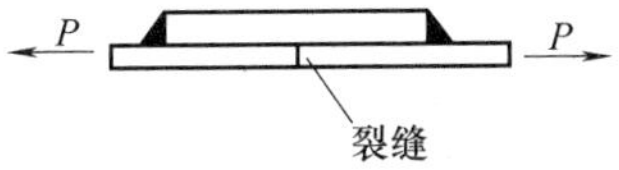 裂缝 图(a) 禁忌  图(b) 正确	图(a)所示为两块板的焊接结构形式，两块板没有直接焊接而用了另一块板进行搭接焊，但是外力为拉力，两块板受到拉力后因强度不够而失效。如果改为如图(b)所示的结构，即两块板直接焊接，可提高结构强度
	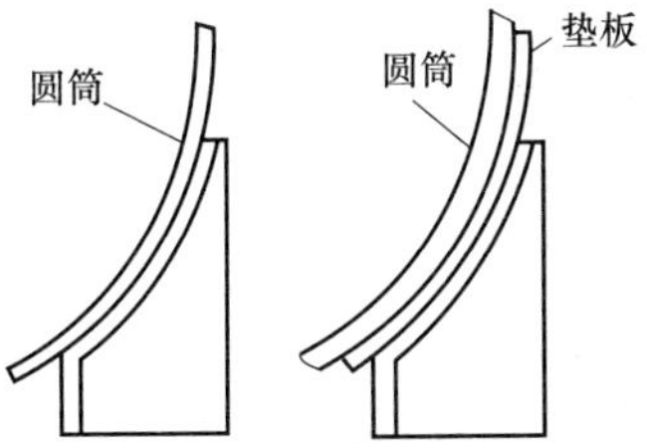 圆筒 圆筒 垫板 图(a) 禁忌 图(b) 正确	图(a)所示为化工容器底座结构，容器的圆筒直接焊在底座上是不合理的结构，因为容器的圆筒比较薄，焊接处存在很大的应力集中现象，如果改为如图(b)所示的结构，即加一块垫板，是比较合理的设计，不仅可以减少应力集中，还可以提高结构的强度和刚度
焊缝方向的禁忌	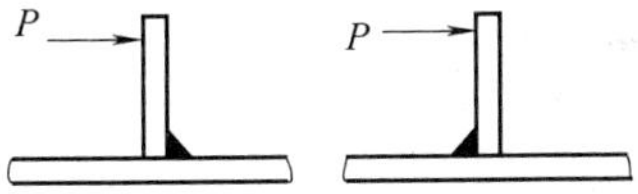 图(a) 禁忌 图(b) 正确	如图(a)所示为两块垂直的板焊接的结构形式，焊缝在右侧，承受外力后焊接的根部处于受拉应力状态而弯断。如果改为如图(b)所示的结构，即焊缝改在左侧，可改善受力状况，提高结构的抗弯强度
	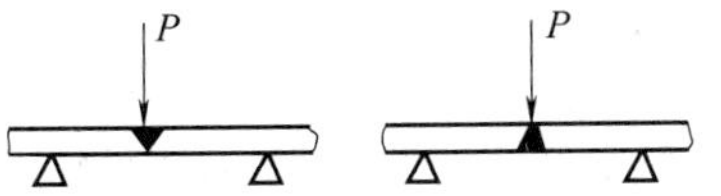 图(a) 禁忌 图(b) 正确	如图(a)所示为焊缝方向使焊缝的根部处于受拉应力状态，承受外力后焊缝下面容易受过大的弯曲应力而弯断。如果改为如图(b)所示的结构，即焊缝方向相反，可改善受力状况，提高结构的抗弯强度

续表

注意的问题	禁忌示例	说明
补强板焊接禁忌	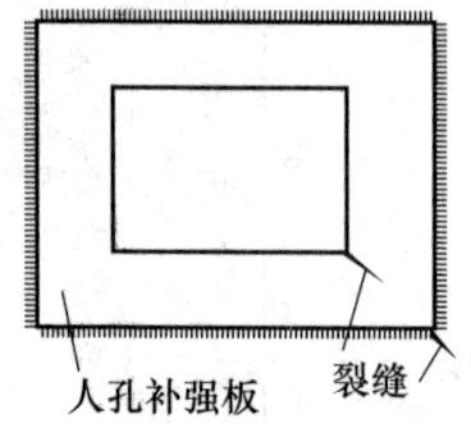 人孔补强板　裂缝 图(a)　禁忌 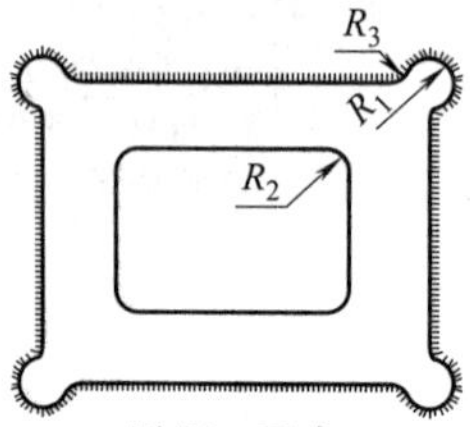 R_3　R_1　R_2 图(b)　正确	如图(a)所示为在化工容器(例如塔体)上开人孔处进行的补强结构,如图(a)所示的四角为尖角的焊缝是不合理的,因为有应力集中,在交变载荷作用下仍然容易产生疲劳裂纹;如改为图(b)所示,将四角为尖角的焊缝改为圆角,可大大地减小应力集中,避免产生裂纹,是比较好的结构
焊接设计忌液体溢出	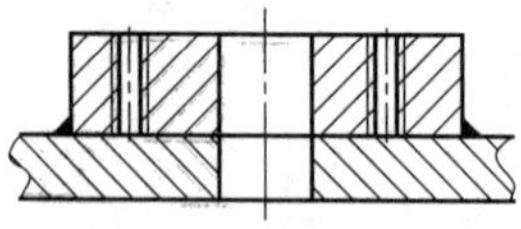 图(a)　禁忌 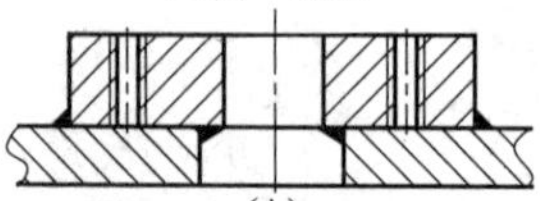 (ⅰ) 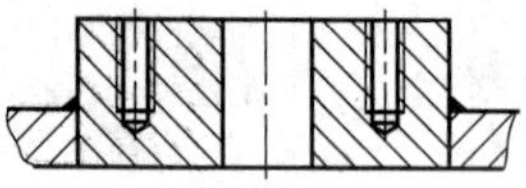 (ⅱ) 图(b)　正确	如图(a)所示的焊缝结构是不合理的,因为液体可能从螺孔或其他地方泄出。如在强度允许的情况下,加强内部密封焊接,改为如图(ⅰ)所示的结构就不会发生液体溢出。也可以设计成如图(ⅱ)所示的结构,以防止液体溢出
薄板焊接禁忌	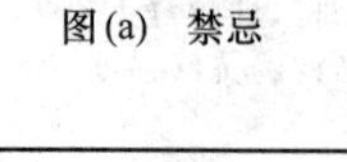 图(a)　禁忌 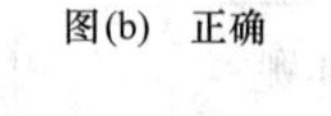　图(b)　正确	如图(a)所示为薄板焊接时的结构,该结构不合理,因为焊接受热后,会发生起拱现象,为避免此现象,应考虑开孔焊接,如图(b)所示为合理的结构

1.7　胶接

胶接是利用胶黏剂在一定条件下把预制的元件连接在一起，并具有一定的连接强度的不可拆连接。与铆接、焊接比较，胶接有许多显著优点，例如：适用范围广，能连接同类或不同类的各种材料；粘接要求的工艺、设备简单，操作方便；胶接件表面光滑、密封性好、重量轻且防腐蚀等，所以在许多领域，胶接已逐渐替代焊接、铆接及螺栓连接。但胶接的工艺比较复杂，选用时应注意有关禁忌问题，见表 12-1-13。

表 12-1-13　　胶接连接设计禁忌

注意的问题	禁忌示例	说明
忌粘接面受纯剪力	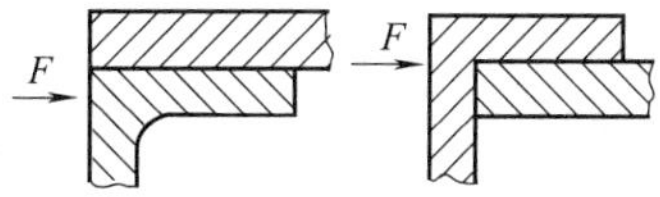 F　F 图(a)　禁忌　　图(b)　正确	对图(a)所示的两个物体进行粘接，粘接面受剪力，容易松开。如果改善接头结构，改成如图(b)所示的结构，使载荷由钢板承受，则可以减小粘接接头的受力，结构合理
忌粘接面积太小	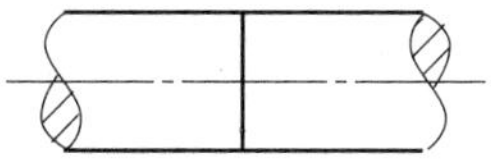 图(a)　禁忌 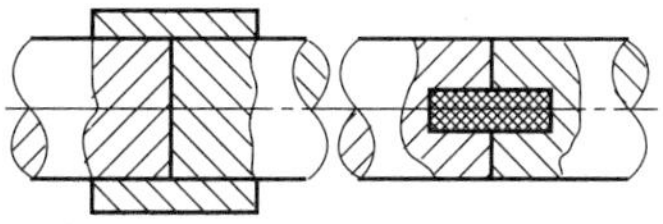 (ⅰ)　(ⅱ) 图(b)　正确	如图(a)所示的两圆柱体粘接结构是不对的，因为粘接面面积太小，因此连接强度不高。如果改成如图(ⅰ)所示的结构，即在连接处的两圆柱体外面附加增强的粘接套管就能增大粘接面的面积；或如图(ⅱ)所示的结构，在圆柱体内部钻孔，置入附加连接柱与圆柱体粘接，能够达到增大接触面积的作用，从而增大了连接强度
粘接件与焊接件和铸件的区别	 图(a)　图(b) 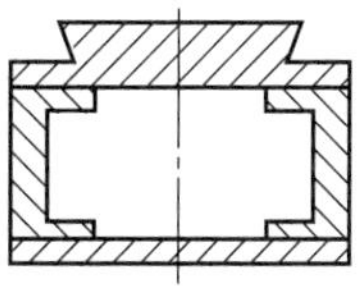 图(c)	如图(a)所示为由两个零件组成的焊接结构件。如图(b)所示的结构为同样形状的铸造件的结构，整体为一个零件。如果改用粘接件，还用焊接的那种结构是不行的，因为粘接件强度比焊接低，所以设计时应该有较大的粘接面积，因此与铸件、焊接件的结构有明显的不同。同时，粘接的变形较小，可以简化零件结构，设计成如图(c)所示的结构是合理的粘接构件
受力大时粘接件连接提高强度的措施	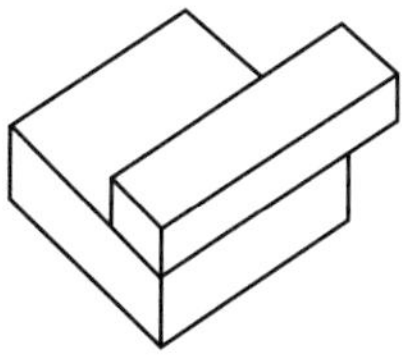 图(a)　禁忌 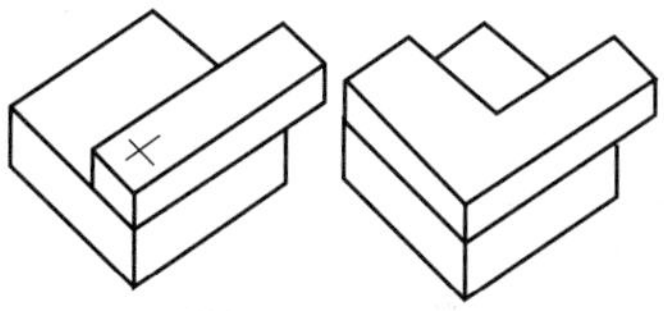 (ⅰ)　(ⅱ) 图(b)　正确	如图(a)所示为粘接的结构件，由于端部受力较大，粘接强度不高，因此容易损坏。如果改为图(ⅰ)所示的结构，在端部增加固定螺钉，采用螺栓连接与粘接相结合的方法，会提高连接的强度，结构很合理。或者设计成如图(ⅱ)所示的结构，将端部尺寸加大，从而增大了粘接面积，提高了连接的强度，也是合理的结构

续表

注意的问题	禁忌示例	说明
粘接件修复禁粘接面积过小	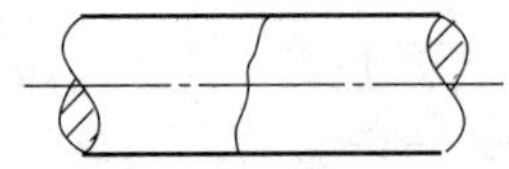 图(a) 禁忌 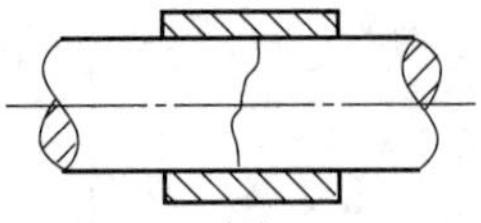 (ⅰ) 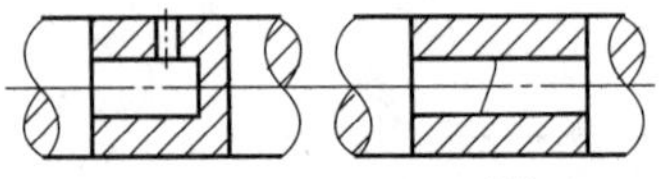 (ⅱ) (ⅲ) 图(b) 正确	对于产生裂纹甚至断裂的零件，可以采用粘接工艺修复。如图(a)所示的断裂的零件，采用简单涂胶粘接的方法不能达到强度要求，因为粘接面积太小。如果采用如图(ⅰ)所示的结构，即可在轴外加一个补充的套筒，再粘接起来，就增加了粘接面积，达到强度要求。或者设计成如图(ⅱ)所示的结构，将断口处加工成相配的轴与孔，再粘接起来，也是较好的方法。如果设计成如图(ⅲ)所示的结构，即把轴的断口加工得细一点，外面加一层套连接，是更好的方法
重型零件粘接修复设计禁忌	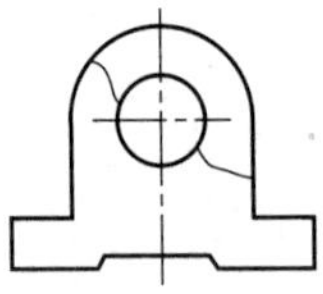 图(a) 禁忌 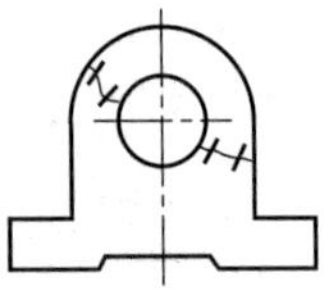 图(b) 正确	如图(a)所示的重型零件——大型轴承座断裂后，只采用胶粘的方法进行断口的修复连接是不行的，因为粘接后的强度不能满足重型零件的要求，应该采用如图(b)所示的结构，即除用胶粘接断口外，还应该采用波形链连接，以增加连接的强度
对接胶接接头设计禁忌	 F F 图(a) 禁忌  F F 图(b) 正确	如图(a)所示的对接胶接接头形式的结构是不合理的，因为胶接接头的面积太小，满足不了强度的要求。如改用图(b)所示的结构形式，即将胶接接头部分加工成一定的斜度再胶接，该对接胶接接头是常用的对接胶接形式，称为嵌接，在拉力载荷作用下，接合面同时承受拉伸和剪切作用，这种结构的应力集中影响也很小
搭接胶接接头设计禁忌	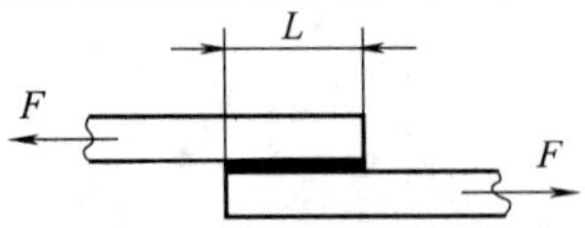  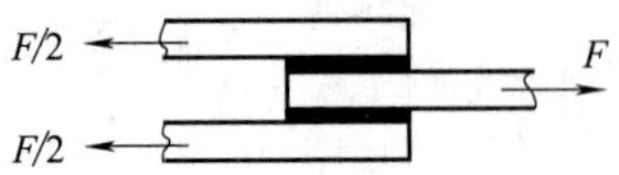 L F F 图(a) 禁忌  F F (ⅰ) F F (ⅱ) F/2 F F/2 (ⅲ) 图(b) 正确	如图(a)所示的搭接胶接接头结构形式是不合理的，因为胶接接头的末端应力集中比较严重，满足不了强度的要求。但是，如改用图(ⅰ)和图(ⅱ)所示的结构形式，即将端部加工成一定的斜度，使其刚性减小，试验证明能够缓和应力集中现象。为了避免搭接接缝中载荷的偏心作用，也可采用如图(ⅱ)所示的双搭接形式的胶接接头

续表

注意的问题	禁忌示例	说明
T 形胶接接头设计禁忌	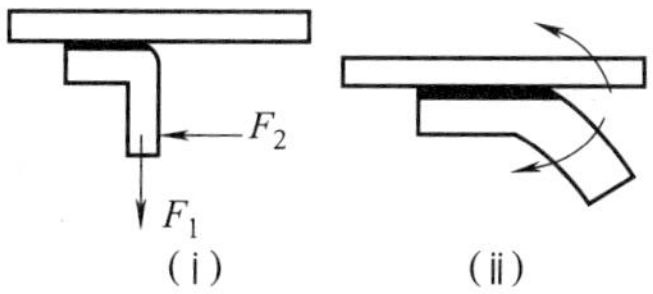 F_2 F_1 (ⅰ) (ⅱ) 图 (a) 禁忌 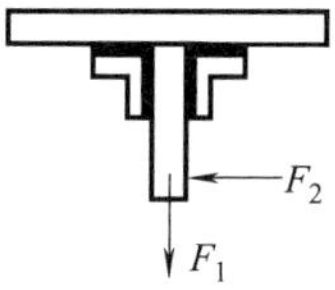 F_2 F_1 图 (b) 正确	如图(ⅰ)所示为单面 T 形胶接接头，其结构不太好，因为这种接头在受到拉伸扣弯曲载荷时，容易使胶接缝发生撕扯作用，产生如图(ⅱ)所示的撕扯情况。在这种情况下，载荷集中作用在很小的面积上，强度低，最容易失效，设计时应尽量避免。如改用图(b)所示的结构形式，即双面 T 形接头，情况就好多了，应该采用这种结构形式

1.8 铆接

利用铆钉把两个以上的被铆件连接在一起的不可拆连接，称为铆钉连接。铆接具有工艺设备简单、抗振、耐冲击和牢固可靠等优点，目前某些行业还离不开铆接，如在某些起重机的构架、轻金属结构（如飞机结构）中，铆接还是连接的主要形式。铆接的工艺及结构比较复杂，种类也比较多，选用时应注意有关禁忌，见表 12-1-14。

表 12-1-14　铆接连接设计禁忌

注意的问题	禁忌示例	说明
忌铆钉数量过多	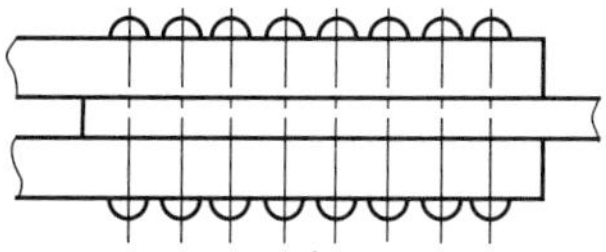 图 (a) 禁忌 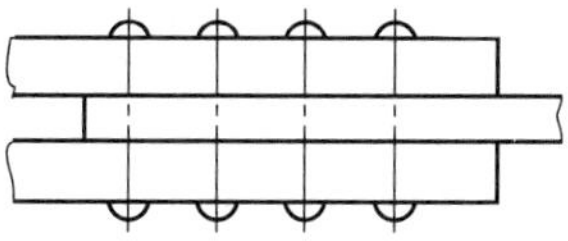图 (b) 正确	如图(a)所示的在力的作用方向设置 8 个铆钉，则因为钉孔制作不可避免地存在着误差，许多铆钉不可能同时受力，因此受力不均。应改为图(b)所示的结构，一般不超过 6 个。但铆钉数目也不能太少以免铆钉打转。如果确实需要 6 个以上的铆钉，可以设计成两排或多排铆钉连接。在进行铆钉连接设计时，排在力的作用方向的铆钉排数不能太多，一般以不超过 6 排为宜
多层板铆接禁忌	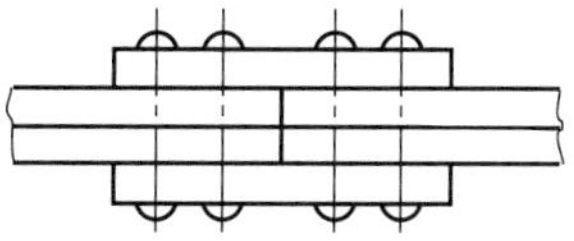 图 (a) 禁忌 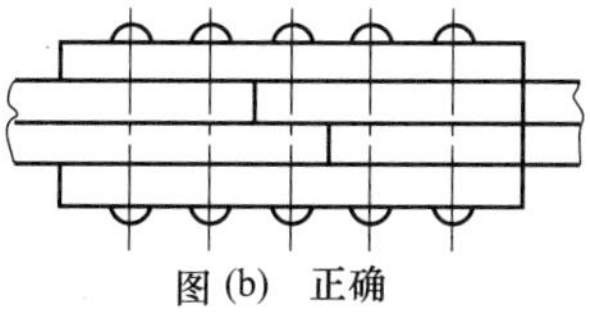图 (b) 正确	如图(a)所示为四层板进行铆接时的结构，该结构是不好的结构，因为将各层板的接头放在了同一个断面内，因此将使结构的整体产生一个薄弱的截面，这是不合理的 如果改成图(b)所示的结构，即：将各层板的接头相互错开，就避免了上述问题，是比较合理的结构

第 12 篇

续表

注意的问题	禁忌示例	说明
铆接后忌再进行焊接	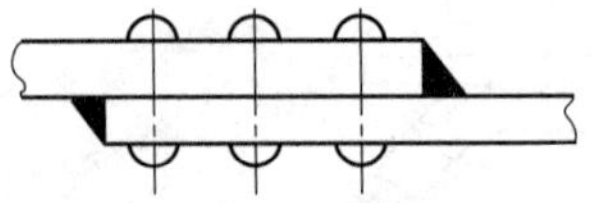 图(a) 禁忌 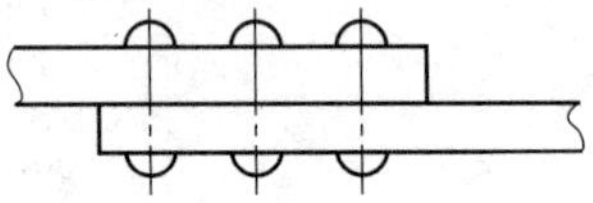 图(b) 正确	如图(a)所示为两块板铆接后再进行焊接的结构，该结构是不合理的，因焊接产生的应力和变形将会破坏铆钉的连接状态，甚至使铆钉连接失效，起不到双重保险的作用，反而增加了发生事故的隐患。如改为图(b)所示的结构，即：只进行铆接，或只进行焊接，是比较合理的
薄板铆接忌翘曲	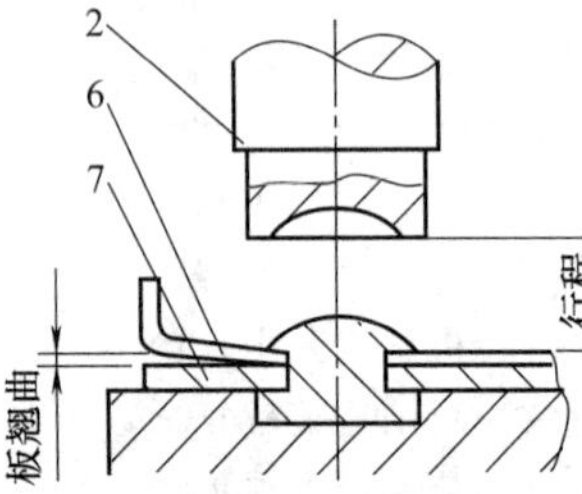 2 6 7 行程 板翘曲 图(a) 禁忌 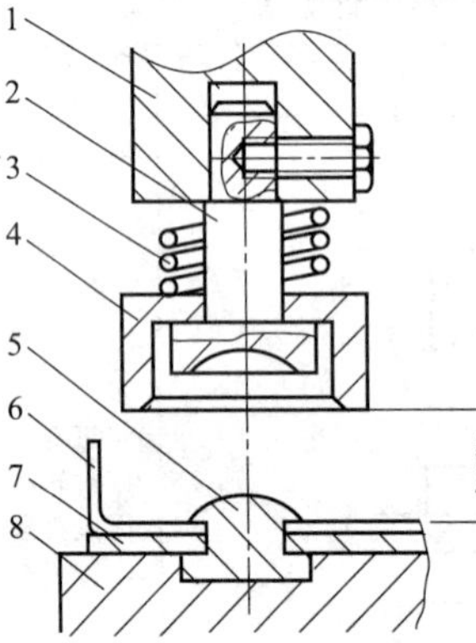 1 2 3 4 5 6 7 8 行程 图(b) 正确 1—夹具；2—锤体；3—螺旋弹簧；4—矫正环；5—铆钉；6—上板；7—下板；8—工作台	如图(a)所示为薄板铆接装置的结构，对上板6、下板7进行铆接时，如果只有锤体2，在锤体下降行程时，将会使较薄的上板6产生翘曲 改进方法是：在锤体落至下限前，先有矫正环4将上板6的四周压牢后再进行铆接，就防止了上板6的翘曲，改进后的详细结构如图(b)所示

第 2 章　传动零部件设计禁忌

2.1　带传动

2.1.1　带传动形式选择禁忌

按带轮轴的相对位置和转动方向，带传动分为开口、交叉和半交叉 3 种传动形式。开口传动较为常用，适用于平带、V 带、多楔带、圆带以及同步齿形带传动和齿孔带传动等；交叉和半交叉只适用于平带和圆形带传动。各种形式的带传动均有一定的特点，选用时应注意有关禁忌问题，见表 12-2-1。

表 12-2-1　　带传动形式选择禁忌

注意的问题	禁忌示例	说　明
开口传动忌两轮轴不平行和中心面不共面	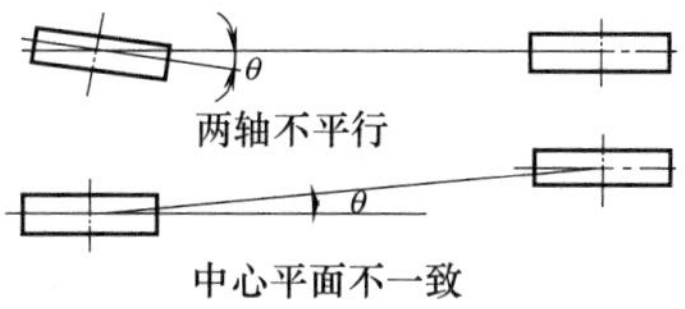 θ 两轴不平行 θ 中心平面不一致 图 (a)　禁忌 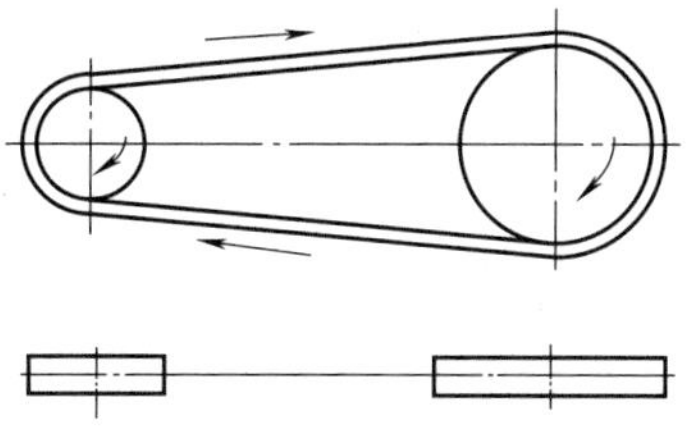 图 (b)　正确	对于平带传动，当两轴不平行或两轮中心平面不共面误差较大时，传动带很容易由带轮上脱落；对于 V 带传动，易造成带两边的磨损，甚至脱落。因此设计时应提出要求并保证其安装精度，或设计必要的调节机构。一般要求 θ 角误差在 20′以内 对于同步齿形带传动，两轮轴线不平行和中心平面偏斜对带的寿命将有更大的影响，因此安装精度要求更高。通常要求 $\theta \leqslant 20' \times (25/b)$，$b$ 为带宽(mm)
交叉传动的中心距	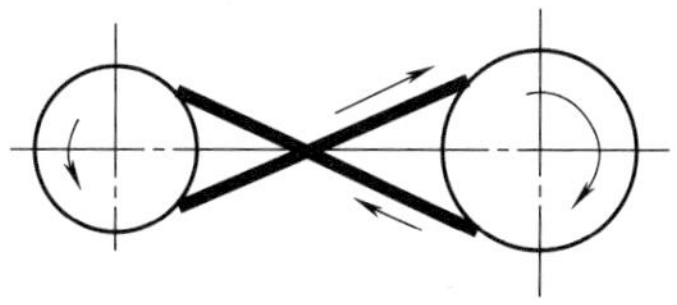 $a<20b, i_{12}>6$　　$a>20b, i_{12} \leqslant 6$ 图 (a)　禁忌　　图 (b)　正确	用于平行轴、双向、反旋向传动。因交叉处有摩擦，故仅适用于中心距 $a>20b$(b 为带宽)的平带和圆形带传动，通常 $i_{12} \leqslant 6$
半交叉传动带与轮的装挂	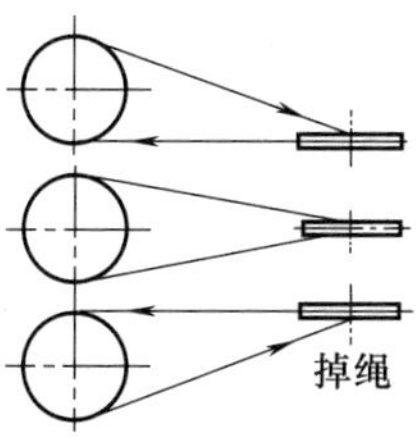 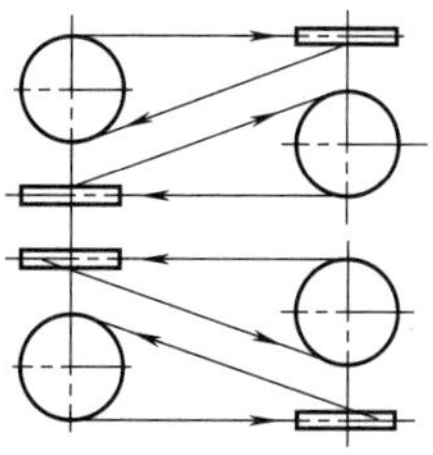 掉绳 图 (a)　禁忌　　图 (b)　正确	为使带传动正常工作，且带不会由带轮上脱落，必须保证带从带轮上脱下进入另一带轮时，带的中心线在要进入的带轮的中心平面内。这种传动不能反转，必须反转时，一定要加装一个张紧轮

2.1.2 带轮结构设计技巧与禁忌

带轮按结构不同，分为实心式（S 型）、腹板式（P 型）、孔板式（H 型）和轮辐式（E 型）。带轮基准直径较小时［$d \leqslant (2.5 \sim 3) d_s$，$d_s$ 为轴径］，常用实心式结构；当 $d \leqslant 300$mm 时，可采用腹板式结构；当腹板径向尺寸 $\geqslant 50$mm 时，为方便吊装和减轻质量，可采用孔板式结构；当 $d > 300$mm 时，一般采用轮辐式结构。

2.1.2.1 平带传动的小带轮结构设计技巧与禁忌

表 12-2-2 平带传动的小带轮结构设计技巧与禁忌

注意的问题	设计技巧与禁忌
小带轮的微凸结构	为使平带在工作时能稳定地处于带轮宽度中间而不滑落，应将小带轮的外柱面结构作成中凸。中凸的小带轮有使平带自动居中的作用。若小带轮直径 $d_1 = 40 \sim 112$mm，取中间凸起高度 $h = 0.3$mm；当 $d_1 > 112$mm 时，取 $h/d_1 = 0.003 \sim 0.001$，d_1/b 大的，h/d_1 取小值，其中 b 为带轮宽度，一般 $d_1/b = 3 \sim 8$ h d 图 (a) 禁忌 图 (b) 正确
小带轮的开槽结构	带速 $v > 30$m/s 为高速带，它采用特殊的轻而强度大的纤维编制而成。为防止带与带轮之间形成气垫，应在小带轮轮缘表面开设环槽 R1深1 5～10

2.1.2.2 V 带轮结构设计技巧与禁忌

表 12-2-3 V 带轮结构设计技巧与禁忌

注意的问题	设计技巧与禁忌
V 带轮的槽角	普通 V 带楔角为 40°，带绕过带轮时由于产生横向变形，使得楔角变小。为使带轮的轮槽工作面和 V 带两侧面接触良好，带轮槽角 φ 可取 32°、34°、36°、38°，带轮直径越小，槽角 φ 取值越小。忌将 V 带轮的槽角与 V 带楔角设计成同一角度
V 带轮的直径	V 带轮基准直径 d_1、d_2 均为标准值。d_1 小，可使 d_2 减小，则带传动外廓空间减小；当 d_2 一定时，可增大传动比，但小带轮上的包角减小，使传递功率一定时，要求有效拉力加大。另外除带与带轮的接触长度与直径成正比地缩短外，V 带是一面按带轮半径反复弯曲一面快速移动，因而对于 V 带的断面，弯曲半径越小越难弯曲，容易打滑。而且 d_1 过小，弯曲应力过大，带的寿命降低。所以应适当选取 d_1 值，使 $d_1 > d_{min}$，并取为标准值。大带轮基准直径 d_2 可由式 $d_2 = i d_1$ 计算，并相近圆整。忌小带轮直径过小，以及带轮直径取非标准值
V 带轮的表面粗糙度	因为带与轮之间有弹性滑动，在正常工作时，不可避免地有磨损产生，因此带轮工作表面要仔细加工，一般带轮表面粗糙度要求 $Ra = 3.2\mu$m。忌把带轮表面加工得很粗糙来增加带与轮间的摩擦

2.1.2.3　同步带轮结构设计技巧与禁忌

表 12-2-4　同步带轮结构设计技巧与禁忌

注意的问题	设计技巧与禁忌
挡圈结构	同步带轮分为无挡圈、单边挡圈和双挡圈 3 种结构形式，如图(a)～图(c)所示 图 (a)　无挡圈　图 (b)　单边挡圈　图 (c)　双挡圈
	同步带在运转时，有轻度的侧向推力。为了避免带的滑落，应按具体条件考虑在带轮侧面安装挡圈。挡圈安装建议如下 ①在两轴传动中，两个带轮中必须有一个带轮两侧装有挡圈，或两轮的不同侧边各装有一个挡圈 ②在中心距超过小带轮直径的 8 倍以上，由于带不易张紧，两个带轮的两侧均应装有挡圈 ③在垂直轴传动中，由于同步带的自重作用，应使其中一个带轮的两侧装有挡圈，而其他带轮均在下侧装有挡圈 图 (a)　禁忌　图 (b)　推荐　图 (c)　推荐
同步带齿顶和轮齿顶部的圆角半径	同步带的齿和带轮的齿属于非共轭齿廓啮合，所以在啮合过程中二者的顶部都会发生干涉和撞击，因而引起带齿顶部产生磨损。适当加大带齿顶和轮齿顶部的圆角半径，可以减少干涉和磨损，延长带的寿命 r_a　r_t
同步带轮外径的偏差	同步带轮外径为正偏差，可以增大带轮节距，消除由于多边形效应和在拉力作用下使带伸长变形，所产生的带的节距大于带轮节距的影响。实践证明：在一定范围内，带轮外径正偏差较大时，同步带的疲劳寿命较长

2.1.3　带传动设计技巧与禁忌

当忽略离心力的影响，带所能传递的最大有效拉力 F_{max} 为

$$F_{max}=F_1-F_2=F_1\left(1-\frac{1}{e^{\mu\alpha}}\right)=F_2(e^{\mu\alpha}-1)$$

或

$$F_{max}=2F_0\frac{e^{\mu\alpha}-1}{e^{\mu\alpha}+1}=2F_0\left(1-\frac{2}{e^{\mu\alpha}+1}\right)$$

由此可见，适当增大初拉力、包角以及摩擦因子，均可不同程度地增大带传动的传动能力，但应注意增加的度和结构设计的禁忌问题，见表 12-2-5。

表 12-2-5　**带传动设计技巧与禁忌**

注意的问题	设计技巧与禁忌
松边在上、紧边在下的布置	对于平带、V 带等挠性件传动，应紧边在下、松边在上，有利于增大小带轮上的包角 α_1 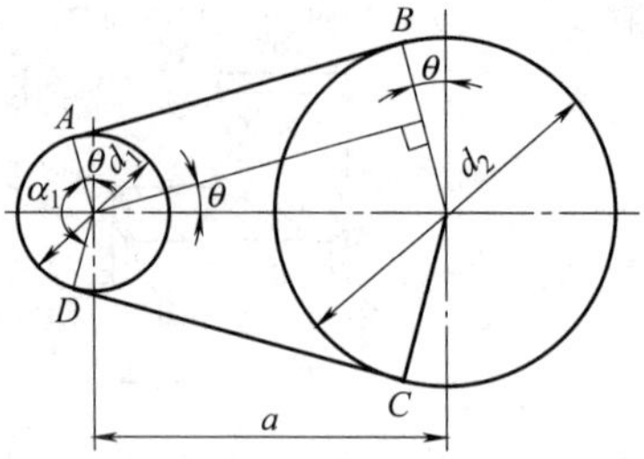 对于两轴平行上下配置时，应使松边处于当带产生垂度时，有利于增大 α_1 的位置，通常小带轮在上，大带轮在下，否则应安装压紧轮等装置 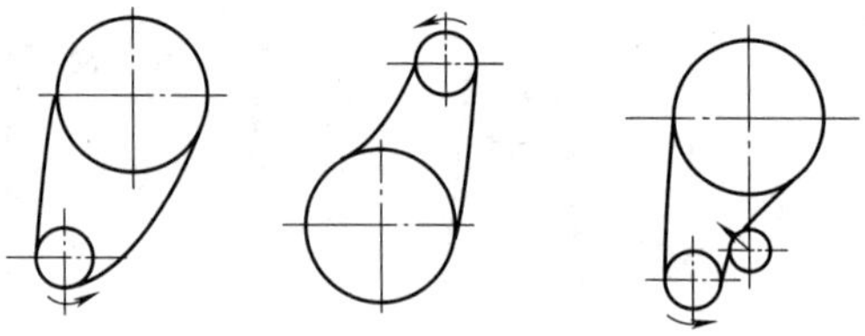 图(a)　禁忌　　图(b)　正确　　图(c)　正确
小轮上包角的要求	小带轮包角过小，易发生打滑。通常 $\alpha_1 \geqslant 120°$，最小为 90°。由式 $i \approx d_2/d_1$ 可见，增大传动比，两轮直径差值增大，在中心距一定的情况下，小轮上包角减小，从而限制了传动比的大小。若小带轮包角不满足要求，可适当增大中心距或在靠近小带轮松边的外侧加压紧轮来增加小轮包角 α_1 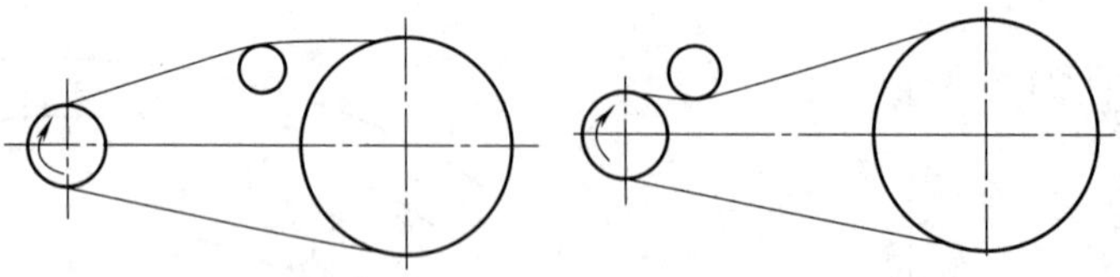 图(a)　禁忌　　图(b)　正确
适当选取摩擦因子的大小	摩擦因子 μ 不能无限增加，μ 过大会导致磨损加剧，带过早松弛，工作寿命降低。因此，禁忌通过将带轮制造得粗糙，以增大摩擦的方法来提高带所能传递的最大有效拉力 F_{max} 值
适当选取初拉力值	初拉力 F_0 值过小，传动能力无法充分发挥；F_0 值过大，磨损加剧，带过早松弛，工作寿命降低。禁忌靠无限增加 F_0 值的方法来提高带所能传递的最大有效拉力 F_{max} 值
在多级传动中，带传动应放在高速级	依靠摩擦传动的带，传动能力较低，适于放在扭矩较小的高速级；摩擦带具有过载打滑的特性，可保护低速级的零件免遭破坏

续表

注意的问题	设计技巧与禁忌
带传动的速度不宜过高或过低	带速过高则离心力大，从而降低传动能力，此外，当带速很高时，带将发生振动，不能正常工作，通常带的质量越轻，允许的最高速度就越大；但带速太低，由 $P=Fv/1000$ 可知，要求有效圆周力就越大，使带的根数过多或带的截面加大。对于普通 V 带，一般要求带速在 5～25m/s 之内选取，否则应调整小带轮的直径或转速。其他挠性传动的最佳圆周速度可参考下图选取 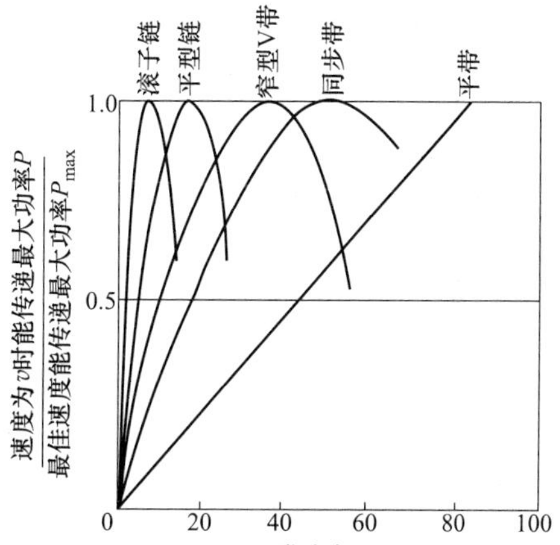 部分挠性传动最佳速度图
适选中心距的大小	带传动的中心距不宜过大，否则将由于载荷变化引起带的抖动，使工作不稳定，而且结构不紧凑；中心距过小，则小带轮的包角减小，易出现打滑，另外，在一定带速下，单位时间内带绕过带轮的次数增多，带的应力循环次数增加，会加速带的疲劳损坏。因此，要保证中心距处于 $0.7(d_1+d_2)\sim2(d_1+d_2)$ 范围内
中心距必须设计成可调的	由于 V 带无接头，为保证安装，必须使两轮中心距比使用的中心距小，在装挂完毕以后，再调整到正常的中心距 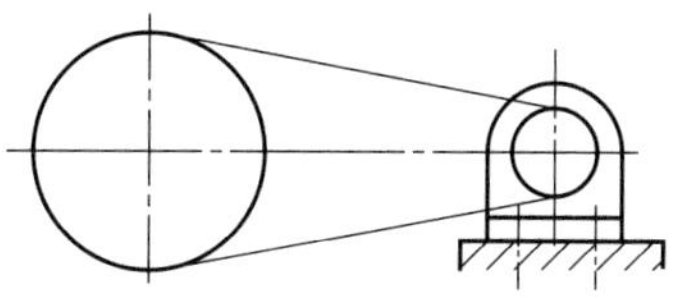 图(a)　禁忌 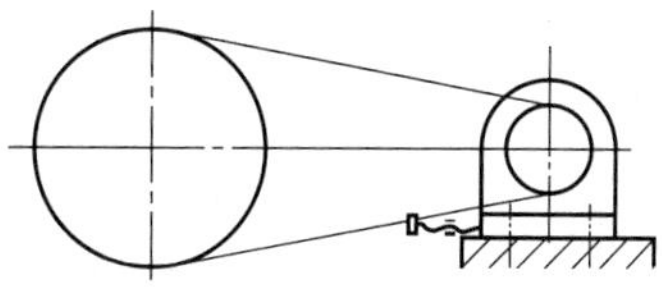　　图(b)　正确 另外，由于长时间使用，V 带周长会因疲劳而伸长，为了保持必要的张紧力，应根据需要调整中心距。通常中心距变动范围为：$(a-0.015L_d)\sim(a+0.03L_d)$

2.1.4　带传动张紧设计技巧与禁忌

由于传动带的材料不是完全的弹性体，因此带在工作一段时间后会因伸长而松弛，张紧力降低。因此，带传动应设置张紧装置，以保持正常工作。常用的张紧装置有以下 3 种形式：定期张紧装置、自动张紧装置、使用张紧轮的张紧装置。设计时应注意张紧装置的禁忌问题。

2.1.4.1　使用张紧轮的张紧装置

表 12-2-6　　　　使用张紧轮的张紧装置的设计技巧与禁忌

注意的问题	设计技巧与禁忌
V 带、平带的张紧轮装置	V 带、平带的张紧轮一般应安装在松边内侧，使带只受单向弯曲，以减少寿命的损失；同时张紧轮还应尽量靠近大带轮，以减少对包角的影响。张紧轮的使用会降低带轮的传动能力，在设计时应适当考虑 图 (a)　禁忌　　图 (b)　正确
V 带传动中心距不能修正的张紧轮装置	V 带传动中也有任何一个带轮的轴心都不能移动的情况，此时，使用一定长度的 V 带，其长度要能使 V 带在处于固定位置的带轮之间装卸，装挂完毕后，可用张紧轮将其张紧到运转状态，该张紧轮要能在张紧力的调整范围内调整，也包括对使用后 V 带伸长的调整，如图(a)～图(c)所示 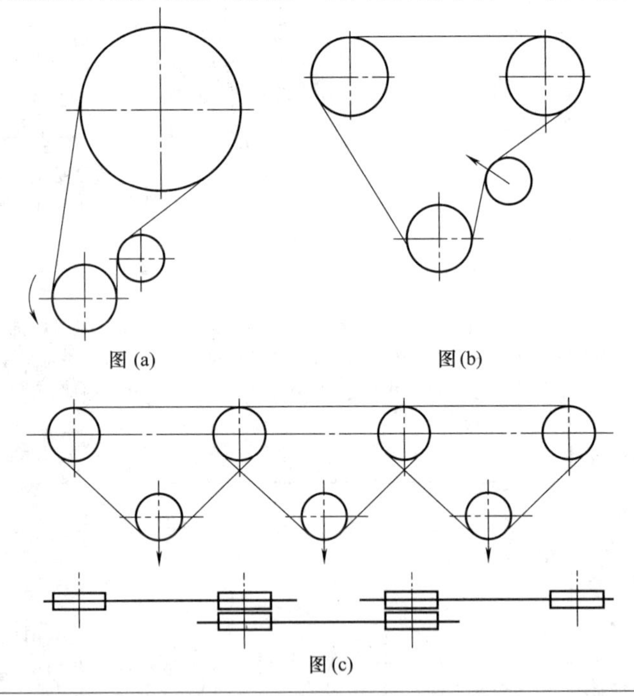 图 (a)　　图 (b) 图 (c)
同步齿形带的张紧轮装置	同步齿形带使用张紧轮会使带芯材料的弯曲疲劳强度降低，因此，原则上不使用张紧轮，只有在中心距不可调整，且小带轮齿数小于规定齿数时才可使用。使用时要注意避免深角使用，应采用浅角使用，并安装在松边内侧，如图(a)所示。但是，在小带轮啮合齿数小于规定齿数时，为防止跳齿，应将张紧轮安装在松边、靠近小带轮的外侧，如图(b)所示 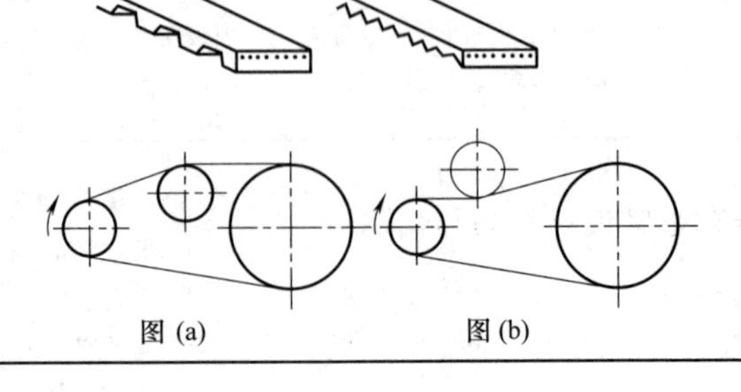 图 (a)　　图 (b)

2.1.4.2　定期张紧装置长外伸轴的支承

定期张紧时要在保持两轴平行的状态下进行移动，在利用滑座或其他方法调整时，要能在施加张紧力的状态下平行移动。例如，在带轮较宽、外伸轴较长时，需要安装外侧轴承，并将该轴承装在共有的底座上，调整时使底座滑动，如图 12-2-1 所示。

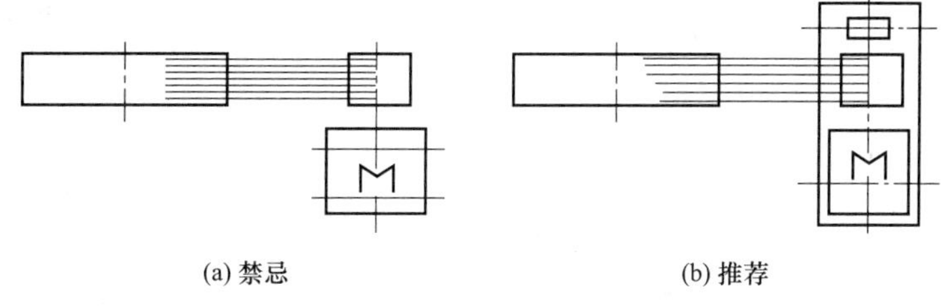

(a) 禁忌　　(b) 推荐

图 12-2-1　长外伸轴中心距的支承及张紧结构

2.1.4.3　自动张紧装置

表 12-2-7　自动张紧装置的设计禁忌

注意的问题	禁忌示例	说明
自动张紧的辅助装置	图(a)　较差　　图(b)　推荐	有些带传动靠一些传动件的自重产生张紧力，例如把小带轮和电动机固定在一块板上，板的一侧用铰链固定在机架上，靠电动机和小带轮的自重在带中产生张紧力。但当传动功率过大，或启动力矩过大时，传动带将板上提，上提力超过其自重时，会产生振动或冲击，这种情况下，可在板上加辅助的螺旋装置，以消除板的振动
高速带传动忌用自动张紧装置	图(a)　禁忌 图(b)　正确	在高速带传动中，不能使用自动张紧装置，否则运转中将出现振动现象

2.1.4.4 带传动支承装置要便于更换带

传动带的寿命通常较低，有时几个月就要更换。在V带传动中同时有几条带一起工作时，如果有一条带损坏就要全部更换。对于无接头的传动带，最好设计成悬臂安装，且暴露在外，见图12-2-2。此时可加一层防护罩，拆下防护罩即可更换传动带。

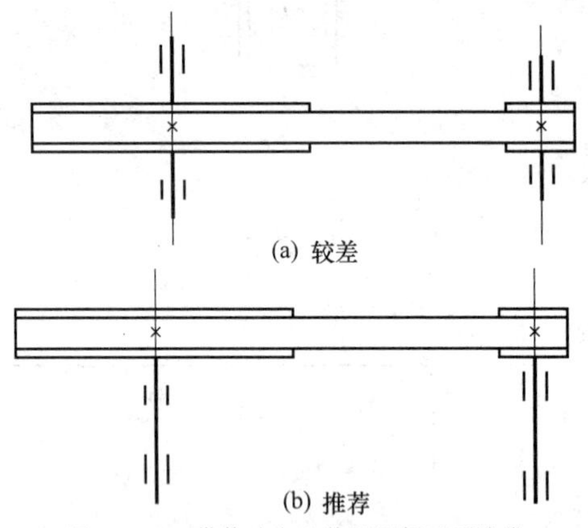

图12-2-2 带传动支承装置要便于更换带

2.1.5 带传动设计案例

设计一带式输送机中的高速级普通V带传动。已知该传动系统由Y系列三相异步电动机驱动，输出功率$P=5.5$kW，满载转速$n_1=1440$r/min，从动轮转速$n_2=550$r/min，单班制工作，传动水平布置。

解

(1) 确定计算功率P_d

带式输送机载荷变动小，可由表查得工况系数$K_A=1.1$。

$$P_d=K_AP=1.1\times5.5=6.05\text{kW}$$

注意问题1：单班制工作按小于或等于10h查取；双班制工作按10～16h查取；三班制工作按大于16h查取。

(2) 选取V带型号

根据P_d，n_1参考选型图及小带轮最小直径的规范选带型及小带轮直径，初选A型V带，$d_{d1}=112$mm；当然B型也满足要求。为了比较带的型号及小带轮直径大小对传动的影响，该例案例对B型V带，$d_{d1}=140$mm也进行相应的计算。

注意问题2：普通V带有：Y，Z，A，B，C，D，E七种型号，依序截面尺寸增大，单根带承载能力增强；最常用的是A型和B型。在选型图中根据计算功率P_d与小带轮转速n_1值的焦点，在焦点相应的右下侧进行选型，越靠下承载能力越高，带的根数越少，但带的柔韧性越差，要求小带轮的直径越大，整体外廓尺寸也越大。禁忌在其交点上方选择带的型号。

(3) 确定带轮直径d_{d1}、d_{d2}

① 选小带轮直径d_{d1} 参考选型图及小带轮最小直径的规范选取：

A型带：$d_{d1}=112$mm

B型带：$d_{d1}=140$mm

注意问题3：d_{d1}小，则带传动外廓空间小，但d_{d1}过小，则弯曲应力过大，影响带的疲劳强度。所以应使$d_{d1}>d_{dmin}$，并在其可取值范围内取为标准值。从动轮基准直径d_{d2}可由式$d_{d2}=id_{d1}$计算，并相近圆整成标准值。

② 验算带速v

$$v=\frac{\pi d_{d1}n_1}{60\times1000}$$

A型带：$v=8.44$m/s 满足要求。

B型带：$v=10.56$m/s 满足要求。

注意问题4：带速过高则离心力大，从而降低传动能力；带速太低，由$P=Fv/1000$可知，要求有效圆周力就越大，使带的根数过多。带速一般应在5～25m/s之内选取，否则应调整小带轮的直径或转速。

③ 确定从动轮基准直径d_{d2}

$$d_{d2}=\frac{n_1}{n_2}d_{d1}$$

A型带：$d_{d2}=293.24$mm，按带轮标准直径表取标准值$d_{d2}=280$mm。

B型带：$d_{d2}=366.55$mm，按带轮标准直径表取标准值$d_{d2}=355$mm。

④ 计算实际传动比i

当忽略滑动率时：$i=d_{d2}/d_{d1}$。

A型带：$i=2.5$。

B型带：$i=2.54$。

⑤ 验算传动比相对误差 题目的理论传动比：$i_0=n_1/n_2=2.62$。

传动比相对误差：$\varepsilon=\left|\frac{i_0-i}{i_0}\right|$

A型带：$\varepsilon=4.5\%<5\%$，合格。

B型带：$\varepsilon=3.1\%<5\%$，合格。

注意问题5：如果项目中对传动比相对误差有要求，应按要求验算。无特殊要求传动比相对误差不应超过5%。

(4) 定中心距a和基准带长L_d

① 初定中心距a_0

$$0.7(d_{d1}+d_{d2})\leqslant a_0\leqslant2(d_{d1}+d_{d2})$$

A型带：$274.4\leqslant a_0\leqslant784$，取$a_0=500$mm。

B型带：$346.5\leqslant a_0\leqslant990$，取$a_0=650$mm。

注意问题6：中心距不宜过大，否则将由于载荷变化引起带的抖动，使工作不稳定而且结构不紧凑；中心距过小，在一定带速下，单位时间内带绕过带轮的次数增多，带的应力循环次数增加，会加速带的疲劳损坏。

② 计算带的计算基准长度L_{d0}

$$L_{d0}\approx2a_0+\frac{\pi}{2}(d_{d1}+d_{d2})+\frac{(d_{d2}-d_{d1})^2}{4a_0}$$

A型带：$L_{d0}=1630$mm，查V带的基准长度表取标准值$L_d=1600$mm。

B型带：$L_{d0}=2095$mm，查V带的基准长度表取标准

值 $L_d=2000\text{mm}$。

③ 计算实际中心距 a

$$a\approx a_0+\frac{L_d-L_{d0}}{2}$$

A 型带：$a=485\text{mm}$。

B 型带：$a=602.5\text{mm}$。

④ 确定中心距调整范围

$$a_{max}=a+0.03L_d$$

$$a_{min}=a-0.015L_d$$

A 型带：$a_{max}=533\text{mm}$，$a_{min}=461\text{mm}$。

B 型带：$a_{max}=662.5\text{mm}$，取 $a_{max}=663\text{mm}$；$a_{min}=572.5\text{mm}$，取 $a_{min}=572\text{mm}$。

（5）验算小带轮包角 α_1

$$\alpha_1=180°-\frac{d_{d2}-d_{d1}}{a}\times 57.3°$$

A 型带：$\alpha_1=160°>120°$，合格。

B 型带：$\alpha_1=159°>120°$，合格。

注意问题 7：α_1 过小则带传动能力降低，易打滑。一般要求 $\alpha_1\geqslant 120°$，若不满足，应适当增大中心距或减小传动比来增加小轮包角。

（6）确定 V 带根数 z

① 确定额定功率 P_0　由 d_{d1} 及 n_1 查特定条件下单根普通 V 带的额定功率 P_0 表，并用线性内插值法求得 P_0：

A 型带：$P_0=1.60\text{kW}$。

B 型带：$P_0=2.80\text{kW}$。

② 确定各修正系数

a. 功率增量 ΔP_0。查单根普通 V 带的额定功率增量 ΔP_0 表得 ΔP_0：

A 型带：$\Delta P_0=0.17\text{kW}$。

B 型带：$\Delta P_0=0.46\text{kW}$。

b. 包角系数 K_α。查包角系数 K_α 表得 K_α：

A 型带：$K_\alpha=0.95$。

B 型带：$K_\alpha\approx 0.95$。

c. 长度系数 K_L。查长度系数 K_L 表得 K_L：

A 型带：$K_L=0.99$。

B 型带：$K_L=0.98$。

③ 确定 V 带根数 z

$$z\geqslant\frac{P_d}{(P_0+\Delta P_0)K_\alpha K_L}$$

A 型带：$z\geqslant 3.63$ 根，取 $z=4$ 根。

B 型带：$z\geqslant 1.99$ 根，取 $z=2$ 根。

（7）确定单根 V 带初拉力 F_0

$$F_0=500\frac{P_d}{vz}\left(\frac{2.5}{K_\alpha}-1\right)+qv^2$$

A 型带：查表得单位长度质量 $q=0.10\text{kg/m}$，$F_0=153\text{N}$。

B 型带：查表得单位长度质量 $q=0.17\text{kg/m}$，$F_0=253\text{N}$。

注意问题 8：P_0 为特定试验条件下［$\alpha_1=\alpha_2=180°(i=1)$、特定带长、载荷平稳］，对不同型号的带进行测试得到的单根 V 带所能传递的额定功率（kW）；当工作条件与试验条件不同时需进行修正。带的根数不宜过多，通常 $z\leqslant 10$，否则应增大带的型号或小带轮直径，然后重新计算。

（8）计算压轴力

$$F_Q=2zF_0\sin\frac{\alpha_1}{2}$$

A 型带：$F_Q=1205\text{N}$

B 型带：$F_Q=995\text{N}$

（9）带轮结构设计（以 A 型带的计算结果为例）

① 小带轮　$d_{d1}=112\text{mm}$，采用实心式结构，其工作图设计从略。

② 大带轮　$d_{d2}=280\text{mm}$，采用孔板式结构，假设与之配合的轴头直径为 40mm，参考 V 带轮结构图及普通 V 带带轮轮槽尺寸表进行其他几何尺寸计算（从略），其工作图如图 12-2-3 所示。

注意问题 9：A 型带与 B 型带设计结果对比：采用 A 型 V 带，总体结构较紧凑，但带根数较多，传力均匀性不如 B 型带，另外前者对轴的压力稍大。

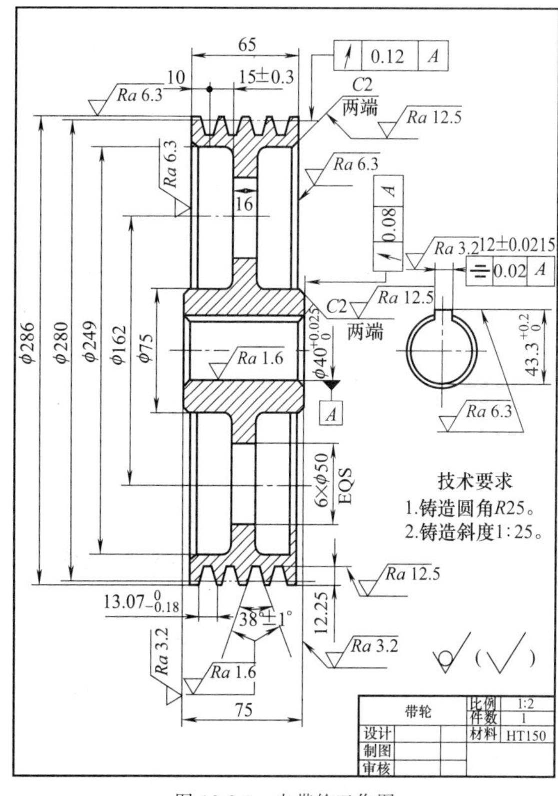

图 12-2-3　大带轮工作图

2.2　链传动

2.2.1　滚子链和链轮结构设计禁忌

滚子链由内链板、外链板、销轴、套筒及滚子组成。链轮的齿形属于非共轭啮合传动，其齿形的设计可以有较大灵活性，但应保证在链条与链轮良好啮合的情况下，使链节能自由地进入和退出啮合，并便于加工。目前最流行的齿形为三弧一直线齿形。结构设计时应注意技巧和禁忌问题，见表 12-2-8。

2.2.2 链传动设计禁忌

链传动的多边形效应是链传动固有的特性，将使链条瞬时速度和传动比发生周期性波动，链条上下振动，从而造成传动的不平稳性，引起附加动载荷。链传动的主要失效形式有：链的疲劳破坏及冲击疲劳破坏、链条铰链的胶合及磨损、链条的静力拉断。对链速 $v>0.6m/s$ 的中、高速链传动，采用以抗疲劳破坏为主的防止多种失效形式的设计准则；对链速 $v\leqslant 0.6m/s$ 的低速传动，采用以防止过载拉断为主要失效形式的静强度设计准则。在传动设计时应注意技巧禁忌问题，见表 12-2-9。

表 12-2-8 滚子链和链轮结构设计技巧与禁忌

注意的问题	设计技巧与禁忌
弹簧卡片的开口方向	当采用弹簧卡片锁紧链条首尾相接的链节时，应注意止锁零件的开口方向与链条运动方向相反，以免冲击、跳动、碰撞时卡片脱落 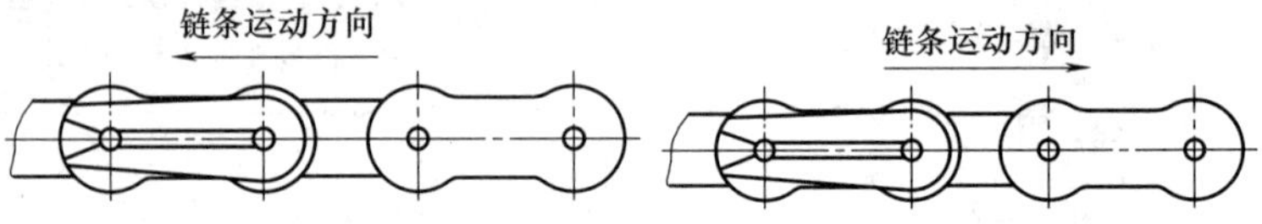 链条运动方向 链条运动方向 图(a) 禁忌 图(b) 正确
内外链板间应留少许间隙	由于销轴与套筒的接触而易于磨损，因此，内外链板间应留少许间隙，便于润滑油渗入销轴和套筒的摩擦面之间，以延长链传动的寿命
小链轮的材料应优于大链轮	传动中因小链轮的啮合次数多于大链轮，其磨损较严重，所选用的材料应优于大链轮

表 12-2-9 链传动设计技巧与禁忌

注意的问题	设计技巧与禁忌
链节数	滚子链有 3 种接头形式。当链节数为偶数且节距较大时，接头处可用开口销固定[见图(a)]；节距较小时，接头处可用弹簧锁片固定[见图(b)]；当链节数为奇数时，接头处必须采用过渡链节连接[见图(c)]。由于过渡链节的链板要承受附加弯曲应力，强度仅为正常链节的 80%左右，所以要尽量避免采用奇数链节的链 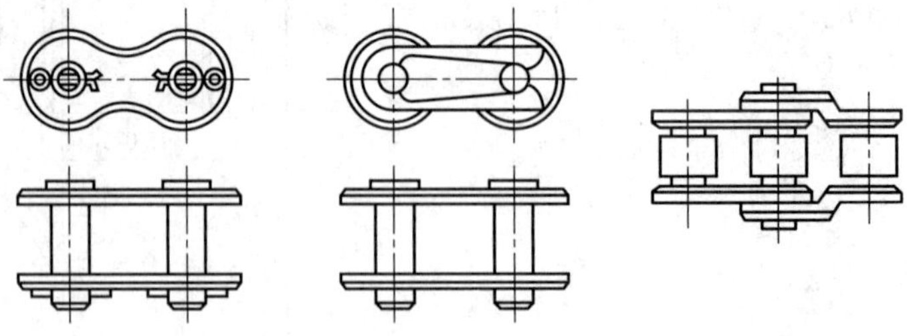 图(a) 图(b) 图(c)
链轮齿数	由 $d=p/\sin(180°/z)$ 可知，在 d 一定的情况下，减小 z 将使 p 增大，这会造成：多边形效应的增大，使传动平稳性降低；动载荷加大；铰链及链条与链轮的磨损增大。因此 z_1 不能过少，应按下述小链轮推荐齿数进行选取 $v=0.6\sim3m/s$ $z_1\geqslant17$ $v=3\sim8m/s$ $z_1\geqslant21$ $v>8m/s$ $z_1\geqslant25$ $v=25m/s$ $z_1\geqslant35$ 大链轮齿数 $z_2=iz_1$，并圆整为整数。由于套筒和销轴磨损后，链节距的增长量 Δp 和节圆分度圆的外移量 Δd 的关系为 $\Delta d=\Delta p/\sin(180°/z)$。当节距 p 一定时，齿高就一定，允许节圆外移量 Δd 也就一定，齿数越多，允许不发生脱链的节距增长量 Δp 就越小，链的使用寿命就越短。另外，在节距一定的情况下，z_2 过大，将增大整个传动尺寸。故通常限定链轮最多齿数 $z_{max}=120$

续表

注意的问题	设计技巧与禁忌
链轮齿数	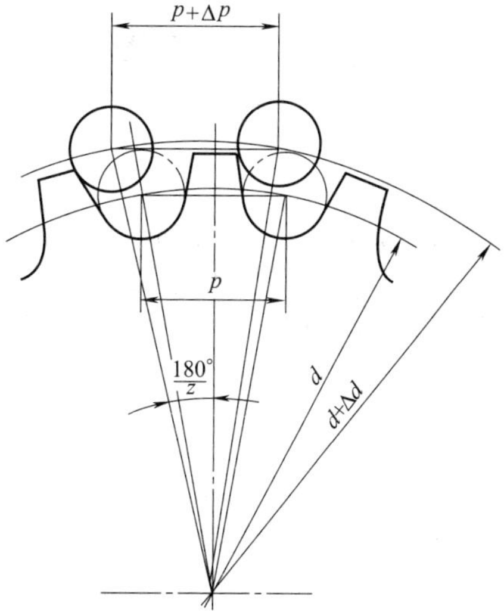 为使链传动的磨损均匀，两链轮的齿数应尽量选取为与链节数（偶数）互为质数的奇数 链轮齿数优选系列：17，19，21，23，25，38，57，76，95，114
链条节距和排数的选取原则	节距的大小反映了链条和链轮轮齿各部分尺寸的大小，同时也决定了链传动的承载能力，一般来说，节距越大，承载能力就越高，但传动的多边形效应也要增大，于是振动、冲击、噪声也越严重。因此，在保证链传动承载能力的前提下，应尽量选用较小节距的链。其选取原则如下： ①要使传动结构紧凑，寿命长，应尽量选取较小节距的单排链 ②链速高、传动的功率大，应选用小节距的多排链 ③从经济上考虑，中心距小、传动比大的传动，应选用小节距的多排链 ④低速、重载、中心距大、传动比小的传动，可选大节距链
链传动的传动比	传动比过大时，由于链在小链轮上的包角过小，将减少啮合齿数，易出现跳齿或加速轮齿的磨损。因此，通常限制链传动的传动比 $i \leqslant 6$，推荐的传动比为 2～3.5。当 $v<2\mathrm{m/s}$ 且载荷平稳时，传动比可达 10
链传动的中心距	链传动的中心距过小，在传动比一定的情况下，将导致链条在小链轮上的包角减小，链条与小链轮啮合节数减小；同时将使链节数减小，在一定转速的情况下，单位时间内同一链节的屈伸次数增大，加速链的磨损。适当加大中心距，链增长，弹性增大，抗震能力提高，因此磨损较慢，链的使用寿命较长，但中心距过大，从动边垂度加大，会造成松边的上下颤动，使传动运行不平稳。故中心距应按推荐值选取：在中心距不受其他条件限制时，一般可取 $a_0=(30\sim50)p$，最大取 $a_{0\max}=80p$；有张紧装置或托板时，$a_{0\max}$ 可大于 $80p$；对于中心距不能调整的传动，$a_{0\max}\approx30p$。一般中心距应设计成可调的，调整量为 $2p$，并且使实际中心距比理论中心距小 $(0.002\sim0.004)a$
影响链传动多边形效应及动载荷的因素	链轮齿数越少，节距越大，转速越高，多边形效应越严重 链轮的转速越高、节距越大、链条的质量越重，冲击和附加动载荷就越大
润滑不良时额定功率的选取	当不能保证链传动按推荐的润滑方式润滑时，额定功率应适当降低。降低值可根据线速度确定：当 $v\leqslant1.5\mathrm{m/s}$，润滑不良时，降至 $(0.3\sim0.6)P_0$；无润滑时，降至 $0.15P_0$，且寿命不能达到预期工作寿命 15000h。当 $1.5\mathrm{m/s}<v\leqslant7\mathrm{m/s}$，润滑不良时，降至 $(0.15\sim0.3)P_0$；当 $v>7\mathrm{m/s}$，而又润滑不良时，传动不可靠，不宜采用

2.2.3　链传动的布置、张紧和润滑禁忌

链传动的布置形式直接影响到链的传动能力及传动的可靠性。链传动张紧主要是为了避免在链条的垂度过大时产生啮合不良和链条的振动现象。常用的张紧方法有：调整中心距、缩短链长和采用张紧装置。链传动的润滑是为了减小摩擦、减轻磨损、缓和冲击、延长链条使用寿命。常用的润滑方式有：人工定期润滑、滴油润滑、油浴式飞溅润滑和压力喷油润滑。设计时应注意禁忌问题，见表 12-2-10。

表 12-2-10　　链传动的布置、张紧和润滑禁忌

注意的问题	禁忌示例	说明
链传动禁忌松边在上	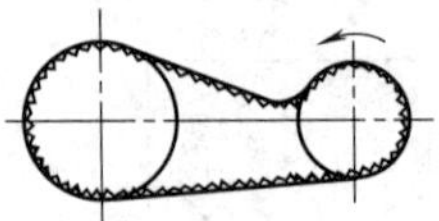 图(a)　禁忌 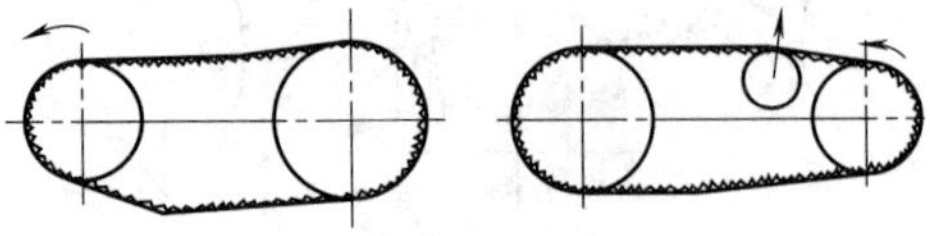 图(b)　正确	链传动应紧边在上、松边在下。当松边在上时，由于松边下垂度较大，链与链轮不宜脱开，有卷入的倾向。尤其在链离开小链轮时，这种情况更加突出和明显。如果链条在应该脱离时未脱离而继续卷入，则有将链条卡住或拉断的危险。因此，要避免使小链轮出口侧为渐进下垂。另外，中心距大、松边在上时，会因为下垂量的增大而造成松边与紧边的相碰，故应避免
忌一个链条带动一条线上的多个链轮	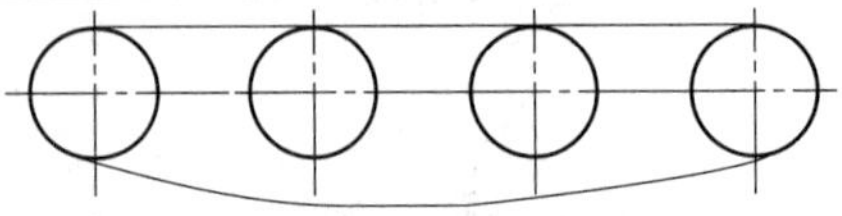 图(a)　禁忌  图(b)　正确	在一条直线上有多个链轮时，应考虑每个链轮的啮合齿数，不能用一根链条将一个主动链轮的功率依次传给其他链轮。在这种情况下，只能采用多对链轮进行逐个轴的传动
链轮忌水平布置	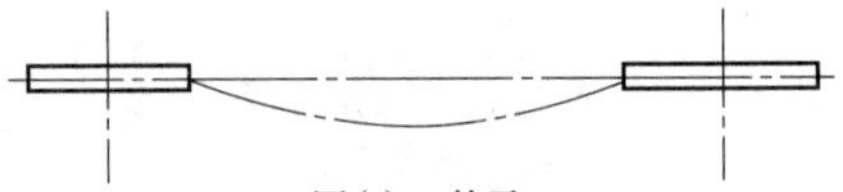 图(a)　禁忌 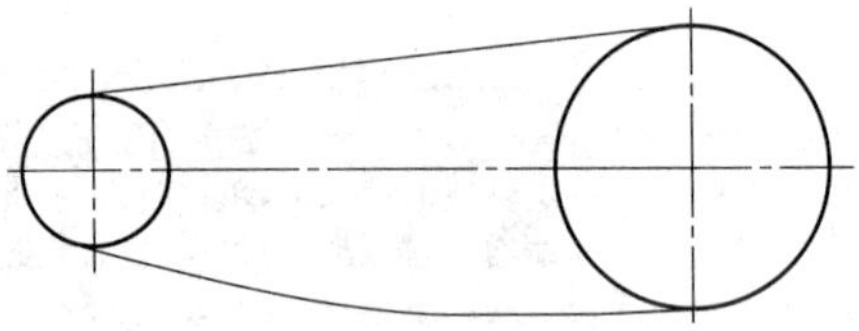 图(b)　正确	因为在重力作用下，链条产生垂度，特别是两链轮中心距较大时，垂度更大，为防止链轮与链条的啮合产生干涉、卡链、甚至掉链的现象，禁止将链轮水平布置
两链轮轴线铅垂布置的合理措施	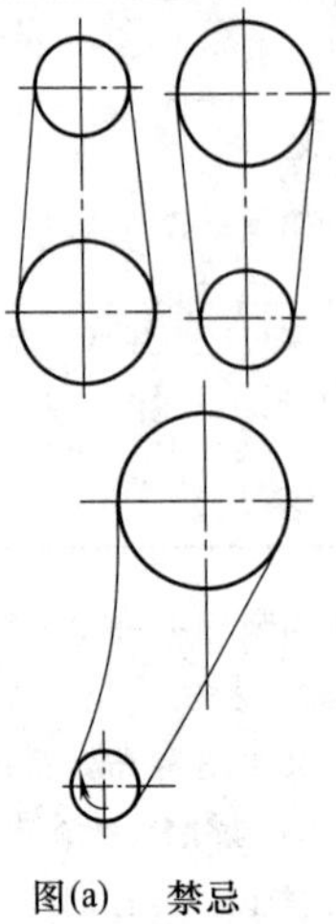 图(a)　禁忌 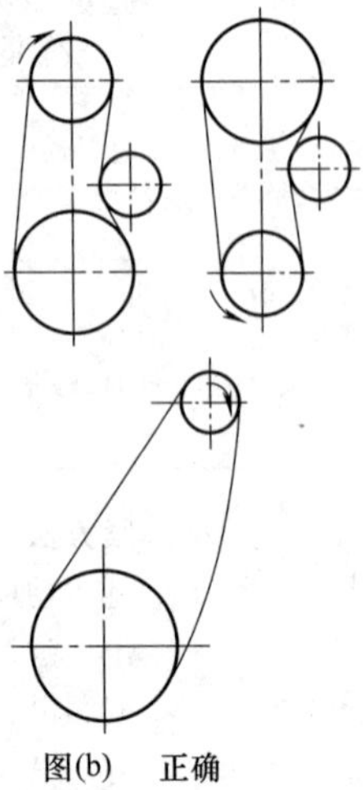　　图(b)　正确	两链轮轴线在同一铅垂面内，链条下垂量的增大会减少下链轮的有效啮合齿数，降低传动能力。为此可采取如下措施 ①中心距设计为可调的 ②设计张紧装置 ③上、下两链轮偏置，使两轮的轴线不在同一铅垂面内 ④小链轮布置在上，大链轮布置在下

续表

注意的问题	禁　忌　示　例	说　　明
链传动应用少量的油润滑	图(a)　禁忌 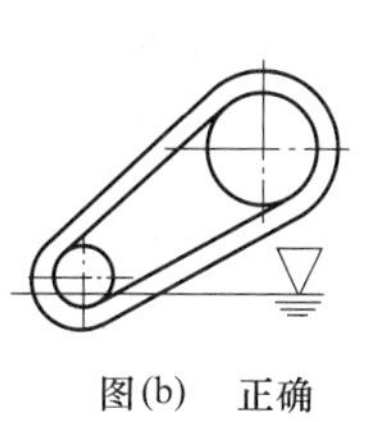 图(b)　正确	链条磨损率及传动寿命与润滑方式有直接关系，不加油磨损明显加大，润滑脂只能短期有效限制磨损，润滑油可以起到冷却、减少噪声、减缓啮合冲击、避免胶合的效果。应该注意，在加油润滑链条时，以尽量在局部润滑为好。同时不应使链传动潜入大量润滑油中，以免搅油损失过大

2.2.4　链传动设计案例

设计一用于某均匀载荷输送机中的滚子链传动。已知该传动系统由 Y 系列三相异步电动机驱动，输出功率 $P=11\text{kW}$，满载转速 $n_1=730\text{r/min}$，电动机轴径 $D=48\text{mm}$，传动比 $i=2.5$，传动水平布置，中心距不小于 600mm，且可以调节。

解

（1）确定计算功率 P_{ca}

均匀载荷输送机，由表查得工况系数 $K_A=1.0$。

$P_{ca}=K_AP=1.0\times11=11\text{kW}$。

（2）选择链轮齿数

① 小链轮齿数 z_1　假定链速 $v=3\sim8\text{m/s}$，可知 $z_1\geqslant21$，取 $z_1=25$。

② 大链轮齿数 z_2　$z_2=z_1i=25\times2.5=62.5$，取 $z_2=63$。

注意问题 1：小链轮的齿数愈少，当节圆直径一定时，节距越大，承载能力越高，但主动轮、从动轮相位角的变化范围就越大，传动的平稳性愈差，引起的动载荷及磨损就愈大，通常 $z_{1\min}\geqslant9$，并参照国家推荐范围值选取。z_1 增大，在传动比一定时（一般工程上为减速，即 $i>1$），会使 z_2 增大，导致整个传动尺寸增大，因磨损易使传动发生跳齿和掉链现象。通常 $z_2\leqslant120$。另外，为使链传动磨损均匀，两链轮齿数应尽量选取与链节数互为质数的奇数。

③ 实际传动比 i　$i=z_2/z_1=63/25=2.52$。

注意问题 2：套筒滚子链传动的传动比一般小于 6，通常取 $i=2\sim3.5$。传动比增大，则链条在小链轮上的包角减小，使同时啮合的齿数减少，这样单个齿上的载荷就增大，从而加速了磨损。

④ 验算传动比相对误差　传动比相对误差：

$$\left|\frac{2.5-i}{2.5}\right|=0.8\%<5\%，合格。$$

注意问题 3：如果项目中对传动比相对误差有要求，应按要求验算。无特殊要求传动比相对误差不应超过 5%。

（3）初定中心距 a_0

取 $a_0=40p$。

注意问题 4：链传动的中心距过小，则小链轮上的包角也小，同时受力的齿数也少，从而使单个齿上的载荷增大，限制了传动比。另外链条长度减小，当链轮转速不变时，单位时间内同一链节循环工作次数将增多，从而加速链条的失效。若中心距过大，由于链条重量而使从动边产生的垂度也增大，则链易发生颤动，且结构不紧凑。一般可取 $a_0=(30\sim50)p$。

（4）确定链节数 L_p

$$L_p'=\frac{2a_0}{p}+\frac{z_1+z_2}{2}+\left(\frac{z_2-z_1}{2\pi}\right)^2\frac{p}{a_0}=\frac{2\times40p}{p}+\frac{25+63}{2}+\left(\frac{63-25}{2\pi}\right)^2\frac{p}{40p}\approx124.9$$

取 $L_p=124$（偶数）。

注意问题 5：链节数 L_p' 应圆整成整数且最好取偶数作为实际链节 L_p，以避免使用过渡链节。

（5）计算额定功率 P_0

① 多排链系数 K_m　查多排链系数 K_m 表，采用单排链，$K_m=1$。

② 小链轮齿数系数 K_z　查小链轮齿数系数 K_z（K_z'）表，假设工作点落在图中曲线顶点左侧，$K_z=1.34$。

③ 链长系数 K_L　查链长系数 K_L（K_L'）表，假设工作点落在图中曲线顶点左侧，并经线性插值 $K_L=1.061$。

④ 计算额定功率 P_0

$$P_0=\frac{p_{ca}}{K_zK_LK_m}=\frac{11}{1.34\times1.061\times1}=7.74\text{kW}。$$

（6）确定链条的节距

根据 n_1、P_0 查滚子链额定功率曲线图，选单排 12A 滚子链，$p=19.05\text{mm}$。

因点（n_1，P_0）在曲线高峰值的左侧，和假设相符，故不需重新计算 P_0 值。

注意问题 6：链的节距 p 是链传动的主要参数之一。节距越大，承载能力愈高，但传动尺寸越大，引起的速度不均

匀性及动载荷越严重，冲击、振动、噪声也就越大。参考节距选取原则选取链节距。在滚子链额定功率曲线图中根据单排额定功率 P_0 与小链轮转速 n_1 值的焦点，在焦点相应的上方进行选择链号，越靠上的链号承载能力越高，链的根数越少。禁忌在其交点下方选择链号。

(7) 验算链速

$$v=\frac{z_1n_1p}{60\times1000}=\frac{730\times25\times19.05}{60\times1000}=5.794\text{m/s}$$

合格。

注意问题7：链速一般不超过12～15m/s。

(8) 确定中心距

① 计算理论中心距 a

$$a=\frac{p}{4}\left[\left(L_p-\frac{z_1+z_2}{2}\right)+\sqrt{\left(L_p-\frac{z_1+z_2}{2}\right)^2-8\left(\frac{z_2-z_1}{2\pi}\right)^2}\right]$$

$$=\frac{19.05}{4}\left[\left(124-\frac{25+63}{2}\right)+\sqrt{\left(124-\frac{25+63}{2}\right)^2-8\left(\frac{63-25}{2\pi}\right)^2}\right]$$

$$=753.19\text{mm}$$

② 确定中心距减小量

$\Delta a=(0.02\sim0.04)a=(0.02\sim0.04)\times753.19=15\sim30\text{mm}$

因中心距可以调节，故取大值，$\Delta a=30\text{mm}$。

注意问题8：为保证链条松边有合理的安装垂度 $f=(0.01\sim0.02)a$，实际中心距 a' 应较理论中心距 a 小 $\Delta a=(0.02\sim0.04)a$，当中心距可调整时，Δa 取大值；对于中心距不可调整和没有张紧装置的链传动，则应取较小的值。

③ 确定实际中心距 a'

$a'=a-\Delta a=753.19-30=723.19$。

取 $a'=723\text{mm}>600\text{mm}$，合格。

(9) 确定链条长度 L

$L=L_pp/1000=124\times19.05/1000=2.36\text{m}$。

(10) 验算小链轮毂孔直径 d_K

根据链条的节距 $p=19.05\text{mm}$ 和齿数 $z_1=25$，可确定得链轮毂孔最大许用直径 $d_{K\max}=88\text{mm}$，大于电动机轴径 $D=48\text{mm}$，故合格。

(11) 计算压轴力 F_Q

$$F_Q\approx1.2K_AF_e=1.2\times1\times1000P/v=\frac{1.2\times1000\times11}{5.794}$$

$$=2278.2\text{N}。$$

(12) 润滑方式选择

根据链速 v 和节距 p，由链传动润滑方式的选用图，可选择油浴或飞溅润滑。

(13) 结构设计

小链轮直径 $d=p/\sin(180°/z)=151.99\text{mm}$，实心式结构，其工作图如图12-2-4所示。

大链轮工作图略。

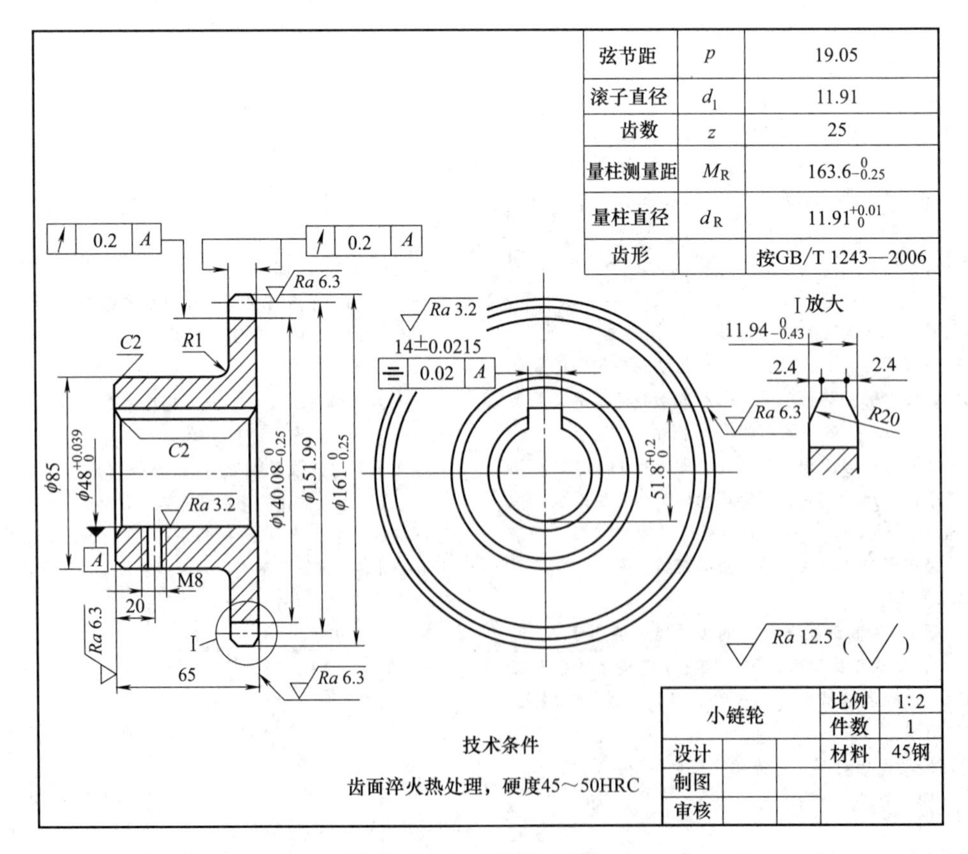

图12-2-4　小链轮工作图

2.3　齿轮传动

2.3.1　齿轮机构中应注意的问题与禁忌

齿轮机构用于传递任意两轴之间的运动和动力，它是应用最广泛的传动机构之一。齿轮类型较多，按两传动轴相对位置和齿向的不同，齿轮机构可分为：两轴平行的直齿圆柱齿轮机构、斜齿圆柱齿轮机构和人字齿轮机构；两轴相交的直齿、曲齿圆锥齿轮机构；两轴交错的斜齿轮机构。齿轮机构的设计技巧与禁忌见表 12-2-11。

表 12-2-11　　齿轮机构的设计技巧与禁忌

注意的问题	设计技巧与禁忌
渐开线齿廓啮合的特点	渐开线齿廓满足定传动比传动条件，具有以下两个特性 ①四线合一的特性，啮合线、啮合点公法线、两基圆内公切线和力的作用线四线重合。显然一对渐开线齿廓的啮合角是不变的，故齿廓间正压力的方向也始终不变，因而渐开线齿轮传动平稳 ②中心距的可分性，由于 $i_{12}=\omega_1/\omega_2=d'_2/d'_1=d_{b2}/d_{b1}=$常数，其中，$d'_2$、$d'_1$为两齿轮的节圆直径；$d_{b2}$、$d_{b1}$为两齿轮的基圆直径。可知渐开线齿轮的传动比取决于两齿轮基圆的大小，而齿轮一经设计加工好后，它们的基圆也就固定不变了，因此当两轮的中心距略有改变时，两齿轮仍能保持原传动比。这一特点对渐开线齿轮的制造、安装都是十分有利的
齿轮的标准参数面和标准参数	直齿圆柱齿轮的端面与法面重合，标准参数有：模数 m，压力角 $\alpha=20°$，对于正常齿制，齿顶高系数 $h_a^*=1$，顶隙系数 $c^*=0.25$；短齿制中，$h_a^*=0.8$，$c^*=0.3$ 斜齿圆柱齿轮端面与法面不重合，规定法面为标准参数面，标准参数有：法面模数 m_n，法面压力角 $\alpha_n=20°$，以及法面齿顶高系数 h_{an}^*，法面顶隙系数 c_n^* 圆锥齿轮有大端小端之分，大端尺寸最大，计算和测量的数值相对误差较小，同时，为便于估计传动的外形尺寸，规定了锥齿轮的大端为标准参数面，直齿圆锥齿轮的标准参数有 m、α、h_a^*、c^*
标准齿轮的正确啮合条件	①直齿圆柱齿轮正确啮合条件：$m_1=m_2=m$；$\alpha_1=\alpha_2=\alpha$ ②斜齿圆柱齿轮正确啮合条件：$m_{n1}=m_{n2}=m_n$；$\alpha_{n1}=\alpha_{n2}=\alpha_n$；对于外啮合斜齿圆柱齿轮，螺旋角 $\beta_1=-\beta_2$，对于内啮合斜齿圆柱齿轮，$\beta_1=\beta_2$ ③直齿圆锥齿轮正确啮合条件：$m_1=m_2=m$；$\alpha_1=\alpha_2=\alpha$；两圆锥齿轮锥距 $R_1=R_2=R$
传动对齿轮机构的基本要求	①传动比准确和传动平稳 为了使齿轮传动传动比准确、传动平稳、无冲击、无振动、无噪声，要满足以下两方面要求 a. 设计合理的齿廓。首先要满足齿廓啮合基本定律；同时满足正确啮合条件及连续传动条件 b. 合理的加工精度 ②足够的强度 为保证齿轮传动正常工作，齿轮主要应满足齿面接触疲劳强度和齿根弯曲疲劳强度
齿数比 u 的选择	传动比指的是从动轮齿数与主动轮齿数之比。齿数比是指大齿轮齿数与小齿轮齿数之比。当齿轮为减速传动时，齿数比等于传动比；当齿轮为增速传动时，两者互为倒数 通常习惯把齿数比取为 2 或 3 的整数比。当一对齿轮的整数比为偶数时，可能造成每次都是特定的齿和齿啮合，所以由周节误差或齿形误差引起的不良条件会在助长该不良条件的方向起作用。因此，啮合的配合最好选为奇数，以使其普遍啮合；另外，除以定时为目的的齿轮传动外，一般都选择带小数的齿数比 **齿数比**　32:16=2:1　31:15≈2.06:1 图(a)　较差　　图(b)　较好

续表

注意的问题	设计技巧与禁忌
不产生根切的最少齿数	①直齿圆柱齿轮。标准直齿圆柱齿轮是否发生根切取决于其齿数的多少，理论分析表明，$\alpha=20°$和$h_a^*=1$的标准直齿圆柱齿轮不发生根切的最少齿数$z_{min}=17$ ②斜齿圆柱齿轮。标准斜齿圆柱齿轮不发生根切最少齿数z_{min}可由其当量直齿轮最少齿数z_{vmin}（=17）计算出来，即$z_{min}=z_{vmin}\cos^3\beta$ ③直齿圆锥齿轮。标准直齿圆锥齿轮不发生根切最少齿数z_{min}可由其当量直齿轮最少齿数z_{vmin}（=17）计算出来，即$z_{min}=z_{vmin}\cos\delta$ 根切 图(a) 禁忌　　图(b) 正确
变位齿轮的主要功用	由于变位齿轮具有许多优点，而又不给齿轮的加工带来任何新的困难，因此得到广泛应用。例如，正变位齿轮轮齿变厚，可以提高齿轮传动的承载能力。又如，一对变位齿轮，由于各自的分度圆齿厚与齿槽宽不相等，因而安装后两轮的分度圆不一定相切，即节圆不一定与分度圆重合，故此两轮的中心距也就不一定等于标准中心距，所以可利用变位齿轮来配凑中心距。另外，还可以利用变位切削修复齿面磨损了的齿轮和避免轮齿的根切

2.3.2 齿轮传动的失效形式及设计准则中应注意的问题与禁忌

齿轮传动的失效主要是轮齿的失效，其主要失效形式有：轮齿折断，包括过载折断和疲劳折断；齿面失效，包括齿面磨损、齿面点蚀、齿面胶合和齿面塑性变形。所设计的齿轮传动在具体的工作条件下，必须具有足够的、相应的工作能力，以保证在整个工作寿命期间不致失效，从而得到相应的设计准则。齿轮传动的失效形式及设计准则中应注意的问题与禁忌见表 12-2-12。

表 12-2-12 齿轮传动的失效形式及设计准则中应注意的问题与禁忌

注意的问题	设计技巧与禁忌
闭式齿轮传动的设计准则	①中、轻载荷闭式软齿面齿轮的设计准则：因其主要失效形式为点蚀，故按接触疲劳强度设计，按弯曲强度校核 ②齿面硬度很大、齿芯强度又较低或材质较脆的齿轮的设计准则：因其主要失效形式为疲劳折断，故按弯曲疲劳强度设计，按接触强度校核 ③齿面硬度相同的闭式硬齿面齿轮的设计准则：因其主要失效形式为点蚀或疲劳折断，故应视具体情况而定 ④大功率闭式齿轮传动的设计准则：当输入功率超过 75kW 时，由于发热量大、易导致润滑不良及轮齿胶合损伤等，还需作热平衡计算
开式（半开式）齿轮传动的设计准则	对于开式（半开式）齿轮传动，应根据保证齿面抗磨损及齿根抗折断能力分别进行计算，但鉴于目前对齿面抗磨损的能力尚无完善的计算方法，因此，仅以保证齿根弯曲疲劳强度作为设计准则。为了延长开式（半开式）齿轮传动的寿命，应适当降低开式传动的许用弯曲应力（如将闭式传动的许用弯曲应力乘以 0.7～0.8），以使计算的模数值适当增大；或将计算出的模数增大 10%～15%，以考虑磨损对齿厚的影响
提高轮齿弯曲强度的措施	为了提高齿轮的抗折断能力，首先应保证：$\sigma_F\leqslant[\sigma_F]$，同时可采用下列措施 ①用增大齿根过渡圆角半径及消除加工刀痕的方法来减小齿根应力集中 ②增大轴及支承的刚性，使轮齿接触线上受载较为均匀 ③采用合理的热处理方法使齿芯材料具有足够的韧性 ④采用喷丸、滚压等工艺措施对齿根表层进行强化处理
提高齿面抗磨损能力的措施	磨损是开式齿轮传动的主要失效形式之一。改用闭式传动是避免齿面磨损最有效的办法，同时可采用下列措施 ①提高齿面硬度 ②降低表面粗糙度值 ③降低滑动系数 ④注意对润滑油的清洁和定期更换，尤其对于开式传动，应特别注意环境清洁，减少磨粒侵入

续表

注意的问题	设计技巧与禁忌
点蚀首先出现的位置	当齿轮在靠近节线处啮合时，由于相对滑动速度低，形成油膜条件差，摩擦力较大，特别是直齿轮传动，通常这时只有一对齿啮合，轮齿受力也最大，因此，点蚀首先出现在靠近节线的齿根面上
润滑油对点蚀的影响	良好的润滑可延缓点蚀的发生。但当点蚀出现后，润滑油一旦被挤入，会在点蚀孔内形成高压油腔，加速点蚀的发展。黏度愈小，发展速度愈快
提高齿面接触疲劳强度的措施	为了提高齿面接触疲劳强度，防止或减轻齿面点蚀，首先应保证：$\sigma_H \leqslant [\sigma_H]$，同时可采用下列措施 ①提高齿轮材料的硬度，齿面抗点蚀能力主要与齿面硬度有关，齿面硬度越高，抗点蚀能力越强 ②采用黏度大的润滑油
提高齿面抗胶合能力的措施	①提高齿面硬度和减小粗糙度值 ②对于低速传动，采用黏度较大的润滑油；对于高速传动，采用含抗胶合添加剂的润滑油
齿面塑性流动的方向	齿轮工作时主动轮齿面受到摩擦力方向背离节线，从动轮齿面受到摩擦力方向指向节线，所以主动轮齿面上节线处被碾出沟槽，从动轮齿面上节线处被挤出脊棱 ω_1　主动齿　从动齿　ω_2　摩擦力方向
提高齿面抗塑性变形能力的措施	①提高齿面硬度 ②采用黏度较高的润滑油

2.3.3　降低载荷系数的措施与禁忌

考虑载荷集中和附加动载荷的影响，设计齿轮强度时应采用计算载荷，计算载荷等于名义载荷乘以载荷系数 K，$K=K_A K_v K_\alpha K_\beta$，式中，$K_A$ 为使用系数；K_v 为动载系数；K_α 为齿间载荷分配系数；K_β 为齿向载荷分布系数。设计时应力求降低载荷系数。

2.3.3.1　减小动载系数 K_v 的措施

影响动载系数 K_v 的主要因素是相互啮合的两齿轮基圆齿距的误差（见图 12-2-5），使得瞬时传动比发生变化，从而产生附加动载荷。

当基圆齿距 $p_{b2}>p_{b1}$［见图 12-2-5（a）］，使即将进入啮合的一对轮齿在偏离开始啮合点的 A' 点提前进入啮合，其瞬时传动比减小为

$$i=\frac{\omega_1}{\omega_2}=\frac{r_2-\Delta r}{r_1+\Delta r}<\frac{r_2}{r_1}$$

当基圆齿距 $p_{b2}<p_{b1}$［见图 12-2-5（b）］，使得前一对轮齿应该在终止啮合点 E 脱离啮合时，由于

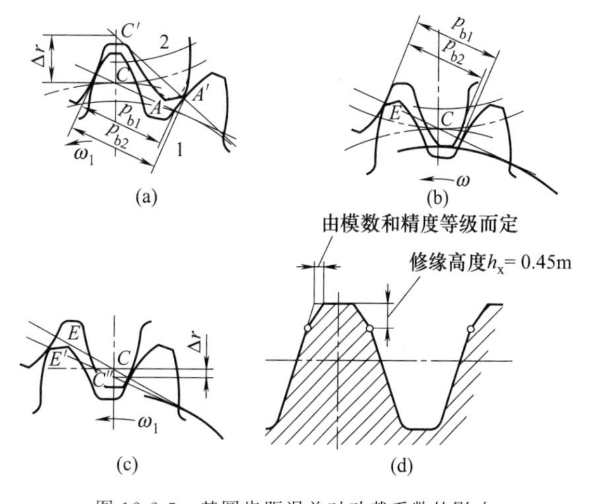

图 12-2-5　基圆齿距误差对动载系数的影响

后一对轮齿尚未进入啮合，致使前一对轮齿离开啮合线后仍继续保持啮合，直到后一对轮齿进入啮合时前一对轮齿才在 E' 点脱离接触［见图 12-2-5（c）］，在此瞬间，传动比增大为

$$i=\frac{\omega_1}{\omega_2}=\frac{r_2+\Delta r}{r_1-\Delta r}>\frac{r_2}{r_1}$$

为了减小因从动轮角速度而产生的动载荷，最有效的措施是对轮齿进行修缘［见图 12-2-5（d）］，即对基圆齿距较大的齿轮齿顶的一小部分渐开线齿廓适量修削，如图 12-2-5（a）和图 12-2-5（b）中齿顶的虚线部分。对于重要的齿轮最好采用修缘齿。

2.3.3.2　减小齿间载荷分配系数 K_α 的措施

减小齿间载荷分配系数 K_α 的主要措施有：适当提高齿轮加工精度、适量修缘、适量跑合等。

2.3.3.3　减小齿向载荷分布系数 K_β 的措施

表 12-2-13　减小齿向载荷分布系数 K_β 的措施

注意的问题	措　　施
对称配置轴承	对于主要传动零件，在设计其支承时，尽可能对称配置轴承，尽量避免悬臂布置
增大支承刚度	增大轴、轴承、支座的刚度。例如对于悬臂轴承座，可用加强肋增加轴承座孔的刚度 图(a)　禁忌　　图(b)　正确
将轮齿做成鼓形	将轮齿做鼓形修整，让齿宽中部首先接触，并扩展到整个齿宽，载荷分布不均现象可得到改善 0.01～0.025mm
高速级的齿轮要远离转矩输入端	在多级齿轮传动中，如果高速级齿轮相对支承轴承无法对称布置，则应使高速级的齿轮远离转矩输入端 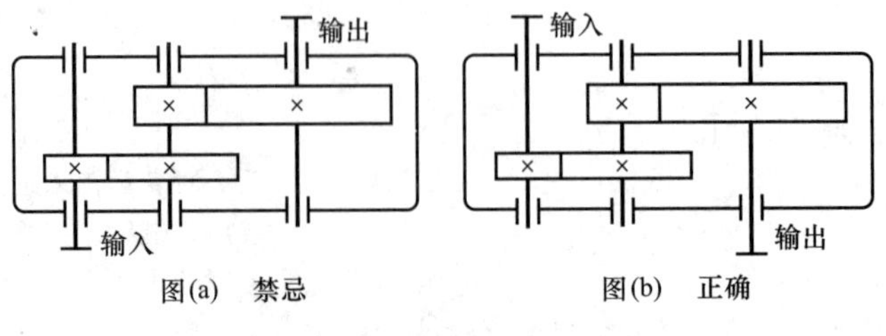 图(a)　禁忌　　图(b)　正确

续表

注意的问题	措　　施
保持沿齿宽齿轮刚度一致	当轴的刚度非常高，齿轮的宽度比较大，而且受力比较大时，在有腹板支撑的部分，轮齿刚度较大，而其他部分刚度较小。这种情况下，宜加大轮缘厚度，并采用双腹板或双层辐条，以保证沿齿宽有足够的刚度，使啮合受力均匀 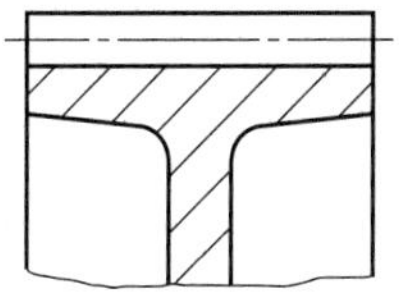 图(a)　禁忌 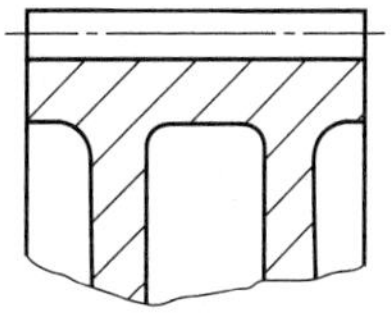　　图(b)　推荐
利用齿轮的不均匀变形补偿轴的变形	当轴和轴承的刚度较差，由于轴和轴承的变形使齿轮沿齿宽不均匀接触造成偏载时，可通过有限元等方法进行精确计算，改变轮辐的位置和轮缘形状，使沿齿宽受力大处齿轮刚度较小，受力小处刚度较大，利用齿轮的不均匀变形补偿轴和轴承的不均匀变形，达到沿齿宽受力均匀分布的目的。如图所示，大齿轮右边受力较大，可减小其轮缘刚度 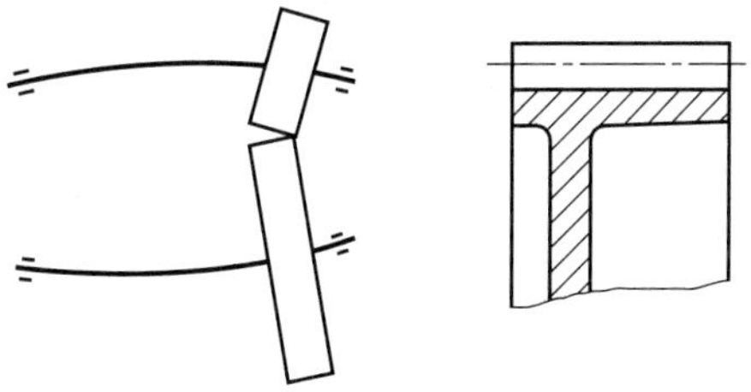

2.3.4 齿轮传动的强度计算应注意的问题与禁忌

齿轮强度计算是根据齿轮可能出现的失效形式进行的。在一般齿轮传动中，其主要失效形式是齿面接触疲劳点蚀和轮齿弯曲疲劳折断。计算时应注意参数的选择及禁忌问题，见表 12-2-14。

表 12-2-14　　齿轮强度计算应注意的问题与禁忌

注意的问题	设计技巧与禁忌
工作应力循环次数 N_L的计算	①载荷恒定时，$N_L=60jnt_h$，式中，j 为齿轮每转一周，同一侧齿面的啮合次数；n 为齿轮转速，r/min；t_h为齿轮的设计寿命，h 如下图所示的齿轮传动中，当 1 轮为主动轮时，1、2 轮每转一周，同侧齿面均啮合一次，且接触应力均按脉动循环变化，但弯曲应力是：1 轮按脉动循环变化，2 轮按对称循环变化。当 2 轮为主动轮时，1、2 轮无论是接触应力还是弯曲应力均按脉动循环变化，但 1 轮每转一周，同侧齿面啮合一次，而 2 轮每转一周，同侧齿面啮合两次 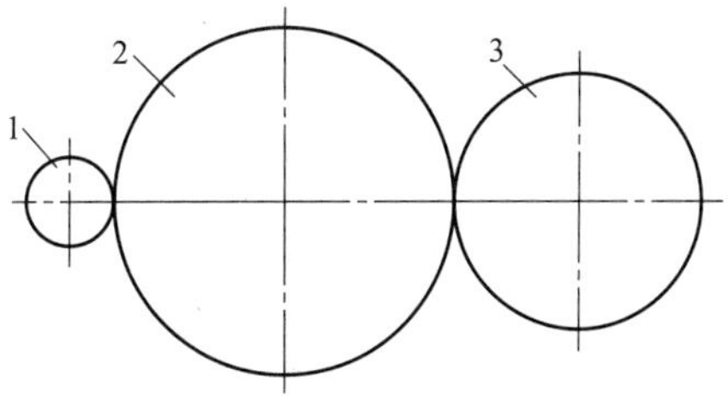 1　2　3 ②载荷不恒定时，$N_L=N_v=60\gamma\sum_{i=1}^{n}n_it_{hi}\left(\frac{T_i}{T_{max}}\right)^m$，式中，$N_v$为当量循环次数；$T_{max}$为较长期作用的最大转矩；角标 i 是指第 i 个循环；m 为指数，选取如下

续表

注意的问题	设计技巧与禁忌				
	材料及热处理			工作应力循环次数 N_L	指数 m
工作应力循环次数 N_L的计算	接触强度	结构钢、调质钢、球墨铸铁(珠光体、贝氏体)、珠光体可锻铸铁、渗碳淬火的渗碳钢、感应或火焰淬火的钢和球墨铸铁	允许有一定点蚀出现	$6\times10^5<N_L\leqslant10^7$	6.77
				$10^7<N_L\leqslant10^9$	8.78
				$10^9<N_L\leqslant10^{10}$	7.08
			不允许点蚀出现	$10^5<N_L\leqslant5\times10^7$	6.61
				$5\times10^7<N_L\leqslant10^{10}$	16.30
		灰铸铁、铁素体球墨铸铁、渗氮的氮化钢、调质钢和渗碳钢		$10^5<N_L\leqslant2\times10^6$	5.71
				$2\times10^6<N_L\leqslant10^{10}$	26.20
		碳氮共渗的调质钢和渗碳钢		$10^5<N_L\leqslant2\times10^6$	15.72
				$2\times10^6<N_L\leqslant10^{10}$	26.20
	弯曲强度	球墨铸铁(珠光体、贝氏体)、珠光体黑色可锻铸铁、调质钢		$10^4<N_L\leqslant3\times10^6$	6.23
				$3\times10^6<N_L\leqslant10^{10}$	49.91
		渗碳淬火的渗碳钢、火焰或全齿廓感应淬火的钢和球墨铸铁		$10^3<N_L\leqslant3\times10^6$	8.74
				$3\times10^6<N_L\leqslant10^{10}$	49.91
		灰铸铁、铁素体球墨铸铁、结构钢、渗氮的氮化钢、调质钢和渗碳钢		$10^3<N_L\leqslant3\times10^6$	17.03
				$3\times10^6<N_L\leqslant10^{10}$	49.91
		碳氮共渗的调质钢和渗碳钢		$10^3<N_L\leqslant3\times10^6$	84.00
				$3\times10^6<N_L\leqslant10^{10}$	49.91
小齿轮的弯曲应力大于大齿轮的弯曲应力	因为 $\sigma_F=\frac{KF_t}{bm}Y_{Fa}Y_{Sa}Y_\varepsilon=CY_{Fa}Y_{Sa}$，$C$ 为常数，所以，当已知 σ_{F1} 和 z_1、z_2 时，可求出 $\sigma_{F2}=\frac{Y_{Fa2}Y_{Sa2}}{Y_{Fa1}Y_{Sa1}}\sigma_{F1}$。由于 $z_1<z_2$，$Y_{Fa1}Y_{Sa1}>Y_{Fa2}Y_{Sa2}$，因此小齿轮的弯曲应力高于大齿轮的弯曲应力				
一对相啮合的大小齿轮弯曲强度的强弱	一对齿轮传动，大、小齿轮的齿形系数、应力校正系数和许用应力是不相同的，$\frac{Y_{Fa1}Y_{Sa1}}{[\sigma_{F1}]}$和$\frac{Y_{Fa2}Y_{Sa2}}{[\sigma_{F2}]}$中哪个大，则哪个强度较弱，设计中可按其较大者进行强度计算				
齿轮弯曲疲劳极限 σ_{Flim}	σ_{Flim}为试验齿轮的齿根弯曲疲劳极限，按设计手册查取时，为齿轮在单侧工作时测得的。对于长期双侧工作的齿轮传动，齿根弯曲应力为对称循环变应力，应将查得的数据乘以0.7				
齿数 z 的选择	从运动、结构角度考虑，当分度圆直径一定时，齿数增加而模数减小，则齿顶高、顶圆直径减小，省材，减小加工工时。另外，重合度增加，传动平稳 从接触强度考虑，当齿轮材料、传动比、齿宽系数一定时，由齿面接触强度决定的承载能力仅取决于齿轮分度圆直径 d_1的大小，而非模数 从弯曲强度考虑，模数越大，弯曲强度和寿命越高 齿数选取原则：对于闭式软齿传动，主要失效形式是点蚀，这时，在传动尺寸不变并满足弯曲强度的前提下，可适当增加齿数，减小模数，一般 $z_1=20\sim40$。对于闭式硬齿传动，主要失效形式是疲劳折断及点蚀，故齿数不宜过多 对于开式齿轮传动，可能发生轮齿折断，因此齿数要少，通常 $z_1=17\sim20$。为防止根切，$z_1\geqslant17$				
传动比的限制	传动比过大，将造成结构尺寸增加，两齿轮轮齿工作负担差增加。直齿圆柱、圆锥齿轮推荐传动比范围 $0.2\leqslant i\leqslant5$；斜齿圆柱齿轮推荐传动比范围 $0.125\leqslant i\leqslant8$				
一对啮合的直齿轮的接触疲劳强度取决于材料较差者	由接触应力计算公式 $\sigma_H=Z_EZ_\varepsilon\sqrt{p_{ca}/\rho_\Sigma}$ 可知，对于一对相互啮合的齿轮，在接触线处的接触应力是相等的，即 $\sigma_{H1}=\sigma_{H2}$。因此直齿轮的接触疲劳强度条件取决于$[\sigma_H]$的大小，即取决于两齿轮中许用应力较小者，计算时应按$[\sigma_{H1}]$和$[\sigma_{H2}]$中较小的值代入强度公式				

续表

注意的问题	设计技巧与禁忌
斜齿轮的许用接触应力同时取决于大、小齿轮的材料	由于斜齿轮啮合时轮齿的接触线是倾斜的，故斜齿轮传动齿面的接触疲劳强度应同时取决于大、小齿轮。实用中，斜齿轮传动的许用接触应力约可取为$[\sigma_H]=([\sigma_{H1}]+[\sigma_{H2}])/2$，当$[\sigma_H]>1.23[\sigma_{H2}]$时，应取$[\sigma_H]=1.23[\sigma_{H2}]$。其中，$[\sigma_{H2}]$为较软齿面的许用接触应力
避免齿轮发生阶梯磨损	相同齿宽的齿轮在啮合时，如果装配位置有偏差，则在齿宽的端部出现没有啮合的部分。在这种状态下使用会导致阶梯磨损。为了安装方便和避免齿轮在运转过程中发生阶梯磨损，通常使小齿轮的宽度比大齿轮的宽度大 5～10mm。但如果小齿轮的材料为塑料，则小齿轮应比大齿轮小些，以免在小齿轮上磨出凹痕 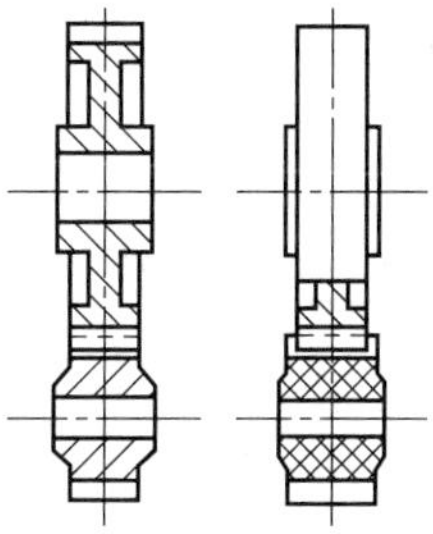 图(a)　禁忌 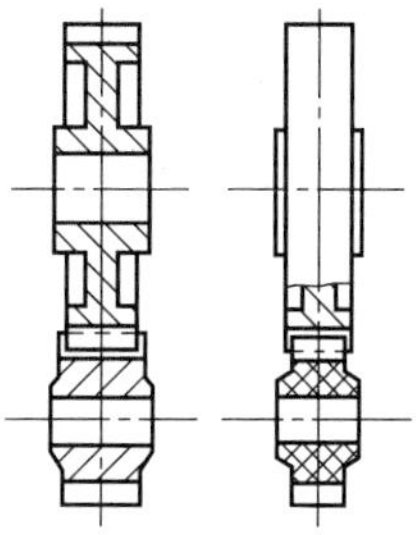　　图(b)　推荐
啮合机会多的齿轮要提高齿面硬度	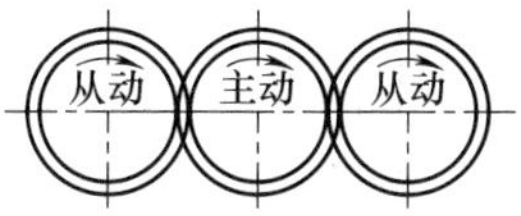 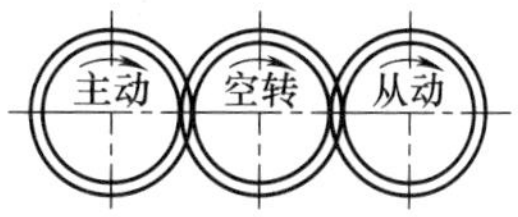 对于一对齿轮的每一个齿，在同一时间内小齿轮的齿啮合次数比大齿轮的齿啮合次数多[图(a)]。一个主动齿轮同时驱动几个从动齿轮时，主动轮啮合次数也较多，见图(b) 在相同条件下，啮合机会多的齿面磨损快，所以，为了抵抗这部分磨损，应提高齿面硬度。但是，对于空转中间齿轮，虽然啮合次数增加，可是啮合面为齿的正面和反面，见图(c)，所以与前述情况不同 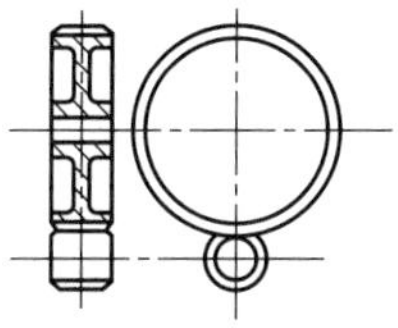 从动　主动　从动　　主动　空转　从动 同一面载荷　　相反面载荷 图(a)　　图(b)　　图(c)

2.3.5　齿轮结构设计禁忌

直齿圆柱齿轮传动，其齿廓在节点接触时，可将沿啮合线作用在齿面上的法向力 F_n 分解为两个相互垂直的分力：切于分度圆的圆周力 F_t 与指向轮心的径向力 F_r。斜齿圆柱齿轮和直齿圆锥齿轮的轮齿受力情况，在忽略摩擦力时，法向力 F_n 可分解为圆周力 F_t、径向力 F_r 和轴向力 F_a。

齿轮的结构设计通常根据强度计算确定其主要参数和尺寸，如齿数 z、模数 m_n、齿宽 b、螺旋角 β、小齿轮分度圆直径 d_1 等，然后综合考虑尺寸、毛坯、材料、加工方法、使用要求、经济性等因素，根据齿轮直径的大小确定齿轮的结构形式，再根据经验公式和经验数据对齿轮进行结构设计。齿轮常见的结构形式有：齿轮轴、实心式、腹板式、轮辐式以及组合式结构齿轮。

在齿轮结构设计时，应从齿轮受力的合理性和制造工艺性考虑，注意结构设计的禁忌问题。

2.3.5.1　从齿轮受力合理性考虑齿轮结构的设计禁忌

表 12-2-15　从齿轮受力合理性考虑齿轮结构的设计禁忌

注意的问题	设计技巧与禁忌
斜齿轮支承轴的合理结构	在斜齿轮传动中，由于螺旋角在两个相啮合的齿轮上会产生一对方向相反的轴向力，对于单斜齿轮啮合传动，只要旋转方向不变，则轴向力的方向各自一定，因此，将单斜齿轮固定在轴上时，原则是轴向力指向轴肩，同时，斜齿轮的轴向力方向应指向径向力较小的那个轴承

续表

注意的问题	设计技巧与禁忌
斜齿轮支承轴的合理结构	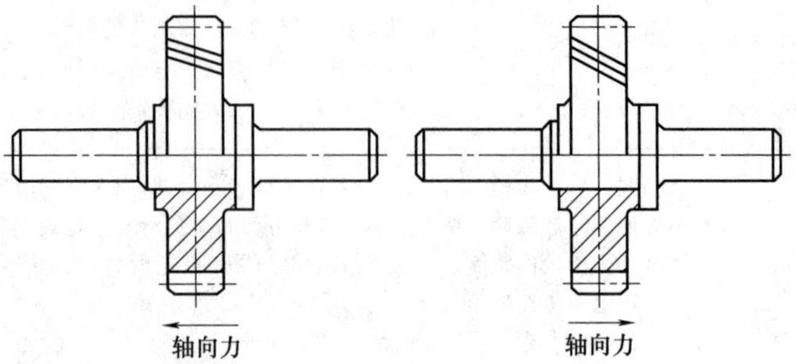 轴向力 图(a)　较差 轴向力 图(b)　推荐
中间轴上的两个斜齿轮的螺旋线方向的确定	要想使中间轴两端的轴承受力合理，两齿轮的轴向力方向必须相反。由于中间轴上的两个斜齿轮旋转方向相同，但一个为主动轮，另一个为从动轮，因此两斜齿轮的螺旋线方向应相同 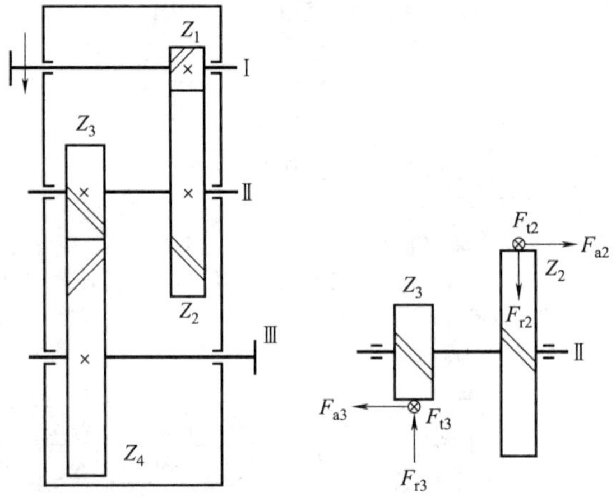 Z_1 Ⅰ Z_3 Ⅱ Z_2 Ⅲ Z_4 图(a)　传动装置示意图 F_{t2} F_{a2} Z_2 Z_3 F_{r2} Ⅱ F_{a3} F_{t3} F_{r3} 图(b)　中间轴受力简图
人字齿轮的齿向确定	当一根轴上只有单个齿轮时，为了消除斜齿轮的轴向力对轴承产生的不良影响，可采用人字齿轮传动 在采用人字齿轮传动时，为了避免在啮合时润滑油挤在人字齿的转角处，在选择人字齿轮轮齿方向时，应使人字齿转角处的齿部首先开始接触，这样的啮合能使润滑油从中间部分向两端流出，保证齿轮的润滑 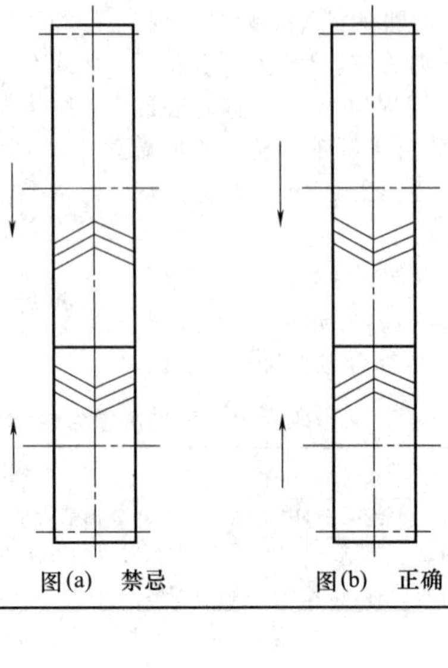 图(a)　禁忌 图(b)　正确

续表

注意的问题	设计技巧与禁忌
人字齿轮应合理地选择支承形式	对于一对人字齿轮轴，由于人字齿轮本身的相互轴向限位作用，为了自动补偿轮齿两侧螺旋角制造误差，使轮齿受力均匀，可采用允许轴系左右少量轴向移动的结构。通常低速轴（大齿轮轴）必须采用两端固定，以保证其相对机座有固定的轴向位置，而高速轴（小齿轮轴）的两端都必须是游动的，如图所示，以防止齿轮卡死或人字齿两侧受力不均 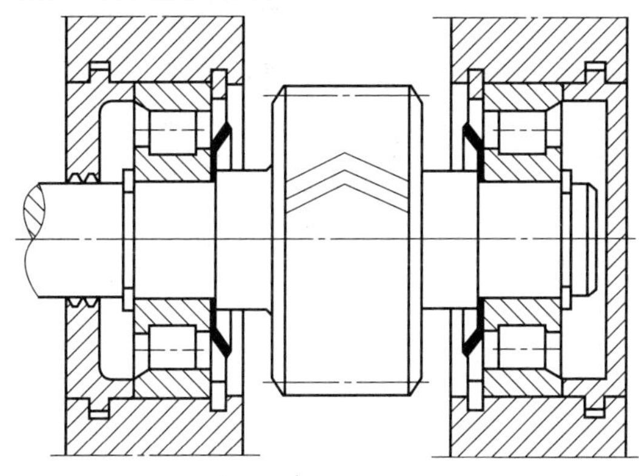
两个齿圈镶套的人字齿轮轮齿倾斜方向的选择	用两个齿圈镶嵌的人字齿轮，只能用于扭矩方向固定的场合，不能应用在正反转的传动中，这样会使镶套的两齿圈松动。在选择轮齿倾斜方向时，应使轴向力方向朝向齿圈中部 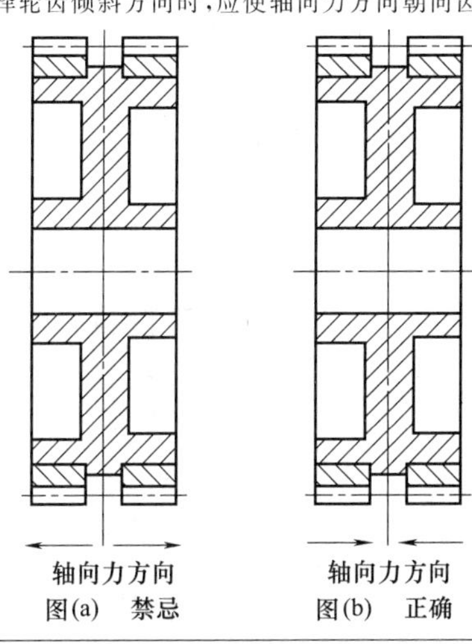 轴向力方向　　轴向力方向 图(a)　禁忌　　图(b)　正确
锥齿轮传动应放在高速级	因为加工较大尺寸的锥齿轮有一定困难，而且一般工厂没有加工大尺寸圆锥齿轮的机床。因此，在圆锥圆柱齿轮的传动中，圆锥齿轮应配在高速级，这样圆锥齿轮副可以比在低速级设计得轻巧些 输出　输入　　输出　输入 图(a)　较差　　图(b)　推荐

续表

注意的问题	设计技巧与禁忌
组合式圆锥齿轮结构要注意受力方向	齿轮的结构要避免大的应力集中，并且保证工作时变形要小。由于直齿圆锥齿轮的轴向力始终由小端指向大端，所以组合的锥齿轮结构应注意轴向力方向主要作用在轮毂或辐板上，而不要作用在紧固它的螺钉或螺栓上，避免螺钉或螺栓受到拉力的作用 轴向力方向 轴向力方向 图(a) 禁忌 图(b) 正确
锥齿轮在轴上必须双向固定	直齿圆锥齿轮不论转动方向如何，其轴向力始终向一个方向，但其在轴上的轴向位置仍应双向固定，否则运转时将有较大的振动和噪声 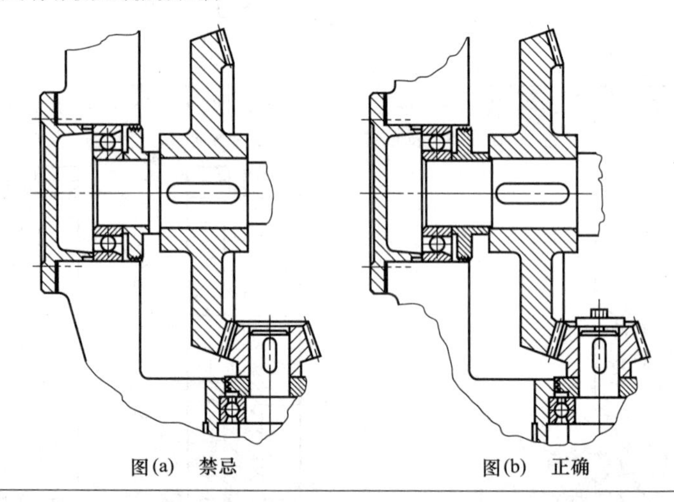 图(a) 禁忌 图(b) 正确
大小锥齿轮轴系位置都应能作双向调整	圆锥齿轮的正确啮合条件要求大小圆锥齿轮的锥顶在安装时重合，其啮合面居中而靠近小端，承载后由于轴和轴承的变形使啮合部分移近大端。为了调整锥齿轮的啮合，通常将其双向固定的轴系装在一个套杯中，套杯则装在外壳孔中，通过增减套杯端面与外壳之间垫片的厚度，即可调整轴系的轴向位置。图(a)中只有一个齿轮能做轴向调整，不能满足要求 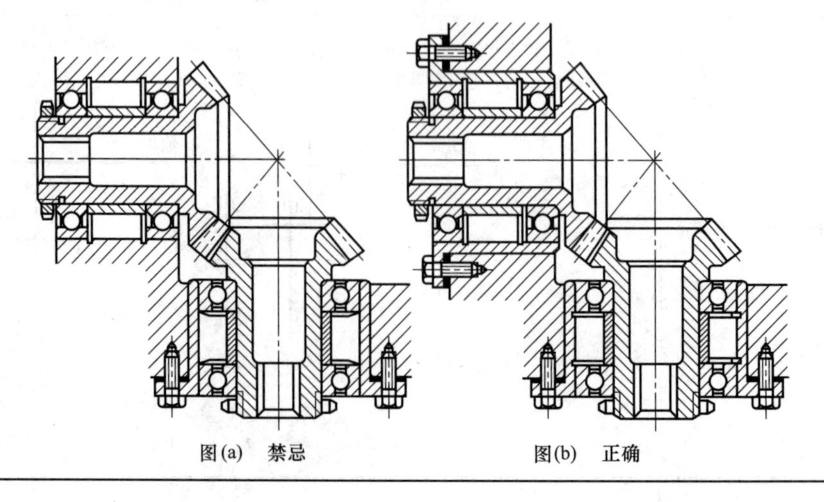 图(a) 禁忌 图(b) 正确

续表

注意的问题	设计技巧与禁忌
齿轮布置应考虑有利于轴和轴承的受力	对于受两个或更多力的齿轮，当布置位置不同时，轴或轴承的受力有较大的不同，设计时必须仔细分析。如下图所示，中间齿轮位置不同时，其轴或轴承的受力有很大差别，它决定于齿轮位置和 φ 角大小。图(a)的布置中间齿轮所受的力正好叠加起来，受力最大，图(b)则大大减小。图中 $\varphi=180°-\alpha$，α 为压力角 图(a) 禁忌 图(b) 正确
支承齿轮径向力方向的确定	当从动齿轮轴系的自重比啮合载荷足够大时，无论从动轮上的啮合载荷方向如何，都可以保证从动轴的支承轴承合力始终向下，此时应使主动轮的啮合载荷向下，避免主动轴的支承轴承承受向上的载荷 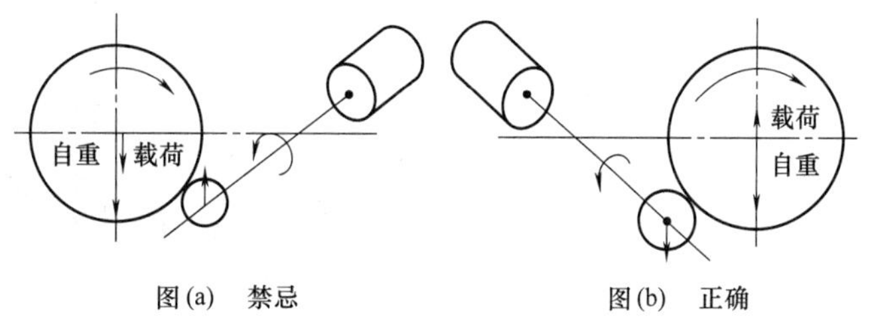 图(a) 禁忌 图(b) 正确
	对于小齿轮轴承独立设置在混凝土基础上的装置，如果小齿轮载荷向上或是横向的，则基础的连接螺栓有因松动而被拔除的危险，因此，要保证小齿轮的啮合载荷向下 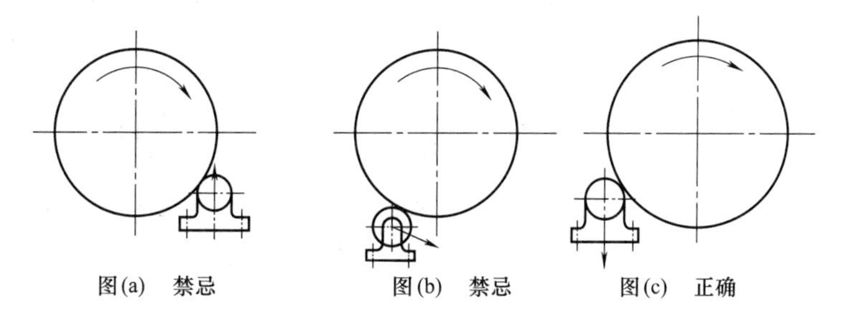 图(a) 禁忌 图(b) 禁忌 图(c) 正确

续表

注意的问题	设计技巧与禁忌
支承齿轮径向力方向的确定	在啮合载荷接近从动轮轴系自重的情况下，如果为了使主动轴的支承轴承载荷向下，当啮合载荷有少许变化时，会造成从动轴上的合力上下不稳定变化，这种现象要绝对避免。因此，在这种情况下，即便主动轴为向上载荷，也要把载荷方向稳定作为优先条件。特别是针对上一种情况，要采取即使是向上的载荷，基础的连接螺栓也不会发生松动的防松措施 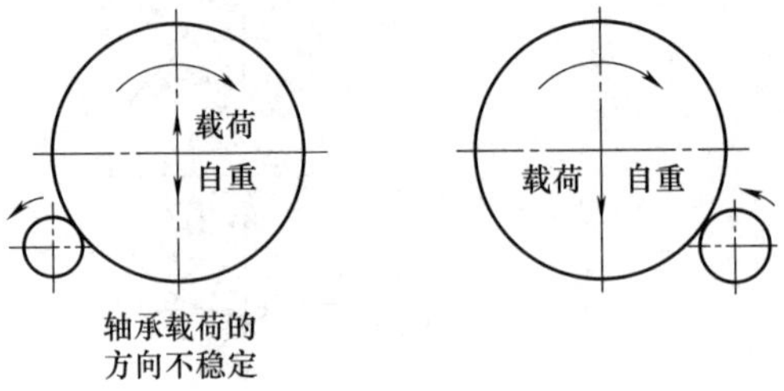 载荷 自重 轴承载荷的方向不稳定 图(a)　禁忌 载荷 自重 图(b)　正确

2.3.5.2　从齿轮制造工艺性考虑齿轮结构的设计禁忌

表 12-2-16　从齿轮制造工艺性考虑齿轮结构的设计禁忌

注意的问题	设计技巧与禁忌
齿轮的重叠加工	对于批量或大量生产的齿轮，如果一个一个地切齿加工，不仅生产率低，而且尺寸精度也不一致。因此，设计时应考虑提高切削效率的重叠加工法。为了进行重叠加工，原则上要设计便于重叠加工的几何形状，如图(a)中，齿轮毛坯重叠后有较大的间隙，加工过程中易产生振动，影响齿面的加工质量，应该避免。推荐的结构如图(b)所示 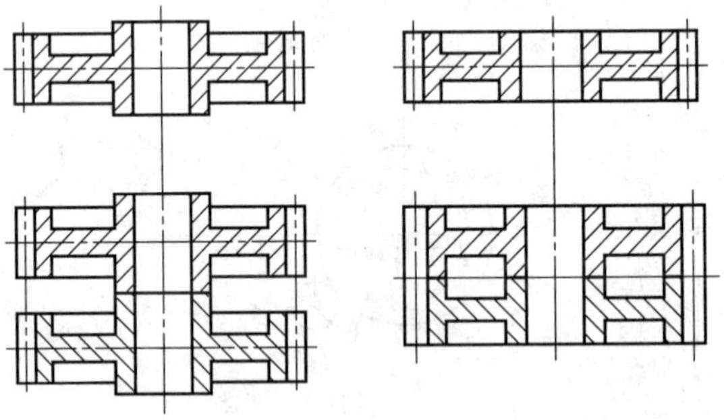 图(a)　禁忌 图(b)　推荐
齿轮直径较小时应设计成齿轮轴	对于直径较小的钢制齿轮，当为圆柱齿轮时[如图(a)所示]，若齿根圆到键槽底部的距离 $e<2m_t$（m_t 为端面模数）；当为锥齿轮[如图(b)所示]时，按小端尺寸计算而得的 $e<1.6m$（m 为大端模数）时，可将齿轮和轴做成一体的齿轮轴，这时齿轮与轴必须采用同一种材料制造 图(a) 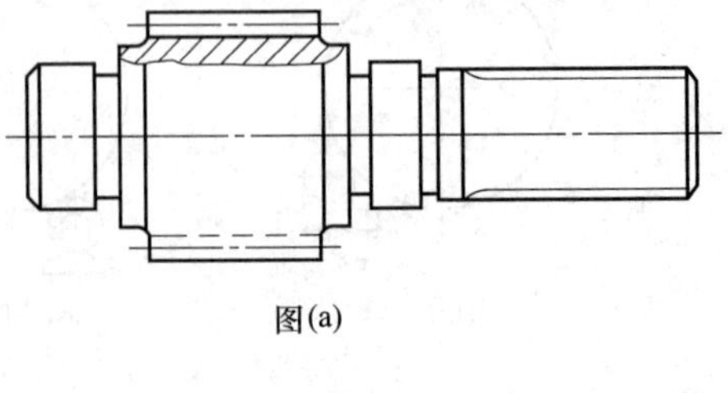

第 12 篇

续表

注意的问题	设计技巧与禁忌
齿轮直径较小时应设计成齿轮轴	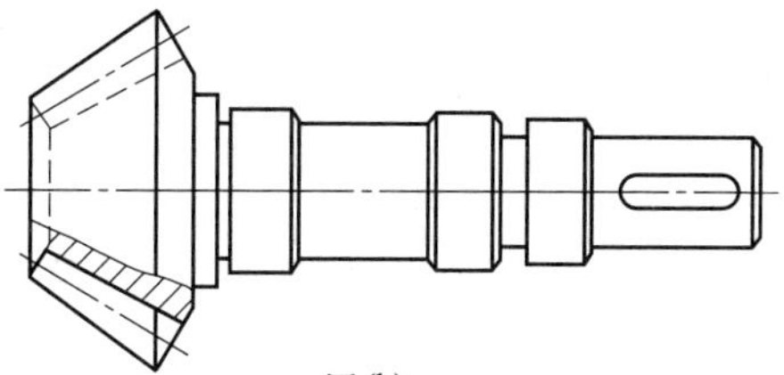 图(b) 当齿轮根圆直径小于轴径时，可设计成如图(c)所示的齿轮轴结构。个别情况下，齿轮的齿顶圆直径可以等于甚至小于轴的直径，但此时应计算轴的强度。初学设计者常认为必须要求齿根圆直径大于轴径，实际上并无此限制 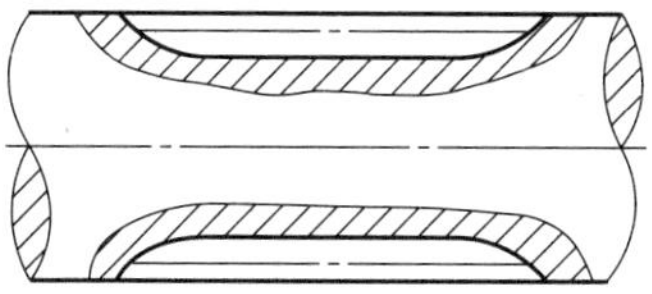 图(c)
剖分式大齿轮应在无轮辐处分开	当齿轮尺寸太大时，铸造较为困难，常分为两半制造。如果在轮辐处分开，被分开的轮辐结构不合理，分开部位应该在两齿之间，并且在无轮辐处分开。连接两半齿轮的螺钉或双头螺柱，应分别靠近轮缘和轮毂 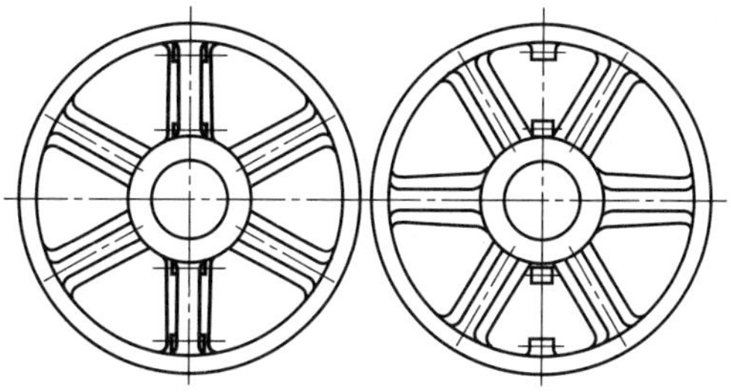 图(a)　禁忌　　图(b)　正确
轮齿表面硬化层要连续不断	渗碳淬火和表面淬火的齿轮，轮齿表面硬化层要连续不断，否则齿面的软硬相接的过渡部分强度将降低 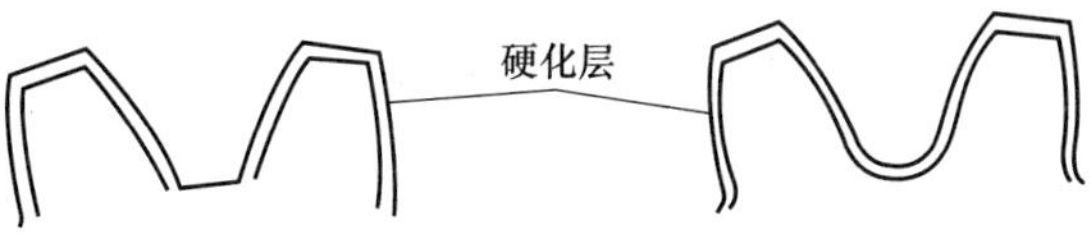 硬化层 图(a)　禁忌　　图(b)　正确
齿轮块要考虑加工时刀具切出的距离	在设计二联或三联齿轮时，无论是插齿还是滚齿加工，要按所采取刀具的尺寸、刀具运动的需要等，定出足够的尺寸 a。当结构要求 a 值很小时，可采用过盈配合结构 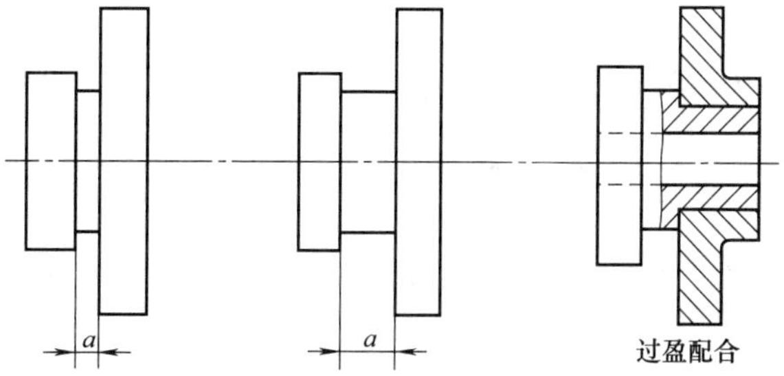 a　a　过盈配合 图(a)　禁忌　　图(b)　正确　　图(c)　正确

续表

注意的问题	设计技巧与禁忌
齿轮轴的平行度和啮合的平行度	齿轮两端支承轴承间的跨度越大，轴的刚度就越小。因此，通常要求其跨度尽可能小些。但由于轴承都具有间隙，而轴承间跨度越小，在相同轴承间隙的情况下，轴的平行度误差就越大。所以在必须限制轴的平行度时，要在保证轴刚度的前提下，适当增加支承跨度 图(a)　较差　图(b)　较差　图(c)　较好
轮齿和轴的连接禁止用楔键	在选择齿轮与轴的连接时，为了避免或减小轴与齿轮的同轴度误差，防止齿轮相对轴产生歪斜，而导致载荷集中系数增大，降低齿轮传动寿命。因此，齿轮与轴的连接要禁止使用楔键，通常采用平键或花键连接 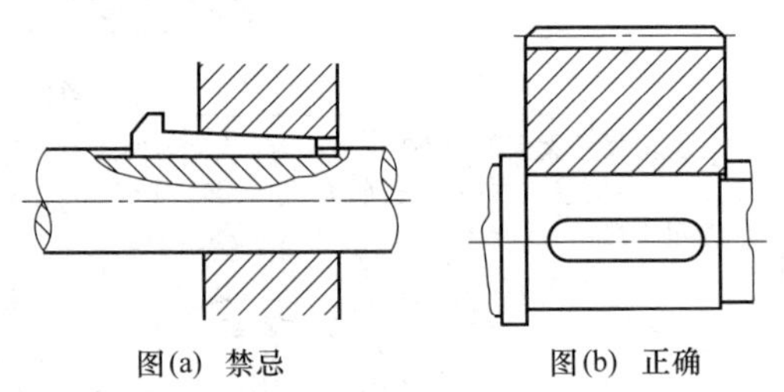 图(a)　禁忌　图(b)　正确
轮齿与轴的连接要减少装配时的加工	为了将齿轮进行轴向和周向的固定，可采用径向圆锥销和键加紧定螺钉的固定方法。但这两种方法都要求配作，在安装时进行这些加工效率较低，应尽量避免。较为理想的方法是：用键做周向固定，加用轴用弹簧卡环或圆螺母等作轴向固定，避免配作 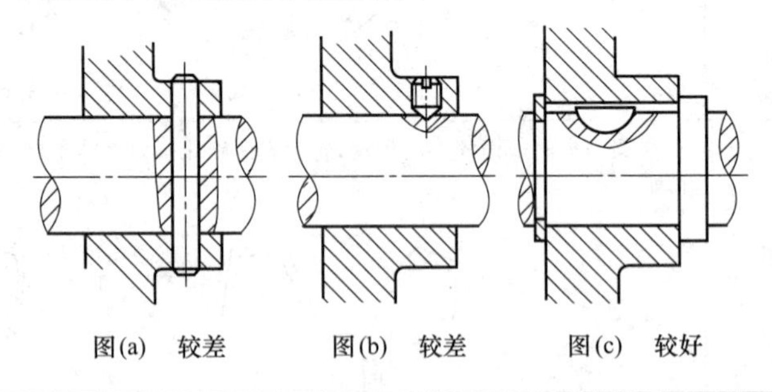 图(a)　较差　图(b)　较差　图(c)　较好

2.3.6　齿轮传动的润滑技巧与禁忌

轮齿啮合面间加注润滑剂，可以避免金属直接接触，减少摩擦损失，还可以散热及防锈蚀。开式齿轮传动通常采用人工定期加油润滑；闭式齿轮传动的润滑方式根据齿轮的圆周速度的大小采用油池润滑或喷油润滑。在供油及箱体结构设计时要注意禁忌问题，见表 12-2-17。

表 12-2-17　齿轮传动的润滑技巧与禁忌

注意的问题	技巧与禁忌
高速齿轮传动啮合面的给油	对于高速齿轮传动，当速度较低（$12m/s<v\leqslant 25m/s$）时，喷嘴位于轮齿啮入边或啮出边均可；但当速度很高（$v>25m/s$）时，啮合面的润滑油分布均匀程度特别重要。因此，喷嘴应位于轮齿啮出的一边，使其在每一转中在油膜厚度均匀的状态下啮合，另一方面，可以借润滑油及时冷却刚啮合过的轮齿

续表

<table>
<tr><th>注意的问题</th><th>技巧与禁忌</th></tr>
<tr><td rowspan="2">高速齿轮传动啮合面的给油</td><td> 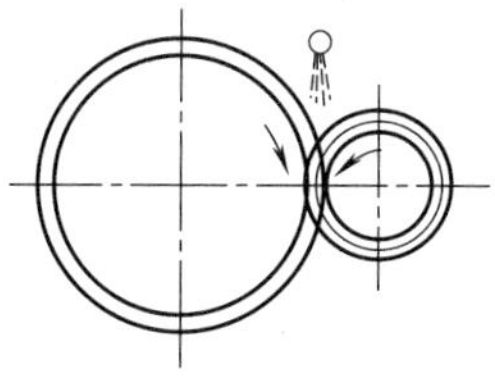12m/s＜v≤25m/s
图(a) 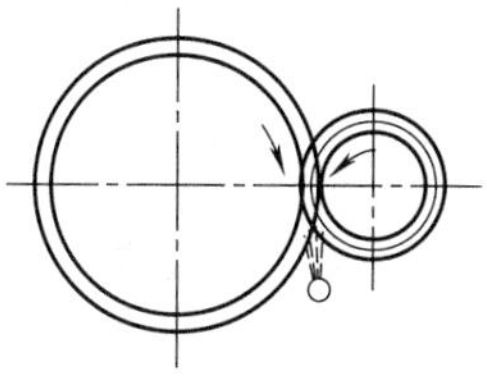
v＞25m/s
图(b)</td></tr>
<tr><td>在啮合边下侧向齿轮喷油，要注意不要使其发生从给油管喷出来的油达不到齿面的情况 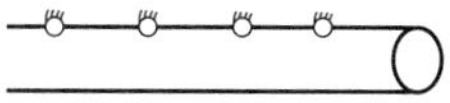
图(a)　禁忌 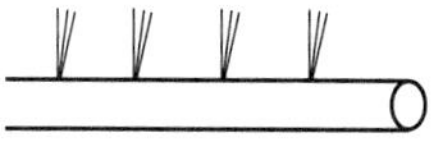　图(b)　正确</td></tr>
<tr><td>多级齿轮传动注意各级大齿轮浸油深度</td><td>在设计两级或多级齿轮传动时，要考虑传动比的合理分配。除了满足使各级传动的承载能力接近相等，使整个传动获得最小的外形尺寸和重量，降低转动零件的圆周速度这三个原则外，当齿轮采用油池润滑时，还应使各级传动中的大齿轮的浸油深度大致相等[如图(b)所示]，或采用惰轮带油润滑[如图(c)所示] 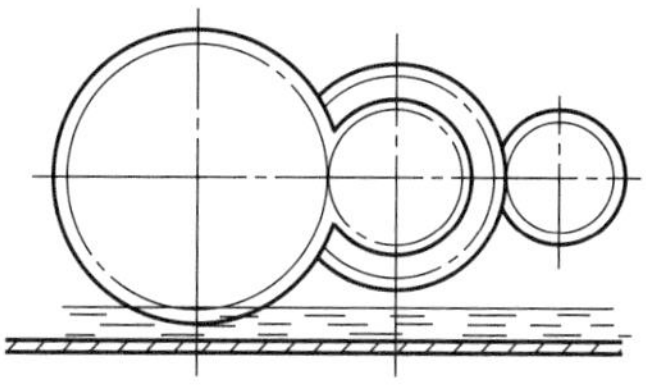
图(a)　禁忌 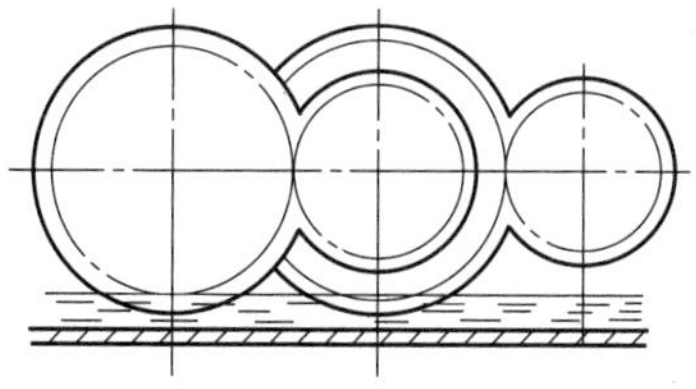
图(b)　推荐 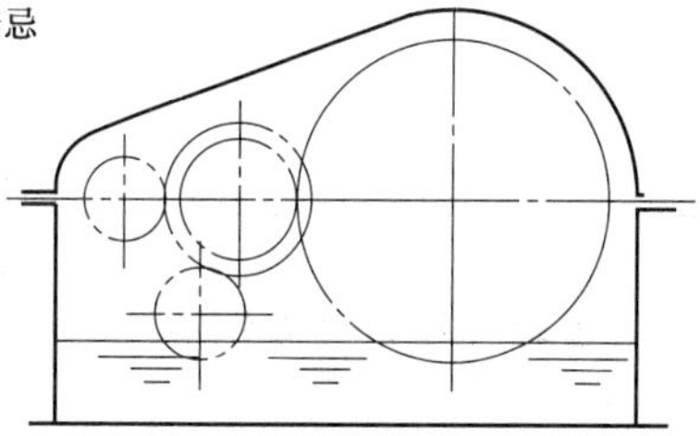　图(c)　推荐</td></tr>
<tr><td>齿轮箱内的排气</td><td>在闭式齿轮传动中，如果密封室内部有较大温升，则会产生压力。这种状况下，会造成箱内具有一定压力的润滑油从箱体接缝处漏出，使润滑油飞散。为此，箱体要有排气装置，做到充分排气。但在结构上要注意，一方面，不要使外界灰尘进入；另一方面，不要使油从排气孔处和气体一起排出 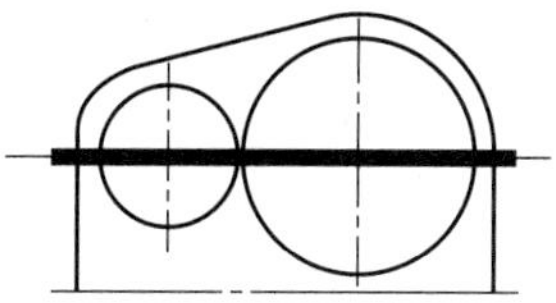
通气器
图(a)　禁忌 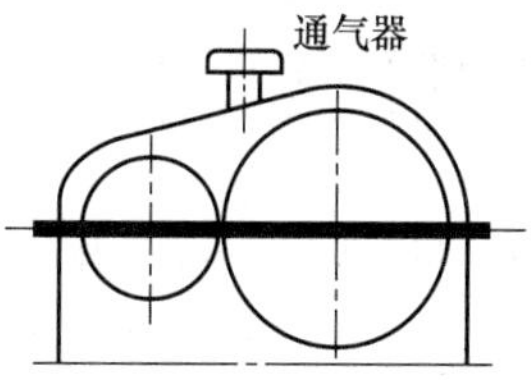　图(b)　正确</td></tr>
</table>

续表

注意的问题	技巧与禁忌
齿轮箱的结合面结构要合理	在齿轮润滑时，由于齿轮速度，将使润滑油飞溅至箱体内壁，流到箱体结合面，进而易从结合面渗出。为了防止出现这种情况，首要条件是不使结合面积油。因此，箱体结合面必须采用合理结构 图(a)　禁忌　　图(b)　推荐
齿轮箱内部的零件连接表面应便于加工	箱体类零件的外表面比内表面易加工。因此，尽可能用外表面代替内部连接表面，同时注意尽量使箱体内部结构简单、圆滑，避免过大的搅油功耗 图(a)　较差　　图(b)　较好

2.3.7　齿轮传动设计案例

带式输送机的传动简图如图 12-2-6 所示，试设计其减速器的高速级齿轮传动。已知该传动系统由 Y 系列三相异步电动机驱动，高速级输入功率 $P=10\text{kW}$，小齿轮转速 $n_1=960\text{r/min}$，齿数比 $u=3.2$，工作寿命 15 年（每年工作 300 天），两班制，带式输送机工作平稳，转向不变。

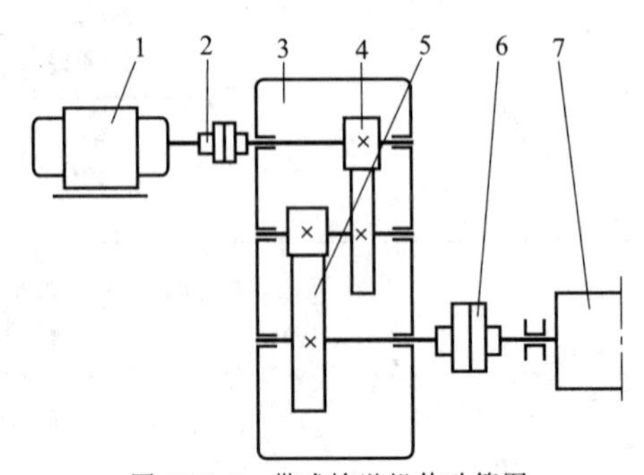

图 12-2-6　带式输送机传动简图
1—电动机；2，6—联轴器；3—减速器；4—高速级齿轮传动；5—低速级齿轮传动；7—输送机滚筒

解

（1）选定齿轮类型、精度等级、材料及齿数

① 类型选择　根据传动参数选用斜齿圆柱齿轮传动。

② 精度选择　输送机为一般工作机，速度不高，故选用 7 级精度。

③ 材料选择　由常用的齿轮材料表选择小齿轮材料为 40Gr，调质处理，齿面硬度 $\text{HB}_1=280\text{HBS}$；大齿轮材料为 45 钢，调质处理，齿面硬度 $\text{HB}_2=240\text{HBS}$。

两齿轮齿面硬度差 $\text{HB}_1-\text{HB}_2=280-240=40\text{HBS}$，在 25～50HBS 范围内。

合适。

第 12 篇

注意问题 1：因为小齿轮轮齿工作次数是大齿轮轮齿的 u 倍，对于闭式软齿面齿轮传动，为了使大小两个齿轮寿命接近，要求小齿轮的齿面硬度比大齿轮的高 25～50HBS。

④ 初选齿数　小齿轮齿数 $z_1=25$；大齿轮齿数 $z_2=uz_1=3.2\times25=80$，取 $z_2=80$。

注意问题 2：对于闭式软齿传动，主要失效形式是点蚀，这时，在传动尺寸不变并满足弯曲强度的前提下，可适当增加齿数，减小模数，一般取 $z_1=20\sim40$。

注意问题 3：不产生根切的最小齿数 $z_{V\min}=17$，当 $\beta=15^\circ$时，$z_{\min}=z_{V\min}\cos^3\beta=14$，因此，从运动要求考虑，最小齿数可比直齿圆柱齿取得更少，结构尺寸可以更小，但需增大螺旋角。

⑤ 初选螺旋角

$\beta=13^\circ$。

注意问题 4：通常 $\beta=8^\circ\sim25^\circ$，这是因为螺旋角过小斜齿轮的优越性发挥不出来，过大则轴向力增加。对于人字齿轮，由于轴向力可以相互抵消，可取 $\beta=20^\circ\sim45^\circ$。初选时可在 15°左右选定一个值。

（2）按齿面接触疲劳强度设计

齿面接触疲劳强度设计公式：

$$d_1\geqslant\sqrt[3]{\frac{2KT_1}{\psi_d}\times\frac{u\pm1}{u}\left(\frac{Z_EZ_HZ_\varepsilon Z_\beta}{[\sigma_H]}\right)^2}$$

注意问题 5：齿轮传动设计时，应首先按主要失效形式进行强度计算，确定其主要尺寸，然后对其他失效形式进行必要的校核。闭式软齿面传动常因齿面点蚀而失效，故通常先按齿面接触强度设计公式确定传动尺寸，然后验算轮齿弯曲强度。

① 确定设计公式中各参数

a. 初选载荷系数。$K_t=1.3$。

注意问题 6：若传动尺寸和有关参数均已知，可利用验算公式直接进行验算。若设计一个齿轮，尺寸未知，很多参数如 K_β、K_v、Y_ε 无法确定，不能直接利用设计公式来计算，必须初步选定某个参数以便进行计算，求出有关尺寸和主要参数后，再作精确计算。

b. 小齿轮传递的转矩

$$T_1=9.55\times10^6P/n_1=9.55\times10^6\times10/960$$
$$=9.948\times10^4\text{N}\cdot\text{mm}$$

c. 选取齿宽系数 ψ_d。由齿宽系数表，取 $\psi_d=1$。

注意问题 7：通常轮齿愈宽，承载能力也愈高，但增大齿宽又会使齿面上的载荷分布更趋不均匀，故应适当选取齿宽系数。一般情况下，齿轮相对轴承的位置对称布置，可取大值，悬臂布置取小值；软齿面取大值，硬齿面取小值；直齿圆柱齿轮宜取较小值，斜齿轮可取较大值；载荷稳定，轴刚性大时取较大值；变载荷，轴刚性较小时宜取较小值。

d. 弹性系数 Z_E。查弹性系数 Z_E 表，$Z_E=189.8\sqrt{\text{MPa}}$。

e. 小、大齿轮的接触疲劳极限 $\sigma_{H\lim1}$、$\sigma_{H\lim2}$。查试验齿轮的接触疲劳极限 $\sigma_{H\lim}$ 图，$\sigma_{H\lim1}=650\text{MPa}$，$\sigma_{H\lim2}=580\text{MPa}$。

注意问题 8：对于一个初学的设计者，接触疲劳极限应按试验齿轮的接触疲劳极限 $\sigma_{H\lim}$ 图中对应的范围取中偏下值，以保证此设计安全可靠。

f. 应力循环次数

$$N_{L1}=60jn_1t_h=60\times1\times960\times(2\times8\times300\times15)=4.147\times10^9$$

$$N_{L2}=N_1/u=4.147\times10^9/3.2=1.296\times10^9$$

注意问题 9：应力循环次数的计算参见表 12-2-14。通常每年按 300 个工作日，单班制按每天 8h，双班制按每天 16h 计算；j 为齿轮每转一周，同一侧齿面的啮合次数。

g. 接触寿命系数 Z_{N1}、Z_{N2}。查接触寿命系数图，$Z_{N1}=0.90$，$Z_{N2}=0.95$。

h. 计算许用接触应力 $[\sigma_H]$。取失效率为 1%，查最小安全系数参考值表，取 $S_{H\min}=1$。

$$[\sigma_{H1}]=\frac{\sigma_{H\lim1}Z_{N1}}{S_{H\min}}=\frac{650\times0.9}{1}=585\text{MPa}$$

$$[\sigma_{H2}]=\frac{\sigma_{H\lim2}Z_{N2}}{S_{H\min}}=\frac{580\times0.95}{1}=551\text{MPa}$$

齿轮设计计算时的许用接触应力 $[\sigma_H]=([\sigma_{H1}]+[\sigma_{H2}])/2=568\text{MPa}$。

注意问题 10：对于一对相互啮合的齿轮，在接触线处的接触应力是相等的。因此接触强度条件取决于 $[\sigma_H]$，即取决于两齿轮中许用应力较小者进行计算。但由于斜齿轮传动接触线倾斜，齿面的接触疲劳强度应同时取决于大、小齿轮，实用中斜齿轮传动的许用接触应力约可取为 $[\sigma_H]=([\sigma_{H1}]+[\sigma_{H2}])/2$，当 $[\sigma_H]>1.23[\sigma_{H2}]$ 时，应取 $[\sigma_H]=1.23[\sigma_{H2}]$。其中 $[\sigma_{H2}]$ 为较软齿面的许用接触应力。

i. 节点区域系数 Z_H。查节点区域系数图，$Z_H=2.43$。

注意问题 11：对于法面压力角 $\alpha_n=20^\circ$的标准斜齿圆柱齿轮的节点区域系数取决于螺旋角的大小，只有标准直齿圆柱齿轮 $Z_H=2.5$。

j. 计算端面重合度 ε_α

$$\varepsilon_\alpha=\left[1.88-3.2\left(\frac{1}{z_1}+\frac{1}{z_2}\right)\right]\cos\beta$$
$$=\left[1.88-3.2\left(\frac{1}{25}+\frac{1}{80}\right)\right]\cos13^\circ=1.67$$

k. 计算纵向重合度 ε_β

$$\varepsilon_\beta=\frac{b\sin\beta}{\pi m_n}\approx0.318\psi_dz_1\tan\beta=1.84$$

l. 计算重合度系数 Z_ε。因 $\varepsilon_\beta>1$，取 $\varepsilon_\beta=1$，故

$$Z_\varepsilon=\sqrt{\frac{4-\varepsilon_\alpha}{3}(1-\varepsilon_\beta)+\frac{\varepsilon_\beta}{\varepsilon_\alpha}}=\sqrt{\frac{1}{\varepsilon_\alpha}}=0.77$$

注意问题 12：由于斜齿圆柱齿轮存在纵向重合度，总的重合度大于直齿圆柱齿轮，重合度系数较小，故接触应力有所降低，承载能力有所提高。

m. 螺旋角系数

$$Z_\beta=\sqrt{\cos\beta}=0.987$$

注意问题 13：由于斜齿圆柱齿轮存在螺旋角，螺旋角系数小于 1，故接触应力有所降低，承载能力有所提高。

② 设计计算

a. 试算小齿轮分度圆直径 d_{1t}

$$d_{1t}\geqslant\sqrt[3]{\frac{2\times1.3\times9.948\times10^4}{1}\times\frac{3.2+1}{3.2}\times\left(\frac{189.8\times2.43\times0.77\times0.987}{568}\right)^2}$$

$=50.56\text{mm}$

b. 计算圆周速度 v

$$v=\frac{\pi d_{1t}n_1}{60\times1000}=\frac{\pi\times50.56\times960}{60\times1000}=2.54\text{m/s}$$

按齿轮传动精度等级的选择及应用表校核速度，因 $v<10\text{m/s}$，故合格。

c. 计算载荷系数 K　查使用系数表，得 $K_A=1$；根据 $v=2.52\text{m/s}$，7级精度查动载系数 K_v 图，得 $K_v=1.10$；7级精度取齿间载荷分配系数 $K_\alpha=1.1$；查齿向载荷分布系数 K_β 曲线图，得齿向载荷分布系数 $K_\beta=1.08$ 则 $K=K_AK_vK_\alpha K_\beta=1\times1.10\times1.1\times1.08=1.307$。

d. 校正分度圆直径 d_1

$$d_1=d_{1t}\sqrt[3]{K/K_t}=50.56\times\sqrt[3]{1.307/1.3}=50.65\text{mm}$$

(3) 主要几何尺寸计算

① 计算模数 m_n　$m_n=d_1\cos\beta/z_1=1.97\text{mm}$，按标准取 $m_n=2\text{mm}$。

注意问题14：模数应圆整成标准值，对于传递动力的齿轮，其模数不宜小于1.5mm。

② 中心距 a

$$a=\frac{m_n}{2\cos\beta}(z_1+z_2)=\frac{2}{2\times\cos13^\circ}\times(25+80)=$$

107.76mm，圆整为 $a=110\text{mm}$。

注意问题15：直齿圆柱齿轮传动，除非采用变位齿轮，中心距不允许进行圆整。为了制造、安装、测量、检验方便，斜齿圆柱齿轮的中心距可以在不改变模数、齿数的前提下，只需调整螺旋角的大小就可进行圆整。

③ 螺旋角 β

$$\beta=\arccos\frac{m_n(z_1+z_2)}{2a}=\arccos\frac{2\times(25+80)}{2\times110}$$

$$=17.34^\circ=17^\circ20'29''$$

注意问题16：调整后的螺旋角应需保证在 $\beta=8^\circ\sim25^\circ$ 的范围内。

④ 计算分度圆直径 d_1、d_2

$$d_1=\frac{m_nz_1}{\cos\beta}=\frac{2\times25}{\cos17.34^\circ}=52.38\text{mm}$$

$$d_2=\frac{m_nz_2}{\cos\beta}=\frac{2\times80}{\cos17.34^\circ}=167.62\text{mm}$$

⑤ 齿宽 b　$b=\psi_dd_1=1.0\times52.38=52.38\text{mm}$，$b_1=b_2+(5\sim10)$ mm，取 $b_1=60\text{mm}$，$b_2=55\text{mm}$。

注意问题17：为了安装方便和避免齿轮在运转过程中发生阶梯磨损，对于一对金属制造的圆柱齿轮，通常使小齿轮的齿宽比大齿轮的齿宽大5～10mm。

⑥ 齿高 h　$h=2.25m_n=2.25\times2=4.5\text{mm}$。

(4) 校核齿根弯曲疲劳强度

$$\sigma_F=\frac{2KT_1}{bm_nd_1}Y_{Fa}Y_{Sa}Y_\varepsilon Y_\beta\leqslant[\sigma_F]$$

① 确定验算公式中各参数

a. 小、大齿轮的弯曲疲劳极限 σ_{Flim1}、σ_{Flim2}。查试验齿轮的弯曲疲劳极限 σ_{Flim} 图，$\sigma_{Flim1}=500\text{MPa}$，$\sigma_{Flim2}=380\text{MPa}$。

注意问题18：对于一个初学的设计者，弯曲疲劳极限应按试验齿轮的弯曲疲劳极限 σ_{Flim} 图中对应的范围取中偏下值，以保证此设计安全可靠。另外试验齿轮的弯曲疲劳极限 σ_{Flim} 图为齿轮轮齿在单侧工作时测得的，对于长期双侧工作的齿轮传动，齿根弯曲应力为对称循环变应力，应将图中数据乘以0.7。

b. 弯曲寿命系数 Y_{N1}、Y_{N2}。查弯曲寿命系数图，$Y_{N1}=0.86$，$Y_{N2}=0.88$。

c. 尺寸系数 Y_X。查弯曲强度计算的尺寸系数图，$Y_X=1$。

d. 计算许用弯曲应力 $[\sigma_{F1}]$、$[\sigma_{F2}]$。取失效率为1%，查最小安全系数参考值表，最小安全系数 $S_{Fmin}=1.25$。

$$[\sigma_F]=\frac{\sigma_{Flim}Y_NY_X}{S_{Fmin}}$$

$$[\sigma_{F1}]=344\text{MPa},\quad[\sigma_{F2}]=267.52\text{MPa}。$$

e. 当量齿数 z_{v1}、z_{v2}

$$z_{v1}=\frac{z_1}{\cos^3\beta}=\frac{25}{\cos^317.34^\circ}=28.74$$

$$z_{v2}=\frac{z_2}{\cos^3\beta}=\frac{80}{\cos^317.34^\circ}=91.98$$

f. 当量齿轮的端面重合度 $\varepsilon_{\alpha v}$

$$\varepsilon_{\alpha v}=\left[1.88-3.2\left(\frac{1}{z_{v1}}+\frac{1}{z_{v2}}\right)\right]\cos\beta$$

$$=\left[1.88-3.2\left(\frac{1}{28.74}-\frac{1}{91.98}\right)\right]\cos17.34^\circ$$

$$=1.66$$

g. 重合度系数 Y_ε

$$Y_\varepsilon=0.25+\frac{0.75}{\varepsilon_{\alpha v}}=0.25+\frac{0.75}{1.66}=0.70。$$

h. 螺旋角系数 Y_β

$Y_{\beta\min}=1-0.25\varepsilon_\beta=1-0.25\times1=0.75$（当 $\varepsilon_\beta\geqslant1$ 时，按 $\varepsilon_\beta=1$ 计算）

$Y_\beta=1-\varepsilon_\beta\dfrac{\beta^\circ}{120^\circ}=0.89>Y_{\beta\min}$，取 $Y_\beta=0.89$。

i. 齿形系数 Y_{Fa1}、Y_{Fa2}。由当量齿数 z_{v1}、z_{v2} 查外齿轮

齿形系数图，$Y_{Fa1}=2.57$，$Y_{Fa2}=2.21$。

j. 应力修正系数 Y_{Sa1}、Y_{Sa2}。查外齿轮应力修正系数图，$Y_{Sa1}=1.60$，$Y_{Sa2}=1.78$。

② 校核计算

$$\sigma_{F1}=\frac{2\times1.307\times9.948\times10^4}{55\times2\times52.38}\times2.57\times1.60\times0.70\times0.89=115.62\text{MPa}\leqslant[\sigma_{F1}]$$

$$\sigma_{F2}=\sigma_{F1}\frac{Y_{Fa2}Y_{Sa2}}{Y_{Fa1}Y_{Sa1}}=115.62\times\frac{2.21\times1.78}{2.57\times1.60}=110.61\text{MPa}\leqslant[\sigma_{F2}]$$

注意问题 19：一对齿轮传动，大、小齿轮的齿形系数、应力校正系数和许用应力是不相同的，也可计算 $\frac{Y_{Fa1}Y_{Sa1}}{[\sigma_{F1}]}$ 和 $\frac{Y_{Fa2}Y_{Sa2}}{[\sigma_{F2}]}$ 两值，比较后按其中较大者进行计算。

注意问题 20：斜齿圆柱齿轮用的是当量齿数，其值大于直齿圆柱齿轮，故斜齿轮的齿形系数与应力修正系数的乘积小于直齿轮的，斜齿轮的工作应力较低，在同样许用弯曲应力的情况下，斜齿轮的弯曲强度较高。

结论：弯曲强度满足要求。

（5）静强度校核

传动平稳，无严重过载，故不需静强度校核。

（6）结构设计及绘制齿轮零件工作图

① 大齿轮　因齿顶圆直径大于 160mm，但小于 500mm，故选用腹板式结构，参照腹板式结构齿轮图中经验公式，大齿轮零件工作图见图 12-2-7。

注意问题 21：对于直径较小的钢制齿轮，当分度圆直径 d 与该轴头的轴径 d_s 相差很小时，一般按 $d\leqslant1.8d_s$ 计（当 d_s 设计出后进行比较），可将齿轮和轴做成一体的齿轮轴；如超出范围，但齿顶圆直径 $d_a\leqslant160$mm 时，齿轮也可做成实心结构；当 $d_a\leqslant500$mm 时，齿轮可以是锻造的，也可以是铸造的，通常采用腹板式或孔板式结构；当顶圆直径 400mm$\leqslant d_a\leqslant$1000mm 时，齿轮常用铸铁或铸钢制成的轮辐式结构。

② 小齿轮　小齿轮结构设计及零件工作图略。

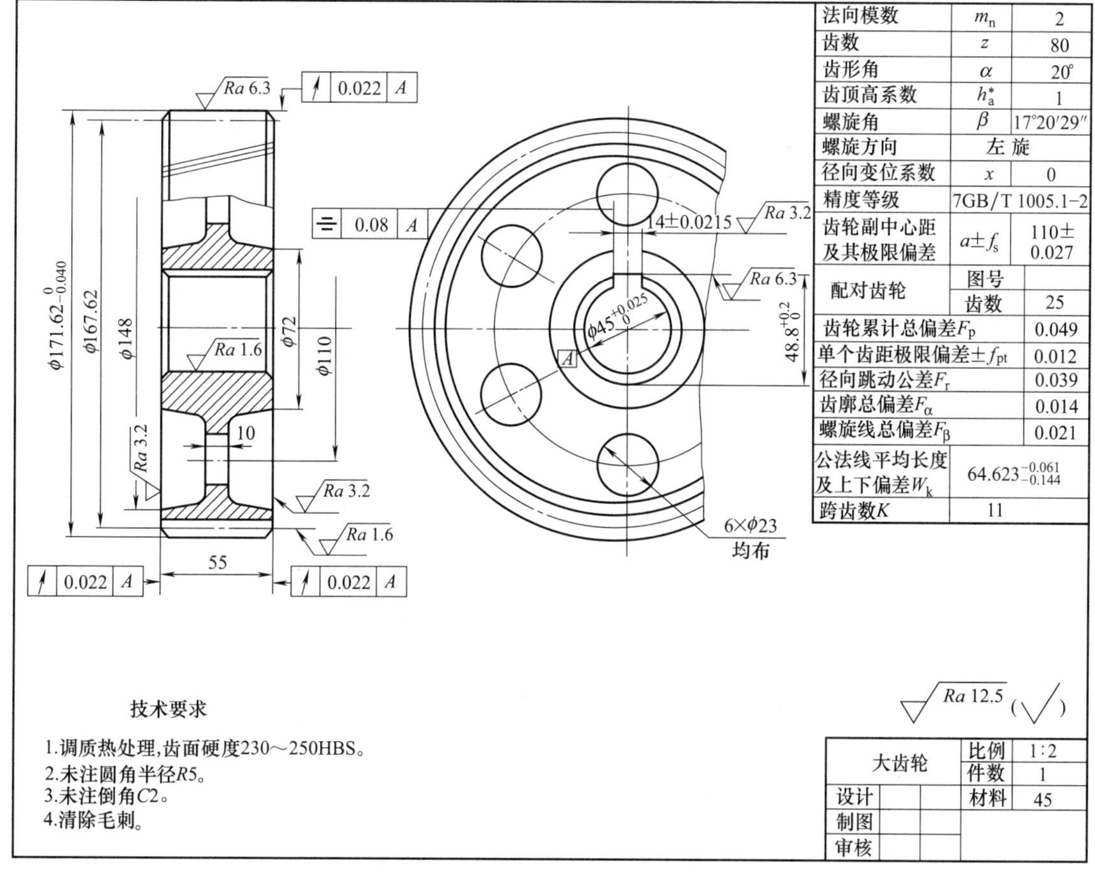

图 12-2-7　大齿轮零件工作图

2.4　蜗杆传动

2.4.1　蜗杆传动设计技巧与禁忌

按蜗杆形状不同可分为圆柱蜗杆传动、环面蜗杆传动、锥蜗杆传动三类；圆柱蜗杆传动分为普通圆柱蜗杆传动和圆弧圆柱蜗杆传动；普通圆柱蜗杆传动又分为阿基米德蜗杆（ZA 蜗杆）、渐开线蜗杆（ZI 蜗杆）、法向直廓蜗杆（ZN 蜗杆）和锥面包络蜗杆（ZK 蜗杆）。普通圆柱蜗杆传动有一个通过蜗杆轴线同时垂直蜗轮轴线的中间平面，在该平面内相当于斜齿条与斜齿轮的啮合传动。因此，传动的基本参数、几何尺寸和强度计算，均以中间平面为准。

由于蜗杆的齿是连续的螺旋齿，且其材料的强度比蜗轮高，所以失效一般发生在蜗轮轮齿上。蜗杆传动的失效形式有点蚀、胶合、磨损、轮齿折断等，由于蜗杆和蜗轮齿面间相对滑动速度大，效率低，发热量大，因而蜗杆传动更容易发生胶合和磨损失效。在闭式传动中，蜗杆传动多因胶合或点蚀失效，故其设计准则为按蜗轮齿面的接触疲劳强度进行设计，对齿根弯曲疲劳强度进行校核。另外，闭式蜗杆传动的散热不良时会降低蜗杆传动的承载能力，加速失效，故应作热平衡计算。当蜗杆轴细长且支承跨距大时，还应把蜗杆螺旋部分看作以蜗杆齿根圆直径为直径的轴进行强度、刚度计算。在开式传动中，蜗轮多发生齿面磨损和轮齿折断，所以应将保证蜗轮齿根的弯曲疲劳强度作为开式蜗杆传动的设计准则。在蜗杆传动设计时应注意有关技巧和禁忌问题，见表 12-2-18。

表 12-2-18　　蜗杆传动设计技巧与禁忌

注意的问题	设计技巧与禁忌
圆柱蜗杆基本齿廓与渐开线圆柱齿轮基本齿廓的区别	圆柱蜗杆在给定平面上的基本齿廓和渐开线圆柱齿轮基本齿廓基本相同，只是顶隙 c 和齿根圆角半径 ρ_f 有所差异 ①渐开线圆柱齿轮基本齿廓。对于正常齿：$c=0.25m$；$\rho_f=0.38m$（m 为模数） ②圆柱蜗杆的基本齿廓。$c=0.2m$，必要时 $0.15m\leqslant c\leqslant 0.35m$；$\rho_f=0.3m$，必要时 $0.2m\leqslant\rho_f\leqslant 0.4m$（$m$ 为模数）
蜗杆结构	蜗杆螺旋部分的直径一般与轴径相差不大，因此蜗杆多与轴做成一体，称为蜗杆轴。常用车或铣加工，车制如图(a)所示，仅适用于蜗杆齿根圆直径 d_{f1} 大于轴径 d_0 时；铣制如图(b)所示，无退刀槽，且 d_{f1} 可小于 d_0，所以其刚度较车制蜗杆大。当蜗杆根圆与相配轴的直径之比 $d_{f1}/d_0>1.7$ 时，可采用装配式 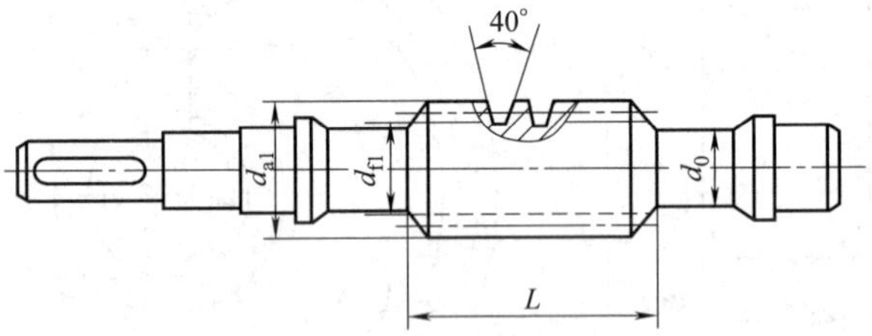 图(a) 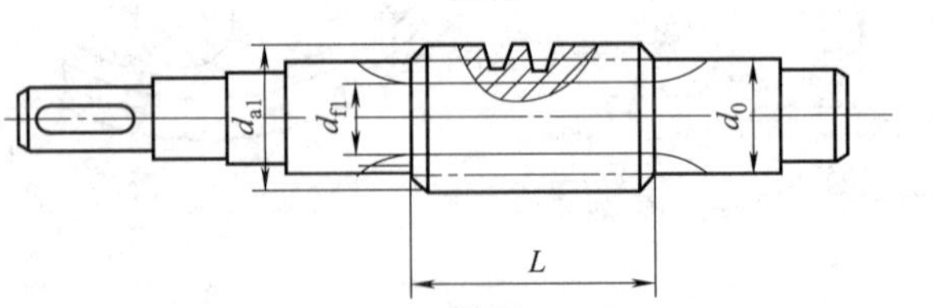 图(b)
蜗轮结构	蜗轮的结构可分为整体式和组合式。整体式适用于铸铁蜗轮、铝合金蜗轮及分度圆直径小于100mm 的青铜蜗轮，见图(a)。在其他情况下，为了节省贵重金属，一般采用组合式结构。组合式蜗轮可分为以下三种结构 ①齿圈式。为了节约贵重的有色金属，采用青铜蜗轮时，尽可能做成齿圈式结构，见图(b)。齿圈与铸铁轮心多用 H7/r6 过盈配合。为了增加过盈配合的可靠性，有时沿着接合缝还要拧上 4～5 个螺钉。螺钉孔中心线偏向材料较硬的轮芯一侧 1～2mm，螺钉的直径取 1.2～1.4 倍的模数，长度取 0.3～0.4 倍的齿宽。该结构适用于中等尺寸及工作温度变化较小的蜗轮

续表

<table>
<tr><th>注意的问题</th><th>设计技巧与禁忌</th></tr>
<tr><td>蜗轮结构</td><td>

②螺栓连接式。当蜗轮直径较大时，可采用普通螺栓或铰制孔用螺栓连接齿圈和轮芯，见图(c)。后者更好，适用于大尺寸蜗轮

③拼铸式。将青铜齿圈浇铸在铸铁轮芯上，然后再切齿，见图(d)。该结构适用于中等尺寸、批量生产的蜗轮

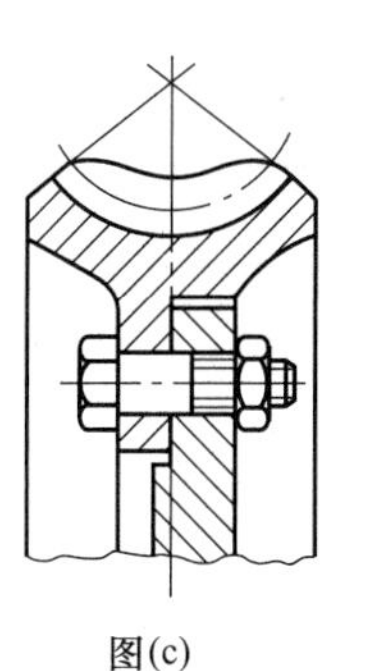

图(a)

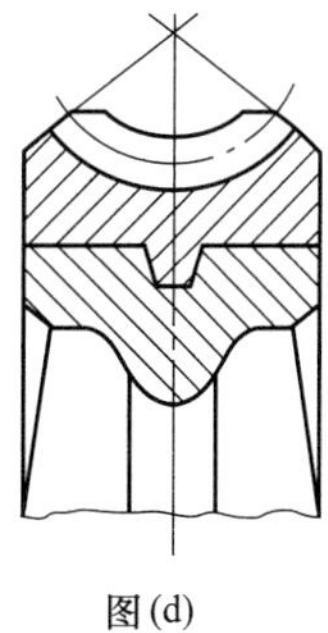

图(b)

图(c)

图(d)

</td></tr>
<tr><td>蜗杆传动正确啮合条件</td><td>

普通蜗杆传动的正确啮合条件为

$$m_{x1}=m_{t2}=m$$

$$\alpha_{x1}=\alpha_{t2}=\alpha$$

$$\gamma=\beta$$

式中，m_{x1}为蜗杆轴面模数；m_{t2}为蜗轮的端面模数；m为蜗杆传动标准模数；α_{x1}为蜗杆轴面压力角；α_{t2}为蜗轮端面压力角；γ为蜗杆导程角；β为蜗轮螺旋角

</td></tr>
<tr><td>蜗杆头数z_1与蜗轮齿数z_2的选择</td><td>

蜗杆头数z_1可根据要求的传动比和效率来选定。z_1小，导程角小、效率低、发热多、传动比大；z_1大，蜗杆导程角大、传动效率高，但制造困难。所以，常用的蜗杆头数为1、2、4、6。要求蜗杆传动实现反行程自锁时，必须选取$\gamma<3.5°$和$z_1=1$的单头蜗杆

蜗轮齿数z_2可根据传动比和蜗杆头数确定，即$z_2=iz_1$。用滚刀切制蜗轮时，不产生根切的齿数为$z_{2\min}=17$，但对蜗杆传动而言，当$z_2<26$时，其啮合区急剧减小，这将影响传动的平稳性和承载能力。当$z_2>30$时，蜗杆传动可实现两对齿以上的啮合。一般取$z_2=32\sim80$。z_2不宜过大，否则蜗轮尺寸大，蜗杆轴支承间距离将增加，蜗杆的刚度差，影响蜗轮与蜗杆的啮合，故通常$z_2<80$

z_1、z_2可根据传动比参考以下推荐值或范围选取

<table>
<tr><td>传动比i</td><td>≈5</td><td>7～15</td><td>14～30</td><td>29～82</td></tr>
<tr><td>蜗杆头数z_1</td><td>6</td><td>4</td><td>2</td><td>1</td></tr>
<tr><td>蜗轮齿数z_2</td><td>29～31</td><td>29～61</td><td>29～61</td><td>29～82</td></tr>
</table>

</td></tr>
</table>

续表

注意的问题	设计技巧与禁忌
蜗杆传动的传动比公称值	蜗杆传动的传动比等于蜗轮、蜗杆的齿数比，而不等于其直径比 蜗杆传动减速装置的传动比的公称值为：5，7.5，10，12.5，15，20，25，30，40，50，60，70，80。其中，10、20、40、80 为基本传动比，应优先选用
蜗杆传动的中心距推荐系列值	圆柱蜗杆传动装置的中心距 a（单位 mm）的推荐值为：40，50，63，80，100，125，160，(180)，200，(225)，250，(280)，315，(355)，400，(450)，500。其中不带括号的为优先选用数值。当中心距大于 500mm 时，可按 $R20$ 优先数系选用（$R20$ 为公比 $\sqrt[20]{10}$ 的级数）
蜗杆自锁的不可靠性	在一般情况下，可以利用蜗杆自锁固定某些零件的位置。但是对一些自锁失效会产生严重事故的情况，如起重机、电梯等装置，不能只靠蜗杆传动自锁的功能把重物停止在空中，要采用一些更可靠的止动方式，如棘轮等 G　　G　棘轮 图(a)　禁忌　　图(b)　正确
蜗轮材料与失效形式	蜗轮的失效形式与其材料有关。当蜗轮材料为铸锡青铜（σ_B<300MPa）时，因其具有良好的抗胶合能力，故主要失效形式是蜗轮齿面的接触疲劳点蚀。蜗轮的许用应力与应力循环次数有关；当蜗轮材料为铸铝青铜或铸铁（σ_B>300MPa）时，因其具有良好的抗点蚀能力，故主要失效形式是蜗轮齿面的胶合失效。由于胶合失效的强度计算还不完善，故采用接触疲劳强度进行条件性的计算，胶合不同于疲劳失效。因而[σ_H]与应力循环次数无关，而与相对滑动速度有关。这一点在强度计算时应该注意
蜗杆传动的作用力影响传动的灵活性	图所示机构中，由手转动蜗杆带动蜗轮 1 在机座 2 中转动，如果直径 d 较大，蜗轮宽度 b 较小，当蜗轮 1 与套 2 之间存在着较大的间隙而转动蜗杆时，由于蜗轮除受切向力、径向力外，还受轴向力，造成蜗轮偏斜，以致手无法转动蜗杆。但此时蜗杆可以反转，当反转一圈左右，又被卡住。这是因为大直径、小宽度的配合面，在轴向力作用下，造成偏斜而产生自锁。采用直齿圆柱齿轮或加大宽度 b 减小直径 d，可得到改进 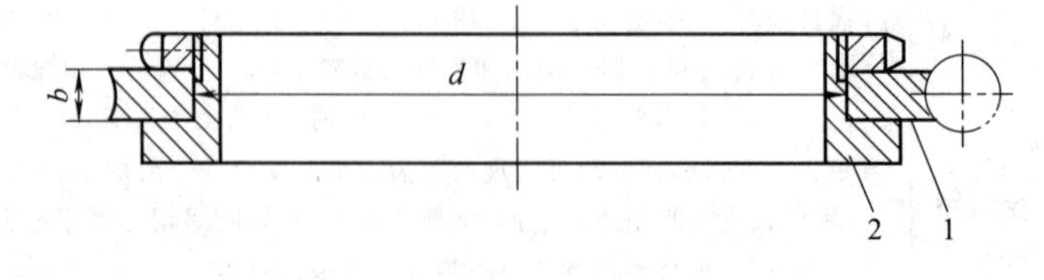

2.4.2　蜗杆传动的润滑及散热技巧与禁忌

蜗杆传动由于效率低，所以工作时发热严重。尤其在闭式传动中，如果箱体散热不良，润滑油的温度过高将降低润滑的效果，从而增大摩擦损失，甚至发生胶合。为了使油温保持在允许范围内，防止胶合的发生，除了必须进行热平衡的计算，还应注意润滑及散热中的技巧与禁忌问题。

表 12-2-19　**蜗杆传动的润滑及散热技巧与禁忌**

<table>
<tr><th>注意的问题</th><th>技巧与禁忌</th></tr>
<tr><td>蜗杆传动的润滑方法</td><td>
润滑对蜗杆传动尤其重要。充分润滑可以降低齿面的工作温度，减少磨损和避免胶合失效。蜗杆传动常采用黏度大的矿物油进行润滑，为了提高其抗胶合能力，必要时可加入油性添加剂以提高油膜的刚度。但青铜蜗轮不允许采用活性大的油性添加剂，以免被腐蚀。通常可根据载荷的类型和相对滑动速度的大小选用润滑油的黏度和润滑方法，其推荐值见下表
<table>
<tr><td>滑动速度 v_s/m·s^{-1}</td><td><1</td><td><2.5</td><td><5</td><td>>5～10</td><td>>10～15</td><td>>15～25</td><td>>25</td></tr>
<tr><td>工作条件</td><td>重载</td><td>重载</td><td>中载</td><td>—</td><td>—</td><td>—</td><td>—</td></tr>
<tr><td>运动黏度 $\nu_{40℃}$ /mm^2·s^{-1}</td><td>1000</td><td>680</td><td>320</td><td>220</td><td>150</td><td>100</td><td>68</td></tr>
<tr><td rowspan="2">润滑方法</td><td colspan="3" rowspan="2">浸油润滑</td><td rowspan="2">浸油或喷油润滑</td><td colspan="3">喷油润滑油压 p/MPa</td></tr>
<tr><td>0.07</td><td>0.2</td><td>0.3</td></tr>
</table>
</td></tr>
<tr><td>蜗杆传动的布置形式</td><td>
蜗杆的布置形式有下置蜗杆与上置蜗杆两种。当采用油池浸油润滑，若 $v_s \leqslant 5$m/s 时，可采用下置蜗杆[见图(a)]，蜗杆的浸油深度至少为一个齿高，且油面不应超过滚动轴承最低滚动体的中心，油池容量宜适当加大些，以免蜗杆工作时泛起箱内沉淀物和加速油的老化；若 $v_s > 5$m/s 时，为了避免搅油太甚、发热过多，或在结构上受到限制时，可采用上置蜗杆[见图(b)]，这时蜗轮的浸油深度允许达到蜗轮半径的 1/6～1/3。当 $v_s > 10$m/s 时，则必须采用压力喷油润滑[见图(c)]，由喷油嘴向传动的啮合区供油，为增强冷却效果，喷嘴宜放在啮出侧，双向转动的喷嘴应布置在双侧

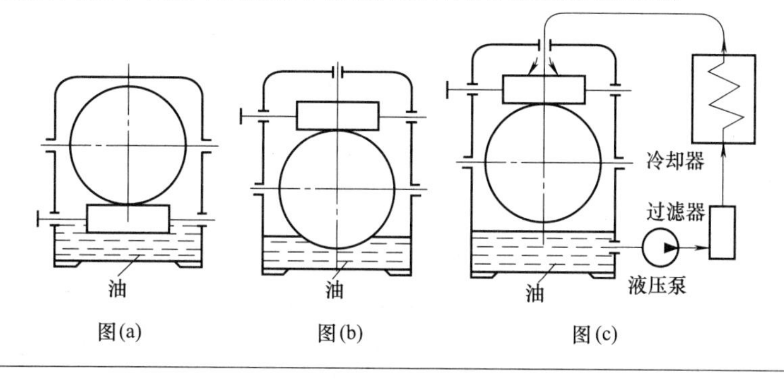

图(a)　图(b)　图(c)
</td></tr>
<tr><td>提高蜗杆传动散热能力的措施</td><td>
①加散热片以增加散热面积

②在蜗杆轴端加装风扇以提高表面传热系数，见图(a)

③加循环冷却设施，如图(b)所示，在油池中安装循环蛇形冷却水管，使冷水和油池中热油进行热交换，以达降低油温之目的

④外冷却喷油润滑，如图(c)所示，通过外冷却器，将热油冷却后直接喷到蜗杆啮合区，从而降低热平衡时的工作温度

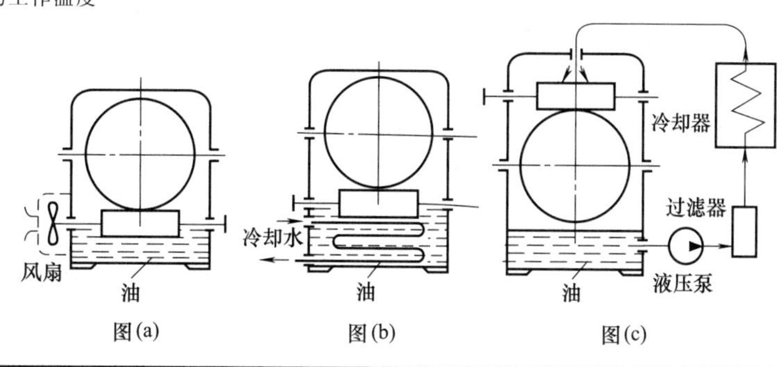

图(a)　图(b)　图(c)
</td></tr>
</table>

续表

注意的问题	技巧与禁忌
蜗杆受发热影响比蜗轮严重	在蜗杆传动中，蜗杆与蜗轮相互啮合，但受发热影响的程度不同。在蜗杆传动中，蜗杆转动一圈，蜗轮转过 z_1 个齿，因而蜗杆轮齿工作比蜗轮频繁得多，造成热量在蜗杆上的聚集。此外，由于蜗杆轴距啮合点比蜗轮近，故蜗杆受发热的影响比蜗轮和蜗轮轴严重。在设计蜗杆轴承时，应允许较大的热变形
冷却用风扇必须装在蜗杆轴上	当蜗杆传动仅靠自然通风冷却满足不了热平衡温度要求时，可采用风扇吹风冷却。由于蜗杆的转速较高，因此，吹风用的风扇必须装在蜗杆轴上，而不应装在蜗轮轴上。冷却蜗杆传动所用的风扇与一般生活中的电风扇不同，冷却蜗杆用的风扇向后吹风，风扇外通常安装一个起引导风向作用的外罩 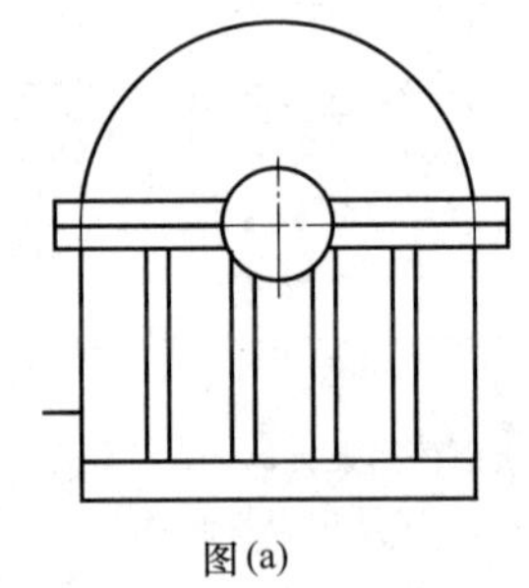 图(a)　禁忌 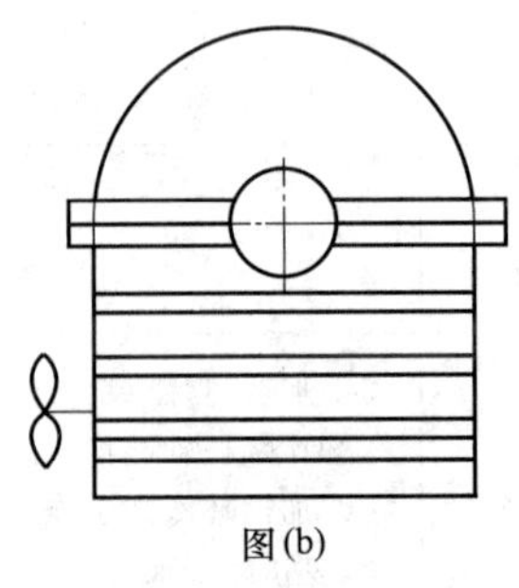 图(b)　正确
蜗杆减速器外散热片的方向设计	蜗杆减速器箱体表面不能满足散热要求时，要在箱体外表面加散热片以增加散热面积。当没有风扇而靠自然通风冷却时，因为空气受热后上浮，散热片应取上下方向，如图(a)所示。有风扇时，风扇向后吹风，散热片应取水平方向，如图(b)所示 图(a) 图(b)

2.4.3　蜗杆传动设计案例

试设计某运输机用的ZA型蜗杆减速器的蜗杆传动。已知该传动系统由Y系列三相异步电动机驱动，蜗杆轴输入功率 $P=9\text{kW}$，蜗杆转速 $n_1=1440\text{r/min}$，传动比 $i=20$，工作载荷较稳定，但有不大的冲击，单向转动，工作寿命12000h。

解

(1) 选定蜗杆类型、材料、精度等级

① 类型选择　根据题目要求，选用ZA型蜗杆传动。

② 材料选择　根据库存材料，并考虑传动的功率不大，速度中等，参考蜗杆材料及工艺要求表，蜗杆材料选用45钢，整体调质，表面淬火，齿面硬度45～50HRC。为了节省贵重的有色金属，蜗轮齿圈材料选用ZCuSn10Pb1，金属模铸造，齿芯用灰铸铁HT100制造。

③ 精度选择　选用8级精度，侧隙种类为c，即8c GB/T 10089—2018。

(2) 按齿面接触疲劳强度设计

$$a \geqslant \sqrt[3]{KT_2\left(\frac{Z_E Z_\rho}{[\sigma_H]}\right)^2}$$

① 确定设计公式中各参数

a. 初选齿数 z_1。查蜗杆头数 z_1 与蜗轮齿数 z_2 的推荐用值表，取 $z_1=2$。

b. 传动效率 η。查蜗杆传动的总效率表，估取效率 $\eta=0.8$。

c. 计算作用在蜗轮上的转矩 T_2

$$T_2=9.55\times10^6 P_2/n_2=9.55\times10^6\frac{P\eta}{n_1/i}$$

$$=9.55\times10^6\times\frac{9\times0.8}{1440/20}=95.5\times10^4\text{N}\cdot\text{mm}$$

d. 确定载荷系数 K。因载荷较稳定，故取载荷分布系数 $K_\beta=1$；由使用系数 K_A 表选取使用系数 $K_A=1.15$；由于转速不高，冲击不大，可取动载系数 $K_v=1.1$；则 $K=K_AK_vK_\beta=1.15\times1.1\times1=1.27$。

e. 材料系数 Z_E。查材料系数 Z_E 表，$Z_E=155\sqrt{\text{MPa}}$。

f. 接触系数 Z_ρ。假设蜗杆分度圆直径 d_1 和中心距 a 之比 $d_1/a=0.35$，查圆柱蜗杆传动的接触系数图，$Z_\rho=2.9$。

g. 确定许用接触应力。蜗轮材料的基本许用应力查锡青铜蜗轮的基本许用应力 $[\sigma_{0H}]$ 表，$[\sigma_{0H}]=268\text{MPa}$。

应力循环次数：$N=60jn_2t_h=60\times1\times\frac{1440}{20}\times12000=5.184\times10^7$

寿命系数：$Z_N=\sqrt[8]{10^7/N}=\sqrt[8]{10^7/(5.184\times10^7)}=0.814$

许用接触应力：$[\sigma_H]=Z_N[\sigma_{0H}]=218.2\text{MPa}$

注意问题1：蜗轮材料的许用接触应力取决于蜗轮材料的强度和性能。当材料为锡青铜（$\sigma_B<300\text{MPa}$），蜗轮主要为接触疲劳失效，其许用应力 $[\sigma_H]$ 与应力循环次数 N 有关。当蜗轮材料为铝青铜或铸铁（$\sigma_B\geqslant300\text{MPa}$），蜗轮主要为胶合失效，其许用应力 $[\sigma_H]$ 与滑动系数有关而与应力循环次数 N 无关。

② 设计计算

a. 计算中心距 a

$$a\geqslant\sqrt[3]{1.27\times95.5\times10^4\left(\frac{155\times2.9}{218.2}\right)^2}=172.66\text{mm},$$

取 $a=200\text{mm}$。

注意问题2：圆柱蜗杆传动装置的中心距 a 的推荐值（单位：mm）为：40、50、63、80、100、125、160、(180)、200、(225)、250、(280)、315、(355)、400、(450)、500。其中不带括号的为优先选用数值。当中心距大于500mm时，可按 $R20$ 优先数系选用（$R20$ 为公比 $\sqrt[20]{10}$ 的级数）。

b. 初选模数 m、蜗杆分度圆直径 d_1、分度圆导程角 γ。根据 $a=200\text{mm}$，$i=20$。

注意问题3：蜗杆传动减速装置的传动比的公称值为：5、7.5、10、12.5、15、20、25、30、40、50、60、70、80。其中，10，20，40，80为基本传动比，应优先选用。

查普通圆柱蜗杆基本参数及其与蜗轮参数的匹配表，取 $m=8\text{mm}$，$d_1=80\text{mm}$，$\gamma=11°18'36''$。

c. 确定接触系数 Z_ρ。根据 $d_1/a=80/200=0.4$，查圆柱蜗杆传动的接触系数图，$Z_\rho=2.74$。

d. 计算滑动速度 v_s

$$v_s=\frac{\pi d_1n_1}{60\times1000\cos\gamma}=\frac{\pi\times80\times1440}{60\times1000\times\cos11°18'36''}=6.15\text{m/s}$$

e. 当量摩擦角 ρ_v。查蜗杆传动的当量摩擦因子 f_v 和当量摩擦角 ρ_v 表，取 $\rho_v=1°16'$（取大值）。

f. 计算啮合效率 η_1

$$\eta_1=\frac{\tan\gamma}{\tan(\gamma+\rho_v)}=\frac{\tan11°18'36''}{\tan(11°18'36''+1°16')}=0.90$$

g. 传动效率 η。取轴承效率 $\eta_2=0.99$，搅油效率 $\eta_3=0.98$。

$$\eta=\eta_1\eta_2\eta_3=0.9\times0.99\times0.98=0.87$$

h. 验算齿面接触疲劳强度

$$T_2=9.55\times10^6\frac{P\eta}{n_1/i}=9.55\times10^6\times\frac{9\times0.87}{1440/20}$$

$$=103.86\times10^4\text{N}\cdot\text{mm}$$

$$\sigma_H=Z_EZ_\rho\sqrt{KT_2/a^3}$$

$$=155\times2.74\times\sqrt{1.27\times103.86\times10^4/200^3}$$

$$=172.45\leqslant[\sigma_H]$$

原选参数满足齿面接触疲劳强度的要求，合格。

（3）主要几何尺寸计算

查普通圆柱蜗杆基本参数及其与蜗轮参数的匹配表：$m=8\text{mm}$，$d_1=80\text{mm}$，$z_1=2$，$z_2=41$，$\gamma=11°18'36''$，$x_2=-0.5$。

① 蜗杆

a. 齿数 z_1。$z_1=2$。

注意问题4：蜗杆头数 z_1 可根据要求的传动比和效率来选定，z_1 小，导程角小、效率低、发热多、传动比大；z_1 大，蜗杆导程角大、传动效率高，但制造困难。所以，常用的蜗杆头数为1、2、4、6；要求蜗杆传动实现反行程自锁时，必须选取 $\gamma<3.5°$ 和 $z_1=1$ 的单头蜗杆。

b. 分度圆直径 d_1。$d_1=80\text{mm}$。

注意问题5：齿厚与齿槽宽相等的圆柱直径 d_1 称为蜗杆分度圆直径。切制蜗轮的滚刀必须和与蜗轮啮合的蜗杆形状相当，因此，对每一模数有一种分度圆直径的蜗杆就需要一把切制蜗轮的滚刀，这样刀具品种的数量太多。为了减少刀具数量并便于标准化，对于每一标准模数规定一定的 d_1 值标准系列。

c. 齿顶圆直径 d_{a1}。$d_{a1}=d_1+2h_{a1}=80+2\times8=96\text{mm}$。

d. 齿根圆直径 d_{f1}。$d_{f1}=d_1-2h_f=(80-2\times1.2\times8)=60.8\text{mm}$。

e. 分度圆导程角 γ。$\gamma=11°18'36''$。

f. 轴向齿距 p_{x1}。$p_{x1}=\pi m=\pi\times8=25.133\text{mm}$。

g. 轮齿部分长度 b_1。由蜗杆螺纹部分长度、蜗轮外径及蜗轮宽度的计算公式表，$b_1\geqslant m(11+0.06z_2)=8\times(11+0.06\times41)=107.68\text{mm}$，取 $b_1=120\text{mm}$。

② 蜗轮

a. 齿数 z_2。$z_2=41$。

注意问题6：蜗轮齿数 z_2 可根据传动比和蜗杆头数确定，即 $z_2=iz_1$。当 $z_2>30$ 时。蜗杆传动可实现两对齿以上的啮合。一般取 $z_2=32\sim80$。z_2 不宜过大，否则蜗轮尺寸大，蜗杆轴支承间距离将增加，蜗杆的刚度差，影响蜗轮与蜗杆的啮合，$z_2<80$。z_1、z_2 的推荐值见蜗杆头数 z_1 与蜗轮齿数 z_2 的推荐用值表，具体选用时应考虑普通圆柱蜗杆基本参数及其与蜗轮参数的匹配表中的匹配关系。

b. 变位系数 x_2。$x_2=-0.5$。

c. 验算传动比相对误差。

传动比 $i=\dfrac{z_2}{z_1}=\dfrac{41}{2}=20.5$

传动比相对误差 $\left|\dfrac{20-20.5}{20}\right|=2.5\%<5\%$，在允许范围内，满足要求。

d. 蜗轮圆直径 d_2。$d_2=mz_2=8\times41=328\text{mm}$。

e. 蜗轮齿顶直径 d_{a2}。$d_{a2}=d_2+2h_{a2}=328+2\times8(1-0.5)=336\text{mm}$。

f. 蜗轮齿根圆直径 d_{f2}。$d_{f2}=d_2-2h_{f2}=328-2\times8(1.2+0.5)=300.8\text{mm}$。

g. 蜗轮咽喉母圆半径 r_{g2}。$r_{g2}=a-\dfrac{1}{2}d_{a2}=200-\dfrac{1}{2}\times336=32\text{mm}$。

(4) 校核齿根弯曲疲劳强度

$$\sigma_F \frac{1.53KT_2}{d_1d_2m}Y_{Fa2}Y_\beta\leqslant[\sigma_F]$$

① 确定验算公式中各参数

a. 确定许用弯曲应力 $[\sigma_F]$。

基本许用弯曲应力：查蜗轮材料的基本许用弯曲应力表，$[\sigma_{0F}]=56\text{MPa}$。

寿命系数：$Y_N=\sqrt[9]{10^6/N}=\sqrt[9]{10^6/(5.184\times10^7)}$
$=0.645$

许用弯曲应力：$[\sigma_F]=[\sigma_{0F}]Y_N=56\times0.645=36.12\text{MPa}$

注意问题7：蜗轮材料的许用弯曲应力取决于蜗轮材料的强度和性能，其许用应力 $[\sigma_F]$ 与应力循环次数 N 有关。

b. 当量齿数 z_{v2}

$$z_{v2}=\frac{z_2}{\cos^3\gamma}=\frac{41}{\cos^3 11.31°}=43.48$$

c. 齿形系数 Y_{Fa2}。查蜗轮齿形系数图，$Y_{Fa2}=2.87$。

d. 螺旋角系数 Y_β。$Y_\beta=1-\gamma/140°=1-11.31°/140°=0.9192$。

② 校核计算

$$\sigma_F=\frac{1.53\times1.27\times95.5\times10^4}{80\times328\times8}\times2.87\times0.9192$$
$$=23.32\text{MPa}\leqslant[\sigma_F]$$

弯曲强度满足要求。

(5) 热平衡计算

① 估算散热面积 A　$A=9\times10^{-5}a^{1.88}=9\times10^{-5}\times200^{1.88}=1.91\text{m}^2$。

② 验算油的工作温度 t_i　取 $t_0=20℃$，$K_s=14\text{W}/(\text{m}^2\cdot℃)$。

$$t_i=\frac{1000P(1-\eta)}{K_SA}+t_0=\frac{1000\times9\times(1-0.87)}{14\times1.91}℃+20℃$$
$$=63.8℃<70℃$$

满足热平衡要求。

(6) 润滑方式

根据 $v_s=6.15\text{m/s}$，查蜗杆传动的润滑油黏度及润滑方法表，采用浸油润滑，蜗杆上置，油的运动黏度 $\nu_{40℃}=220\times10^{-6}\text{m}^2/\text{s}$。

(7) 结构设计及绘制零件工作图

1) 蜗杆

车制，其零件工作图见图12-2-8（注：蜗杆轴其余部分机构设计及参数计算参见轴的设计，从略）。

2) 蜗轮

采用齿圈压配式结构，其零件工作图略。

2.5 滑动螺旋传动

螺旋传动主要用来将回转运动变为直线运动，同时传递力和转矩，也可以用来调整零件的相互位置，有时兼具几种作用。螺旋传动的主要零件就是螺杆和螺母。将回转运动变为直线运动的方式是：螺杆转动、螺母移动；螺母转动、螺杆移动；螺母固定、螺杆转动并移动；螺杆固定、螺母转动并移动。

按用途不同可将滑动螺旋分为传导螺旋、传力螺旋和调整螺旋三种。滑动螺旋传动采用的螺纹形式为：梯形螺纹、矩形螺纹、锯齿形螺纹，工程设计中多用梯形螺纹，重载起重螺旋也可用锯齿形螺纹，对效率要求较高的传动螺旋也可用矩形螺纹。

滑动螺旋传动的主要失效形式为螺纹牙的磨损，因此主要几何尺寸即螺杆中径、螺母高度均由耐磨性确定，再针对其他失效形式一一校核计算，例如螺杆和螺母的螺纹牙承受挤压、弯曲和剪切强度验算；自锁验算；稳定性验算。要求传递运动精确时，还应验算蜗杆轴的刚度。故在选材、设计计算和结构设计时应注意有关禁忌问题。

2.5.1 螺旋传动材料选择禁忌

螺杆与螺母不能选择相同的材料，螺杆与螺母都选用碳钢或合金钢，这样采用硬碰硬材料的设计会导致材料加剧磨损，应该考虑材料配对时既要有一定的强度，又要保证材料配对时摩擦系数小。因此，通常螺杆采用硬材料，即碳钢及其合金钢；螺母采用软材料，即铜基合金，例如铸造锡青铜等，低速不重要的传动也可用耐磨铸铁。

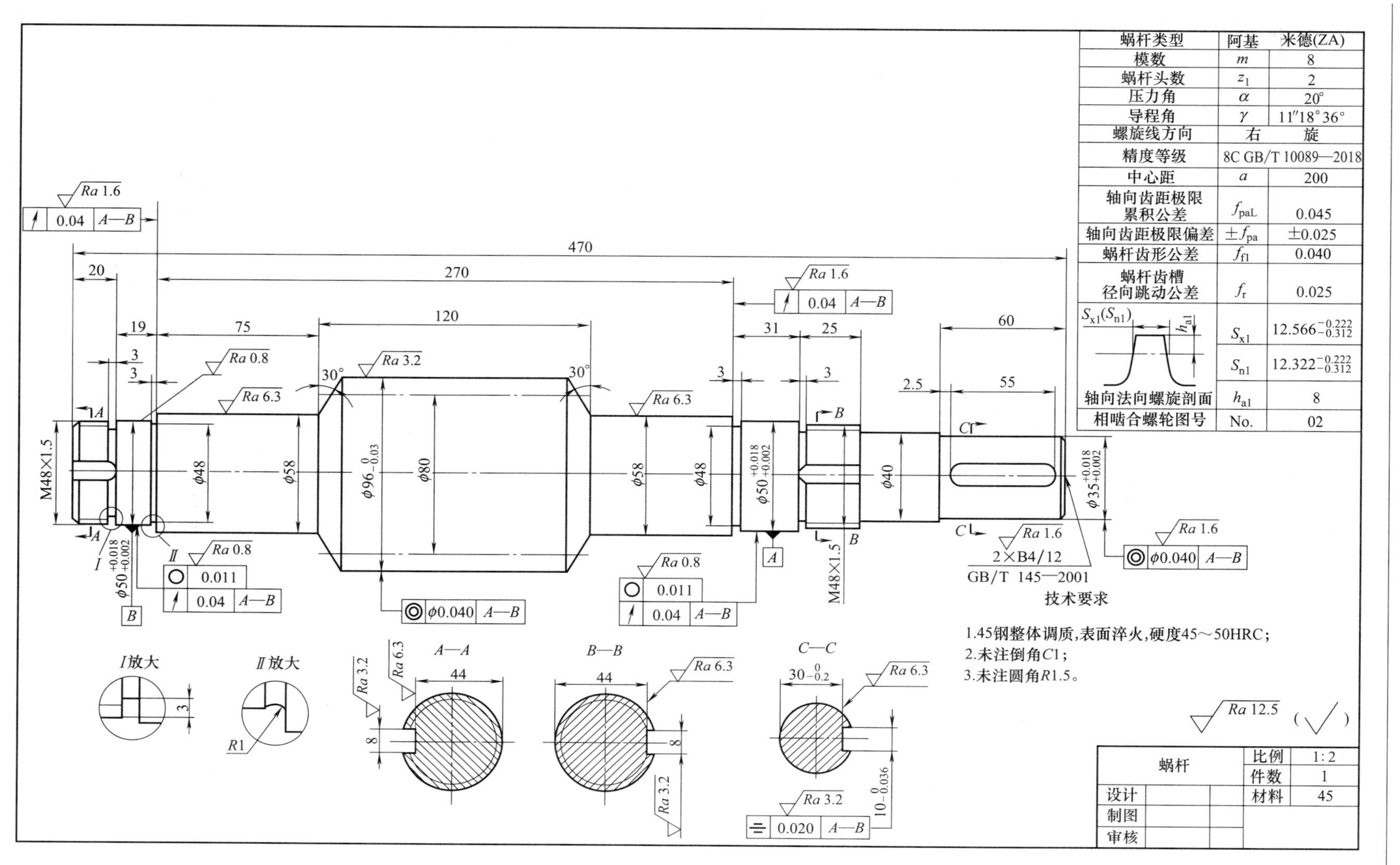

蜗杆类型	阿基	米德(ZA)
模数	m	8
蜗杆头数	z_1	2
压力角	α	20°
导程角	γ	11″18°36°
螺旋线方向	右	旋
精度等级	8C GB/T 10089—2018	
中心距	a	200
轴向齿距极限累积公差	f_{paL}	0.045
轴向齿距极限偏差	$\pm f_{pa}$	±0.025
蜗杆齿形公差	f_{f1}	0.040
蜗杆齿槽径向跳动公差	f_r	0.025
$S_{x1}(S_{n1})$	S_{x1}	$12.566^{-0.222}_{-0.312}$
	S_{n1}	$12.322^{-0.222}_{-0.312}$
轴向法向螺旋剖面	h_{a1}	8
相啮合蜗轮图号	No.	02

图 12-2-8　蜗杆零件工作图

2.5.2 滑动螺旋传动设计计算技巧与禁忌

表 12-2-20 滑动螺旋传动设计计算技巧与禁忌

<table>
<tr><th>注意的问题</th><th>技巧与禁忌</th></tr>
<tr><td>自锁计算禁忌</td><td>滑动螺旋传动设计时一定要满足自锁条件，按一般自锁条件，螺旋升角只要小于或等于当量摩擦角即可，即：$\varphi \leqslant \rho_v$。但滑动螺旋传动设计时不能按一般自锁条件来计算，为了安全起见，必须满足螺旋升角小于或等于当量摩擦角减小一度，即应满足：$\varphi \leqslant \rho_v - 1°$</td></tr>
<tr><td>螺母圈数设计禁忌</td><td>螺旋传动的主要失效形式是磨损，因此应根据耐磨性计算求出螺母的圈数。如果得出圈数 $z \geqslant 10$ 是不合理的，因为螺母圈数越多，各个圈中的受力越不均匀，因此，应该重新调整参数进行计算，使计算出来的螺母圈数 $z < 10$</td></tr>
<tr><td>系数 $\psi = H/P$ 的选择禁忌</td><td>耐磨性计算时，系数 ψ 的选择忌偏大，否则，螺母高度过大，各圈受力可能不均。因为在推导公式过程中，为了消掉一个未知数，引入系数 $\psi = H/P$，其中 H 为螺母旋合高度，P 为螺距。对于整体式螺母，磨损后间隙不能调整，为了使螺母各圈受力尽量均匀，系数 ψ 应取小值，通常取 $\psi = 1.2 \sim 2.5$；对于剖分式螺母，磨损后间隙可调整，或需螺母兼作支承而受力较大时，可取 $\psi = 2.5 \sim 3.5$；对于传动精度较高、要求寿命较长时，才允许取 $\psi = 4$</td></tr>
<tr><td>螺纹牙强度计算禁忌</td><td>在做螺纹牙强度计算时，计算螺杆是不对的，因为螺杆是硬材料（钢或合金钢），而螺母是软材料（铜基合金），螺纹牙的剪断和弯断多发生在强度低的螺母上，因此，只需计算螺母的剪切强度和弯曲强度即可</td></tr>
<tr><td>螺杆稳定性计算禁忌</td><td>在做螺杆稳定性计算时，忌长度折算系数 μ 判断及选择不合理。在做螺杆稳定性计算时，首先需要计算螺杆的柔度 λ，$\lambda = \mu l / i$，式中，l 为螺杆的受压长度；i 为螺杆危险截面的惯性半径，$i = d_1/4$；d_1 为螺杆的根径。而长度折算系数 μ 的选择与螺杆端部的支承情况有关，不同支承情况的 μ 值选取如下
<table>
<tr><th>端部支承情况</th><th>长度系数 μ</th></tr>
<tr><td>两端固定</td><td>0.5</td></tr>
<tr><td>一端固定，一端不完全固定</td><td>0.6</td></tr>
<tr><td>一端铰支，一端不完全固定</td><td>0.7</td></tr>
<tr><td>两端不完全固定</td><td>0.75</td></tr>
<tr><td>两端铰支</td><td>1.0</td></tr>
<tr><td>一端固定，一端自由</td><td>2.0</td></tr>
</table>
注：判断螺杆端部支承情况的方法：滑动支承时：若 l_0 为轴承长度；d_0 为轴承直径，当 $l_0/d_0 < 1.5$，视为铰支；$l_0/d_0 = 1.5 \sim 3.0$，视为不完全固定；$l_0/d_0 > 3.0$，视为固定支承
整体螺母作支承时：同上，此时 $l_0 = H$（螺母高度）。剖面螺母作支承时：为不完全固定支撑。滚动支承时：有径向约束视为铰支，有径向和轴向约束视为固定支承</td></tr>
</table>

2.5.3 螺旋千斤顶结构设计技巧与禁忌

表 12-2-21 螺旋千斤顶结构设计技巧与禁忌

<table>
<tr><th>注意的问题</th><th>设计技巧与禁忌</th></tr>
<tr><td>螺杆的挡圈压住了托杯</td><td>图(a)中，当转动螺杆时，因挡圈压住了托杯而使托杯也跟着旋转，不能正常工作。右图为改进后的结构，使螺杆的顶部比托杯高一些，让挡圈压住螺杆而不与托杯接触，托杯就不会转动了 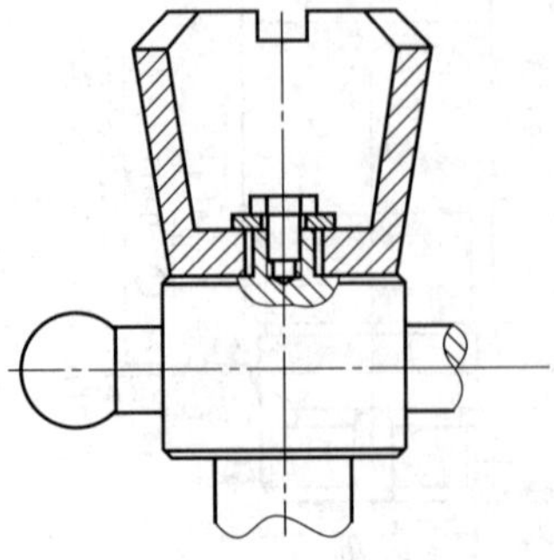
图(a) 禁忌 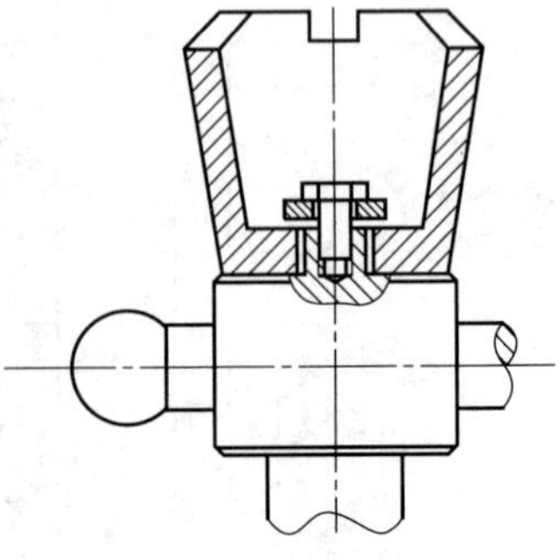　　图(b) 正确</td></tr>
</table>

续表

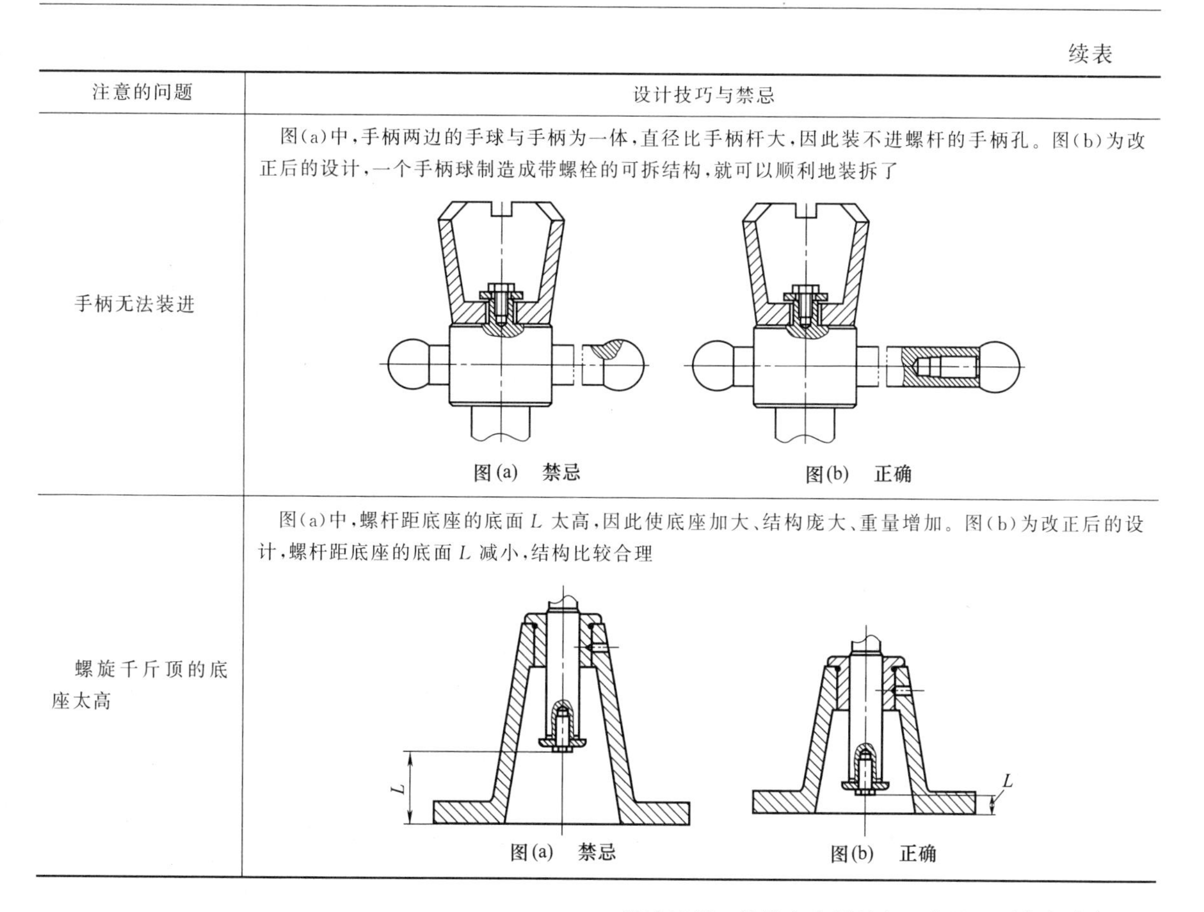

注意的问题	设计技巧与禁忌
手柄无法装进	图(a)中，手柄两边的手球与手柄为一体，直径比手柄杆大，因此装不进螺杆的手柄孔。图(b)为改正后的设计，一个手柄球制造成带螺栓的可拆结构，就可以顺利地装拆了 图(a)　禁忌　　图(b)　正确
螺旋千斤顶的底座太高	图(a)中，螺杆距底座的底面 L 太高，因此使底座加大、结构庞大、重量增加。图(b)为改正后的设计，螺杆距底座的底面 L 减小，结构比较合理 图(a)　禁忌　　图(b)　正确

2.6　减速器

2.6.1　常用减速器形式选择禁忌

减速器的形式很多，可以满足各种机器的不同要求。按传动类型可分为齿轮、蜗杆、蜗杆-齿轮、齿轮-蜗杆等减速器；按传动的级数，可分为单级和多级减速器；按轴在空间的相互位置，可分为卧式和立式减速器；按传动的布置形式，可分为展开式、同轴式和分流式减速器。各种类型减速器均有一定的特点，选用时应注意有关禁忌。

2.6.1.1　二级展开式圆柱齿轮减速器形式选择禁忌

表 12-2-22　二级展开式圆柱齿轮减速器形式选择禁忌

注意的问题	禁忌示例	说　明
斜齿轮与直齿轮的布置	图(a)　禁忌　　图(b)　正确	斜齿轮传动由于重合度大、传动平稳等优点，适于高速传动，所以展开式圆柱齿轮减速器的高速级宜采用斜齿轮，低速级可采用直齿轮或斜齿轮；若反之，高速级采用直齿、低速级采用斜齿则是不合理的

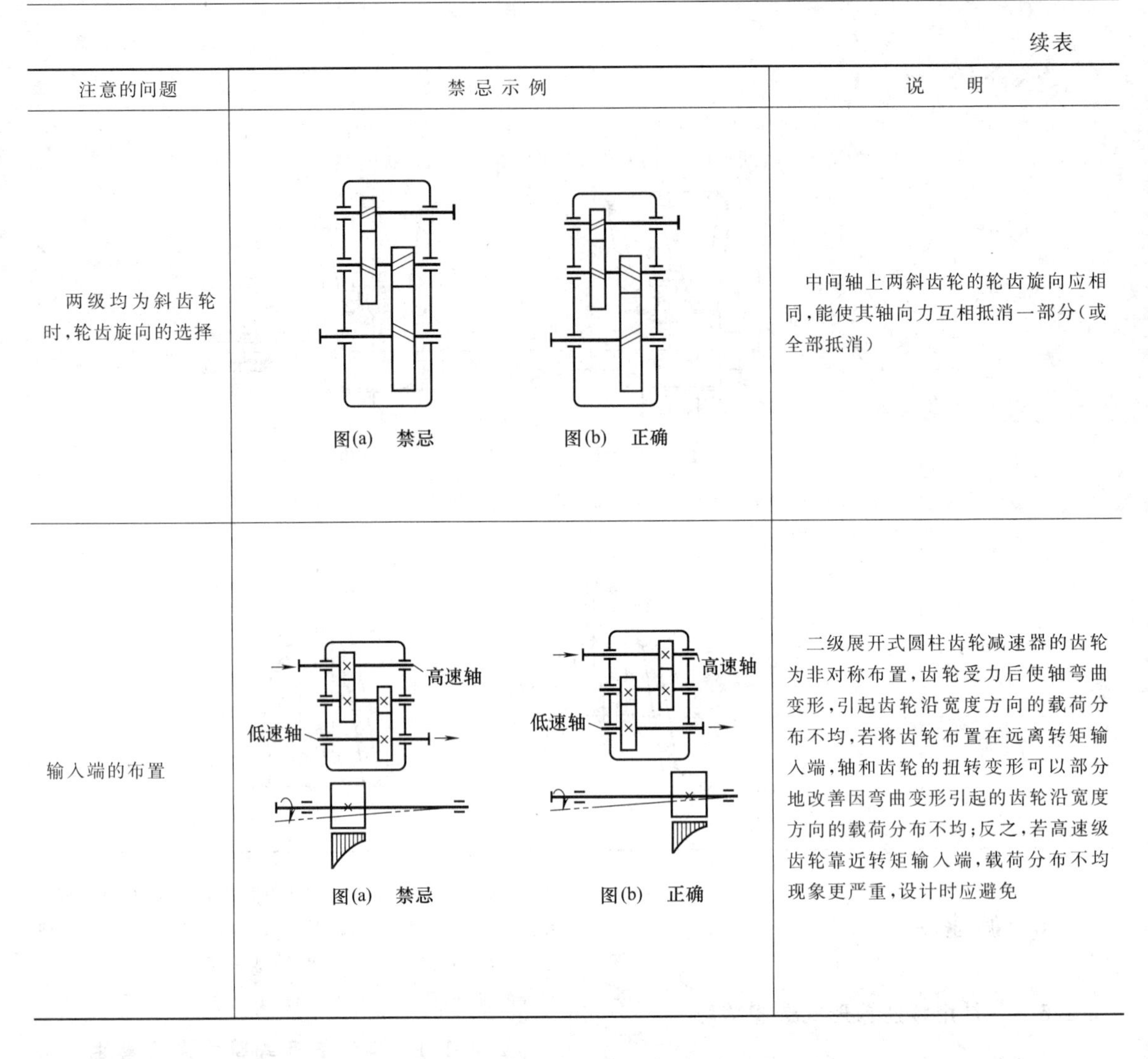

续表

注意的问题	禁忌示例	说明
两级均为斜齿轮时，轮齿旋向的选择	图(a)　禁忌　　图(b)　正确	中间轴上两斜齿轮的轮齿旋向应相同，能使其轴向力互相抵消一部分（或全部抵消）
输入端的布置	高速轴　低速轴 图(a)　禁忌　　图(b)　正确	二级展开式圆柱齿轮减速器的齿轮为非对称布置，齿轮受力后使轴弯曲变形，引起齿轮沿宽度方向的载荷分布不均，若将齿轮布置在远离转矩输入端，轴和齿轮的扭转变形可以部分地改善因弯曲变形引起的齿轮沿宽度方向的载荷分布不均；反之，若高速级齿轮靠近转矩输入端，载荷分布不均现象更严重，设计时应避免

2.6.1.2　分流式二级圆柱齿轮减速器形式选择禁忌

（1）分流式二级圆柱齿轮减速器形式选择禁忌（表 12-2-23）

表 12-2-23　　分流式二级圆柱齿轮减速器形式选择禁忌

注意的问题	禁忌示例	说明
大功率宜采用分流式	图(a) 较差　　图(b) 较好	大功率减速器采用分流传动可以减小传动件尺寸。展开式二级齿轮减速器低速级采用分流传动，轴受力是对称的，齿轮接触情况较好，轴承受载也平均分配。所以大功率传动宜选用分流式减速器

续表

注意的问题	禁忌示例	说明
频繁约束载荷下宜采用分流传动	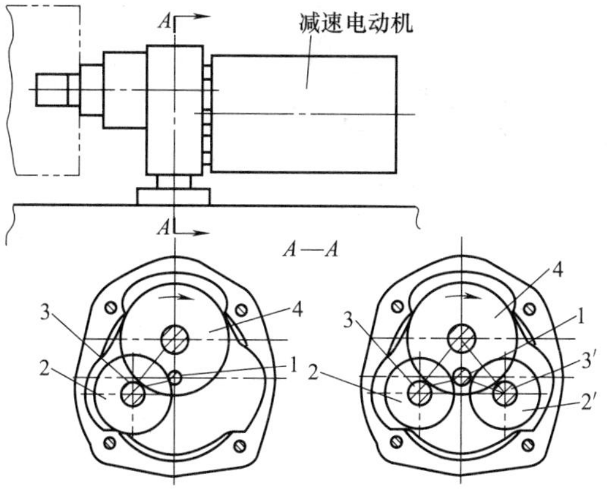 减速电动机 A—A 图(a)　较差　　图(b)　较好 1—电动机轴兼第一齿轮； 2—第二齿轮；3—第三齿轮；4—第四齿轮； 2′，3′—配置齿轮	该图为混凝土穿孔钻具简图，采用两级齿轮减速电动机直接驱动钻具。图(a)为两级展开式，为减小齿轮减速机构体积，将电动机输出轴做成齿轮轴(齿轮 1)。当过载时，如钻具碰到混凝土中的钢筋之类物件后，穿孔阻力矩将增加许多倍，这样大大增加了齿轮啮合面上的作用力，使悬臂安装的电动机轴齿轮发生挠曲变形，同齿轮 2 的正常啮合受到破坏，因此极易发生异常磨损而破坏。图(b)在电动机输出轴两侧对称配置了齿轮 2′和齿轮 3′，使电动机的齿轮轴由一侧啮合变成两侧啮合，使载荷得到分流，齿面上受力降低了一半，同时也防止了轴较大的挠曲变形，因而避免齿轮因异常磨损而损坏

(2) 分流式二级圆柱齿轮减速器选型分析（表 12-2-24）

表 12-2-24　分流式二级圆柱齿轮减速器选型分析

方案		Ⅰ	Ⅱ	Ⅲ	Ⅳ
简图		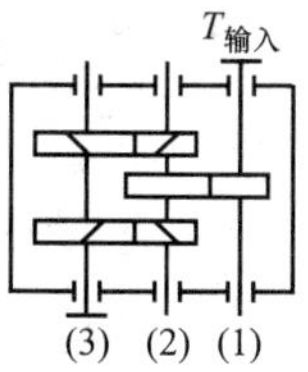 $T_{输入}$ (3) (2) (1)	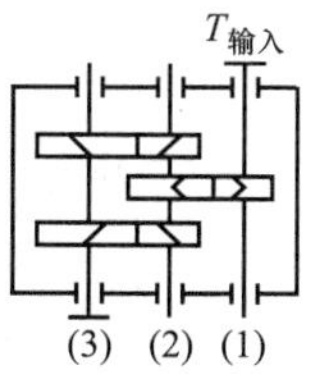 $T_{输入}$ (3) (2) (1)	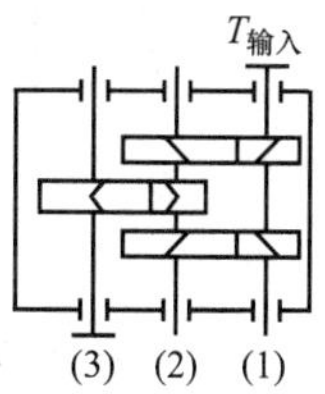 $T_{输入}$ (3) (2) (1)	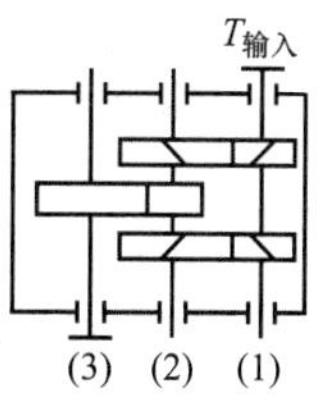 $T_{输入}$ (3) (2) (1)
高速级	齿轮布置	两轴承中间	两轴承中间	靠近轴承	靠近轴承
	齿轮转矩	$T_{输入}$	$T_{输入}$	$T_{输入}/2$	$T_{输入}/2$
低速级	齿轮布置	靠近轴承	靠近轴承	两轴承中间	两轴承中间
	齿轮转矩	$T_{输入}i_{高}/2$	$T_{输入}i_{高}/2$	$T_{输入}i_{高}$	$T_{输入}i_{高}$
中间轴危险截面受转矩		$T_{输入}i_{高}/2$	$T_{输入}i_{高}/2$	$T_{输入}i_{高}/2$	$T_{输入}i_{高}/2$
游动支承		(2)	(1)(2)	(1)(2)	(1)
结论	低速轴齿轮软齿面	较好	较好	较差	较差
	低速轴齿轮硬齿面	较差	较差	较好	较好

第 12 篇

2.6.1.3　同轴式二级圆柱齿轮减速器选型分析

表 12-2-25　　同轴式二级圆柱齿轮减速器选型分析

方　案		Ⅰ	Ⅱ
简　图		(2)　(1)　$T_{输入}$　(3)	$T_{输入}$　(2)　(1)　(2)　(3)
高速级齿轮受转矩		$T_{输入}$	$T_{输入}/2$
低速级齿轮受转矩		$T_{输入}i_{高}$	$T_{输入}i_{高}/2$
中间轴受转矩		$T_{输入}i_{高}$	$T_{输入}i_{高}/2$
(1)、(3)轴是否受弯矩		受	不受
结论	轻、中载荷	较好	较差
	重载荷	较差	较好

2.6.1.4　圆锥-圆柱齿轮减速器形式选择及禁忌

表 12-2-26　　圆锥-圆柱齿轮减速器形式选择及禁忌

注意的问题	禁 忌 示 例	说　明
圆锥齿轮传动应布置在高速级	输出　输入　图(a)　禁忌　　输出　输入　图(b)　正确	由于加工较大尺寸的圆锥齿轮有一定困难，且圆锥齿轮常常是悬臂布置，为使其受力小些，应将圆锥齿轮传动作为圆锥-圆柱齿轮减速器的高速级（载荷较小），这样圆锥齿轮的尺寸可以比布置在低速级减小，便于制造加工
不宜选用大传动比的圆锥-圆柱齿轮散装传动装置	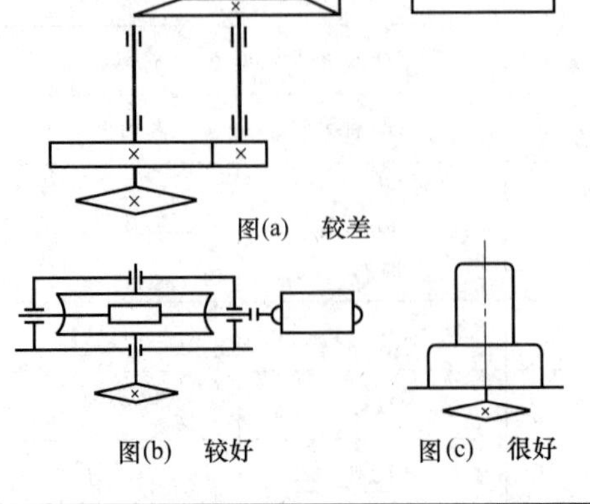 图(a)　较差 图(b)　较好 图(c)　很好	对于要求传动比较大，而且对其工作位置有一定要求的传动装置，往往传动级数较多，结构也比较复杂。例如图示的链式悬挂运输机的传动装置，电动机水平布置，链轮轴与地面垂直而且转速很低，这就要求传动比大，而且轴要成90°角。如采用如图(a)所示的圆锥齿轮、圆柱齿轮传动的结构，这些传动装置作为散件安装，精度不高，缺乏润滑，安装困难，寿命较短；若改为传动比较大的一级蜗杆传动[见图(b)]，安装方便，但效率较低；采用传动比大、效率高的行星传动或摆线针轮减速器，改用立式电动机直接装在减速器上[见图(c)]，是很好的方案

续表

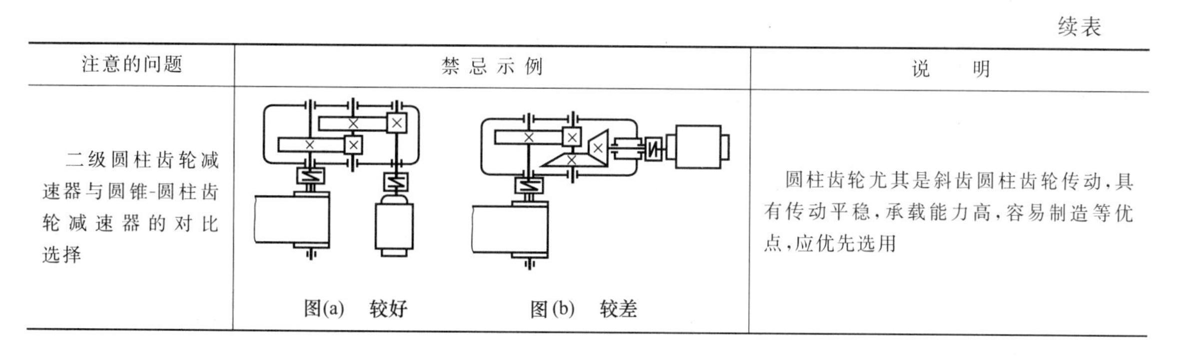

注意的问题	禁忌示例	说　明
二级圆柱齿轮减速器与圆锥-圆柱齿轮减速器的对比选择	图(a)　较好　　图(b)　较差	圆柱齿轮尤其是斜齿圆柱齿轮传动，具有传动平稳，承载能力高，容易制造等优点，应优先选用

2.6.1.5　蜗杆减速器选型分析对比

单级蜗杆减速器主要有蜗杆在上和蜗杆在下两种不同形式。选择时，应尽可能地选用蜗杆在下的结构，因为此时的润滑和冷却问题较容易解决，同时蜗杆轴承的润滑也很方便。但当蜗杆的圆周速度大于4～5m/s时，为了减少搅油和飞溅时的功率损耗，可采用上置蜗杆结构，两种方案分析对比见表12-2-27。

表12-2-27　蜗杆减速器选型分析对比

方　案		蜗杆下置	蜗杆上置
简图			
润滑、散热		方便	不方便
搅油、飞溅功耗		较大	较小
结论	蜗杆圆周速度 $v<4\sim5\text{m/s}$	较好	较差
	蜗杆圆周速度 $v>4\sim5\text{m/s}$	较差	较好

2.6.1.6　蜗杆-齿轮减速器选型分析对比

这类减速器有两种，一种是齿轮传动在高速级，即齿轮-蜗杆减速器；另一种是蜗杆传动在高速级，即蜗杆-齿轮减速器。齿轮-蜗杆减速器因齿轮常悬臂布置，传动性能和承载能力下降，同时蜗杆传动布置在低速级，不利于齿面压力油膜的建立，又增大了传动的负载，使磨损增大，效率较低，因此当以传递动力为主时，不宜采用这种形式，而应采用蜗杆传动布置在高速级的结构。但齿轮-蜗杆减速器比蜗杆-齿轮减速器结构紧凑，所以在结构要求紧凑的场合下，可选用此种形式。有关两种方案的分析对比见表12-2-28。

表12-2-28　蜗杆-齿轮减速器选型分析对比

方　案	齿轮-蜗杆	蜗杆-齿轮
简图		

续表

齿轮布置		大齿轮悬臂	非对称
蜗杆传动油膜		不易形成	易形成
承载能力		较低	较高
结构尺寸		较小	较大
结论	传力为主($i=35\sim150$)	较差	较好
	要求结构紧凑($i=50\sim250$)	较好	较差

2.6.2　减速器传动比分配禁忌

在设计二级及二级以上的减速器时，合理地分配各级传动比是很重要的，因为它将影响减速器的轮廓尺寸和重量以及润滑条件等。现以二级圆柱齿轮减速器为例，说明传动比分配一般应注意的几个问题。

2.6.2.1　尽量使传动装置外廓尺寸紧凑或重量较小

如图 12-2-9 所示为二级圆柱齿轮减速器，在总中心距和传动比相同时，粗实线所示方案（高速级传动比 $i_1=5.51$，低速级传动比 $i_2=3.63$）具有较小的外廓尺寸，这是由于 i_2 较小时，低速级大齿轮直径较小的缘故。

理论分析表明，若两级小齿轮分度圆直径相同，两级传动比分配相等时，可使两级齿轮传动体积最小，但此时两级齿轮传动的强度相差较大，一般对于精密机械，特别是移动式精密机械，常采用这一分配原则。

2.6.2.2　尽量使各级大齿轮浸油深度合理

圆周速度 $v\leqslant12\sim15\mathrm{m/s}$ 的齿轮减速器广泛采用油池润滑，自然冷却。为减少齿轮运动的阻力和油的温升，浸入油中齿轮的 9 度以 1～2 个齿高为宜（见图 12-2-10），最深不得超过 1/3 的齿轮半径。为使各级齿轮浸油深度大致相当，在卧式减速器设计中，希望各级大齿轮直径相近，以避免为了各级齿轮都能浸到油而使某级大齿轮浸油过深而造成搅油功耗增加。通常二级圆柱齿轮减速器中，低速级中心距大于高速级，因而，应使高速级传动比大于低速级，例如图 12-2-9 所示的粗实线方案，可使二级大齿轮直径相近，浸油深度较为合理。图 12-2-9 中粗实线与细实线两种方案的对比分析见表 12-2-29。

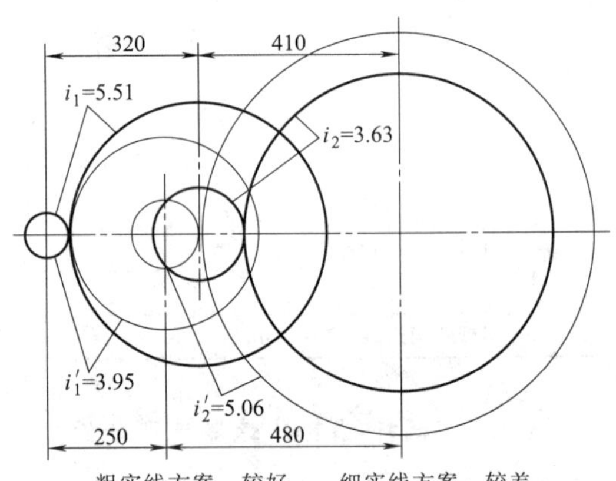

粗实线方案：较好　　细实线方案：较差

图 12-2-9　二级圆柱齿轮减速器传动比分配对比

表 12-2-29　二级展开式圆柱齿轮减速器传动比分配比较

方　　案	Ⅰ(图 12-2-9 中粗实线)	Ⅱ(图 12-2-9 中细实线)
总传动比 i	20	20
总中心距 a/mm	730	730
高速级传动比 i_1	5.51	3.95
低速级传动比 i_2	3.63	5.06
高速级中心距 a_1/mm	320	250
低速级中心距 a_2/mm	410	480
两级大齿轮浸油深度	合理	不合理
外廓尺寸	较小	较大
结论	较好	较差

对于展开式二级圆柱齿轮减速器，一般主要考虑满足浸油润滑的要求，如图 12-2-10 所示。如前所述，应使两个大齿轮直径 d_2、d_4 大小相近。在两对齿轮配对材料相同、两级齿宽系数 ψ_{d1}、ψ_{d2} 相等的情况下，其传动比分配可按图 12-2-11 中的展开式曲线选取，这时结构也比较紧凑。

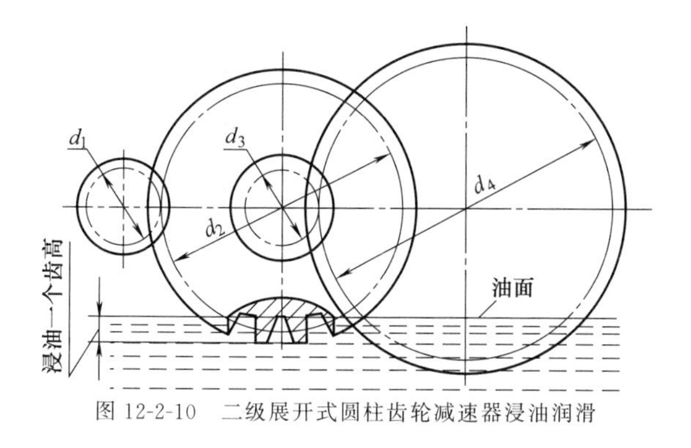

图 12-2-10　二级展开式圆柱齿轮减速器浸油润滑

对于同轴式二级圆柱齿轮减速器，为使两级大齿轮浸油深度相等，即 $d_2=d_4$，两级传动比分配可取 $i_1=i_2=i^{1/2}$，式中，i 为总传动比，i_1、i_2 分别为高速级与低速级传动比。此种传动比分配方案虽润滑条件较好，但不能使两级齿轮等强度，高速级强度有富余，所以其减速器外廓尺寸比较大，如图 12-2-12 中的细实线所示。图中粗实线为按接触强度相等条件进行传动比分配（按图 12-2-11）的尺寸，显然比前者结构紧凑，但后者高速级的大齿轮浸油深度较大，搅油损耗略为增加，两种方案对比见表 12-2-30。

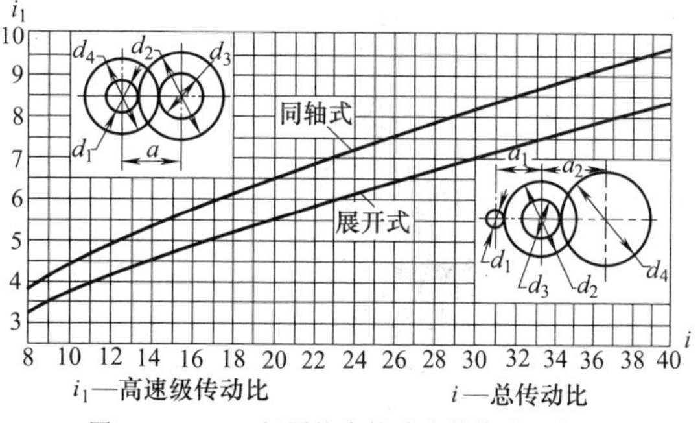

图 12-2-11　二级圆柱齿轮减速器传动比分配

表 12-2-30　二级同轴式圆柱齿轮减速器传动比分配比较

方　　案		Ⅰ（图 12-2-12 中粗实线）	Ⅱ（图 12-2-12 中细实线）
总传动比 i		20	20
高速级传动比 i_1		由图 12-2-11 知，$i_1=6.5$	$i_1=i^{1/2}=20^{1/2}=4.47$
低速级传动比 i_2		$i_2=i/i_1=3.08$	$i_2=i_1=4.47$
高速级中心距 a_1/mm		360	425
低速级中心距 a_2/mm		360	425
结论	满足等润滑	较差（$d_2>d_4$）	较好（$d_4'=d_2'$）
	满足等强度（传递功率较大）	较好	较差
	结构紧凑	较好	较差

2.6.2.3　使各级传动承载能力近于相等的传动比分配原则

对于展开式和分流式二级圆柱齿轮减速器，当高速级和低速级传动的材料相同、齿宽系数相等、按轮齿接触强度相等条件进行传动比分配时，应取高速级的传动比 i_1 为

$$i_1=\frac{i-1.5\sqrt[3]{i}}{1.5\sqrt[3]{i}-1}$$

式中，i 为减速器的总传动比。

对于同轴式二级圆柱齿轮减速器，为使两级在齿轮中心距相等的情况下，达到两对齿轮的接触强度相等的要求，在两对齿轮配对材料相同，齿宽系数 $\psi_{d1}/\psi_{d2}=1.2$ 的条件下，其传动比分配可按图 12-2-11 中同轴式曲线选取。这种传动比分配的结果，高速级大齿轮 d_2 会略大于低速级大齿轮 d_4（见图 12-2-12 中的粗实线），这样高速级大齿轮浸油比低速级大齿轮深，搅油损耗会略增加。前例总传动比 $i=20$ 条件下，按等润滑和等强度分配传动比的两种方案的对比见图 12-2-12 和表 12-2-30。

一般在传递功率较大时，应尽量考虑按等强度原则分配传动比。

2.6.2.4　禁忌各传动件彼此之间发生干涉碰撞

如图 12-2-13 所示二级展开式圆柱齿轮减速器中，由于高速级传动比分配过大，例如取 $i_1=2i_2$，致使高速级大齿轮的轮缘与低速级大齿轮轴相碰。

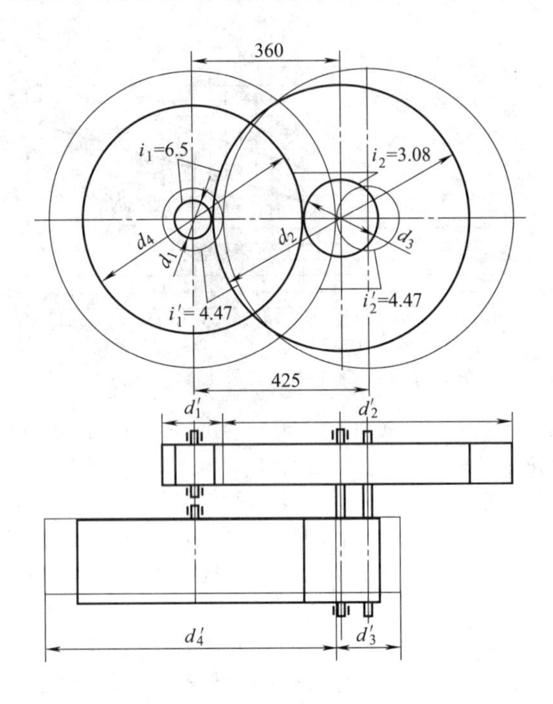

粗实线方案:两级强度相近　　细实线方案:等润滑

图 12-2-12　二级同轴式圆柱齿轮减速器传动比分配

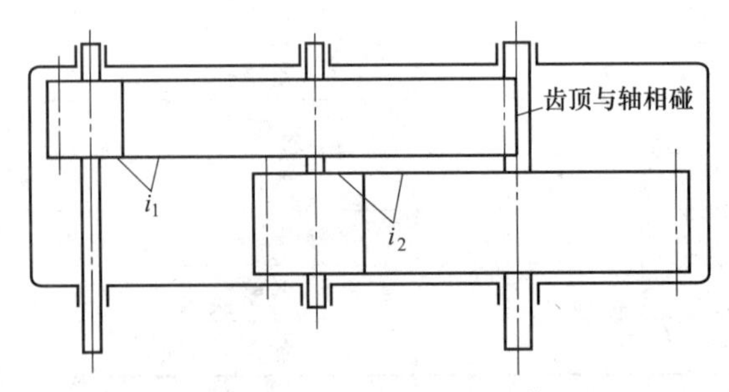

图 12-2-13　高速级大齿轮与低速轴相碰

2.6.2.5　提高传动精度的传动比分配原则

如图 12-2-14 所示为总传动比相同的展开式圆柱齿轮减速传动的两种传动比分配方案，它们都具有完全相同的两对齿轮 A、B 及 C、D。其中 $i_{AB}=2$，$i_{CD}=3$，显然两种方案的不同点是：在图 12-2-14 (a) 方案中，齿轮副 A、B 布置在高速级；而图 12-2-14 (b) 方案中，齿轮副 C、D 布置在高速级。如果各对齿轮的转角误差相同，即 $\Delta\varphi_{AB}=\Delta\varphi_{CD}$，则图 12-2-14 (a) 方案中，从动轴Ⅱ的转角误差为

$$\Delta\varphi_a=\Delta\varphi_{CD}+\Delta\varphi_{AB}/i_{CD}=\Delta\varphi_{CD}+\Delta\varphi_{AB}/3$$

而图 12-2-14 (b) 方案中，从动轴Ⅱ的转角误差为

$$\Delta\varphi_b=\Delta\varphi_{AB}+\Delta\varphi_{CD}/i_{AB}=\Delta\varphi_{AB}+\Delta\varphi_{CD}/2$$

比较以上两式，可见 $\Delta\varphi_b>\Delta\varphi_a$，所以按图 12-2-14 (a) 方案，使靠近原动轴的前几级齿轮的传动比取得小一些，而后面靠近负载轴的齿轮传动比取得大些，即“先小后大”的传动比分配原则，可使传动系统获得较高的传动精度。因此，对于传动精度要求较高的精密齿轮传动减速器，应遵循“由小到大”的分配原则。

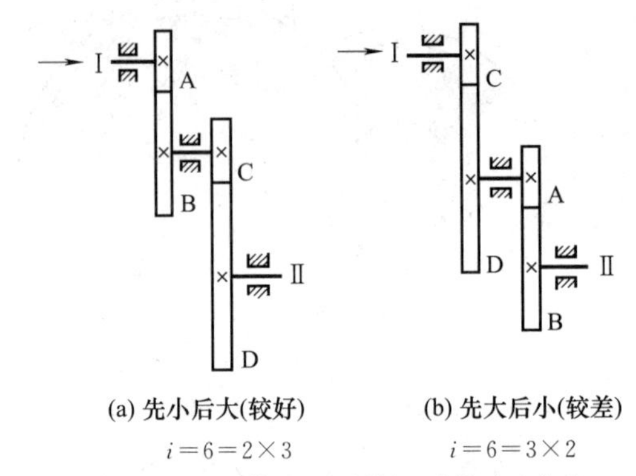

(a) 先小后大(较好)　$i=6=2\times3$　　(b) 先大后小(较差)　$i=6=3\times2$

图 12-2-14　总传动比相同的两种传动比分配

同理，图 12-2-15 (a) 的齿轮-蜗杆减速器，由于齿轮传动单级传动比蜗杆传动小很多，所以它比蜗杆-齿轮减速器［图 12-2-15 (b)］的传动精度高，但若以传力为主，由于蜗杆传动在高速级易形成油膜，承载能力比前者大，所以要求传动精度高的精密机械应选用齿轮-蜗杆减速器；而传递大功率，以传力为主时，则应选择蜗杆-齿轮减速器。两种方案的对比分析见表 12-2-31。

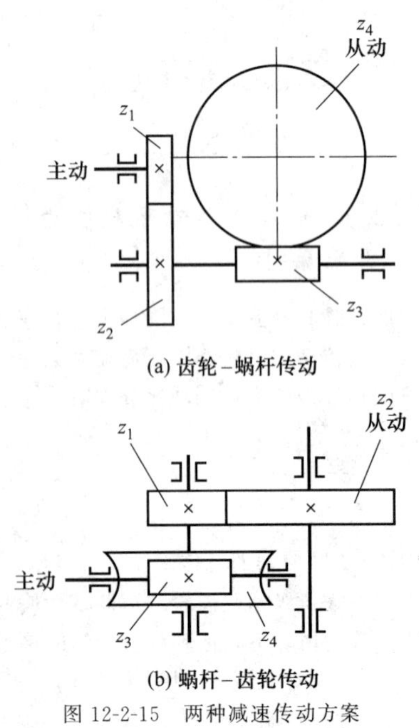

图 12-2-15　两种减速传动方案

对于齿轮-蜗杆减速器，一般情况下，为了箱体结构紧凑和便于润滑，通常取齿轮传动的传动比$i_{齿轮} \leqslant 2 \sim 2.5$；当分配蜗杆-齿轮减速器的传动比时，应取$i_{齿轮}=(0.03\sim0.06)i$，式中，$i$为总传动比。

表 12-2-31　齿轮-蜗杆传动与蜗杆-齿轮传动方案对比

方案		Ⅰ[图 12-2-15(a)]	Ⅱ[图 12-2-15(b)]
高速级		齿轮传动	蜗杆传动
低速级		蜗杆传动	齿轮传动
转角误差		$\Delta\varphi_{齿轮}=\Delta\varphi_{蜗杆}$	
传动比		$i_{总}=90$；$i_{齿轮}=3$；$i_{蜗杆}=30$	
输出轴转角误差		$\Delta\varphi_a=\Delta\varphi_{齿轮}/30+\Delta\varphi_{蜗杆}$(较小)	$\Delta\varphi_b=\Delta\varphi_{蜗杆}/3+\Delta\varphi_{齿轮}$(较大)
传动精度		较高	较低
承载能力		较小	较大
结论	精密传动	推荐	不宜
	大功率传力为主	不宜	推荐

2.6.3 减速器的箱体结构设计禁忌

2.6.3.1 保证箱体刚度的结构禁忌

表 12-2-32　保证箱体刚度的结构禁忌

注意的问题	禁忌示例	说明
在轴承座附近加支撑肋	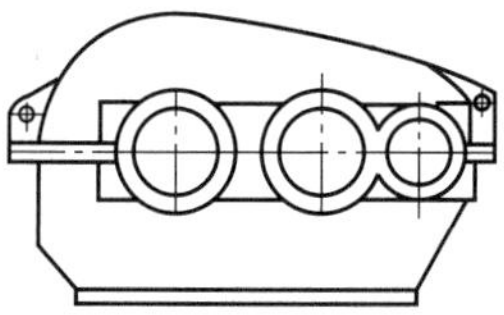 图(a) 禁忌 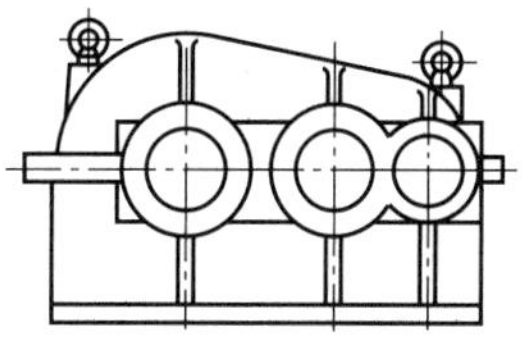　图(b) 正确	为使轴和轴承在外力作用下不发生偏斜，确保传动的正确啮合和运转平稳，轴承支座必须具有足够的刚度，为此，应使轴承座有足够的厚度，并在轴承座附近加支撑肋
剖分式箱体要加强轴承座处的连接刚度	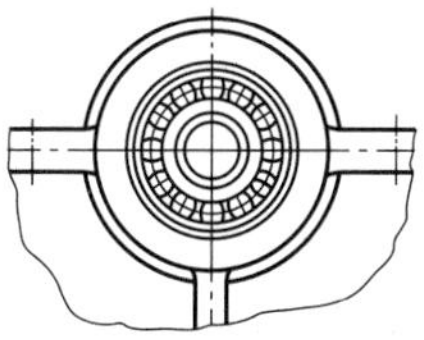 图(a) 禁忌 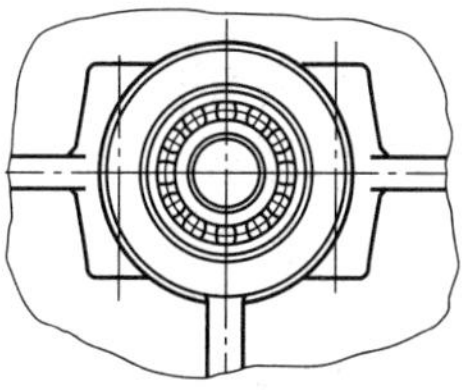　图(b) 正确	轴承座孔附近应做出凸台，以加强其刚度，两侧的连接螺栓也应尽量靠近(以不与端盖螺钉孔干涉为原则)，以增加连接的紧密性和刚度，否则会造成轴承提前损坏
轴承座宽度的确定	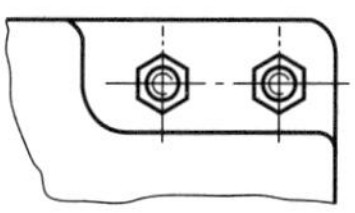 图(a) 禁忌 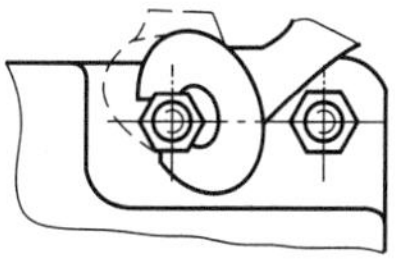　图(b) 正确 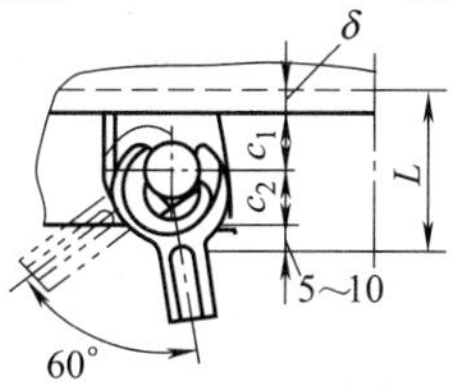 δ　c_1　c_2　L　5~10　60° 图(c) 轴承座宽	对于剖分式箱体，设计轴承座宽度时，必须考虑螺栓扳手操作空间，否则扳手难操作，无法拧紧螺栓。轴承座宽度的具体值L与机盖厚δ、螺栓扳手操作空间c_1、c_2等有关

第12篇

续表

注意的问题	禁忌示例	说明
轴承旁连接螺栓凸台高度的确定	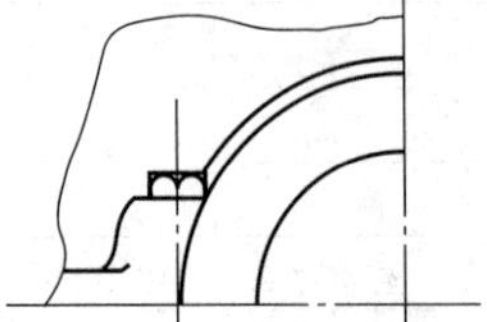 c_2 c_1 图(a) 禁忌 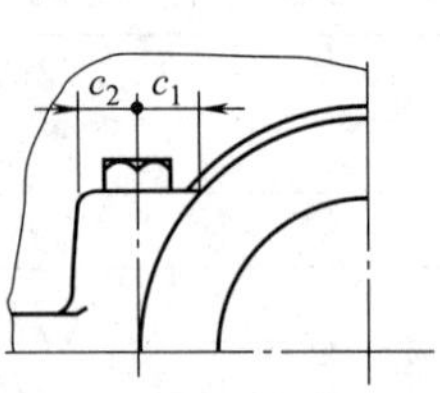 图(b) 正确	轴承旁连接螺栓凸台高度的设计，应满足扳手操作空间。一般在轴承尺寸最大的轴承旁螺栓中心线确定后，根据螺栓直径确定扳手空间 c_1、c_2，最后确定凸台的高度
箱缘连接凸缘应有一定的厚度	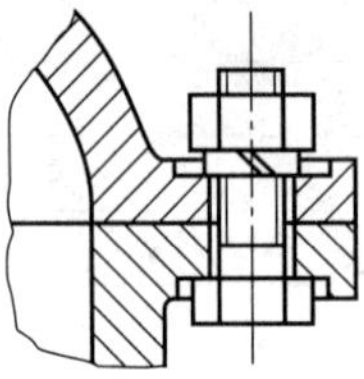 图(a) 禁忌 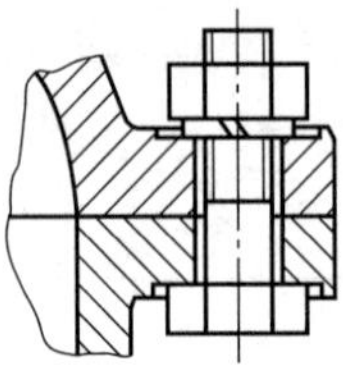 图(b) 正确	箱缘连接凸缘应取得厚些，一般按设计规范确定，如果将凸缘厚度取与箱体壁厚相同或更薄，将不能满足箱缘连接刚度的要求
箱体底座凸缘宽度的确定	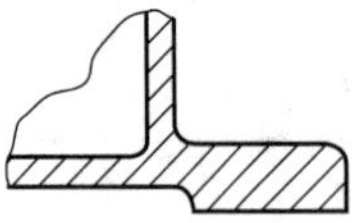 L B 图(a) 禁忌 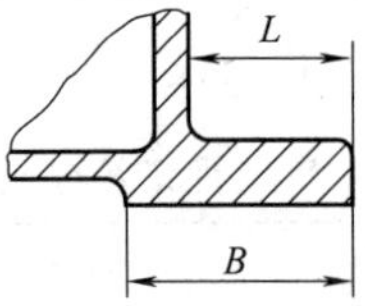 图(b) 正确	箱体底座底部凸缘的接触宽度 B 应超过箱体底座的内壁，并且凸缘应具有一定厚度。箱体底座箱壁外侧长度 L，应满足地脚螺栓扳手空间要求

2.6.3.2 箱体结构要具有良好的工艺性

箱体结构的工艺性主要从铸造工艺性和机械加工工艺性两方面考虑。有关箱体工艺性的结构禁忌见表 12-2-33。

表 12-2-33 箱体工艺性的结构禁忌

注意的问题	禁忌示例	说明
铸造箱体不要使金属局部积聚	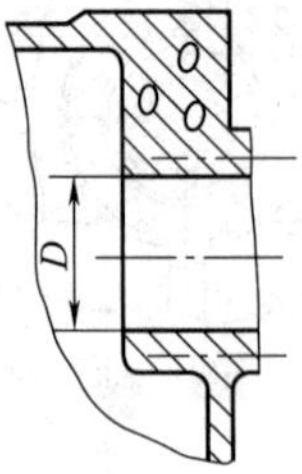 D D 图(a) 禁忌 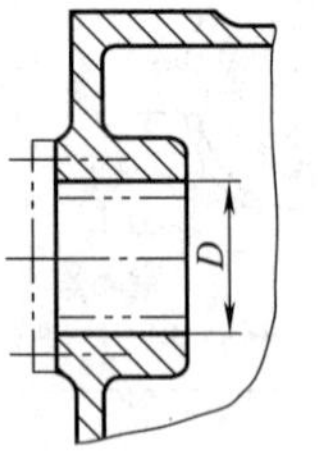 图(b) 正确 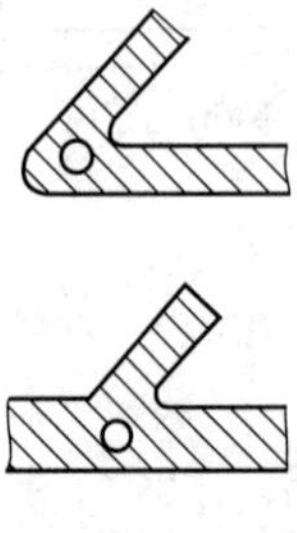 图(a) 禁忌 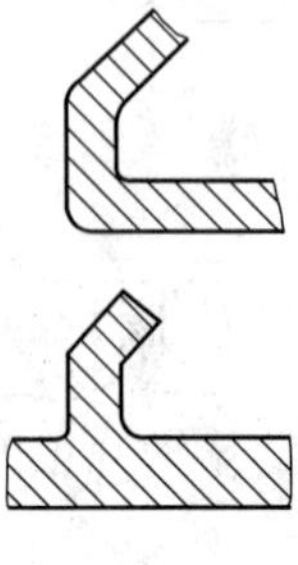 图(b) 正确	由于铸造工艺的特点，金属局部积聚容易形成缩孔，应尽量避免铸造箱体壁厚突变和形成锐角的倾斜肋

续表

注意的问题	禁 忌 示 例	说　　明
箱体外形宜简单，便于拔模	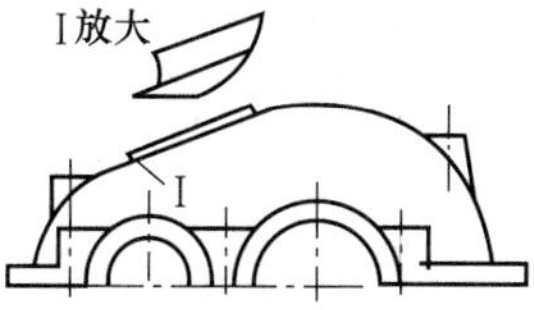 图(a)　禁忌 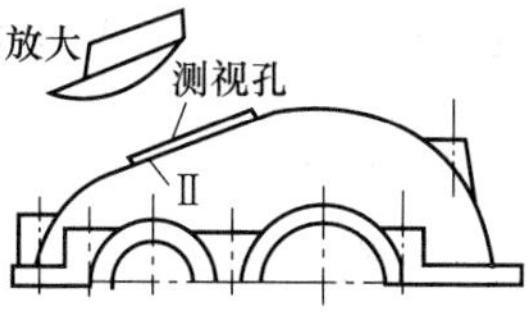　　图(b)　正确	为了便于拔模，铸件沿拔模方向应有(1∶10)～(1∶20)的拔模斜度
尽量减少沿拔模方向的凸起结构	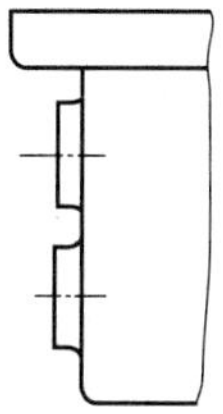 图(a)　禁忌 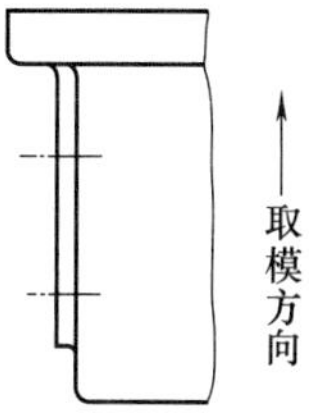　　图(b)　正确	当箱体表面有几个凸起部分时，应尽量将其连成一体，以简化取模过程(不用或少用活块)，使拔模方便
较接近的两凸台应连在一起避免狭缝	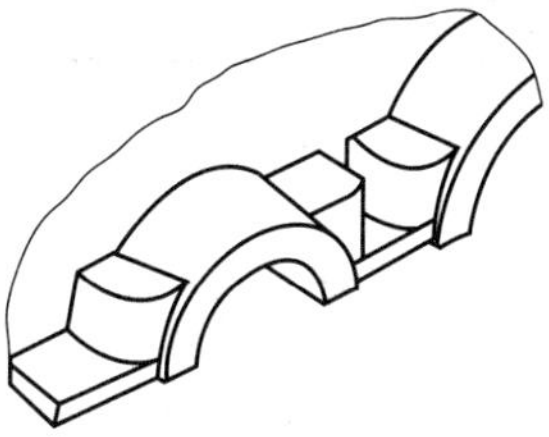 (a) 禁忌 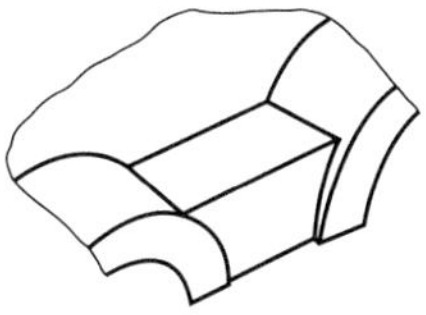　　(b) 正确	箱体上应尽量避免出现狭缝，否则砂型强度不够，在取模和浇铸时极易形成废品
尽可能减少机械加工面积	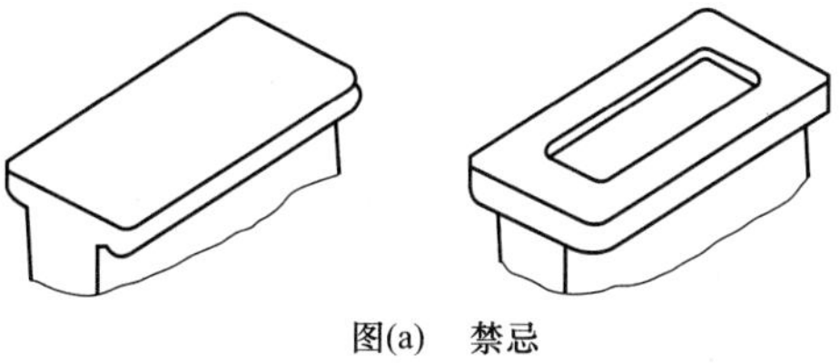 图(a)　禁忌 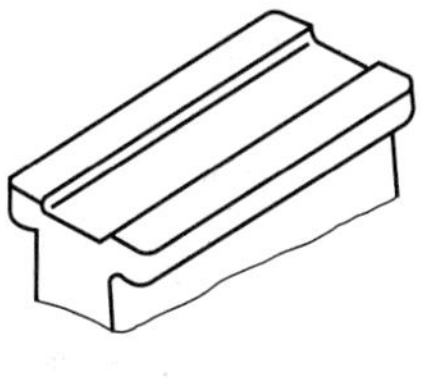 (i) 小型箱体 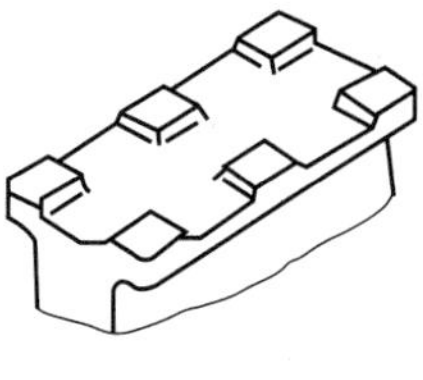　　(ii) 大型箱体 图(b)　正确	设计箱体结构形状时，应尽可能减少机械加工面积，以提高劳动生产率，并减少刀具磨损

续表

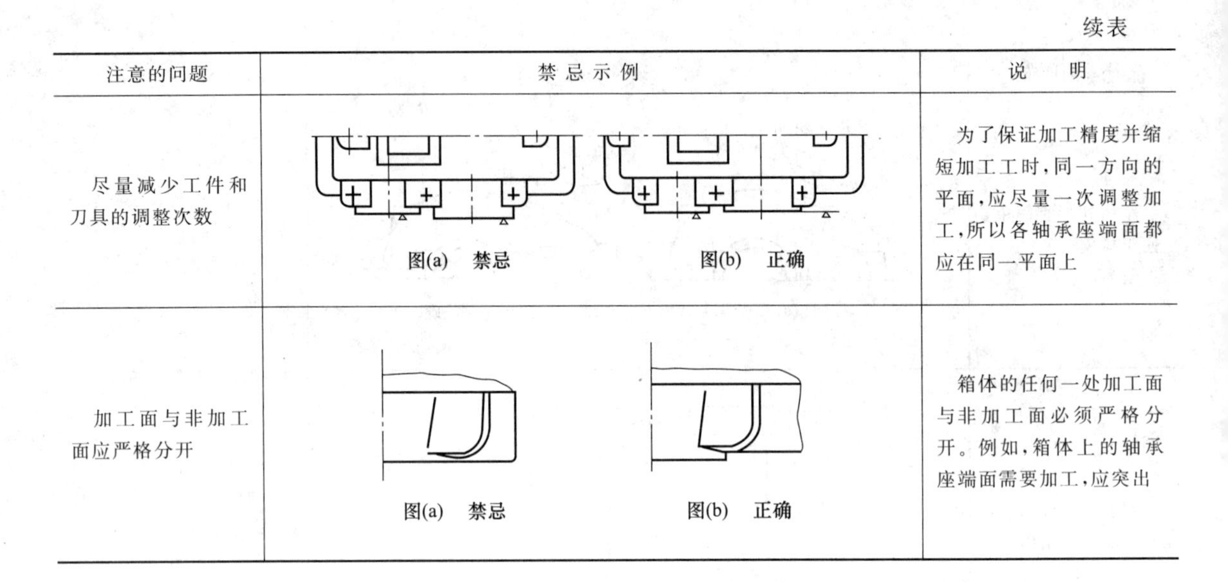

注意的问题	禁忌示例	说明
尽量减少工件和刀具的调整次数	图(a) 禁忌　图(b) 正确	为了保证加工精度并缩短加工工时，同一方向的平面，应尽量一次调整加工，所以各轴承座端面都应在同一平面上
加工面与非加工面应严格分开	图(a) 禁忌　图(b) 正确	箱体的任何一处加工面与非加工面必须严格分开。例如，箱体上的轴承座端面需要加工，应突出

2.6.4 减速器的润滑设计禁忌

2.6.4.1 油池深度的设计禁忌

表 12-2-34　油池深度的设计禁忌

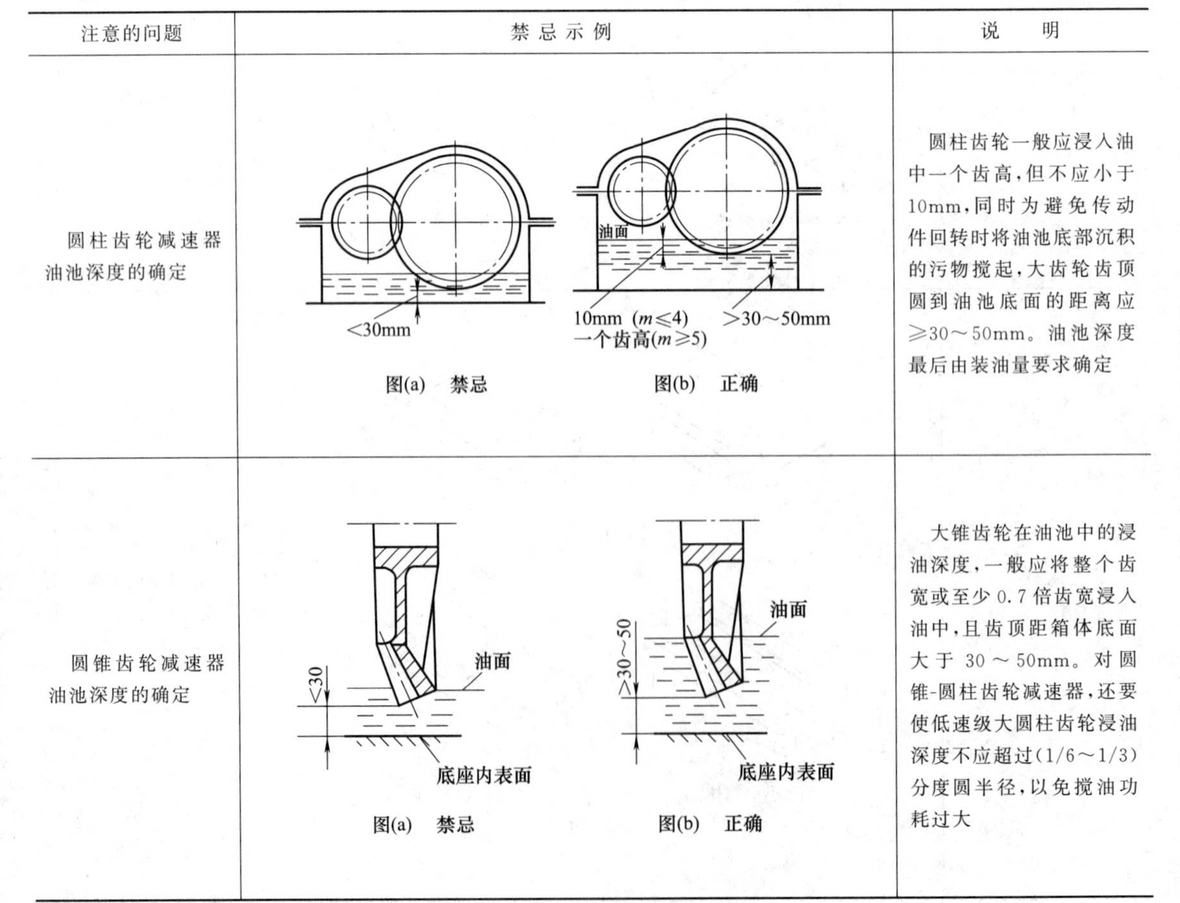

注意的问题	禁忌示例	说明
圆柱齿轮减速器油池深度的确定	图(a) 禁忌　图(b) 正确	圆柱齿轮一般应浸入油中一个齿高，但不应小于10mm，同时为避免传动件回转时将油池底部沉积的污物搅起，大齿轮齿顶圆到油池底面的距离应≥30～50mm。油池深度最后由装油量要求确定
圆锥齿轮减速器油池深度的确定	图(a) 禁忌　图(b) 正确	大锥齿轮在油池中的浸油深度，一般应将整个齿宽或至少0.7倍齿宽浸入油中，且齿顶距箱体底面大于30～50mm。对圆锥-圆柱齿轮减速器，还要使低速级大圆柱齿轮浸油深度不应超过(1/6～1/3)分度圆半径，以免搅油功耗过大

续表

注意的问题	禁忌示例	说　明
蜗杆减速器油池深度的确定	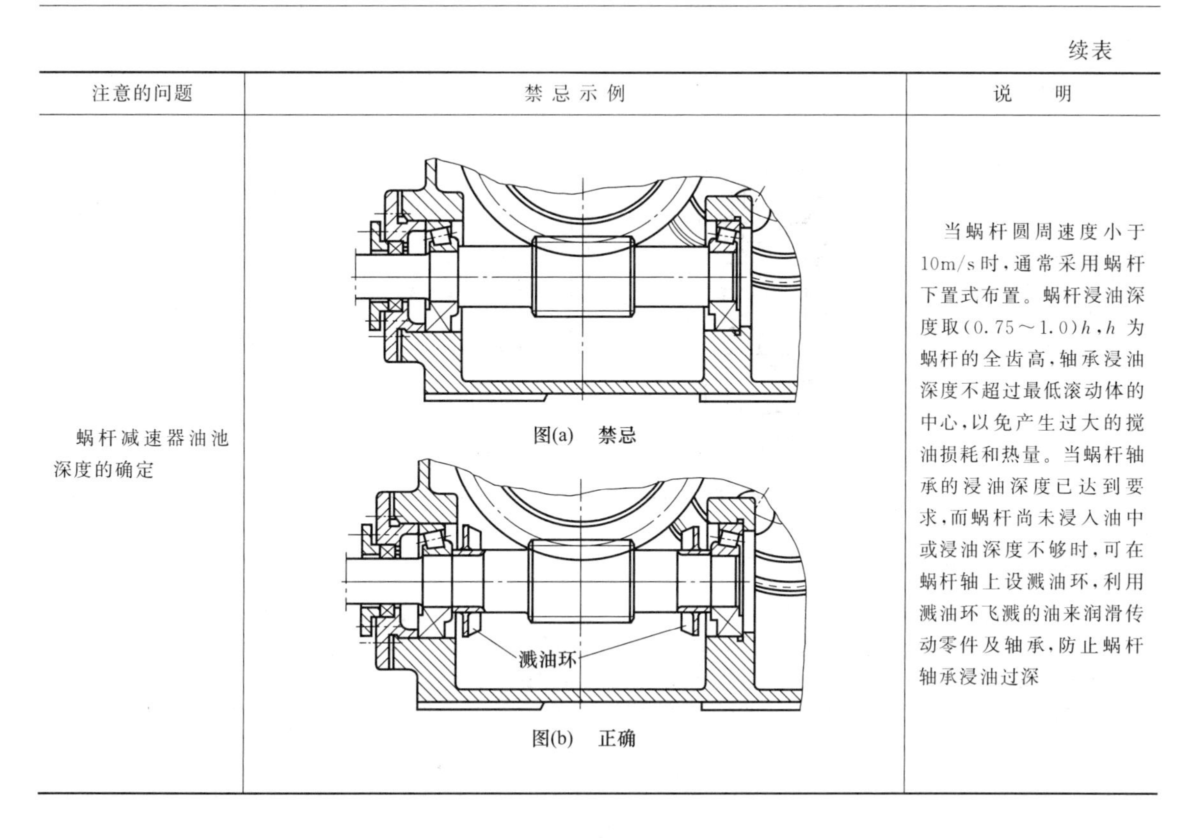 图(a)　禁忌 图(b)　正确	当蜗杆圆周速度小于10m/s时，通常采用蜗杆下置式布置。蜗杆浸油深度取(0.75～1.0)h，h 为蜗杆的全齿高，轴承浸油深度不超过最低滚动体的中心，以免产生过大的搅油损耗和热量。当蜗杆轴承的浸油深度已达到要求，而蜗杆尚未浸入油中或浸油深度不够时，可在蜗杆轴上设溅油环，利用溅油环飞溅的油来润滑传动零件及轴承，防止蜗杆轴承浸油过深

2.6.4.2　输油沟与轴承盖导油孔的设计禁忌

表 12-2-35　输油沟与轴承盖导油孔的设计禁忌

注意的问题	禁忌示例	说　明
正确开设输油沟	图(a)　禁忌　图(b)　正确	如箱盖内壁无斜面，油很难沿内壁流入输油沟内
避免油沟漏油	图(a)　禁忌　图(b)　正确	输油沟位置开设不正确，润滑油大部分流回油池

续表

注意的问题	禁忌示例	说　　明
轴承盖上应开设导油孔	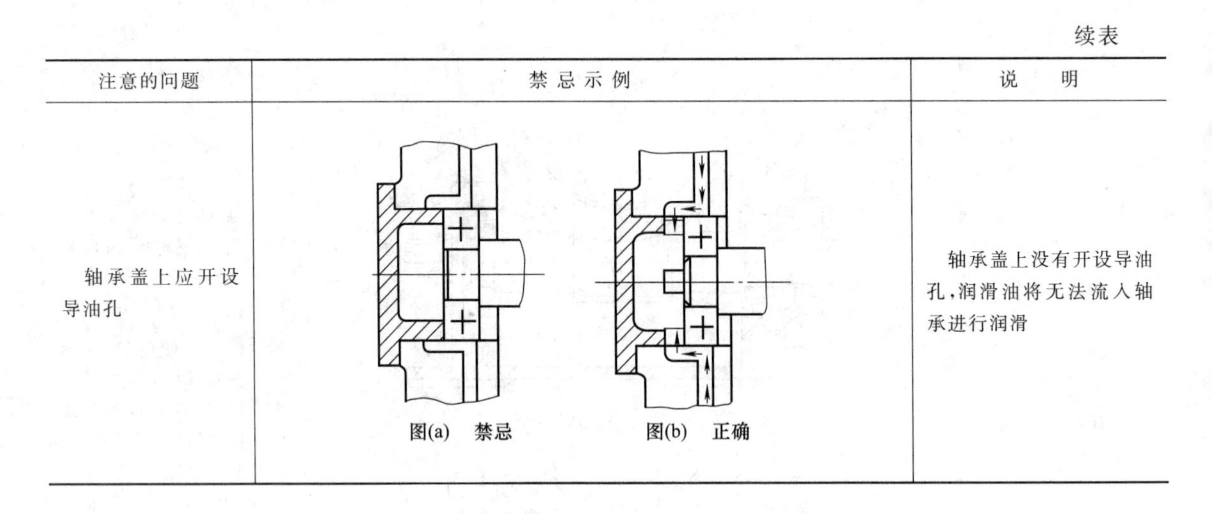 图(a)　禁忌　　图(b)　正确	轴承盖上没有开设导油孔,润滑油将无法流入轴承进行润滑

2.6.4.3　油面指示装置设计

油面指示装置的种类很多，有油标尺、圆形油标、长形油标、管状油标等。油标尺由于结构简单，在减速器中应用较广，表 12-2-36 为有关油标尺结构设计的禁忌。

表 12-2-36　　游标尺结构设计禁忌

注意的问题	禁忌示例	说　　明
油标尺座孔在箱体上的高度应设置合理	图(a)　禁忌 上油面 下油面 图(b)　正确	油标尺座孔在箱体上的高度太低,油易从油标尺座孔溢出,不合理 油标尺座孔太高或油标尺太短,不能反映下油面的位置,不合理 油标尺座孔在箱体上的高度应使游标尺便于测量最高油面和最低油面
油标尺座孔倾斜角度应便于加工和使用	45° 图(a)　禁忌　　图(b)　正确	油标尺座孔倾斜过大,座孔将无法加工,油标尺也无法装配。油标尺座孔位置高低、倾斜角度应适中(常为 45°),便于加工,且装配时油标尺不应与箱缘干涉

续表

注意的问题	禁忌示例	说　明
长期连续工作的减速器油标尺宜加隔离套	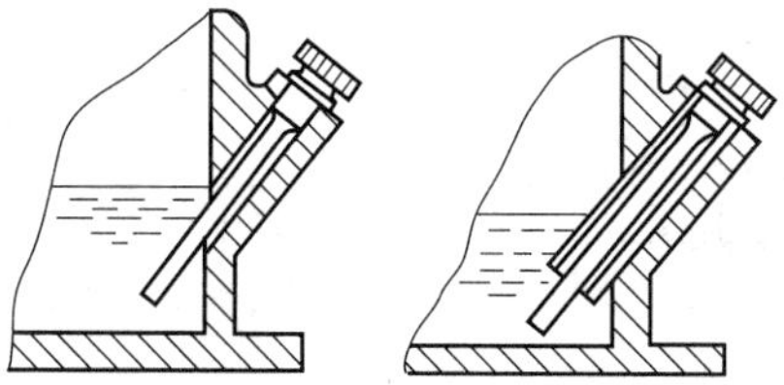 图(a)　较差　图(b)　正确	长期连续工作的减速器运转时，被搅动的润滑油常因油标尺与安装孔的配合不严而极易冒出箱外，润滑油主要在上部被搅动，而油池下层的油动荡较小，可加一套管，避免漏油

2.6.5　减速器分箱面结构设计禁忌

表 12-2-37　减速器分箱面结构设计禁忌

注意的问题	禁忌示例	说　明
分箱面上不要积存油	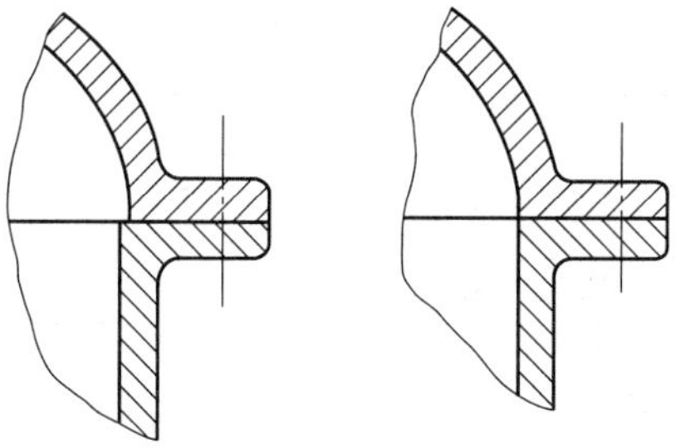 图(a)　禁忌　图(b)　正确	为防止分箱面渗油，不要使油积存在接合面上。如果积存在接合面上，由于接合面的毛细管现象，油比较容易渗出
分箱面上不允许布置螺纹连接	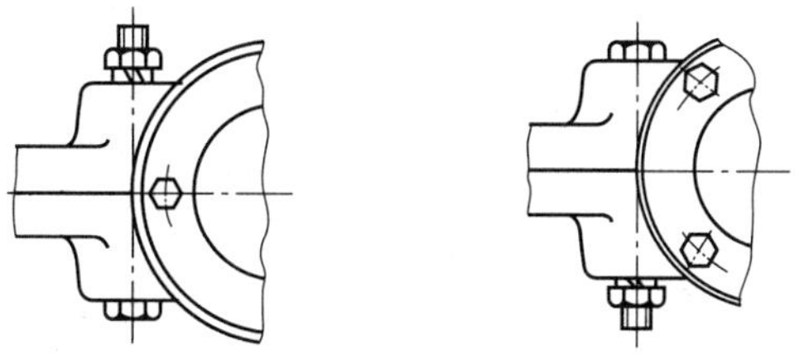 图(a)　禁忌　图(b)　正确	轴承盖与箱体的螺钉连接不应布置在分箱面上，这样不仅会使螺钉连接的结构不合理，还会使箱体中的油沿剖分面通过螺纹连接缝隙渗出箱外
禁止在分箱面上加任何添料	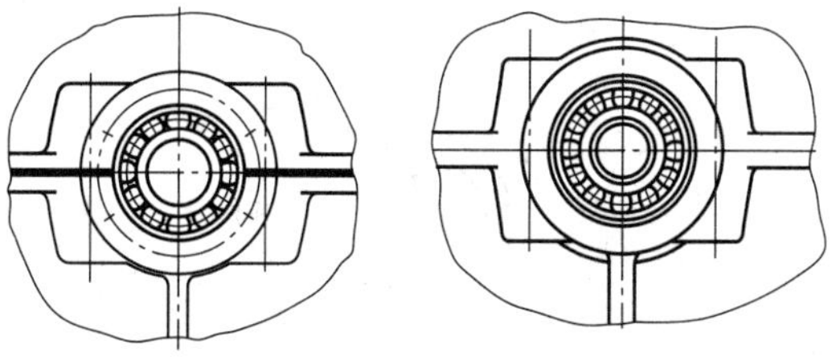 图(a)　禁忌　图(b)　正确	为防止减速器箱体漏油，禁止在分箱面上加垫片等任何添料，允许涂密封油漆或水玻璃。因为垫片等有一定厚度，改变了箱体孔的尺寸(不能保证圆柱度)，破坏了轴承外圈与箱体的配合性质，轴承不能正常工作，且轴承孔分箱面处漏油

续表

注意的问题	禁忌示例	说明
启盖螺钉的设计	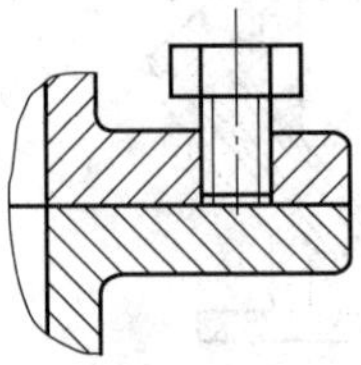 启盖螺钉 图(a)　禁忌 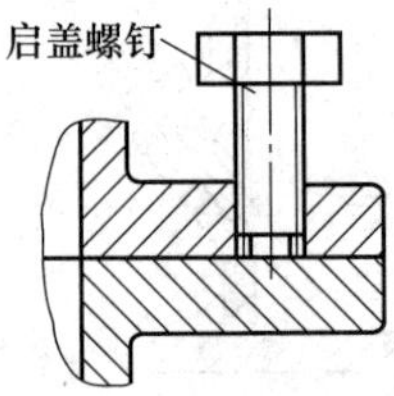　　图(b)　正确	启盖螺钉上的螺纹长度应大于凸缘厚度，并保证一定启盖高度，如启盖螺钉螺纹长度太短，将造成启盖困难。钉杆端部要制成圆柱端或锥端，以免反复拧动时将端部螺纹损坏
定位销的设计	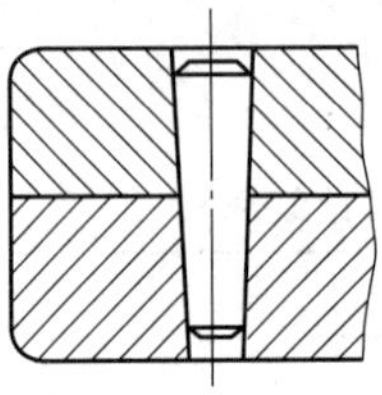 图(a)　禁忌 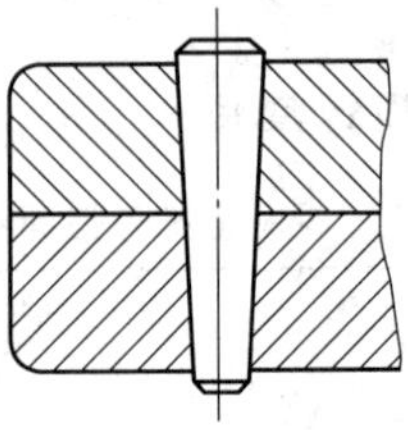　　图(b)　正确	两定位销相距尽量远些，以提高定位精度。定位销的长度应大于箱盖和箱座连接凸缘的总厚度，使两头露出，便于安装和拆卸

2.6.6　窥视孔与通气器的结构设计禁忌

表 12-2-38　　窥视孔与通气器的结构设计禁忌

注意的问题	禁忌示例	说明
窥视孔的位置应合适	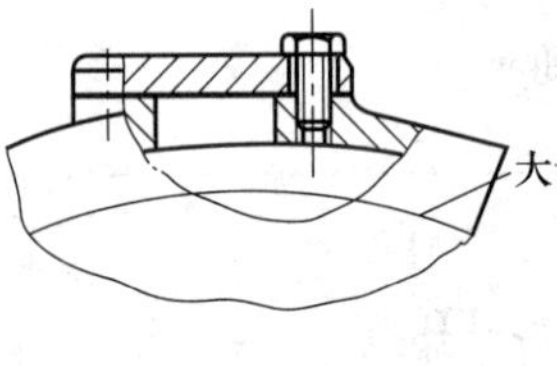 大齿轮　　小齿轮　大齿轮 图(a)　禁忌 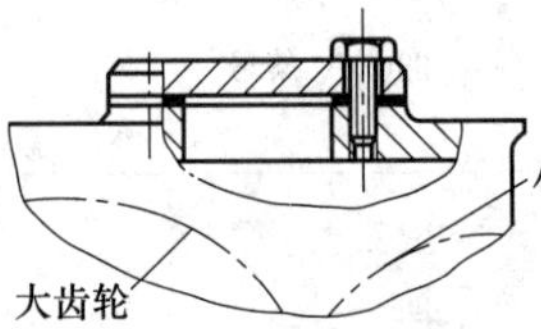　　图(b)　正确	窥视孔应设置在能看到传动件啮合区的位置，并应有足够的大小，以便手能伸入进行操作
箱盖上开窥视孔处应有凸台	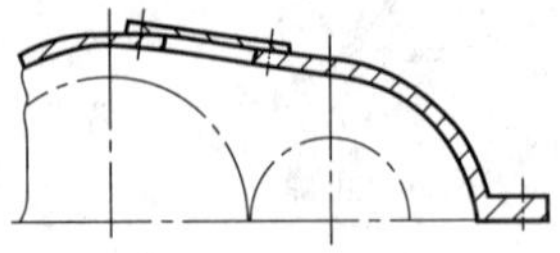 图(a)　禁忌 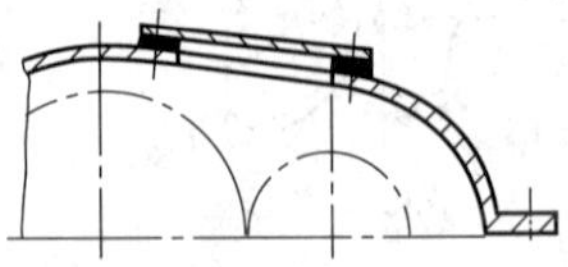　　图(b)　正确	窥视孔应有盖板，盖板下应加防渗漏的垫片。箱盖上安放盖板的表面应刨削或铣削，故应有凸台
减速器应设置通气器	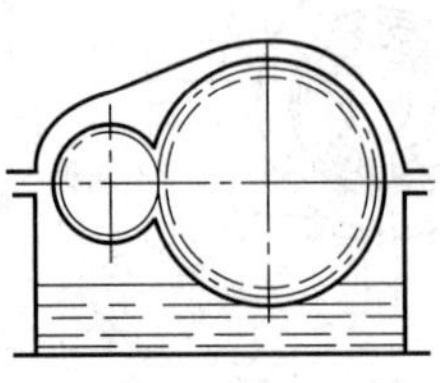 图(a)　禁忌 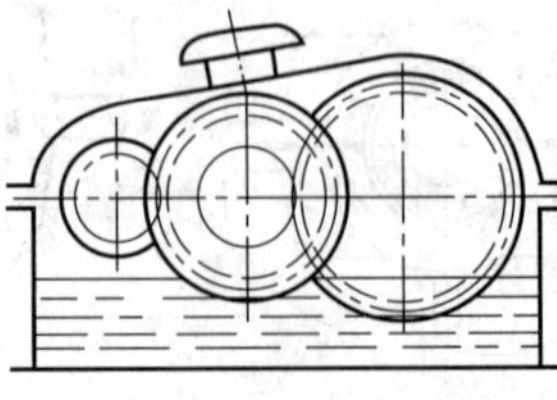　　图(b)　正确	减速器运转时，机体内温度升高，气压增大，容易从接合面处漏油，所以应在箱盖顶部或窥视孔盖上安装通气器，使箱体内、外气压均衡，提高箱体有缝隙处的密封性能

2.6.7　起吊装置的设计禁忌

表 12-2-39　**起吊装置的设计禁忌**

注意的问题	禁忌示例	说　明
吊环螺钉连接的结构	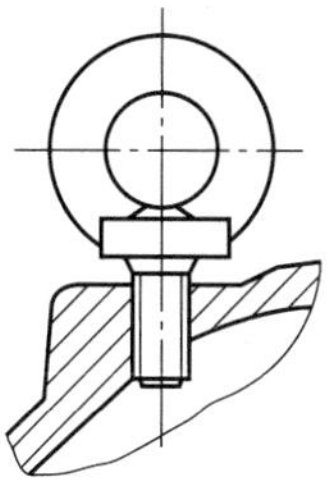 图(a)　禁忌 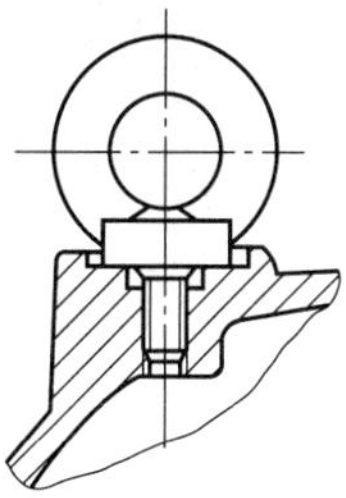　图(b)　正确	吊环螺钉连接处凸台高度不够，螺钉连接的圈数太少，连接强度不够，应加高；箱盖内表面螺钉处无凸台，加工时容易偏钻打刀；上部支承面未锪削出沉头座；螺钉根部的螺孔未扩孔，螺钉不能完全拧入
吊环、吊耳和吊钩的使用	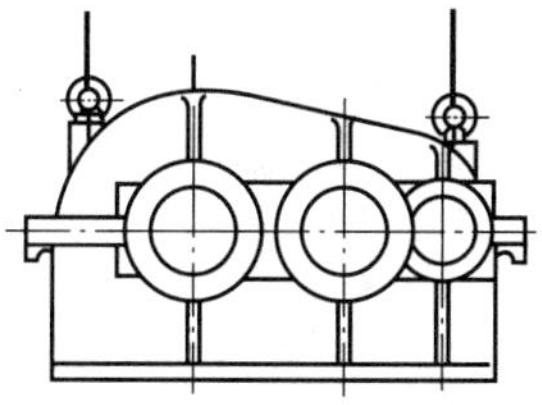 图(a)　禁忌 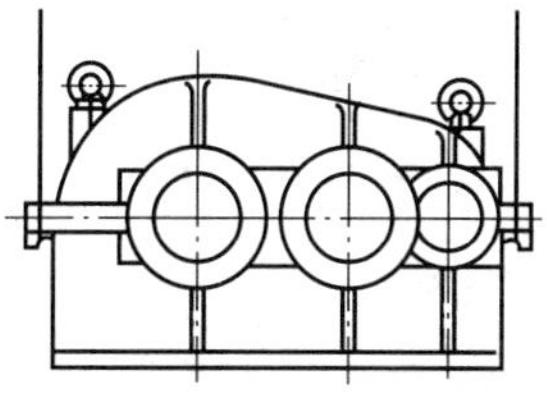　图(b)　正确	减速器箱盖上设置的吊环或吊耳主要用来吊运箱盖。当减速器重量较大时，禁止使用吊环或吊耳吊运整个箱体，吊运下箱或整个减速器应使用箱座上的吊钩

2.6.8　放油装置的设计禁忌

表 12-2-40　**放油装置的设计禁忌**

注意的问题	禁忌示例	说　明
放油塞相关的结构	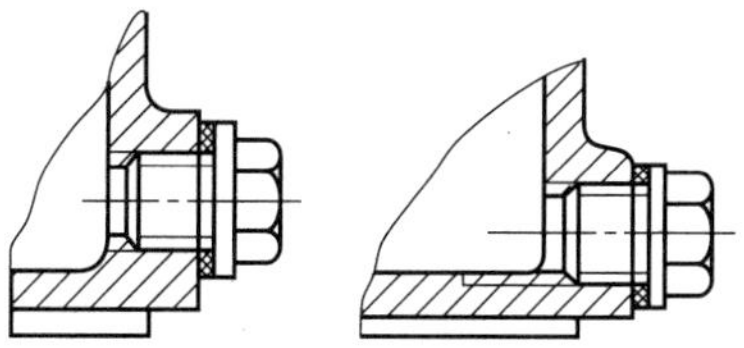 图(a)　禁忌 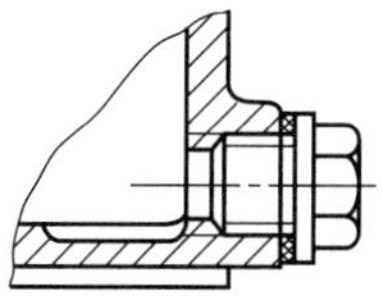　图(b)　正确	放油孔不宜开设得过高，否则油孔下方的污油不能排净。螺孔内径应略低于箱体底面，并用扁铲铲出一块凹坑，以免钻孔时偏钻打刀

续表

注意的问题	禁忌示例	说明
放油塞的位置	 图(a) 禁忌 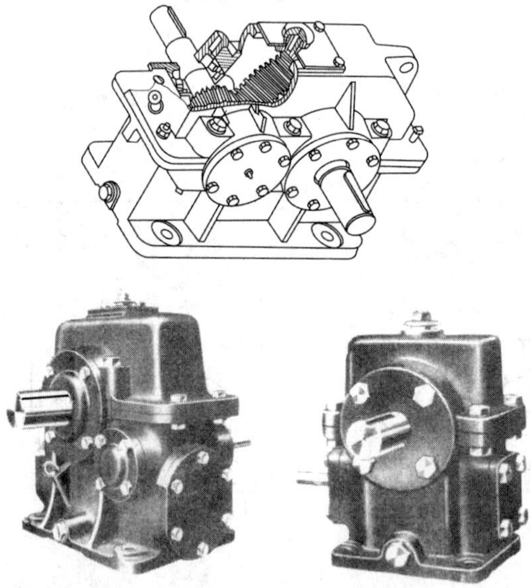 图(b) 正确	放油孔开设的位置要便于放油，如开在底脚凸缘上方且缩进凸缘里，放油时油易在底脚凸缘上面横流，不便于接油和清理，底脚凸缘上容易产生油污。一般应使放油孔开在箱体侧面无底脚凸缘处或伸到底脚凸缘的外端面处

第 3 章　轴系零部件设计禁忌

3.1　轴

3.1.1　轴的强度计算禁忌

轴的受力简图正确与否，直接影响到轴的强度计算，在绘制受力简图时容易发生的错误很多，为使问题更具体、更明了，现举例如下。

例 1　如图 12-3-1 所示的传动装置，带传动水平布置，工作机转向如图，小齿轮左旋，其分度圆直径 $D=80$mm，作用在小齿轮上的圆周力 $F_t=2736$N，径向力 $F_r=1009$N，轴向力 $F_a=442$N，带轮压轴力 $Q=450$N，Ⅰ轴上的轴承型号为 6407，轴结构如图 12-3-2 所示，各段轴径 $d_1=25$mm，$d_2=30$mm，$d_3=35$mm，$d_4=40$mm，$d_5=52$mm，$d_6=44$mm，$d_7=35$mm；各段轴段长 $L_1=50$mm，$L_2=45$mm，$L_3=46$mm，$L_4=70$mm，$L_5=8$mm，$L_6=12$mm，$L_7=25$mm，试用当量弯矩法对此轴进行强度校核。

按轴强度计算步骤，首先要根据轴的结构绘出正确的受力简图，如图 12-3-3 所示。

此受力简图为一空间力系，作图时尤其要注意以下要点：

① 将齿轮 1 的 F_t、F_r、F_a 画在啮合点处；

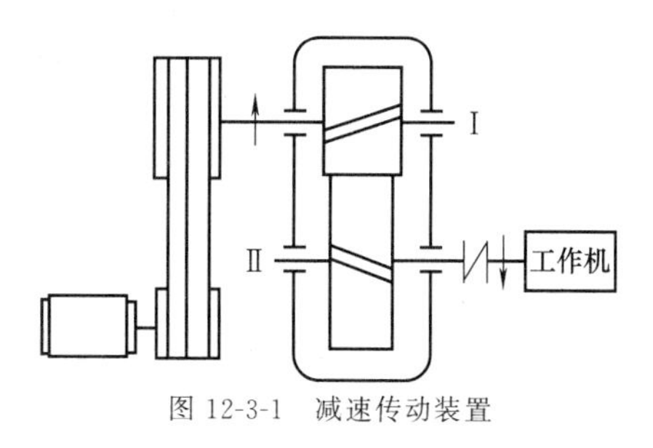

图 12-3-1　减速传动装置

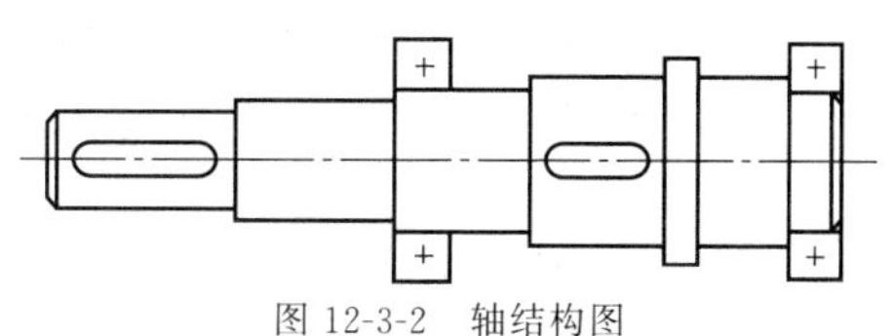

图 12-3-2　轴结构图

② Q 与 F_r 在同一平面内；

③ Q 与 F_r 方向相反；

④ F_a 指向右（根据主动轮左右手定则判断）；

⑤ 力臂、跨距 83mm、68mm 等不能算错。

对此案例，容易发生的计算禁忌说明如下。

3.1.1.1　轴上传动零件作用力方向判断禁忌

对例 1 中的Ⅰ轴，容易发生的轴上传动零件作用力方向判断禁忌见表 12-3-1。

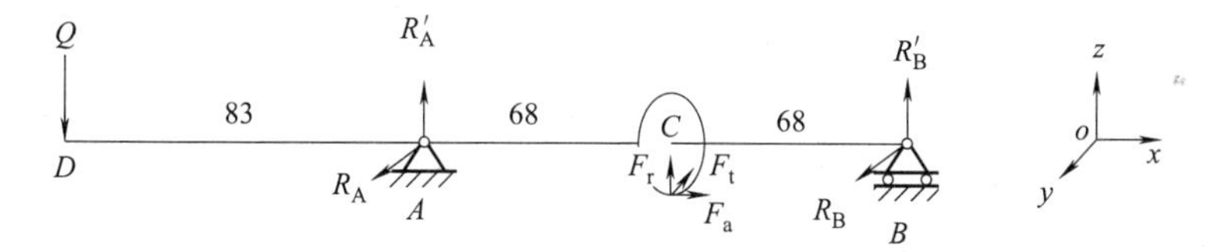

图 12-3-3　轴受力简图（正确）

表 12-3-1　　轴上传动零件作用力方向判断禁忌

注意的问题	禁忌示例	说　明
带轮压轴力 Q 方向错误		Q 应与 F_r 方向相反，即向下
齿轮受力的啮合点画的不对		啮合点应画在下面，由于啮合点不对，导致 Q 与 F_r 同向的错误

续表

注意的问题	禁忌示例	说　明
斜齿轮轴向力 F_a 方向判断错误	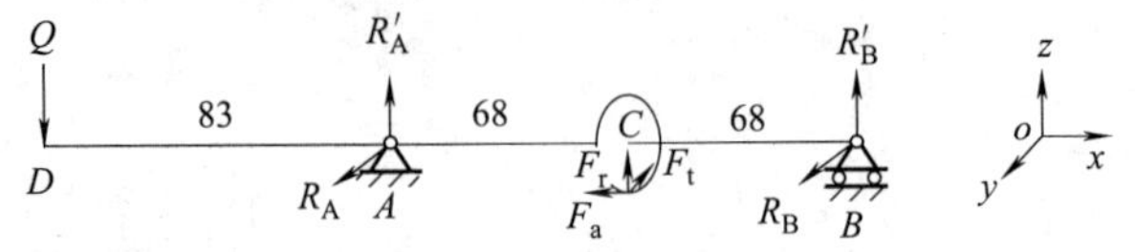	主动轮左右手定则使用方法错误
没有计入斜齿轮轴向力 F_a	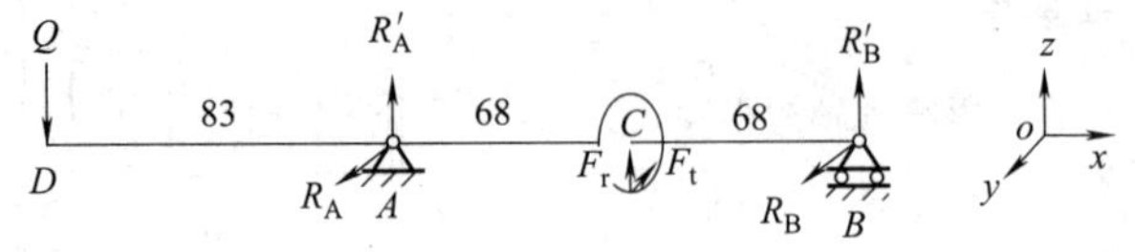	将斜齿轮当作直齿轮一样考虑

3.1.1.2　传动零件作用力所处平面判断禁忌

（1）斜齿圆柱齿轮减速器轴上作用力所处平面判断禁忌

对例 1 中的 I 轴，容易发生的轴上作用力所处平面判断禁忌见表 12-3-2。

（2）蜗杆减速器轴上作用力所处平面判断禁忌

蜗杆减速器由于传动件布置方式的关系，轴上作用力所处平面的判断容易与圆柱齿轮减速器的判断混淆，现举例说明如下。

例 2　如图 12-3-4 所示为带-蜗杆传动减速装置，带传动水平布置，工作机转向如图 12-3-4 所示，蜗杆右旋，依据蜗杆工作状况，蜗杆轴的支承与载荷形式可视为外伸简支梁，受力简图如图 12-3-5 所示。

表 12-3-2　斜齿圆柱齿轮减速器轴上作用力所处平面判断禁忌

注意的问题	禁忌示例	说　明
带轮压轴力 Q 所处平面判断错误	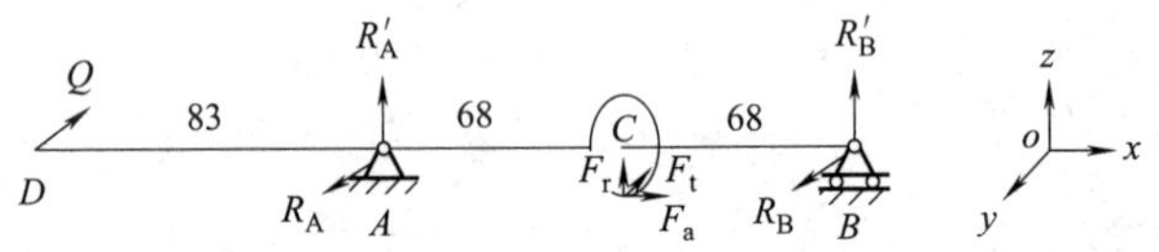	带轮压轴力 Q 应与 F_a、F_r 在同一平面，即 xoz 面，而不应与 F_t 在同一平面
F_t、F_r 所处平面判断错误	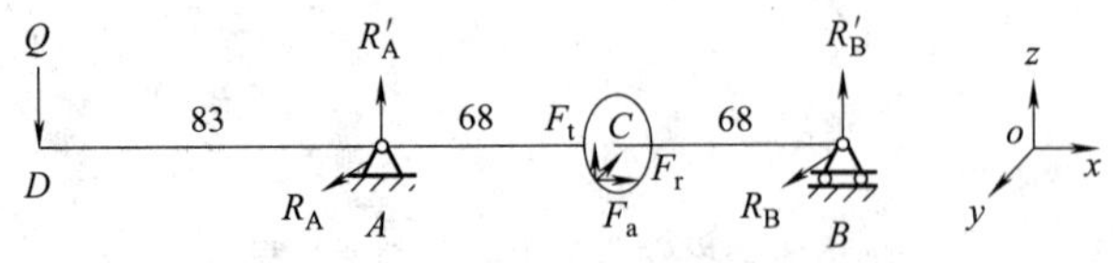	F_t 不应与 Q 和 F_a 在同一平面。啮合点位置也不对
F_a 产生的力矩所处平面判断错误	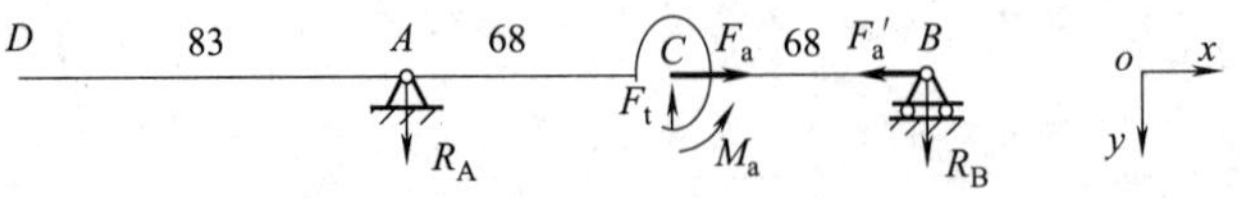 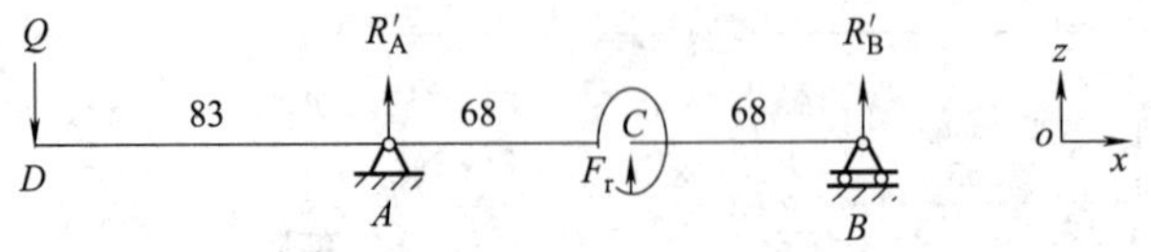	F_a 产生的力矩 M_a 不应与 F_t 在同一平面，否则违反力的平移定理

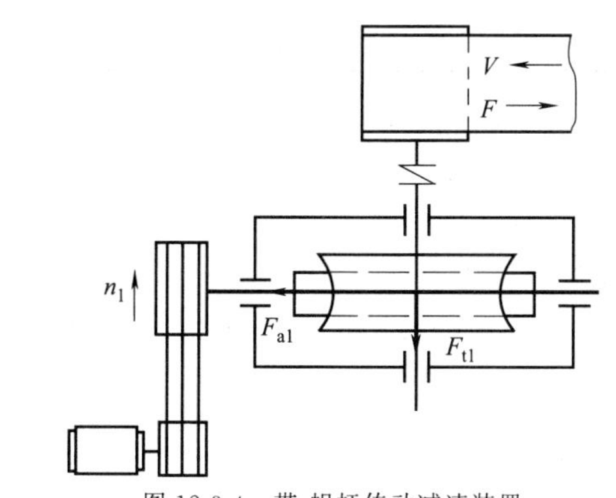

图 12-3-4　带-蜗杆传动减速装置

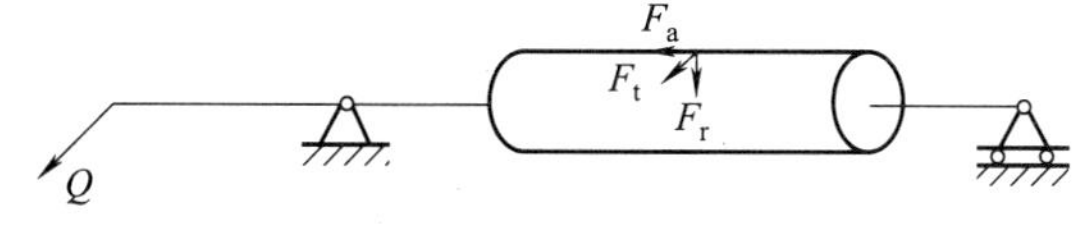

图 12-3-5　蜗杆轴受力简图（正确）

对例 2 中的蜗杆轴，应注意压轴力 Q 应与蜗杆圆周力 F_t 在同一平面内，而不应与 F_a、F_r 在同一平面，这与例 1 中 I 轴的情况是不同的，不要混淆。容易发生的蜗杆轴上作用力所处平面判断禁忌见表 12-3-3。

3.1.1.3　弯矩图绘制禁忌

弯矩图及转矩图的绘制应按力学有关理论进行，在力系简化、支反力计算、力矩图绘制和合成等方面容易出现错误。

（1）弯矩图绘制禁忌

以例 1 中的 I 轴为分析典型，其常见的弯矩图绘制禁忌见表 12-3-4。

（2）常见受力情况的弯矩图禁忌

绘制弯矩图应注意轴或梁上的受力方向，几种常见受力情况的弯矩图和禁忌见表 12-3-5。

表 12-3-3　　蜗杆减速器轴上作用力所处平面判断禁忌

注意的问题	禁忌示例	说明
带轮压轴力 Q 所处平面判断错误	F_a F_t F_r Q	带轮压轴力 Q 应与 F_t 在一个平面内，不应与 F_r、F_a 在一个平面
F_t、F_r 所处平面判断错误	F_a F_r F_t Q	F_t 不应与 F_a 在同一平面，而应与 Q 在同一平面；F_r 应与 F_a 在同一平面

表 12-3-4　　弯矩图绘制禁忌

注意的问题	禁忌示例	说明
求 xoz 平面内支反力时，弯矩 M_a 的力矩方向错误	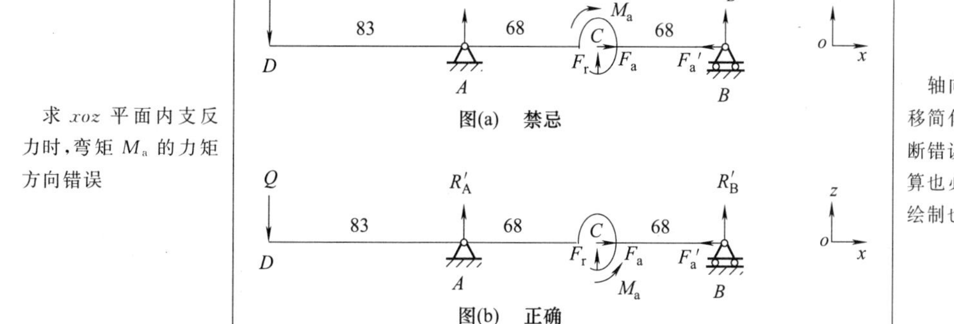	轴向力 F_a 向 C 点平移简化时，M_a 的方向判断错误，如此，支反力计算也必将错误，弯矩图绘制也将错误

第12篇

续表

注意的问题	禁忌示例	说　明
弯矩图突变错误	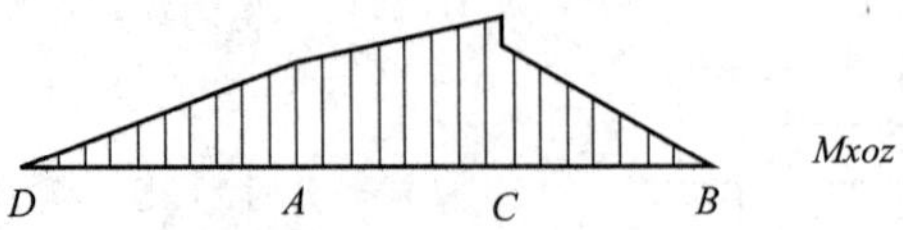 图(a)　禁忌 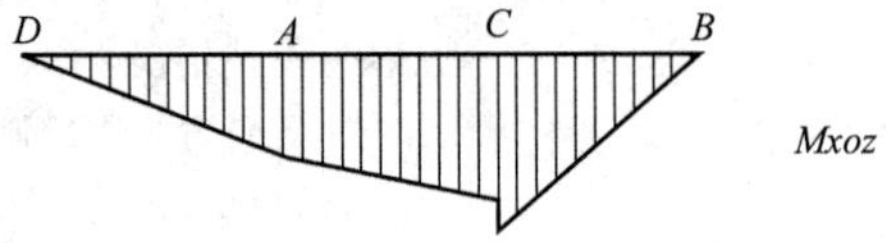 图(b)　正确	xoz 平面内 M_a 为逆时针方向，即与 Q 对 A 点的力矩方向相同，绘制 M_a 产生的力矩突变时应注意其方向（图中 R'_B 计算结果为负值，即实际为相反方向）
力矩计算漏掉 M_a	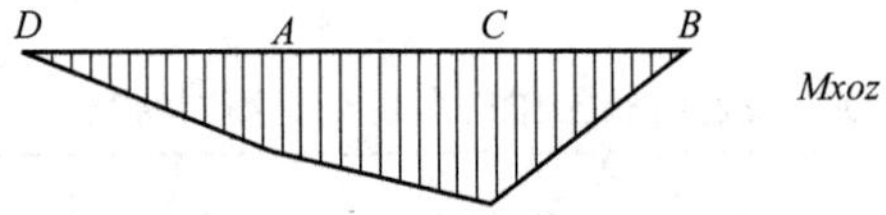 禁忌	力矩计算漏掉 M_a，将斜齿轮等同于直齿轮处理，是错误的
压轴力 Q 产生的力矩漏掉	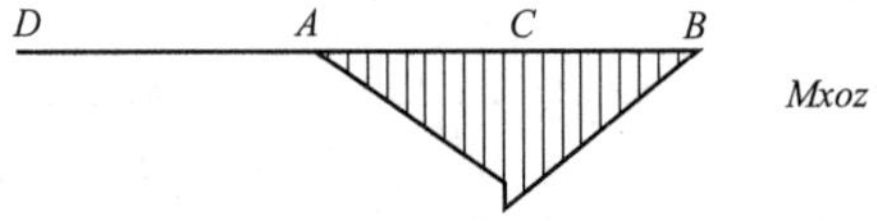 禁忌	xoz 平面内应有压轴力 Q 产生的力矩
支反力的符号（正、负值）计算错误导致弯矩图错误	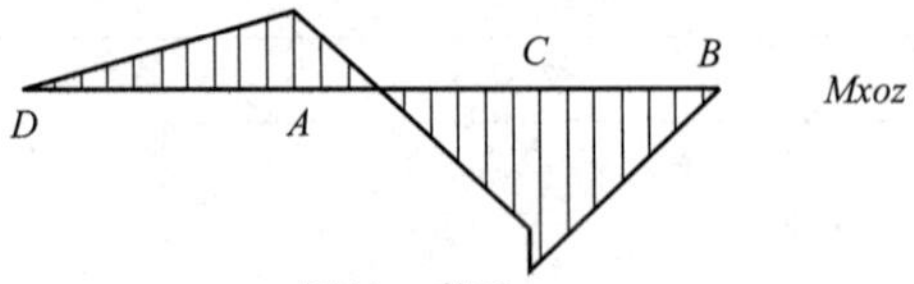 图(a)　禁忌 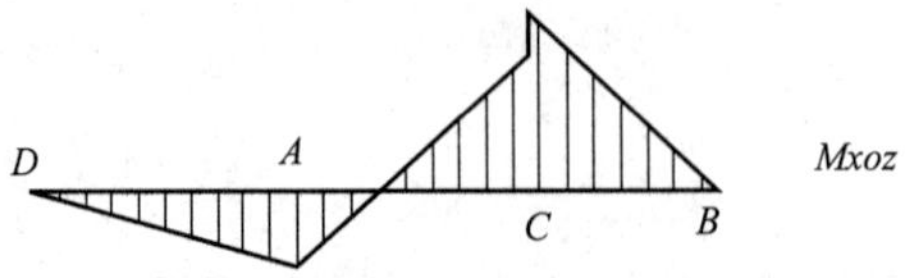 图(b)　禁忌	支反力方向一般可先假定，如计算结果为负值，则表示方向与原假设相反。此例中 R'_B 实际与 Q 同向，计算时由于疏忽将负号漏掉，致使绘图错误

续表

注意的问题	禁忌示例	说　明
xoy 平面弯矩图错误	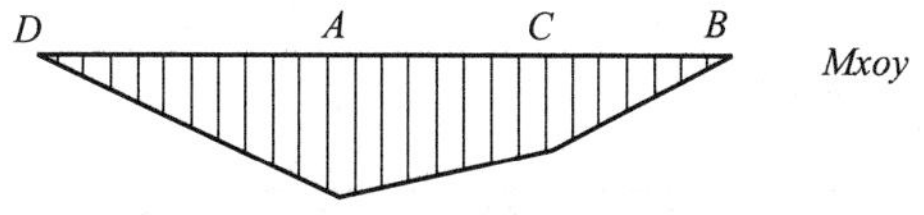 D A C B Mxoy 图(a)　禁忌 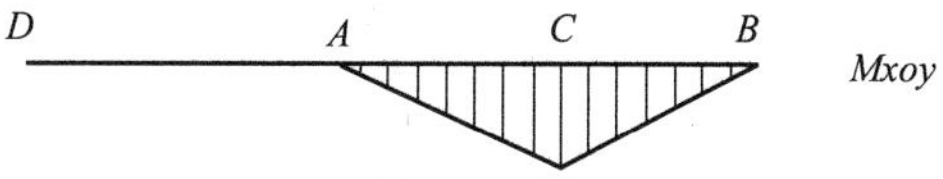 D A C B Mxoy 图(b)　正确	由传动零件作用力所处平面判断错误，导致的错误弯矩图。此例中压轴力 Q 不应在 xoy 平面，因此 AD 段无弯矩

表 12-3-5　**常见受力情况的弯矩图和禁忌**

注意的问题	禁忌示例	说　明
轴上受两同向力时的弯矩图	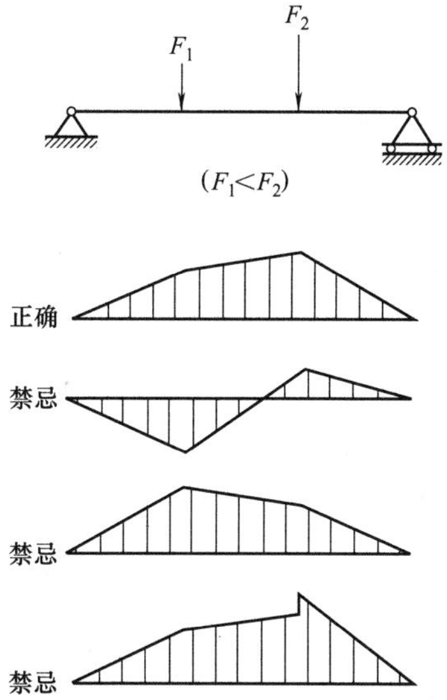 F_1 F_2 $(F_1<F_2)$ 正确 禁忌 禁忌 禁忌	轴上受两同向力且在两支点之间，弯矩必在轴的同一侧；轴上如没有附加弯矩，则弯矩图无突变点
轴上受相反方向力时的弯矩图	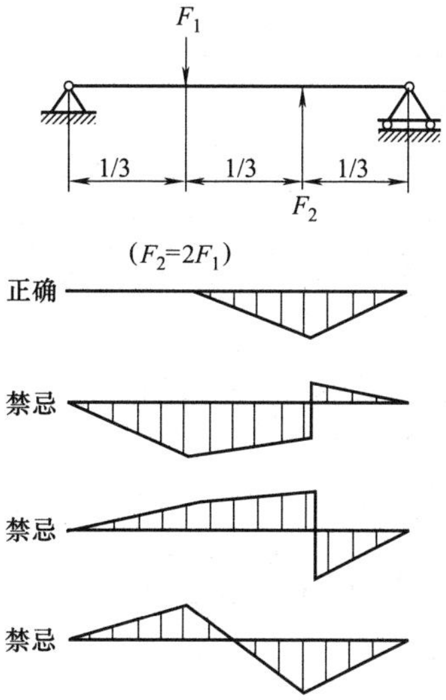 F_1 1/3 1/3 1/3 F_2 $(F_2=2F_1)$ 正确 禁忌 禁忌 禁忌	轴上受相反方向力时，弯矩不是一定分布在轴的两侧，要根据所受力的大小和位置确定

续表

注意的问题	禁忌示例	说　明
具有悬臂的轴的弯矩图	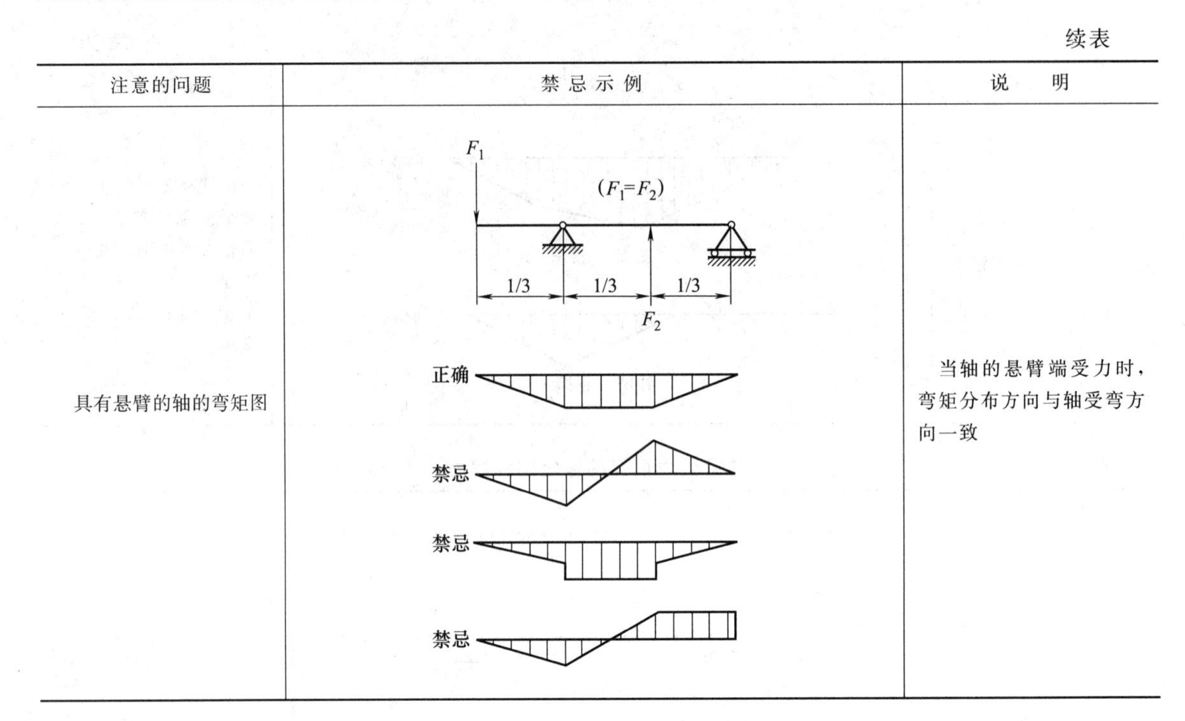	当轴的悬臂端受力时，弯矩分布方向与轴受弯方向一致

3.1.1.4　转矩图绘制禁忌

转矩图的错误常表现为转矩位置画错，并导致当量弯矩图的错误。常见的转矩图绘制禁忌见表 12-3-6。

3.1.2　轴的结构设计禁忌

由于影响轴结构因素很多，其结构随具体情况的不同而异，所以轴没有标准的结构形式，设计时需针对不同情况进行具体分析。轴的结构主要取决于：轴上载荷的性质、大小、方向及分布情况；轴上零件的类型、数量、尺寸、安装位置、装配方案、定位及固定方式；轴的加工及装配工艺以及轴的材料选择等。一般应遵循的原则是：

① 轴的受力合理，有利于提高轴的强度和刚度；

② 合理确定轴上零件的装配方案；

③ 轴上零件应定位准确，固定可靠；

④ 轴的加工、热处理、装配、检验、维修等应有良好的工艺性；

⑤ 应有利于提高轴的疲劳强度；

⑥ 轴的材料选择应注意节省材料，减轻重量。

依照上述原则，下面将有关设计问题及其禁忌分述如下。

表 12-3-6　　**转矩图绘制禁忌**

注意的问题	禁忌示例	说　明
减速器高速轴转矩图	D　A　C　B D　A　C　B 图(a)　禁忌 D　A　C　B 图(b)　正确	例 1 中 I 轴的转矩在带轮到齿轮之间，CB 段不应有转矩

第12篇

续表

注意的问题	禁忌示例	说明
转矩图错误引起的当量弯矩图错误	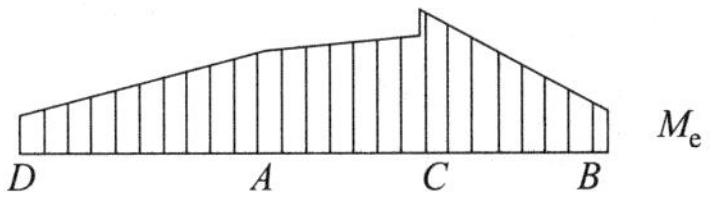 图(a)　禁忌 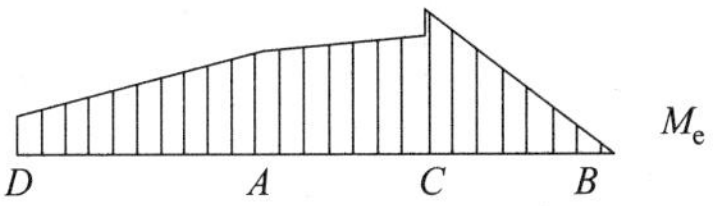 图(b)　正确	上栏的错误转矩图导致相应的错误当量弯矩图
减速器中间轴转矩图	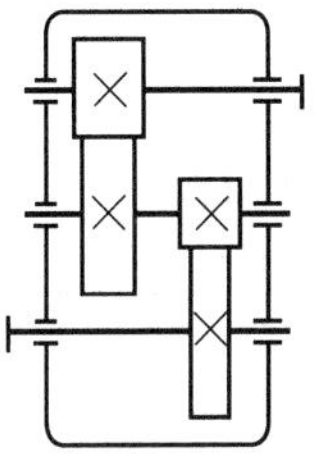 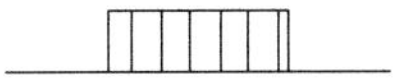 图(a)　正确 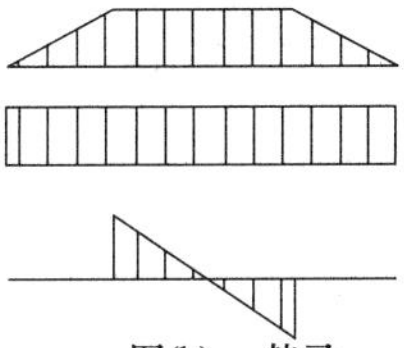 图(b)　禁忌	中间轴的转矩在两个齿轮之间，且大小和方向均不变

3.1.2.1　符合力学要求的轴上零件布置禁忌

表 12-3-7　符合力学要求的轴上零件布置禁忌

注意的问题	禁忌示例	说明
合理布置轴上零件以减小轴所受转矩	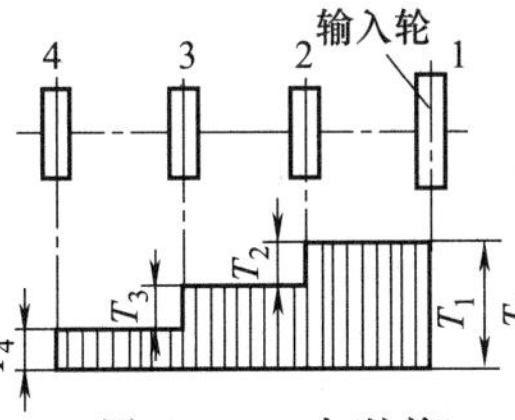 图(a)　T_{max}大(较差) 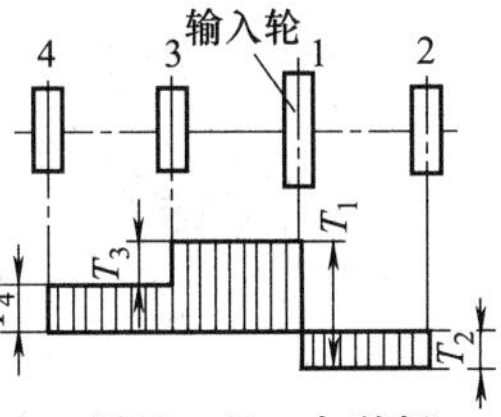 图(b)　T_{max}小(较好)	动力由轮 1 输入，通过轮 2、轮 3、轮 4 输出，图(a)轴所受的最大转矩为 $T_{max}=T_2+T_3+T_4$；图(b)轴所受的最大转矩 $T_{max}=T_3+T_4$，受力情况改善
合理布置轴上零件以消除轴所受转矩	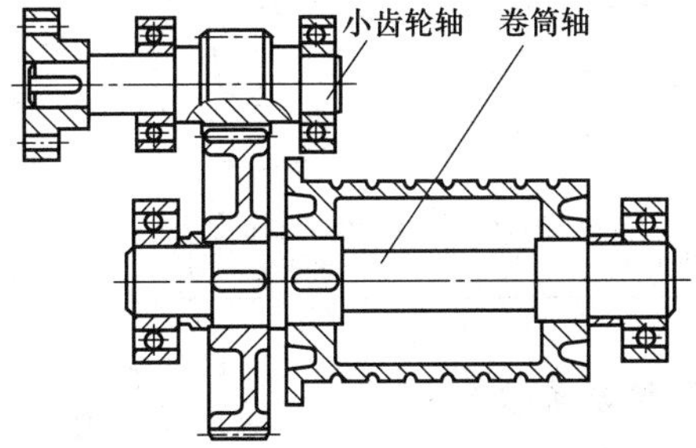 图(a)　卷筒轴受弯矩和转矩(较差)	卷扬机卷筒的两种结构方案中，图(a)的方案是大齿轮将转矩通过轴传到卷筒，卷筒轴既受弯矩又受转矩，图(b)的方案是卷筒和大齿轮连在一起，转矩经大齿轮直接传给卷筒，因而卷筒轴只受弯矩，在同样载荷 F 作用下，图(b)中卷筒轴的直径显然可比图(a)中的直径小

续表

注意的问题	禁忌示例	说明
合理布置轴上零件以消除轴所受转矩	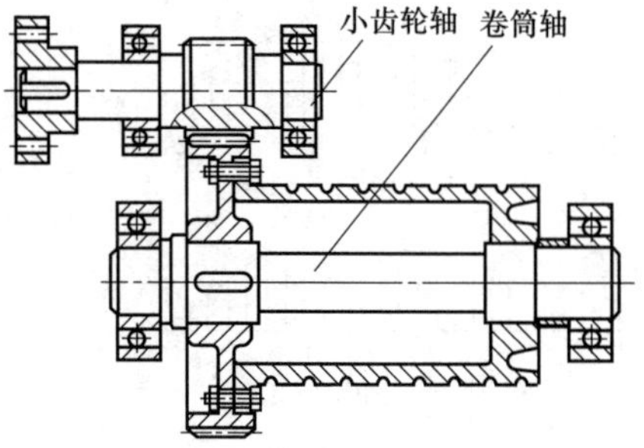 小齿轮轴　卷筒轴 图(b)　卷筒轴只受弯矩(较好)	卷扬机卷筒的两种结构方案中，图(a)的方案是大齿轮将转矩通过轴传到卷筒，卷筒轴既受弯矩又受转矩，图(b)的方案是卷筒和大齿轮连在一起，转矩经大齿轮直接传给卷筒，因而卷筒轴只受弯矩，在同样载荷 F 作用下，图(b)中卷筒轴的直径显然可比图(a)中的直径小
改进轴上零件结构减小轴所受弯矩	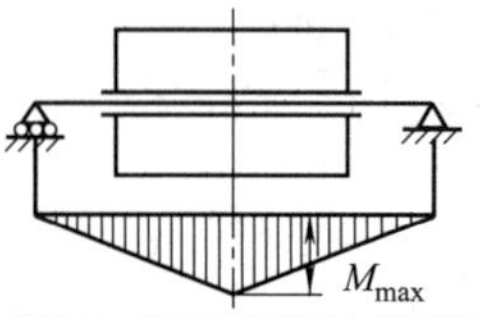 M_{max} 图(a)　轴的弯矩较大(较差) 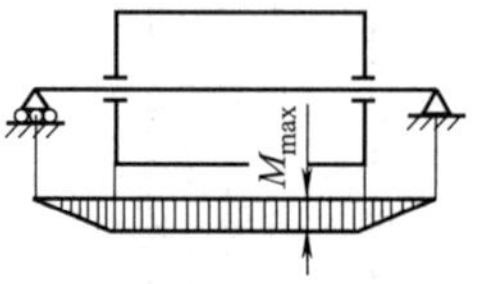 M_{max} 图(b)　轴的弯矩较小(较好)	图(a)中卷筒的轮毂很长，轴的弯矩较大，如把轮毂分成两段，如图(b)所示，不仅可以减小轴的弯矩，提高轴的强度和刚度，而且能得到良好的轴孔配合
采用载荷分流减小轴的载荷	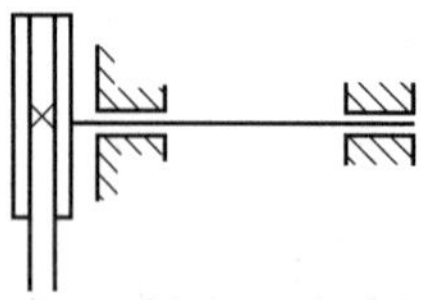 图(a)　较差 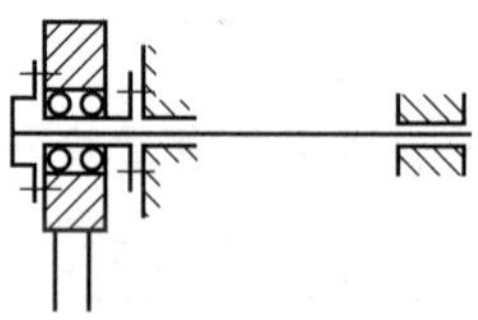 图(b)　较好 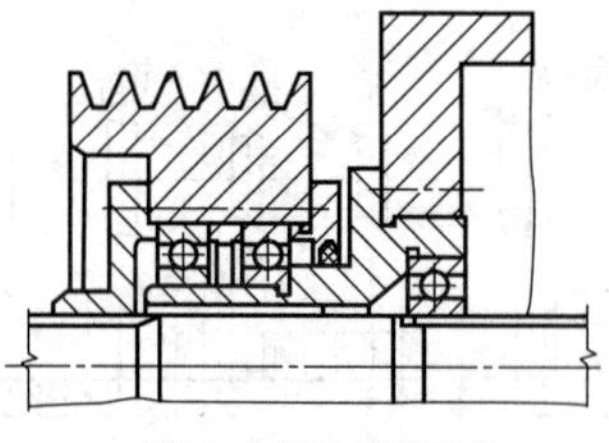 图(c)　卸荷带轮结构	改进受弯矩和转矩联合作用的转轴或轴上零件的结构，可使轴只受一部分载荷。某些机床主轴的悬伸端装有带轮[见图(a)]，刚度低，采用卸荷结构[见图(b)]可以将带传动的压轴力通过轴承及轴承座分流给箱体，而轴仅承受转矩，减小了弯曲变形，提高了轴的旋转精度。图(b)的详细结构见图(c)
采用力平衡或局部互相抵消的办法减小轴的载荷	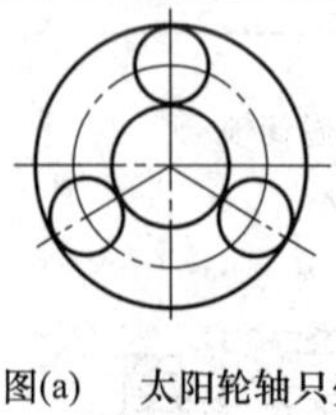 图(a)　太阳轮轴只受转矩(较好) 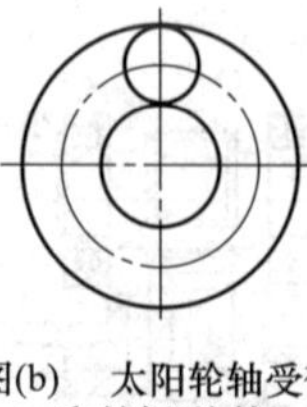 图(b)　太阳轮轴受弯矩和转矩(较差)	如图(a)所示的行星齿轮减速器，由于行星轮均匀布置，可以使太阳轮的轴只受转矩，不受弯矩，而图(b)的太阳轮轴不仅受转矩还受弯矩

3.1.2.2　合理的轴上零件装配方案禁忌

轴的结构形式与轴上零件位置及其装配方案有关，拟定轴上零件的装配方案是进行轴结构设计的前提，它决定着轴结构的基本形式。所谓装配方案，就是确定出轴上主要零件的装配方向、顺序和相互关系，合理的轴上零件装配方案禁忌见表12-3-8。

表 12-3-8　合理的轴上零件装配方案禁忌

注意的问题	禁忌示例	说　明
尽量减少轴上零件的数目	套筒 图(a)　较差 图(b)　较好	图(a)所示的齿轮从轴的右端装入，图(b)中的齿轮从轴的左端装入，前者较后者多一个长的定位套筒，使机器的零件增多，质量增大，显然图(b)的装配方案较为合理
尽量简化轴上零件的装拆	图(a)　较差　图(b)　较好	拟定轴上零件装配方案时，应避免各零件之间的装配关系相互纠缠，其中主要零件可以单独装拆，这样就可以避免许多安装中的反复调整工作。如图(a)中的小齿轮拆下时，必须拆下轴左侧的零件，图(b)的结构则比较合理
不宜在大轴的轴端直接连接小轴	图(a)　较差　图(b)　较好	当两轴直径相差很大，两轴轴承间隙差别大，磨损情况也很不相同；而且两轴的同轴度很难保证，因此小轴轴承承受不合理的附加载荷，容易破损。应采用其他传动件进行连接

3.1.2.3　轴上零件的定位与固定禁忌

轴上的每一个零件均应有确定的工作位置，既要定位准确，还要牢固可靠，下面就轴上零件的轴向定位与固定、周向固定设计禁忌分述如下。

（1）轴上零件轴向定位与固定禁忌

零件在轴上沿轴向应准确定位和可靠固定，使其有准确的位置，并能承受轴向力而不产生轴向位移，常用的轴向定位与固定方法一般是利用轴本身的组成部分，如轴肩、轴环、圆锥面、过盈配合，或者是采用附件，如套筒、圆螺母、弹性挡圈、挡环、紧定螺钉、销钉等。具体见表 12-3-9。

（2）轴上零件周向固定禁忌

轴上传递转矩的零件除轴向定位与固定外，还需周向固定，以防零件与轴之间发生相对转动。常用的周向固定方法有键连接、花键连接、销、紧定螺钉、过盈配合、型面连接等。表 12-3-10 仅列出与轴结构较为相关的一些禁忌。

表 12-3-9　　**轴上零件轴向定位与固定禁忌**

注意的问题	禁忌示例	说　明
轴肩	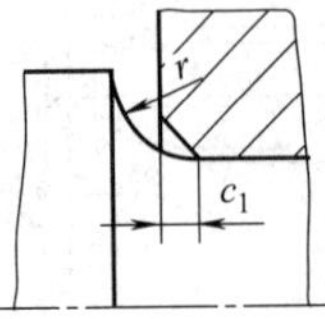 图(a)　$r>c_1$(禁忌) 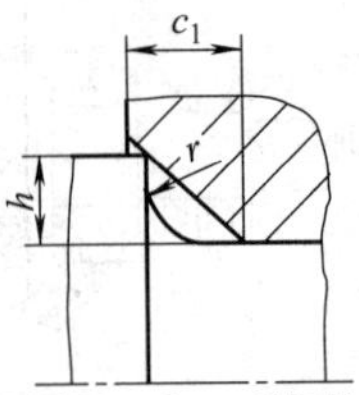 图(b)　$h<c_1$(禁忌) 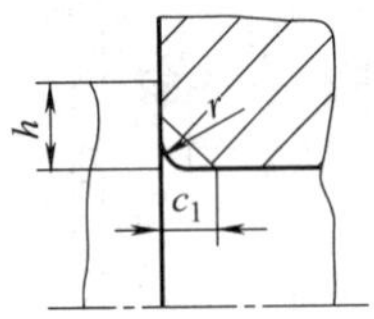 图(c)　$r<c_1$(正确) 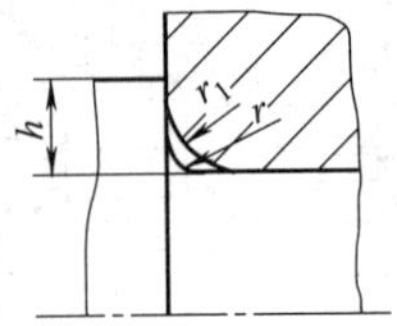 图(d)　$r<r_1$(正确)	$r>c_1$ 和 $h<c_1$ 都是不允许的[图(a)、图(b)]；r 要小于相配零件的导角尺寸 c_1 或圆角半径 r_1[图(c)、图(d)]，以保证端面靠紧；同时，为使零件端面与轴肩或轴环有一定的平面接触，轴肩或轴环的高度 h 应取为 $(2\sim3)c_1$ 或 $(2\sim3)r_1$，而在定位与固定准确可靠的前提下，应尽量使 h 小些，r 大些，以减小应力集中
轴环	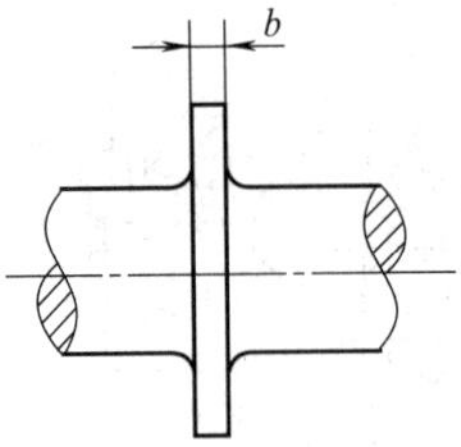 图(a)　禁忌 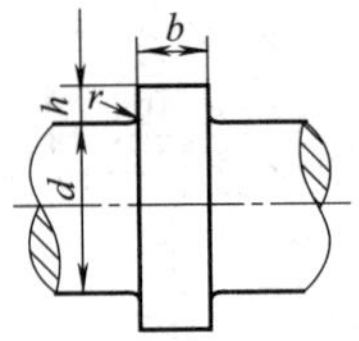 图(b)　正确	轴环的功用及尺寸参数与轴肩相同，为使其在轴向力作用下具有一定的强度和刚度，轴环宽度 b 不可太小[图(a)]，一般应取 $b\geqslant1.4h$
圆锥形轴端	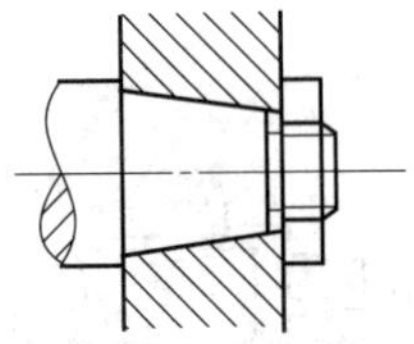 图(a)　禁忌 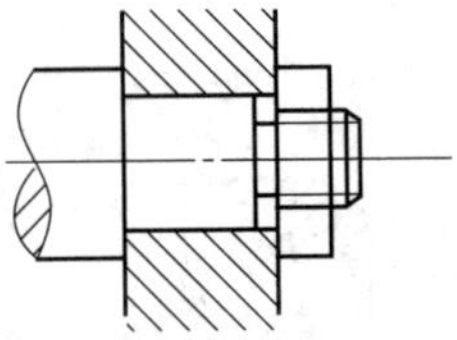 图(b)　正确	圆锥形轴端能使轴上零件与轴保持较高的同轴度，且连接可靠，但不能限定零件在轴上的正确位置，尤其要注意避免采用双重配合结构[图(a)]，需要限定准确的轴向位置时，只能改用圆柱形轴端加轴肩才是可靠的
轴套	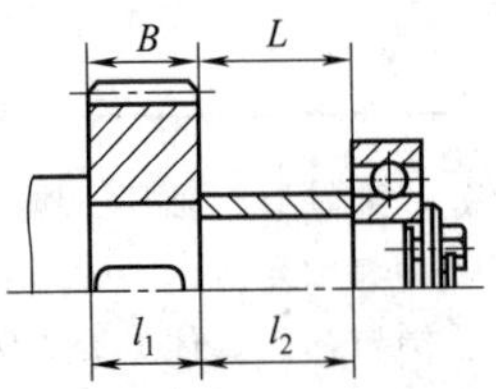 图(a)　禁忌 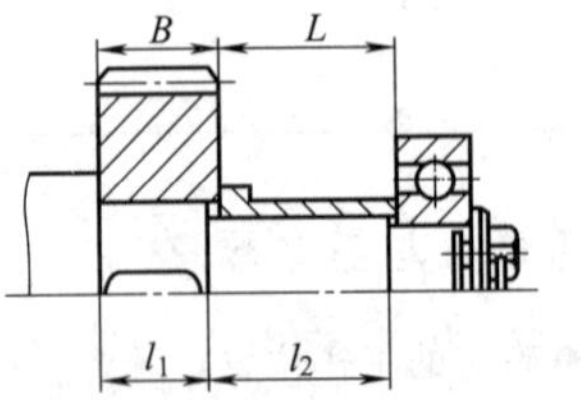 图(b)　正确 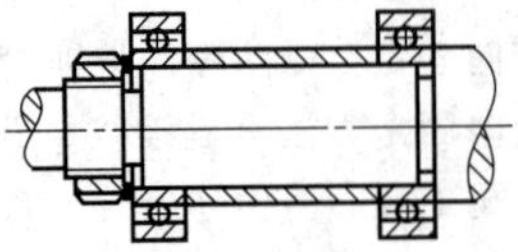 图(c)　禁忌 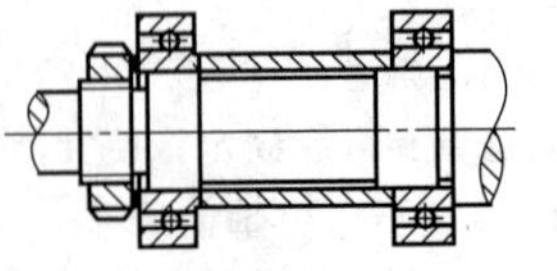 图(d)　正确	图(a)($B=l_1$，$B+L=l_1+l_2$)结构由于加工误差等极易造成套筒两端面与齿轮、轴承两端面间出现间隙，致使轴上零件不能准确定位与可靠固定。一般 $l_1=B-(2\sim3)$mm，且 l_1+l_2 应略小于 $B+L$，如图(b)所示 轴与轴套配合部分较长时，应留有间隙，以减少配合长度，如图(d)所示

续表

注意的问题	禁忌示例	说明
圆螺母	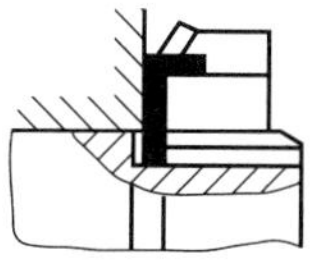 图(a)　禁忌 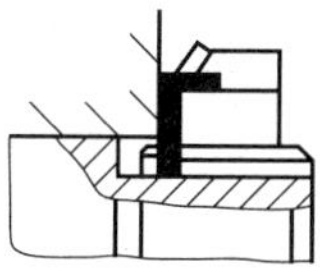　　图(b)　正确	采用圆螺母加止动垫圈固定轴上零件时，止动垫圈内侧舌片处于轴上螺纹退刀槽部分，未能起到止转作用[图(a)]，因此轴上的螺纹长度必须确保安装时内侧舌片处于止动沟槽内[图(b)]
弹性挡圈	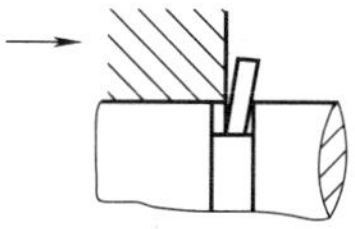 图(a)　禁忌 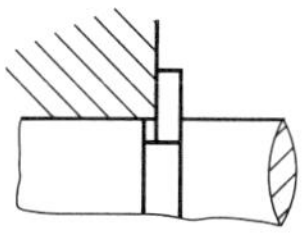　　图(b)　正确	为防止零件脱出，弹性挡圈一定要装牢在轴槽中
轴端挡圈	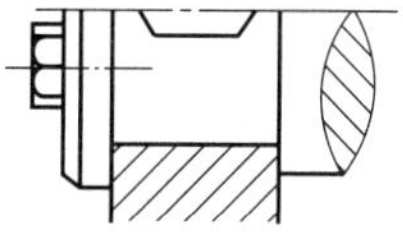 图(a)　禁忌 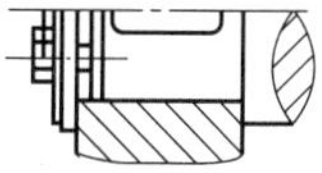　　图(b)　正确	为使挡圈在轴端更好地压紧被固定零件的端面，应使轴的配合部分长小于轴上零件配合部分长 2～3mm
轴承端盖	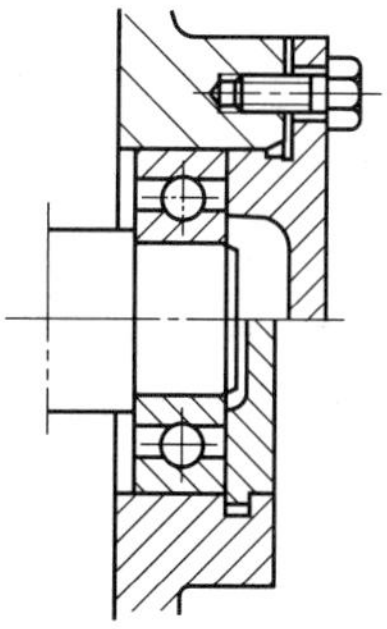 图(a)　禁忌 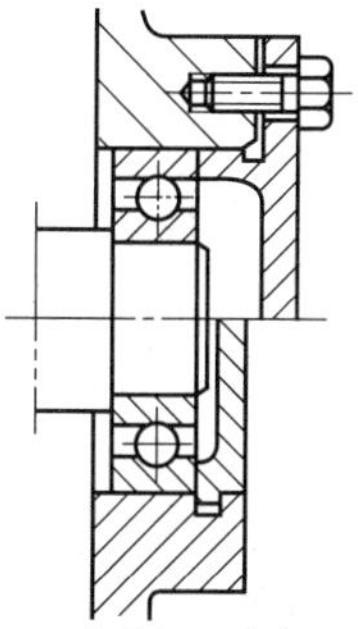　　图(b)　正确	采用轴承端盖轴向固定时，要注意勿使轴承盖的底部压住轴承的转动圈，滚动轴承内圈(转动件)与轴承端盖(静止件)相接触，摩擦严重，甚至使轴无法转动

表 12-3-10　轴上零件周向固定禁忌

注意的问题	禁忌示例	说明
轴上两平键的设置	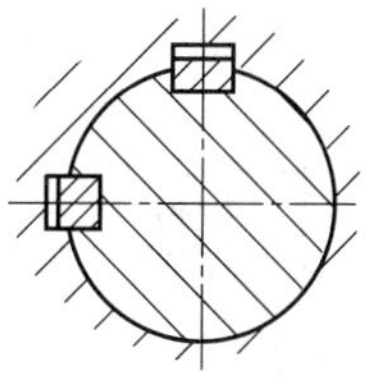 图(a)　禁忌 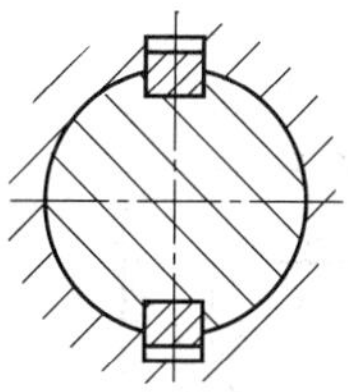　　图(b)　正确	当采用两个平键时，为使轴受力平衡和截面变化均匀，一般设置在同一轴段上相隔 180°的位置

续表

注意的问题	禁忌示例	说明
轴上两楔键的设置	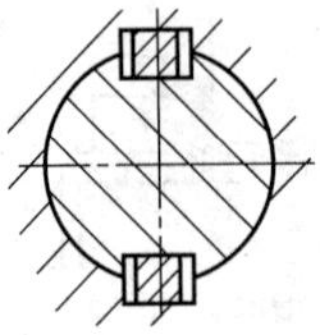 120° 图(a) 禁忌 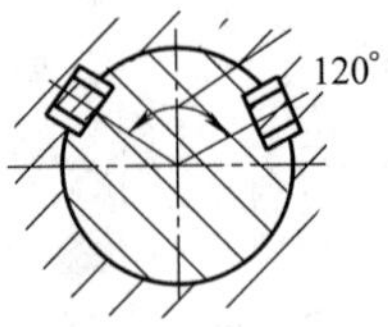 图(b) 正确	当采用两个楔键时，键不应在相隔180°的位置，这样传递的转矩与一个键相同，两键相距越近，传递转矩越大，但相距太近时轴强度降低，一般两槽应相隔90°～120°
轴上两半圆键的设置	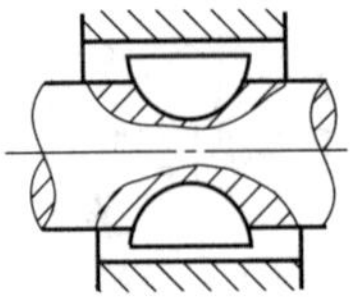 图(a) 禁忌 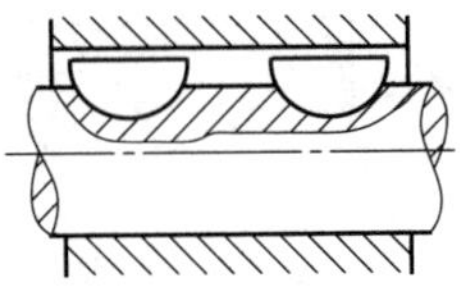 图(b) 正确	当采用两个半圆键时，为不过分削弱轴的强度，两键应设置在轴的同一母线上
长轴上多个键槽的设置	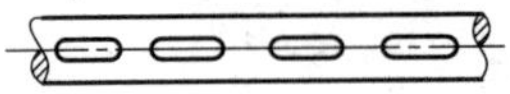 图(a) 禁忌 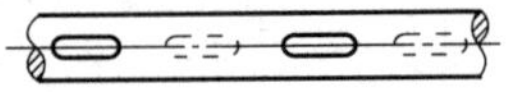 图(b) 正确	在长轴上要避免在一侧开多个键槽或长键槽，因为这会使轴丧失全周的均匀性，易造成轴的弯曲，因此要交替相反在两侧布置键槽，且相隔180°对称布置
滚筒与轴的连接	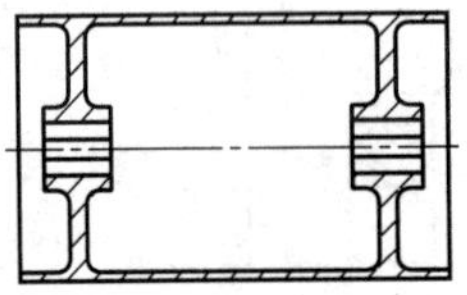 图(a) 禁忌 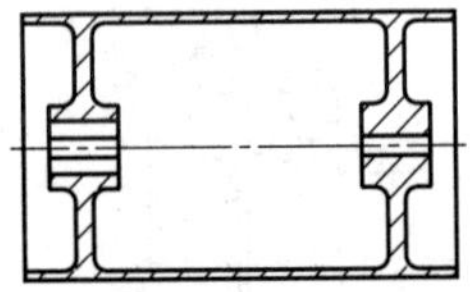 图(b) 正确	带式输送机的滚筒用两个键与轴相连接，由于两个键槽的加工是两次完成的，键槽的位置精度不易保证，因此轴与滚筒的装配有一定的困难，可改为仅在一个轮毂上加工一个键槽，另一端采用过盈配合
过盈配合处装配起点的倒角与倒锥	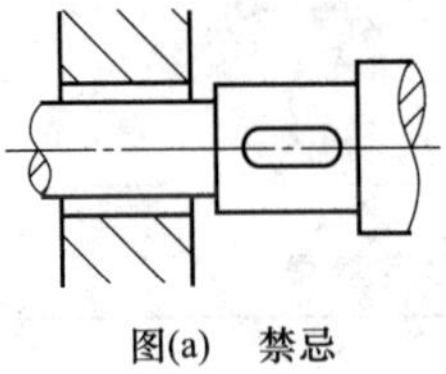 图(a) 禁忌 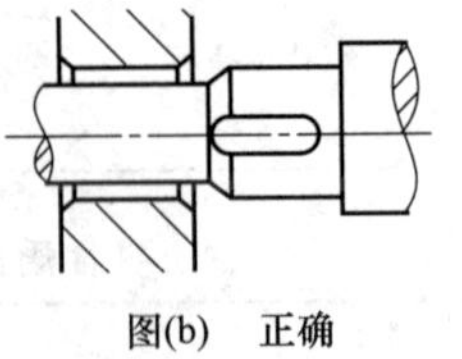 图(b) 正确	如果装配的起点呈尖角，在安装时将很费事，为便于装配，应将两零件的起点或者至少其中一个零件制成倒角或倒锥
轴与几个零件的过盈配合	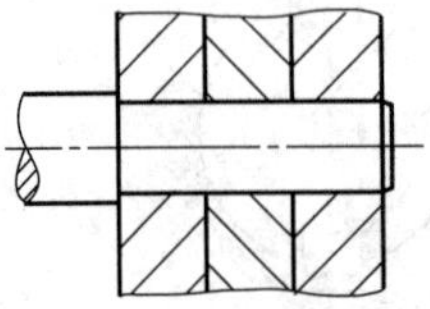 图(a) 禁忌 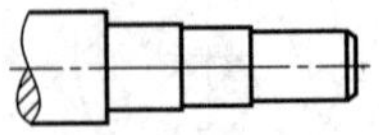 图(b) 正确	图(a)在安装第一个零件时，就挤压了全部的过盈表面，而使轴的尺寸发生了变化，造成后装的零件得不到足够的过盈量。如各段之间逐一给出微小的阶梯差，可使安装时互不干涉，见图(b)

续表

注意的问题	禁忌示例	说明
两配合表面不要同时装配	图(a)　禁忌　　图(b)　正确	两处装配尺寸应避免同时安装的困难，首先使一处安装，以此为支承再安装另一处，这样就方便得多了

3.1.2.4　轴的结构工艺性设计禁忌

轴的结构工艺性可从加工工艺性和装配工艺性两方面分析。

（1）轴的加工工艺性设计禁忌（表 12-3-11）

表 12-3-11　　轴的加工工艺性设计禁忌

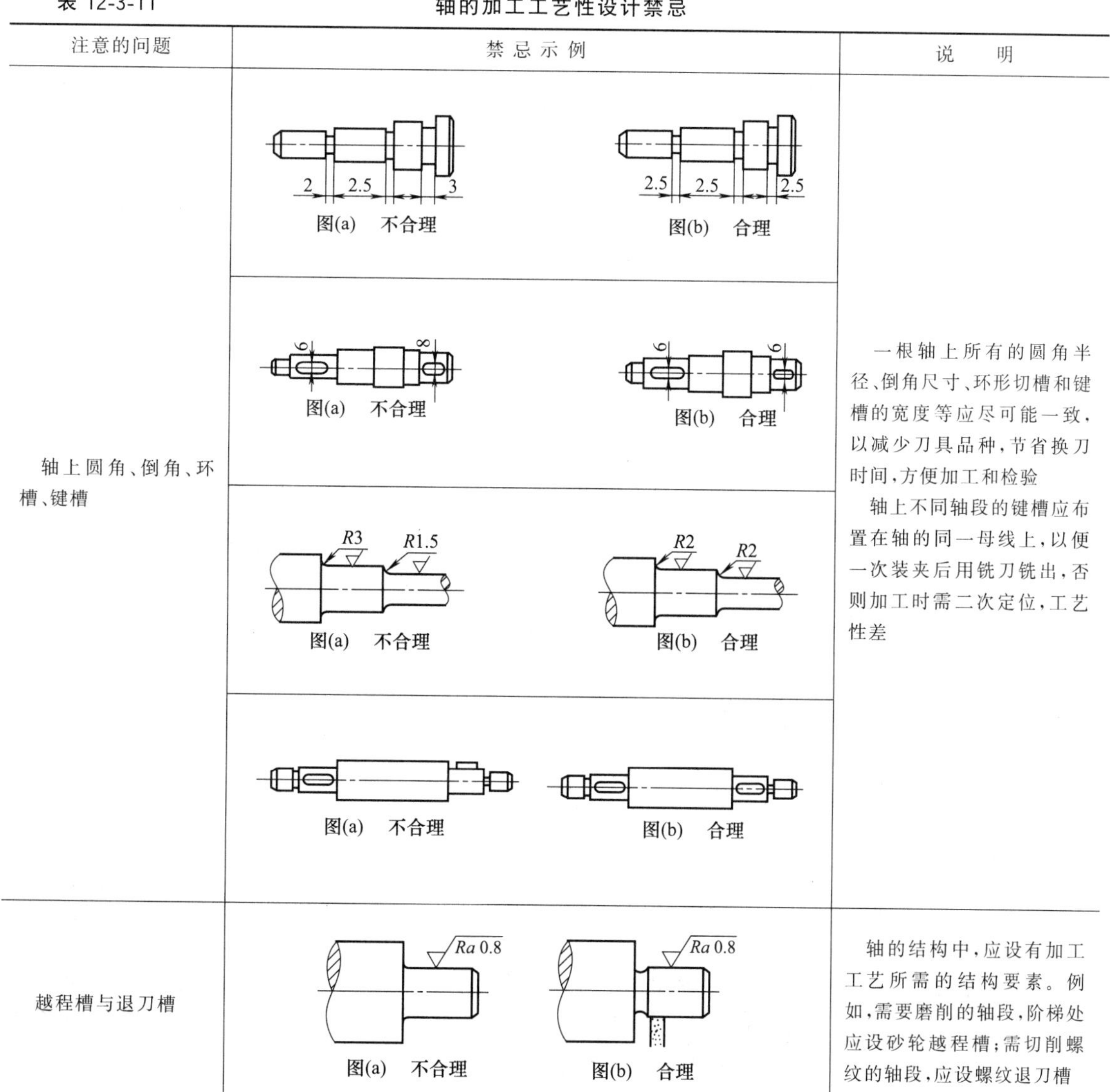

注意的问题	禁忌示例	说明
轴上圆角、倒角、环槽、键槽	2　2.5　3 图(a)　不合理 2.5　2.5　2.5 图(b)　合理	一根轴上所有的圆角半径、倒角尺寸、环形切槽和键槽的宽度等应尽可能一致，以减少刀具品种，节省换刀时间，方便加工和检验 轴上不同轴段的键槽应布置在轴的同一母线上，以便一次装夹后用铣刀铣出，否则加工时需二次定位，工艺性差
	6　8 图(a)　不合理 6　6 图(b)　合理	
	R3　R1.5 图(a)　不合理 R2　R2 图(b)　合理	
	图(a)　不合理 图(b)　合理	
越程槽与退刀槽	Ra 0.8 图(a)　不合理 Ra 0.8 图(b)　合理	轴的结构中，应设有加工工艺所需的结构要素。例如，需要磨削的轴段，阶梯处应设砂轮越程槽；需切削螺纹的轴段，应设螺纹退刀槽

第 12 篇

续表

注意的问题	禁忌示例	说明
越程槽与退刀槽	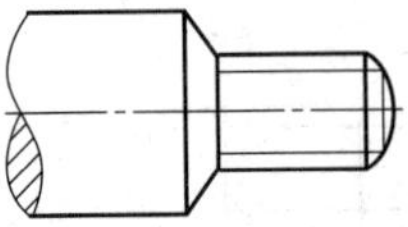 图(a) 不合理 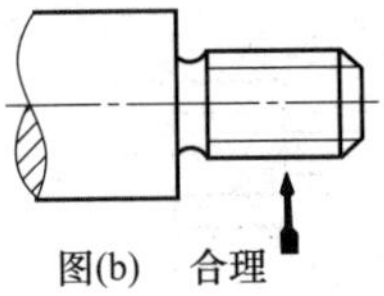　图(b) 合理	轴的结构中,应设有加工工艺所需的结构要素。例如,需要磨削的轴段,阶梯处应设砂轮越程槽;需切削螺纹的轴段,应设螺纹退刀槽
锥面两端退刀结构	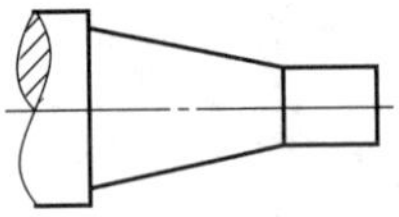 图(a) 不合理 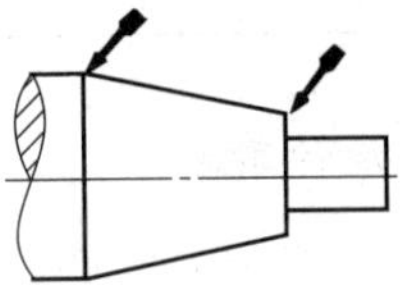　图(b) 合理	锥面两端点结构应使加工时退刀方便
轴结构应有利于切削	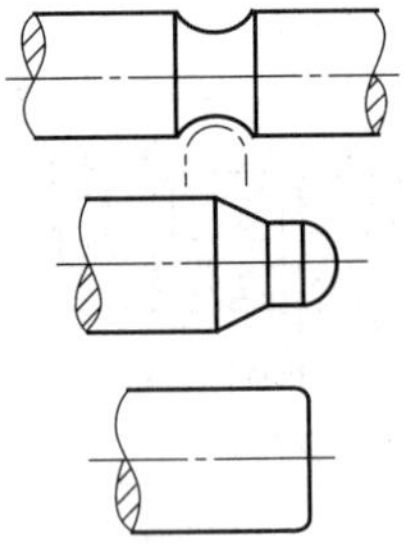 图(a) 不合理 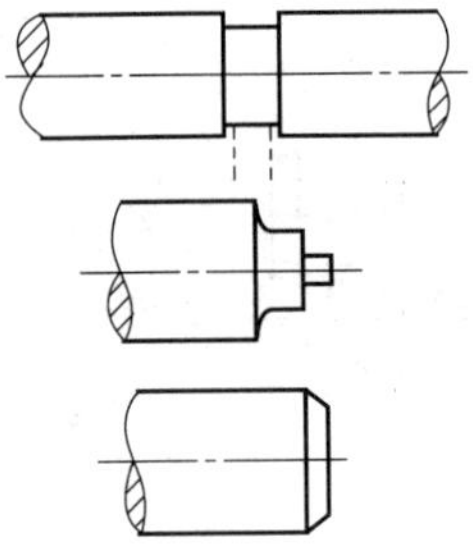　图(b) 合理	轴的结构设计应利于切削,一般而言,球面、锥面应尽量避免,而优先选用柱面。如图(a)所示结构看上去比如图(b)所示结构简单,实则不然。图(b)所示结构用车削加工能加工全长,而图(a)所示结构要进行几次加工
尽量减少切削量	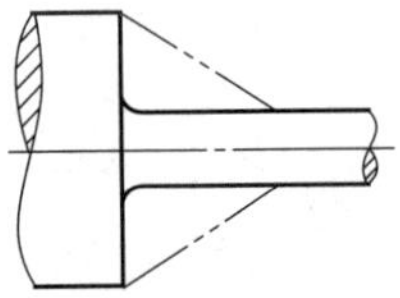 图(a) 不合理 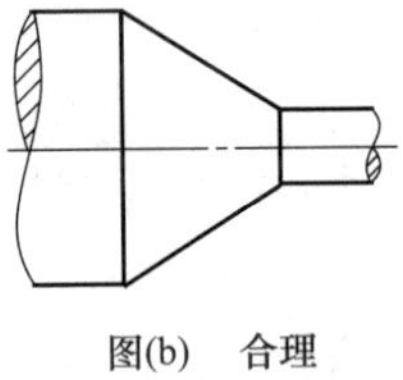　图(b) 合理	图(a)结构切削量过大,且受力状况不良,可考虑在不妨碍功能的前提下改为如图(b)所示的平稳过渡的结构
轴上钻小孔	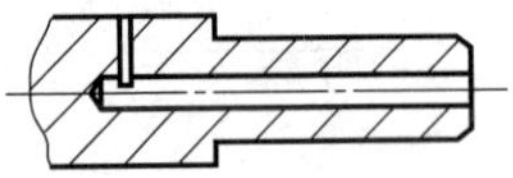 图(a) 不合理 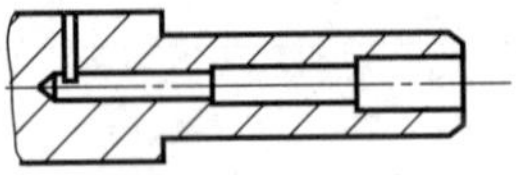　图(b) 合理	在轴上钻小直径的深孔,加工非常困难,钻头易折断,钻头折断了取出也非常困难,所以一般要根据孔的深度尽可能选用稍大的孔径,或者采用向内依次递减直径的方法
配合尺寸与配合精度	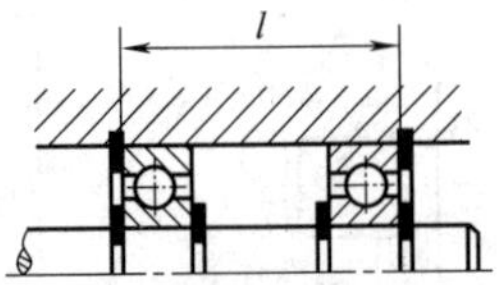 l 图(a) 不合理 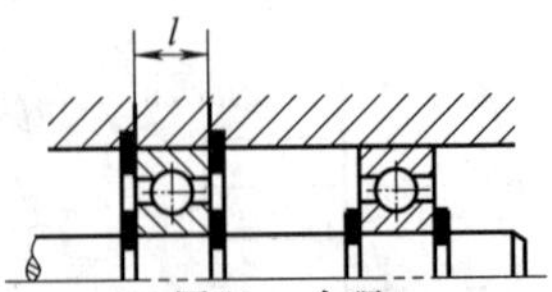　l 图(b) 合理	同样加工精度要求,配合公称尺寸越小,加工越容易,加工精度也越容易提高,因此在结构设计时,应使有较高配合精度要求的工作面的面积和两配合之间的距离尽可能小

（2）轴的装配工艺性设计禁忌（表 12-3-12）

表 12-3-12　轴的装配工艺性设计禁忌

注意的问题	禁忌示例	说明
配合圆柱面应有阶梯	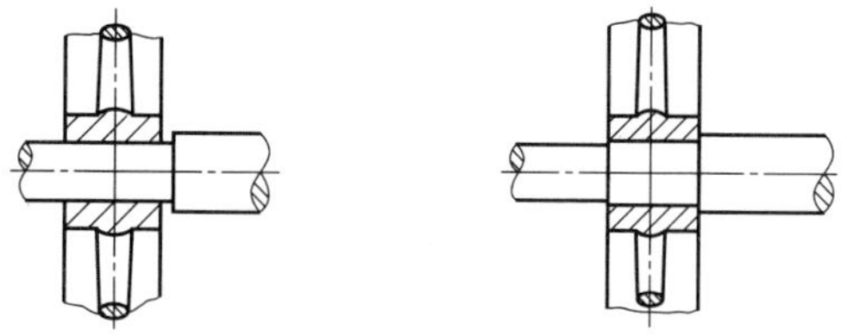 图(a)　禁忌　图(b)　正确	为避免装拆时擦伤配合表面，应将配合的圆柱表面作成阶梯形
轴承的拆卸	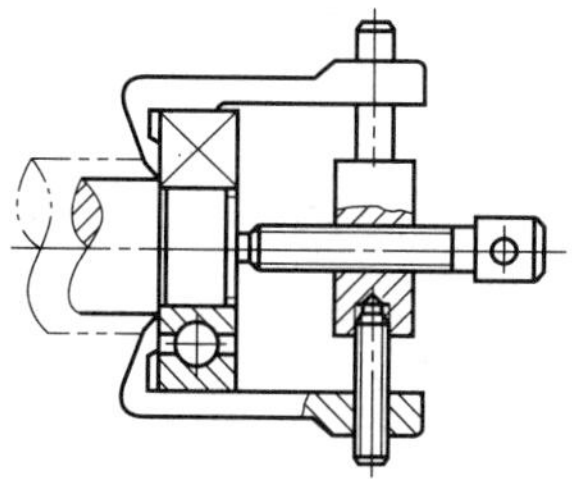 双点画线为禁忌结构；实线为正确结构	固定轴承的轴肩高度应低于轴承内圈厚度，一般不大于内圈厚度的 3/4。如轴肩过高，如图中双点画线所示，将不便于轴承的拆卸
热装金属环的拆卸	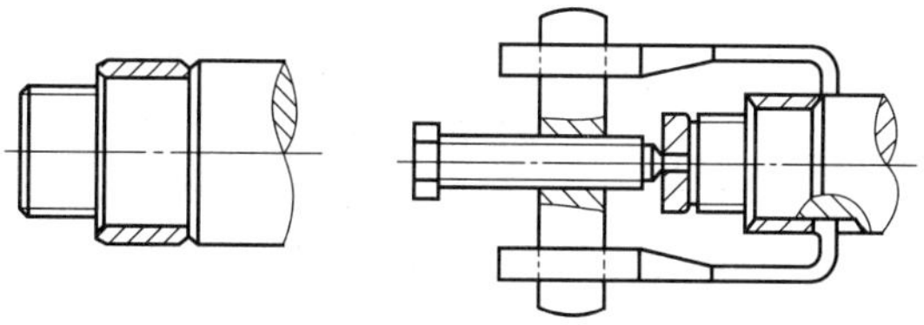 图(a)　禁忌　图(b)　正确	热装在轴颈上的金属环，需在一端留有槽，以便拆卸工具有着力点，否则拆下金属环将很困难

3.1.2.5　提高轴的疲劳强度措施及禁忌

大多数轴是在变应力条件下工作的，其疲劳损坏多发生于应力集中部位，因此设计轴的结构必须要尽量减少应力集中源和降低应力集中的程度。常用的措施和禁忌见表 12-3-13。

表 12-3-13　提高轴的疲劳强度措施及禁忌

注意的问题	禁忌示例	说明
降低轴肩圆角应力集中	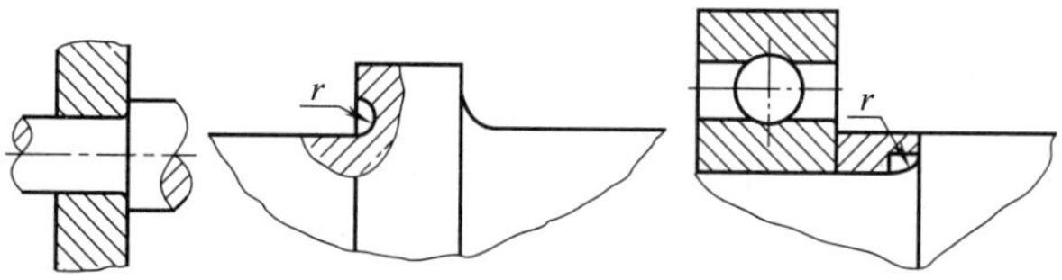 r　r　图(a)　较差　图(b)　较好	在轴径变化处尽量采用较大的圆角过渡，当圆角半径的增大受到限制时，可采用凹切圆角、过渡肩环等结构

续表

注意的问题	禁忌示例	说　明
降低过盈配合处的应力集中	图(a)　较差　　图(b)　较好 应力集中系数 K_σ约减小15%～25% d　d_1　　d　$1.05d$　r 图(c)　较好　　图(d)　较好 $d_1=(1.06\sim1.08)d$ K_σ约减小40% $r>(0.1\sim0.2)d$ K_σ约减小30%～40%	当轴与轮毂为过盈配合时，配合的边缘处会产生较大的应力集中[图(a)]，为减小应力集中，可在轮毂上开卸载槽[图(b)]；轴上开卸载槽[图(c)]；或者加大配合部分的直径[图(d)]
减小轴上键槽引起的应力集中	图(a)　较差　　图(b)　较好 r 图(c)　较差　　图(d)　较好	为了不使键槽的应力集中与轴阶梯的应力集中相重合，要避免把键槽铣削至阶梯部位[图(a)] 用端铣刀铣出的键槽[图(c)]比用盘铣刀铣出的键槽[图(d)]应力集中大

3.1.2.6　空心轴的结构设计及禁忌

(1) 空心轴工作应力分布合理且节省材料

对于大直径圆截面轴，做成空心环形截面能使轴在受弯矩时的正应力和受扭转时的切应力得到合理分布，使材料得到充分利用，如采用型材，则更能提高经济效益。例如图 12-3-6 所示，汽车的传动轴 AB 在同等强度的条件下，空心轴的重量仅为实心轴重量的 1/3，节省了大量材料，经济效益好。两种方案有关数据的对比列于表 12-3-14。

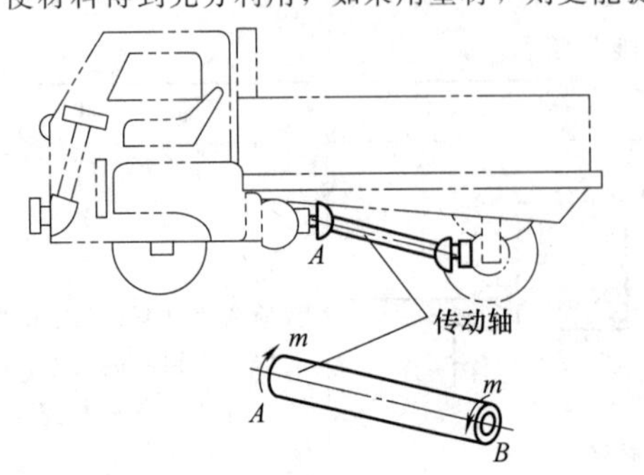

图 12-3-6　汽车的空心传动轴

表 12-3-14　汽车的传动轴方案对比

项　目	类　型	
	空　心　轴	实　心　轴
材料	45 钢 管	45 钢
外径/mm	90	53
壁厚/mm	2.5	—
强度	相同	
重量比	1∶3	
结构性能	合理	不合理

(2) 空心轴结构设计及禁忌（表 12-3-15）

表 12-3-15　　空心轴结构设计及禁忌

注意的问题	禁忌示例	说　明
空心轴上的键槽	图(a)　较差　　图(b)　较好	在空心轴上使用键连接时，必须注意轴的壁厚，注意不要造成因开设键槽而使键槽部位的壁厚变得太薄。可采用薄形键或增加轴的壁厚
空心曲轴	图(a)　实心轴(较差) 图(b)　空心轴(较好)	对于传递较大功率的曲轴，采用中空结构不但可以减轻轴的重量和减小其旋转惯性力，还可以提高曲轴的疲劳强度。若采用实心结构[图(a)]，应力集中比较严重，尤其是在曲柄与曲轴连接的两侧处，对曲轴承受疲劳交变载荷极为不利。采用图(b)结构不但可使原应力集中区的应力分布均匀，而且有利于后面热处理工艺所引发的残余应力的消除

3.1.3　轴的刚度计算及相关结构禁忌

3.1.3.1　轴的刚度计算

同强度计算一样，轴的受力分析错误也会导致轴的刚度计算错误，对轴的受力分析禁忌前面已详述，这里不再重复，而对某些精密轴系，刚度要求一般较高，计算时应注意。

（1）轴的尺寸取决于强度与刚度的弱者

通常习惯认为轴的尺寸（比如轴径的大小）主要取决于轴的强度计算，其实有时并非如此，因为很多设计中轴的尺寸是由刚度条件决定的。轴径的大小应取两者之间的弱者，从下面的实例不难看出轴的直径是由刚度决定的。

例 3　一钢制等直径轴，传递的转矩 $T=4000\text{N}\cdot\text{m}$。已知轴的许用切应力 $[\tau]=400\text{MPa}$，轴的长度 $l=1700\text{mm}$，轴在全长上扭角 φ 不得超过 1°，钢的切变模量 $G=8\times10^4\text{MPa}$，试求轴的直径。为便于对比，将计算有关内容列于表 12-3-16。

（2）精确计算精密丝杠类轴的刚度

对传动精度要求较高的机床中，丝杠轴过大的变形会严重影响机床的加工精度，所以必须精确计算丝杠轴的刚度。为使问题更具体，现举例说明其刚度计算时应注意的问题。

例 4　某精密车床纵向进给螺旋，其螺杆为 T44×12-8，中径 $d_2=38\text{mm}$，小径 $d_1=31\text{mm}$，螺距 $t=12\text{mm}$，材料为 45 钢，轴向载荷 $F_a=10000\text{N}$，转矩 $T=39217\text{N}\cdot\text{mm}$，螺杆支承间距 $L=2700\text{mm}$，8 级精度螺杆，螺距累积变化量允许值 $[\lambda]=55\mu\text{m/m}$，弹性模量 $E=2.1\times10^5\text{MPa}$，$G=8\times10^4\text{MPa}$，试对此轴进行刚度校核。

因丝杠为纵向进给，工作时受轴向载荷和转矩作用，这两种载荷都将引起螺距变化，影响螺旋的传动精度，从而影响机床的加工精度，所以必须将两种载荷引起的螺距总变形量限制在允许的范围内，才能保证所需的加工精度，只考虑其中一种载荷的计算是错误的。为清楚起见，表 12-3-17 对比了本实例刚度计算的几种正确与错误的计算方法。

表 12-3-16　　例 3 按强度条件与刚度条件计算轴径

计算项目＼计算方法	按强度条件计算	按刚度条件计算
传递转矩 T/N·m	4000	4000
轴长 l/mm	1700	1700
轴许用切应力$[\tau]$/MPa	40	40
切变模量 G/MPa	8×10^4	8×10^4
许用扭角 φ/(°)	—	$\varphi<1$
计算公式	$\tau\approx\dfrac{T}{0.2d^3}\leqslant[\tau]\Rightarrow d\geqslant\sqrt[3]{\dfrac{T}{0.2[\tau]}}$	$\varphi=\dfrac{32Tl}{G\pi d^4}\leqslant[\varphi]\Rightarrow d\geqslant\sqrt[4]{\dfrac{32Tl}{\pi G[\varphi]}}$
计算轴径/mm	$d\geqslant79.4$	$d\geqslant83.9$
圆整取标准直径/mm	$d=80$	$d=85$
结论	满足强度，不满足刚度，不合理	既满足强度，也满足刚度，合理

表 12-3-17　　例 4 精密丝杠刚度计算方法对比

计算项目＼计算方法	计算 F_a 产生的螺距变形 λ_{Fa}	计算 T 产生的螺距变形 λ_T	计算 T 产生的扭转角 φ	计算 F_a 与 T 共同产生的螺距变形量 $\lambda_总$
载荷	$F_a=10000$N	$T=39217$N	$T=39217$N	$F_a=10000$N 与 $T=39217$N
计算公式	$\lambda_{Fa}=\dfrac{4F_a}{\pi d_2^2E}$	$\lambda_T=\dfrac{16Tt}{\pi^2Gd_2^4}$	$\varphi=\dfrac{32TL}{G\pi d_1^4}$	$\lambda_总=\lambda_{Fa}+\lambda_T$
相应变形	$\lambda_{Fa}=41.99(\mu m/m)$	$\lambda_T=4.574(\mu m/m)$	$\varphi=0.46°$ $L=2700$mm	$\lambda_总=46.56(\mu m/m)$
计算结果	$\lambda_{Fa}<[\lambda]$ $[\lambda]=55(\mu m/m)$	$\lambda_T<[\lambda]$ $[\lambda]=55(\mu m/m)$	$\varphi<[\varphi]$ $[\varphi]=1°$	$\lambda_总<[\lambda]$ $[\lambda]=55(\mu m/m)$
结论	错误	错误	错误	正确

3.1.3.2　轴的刚度与轴上零件布置设计禁忌

（1）轴上零件布置设计禁忌（表 12-3-18）

表 12-3-18　　轴上零件布置设计禁忌

注意的问题	禁忌示例	说　明
轴上齿轮非对称布置应远离转矩输入端	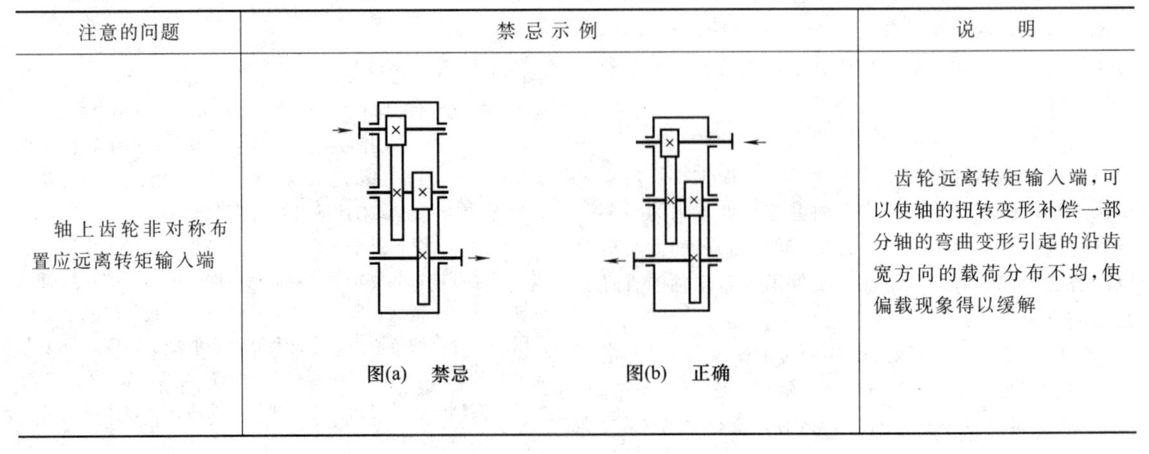 图(a)　禁忌　　图(b)　正确	齿轮远离转矩输入端，可以使轴的扭转变形补偿一部分轴的弯曲变形引起的沿齿宽方向的载荷分布不均，使偏载现象得以缓解

续表

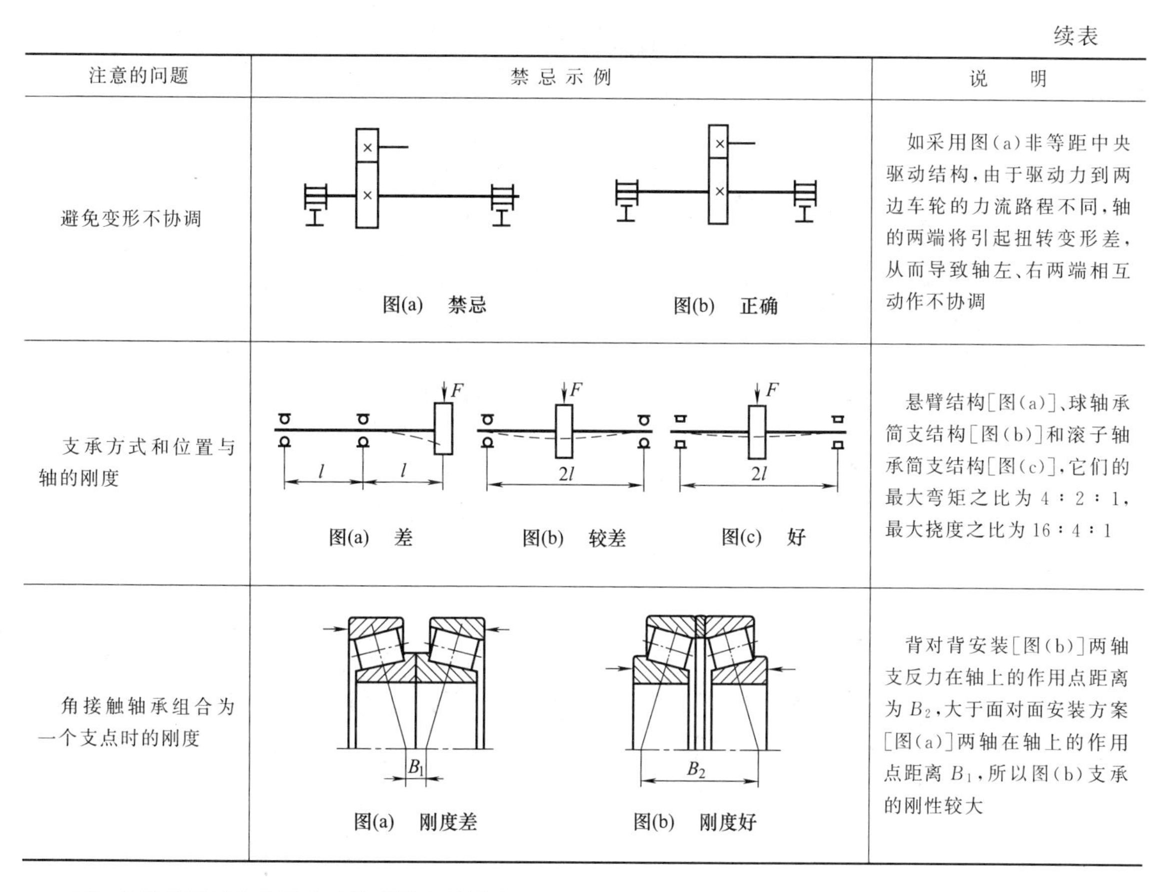

注意的问题	禁忌示例	说明
避免变形不协调	图(a)　禁忌　　图(b)　正确	如采用图(a)非等距中央驱动结构，由于驱动力到两边车轮的力流路程不同，轴的两端将引起扭转变形差，从而导致轴左、右两端相互动作不协调
支承方式和位置与轴的刚度	F　l　l　图(a)　差　　F　$2l$　图(b)　较差　　F　$2l$　图(c)　好	悬臂结构[图(a)]、球轴承简支结构[图(b)]和滚子轴承简支结构[图(c)]，它们的最大弯矩之比为 4∶2∶1，最大挠度之比为 16∶4∶1
角接触轴承组合为一个支点时的刚度	B_1　图(a)　刚度差　　B_2　图(b)　刚度好	背对背安装[图(b)]两轴支反力在轴上的作用点距离为 B_2，大于面对面安装方案[图(a)]两轴在轴上的作用点距离 B_1，所以图(b)支承的刚性较大

(2) 角接触轴承安装形式对轴系刚度的影响

对于分别处于两支点的一对角接触轴承，应根据具体载荷位置分析其刚性，载荷作用在两轴承之间时，面对面安装布置的轴系刚性好；而当载荷作用在轴承外侧时，背对背安装布置轴系刚性好。具体分析见表 12-3-19。

表 12-3-19　　角接触轴承不同安装形式对轴系刚度的影响

安装形式	工作零件(作用力)位置	
	悬伸端	两轴承间
面对面(正装)	l_1　l_{O1}　A	l_1　B
背对背(反装)	l_2　l_{O2}　A	l_2　B
比较	$l_2>l_1$，$l_{O2}<l_{O1}$ 工作端 A 点挠度 $\delta_{A2}<\delta_{A1}$ 背对背刚性好	$l_1<l_2$ B 点挠度 $\delta_{B1}<\delta_{B2}$ 面对面刚性好

3.1.3.3 轴的刚度与轴上零件结构设计禁忌

（1）滚动轴承类型选取

滚动轴承是轴系组成中的一个重要零件，其刚度将直接影响到轴系的刚度。对刚度要求较大的轴系，选择轴承类型时，宽系列优于窄系列，滚子轴承优于球轴承，双列优于单列，小游隙优于大游隙。选用调心类轴承会降低轴系刚度。

（2）刚度不足如何修改

轴的刚度与轴自身的形状有很大关系，当刚度不足时，一般应修改轴的结构尺寸，缩短跨距和加粗轴径比较有效，而不宜采用好材料和热处理来提高轴的刚度。材料的弹性模量越大，轴的刚度越大，金属的弹性模量一般远大于非金属的弹性模量，但同类金属的弹性模量相差不大，因此以昂贵的高强度合金钢代替普通碳素钢或热处理加强轴的硬度的方法，来提高零件的刚度是不起作用的。

（3）降低刚度以提高其他性能

通常人们认为轴的刚度越大，强度也越高，但这不尽然，如受冲击载荷作用的结构，有时刚度增大反而会导致强度下降，这是因为冲击载荷随着结构刚度的增大而增大。又如变形不协调容易引起磨损，也可考虑用降低刚度的方法改善。降低刚度以提高其他性能的柔性设计准则在有些场合是非常适用的，见表12-3-20。

表 12-3-20 降低刚度以提高其他性能的结构设计禁忌

注意的问题	禁忌示例	说明
支承结构与刚度	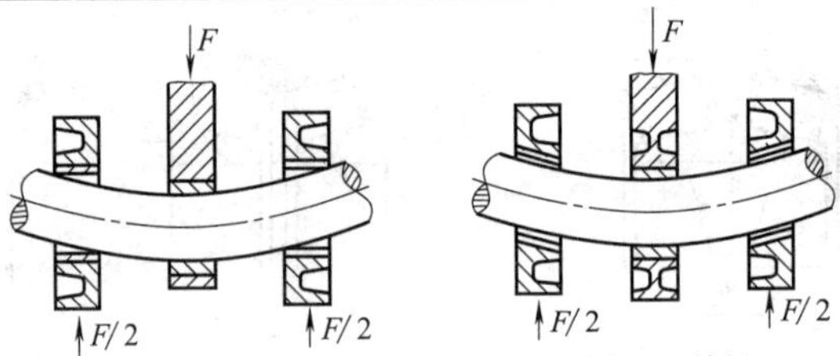 F F/2 F/2 图(a) 较差；F F/2 F/2 图(b) 较好	对于轴径较长（宽径比 $B/d>1.5$）的滑动轴承，可采用图(b)的结构，此时轴系刚度降低，但轴与轴承变形较为协调，可减轻磨损，提高轴承寿命
受冲击载荷轴结构与刚度	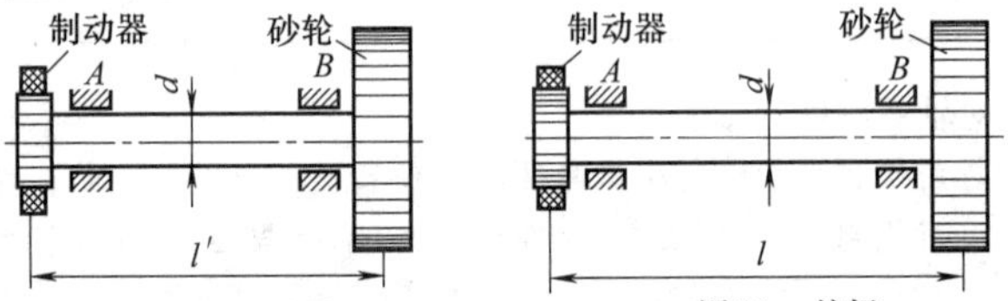 制动器 砂轮 A B d l' 图(a) 较差；制动器 砂轮 A B d l 图(b) 较好	砂轮在突然刹车时，轴受冲击扭矩，图(b)较图(a)加大了轴的长度，即 $l>l'$，图(b)的扭转刚度下降，冲击扭矩也随之下降，所以轴的抗剪强度反而上升

3.2 滑动轴承

3.2.1 滑动轴承支撑结构设计禁忌

表 12-3-21 滑动轴承支撑结构设计禁忌

注意的问题	禁忌示例	说明
消除边缘接触	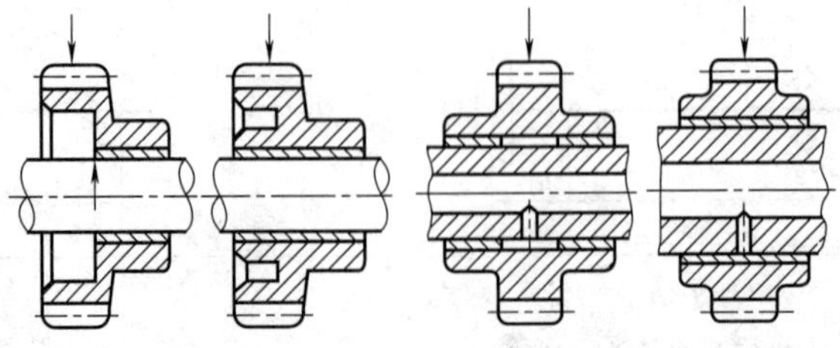 图(a) 差；图(b) 较差；图(c) 较好；图(d) 较好	如图(a)所示的中间齿轮的支撑，作用在轴承上力是偏心的，它使轴承一侧产生很高的边缘压力，加速轴承的磨损，是不合理的结构；图(b)增大了轴承宽度，受力情况得到改善，但受力仍不均匀；比较好的结构是力的作用平面应通过轴承的中心，如图(c)和图(d)所示

续表

注意的问题	禁忌示例	说明
符合材料特性的支承结构	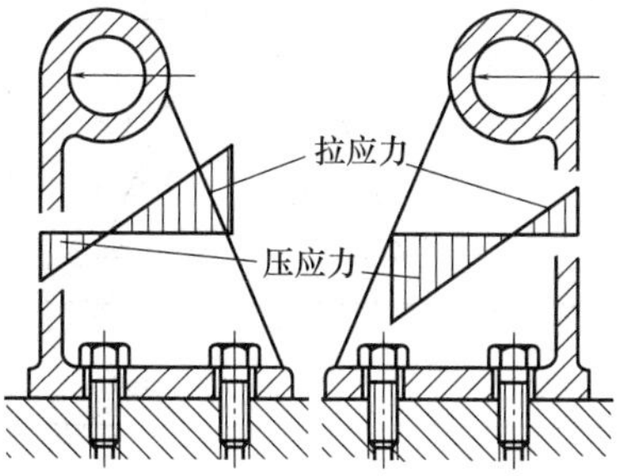 拉应力 压应力 图(a) 较差 图(b) 较好	钢材的抗压强度比抗拉强度大，铸铁的抗压性能更优于它的抗拉性能。图示为滑动轴承的铸铁支架，从受力和应力分布状况可以看出，图(b)中的拉应力小于压应力，符合材料特性，而图(a)支座结构则不够合理
减少轴承盖的弯曲力矩	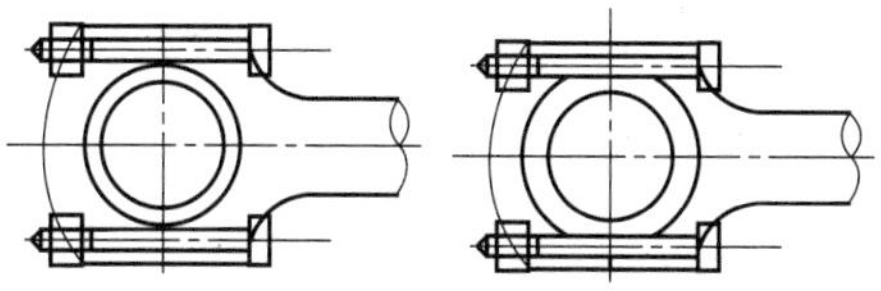 图(a) 较差 图(b) 较好	图示为一连杆的大头，这种场合的紧固螺栓，设计时应使其中线靠近轴瓦的会合处为宜[图(b)]，而图(a)较图(b)轴承盖所受的弯曲力矩大
载荷向上时轴承座应倒置	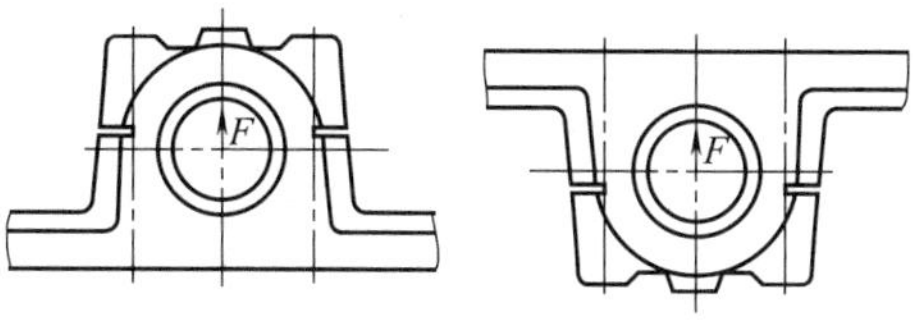 F F 图(a) 禁忌 图(b) 正确	剖分式径向滑动轴承主要是由滑动轴承的轴承座来承受径向载荷的，而轴承盖一般是不承受载荷的，所以当载荷方向朝上时，禁止采用图(a)方式，而应采用图(b)的方式
不要使轴瓦的止推端面为线接触	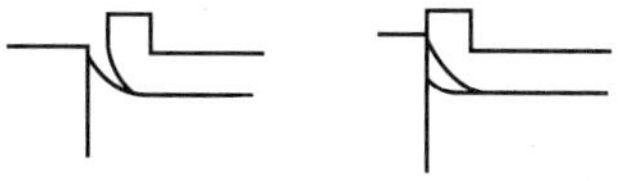 图(a) 禁忌 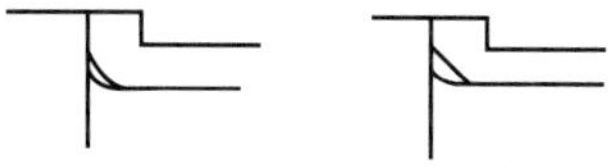图(b) 正确	滑动轴承的滑动接触部分必须是面接触，如果是线接触[图(a)]，则局部压强将异常增大，从而成为强烈磨损和烧伤的原因。轴瓦止推端面的圆角成倒角必须比轴的过渡圆角大，必须保持有平面接触[图(b)]
止推轴承与轴颈不宜全部接触	 图(a) 禁忌 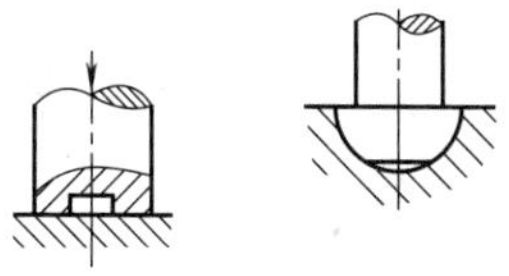图(b) 正确	若轴颈与轴承的止推面全部接触[图(a)]，止推面中心部位的线速度远低于外边，磨损很不均匀，工作一段时间后，中部会较外部凸起，轴承中心部分润滑油难进入，工作性能下降，为此可将轴承的中心部分切出凹坑，不仅改善了润滑条件，也使磨损趋于均匀[图(b)]

续表

注意的问题	禁忌示例	说　明
提高轴承支座的刚度	图(a)　较差　　图(b)　较好	合理设计轴承支座的结构，用受拉、压代替受弯曲，可提高支承的刚度，使支承受力更为合理。图中铸造支座受横向力，图(a)结构辐板受弯曲，图(b)辐板受拉、压，显然图(b)支座刚性较好，轴承支座工作时稳定性好
避免重载、温升高的轴承轴瓦“后让”	图(a)　禁忌　　图(b)　正确	承受重载荷的轴承，如果轴瓦薄，由于油膜压力的作用，在挖窄的部分会向外变形，形成轴瓦“后让”，“后让”部分不构成支承载荷的面积，从而降低了承载能力；为了加强热量从轴承瓦向轴承座上传导，对温升较高的轴承也不应在两者之间存在不流动的空气包。在以上两种场合，都应使轴瓦具有必要的厚度和刚性，并使轴瓦与轴承座全部接触
轴系刚性差可采用自动调心轴承	图(a)　不合理　　图(b)　调心轴承(合理)	轴系刚性差轴颈在轴承中过于倾斜时[图(a)]，靠近轴承端部会出现轴颈与轴瓦的边缘接触，出现端边的挤压，使轴承过早损坏。消除这种端边挤压的措施一般可采用自动调心轴承[图(b)]

3.2.2　滑动轴承的固定禁忌

表 12-3-22　　滑动轴承的固定禁忌

注意的问题	禁忌示例	说　明
轴瓦的轴向固定	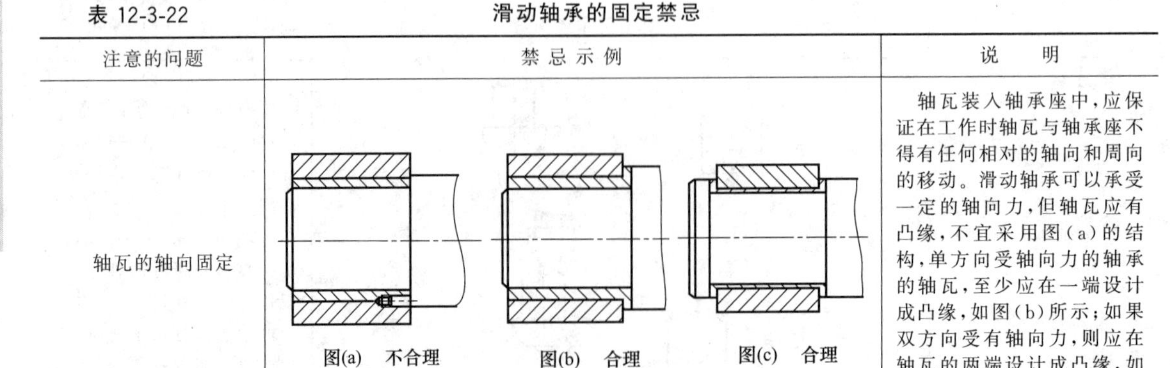 图(a)　不合理　　图(b)　合理　　图(c)　合理	轴瓦装入轴承座中，应保证在工作时轴瓦与轴承座不得有任何相对的轴向和周向的移动。滑动轴承可以承受一定的轴向力，但轴瓦应有凸缘，不宜采用图(a)的结构，单方向受轴向力的轴承的轴瓦，至少应在一端设计成凸缘，如图(b)所示；如果双方向受有轴向力，则应在轴瓦的两端设计成凸缘，如图(c)所示，无凸缘的轴瓦不能承受轴向力

续表

注意的问题	禁忌示例	说明
轴瓦的周向固定	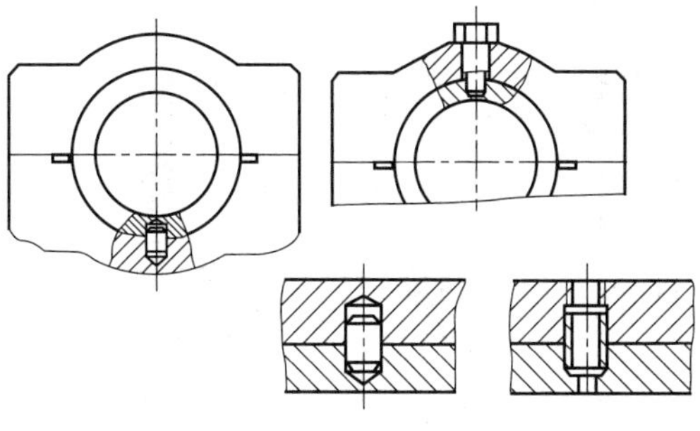 图(a) 较差　图(b) 较好	为了使轴不移动就能方便地从轴的下面取出轴瓦，则防止转动的固定元件应安装在轴承盖上，尽量避免如图(a)所示安装在轴承座上。防止轴瓦转动的方法一般有如图(b)所示的三种
双金属轴瓦两金属应贴附牢固	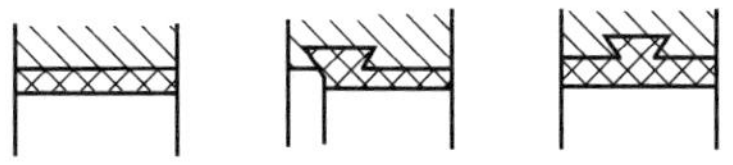 图(a) 不合理　图(b) 合理　图(c) 合理 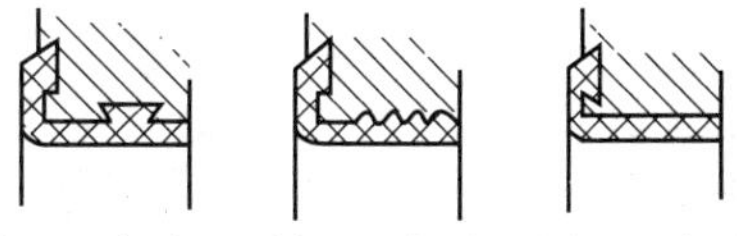 图(d) 合理　图(e) 合理　图(f) 合理	为提高轴承的减磨、耐磨和跑合性能，常应用轴承合金、青铜或其他减磨材料覆盖在铸铁、钢或青铜轴瓦的内表面上以制成双金属轴承，双金属轴承中两种金属必须贴附得牢靠，不会松脱，需在底瓦内表面制出各种形式的榫头或沟槽
凸缘轴承的定位	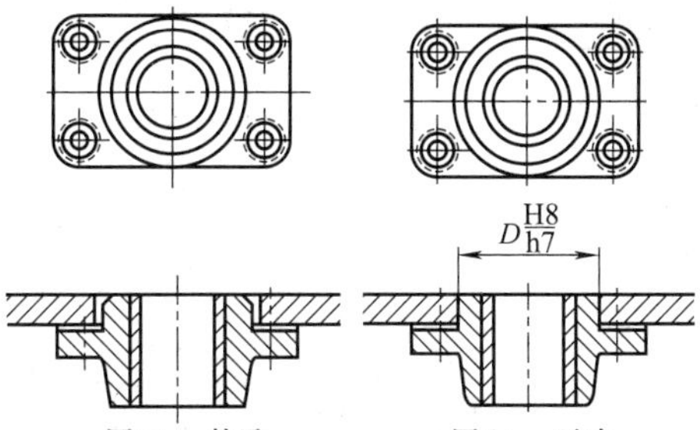 $D\frac{H8}{h7}$ 图(a) 禁忌　图(b) 正确	凸缘轴承的特征是具有凸缘，安装时要利用凸缘表面定位。因此，禁止采用图(a)的结构，因这种结构不但不能正确地确定轴承位置，而且使螺栓受力不好，所以凸缘轴承应有定位基准面，如图(b)所示

3.2.3 滑动轴承的安装与拆卸禁忌

表12-3-23　滑动轴承的安装与拆卸禁忌

注意的问题	禁忌示例	说明
轴瓦或衬套的装拆	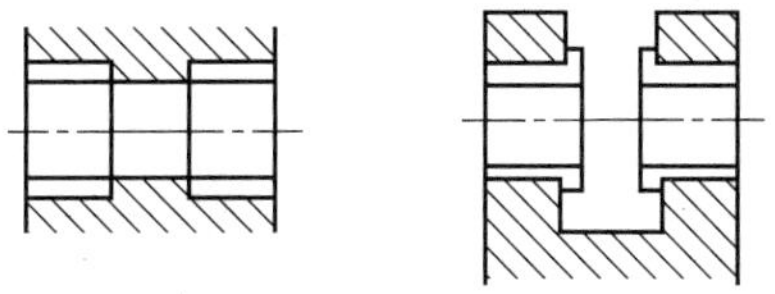 图(a) 禁忌 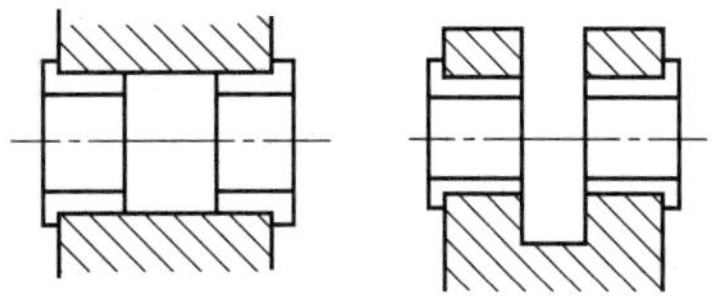 图(b) 正确	整体式轴瓦或圆筒衬套只能从轴向安装、拆卸，所以要使其有能装拆的轴向空间，并考虑卸下的方法

续表

注意的问题	禁忌示例	说明
避免轴瓦上油孔位置的错误安装	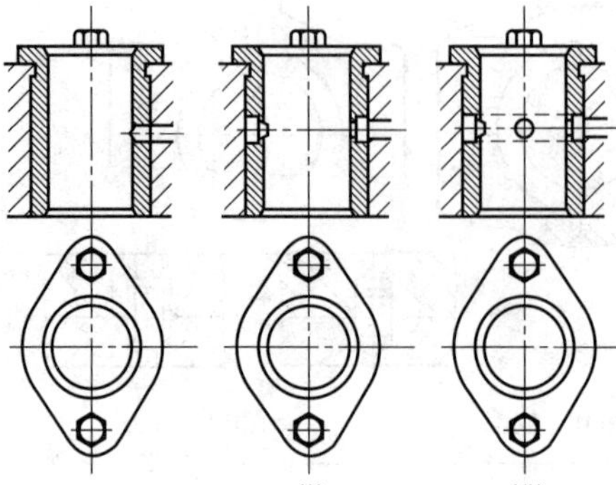 (ⅰ) (ⅱ) 图(a)　较差　图(b)　较好	图(a)所示轴瓦上的油孔，安装时如反转180°装上轴瓦，则油孔将不通，造成事故，如在对称位置再开一油孔[图(ⅰ)]，或再加一油槽[图(ⅱ)]，则可避免由错误安装引起的事故
避免上下轴瓦装错	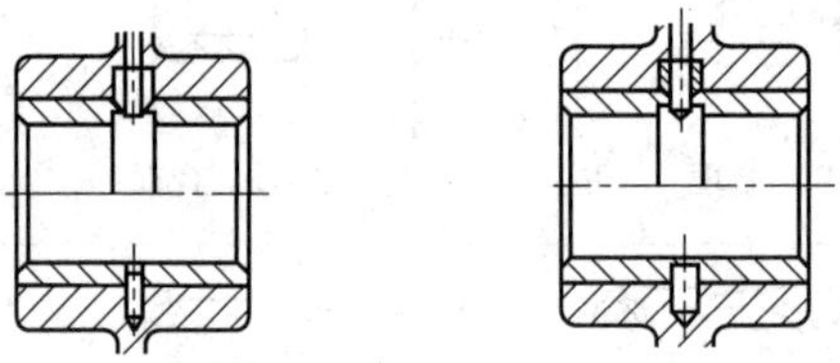 图(a)　较差　图(b)　较好	为避免图(a)上下轴瓦装错，引起润滑故障，可将油孔与定位销设计成不同直径，如图(b)所示
避免轴承座前后位置颠倒	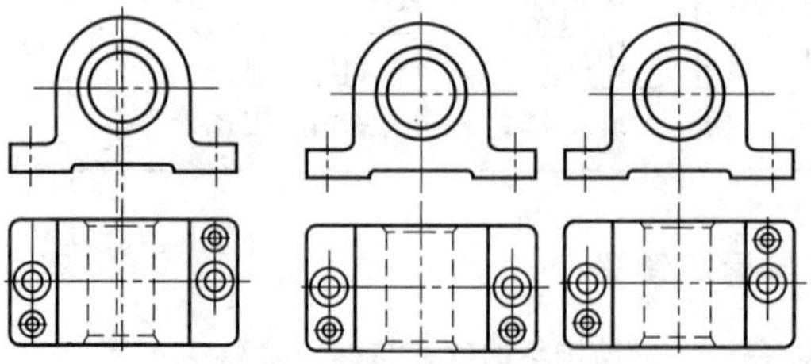 图(a)　较差　图(b)　较好　图(c)　较好	轴承座固定采用非旋转对称结构[图(a)]，应避免轴承座由于前后位置颠倒，而使座孔轴线与轴的轴线的偏差增大，采用图(b)和图(c)的结构，即可避免上述错误的产生
拆卸轴承盖时不应同时拆动底座	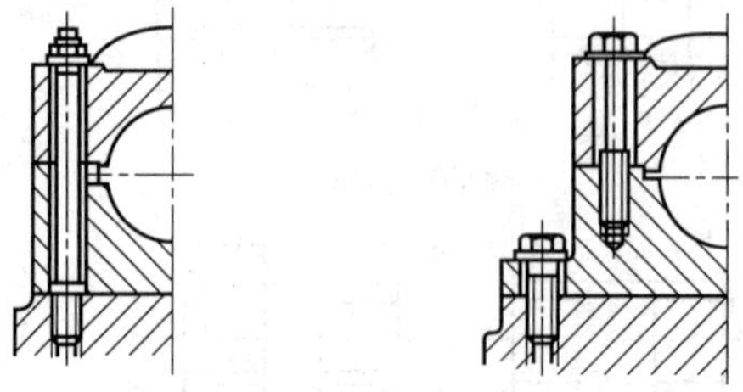 图(a)　较差　图(b)　较好	图(a)拆下轴承盖时，底座同时也被拆动，这样在调整轴承间隙时，底座的位置也必须重新调整，而图(b)拆轴承盖时则不涉及底座，减少了底座的调整工作

3.2.4　滑动轴承的调整禁忌

表 12-3-24　滑动轴承的调整禁忌

注意的问题	禁忌示例	说明
磨损后间隙可调整	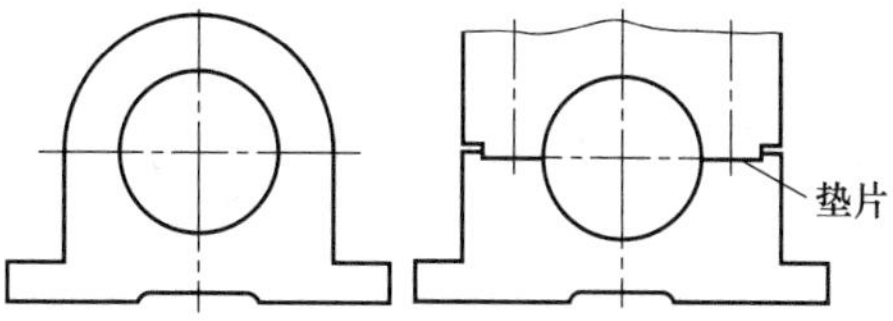 垫片 图(a)　较差　图(b)　较好	剖分式轴承可在上盖和轴承座之间预加垫片，磨损后间隙变大时，减少垫片厚度可调整间隙，而整体式圆柱轴承磨损后间隙调整就很困难
磨损间隙的方向性及其调整	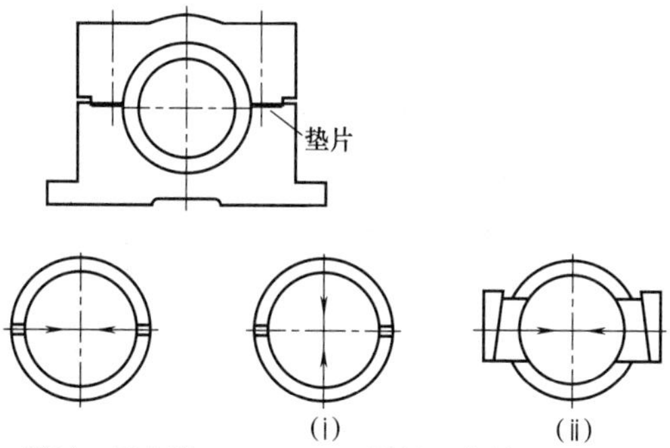 垫片 (ⅰ)　(ⅱ) 图(a)　不合理　图(b)　合理	磨损间隙一般不一定是全周一样，而是有显著的方向性，需要考虑针对此方向易于调整的措施或结构。图(a)箭头所示的方向无法调整间隙；图(ⅰ)箭头所示的方向可靠调整垫片调整；图(ⅱ)可采用四块轴瓦组合在箭头所示的方向调整间隙
确保合理的径向运转间隙	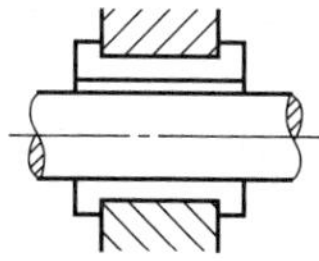 图(a)　合理 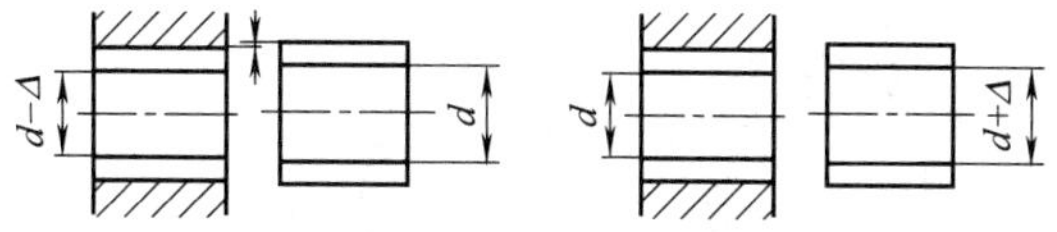 $d-\Delta$　d　d　$d+\Delta$ 图(b)　不合理　图(c)　合理	工作温度较高时，需要考虑轴颈热膨胀时的附加间隙[图(a)]；图(b)、图(c)为轴承衬套用过盈配合装入轴承的情况，此时由于存在装配过盈量，安装后衬套内径比装配前的尺寸缩小，图(c)考虑了这一问题，而图(b)未考虑
确保合理的轴向运转间隙	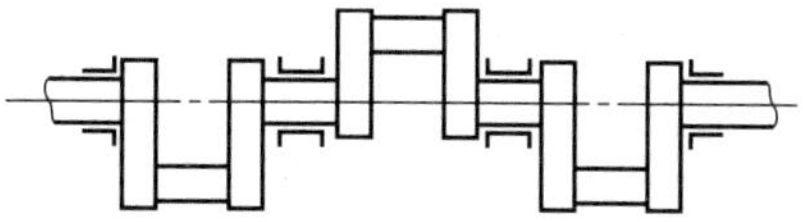 图(a)　不合理 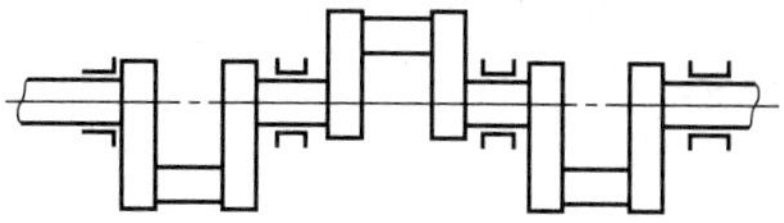图(b)　合理	曲轴支承多采用剖分式滑动轴承，由于曲轴的结构特点，为保证发热后轴能自由膨胀伸缩，只需在一个轴承处限定位置，其他几个轴承的轴向均留有间隙。图(a)几处轴承轴向间隙很小或未留间隙，热膨胀后则容易卡死

续表

注意的问题	禁忌示例	说明
仪器轴尖支承结构	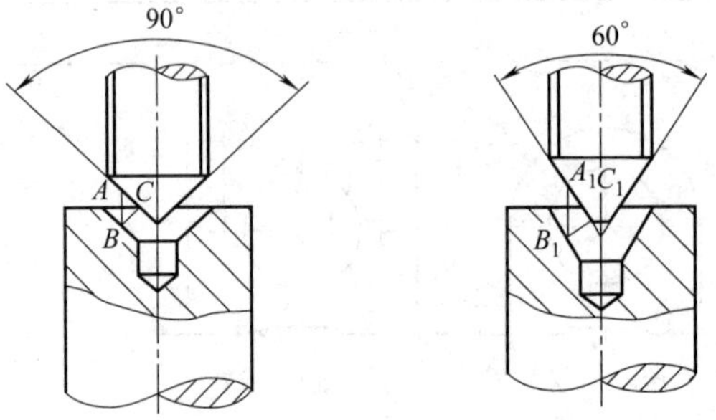 图(a) 较差 图(b) 较好	$AB=BC/\sin45^\circ$，$A_1B_1=B_1C_1/\sin30^\circ$，工作间隙 $BC=B_1C_1$，则 $A_1B_1=2^{1/2}AB$，说明锥角为90°时轴尖轴向移动小，而锥角为60°时轴尖轴向移动大，因此，锥角为60°时容易调整，也较容易达到装配要求

3.2.5 滑动轴承的供油禁忌

3.2.5.1 滑动轴承油孔的设计禁忌

表 12-3-25 滑动轴承油孔的设计禁忌

注意的问题	禁忌示例	说明
润滑油应从非承载区引入轴承	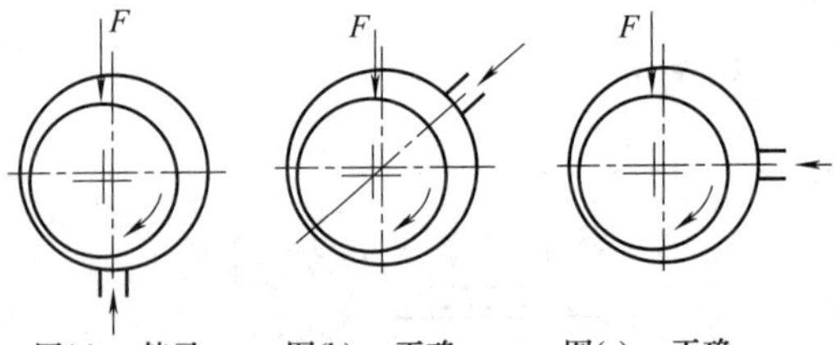 图(a) 禁忌 图(b) 正确 图(c) 正确	不应当把进油孔开在承载区[图(a)]，因为承载区的压力很大，压力很低的润滑油不能进入轴承间隙中，反而会从轴承中被挤出。进油孔应开在最大间隙处或与载荷成45°角处[图(b)]，对剖分轴瓦，也可开在接合面处[图(c)]
从轴中供油的结构	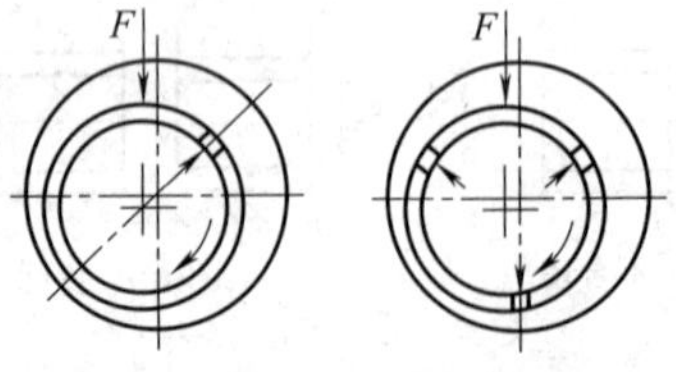 图(a) 禁忌 图(b) 正确	如果因结构需要从轴中供油时，若油孔出口在轴表面上[图(a)]，则轴每转一转，油孔通过高压区一次，轴承周期性地进油，油路易发生脉动，因此最好作出三个油孔[图(b)]
	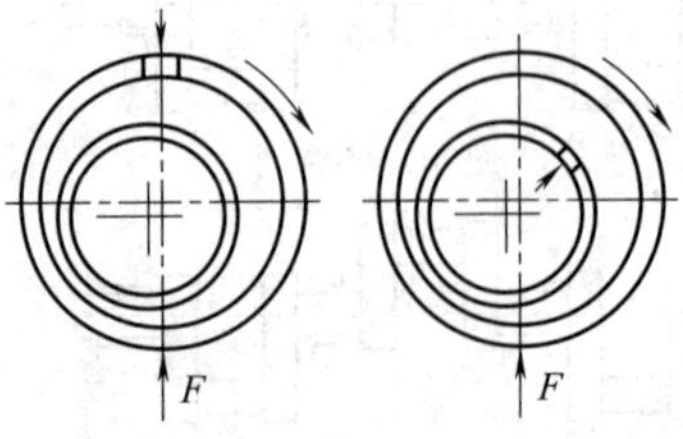 图(c) 禁忌 图(d) 正确	若轴不转，轴承旋转，外载方向不变时，进油孔应从非承载区由轴中小孔引入[图(d)]，而不应从轴承中引入[图(c)]

续表

注意的问题	禁忌示例	说明
加油孔不要被堵塞	图(a)　禁忌　图(b)　正确　图(c)　正确	由于安装轴瓦或轴套时相对位置偏移，或在运转过程中其相互位置偏移，加油孔会被堵塞[图(a)]，从而导致润滑失效。可在组装后对加油孔配钻[图(b)]或对轴瓦增设止动螺钉[图(c)]

3.2.5.2　滑动轴承油沟的设计禁忌

表 12-3-26　滑动轴承油沟的设计禁忌

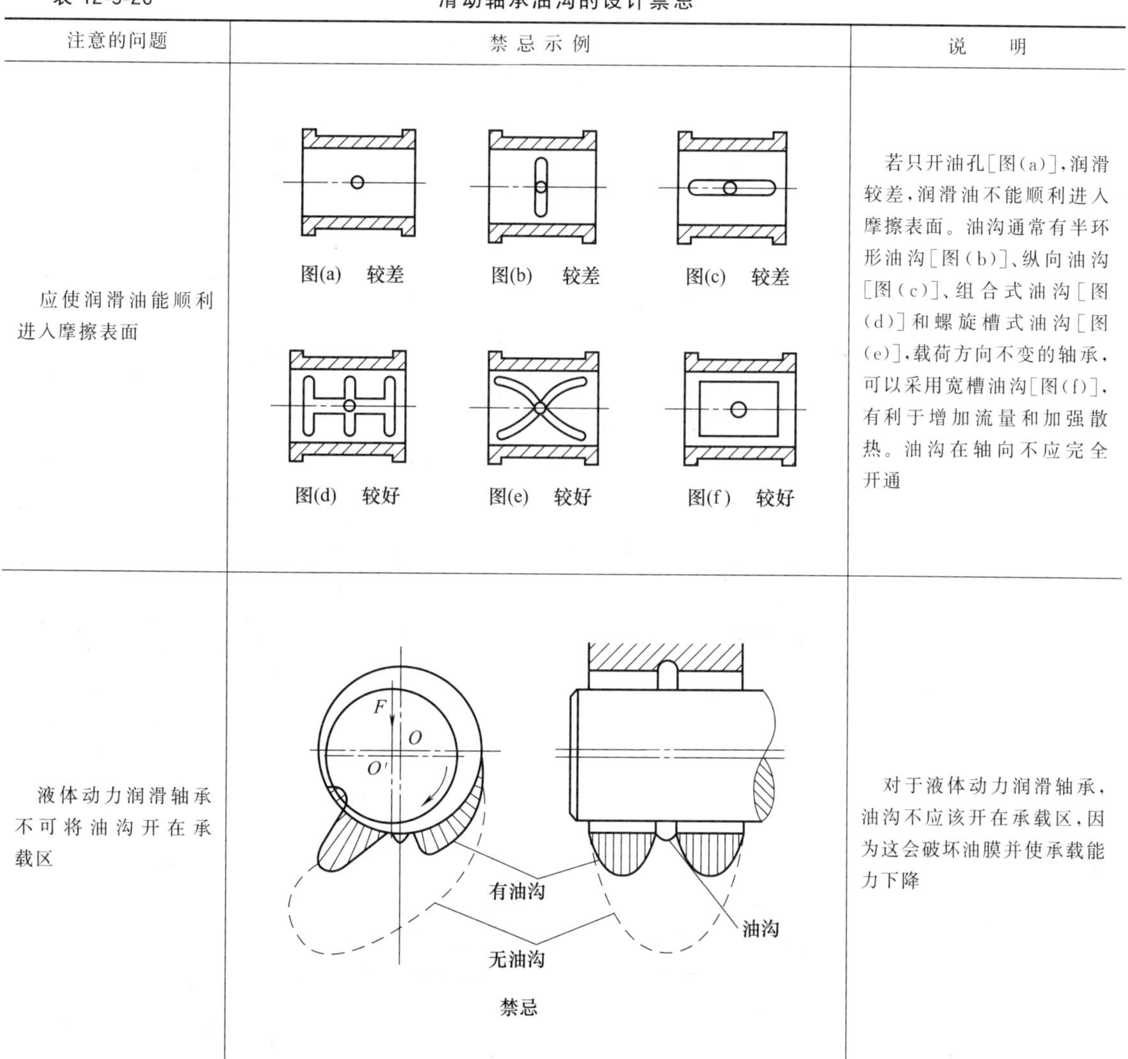

注意的问题	禁忌示例	说明
应使润滑油能顺利进入摩擦表面	图(a)　较差　图(b)　较差　图(c)　较差 图(d)　较好　图(e)　较好　图(f)　较好	若只开油孔[图(a)]，润滑较差，润滑油不能顺利进入摩擦表面。油沟通常有半环形油沟[图(b)]、纵向油沟[图(c)]、组合式油沟[图(d)]和螺旋槽式油沟[图(e)]，载荷方向不变的轴承，可以采用宽槽油沟[图(f)]，有利于增加流量和加强散热。油沟在轴向不应完全开通
液体动力润滑轴承不可将油沟开在承载区	 禁忌	对于液体动力润滑轴承，油沟不应该开在承载区，因为这会破坏油膜并使承载能力下降

3.2.5.3　滑动轴承油路的设计禁忌

表 12-3-27　　滑动轴承油路的设计禁忌

注意的问题	禁忌示例	说　明
防止切断油膜的锐边或棱角	 图(a)　较差 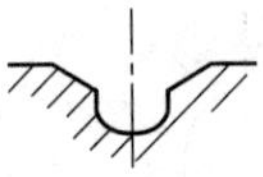　图(b)　较好 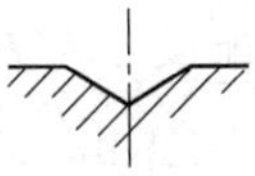　图(c)　较好 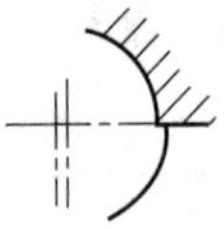 图(d)　较差 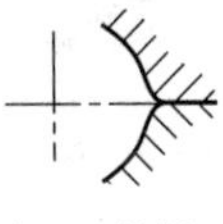　图(e)　较好 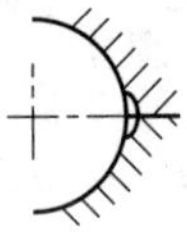　图(f)　较好 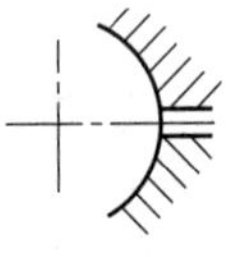 图(g)　较差 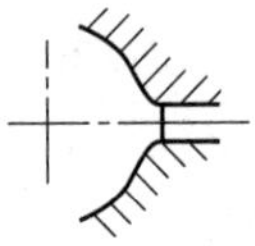　图(h)　较好	为使油顺畅地流入润滑面，轴瓦油槽、剖分面处不要出现锐边或棱角[图(a)]。因为尖锐的边缘会使轴承中油膜被切断，并有刮伤的作用，要尽量作成平滑圆角[图(b)和图(c)]。轴瓦剖分面的接缝处，相互之间多少会产生一些错位[图(d)]，错位部分要作成圆角[图(e)]或不大的油腔[图(f)]。在轴瓦剖分面处加调整垫片时[图(g)]，要使垫片后退少许[图(h)]
不要形成润滑油的不流动区	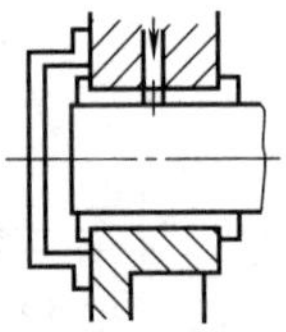 图(a)　禁忌 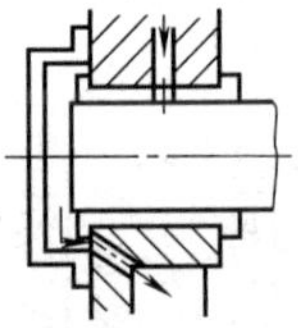　图(b)　正确 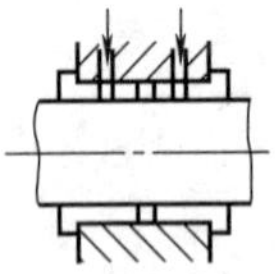 图(c)　禁忌 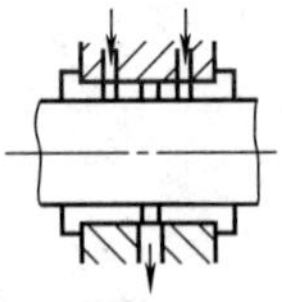　图(d)　正确 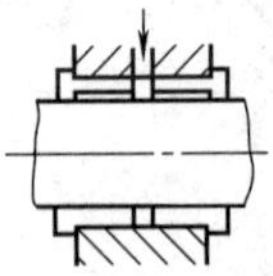　图(e)　正确	图(a)轴承端盖是封闭的，油在那里处于停滞状态，产生热油聚集并逐渐变质劣化，不能正常润滑，容易造成轴承烧伤。如果在端盖处设置排油孔，从轴承中央供给的油才能在轴承全宽上正常流动[图(b)] 为了增加润滑油量而从两个相邻的油孔处给油[图(c)]，润滑油向里侧的流动受阻，油分别流向两边较近的出口，不流向中间部分，使中间部分油流停滞，容易造成轴承烧伤，可采用图(d)结构，在轴承中部空腔处开泄油孔，也可使油由轴承非承载区的空腔中引入，如图(e)所示
不要逆着离心力给油	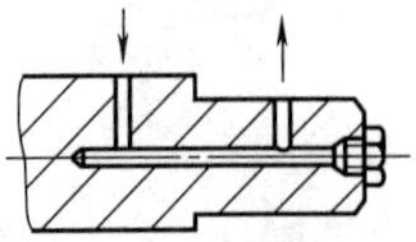 图(a)　禁忌 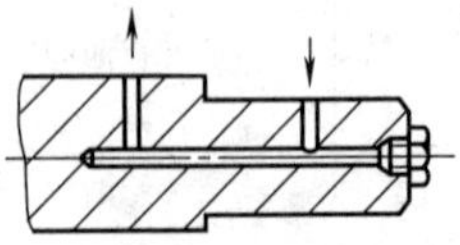　图(b)　正确	在同样转速下，大直径轴段的离心力大于小直径轴段的离心力，图(a)是逆着大离心力方向注油，油不易注入。而图(b)方式，从小直径段进油，再向大直径段出油，油容易流动，可保证润滑的正常供油

续表

注意的问题	禁忌示例	说　明
曲轴的润滑油路	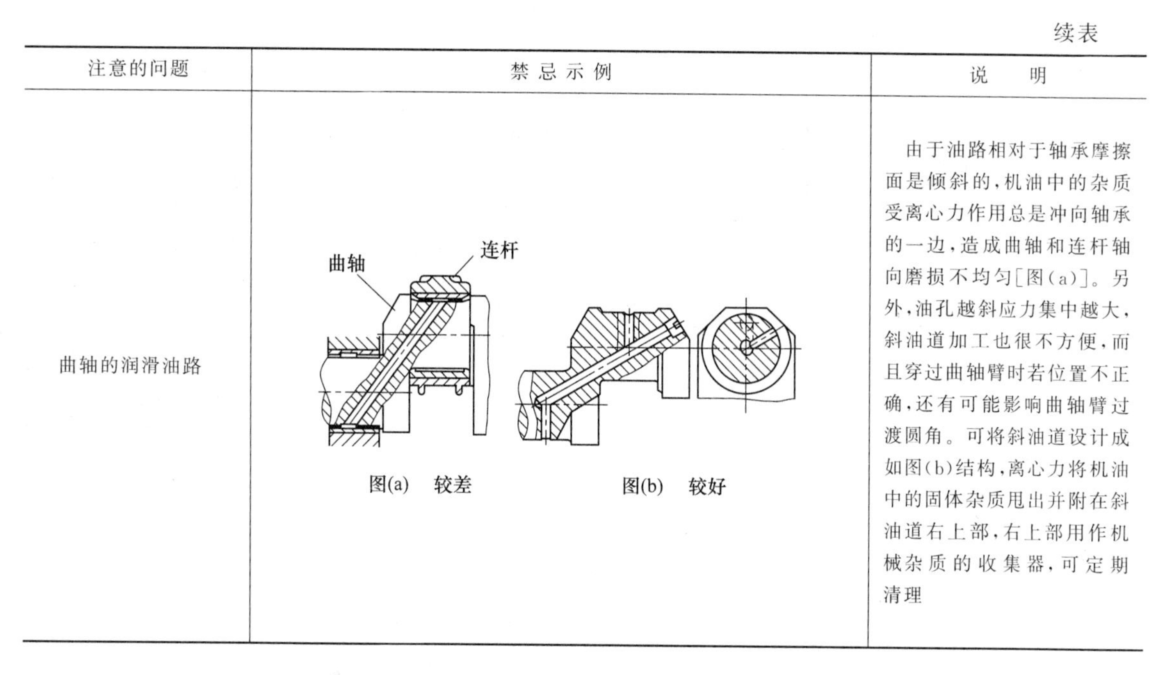图(a)　较差　图(b)　较好	由于油路相对于轴承摩擦面是倾斜的，机油中的杂质受离心力作用总是冲向轴承的一边，造成曲轴和连杆轴向磨损不均匀[图(a)]。另外，油孔越斜应力集中越大，斜油道加工也很不方便，而且穿过曲轴臂时若位置不正确，还有可能影响曲轴臂过渡圆角。可将斜油道设计成如图(b)结构，离心力将机油中的固体杂质甩出并附在斜油道右上部，右上部用作机械杂质的收集器，可定期清理

3.2.6　防止滑动轴承阶梯磨损禁忌

滑动轴承滑动部分的磨损是不可避免的，因此在相互滑动的同一面内，如果存在着完全不相接触部分，则由于该部分未受磨损而形成阶梯磨损。为避免或减小阶梯磨损，应采用适当的措施，表 12-3-28 分析了几种常见的形式。

表 12-3-28　防止滑动轴承阶梯磨损设计禁忌

注意的问题	禁忌示例	说　明
轴颈工作表面不要在轴承内终止	图(a)　禁忌　图(b)　正确	轴颈工作表面在轴承内终止，这样轴颈在磨合时将在较软的轴承合金层面上磨出凸肩，它将妨碍润滑油从端部流出，从而引起过高的温度，造成轴承烧伤
轴承内的轴颈上不宜开油槽	图(a)　禁忌　图(b)　正确	图(a)在轴颈上加工出一条位于轴承内部的油槽，由于轴瓦材料较软，会造成轴瓦阶梯磨损，即在磨合过程中形成一条棱肩，所以应尽量将油槽开在轴瓦上[图(b)]

续表

注意的问题	禁忌示例	说明
重载低速青铜轴瓦圆周上的油槽位置应错开	图(a) 禁忌　图(b) 正确	对于青铜轴瓦等重载低速轴承轴瓦，在位于圆周上油槽部分的轴径也发生阶梯磨损[图(a)]，这种场合可将上下半油槽的位置错开，以消除不接触的地方[图(b)]
轴承侧面的阶梯磨损	图(a) 较差　图(b) 较好 图(c) 较差　图(d) 较好	图(a)轴的止推环外径小于轴承止推面外径，会造成较软的轴承合金层上出现阶梯磨损，图(b)好些，原则上其尺寸应使磨损多的一侧全面磨损。如不可避免双方都受磨损，最好是能够避免修配困难的一方(例如轴的止推环)出现阶梯磨损[图(c)]，图(d)较为合理

3.3 滚动轴承

3.3.1 滚动轴承类型选择禁忌

3.3.1.1 滚动轴承类型选择应考虑受力合理

滚动轴承由于结构的不同，各类轴承的承载性能也不同，选择类型时，必须根据载荷情况和轴承自身的承载特点，使轴承在工作中受力合理，否则，将严重影响轴承以及整个轴系的工作性能，乃至影响整机的正常工作。表 12-3-29 就一些选型受力不合理的情况进行了分析。

表 12-3-29　　滚动轴承受力不合理的类型选择禁忌

注意的问题	禁忌示例	说明
一对圆锥滚子轴承不能同时承受较大的轴向载荷和径向载荷	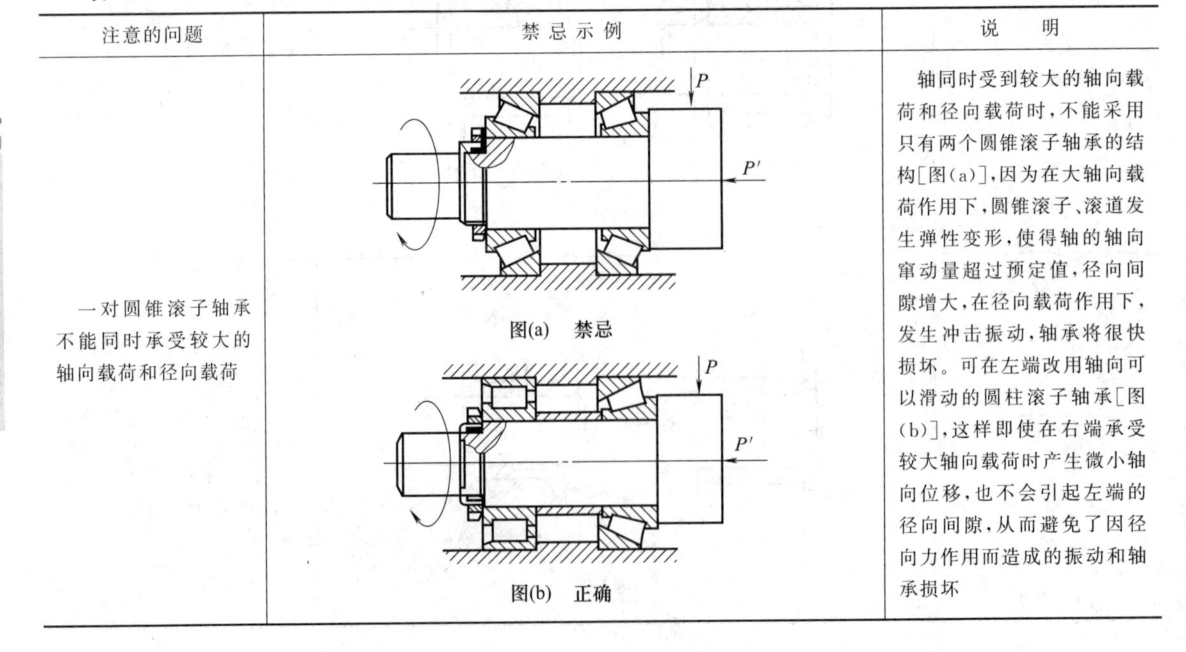图(a) 禁忌 图(b) 正确	轴同时受到较大的轴向载荷和径向载荷时，不能采用只有两个圆锥滚子轴承的结构[图(a)]，因为在大轴向载荷作用下，圆锥滚子、滚道发生弹性变形，使得轴的轴向窜动量超过预定值，径向间隙增大，在径向载荷作用下，发生冲击振动，轴承将很快损坏。可在左端改用轴向可以滑动的圆柱滚子轴承[图(b)]，这样即使在右端承受较大轴向载荷时产生微小轴向位移，也不会引起左端的径向间隙，从而避免了因径向力作用而造成的振动和轴承损坏

续表

注意的问题	禁忌示例	说　明
角接触轴承不宜与非调整间隙轴承成对组合	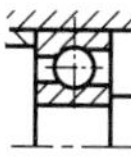 图(a)　禁忌 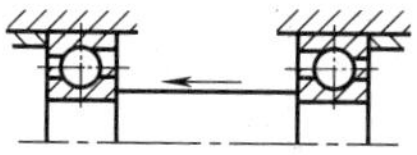 图(b)　正确 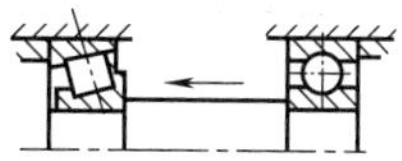 图(c)　禁忌 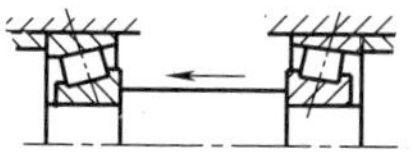 图(d)　正确	如果角接触球轴承或圆锥滚子轴承与深沟球轴承等非调整间隙轴承成对使用[图(a)、图(c)]，则在调整轴向间隙时会迫使球轴承也形成角接触状态，使球轴承增加较大的附加轴向载荷而降低轴承寿命。而成对使用的角接触轴承[图(b)、图(d)]可通过调整轴承内部的轴向和径向间隙，以获得最好的支承刚性和旋转精度
滚动轴承不宜和滑动轴承联合使用	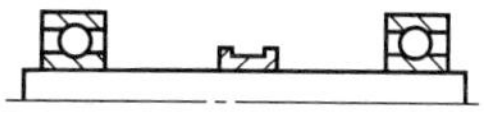 图(a)　禁忌 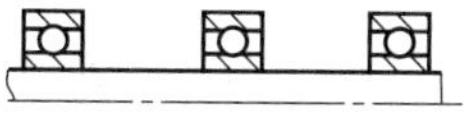 图(b)　正确  图(c)　禁忌 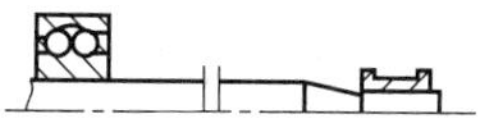 图(d)　正确	因为滑动轴承的径向间隙和磨损均比滚动轴承大许多，因而会导致滚动轴承歪斜，承受过大的附加载荷，而滑动轴承却负载不足。如因结构需要不得不采用这种装置，则滑动轴承应设计得尽可能距滚动轴承远一些，直径尽可能小一些，或采用具有调心性能的滚动轴承
两调心轴承组合时调心中心应重合	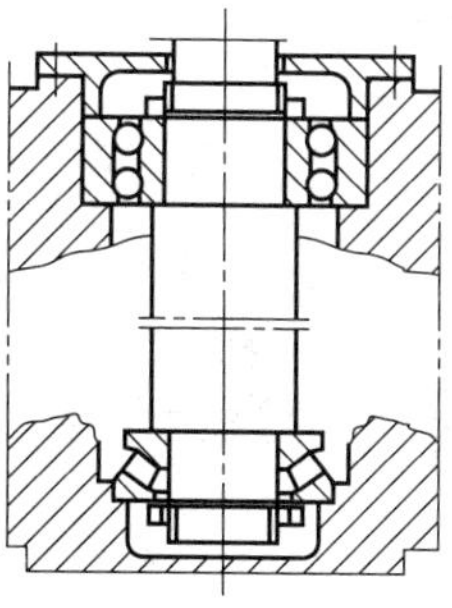 图(a)　磁选机立式传动轴支承 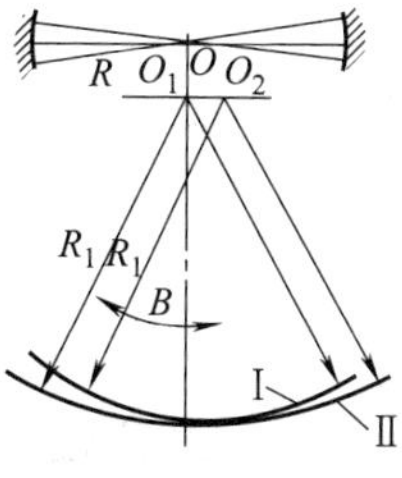 图(b)　禁忌 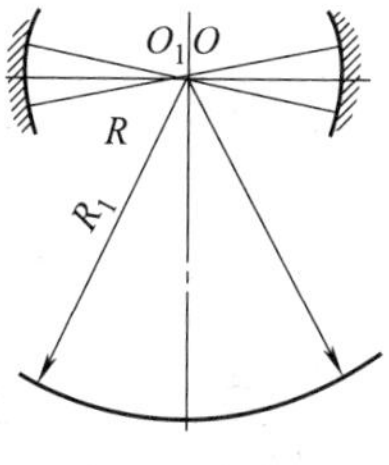 图(c)　正确 R—径向轴承半径　R_1—推力轴承半径	如图(a)所示上轴承为调心球轴承，调心中心为 O，下轴承为推力调心滚子轴承，调心中心为 O_1，这种组合支承两轴承的调心中心必须重合。若由于设计不周或轴承底座不平以及安装调试等误差，O 与 O_1 不重合[图(b)]，将使滚动体和滚道受附加载荷，致使轴承过早损坏。所以对此类轴承组合设计时，应特别注意较全面的计算负荷，选用合宜的尺寸系列轴承，一般可考虑选用直径系列和宽度系列大些的轴承类型，注意使 O 与 O_1 点重合，同时还要注意安装精度和轴承座底面的加工精度等，也可考虑改用其他类型的支承

续表

注意的问题	禁忌示例	说　明
调心轴承不宜用于减速器和齿轮传动机构的支承	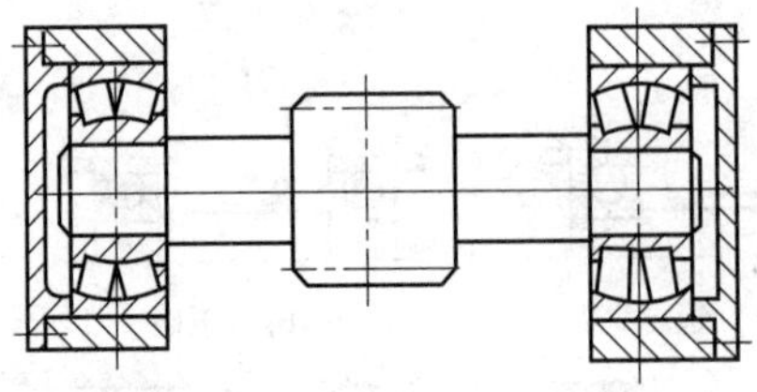 图(a)　禁忌 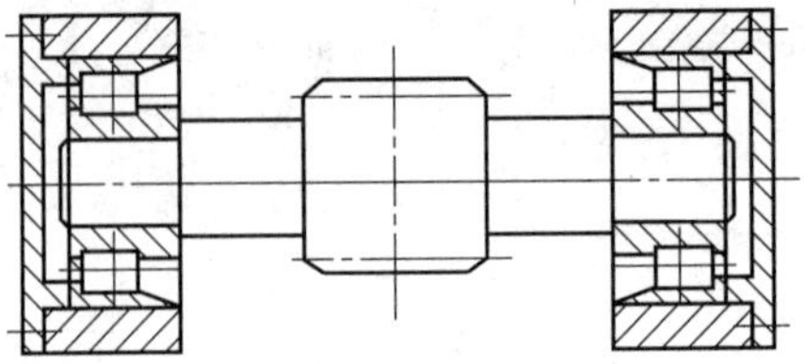 图(b)　正确	在减速箱和其他齿轮传动机构中，不宜采用自动定心轴承[图(a)]，因调心作用会影响齿轮的正确啮合，使齿轮磨损严重。可采用图(b)形式，用短圆柱滚子轴承(或其他类型轴承)代替自动调心轴承

3.3.1.2　轴系刚性与轴承类型选择禁忌

表 12-3-30　　轴系刚性与轴承类型选择禁忌

注意的问题	禁忌示例	说　明
两座孔对中性差或轴挠曲大应选用调心轴承	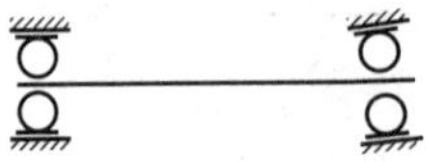 图(a)　禁忌 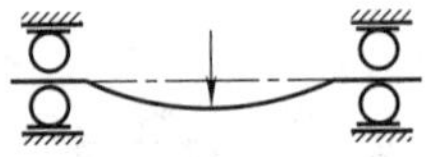　图(b)　禁忌  图(c)　禁忌 　图(d)　正确	当两轴承座孔轴线不对中或由于加工、安装误差和轴挠曲变形大等原因，使轴承内、外圈倾斜角较大时，若采用不具有调心性能的滚动轴承，由于其不具调心性，内、外圈轴线发生相对偏斜，滚动体将楔住而产生附加载荷，从而使轴承寿命降低[图(a)～图(c)]，所以应选用调心轴承[图(d)]
多支点刚性差的光轴应选用有紧定套的调心轴承	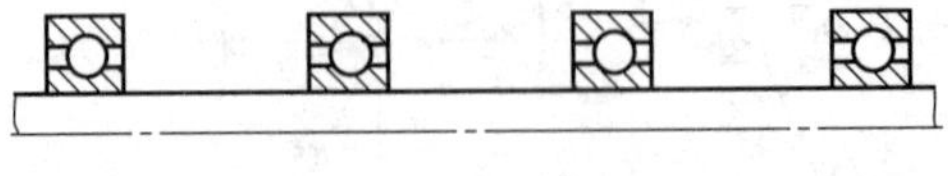 图(a)　禁忌 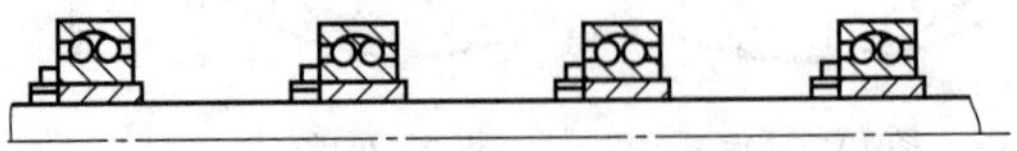 图(b)　正确	多支点的长光轴，刚性不好，易发生挠曲。如果采用普通深沟球轴承[图(a)]，不但安装拆卸困难，而且不能自动调心，使轴承受力不均而过早损坏，应采用装在紧定套上的调心轴承[图(b)]，不但可自动调心，而且装卸方便

3.3.1.3　高转速条件下滚动轴承类型选择禁忌

表 12-3-31　不适用于高速旋转场合的轴承类型

轴承类型	轴承简图	原因说明
滚针轴承		滚针轴承的滚动体是直径小的长圆柱滚子，滚针的转速相对高于轴的转速，这就限制了它的速度能力。无保持架的轴承滚子相互接触，摩擦大，且长而不受约束的滚针容易歪斜，因而也限制了它的极限转速。一般这类轴承只适用于低速、径向力大而且要求径向结构紧凑的场合
调心滚子轴承		调心滚子轴承由于结构复杂，精度不高，滚子和滚道的接触带有角接触性质，使接触区的滑动比圆柱滚子轴承大，所以这类轴承也不适用于高速旋转
圆锥滚子轴承		圆锥滚子轴承由于滚子端面和内圈挡边之间呈滑动接触状态，且在高速运转条件下，因离心力的影响要施加充足的润滑油变得困难，因此这类轴承的极限转速较低，一般只能达到中等水平
推力球轴承		推力球轴承在高速下工作时，因离心力大，钢球与滚道、保持架之间有滑动，摩擦和发热比较严重，不适用于高速
推力滚子轴承		推力滚子轴承在滚动过程中，滚子内、外尾端会出现滑动，滚子愈长，滑动愈烈。因此，推力滚子轴承也不适用于高速旋转的场合

3.3.2　滚动轴承承载能力计算禁忌

轴承载荷计算直接关系到当量动载荷计算，并进一步影响到轴承寿命的计算，所以正确计算轴承的载荷是确保滚动轴承满足承载能力的首要条件。轴系力分析错误也将导致轴承载荷计算错误，有关轴系力分析禁忌详见本章 3.1.1，本节仅对轴承载荷计算与承载能力计算禁忌进行说明。

3.3.2.1　滚动轴承轴向载荷计算禁忌

（1）深沟球轴承轴向载荷计算禁忌

为使问题具体明了，现举例说明如下。如图 12-3-7（a）所示减速器，Ⅰ轴采用两端单向固定的深沟球轴承轴系，其结构简图如图 12-3-7（b）所示。Ⅰ轴轴承的轴向载荷计算禁忌见表 12-3-32。

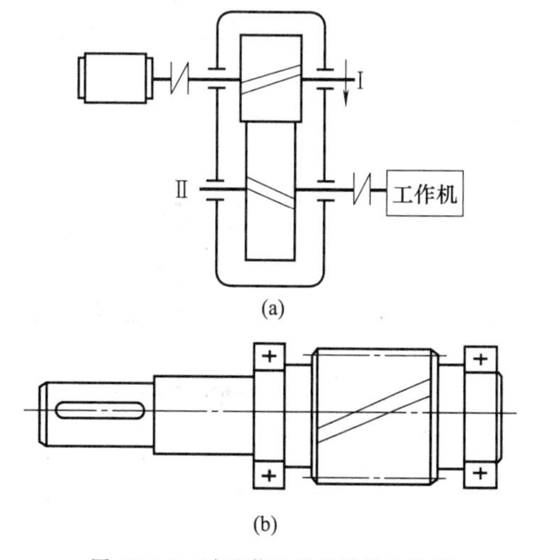

图 12-3-7　减速装置及Ⅰ轴结构简图

表 12-3-32　　**深沟球轴承轴向载荷计算禁忌**

注意的问题	禁忌示例	说　明
轴向力所指向的轴承受轴向力、另一端轴承轴向力为零	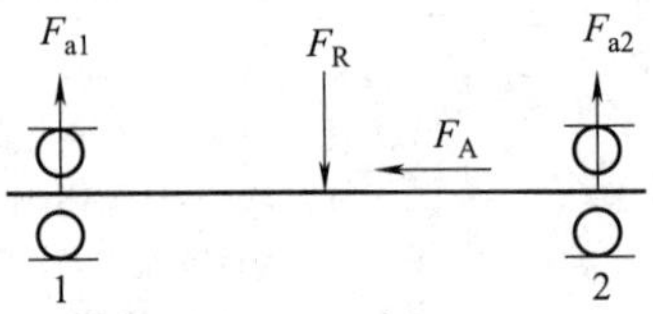 $F_{a1}=F_A$，$F_{a2}=0$（正确）	为允许轴工作时有少量热膨胀，轴承安装时留有少量的轴向间隙，在轴向力 F_A 的作用下，轴系将向 1 轴承方向移动，因而轴承 1 受轴向力 F_A，即 $F_{a1}=F_A$，而轴承 2 不受轴向力，即 $F_{a2}=0$
不是两轴承都受轴向力	$F_{a1}=F_A$，$F_{a2}=F_A$（禁忌）	F_{a2} 错误将导致当量动载荷 P_2 错误
不是两轴承平分轴向力	$F_{a1}=F_A/2$，$F_{a2}=F_A/2$（禁忌）	F_{a1} 计算比实际值小，则 P_1 比实际值小，将导致 1 轴承选用错误或达不到预期寿命

（2）深沟球轴承轴向载荷方向确定禁忌

在两级或两级以上减速器中，轴承为非对称布置，轴向力方向与轴的转向及齿轮的旋向有关，因而在确定轴承轴向力方向时，应注意齿轮旋向的设置，使所选轴承型号合理并且工作安全可靠。有关分析和禁忌见表 12-3-33。

（3）角接触轴承轴向载荷计算禁忌

对于图 12-3-7 减速器的Ⅰ轴，也可采用一对角接触球轴承（或圆锥滚子轴承）两端单向固定的形式，轴向力计算禁忌如表 12-3-34 所示。

表 12-3-33　　**深沟球轴承轴向载荷方向确定禁忌**

注意的问题	禁忌示例	说　明
转向不变时轴向力应指向径向力小的轴承	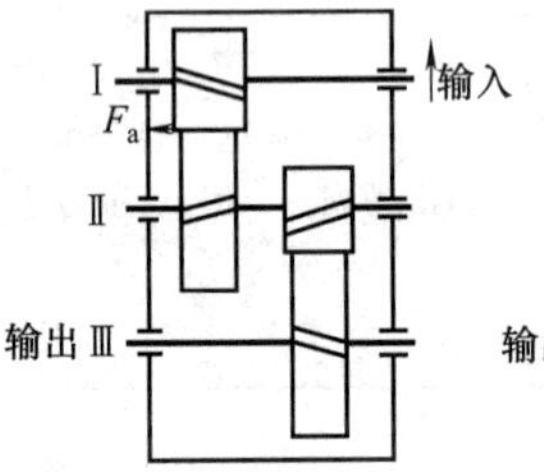 图(a)　禁忌 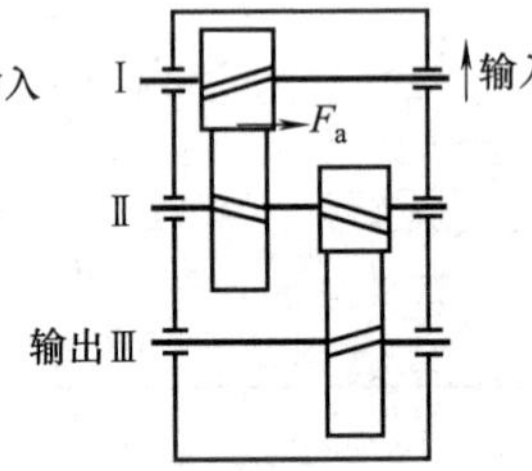　　图(b)　正确	图(a)中Ⅰ轴左端轴承径向力大于右端，且要承受轴向力，致使左端轴承受力较大，右端轴承受力较小，这对相同型号的轴承寿命差别较大，按大载荷选轴承尺寸过大造成浪费；图(b)将齿轮旋向改变，使轴向力指向径向力小的轴承，比较合理
转向不确定或双向传动时，按最差情况计算轴向力	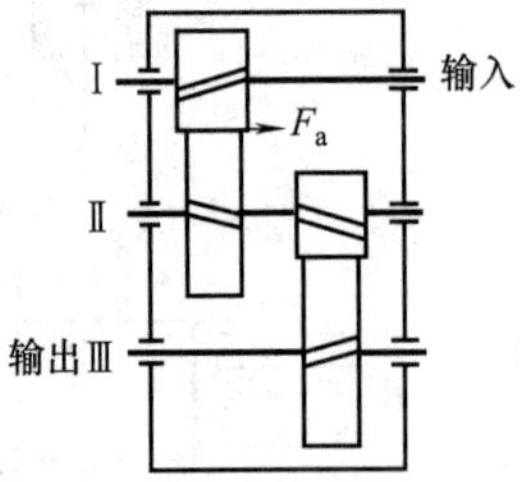 图(a)　禁忌 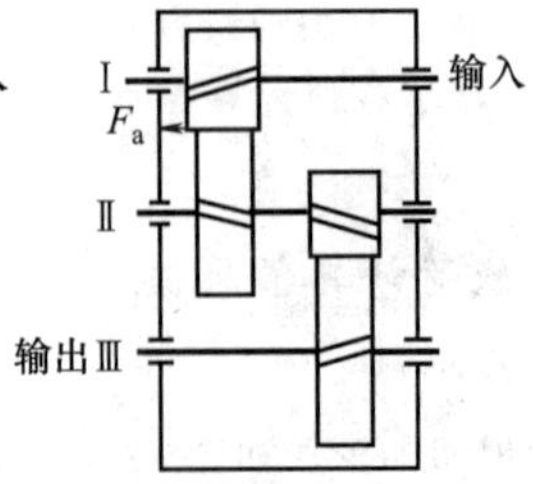　　图(b)　正确	当轴的转向不确定或工作中有正反转时，轴向力方向应按最差情况确定，即按受径向力大的轴承同时承受轴向力计算，这样计算出的轴承总载荷较大，所选的轴承方可满足实际工作要求

表 12-3-34　角接触轴承轴向载荷计算禁忌

注意的问题	禁忌示例	说明
角接触轴承轴向力按压紧端和放松端分别计算	轴系右移 F_{r1}　F_R　F_{r2}　F_{s1}　F_A　F_{s2}　O_1　O_2 1(放松)　2(压紧) F_{a1}=2240N, F_{a2}=1340N 正确	假如轴承所受径向载荷 $F_{r1}=3300N$，$F_{r2}=1000N$，轴向载荷 $F_A=900N$，内部附加轴向力 $F_s=0.68F_r$，则两轴承内部附加轴向力 $F_{s1}=2240N$，$F_{s2}=680N$，因 $F_{s2}+F_A=680+900=1580N<F_{s1}=2240N$，轴系右移，2轴承压紧，1轴承放松，所以1轴承的轴向力 $F_{a1}=2240N$，2轴承的轴向力 $F_{a2}=F_{s1}-F_A=2240-900=1340N$
未计入内部附加轴向力 F_{s1}、F_{s2}	F_{r1}　F_R　F_{r2}　F_A　O_1　O_2 1　2 $F_{a1}=F_A$, $F_{a2}=0$ 禁忌	角接触轴承轴向载荷计算时，必须考虑内部附加轴向力 F_{s1}、F_{s2}，若计算时不计入 F_{s1}、F_{s2}，按深沟球轴承轴向载荷计算方法，得出1轴承轴向力 $F_{a1}=F_A$，2轴承轴向力 $F_{a2}=0$ 的结论是错误的
内部附加轴向力 F_{s1}、F_{s2} 方向判断错误	F_{r1}　F_R　F_{r2}　F_A F_{s1}(方向错误)　O_1　O_2　F_{s2}(方向错误) 1　2 图(a)　禁忌 F_{r1}　F_R　F_{r2}　F_A O_1　F_{s1}(方向错误)　F_{s2}(方向错误)　O_2 1　2 图(b)　禁忌	内部附加轴向力的方向是由外圈的宽边指向窄边，而由外圈的窄边指向宽边则是错误的 此类错误在两轴承背对背安装(反装)时更容易发生，所以在计算反装轴承轴向载荷时，更要多加注意
"压紧"端与"放松"端判断错误	轴系左移 F_{r1}　F_R　F_{r2}　F_A F_{s1}　O_1　O_2　F_{s2} 1(放松)正确　2(压紧)正确 图(a)　正确 轴系左移 F_{r1}　F_R　F_{r2}　F_A F_{s1}　O_1　O_2　F_{s2} 1(压紧)错误　2(放松)错误 图(b)　禁忌	$F_{s1}+F_A=2240+900=3140N>F_{s2}=680N$，轴系将左移，轴承1放松，轴承2压紧，所以轴承1的轴向载荷 $F_{a1}=F_{s1}=2240N$，轴承2的轴向载荷 $F_{a2}=F_{s1}+F_A=2240+900=3140N$[图(a)] 若判定轴系左移之后，得出1轴承"压紧"、2轴承"放松"的结论，是错误的[图(b)]，误认为轴系移动方向所指向的轴承一定压紧。在反装轴承中易犯此错误

续表

注意的问题	禁 忌 示 例	说 明
轴承轴向载荷最后计算错误	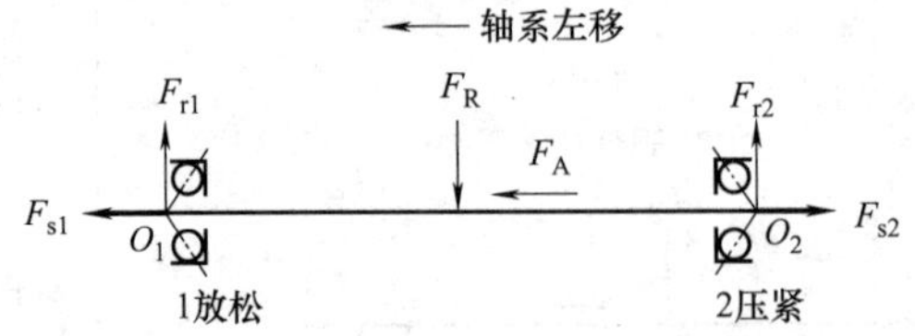 ←轴系左移 F_{r1} F_R F_{r2} F_A F_{s1} O_1 O_2 F_{s2} 1放松 2压紧 $F_{a1}=F_{s2}-F_A$(禁忌) $F_{a1}=F_{s1}$(正确) $F_{a2}=F_{s2}$(禁忌) $F_{a2}=F_{s1}+F_A$(正确)	"压紧"端、"放松"端轴向力公式必须记牢，禁忌颠倒或错用。公式：压紧端轴承轴向力等于除自身内部附加轴向力以外其余轴向力的代数和；放松端轴承轴向力等于自身内部附加轴向力

3.3.2.2 滚动轴承径向载荷计算禁忌

表 12-3-35 滚动轴承径向载荷计算禁忌

注意的问题	禁 忌 示 例	说 明
将齿轮传动的径向力 F_r 误认为是轴承的径向载荷	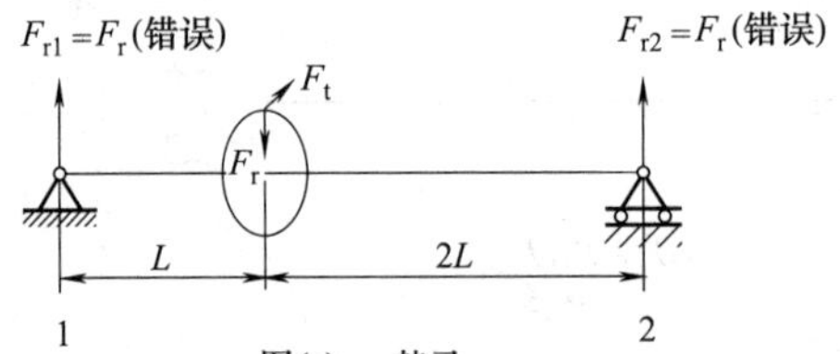 $F_{r1}=F_r$(错误) F_t F_r $F_{r2}=F_r$(错误) L $2L$ 1 2 图(a) 禁忌 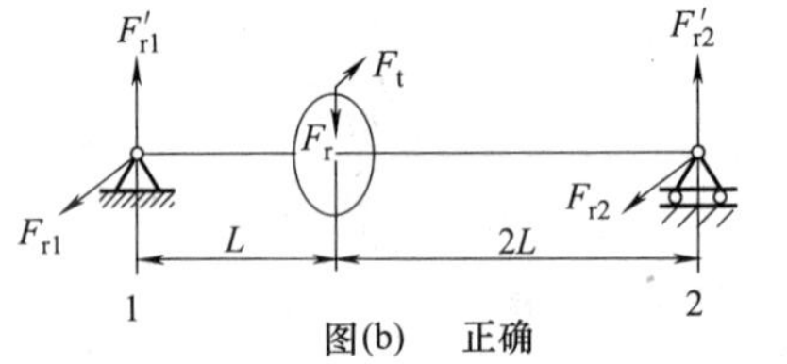 F_{r1}' F_t F_r F_{r2}' F_{r1} F_{r2} L $2L$ 1 2 图(b) 正确	齿轮的径向力 F_r 不是轴承的径向力，不应混淆[图(a)]。而应分别计算水平面与铅垂面支反力，然后再将两力几何合成[图(b)]，即 $F_{R1}=\sqrt{F_{r1}^2+F_{r1}'^2}$ $F_{R2}=\sqrt{F_{r2}^2+F_{r2}'^2}$
计算轴承径向载荷时只考虑齿轮径向力是错误的	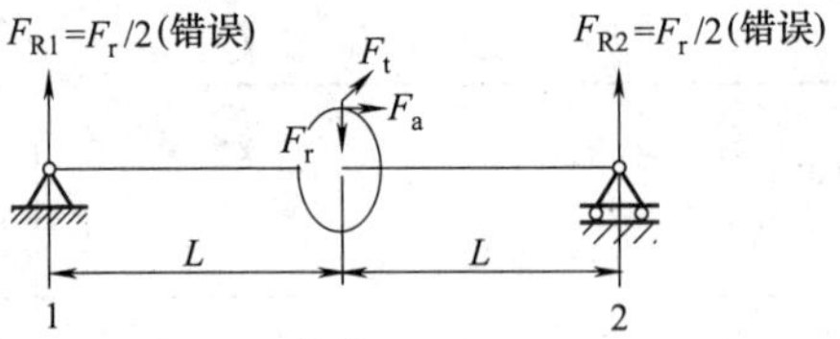 $F_{R1}=F_r/2$(错误) F_t F_a F_r $F_{R2}=F_r/2$(错误) L L 1 2 禁忌	滚动轴承的径向载荷，并不仅仅是齿轮传动径向力 F_r 作用下的径向支反力，齿轮传动的圆周力 F_t、轴向力 F_a 同样对滚动轴承产生径向支反力，计算轴承径向载荷时必须予以考虑
支承方式对轴承径向载荷计算的影响	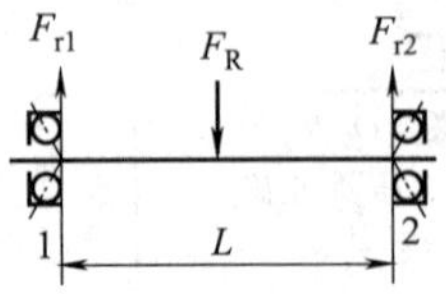 F_{r1} F_R F_{r2} 1 L 2 图(a) 正确 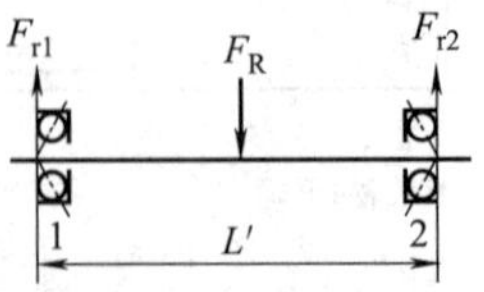 F_{r1} F_R F_{r2} 1 L' 2 图(b) 正确 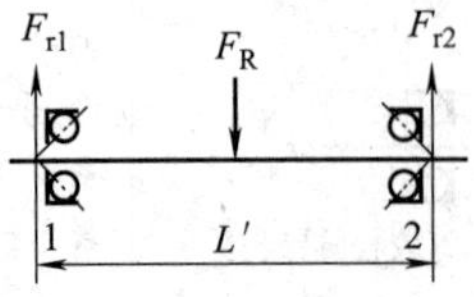 F_{r1} F_R F_{r2} 1 L' 2 图(c) 禁忌 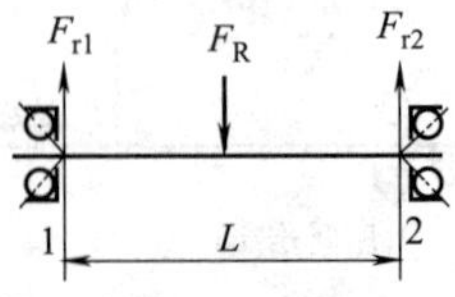 F_{r1} F_R F_{r2} 1 L 2 图(d) 禁忌	角接触球轴承正装[图(a)]比反装[图(b)]两支承间跨距小，即 $L<L'$，同样条件下正装比反装轴承径向载荷小，如果误将支承跨距 L 与 L' 颠倒，则所得轴承径向载荷计算结果是错误的[图(c)、图(d)]

3.3.2.3 滚动轴承当量动载荷计算禁忌

当量动载荷 P 按公式 $P=f_d(xF_r+yF_a)$ 计算，x、y 分别为径向动载荷系数和轴向动载荷系数，f_d 为载荷系数。为使问题具体、明了，现举例说明。

例5 一深沟球轴承型号6200，其基本额定动载荷 $C_r=19500N$，基本额定静载荷 $C_{0r}=11500N$，轴承受有径向力 $F_r=1153N$，轴向力 $F_a=369N$，载荷有中等冲击（$f_d=1.2\sim1.8$），试求当量动载荷 P。正确计算如下：$F_a/C_{0r}=369/11500=0.0321$，由表12-3-36，$e=0.23$（插值求得），又 $F_a/F_r=369/1153=0.32>e=0.23$，所以 $x=0.56$，$y=1.92$（插值求得）；因有中等冲击，取 $f_d=1.5$，所以当量动载荷 $P=1.5\times(0.56\times1153+1.92\times369)=2031N$。当量动载荷 P 的计算禁忌与对比见表12-3-37，计算时应注意。

3.3.2.4 滚动轴承承载能力计算禁忌

滚动轴承承载能力计算包括寿命计算、静强度计算和极限转速计算，有关禁忌见表12-3-38。

表 12-3-36 径向动载荷系数 x 和轴向动载荷系数 y

	F_a/C_{0r}	e	$F_a/F_r\leqslant e$		$F_a/F_r>e$	
			x	y	x	y
深沟球轴承	0.014 0.028 0.056 0.084	0.19 0.22 0.26 0.28	1	0	0.56	2.30 1.99 1.71 1.55

表 12-3-37 当量动载荷计算禁忌与对比

计算方法	x	y	f_d	当量动载荷 P/N	寿命 L_{10h}/h	说明	结论
1	0.56	1.92	1.5	2031	10244	正确	正确
2	1.92	0.56	1.5	3631	1793	x、y 颠倒	禁忌
3	1	1	1.5	2283	7271	未考虑 x、y	禁忌
4	0.56	1.92	1	1354	34573	未计入 f_d	禁忌
5	0.56	1.99	1.5	2071	9676	Y值未插值，取表中近似值，有误差	不准确
6	0.56	1.71	1.5	1915	12221		不准确

表 12-3-38 滚动轴承承载能力计算禁忌

注意的问题	禁忌说明
滚动体为球和滚子时，寿命指数 ε 不同	滚动轴承寿命计算公式中的寿命指数 ε，当滚动体为球时，$\varepsilon=3$；当滚动体为滚子时，$\varepsilon=10/3$，计算时两者不要混淆，否则寿命差异很大
不同可靠度时，滚动轴承寿命的计算	滚动轴承样本中所列的基本额定动载荷，是在可靠度为90%时的数据，但在实际应用中，由于使用轴承的各类机械的要求不同，对轴承可靠度的要求也随之不同，所以应在寿命公式中引入寿命修正系数 f_R，可靠度为 R%的修正额定寿命为：$L_{Rh}=f_RL_{10h}$，f_R 值见有关资料
以塑变为主要失效形式的轴承应计算静强度	滚动轴承寿命计算是为防止轴承疲劳点蚀失效的，但对于一些基本上不旋转、转速较低或冲击载荷条件下工作的轴承，其主要失效形式是塑性变形，所以就不能再按点蚀破坏计算寿命选择轴承，而应计算轴承的静强度
高速条件下的轴承应作极限转速验算	滚动轴承转速过高时，会使摩擦表面产生高温，影响润滑性能，破坏油膜，从而导致滚动体回火或元件胶合失效。所以对于此类轴承只作寿命计算是不够的，还应验算其极限转速

3.3.3　滚动轴承轴系支承固定形式设计禁忌

表 12-3-39　　滚动轴承轴系支承固定形式设计禁忌

注意的问题	禁忌示例	说　明
轴系结构设计应满足静定原则	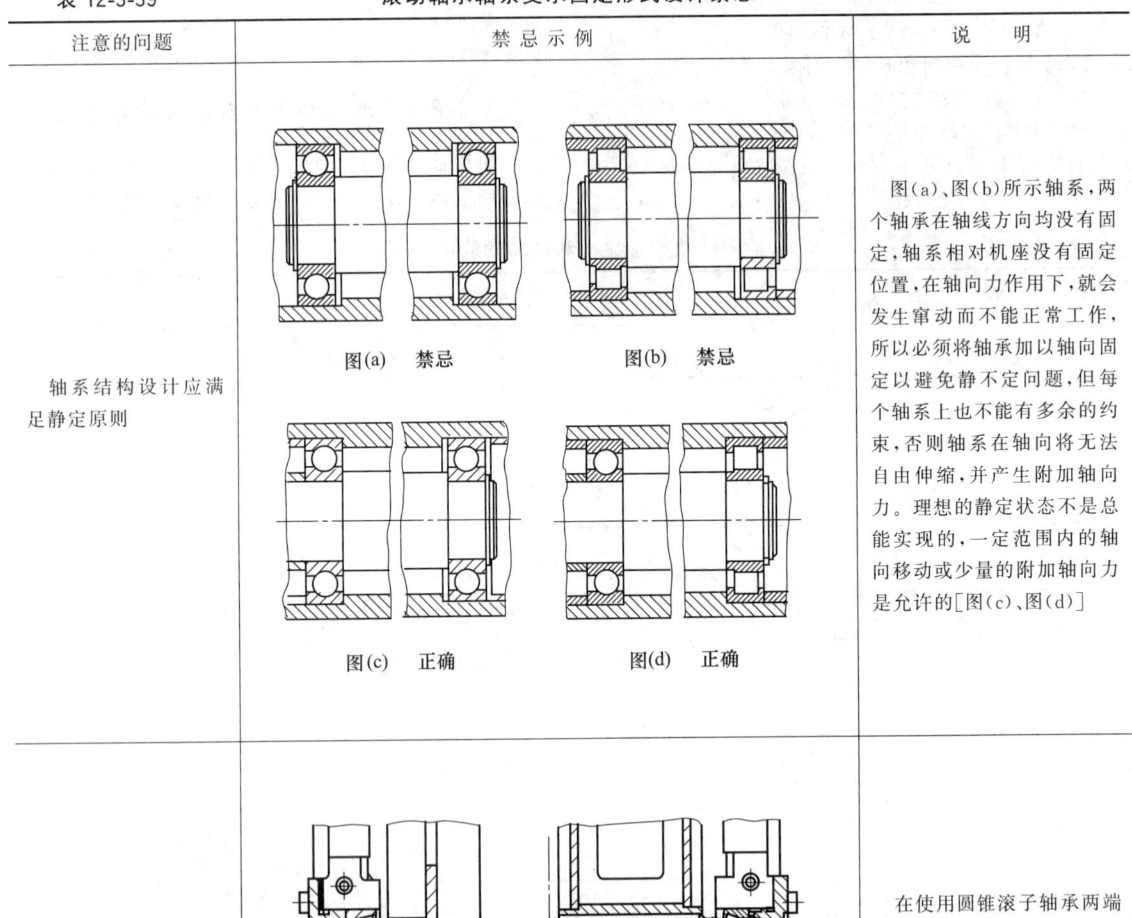 图(a)　禁忌　　图(b)　禁忌 图(c)　正确　　图(d)　正确	图(a)、图(b)所示轴系，两个轴承在轴线方向均没有固定，轴系相对机座没有固定位置，在轴向力作用下，就会发生窜动而不能正常工作，所以必须将轴承加以轴向固定以避免静不定问题，但每个轴系上也不能有多余的约束，否则轴系在轴向将无法自由伸缩，并产生附加轴向力。理想的静定状态不是总能实现的，一定范围内的轴向移动或少量的附加轴向力是允许的[图(c)、图(d)]
圆锥滚子轴承间隙无法调整	图(a)　禁忌 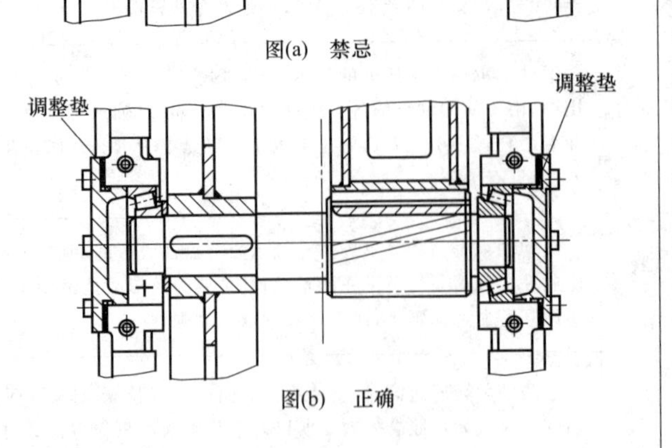 图(b)　正确	在使用圆锥滚子轴承两端固定的场合，一定要保证轴承适当的游隙，才能使轴系有正确的轴向定位。如果仅仅采用轴承盖压紧定位，如图(a)所示，轴承盖无调整垫片，则不能调整轴承间隙，压得太紧，造成游隙消失，润滑不良，运转中轴承发热，烧毁轴承，严重时甚至卡死；间隙过大，轴系轴向窜动大，轴向定位不良，产生噪声，影响传动质量。所以使用圆锥滚子轴承两端固定时，一定要设置间隙调整垫片，如图(b)所示，也可以采用调整螺钉

续表

注意的问题	禁忌示例	说明
固定端轴承必须能双向受力	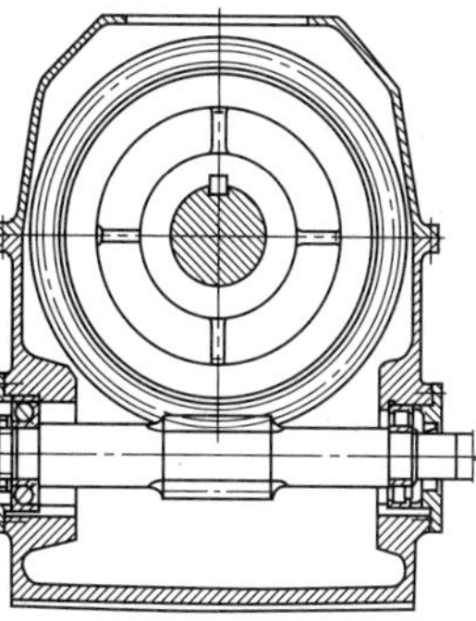 图(a) 禁忌 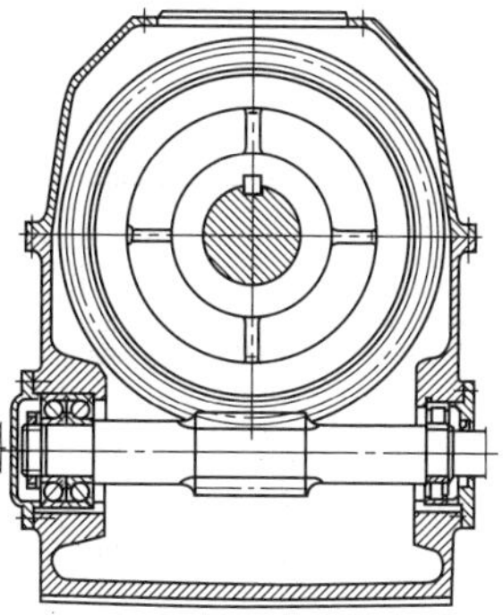　图(b) 正确	在一端固定、一端游动的支承形式中，固定端轴承必须能承受轴向正反双向力。图(a)采用了单只角接触球轴承作为固定端是错误的，因为角接触球轴承只能承受单方向轴向力，不能满足双向受力要求，轴系工作时轴向固定不可靠。图(b)采用了一对角接触球轴承作为固定端，可以承受双向轴向力，是正确的
游动端轴承的轴向定位	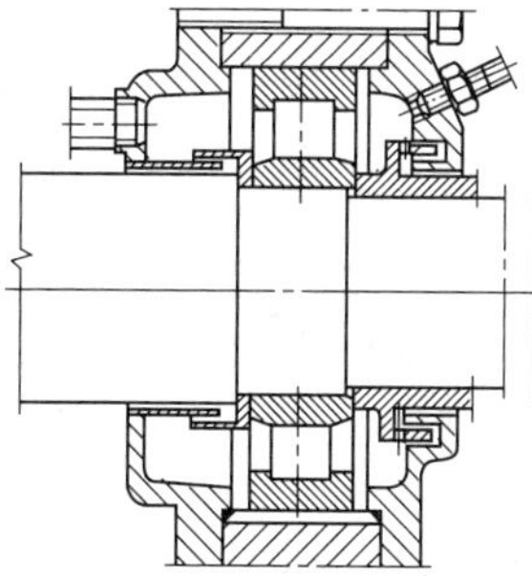 图(a) 禁忌 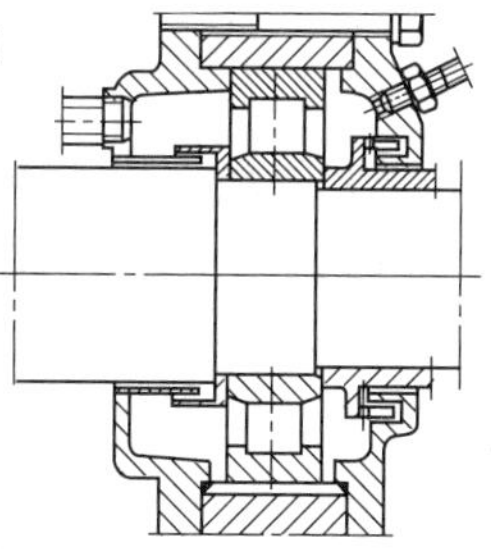　图(b) 正确	在一端固定、一端游动支承形式中，游动端轴承的轴向定位必须准确。如采用有一圈无挡边的圆柱滚子轴承作游动端，则轴承内外圈4个面都需要轴向定位，图(a)是错误的，图(b)是正确的
游动端轴承套圈的固定	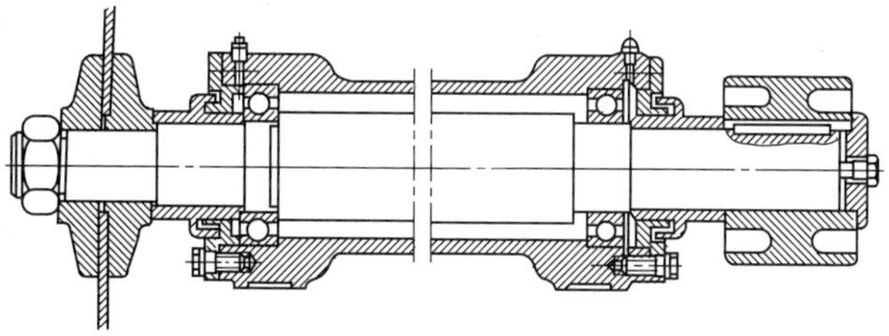 图(a) 禁忌 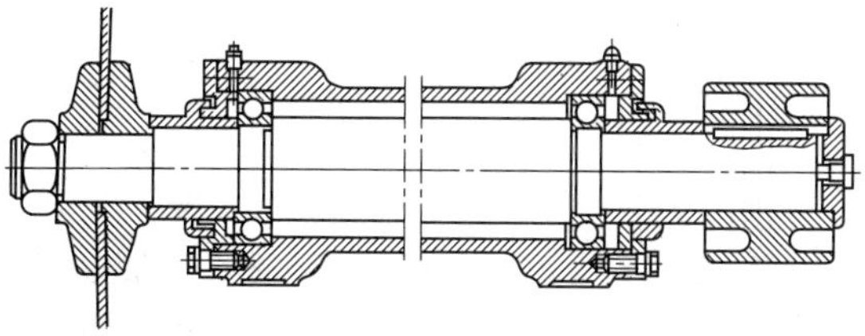　图(b) 正确	原则上是受变载荷轴承圈周向与轴向全部固定，而仅在一点受静载作用的轴承圈可与其外围有轴向的相对运动。一般情况下，内圈和轴径同时旋转，受力点在整个圆周上不停地变化，而外圈与壳体一样静止不动，只在一侧受静载，此时，游动端轴承应将外圈用于轴向移动，而不应使内圈与轴之间移动。图示圆盘锯轴系支承结构，图(a)中使轴与内圈间相对移动是不合理的，图(b)使外圈与壳体间轴向移动是合理的

续表

注意的问题	禁忌示例	说　明
人字齿轮轴系采用两端游动支承	图(a)　禁忌(高速轴) 图(b)　正确(高速轴) 图(c)　图(b)的具体结构	人字齿轮由于在加工中，很难做到齿轮的左右螺旋角绝对相等，为了自动补偿两侧螺旋角的这一制造误差，使人字齿轮在工作中不产生干涉和冲击作用，齿轮受力均匀，应将人字齿轮的高速主动轴的支承做成两端游动，而与其相啮合的低速从动轴系则必须两端固定，以便两轴都得到轴向定位。采用角接触球轴承无法实现两端游动[图(a)]，通常采用圆柱滚子轴承作为两游动端[图(b)]，具体结构见图(c)

3.3.4　滚动轴承的配置设计禁忌

3.3.4.1　角接触轴承正装与反装的性能对比

一对角接触轴承并列组合为一个支点时，正装时［图 12-3-8（a）］两轴承支反力在轴上的作用点距离 B_1 较小，支点的刚性较小；反装时［图 12-3-8（b）］两轴承支反力在轴上的作用点距离 B_2 较大，支承有较高的刚性和对轴的弯曲力矩有较高的抵抗能力。如果轴系弯曲较大或轴承对中较差，应选择刚性较小的正装。

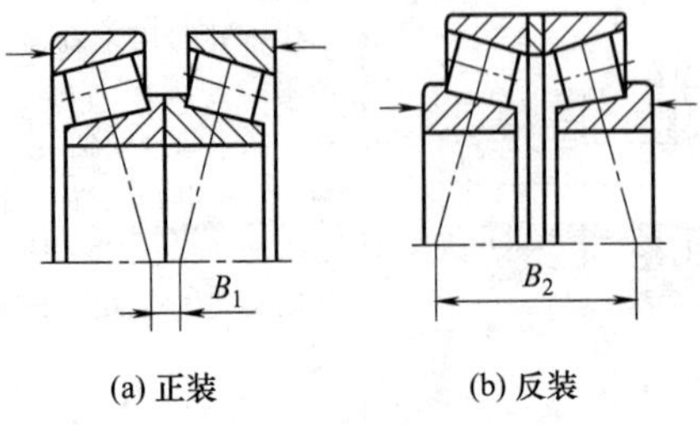

(a) 正装　　(b) 反装

图 12-3-8　角接触轴承并列组合为一个支点

一对角接触轴承分别处于两个支点时，应根据具体受力情况分析其刚度，当受力零件在两轴承之间时，正装方案刚性好；当受力零件在悬伸端时，反装方案刚性好，两方案的对比见表 12-3-19。

为说明角接触轴承正装和反装对轴承受力和轴系刚度的影响，现以图 12-3-9 的锥齿轮轴系为例进行具体分析。设锥齿轮受圆周力 $F_t=2087\text{N}$，径向力 $F_r=537\text{N}$，轴向力 $F_a=537\text{N}$，两轴承中点距离 100mm，锥齿轮距较近轴承中点距离 40mm，轴转速 1450r/min，载荷有中等冲击，取载荷系数 $f_d=1.6$。轴系采用一对 30207 型轴承，分别正装和反装。由设计手册查得轴承的基本额定动载荷 $C_r=51500\text{N}$，尺寸 $a=16\text{mm}$，$c=15\text{mm}$。现按两种安装方案进行计算，其结果列于表 12-3-40。由表可知：正安装由于跨距 l 小，悬臂 b 较大，因而轴承受力大，轴承 1 所受径向力正安装时约为反安装时的 2.2 倍，锥齿轮处的挠度，正装时约为反装时的 2.1 倍，所以正装时轴承寿命低，轴系刚性差。但正装时轴承间隙可由端盖垫片直接调整，比较方便，而反装时轴承间隙由轴上圆螺母进行调整，操作不便。

第12篇

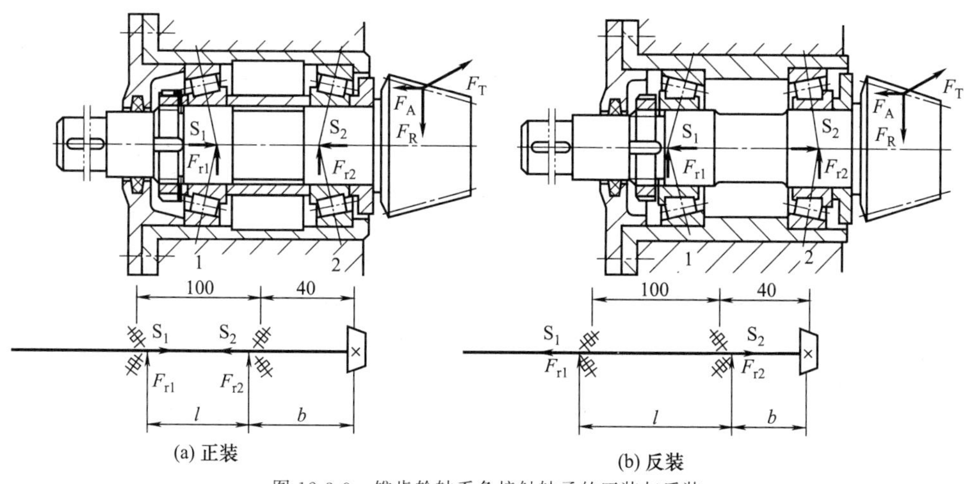

(a) 正装　　(b) 反装

图 12-3-9　锥齿轮轴系角接触轴承的正装与反装

表 12-3-40　　锥齿轮轴系支承方式的刚度、轴承受力及寿命计算对比

参　数		正装[图 12-3-9(a)]		反装[图 12-3-9(b)]	
轴承跨距 l/mm		$100+c-2a=83$		$100+2a-c=117$	
齿轮悬臂 b/mm		$40+a-c/2=48.5$		$40-a+c/2=31.5$	
锥齿轮处挠度 y 之比		$y_{正装}/y_{反装}\approx 2.1$			
		轴承 1	轴承 2	轴承 1	轴承 2
轴承受力/N	径向力 F_r	1223	3364	562	2699
	轴向力 F_a	1588	1051	306	843
	当量动载荷 P	4848	5383(最大)	1143	4319
轴承寿命 L_{10h}/h		30290	21368(最短)	3.7×10^6	44521
结论		较差		较好	

3.3.4.2　轴承配置对提高轴系旋转精度的设计禁忌

合理配置轴承可提高轴系旋转精度，有关轴承配置对提高轴系旋转精度的设计禁忌见表 12-3-41。

表 12-3-41　　轴承配置对提高轴系旋转精度的设计禁忌

注意的问题	禁忌示例	说　明
游轮、中间轮不宜用一个滚动轴承支承	图(a)　禁忌 图(b)　正确	游轮、中间轮等承载零件，尤其当其为悬臂装置时，如果采用一个滚动轴承支承[图(a)]，则球轴承内外圈的倾斜会引起零件的歪斜，轴系旋转精度过低，在弯曲力矩的作用下，会使形成角接触的球体产生很大的附加载荷，使轴承工作条件恶化，并导致过早失效。欲改变这种不良工作状况，应采用两个滚动轴承的支承[图(b)]

第12篇

续表

注意的问题	禁忌示例	说　明
前轴承精度对主轴旋转精度影响较大	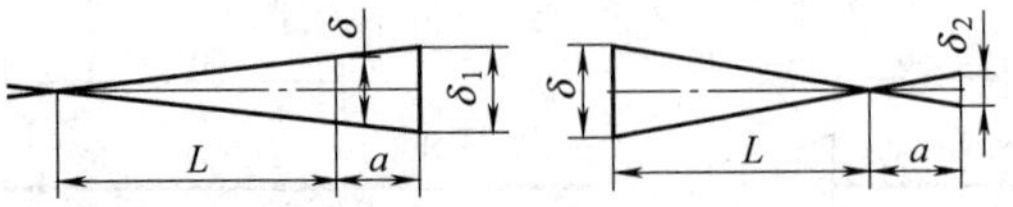 图(a)　禁忌　图(b)　正确	轴系有两个轴承，一个精度较高，假设其径向振摆为零；另一个精度较低，假设其径向振摆为 δ。若将高精度轴承作为后轴承[图(a)]，则主轴端部径向振摆为 $\delta_1=(L+a)\delta/L$；若将精度高的轴承作为前轴承[图(b)]，则主轴端部径向振摆为 $\delta_2=(a/L)\delta$，显然 $\delta_1>\delta_2$，可见，前轴承精度对主轴旋转精度影响较大，一般应选前轴承的精度比后轴承高一级
两个轴承的最大径向振摆应在同一方向	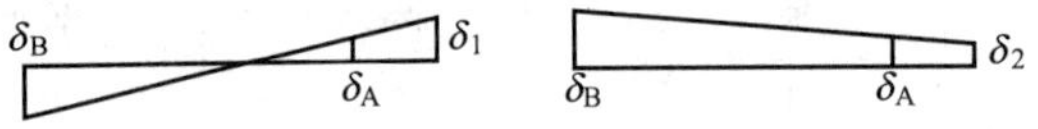 图(a)　禁忌　图(b)　正确	图中前后轴承的最大径向振摆为 δ_A 和 δ_B，按图(a)将二者的最大振摆装在互为 180°的位置，主轴端部的径向振摆为 δ_1；按图(b)将二者的最大振摆装在同一方向，主轴端部的径向振摆为 δ_2，显然 $\delta_1>\delta_2$，所以同样的两轴承，如能合理配置轴承振摆方向，可以提高主轴的旋转精度
不宜将游动支承端靠近传动齿轮	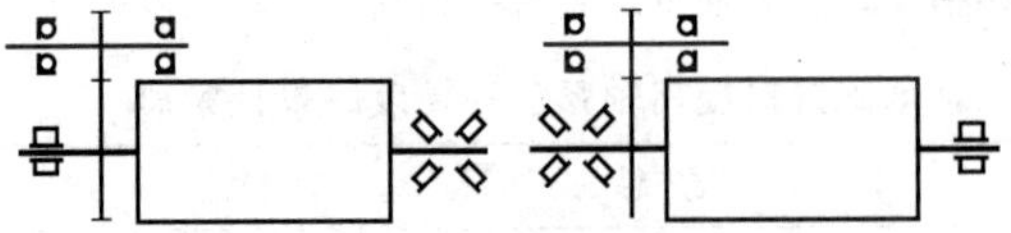 图(a)　禁忌　图(b)　正确	为了保证传动齿轮的正确啮合，在滚动轴承结构为一端固定、一端游动时，不宜将游动支承端靠近传动齿轮[图(a)]，而应将游动支承远离传动齿轮[图(b)]
固定端应靠近主轴前端	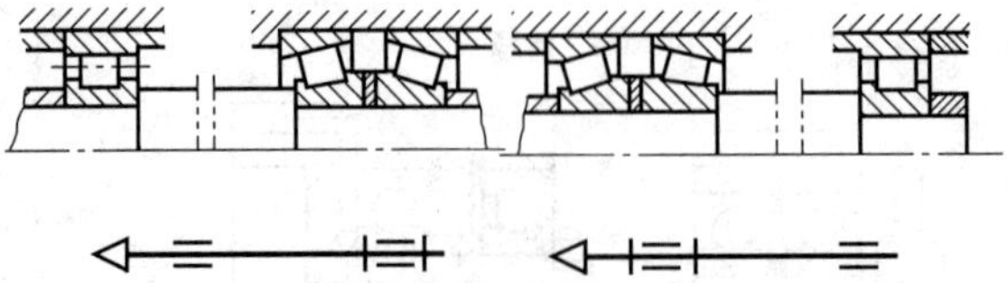 图(a)　禁忌　图(b)　正确	滚动轴承支承为一端固定、一端游动时，若主轴靠近游动端[图(a)]，对主轴的轴向定位精度影响很大。反之，固定端轴承装在靠近主轴前端[图(b)]，热膨胀后轴向右伸长，对轴向定位精度影响小

第12篇

3.3.5 滚动轴承对轴上零件位置的调整设计禁忌

表 12-3-42 滚动轴承对轴上零件位置的调整设计禁忌

注意的问题	禁忌示例	说明
轴上零件位置的调整	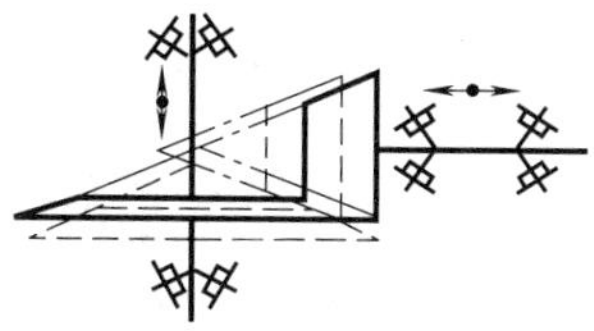 图(a) 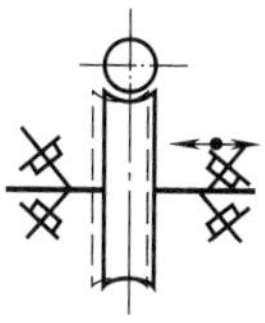 图(b)	圆锥齿轮传动[图(a)]要求安装时两个节圆锥顶点必须重合;蜗杆传动[图(b)]要求蜗杆轴线位于蜗轮中心平面内,才能正确啮合。因此,设计轴承组合时,应当保证轴的位置能作轴向调整,以达到调整锥齿轮或蜗杆的最好传动位置的目的
轴承端盖、轴承套杯和调整垫片的使用	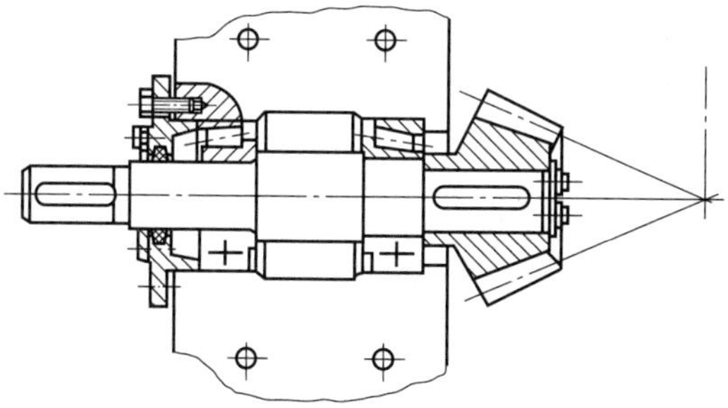 图(a) 禁忌 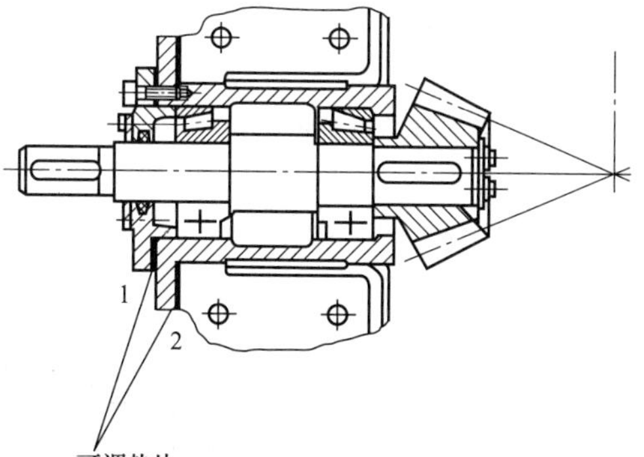 1 2 可调垫片 图(b) 正确	图(a)设计中有两个原则性错误,一是使用圆锥滚子轴承而无轴承游隙调整装置,游隙过小,轴承易产生附加载荷,损坏轴承;游隙过大,轴向定位差,两种情况均影响轴承使用寿命;二是没有独立的锥齿轮锥顶位置调整装置,在有适当轴承游隙的情况下,应能调整圆锥齿轮锥顶位置,以确保圆锥齿轮的正确啮合。为此,将确定轴向位置的轴承装在一个套杯中[图(b)],套杯则装在外壳孔中,通过增减套杯端面与外壳间垫片厚度,即可调整锥齿轮或蜗杆的轴向位置。图(b)中调整垫片 1 用来调整轴承游隙,调整垫片 2 用来调整锥顶位置

3.3.6 滚动轴承的配合禁忌

滚动轴承配合种类的选取,应根据轴承的类型和尺寸、载荷的大小和方向以及载荷的性质等来决定。一般来说,尺寸大、载荷大、振动大、转速高或温度高等情况下应选紧一些的配合,而经常拆卸或游动套圈则采用较松的配合。选取滚动轴承的配合应参考有关手册,不能盲目采用普通圆柱孔和轴的配合关系,有关禁忌见表 12-3-43。

表 12-3-43 滚动轴承的配合禁忌

注意的问题	禁忌说明	说明
轴与轴承内圈间隙配合产生配合表面蠕动	如果承受旋转载荷的内圈与轴选用间隙配合(如 d6),那么载荷将迫使内圈绕轴蠕动。因为配合处有间隙存在,内圈的周长略比轴颈的周长大一些,因此,内圈的转速将比轴的转速略低一些,这就造成了内圈相对轴缓慢转动,这种现象称之为蠕动。由于配合表面间缺乏润滑剂,呈干摩擦或边界摩擦状态,当在重载荷作用下发生蠕动现象时,轴和内圈急剧磨损,引起发热,配合表面间还可能引起相对滑动,使温度急剧升高,最后导致烧伤	禁忌
	避免配合表面间发生蠕动现象的唯一方法是采用过盈配合。采用圆螺母将内圈端面压紧或其他轴向紧固方法不能防止蠕动现象,因为这些紧固方法并不能消除配合表面的间隙,而只是用来防止轴承脱落的	正确
轴与轴承内圈配合过紧影响轴承正常工作	轴与轴承内圈配合一般为过盈配合,但过盈量过大也是不合适的(如 p6、r6),因为这样会造成轴承内孔与轴颈过紧,过紧的配合是不利的,会因内圈的弹性膨胀使轴承内部的游隙减小,甚至完全消失,从而影响轴承的正常工作,如发热、寿命降低、套圈或滚动体碎裂等	禁忌
轴与轴承内圈配合的选取	滚动轴承内孔的公差带在零线之下,而圆柱公差标准中基准孔的公差带在零线之上,所以轴承内圈与轴的配合比圆柱公差标准中规定的基孔制同类配合要紧得多,圆柱公差标准中的许多过渡配合在这里实际成为过盈配合。轴与轴承内圈的配合可按载荷大小选取。轻负荷:j6,js6(过渡配合);中等负荷:k6,m6(过盈配合);重负荷:n6(过盈配合)	正确
座孔与轴承外圈配合宜松些	不回转套圈受局部载荷(径向载荷由套圈滚道的局部承受),选间隙配合,可使承载部位在工作中略有变化(套圈在座孔里略有转动),对提高寿命有利。一般轴承外圈为不回转套圈,可选 H7、G7(间隙配合);如载荷大或温差大,可选 J7、Js7(过渡配合)	正确

3.3.7 滚动轴承的装配禁忌

表 12-3-44 滚动轴承的装配禁忌

注意的问题	禁忌示例	说明
滚动轴承安装要定位可靠	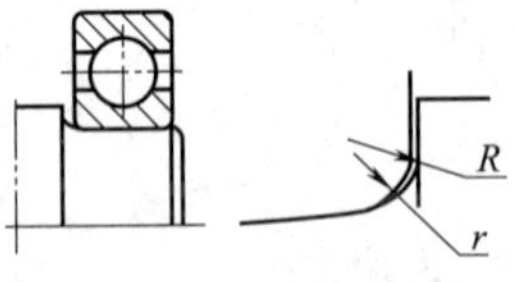 R r 图(a) 禁忌；图(b) 禁忌；R r 图(c) 正确；φB φA；间隔环 图(d) 正确 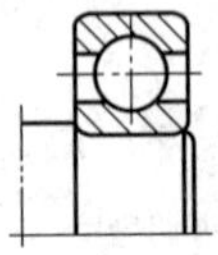 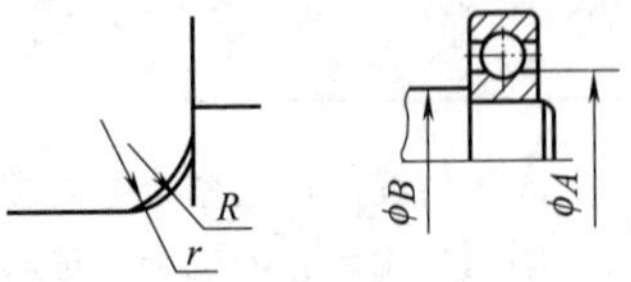 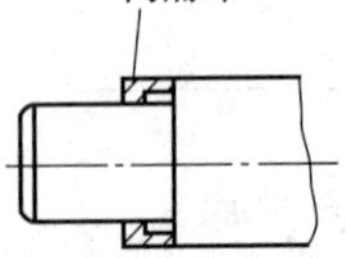	若轴承圆角半径 r 小于轴的圆角半径 R[图(a)],则轴承无法安装到位,定位不可靠;另外轴肩的高度也不可太浅[图(b)],否则轴承定位不好,影响轴系正常工作。必须使轴承的圆角半径 r 大于轴的圆角半径 R[图(c)],以保证轴承的安装精度和工作质量。如果考虑到轴的圆角太小、应力集中较大和热处理的需要必须加大 R,从而难以满足 $r>R$ 时,可考虑在轴上安装间隔环[图(d)]

续表

注意的问题	禁忌示例	说　明
避免外小内大的轴承座孔	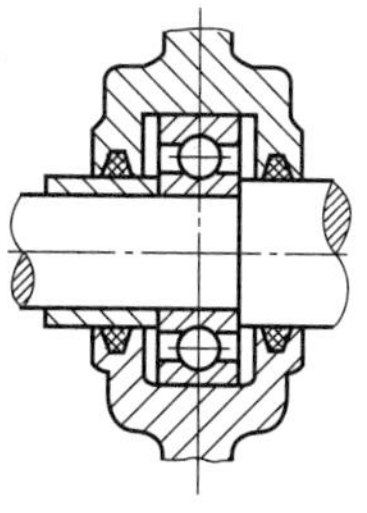 图(a)　禁忌 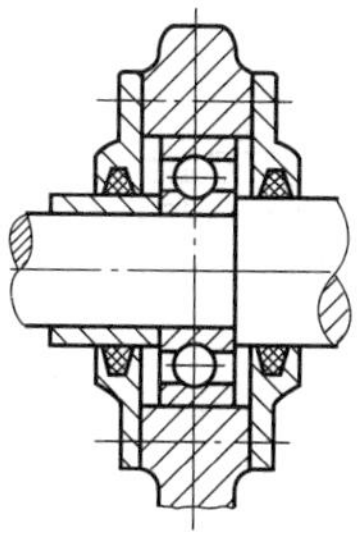 图(b)　正确	如图(a)所示的轴承座，由于外侧孔小于内侧孔，需采用剖分式轴承座，结构复杂。若采用图(b)形式，可不用剖分式，对于低速、轻载小型轴承较为适宜
轴承部件装配时要考虑便于分组装配	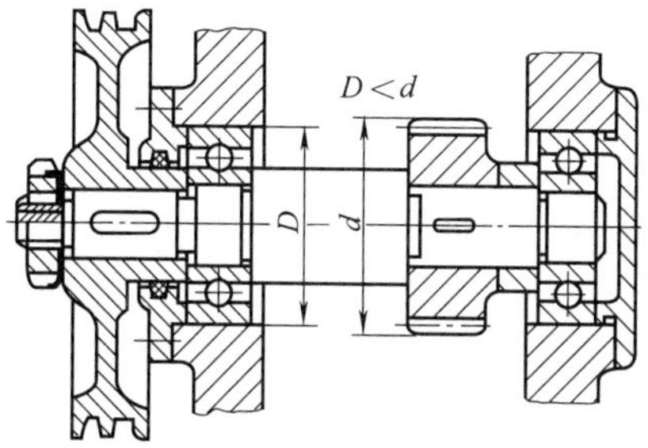 $D<d$ 图(a)　禁忌 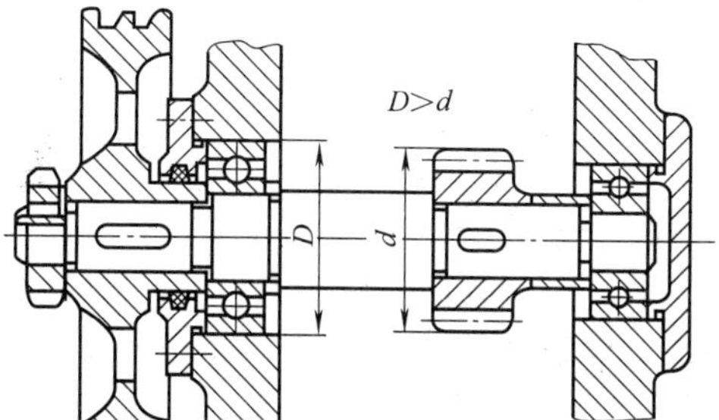 $D>d$ 图(b)　正确	在设计轴承装配部件时，要考虑到它们分组装配的可能性。如图(a)所示结构，由于轴承座孔直径 D 选得比齿轮齿顶圆直径 d 小，所以必须在箱体内装配齿轮，然后再装右轴承。又因为带轮为腹板式，腹板上无孔，需要先装左边端盖然后才能安装带轮。而图(b)的结构则比较便于装配，因为轴承座孔 D 比齿顶圆直径 d 大，可以把预先装在一起的轴和轴承作为整体安装上去。带轮采用孔板式结构，便于扭紧左边轴承盖的螺钉
在轻合金或非金属机座上装配滚动轴承的禁忌	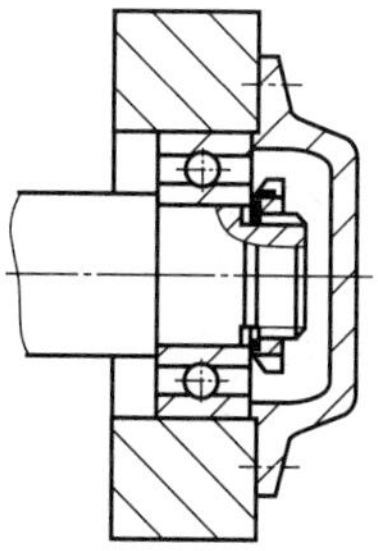 图(a)　禁忌 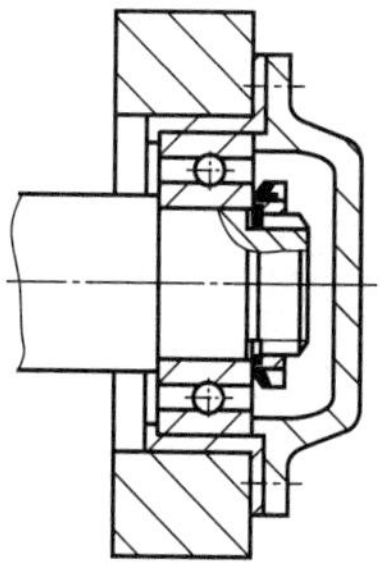 图(b)　正确	不宜在轻合金或非金属箱体的轴承孔上直接安装滚动轴承[图(a)]，因为箱体材料强度低，轴承在工作过程中容易产生松动，所以应如图(b)所示，加钢制衬套与轴承配合，不但增强了轴承处的强度，也增加了轴承处的刚性

续表

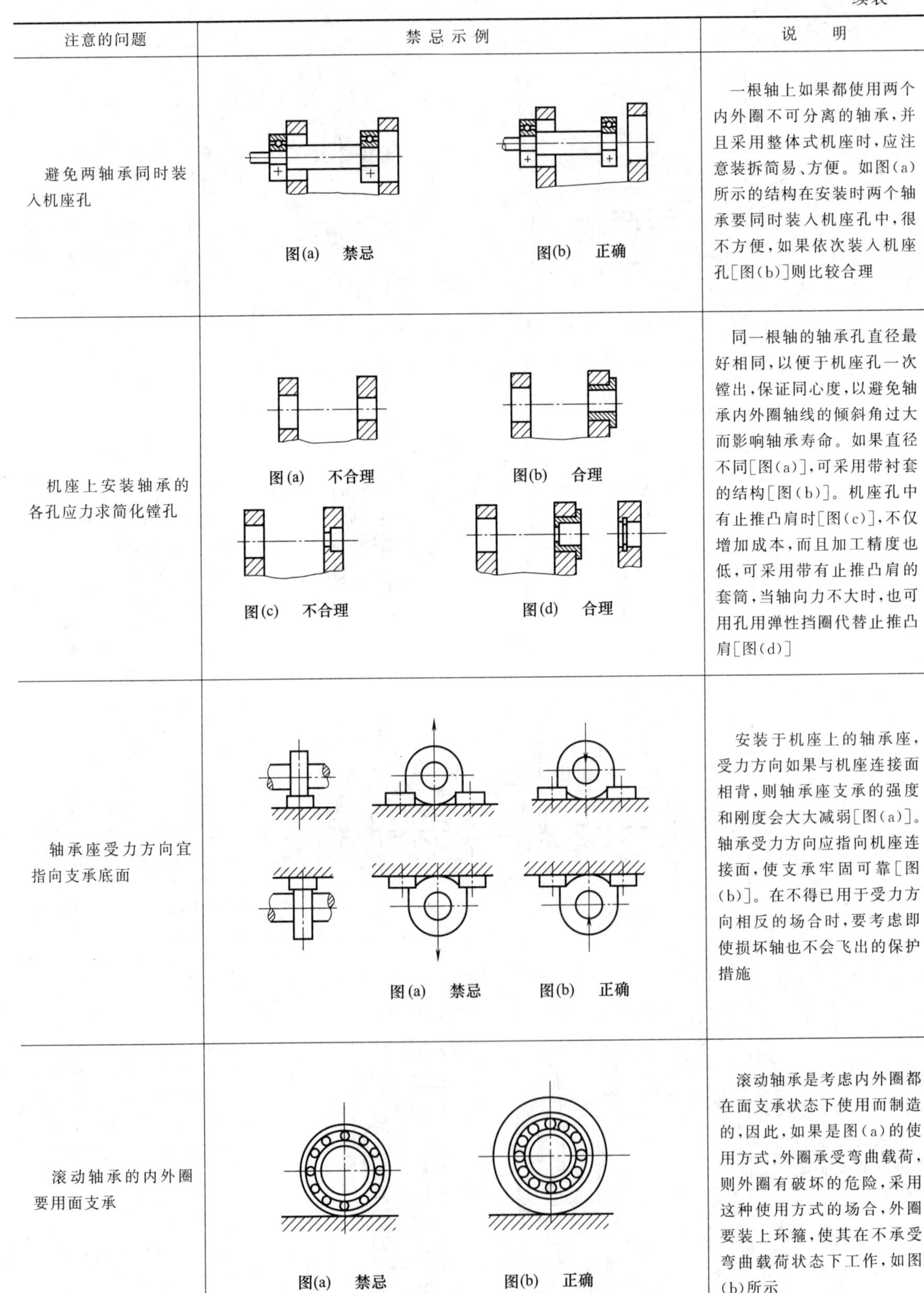

注意的问题	禁忌示例	说　明
避免两轴承同时装入机座孔	图(a)　禁忌　　图(b)　正确	一根轴上如果都使用两个内外圈不可分离的轴承，并且采用整体式机座时，应注意装拆简易、方便。如图(a)所示的结构在安装时两个轴承要同时装入机座孔中，很不方便，如果依次装入机座孔[图(b)]则比较合理
机座上安装轴承的各孔应力求简化镗孔	图(a)　不合理　　图(b)　合理 图(c)　不合理　　图(d)　合理	同一根轴的轴承孔直径最好相同，以便于机座孔一次镗出，保证同心度，以避免轴承内外圈轴线的倾斜角过大而影响轴承寿命。如果直径不同[图(a)]，可采用带衬套的结构[图(b)]。机座孔中有止推凸肩时[图(c)]，不仅增加成本，而且加工精度也低，可采用带有止推凸肩的套筒，当轴向力不大时，也可用孔用弹性挡圈代替止推凸肩[图(d)]
轴承座受力方向宜指向支承底面	图(a)　禁忌　　图(b)　正确	安装于机座上的轴承座，受力方向如果与机座连接面相背，则轴承座支承的强度和刚度会大大减弱[图(a)]。轴承受力方向应指向机座连接面，使支承牢固可靠[图(b)]。在不得已用于受力方向相反的场合时，要考虑即使损坏轴也不会飞出的保护措施
滚动轴承的内外圈要用面支承	图(a)　禁忌　　图(b)　正确	滚动轴承是考虑内外圈都在面支承状态下使用而制造的，因此，如果是图(a)的使用方式，外圈承受弯曲载荷，则外圈有破坏的危险，采用这种使用方式的场合，外圈要装上环箍，使其在不承受弯曲载荷状态下工作，如图(b)所示

3.3.8　滚动轴承的拆卸禁忌

表 12-3-45　滚动轴承的拆卸禁忌

注意的问题	禁忌示例	说明
轴承凸肩高度应便于轴承拆卸	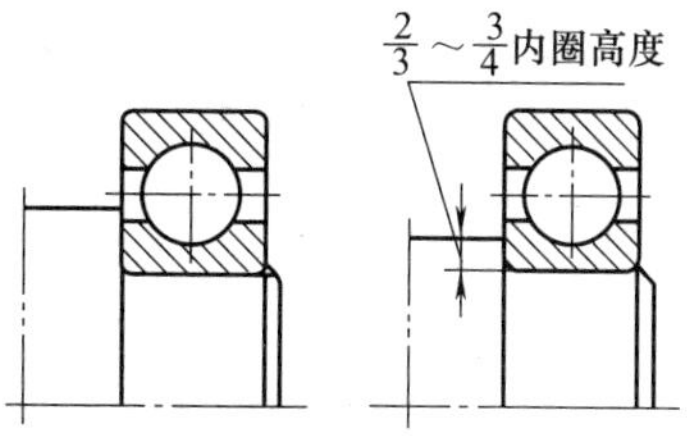 图(a)　禁忌　图(b)　正确 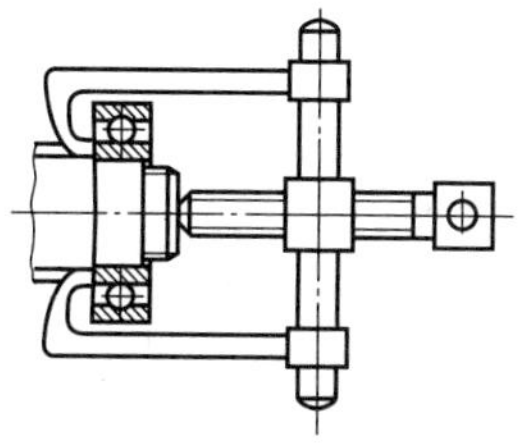 图(c)　轴承拆卸	对于装配滚动轴承的孔和轴肩的结构，必须考虑便于滚动轴承的拆卸 图(a)中轴的凸肩太高，不便轴承从轴上拆卸下来。合理的凸肩高度应如图(b)所示，约为轴承内圈厚度的2/3～3/4，凸肩过高将不利于轴承的拆卸。为便于拆卸，也可在轴上铣槽[图(c)]
轴承外圈的拆卸	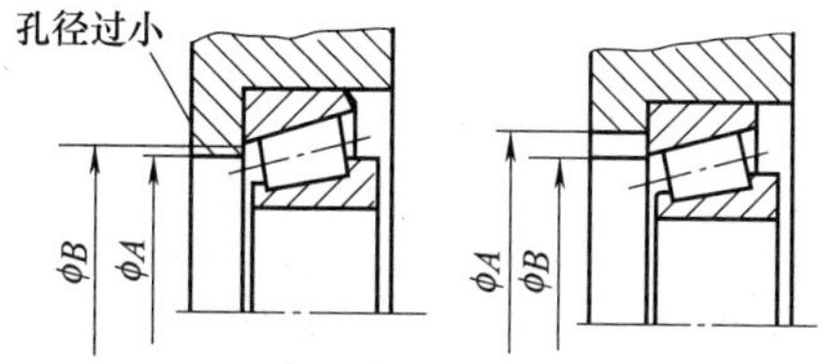 图(a)　禁忌　图(b)　正确	图(a)中 $\phi A<\phi B$，不便于用工具敲击轴承外圈，将整个轴承拆出。而图(b)中，因 $\phi A>\phi B$，所以便于拆卸
可分离外圈的拆卸	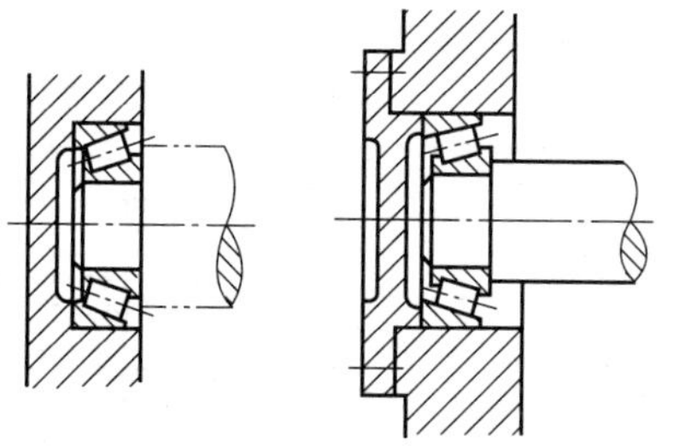 图(a)　禁忌　图(b)　正确	图(a)的圆锥滚子轴承可分离的外圈较难拆卸，而图(b)结构，外圈则很容易拆卸

3.3.9 滚动轴承的润滑禁忌

表 12-3-46　滚动轴承的润滑禁忌

注意的问题	禁忌示例	说　明
高速脂润滑的滚子轴承易发热	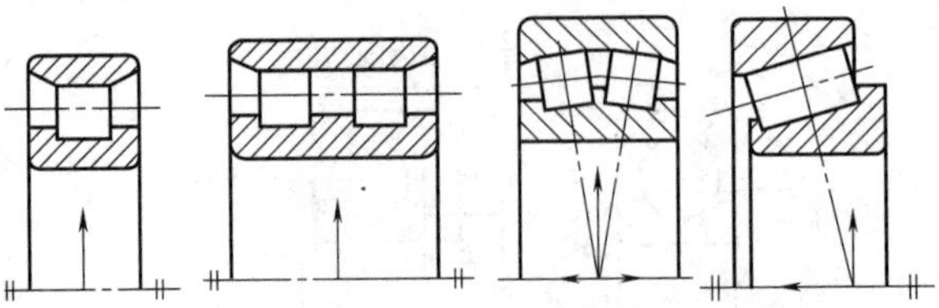 图(a)　图(b)　图(c)　图(d) 不适于高速脂润滑的滚子轴承	由于滚子轴承在运转时搅动润滑脂的阻力大，如果高速连续长时间运转，则温度升高，发热大，润滑脂会很快变质恶化而丧失作用。因此滚子类轴承不适于高速连续运转脂润滑条件下工作，只限于低速或不连续场合。高速时宜选用油润滑
避免填入过量的润滑脂	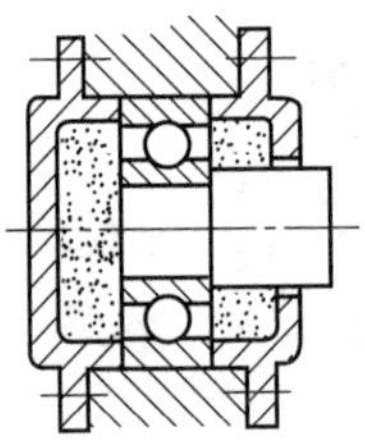 图(a)　禁忌 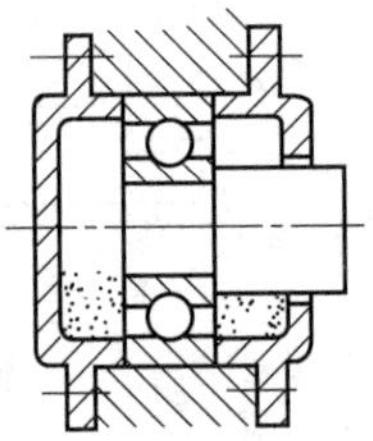　图(b)　正确	低速、轻载或间歇工作时，在轴承箱和轴承空腔中一次性加入润滑脂后可以连续工作很长时间，而无需补充或更换新脂。若装脂过多[图(a)]，易引起搅拌摩擦发热，使脂变质恶化而丧失润滑作用，影响轴承正常工作。润滑脂填入量一般不超过轴承空间的1/3～1/2[图(b)]
不要形成润滑脂流动尽头	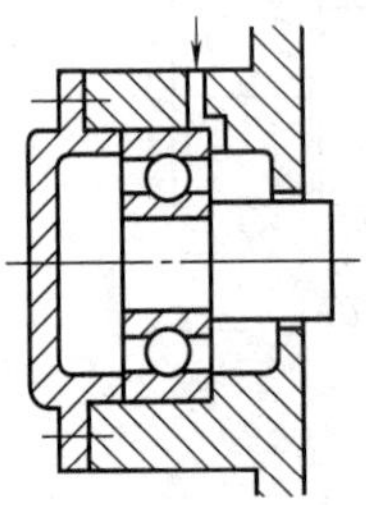 图(a)　禁忌 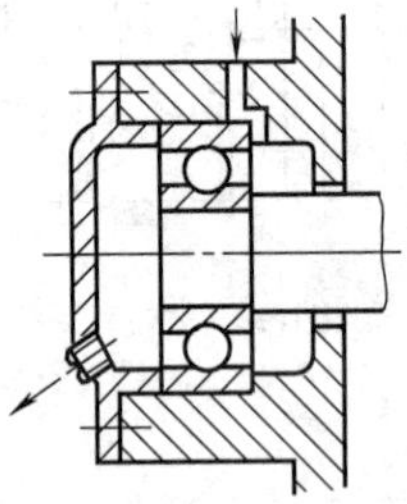　图(b)　正确	在较高速度和载荷的情况下，需定期补充新的润滑脂，并排出旧脂。若轴承箱盖是密封的，则进入这一部分的润滑脂就没有出口，新补充的脂就不能流到这一头，持续滞留的旧脂恶化变质而丧失润滑性质[图(a)]，所以一定要设置润滑脂的出口。在补充润滑脂时，应先打开下部的放油塞，然后从上部打进新的润滑脂[图(b)]
立轴上脂润滑的角接触轴承要防止脂从下部脱离轴承	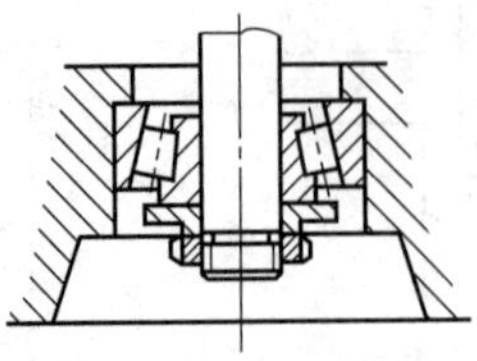 图(a)　禁忌 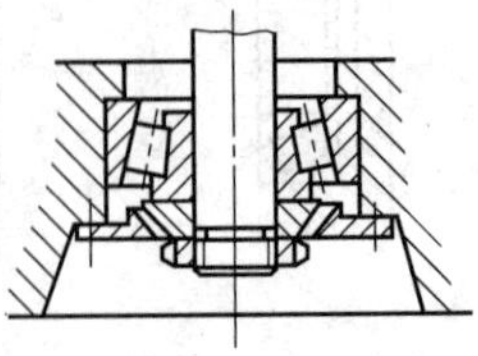　图(b)　正确	安装在立轴上的角接触轴承，由于离心力和重力的作用，会发生脂从下部脱离轴承的危险[图(a)]，对于这种情况，可安装一个与轴承的配合件构成一道窄隙的滞流圈来避免[图(b)]

续表

注意的问题	禁忌示例	说明
浸油润滑油面不应高于最下方滚动体的中心	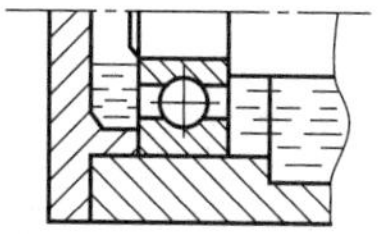 油平面 图(a)　禁忌 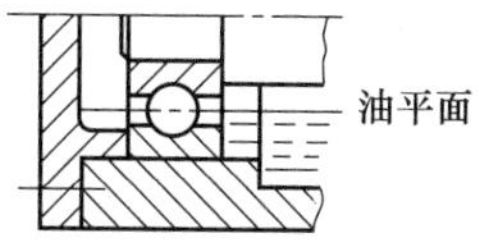　图(b)　正确	浸油润滑和飞溅润滑一般适用于低、中速的场合。浸油润滑时，油面过高[图(a)]，搅油能量损失较大，温度上升，使轴承过热，所以油面不应高于最下方滚动体中心[图(b)]
轴承座与轴承盖上的油孔应畅通	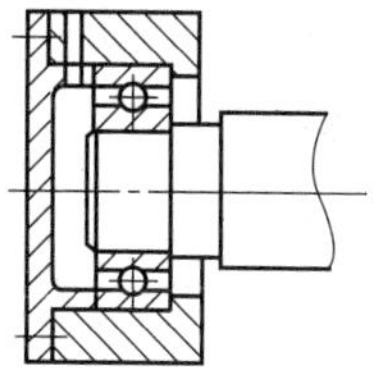 图(a)　禁忌 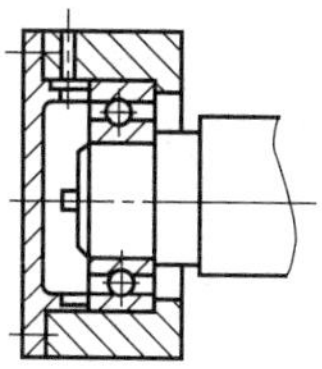　图(b)　正确 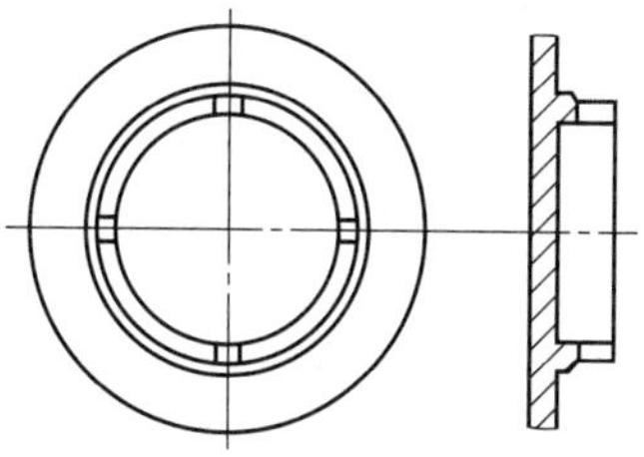 图(c)　轴承盖结构	图(a)轴承座与轴承盖上的油孔直径比较小，油孔很难对正，因此不能保证油孔的畅通，应采用图(b)的结构，其轴承盖如图(c)所示，轴承盖上一般应开四个油孔，并且轴承盖与轴承座孔装配后，二者之间会形成轴向环形间隙，这样油便可畅通无阻。如果轴承盖上没有开油孔，则润滑油无法流入轴承进行润滑

3.3.10　滚动轴承的密封禁忌

表 12-3-47　滚动轴承的密封禁忌

注意的问题	禁忌示例	说明
脂润滑轴承要防止稀油飞溅到轴承腔内，导致润滑脂流失	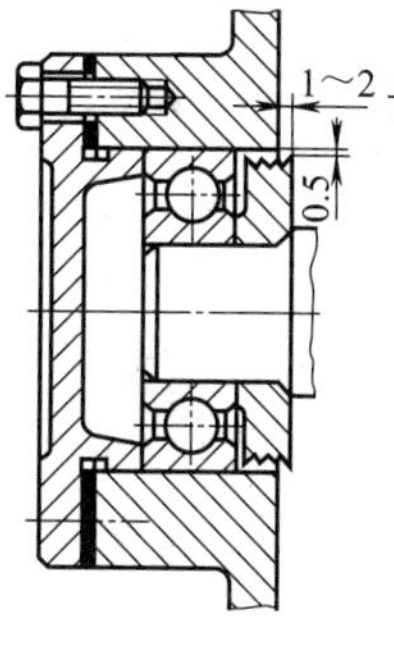 1～2　0.5　0.5　2 图(a)　合理 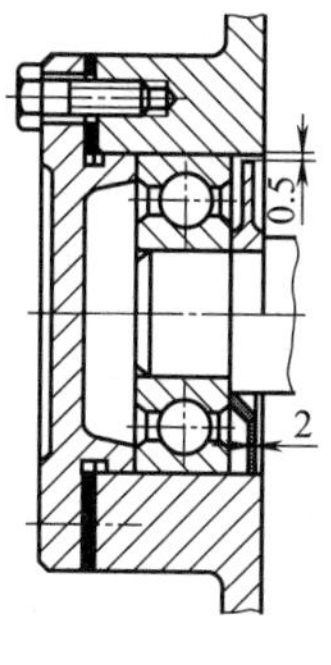　图(b)　合理	当轴承需要采用脂润滑，而轴上传动件又采用油润滑时，如果油池中的热油进入轴承中，会造成油脂的稀释而流走，或油脂熔化变质，导致轴承润滑失效 为防止油进入轴承及润滑脂流出，可在轴承靠油池一侧加挡油盘，挡油盘随轴一起旋转，可将流入的油甩掉，挡油盘外径与轴承孔之间应留有间隙[图(a)、图(b)]，若不留间隙[图(c)]，挡油盘旋转时与机座轴承孔将产生摩擦，轴系将不能正常工作。一般挡油盘外径与轴承孔间隙约为0.2～0.6mm。另一方面，如挡油盘在轴向距离轴承过远，挡油效果也不好。常用的挡油盘装置如图(d)所示

续表

注意的问题	禁忌示例	说　明
脂润滑轴承要防止稀油飞溅到轴承腔内，导致润滑脂流失	60° a=6～9mm b=2～3mm 图(c)　禁忌　图(d)　挡油盘结构	当轴承需要采用脂润滑，而轴上传动件又采用油润滑时，如果油池中的热油进入轴承中，会造成油脂的稀释而流走，或油脂熔化变质，导致轴承润滑失效 为防止油进入轴承及润滑脂流出，可在轴承靠油池一侧加挡油盘，挡油盘随轴一起旋转，可将流入的油甩掉，挡油盘外径与轴承孔之间应留有间隙[图(a)、图(b)]，若不留间隙[图(c)]，挡油盘旋转时与机座轴承孔将产生摩擦，轴系将不能正常工作。一般挡油盘外径与轴承孔间隙约为0.2～0.6mm。另一方面，如挡油盘在轴向距离轴承过远，挡油效果也不好。常用的挡油盘装置如图(d)所示
毡圈密封处，轴径与密封槽孔间应留有间隙	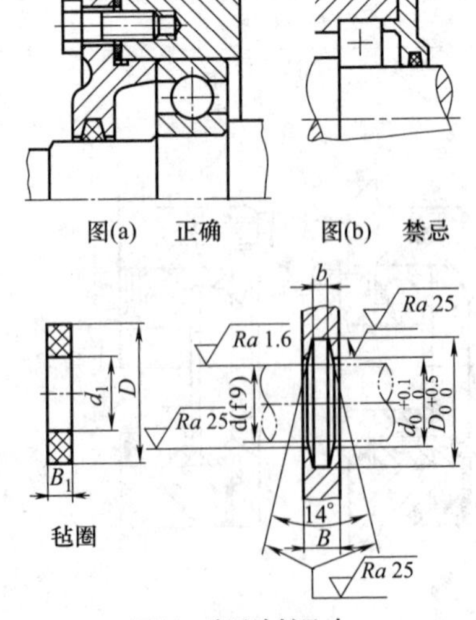 图(a)　正确　　图(b)　禁忌 图(c)　毡圈油封尺寸	毡圈密封是通过将矩形截面的毡圈压入轴承盖的梯形槽中，使之产生对轴的压紧作用，实现密封的[图(a)]，轴承盖的梯形槽与轴之间应留有一定间隙，若轴与梯形槽内径间无间隙[图(b)]，则轴旋转时将与轴承盖孔产生摩擦，轴系无法正常工作。毡圈油封形式和尺寸如图(c)所示

续表

注意的问题	禁忌示例	说明
正确使用唇形密封圈密封	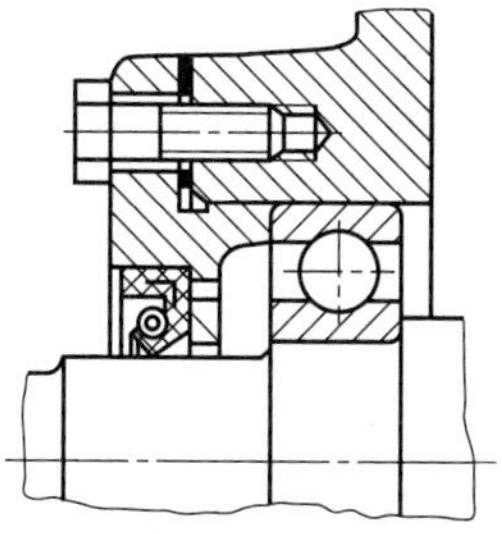 图(a) 防尘 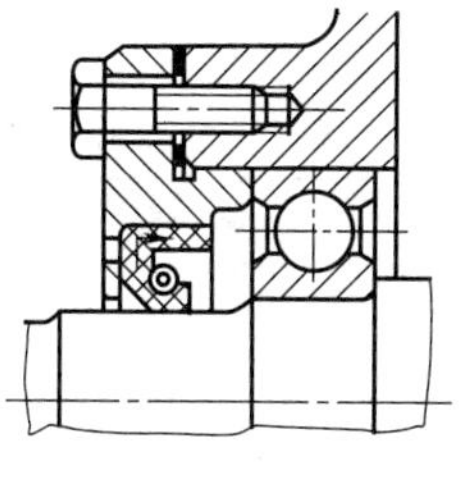 图(b) 防漏油 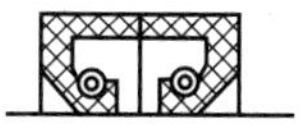 图(c) 禁忌 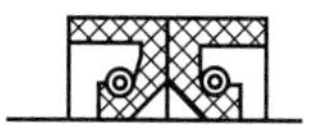 图(d) 正确	唇形密封圈是用耐油橡胶或皮革制成，起密封作用的是与轴接触的唇部，有一圈螺旋弹簧把唇部压在轴上，以增加密封效果。使用时要注意密封唇的方向，密封唇应朝向要密封的方向。密封唇朝向箱外是为了防止尘土进入[图(a)]，密封唇朝向箱内是为了避免箱内的油漏出[图(b)]。如防尘采用图(b)或防箱内油漏出采用图(a)，则是错误的。如果既要防止尘土进入，又要防止润滑油漏出，则可采用两个唇形密封圈，但要注意安装时应使它们的唇口方向相反，如图(d)，而使唇口相对的结构是错误的[图(c)]
避免油封与孔槽相碰	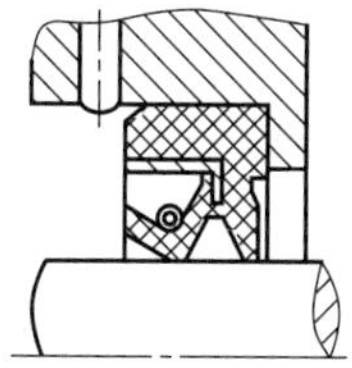 图(a) 禁忌 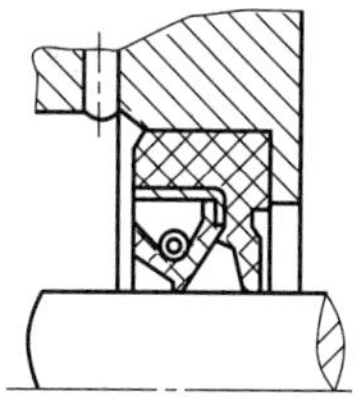 图(b) 正确	安装油封的孔，尽可能不设径向孔或槽，如图(a)所示的结构是不合理的，对壁上必须开设径向孔或槽时，应使内壁直径大于油封外径，在装配过程中可避免接触油封外圆面，如图(b)所示
呈弯曲状态旋转的轴不宜采用接触式密封	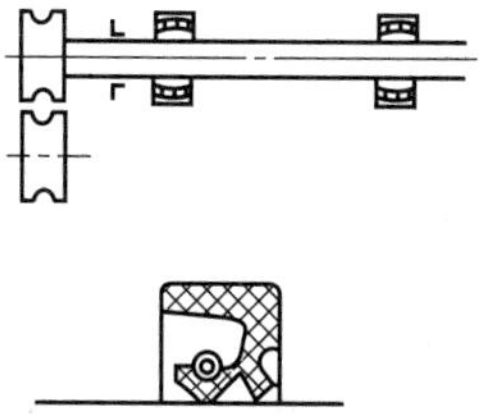 图(a) 禁忌 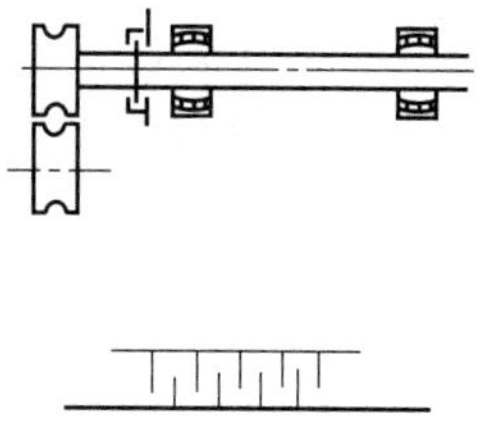 图(b) 正确	如果轴系刚性较差，而且外伸端有变动的载荷作用，不宜在弯曲状态旋转的轴上采用接触式密封[图(a)]，因为由于载荷的变化，接触部分的单边接触程度也发生变化，密封效果较差，同时由于这种单边接触促进接触部分的损坏，起不到油封的作用，所以这种情况宜采用非接触式密封[图(b)]
多尘、高温、大功率输出(入)端密封不宜采用毡圈密封	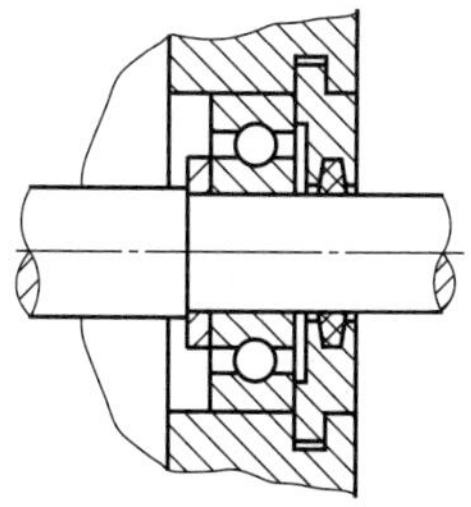 图(a) 较差 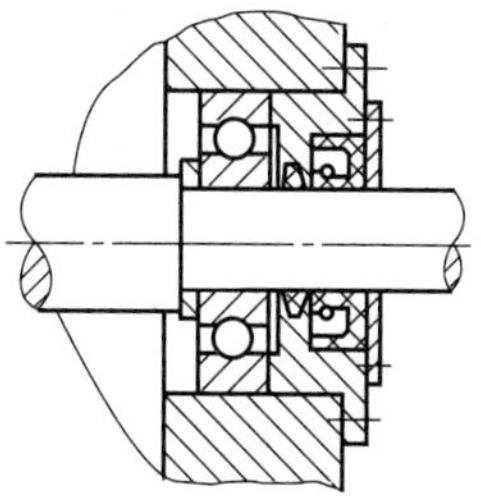 图(b) 较好	毡圈密封结构简单、价廉、安装方便，但摩擦较大，尤其不适于多尘、温度高的条件下使用[图(a)]，这种条件下可采用图(b)所示结构，增加一有弹簧圈的唇形密封圈结构，或采用非接触式密封结构形式

3.4 联轴器与离合器

3.4.1 联轴器类型选择禁忌

表 12-3-48　联轴器类型选择禁忌

注意的问题	禁忌示例	说明
单万向联轴器不能实现两轴间同步转动	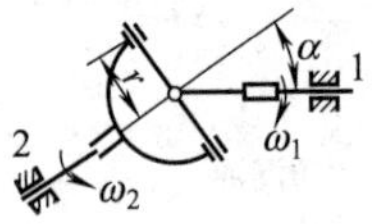 图(a)　禁忌 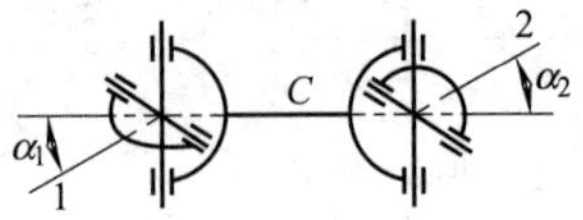　图(b)　正确	使用单万向联轴器连接的两轴间不能实现同步转动[图(a)]，当主动轴以 ω_1 匀速转动时，从动轴的速度是波动的，波动范围为 $\omega_1\cos\alpha \leqslant \omega_2 \leqslant \dfrac{\omega_1}{\cos\alpha}$；如需主、从动轴转动同步，必须采用双万向联轴器[图(b)]
十字轴式万向联轴器实现同步转动的条件	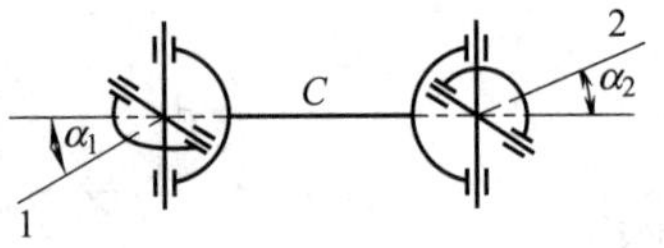 图(a)　禁忌 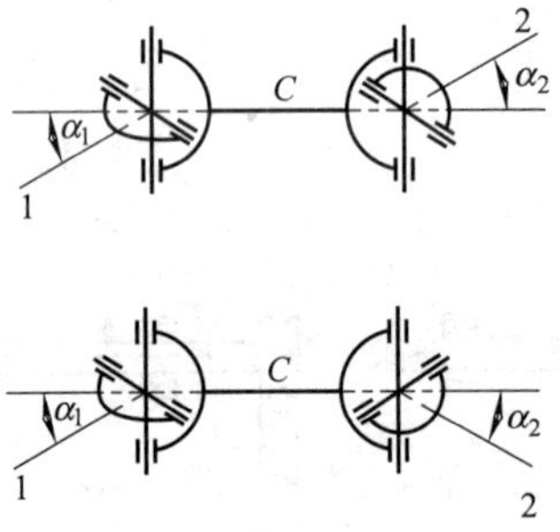　图(b)　正确	采用十字轴式万向联轴器时，如果 $\alpha_1 \neq \alpha_2$[图(a)]或中间件两端的叉面不位于同一平面内，均不能使两轴同步转动。如要使主、从动轴的角速度相等，必须满足两个条件 (1)主动轴、从动轴与中间件的夹角必须相等，即 $\alpha_1=\alpha_2$ (2)中间件两端的叉面必须位于同一平面内[图(b)]
要求同步转动时不宜用有弹性元件联轴器	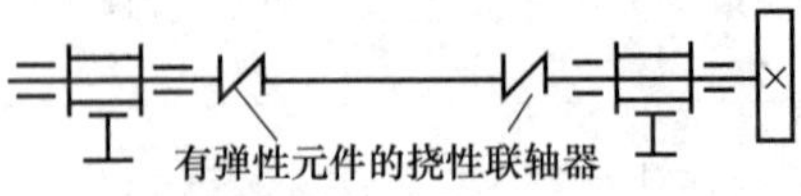 有弹性元件的挠性联轴器 图(a)　禁忌 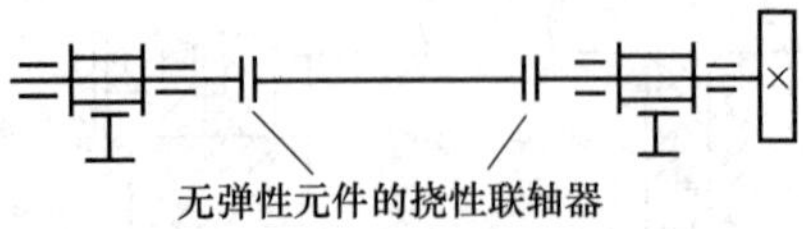 无弹性元件的挠性联轴器 图(b)　正确	在轴的两端被驱动的是车轮等一类的传动件，要求两端同步转动，否则会产生动作不协调或发生卡住现象，在这种场合下，如果采用联轴器和中间轴传动，若采用有弹性元件的联轴器[图(a)]，会由于弹性元件的变形关系而使两端扭转变形不同，达不到两端同步转动。此时联轴器一定要采用无弹性元件的挠性联轴器[图(a)]

续表

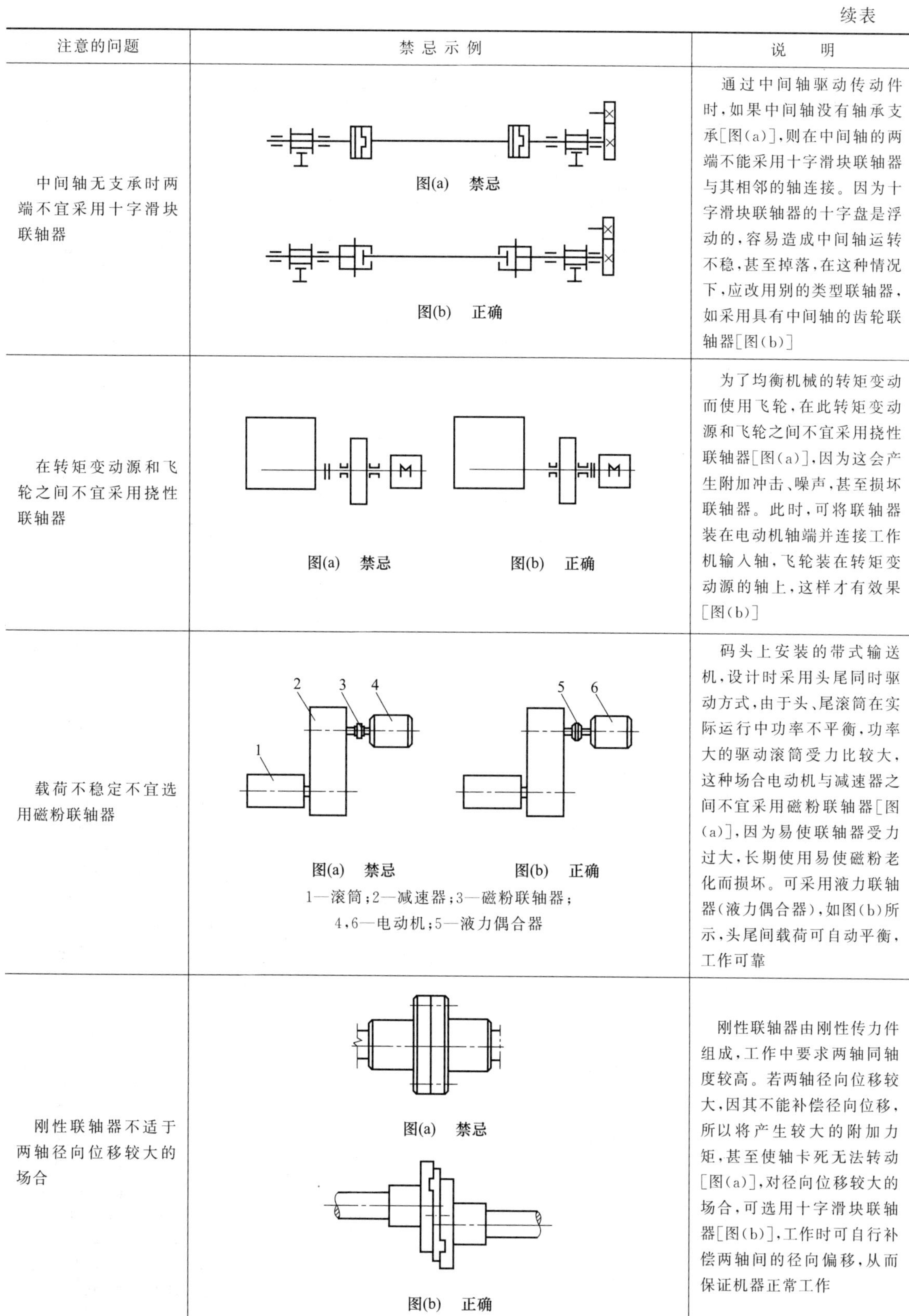

注意的问题	禁忌示例	说　　明
中间轴无支承时两端不宜采用十字滑块联轴器	图(a)　禁忌 图(b)　正确	通过中间轴驱动传动件时，如果中间轴没有轴承支承[图(a)]，则在中间轴的两端不能采用十字滑块联轴器与其相邻的轴连接。因为十字滑块联轴器的十字盘是浮动的，容易造成中间轴运转不稳，甚至掉落，在这种情况下，应改用别的类型联轴器，如采用具有中间轴的齿轮联轴器[图(b)]
在转矩变动源和飞轮之间不宜采用挠性联轴器	图(a)　禁忌　　图(b)　正确	为了均衡机械的转矩变动而使用飞轮，在此转矩变动源和飞轮之间不宜采用挠性联轴器[图(a)]，因为这会产生附加冲击、噪声，甚至损坏联轴器。此时，可将联轴器装在电动机轴端并连接工作机输入轴，飞轮装在转矩变动源的轴上，这样才有效果[图(b)]
载荷不稳定不宜选用磁粉联轴器	图(a)　禁忌　　图(b)　正确 1—滚筒；2—减速器；3—磁粉联轴器；4，6—电动机；5—液力偶合器	码头上安装的带式输送机，设计时采用头尾同时驱动方式，由于头、尾滚筒在实际运行中功率不平衡，功率大的驱动滚筒受力比较大，这种场合电动机与减速器之间不宜采用磁粉联轴器[图(a)]，因为易使联轴器受力过大，长期使用易使磁粉老化而损坏。可采用液力联轴器(液力偶合器)，如图(b)所示，头尾间载荷可自动平衡，工作可靠
刚性联轴器不适于两轴径向位移较大的场合	图(a)　禁忌 图(b)　正确	刚性联轴器由刚性传力件组成，工作中要求两轴同轴度较高。若两轴径向位移较大，因其不能补偿径向位移，所以将产生较大的附加力矩，甚至使轴卡死无法转动[图(a)]，对径向位移较大的场合，可选用十字滑块联轴器[图(b)]，工作时可自行补偿两轴间的径向偏移，从而保证机器正常工作

3.4.2　联轴器位置设计禁忌

表 12-3-49　　联轴器位置设计禁忌

注意的问题	禁忌示例	说　明
十字滑块联轴器不宜设置在高速端	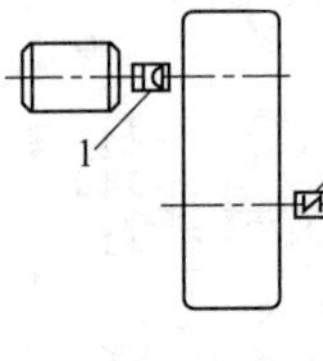 图(a)　禁忌 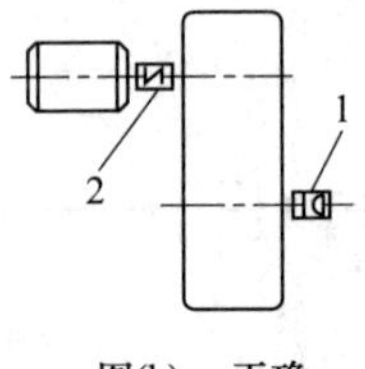　　图(b)　正确 1—十字滑块联轴器；2—弹性套柱销联轴器	十字滑块联轴器在两轴间有相对位移时，中间盘会产生离心力，速度较大时，将增大动载荷及其磨损，所以不适于高速条件下工作，不宜设置在减速器的高速轴端[图(a)]。而弹性套柱销联轴器由于有弹性元件可缓冲吸振，比较适于高速，所以两者对调比较合适[图(b)]
高速轴的挠性联轴器应尽量靠近轴承	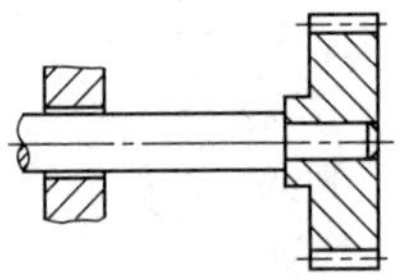 图(a)　禁忌 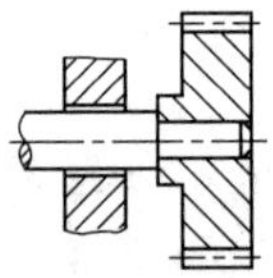　　图(b)　正确	在高速旋转轴悬伸的轴端上安装挠性联轴器时，悬伸量越大，变形和不平衡重量越大，引起悬伸轴的振动也越大[图(a)]，因此，在这种场合下，应使联轴器的位置尽量靠近轴承[图(b)]，并且最好选择重量轻的联轴器
液力联轴器应放置在电动机附近	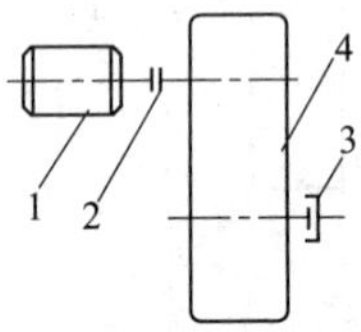 图(a)　禁忌 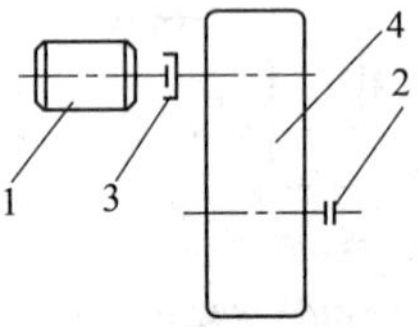　　图(b)　正确 1—电动机；2—普通联轴器； 3—液力联轴器；4—减速器	如果液力联轴器置于减速器输出端[图(a)]，电动机启动时，不但要带动泵轮启动，而且还要带动减速器启动，启动时间长，且会出现力矩特性变差。液力联轴器应放置在电动机附近[图(b)]，一则是液力联轴器转速高，其传递转矩大，二则是电动机启动时可只带泵轮转动，启动时间较短
弹性柱销联轴器不适于多支承长轴的连接	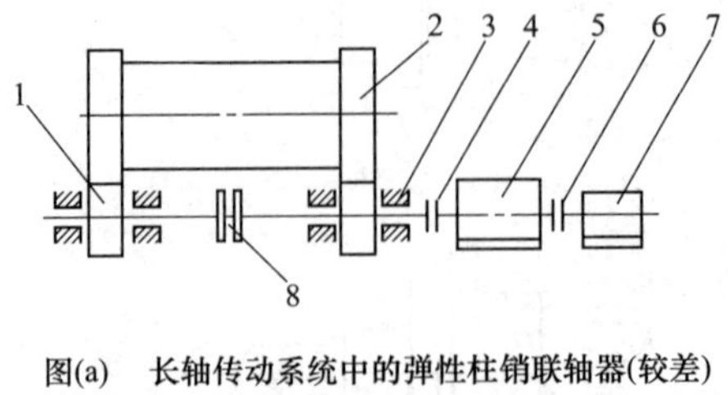 图(a)　长轴传动系统中的弹性柱销联轴器(较差) 1—主动辊轮；2—翻车机旋转体；3—轴承；4，6—弹性联轴器；5—减速器；7—电动机；8—弹性柱销联轴器	图示圆形翻车机靠自重及货载重量压在有两个主动辊轮和两个从动托辊上，当电动机转动时驱动减速器及辊轮旋转，从而使翻车机回转。如采用图(a)的结构，两主动辊轮由一根长轴驱动，长轴分为两段由弹性柱销联轴器连接，则由于长轴支承较多(4个)，同轴度难以保证，且在长轴上易产生较大的挠度

续表

注意的问题	禁 忌 示 例	说　明
弹性柱销联轴器不适于多支承长轴的连接	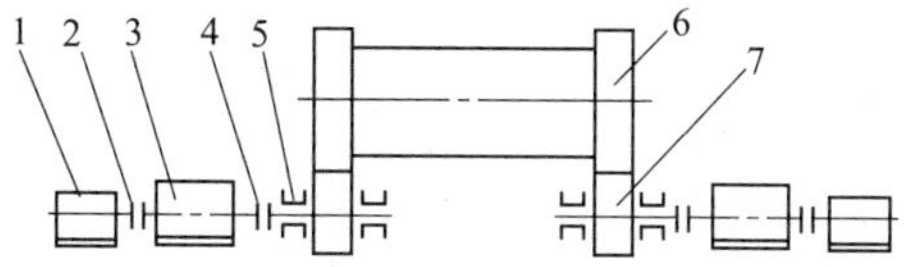 1 2 3 4 5 6 7 图(b)　短轴传动系统中的弹性柱销联轴器(较好) 1—电动机；2，4—联轴器；3—减速器；5—轴承；6—旋转体；7—主动辊轮	和偏心振动，因而产生附加弯矩，对翻车机工作极为不利，特别是当翻车机上货载不均衡时，系统启动更为困难。欲解决上述问题，可考虑将长轴改为两段短轴，改成双电机分别驱动两主动辊轮的方案，如图(b)所示

3.4.3　联轴器结构设计禁忌

表 12-3-50　联轴器结构设计禁忌

注意的问题	禁 忌 示 例	说　明
挠性联轴器缓冲元件宽度的设计	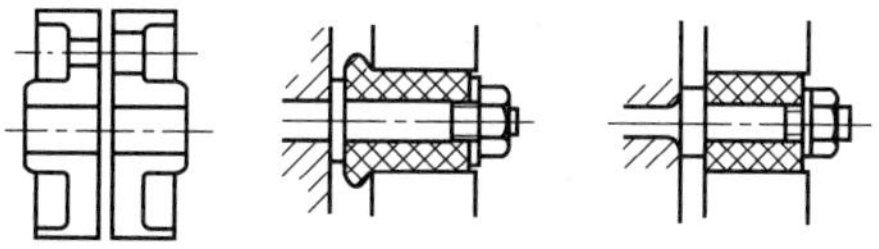 图(a)　禁忌　　图(b)　正确	如果挠性联轴器的缓冲元件宽度比联轴器相应接触面的宽度大[图(a)]，则其端部被挤出部分，将使轴产生移动，所以一般缓冲元件应取稍小于相应接触宽度的尺寸[图(b)]，以防被从联轴器接触面挤出，妨碍联轴器的正常工作
销钉联轴器销钉的配置	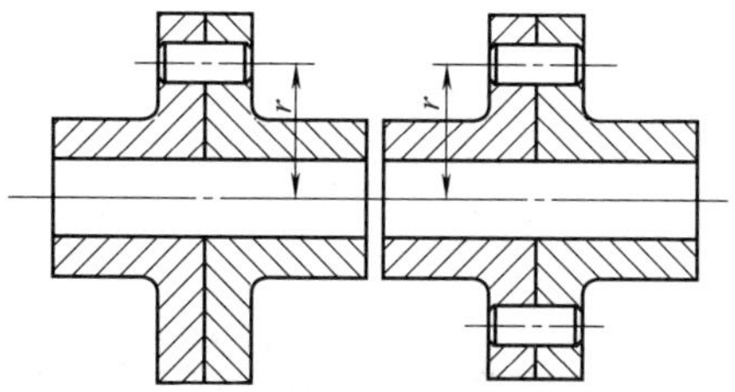 r　r 图(a)　禁忌　　图(b)　正确	如图(a)所示的销钉联轴器，用一个销钉传力，如果联轴器传递的转矩为 T，则销钉受力 $F=T/r$（r 为销钉回转半径），此力对轴有弯曲作用，如果采用一对销钉[图(b)]，则每个销钉受力为 $F'=T/2r$，仅为前者的一半，而且二力组成一个力偶，对轴无弯曲作用
联轴器的平衡	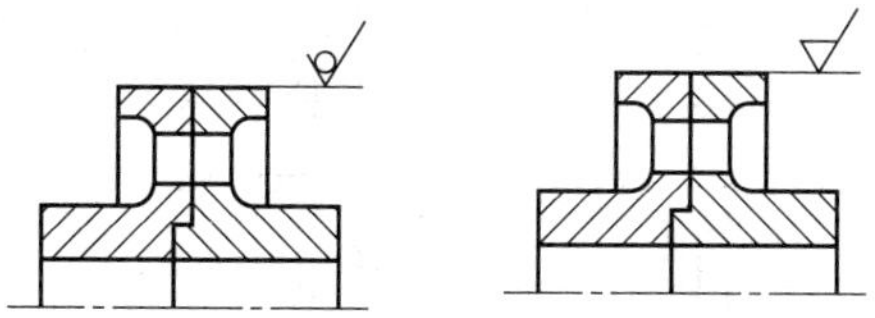 图(a)　较差　　图(b)　较好	联轴器本体一般为铸件锻件，并不是所有的表面都经过切削加工，因此要考虑其不平衡。一般可根据速度的高低采用静平衡或动平衡。若本体表面未经切削加工[图(a)]，则不利于联轴器的平衡。在高速条件下工作的联轴器本体应该是全部经过切削加工的表面[图(b)]

续表

注意的问题	禁忌示例	说　明
高速旋转的联轴器不能有突出在外的突起物	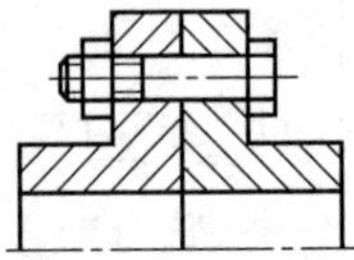 图(a)　禁忌 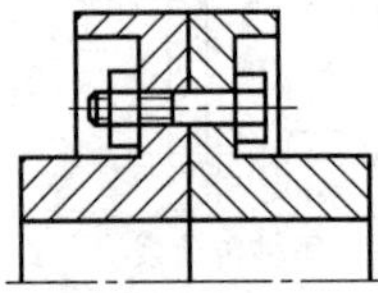　图(b)　正确	在高速旋转的条件下，如果联轴器连接螺栓的头、螺母或其他突出物等从凸缘部分突出[图(a)]，则由于高速旋转而搅动空气，增加损耗，或成为其他不良影响的根源，而且还容易危及人身安全。所以，在高速旋转条件下的联轴器应使突出物埋入联轴器的防护边中[图(b)]
不要利用齿轮联轴器的外套作制动轮	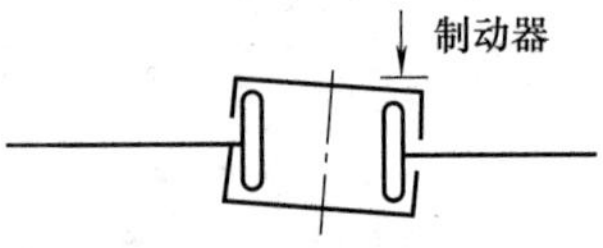 制动器 图(a)　禁忌 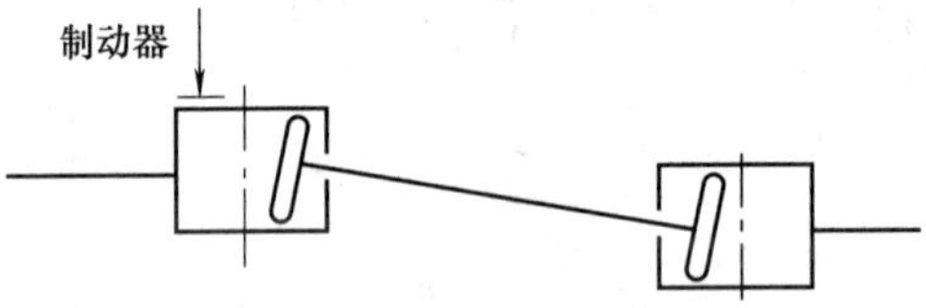 制动器 图(b)　正确	在需要采用制动装置的机器中，在一定条件下，可利用联轴器中的半联轴器改为钢制后作为制动轮使用。但对于齿轮联轴器，由于它的外套是浮动的，当被连接的两轴有偏移时，外套会倾斜，因此，不宜将齿轮联轴器的浮动外套当作制动轮使用[图(a)]，否则容易造成制动失灵 只有在使用具有中间轴的齿轮联轴器的场合[图(b)]，可以在其外套上改制或连接制动轮使用，因为此时外壳不是浮动的，不会发生与轴倾斜的情况
有凸肩和凹槽对中的联轴器要考虑轴的拆装	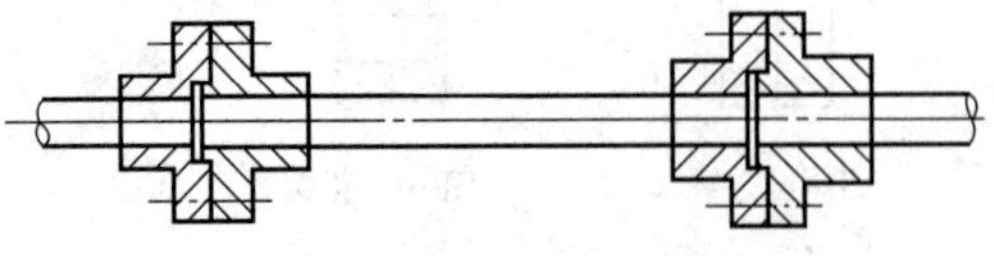 图(a)　禁忌 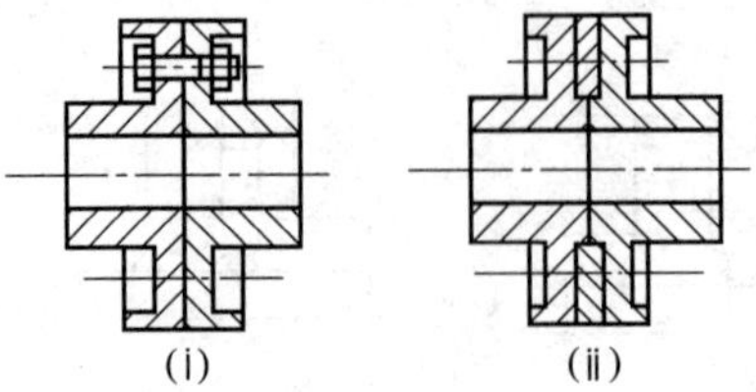 (ⅰ)　(ⅱ) 图(b)　正确	采用具有凸肩的半联轴器和具有凹槽的半联轴器相嵌合而对中的凸缘联轴器时，要考虑拆装时，轴必须做轴向移动。如果在轴不能做轴向移动或移动得很困难的场合[图(a)]，则不宜使用这种联轴器。因此，为了能对中而轴又不能做轴向移动的场合，要考虑其他适当的连接方式，例如采用铰制孔装配螺栓对中[图(ⅰ)]，或采用剖分环相配合而对中[图(ⅱ)]

续表

注意的问题	禁忌示例	说　明
联轴器的弹性柱销要有足够的装拆尺寸	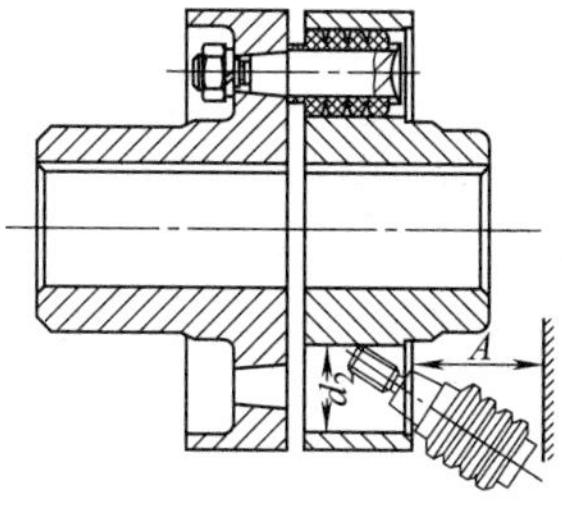 应有放入一只手的间隙 图(a)　较好 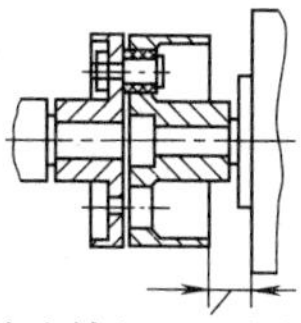　　图(b)　较差	弹性套柱销联轴器的弹性柱销，应在不移动其他零件的条件下自由装拆，如图(a)，设计时尺寸 A 有一定要求，就是为拆装弹性柱销而定。如果装拆时尺寸 A 小于设计规定，如图(b)所示，右侧空间狭窄，手不能放入，拆装弹性套柱销时，必须卸下电动机才能进行处理，非常麻烦，应尽量避免

3.4.4　离合器设计禁忌

表 12-3-51　　离合器设计禁忌

注意的问题	禁忌示例	说　明
要求分离迅速的场合，不要采用油润滑的摩擦盘式离合器	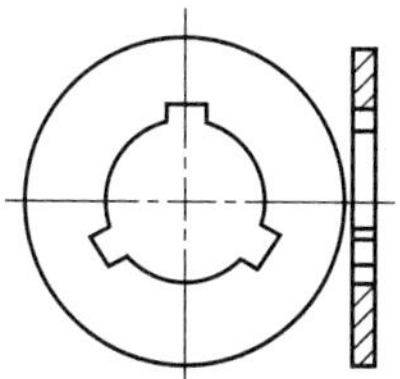 图(a)　较差 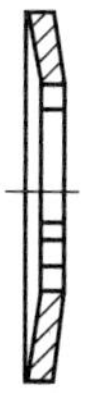　　图(b)　较好	在某些场合下，主、从动轴的分离要求迅速，在分离位置时没有拖滞，此时不宜采用油润滑的摩擦盘式离合器，因为由于油润滑具有黏性，使主、从动摩擦盘容易粘连，致使不易迅速分离，造成拖滞现象。若必须采用摩擦盘式离合器时，应采用干摩擦盘式离合器或将内摩擦盘做成碟形[图(b)]，松脱时，由于内盘的弹力作用可使其迅速与外盘分离。而环形内摩擦盘[图(a)]则不如碟形，分离时容易拖滞
高温条件下，不宜选用多盘式摩擦离合器	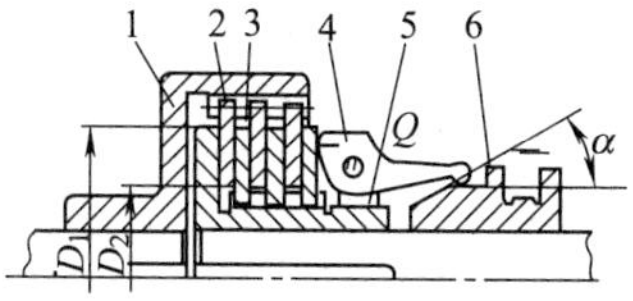 图(a)　较差 1—与主动轴连接的外鼓轮；2—外摩擦盘组；3—内摩擦盘组；4—曲臂压杆；5—与从动轴连接的套筒；6—滑环 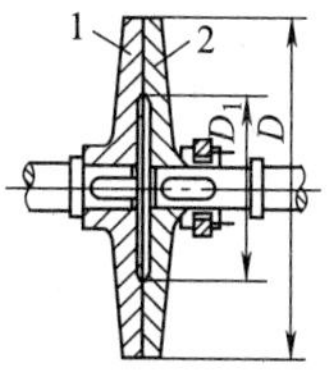 图(b)　较好 1—与主动轴连接的摩擦盘；2—与从动轴连接的摩擦盘	多盘式摩擦离合器[图(a)]能够在结构空间很小的情况下传递较大的转矩，但是在高温条件下工作时间较长时，会产生大量的热量，极容易损坏离合器，此种场合，若必须使用摩擦盘式离合器，可考虑使用单盘式摩擦离合器[图(b)]，散热情况较好

续表

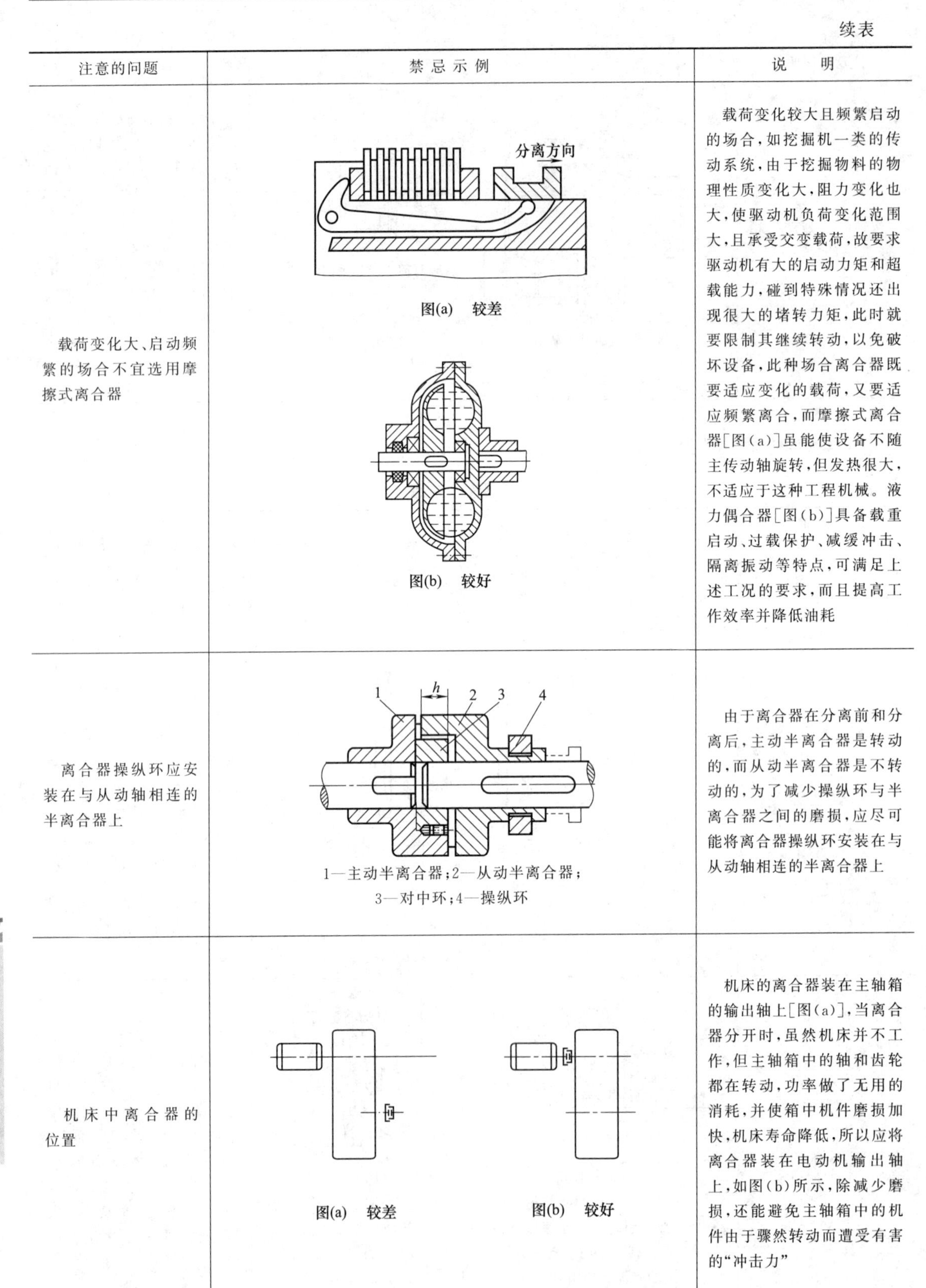

注意的问题	禁忌示例	说明
载荷变化大、启动频繁的场合不宜选用摩擦式离合器	图(a) 较差 图(b) 较好	载荷变化较大且频繁启动的场合，如挖掘机一类的传动系统，由于挖掘物料的物理性质变化大，阻力变化也大，使驱动机负荷变化范围大，且承受交变载荷，故要求驱动机有大的启动力矩和超载能力，碰到特殊情况还出现很大的堵转力矩，此时就要限制其继续转动，以免破坏设备，此种场合离合器既要适应变化的载荷，又要适应频繁离合，而摩擦式离合器[图(a)]虽能使设备不随主传动轴旋转，但发热很大，不适应于这种工程机械。液力偶合器[图(b)]具备载重启动、过载保护、减缓冲击、隔离振动等特点，可满足上述工况的要求，而且提高工作效率并降低油耗
离合器操纵环应安装在与从动轴相连的半离合器上	1—主动半离合器；2—从动半离合器；3—对中环；4—操纵环	由于离合器在分离前和分离后，主动半离合器是转动的，而从动半离合器是不转动的，为了减少操纵环与半离合器之间的磨损，应尽可能将离合器操纵环安装在与从动轴相连的半离合器上
机床中离合器的位置	图(a) 较差 图(b) 较好	机床的离合器装在主轴箱的输出轴上[图(a)]，当离合器分开时，虽然机床并不工作，但主轴箱中的轴和齿轮都在转动，功率做了无用的消耗，并使箱中机件磨损加快，机床寿命降低，所以应将离合器装在电动机输出轴上，如图(b)所示，除减少磨损，还能避免主轴箱中的机件由于骤然转动而遭受有害的“冲击力”

续表

注意的问题	禁忌示例	说　明
变速机构中离合器的位置	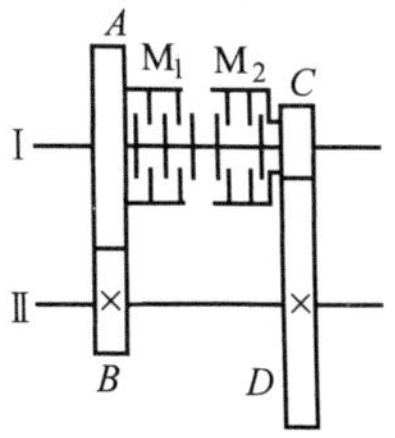 图(a)　禁忌 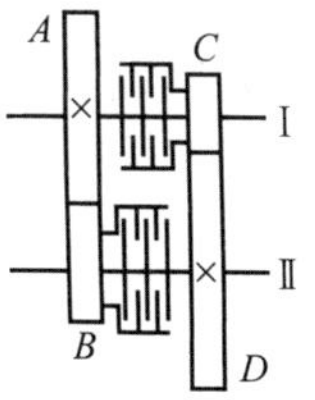　图(b)　禁忌 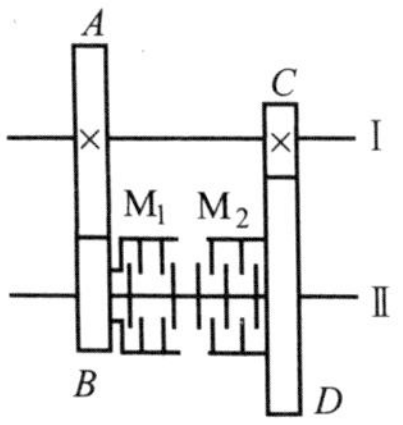 图(c)　正确 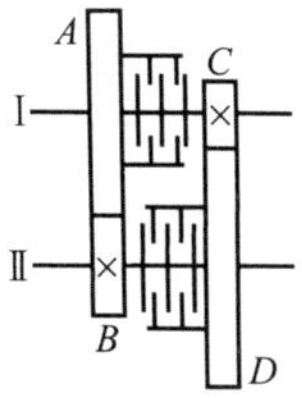　图(d)　正确	Ⅰ轴为主动轴，Ⅱ轴为从动轴，各轮齿数为 $A=80$，$B=40$，$C=24$，$D=96$。当两个离合器都安装在主动轴上时[图(a)]，在离合器 M_1 接通、M_2 断开的情况下，Ⅰ轴上的小齿轮 C 就会出现超速(高速空转)现象。此时空转转速为Ⅰ轴的 8 倍，即 $(80/40)\times(96/24)=8$，由于Ⅰ轴与齿轮 C 的转动方向相同，所以离合器 M_2 的内外摩擦片之间相对转速为 $8n_1-n_1=7n_1$。相对转速很高，不仅为离合器正常工作所不允许，而且会使空转功率显著增加，并使齿轮的噪声和磨损加剧。若将离合器安装在从动轴上[图(c)]，当 M_1 接合、M_2 断开时，D 轮的空转转速为 $n_1/4$，轴Ⅱ的转速为 $2n_1$，则离合器 M_2 的内外摩擦片之间相对转速为 $2n_1-n_1/4=1.75n_1$，相对转速较低，避免了超速现象 有时为了减小轴向尺寸，把两个离合器分别安装在两个轴上，当离合器与小齿轮安装在一起[图(b)]，则同样也会出现超速现象；若将离合器与大齿轮安装在一起[图(d)]，超速现象得以避免

参考文献

[1] 于惠力，向敬忠，张春宜. 机械设计. 第二版. 北京：科学出版社，2013.
[2] 于惠力，张春宜，潘承怡. 机械设计课程设计. 第二版. 北京：科学出版社，2013.
[3] 秦大同，谢里阳. 现代机械设计手册. 北京：化学工业出版社，2011.
[4] 向敬忠，宋欣，崔思海. 机械设计课程设计图册. 北京：化学工业出版社，2009.
[5] 于惠力，潘承怡，向敬忠. 机械零部件设计禁忌. 北京：机械工业出版社，2007.
[6] 邱宣怀. 机械设计. 第四版. 北京：高等教育出版社，2004.
[7] 濮良贵，纪名刚. 机械设计. 第八版. 北京：高等教育出版社，2006.
[8] 杨可桢，程光蕴，李仲生. 机械设计基础. 第六版. 北京：高等教育出版社，2013.
[9] 李力，向敬忠. 机械设计基础. 北京：清华大学出版社，2007.
[10] 向敬忠，赵彦玲. 机械设计基础. 哈尔滨：黑龙江科学技术出版社，2002.